AF314998

Conserver la Couverture

L'ENSEIGNEMENT

A L'ÉCOLE NATIONALE ET SPÉCIALE

DES

BEAUX-ARTS

SECTION D'ARCHITECTURE

ADMISSION. — 2e CLASSE. — 1re CLASSE. —
DIPLOME-PRIX DE L'ACADÉMIE ET PRIX DE ROME
AVEC LEUR EXPOSÉ PRATIQUE

PAR

Henry GUÉDY

ARCHITECTE

Préface de M. J. GUADET | Historique par M. Eug. MÜNTZ
Professeur de théorie à l'École des Beaux-Arts | Membre de l'Institut

PARIS
LIBRAIRIE DE LA CONSTRUCTION MODERNE
AULANIER ET Cie, ÉDITEURS
13, RUE BONAPARTE, 13

(En face de l'École des Beaux-Arts)

L'ENSEIGNEMENT

A L'ÉCOLE NATIONALE ET SPÉCIALE

DES

BEAUX-ARTS

SECTION D'ARCHITECTURE

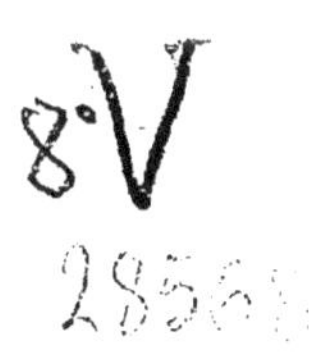

PRÉFACE

Mon cher confrère,

J'ai lu votre publication sur l'Ecole des Beaux-Arts : je la crois utile et bienvenue.

En effet, j'ai vu trop souvent des jeunes gens — ou leurs parents — ignorer totalement ce que sont nos études, leur difficulté et leur longueur : entre tant d'autres carrières, on choisit celle d'architecte sans être renseigné, sachant vaguement qu'il y a une Ecole des Beaux-Arts où s'enseigne l'architecture, supposant qu'il suffit de s'y faire inscrire, ne soupçonnant pas les difficultés très grandes de l'entrée, n'ayant aucune idée de ce que seront les études qu'elle réclame. Cependant, le temps s'use, la jeunesse se passe vite, et tel qui a cru venir à Paris pour y rester deux ou trois ans peut-être avec l'espoir d'être consacré architecte après ces deux ou trois années, s'aperçoit trop tard qu'il lui faut sacrifier un temps souvent long à la préparation, à l'admission; puis, lorsque ses modestes ressources ont peut-être été épuisées dans cette attente, il voit qu'il lui reste à parcourir toute une série de travaux qu'il ne soupçonnait pas, et qui exigent des années encore. Pris alors par les difficultés de la vie, le jeune homme ne peut plus se livrer sans partage à son instruction, il lui faut dérober en quelque sorte au travail qui fait vivre le temps trop hâtif qu'il peut donner presque furtivement aux études, les mutiler, s'astreindre à une vie pénible, parfois sans résultats. C'est une histoire trop fréquente, et nous sommes témoins impuissants de ces luttes souvent héroïques, je ne crains pas de le dire, de la pauvreté et de l'ardeur à s'instruire.

Cela, certes, existe partout, et à l'honneur des plus vaillants parmi

★

les étudiants, mais chez nous peut-être plus qu'ailleurs, parce qu'on est moins renseigné, et que dès lors on peut moins sûrement établir son plan de campagne en vue de cette lutte sérieuse qui est l'âme de toutes les hautes études. Partout on connaît, sinon dans les détails, tout au moins dans l'ensemble, l'organisation des études littéraires ou scientifiques ; on sait quel est le fonctionnement des Facultés ou des Ecoles spéciales, les conditions requises à l'entrée, la durée normale des études ; on se prépare en conséquence. De notre Ecole des Beaux-Arts, même dans les milieux artistiques, on ne connaît rien ou presque rien.

C'est que cette Ecole ne ressemble à aucune autre; et peut-être comme introduction à votre livre, et pour permettre de lire en connaissance de cause les renseignements que vous donnez, est-il nécessaire d'exposer d'abord quel est son but, son principe et la constitution exceptionnellement libérale à laquelle elle entend demeurer fidèle, — en se limitant ici à ce qui concerne sa section d'architecture.

L'Ecole des Beaux-Arts s'interdit volontairement et résolument l'enseignement dogmatique de l'art. C'est là son originalité libérale ; et lorsqu'on parle, avec colère parfois, d'enseignement plus ou moins exclusif, de doctrine officielle, d'empreintes systématiques sur de jeunes cerveaux, c'est tout simplement qu'on ne connaît pas l'Ecole, ou qu'on veut ignorer ce qui s'y passe. Notre Ecole est en réalité un grand Gymnase où les étudiants, quel que soit le professeur de leur choix, le conseiller permanent et dévoué de leurs études, apportent leurs travaux faits chez eux ou dans l'atelier qu'ils ont préféré. Tout y est concours, l'Ecole indique les sujets, soumet les résultats à des jurys indépendants, et ne fait que constater les efforts et récompenser les meilleurs travaux étudiés sous le régime de la plus entière liberté, sous la direction que l'élève a choisie lui-même dans sa complète indépendance. L'Ecole est le rapprochement et la concentration des enseignements artistiques et personnels donnés à qui les sollicite par des professeurs, ou plutôt des maîtres, qui veulent bien se dévouer à cette mission honorable mais laborieuse, de guider les essais de leurs jeunes camarades. L'enseignement amical est ce qui caractérise nos études.

Mais pourtant cette École a son enseignement collectif, elle a ses cours? Sans doute. C'est que dans les études d'architecture il y a deux parts bien distinctes : ce qui est certain, ou à peu près certain, et ce qui ne relève que de l'idée personnelle, du goût, de l'inspiration. L'École enseigne le certain, elle laisse chacun suivre le guide de son choix pour la direction de sa conscience artistique. Aussi a-t-elle des cours de mathématiques, de géométrie descriptive, de stéréotomie, de perspective, de construction, de physique et chimie, de législation; elle enseigne aussi le dessin, le modelage, la composition décorative, l'histoire de l'architecture, celle de l'architecture française, l'histoire générale et la littérature. Tout cela peut s'enseigner ex cathedra.

Elle a aussi un cours de théorie de l'architecture, et là il semblerait qu'elle pût faire œuvre dogmatique en matière d'art : ayant l'honneur d'être chargé de cet enseignement redoutable, je puis dire comment je le comprends avec la pensée de respecter avant tout la liberté de l'enseignement artistique donné par chaque maître à ses élèves propres.

Soit sur les éléments de l'architecture — murs, portes, fenêtres, portiques, planchers, voûtes, etc., soit sur les éléments de composition des édifices — habitation, instruction, édifices religieux, etc., etc., je cherche à faire connaître aux élèves ce qui s'est fait, et pourquoi, en m'attachant aux exemples universellement admirés, sans acception de styles ni d'époques, sans affirmer ni imposer des préférences ou des exclusions. C'est donc, si le mot peut être employé ici, la science de l'architecture qui est le programme de ce cours. Je m'efforce d'y exposer, ici encore, ce qui est certain, certain pour tout le monde; je dis : « Voilà ce qui s'est fait »; je ne dis pas : « Voilà ce qu'il faut faire. »

Tel est l'enseignement de notre École. Je n'en connais pas d'autre dont la constitution soit aussi libérale et respectueuse de toutes les initiatives et de toutes les bonnes volontés.

Les études trouvent d'ailleurs à l'École leur sanction, qui est toujours le concours. Tous les cours aboutissent à des concours ou à des examens, toujours avec des récompenses de divers degrés. Il n'y a pas de division par années, comme dans bien des écoles; on entre en seconde classe; on passe en première classe, non après un temps

— *plan, coupe, façade,* — *suivant que les salles seront voûtées ou plafonnées, etc. Les* projets *de seconde classe visent des sujets fragmentaires ou des ensembles restreints, permettant d'approfondir l'étude. Mais pour les* esquisses *de seconde classe, les élèves auront en vue surtout de se préparer à la composition générale, à traiter rapidement une composition complète et étendue : un théâtre, un hôtel de ville, un entrepôt, etc. Par là, ils s'essaient à la grande composition qui sera avant tout l'objet de leurs études en première classe.*

En première classe, ce sont des sujets analogues — ce théâtre, cet hôtel de ville, qui deviendront l'objet non plus d'une simple esquisse, mais d'un projet complet, composé en douze heures, puis étudié et rendu à l'atelier. Comme esquisses au contraire, ils auront à traiter et exprimer lestement un sujet restreint, avec tout le charme que leur permettra le talent déjà acquis.

Grâce à cette gymnastique, car c'est surtout cet exercice permanent de l'imagination, de la souplesse et de l'invention que nous voulons susciter, l'élève aura vu beaucoup, se sera exercé sur des sujets variés, se sera enrichi jusqu'à devenir un compositeur. Il n'aura pas appris de recettes, il ne se sera pas spécialisé; il aura fait mieux : il se sera rendu apte à se mesurer utilement, comme composition et comme étude, avec tel programme spécial que lui imposeront des circonstances qui ne dépendent pas de lui. Ces circonstances ignorées et imprévues feront de lui l'architecte d'un théâtre ou d'une église, d'une habitation luxueuse ou d'un hospice : n'importe, il sera préparé, et il saura approfondir un sujet, s'en pénétrer, il saura être architecte.

Mais votre livre est surtout le manuel de l'aspirant, ou du père de l'aspirant. A ceux-là, il faut dire que pas plus chez nous que pour d'autres écoles, on ne prépare pas des épreuves d'admission. Les fours *à candidats sont chose déplorable : rien n'est inepte comme les pronostics sur les sujets à traiter, l'exercice de dessin, par exemple, limité à des modèles déterminés parce que ces modèles ont pu être choisis pour des épreuves. Celui qui aura bien su dessiner le torse du Belvédère, par exemple, saura à fortiori dessiner un ornement quelconque; celui qui aura bien traité quelques éléments d'architecture* sérieusement étudiés saura suffire aux sujets que nous pouvons lui demander. Il faut arriver aux épreuves bien préparé et indifférent à ce qu'en sera le programme particulier ; ne croire ni aux poncifs ni aux trucages, savoir qu'il n'existe pas un métier de candidat, être convaincu que la condition du succès est dans la force acquise, consciencieusement acquise, et là seulement.

Et ce qui est vrai au début est vrai encore après : pendant les longues études de l'Ecole, de ce Gymnase d'art, nous ne faisons qu'une chose : rendre les hommes forts, créer des artistes forts — à condition qu'ils en soient pourtant capables, et qu'ils le veuillent.

Après quoi, l'Ecole a fait ce qui était en son pouvoir. On n'enseigne que ce qui peut s'enseigner : puis chacun, dans ce concours éternel qu'est la vie, se fait la place qu'il mérite par son intelligence, sa raison et sa volonté. Les circonstances, le hasard même, le bonheur parfois, joueront un grand rôle dans sa carrière ; mais il sera préparé ; et après cette préparation, avec, s'il est juste, quelque reconnaissance pour son Ecole et ses maîtres, il ne relèvera plus que d'autres maîtres, plus sévères et plus exigeants : la vie, l'amour de son art et — je l'espère — de lui-même !

Paris, le 1ᵉʳ juin 1899

J. GUADET,
Professeur de théorie d'Architecture et membre du Conseil
supérieur à l'Ecole des Beaux-Arts.

HISTORIQUE DE L'ÉCOLE DES BEAUX-ARTS

I

Dans une des rues les plus étranglées et les plus bruyantes
de la rive gauche, au fond d'une vaste cour, à la tournure
monumentale, qui évoque le souvenir de l'Italie, se développe calme et harmonieuse l'arène où la jeunesse s'exerce
à cueillir le plus beau fleuron de notre couronne, l'École
des Beaux-Arts. Cette institution, à la fois lieu d'enseignement et musée, n'est pas connue comme elle le mériterait. Le
passant admire de confiance les élégants portiques et l'imposante façade élevés par Duban ; puis il s'imagine que
l'accès du monument est limité par des règlements draco-
niens, maugrée un instant contre l'Administration et passe
son chemin. A peine si, à de rares intervalles, les expositions
ouvertes dans la partie de l'École qui donne sur le quai
Malaquais, — prix de Rome et envoi de Rome, expositions
d'artistes décédés, etc., — attirent un flot de visiteurs, qui
s'écoule sans avoir eu la curiosité de pousser ses investiga-
tions plus loin. Seuls, les étrangers font régulièrement leur
pèlerinage au sanctuaire de la rue Bonaparte.

Notre vive et spirituelle population parisienne m'objec-
tera que les collections de l'École ne sont pas publiques.
Erreur, triple erreur ! D'abord, le dimanche, l'immense
majorité des salles est ouverte à tout venant ; en outre, dans
la semaine, rien qu'à l'aide de cartes très libéralement

tissage, de donner aux études une base plus large. Libre aux parents de placer leur fils dans une demi-domesticité, chez de braves maîtres peintres, sculpteurs, graveurs, qui leur enseigneraient leur art « suyvant Dieu, leur conscience et expérience », sans leur rien cacher, et qui les occuperaient dans leur maison « aux choses licites et honnêtes », comme de balayer l'atelier, d'allumer le feu, de bercer les enfants ou de panser les chevaux. L'État, lui, se croyait tenu d'offrir des éléments d'éducation d'un ordre plus relevé et de préconiser des principes supérieurs. L'innovation, pour ne pas dire la révolution, fut grosse de conséquences. Les fondateurs de l'École n'oubliaient d'ailleurs pas que l'enseignement a pour objet, non de donner le génie ou tout simplement le talent (c'est là affaire à la nature, non aux professeurs), mais uniquement de fournir le minimum de connaissances positives indispensables et de former le goût.

Les débuts de l'institution, — aujourd'hui si splendidement dotée et installée, — furent modestes, précaires, touchants ; on manquait d'argent, tantôt pour payer le modèle, qui s'empressait, — et c'est bien le cas d'employer cette expression, — de rendre son tablier ; tantôt pour payer le bois et la chandelle. Ce fut l'âge héroïque de l'Académie. D'ordinaire, on reproche aux artistes leur égoïsme ; mais aux heures décisives, ils savent prodiguer des trésors de dévouement. L'un des membres de l'Académie, Louis Testelin, n'hésita pas, dans la détresse générale, à faire face, de ses deniers, au foyer, aux frais du modèle, à ceux du chauffage. Même exemple d'abnégation en 1694, lorsque la pénurie du Trésor força Louis XIV à supprimer ou plutôt à suspendre l'Académie ; immédiatement, les professeurs prirent à leur charge l'entretien de l'École. En 1793, après la suppression définitive de l'Académie, l'esprit de sacrifice se révéla, avec plus d'éclat encore : pendant de longs mois, l'Ecole ne vécut que des subsides des maîtres, qui lui donnaient à la fois leur temps et leur

argent. Si le formalisme et le pédantisme de l'ancienne
Académie prêtent trop souvent à la critique, on ne louera
jamais non plus assez son attachement aux devoirs profes-
sionnels, à cette cause sacro-sainte : l'éducation de la jeunesse.

Rien qu'en relevant les listes des élèves inscrits à l'Ecole
académique pendant la période si agitée qui va de 1648 à
1664, les hauts et les bas de l'institution nouvelle sautent
aux yeux : chaque crise financière a pour contre-coup une
masse. En 1651, le chiffre des élèves descend à vingt
environ ; en 1652, il tombe à douze ou quatorze. C'était
bien déjà, d'ailleurs, la jeunesse ardente et turbulente qui
depuis a si souvent fait parler d'elle. Dès lors, les charges
étaient en honneur ; elles troublèrent plus d'une fois les
paisibles habitants du quartier ; longue est la liste des actes
d'indiscipline, suivis immédiatement d'une répression
exemplaire. L'indépendance dans le caractère et dans les
mœurs n'a-t-elle pas toujours distingué l'artiste du bour-
geois !

N'allons pas toutefois nous figurer des jeunes gens cos-
tumés en « rapins », à la façon de 1830, avec une longue
chevelure en désordre, des chapeaux de fantaisie, un pour-
point ou des chausses invraisemblables. C'étaient des
cavaliers, j'allais dire des gentilshommes, à la tenue irréprochable : l'épée au côté (en 1689 seulement le port de
cette arme leur fut interdit), la perruque soigneusement
frisée. Les belles manières, — un des futurs directeurs de
l'Académie, C.-A. Coypel, le déclara en propres termes, —
faisaient partie de l'éducation de la jeunesse au même
point que le goût ; elle devait se présenter avec une noble
politesse, éviter les « inclinations basses et la grossièreté
d'un vilain artisan ! »

Le besoin d'organisation et aussi (hélas !) de réglementation, qui s'incarne dans la figure si pompeuse et, au fond
si vide, du Roi-Soleil, ne pouvait manquer de s'étendre
au domaine de l'art. Il fallait que celui-ci se soumît au joug

de la discipline, qu'il endossât l'uniforme, — j'allais dire la livrée, — se fît courtisan et reçût l'estampille officielle.

L'Ecole académique se ressentit de ces tendances : en échange de faveurs signalées (gratuité de l'enseignement, fondation du prix de Rome en 1664, etc.), les élèves durent s'astreindre, d'une part, à la recherche du style, — ce style plus solennel encore que noble, — de l'autre, à la glorification des exploits de Louis XIV ; à partir de 1654, l'Académie institua chaque année un concours pour célébrer les actions héroiques du roi. Celui-ci, fort différent des Mécènes de la Renaissance, attendait de ses protégés la glorification, précise, littérale, de ses moindres faits et gestes ; il ne leur laissait de latitude ni pour le choix des sujets, ni pour leur interprétation.

Pendant cette première période, qui s'étend de la minorité de Louis XIV à la Révolution, de 1648 à 1793, l'Ecole suivit toutes les vicissitudes du goût français : l'enseignement y fut tour à tour grave et solennel, comme le style Louis XIV, spirituel et piquant, comme le style Régence et le style Louis XV, savant et déclamatoire à la manière de Louis David. Mais à travers les fluctuations, un principe surnage : l'étude du corps nu considérée comme la base du grand art.

Aux approches de la Révolution, des deux courants qui allaient transformer l'art français, — l'étude de la nature, préconisée par Jean-Jacques Rousseau , et celle de la sculpture romaine, remise en honneur par Louis David, — ce fut le second, presque exclusivement, qui se fraya une route dans l'Ecole. C'était désormais à qui s'opiniâtrerait sur le *morceau*, faisant montre de sa science anatomique ; l'élégance, l'esprit, l'harmonie, qui distinguent l'art des Boucher, des Bouchardon, des Clodion, firent place à je ne sais quelle lourdeur plébéienne ; les compositions, qu'elles fussent peintes ou sculptées, devinrent aussi heurtées que déclamatoires ; c'en était fait du sentiment décoratif.

Comparez les derniers grands prix de Rome d'avant la Révolution à ceux d'après. Quelle science dans la perspective, l'anatomie, l'ordonnance, la mise en scène! On dirait des acteurs consommés.

Vers cette époque, le plus illustre des anciens élèves de l'École, le grand peintre Louis David, poussé par je ne sais quelle ambition ou quelles rancunes, entreprit la campagne la plus violente contre un enseignement qui reflétait cependant si complètement ses propres tendances. Ses attaques se rencontraient avec celles qui étaient dirigées de toutes parts contre les corps privilégiés : on devine que les jours de l'Académie étaient comptés.

Il fallait que l'École, si vivement attaquée aux approches de la Révolution, eût en elle une singulière force, une vertu immanente, car, même après que sa suppression eût été décrétée, aucun de ses adversaires ne fut assez téméraire pour porter la main sur cette arche sainte de l'enseignement français. Supprimée en droit, elle continua d'exister de fait.

En 1807, l'École quitta le Louvre pour aller s'installer au Collège des Quatre-Nations, aujourd'hui le palais de l'Institut.

En 1816, une ordonnance royale lui assigna les locaux de l'ancien Musée des Monuments français, qui avait lui-même succédé à l'ancien couvent des Petits-Augustins. Nous revenons sur nos pas pour retracer l'histoire de ce nouvel asile.

III

Les origines de l'École en tant qu'établissement d'enseignement, nous ont reporté à la minorité de Louis XIV; celles de l'édifice qui lui sert d'abri nous obligent à remonter jusqu'aux dernières années du règne de Henri IV. Elles évoquent une image à la fois profane et touchante;

celle de l'ex-épouse du roi, la reine Marguerite de Valois, célèbre par ses tristesses conjugales, par ses affections libres, par la rare distinction de son esprit.

Quelque voluptueux ou éblouissant que soit le souvenir de la reine Margot, ce ne fut pas quelque inspiration épicurienne, ni seulement riante, qui la décida à élever le monument qui abrite aujourd'hui l'École des Beaux-Arts ; bien au contraire ! L'heure du repentir, de la pénitence, des angoisses, de l'expiation, avait sonné, lorsqu'elle entreprit, — en 1608, — d'édifier un monastère dont les hôtes chanteraient, nuit et jour, des cantiques destinés à obtenir en sa faveur le pardon auquel elle avait tant de titres.

Le choix de l'emplacement n'avait rien d'arbitraire ; comme le palais de Marguerite donnait rue de Seine (à la hauteur du n° 6 actuel) et que ses dépendances se prolongeaient jusque vers la rue des Saints-Pères, il était tout naturel que, voulant avoir le couvent à proximité, elle le fît construire à mi-chemin, entre les deux points extrêmes, c'est-à-dire à l'endroit où se déroule aujourd'hui l'irrégulière et bruyante rue Bonaparte.

Rien de plus piquant que l'histoire des rapports de Marguerite avec les Pères chargés d'assurer le salut de son âme : nous y apprenons ce qu'il persistait de vanités mondaines dans cette contrition cependant si sincère. L'ordre auquel la reine s'adressa, — les Augustins déchaussés, — était austère autant que morose. Marguerite ne tarda pas à leur découvrir toutes sortes d'imperfections : ils ne chantaient pas le plain-chant ; quel crime abominable ! Ils ne pouvaient pas posséder de rentes : vice rédhibitoire ! Le fin fond de l'histoire, — ce sont les mauvaises langues qui le prétendent, — fut la sévérité avec laquelle le confesseur déchaussé reprochait à la princesse ses faiblesses.

Je fais grâce au lecteur des détails de cette lutte épique ; en fin de compte, — ce fut en 1613, — Marguerite obtint de la cour de Rome l'autorisation de renvoyer les Augustins déchaussés et de leur donner pour successeurs des Augus-

tins pourvus de chaussures, de la communauté et province
de Bourges.

A coup sûr, un tel sanctuaire, consacré à la mortifica-
tion et à l'ascèse, n'avait pas de quoi éveiller des idées
brillantes, telles qu'en comporte l'art ; il n'appelait pas
d' « ornements égayés », comme disait le vieux Boileau.
Et cependant, l'érudite, spirituelle et voluptueuse princesse,
à qui nous en devons l'édification, semble avoir jeté un
charme sur ce coin de terre. Dès l'origine, la chapelle, dans
laquelle devait être déposé son cœur si tendre (c'est l'endroit
où sont aujourd'hui exposés les moulages des sculptures de
Michel-Ange), marqua une innovation capitale dans les
annales de l'architecture française : elle fut surmontée d'une
coupole, à l'italienne, la première que l'on eût vue à
Paris.

Ce fut la Révolution qui consacra définitivement ces
lieux au culte de l'art : elle y établit, en 1790, le dépôt des
ouvrages de toute nature destinés à former, sur l'initiative
et sous la direction d'Alexandre Lenoir, le Musée des
Monuments français, réunion des innombrables sculptures enlevées aux églises, le plus vaste musée lapidaire du
moyen âge et de la Renaissance que notre pays ait jamais
possédé.

A ce moment, l'ancien couvent transformé en musée
s'enrichit de la plupart des fragments qui font, aujourd'hui
encore, la gloire de l'École des Beaux-Arts, l'arc de Gaillon, le portail d'Anet et bien d'autres chefs-d'œuvre.

Plusieurs lustres durant, jusqu'à la fin de l'Empire, le
Musée des Petits-Augustins fut l'endroit le plus propice au
recueillement et à la rêverie. Pendant que le canon tonnait
de toutes parts, les admirateurs du passé et les fervents de
la nature venaient s'y délasser ou s'y inspirer. Les uns s'y
attachaient aux manifestations de l'art français, sous ses
formes les plus diverses, depuis ses débuts dans l'ancienne
Gaule, jusqu'à son entier épanouissement, ou encore à
tant de souvenirs glorieux : mausolées des rois de France,

**

du chancelier de l'Hôpital, de Richelieu, de Colbert. Aux autres, de vastes jardins, plantés d'arbres séculaires et semés de monuments funéraires (tombeaux du roi Dagobert, d'Héloïse et d'Abélard, chapelle du connétable de Montmorency, monument de Descartes, urne contenant les restes de Boileau, etc.) offraient, au cœur même de Paris, cette double source de poésie qui s'appelle la nature et les ruines. A-t-on assez tenu compte du rôle que l'Élysée, — c'est ainsi qu'on l'appelait, — a joué dans le mouvement d'idées qui a abouti au romantisme ?

Jusqu'à la Restauration, l'École fondée par Louis XIV et le couvent bâti par Marguerite de Valois restèrent sans rapport l'un avec l'autre. A ce moment, devant l'insuffisance des locaux du palais de l'Institut, le gouvernement de Louis XVIII résolut d'installer notre grande institution nationale d'enseignement artistique dans les bâtiments devenus disponibles, par suite de la suppression du Musée des Monuments français.

A peine celui-ci évacué, on commença les travaux pour sa transformation en Ecole des Beaux-Arts. Plusieurs années se passèrent avant qu'on mît la main au corps de logis principal, le palais des Études, dont la construction fut confiée à l'architecte Debret. Enfin, en 1820, eut lieu la pose de la première pierre. Les travaux étaient fort avancés lorsque Félix Duban remplaça Debret, en 1832. Ce maître en l'art de bâtir, dont le nom est inséparable de l'École des Beaux-Arts, réussit, par des prodiges d'habileté, à transformer l'œuvre de son prédécesseur, tout en utilisant les parties achevées, et donna aux deux cours, ainsi qu'à l'ancien cloître, dont il fit la cour du Mûrier, leur cachet de haute distinction. Il compléta son œuvre en élevant, de 1858 à 1862, l'édifice qui donne sur le quai Malaquais et qui sert principalement aux expositions.

Cependant, en dépit de tous les agrandissements, l'École étouffait dans l'enceinte de l'ancien couvent des Petits-Augustins. En 1884, l'acquisition de l'hôtel de Chimay (ancien hôtel de Bouillon), situé sur le quai Malaquais et communiquant avec l'École par son jardin, vint lui assurer des locaux nouveaux, encore bien insuffisants. C'est là qu'ont été transportés les ateliers, autrefois installés aux abords de la salle Melpomène et dans le palais des Études, tandis que les salles devenues disponibles par suite de ce déplacement sont appelées à devenir des salles d'exposition.

IV

L'ordonnance royale du 18 décembre 1816, qui affectait à l'Ecole des Beaux-Arts l'ancien couvent des Petits-Augustins, devenu le Musée des Monuments français, fut complétée par l'ordonnance du 4 août 1819, véritable charte de notre institution. Sans entrer dans le détail du programme, constatons que les méthodes d'enseignement restèrent sensiblement ce qu'elles avaient été dans la primitive Ecole organisée par Charles Le Brun. L'étude du nu, celle de l'anatomie, de la perspective et d'autres sciences positives continua de former la base de l'enseignement. Pour modèles, l'Ecole recommanda, plus vivement que jamais, les chefs-d'œuvre de l'art classique, ainsi appelé parce que, échappant aux fluctuations de la mode, il a pu prendre place dans nos classes et entrer, comme partie intégrante, dans l'éducation de la jeunesse.

En 1863, un décret, qui fait date dans les annales de l'Ecole enleva la direction de cette institution à l'Académie des Beaux-Arts, élargit son programme et organisa les ateliers d'architecture, de sculpture, de peinture et de gravure. On a peine aujourd'hui à comprendre les orages que souleva cette mesure : les protestations indignées d'Ingres et de Beulé, la révolte des élèves.

La création, sur l'initiative de M. Paul Dubois, de l'enseignement simultané (c'est-à-dire l'étude, pour les peintres, des rudiments de la sculpture et de l'architecture, pour les

sculpteurs, de la peinture et de l'architecture, pour les architectes, de la sculpture et de la peinture) compléta ce cycle,
le plus riche et le plus fécond qui soit au monde.

En résumé, l'Ecole, étrangère ou peut s'en faut aux que-
relles des partis, neutre en apparence entre les Champs-
Elysées et le Champ-de-Mars (ses sympathies réelles ne
sauraient faire l'ombre d'un doute!), s'efforce de donner à la
jeunesse la préparation la plus solide, la plus complète.

Les conditions d'admission sont restées, comme par le
passé, éminemment libérales. L'Ecole est ouverte à tous les
jeunes gens âgés de quinze ans au moins et de trente au
plus, à quelque nationalité qu'ils appartiennent, pourvu
qu'ils satisfassent aux conditions d'un examen ou plutôt
d'un concours des plus sérieux.

De même, l'enseignement donné par l'Ecole est absolument gratuit. Mais il y a mieux : une longue série de Mécènes ont tenu à fournir aux jeunes gens sans fortune les
moyens de poursuivre leurs études sans avoir à compter
avec les préoccupations matérielles. Les sommes ainsi
données ou léguées représentent un revenu annuel de plus
de 100,000 francs, qui, joint aux subventions de l'Etat,
des municipalités ou des départements, ouvre la carrière
des arts à tous ceux qui font preuve d'une vocation véritable.

Quelques chiffres pour donner une idée de l'importance
de l'Ecole comme centre d'études : pendant l'année scolaire 1894-1895, le nombre des élèves médaillés et admis
à l'Ecole proprement dite s'est élevé à 1,265 (contre 1,128
en 1890-1891), soit 287 peintres, 163 sculpteurs, 813 architectes. Parmi les nationalités étrangères le plus fortement
représentées, citons l'Amérique avec 58 élèves, presque
tous architectes, et la Suisse avec 21. Ne sont pas compris
dans ce total les élèves qui fréquentent les ateliers et ceux
qui suivent les cours de l'Ecole du soir.

La durée des études varie, naturellement, selon l'âge au-

quel un élève entre à l'Ecole, selon son degré de préparation.
Pour les architectes elle est en moyenne, de cinq à six ans,
il n'est pas rare de rencontrer des élèves, — j'allais dire des
étudiants, — de trente ans : c'est jusqu'à cet âge en effet
qu'ils peuvent concourir pour le prix de Rome.

C'est un monde à part que la jeunesse de l'Ecole; des
traditions, dont l'origine se perd dans la nuit des temps,
alternent chez elle avec les aspirations les plus modernes.
Cette vie d'atelier, avec sa saveur et sa couleur si caractéristiques, a un côté pittoresque que l'on chercherait en vain
chez les groupes du quartier Latin proprement dit. Je re-
gretterais de ne pas la dépeindre, si cette tâche n'avait été
brillamment menée à fin par un ancien élève de l'Ecole,
M. Lemaistre, dans un volume publié à la librairie Didot.
Que de tableaux piquants! Ici, devant la porte de la rue
Bonaparte, ces modèles italiens qui causent sous le buste
de Poussin, le grand admirateur et l'interprète éloquent
des beautés de leur pays; là, le nouveau qui se présente au
massier, lequel à son tour le présente solennellement à
l'atelier; puis l'examen phrénologique, les brimades, la
bienvenue, la corvée, les monomes récemment stigmatisés
par les journaux du matin !

V

L'enseignement théorique et pratique donné, soit dans
les ateliers, soit dans les cours, a pour complément les
collections, le Musée des études, pour employer le terme
consacré : là de riches séries d'originaux ou de reproductions retracent les évolutions de l'art, en même temps
qu'elles offrent à la jeunesse les modèles de goût les plus
parfaits. Malgré l'étendue des locaux dans lesquels il se
développe, — il s'étend du quai Malaquais à la cour de
la rue Bonaparte et de celle-ci au Palais des Etudes, contigu
à la rue des Saints-Pères, — le Musée étouffe dans le
cadre qui lui est assigné : il ne faudra rien moins que son

installation dans les anciens ateliers d'architecture, de sculpture et de peinture pour lui donner un peu d'air et d'élasticité.

Au moment où une génération d'iconoclastes — chaque siècle compte des spécimens de cette race trop vivace! — monte à l'assaut de la citadelle classique, c'est plaisir de se retremper, entre ce splendide cadre d'architecture et ces frais ombrages, au contact de tant de chefs-d'œuvre, qui proclament les droits imprescriptibles de la beauté.

Toutes les grandes manifestations de l'art, à toutes les époques, sont ici représentées en reproductions offrant les plus sérieuses garanties.

La cour qui donne sur la rue Bonaparte est à elle seule un musée. Toute l'histoire de notre Renaissance du xvi⁰ siècle y revit : les fragments de l'hôtel dit de la Trémouille, qui s'élevait naguère dans la rue des Bourdonnais, nous montrent le passage du gothique au style nouveau. Les fragments du château de Gaillon, élevé par le cardinal d'Amboise, dans le voisinage de Rouen, nous initient à l'exubérance si délicate cependant, de la Renaissance normande et évoquent le souvenir de ce prélat somptueux, qui « eut juste le temps d'entrer dans son lit, de s'y coucher et d'y mourir ». Dans les fragments de la chapelle funéraire de Philippe de Commines, notre si naïf et si spirituel chroniqueur, les motifs littéraires (la légende d'Aristote servant de monture à la belle Compaspe, celle de Virgile suspendu dans un panier par une femme artificieuse), rivalisent avec d'élégants ornements. Plus pur, plus châtié, le portail du château d'Anet, construit près de Dreux, pour Diane de Poitiers, s'honore du nom de son architecte, Philibert Delorme, et de celui de son sculpteur, Jean Goujon. Et que de souvenirs historiques mêlés au triomphe de l'art! Sous ce portail, comme Alexandre Dumas l'a rappelé dans sa notice sur l'Ecole, ont passé François I⁰ʳ, Henri II, Catherine de Médicis, Diane de Poitiers et son brutal ami le Connétable. — Plus loin, dans les arcades de l'hôtel Tor-

panne, la Renaissance, à peine montée au faîte, aspire à
descendre : les lignes ont perdu toute tranquillité et aussi,
hélas ! toute distinction.

Le portail d'Anet sert de façade à l'ancienne chapelle
conventuelle, transformée en musée du moyen âge et de
la Renaissance. Franchissons-en le seuil : dans le haut,
contre les parois, des copies de tableaux italiens célèbres ;
dans le bas, une longue série de moulages reproduisant les
types les plus importants de la statuaire chrétienne, depuis ses débuts au sortir des catacombes, jusqu'aux triomphes réalisés par Michel-Ange, Jean Goujon et Germain
Pilon.

D'un côté sont les maîtres tout ensemble fiers et tendres
de la première Renaissance italienne : le grand Donatello,
génie aussi puissant qu'universel ; Ghiberti, avec ses figurines fouillées, suaves et pittoresques ; le piquant Desiderio
da Settignano ; Mino de Fiesole et Civitali de Lucques, dont
la pureté dégénère parfois en froideur ; les della Robbia, re-
cueillis et harmonieux ; Verrochio, qui inaugure de concert
avec son immortel disciple Léonard de Vinci, le règne de
la morbidesse. Une ère nouvelle s'ouvre avec Michel-Ange,
le plus extraordinaire tempérament de sculpteur que
l'univers ait vu depuis Phidias, à la fois incomparable
pour la finesse du modelé et le pathétique des expressions.

Du côté opposé se déroulent les fastes de notre statuaire
française, depuis les informes essais, tentés au XIᵉ siècle à
l'abbaye de Moissac, dans le département de Tarn-et-Ga-
ronne, où certaines réminiscences classiques — des anges
volant en forme de Victoires — surgissent d'un abîme de
barbarie ; puis les statues de la cathédrale de Chartres,
graves et cependant animées d'une sorte de chaleur latente ;
les apôtres de la Sainte-Chapelle, désormais libres de leurs
mouvements et de leurs gestes, véritables précurseurs de
l'art moderne.

La seconde cour, avec ses côtés disposés en hémicycle

et le Palais des Études au fond, nous offre, elle aussi, de précieux vestiges de notre sculpture française du moyen âge et de la Renaissance, pour ne point parler des fragments romains (chapiteaux, frises, ornements divers), incrustés sur les ailes du palais. Ici, ce sont les informes chapiteaux romans de Sainte-Geneviève; plus loin, la vasque gigantesque qui servait de lavabo aux moines de Saint-Denis, avec ses curieuses personnifications, — sous forme de bustes — (la *Pauvreté*, la *Richesse*, l'*Avarice*, l'*Eau*, le *Feu*, l'*Air*, etc., commencement du XIIIe siècle); puis de superbes dalles funéraires.

Jetons en passant un coup d'œil sur le jardin de l'Ecole, et tout d'abord sur les quatre merveilleuses arcades du château de Gaillon, avec leurs sculptures d'une incomparable finesse, qui forment l'entrée. En face de nous se dresse un pan de mur, orné de bas-reliefs provenant de l'ancien Louvre et attribués à Paul Ponce (la *Charité romaine*, le *Jugement de Cambyse*, etc.). Au fond, se développe la façade postérieure, à l'allure monumentale, de l'hôtel de Chimay.

Le Palais des Etudes, qui se dresse au fond de la seconde cour, renferme le musée des Antiques, la bibliothèque, les collections de dessins et d'autres productions originales, enfin la salle des cours, célèbre sous le nom d'Hémicycle.

Les salles du rez-de-chaussée — vestibule, cour vitrée, salle grecque, salle romaine, salle d'Olympie — font pendant à la chapelle ; mais tandis que celle-ci est réservée à la période chrétienne, ici l'antiquité classique célèbre tous ses triomphes. Est-il nécessaire de rappeler quelles qualités cumulaient les Grecs et leurs imitateurs trop décriés, les Romains : fécondité d'invention et puissance dramatique, observation de la nature et fantaisie, raffinements de la technique et liberté du style. Ils nous offrent un éternel thème d'admiration, et devant cette noblesse alliée à tant d'aisance, devant la perfection du modelé, devant la hauteur de l'inspiration, les chefs-d'œuvre même de la Renaissance pâlissent.

Les visiteurs, persuadés que l'Ecole ne renferme que des reproductions (moulages de sculptures, copies de peintures), passent devant plus d'un torse, devant plus d'un bas-relief, sans se douter qu'ils ont devant eux de précieux originaux. Telle est la gigantesque *Minerve Médicis*, contemporaine du Parthénon (envoyée de Rome à Paris par Ingres) ; tel l'incomparable torse de *Vénus*, placé au bas de l'escalier qui conduit à la Bibliothèque ; tels encore les fragments incrustés dans les baies de la Cour vitrée.

La grande attraction du palais des Etudes, c'est l'Hémicycle de Paul Delaroche.

Accordons, avant d'y pénétrer, un coup d'œil au monument élevé en 1894, en l'honneur de Duban, l'architecte de l'Ecole. Le buste qui le surmonte et le génie qui le soutient sont dus au ciseau si délicat et si éloquent de M. Eugène Guillaume, l'ancien directeur de l'Ecole, qui a laissé dans notre institution tant de traces de sa féconde activité.

L'Hémicycle tire sa gloire de la grande peinture de Paul Delaroche (terminée en 1841). Qui ne connaît la donnée de cette page classique ! Au centre, les trois représentants les plus autorisés de l'antiquité — l'architecte Ictinus, le sculpteur Phidias, le peintre Apelle — trônant graves, austères, impersonnels. Près d'eux, les personnifications du style grec, du style romain, du moyen âge et de la Renaissance (l'éclectisme, on le voit, est la loi de l'Ecole des Beaux-Arts), et la Renommée lançant des couronnes aux jeunes lauréats. Tout à l'entour, les chefs des Ecoles modernes, depuis Giotto, le rénovateur de la peinture, jusqu'à Rembrandt ; les uns isolés dans leurs méditations, tels que Fra Angelico, le peintre séraphique, et Michel-Ange, le sublime misanthrope ; les autres reliés en groupes vivants et éloquents, agitant quelque problème transcendant de technique ou d'esthétique.

Mais montons au premier étage, non sans admirer, en faisant cette ascension, dans la cage de l'escalier, une excellente copie d'une des fresques de Pinturicchio, au dôme de Sienne : le pape Pie II célébrant le mariage de l'empereur Frédéric III avec Eléonore de Portugal ; la composition, d'un coloris vif, riche en portraits et en costumes du temps, est pittoresque plutôt qu'imposante.

Nous entrons, par la porte de gauche, dans une salle longue, touffue, inondée de lumière : la bibliothèque.

Faire connaître et admirer la bibliothèque serait tâche facile pour tout autre que l'auteur de la présente notice. L'enrichissement, la mise en œuvre et en lumière de tant de trésors : mais c'est sa vie à lui-même, le labeur auquel il s'est consacré depuis vingt ans avec tant de joie que l'idée de sacrifice ne saurait même venir à son esprit ! Que du moins il lui soit permis d'accorder un tribut de gratitude à ceux qui l'ont aidé dans cette œuvre pie : à M. Gatteaux, l'éminent graveur en médailles, qui a légué à l'Ecole sa riche collection de dessins, de livres et de gravures ; au sénateur Schœlcher, qui lui a fait don d'une série d'estampes dans laquelle 8,000 graveurs différents sont représentés ; à Mme Lesoufaché, qui a enrichi l'Ecole des imposants incunables, des élégants in-octavo du XVIe siècle, des 30,000 gravures d'ornement, réunis avec une ardeur incomparable par son mari,

La générosité d'amateurs aussi éclairés qu'enthousiastes a triplé, décuplé nos richesse. Grâce à eux, l'Ecole a pu dérouler sur ses parois déployer dans ses meubles-tournants de longues séries de feuillets jaunis, — reliques vénérables, incomparables modèles, — sur lesquels les peintres les plus illustres ont jeté une idée, fixé un contour, caressé une forme. Il n'est pas de production qui nous permette de mieux pénétrer dans l'intimité des maîtres, de saisir leur pensée au vol, d'étudier leur manière de procéder, de suivre l'impétuosité ou les scrupules de leur coup de crayon.

Tout récemment, le legs fait par M. Achille Wasset a enrichi l'Ecole d'une superbe série d'ivoires, de bois sculptés, de bronzes, de terres cuites, de médailles, de pièces d'orfèvrerie, d'émaux, qui permettra aux élèves d'étudier les modèles du passé, non plus seulement dans des reproductions plus ou moins parfaites, mais dans les originaux eux-mêmes. Que d'éléments d'enseignements inconnus à l'ancienne Ecole académique ! A peine encore si la jeunesse artiste a besoin de voyager. Les trésors de l'étranger s'accumulent à Paris :

« Rome n'est plus dans Rome. »

A la suite de la bibliothèque s'étendent : les salles de la Construction (réductions en liège de monuments antiques ou modernes, superbes dessins de maîtres) ; Lesoufaché (bibliothèque formée par l'architecte de ce nom) ; Schœlcher (suite des dessins de maîtres, cheminée surmontée de deux Anges sculptés par Germain Pilon) ; Gatteaux (peintures et dessins de maîtres) ; et enfin, la salle du Conseil (portraits des professeurs de l'Ecole, torchères Louis XIV, pendule Boulle). Partout de précieux spécimens de l'art décoratif, portes sculptées du château d'Anet, au chiffre de Diane de Poitiers, tapisseries Louis XIII, etc., — alternent avec les productions du grand art.

Une place à part, au milieu de tant de richesses, revient aux souvenirs de l'ancienne Académie de peinture et de sculpture : morceaux de réception, académies peintes ou dessinées par les professeurs.

Nous revenons sur nos pas pour visiter la cour du Mûrier, la salle Melpomène, les salles du quai Malaquais.

Une surprise charmante nous attend dans la cour dite du Mûrier, l'ancien cloître des Petits-Augustins ; jusqu'ici l'art débordait partout ; ici la nature vient se mêler à lui : un mûrier vigoureux, rejeton de celui qui a valu son nom à la cour et qui a disparu il y a quelques années, de belles pelouses bordées de lierre, une fontaine jaillissante, mêlent une note d'une fraîcheur délicieuse aux bas-reliefs de la frise du Parthénon et à ceux de la frise de l'hospice Pistoia, une des dernières productions de l'atelier des Della Robbia.

Mais il y a place également ici pour des sentiments plus graves : le monument élevé en l'honneur d'Henri Regnault et des élèves de l'Ecole, morts à l'ennemi pendant la guerre de 1870, proclame quelle part glorieuse nos jeunes artistes ont prise à la défense de la patrie. Un chef-d'œuvre décore ce monument pieux : la statue de la *Jeunesse*, par Chapu.

Les salles qui nous restent à explorer occupent la partie de l'Ecole construite sur le quai Malaquais. Elles sont consacrées aux copies d'après les maîtres et aux prix de Rome.

Dans la pratique, l'établissement du Musée des copies peut prêter à la discussion : en principe, l'idée de Charles Blanc était inattaquable. Une collection de ce genre offrait, en effet, un double avantage : conserver une reproduction des chefs-d'œuvre, au cas où les originaux périraient ; fournir à ceux qui n'avaient pas les moyens ou le loisir de voyager l'occasion de se faire du moins une idée approximative des merveilles conservées dans les musées étrangers. Quel dommage que notre siècle ne dispose pas, pour la reproduction des peintures, d'un procédé aussi parfait que l'est le moulage en plâtre pour la reproduction des sculptures en marbre ! Ce sera affaire au xx° siècle, lorsque l'ingénieux procédé de photographie en couleurs inventé par M. Lippmann aura reçu son plein développement.

Les trois petites salles qui s'étendent à la gauche de la salle Melpomène sont consacrées aux compositions scolaires et retracent toute l'histoire de l'Ecole depuis Louis XIV jusqu'à nos jours. Ici se développent — en rangs trop serrés malheureusement, en attendant qu'ils puissent être exposés d'une façon plus digne, —les grands prix de Rome, les prix de la tête d'expression, concours fondé au xvii siècle par un savant amateur, M. de Caylus, les esquisses modelées ou peintes. Que de coups de maîtres chez ces débutants, mais aussi que d'espérances trompées ! Que de drames autour de ces prix de Rome : le vainqueur, célèbre du jour au lendemain et le plus souvent assuré de faire fortune; les vaincus, découragés, réduits parfois à choisir une autre carrière ! Dans l'organisation même des épreuves, il y a quelque chose de solennel et de mysté-rieux : l'Académie des Beaux-Arts, qui les juge, y pro-cède avec un luxe de précautions dont il est difficile de se faire une idée. La moindre irrégularité, un changement apporté après coup à l'esquisse première, est puni d'exclu-sion.

Et qui n'a entendu parler des soixante-douze jours de loge imposés aux concurrents ! Ici toutefois le public s'exagère la rigueur du régime. Il se figure qu'il s'agit d'une véritable réclusion, pendant laquelle les malheureux sont claquemurés dans d'étroites cellules, avec défense de se promener, de respirer une bouffée d'air frais ! Que les âmes tendres se rassurent ! Nos jeunes élèves ne sont enfermés que de jour ; à la tombée de la nuit, ils sont libres de rentrer chez eux. C'est seulement lors de la première épreuve pour le concours définitif, — épreuve dont la durée est de trente-six heures, — qu'ils sont forcés de passer la nuit à l'Ecole.

Au sujet de ces concours en loge, je me suis livré à des recherches rétrospectives et voici les résultats auxquels je suis arrivé : dès 1663, l'Ecole académique pratiquait le système de loges où les concurrents étaient enfermés et travaillaient, sans communications entre eux et sans rela-tions avec le dehors, de manière à assurer la parfaite sin-cérité des épreuves; chaque concurrent étant abondonné à ses seules forces et à ses seules lumières.

On voit par quelles racines profondes tant de règlements,

en apparence arbitraires, plongent dans un passé vieux de près de deux siècles et demi.

La série des grands prix de Rome commence, pour la peinture, en 1688, et se poursuit, avec des interruptions de plus en plus rares, jusqu'à nos jours. Si elle compte beaucoup de noms aujourd'hui oubliés, on est heureux par contre d'y trouver les représentants les plus aimés de notre art. Le rapprochement seul des noms prouve combien l'enseignement de l'Ecole est libéral : son ambition, ce n'est pas d'imposer à tous le même idéal, c'est de fournir à tous le minimum de connaissances positives sans lesquelles il n'y a pas d'art plastique. Ne faut-il pas apprendre l'orthographe avant de s'attaquer à la tragédie ou au poème épique ? L'Ecole a compris que recommander l'étude des chefs-d'œuvre classiques n'est pas étouffer l'originalité, mais lui donner un stimulant nouveau ; qu'à côté de l'imagination, il fallait faire une part à la discipline. N'est-ce pas le dessinateur impeccable, dont le monument s'élève dans un de nos vestibules, qui l'a proclamé : « Les exemples d'autrui, loin d'affaiblir notre imagination et notre jugement, ainsi que beaucoup de gens le pensent, servent au contraire à resserrer, à consolider nos idées de la perfection, qui, dans l'origine, sont informes et confuses. Ces idées, — ajoute Ingres, — deviennent solides, parfaites et claires, par l'autorité et la pratique de ceux dont on peut dire que l'approbation des siècles a consacré les ouvrages. »

EUGÈNE MUNTZ.

L'ENSEIGNEMENT

A L'ÉCOLE NATIONALE ET SPÉCIALE DES BEAUX-ARTS

SECTION D'ARCHITECTURE

ADMISSION

ÉCOLE NATIONALE ET SPÉCIALE DES BEAUX-ARTS

SECTION D'ARCHITECTURE

ADMISSION

AVANT-PROPOS

Il en est des examens comme de bien des choses ; et le désir de chacun serait de pouvoir essayer ses forces avant d'être candidat sérieux ; oui, essayer, voir, connaître les précédents, les manières d'agir, et ne pas arriver au jour de l'examen seulement avec les exhortations d'un professeur départemental, et les *on dit* des camarades, mais avec une préparation spéciale qui vous mette en quelque sorte au niveau moral de l'examen.

L'examen d'admission à l'école des Beaux-Arts n'est pas, à proprement parler, un examen de mémoire ; c'est la constatation des études antérieures ; et l'on ne demande pas à l'élève de savoir telle ou telle chose, l'on veut seulement se rendre compte et juger si le candidat est apte à suivre fructueusement l'enseignement donné à l'école des Beaux-Arts.

Nous avons donc cherché à montrer aux futurs élèvés la charpente de l'examen, et cela le plus clairement possible ; c'est-à-dire en développant les programmes et en y joignant les divers conseils qui nous ont été dictés par une expérience personnelle. Les programmes que nous donnons dans la partie architecturale, ainsi que la représentation des modèles de dessins, ne sont pas exclusivement ceux qui peuvent être soumis à l'examen ; mais ce sont des programmes et des modèles qui ont été déjà donnés, et qui peuvent à nouveau être choisis pour les candidats à l'admission ; nos programmes forment en quelque sorte la moyenne de l'examen.

L'Enseignement préparatoire pour l'admission à l'école des Beaux-Arts est depuis quelque temps l'objet de nombreux cours spéciaux, professés en dehors de l'Ecole. Ces cours ont remporté jadis de grands succès parce qu'ils suivaient l'enseignement un peu routinier de l'école, surtout avant la nomination de M. Guadet au poste de professeur de théorie. On arrivait alors par déduction à connaître approximativement d'avance le sujet des concours. Cependant, malgré le changement complet apporté dans le choix des programmes par M. Guadet, les élèves en suivant *fructueusement* ces cours préparatoires ont beaucoup plus de chances d'arriver que les élèves isolés ; nous soulignons à dessein fructueusement, car les cours préparatoires, pour donner de bons résultats, doivent être excessivement surveillés au point de vue présence et travail, car le moment où l'on suit ces cours coïncide généralement avec une période de la vie un peu turbulente, et l'habitude et la passion dans le travail dépendent de ces premiers débuts.

Il existe aussi à l'école même des Beaux-Arts des ateliers gratuits où les aspirants peuvent aller préparer leur examen ; mais dans ces ateliers, la véritable notion du concours ne leur est pas donnée, ils ont pour ainsi dire trop d'émulation au contact permanent des élèves de première et de seconde classe, et leurs projets s'en ressentent. De même, cette association avec les élèves admis à l'école ne leur est pas profitable, car ils ne font que très peu de travaux d'admission, le temps se passe surtout à aider leurs camarades dans des travaux d'un ordre assez inférieur et qui n'ont que de très lointains rapports avec l'étude des proportions doriques ou corinthiennes.

Ce n'est pas une protestation que nous dirigeons contre les ateliers de l'école ; ces réflexions sont le fait d'une expérience personnelle et notre opinion serait toute contraire si nous parlions à des élèves admis définitivement à l'Ecole. Nous leur conseillerions, et cela le plus énergiquement possible, d'entrer dans un des trois ateliers de l'Ecole, car les ateliers de l'Ecole sont, à notre avis, bien supérieurs aux ateliers extérieurs pour l'élève admis, tant au point de vue enseignement, pour la commodité personnelle, et la gratuité.

Maintenant, puisque nous parlons à des nouveaux, notre devoir est de leur enlever toute idée préconçue sur les brimades. Nous nous sommes souvent élevés, dans la presse parisienne, contre les brimades, et nous avons accentué à dessein le tableau de ces méchantes plaisanteries dans le seul but de voir donner des ordres sévères pour arriver à la suppression complète de ces abus. Mais à vrai dire, les brimades n'existent pas dans les ateliers d'architectes, les élèves sont de grands enfants, et tant que la plaisanterie ne cherche qu'à former et assouplir le caractère, il faut l'accepter ; mais ce qu'on ne devrait pas tolérer, par lâcheté ou par peur, c'est un acte contraire aux convenances, et par ce mot de convenances, j'entends d'abord le respect dû aux mœurs, ou à une opinion personnelle.

L'enseignement général de l'Ecole a été très souvent critiqué, on a reproché aux professeurs leur manière de voir en ce qui concerne le côté pratique et l'exécution qui, pour beaucoup, paraissent être sacrifiés au côté décoratif.

S'il y a du vrai dans cette critique, on doit penser combien est excusable cet état de choses, étant donné que les professeurs et les élèves de l'école des Beaux-Arts sont avant tout des artistes et non des ingénieurs. L'Enseignement n'est sans doute plus au niveau de nos besoins modernes, la manière d'instruire enlève peut-être le cachet d'originalité que l'élève possède parfois aux débuts de ses études, mais il est incontestable qu'elle lui donne les principes fondamentaux et l'aide à se débarrasser des mauvais éléments, tout en lui traçant une ligne de travail qui lui permet d'atteindre aux sommets de son art. Et voilà pourquoi les nombreuses et vigoureuses attaques dirigées depuis longtemps contre l'école des Beaux-Arts n'ont abouti à aucune modification ; le principe de l'école entre dans la théorie du « bloc », l'école des Beaux-Arts est une, il faut savoir l'accepter avec ses nombreuses qualités et ses défauts, car c'est encore là que tous nos maîtres modernes sont venus puiser la notion exacte de leur art et mettre au point leur génie.

H. G.

SECTION D'ARCHITECTURE

PIÈCES NÉCESSAIRES
POUR L'INSCRIPTION A L'ÉCOLE

Pour l'inscription, qui aura lieu au bureau du secrétariat de l'Ecole, les jeunes gens (hommes ou femmes) doivent produire :

Les Français : un extrait d'acte de naissance ;

Les étrangers : une lettre d'introduction du ministre, de l'ambassadeur ou du consul général de leur nation, faisant connaître la date et le lieu de naissance.

Tous doivent être munis d'une pièce attestant qu'ils sont en état de subir les épreuves d'admission.

ÉPREUVES D'ADMISSION

Ces épreuves, qui ont lieu deux fois par an, en octobre-novembre et en avril-mai, consistent en :

Une composition d'architecture exécutée en loge en douze heures.

Les candidats admis à la suite de cette épreuve sont seuls autorisés à subir les épreuves ci-après :

1° Dessin d'une tête ou d'un ornement d'après le plâtre, exécuté en huit heures ;

2° Modelage d'un ornement en bas-relief d'après un plâtre, exécuté en huit heures ;

3° Exercices de calcul faits en loge, dont un de calcul logarithmique ;

4° Examens d'arithmétique, d'algèbre et de géométrie élémentaire ;

5° Epure de géométrie descriptive appliquée à une projection d'architecture, faite en loge et en huit heures ;

6° Examen de géométrie descriptive ;

7° Epreuve d'histoire, qui consiste en un examen oral et une composition écrite.

Pour chaque session, l'inscription se fait dans les huit jours qui précèdent la première épreuve.

SECTION D'ARCHITECTURE

PROGRAMMES D'ADMISSION

ÉPREUVES SCIENTIFIQUES

ARITHMÉTIQUE

Numération ; définitions, règles et preuves de l'addition, de la soustraction, de la multiplication et de la division des nombres entiers et des nombres décimaux. — Un produit n'est pas altéré quand on intervertit l'ordre des facteurs. — Caractères de divisibilité d'un nombre par 2, 4... 5, 25... par 9 et par 3. — Preuve par 9 de la multiplication. — Nombres premiers. — Décomposition d'un nombre en facteurs premiers. — Plus grand commun diviseur et plus petit multiple commun à plusieurs nombres.

Fractions. — Définition des fractions. — *Simplification des fractions :* réduction au même dénominateur, au plus petit dénominateur commun. — *Addition* et *soustraction* des fractions. — *Multiplication :* définition du produit d'un entier ou d'une fraction par un nombre fractionnaire. — *Division :* définition du quotient d'un entier ou d'une fraction par un nombre fractionnaire. — *Approximations :* quotient approché de deux nombres entiers ou décimaux à moins de 0.1, 0.01, 0.001., par *excès* ou par *défaut.* — Réduction d'une fraction ordinaire en fraction décimale.

Carré et racine carrée. — Définition. — Règle et preuve de l'extraction de la racine carrée des nombres entiers et décimaux à moins d'une unité, de 0.1, 0.01, etc., par *excès* ou par *défaut.*

SYSTÈME MÉTRIQUE

1° MESURES DE LONGUEUR. — *Mètre*. Multiples et sous-multiples.

2° MESURES DE SURFACE. — *Mètre carré*, Multiples et sous-multiples. — *Are*. Multiples et sous-multiples.

3° MESURES DE VOLUME. — *Mètre cube*. Multiples et sous-multiples. — *Litre*. Multiples et sous-multiples. — *Stère*. Multiple et sous-multiple.

4° MESURES DE POIDS. — *Gramme*. Multiples et sous-multiples.

5° MESURES MONÉTAIRES. — Monnaies d'or, d'argent et de bronze. — Exercices numériques sur les différentes parties du système métrique.

RAPPORTS ET PROPORTIONS

Définitions. — Théorèmes élémentaires sur les rapports. — Règles de trois directes ou inverses, simples ou composées. — Intérêts simples. — Escompte. — Partages en parties proportionnelles. — Moyenne arithmétique entre plusieurs quantités.

NOTA. — On n'exigera des candidats que l'énoncé et l'application pratique des règles de l'arithmétique ; néanmoins, pour le classement, il sera tenu compte de leurs connaissances théoriques.

ALGÈBRE

Notions générales. — *Addition* et *soustraction* des monômes entiers. — *Multiplication* et *division* des monômes entiers. —*Monômes fractionnaires.* — Leur réduction à leur plus simple expression. — Réduction au même dénominateur d'une série de monômes fractionnaires. — *Addition, soustraction, multiplication* et *division* des monômes fractionnaires.

Polynômes. — Polynômes ordonnés par rapport aux puissances croissantes ou décroissantes d'une lettre. — *Addition* et *soustraction* des polynômes; réduction des termes semblables. — *Multiplication* d'un polynôme par un monôme, d'un polynôme par un autre polynôme. — *Division* d'un polynôme par un monôme. Cas les plus simples de la division d'un polynôme par un autre polynôme. — Division par $x-a$; quotient. — Applications. — *Fractions algébriques;* leur calcul.

Équations. — Équations numériques. — Équations littérales. — Résolution d'une équation du premier degré à une inconnue. — Résolution d'un système d'équations du premier degré comprenant autant d'équations que d'inconnues. — Inégalités du premier degré. — Équations du second degré à une inconnue; discussion ; relations entre les coefficients et les racines. — Applications.

PROGRESSIONS ET LOGARITHMES

Progressions arithmétiques. — Progressions géométriques. — Logarithmes. — Définition. — Énoncé des propriétés générales. — Usage des tables.

Nota. — La composition écrite comprendra, obligatoirement, une épreuve de calcul logarithmique. (Les tables à cinq décimales suffiront.)

GÉOMÉTRIE ÉLÉMENTAIRE

GÉOMÉTRIE PLANE

Définitions. — Ligne droite et plan. — Lignes brisées. — Lignes courbes. — Angles. — Théorèmes sur les angles. — Perpendiculaires et obliques. — Triangles. — Cas d'égalité. — Triangles isocèles, équilatéraux, rectangles. — Parallèles. — Somme des angles d'un triangle et d'un polygone. — Parallélogramme. — Rectangle. — Carré. — Trapèze. — Losange. — Circonférence du cercle. — Arcs et cordes. — Tangentes. — Sécantes. — Intersection et contact de deux cercles. — Mesure des angles. — Évaluation en degrés, minutes et secondes. — Construction des angles et des triangles. — Circonférence passant par trois points donnés. — Tangentes communes à deux cercles. — Segment capable d'un angle donné.

Similitude. — Lignes proportionnelles. — Triangles semblables. — Propriétés des bissectrices dans un triangle. — Polygones semblables. — Théorèmes relatifs à la perpendiculaire abaissée du sommet de l'angle droit sur l'hypoténuse et au carré de l'hypoténuse. — Expression du carré du côté d'un triangle opposé à un angle aigu ou obtus. — Théorèmes relatifs aux sécantes et aux tangentes menées par un même point à un cercle. — Division des droites en parties égales ou proportionnelles. — Moyenne proportionnelle. — Applications. — Polygones réguliers ; cercles inscrits et circonscrits. — Rapport des périmètres de deux polygones réguliers semblables. — Rapport de la circonférence au diamètre. — Aires du rectangle, du parallélogramme, du triangle, du trapèze, d'un polygone quelconque, du cercle, d'un secteur, d'un segment de cercle. — Rapport des aires des polygones semblables.

GÉOMÉTRIE DANS L'ESPACE

Déterminations du plan. — Droites perpendiculaires ou obliques à un plan. — Droites parallèles. — Plans et droites parallèles. —Plans parallèles. — Angles dièdres. — Théorèmes sur les dièdres. — Plans perpendiculaires. — Angles trièdres. — Théorèmes sur les trièdres. — Polyèdres. — Parallélipipèdes. — Cube. — Surface et volume du parallélipipède, du prisme, de la pyramide, du tronc de pyramide à bases parallèles, d'un polyèdre quelconque. — Similitude des prismes et pyramides. —Rapport de leurs surfaces et de leurs volumes. — Cylindres. — Cônes. — Tronc de cône à bases parallèles. — Surfaces et volumes. — Sphère. — Section de la sphère par un plan. — Pôles d'un cercle. — Détermination du rayon d'une sphère. — Plans tangents. — Surface engendrée par la rotation d'une ligne brisée régulière autour d'un axe tracé dans son plan et passant par son centre. — Aires de la zone, de la sphère. — Volume de la sphère, du secteur sphérique, du segment sphérique.

Nota. — Les examens porteront sur les définitions, les théorèmes et les problèmes d'application relatifs à toutes les parties de ce programme.

GÉOMÉTRIE DESCRIPTIVE.

LIGNES DROITES ET PLANS

Différents systèmes de projections ; défigurations dues aux projections; figures planes projetées en vraie grandeur ou projetées en ligne droite. — Des deux plans rectangulaires de projection. — Représentation du point; représentation de la ligne droite ; traces d'une droite. — Projections de deux droites qui se coupent et de deux droites parallèles. — Théorème relatif à la projection, en vraie grandeur, d'un angle droit; réciproques. — Changements de plans de projection et rotations, relativement aux points et aux droites. — Applications diverses, notamment à la recherche de la distance d'un point à une droite et à la recherche de la plus courte distance de deux droites.

Détermination et représentation du plan. — Un plan étant défini, trouver une droite et un point du plan. — Réciproquement, connaissant une droite ou un point, reconnaître si cette droite ou ce point appartient au plan. — Droites remarquables d'un plan : horizontales, lignes de front, lignes de plus grande pente, traces. — Plan défini par ses traces ; cas particuliers. — Les projections d'une droite perpendiculaire à un plan sont respectivement perpendiculaires aux traces de même nom du plan. — Réciproque. — Changements de plans de projection et rotations, relativement aux plans. — Rabattement d'un plan et problème inverse. — Rabattre un plan et entraîner dans son mouvement une figure déterminée, liée invariablement à lui; problème inverse. — Applications.

Mener par un point une droite perpendiculaire à un plan ou un plan perpendiculaire à une droite. — Cas particuliers. — Projection des courbes planes et en particulier de la circonférence du cercle. — Intersection de deux plans ; cas particuliers. — Intersection d'une droite et d'un plan ; cas particuliers.

Angle de deux droites. — Angle de deux plans. — Angle d'une droite et d'un plan. — Distance d'un point à une droite, d'un point à un plan. — Perpendiculaire commune à deux droites. — Représentation des polyèdres simples. — Sections planes des prismes, des pyramides ; développements. — Applications du programme ci-dessus aux questions d'ombres à 45°.

ARCHITECTURE

ÉPREUVES D'ADMISSION

HISTOIRE GÉNÉRALE

HISTOIRE ANCIENNE

Orient.

1. Enumération des principaux Etats orientaux ; leur situation géographique.
2. L'Egypte : notions très sommaires sur son histoire; monuments de Thèbes et Memphis.
3. Les Hébreux : notions très sommaires sur leur histoire.

Grèce.

4. Situation géographique de la Grèce.
5. Guerre de Troie. — Homère.
6. Guerres médiques. — Siècle de Périclès.
7. Principaux écrivains et artistes.
8. Notions sommaires sur la mythologie grecque.
9. Alexandre.

Rome.

10. Situation géographique de l'Italie.
11. Rome et les Gaulois.
12. Les guerres puniques.
13. César et Auguste.
14. Les Antonins.
15. Principaux écrivains romains.
16. Constantin ; le christianisme dans l'Empire romain.
17. Les invasions barbares.

HISTOIRE MODERNE

18. Conquête de la Gaule par César.
19. Conquête de la Gaule par les Francs; Clovis.
20. Justinien. — Mahomet.
21. Charlemagne.
22. Les Croisades. — Saint Louis.
23. Charles V et du Guesclin. — Charles VI et Jeanne Darc.
24. La découverte du Nouveau Monde.
25. La Renaissance en Europe (principaux écrivains et artistes).
26. La Réforme.
27. François Ier et Charles-Quint.
28. Henri IV.
29. La guerre de Trente ans; Richelieu.
30. Louis XIV.
31. Le siècle de Louis XIV (principaux écrivains et artistes).
32. Louis XV.
33. Pierre le Grand ; Frédéric II ; Catherine II.
34. Les grands écrivains du xviiie siècle.
35. La guerre de l'Indépendance des États-Unis.

SECTION D'ARCHITECTURE

ADMISSION — ÉPREUVES

COMPOSITION D'ARCHITECTURE

EXPOSÉ PRATIQUE

L'épreuve d'architecture est la première et la plus importante partie de l'examen, car elle est éliminatoire, son coefficient étant fort élevé : 15, il s'en suit que les concurrents doivent diriger tous leurs efforts vers cette composition.

La composition et le rendu de cette partie de l'examen, suivant l'avis des professeurs de l'école, devront être aussi simples que possible. Cette composition se rapportant à l'étude des cinq ordres d'architecture ; le candidat devra savoir mettre un ordre en proportions ; avoir quelques notions de composition ; savoir composer un plan et faire une coupe ; c'est en résumé un petit projet d'architecture renfermant l'étude d'un ordre avec frontons, portes et fenêtres. Pour le rendre, l'aquarelle, à moins de connaissances spéciales, ne devra pas être employée, tout au contraire, un lavis simple, avec un tracé correct des ombres, contribuera à élever la moyenne de la note s'il est bien exécuté.

Le plan devra être facilement lisible, et ne pas renfermer de points inutiles, la coupe, d'habitude fort négligée, devra attirer toute l'attention du candidat, surtout les coupes situées sur les entablements et sur les frontons, qui peuvent montrer aux examinateurs les études faites précédemment par l'élève.

La composition d'architecture doit être effectuée en douze heures à partir du moment de la donnée du programme, le rendu du concours a lieu habituellement entre 9 heures et 10 heures du soir, les loges n'étant éclairées que par des bougies, les dernières heures du concours ne devront pas compter comme très productives en travail. Les candidats sont appelés en loge par ordre de tirage au sort, les soixante-treize premiers élèves font leur composition deux par deux dans chaque loge, les autres prennent place sur des tables disposées dans les anciens ateliers de peinture, situés à proximité de la bibliothèque.

Le maximum pour cette épreuve est 20, le minimum 7. D'après les constatations faites aux derniers examens, la note moyenne atteinte pour les différents projets est 8, les notes supérieures ne s'écartent que très rarement de 9 à 14.

L'Exposition des projets d'admission (sans aucune élimination) a lieu le lendemain ou le surlendemain du jour qui suit le concours, de dix heures du matin à midi ; aucune rectification ou correction n'est autorisée. Le résultat de cette épreuve est connu le soir même de l'exposition, par une affiche apposée dans la salle d'Ingres, tableau d'architecture. Les candidats reçus y sont placés par ordre alphabétique et non par ordre de mérite, les candidats ne figurant pas sur cette liste sont éliminés, et par conséquent ne peuvent subir les autres épreuve de l'examen. L'emploi d'aucun ouvrage n'est autorisé pour ce concours, l'usage d'un document quelconque amènerait la mise hors concours du candidat, par le jury d'admission.

Suivent différents programmes donnés précédemment à ce concours.

PROGRAMMES

OBSERVATIONS GÉNÉRALES A TOUS LES PROGRAMMES :

1° *Toute esquisse négligée, incomplète ou au crayon seulement est un cas de mise hors de concours.*

2° *L'inobservation des prescriptions du programme, ou le défaut de concordance entre les dessins sont des cas de mise hors de concours.*

UN PORTIQUE-MUSÉE DANS UN PARC

Cet édifice, d'ordre ionique, placé sur une colline et entouré de bosquets, abriterait principalement dix statues et serait disposé de manière à former point de vue pour un palais. A cet effet, il pourrait avoir pour soubassement des grottes, des rampes, des escaliers.

Sa plus grande dimension n'excédera pas 25 mètres.

On fera le plan et la coupe à l'échelle de $0^m,005$ pour mètre, l'élévation au double.

UN CORPS DE GARDE DE SAPEURS-POMPIERS

Ce petit édifice d'utilité et de sûreté publique serait isolé de toutes parts et situé sur une place.

Il se composerait d'un porche, de la salle ou corps de garde pouvant contenir huit ou dix hommes, d'une pièce pour un sergent et de chambre de sûreté.

Dans une petite cour se trouveront, comme dépendances, des remises pour deux pompes et deux tonneaux à incendie, une fontaine avec réservoir et des latrines.

La plus grande dimension n'excedera pas 20 mètres.

On fera le plan et la coupe à l'échelle de $0^m,005$ pour mètre, l'élévation au double.

LA FAÇADE D'UNE MAIRIE DE PETITE VILLE

Cette façade, dont la dimension en largeur n'excédera pas 15 mètres, exprimera, dans son milieu, un vestibule, et au-dessus une salle principale ; des pièces accessoires seront supposées de chaque côté ; un beffroi couronnera le tout.

On fera pour les esquisses le plan et la façade à une échelle de $0^m,01$ pour mètre.

UN PAVILLON D'ANGLE EN ROTONDE

Ce pavillon, appartenant à un édifice public, tel qu'une Faculté, serait élevé *à l'angle de deux rues* : tel est le cas, à la Bibliothèque nationale, de l'angle des rues de Richelieu et des Petits-Champs.

Comme dans cet exemple, on supposera que l'édifice comporte sur chaque rue un *soubassement, un rez-de-chaussée, et un premier étage* PLUS IMPORTANT, dont l'entablement recevra la toiture.

Le pavillon en rotonde aura sa façade circulaire sur au moins sa demi-circonférence. Il n'excédera sur aucune des deux rues l'alignement des façades rectilignes auxquelles il doit se raccorder par les divers éléments de son architecture, ordres, fenêtres, bandeaux ou entablements, etc. Les deux rues forment entre elles un angle droit.

Le diamètre extérieur de la rotonde *n'excédera pas 10 mètres. Son intérieur sera occupé à chaque étage par une salle circulaire, communiquant à des séries de salles sur chacune des deux rues et éclairée par une ou trois fenêtres.*

La toiture peut être conique ou en forme de coupole.

Les dessins à présenter sont :

1° *Un plan*, au premier étage, comprenant la rotonde et *l'amorce des deux bâtiments parallèles aux rues*, et, si la composition le comporte, le départ des dégagements (galeries et corridors ou portiques) desservant cet ensemble autour d'une cour intérieure.

Ce plan, nettement tracé et *poché*, sera à l'échelle de $0^m,005$ pour mètre.

2° Une élévation, projetée parallèlement à l'une des deux rues, comprenant :

La première travée de la façade sur la rue ;

La façade de la rotonde ;

Le profil (si la saillie de la rotonde le laisse voir) du bâtiment sur l'autre rue.

Cette façade sera à l'échelle de $0^m,01$ pour mètre.

3° La coupe de la rotonde, suivant son diamètre diagonal.

Il suffira que cette coupe comprenne la moitié de ladite rotonde, depuis son axe central jusqu'au dehors. Elle présentera donc en tous cas le profil entier du mur de façade.

Cette coupe sera comme la façade à l'échelle de $0^m,01$ pour mètre ; elle sera présentée sur un même dessin, horizontalement en regard de la façade.

Les parties en coupe seront teintées visiblement.

OBSERVATION GÉNÉRALE. — L'indication de l'appareil dans les dessins et le tracé des ombres ne peuvent être exigés ; mais le jury en *tiendra compte dans l'attribution des points :*

Du tracé de l'appareil en façade et en coupe ;
Du tracé des ombres à 45 degrés.
Les dessins non lavés doivent être tracés à l'encre.

UN ENTRE-COLONNEMENT DE PORTIQUE

Cet entre-colonnement serait d'ordre corinthien.

On établira les proportions convenables à l'écartement des colonnes, ainsi que le rapport proportionnel de la hauteur totale de ces colonnes avec l'entablement, composé de ses trois parties : architrave, frise et corniche.

On fera un entre-colonnement et deux colonnes entières, en plan et en élévation, sur une échelle de $0^m,02$ pour mètre. Les colonnes auront, au-dessus des bases, 1 mètre de diamètre.

On fera, de plus, à l'échelle de $0^m,10$ pour mètre, et bien arrêté au trait à l'encre, le détail du chapiteau, en donnant, comme les Grecs, au tailloir la sixième partie de la hauteur.

LA FAÇADE DU PAVILLON MILIEU DE L'HOTEL D'UN MINISTÈRE DE LA GUERRE

Cette façade se compose d'un rez-de-chaussée et d'un premier étage accessoire formant attique. Ce deuxième étage pourra être compris dans la hauteur des voussures d'une grande salle que l'on supposera au premier, ou être un étage accessoire.

La largeur du pavillon n'excédera pas 15 mètres. On fera le plan du mur de face, avec arrachement du vestibule d'entrée, et l'élévation, avec arrachement des bâtiments attenants, à une échelle de $0^m,008$ pour mètre.

LE PAVILLON D'ENTRÉE PRINCIPALE D'UNE COUR D'HONNEUR

On suppose que DE CHAQUE CÔTÉ d'une cour d'honneur, dans un ÉDIFICE IMPORTANT, sont disposés des bâtiments où se font *les entrées de service ; ces bâtiments sont reliés l'un à l'autre par un portique,* au milieu duquel s'élève un pavillon central des entrées d'apparat.

Cette entrée monumentale n'a donc besoin *ni de concierge, ni de toutes autres dépendances*, qui se trouvent dans les bâtiments latéraux.

L'objet du concours est cette entrée principale, avec amorce des portiques latéraux, d'après les conditions ci-après :

LE PAVILLON MILIEU S'ÉLÈVERA PLUS HAUT QUE LES PORTIQUES CONTIGUS ; cette plus grande élévation ne résultera pas seulement d'additions au-dessus d'un entablement commun ; L'ENTABLEMENT DES PORTIQUES DEVRA ÊTRE PLUS BAS QUE CELUI DU PAVILLON.

Le pavillon d'entrée comprendra UNE LARGE PORTE, et un vestibule ou passage *voûté* de la voie publique à la cour d'honneur ; il donnera d'autre part accès aux *portiques dont le sol pourra être un peu plus élevé*. En façade, il comportera une inscription et sera étudié dans un caractère monumental.

Les portiques seront également voûtés. Ils pourront être traités en arcades ou en plates-bandes, et couverts par des toitures inclinées ou par des terrasses. Il sera prévu des grilles, pour qu'on ne puisse pas s'introduire dans la cour par les portiques.

Sauf ces prescriptions, toute liberté d'étude est laissée aux concurrents.

La plus grande largeur en façade du pavillon central n'excédera pas 12 mètres.

On fera :

Un plan, *poché en noir*, comprenant le pavillon milieu, et l'amorce des portiques jusqu'à concurrence de 25 mètres de longueur totale ;

L'élévation de ce même ensemble ;

Une coupe sur le pavillon milieu, perpendiculaire à la façade . . . . en regard l'une de l'autre.
Une coupe sur le portique, également perpendiculaire à la façade, et regardant le pavillon milieu.

Ces divers dessins aux échelles suivantes :

Le plan à 0^m,004 pour mètre ;

La façade et les coupes à 0^m,008 pour mètre.

Il sera tenu compte pour l'attribution des points :

Du tracé de l'appareil dans la façade et les coupes ;

Du tracé des ombres.

UN PORTIQUE POUR DESCENDRE A COUVERT

Ce portique serait construit en avant de la façade et attenant au vestibule d'un théâtre. On le disposerait de manière que le défilé des voitures ne puisse nuire ni à l'entrée ni à la sortie du public.

Le portique, d'ordre ionique, à plates-bandes ou à arcades, aurait 30 mètres de longueur et sa saillie ne dépasserait 8 mètres en avant de la façade où il serait adossé.

La hauteur, depuis le sol jusqu'au-dessous du plafond ou de l'intrados de la voûte, serait au maximum de 9 mètres.

On fera :

1° Le plan avec arrachement du vestibule et la coupe à l'échelle de $0^m,004$ pour mètre ;

2° L'élévation au double ;

3° Un détail ombré de la base de colonne à l'échelle de 0^m10.

UN PORTIQUE DANS UN JARDIN PUBLIC

Ce portique serait construit sur le bord d'une terrasse haute de 4 mètres au-dessus du sol du jardin. Elevé de quelques marches seulement sur la terrasse même, il serait mis, par des escaliers, en communication avec le sol inférieur. Il serait disposé pour servir d'abri contre les intempéries ou contre le soleil et présenterait des bancs et des exèdres pour le repos, la conversation et la lecture. Un ou deux petits bureaux pour la location ou la vente de livres et de journaux feraient partie de cette composition, dont la décoration serait complétée par des statues et des vases. La longueur totale du portique n'excédera pas 40 mètres.

On fera un plan, une coupe et une élévation générale du côté du jardin, présentant le mur de terrasse, les escaliers et le portique à l'échelle de $0^m,005$ pour mètre, plus l'élévation, au trait seulement, d'une travée du portique, du côté opposé à la façade générale, à l'échelle de $0^m,02$ pour mètre.

Les dessins, non lavés, devront être passés au trait à l'encre.

La concordance entre le plan, la coupe et l'élévation est particulièrement recommandée aux concurrents.

UN PAVILLON ENTRE UNE GRILLE D'HONNEUR
ET UN PORTIQUE

On suppose que la cour d'honneur d'un grand édifice (tel que Ministère, Préfecture, etc.) *ouvre sur une place par une grille d'honneur. A chaque extrémité* de cette grille, il y a un pavillon en pierre, lequel *sert de point de départ à un portique monumental.*

C'est l'étude de ce pavillon qui est l'objet du concours.

Sa composition est absolument simple : c'est celle d'un pavillon de passage, par conséquent *une seule salle, ouverte sur ses quatre faces.* La *façade latérale qui est opposée à la grille ouvre sous le portique,* que le pavillon peut dominer en silhouette.

Ce pavillon sera voûté en maçonnerie apparente; chacune de ses façades sera percée d'une baie et décorée d'une façon monumentale. Il sera couvert en ardoises, le comble en charpente devant être pratiqué *au-dessus* des voûtes.

Toute liberté est laissée aux concurrents quant à la combinaison de la voûte, à la forme du comble et à la composition architecturale des motifs de façade.

Le portique serait voûté. Le pavillon et le portique sont clos par des grilles du côté extérieur.

TERRAIN

La plus grande dimension du pavillon, y compris toutes saillies d'architecture, n'excédera *pas 10 mètres.*

On fera l'échelle de $0^m,01$ pour mètre :

Le plan, y compris *une travée* du portique ;

L'élévation, y compris également *une travee* du portique ;

La coupe longitudinale, c'est-à-dire perpendiculaire à la façade.

Nota. — *L'élévation et la coupe seront en regard l'une de l'autre.*

Facultatif.
> En outre, il sera tenu compte :
> *De l'indication de l'appareil dans la façade et la coupe;*
> *De l'indication de la construction dans la coupe;*
> *Du tracé des ombres;*
> *D'une coupe transversale du portique à $0^m,01$.*

On devra observer que :

1° Tout dessin non lavé devra être tracé à l'encre;

2° Il ne sera toléré ni calques, ni décalques, ni poncés, même lavés.

UN PAVILLON DE LECTURE DANS UN PARC

Ce petit édifice, destiné à ceux qui désirent se délasser de la promenade par quelques moments de lecture, serait élevé dans un des bosquets les plus retirés d'un jardin public.

Il contiendra un vestibule ouvert en portique, un salon de lecture ou bibliothèque, plusieurs cabinets particuliers pour ceux qui voudraient étudier ou copier, une garde-robe et un petit escalier montant de l'entresol au-dessus à une pièce de dépôt et au balcon ou galerie de la bibliothèque.

La plus grande dimension du bâtiment n'excédera pas 20 mètres.

On fera le plan et la coupe à une échelle de $0^m,004$ pour mètre et l'élévation au double.

UN EXÈDRE JOINT A UNE SALLE DE BILLARD

On appelle exèdre une construction disposée pour la conversation, garnie de sièges et ouverte de manière qu'on puisse, du lieu où l'on converse, jouir en même temps de la vue de l'extérieur.

L'ensemble proposé d'un exèdre et d'une salle de billard serait une dépendance d'un château de plaisance, au cours duquel il se rattacherait par une communication couverte.

La grandeur d'un billard est communément de $3^m,30$ sur 2 mètres, la largeur de l'espace nécessaire à l'entour pour la circulation d'au moins $1^m,60$.

La plus grande dimension de l'exèdre et de la salle de billard n'excédera pas 15 mètres, non compris les degrés et empattements qui pourront en dépendre.

On rendra compte par arrachement et en dehors de la dimension susdite de la galerie de communication dans une longueur de 4 à 5 mètres.

On fera un plan, une coupe et une élévation sur une échelle de $0^m,01$ pour mètre.

L'ENTRÉE D'UN HOPITAL D'ENFANTS

Cette entrée se compose d'un vestibule ouvrant sur la voie publique : les voitures amenant les malades doivent y entrer ; par conséquent, ce vestibule sera ouvert à l'opposé sur une cour où les voitures iront tourner pour ressortir par une autre issue.

Ce vestibule donnera accès sur les côtés, d'une part à un *logement de concierge*, et d'autre part à une *salle d'attente qui précéderait la salle de visite*.

On observera pour cette composition les conditions suivantes :

La grande porte d'accès des voitures est accompagnée de chaque côté par des *portes secondaires pour les piétons ;*

Le vestibule est voûté ;

Il se raccorde avec un portique en bordure de la cour intérieure, parallèlement à la façade.

Les dimensions à observer sont, au maximum :

De la rue à la cour, y compris le portique et toutes les saillies d'architecture : *12 mètres ;*

Largeur du vestibule dans œuvre, parallèlement à la façade : *8 mètres.*

Les parties latérales (loge de concierge et salle d'attente) seront données en amorce seulement.

On fera :

1° Le plan à $0^m,01$ pour mètre ;

2° Moitié de la coupe parallèle à la façade à $0^m,02$ pour mètre ;

3° Perpendiculairement à la façade, la coupe depuis l'axe du vestibule et celle du portique (cette coupe sera horizontalement en regard de la précédente), à $0^m,02$ pour mètre ;

4° La façade sur la rue à $0^m,02$ pour mètre.

Tous ces dessins seront tracés avec soin ; les plans seront pochés, les façades seront rendues et les ombres y seront correctement tracées.

UN PAVILLON DE RETRAITE POUR UN SAVANT

Ce pavillon, qu'on suppose devoir être construit dans le parc d'une propriété royale et qui formerait un des points de vue du château, aurait pour soubassement une terrasse élevée.

Il se composerait, au rez-de-chaussée, d'un vestibule, d'un escalier, d'une salle à manger et d'un salon; la cuisine et ses dépendances sont supposées dans le soubassement.

Au premier étage seraient un cabinet de travail, une chambre à coucher et un cabinet de toilette.

Au-dessus serait une loge ou belvédère favorablement disposé pour les observations astronomiques.

Toutes les pièces de ce pavillon doivent être de petite dimension et distribuées de manière à donner à l'extérieur un aspect architectural régulier.

La plus grande dimension du terrain est fixée à 12 mètres; le soubassement pourra s'étendre au-delà de cette mesure.

On fera le plan du rez-de-chaussée, celui du premier étage et la coupe à une échelle de 0^m,005 pour mètre, l'élévation sera au double.

LE SERVICE DE RÉCEPTION D'UN HOTEL DE VILLE

Le service dépendant d'un hôtel de ville supposé élevé, dans un chef-lieu de département important, comprendrait au rez-de-chaussée :

Un vestibule donnant accès à un logement de concierge, à des vestiaires et à des galeries desservant les autres parties du rez-de-chaussée, dont on ne rendra pas compte; un grand escalier ;

Au premier étage :

Une large galerie mettant' en communication les services de cet étage et sur laquelle donnerait l'arrivée de l'escalier; une salle des fêtes s'ouvrant sur cette galerie, accompagnée de salons secondaires qu'on n'aura pas à indiquer.

Le rez-de-chaussée serait élevé sur un soubassement contenant des services accessoires.

Au-dessus de la salle des fêtes se trouverait un étage de comble, disposé pour recevoir des archives.

Le vestibule serait voûté en maçonnerie de pierre de taille ou mixte; le mode de structure de ces voûtes est laissé au choix des concurrents.

Le grand escalier serait construit tout en pierre ou bien avec limon en fer recouvert de stuc, semelles en pierre ou en marbre, à volonté.

La galerie du premier étage et la salle des fêtes seront voûtées ou plafonnées avec voussures ; l'ossature des voûtes, du plafond et des voussures sera exclusivement métallique.

Le sol du vestibule et de la galerie du premier étage pourra être recouvert d'un dallage en pierre, d'un carrelage céramique ou de mosaïque. La salle des fêtes sera parquetée.

Le comble sera construit en fer.

Le soubassement pourra être voûté ou recouvert d'un plancher de fer à volonté.

La plus grande dimension de la salle des fêtes ne dépassera pas 35 mètres.

On donnera le plan du rez-de-chaussée (vestibule et dépendances directes, escalier avec arrachements des parties voisines), celui du premier étage (escalier, galerie et salle des fêtes avec arrachements des parties voisines), à l'échelle de $0^m,005$ pour mètre.

A l'échelle de $0^m,02$ pour mètre, et se rapportant seulement aux travées comprises dans la largeur de l'escalier : les plans des fondations, du soubassement, du rez-de-chaussée, du premier étage, de l'étage de comble, de la toiture, avec l'indication de l'appareil et du dallage, la projection des voûtes et des planchers, la façade, la coupe transversale, la coupe longitudinale.

Des détails de maçonnerie, $0^m,05$ pour mètre, de serrurerie, de couverture à $0^m,10$ pour mètre.

Les épures de stabilité des voûtes, et un mémoire résumant les calculs relatifs à la détermination des sections des pièces principales de la construction.

Pour les fondations, on supposera que le terrain résistant composé de sable fin légèrement argileux se trouve à 9 mètres en contrebas du sol.

UN PORTIQUE ISOLÉ

Cet édifice serait érigé dans les jardins d'une villa et destiné à recevoir, en partie, une collection de sculptures antiques ; situé à l'extrémité des jardins et dans l'axe du bâtiment d'habitation, il en formerait le point de vue principal. Il serait d'ordre ionique.

La plus grande dimension n'excédera pas 30 mètres.

On fera le plan à l'échelle de $0^m,0025$ pour mètre et l'élévation au double.

Plus la base, le chapiteau et l'entablement de l'ordre ionique, grec ou romain à volonté, sur une échelle de $0^m,03$ pour mètre.

Le plan sera poché ; l'élévation et les détails seront entièrement arrêtés au trait à l'encre.

UN CASINO

On entend par casino un pavillon ordinairement situé dans les jardins d'une villa ou maison de plaisance.

Le casino proposé n'aurait qu'un rez-de-chaussée, composé d'une loge ouverte formant vestibule, d'une salle principale ou petit musée, d'un petit salon et d'un cabinet d'étude.

Des exèdres, des bosquets, des fontaines accompagnant ce petit édifice seront indiqués seulement par arrachement. Le casino n'excédera pas 20 mètres dans sa plus grande dimension.

On fera le plan et la coupe à l'échelle de $0^m,005$ pour mètre et l'élévation au double.

TROIS PORTES DANS UN MUR OCTOGONAL

Un édifice octogonal a 18 mètres entre deux faces extérieures opposées. Il existe une porte dans chacun des axes, par conséquent huit en tout. La décoration des portes ainsi que les emmarchements font saillie sur le mur octogone.

L'exercice proposé comprend l'étude et la projection de trois de ces huit portes, semblables entre elles, dont l'une dans l'axe principal, une dans l'axe diagonal de droite ou de gauche, et une dans l'axe transversal à la suite.

Chacune de ces portes aura 2 mètres d'ouverture ; elle sera rectangulaire et accompagnée de deux colonnes engagées ou dégagées et d'un entablement couronné au gré de chaque concurrent.

Devant chaque porte, il y aura quelques marches, entre lesquelles le pied de l'édifice comportera un socle ; au-dessus du couronnement, sera un bandeau avec ou sans frise, lequel terminera la partie de l'édifice dont il sera rendu compte en esquisse.

On fera :

1° Le plan de l'une des portes ;

2° L'élévation prenant la face principale et la face diagonale de l'octogone avec la face latérale de la porte de côté ;

3° La coupe de la porte.

À l'échelle de $0^m,02$ pour mètre.

Ces dessins, s'ils ne sont pas lavés, seront tracés à l'encre.

En outre, il sera tenu compte, s'il y a lieu, et dans une proportion que le jury déterminera :

Du tracé correct des ombres ;

Du tracé de l'appareil ;

De l'étude des vantaux supposés en menuiserie ;

Enfin, des détails choisis avec intelligence et présentés avec intérêt.

Facultatif.

Nota. — Il ne peut être produit d'esquisse en tout ou en partie sur papier à calquer ;

L'esquisse ne peut être rendue sur simple décalque ou sur ponce, même étant lavée.

UNE GROTTE

Cette grotte, destinée à l'ornementation du jardin d'un château, serait située à l'extrémité de l'allée principale et formerait un point de vue pour l'habitation.

Elle serait pratiquée sous une terrasse de 8 mètres de hauteur et contiendrait principalement une salle qui serait disposée de la manière la plus convenable pour y prendre le frais.

Des colonnes, des statues, des eaux jaillissantes, etc., pourraient orner l'intérieur et l'extérieur de cette grotte.

La plus grande dimension du plan n'excédera pas 20 mètres.

On fera le plan à l'échelle de $0^m,005$ pour mètre, l'élévation et la coupe au double.

UNE JUSTICE DE PAIX

Une justice de paix est un tribunal composé d'un juge et de deux assesseurs, où se plaident, se jugent et se concilient les affaires de peu d'importance. La justice de paix demandée aurait sa façade principale sur une place publique de petite ville ; elle serait comprise dans un bâtiment isolé de toutes parts et composée d'un vestibule ou salle d'attente près de laquelle serait un petit logement de concierge, un prétoire ou salle du tribunal, d'une salle pour les conseils de famille, d'un cabinet pour le juge, d'une salle des témoins, d'un cabinet pour le greffier, d'une salle des huissiers, d'un secrétariat et d'un vestiaire.

Le caractère de cet édifice doit être d'une grande simplicité. La plus grande étendue du bâtiment n'excédera pas 25 mètres.

On fera le plan et la coupe à l'échelle de 0^m,004 pour mètre et l'élévation au double.

Les dessins doivent être entièrement au trait à l'encre et les plans pochés.

UN CHAUFFOIR AVEC UN PORTIQUE

Cet établissement serait considéré comme une dépendance d'un grand centre de commerce. Ce serait, pour les négociants, un lieu de réunion d'où ils pourraient suivre et surveiller les opérations de détail, en même temps qu'ils y traiteraient des affaires relatives à leur commerce.

Le chauffoir et le portique auraient cette même destination, l'un pour l'hiver, l'autre pour l'été ; l'un et l'autre seraient garnis de bancs convenablement disposés pour la conversation.

Les accessoires nécessaires de ce monument seraient une buvette et des cabinets d'aisances.

La plus grande étendue n'excédera pas 20 mètres ; pour le plan, échelle de 0,005.

Coupe et élévation au double.

UNE ÉCOLE PRIMAIRE

Cet édifice serait construit sur un terrain isolé de trois côtés ; le côté de l'entrée serait sur la place publique d'une petite ville, les deux autres côtés sur deux rues aboutissant à cette place.

Il comprendra :

Une salle d'école ou classe pour cent élèves, d'au moins 100 mètres de superficie ;

Un préau couvert, un préau découvert, des latrines ;

Un dépôt de livres et un dépôt de paniers ;

Un escalier conduisant au premier étage, où serait un petit logement pour le maître et sa famille.

La largeur du terrain en façade, sur la place, n'excédera pas 20 mètres ; sa profondeur est indéterminée.

On fera le plan à l'échelle de 0^m,005 pour mètre, l'élévation et sa coupe au double.

Les dessins doivent être bien arrêtés au trait à l'encre, ou lavés, et les plans pochés.

UN PORTAIL D'ÉGLISE

Cette construction, façade principale d'une église paroissiale, sera composée d'un vestibule ou porche, ouvert à droite et à gauche par des portes de dégagement de deux chapelles, l'une servant de baptistère et l'autre aux cérémonies nuptiales.

Ces chapelles seront ouvertes sur les nefs ou bas-côtés parallèles à la grande nef de l'église.

Dans les plans, on produira le vestibule, les deux chapelles et un simple arrachement des nefs.

La largeur totale comprenant les chapelles aura 30 mètres.

On fera le plan et la coupe sur une échelle. de $0^m,005$ pour mètre et l'élévation au double.

UN CORPS DE GARDE

Ce petit édifice, destiné à recevoir un poste de surveillance et de sûreté, serait isolé de toutes parts et situé sur une promenade publique.

Il se composera d'un portique ou porche pour mettre le factionnaire à couvert, de la salle ou corps de garde, garni de lits de camp, d'une chambre d'officier et de deux violons, l'un pour les hommes, l'autre pour les femmes.

La façade principale devant concourir à l'embellissement de la promenade devra, soit en conservant le caractère de fermeté convenable à un poste militaire, offrir plus de richesse et d'élégance que n'en comportent ordinairement ces sortes d'édifices.

La plus grande dimension des constructions n'excédera pas 13 mètres.

On fera le plan sur une échelle de $0^m,005$ pour mètre, l'élévation et la coupe au double.

UNE PORTE DANS LA FAÇADE D'UN PALAIS

Cette porte mesurerait 1^m,75 de largeur ; on y accéderait par trois marches.

Ornée d'un chambranle à crossettes, elle serait flanquée de deux colonnes d'ordre dorique romain portant entablement et surmontées d'un fronton.

Les colonnes, détachées du mur de la façade, auraient 0^m,50 de diamètre à la base. On fera l'élévation et la coupe à l'échelle de 0^m,04 pour mètre.

On fera, de plus, le détail et le plan du chapiteau à une échelle double.

Ces dessins seront passés au trait ou lavés, et non au crayon seulement.

UNE LAITERIE

Cet établissement, situé sous les ombrages d'une promenade publique, contribuerait à son embellissement, autant par sa disposition que par sa décoration.

Il serait composé d'une salle commune et de cabinets ouverts sur une galerie ou portique servant d'enceinte à un parterre de fleurs, rafraîchi par les eaux d'un petit bassin et de quelques jets d'eau.

À l'entrée de la salle commune et du portique seraient disposés le comptoir, centre du service, et les degrés pour descendre à une salle basse où serait le dépôt des crèmes et des laitages.

La plus grande étendue de terrain serait de 25 mètres.

On fera le plan et la coupe à l'échelle de 0^m,004 pour mètre et l'élévation au double. Ces dessins seront passés au trait ou lavés, et non au crayon seulement. On fera, de plus, un détail au dixième du chapiteau de l'ordre adopté.

UNE PISCINE DANS UN ÉTABLISSEMENT THERMAL

Cette piscine, isolée au centre de l'établissement, sera composée d'un grand bassin entouré de portiques. Dans le mur d'adossement de ce portique on pratiquera des renfoncements ou cases pour le rangement des vêtements des baigneurs. Des degrés serviront à descendre dans le bassin, où ils pourront être en partie submergés.

Deux cabinets attenant au vestibule d'introduction seront réservés à l'usage des surveillants ou gens de service.

La plus grande dimension des constructions sera de 30 mètres.

On fera le plan sur une échelle de $0^m,004$ par mètre, l'élévation au double.

UNE DES FENÊTRES D'UN GRAND PALAIS

Cette fenêtre faisant partie de la façade principale du palais appartiendrait au premier étage et s'élèverait au-dessus d'un stylobate reposant lui-même sur un large bandeau couronnant le rez-de-chaussée.

Elle se composerait d'un chambranle rectangulaire avec crossettes, d'une frise ornée de sculpture, d'une corniche, d'un fronton et de deux consoles avec contre-chambranles.

Le bandeau ou corniche du rez-de-chaussée aurait une frise sculptée avec astragale au-dessous. La largeur de la baie est de $1^m,40$.

On fera l'élévation et la coupe de la fenêtre et du bandeau au trait à l'encre et non lavé, sur une échelle de $0^m,06$ pour mètre.

UNE MAISON DE CULTIVATEUR

Cette maison, placée au centre d'une ferme (*dont on ne rendra pas compte dans l'esquisse*), sera composée, au rez-de-chaussée, d'une salle commune, d'une cuisine avec four pour la cuisson du pain, d'une vinée ou pièce du pressoir, d'un petit atelier ou serre pour les instruments aratoires.

Un escalier facile conduira au premier étage, qui consistera en deux chambres à feu et deux dortoirs pour les enfants. Au-dessus on pratiquera un séchoir pour la conservation des semences et un petit belvédère servant d'observatoire.

La plus grande dimension du bâtiment n'excédera pas 20 mètres.

On fera trois plans : celui du rez-de-chaussée et ceux des étages supérieurs à l'échelle de 0^m,004 pour mètre, et l'élévation et la coupe au double. Les dessins doivent être bien arrêtés au trait à l'encre, avec teinte rose dans la coupe, et les trois plans pochés.

UNE SALLE DE VENTE

Cette salle, située sur une place publique, serait destinée à la vente des objets mobiliers ; elle aura au moins 8 mètres dans sa plus petite dimension et sera éclairée par des jours latéraux.

Un vestibule et deux ou trois petites pièces pour les huissiers et pour enfermer les objets précieux formeront les dépendances de cette salle, qui sera en outre accompagnée de vastes portiques pour le dépôt des gros meubles et pour l'étalage des marchands revendeurs.

La plus grande dimension du terrain n'excédera pas 30 mètres.

On fera un plan et une coupe à une échelle de 0^m,004 pour mètre ; l'élévation sera au double.

LA COUPE DU PORTIQUE ET LA FAÇADE DE RETOUR D'ANGLE DE LA COUR DE L'HOTEL D'UN MINISTÈRE.

Cette partie de l'édifice serait élevée d'un rez-de-chaussée, d'un premier étage et d'un second étage formant attique fermé.

On fera, pour le plan, le portique avec arrachement du vestibule et deux travées et demie du portique en retour.

L'axe de la troisième travée en retour sera distant de 16 mètres du mur du fond du portique adossé au vestibule.

L'échelle des deux dessins demandés sera de 0^m,008 pour mètre.

N. B. — Les esquisses qui ne seront pas lavées devront au moins être mises au trait à l'encre.

UN TEMPLE PÉRIPTÈRE

UN TEMPLE PÉRIPTÈRE

Ce temple ne doit être qu'une imitation des temples ronds qu'on voit à Rome et à Tivoli. Il sera composé d'un portique de douze colonnes et d'une *cella*, ou sanctuaire, surmontée d'une coupole.

On substituera à l'ordonnance corinthienne des temples anciens un ordre dorique romain de proportion élégante, ainsi que l'a fait Bramante au petit temple de San-Pietro in Montorio, à Rome.

Le temple aura 10 mètres de diamètre, y compris les colonnes du portique.

On fera le plan et la coupe à une échelle de $0^m,01$ pour mètre.

Tous les dessins doivent être au trait à l'encre et profilés purement.

UNE ÉTUDE DE L'ORDRE DORIQUE GREC

Des trois ordres grecs, l'ordre dorique est le plus élastique. Il se prête avec une facilité merveilleuse à toutes les transformations, à toutes les nuances de style, et parcourt à lui seul presque toute l'échelle des proportions.

Toutefois, la présente étude ne s'étendra pas jusqu'aux monuments postérieurs au siècle d'Alexandre.

Le sujet du programme est une application des trois principaux modes en usage chez les Grecs, savoir : mode hexamétrique, mode heptamétrique, mode octométrique.

On fera donc un entre-colonnement et deux colonnes modulés suivant les principes divers de chacun de ces trois modes, en indiquant en marge, à l'encre rouge, la division en modules.

L'échelle du module sera de $0^m,02$.

UNE PORTE D'HOTEL

Cette porte, donnant entrée à la cour d'une habitation princière, se composera d'une arcade décorée de deux colonnes couronnées de leur entablement et surmontées d'un fronton.

Les colonnes seront d'ordre corinthien et cannelées. Elles peuvent être isolées ou engagées.

Le chapiteau sera simplifié selon le principe des Grecs pour les petites colonnes, c'est-à-dire qu'il n'aura qu'un rang de feuilles au lieu de deux et sera divisé en cinq parties sur sa hauteur au lieu de six.

La largeur d'axe en axe des colonnes sera de 5 mètres.

On fera l'élévation, le plan et la coupe sur une échelle de $0^m,03$ pour mètre.

Plus le chapiteau au sixième de l'exécution.

Les dessins seront au trait à l'encre et non lavés.

UN BATIMENT D'OCTROI

Ce bâtiment, situé à l'entrée d'une ville importante, se composerait, au rez-de-chaussée, d'un porche ou vestibule, d'un bureau ou caisse du receveur, d'un corps de garde pour les commis de l'octroi, d'un ou deux petits dépôts et d'un escalier pour accéder à l'étage supérieur, où seraient deux logements de commis.

Au-dessous du bâtiment seraient des caves bien éclairées ; derrière, une cour destinée à recevoir et à compter le bétail et dans laquelle se trouveraient un puits avec auges d'abreuvoir, des latrines et un magasin ou fourrière.

Le terrain occupé par les constructions et la cour n'excédera pas 30 mètres dans sa plus grande dimension.

On fera le plan du rez-de-chaussée et la coupe à l'échelle de $0^m,004$ pour mètre, l'élévation au double.

UNE SALLE A MANGER D'ÉTÉ

Cette salle serait située au milieu d'un parc ; elle s'élèverait au-dessus d'un soubassement formant terrasse. Dans ce soubassement seraient une office et ses dépendances.

La salle peut être seule où accompagnée de telles annexes qu'on jugerait propres à augmenter l'agrément et la commodité. La terrasse, à laquelle on parviendrait par des rampes ou par des escaliers, pourrait être ornée de fontaines ou de statues.

La plus grande dimension de la salle n'excédera pas 8 mètres.

On fera un plan au niveau du sol inférieur du soubassement et un plan général au niveau de la salle à l'échelle de $0^m,005$ pour mètre, une coupe au trait à l'encre et une élévation générale au double.

UNE CHAPELLE POUR UN HOSPICE D'ORPHELINS

Cette chapelle, placée à l'extrémité de la cour principale de l'établissement et isolée en partie, se rattachera aux bâtiments, soit par des portiques, soit par des salles qui y donneraient accès, sans cependant en masquer les fenêtres. Elle se composera d'un porche, d'une nef avec ou sans bas-côtés, d'un sanctuaire avec un seul autel et une petite sacristie.

On pratiquera, au niveau du premier étage des bâtiments environnants, une ou plusieurs tribunes propres à recevoir une partie des orphelins et des personnes de l'administration, et conséquemment l'autel sera disposé de manière à être en vue de ces tribunes.

La plus grande dimension de cet édifice n'excédera pas 45 mètres.

On fera le plan de la chapelle, avec arrachement des constructions qui doivent s'y rattacher, sur une échelle de $0^m,003$ pour mètre, la coupe à la même échelle et l'élévation au double.

L'EMPLOI DE QUATRE FUTS DE COLONNES

Ces fûts de colonnes sont destinés à composer un petit monument, pour recevoir, sous un couronnement, une statue pédestre.

Les fûts de ces colonnes ont $0^m,45$ de diamètre, la hauteur, compris l'astragale supérieure, est $3^m,30$.

La composition de ce monument sera présentée sous deux aspects et rédigée :

1° Dans un style simple et tel qu'une ordonnance toscane ou dorique ;

2° Avec base, chapiteau, entablement et soubassement d'une ordonnance riche ou corinthienne.

On fera pour chaque composition le plan et la coupe sur une échelle de $0^m,01$, l'élévation au double.

UNE SALLE POUR DES COURS DE CHIMIE ET DE PHYSIQUE DANS UN LYCÉE

Cette salle occuperait le milieu d'une des faces de la cour principale et se rattacherait aux autres parties des bâtiments par des portiques qui y communiqueraient ou par des salles destinées à d'autres services.

Elle aurait pour entrée un vestibule par lequel on communiquerait aux gradins destinés aux élèves et à un laboratoire pour la préparation des expériences.

La salle sera disposée de manière à ce que les élèves puissent bien voir et bien entendre le professeur, et elle sera éclairée par des jours directs.

La plus grande dimension du terrain occupé par la salle et les annexes n'excédera pas 25 mètres.

On fera pour les esquisses le plan et la coupe à une échelle de $0^m,004$ pour mètre et l'élévation sur cour au double.

DES ENTRE-COLONNEMENTS DE L'ORDRE DORIQUE ET DE L'ORDRE CORINTHIEN

Dans les dessins de ces deux ordres, on établira les rapports proportionnels des entre-colonnements convenables à chacun d'eux, ainsi que ceux de la hauteur des colonnes avec l'entablement; cet ensemble sera figuré et dessiné correctement en plan et en élévation; il sera de deux entre-colonnements. Des colonnes seront cannelées.

Le diamètre des colonnes pour ces dessins sera de 0^m02.

On fera donc pour l'ordre dorique, ainsi que pour l'ordre corinthien, un plan et une élévation sur une échelle de $0^m,02$ pour grand module ou diamètre des colonnes.

On fera en outre, pour les deux ordres, le détail de la base du chapiteau et de l'entablement à l'échelle de 0^m08, représentant le module ou diamètre des colonnes.

Les dessins seront au trait à l'encre et les plans pochés en teinte claire.

L'ENTRÉE D'UN JARDIN PUBLIC

Cette entrée serait composée de deux petits pavillons et d'une galerie intermédiaire ou portique largement ouvert sur le jardin.

Au milieu de ce portique une large baie formera pour les voitures un passage indépendant de la circulation des piétons.

Les pavillons contiendront, d'une part, un corps de garde et le logement d'un inspecteur du jardin ; de l'autre, le logement du portier et de sa famille ; au rez-de-chaussée seront les pièces destinées au service ; à l'entresol, les logements.

L'ensemble de la façade, pavillons et portique, aura 25 mètres.

On fera le plan et la coupe à l'échelle de $0^m,004$ pour mètre et l'élévation au double.

On fera, de plus, le détail d'une partie de la façade, corniche, chapiteau, etc., à l'échelle de $0^m,04$ pour mètre.

UN TRIBUNAL DE PREMIÈRE INSTANCE

Cet édifice serait érigé dans un chef-lieu de département.

Il comprendrait :

Une salle d'audience d'environ 120 mètres de superficie, précédée d'une salle d'attente, dite des pas-perdus, et d'un porche ou portique ;

Une salle de conseil, en communication directe avec la salle d'audience ;

Une salle et un cabinet pour les archives et pour le greffe ;

Plusieurs pièces, chambres ou cabinets pour le président, le juge d'instruction, le procureur de la République, les avoués, les avocats, les huissiers et les témoins ; une ou deux pièces pour le concierge.

La destination de chaque pièce sera écrite sur le plan.

La façade principale donnerait sur une place publique, les façades latérales sur des rues, et la façade postérieure sur une cour communiquant à une prison.

Le terrain occupé par l'édifice n'excédera pas 40 mètres dans sa plus grande dimension. On fera le plan et la coupe sur une échelle de $0^m,003$ pour mètre et l'élévation au double, et un détail de chapiteau à $0^m,006$ pour mètre.

SECTION D'ARCHITECTURE

ADMISSION. — ÉPREUVES

1° DESSIN

2° MODELAGE

DESSIN ORNEMENTAL

EXPOSÉ PRATIQUE

L'épreuve de dessin demandée aux aspirants à l'école des Beaux-Arts consiste à reproduire un ornement d'après le plâtre ; nous avons représenté ci-après quatre modèles qui, tour à tour, peuvent être proposés au concours ; ce sont des fragments d'architecture empruntés au cours de seconde classe de l'école. L'examen de dessin a lieu en huit heures dans les amphithéâtres de l'école où les candidats sont appelés par ordre d'inscription. L'élève ne devra pas s'attacher à rendre l'effet, surtout s'il commence le dessin ; il devra au contraire étudier la mise en place générale de son modèle, indiquant d'abord les grandes masses, pour trouver ensuite les détails ; en un mot, il exécutera son dessin soit au conté, soit à la mine de plomb, sans s'occuper des autres procédés employés par les divers candidats. Que les candidats qui emploieront le crayon mine de plomb ou le conté ne croient pas que l'emploi de ces procédés leur fasse attribuer une note inférieure ; au contraire, nous avons remarqué que souvent les dessins rendus aux traits figuraient au nombre des bonnes notes obtenues.

Plus tard, lorsque le candidat aura terminé son examen d'admission, des cours spéciaux, connus sous le nom de Cours d'enseignement simultané des trois arts, où professe M. Joseph Blanc, et Cours de dessin ornemental, où professe M. d'Espouy, apprendront aux élèves à dessiner suivant les règles de l'école, quoique la personnalité soit assez respectée dans ces deux cours.

Pour nous résumer, nous engageons les candidats à rendre leur dessin simplement, sans chercher à appeler l'attention, car un dessin qui domine et qui a l'air de s'imposer est beaucoup plus sujet à la critique qu'un dessin simple, où les examinateurs pourront reconnaître que le candidat a d'abord cherché la mise en place exacte, avant le brio de l'exécution. Lorsque le candidat pourra réunir ces deux qualités artistiques, il ne devra pas manquer de le faire, mais c'est là une très grande exception.

(Ci-contre différents modèles donnes précédemment à ce concours.)

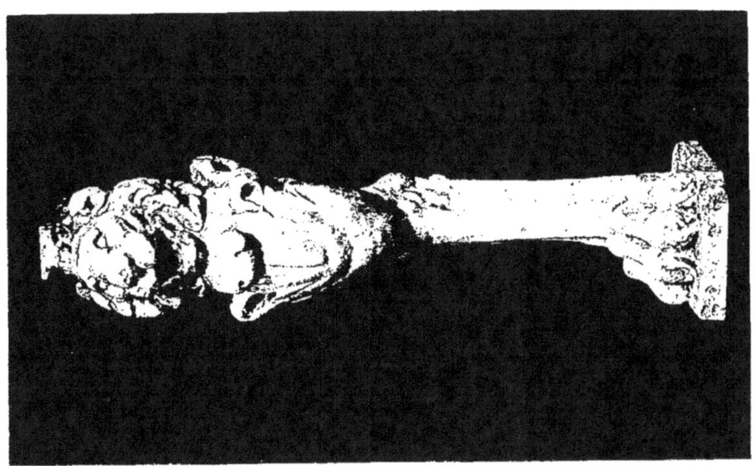

Hauteur totale 0ᵐ80

Hauteur totale 0ᵐ51

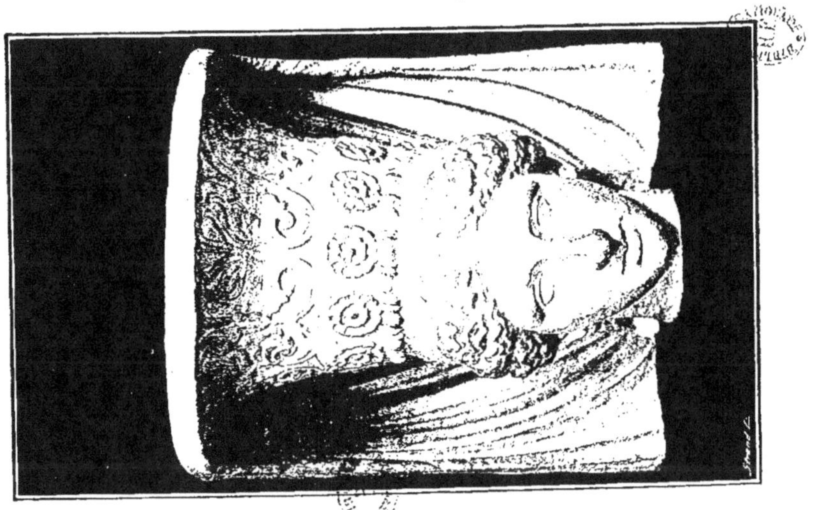

MODÈLES DE DESSIN. — GRIFFON, CARIATIDE

a

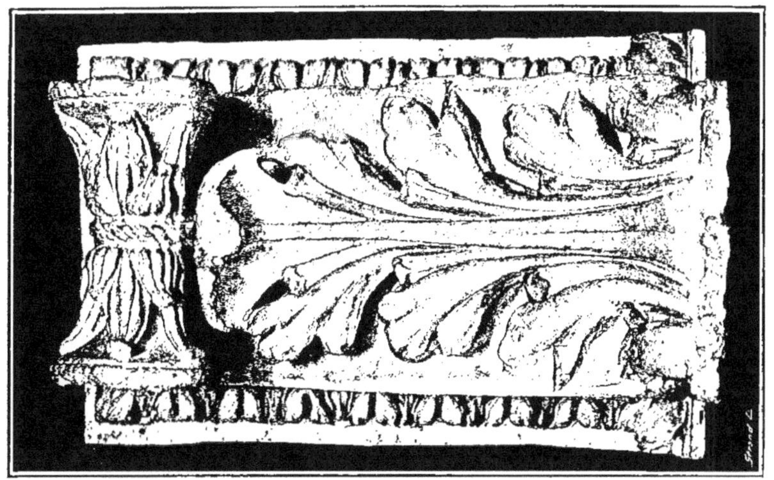

Hauteur totale 0m80

Hauteur totale 0m67

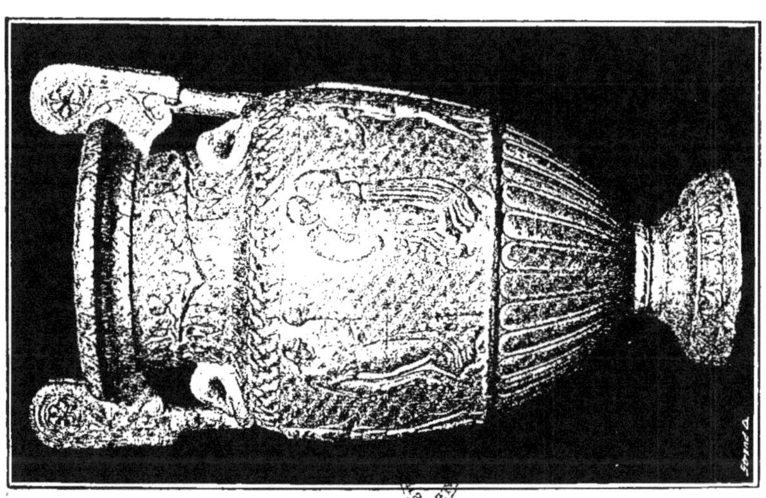

MODÈLES DE DESSIN. — MODILLON, VASE

ÉCOLE DES BEAUX-ARTS
CONCOURS D'ADMISSION

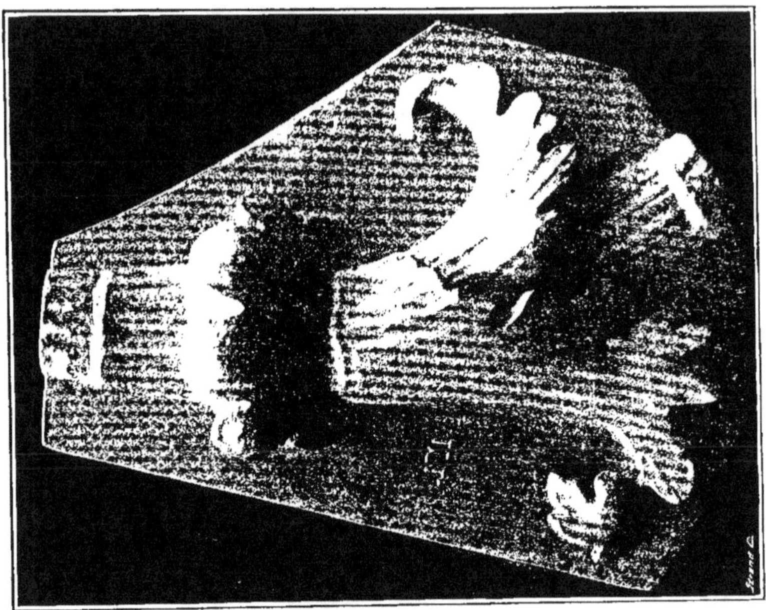

HAUTEUR TOTALE 0^m25

HAUTEUR TOTALE 0^m43

MODÈLES DE MODELAGE

MODELAGE

EXPOSÉ PRATIQUE

L'examen de modelage est une des épreuves pour laquelle en général les candidats ne font pas assez d'études préparatoires, et laissent trop de côté les cours de sculpture, soit ceux de l'école des Arts décoratifs, ceux des écoles municipales de dessin, qui sont gratuits, ou les cours payants des différents professeurs de sculpture. Les candidats peuvent encore recevoir des notions de modelage à l'école même des Beaux-Arts, au cours de l'enseignement simultané des trois arts, où les élèves non admis peuvent être reçus sur la présentation d'un professeur connu. Il serait, en effet, très utile aux candidats d'arriver au jour de l'examen avec des notions exactes de sculpture, le coefficient étant assez élevé (5), pour égaler celui de l'examen de mathématiques. Le jury demande aux concurrents de bien posséder le maniement de la terre, afin de pouvoir indiquer une ornementation ou copier un document avec style et exactitude. Les sujets donnés au concours ne sont que des sujets d'ornementation se rapportant à l'architecture : frise, chapiteau, acanthe, etc.

L'emploi de la terre, ainsi que celui de la pastyline, est autorisé sans aucune préférence de la part des examinateurs. L'épreuve de modelage a lieu en loge, pendant une durée de huit heures ; le jugement est rendu le lendemain, en même temps que celui des épreuves de dessin ; ces deux épreuves sont exposées ensemble le matin même du jugement. Le résultat des notes n'est pas officiellement connu, sauf pour les candidats mis hors concours, car cette partie de l'examen est éliminatoire ; mais les notes entraînant cette élimination ne sont que très rarement attribuées.

Le maximum pour cette épreuve est 20, le minimum 4.

Les notes les plus souvent atteintes varient entre 5 et 9 et ne dépassent que très rarement cette moyenne.

(Ci-contre différents modèles donnés précédemment à ce concours.)

SECTION D'ARCHITECTURE

ADMISSION. — ÉPREUVES

3° EXERCICES DE CALCUL

4° EXAMENS D'ALGÈBRE, D'ARITHMÉTIQUE ET DE GÉOMÉTRIE ÉLÉMENTAIRE

ARITHMÉTIQUE ET ALGÈBRE

(Voir les programmes pages 7 et suivantes.)

ÉPREUVE ÉCRITE

EXPOSÉ PRATIQUE

L'épreuve écrite d'algèbre et d'arithmétique a lieu en même temps que l'épreuve de géométrie ; une heure est accordée pour résoudre chaque question, soit un ensemble consécutif de trois heures pour l'algèbre ou l'arithmétique et la géométrie.

Les épreuves de mathématiques peuvent être considérées comme les parties les plus sérieuses et les moins faciles de l'examen ; elles entrent en ligne de compte pour 75 0/0 dans le nombre des concurrents refusés ; dire qu'il y ait là une grande égalité, en comparant l'examen des architectes aux autres examens d'admission de l'école des Beaux-Arts, nous ne pourrions le faire, car véritablement l'épreuve de mathématiques élimine trop de concurrents foncièrement artistes qui, ayant souvent de grandes facilités de composition, n'ont pas reçu l'instruction première suffisante pour être au niveau de la partie scientifique de l'examen.

Notre opinion serait donc de ne pas rendre cette partie de l'examen éliminatoire, ou tout au moins d'en abaisser le coefficient, qui est fort élevé, et ces désirs sont très explicables, étant donné les cours scientifiques fonctionnant à l'école même, qui exigent que chaque élève ait obtenu des mentions avant de passer de 2me en 1re classe.

C'est donc sur cette partie scientifique que le concurrent devra apporter toute son attention ; il devra non seulement étudier et savoir tout le programme, mais étudier bien au delà.

Pour appuyer mon opinion, je constaterai que de nombreux bacheliers ès sciences sont refusés, non pas que je croie à la valeur de ce diplôme, mais pour établir un point de comparaison.

Les examinateurs ont pour habitude d'exiger la remise de tous les calculs, afin de se rendre compte de la marche suivie par le candidat pour arriver à la solution, et pour reconnaître si ce dernier n'a pas copié sur un de ses camarades, cet écart au règlement lui étant rendu très facilement contrôlable par la remise d'un plan de la salle de l'examen indiquant les places occupées par les candidats.

Aucune note manuscrite, aucun manuel n'est permis, seule une table de logarithmes à 5 décimales est autorisée.

(Suivent différentes questions posées précédemment à ce concours.)

QUESTIONS

Résoudre le système des deux équations suivantes :

$$(2m^2 - 6m)x - 4m = 9 + (5m - 15)x - my$$

$$2m(m - 1)x + my + 9 = y + 9m - \frac{2m - 2}{5m - 2} + (6m - 6)x$$

Mettre tous les calculs.

Résoudre, par rapport à x, y, z, le système des trois équations :

$$x - y + z - 7 = 0$$
$$8x + 13y + 11z - 27 = m(3 - 5y - 3z)$$
$$3x + 8y + 3 - 7 = m(23 - 5y - 2)$$

Mettre tous les calculs.

———

Résoudre le système des deux équations :

$$\frac{3x}{5} - \frac{5y}{4} = 0 \qquad \frac{4y}{6} - \frac{2x}{5} = -2$$

———

Étant donné le logarithme de $2 = 0{,}30103$
et le logarithme de $3 = 0{,}47712$,

Trouver le logarithme de 72^2 et celui de $\sqrt{\dfrac{5184}{27}}$

5184 étant le carré de 72.

———

Trouver arithmétiquement la moyenne proportionnelle de deux nombres 9 et 25 et géométriquement la moyenne proportionnelle entre deux lignes dont l'une serait le double de l'autre.

Démontrer cette dernière partie.

Démontrer que la moyenne proportionnelle serait la moitié de la diagonale du carré dont la plus grande de ces lignes serait le côté.

———

Résoudre le système :

$$\frac{1}{x} - \frac{1}{y} = \frac{m}{xy} \qquad \frac{y}{x} - \frac{x}{y} = -\frac{n}{xy}$$

La solution littérale étant obtenue, on fera :

$$m = 3 \text{ et } n = 6$$

———

Résoudre le système d'équations :

$$\frac{a^2 xy}{bx^2} - \frac{b^2 xy}{ab^2} = \frac{y}{ab} \qquad 12y - 4x = 4$$

Effectuer la division :

$$36x^5 + 84x^4 - 17x^3 - (a + 2b)x^2 - 11x + b - 2a$$

par

$$6x^2 + 7x - 3$$

Et déterminer (a) et (b), afin que la division se fasse exactement. — Mettre tous les calculs.

Réduire à la forme la plus simple possible l'expression :

$$\frac{x}{3x - 3} - \frac{x^2 + 3x + 2}{7x + 7} + \frac{10\,x}{6 - 6x} + \frac{7x + 14x}{(x - 1)(3x + 6)} - \frac{1}{3}$$

Effectuer les opérations indiquées dans l'expression :

$$\frac{(ax - 3b)^2 (a^2 x^2 - 9b^2)}{ax + 3b}$$

Effectuer les opérations et simplifier :

$$\frac{6p^2 q^2}{m + n} \left[\frac{3p(m - n)}{7(r + s)} \cdot \left(\frac{4(r - s)}{21pq} \cdot \frac{r^2 - s^2}{4(m^2 - n^2)} \right) \right]$$

Démontrer que la différence et la somme des cubes de deux nombres pairs consécutifs sont toujours divisibles par 8.

Résoudre le système :

$$\frac{x}{a} + \frac{y}{b} = 1 \qquad \frac{x}{b} - \frac{y}{a} = 1$$

Résoudre le système :

$$\frac{1}{a-x}+\frac{1}{a+y}=\frac{3a}{(a-x)(a+y)} \qquad \frac{a-x}{a-y}=\frac{a}{b}.$$

Trouver les valeurs entières de x qui peuvent satisfaire l'inégalité :

$$3x-\frac{1}{4}>20-\frac{2x}{3}.$$

Quelles sont les propriétés d'une inégalité ?

Peut-on, sans troubler une inégalité, multiplier ou diviser tous ses termes par un même nombre positif? Qu'advient-il si l'on multiplie ou si l'on divise tous ses termes par un nombre négatif?

Trouver un nombre entier tel que ses $\frac{3}{5}$ diminués de 12 soient plus grands que sa moitié augmentée de 2.

Quels sont les nombres entiers, positifs ou négatifs, qui peuvent satisfaire aux deux inégalités suivantes :

$$5x-6>3x-14 \qquad \frac{7x+6}{2}< x+12.$$

Trouver un nombre tel que sa $\frac{1}{2}$, augmentée de 6, égale deux fois son $\frac{1}{4}$ augmenté de 4.

Trouver deux nombres tels que deux fois le premier moins le second donne 5, et que dix fois le premier moins 25 égale 15 fois le second.

Effectuer la division suivante :

$$x^{\mathrm{m}} - a^{\mathrm{m}} : x - a.$$

Trouver les valeurs numériques des quantités suivantes :

$$a^2 + 2ab + b^2 \text{ si } a = 4, b = 3.$$
$$a^2 + b^2 + c^2 - 2ab - 2bc + 2ac \text{ si } a = 5, b = 2, c = 3.$$

Trouver les valeurs numériques des quantités suivantes :

$$\pi d\left(\frac{d^2}{6} + \frac{R^2 + r^2}{2}\right) \text{ si } d = \frac{1}{4}, R = 5, r = 3.$$

Opérer la soustraction suivante :

$$\frac{1}{2}\left(a^2 x + \frac{1}{4} a x^2 + \frac{2}{3} x^3\right) - \left(-\frac{3}{4} a^2 x + \frac{1}{3} a x^2 - \frac{5}{8} x^3\right)$$

Simplifier l'expression suivante :

$$\frac{ax - ax^2 + x^3}{ax - a - x^2 + ax^2 - ax^3 + x^4}.$$

Réduire les fractions suivantes au même dénominateur et simplifier :

$$\frac{3a - 6b}{a + b} - \frac{a^2 - ab + b^2}{a - b} + \frac{2b^3 - b^2 + a^2}{a^2 - b^2}$$

Résoudre le système :

$$(\sqrt{x} + \sqrt{y})^2 + (\sqrt{x} - \sqrt{y})^2 = a$$
$$x^2 - y^2 = b^2.$$

après résolution, on fera $a = 8$ et $b = 16$.

Effectuer le produit suivant :

$$(x^5 - a\,x^4 + a^2\,x^3 - a^3\,x^2 + a^4\,x - a^5)\,(x + a).$$

Résoudre le système :

$$\frac{a^2}{5y} + \frac{4}{20\,x} = \frac{a}{xy}$$

$$3\,ax - a = \frac{2\,y^2 - 2\,y}{y - 1}$$

la solution littérale étant obtenue, on fera $a = 15$.

Simplifier l'expression :

$$\frac{4\,x^2}{(x+2)\,(4\,x-4)} - \frac{(3\,x+2)^2}{(x+2)\,(3\,x-6)} + \frac{(6\,x-4)^2}{(4\,x-4)\,(3\,x-6)}.$$

Résoudre le système des deux équations en x et y.

$$\begin{cases} (m^2 - m)\,x - (m-1)\,(2\,m-1)\,y = 1 + m - m^2 \\ (2m - 2)\,x + (3m - 3)\,y = 9 - 2\,m \end{cases}$$

mettre tous les calculs.

Réduire autant que possible l'expression :

$$\frac{(x - 2\,y\,\sqrt{3})^2 + (2\,xy - x^2 - y^2)}{(2\,y\,\sqrt{3} - x) + (x - y)^2}$$

La simplification algébrique achevée, on extraira la racine de 3 avec trois décimales, l'on donnera ensuite la valeur $\dfrac{1000}{1732}$ à y et à x la valeur 2.

ÉPREUVE ORALE

EXPOSÉ PRATIQUE

Les épreuves orales d'arithmétique, d'algèbre, de géométrie et de géométrie descriptive ont lieu le même jour pour chaque candidat, c'est-à-dire que l'examinateur pose les questions successivement en commençant par l'algèbre pour finir par la géométrie descriptive ; le nombre des questions posées est habituellement de trois ; une question d'algèbre, une question de géométrie et une de géométrie descriptive ; quelquefois cependant l'examinateur ne pose pas de question de géométrie. Cet examen oral a lieu en public dans un amphithéâtre de l'école, les élèves sont appelés à cette épreuve suivant leur ordre d'inscription, et la lettre de classement général tirée au sort. L'examen oral a lieu tous les jours y compris le dimanche jusqu'à la fin de la session.

L'examinateur laisse habituellement quatre à cinq minutes au candidat pour lui donner le temps de réfléchir ; dans le cas d'un bon écrit, il est à présumer que son aide sera acquise à un concurrent timide ou embarrassé.

Cette épreuve orale d'algèbre, de géométrie et de géométrie descriptive, est la plus importante de l'examen ; la plupart des candidats déjà reçus aux épreuves d'architecture s'y voient éliminés dans la proportion de 75 0/0, le zéro étant éliminatoire et le coefficient très élevé.

Questions posées aux examens :

Résoudre les équations suivantes :

$$3\,x + 4\,y = 7 \qquad 12\,x\,y = 25.$$

Simplifier l'expression suivante :

$$\frac{2\,x^2 + x - 1}{6\,x^2 - 5\,x + 1} - \frac{3\,x + 1}{2\,x - 4} = \frac{1}{9\,x - 3}.$$

Diviser :

$$(a\,x^3 + p\,x^2 + c\,x + d) : (x - a).$$
$$(5\,x - 3\,x^2 + 10\,x^4 - x^5) : (3\,x^2 - 4\,x + 7\,x^3).$$

Qu'entend-on par fractions égales ?

Trouver les fractions égales à $\dfrac{6330}{373}$.

Calculer le résultat de l'expression :

$$\frac{(18\,{}^1/_2 - 5\,{}^2/_3) \times 14}{0,025}.$$

La rente 4 1/2 0/0 étant au cours de 92,25, quelle somme doit-on verser pour avoir 600 francs de rente ?

Trouver la valeur de l'expression :

$$\frac{24 + 0,39 + 4,045 + 0,30709 + 0,37}{10,431}.$$

Diviser 1 par 7,75 et prendre la moitié du quotient poussé jusqu'à moins d'un cent millième.

Multiplier $7\,\dfrac{5}{6}$ par $\left(3\,\dfrac{1}{5} + 6\,\dfrac{1}{2} \right)$.

Trouver les valeurs entières de x, qui peuvent satisfaire à l'iné-galité :

$$3\,x - \frac{1}{4} > 20 - \frac{2}{3}\,x.$$

Prendre les 0,78 de 187 et raisonner l'opération.

Résoudre le système :

$$\frac{x+y}{5} = \frac{x-y}{3} \qquad \frac{x}{2} = y + 2.$$

Simplifier :

$$\frac{x}{y} + \frac{2\,x^2 + y^2}{x\,y} + \frac{3\,x\,y^2 - 3\,x^3}{x^2\,y} - \frac{4\,x\,y^2 - 2\,x^2}{x^2\,y^2}\;\frac{y^2 - y^4}{}.$$

Mettre sous forme de fraction les expressions suivantes :

$$a^4 - a^3 + a^2 - a + 1 - \frac{2}{a+1}\, \left\|\quad \frac{4 - 2\,x + x^2}{2 + x} - 2 - x.\right.$$

Résoudre le système :

$$\frac{1}{a-x} + \frac{1}{a+y} = \frac{3\,a}{(a-x)(a+y)} \qquad \frac{a+x}{a-y} = \frac{a}{b}.$$

Démontrer que la moyenne arithmétique entre deux nombres a et b est toujours plus grande que leur moyenne géométrique.

Démontrer que la racine carrée d'un produit est égale au produit des racines carrées de ses facteurs.

Exemple : la racine carrée de abc.

Décomposer en facteurs du premier degré le trinôme

$$x^2 + 4x - 32.$$

Résoudre le système :

$$10\,x + 4\,y = 3 \qquad 20\,y - 5\,x = 4.$$

Résoudre le système :

$$m - \frac{a\,x}{b} = \frac{b\,y}{a} - m \qquad a + \frac{m\,x}{b} = \frac{b\,y}{m} - a.$$

Résoudre le système :

$$\frac{x}{a+b} - \frac{y}{a-b} = \frac{1}{a+b} \qquad \frac{x}{a+b} + \frac{y}{a-b} = \frac{1}{a-b}.$$

Trouver les valeurs numériques des quantités suivantes :

1° $\qquad \dfrac{\sqrt{a^2 + 2\,b^2} - \sqrt{a^2 - 2\,b^2}}{2} \qquad$ si $a = 12, \qquad b = 3$;

2° $\qquad a^2 + 2\,ab + b^2 \quad$ si $a = 4,\ b = 3$.

Simplifier l'expression suivante :

$$\frac{156\,a^3\,b^2 - 104\,a^2\,b^3}{351\,a^2\,bx - 234\,ab^2 x}.$$

Effectuer les opérations indiquées :

$$\left(\frac{a}{m^2} - \frac{a}{n^2} \right) \frac{m\,n}{a} \left(\frac{b}{m-n} + \frac{b}{m+n} \right)$$

Résoudre l'équation suivante :

$$x^4 - 25\,x^2 + 144 = 0.$$

Résoudre les équations :

$$x - 3\,y = 1$$
$$\frac{3\,x}{4} - y = 2.$$

$$6\,x + 5\,y = 16$$
$$5\,x - 12\,y = -19.$$

$$\frac{1}{x + \dfrac{1}{y - \dfrac{a}{x}}} = \frac{1}{x - \dfrac{1}{y - \dfrac{b}{x}}}$$

$$\frac{1}{y}\left(1 - \frac{x}{1} \right) = 1.$$

Simplifier :

$$\frac{5\,x^3 + 3\,x^2 - 12\,x + 4}{3\,x^4 + x^3 - 9\,x^2 + 3\,x + 2}.$$

Démontrer les propriétés suivantes :

1° Tout nombre impair carré parfait diminué de 1 est divisible par 8 ;

2° La différence des carrés de deux nombres impairs est toujours divisible par 8.

Une vis avance de 3/4 de millimètre par tour. Combien faudra-t-il tourner de fois pour la faire avancer de 3 millimètres 1/4 ?

Une solive qui a 6^m,25 de longueur sur 12 centimètres de largeur et 18 centimètres d'épaisseur vaut 11 fr. 34. Dites le prix d'un décistère de bois.

On a une sphère creuse en plomb de 5 centimètres de diamètre. La cavité intérieure a une capacité de 5 centimètres cubes 45. Quel est le poids de cette sphère sachant que la densité du plomb est 11,35 ?

L'hypothénuse d'un triangle rectangle est de 29^m,40, l'un des côtés de l'angle droit est 23^m,60. Calculer le périmètre et la surface de ce triangle.

Quelle est la longueur d'un arc de circonférence de 60°, le rayon de cette circonférence étant de 12^m,50 ?

Un arc de 60°20' a 18 centimètres de long. Quelle est la circonférence du cercle auquel il appartient ?

Partager 1489 en 2 parties proportionnelles aux fractions 2/3 et 4/5.

Partager 5271 proportionnellement aux fractions $\frac{2}{5}$, $\frac{4}{9}$ et $\frac{11}{20}$.

Partager 4850 en parties proportionnelles aux fractions $\frac{7}{8}$, $\frac{4}{9}$ et $\frac{3}{4}$.

Montrer que le système métrique est l'application du système de numération décimale aux poids et aux mesures.

Dire les fractions équivalentes à 3/8 et qui aient pour numérateurs, 6, 51, 33, 39, 48.

Quel est le poids d'une voiture de 250 pavés carrés de 15 centimètres de côté sur 8 centimètres d'épaisseur, la densité du grès étant de 2,90 ?

A quel taux réel place son argent une personne qui achète des rentes 3 0/0 au cours de 60 ?

Combien faut-il payer pour la peinture de 6 poteaux cylindriques de 2^m,50 de haut sur 62 centimètres de pourtour à raison de 1 centime $^1/_2$ le décimètre carré.

Résoudre le système des 2 équations :

$$(\sqrt{x} + \sqrt{y})^2 + (\sqrt{x} - \sqrt{y})^2 = a \qquad x^2 - y^2 = b^2.$$

Après la résolution on fera :

$$a = 8 \qquad b = 16.$$

Résoudre le système des 2 équations :

$$5x - 3y = 9 \qquad 3x - 2y = 13$$

Résoudre le système :

$$5x - 8y = 2 \qquad 7x + 12y = 26.$$

Résoudre le système :

$$ax - by = a^2 + b^2 \qquad bx + ay = a^2 - b^2.$$

Multiplier :

$$\left(-\frac{P}{2} + \sqrt{\frac{P^2}{4} - Q}\right)\left(-\frac{P}{2} - \sqrt{\frac{P^2}{4} - Q}\right).$$

Démontrer les formules suivantes par des multiplications :

$$(a+b)^2 = a^2 + 2ab + b^2 \qquad (a-b)^2 = a^2 - 2ab + b^2.$$

Mettre en facteur commun :

$$3ab - 4ac - 5b + 4c.$$

Effectuer la division suivante :

$$\frac{a^3 + 1}{a^2 b^3} : \frac{a^3 - a - 1}{a b^2}.$$

Multiplier les fractions suivantes entre elles et simplifier :

$$\frac{2x}{a} \times \frac{8ab}{2} \times \frac{8ac}{ab}.$$

Qu'appelle-t-on égalité?   Donner des exemples.

Chasser les dénominateurs des expressions suivantes :

$$4(x-12)-\frac{2}{5}=17. \qquad 7\,x-\frac{21}{7}=32\,x-12. \qquad y+\frac{y}{4}=10.$$

Quel rayon faut-il prendre pour que la circonférence décrite ait 1 mètre de longueur?

Trouver la hauteur d'un trapèze qui a pour surface 325 hectares 4 ares 5 centiares, pour grande base 725 décamètres 5, la petite ayant 52 décamètres 8.

Quel est le capital qui, ajouté à ses intérêts à 3 0/0 pendant 11 ans, est devenu 46 fr. 55 ?

Trouver 3 nombres tels que leur différence, leur somme et leur produit soient proportionnels aux nombres 2, 4, 9.

Partager 817 mètres en trois parties proportionnelles aux arcs suivants : 13°25', 15°20', 19°11'.

Trouver deux nombres dont la somme, qui est 54, et la différence soient dans le rapport $\frac{9}{5}$.

Résoudre l'équation suivante :

$$\frac{x-5}{3}=4\left(\frac{x}{5}-2\right)-3.$$

On peut changer les signes de tous les termes d'une équation sans la détruire. Expliquer.

Résoudre les équations suivantes :

$$2\,x - \frac{7}{3}\,y = -29 \qquad \frac{x}{3} + \frac{y}{4} = 4,75.$$

$$\frac{3\,x}{4} + \frac{2\,y}{5} = 1 \qquad 2y + 3x = 22.$$

$$\frac{a}{b+y} = \frac{b}{a-x} \qquad \frac{c}{d-x} = \frac{d}{c-y}.$$

$$\frac{5\,x-2}{4-3\,y} = \frac{1}{2} \qquad \frac{3\,x+5}{y-1} = \frac{2}{3}.$$

Qu'appelle-t-on identité numérique ?

Donner des exemples.

Qu'est-ce qu'une équation littérale ?

Donner des exemples.

Effectuer les opérations suivantes :

$$\frac{x+y}{x-y} \times \frac{x-2}{x+2}. \qquad \frac{5ax}{6by} \times \frac{3(ay+y^2)}{8(ax+a^2y)}.$$

$$\left(\frac{2x}{a} + \frac{8ab}{2} - \frac{8ac}{ab}\right) \times \left(\frac{4x}{2} + \frac{2x}{7} + \frac{6a}{x^2}\right).$$

Une tour cylindrique a pour rayon $8^m,50$. Sa surface latérale est égale à $525^{mq},5$. On demande sa hauteur.

Une colonne cylindrique a pour diamètre 54 centimètres, sa surface totale vaut 8 mètres carrés. Calculer sa hauteur.

Les rayons des cercles bases d'un tronc de cône sont de 4 mètres et 3 mètres, l'arête de 5 mètres. Quels sont la surface latérale et le volume?

Quel côté donner à un bassin hexagonal régulier pour que sa surface soit de 60 mètres carrés?

Quelle est, dans une circonférence de 5 mètres de rayon, la longueur d'un arc de $28°15'$?

Calculer la surface d'un triangle équilatéral qui a 30 mètres de périmètre.

Qu'est-ce qu'un polynôme ordonné?

Donner des exemples.

Qu'appelle-t-on quantités négatives?
Donner des exemples.

Dans quel cas une division est-elle impossible?
Donner des exemples.

Trouver le plus grand commun diviseur entre :

$$65\, a^2 b^3 c^4 d,\ 91\, b^2 c^3 d^4 x \text{ et } 52\, c^2 d^4 x^4 y.$$

Trouver le plus petit commun multiple des expressions suivantes :

$$6\,(a - b) \text{ et } 9\,a^2 - 9\,b^2. \qquad 8ab^2c \text{ et } a^3 bc^2.$$

Réduire au même dénominateur :

$$R \text{ et } \frac{R + r}{2Rr}.$$

Trouver deux nombres dont la somme soit 70 et la différence 16.

———

Lorsque la résolution d'une équation conduit à une solution négative, qu'y a-t-il à faire?

———

Mettre en équation le problème suivant :

Un père a 45 ans, son fils en a 15, après combien d'années l'âge du père sera-t-il quadruple de celui du fils?

———

Quel est le nombre dont la moitié plus le quart valent 67?

———

Partager 120 en parties proportionnelles à 2 et 3.

———

Partager le nombre 10 en parties proportionnelles à $\sqrt{2}$ et $\sqrt{3}$.

———

La différence des carrés de deux nombres entiers consécutifs est 17, trouver ces deux nombres.

———

GÉOMÉTRIE

(Voir le programme pages 10 et suivantes.)

ÉPREUVE ÉCRITE

EXPOSÉ PRATIQUE

Pour l'ensemble général de cette partie de l'examen, nous prions le lecteur de bien vouloir se reporter au chapitre « Examen oral d'arithmétique et d'algèbre »; l'examen de géométrie ayant lieu à la suite de cette épreuve. La question posée devra être résolue par la méthode la plus courte, à moins que le concurrent n'ait des connaissances plus approfondies que celles demandées au programme; dans ce cas, il pourra chercher une solution plus savante, ce qui lui permettra d'obtenir un meilleur classement. — Si le candidat ne se trouvait pas de force à donner la solution, il pourrait énoncer tout au moins les théorèmes ou les formules se rattachant à la question, ce qui lui permettrait de se reprendre à l'oral sans avoir un zéro à l'écrit. — La note de l'examen écrit n'est pas éliminatoire, ce n'est que le résumé des deux notes : Écrit, Oral, multiplié par le coefficient, qui doit atteindre un minimum, *minimum éliminatoire*.

Questions posées à l'épreuve écrite de géométrie.

Sur les faces d'un cube d'arête ($2\,a$) on construit à l'extérieur du cube des pyramides régulières de hauteur (h), trouver l'expression du volume (v) et de la surface S du solide ainsi formé; dans le cas particulier où $h = a = 9$ décimètres, on propose de calculer :
1° La surface S à 1 centimètre carré près.
2° Le logarithme de S.

On donne le logarithme de $2 = 0,3010300$,

    —   logarithme de $3 = 0,4771213$.

Expliquer et mettre les calculs.

Trouver les expressions de l'aire et du volume engendrés par un hexagone régulier inscrit dans une circonférence de rayon R, en tournant autour de la tangente menée à la circonférence menée en l'un de ses sommets.

Ceci fait, calculez à un décalitre près le volume engendré, sachant que l'aire engendrée = 289 m. q.

Mettre tous les calculs.

Étant donné une circonférence de rayon R, on demande l'expression du côté de l'octogone régulier convexe inscrit dans cette circonférence, l'expression de l'aire engendrée par chaque côté de l'octogone, lorsque cet octogone tourne autour d'un de ses côtés A B, ainsi que la somme S de ces différentes aires. Calculez S à 1 centimètre carré près, sachant que R = 1 décimètre.

Mettre tous les calculs.

Établir l'expression du volume du tétraèdre régulier de côté (a). Calculer ce volume à 1 centimètre cube près par défaut, sachant que $a = 4$ mètres. Mettre tous les calculs.

Dans un trapèze isocèle on donne une des bases a, la hauteur h et un des côtés non parallèles c; trouver l'expression algébrique en fonction de ces données, de l'aire S du trapèze, puis du volume V engendré par le trapèze en tournant autour de la droite qui joint les milieux des côtés parallèles dans le cas où $a = 7$ mètres, $h = 8$ mètres, $c = 11$ mètres; calculez S à 1 centimètre carré près, $\frac{V}{2}$ à 1 décimètre cube près. Expliquer les calculs.

Un cube est inscrit dans une sphère de rayon R. Quels sont les rapports de sa surface et de son volume à la surface et au volume de la sphère? Donner le calcul jusqu'au centième sachant que $R = 0,27^c$.

Trouver le côté d'un cube équivalent à un parallélépipède rectangle qui a $6^m,9$ de longueur, $3^m,7$ de largeur et $1^m,4$ de hauteur.

Démontrer que :

Si du sommet d'un angle trièdre SABC on élève sur chacune des faces ASB, BSC, CSA une perpendiculaire faisant un angle aigu avec l'arête située hors de cette face, l'angle trièdre qui a pour arêtes ces trois perpendiculaires SA', SB' SC', et l'angle trièdre proposé sont supplémentaires.

(Deux angles trièdres sont dits supplémentaires lorsque les angles plans de chacun de ces angles trièdres sont des suppléments des angles qui mesurent les angles dièdres de l'autre.)

On inscrit un cube dans une sphère de rayon R, chaque face du cube sert de base à une pyramide régulière dont le sommet est sur la surface de la sphère.

Du volume du cube et de celui de l'ensemble des pyramides, quel est le plus grand ? Démonstration.

I. Calculer : 1° la surface du cercle de 1 mètre de rayon ; 2° du cercle de 1 mètre de circonférence ; 3° le rayon du cercle de 1 mètre carré de surface.

II. Dans le premier cas, on cherchera ensuite la surface d'un triangle équilatéral inscrit dans ce cercle.

Dans le second cas, la surface d'un carré inscrit dans ce cercle.

Dans le troisième cas, la surface d'un pentagone régulier circonscrit à ce cercle.

Démontrer qu'étant donné deux droites non situées dans le même plan :

1° On peut mener une perpendiculaire commune à ces deux droites ;
2° On n'en peut mener qu'une ;
3° La portion de cette perpendiculaire comprise entre les deux droites est la plus courte distance de ces deux droites.

Faire la figure et mettre toutes les explications.

Trouver l'expression de la surface décrite par le périmètre d'un hexagone régulier de côté c tournant autour d'un de ses diametres.

Quel serait le rapport de cette surface à celle de la sphère circonscrite ?

Théorème des trois perpendiculaires.

L'arète d'un tétraédre régulier est c, quelle est l'expression de son volume ?

Cette arête est le côté d'un carré dont la diagonale est égale à $2 \times \sqrt{3}$; l'unité étant le mètre, quel est le volume en mètres cubes ?

Le volume d'un cône droit à base circulaire est de 2345 centimètres cubes, sa hauteur est de $0^m,325$; on coupe ce cône par un plan parallèle à la base à $0^m,065$ du sommet ; on demande l'aire de la section à 1 millimètre carré près, et le volume du cône détaché par le plan sécant.

Dans un parallélépipède rectangle ABCD A'B'C'D', on donne les deux côtés de la base $AB = 2^m,079$ $BC = 2^m,772$ et la diagonale $AC' = 3^m,927$; on demande de calculer la longueur de l'arête CC' et d'exprimer le volume du parallélépipède soit en mètres cubes, soit en centilitres. Mettre tous les calculs.

Lorsqu'une droite est perpendiculaire à un plan, tout plan mené par cette droite est perpendiculaire au premier.

Les deux lignes parallèles AB, $A'B'$ sont égales au côté c d'un triangle équilatéral inscrit dans la circonférence de centre o' : c est donné.

Supposant que la figure tourne autour du diamètre CC' perpendiculaire aux deux droites, on demande en fonction de c : 1° la surface de la sphère engendrée ; 2° la surface de la zone engendrée par l'arc AA' ; 3° le volume de la sphère. Application numérique : on fera $c = 3^m \sqrt{3}$. On énoncera en toutes lettres les surfaces et les volumes.

L'hypoténuse d'un triangle est égale à $5^m,23$, sa surface vaut 8 mètres carrés ; trouver les deux autres côtés.

Si l'expression de ces côtés renferme des radicaux, on extraira, pour l'un des côtés, la racine par le procédé ordinaire, et, pour l'autre côté, on trouvera par logarithme la valeur de ces radicaux. Deux décimales dans l'un et l'autre cas.

Étant donné une demi-circonférence de rayon R, décrite sur AB comme diamètre, et un point P sur le diamètre, tel que OP $= \alpha$; par P on élève sur le diamètre AB la perpendiculaire PM qui rencontre en M la demi-circonférence, on joint AM, BM et l'on fait tourner toute la figure autour de AB.

1° Trouver l'expression algébrique :
Du volume engendré par le triangle AMB.
Du volume engendré par la partie restante.
L'expression de la surface du solide engendré par cette partie restante.

2° Dans le cas où $\alpha = \dfrac{1}{3}\,R$ et où $R = \dfrac{\sqrt{7}}{\sqrt{132}}$, calculer par logarithmes le volume de cette partie restante engendrée par le triangle AMB et la demi-circonférence.
Mettre tous les calculs.

Dans un triangle dont la base est b et la hauteur p, inscrire un rectangle s'appuyant sur b et ayant comme différence entre ses deux dimensions une longueur d.

Trouver l'expression de la surface d'un cube inscrit dans une sphère de rayon R, on fera ensuite, $R = \sqrt{\dfrac{3}{2}}$, l'unité étant le mètre.

ÉPREUVE ORALE

EXPOSÉ PRATIQUE

L'examen oral de géométrie se passant en même temps que les examens d'algèbre et de géométrie descriptive, nous prions le lecteur de se reporter au chapitre précédent « Épreuve orale d'arithmétique et algèbre ».

Questions posées à l'examen oral.

Une sphère étant donnée, trouver son rayon.

Peut-on construire un angle trièdre ayant pour faces trois angles plans donnés, si la somme de ces angles est moindre que 4 droits, et si le plus grand est plus petit que la somme des deux autres ?

Démontrer que les quatre diagonales d'un parallélépipède se coupent mutuellement en parties égales.

Étant donné un angle polyèdre convexe, peut-on le couper par un plan qui rencontre toutes les arêtes ?

Connaissant le rayon d'un cercle et le côté d'un polygone régulier inscrit de n côtés, trouver le segment compris entre ce côté et l'arc qu'il sous-tend. Trouvez aussi la surface S de ce polygone.

Démontrer qu'un prisme triangulaire quelconque a pour mesure le produit de sa base par sa hauteur.

Démontrer que deux pyramides de même hauteur sont entre elles comme leurs bases, et deux pyramides qui ont des bases équivalentes sont entre elles comme leur hauteur.

Que savez-vous sur le plan mené par deux arêtes opposées d'une pyramide ayant pour base un trapèze?

Que savez-vous sur deux pyramides de même hauteur ayant leurs bases situées sur le même plan, et que l'on coupe par un plan parallèle au plan des bases?

Pourriez-vous démontrer que deux parallélépipèdes rectangles sont entre eux comme le produit de leurs trois dimensions?

Que savez-vous sur deux polyèdres lorsqu'ils sont composés d'un même nombre de tétraèdres semblables chacun à chacun et semblablement disposés?

Qu'est-ce qu'un polyèdre?

Démontrer qu'en coupant toutes les faces latérales d'un prisme ou leurs prolongements par deux plans parallèles, on détermine des sections égales entre elles.

Construire un rectangle équivalent à un carré donné, tel que la différence de ses dimensions soit égale à une droite donnée.

Diviser un trapèze en deux parties proportionnelles à des nombres donnés, par une droite parallèle aux deux bases.

Démontrer que deux dièdres quelconques sont entre eux comme leurs angles plans.

Étant donné un rectangle ABCD, construire un rectangle équivalent, dont la base soit une ligne donnée EF.

Décrire un cercle dont l'aire soit à celle d'un cercle donné dans le rapport de m à n.

Démontrer que si deux plans verticaux se coupent, leur intersection est une verticale.

Démontrer qu'un angle inscrit a pour mesure la moitié de l'arc compris entre ses côtés.

Démontrer que d'un point C, pris hors d'une droite AB dans l'espace, on peut abaisser une perpendiculaire à cette droite et on n'en peut abaisser qu'une.

Étant donné les projections de deux droites parallèles, trouver la distance de ces droites.

Démontrer que, dans tout triangle, la somme des carrés de deux côtés est égale à deux fois le carré de la médiane qui correspond au troisième côté, plus deux fois le carré de la moitié de ce même côté.

Trouver par une construction graphique le rayon d'une sphère donnée.

Diviser un triangle en trois parties proportionnelles à des nombres donnés, par des droites menées d'un même point donné dans l'intérieur du triangle.

Trouver une moyenne proportionnelle entre deux longueurs données.

Évaluer en stères une pile de bois qui a $8^m,7$ de longueur sur $6^m,26$ de largeur et $4^m,57$ de hauteur.

Trouver le nombre d'hectolitres d'eau que contient un bassin de forme cubique ayant pour côté $2^m,6$.

Trouver le côté d'un cube équivalent à un parallélépipède rectangle qui a $6^m,9$ de longueur, $3^m,7$ de largeur et $1^m,4$ de hauteur.

1° Qu'appelle-t-on polyèdre régulier ? — 2° Combien existe-t-il de polyèdres réguliers ? — 3° Citez-les par ordre. — 4° Dites ce que le premier, le troisième et le cinquième ont pour face. — 5° Et les autres ?

Trouver la surface S de l'octogone régulier inscrit dans un cercle, en fonction du rayon.

Trouver le côté d'un carré équivalent à un rectangle qui a pour longueur 729 mètres et pour largeur 676 mètres.

Démontrer que deux pyramides sont égales lorsqu'elles ont même base et deux faces contiguës égales chacune à chacune et semblablement disposées.

Quel rayon faut-il donner à un cercle pour que sa superficie soit de 6 mètres carrés ?

On donne les deux côtés d'un triangle, ainsi que l'angle opposé à l'un d'eux ; construire le triangle.

Diviser une droite donnée AB en moyenne et extrême raison (c'est-à-dire en deux parties telles que la plus grande soit moyenne proportionnelle entre la droite entière et la plus petite partie).

Démontrer qu'une droite étant perpendiculaire à deux droites qui passent par son pied dans un plan, elle sera perpendiculaire à toute autre droite menée par son pied dans ce plan, et par conséquent elle sera perpendiculaire au plan.

Dites ce que vous savez sur une progression géométrique croissante.

Le rayon d'un cercle est égal à $11^{m},53$. Calculez à 0,001 près le côté du triangle équilatéral inscrit.

Calculer les longueurs des deux parties de l'hypoténuse lorsqu'on mène la bissectrice de l'angle droit du triangle qui a pour côtés les nombres entiers consécutifs 3, 4 et 5.

Démontrer que, si deux plans sont perpendiculaires entre eux, toute droite perpendiculaire à l'un de ces plans sera parallèle à l'autre ou y sera contenue tout entière.

Trouver la surface et le volume d'un tétraèdre régulier dont l'arète vaut 2 mètres.

Démontrer que, si dans un angle trièdre deux angles dièdres sont inégaux, au plus grand angle dièdre est opposée la plus grande face.

A quoi est égale l'aire d'un triangle équilatéral circonscrit à une circonférence.

Connaissant le rayon d'un cercle et le côté d'un polygone régulier inscrit dans le cercle, trouver l'apothème de ce polygone.

Construire un rectangle équivalent à un carré donné, tel que la somme de ses dimensions soit égale à une droite donnée.

Dans un quadrilatère inscrit dans un cercle, les diagonales sont entre elles comme les sommes des produits des côtés qui aboutissent à leurs extrémités. — Expliquez.

Décrire un cercle tangent à trois droites données qui se coupent deux à deux.

Mener une tangente commune à deux cercles donnés.

Connaissant le rayon d'un cercle et le côté d'un polygone régulier inscrit, calculer le côté du polygone régulier inscrit d'un nombre double de côtés.

Lorsque deux droites sont parallèles, si l'une d'elles est perpendiculaire à un plan, la seconde sera perpendiculaire au même plan. Réciproque.

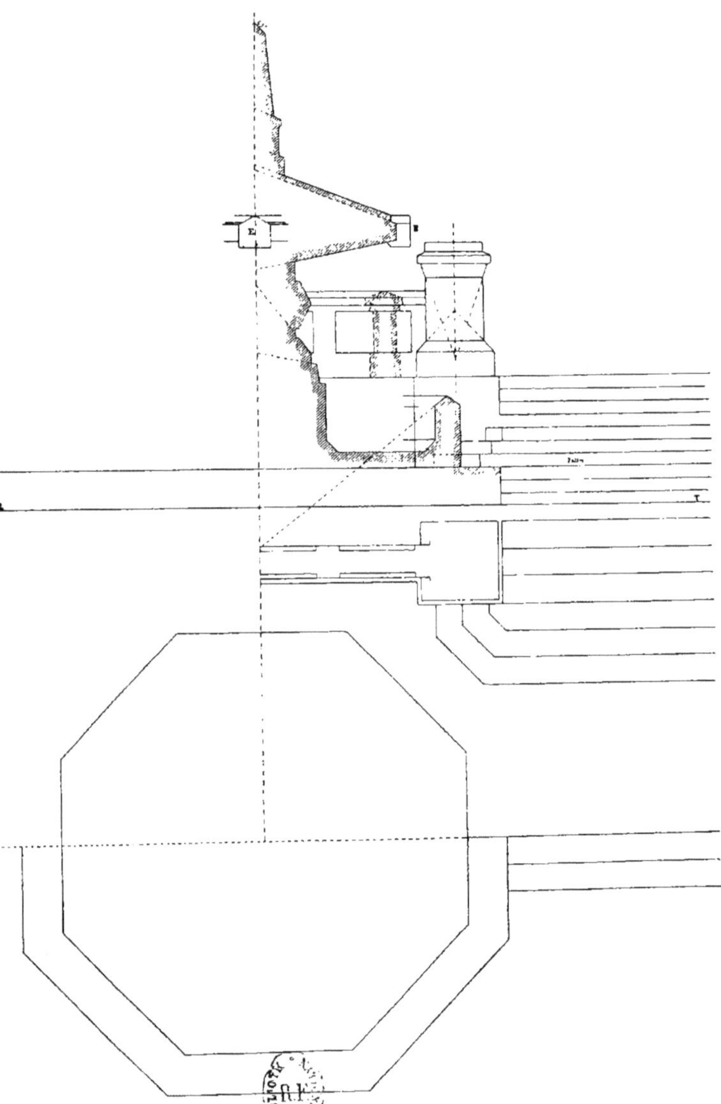

*Réduction de l'épreuve remise aux candidats à l'examen
du 26 Octobre 1898*

d

GÉOMÉTRIE DESCRIPTIVE

ÉPREUVE ÉCRITE

EXPOSÉ PRATIQUE

L'épreuve écrite de géométrie descriptive a subi de grands changements, comparativement à celles des examens antérieurs ; cette partie scientifique est moins théorique que précédemment, elle exige surtout l'application du programme d'admission aux questions d'ombres à 45°. L'examen écrit actuel consiste en une épreuve faite en loges, durant un laps de temps de huit heures, *cette question donnée par un programme écrit et dessiné, étant toute récente nous n'avons pu en donner qu'un exemple.*

Pour les renseignements généraux sur cette partie de l'examen, nous renverrons le lecteur au chapitre « Examen écrit d'arithmétique et d'algèbre », l'épreuve de géométrie descriptive étant proposée et jugée par le même examinateur.

Suit le dernier programme donné à l'examen.

ÉPREUVES D'ADMISSION DU 26 OCTOBRE 1898

On suppose une fontaine entre deux perrons limités par des piédestaux.

La fontaine et sa vasque sont octogonales, suivant le profil hachuré ; au milieu de chacune des huit faces de la fontaine est ménagé en saillie un épannelage E en attente de sculpture.

Entre les deux piédestaux se trouve une balustrade pleine avec panneaux évidés,

L'épure à faire consiste :

1° A représenter les projections horizontale et verticale de la fon-

taine, de sa vasque, des perrons, de la balustrade et des deux piédestaux ;

2° A tracer les ombres (rayon lumineux ayant ses deux projections
à 45°) en projection horizontale seulement, y compris l'ombre portée
sur l'intérieur de la vasque ; le tracé des ombres en projection horizontale devra être complet, sans s'arrêter à la ligne de terre.

Placer l'axe au milieu de la feuille.

Nota. — Les candidats sont invités à tracer sur l'épure, soit à l'encre rouge,
soit au crayon, les lignes indiquant toutes les constructions, et à l'encre noire les
données et les résultats.

ÉPREUVE ORALE

L'examen oral de géométrie descriptive se passant en même temps
que les examens d'algèbre et de géométrie. Nous prions le lecteur de
se reporter au chapitre précédent « Épreuve orale d'arithmétique et
d'algèbre.

QUESTIONS POSÉES A L'EXAMEN ORAL

Trouver l'angle de deux plans dont les traces sont en ligne droite.

———

Trouver la plus courte distance entre deux droites quelconques par
la méthode la plus simple.

———

Étant donné un plan dont les traces sont en ligne droite et un
point dont les projections sont confondues, mener une perpendiculaire
du point au plan.

———

Mener par une droite AB un plan qui fasse avec le plan horizontal
un angle de 60°.

———

Qu'entend-on par plans perpendiculaires entre eux ?

———

Étant donné une droite quelconque et une droite parallèle à la ligne de terre, faire tourner la droite de 90° autour de la parallèle à la ligne de terre.

———

Étant donné un plan dont les traces sont en ligne droite, trouver l'intersection de ce plan avec le deuxième bissecteur.

———

Étant donné un plan de profil et un plan quelconque trouver l'angle des deux plans.

———

Étant donné une droite quelconque et un point, mener par le point une droite rencontrant la première droite et la ligne de terre.

———

Étant donné deux droites de profil, trouver si ces deux droites sont dans un même plan.

———

Étant donné un plan dont les tracés sont en ligne droite, trouver l'intersection de ce plan avec une droite de profil.

———

Étant donné un point dont les deux projections sont confondues, une droite qui rencontre la ligne de terre, et un axe vertical. Si l'on fait tourner de 100° le plan déterminé par la droite et le point, trouver les traces du plan après la rotation.

———

Étant donné un axe vertical, faire tourner le plan bissecteur d'un angle de 100°.

———

Étant donné un plan par ses traces, une droite dont les projections rencontrent la ligne de terre, trouver l'angle de la droite et du plan.

———

Étant donné un plan dont les traces sont en ligne droite, lui mener un plan parallèle à une distance donnée.

———

Étant donné une droite, amener cette droite par des rotations successives à être parallèle à la ligne de terre.

Étant donné une droite du deuxième bissecteur, et un point dont les deux projections sont à égale distance de la ligne de terre, menez par le point une droite qui fasse avec la première un angle de 60°.

———

Étant donné une droite par ses deux projections, mener par cette droite un plan faisant avec le plan horizontal un angle de 45°.

———

Étant donné deux plans dont les traces verticales sont parallèles, trouver l'angle de ces deux plans.

———

Étant donné une droite horizontale, un point de la ligne de terre, on rabat le plan ainsi déterminé, et l'on donne un point rabattu. Trouver les projections de ce point.

———

Étant donné deux droites quelconques, par une rotation autour d'un axe convenable peut-on ramener les deux droites à être verticales ?

———

Étant donné un plan dont les traces sont en ligne droite, on demande l'angle de ce plan avec le premier bissecteur. Pourquoi l'intersection de ces deux plans est-elle une droite de profil ?

———

Étant donné une droite dont les deux projections sont confondues, et un plan dont les traces sont en ligne droite, on demande : 1° l'intersection de la droite et du plan, 2° l'angle de la droite avec la ligne de terre.

———

Étant donné deux droites dont les projections verticales sont parallèles, trouver au moyen d'une rotation la perpendiculaire commune à ces deux droites.

———

Étant donné une droite quelconque et une droite de front, trouver la perpendiculaire commune.

———

Étant donné deux plans ayant mêmes traces verticales, et leurs traces horizontales perpendiculaires entre elles, trouver le plan bissecteur de l'angle des deux plans.

Étant donné un plan dont les traces sont en ligne droite, une droite verticale qui rencontre la trace verticale du plan, on fait tourner le plan d'un angle de 100° autour de la droite. Trouver les nouvelles traces du plan.

Lorsque les projections d'un point sont sur les projections d'une droite contenue dans un plan de profil, peut-on affirmer directement que le point appartient à la droite?

Une droite est donnée par ses projections, déterminer les points de cette ligne qui appartiennent aux plans bissecteurs des angles dièdres que forment les plans de projection :

(*a*) La droite est horizontale ;
(*b*) La droite est quelconque ;
(*c*) La droite est perpendiculaire à l'un des plans de projection ;
(*d*) La droite appartient à un plan de profil.

Dans quel cas une droite donnée par ses projections appartient-elle à l'un des plans bissecteurs des dièdres que forment les plans de projection ?

Comment reconnaît-on à l'inspection de ses projections qu'une droite est parallèle à un des plans bissecteurs ?

Déterminer la distance d'un point du plan vertical à une droite du plan horizontal.

Connaissant les projections du centre et le rayon d'un cercle situé dans un plan donné, construire les projections de ce cercle.

Étant donné les projections d'un point, déterminer la position qu'elles prennent lorsqu'on fait tourner le point d'un certain angle autour d'un axe donné.

Déterminer sur une droite donnée un point dont la distance à un plan donné soit égale à une longueur donnée.

Mener par une horizontale d'un plan donné un second plan formant avec le premier un angle donné.

Construire le lieu des points d'un plan donné situés à égale distance de deux points donnés en dehors de ce plan.

Connaissant la projection horizontale d'une droite, un point de cette droite et l'angle qu'elle fait avec le plan horizontal, construire sa projection verticale.

Mener par une horizontale d'un plan donné un second plan formant avec le premier un angle de 90°.

On donne un plan par trois points $a\,b\,c$, $a'\,b'\,c'$; chercher la ligne de plus grande pente de ce plan.

Déterminer la trace verticale d'un plan, connaissant sa trace horizontale et l'angle que ce plan fait avec la ligne de terre.

Trouver la plus courte distance de deux droites quelconques données par leurs projections.

Trouver l'angle de deux droites non sécantes, chacune d'elles étant parallèle à l'un des plans de projections.

Trouver l'angle d'un plan quelconque avec un plan de profil.

Trouver les angles d'un plan avec chaque plan de projection, lorsque les traces du plan donné sont en ligne droite ; déterminer l'angle des traces de ce plan.

Par un point $a\,a'$ pris dans un plan donné P et P', mener dans ce plan une droite qui coupe le plan horizontal sous un angle donné m.

Par une droite donnée, mener un plan qui rencontre le plan horizontal sous un angle donné.

Par un point donné, $a\ a'$, mener un plan également incliné sur les deux plans de projection et tel que l'angle des traces ait une valeur donnée.

———— — ..

Mener le plan bissecteur de chacun des dièdres d'un plan quelconque avec les plans de projection ; trouver les projections de l'intersection de ces deux plans bissecteurs.

————

Déterminer sur un plan quelconque un point qui soit à une distance L d'un autre point $a\ a'$ du plan et à une distance L' d'un point donné $b\ b'$.

————

On donne deux points et une droite non situés dans un même plan ; trouver le chemin minimum qui joint les deux points en rencontrant la droite.

————

Trouver la vraie grandeur d'une droite contenue dans un plan de profil et connue :

1° par ses traces ;
2° par deux de ses points ;
3° par l'un de ses points et l'angle qu'elle fait avec un des plans de projection;
4° par l'un de ses points et la distance de cette droite à la ligne de terre.

————

Déterminer la distance de l'un des plans bissecteurs formés par les plans de projection et d'une droite parallèle à ce plan bissecteur.

————

Trouver le point où une droite AB rencontre un plan donné par sa ligne de plus grande pente CD relative au plan horizontal, sans recourir aux traces du plan.

————

Mener le plan bissecteur du dièdre que forment deux plans donnés.

————

Par une droite donnée, mener un plan qui rencontre le plan horizontal sous un angle donné.

On donne un point o, o', mener par ce point un plan coupant les deux plans de projection sous un même angle donné.

Déterminer la trace verticale d'un plan, connaissant la trace horizontale et 1° l'angle m qu'il fait avec le plan horizontal, ou 2° l'angle n qu'il fait avec le plan vertical.

Trouver la distance d'un point m donné sur la ligne de terre à une droite quelconque ab, $a'b'$.

Par la ligne de terre, mener un plan parallèle à une droite donnée ab, $a'b'$, et déterminer l'angle que ce plan fait avec le plan horizontal.

Construire les projections d'un point a a', connaissant sa distance à la ligne de terre et sa distance à l'un des plans de projection.

Soit un point a a' situé dans le plan vertical, on demande de trouver la distance de ce point à une droite du plan horizontal.

Soit la projection horizontale d'une droite a b, on demande la projection verticale a' b', connaissant un point de cette droite et l'angle qu'elle fait avec le plan vertical.

Mener dans un plan donné une droite qui fasse avec l'un des plans de projection un angle de 45°.

On donne un point a a' et on demande de mener par ce point un plan parallèle à une droite donnée c d, $c'd'$ qui fasse avec l'un des plans de projection un angle donné.

Déterminer les points de rencontre d'une pyramide et d'une droite données.

Chercher l'angle de deux plans quand l'un des plans a ses traces en ligne droite et que l'autre plan a ses traces quelconques.

Etant donné, dans un tétraèdre S A B C , le dièdre A B et les arêtes A B, B C, A C, S A, S B, construire les projections du solide en plaçant sa base A B C à volonté sur le plan horizontal.

Déterminer l'angle de deux plans quelconques et chercher la trace du plan bissecteur de cet angle.

Une droite étant donnée dans un plan de profil et un point quelconque en dehors de ce plan, on demande de trouver la distance de ce point à la ligne contenue dans le plan de profil.

Déterminer l'angle de deux droites quand elles sont, l'une parallèle au plan horizontal, l'autre parallèle au plan vertical.

Soit un point $a\,a'$ pris sur une droite donnée $c\,d$, $c'\,d'$; élever à cette droite une perpendiculaire qui rencontre une seconde droite donnée $e\,f$, $e'\,f'$.

Construire les projections d'un point, connaissant ses distances à deux points donnés sur la ligne de terre et sachant qu'il a sa projection horizontale située sur une droite donnée dans le plan horizontal.

On donne les projections d'une droite et celles d'un point, mener par le point une seconde droite qui rencontre la première en faisant avec elle un angle donné.

Etant donné une droite $c\,d$, $c'\,d'$ et deux points aa', bb', trouver sur la droite un point également distant des deux points donnés.

Déterminer la plus courte distance de deux droites dans le cas où l'une des droites est la ligne de terre. Chercher les projections de la bissectrice de cet angle.

Etant donné les projections d'une droite, trouver les angles que fait cette droite avec les plans de projection.

On donne les projections du centre et le rayon d'un cercle, dont le plan perpendiculaire au plan vertical est incliné sur le plan horizontal d'un angle donné α ; construire les projections de ce cercle.

Etant donné les traces d'un plan, déterminez la position qu'elles prennent lorsqu'on fait tourner le plan d'un certain angle autour d'un axe donné.

Déterminer l'angle de deux droites et les projections de la bissectrice de cet angle.

Etant donné les projections d'une droite, déterminer les positions qu'elles prennent lorsqu'on fait tourner la droite d'un certain angle autour d'un axe donné.

Mener par un point un plan qui fasse avec les plans de projection des angles donnés.

Etant donné les traces d'un plan et l'un des angles qu'il fait avec les plans de projection, trouver l'autre trace, l'angle donné étant égal à 45°.

Trouver l'angle de deux droites dans le cas où elles se rencontrent sur l'un des plans de projection, le plan vertical par exemple.

On donne une droite quelconque A B, A' B' et un point O ; on demande d'abaisser du point O une ligne à 45° sur la droite.

Déterminer les angles d'un triangle donné par ses projections.

Etant donné les projections d'un point, déterminer la position qu'elles prennent lorsqu'on fait tourner le point d'un certain angle autour d'un axe quelconque sans se servir d'un changement de plans.

Déterminer les traces de deux plans se rencontrant au même point de la ligne de terre ; cherchez l'angle et trouver la bissectrice de cet angle.

GÉOMÉTRIE DESCRIPTIVE

(Voir le programme, pages 11 et 12.)

Nota. — *Nous donnons ici les programmes de l'ancien examen de géométrie descriptive, tel qu'il existait précédemment, cette partie de l'examen pouvant revenir à ce qu'elle était autrefois.*

ÉPREUVE ÉCRITE

EXPOSÉ PRATIQUE

La composition écrite de géométrie descriptive avait lieu à la suite des examens d'algèbre et de géométrie, nous prions le lecteur de se reporter aux chapitres d'arithmétique et d'algèbre pour connaître les détails généraux de l'examen.

Comme pour les précédentes épreuves, l'écrit et l'oral ne créaient qu'une seule note, mais note prédominante sur la partie algèbre et géométrie ; l'examen de géométrie descriptive étant la partie principale des épreuves scientifiques, le candidat devait apporter toute son attention dans les études préparatoires à cette partie de l'examen.

Suivent les différents programmes :

PROGRAMMES

1° On donne par ses traces un plan PLP' tel que la ligne de terre fasse avec la trace horizontale LP un angle de 45° et avec la trace verticale un angle de 30°.

Trouver la droite d'intersection du plan bissecteur du dièdre que fait le plan donné avec le plan horizontal et le plan bissecteur du dièdre que fait le plan donné avec le plan vertical.

2° Ceci fait, on coupe le plan donné et les deux plans de projections par un plan perpendiculaire à la droite trouvée. Déterminer la vraie grandeur du rayon de la circonférence inscrite dans le triangle, section du trièdre formé par les deux plans de projection et le plan donné.

Expliquer et faire l'épure.

1° On donne un plan PLP' perpendiculaire au plan vertical et faisant avec le plan horizontal un angle de 45°, puis une droite $a\,b$, $a'\,b'$ parallèle au bissecteur et dont la projection verticale fait avec la ligne de terre un angle de 22° 30'.

On demande de mener par cette droite un plan qui fasse avec le plan PLP' un angle de 45°.

Le problème admet deux solutions.

Trouver l'angle des deux plans obtenus.

Expliquer et faire l'épure.

Étant donné un plan P α P', par ses deux traces et la projection horizontale m d'un point M de l'espace, trouver sa projection verticale m', sachant que la distance du point M de l'espace au plan P α P' est égale à une longueur donnée l; expliquer la solution et faire l'épure dans le cas où α P fait avec la ligne de terre un angle de 60°, α P' un angle de 45°, et où, le point M de l'espace étant dans le plan de profil qui passe par α, la distance α m vaut 3 centimètres et la longueur donnée également 3 centimètres.

On donne la projection verticale $a'b'$ d'une droite A B, la projection c d'un point de cette droite et l'angle que fait cette droite avec le plan vertical de projection ; trouver la projection horizontale de cette droite AB. — Nombre de solutions.

———

On donne un plan P α P′ par ses traces et une droite ab, $a'b'$ de ce plan parallèle au plan vertical de projection ; on demande de mener par cette droite un plan faisant avec le plan P α P′ un angle de 45°. Faire les constructions et les expliquer.

———

Étant donné un plan P α P′ par ses traces qui rencontrent en α la ligne de terre, une ligne de plus grande pente de ce plan ab, $a'b'$ et un point oo' situé dans le plan de profil qui contient le point α, on demande de mener par oo' une droite rencontrant ab, $a'b'$ et faisant avec elle un angle de 45°, puis de trouver l'angle du plan P α P′ avec le plan déterminé par oo' et ab, $a'b'$. Expliquer les constructions.

———

On donne un plan P α P′ dont la trace horizontale α P fait un angle de 30° avec la ligne de terre ; le plan est incliné de 53° sur le plan vertical, on donne un point A dans ce plan, distant de $0^m,02$ du plan horizontal et $0^m,03$ du plan vertical. Ce point est le centre de la base d'un cône droit situé sur la face supérieure du plan et dont le rayon est de $0^m,03$. La hauteur du cône — $0^m,12$. Construire les projections de ce cône.

———

La projection d'une droite est donnée ainsi que la projection d'un de ses points et l'angle qu'elle fait avec le plan horizontal ; trouver la seconde projection et les traces. Combien de solutions ?

———

Étant donné un plan P parallèle à la ligne de terre, une droite AB dans ce plan et un point O hors du plan, on demande de trouver la distance (OH) du point au plan ;

2° De mener par O une droite rencontrant AB et telle que la distance du point de rencontre au point H soit égale à la grandeur OH.

Expliquer et faire l'épure.

———

SECTION D'ARCHITECTURE

ÉPREUVES — ADMISSION

7° ÉPREUVES D'HISTOIRE

HISTOIRE GÉNÉRALE

(Voir le programme, pages 13 et 14.)

ÉPREUVE ÉCRITE

EXPOSÉ PRATIQUE

La composition écrite d'histoire a lieu habituellement en loge, le temps donné pour cette épreuve est fixé à deux heures.

L'examen d'histoire est une des parties sérieuses du concours, si l'on se place au point de vue du travail à effectuer par le candidat. En effet cette épreuve comporte une composition écrite et un examen oral, mais la note résultante de ces deux examens n'est multipliée par aucun coefficient. Il serait plus normal de ne faire passer qu'une partie de l'examen, soit l'écrit, soit l'oral, comme cela se pratiquait pour les peintres et les sculpteurs, car la somme de travail dépensé ne répond pas à une note allant généralement de 7 à 12. Peut-être réagira-t-on contre cet état de choses dans les examens à venir, mais jusqu'aux derniers examens cette réglementation a été maintenue.

La composition d'histoire est obligatoire sans que pour cela aucune note ne soit éliminatoire ; le candidat devra donc faire une composition aussi simple que possible, sans cependant se servir d'un style manquant d'élégance et d'originalité. Il faut que l'élève se souvienne que ce n'est plus à l'écolier que l'on s'adresse, mais à de jeunes artistes ; l'examinateur ne proposera que très rarement une question purement historique, comme les guerres Puniques ou les résultats du traité de Westphalie. Il cherchera au contraire un sujet qui pourra faire travailler l'imagination du candidat, comme celui que nous reproduisons ci-dessous et qui a été proposé dernièrement : « Supposez Louis XIV présidant à l'érection d'une statue dans le parc de Versailles ; décrivez la scène, quels pouvaient être les auteurs de la statue, citez les personnages qui entouraient le roi ». Voilà les sujets proposés par M. Lemonnier, qui sait mettre ainsi son examen au niveau intellectif des candidats ; mais il n'en fut pas toujours de même et je trouve parmi d'autres questions des demandes comme celles-ci :

Que savez-vous sur les Antonins ? ou : Parlez de la guerre de la succession d'Espagne ?

Il faut espérer que la manière de comprendre l'examen comme l'a fait M. Lemonnier sera longtemps suivie à l'école des Beaux-Arts, et cela pour le plus grand bien des élèves. Dans les sujets traités l'on citera autant que possible, les tableaux, les pièces de comédie, les romans mêmes, se rapportant au sujet proposé ; enfin aux termes du règlement, nous rappellerons qu'il est tenu compte dans les compositions de l'écriture et de l'orthographe.

Nous conseillons aux candidats d'étudier leur examen d'histoire dans un ouvrage écrit spécialement pour eux et intitulé : PRÉCIS DE LECTURES *sur le programme d'histoire, par A. Roblot* (1).

Différentes questions proposées à l'examen écrit d'histoire :

Exposez rapidement les caractères généraux et distinctifs de l'art chez les différents peuples de l'Orient.
Indiquez les analogies artistiques entre certains de ces peuples.

Racontez un fait principal pris dans la vie de saint Louis.
Décrivez deux monuments construits sous son règne.
Dites ce que vous savez sur le chroniqueur qui a raconté la vie du roi.

---

(1) Aulanier et Cⁱᵉ, édit., 13, rue Bonaparte. — Prix : 4 francs.

Supposez qu'on élève à Chicago un monument en souvenir de la guerre de l'Indépendance et de la fondation de la République des États-Unis.

On y inscrirait une date et on y placerait les statues de trois personnages français ou américains qui ont joué un rôle dans les événements.

Dites quels personnages on pourrait choisir et indiquez en quelques mots ce qu'ils ont été et ce qu'ils ont fait.

Lorsque l'empereur Charles-Quint vint en France, le roi François Ier lui fit visiter les tombeaux royaux de Saint-Denis.

Décrivez la scène, en indiquant quelques personnages célèbres qui pouvaient figurer dans l'entourage des souverains.

Supposez que l'on s'arrête devant les tombeaux de deux rois pris parmi les plus illustres de la famille capétienne, et qu'on rappelle en quelques mots ce qu'ils ont fait de plus grand.

Donnez la date approximative de la scène.

(La copie peut être courte, mais doit être soignée. On rappelle que, d'après le règlement, l'examinateur doit tenir compte des qualités de rédaction.)

HISTOIRE ANCIENNE

Énumérer les principales divinités de la mythologie grecque; indiquer leurs caractères et leurs attributs.

Faire la géographie sommaire de la région du Nil; indiquer les grandes villes et les monuments célèbres qui y furent élevés dans l'antiquité.

HISTOIRE MODERNE

Racontez sommairement la première croisade.

Parlez de Charlemagne; donnez quelques indications sur les guerres et les tentatives pour restaurer la civilisation.

(Il faut traiter une seulement des deux questions d'histoire ancienne, une seulement des deux questions d'histoire moderne.)

Mettre la date du siècle.

HISTOIRE ANCIENNE

Les principales divinités grecques, leurs caractères, leurs attributs.

Énumérez les grands écrivains de la littérature romaine, en indiquant leurs œuvres les plus célèbres.

HISTOIRE MODERNE

Justinien ; indiquez les souvenirs qui se rattachent à ce nom dans l'histoire politique, artistique et législative.

Saint Louis, son caractère, son règne ; dire quelques mots du chroniqueur qui a raconté la vie du roi.

Mettre la date du siècle.

Donnez quelques renseignements biographiques sur les personnages suivants :

Mazarin, Condé, Colbert, Corneille, Bossuet, Pascal, Poussin, Lesueur.

On indiquera d'une façon approximative la date de leur mort ; pour les écrivains et les artistes, on fera connaître les principales œuvres, et on y ajoutera l'énumération de ces œuvres ; une courte appréciation.

Parlez de François Ier et des personnages les plus célèbres qui furent ses contemporains.

(Le professeur rappelle qu'on tient compte dans l'examen des qualités de rédaction.)

Parlez des grands princes ou souverains européens qui, au xvie siècle, ont protégé les lettres et les arts.

Mahomet.

Supposez un voyageur remontant le Nil ; décrire en quelques mots l'aspect du fleuve et du pays qu'il traversera, quelques villes et monuments de l'antiquité qu'il aura l'occasion de voir.

Il ne s'agit pas de donner l'indication de toutes les villes et de tous les monuments, mais de choisir ce qu'il y a de plus célèbre. Deux ou trois exemples suffisent.

Supposez un monument élevé à la gloire des lettres françaises au xviie siècle; on y placera les statues des quatre plus grands écrivains du siècle et on y inscrira les noms de quelques œuvres célèbres et populaires.

Indiquez les écrivains et les œuvres qu'il faudrait choisir et donner quelques développements historiques et littéraires.

(L'examinateur laisse aux élèves une certaine latitude, il demande surtout qu'ils se pénètrent de l'intérêt du sujet.)

Histoire des préliminaires et des stipulations de la paix de Westphalie.

La découverte du Nouveau-Monde.

(Sujet proposé.)

Il s'agit d'élever un monument en souvenir de la découverte du Nouveau-Monde ; quels personnages y fera-t-on figurer ?

Lequel de tous en première ligne ?

Louis XIV a fait représenter en tapisseries et en tableaux les grands événements de son règne. Indiquez deux ou trois noms d'artistes qui purent être chargés de ce travail et refaites historiquement deux ou trois des scènes représentées, en donnant une date approximative.

Parlez du gouvernement de Louis XV, des abus et des vices du gouvernement, des réformes demandées par les philosophes et les économistes.

Quels étaient les philosophes ?

Quels étaient les économistes ?

Que savez-vous sur les grands artistes du règne de Louis XV ?

Quels monuments a-t-on construits sous son règne ?

Louis XV protégeait-il les arts et les lettres ?

Expliquez comment a commencé la rivalité des maisons de France et d'Angleterre, sous le règne de Louis VII, et racontez brièvement les guerres entre les rois de France et d'Angleterre sous les règnes de Philippe-Auguste et de saint Louis.

Supposez Louis XIV présidant à l'érection d'une statue dans le parc de Versailles ; décrivez la scène ; quels pouvaient être les auteurs de la statue ; citez les personnages qui entouraient le roi.

Dites les principales œuvres des artistes qui pouvaient assister à cette cérémonie.

Parlez de la fondation de l'Académie française.

Dites ce que fit Richelieu pour les arts.

Citez les œuvres de Corneille et de Descartes.

Que savez-vous du Poussin, de Le Sueur et de Claude Lorrain ?

On suppose un étranger visitant Athènes à l'époque de Périclès ; quels grands monuments verra-t-il, quels hommes très célèbres pourra-t-il rencontrer ?

Quelles poésies pourra-t-il entendre au théâtre ?

Prise de Rome par les barbares germains.

La question se compose de deux parties :

Dans la première, on indiquera en quatre ou cinq lignes les noms des barbares qui firent les invasions dans l'empire romain, la date des invasions et la chute de l'empire romain.

Dans la seconde, on traitera l'épisode de l'entrée des barbares dans Rome, en essayant d'en tracer un petit tableau.

Quels pouvaient être l'aspect, les sentiments de ces barbares ? Devant quels monuments s'arrêtaient-ils ? etc.

Ce sera, si l'on veut, le moyen de faire une suite à la description de Rome.

(Le tout en une page ou une page et demie au plus.)

C'est François Ier qui a fait commencer le Louvre actuel ; supposez-le visitant les travaux.

On a toute liberté pour imaginer la scène, il faut seulement y placer quelques artistes qui pouvaient recevoir le roi ou l'accompagner et quelques personnages célèbres qui pouvaient former le cortège.

Date approximative à laquelle l'événement se passait.

(La copie doit être courte, une page ou une page et demie au plus.)

Il ne s'agit pas de citer tous les noms des personnages du temps, mais seulement quatre ou cinq parmi les plus illustres.

Donnez aussi quelques indications sommaires sur le roi et son époque.

(*L'examinateur tiendra compte de la rédaction et grand compte du soin matériel.*)

Exposez le gouvernement de Charles VIII et de Louis XII, et parlez des grandes découvertes à la fin du xve siècle et au commencement du xvie.

Résumez très brièvement l'histoire de Louis XIII avant l'avènement de Richelieu.

Parlez de la vie de Richelieu avant qu'il arrivât au ministère et de ses projets.

Dites la situation de la royauté au moment où commence le gouvernement personnel de Louis XIV. Racontez la jeunesse de ce prince et dépeignez son caractère.

Quels sont les plus grands écrivains du siècle de Louis XIV et leurs œuvres principales?

Indiquez les plus grands orateurs, les savants, les artistes les plus célèbres.

ÉPREUVE ORALE

EXPOSÉ PRATIQUE

L'épreuve orale d'histoire diffère beaucoup des autres parties orales de l'examen ; les candidats sont appelés trois par trois devant l'examinateur, suivant leur ordre d'inscription ; l'élève le premier appelé tire une question au sort, parmi les trente-trois grands résumés formant le programme, et tour à tour, l'examinateur interroge les trois élèves sur la question tirée, demandant à l'un la question sur laquelle son collègue n'a pas répondu, et ainsi de suite.

Cet examen a lieu publiquement dans un des amphithéâtres de l'école ; les élèves interrogés viennent se placer devant le bureau de l'examinateur ; si la première question n'a pas été suffisamment expliquée, les candidats sont presque toujours autorisés à en tirer une seconde, ou à rester avec un ou deux de leurs camarades nouvellement appelés.

Au moment de l'examen oral, l'examinateur a devant lui les compositions écrites des candidats, et il arrive quelquefois qu'il interroge l'élève sur sa copie, soit qu'il ait des doutes sur la provenance d'une trop grande perfection, soit qu'il cherche à faire rectifier une faute d'inattention. Pour cet examen oral, comme pour l'examen écrit, le candidat ne devra pas s'astreindre à ne citer que juste la réponse historique ou chronologique ; il pourra joindre quelques titres d'ouvrages ou rappeler certains tableaux d'histoire, et même certaines pièces comiques ou tragiques anciennes ou modernes se rapportant à la question.

La note de l'examen oral n'est pas éliminatoire, mais pas plus que celle de l'examen écrit, elle n'est multipliée par aucun coefficient.

Différentes questions posées à l'examen oral :

Parlez de Dupleix, La Bourdonnais.

Dites quel était le caractère et quelle fut l'influence de Luther ?
Quelles classes de la nation allemande ont embrassé la doctrine de Luther.

Dites ce que vous savez sur Marie Stuart, François II, Philippe II.

Par qui fut assassiné Henri III ?
Qui succéda à Henri III ?
Parlez de l'abjuration de Henri IV et de l'édit de Nantes.

Parlez de Bossuet, Descartes, Saint-Simon.

Citez les grands architectes du xviiᵉ siècle.
Dites ce que vous savez sur Lemercier, François Mansard, Claude Perrault.

Quels furent les résultats du traité de Westphalie ?
En quelle année ?

———

Dites ce que vous savez sur le règne de Louis XV.
Que fit Dupleix aux Indes ?
Par qui les Indes furent-elles conquises ?
Comment les Anglais commencèrent–ils les hostilités en Amérique ?

———

Parlez de Cujas, d'Ambroise Paré.

———

Nommez les plus grands sculpteurs, les plus grands architectes du règne de François Ier.

———

Parlez des voyages de Christophe Colomb.
Qui a donné son nom à l'Amérique ?
Quelles découvertes firent les Espagnols ?

———

Parlez de la Renaissance en France.
Que fit François Ier pour les peintres et les artistes italiens ?

———

Que savez-vous de Regnier et de Malherbe ?

———

Comment l'administration de Mazarin provoqua–t-elle la Fronde ?
Qu'est-ce que la Fronde ?

———

Quelle fut la guerre maritime qui se passa sous Louis XV ?
Que se passa-t-il au Canada ?

———

Citez les principales batailles de la période française sous Richelieu.
1° Qui a découvert le Labrador et Terre-Neuve ?
2° Pour quel peuple furent faites ces découvertes ?

———

1° Parlez de Frédéric II et de ses conquêtes.
2° Quelles sont les réformes de toute sorte qu'il fit dans l'administration intérieure ?

Dites ce que vous savez sur Aristophane.
Citez les principaux titres de ses ouvrages.

Parlez de la guerre de la Succession d'Espagne, de la victoire de Denain.

1° Dites ce qu'étaient les Arabes avant Mahomet.
2° Comment leurs tribus étaient-elles organisées ?

Racontez en quelques mots la vie de Mahomet et ses premières prédictions.

Que savez-vous sur le siècle de Périclès ?

Quelles étaient les limites de la Gaule ?

1° Dites ce que vous savez sur la régence de Louis XV.
2° Qu'a fait Fleury ?
3° Choiseul ?

Parlez de la Réforme.
1° Que fit Luther ?
2° Calvin ?

Dites ce que vous savez sur Homère.
Que renferme l'*Odyssée* ?
Parlez d'Ulysse.

Où était située Babylone ?
Dites ce que vous savez sur cette ville.

Citez les principales œuvres de Virgile.
Que signifie le mot : bucolique ?

Racontez la guerre de l'Indépendance des Etats-Unis.
Parlez du bailli de Suffren, La Fayette, Rochambeau.

Dites ce que vous savez sur Antonin le Pieux, empereur romain.

Quelle fut la politique de Charles Ier ?
Que savez-vous sur Cromwel ?

Comment peut-on résumer l'histoire de la Pologne ?

Parlez de Pierre le Grand.
Vers quelle époque vivait-il ?

Entre quelles puissances la Pologne fut-elle partagée en 1795 ?
Quel fut le résultat du partage de la Pologne ?

Quelles furent les principales causes des croisades ?

Par qui fut prêchée la première croisade ?
N'y eut-il pas une croisade d'enfants ?

Dites ce que vous savez sur Vasco de Gama, Pizarre.

Quels furent les résultats des grandes découvertes maritimes au
xve siècle ?

Nommez les artistes célèbres qui vivaient en Italie avant l'époque
de la Renaissance.

7

Que firent en 1772 la Prusse, l'Autriche et la Russie ?

Que fit Colbert pour l'agriculture et l'industrie ?
Quel canal fut construit sous son ministère ?

Qui succéda à Charles IX ?
Quel était le caractère du nouveau roi ?

Parlez de la guerre contre les Anglais pendant le règne de Charles VI.

Que fit Henri IV pour les lettres ?
Qu'avaient été les écrivains au seizième siècle ?
Que furent-ils au dix-septième siècle ?

Quel fut le successeur de Richelieu ?
Que fut Mazarin ?
Que voulut faire l'Espagne après la mort de Richelieu ?

Parlez de la révocation de l'édit de Nantes.
Quelles en furent les conséquences ?
Qu'entendez-vous par la « coalition d'Augsbourg » ?

Donnez les principaux chefs-d'œuvre de Corneille.
Quel est le principal ouvrage de Descartes ?
Quels sont les principaux ouvrages de Pascal ?

Que savez-vous de Fernand Cortez, Magellan ?

MINISTÈRE DE L'INSTRUCTION PUBLIQUE
ET DES BEAUX-ARTS

ÉCOLE NATIONALE ET SPÉCIALE

DES

BEAUX-ARTS

RÈGLEMENT OFFICIEL DE L'ÉCOLE

Décisions ministérielles du 16 juin 1891, des 4 juin 1892, 30 avril
13 juin, 31 octobre, 7 décembre 1893, des 18 avril,
23 juin, 25 juin, 30 décembre 1894, 19 mars 1895, 10 juillet 1896,
3 avril, 19 mai, 17 juin 1897.

(Édition de 1898)

RÈGLEMENT OFFICIEL

DE

L'ÉCOLE NATIONALE ET SPÉCIALE DES BEAUX-ARTS

A PARIS

TITRE PREMIER

De l'Ecole.

Art. 1er. — L'école nationale et spéciale des Beaux-Arts donne l'enseignement des arts du dessin, de la peinture, de la sculpture, de l'architecture, de la gravure en taille-douce, de la gravure en médailles et en pierres fines.

Elle comprend : 1° des cours se rapportant aux différentes branches de l'art; 2° l'école proprement dite, où l'on peut, à la suite d'épreuves d'admission, participer à des études pratiques, à des concours, obtenir des récompenses et des titres; 3° des ateliers, où l'on peut participer à des études pratiques et obtenir des récompenses, et dont l'accès et le fonctionnement seront l'objet d'un arrêté spécial; 4° des collections; 5° une bibliothèque.

TITRE II

De l'Inscription à l'Ecole.

Art. 2. — Les jeunes gens (hommes ou femmes) qui veulent profiter de l'enseignement de l'école doivent préalablement se faire inscrire au secrétariat, justifier de leur âge et de leur qualité, et, de plus, s'ils sont étrangers, se présenter avec une lettre d'introduction de l'ambassadeur, du ministre ou du consul général de leur nation.

Tous doivent être munis d'une pièce attestant qu'ils sont capables de subir les épreuves d'admission.

Art. 3. — Nul ne peut obtenir son inscription s'il a moins de quinze ans et plus de trente ans révolus.

Dès le moment où il a atteint sa trentième année, un élève ne fait plus partie de l'école. Toutefois, un concours commencé avant cette limite pourra être achevé.

Art. 4. — Une inscription spéciale pour chaque concours est obligatoire dans les huit jours qui le précèdent, sauf dans les cas indiqués par l'administration.

Art. 5. — Sont élèves de l'école, à titre temporaire ou définitif, et jouissent des avantages attachés à cette qualité, les jeunes gens (hommes ou femmes) qui ont été admis à l'école proprement dite, à la suite des épreuves déterminées par le règlement.

Les étrangers (hommes ou femmes) peuvent être admis à l'école dans les mêmes conditions que les Français lorsque les locaux le permettent.

Toutefois, lorsqu'ils sont admis à l'école proprement dite, c'est en plus du nombre fixé par le règlement pour les Français.

TITRE III

De l'Enseignement.

Art. 6. — L'enseignement de l'école comprend : 1° les cours ; 2° les exercices, examens et concours de l'école proprement dite ; 3° les exercices et concours des ateliers.

Chapitre Ier. — *Des cours*.

Art. 7. — Les cours professés à l'école sont : 1° l'histoire générale ; 2° l'anatomie ; 3° la perspective, à l'usage des peintres et des architectes ; 4° les mathématiques et la mécanique ; 5° la géométrie descriptive ; 6° la physique et la chimie, la chimie des couleurs ; 7° la stéréotomie et le levé de plans ; 8° la construction ; 9° la législation du bâtiment ; 10° la théorie de l'architecture ; 11° la littérature ; 12° l'histoire et l'archéologie ; 13° l'histoire de l'art et l'esthétique ; 14° l'histoire de l'architecture ; 15° l'histoire de l'architecture française au moyen âge et à la Renaissance ; 16° le dessin ornemental ; 17° la composition décorative ; 18° la sculpture pratique.

Le programme de ces cours est déterminé par le Conseil supérieur et approuvé par le ministre.

Art. 8. — Ces cours ont lieu aux jours et heures fixés par l'Administration, au commencement de chaque année scolaire.

Les cours oraux peuvent être suivis par les élèves de l'école proprement dite, par les élèves des ateliers et par toute personne qui, en ayant fait la demande à l'administration, aura obtenu une autorisation spéciale.

Le cours de dessin ornemental et les exercices pratiques du cours d'histoire de l'architecture sont exclusivement réservés aux élèves de la section d'architecture. Les cours de composition décorative et de sculpture pratique sont accessibles dans les conditions indiquées aux articles 67 et 70.

ART. 9. — Chaque année, des prix spéciaux, dont le nombre peut être porté jusqu'à trois pour chacun des cours : 1° d'histoire générale ; 2° de littérature ; 3° de physique et de chimie ; 4° de législation du bâtiment, peuvent être décernés, à la suite d'épreuves fixées par les professeurs, aux élèves admis à l'école proprement dite et en faisant actuellement partie, qui auront montré le plus d'aptitude.

Ces prix consistent en ouvrages d'art.

CHAPITRE II. — *Du jugement et des expositions des concours.*

ART. 10. — Le jury de chacune des sections de peinture, de sculpture, d'architecture, et les jurys de gravure en taille-douce, de gravure en médailles et en pierres fines, institués par le décret organique de l'école, prononcent sur les épreuves et concours, chacun exclusivement pour leur art.

En ce qui concerne les jurys mixtes ou spéciaux, le présent règlement fera connaître pour quel ordre d'épreuves et de concours et de quelle manière ces jurys seront composés.

Le directeur est président des jurys.

Les jurys de peinture, de sculpture, d'architecture, de gravure, élisent chacun un vice-président pour la durée de l'année scolaire ; les jurys mixtes élisent également un vice-président lorsqu'ils se réunissent.

L'inspecteur est secrétaire des jurys ; à ce titre, il est chargé de la rédaction des procès-verbaux des séances.

Les jugements sont précédés et suivis d'une exposition des ouvrages.

CHAPITRE III. — *De l'école proprement dite.*

ART. 11. — L'école proprement dite est divisé en trois sections, savoir : Peinture, Sculpture et Architecture. A la section de peinture se rattache la gravure en taille-douce ; à la section de sculpture, la gravure en médailles et en pierres fines.

ART. 12. — Nul ne peut être admis à l'école proprement dite qu'après avoir satisfait aux épreuves fixées par les articles 13 et suivants pour la peinture et la sculpture, et par les articles 36 et suivants pour l'architecture.

CHAPITRE IV. — PREMIÈRE ET DEUXIÈME SECTIONS. — PEINTURE
ET SCULPTURE.

Epreuves d'admission.

ART. 13. — Chaque année, en octobre-novembre et en avril-mai,
il y a une session d'examens d'admission à l'école proprement dits
pour les candidats aux sections de peinture et de sculpture, inscrite
dans les conditions stipulées par les articles 2 et suivants.

L'ordre dans lequel les candidats subissent chacune des épreuves
est déterminé par le sort. Tout candidat qui ne répond pas à l'appel
de son nom ou ne participe pas à l'une des épreuves est considéré
comme renonçant au concours.

Les épreuves, pour la *section de peinture*, comprennent : une figure
dessinée d'après la nature, à l'une des sessions ; d'après l'antique, à
l'autre session, et exécutée en douze heures.

Cette épreuve, qui est éliminatoire, est jugée par le jury de peinture, qui peut choisir 80 candidats et 40 supplémentaires au plus, et
qui classe les ouvrages d'après un même maximum, 20.

Les candidats admis à la suite de ce jugement sont seuls autorisés
à subir les autres épreuves, qui comprennent :

1° Un dessin d'anatomie (ostéologie), exécuté en loge en deux
heures ;

2° Un dessin de perspective, exécuté en quatre heures, d'après un
objet en relief, avec les indications des principales lignes perspectives ;

3° Un fragment de figure modelé, d'après l'antique, exécuté en neuf
heures ;

4° Une étude élémentaire d'architecture, exécutée en loge en six
heures ;

5° Un examen sur les notions générales de l'histoire, écrit ou oral,
au choix du candidat.

Ces épreuves sont jugées par les professeurs spéciaux d'anatomie,
de perspective, de l'enseignement simultané des trois arts et d'histoire, chacun en ce qui le concerne, et affectées de notes d'après un
même maximum, 20.

A la suite de ce jugement, le classement des élèves admis par suite
de l'épreuve éliminatoire est fait par l'administration, en multipliant
chaque note obtenue par un coefficient variable, qui est déterminé
par le Conseil supérieur.

Les épreuves, pour la *section de sculpture*, comprennent : une
figure modelée d'après la nature, à l'une des sessions ; d'après l'antique, à l'autre session et exécutée en douze heures.

Cette épreuve préalable, qui est éliminatoire, est jugée par le jury
de sculpture, qui peut choisir 27 candidats au plus et 15 supplémen-

taires et qui classe les ouvrages au moyen de notes déterminées d'après un même maximum, 20.

Les candidats admis à la suite de ce jugement sont seuls autorisés à subir les autres épreuves, qui comprennent :

1° Un dessin d'anatomie (ostéologie), exécuté en loge en deux heures ;

2° Un fragment de figure dessiné d'après l'antique, exécuté en neuf heures ;

3° Une étude élémentaire d'architecture, exécutée en loge en six heures ;

4° Un examen sur les notions générales de l'histoire, écrit ou oral, au choix du candidat.

Ces épreuves sont jugées par les professeurs spéciaux d'anatomie, de l'enseignement simultané des trois arts, et d'histoire, chacun en ce qui le concerne, et affectées de notes d'après un même maximum, 20.

A la suite de ces jugements, le classement des élèves admis par suite de l'épreuve éliminatoire est fait par l'administration, en multipliant chaque note obtenue par un coefficient variable, qui est fixé par le Conseil supérieur.

Art. 14. — Les jeunes gens admis sont élèves de l'école proprement dite jusqu'à la session d'examens suivante.

A cette époque, pour continuer à faire partie de l'école proprement dite, ils doivent de nouveau subir avec succès les épreuves d'admission.

Art. 15. — Toutefois, sont et demeurent dispensés des épreuves indiquées à l'article 13, et, par conséquent, restent inscrits sur les listes de l'école proprement dite, les élèves qui, ayant été admis au concours définitif du grand prix de Rome, ont exécuté le concours ; ceux qui ont remporté une médaille dans les concours semestriels, dans les concours de composition, dans les concours de dessin et de modelage ; les élèves qui ont obtenu le titre de premier dans l'un des précédents concours d'admission, et ceux qui ont obtenu une médaille dans le concours de composition décorative dont le programme est donné par le Conseil supérieur.

Art. 16. — Sont et demeurent également dispensés des épreuves d'admission et restent inscrits sur les listes de l'école proprement dite les élèves dont le rang d'admission est compris dans une limite fixée par le Conseil supérieur à chaque session.

Ordre des Etudes et Concours d'émulation.

Art. 17. — Tous les jours, deux salles, l'une pour le dessin, l'autre pour la sculpture, sont ouvertes aux élèves de l'école proprement dite.

Les études consistent : dans la *section de peinture*, en figures dessinées alternativement d'après la nature et d'après l'antique ; dans la *section de sculpture*, en figures modelées alternativement d'après la nature et d'après l'antique. Ces figures s'exécutent en douze heures.

ART. 18. — Il y a chaque trimestre, entre les élèves d'une même section de l'école proprement dite, un concours de figures d'après la nature et d'après l'antique alternativement. Ces figures sont exécutées en douze heures.

Dans ces concours, les dimensions des figures dessinées ne doivent pas excéder celles du papier Ingres ordinaire, soit 0^m,63 sur 0^m,48.

Les dimensions des figures modelées ne doivent pas mesurer plus de 0^m,67 de hauteur, non compris la plinthe, qui n'excédera pas 0^m,04.

Les récompenses pouvant être accordées à la suite de ces concours consistent en trois secondes médailles et trois mentions au plus. Les mêmes récompenses ne peuvent être cumulées dans les concours de même forme.

ART. 19. — Il est institué, chaque trimestre, entre les élèves d'une même section de l'école proprement dite, un concours de composition.

De ces quatre concours, deux comprennent une seule épreuve.

Cette épreuve consiste : pour les élèves de la *section de peinture*, dans l'exécution d'une esquisse peinte; pour les élèves de la *section de sculpture*, dans l'exécution d'une esquisse modelée alternativement en bas-relief et en ronde bosse.

L'esquisse peinte est exécutée sur une toile de six, c'est-à-dire mesurant 0^m,40 sur 0^m,32.

L'esquisse modelée en bas-relief mesure, dans l'œuvre des fonds, 0^m,33 sur 0^m,41.

L'esquisse en ronde bosse, 0^m,34 de proportion, la plinthe non comprise.

Ces esquisses sont exécutées en loge en douze heures.

Un autre concours comprend deux épreuves.

La première consiste : pour les élèves de la *section de peinture*, dans l'exécution d'une esquisse dessinée; pour les élèves de la *section de sculpture*, dans l'exécution d'une esquisse modelée alternativement en bas-relief et en ronde bosse.

L'esquisse dessinée mesure 0^m,23 sur 0^m,19.

L'esquisse modelée en bas-relief mesure, dans l'œuvre des fonds, 0^m,33 sur 0^m, 41; l'esquisse modelée en ronde bosse, 0^m,34 de proportion, la plinthe non comprise.

Ces esquisses sont exécutées en douze heures.

Les concurrents emportent un calque ou un croquis de leur esquisse, qui est estampillée et conservée par l'administration.

Les élèves classés les dix premiers à la suite de cette première épreuve sont seuls admis à prendre part à la seconde épreuve qui se fait en loge en six jours.

L'esquisse peinte est exécutée sur une toile de huit, c'est-à-dire mesurant 0^m,46 sur 0^m,38.

L'esquisse modelée en bas-relief mesure 0^m,55 sur 0^m,69, et l'esquisse modelée en ronde bosse 0^m,65 de proportion, la plinthe non comprise.

Les rendus doivent être conformes aux esquisses et aux dimensions susindiquées.

Enfin, un autre concours à deux degrés a lieu dans des conditions semblables à celles qui viennent d'être indiquées, c'est-à-dire que dix élèves sont admis à prendre part à la deuxième épreuve, qui se fait en loge, en six jours.

A chacun de ces concours peuvent être affectées, pour chaque section, trois secondes médailles et trois mentions au plus.

Ces récompenses ne peuvent pas être cumulées dans les concours de même forme.

ART. 20. — La liste d'appel pour les études et concours est formée de la manière suivante, d'après l'importance, l'ordre et la date des récompenses ou des succès obtenus : 1° les élèves qui ont été admis en loge, pourvu que le concours ait été exécuté; 2° les élèves qui ont obtenu une première médaille dans les concours semestriels de grande figure, une seconde médaille dans les concours indiqués aux articles 18 et 19; 3° les élèves admis à l'école proprement dite avec le titre de premier; 4° les élèves qui ont obtenu une médaille dans les concours de composition décorative; 5° les élèves dont l'admission définitive est prononcée par le Conseil supérieur à chaque session ; 6° les élèves qui ont obtenu une médaille dans les concours spéciaux, pourvu qu'ils soient admis à l'école proprement dite ; 7° les élèves dont l'admission est temporaire.

Études simultanées de dessin, de modelage et d'architecture élémentaire.

ART. 21. — Tous les jours, des salles sont ouvertes aux élèves admis dans les sections de peinture et de sculpture de l'école proprement dite pour étudier les éléments des arts des autres sections.

Les études consistent :

Pour les *peintres :* en figures modelées alternativement d'après la nature et d'après l'antique;

Pour les *sculpteurs :* en figures dessinées alternativement d'après la nature et d'après l'antique;

Pour les *peintres* et les *sculpteurs :* en exercices élémentaires d'architecture.

Chacun de ces exercices, dirigé par le professeur spécial de dessin, de modelage, d'architecture, embrasse douze heures de travail. Les travaux des élèves peuvent être conservés, sur l'avis du professeur, pour être présentés au jury indiqué à l'article 23, et concourir à l'obtention de la mention de dessin, de la mention de modelage et de la mention d'architecture.

ART. 22. — Il est institué, chaque année, deux concours entre les élèves des *sections de peinture et de sculpture* qui auront obtenu, dans les exercices indiqués à l'article précédent : les peintres, la mention de modelage et la mention d'architecture ; les sculpteurs, la mention de dessin et la mention d'architecture.

Ces concours comprennent :

1° Une figure dessinée ;

2° Une figure modelée ;

3° Une composition élémentaire d'architecture, exécutée en loge.

Chacune de ces épreuves embrasse douze heures de travail.

La figure dessinée et la figure modelée s'exécutent alternativement d'après la nature et d'après l'antique. Leurs dimensions sont celles qui sont indiquées à l'article 19.

ART. 23. — Ces concours sont jugés par un jury composé des trois professeurs des études simultanées des trois arts, du professeur de composition décorative et de dix peintres, dix sculpteurs et dix architectes, qui jugent séparément pour leur art et classent les épreuves d'après un même maximum, 20. Ces notes sont affectées de coefficients, qui sont : 1 pour l'art pratiqué plus spécialement par l'élève, et 3 pour chacun des deux autres arts.

Il peut être décerné dans chaque section une seconde médaille, deux troisièmes au plus et des mentions.

Ces récompenses peuvent être cumulées.

Les deuxièmes sont d'une valeur de 125 francs ;

Les premières troisièmes médailles, de 75 francs ;

Les secondes troisièmes médailles, de 50 francs.

ART. 24. — La liste d'appel pour ces études et concours est formée de la manière suivante : 1° les élèves récompensés dans les études simultanées, d'après l'ordre et la date de leurs récompenses ; 2° les autres élèves, dans l'ordre spécifié à l'article 20.

Concours publics spéciaux.

ART. 25. — Ces concours sont ouverts aux élèves de l'école proprement dite, aux élèves des ateliers de l'école et aux élèves du dehors, inscrits conformément aux dispositions des articles 2, 3 et 4 du règlement.

ART. 26. — Chaque semestre, il y a pour les peintres et les sculpteurs un concours d'anatomie comprenant deux épreuves.

La première, qui est éliminatoire, consiste à exécuter en loge un dessin d'anatomie d'après un programme proposé par le professeur spécial.

La seconde consiste à exécuter au tableau, avec des explications orales, un dessin d'anatomie d'après un programme proposé par le jury.

Le jugement est rendu par un jury mixte, composé du professeur d'anatomie et de dix peintres et dix sculpteurs tirés au sort dans les jurys en exercice.

Il peut être accordé dans chaque section deux troisièmes médailles au plus et des mentions.

Art. 27. — Chaque semestre, il y a pour les peintres et les sculpteurs un concours de perspective, comprenant un dessin de perspective d'après un programme proposé par le professeur spécial, et un examen oral.

Le jugement est rendu, sur le vu des dessins et sur le rapport du professeur spécial, par un jury mixte, composé du professeur de perspective et de dix peintres et dix sculpteurs tirés au sort dans les jurys en exercice.

Il peut être accordé dans chaque section deux troisièmes médailles au plus et des mentions.

Art. 28. — Chaque année, il y a pour les peintres et les sculpteurs un concours simultané d'esquisse dessinée et de bas-relief sur un sujet indiqué par le professeur d'histoire et d'archéologie et se rapportant aux matières traitées dans le cours pendant l'année.

Le jugement est rendu par un jury mixte, composé du professeur d'histoire et d'archéologie et de dix peintres et dix sculpteurs tirés au sort dans les jurys en exercice.

Il peut être accordé dans chaque section deux troisièmes médailles au plus et des mentions.

Art. 29. — Au commencement de chaque année scolaire, il y a un examen d'histoire et d'archéologie donnant lieu à des mentions.

Le cours embrassant trois années, les élèves qui ont obtenu trois mentions, répondant aux trois années du cours, sont exemptés de tout examen.

A la fin de cette période, des troisièmes médailles sont décernées aux élèves qui se sont distingués dans les trois examens.

Le jugement est rendu, sur le rapport du professeur d'histoire et d'archéologie, par un jury mixte, composé du professeur d'histoire et d'archéologie et de dix peintres et dix sculpteurs tirés au sort dans les jurys en exercice.

Concours semestriels dits de grande figure.

Art. 30. — Dans le courant du mois d'octobre, il est ouvert en peinture et en sculpture un concours entre les élèves de l'école et les élèves du dehors, pourvu que ces derniers se trouvent dans les conditions d'âge indiquées par l'article 3.

Ce concours se compose de deux épreuves : la première consiste en une esquisse peinte ou modelée en bas-relief, dont le sujet est donné par le Conseil supérieur ; la seconde, en une figure peinte ou modelée d'après la nature.

Les élèves classés les dix premiers à l'épreuve de l'esquisse sont seuls admis à prendre part à la seconde épreuve.

Pour être admis au concours semestriel d'octobre, les élèves doivent avoir acquis, savoir : les *peintres*, une mention de perspective, une mention d'anatomie et une mention d'histoire et d'archéologie ; les *sculpteurs*, une mention d'anatomie et une mention d'histoire et d'archéologie.

La mention d'histoire et d'archéologie doit répondre à celle des trois divisions du cours qui a été professé dans l'année.

Sont admis de droit au concours semestriel d'octobre : 1° les élèves ayant obtenu une récompense dans les concours du grand prix de Rome, et ceux qui, ayant été admis au concours définitif pour ce prix, ont exécuté ce concours ; 2° les élèves qui ont obtenu la première médaille dans les précédents concours semestriels ou deux premières secondes médailles, l'une d'après la nature, l'autre d'après l'antique.

Le concours semestriel d'octobre peut, dans chacune des deux sections, donner lieu à trois premières médailles. A chacune de ces trois premières médailles est affecté un prix de 150 francs.

L'esquisse peinte est exécutée sur une toile de six, c'est-à-dire ayant $0^m,40$ sur $0^m,32$.

L'esquisse modelée en bas-relief mesure, dans l'œuvre des fonds, $0^m,33$ sur $0^m,41$.

La figure peinte est exécutée sur une toile de 25, c'est-à-dire de $0^m,81$ sur $0^m,65$.

La figure modelée mesure, dans l'œuvre des fonds, $0^m,82$ sur $0^m,55$.

Les concours de figure embrassent quatre jours de travail, à raison de sept heures par jour, non compris le repos du modèle.

ART. 31. — Dans le courant du mois de mars, il est ouvert un concours semblable à celui indiqué à l'article précédent ; mais les concurrents ne sont pas astreints, quant aux mentions, aux exigences déterminées par l'article 30.

Les récompenses attachées à ce concours consistent, pour chacune des deux sections, en trois premières médailles.

ART. 32. — Les concours semestriels institués par les articles 30 et 31 sont annoncés par le directeur de l'école huit jours avant leur ouverture.

Grande médaille d'émulation.

ART. 33. — Il est accordé en peinture et en sculpture à l'élève qui a remporté le plus de valeurs de récompense à la suite des différentes épreuves de l'année scolaire un prix qui prend le nom de grande médaille d'émulation.

L'estimation des valeurs se fait d'après le tableau inscrit au titre V du présent règlement. Toutefois les récompenses obtenues dans les concours des trois arts et de composition décorative ne comptent que pour un tiers de leur valeur.

La grande médaille d'émulation peut être cumulée.

Titre délivré par l'École.

Certificat d'études.

Art. 34. — Peuvent seuls recevoir le certificat d'études de l'école les élèves qui, après avoir été admis, ont obtenu :

Soit l'admission en loge pour le prix de Rome, pourvu que le concours ait été exécuté; soit le prix du torse ou le prix de la tête d'expression; soit le prix de peinture décorative, dit prix *Jauvin d'Attainville;* soit une médaille dans les concours d'après nature ou d'après l'antique; soit le titre de premier dans l'un des concours d'admission, pourvu qu'ils aient de plus : les peintres, une mention en anatomie, une mention en perspective, les trois mentions en histoire et archéologie et la mention des trois arts; les sculpteurs, une mention en anatomie, les trois mentions en histoire et archéologie et la mention des trois arts.

Troisième section. — Architecture.

Art. 35. — La section d'architecture se divise en seconde et en première classe.

Le nombre des élèves dans chaque classe n'est pas limité.

Épreuves d'Admission.

Art. 36. — Les concours d'admission en seconde classe ont lieu deux fois par an, en octobre-novembre et en avril-mai.

Pour pouvoir subir les épreuves d'admission les candidats doivent avoir satisfait aux conditions d'inscription prescrites par les articles 2 et suivants.

Tout candidat qui ne répond pas à l'appel de son nom ou ne participe pas à l'une des épreuves est considéré comme renonçant au concours.

L'ordre dans lequel les candidats subissent chacune des épreuves est déterminé par le sort.

Art. 37. — Les épreuves d'admission à la seconde classe d'architecture sont les suivantes :

1° Une composition d'architecture exécutée en loge en douze heures.

Elle est, après proposition d'une commission composée de deux membres de chacune des catégories du jury (Académie des Beaux-Arts; — Professeurs de l'École; — Membres permanents; — Membres temporaires) et du professeur de théorie d'architecture, jugée par le jury d'architecture en exercice, qui attribue aux candidats des notes de 0 à 20.

Ceux qui n'ont pas obtenu une note minimum fixée par le Conseil supérieur sont éliminés;

2° Le dessin d'une tête ou d'un ornement, d'après le plâtre, exécuté en huit heures;

3° Le modelage d'un ornement en bas-relief, d'après le plâtre, exécuté en huit heures.

Le dessin et le modelage sont, après proposition d'une commission composée des professeurs de dessin, de modelage et de dessin d'ornement, et d'un membre de chacune des catégories ci-dessus du jury d'architecture, jugé par un jury mixte, composé des professeurs de dessin, de modelage, de dessin d'ornement, et de dix peintres, dix sculpteurs et dix architectes tirés au sort dans les jurys en exercice.

Des notes de 0 à 20 sont attribuées aux candidats pour chacune de ces épreuves. Ceux qui n'ont pas obtenu une note minimum fixée par le Conseil supérieur sont éliminés;

4° Des exercices de calculs faits en loge, dont un de calcul logarithmique, ainsi qu'un examen d'arithmétique, d'algèbre et de géométrie élémentaire;

5° Une épure de géométrie descriptive appliquée à une projection d'architecture, faite en loge et en huit heures; un examen de géométrie descriptive.

Ces deux épreuves sont jugées par l'examinateur de mathématiques, qui attribue aux candidats des notes de 0 à 20.

Ceux qui n'ont pas obtenu pour l'une de ces deux épreuves une note minimum fixée par le Conseil supérieur sont éliminés;

6° Un examen oral et une composition écrite sur les notions d'histoire générale.

Cette épreuve est jugée par le professeur d'histoire générale, qui attribue aux candidats des notes de 0 à 20.

Toutes ces épreuves ont lieu conformément aux programmes arrêtés par le Ministre.

Les notes obtenues par les candidats non éliminés sont multipliées par les coefficients déterminés pour chacune des épreuves et des sessions par le Conseil supérieur.

Le relevé du nombre total des points obtenus par chaque candidat étant fait par l'administration, le Conseil fixe, pour chaque session, le nombre des candidats à admettre.

La liste des candidats admis est soumise à l'approbation du Ministre.

Les nouveaux élèves prennent place à la suite des élèves déjà inscrits dans la seconde classe, d'après leur rang d'admission.

Seconde classe.

ART. 38. — Les listes d'appel sont dressées, pour les élèves déjà reçus en seconde classe, d'après le nombre de valeurs qu'ils ont obtenues dans les concours affectés à cette classe. et, pour les élèves nouvellement admis, dans l'ordre indiqué à l'article précédent.

Exercices affectés à la seconde classe.

ART. 39. — Les exercices auxquels les élèves de seconde classe sont appelés à prendre part, sont :

1° Les concours d'architecture, divisés en exercices analytiques, d'architecture et concours de composition proprement dite ;

2° Les concours sur les matières de l'enseignement scientifique ;

3° Les exercices de dessin ornemental ;

4° Les exercices de dessin de figure d'ornement modelé ou de figure modelée.

Concours d'architecture.

ART. 40. — Ces concours consistent chaque année en :

1° Six concours sur les éléments analytiques ou études de composition à grande échelle sur sujets fragmentaires ;

2° Six concours de composition proprement dits sur projets rendus.

Les esquisses de ces divers concours se font en loge, et chacune en une seule séance de douze heures.

Avant d'être admis au concours de composition sur projets rendus, les élèves doivent avoir obtenu deux mentions dans les concours d'éléments analytiques.

On ne peut exécuter simultanément un concours de composition sur le projet rendu et un concours d'éléments analytiques.

ART. 41. — Il y a chaque année pour les élèves de la seconde classe deux exercices se rapportant au cours d'histoire de l'architecture.

Ces exercices, dirigés par le professeur d'histoire de l'architecture, consistent en études de fragments d'architecture de différentes époques.

Les travaux qui y sont exécutés en six jours peuvent être conservés, sur l'avis du professeur, en vue de l'obtention de la mention nécessaire au passage à la première classe.

Ils sont soumis à l'appréciation d'un jury, composé du professeur spécial et du jury d'architecture.

Concours sur les matières de l'enseignement scientifique.

ART. 42. — Les concours de l'enseignement scientifique consistent :

1° Pour les mathématiques et la mécanique : en des épreuves faites en loge et en un examen sur les matières du cours.

Ce concours a lieu deux fois par an ;

2° Pour la géométrie descriptive : en un certain nombre d'épures, dont une au moins faite en loge, et en un examen sur les épures et sur les matières du cours.

Ce concours a lieu deux fois par an ;

3° Pour la stéréotomie et le levé de plans : en un certain nombre d'épures faites pendant la durée du cours ; en une épure faite en loge et en huit heures sur les données d'un problème spécial de stéréotomie et en un examen sur ces épures et sur les matières du cours ;

4° Pour la perspective : en un certain nombre de croquis et de dessins d'après nature, en des épures, dont une au moins doit être faite en loge, et en un examen sur ces exercices et sur les matières du cours.

Ce concours a lieu deux fois par an.

Les concours de mathématiques sont jugés par le professeur de mathématiques.

Chacun de ces concours de géométrie descriptive, de stéréotomie, de perspective, est jugé, sur le vu des croquis et des épures, et sur le rapport des professeurs spéciaux, par un jury mixte, composé des professeurs de géométrie descriptive, de stéréotomie, de perspective, de construction et d'un nombre égal de membres tirés au sort dans le jury d'architecture en exercice.

Les élèves déclarés revisibles à la suite du jugement du concours de stéréotomie sont seuls admis à subir un nouvel examen, au commencement de l'année scolaire ;

Immédiatement après les épreuves d'admission, les élèves qui demandent à justifier des connaissances requises en mathématiques, géométrie descriptive, stéréotomie et perspective doivent satisfaire : 1° aux épreuves écrites ou graphiques qui sont éliminatoires ; 2° à un examen oral sur les différentes matières de chacun des cours de sciences.

Les dispositions ci-dessus constituant un régime exceptionnel, les élèves qui obtiennent leurs valeurs de sciences immédiatement après les épreuves d'admission ne sont pas admis à concourir pour le prix Muller Sœhnée et le prix Jean Leclaire.

5° Pour la construction :

En des exercices en loge, pendant la durée du cours, en un premier examen oral à la suite de la partie théorique du cours, en des exercices spéciaux dans les ateliers ;

En l'exécution d'un projet de construction générale, qui dure trois mois, et qui est suivi d'un nouvel examen oral sur ce projet définitif.

Le jugement du projet de construction générale est rendu, sur le vu des dessins et sur le rapport du professeur spécial, par un jury mixte, composé des membres du jury d'architecture et des professeurs de construction, de géométrie descriptive et de stéréotomie.

Nul ne peut prendre part aux exercices de construction avant d'avoir obtenu une mention de mathématiques, une mention de géométrie descriptive et une mention de stéréotomie.

Les élèves qui ont subi avec succès l'examen oral sur la partie théorique du cours sont seuls admis à prendre part au projet de construction générale.

Toutefois, les élèves déclarés revisibles à la suite de cet examen peuvent être autorisés à subir de nouveau avant la dictée du programme du projet de construction générale, et être admis à y prendre part.

Art. 43. — Les élèves de la seconde classe participent à des exercices de dessin ornemental, qui sont dirigés par le professeur de dessin d'ornement.

Les travaux, dont les dimensions sont déterminées par lui, s'exécutent en douze heures.

Ils peuvent être conservés, sur l'avis du professeur, en vue d'obtenir la mention nécessaire au passage à la première classe.

Ces travaux sont jugés par un jury mixte, composé du professeur de dessin ornemental, de dix peintres et de dix architectes tirés au sort dans les jurys en exercice.

Études simultanées de dessin et de modelage.

Art. 44. — Les élèves de la seconde classe participent à des exercices de dessin et de modelage, qui consistent :

1° En dessins de figure, d'après le plâtre ;

2° En modelage d'ornement, et, exceptionnellement, de figure, d'après le plâtre.

Chacun de ces exercices, qui seront, autant que le service le permettra, en nombre égal, est dirigé par le professeur spécial de dessin ou de sculpture.

Les travaux, dont les dimensions sont déterminées par le professeur, s'exécutent en douze heures. Ils peuvent être conservés, sur l'avis du professeur spécial, pour concourir à l'obtention de la mention de dessin et de la mention de modelage exigées pour le passage à la première classe.

Ces travaux sont soumis à un jury mixte, composé de trois professeurs des études simultanées des trois arts, du professeur de composition décorative, et de dix peintres, dix sculpteurs et dix architectes tirés au sort dans les jurys en exercice.

Le jury peut accorder des troisièmes médailles et des mentions.

La liste d'appel est formée suivant l'ordre des valeurs obtenues dans la seconde classe.

Récompenses accordées en seconde classe.

Art. 45. — Sont affectées comme récompenses en seconde classe :

1° Dans les concours d'éléments analytiques, des secondes mentions ;

2° Dans les concours de composition d'architecture sur projets rendus, des premières et des secondes mentions ;

3° Dans les concours de composition d'architecture sur esquisses, des secondes mentions ;

4° En mathématiques, en géométrie descriptive, en stéréotomie et en perspective, des médailles spéciales (troisièmes médailles) et des premières mentions ;

5° En construction, des premières, des deuxièmes et des troisièmes médailles et des mentions ;

6° En dessin d'ornement, en dessin de figure, en ornement ou figure modelés et en études d'histoire de l'architecture, des troisièmes médailles et des mentions.

Toutes ces récompenses peuvent être cumulées.

Art. 46. — Tout élève qui, dans le courant de l'année scolaire, n'a pas rendu deux projets au moins ou pris part à deux concours d'éléments analytiques, ou subi deux examens, ou rendu un projet et subi un examen, ou fait le concours de construction, est considéré comme démissionnaire ; il ne peut de nouveau faire partie de l'école qu'en subissant les épreuves d'admission, à moins qu'il n'en soit dispensé par décision du Conseil supérieur.

Dans le cas d'une nouvelle admission, les degrés antérieurement acquis à l'élève lui sont conservés.

Sont exemptés définitivement de cette obligation les élèves de la seconde classe qui, ayant été admis au concours définitif du prix de Rome, ont exécuté ce concours.

Conditions d'admission à la première classe d'architecture.

Art. 47. — Pour passer de la seconde à la première classe, les élèves doivent avoir obtenu : 1° en architecture, six valeurs, savoir : deux valeurs dans les concours d'éléments analytiques et quatre valeurs dans les concours de composition, dont deux au moins sur projets rendus ; 2° en mathématiques, en géométrie descriptive, en stéréotomie, en construction, en perspective, une médaille ou une mention ; 3° une médaille ou une mention de dessin d'ornement, de figure dessinée, d'ornement ou de figure modelés, d'études d'histoire de l'architecture.

Première classe.

Concours et exercices affectés à la première classe.

ART. 48. — Les concours ouverts aux élèves de la première classe sont : 1° des concours d'architecture; 2° un concours d'ornement et d'ajustement; 3° des concours se rapportant aux cours d'histoire de l'architecture.

ART. 49. — Les concours d'architecture consistent chaque année en : 1° six concours sur projets rendus; 2° six concours sur esquisses.

Toutes les esquisses se font en loge, et chacune d'elles est exécutée en une seule séance de douze heures.

ART. 50. — Il y a chaque année : 1° un concours Auguste Rougevin, mentionné à l'article *86 ;* 2° un concours Godebœuf, mentionné à l'article *90 ;* 3° deux concours se rapportant au cours d'histoire de l'architecture.

Ils consistent en compositions reproduisant un style d'architecture déterminé.

Le programme en est donné par le professeur d'histoire de l'architecture.

Chacun de ces concours, dont l'esquisse seule se fait en loge, dure dix jours.

Études simultanées de dessin et de modelage.

ART. 51. — Les élèves de la première classe participent à des exercices de dessin et de modelage consistant : 1° en dessin de figure, d'après la nature ou d'après le plâtre ; 2° en modelage d'ornement, et, exceptionnellement, de figure d'après le plâtre.

Chacun de ces exercices, qui seront en nombre égal, autant que le service le permettra, est dirigé par le professeur spécial de dessin ou de sculpture.

Les travaux, dont les dimensions sont déterminées par le professeur, s'exécutent en douze heures.

Ils peuvent être conservés, sur l'avis du professeur spécial, pour concourir à l'obtention de la mention de figure dessinée *et de la mention de figure ou ornement modelés exigées pour le diplôme d'architecte.*

Ces travaux sont soumis à un jury mixte, composé des trois professeurs des études simultanées des trois arts, du professeur de composition décorative, et de dix peintres, dix sculpteurs et dix architectes tirés au sort dans les jurys en exercice.

Le jury peut accorder des deuxièmes médailles et des premières mentions.

Récompenses accordées en première classe.

ART. 52. — Sont affectées comme récompenses en première classe :

1° Dans les concours d'architecture sur projets rendus, des premières médailles, des premières secondes médailles, des deuxièmes secondes médailles et des premières mentions. Le nombre des deuxièmes secondes médailles ne pourra excéder 5 à chaque concours ;

2° Dans les concours d'architecture sur esquisses, des premières secondes médailles, des premières et deuxièmes mentions ;

3° Dans le concours Rougevin, des premières médailles, des premières secondes médailles et des premières mentions ;

4° Dans le concours Godebœuf, des premières médailles, des premières secondes médailles et des premières mentions ;

5° Dans les concours d'histoire de l'architecture, des premières secondes médailles et des mentions ;

6° Dans les exercices des trois arts, des premières secondes médailles et des premières mentions.

Toutes ces récompenses peuvent être cumulées.

ART. 53. — Tout élève de première classe qui n'a pas rendu au moins un projet et pris part à l'un des concours spécifiés aux articles 49 et 50, dans le courant de l'année scolaire, est considéré comme renonçant à continuer ses études à l'école, sauf décision du Conseil supérieur.

Sont exemptés de cette obligation les élèves de première classe admis au concours définitif du grand prix de Rome et ayant exécuté le concours, et ceux qui ont obtenu soit le diplôme d'architecte, soit la grande médaille d'émulation, soit le prix Abel Blouet.

Cours d'Histoire de l'Architecture française.

ART. 54. — Chaque année, à la suite du cours d'histoire de l'architecture française, le professeur peut décerner des médailles et mentions aux élèves admis dans la section d'architecture de l'école proprement dite qui ont montré le plus d'aptitudes et qui ont le mieux profité de son enseignement.

Ces récompenses ne sont pas exigées pour les épreuves du diplôme d'architecte ; mais l'élève qui aura obtenu l'une de ces récompenses aura le droit de demander qu'il en soit fait mention sur le diplôme délivré par l'école.

Grande médaille d'émulation.

ART. 55. — Il est affecté à l'élève qui a remporté en première classe le plus de valeurs de récompenses dans les divers concours de l'année scolaire un prix qui prend le nom de grande médaille d'émulation.

La somme des valeurs s'établit d'après le tableau dressé au titre V; toutefois, les récompenses obtenues dans les exercices de dessin d'ornement, de dessin de figure, d'ornement modelé et dans les concours de composition décorative ne comptent que pour un tiers de leur valeur.

La grande médaille d'émulation peut être cumulée.

Première et seconde classes.

Dispositions relatives aux dimensions des châssis pouvant être employés dans les concours de la section d'architecture et aux heures de rendus.

ART. 56. — Ne sont admis dans les concours de première et de seconde classes de la section d'architecture que des châssis de dimensions déterminées. Ces dimensions mesurées en dehors des châssis sont les suivantes :

Châssis N° 1 (demi-feuille grand-aigle) . . . . $0^m,85 \times 0^m,70$
  —   N° 2 (feuille grand-aigle) . . . . $1^m,35 \times 0^m,85$
  —   N° 3 (une feuille et demie grand-aigle) . . . . $1^m,80 \times 0^m,85$
  —   N° 4 (deux feuilles grand-aigle assemblées
          par les grands côtés) . . . . $1^m,65 - 1^m,25$
  —   N° 5 (deux feuilles grand-aigle assemblées
          par les petits côtés) . . . . $2^m,35 \times 0^m,85$
  —   N° 6 (trois feuilles grand-aigle) . . . . $2^m,25 \times 1^m,25$

ART. 57. — Le programme de chaque concours indique les numéros des châssis qui doivent être employés. Toutefois, il peut être fait usage des châssis de plus petites dimensions.

ART. 58. — Tout projet dont un quelconque des dessins est présenté sur un châssis plus grand que les mesures résultant des prescriptions du programme n'est pas exposé et, par conséquent, ne prend pas part au concours.

ART. 59. — Tout projet qui n'est pas rendu dans les délais réglementaires, c'est-à-dire entre 10 heures et 2 heures, n'est pas exposé et, par conséquent, ne prend pas part au concours.

Titres délivrés par l'École.

CERTIFICAT D'ÉTUDES.

ART. 60. — Peuvent seuls demander le certificat d'études de l'école les élèves de la première classe d'architecture qui ont obtenu dans cette classe soit une récompense au concours du grand prix de Rome, soit une première ou deux deuxièmes médailles, dont une au moins sur projet rendu, soit cinq valeurs de récompenses, dont trois valeurs au moins sur projets rendus.

DIPLÔME D'ARCHITECTE

ART. 61. — Les épreuves à la suite desquelles le diplôme peut être accordé ont lieu, chaque année, à l'école des beaux-arts, en juin et en décembre. Elles sont fixées et annoncées à l'avance par l'administration de l'école.

ART. 62. — Pour être admis à ces épreuves, il faut avoir obtenu au moins dix valeurs en première classe, soit dans les concours du grand prix de Rome, soit dans les concours d'architecture de l'école, soit dans le concours Rougevin ou le concours Godebœuf, une valeur dans les concours d'histoire de l'architecture, une valeur de figure dessinée et une valeur d'ornement ou de figure modelés.

Chaque candidat doit, en outre, produire un certificat constatant qu'il a suivi d'une manière assidue, pendant une année au moins, des travaux de construction sous la direction soit d'un ingénieur de l'Etat, soit d'un architecte du gouvernement, d'une administration publique, d'une administration privée, ou qu'il a dirigé personnellement des travaux.

Le diplôme, étant la consécration des études faites à l'école des beaux-arts, peut être obtenu par le candidat, même après qu'il a dépassé la limite d'âge des études, à la condition expresse que les valeurs exigées par le règlement en vigueur au moment de son séjour à l'école aient été acquises par lui avant cette limite d'âge.

ART. 63. — Les épreuves comprennent une partie écrite, une partie graphique et une partie orale.

L'épreuve écrite consiste dans le développement de deux questions, relatives l'une à la législation du bâtiment, l'autre à la pratique des travaux ; chacune de ces questions est traitée en deux heures par les candidats, sous surveillance.

L'épreuve graphique consiste en un projet d'architecture, conçu et développé comme s'il devait être exécuté. Il comprend les plans, coupes et élévations cotés; il embrasse tous les détails de la construction et doit être complété par un mémoire descriptif et un devis estimatif d'une partie de la construction.

L'épreuve orale consiste en un examen sur les différentes parties du projet lui-même, sur les parties théoriques et pratiques de la construction, sur l'histoire de l'architecture, sur les éléments de physique et de chimie appliqués à la construction, et enfin sur les notions essentielles de législation du bâtiment et de comptabilité.

ART. 64. — Chaque candidat fait choix d'un programme pour le projet à exécuter. Mais il est tenu de soumettre son programme, au moment des sessions, à l'approbation des membres architectes du jury chargé de juger les épreuves, qui peuvent le rejeter ou en modifier

les conditions, et indiquer l'échelle à laquelle le projet devra être
exécuté.

Les conditions du programme adopté ne pourront pas être modifiées
par le candidat.

Aucune limite de temps n'est assignée à l'exécution des projets.

ART. 65. — Les épreuves sont jugées publiquement par un jury
formé spécialement chaque année et composé de deux des professeurs
d'architecture, chefs d'atelier à l'école des beaux-arts, désignés par
le sort; de deux professeurs chefs d'atelier, choisis en dehors de l'école
et désignés par le sort parmi ceux qui font partie du jury d'architecture à titre permanent; du professeur de théorie de l'architecture;
des professeurs de construction, de physique et de chimie, et de législation du bâtiment à l'école des beaux-arts. La commission se
réunit à l'école sur la convocation du directeur. Elle nomme un vice-
président.

Le jury peut renvoyer un candidat à une session suivante, en demandant soit des modifications, soit des adjonctions au projet, soit
enfin de nouveaux examens oraux ou écrits.

Les motifs de la revision seront notifiés au candidat.

ART. 66. — Le diplôme d'architecte est décerné de droit aux lauréats
du premier grand prix de Rome.

SECTIONS DE PEINTURE, DE SCULPTURE ET D'ARCHITECTURE.

Etudes de composition décorative.

ART. 67. — Tous les jours, une salle est ouverte aux élèves admis
aux sections de peinture, de sculpture et d'architecture de l'école
proprement dite pour étudier les éléments de la composition décorative.

Peuvent seuls prendre part à ces études les élèves qui auront
obtenu :

Les peintres, la mention de modelage et la mention d'architecture ;

Les sculpteurs, la mention de dessin et la mention d'architecture ;

Les architectes, la mention de dessin et la mention de modelage.

Les études consistent en des exercices de composition décorative
qui sont l'application des études simultanées des trois arts.

Chacun de ces exercices, dirigé par le professeur de composition
décorative embrasse vingt-quatre heures de travail.

Ces travaux, exécutés en dessin ou en modelage, suivant les indications du professeur, peuvent être conservés, sur son avis, pour
concourir à l'obtention de la mention des trois arts.

Ils sont jugés par un jury composé des trois professeurs des études
simultanées des trois arts, du professeur de composition décorative et

de dix peintres, dix sculpteurs et dix architectes tirés au sort dans les jurys en exercice.

La liste d'appel est formée suivant l'ordre et la date des récompenses obtenues.

Concours de composition décorative dont le programme est donné par le professeur du cours.

ART. 68. — Chaque année, il est ouvert, entre les élèves admis au cours de composition décorative qui ont obtenu la mention des trois arts, deux concours qui consistent en des compositions décoratives, dont le programme est donné par le professeur de composition décorative.

L'esquisse est faite en loge en douze heures.

Le professeur indique sous quelle forme, dessin ou modelage, le concours doit être exécuté dans le cours, et fixe l'échelle du rendu, qui a lieu dans le délai d'un mois.

Ces concours sont jugés par un jury, composé des trois professeurs de l'enseignement simultané des trois arts, du professeur de composition décorative et de dix peintres, dix sculpteurs et dix architectes tirés au sort dans les jurys en exercice.

Il peut être décerné une seconde médaille, deux troisièmes médailles au plus et des mentions.

La deuxième médaille est d'une valeur de 200 francs;

La première troisième médaille de 150 francs ;

La seconde troisième médaille de 100 francs.

Ces récompenses peuvent être cumulées.

Concours de composition décorative dont le programme est donné par le Conseil supérieur.

ART. 69. — Chaque année, il est ouvert, entre les élèves de l'école proprement dite, deux concours qui sont l'application des études simultanées des trois arts.

Peuvent seuls prendre part à ces concours les élèves qui ont obtenu la mention des trois arts.

Ces concours consistent en des compositions décoratives, dont le programme est donné par le Conseil supérieur.

Ils comprennent deux épreuves :

Pour la première, les concurrents exécutent, en loge, en douze heures, l'esquisse dessinée du sujet proposé.

Un premier jugement a lieu sur cette épreuve, et six élèves au plus dans chaque section sont admis à prendre part à la seconde épreuve, qui consiste dans le rendu de l'esquisse.

Ce rendu se fait en loge, en six jours, à quelques jours d'intervalle de la première épreuve.

Il est exécuté soit en dessin, soit en modelage, suivant la décision du Conseil, qui indique l'échelle du rendu.

Il devra être conforme à l'esquisse.

Ces concours sont jugés par un jury, composé des professeurs des études simultanées et de dix peintres, dix sculpteurs et dix architectes tirés au sort dans les jurys en exercice.

Il peut être décerné dans chaque section une première médaille, deux deuxièmes médailles au plus et des mentions.

Ces récompenses peuvent être cumulées. Aux premières médailles sont joints des prix de 300 francs; aux premières deuxièmes médailles, 250 francs; aux secondes deuxièmes médailles, 200 francs.

Cours de sculpture pratique.

ART. 70. — Un atelier mis à la disposition du professeur de sculpture pratique permet aux élèves de la section de se familiariser avec le travail de la pierre et du marbre.

Ce cours est ouvert aux élèves de l'école proprement dite et des ateliers.

TRAVAUX D'ATELIER.

ART. 71. — A la fin de l'année scolaire, les professeurs des ateliers de peinture, de gravure en taille-douce, de sculpture, de gravure en médailles et en pierres fines, font un choix parmi les ouvrages de leurs élèves pendant l'année scolaire.

Les travaux, contrôlés par le professeur, sont exposés à l'école, et des encouragements peuvent être accordés aux élèves qui ont montré le plus d'aptitudes.

Ces encouragements sont distribués, s'il y a lieu, à la suite d'un jugement rendu par le jury en exercice.

Ils consistent, pour chaque atelier, en trois récompenses : la première d'une valeur de 125 francs; la deuxième d'une valeur de 75 francs; la troisième d'une valeur de 50 francs.

Il peut être décerné trois mentions au plus.

Les travaux des élèves du cours de sculpture pratique seront joints, pour l'exposition, à ceux des ateliers de sculpture dont ils font partie.

Une récompense d'une valeur de 50 francs pourra être accordée pour ces travaux dans chaque atelier.

ART. 72. — Pour la section d'architecture une somme de 816 francs, équivalente à la valeur de ces trois récompenses, est attribuée une seule fois, à la fin de l'année scolaire, à l'élève qui a obtenu la grande médaille d'émulation.

N. B. — Voir, page 141, les dispositions provisoires relatives aux ateliers.

TITRE IV

Fondations et legs faits à l'Ecole des Beaux-Arts.

PREMIÈRE ET DEUXIÈME SECTIONS. — PEINTURE ET SCULPTURE.

Prix de la Tête d'expression, fondé par le comte de Caylus.
Prix du Torse, fondé par La Tour.

ART. 73. — Le concours de la Tête d'expression pour les peintres et pour les sculpteurs, et le concours de la demi-figure peinte, dit du Torse, ont lieu chaque année aux mois de janvier et de février. Peuvent seuls prendre part à ces concours les élèves qui, ayant été admis au concours définitif pour le grand prix de Rome, ont exécuté le concours; les élèves ayant obtenu une première médaille (3 valeurs) ou deux premières secondes médailles dont l'une d'après la nature et l'autre d'après l'antique.

La Tête d'expression s'exécute en grandeur naturelle, sur une toile de dix pour les peintres, et en ronde bosse pour les sculpteurs. Ce concours embrasse trois séances de six heures chacune, non compris le repos du modèle.

Le Torse s'exécute sur une toile de quarante, en six séances de sept heures chacune, non compris le repos du modèle.

Dans chacun de ces concours, il peut être décerné trois premières médailles.

Le prix de la Tête d'expression, d'une valeur de 100 francs, est affecté à la première des trois médailles attribuées dans ce concours.

Le prix du Torse, d'une valeur de 300 francs, est affecté à la première des trois médailles attribuées dans ce concours.

Prix Huguier.

ART. 74. — Ce prix, institué par Mme Vve Huguier, en exécution des dernières volontés de son mari, feu le docteur Huguier, professeur d'anatomie à l'école des beaux-arts, est décerné à la suite d'un concours supérieur, qui a lieu chaque année après le concours d'anatomie déterminé par l'article 26, et qui est ouvert dans les conditions ci-après indiquées :

Peuvent seuls concourir pour le prix Huguier, les élèves admis à l'école proprement dite dans les sections de peinture et de sculpture et en faisant actuellement partie, qui ont obtenu une médaille ou une mention dans les concours d'anatomie.

Tout candidat, en se faisant inscrire, doit déposer une ou plusieurs études dessinées ou modelées sur des sujets d'anatomie librement choisis par lui, mais certifiés par son professeur.

Ce concours comporte trois épreuves :

1° Une étude dessinée ou modelée d'après nature.

Cette étude s'exécute en douze heures, dans le format prescrit à l'article 18 ;

2° Un dessin d'anatomie fait en loge.

Les candidats ont à représenter en un seul et même dessin, mais avec des crayons de couleurs différentes, l'ostéologie et la myologie d'une région du corps humain indiquée par le professeur.

Les candidats dont les études, déposées préalablement, les figures et les dessins faits en loge auront été jugés suffisants, seront seuls admis à prendre part à la troisième épreuve, qui comprendra un ou plusieurs dessins d'anatomie exécutés au tableau devant le jury, avec des explications orales.

Ce concours est jugé par un jury mixte, composé du professeur d'anatomie et de dix peintres et dix sculpteurs tirés au sort dans les jurys en exercice.

Le prix Huguier consiste en une somme de 1,000 francs.

Il a la valeur d'une troisième médaille.

Prix Fortin d'Ivry.

Art. 75. — Le concours supérieur de perspective, institué sous le nom de prix Fortin d'Ivry, pour les peintres et les sculpteurs, a lieu chaque année, à la suite du concours de perspective déterminé par l'article 27.

Peuvent seuls concourir les élèves admis à l'école proprement dite dans les sections de peinture et de sculpture, et en faisant actuellement partie, qui ont obtenu dans le concours de perspective une médaille ou une mention.

Le concours se divise en deux épreuves successives :

La première, qui est éliminatoire, consiste :

1° En un dessin fait en loge, d'après un motif et sur un programme donnés par le professeur ;

2° En un dessin de perspective exécuté d'après nature, en une séance de trois heures, dans l'enceinte de l'école et sous surveillance.

Les candidats dont les dessins ont été jugés favorablement sont seuls admis à la deuxième épreuve.

Celle-ci consiste en des dessins de perspective exécutés au tableau et en un examen que subissent les concurrents devant le jury.

Ce concours est jugé par un jury mixte, composé du professeur de perspective et de dix peintres et dix sculpteurs tirés au sort dans les jurys en exercice.

Le prix Fortin d'Ivry consiste en une somme de 660 francs. Il a la valeur d'une troisième médaille.

Prix Jauvin d'Attainville

ART. 76. — Il est institué à l'école, sous la dénomination de prix Jauvin d'Attainville, du nom de leur fondateur, deux concours, l'un de peinture historique, l'autre de paysage, qui ont lieu, chaque année, pendant les mois d'août et de septembre.

1° *Prix de peinture historique.* — Le concours pour le prix de peinture historique est ouvert aux élèves admis à l'école proprement dite et en faisant actuellement partie, pourvu qu'ils aient obtenu : 1° une mention de perspective ; 2° la mention des trois arts.

Le concours de peinture historique est un concours de peinture décorative. Les sujets proposés aux concurrents seront de nature soit à être peints, soit à être exécutés en tapisserie. Ce seront des motifs de décoration pour des lieux déterminés, tels que salles, escaliers, galeries, etc. Ils pourront être rendus, selon que l'indiquera le programme du concours, en grisaille, en camaïeu ou en couleurs vraies.

Le concours de peinture historique comprend un concours d'essai et un concours définitif.

Le concours d'essai consiste en deux épreuves, savoir :

1° Une esquisse exécutée en loge, en un jour, sur une toile de six ; vingt élèves pourront être admis à la suite de cette épreuve ;

2° Une figure peinte d'après nature sur une toile de vingt-cinq.

Dix élèves au plus pourront être admis au concours définitif.

Le concours définitif a lieu en loge du 1ᵉʳ au 30 septembre ; le sujet est exécuté sur une toile, dont les dimensions sont indiquées par le programme.

Les concurrents peuvent s'entourer de tous documents dont ils jugeront avoir besoin.

2° *Prix de paysage.* — Le concours pour le paysage est ouvert à tous les artistes âgés de moins de trente ans, pourvu qu'ils aient obtenu une mention de perspective dans les concours spéciaux de l'école. Chaque concurrent, en se faisant inscrire, doit présenter des études de paysage exécutées d'après nature, avec l'attestation d'un professeur, certifiant que ces études sont bien l'ouvrage du concurrent.

Le concours de paysage se divise en concours d'essai et en concours définitif.

Le concours d'essai comprend deux épreuves :

La première consiste en une figure dessinée d'après nature et exécutée en six jours, à raison de deux heures par jour. Vingt élèves peuvent être admis à la suite de cette épreuve.

La seconde épreuve est une esquisse de paysage exécutée en loge, en un jour, sur une toile de six.

Sont exempts de la figure dessinée d'après nature :

1° Les élèves qui ont été admis en loge pour le concours du grand prix de peinture ;

2° Les élèves qui ont obtenu une médaille à l'école des beaux-arts, soit d'après nature, soit d'après l'antique ;

3° Les élèves qui ont été admis, avec le titre de premier, au concours des places de l'école des beaux-arts.

Le nombre des concurrents admis au concours définitif ne peut excéder dix.

Le concours définitif a lieu en loge, du 1ᵉʳ au 30 septembre.

Le tableau, peint sur une toile de 1ᵐ,02 sur 0ᵐ,82, comportera obligatoirement l'introduction de la figure humaine. Les concurrents pourront s'entourer de tous les documents dont ils jugeront avoir besoin.

Chacun des prix Jauvin d'Attainville est d'une valeur de 2,000 fr.

Dispositions communes aux deux concours

Les sujets des concours d'essai et des concours définitifs pour les prix Jauvin d'Attainville sont donnés par le Conseil supérieur de l'école.

Le concours de *peinture historique* Jauvin d'Attainville est jugé par un jury mixte, composé de dix peintres, dix sculpteurs et dix architectes tirés au sort dans les jurys en exercice.

Le concours de *paysage* est jugé par le jury de peinture en exercice.

Les jugements sont rendus au mois d'octobre.

Le prix de peinture historique a la valeur d'une première médaille.

Il peut être accordé trois mentions.

Le prix de paysage a la valeur d'une seconde médaille.

Il peut être accordé également trois mentions.

Les tableaux qui ont obtenu les prix Jauvin d'Attainville restent la propriété de l'école.   .

Prix Lemaire.

ART. 77. — Il est institué à l'École, sous la dénomination de prix Lemaire, du nom de son fondateur, Henri Lemaire, membre de l'Institut, professeur à l'École des Beaux-Arts, un prix d'ajustement de draperie, qui est décerné à la suite d'un concours ouvert chaque année aux élèves de la section de sculpture.

Ce concours comprend deux épreuves :

La première consiste en une esquisse, modelée alternativement en ronde bosse et en bas-relief, exécutée en loge en un jour et indiquant le mouvement et la composition des figures.

L'esquisse modelée en bas-relief mesure, dans l'œuvre de fonds, 0ᵐ,33 sur 0ᵐ,41.

L'esquisse modelée en ronde bosse mesure 0ᵐ,34 de hauteur, la plinthe non comprise.

Les concurrents emportent un croquis de leur esquisse, qui est estampillée et conservée par l'administration.

Les élèves classés les dix premiers à la première épreuve sont seuls admis à prendre part à la seconde.

La seconde épreuve consiste dans l'exécution en loge, en dix jours, de l'ajustement des draperies du sujet donné pour la première épreuve.

Le rendu modelé en bas-relief mesure 0^m,55 sur 0^m,60; en ronde bosse, 0^m,65 de proportion, la plinthe non comprise.

Le sujet allégorique ou historique sera donné par le Conseil supérieur. Il comprendra deux ou trois figures au plus en bas-relief ou bien une seule figure en ronde bosse donnant toujours motif à des draperies.

A ce concours peuvent être effectuées trois premières médailles.

Le prix Lemaire, d'une valeur de 825 francs, est attribué à la première des trois médailles.

Il ne peut être cumulé.

Un prix réservé une année pourra être décerné dans les années suivantes.

Prix Sanzel

ART. 78. — Il est institué à l'École, sous la dénomination de prix Sanzel, du nom de son fondateur, un prix de composition.

Ce prix est attribué à l'élève sculpteur qui obtient la première des trois secondes médailles dans le deuxième concours de composition à deux degrés exécuté en loge, indiqué à l'article 19.

Il a une valeur de 365 francs et ne peut être cumulé.

Ce prix, réservé une année, pourra être décerné dans les années suivantes.

Prix Fortin d'Ivry.

ART. 79. — Il est institué à l'École, sous la dénomination de prix Fortin d'Ivry, du nom de son fondateur, un prix de composition.

Ce prix est attribué à l'élève peintre qui obtient la première des trois secondes médailles dans le deuxième concours de composition à deux degrés, exécuté en loge, indiqué à l'article 19.

Il a une valeur de 382 francs et ne peut être cumulé.

Un prix réservé une année pourra être décerné dans les années suivantes.

Prix Bridan.

ART. 80. — Il est institué à l'École, sous la dénomination de prix Bridan, en exécution d'une fondation faite par Mme Vve Besnier, petite-fille de Bridan (Charles-Antoine), sculpteur, membre de l'Académie royale, deux prix annuels, l'un de 600 francs, l'autre de 500 francs.

Ces prix sont décernés chaque année à la suite d'un concours consistant dans l'exécution d'une figure dessinée d'après l'antique, dans la forme spécifiée à l'article 18, et d'une figure modelée d'après l'antique.

L'épreuve de la figure modelée se confondra avec l'un des concours trimestriels de l'école.

Les élèves français admis à la section de sculpture de l'école proprement dite peuvent seuls prendre part à ce concours.

Le concours est jugé, sur le vu des deux épreuves à la fois, par le jury de sculpture, qui décerne les prix aux candidats classés les deux premiers.

Ces prix ne peuvent être cumulés.

Un prix réservé une année pourra être décerné les années suivantes.

Prix Duffer.

ART. 81. — Il est institué à l'École, sous la dénomination de prix Duffer, du nom de leur fondateur, des prix en faveur d'élèves de la section de peinture.

Ces prix, au nombre de quatre, sont attribués aux élèves qui ont obtenu, pendant l'année scolaire, la plus grande somme de valeurs, soit dans les concours de Rome, soit en médailles seulement dans les concours du Torse, de la Tête d'expression, semestriels de grande figure, de figure dessinée, de composition, Jauvin d'Attainville, de perspective et d'anatomie.

Le 1ᵉʳ prix a une valeur de 800 fr.)
Le 2ᵉ   —   —   de 600 — | 2,283 francs.
Le 3ᵉ   —   —   de 500 — |
Le 4ᵉ   —   —   de 383 —)

Prix Saintin.

ART. 82. — Ce prix, institué par M. Saintin, artiste peintre, consiste en la rente d'une somme de 5,000 francs.

Il est attribué à l'élève de la section de peinture qui a obtenu le plus de médailles dans le courant de l'année scolaire.

TROISIÈME SECTION. — ARCHITECTURE.

Seconde classe.

Prix Muller-Sœhnée.

ART. 83. — Ce prix, institué par M. Muller-Sœhnée, est attribué à l'élève architecte de la seconde classe qui a remporté le plus grand nombre de valeurs dans les différentes épreuves de l'année, comptées du 1ᵉʳ janvier au 31 décembre.

Ce prix consiste dans une somme de 539 francs.

La somme des valeurs s'établit d'après les cotes fixées au titre V, en ne tenant compte que d'une seule récompense obtenue en dessin ornemental, en ornement ou figure modelés, en dessin de figure, en composition décorative et en histoire de l'architecture.

En cas d'égalité, les valeurs obtenues en architecture l'emportent.

Prix Jay.

Art. 84. — Ce prix, institué par le fils et le petit-fils de feu M. Jay, professeur de construction à l'École des Beaux-Arts, en exécution de ses dernières volontés, est attribué à l'élève de seconde classe qui a obtenu le premier rang dans le concours de construction.

Ce prix consiste en une somme de 700 francs.

Prix Jean Leclaire.

Art. 85. — Par suite des dispositions testamentaires de M. Jean Leclaire, l'Académie des Beaux-Arts a institué un prix annuel en faveur de l'élève qui, en passant de la seconde classe dans la première, aura mis le moins de temps à remplir toutes les conditions imposées à cet effet par le règlement.

En cas d'égalité de temps, le prix est attribué à l'élève ayant obtenu le plus grand nombre de valeurs dans l'ordre suivant : 1° sur projets rendus d'architecture ; 2° sur esquisses d'architecture ; 3° sur concours de construction.

Ce prix consiste en une somme de 500 francs.

Première classe.

Prix Rougevin.

Art. 86. — Ce prix, institué par Auguste Rougevin, architecte, en souvenir de son fils, feu Auguste Rougevin, élève de l'École des Beaux-Arts, consiste en deux sommes, l'une de 600 francs, l'autre de 400 francs.

Il est décerné à la suite d'un concours d'ornement et d'ajustement, qui est exécuté en loge en sept jours, et auquel les élèves de la première classe peuvent seuls prendre part.

Les prix de 600 et de 400 francs sont attachés aux deux premières récompenses, sous la réserve que chacun de ces prix ne peut être obtenu qu'une fois.

Prix Jean Leclaire.

Art. 87. — Par suite des dispositions testamentaires de M. Jean Leclaire, l'Académie des Beaux-Arts a institué un prix annuel en faveur de l'élève de première classe qui a obtenu la grande médaille d'émulation.

Ce prix consiste en une somme de 500 francs.

Prix de la Société centrale des Architectes.

Art. 88. — Ce prix, institué par la Société centrale des Architectes, et qui consiste dans la grande médaille de cette Société, est décerné annuellement à l'élève architecte de première classe ayant obtenu, pendant les trois dernières années, à compter du 15 mai, le plus grand nombre de valeurs, en médailles seulement, dans les concours sur projets rendus.

En cas d'égalité de valeurs, il est décerné plusieurs médailles.

Prix Abel Blouet.

Art. 89. — Ce prix, institué par Mme Vve Blouet, en exécution des dernières volontés de son mari, feu Abel Blouet, architecte, membre de l'Institut, professeur à l'Ecole des Beaux-Arts, consiste en une somme de 1,000 francs, attribuée, chaque année, à l'élève de première classe qui a obtenu le plus de valeurs depuis son entrée à l'École. Dans cette estimation, les valeurs acquises en seconde classe ne comptent que pour le tiers de leur total, sauf celles relatives aux concours communs entre la première et la seconde classe, qui sont évaluées comme en première classe.

Prix Godebœuf.

Art. 90. — Ce prix, institué par Mme Lecou en mémoire de son frère, feu Godebœuf, architecte, a une valeur de 740 francs.

Il est décerné à la suite d'un concours, auquel les élèves de la première classe d'architecture sont seuls admis à prendre part.

Le concours, qui est jugé par le jury d'architecture en exercice, consiste en l'étude, développée comme pour l'exécution, avec détails et profils, d'une œuvre architecturale de nature spéciale, telle que serrurerie, plomberie, marbrerie, etc.

Les projets sont exécutés dans les ateliers, en quinze jours, d'après les esquisses faites en loge en douze heures.

Les récompenses consistent en premières médailles, en deuxièmes médailles et en premières mentions. Elles peuvent être cumulées.

Le prix est attribué à l'élève placé le premier dans le classement des premières médailles, parmi ceux qui ne l'ont pas encore obtenu.

Première et seconde classes.

Prix Edmond Labarre.

ART. 91. — Ce prix, institué par M. et Mme Labarre, en souvenir de leur fils, feu Edmond Labarre, élève de l'École des Beaux-Arts, consiste en une somme de 200 francs.

Il est décerné à la suite d'un concours entre les élèves de la première et de la seconde classe.

Ce concours, qui n'a pas lieu en loge, consiste en une grande composition sur esquisse, qui doit être exécutée dans un délai de trois jours.

Le programme en est donné par une commission, composée des professeurs architectes de l'École, faisant partie du jury d'architecture.

Ce prix peut être cumulé.

Prix Convents-Daupeley.

ART. 92. — Il a été institué par testament de Mme Vve Convents, née Daupeley, en mémoire de son mari, M. Convents, architecte, cinq prix de 753 fr. 80 c. chacun, qui portent le nom de prix Convents-Daupeley.

Ces prix sont attribués chaque année par le Conseil supérieur à des élèves de la section d'architecture peu favorisés de la fortune et méritant par leur travail un encouragement.

Prix de reconnaissance des Architectes américains.

ART. 93. — Ce prix, institué par les architectes américains en souvenir de l'enseignement reçu par eux à l'Ecole, consiste en une somme de 1,470 francs.

Il est décerné annuellement à la suite d'un concours, dont le Conseil supérieur détermine chaque fois les conditions et dont il donne le sujet. Il peut être décerné cinq accessits au plus.

Le jugement sera rendu par une commission spéciale, composée des architectes membres du Conseil supérieur de l'École, auxquels seront adjoints le membres du jury d'architecture.

Le prix est réservé exclusivement aux élèves français de la section d'architecture de l'École ; il ne peut être obtenu qu'une seule fois.

SECTION DE PEINTURE, DE SCULPTURE ET D'ARCHITECTURE.

Legs Armand.

ART. 94. — Par testament, M. Alfred Armand, architecte, a légué à l'École une somme de 10,000 francs, pour faciliter à des élèves méritants et peu fortunés le volontariat d'un an ou pour un emploi analogue.

Fondation Chenavard.

ART. 95. — *Secours.* — Par suite des dispositions testamentaires de Mme Vve Chenavard, une somme est réservée spécialement, sur les arrérages des rentes qu'elle a léguées à l'École des Beaux-Arts, pour venir en aide aux élèves peintres, sculpteurs, architectes, graveurs, admis à l'École proprement dite « Pauvres », et qui se sont rendus, par leur travail, les plus dignes de cet encouragement.

La valeur et le nombre de ces secours sont fixés par le Conseil supérieur d'après les demandes motivées faites par les élèves et présentées par leurs professeurs.

Ils sont attribués par le Conseil, sur la proposition d'une commission spéciale nommée par lui chaque année, et comprenant, pour chacune des sections de peinture, de sculpture, d'architecture, les trois professeurs chefs d'ateliers de l'Ecole et trois professeurs du dehors, et, pour la section de gravure, les deux professeurs chefs d'ateliers de l'École et deux professeurs du dehors.

Les professeurs du dehors seront choisis de préférence parmi les membres des sections correspondantes de l'Académie des Beaux-Arts, conformément aux intentions de la testatrice.

ART. 96. — Par suite des dispositions testamentaires de Mme Vve Chenavard, il est institué à l'école, sous la dénomination de prix Chenavard, des prix de *peinture*, de *sculpture*, d'*architecture* et de *gravure*, décernés dans les conditions indiquées ci-après :

ART. 97. — *Prix de peinture.* — Au commencement de chaque année scolaire, les élèves admis dans la section de peinture de l'École proprement dite « Pauvres », et présentés par leur professeur comme capables d'exécuter un tableau, soumettent au Conseil supérieur des esquisses de tableau sur des sujets de leur choix.

Le Conseil, sur la proposition de la section de peinture de la commission spéciale mentionnée à l'article 95, désigne les élèves dont les esquisses sont acceptées.

Chacun de ces élèves exécute un tableau d'après son esquisse, à laquelle il peut apporter telle modification qu'il juge convenable.

Il est tenu seulement de conserver le sujet qu'il a choisi et de travailler sous la surveillance et avec les conseils de son professeur, soit à l'École pour les élèves des ateliers de l'École, soit au dehors pour les élèves des ateliers extérieurs. Les proportions des figures ne doivent pas dépasser la dimension de la nature.

Pour subvenir aux frais d'exécution de son œuvre, chaque élève reçoit une somme fixée par le Conseil supérieur, somme payée par acomptes mensuels, après constatation du travail de l'élève par son professeur et sur l'autorisation de paiement délivrée par lui.

Au milieu de l'année scolaire, les ouvrages sont rendus à l'École. Ils sont jugés, sur la proposition de la section de peinture de la commission spéciale, par le Conseil supérieur, qui fixe le nombre et la valeur des prix.

Ces prix peuvent être obtenus plusieurs fois.

Les œuvres exécutées restent la propriété de l'élève.

— Le Conseil peut, en outre, sur la demande motivée d'un professeur chef d'atelier et sur la proposition de la section de peinture de la commission spéciale, accorder un prix, dont il fixe la valeur, à un élève « Pauvre » admis à l'École proprement dite, pour l'exécution d'études peintes ou dessinées d'après l'antique ou d'après les maîtres.

Art. 98. — *Prix de sculpture.* — Au commencement de chaque année scolaire, les élèves admis dans la section de sculpture de l'École proprement dite « Pauvres », et présentés par leur professeur comme capables d'exécuter un bas-relief ou une statue, soumettent au Conseil supérieur des esquisses de bas-reliefs ou de statues sur des sujets de leur choix.

Le Conseil, sur la proposition de la section de sculpture de la commission spéciale mentionnée à l'article 95, désigne les élèves dont les esquisses sont acceptées.

Chacun de ces élèves exécute un bas-relief ou une statue d'après son esquisse, à laquelle il peut apporter telle modification qu'il juge convenable.

Il est tenu seulement de conserver le sujet qu'il a choisi et de travailler sous la surveillance et avec les conseils de son professeur, soit à l'École pour les élèves des ateliers de l'École, soit au dehors pour les élèves des ateliers extérieurs.

Les proportions des figures ne doivent pas dépasser les dimensions de la nature.

Pour subvenir aux frais d'exécution et de moulage de son œuvre, chaque élève reçoit une somme fixée par le Conseil supérieur, somme payée par acomptes mensuels, après constatation du travail de l'élève par son professeur et sur l'autorisation de paiement délivrée par lui.

Au milieu de l'année scolaire, les ouvrages sont rendus à l'École. Ils sont jugés, sur la proposition de la section de sculpture de la commission spéciale, par le Conseil supérieur, qui fixe le nombre et la valeur des prix.

Ces prix peuvent être obtenus plusieurs fois.

Les œuvres exécutées restent la propriété de l'élève.

— Le Conseil peut, en outre, sur la demande motivée d'un professeur chef d'atelier et sur la proposition de la section de sculpture de la commission spéciale, accorder un prix, dont il fixe la valeur, à un élève « Pauvre » admis à l'École proprement dite, pour l'exécution d'études modelées ou dessinées d'après l'antique ou d'après les maîtres.

Art. 99. — *Prix d'architecture.* — Au commencement de chaque année scolaire, les élèves admis dans la section d'architecture de l'École proprement dite, anciens logistes ou ayant obtenu toutes les valeurs exigées pour le diplôme « Pauvres », et présentés par leur professeur comme capables de produire ou d'exécuter une composition, soumettent au Conseil supérieur de l'École une esquisse ou un avant-projet de composition sur un programme de leur choix, ainsi que ce programme.

Le Conseil, sur la proposition de la section d'architecture de la commission spéciale mentionnée à l'article 95, désigne les élèves dont les esquisses sont acceptées.

Chacun de ces élèves exécute un projet rendu d'après son esquisse, à laquelle il peut apporter telle modification qu'il juge convenable.

Il est tenu seulement de conserver le sujet qu'il a choisi et de travailler sous la surveillance et avec les conseils de son professeur, soit à l'école pour les élèves des ateliers de l'École, soit au dehors pour les élèves des ateliers extérieurs.

Les dimensions du projet rendu ne doivent pas dépasser une limite fixée par le Conseil.

Pour subvenir aux frais d'exécution de son œuvre, chaque élève reçoit une somme fixée par le Conseil supérieur, somme payée par acomptes mensuels, après constatation du travail de l'élève par son professeur et sur l'autorisation de paiement délivrée par lui.

Au milieu de l'année scolaire, les ouvrages sont rendus à l'École. Ils sont jugés, sur la proposition de la section d'architecture de la commission spéciale, par le Conseil supérieur, qui fixe le nombre et la valeur des prix.

Ces prix peuvent être obtenus plusieurs fois.

Les œuvres exécutées restent la propriété de l'élève.

— Le Conseil peut, en outre, sur la demande de leurs professeurs chefs d'atelier et sur la proposition de la section d'architecture de la commission spéciale, accorder à des élèves de l'École « Pauvres », admis en loge pour le concours du Grand Prix de Rome, des subventions dont il fixe le nombre et la valeur, afin de leur venir en aide pour l'exécution de ce concours.

Art. 100. — *Prix d'architecture.* — Chaque année, les professeurs de Théorie de l'architecture, de l'Histoire de l'architecture, de l'Histoire de l'architecture française et de Construction présentent au Conseil supérieur la liste de ceux de leurs élèves « Pauvres » admis à l'École proprement dite, auxquels ils désirent faire exécuter une étude spéciale d'après un monument.

Le Conseil, sur la proposition de la section d'architecture de la commission spéciale mentionnée à l'article 95, désigne les élèves qui sont chargés de ce travail.

Pour subvenir aux frais d'exécution, chacun des élèves désignés reçoit une somme fixée par le Conseil supérieur, somme payée par acomptes mensuels, après constatation du travail de l'élève par son professeur et sur l'autorisation de paiement délivrée par lui.

Au milieu de l'année scolaire, les ouvrages sont rendus à l'École. Ils sont jugés, sur la proposition de la commission spéciale, par le Conseil supérieur, qui fixe le nombre et la valeur des prix.

Ces prix peuvent être obtenus plusieurs fois.

Les œuvres exécutées restent la propriété de l'élève.

ART. 101. — *Prix de gravure.* — Au commencement de chaque année scolaire, les élèves admis à l'École proprement dite « Pauvres », et présentés par leur professeurs comme capables d'exécuter une gravure, soumettent au Conseil supérieur, les graveurs en taille-douce, des dessins à exécuter en gravure; les graveurs en médailles, des esquisses de médailles sur des sujets de leur choix.

Le Conseil, sur la proposition de la section de gravure de la commission spéciale mentionnée à l'article 95, désigne les élèves dont les esquisses sont acceptées.

Chacun de ces élèves exécute une gravure d'après son dessin ou son esquisse, à laquelle il peut apporter telle modification qu'il juge convenable.

Il est tenu seulement de conserver le sujet qu'il a choisi et de travailler sous la surveillance et avec les conseils de son professeur, soit à l'École pour les élèves des ateliers de l'École, soit au dehors pour les élèves des ateliers extérieurs.

Les proportions des ouvrages sont fixées par le Conseil.

Pour subvenir aux frais d'exécution de son œuvre, chaque élève reçoit une somme fixée par le Conseil supérieur, somme payée par acomptes mensuels, après constatation du travail de l'élève par son professeur et sur l'autorisation de paiement délivrée par lui.

Au milieu de l'année scolaire, les ouvrages sont rendus à l'École. Ils sont jugés, sur la proposition de la section de gravure de la commission spéciale, par le Conseil supérieur, qui fixe le nombre et la valeur des prix.

Ces prix peuvent être obtenus plusieurs fois.

Les œuvres exécutées restent la propriété de l'élève.

— Le Conseil peut, en outre, sur la demande motivée d'un professeur chef d'atelier et sur la proposition de la section de gravure de la commission spéciale, accorder un prix, dont il fixe la valeur, à un élève « Pauvre » admis à l'École proprement dite, pour l'exécution d'études dessinées ou modelées d'après l'antique ou d'après les maîtres.

Toutefois, pour les années dans lesquelles ont lieu les concours de gravure, le Conseil peut, à l'exclusion des dispositions énoncées au paragraphe précédent, sur la demande de leurs professeurs chefs d'atelier et sur la proposition de la section de gravure de la commission spéciale, accorder à des élèves de l'École « Pauvres » admis en loge pour le concours du grand prix de Rome, des subventions dont il fixe le nombre et la valeur, afin de leur venir en aide pour l'exécution de ce concours.

Prix Saint-Agnan-Boucher.

Art. 102. — Ce prix, institué par Mme V^re Saint-Agnan-Boucher en exécution des volontés de son mari, M. Saint-Agnan-Boucher, architecte, est décerné la première année à un élève architecte, l'année suivante à un élève sculpteur, la troisième année à un élève peintre, et ainsi de suite.

Il est attribué : à l'élève architecte qui, ayant déjà les valeurs exigées pour les épreuves du diplôme, aura continué ses études et obtenu la plus grande somme de valeurs sur projets rendus ;

A l'élève sculpteur qui aura obtenu dans les trois dernières années la plus grande somme de valeurs dans les concours semestriels de grande figure, de la Tête d'expression, de figure modelée et de composition ;

A l'élève peintre qui aura obtenu dans les trois dernières années la plus grande somme de valeurs dans les concours semestriels de grande figure, de la Tête d'expression, du Torse, de figure dessinée et de composition.

Ce prix consiste en une somme de 1,000 francs.

TITRE V.

Évaluation en points ou valeurs des succés obtenus dans les concours.

Section de Peinture et de Sculpture.

	Valeurs.
Art. 103. — Premier second grand prix de Rome . . .	4
Deuxième second grand prix de Rome.	3 1/2
Mention au concours du grand prix.	2 1/2
Admission en loge, pourvu que le concours ait été exécuté.	2
Nota. — Ces deux valeurs pour l'admission s'ajoutent aux précédentes.	
Première première médaille	3
Seconde première médaille.	2 1/2
Troisième première médaille.	2 1/4
Première seconde médaille.	2
Seconde seconde médaille.	1 1/2
Troisième seconde médaille	1 1/4
Troisième médaille	1
Mention { Concours de Peinture historique	1
— de Paysage	1/2
Mention	1/2
Exercices de composition décorative	1/2

SECTION D'ARCHITECTURE.

Seconde classe.

Valeurs.

ART. 104. — En seconde classe, les récompenses sont estimées comme il suit :

Premier second grand prix de Rome	4
Deuxième second grand prix.	3 1/2
Mention au concours du grand prix.	2 1/2
Admission en loge, pourvu que le concours ait été exécuté.	2

Nota. — Ces deux valeurs pour l'admission s'ajoutent aux précédentes.

Concours scientifiques.

Mathématiques. — Géométrie descriptive. — Stéréotomie. — Perspective.

Troisième médaille	3
Mention	2

Construction.

Première médaille	5
Deuxième médaille	4
Troisième médaille	3
Mention	2

Concours d'architecture.

Éléments analytiques. — Projets rendus. — Esquisses.

Première mention	2
Deuxième mention	1

Prix de reconnaissance des Architectes américains.

Prix	3
Accessits	2

Exercices et études.

Histoire de l'architecture. — Ornement dessiné. — Figure dessinée. — Ornement ou figures modelés. — Composition décorative.

                                                    Valeurs.

Troisième médaille 1 1/2
Mention   1

Concours de composition décorative.

Première médaille   3
Deuxième médaille   2
Mention   1

Première classe.

Premier second grand prix de Rome   4
Deuxième second grand prix. 3 1/2
Mention au concours du grand prix 2 1/2
Admission en loge, pourvu que le concours ait été exécuté.   2

Nota. — Ces deux valeurs pour l'admission s'ajoutent aux précédentes.

Concours d'architecture.

Projets rendus. — Esquisses. — Histoire de l'architecture.
Première médaille   3
Première seconde médaille.   2
Deuxième seconde médaille 1 1/2
Première mention   1
Deuxième mention 1/2

Prix de reconnaissance des Architectes américains.

Prix   3
Accessits   2

Exercices et études.

Ornement dessiné. — Figure dessinée. — Ornement ou
figure modelés. — Composition décorative.
Deuxième médaille   2
Troisième médaille. 1 1/2
Première mention   1
Mention   1

Concours de composition décorative.

Première médaille   3
Deuxième médaille   2
Mention   1

TITRE VI.

Collections et bibliothèque.

Art. 105. — Les collections de l'École des Beaux-Arts comprennent :

1° Un musée de plâtres moulés sur les chefs-d'œuvre de l'antiquité, du moyen âge et de la Renaissance ;

2° Un musée de copies exécutées d'après les œuvres des grands maîtres ;

3° Les ouvrages qui ont obtenu le grand prix de Rome ;

4° Les ouvrages ayant obtenu la première médaille dans les concours semestriels, la première seconde médaille dans les concours de figure ou de composition, une troisième médaille dans les concours publics spéciaux ; une première médaille sur projet rendu ; une première seconde médaille sur esquisse ou dans les concours d'histoire de l'architecture ; une médaille spéciale dans les concours de l'enseignement scientifique, et enfin les ouvrages ayant obtenu un prix dans les concours de l'École proprement dite.

5° Une réunion de pièces diverses et de dessins devant servir à la démonstration dans les cours d'anatomie, de géométrie descriptive, de stéréotomie, de physique, de chimie et de construction ;

6° Des objets d'art donnés ou légués à l'École.

Ces collections, ouvertes pour l'étude pendant la semaine aux élèves de l'École proprement dite et des ateliers, ainsi qu'aux personnes ayant obtenu de l'administration une autorisation spéciale, sont publiques le dimanche de midi à quatre heures.

Les demandes de cartes d'études doivent être adressées au directeur.

La bibliothèque est ouverte aux élèves, aux jours et heures fixés par l'administration.

Les personnes étrangères à l'École sont admises à travailler à la bibliothèque, sans permission spéciale, la première fois qu'elles s'y présentent. Si elles veulent continuer à la fréquenter, elles devront obtenir une carte d'étude.

TITRE VII.

Distribution des récompenses et vacances.

Art. 106. — La distribution des récompenses a lieu tous les ans, au commencement de la nouvelle année scolaire.

Art. 107. — Il y a vacances à l'École du 1er août au 15 octobre.

Pendant les vacances, deux salles peuvent être mises à la disposition des élèves qui désirent continuer à étudier.

Il est donné, pendant ce temps, des projets à rendre aux élèves architectes de la seconde et de la première classe.

DISPOSITIONS RELATIVES AUX ATELIERS DE L'ÉCOLE DES BEAUX-ARTS.

ART. 1er. — Les ateliers actuellement existant à l'École des Beaux-Arts seront régis par les dispositions suivantes, jusqu'à ce qu'il ait été définitivement statué à leur sujet.

ART. 2. — Les ateliers se divisent de la manière suivante : trois ateliers de peinture; trois ateliers de sculpture; trois ateliers d'architecture; un atelier de gravure en taille-douce; un atelier de gravure en médailles et en pierres fines.

ART. 3. — Les ateliers sont ouverts : 1° aux élèves de l'École proprement dite, qui choisissent, suivant l'ordre et la date de leur rang d'admission, celui des ateliers de leur section dans lequel ils désirent étudier; 2° aux jeunes gens qui, bien que n'étant pas admis à l'École proprement dite, sont agréés par le professeur.

Les professeurs sont seuls juges des aptitudes des jeunes gens qu'ils agréent.

Le nombre des élèves à admettre à chaque atelier est déterminé par l'administration d'accord avec le professeur chef d'atelier.

ART. 4. — L'inscription des élèves dans les ateliers doit être renouvelée au commencement de chaque année scolaire. L'inscription se fait soit directement, soit par lettre. Si, dans le premier mois, un élève ne s'est pas fait réinscrire, il est considéré comme démissionnaire.

Le professeur pourra désigner au directeur les élèves dont les aptitudes ne sont pas suffisantes pour qu'ils soient maintenus dans l'atelier, ou contre lesquels il aurait d'autres motifs d'exclusion.

Leur radiation est prononcée par le directeur, qui la notifie aux élèves. Ces élèves peuvent être admis dans un autre atelier, avec l'agrément du professeur de cet atelier, celui du professeur de l'atelier qu'ils quittent et avec l'assentiment du directeur.

Sous les conditions édictées à l'article 3 du présent arrêté, tout élève a la faculté de changer d'atelier.

ART. 5. — Une fois inscrit dans un atelier, l'élève doit y être assidu. Les cas d'absence doivent toujours être justifiés de la part de l'élève auprès de son professeur.

ART. 6. — Les professeurs chefs d'atelier sont autorisés à faire connaître au directeur, qui les signale au Ministre, ceux de leurs élèves qu'ils jugent dignes d'être soutenus dans leurs études.

ART. 7. — Tous les jours, les ateliers de l'École seront ouverts aux jeunes gens mentionnés à l'article 3 qui précède.

EXTRAIT DE LA LOI SUR LE RECRUTEMENT DE L'ARMÉE
DU 15 JUILLET 1889.

DISPOSITIONS APPLICABLES AUX ÉLÈVES DE L'ÉCOLE DES BEAUX-ARTS.

La loi militaire du *15 juillet 1889* contient les dispositions suivantes, applicables aux élèves de l'*Ecole nationale des Beaux-Arts :*

« ART. 23. — En temps de paix, après un an de présence sous les drapeaux, sont envoyés en congé dans leurs foyers, sur leur demande, jusqu'à la date de leur passage dans la réserve :

. . . .

« 2° Les jeunes gens qui ont obtenu ou qui poursuivent leurs études en vue d'obtenir, soit l'un des prix de Rome, soit un prix ou médaille d'État dans les concours annuels de l'Ecole nationale des Beaux-Arts.

« Ces jeunes gens seront rappelés pendant quatre semaines dans l'année qui précédera leur passage dans la réserve de l'armée active. Ils suivront ensuite le sort de la classe à laquelle ils appartiennent.

. . . .

« ART. 24. — Ceux qui n'auraient pas obtenu avant l'âge de vingt-six ans [une des récompenses spécifiées aux articles 3 et 4 du règlement d'administration publique du 23 novembre 1889, rendu en application de la loi]..., ceux qui ne poursuivraient pas régulièrement les études en vue desquelles la dispense a été accordée, seront tenus d'accomplir les deux années de service dont ils avaient été dispensés. »

EXTRAIT DU DÉCRET DU 23 NOVEMBRE 1889

PORTANT RÈGLEMENT D'ADMINISTRATION PUBLIQUE POUR L'EXÉCUTION
DE L'ARTICLE 23
DE LA LOI DU 15 JUILLET 1889 SUR LE RECRUTEMENT DE L'ARMÉE.

CHAPITRE Ier. — *Des dispenses résultant de l'obtention*
de certains diplômes, titres, prix et récompenses.

Art. 3. — Les prix de Rome pour la peinture, la sculpture, l'architecture..... (concours annuels), la gravure en taille-douce (concours biennaux), et la gravure en médailles et en pierres fines (concours triennaux), qui donnent lieu à la dispense de service militaire prévue par l'article 23 de la loi du 15 juillet 1889, sont au nombre de trois par spécialité; ce nombre peut être porté à quatre lorsque le premier grand prix n'a pas été décerné au concours précédent. Les intéressés justifient de leur qualité de lauréats par un certificat du Ministre des Beaux-Arts.

ART. 4. — La nature des concours et le nombre maximum des médailles qui peuvent être décernées annuellement aux élèves de l'École nationale des Beaux-Arts de Paris, et qui donnent lieu à la dispense de service militaire prévue par l'article 23 de la loi du 15 juillet 1889, sont déterminés ainsi qu'il suit :

1° *Section de peinture et de gravure en taille-douce.* — Concours de figure dessinée d'après l'antique et d'après la nature (quatre médailles); concours de composition (quatre médailles); concours dits de grande médaille (deux médailles); concours de la tête d'expression (une médaille); concours du torse (une médaille); concours Jauvin d'Attainville, de peinture historique ou de paysage (chacun une médaille); concours de composition décorative (deux médailles); grande médaille d'émulation (une médaille).

2° *Section de sculpture et de gravure en médailles et en pierres fines.* — Concours de figure modelée d'après l'antique et d'après la nature (quatre médailles); concours de composition (quatre médailles); concours dits de grande médaille (deux médailles); concours de la tête d'expression (une médaille); concours Lemaire (une médaille); concours de composition décorative (deux médailles); grande médaille d'émulation (une médaille).

3° *Section d'architecture.* — 1re classe. — Concours d'architecture (vingt-quatre médailles); concours d'ornement et d'ajustement (deux médailles); concours Godebœuf (deux médailles); concours de composition décorative (deux médailles); grande médaille d'émulation (une médaille). — 2ᵉ classe. — Concours de construction (trois médailles).

Les intéressés justifient de leur qualité de lauréats par un certificat du directeur de l'École des Beaux-Arts, visé par le Ministre, et mentionnant la récompense obtenue.

CHAPITRE IV. — *Des dispenses résultant des études artistiques.*

ART. 22. — Les jeunes gens qui poursuivent leurs études en vue d'obtenir l'un des prix de Rome définis à l'article 3 du présent décret doivent présenter un certificat constatant qu'ils sont élèves de l'Ecole nationale des Beaux-Arts de Paris, ...et qu'ils en suivent régulièrement les cours. Ce certificat, délivré par le directeur de l'École .....est visé par le Ministre des Beaux-Arts (*Modèle G*).

ART. 23. — Les jeunes gens qui poursuivent leurs études en vue d'obtenir une des récompenses de l'École nationale des Beaux-Arts de Paris, telles qu'elles sont définies à l'article 4 du présent décret, doivent présenter un certificat attestant qu'ils sont élèves de l'École et qu'ils participent régulièrement aux concours de cet établissement. Ce certificat, délivré par le directeur de l'École, est visé par le Ministre des Beaux-Arts (*Modèle G*).

CHAPITRE VII. — *Dispositions générales.*

ART. 35. — Les pièces justificatives que les jeunes gens doivent produire à l'appui de leurs demandes (*Modèle A*), par application des dispositions des articles 8, 12 à 25, 29 et 33 du présent décret, sont présentées : 1° au conseil de revision ; 2° au commandant du bureau de recrutement, avant l'incorporation, si ces pièces n'ont été délivrées qu'après la comparution de l'intéressé. La dispense est prononcée, dans le premier cas, par le conseil de revision, et, dans le second cas, par l'autorité militaire, sur le vu desdites pièces justificatives.

L'ENSEIGNEMENT

A L'ÉCOLE NATIONALE ET SPÉCIALE DES BEAUX-ARTS

SECTION D'ARCHITECTURE

DEUXIÈME CLASSE

ENSEIGNEMENT ARCHITECTURAL

ÉCOLE NATIONALE ET SPÉCIALE DES BEAUX-ARTS

DEUXIÈME CLASSE

ENSEIGNEMENT ARCHITECTURAL

EXPOSÉ PRATIQUE

Tous les élèves ayant été reçus à l'examen d'admission, prennent un rang dans la seconde classe de l'école, suivant leur numéro de classement à cet examen.

Un fait important, qui doit suivre l'élève dans toute sa carrière d'architecte vient se placer à l'entrée en seconde classe, c'est le choix d'un atelier et d'un professeur ; Il nous serait difficile de renseigner les élèves sur le choix d'un atelier, tous les styles et tous les caractères d'architecture étant représentés dans les ateliers existants, il leur suffira de rechercher quel est le chef d'atelier qui concorde le plus avec leurs idées personnelles, afin de ne pas s'instruire contrairement à leurs principes ou à leurs goûts. Mais où nous pourrons renseigner les élèves, c'est dans le choix de l'atelier en dehors de l'école, ou atelier libre, et dans le choix de l'atelier intérieur, car il existe deux sortes d'atelier : les ateliers fondés par les professeurs eux-mêmes, et qui sont en quelque sorte des cours où chaque élève paie une certaine somme, et les ateliers intérieurs où les professeurs enseignants sont nommés, après étude de leurs travaux antérieurs, par le Ministre de l'instruction publique, sur la proposition du conseil supérieur de l'école. Ces ateliers sont gratuits, mais en dehors de ces avantages de gratuité, les ateliers de l'école doivent être préférés à notre avis pour les commodités de travail, le rapprochement des cours, de la bibliothèque, et des collections.

Il ne faudrait pas comparer ces deux sortes d'ateliers, à des écoles payantes et à des écoles gratuites, et supposer que dans les premiers, la société est plus choisie, et dans les seconds le monde plus mêlé.

Il n'en est rien, il y a une équivalence *absolue* entre les élèves des ateliers extérieurs et les élèves des ateliers intérieurs, ce n'est donc que le goût propre de l'élève qui doit le guider dans son choix.

L'inscription dans les ateliers intérieurs a lieu après acceptation de l'élève par le professeur, chef d'atelier ; cette acceptation n'est qu'une simple formalité, les nouveaux élèves étant toujours agréés par les professeurs, à moins de manque de place dans les ateliers. Une fois acceptés dans un atelier, les élèves ne peuvent en être renvoyés que pour faute grave. Dans ce cas, leur radiation est prononcée par le directeur sur la demande des professeurs. Les élèves ainsi exclus ne peuvent être admis dans un autre atelier qu'avec l'agrément du professeur de cet atelier, celui du professeur de l'atelier qu'ils quittent et avec l'assentiment du directeur. Les mêmes formalités doivent être remplies dans le cas où l'élève désirerait changer d'atelier. Ce règlement n'est en vigueur que pour les ateliers intérieurs.

Une fois la décision prise par l'élève d'entrer dans un atelier intérieur ou extérieur, ou de rester élève libre sans atelier, les élèves de seconde classe sont appelés à prendre part aux concours suivants qui constituent l'enseignement des Beaux-Arts :

1° *Les concours d'architecture divisés en exercices analytiques, d'architecture et concours de composition proprement dite.*

2° *Les concours sur les matières de l'enseignement scientifique.*

3° *Les concours de dessin ornemental.*

4° *Les exercices de dessin de figure, d'ornement modelé ou de figure modelée.*

L'enseignement se compose de deux parties principales, l'enseignement architectural et l'enseignement scientifique, nous donnons ci-dessous le tableau de l'enseignement architectural, l'enseignement scientifique est reporté en tête du chapitre spécial, page 201.

ENSEIGNEMENT ARCHITECTURAL (1)

1° *Six concours sur éléments analytiques.*

2° *Six concours de composition ou projets rendus.*

3° *Deux exercices se rapportant aux cours d'histoire de l'architecture.*

---

(1) Voir article 76 du Règlement, Prix Jean Leclair.

Ces deux derniers concours, projets rendus et histoire de l'architecture, ne peuvent être effectués par les élèves que lorsqu'ils ont obtenu au moins deux mentions sur éléments analytiques.

DESSIN ORNEMENTAL

Les élèves de seconde classe participent à des concours de dessin et de modelage, ces concours se composent d'ornements et de figures d'après le plâtre.

Pour passer de seconde classe en première classe les élèves doivent justifier de l'obtention de:

ENSEIGNEMENT ARCHITECTURAL

Deux valeurs éléments analytiques.
Quatre valeurs dans les concours de composition (*dont deux au moins en projets rendus.*)

DESSIN ORNEMENTAL

Une mention dessin d'ornement ou de figure dessinée.
Une mention d'ornement ou de figure modelée.
Une mention d'histoire de l'architecture.

Des dispositions spéciales ont été prises par le conseil supérieur en vue d'exclure de l'école les élèves qui ne suivraient pas d'une façon assidue les cours de l'école.

Ces dispositions sont d'après l'article 45 du règlement de l'école, que: Tout élève qui dans le courant de l'année scolaire n'aurait pas rendu deux projets de composition ou pris part à deux concours d'éléments analytiques, ou rendu un projet de composition ou d'analytiques et subi un examen scientifique, ou fait le concours de construction, est considéré comme démissionnaire, et par ce fait rayé des contrôles de l'école. L'élève ne peut dorénavant faire partie de l'école qu'en subissant à nouveau les épreuves d'admission, à moins que les raisons invoquées par lui ne soient reconnues valables par le conseil supérieur de l'école, auquel cas celui-ci pourrait l'en dispenser. Sont exemptés définitivement de ces justifications annuelles de travail, les élèves de seconde classe qui ayant été admis au concours définitif du grand prix de Rome, ont exécuté ce concours sans qu'ils aient cependant besoin de figurer parmi les récompensés.

D'après les programmes que nous allons publier sur la seconde classe, on verra que cette seconde classe forme par elle-même un enseignement complet d'ordre inférieur. Elle comprend tous les programmes de la première classe, mais à un degré moindre. Ce passage de la seconde classe à la première est cependant le plus long et le plus difficile de tout l'enseignement, car il comprend tous les examens scientifiques qui retardent les élèves dans une proportion de 25 0/0. Les élèves devront donc apporter tous leurs efforts sur cette partie de l'examen, en sacrifiant même au besoin les études d'architecture pour se débarrasser des examens scientifiques, la première classe de l'école étant là avec ses vastes projets, ses concours de décoration et l'exclusion de toute partie scientifique, pour satisfaire aux ambitions artistiques.

DEUXIÈME CLASSE

ENSEIGNEMENT ARCHITECTURAL

CONCOURS
ÉLÉMENTS ANALYTIQUES
RENDU

(Valeurs des récompenses à ce concours.)

ELÉMENTS ANALYTIQUES.

Première mention. — 2 valeurs.
Deuxième mention. — 1 valeur.

EXPOSÉ PRATIQUE

Le concours d'éléments analytiques, est le premier projet d'architecture rendu par les élèves nouvellement admis, ce projet consiste en une composition à grande échelle sur des sujets fragmentaires, chapiteau, portique ou façade, dont on demande habituellement un plan, une coupe, et un détail au quart de l'exécution. L'esquisse de ce concours a lieu en loge en une seule séance de douze heures, les esquisses négligées peuvent motiver la mise hors concours de l'élève.

Pour le rendu, tous les dessins doivent être lavés, le jury tenant compte de l'exactitude du tracé des ombres, le rendu de ce concours se fait au lavis, à l'encre de Chine, souvent rehaussé de couleurs surtout dans l'interprétation des ordres grecs. Les candidats pourront consulter pour ce concours, les ouvrages de *Stuart et Revelt*, les antiquités d'Athènes, le parallèle des ordres, par Charles Normand ; le Traité de perspective et tracé des ombres, par P. Planat.

Aucun concours de composition sur projet rendu ne pourra être exécuté par les candidats, avant qu'ils n'aient obtenu deux mentions dans les concours d'éléments analytiques ; ces concours ont lieu six fois par an.

Suivent différents programmes donnés à ce concours.

PROGRAMMES

L'ÉTUDE EXTÉRIEURE ET INTÉRIEURE D'UNE TRAVÉE DE MONUMENT

On suppose une salle voûtée faisant partie des grands appartements d'un palais. A la hauteur des murs verticaux intérieurs correspond au dehors la hauteur d'un ordre, et à la hauteur de la voûte correspond extérieurement une attique. Par conséquent les entablements principaux, tant à l'extérieur qu'à l'intérieur, sont au même niveau, tel est le cas des grands salons de Versailles.

Les dimensions à observer sont les suivantes :

Entr'axe des travées, 6 mètres ; hauteur étudiée en proportion ; la salle étant carrée, avec trois travées sur chaque côté ;

Hauteur de la voûte limitée par l'étude de l'attique, la voûte ne pouvant pas dépasser le dessous de la corniche de cette attique (niveau du plancher d'un étage de comble).

L'objet de ce programme est notamment de faire voir les différences profondes que comporte l'étude de l'architecture extérieure et intérieure, dans les proportions et dans le détail des profils et de l'ornementation.

On fera pour ces esquisses :

Le plan de la salle entière, à $0^m,0025$ pour mètre ;

L'élévation extérieure d'une travée, comprenant l'ordre principal et l'attique, avec les fenêtres, à $0^m,01$ pour mètre.

Nota. — La salle dont il s'agit est supposée au premier étage, mais il ne sera pas rendu compte du rez-de-chaussée.

Pour le rendu :

1° Le plan de la salle à 0^m,005 pour mètre ;

2° Sur un même dessin, en regard horizontalement l'une de l'autre : l'élévation extérieure et l'élévation intérieure (coupe parallèle à la façade) de la travée, ainsi que la coupe du mur de face avec amorce de la voûte : ces dessins comprennent le premier étage et l'attique à l'échelle de 0'',02 pour mètre ;

3° Sur un même dessin, en regard également, le détail au dixième d'exécution des deux entablements extérieur et intérieur de l'étage en ordre principal, soit qu'il y ait à l'intérieur des colonnes, pilastres, ou tout autre élément d'architecture.

L'ÉTUDE DE TRAVÉES D'UN DOUBLE PORTIQUE ANNULAIRE

A l'ancienne Halle aux blés de Paris, la grande salle centrale circulaire, était entourée d'un large portique annulaire, divisé lui-même en deux largeurs par un cercle intermédiaire de colonnes. Cette double ceinture de portiques était voûtée par des voûtes d'arête (pénétrations de voûtes annulaires et de consoles) dont les retombées portaient : vers le centre du plan sur les murs de la salle centrale ; vers l'extérieur sur les murs de la façade circulaire ; et au milieu sur les chapiteaux des colonnes intermédiaires. C'est une disposition analogue qui est demandée, en observant les dispositions suivantes :

Le diamètre de la grande salle intérieure est supposé de 45 mètres, hors œuvre des murs ;

La largeur du double portique, dans œuvre des murs, ne doit pas excéder 14 mètres.

Les projets rendront compte de trois ou quatre travées ; étant bien entendu que l'objet du concours est le double portique annulaire, et non la grande salle intérieure *dont il ne devra pas être tenu compte*.

On fera pour les esquisses, à 0^m,005 pour mètre :

Le plan, la coupe (suivant un plan passant par le centre) et l'élévation de trois ou quatre travées.

Et pour le rendu :

Le même plan, vu de bas en haut, pour rendre compte des voûtes, à 0^m,02 pour mètre ;

Les mêmes coupe et élévation, à 0^m,04 pour mètre.

Enfin, un détail au dixième de la retombée des voûtes d'arête sur l'une des colonnes intermédiaires, comprenant le chapiteau, l'entablement s'il y a lieu, et la naissance des voûtes.

Les élévations et dessins seront lavés, les ombres exactement tracées.

Durée du concours : 3 mois.

UN PÉRISTYLE

Le mot péristyle désigne le plus souvent un avant corps constitué par des colonnes dont l'entablement est surmonté d'un fronton. Tel serait celui qui fait l'objet du programme.

Ce péristyle, formant saillie sur un bâtiment plus étendu, aura *six colonnes* en façade. Sa profondeur est indéterminée, mais on devra chercher une disposition de plan qui permette un effet monumental, et non une simple ligne de colonnes au devant d'un mur. Il y aura dès lors, des colonnes extérieures et des colonnes intérieures ; les unes et les autres peuvent être semblables entre elles comme dans les péristyles romains (Panthéon, temple d'Antonin et Faustine, etc.) ou différentes comme dans les péristyles grecs (Parthénon, Propylées, etc.).

Sur les colonnades extérieures, il sera établi des plafonds en pierre. Le choix des ordres est laissé aux concurrents, qui seront seulement tenus à garder dans leur étude définitive les ordres qu'ils auront indiqués en esquisse.

Les colonnes ont un mètre de diamètre ; aucune autre dimension n'est fixée.

On fera pour les esquisses :

Le plan à l'échelle, de $0^m,005$ pour mètre ;

La coupe, parallèle au fronton, montrant la porte de l'édifice au fond du péristyle, $0^m,01$ pour mètre ;

L'élévation à $0^m,01$ pour mètre ;

Pour le rendu :

Le plan à $0^m,01$ pour mètre.

L'élévation, la même coupe qu'en esquisse, et la coupe longitudinale, à $0^m,02$ pour mètre ;

(Ces trois dessins seront établis en regard l'un de l'autre).

Au dixième de l'exécution, les dessins nécessaires pour rendre

compte des plafonds en pierre : plans, coupes en divers sens, détails ;
ainsi que l'élévation et la coupe de la porte.

Il pourra être joint des croquis perspectifs.

Toute esquisse négligée entraîne la mise hors concours.

Pour le rendu, les dessins non lavés seront tracés à l'encre ; tout
rendu inachevé est un cas de mise hors concours.

L'ÉTUDE DE DEUX CHAPITEAUX CORINTHIENS

Le chapiteau corinthien complet, c'est-à-dire ayant quatre volutes
sur chacune de ses quatre faces et deux rangées de feuilles d'acanthe
superposées, paraît trop compliqué s'il n'est pas exécuté sur une
grande échelle. Pour les petites colonnes les Anciens l'ont judicieusement simplifié. Cette modification consiste surtout dans la suppression du deuxième rang de feuilles, ce qui permet de donner plus de
grandeur relative au premier rang et par contre plus d'ampleur à
l'ensemble.

Les deux chapiteaux demandés doivent couronner, l'un une grande
colonne, l'autre une petite ; le style en sera purement grec.

Le diamètre supérieur des grandes colonnes serait de 1^{m}10. Ces
colonnes auraient des cannelures à baguette sur le listel.

Le diamètre supérieur des petites colonnes serait de 0^{m}55. Les
cannelures auraient un listel simple.

On fera pour les esquisses, l'ensemble de chaque chapiteau à
l'échelle de 0^{m}06 pour mètre.

Pour le rendu, on fera pour le grand chapiteau : 1° Une section
horizontale au-dessus de l'astragale ; 2° une section au-dessus du
premier rang de feuilles ; 3° une section au-dessus du deuxième rang ;
chacun de ces trois plans indiquera seulement la moitié du chapiteau
vu renversé.

On fera de même, par moitié, une coupe verticale ; l'élévation sera
complète, avec indication de la partie supérieure des cannelures et le
lavis exact des ombres.

Tous ces détails seront au huitième de l'exécution, soit à l'échelle
de 0^{m}125 pour mètre.

Le petit chapiteau sera présenté au quart de l'exécution, en élévation exactement ombrée et lavée.

LA PORTE COCHÈRE D'UN GRAND HOTEL

La cour d'honneur d'un grand hôtel particulier a son entrée sur la voie publique, par une porte cochère monumentale et des portes de service rejetées vers les ailes qui encadrent la cour. Cette cour n'est séparée de la voie publique que par un mur moins élevé que le motif architectural de la porte.

L'objet du concours est donc une porte ayant façade sur la voie publique et façade sur la cour d'honneur, sans adjonction de portiques, vestibules ou tout autre corps de bâtiment.

Telle est la disposition de nombreuses cours d'hôtels.

L'étude portera sur l'architecture en pierre de la porte et du mur, et aussi sur la menuiserie des vantaux.

La porte doit ouvrir dans toute sa hauteur, sans imposte fixe, quelle que soit d'ailleurs sa forme.

Dans les conditions posées par le programme, on doit se préoccuper de l'action, tendant au renversement de la construction, produite par l'ouverture des lourds vantaux de la porte.

Il faut donc, du côté de la cour, assurer la résistance nécessaire par la composition même de l'ensemble.

La porte aura 3 mètres à $3^m,20$ d'ouverture, c'est la seule dimension déterminée.

On fera pour les esquisses le plan et l'élévation de la porte, vue de la voie publique à l'échelle de $0^m,02$ pour mètre.

Pour le rendu :

Le plan de la porte avec amorce du mur de clôture à $0^m,02$ pour mètre ;

L'élévation sur la rue avec amorce du mur.
L'élévation sur la cour. . . . . à $0^m,05$ pour mètre.
La coupe. . . . .

L'appareil sera indiqué dans les élévations et la coupe.

Les deux élévations et la coupe seront produites en un seul dessin et horizontalement en regard l'une de l'autre.

UN PUITS

Bien que l'ancien procédé d'élévation de l'eau à la corde et au seau soit aujourd'hui remplacé par des moyens plus pratiques, il a donné lieu à des combinaisons si artistiques qu'on peut toujours chercher le motif d'une étude très intéressante.

On suppose que dans une grande propriété de campagne, quatre divisions de jardins ; potager, fruitier, fleuriste, parterre, sont séparées par des balustrades qui se couperaient à angle droit s'il n'y avait à leur intersection un puits commun qui fait l'objet du concours.

Ce puits est donc accessible des quatre jardins ; il est assez vaste pour comporter quatre poulies ; des dispositions étant d'ailleurs prises pour éviter le choc des seaux.

Il se composera, au dessus du sol, d'une margelle en pierre de 1 mètre à 1ᵐ,10 de hauteur ; de colonnes ou piliers portant une couverture totale ou partielle en pierre, destinée à abriter les personnes et aussi les poulies et leurs chapes. Dans chacun des jardins, il y aura une auge et un socle pour les arrosoirs, vases, etc.

L'ensemble de cette petite construction étant destiné à la décoration des jardins devra être traité avec une grande élégance.

Quelle que soit la disposition du plan, sur forme carrée, polygonale circulaire, etc., l'espace occupé par les margelles et les piliers, ne devra pas excéder un carré circonscrit de 6 mètres de côté. On fera pour les esquisses : le plan, la coupe, et l'élévation à 0ᵐ,01 pour mètre.

Pour le rendu :

Un plan vu de bas en haut, montrant l'intrados des voûtes ou couvertures :

Une coupe et une élévation.

Ces trois dessins à l'échelle de 0ᵐ,04 pour mètre.

On pourra y joindre un détail à 0ᵐ,10 d'une partie essentielle du projet.

L'élévation pourra être prise normalement aux balustrades ou sur devis diagonal.

DURÉE DU CONCOURS : 23 JOURS.

UNE FAÇADE DE MAIRIE POUR UNE PETITE VILLE

Cette façade, dont la dimension en largeur n'excèderait pas 15 mètres, exprimerait, dans son milieu, à rez-de-chaussée un vestibule, et au-dessus une salle principale. Des pièces accessoires seraient supposées de chaque côté et un beffroi avec cadran d'horloge couronnerait le tout.

On fera pour les esquisses, la façade, le plan et la coupe du mur de face avec arrachement du vestibule et des murs intérieurs, à l'échelle de $0^m,008$ pour mètre.

Pour le rendu, on fera la façade, le plan et la coupe du mur de face, avec arrachements, à l'échelle de 0^m02 pour mètre.

On fera de plus, des détails de l'élévation, principalement le couronnement, au cinquième de l'exécution, et bien conformes à l'ensemble.

Tous les dessins devront être terminés, c'est-à-dire passés au trait et lavés.

N. B. Une esquisse négligée motive la mise hors de concours.

LA COUR D'UN HOTEL DU MINISTÈRE DE LA GUERRE

Cette cour, précédée d'un vestibule, serait entourée au rez-de-chaussée et au 1er étage de portiques à arcades, avec colonnes engagées dans les pieds-droits. Le rez-de-chaussée serait d'ordre dorique romain, le 1er étage d'ordre ionique.

On s'appliquera à modifier les deux ordres demandés de manière à former un tout d'une harmonie parfaite. La corniche ionique devra couronner l'ensemble de l'édifice.

La cour comprendra sept arcades dans sa longueur. Ces arcades auront 5 mètres d'axe en axe des pieds droits.

On fera, pour les esquisses, un plan de la cour et du vestibule, ainsi qu'une coupe longitudinale à l'échelle de 0^m0025 pour mètre.

Pour le rendu, l'échelle du plan sera de 0^m005, celle de la coupe générale au double. On fera de plus l'élévation d'une travée des portiques, comprenant une arcade avec deux pieds droits entiers de chaque étage, et une coupe à l'échelle de 0ᵐ04 pour mètre. Dans cette coupe on suivra le principe des édifices romains pour la superposition des colonnes engagées, en évitant absolument toute espèce de surplomb. Les dessins seront lavés ; l'exactitude dans le tracé des ombres est indispensable.

LA FAÇADE D'UN CASINO SUR UNE SOURCE D'EAU MINÉRALE

Ce casino, élevé dans la promenade d'un grand établissement thermal, couvrirait une source dont les qualités médicales ne permettraient l'usage qu'en boisson.

Il se composerait :

Au rez-de-chaussée ; d'un vestibule, d'une salle de réunion ou buvette, d'une salle de billard, d'un escalier et de promenoirs couverts ;

Au 1ᵉʳ étage, d'une bibliothèque, d'une salle de retraite et d'étude, d'une loge ouverte sur la promenade et de terrasses ornées de fleurs.

La façade aurait 25 mètres de longueur.

On fera, pour les esquisses, le plan du mur de face, au rez-de-chaussée et au premier étage, avec arrachement des retours d'angle et des murs de refend, et la façade entière, au trait à l'encre à l'échelle de 0ᵐ01 pour mètre.

Pour le rendu, les mêmes plans seront à l'échelle de 0ᵐ015 pour mètre et la façade au double.

On fera de plus la base, le chapiteau et l'entablement de l'ordre adopté pour *la loge du premier étage*, en observant que la corniche de cet ordre doit couronner convenablement la façade tout entière.

Ces détails, au cinquième de l'exécution, devront être rigoureusement concordants avec l'ensemble de la façade.

UNE ÉTUDE DE L'ORDRE DORIQUE GREC

Cette étude s'appliquerait au portique semi-circulaire d'un amphithéâtre pour un cours public de zoologie. Cet amphithéâtre serait construit au milieu d'un jardin des plantes, il contiendrait environ trois cents personnes et serait accompagné d'un vestibule, d'une petite bibliothèque, d'une salle de dépôts et de deux cabinets de professeur.

Les bâtiments n'excèderont pas 35 mètres dans leur plus grande dimension.

On fera, pour les esquisses, le plan à l'échelle de 0^m002 pour mètre et l'élévation du côté du portique au double, pour le rendu, qui aura lieu le 31 octobre, le plan sera à l'échelle de 0^m005 pour mètre et *l'élévation à* 0^m02. On fera de plus le plan et l'élévation *développés*, de deux colonnes du portique, avec leur entablement, à l'échelle de 0^m05 pour mètre et le détail du chapiteau au quart de l'exécution.

La concordance des différents dessins et l'exactitude du tracé des ombres sont spécialement recommandées.

UN PORTIQUE D'ORDRE IONIQUE GREC

Ce portique, servant *d'entrée à un musée*, se composerait de quatre colonnes de face et de deux entre-colonnements sur les retours. L'ensemble serait couronné d'un fronton.

Les colonnes seraient cannelées ; elles auraient 0^m80 de diamètre à la base.

On fera, pour les esquisses, bien arrêtées au trait, le plan du portique à l'échelle de 0^m01 et l'élévation au double.

Pour le rendu, on fera le plan à l'échelle de 0^m02 et l'élévation au double.

On fera de plus : 1° la base, le *chapiteau d'angle* et l'entablement de l'ordre au quart ; 2° à la même échelle, la moitié du plan de chapiteau et sa face latérale ; 3° à moitié de l'exécution, le tracé de la volute et l'indication à l'encre rouge de la méthode employée pour la tracer au compas.

Tous les dessins, sauf ce dernier tracé, doivent être lavés ; les ombres devront être rigoureusement exactes.

UN CHAPITEAU D'ORDRE IONIQUE GREC

La colonne à laquelle appartiendrait le chapiteau demandé aurait un mètre de diamètre en haut du fût. Elle serait cannelée.

On fera, pour les esquisses, le plan et la face du chapiteau à l'échelle du dixième.

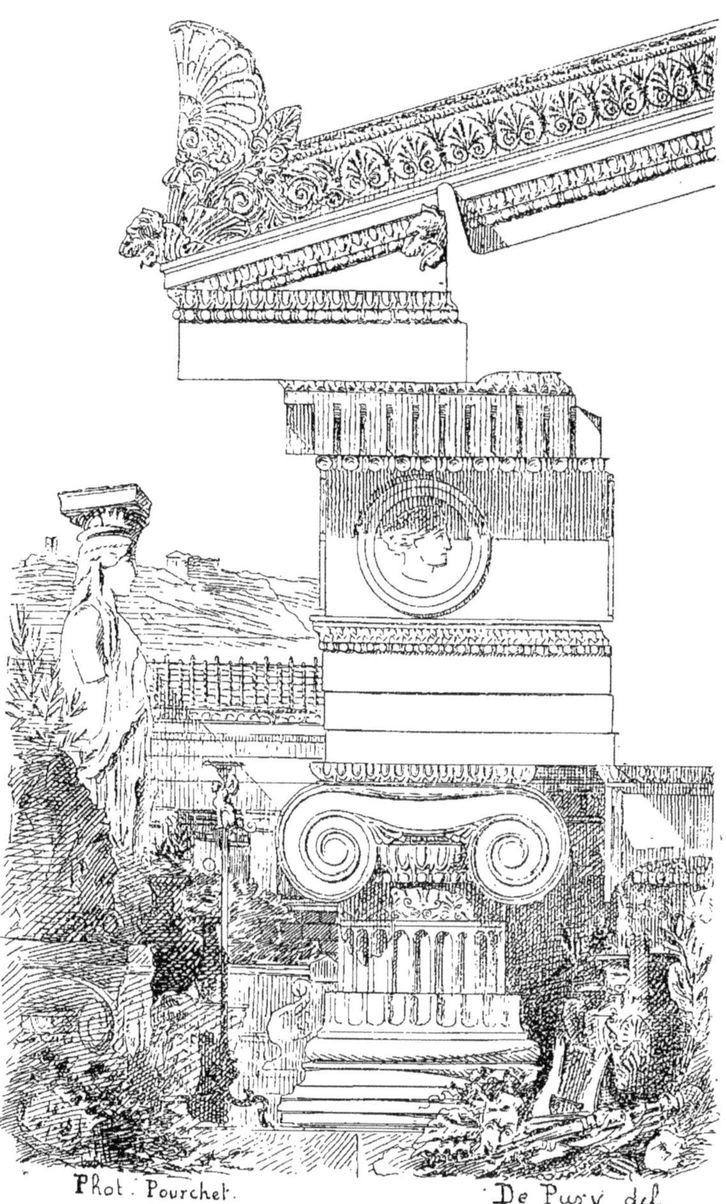

UNE ÉTUDE DE L'ORDRE IONIQUE GREC

Pour le rendu on fera la face principale du chapiteau et sa face latérale indiquant le coussinet, plus la moitié du plan et la moitié de la coupe sur l'axe, le tout au quart de l'exécution.

Tous ces dessins seront lavés et l'on tiendra compte de l'exactitude du tracé des ombres.

On fera aussi, au trait, au quart de l'exécution, le tracé de la spirale de la volute, avec indication à l'encre rouge de la méthode employée pour trouver les centres.

LA PORTE PRINCIPALE D'UN PALAIS DU SÉNAT

Cette porte, donnant entrée à un grand vestibule, serait précédée d'un porche relié à des portiques entourant la cour d'honneur.

Elle serait en plate-bande et, comme dans les anciens temples corinthiens, elle s'élèverait, avec son couronnement, jusqu'aux architraves. (Temple de Rome et d'Auguste, à Ancyre, Panthéon de Rome, Temple de Vesta à Tivoli; etc.).

Sa décoration se composerait d'un chambranle, avec ou sans crossettes, d'une frise et d'une corniche, avec consoles (contre-chambranles à volonté), le tout orné de sculptures. On monterait cinq marches à l'entrée.

Le porche serait d'ordre corinthien et se relierait, à droite et à gauche, à des portiques du même ordre, mais dont les colonnes n'auraient de hauteur que les deux tiers de celle du porche. Le diamètre de ces dernières serait d'un mètre et elles auraient par conséquent dix mètres de haut, comme l'ensemble de la porte.

On fera, pour les esquisses, le plan du porche avec arrachement du vestibule et des portiques latéraux à l'échelle de 0^m005 pour mètre, l'élévation et la coupe *de la porte* au double.

Pour le rendu ledit plan sera à, l'échelle de $0^m,01$ pour mètre, l'élévation et la coupe *de la porte* au vingtième de l'exécution ($0^m,05$ pour mètre).

Tous les dessins doivent être terminés, c'est-à-dire au trait et lavés.

DEUXIÈME CLASSE

ENSEIGNEMENT ARCHITECTURAL

CONCOURS D'ÉMULATION

ESQUISSE

Valeur des récompenses à ce concours.

Deuxième mention. — 1 valeur.

EXPOSÉ PRATIQUE

Les concours d'esquisses ont lieu en loge en une seule séance de douze heures. Comme donnée, ils sont en quelque sorte la répétition des programmes d'admission, mais dans un ordre supérieur. Les esquisses avec les programmes de M. Guillaume consistaient surtout dans un rendu à l'aquarelle, où le projet d'architecture n'était là que pour servir de motif principal; aujourd'hui, le nouveau professeur de théorie, M. Guadet, a donné une toute autre forme au concours d'esquisses, il exige des concurrents une étude d'architecture avec plans et coupe, qui pourrait servir tout aussi bien — grâce au détail du programme — à l'esquisse d'un projet rendu. En cela, le professeur de théorie a très judicieusement observé que les concours d'esquisses n'étaient établis que pour préparer les élèves à l'esquisse des projets rendus.

Les esquisses se font habituellement sur une feuille demi-grand aigle, elles sont rendues sans être collées sur chassis. Il existe de nombreuses esquisses à la bibliothèque de l'école, les concurrents pourront aller consulter ces documents avant leur premier concours, de façon à étudier la manière de disposer et d'interpréter les données des sujets proposés.

Suivent différents programmes donnés précédemment à ce concours :

UNE ENTRÉE DE PARC AVEC LOGEMENT DE CONCIERGE.

Cette entrée, donnant sur une grande route, pourrait être placée dans un enfoncement en demi-lune, afin de faciliter le passage des voitures.

Le bâtiment du concierge se composerait : d'un bureau pour le régisseur, d'une salle à manger, d'une cuisine, d'un escalier conduisant au premier étage où se trouveraient quatre chambres à coucher; un étage sous-combles servirait de dépendance.

Ce bâtiment pourrait être, au choix des concurrents, soit isolé d'un côté de l'entrée, soit à cheval sur cette même entrée.

Toutefois, l'ensemble devra présenter un aspect pittoresque et servira d'ornement pour le parc.

La porte cochère, qui n'aura pas moins de 2 m. 75 d'ouverture, sera accompagnée d'une petite porte pour les piétons; elle sera fermée par une grille ouvrante, dont on indiquera les dispositions sur les dessins.

On fera la façade à 0 m. 02 pour mètre, le plan et la coupe, à 0 m. 01 pour mètre.

UN THÉATRE.

Ce théâtre, destiné au drame et à la comédie, aurait sa façade principale sur une place et serait limité par deux rues latérales et une rue postérieure. La largeur du terrain entre les deux rues latérales est de 40 mètres. Sa profondeur n'est pas fixée.

Il peut, si la composition s'y prête, être entouré de portiques avec petits étalages, comme l'Odéon.

Tout théâtre comprend : 1° la partie du public, ou de la salle ; 2° la partie des artistes, ou de la scène, chacune avec ses dépendances.

PARTIE PUBLIQUE.

Vestibules et portiques d'attente, bureaux de recette et de location, contrôle, grand escalier, escaliers secondaires; vestiaires, cabinets d'aisances, cabinet médical, etc. ;

La salle de spectacle, aussi spacieuse que le permettra l'emplacement ;

Le foyer du public, glacier, fumoir.

Il est nécessaire de prévoir l'accès facile à toutes les places, mais surtout l'évacuation aussi rapide que possible de tout le public.

PARTIE DE LA SCÈNE.

La scène avec ses dessus et ses dessous ; entrée et dépôt de décors.

La scène doit être profonde, mais surtout elle a besoin de largeur.

Au niveau de la scène : foyer des artistes, salle des travestissements, cabinets du directeur et du régisseur ; et le plus qu'on pourra des dépendances ci-après :

En divers étages :

Loges d'artistes ;

Foyers des figurants, des figurantes, de l'orchestre, etc. ;

Magasins de meubles, accessoires, objets divers et costumes ;

Ateliers des tapissiers, des costumiers, des coiffeurs, etc. ;

Secrétariat et caisse ;

Postes de police et de pompiers ;

Concierge de la scène.

Les communications entre toutes ces parties doivent être promptes et faciles, comme pour la salle, l'évacuation doit pouvoir être aussi rapide que possible.

On fera les plans du rez-de-chaussée et du premier étage, façade et coupe, à 0 m. 002 pour mètre.

UN HOTEL.

Sur un terrain compris entre deux murs mitoyens distants de 80 mètres, et parallèles l'un à l'autre, on projette d'établir un hôtel dont le corps de bâtiment principal se trouvera ainsi entre cour et jardin.

L'hôtel proprement dit comprendra à rez-de-chaussée :

Un grand appartement de réception, composé de :

Vestibule ; — Antichambre ; — Deux ou trois salons ; — Salle à manger ; — Cabinet de travail et réception ; — Salon de jeux, — billard ; — Bibliothèque, — galerie de collection, ainsi que le grand escalier, des escaliers secondaires, ascenseur, etc.

Au premier étage, un grand appartement d'habitation, complété en deuxième étage par des petits appartements secondaires et pièces de service.

On trouvera, dans des communs, d'une part :

Les services de l'intendance :

Cuisine et dépendances ; — Salle des gens ; — Offices ; — Dépôts et pièces de service ; — Bureau de l'intendant ; — Logements de domestiques.

D'autre part, les services des écuries et remises, selleries, greniers, logements des cochers et palefreniers.

Logements de portier et de piqueur.

On fera un plan du rez-de-chaussée, avec amorce seulement du jardin, la façade et la coupe à 0 m. 002 pour mètre.

Une esquisse incomplète, ou au crayon seulement, est un cas de mise hors de concours.

UN ÉTABLISSEMENT FINANCIER.

Cet établissement est projeté sur un terrain rectangulaire accessible par deux rues parallèles, et limité de chaque côté par un mur mitoyen ; les façades sur rues ont 60 mètres ; la profondeur du terrain est de 90 mètres.

DISPOSITION GÉNÉRALE.

Sur la rue principale, on devra trouver les services financiers proprement dits : caisses, salles de guichets, de souscriptions, etc. La rue postérieure donnera accès aux services des bureaux où le public peut avoir affaire ; dans les étages seront les bureaux purement administratifs, ainsi que les salles de Commissions, Conseils, la Direction, etc., etc.

Les dépôts de valeurs, titres, etc., seront dans des sous-sols profonds et voûtés.

Un bâtiment spécial contiendra les archives et dossiers.

On trouvera, en conséquence, au *rez-de-chaussée* :

1° Entrée et salle d'attente ;

Deux salles de guichets ou caisses, claires et spacieuses; la partie des employés devant pouvoir communiquer facilement avec les bureaux et les sous-sols;

Accès des escaliers conduisant aux services du premier étage — ascenseurs;

Quelques bureaux comme dépendances directes des caisses;

2° Un bâtiment, complétement isolé, pour les archives : construction incombustible et très résistante;

3° Les bureaux administratifs, accessibles au public, ayant accès comme il a été dit par la rue postérieure, et reliés au service des caisses.

Ils comprendront deux divisions principales, composées chacune de trois bureaux (chaque bureau : un chef, un sous-chef, douze employés);

4° Concierges, télégraphe, téléphone, cabinets d'aisances, etc., etc.

Le premier étage comprendrait les bureaux de la Direction, Sous-Direction, Secrétariat; salle du Conseil et des réunions d'actionnaires, bureaux de correspondance et de contentieux.

Dans les étages supérieurs, le surplus des bureaux.

On fera le plan du rez-de-chaussée, la coupe et la façade à l'échelle de 0 m. 002 pour mètre.

La désignation générale des services sera inscrite sur les plans, et non en légende.

LE MAGASIN DES DÉCORS ET ACCESSOIRES D'UN THÉATRE.

Les théâtres importants ont besoin d'un grand emplacement (qui peut être hors la ville ou dans un faubourg), pour conserver les décors ainsi que les accessoires tels que meubles, costumes, armures, etc., qui ne servent pas aux représentations en cours.

Les décors consistent en châssis et en toiles roulées autour d'une perche en bois.

A ces dépôts sont ordinairement joints des ateliers pour la confection ou la réparation des décors et du matériel.

On doit faire en sorte qu'un incendie se déclarant en un point ne puisse pas du moins se propager aux autres parties de l'ensemble.

Entre les divers services, il n'est pas besoin de communications couvertes.

EMPLACEMENT

Le terrain dont on dispose, et dont la plus grande dimension n'excédera pas 150 mètres, est accessible d'un côté par une large voie publique ; les trois autres côtés sont limités par des murs de clôture.

Les constructions ne devront pas approcher plus près que 10 mètres des murs mitoyens.

Une seule grande porte desservira l'ensemble pour l'entrée et la sortie des voitures.

PROGRAMME

1° A l'entrée, un pavillon de concierge et un pavillon de régie ;

2° Les magasins de décors au nombre de trois.

Chaque magasin de décors se compose d'une voie longitudinale, où les chariots de transport entrent par une extrémité, s'arrêtent pour charger ou décharger, et ressortent par l'autre extrémité.

De chaque côté de cette voie sont les cases à décors (châssis) ouvertes sur le devant, fermées des trois autres côtés, larges de 3 à 4 mètres, profondes de 4 mètres au moins. Les châssis s'y rangent debout, avec assez d'intervalle pour qu'on puisse les *feuilleter*. Les cases ont environ 10 mètres de hauteur. Au-dessus des cases, des *soupentes* reçoivent les toiles roulées.

Il faut que le chariot, très long, puisse tourner après sa sortie du magasin pour revenir soit par la même voie, soit par un chemin différent ;

3° Les ateliers de décors : un grand et deux plus petits.

Ces ateliers sont très vastes, éclairés du haut. Les toiles à peindre sont étalées sur le sol, les décorateurs peignent debout, en circulant sur les toiles.

Le plus grand atelier serait réservé aux toiles de fond,

Joignant ces ateliers, seraient de petits ateliers pour la préparation des études et maquettes, recueils de documents, des vestiaires et lavabos, etc. ;

4° Les magasins des accessoires, comprenant :

Une cour ouverte, pour les chargements, déchargements, emballages, etc. ;

Des ateliers en plusieurs étages, pour menuisiers, tapissiers, cartonniers, peintres, etc.

Des magasins en plusieurs étages pour les mobiliers accessoires ;

5° Près des magasins de décors, un hangar pour les travaux de grosse menuiserie, confection ou modification des châssis.

On fera le plan, poché à l'encre, et une coupe générale, à l'échelle de 0 m. 0015 pour mètre.

La destination de chaque bâtiment sera écrite dans les plans, et non en légende.

UNE MATERNITÉ

Souvent *une Maternité* est annexée à un Hôpital général ; en ce cas, bien qu'elle ait une autonomie absolue au point de vue médical, elle profite de la contiguïté de l'hôpital pour tout ce qui concerne les services administratifs et généraux. Tel serait le cas de la *Maternité*, objet du présent programme ; il ne sera donc prévu ni cuisines, lingeries, buanderies, etc., ni administration générale, pavillons d'internes, pharmacie, etc., tous ces services faisant partie de l'Hôpital général.

Situation. — On suppose que l'hôpital est isolé entre quatre rues ; au fond de ce terrain général rectangulaire est une partie disponible, bordée par conséquent en trois sens par des rues, et contiguë par un quatrième côté au surplus de l'hôpital. Ce terrain disponible est forcément de forme allongée ; il a 180 mètres, dans le sens de la contiguité avec l'hôpital, et 80 mètres dans le sens transversal.

Le terrain est sensiblement de niveau.

PROGRAMME

1° Un *bâtiment d'entrée* ayant accès sur la voie publique et comprenant :

Une entrée avec descente à couvert dans un vestibule ou une cour vitrée ;

Concierge ;

Salle d'attente, salle de visite, bureau d'admission ;

Vestiaire de dépôt des habillements.

2° Réunie ou non au précédent, mais également accessible de la voie publique :

Une *consultation* comprenant :

Salle d'attente ;

Cabinet du médecin consultant, cabinet du chirurgien ;

Salle de petites opérations ;

Petite pharmacie, accessible de la salle d'attente ;

Deux ou trois cabines de bains.

3° Le groupe des pavillons *des femmes enceintes*, divisé en deux sections, pour les femmes mariées et les filles :

Chacune comprenant 80 femmes, en dortoirs de 20 lits ; ces dortoirs au premier et au deuxième étage, avec leurs dépendances ; l'étage du rez-de-chaussée disposé en réfectoire et ouvroir ;

A chaque pavillon joindre quelques chambres d'isolement.

4° Les services *d'accouchement* :

Les accouchements se font dans des salles spéciales ; ce service sera également en double. Chaque pavillon d'accouchement comprendra :

Quatre chambres d'attente ;

Une salle d'accouchement avec deux lits ;

Bains et dépendances diverses ;

Logements de sages-femmes et surveillantes : cabinet pour l'interne.

5° Les services des *femmes en couches* :

Chacune des deux sections comprenant 60 femmes avec leur enfant, par dortoirs de 15 à 20 ;

Chambres d'isolement assez nombreuses ;

Logements de surveillantes, femmes de service, etc.

6° Une *nourricerie*, pour 30 nourrices, chacune ayant son lit et deux berceaux en dortoirs pour dix au plus ; réfectoire et salle de travail ou de réunion. — Dépendances ;

7° Un service général de *bains ;*

8° Le service des *morts*, comprenant :

Entrée spéciale, cour des convois ; salle d'attente des familles ;

Salle de dépôt de six mortes ; salle de dépôt de six enfants ;

Salle d'autopsie et dépendances ;

Petite chapelle des morts.

On rendra compte, en amorce, des communications entre la *Maternité* et l'*Hôpital*.

On fera à l'échelle de 0 m. 002 pour mètre, le plan et une élévation prise dans le sens le plus intéressant d'après chaque disposition.

Les plans doivent être *pochés*, et la destination des bâtiments inscrite dans les plans (et non en légende).

UNE ÉCOLE DE CHIMIE

Cette école, située dans un faubourg d'une ville industrielle, reçoit des élèves *externes*. Elle occupe un îlot limité par quatre rues ; le terrain est sensiblement de niveau.

L'école comprendra :

Un pavillon pour le concierge, l'économat et la comptabilité ;

Un pavillon pour le secrétariat et le cabinet du directeur ; chacun de ces pavillons comportant quelques logements d'employés secondaires ;

Les bâtiments d'enseignement, qui se composeront de deux parties pouvant être ouvertes séparément, mais formant cependant un même ensemble ;

1° L'ENSEIGNEMENT THÉORIQUE comprenant :

Une grande salle de cours pour 200 élèves ;

Deux salles plus petites pour 50 auditeurs.

Chacune de ces salles avec un large emplacement pour le professeur, tableau et hotte ; accompagnée d'un cabinet de professeur, d'une pièce pour le préparateur, et d'un laboratoire très clair et aéré pour la préparation du cours avec ses dépendances ;

Bibliothèque, salles de collections diverses (au premier étage s'il y a lieu).

2° L'ENSEIGNEMENT PRATIQUE comprenant :

Un grand laboratoire d'enseignement, divisé en plusieurs sections, très clair et aéré, avec vestiaires, lavabos, et autres dépendances.

A ce laboratoire doivent être annexés :

Cabinet du chef des travaux pratiques ;

Diverses pièces pour préparateurs, surveillants, etc. ;

Une grande verrerie ;

Un grand dépôt de matières premières et produits chimiques ;

Une pièce pour les expériences de fusion à très hautes températures ; — une photographie.

Enfin il se complètera par une cour où les élèves feront des manipulations en plein air, sous des abris vitrés ;

Deux laboratoires de recherches scientifiques ;

Six laboratoires personnels pour les savants attachés à l'Ecole.

La plus grande dimension de terrain n'excédera pas 120 mètres.

On fera le plan du rez-de-chaussée, l'élévation et la coupe à 0 m. 0015 pour mètre.

UN HOTEL MEUBLÉ A PARIS

Cet hôtel meublé, situé près d'une gare, sera projeté sur un terrain compris entre deux voies publiques (un boulevard et une rue) parallèles l'une à l'autre, et dans l'autre sens deux murs mitoyens perpendiculaires à ces voies. Les dimensions de ce terrain sont : 70 mètres d'un mur mitoyen à l'autre ; 40 mètres de l'alignement sur le boulevard à l'alignement sur la rue.

Dans cet emplacement, on doit disposer le plus grand nombre possible de chambres dans les étages.

L'hôtel comprendra :

Au rez-de-chaussée :

1° *Les parties publiques de l'hôtel* :
Vestibule, bureau, concierge ;
Salle de dépôt des bagages ;
Escalier, ascenseur, monte-bagages ;
Les salles communes de l'hôtel, salons d'attente et de lecture, salles à manger par tables séparées, salle de table d'hôte, café, fumoir, chacune avec ses dépendances ;
Téléphone, courrier, etc. ;

2° *Les services*, avec entrée sur la rue postérieure :
Cuisines complètes ou accès des cuisines si elles sont en sous-sol ;
Réception des marchandises, de la blanchisserie, etc. ;
Pièces diverses de service.

Cet ensemble assez important des services doit, autant que possible, être desservi par une cour spéciale ou par deux cours, si la composition l'exige.

Dans les étages :

Des chambres en aussi grand nombre que possible pour les voyageurs.

Les chambres seront disposées avant tout sur les façades, il pourra s'en trouver aussi sur cour, à condition que ce soit une cour assez spacieuse.

Des pièces de service : salles de bains, water-closet, lingerie, pièces aux chaussures, chambres de serviteurs, etc.

Il est nécessaire *d'avoir de petites cours de service* avec des balcons pour brosser les habits et les chaussures, secouer les tapis, etc.

L'ÉTAGE DES COMBLES serait réservé à l'habitation des employés et domestiques.

On fera à l'échelle de 0.0025 pour mètre :

Le plan du rez-de-chaussée ;

La moitié du plan d'un étage de voyageurs ;

La coupe perpendiculaire aux deux rues ;

La façade principale.

UN CHATEAU

L'appellation de *château* s'applique dans le langage moderne à l'habitation de campagne non seulement riche et confortable, mais encore imposante par sa situation, ses abords et l'importance sérieuse de sa masse architecturale. Un château comporte un parc étendu, des terres de rapport, des avenues, fossés, etc. Mais c'est la partie de l'habitation qui fait seule l'objet du concours.

Ce château se composerait de :

1° Un bâtiment pour l'habitation des maîtres et invités ;

2° Un service des communs ;

3° Un service de la vénerie et basse- cour.

Bâtiment principal. — Ce bâtiment, composé d'un grand rez-de-chaussée et d'un premier étage moins important, comprendra : vestibules, salons, salle à manger, bibliothèque, salle de billard ; — cinq chambres à coucher principales ; des chambres d'invités ; — cabinets de toilette, lavabos, bains et hydrothérapie.

On devra y trouver une *galerie* de réunion.

Communs. — Cuisine et dépendances, fruitier, offices, celliers, etc. — Écuries pour six chevaux, remises pour quatre voitures, sellerie.

Bureaux et logements du régisseur et du personnel ; lingerie, buanderie, etc.

Vénerie. — Chenils pour meute et chiens d'arrêt ; oisellerie ; dépendances. — Manutention et conserve du gibier ; glacière. — Vacherie et basse-cour. — Logements de piqueurs, gardes et personnel.

La plus grande dimension du bâtiment principal ne dépassera pas 60 mètres. Les autres dimensions ne sont pas déterminées.

On fera le plan à rez-de-chaussée de tous les bâtiments, ainsi que l'élévation et la coupe du bâtiment principal, à 0 m. 0015 pour mètre.

UN PETIT HOSPICE DE MÉNAGE

Sur un côté exposé au midi, près d'une ville, on doit disposer un hospice pour trente *ménages* ainsi que les veufs ou veuves qui, après

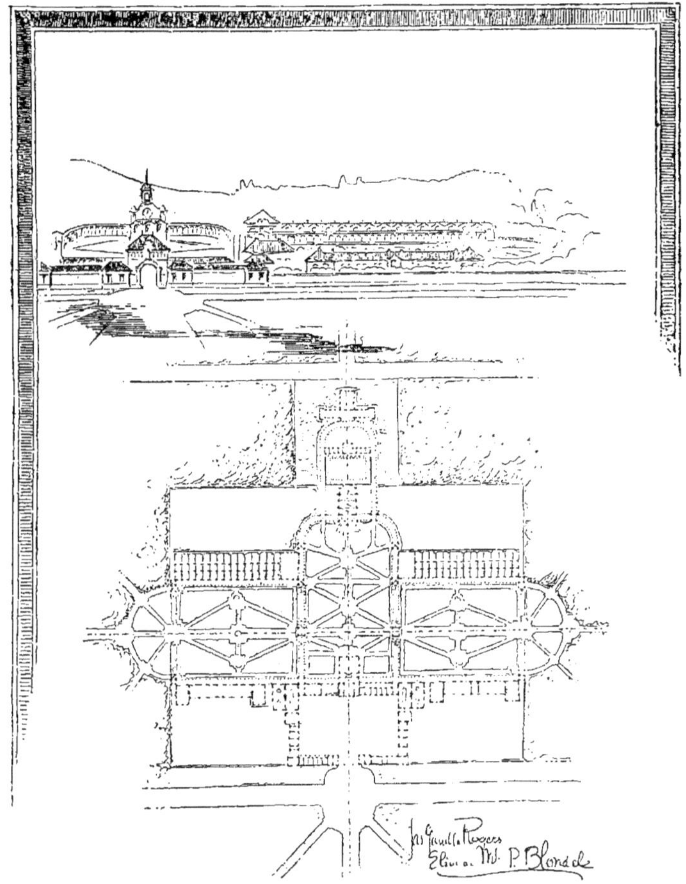

PROJET DE M. ROGERS (Extrait de la *Construction Moderne.*)

avoir été hospitalisés comme *ménages* achèvent leur vie dans l'hospice.

L'établissement comprendra :

1° Les services administratifs ;

2° Les services généraux ;

3° Les quartiers hospitaliers ;

4° Une communauté.

Les services administratifs se composent de :

Pavillon de concierge et pavillon de régie ; — Bureaux de la direction et de l'économat ; — Service médical et pharmacie ; — Deux appartements et quelques logements.

Les services généraux, placés à portée des quartiers hospitaliers, comprennent :

Cuisine et dépendances ; — Lingerie et vestiaire ; Service des bains.

Les quartiers hospitaliers sont au nombre de trois ;

1° Les ménages, soit trente petits logements de deux pièces servant l'une de chambre à coucher, l'autre de salle à manger.

Une salle de travail et de lecture et une salle de conversation, en commun.

2° Les quartiers des veufs et des veuves comprenant *chacun* :

Un réfectoire ;

Deux ou trois dortoirs pour ensemble vingt lits (par quartier) ;

Une salle de réunion ; deux salles de travail.

3° Une infirmerie de dix à douze lits, avec chambres spéciales pour les contagieux.

La *communauté* comprend, avec un petit cloître, des cellules pour huit sœurs et une supérieure.

La composition doit comprendre une *chapelle*.

Dans les jardins seraient diverses dépendances telles que écurie et remise, basse-cour, buanderie, etc,

La plus grande dimension de l'espace affecté aux bâtiments, non compris ceux des dépendances réparties dans les jardins, n'excèdera pas 200 mètres.

Les jardins seront exprimés seulement en amorce.

On fera le plan à 0 m. 001 pour mètre ; moitié de l'élévation à 0 m. 002 pour mètre.

UN MUSÉE D'ANTIQUITÉS

Ce musée comprendra trois divisions :

1° Les sculptures et fragments divers, ou moulages ;

2° Les menus objets tels que vases, médailles, armes, etc. ;

3° Les objets volumineux et susceptibles d'être exposés en plein air.

A ces trois divisions du programme correspondront trois groupes d'emplacements :

Les salles du rez-de-chaussée ;

Le premier étage ;

Un musée-jardin.

Le rez-de-chaussée se composera de diverses salles ou galeries et d'une salle principale montant de fonds.

Le jardin, disposé avant tout pour l'exposition des objets du musée, comprendra en divers points des portiques ou pavillons ouverts.

Il aura accès par le bâtiment, et aussi par des entrées directes, le terrain étant un îlot isolé.

La plus grande dimension de ce terrain n'excédera pas 120 mètres.

On fera le plan, la façade et la coupe à 0 m. 0015 pour mètre.

UN GROUPE SCOLAIRE

Elevé dans une commune importante des environs de Paris, ce groupe scolaire comprendra :

Une école de garçons ;

Une école de filles ;

Une école maternelle.

Les *écoles de garçons et de filles* comprendront *chacune*, en un rez-de-chaussée et un premier étage, et accessoirement un deuxième étage au besoin :

Concierge, cantine, vestiaire ; préau couvert avec lavabo ; préau découvert ; latrines ; salle de travail manuel (garçons) ; six classes pour chacune cinquante élèves ; salle de couture (filles) ; salle de dessin graphique ou d'après estampes ; salle de dessin d'après la bosse ; une salle de magasin des collections, modèles et fournitures scolaires ; appartement du directeur ou de la directrice.

L'*école maternelle* comprendra ;

Au rez-de-chaussée :

Concierge, cantine, vestiaire ; — Quatre classes ; — Préau couvert avec lavabos ; — Préau découvert ; — latrines.

Au premier étage, appartement de la directrice.

Cet ensemble sera composé sur un terrain rectangulaire à l'angle de deux voies publiques, et limitrophe des deux autres côtés avec des propriétés particulières.

L'une des rues est dirigée *nord-sud*, l'autre *est-ouest*. (On marquera cette orientation dans les plans.)

Ce terrain a 100 mètres dans sa plus grande dimension.

On fera le plan du rez-de-chaussée, la façade la plus importante, et une coupe transversale de l'un des bâtiments scolaires, à l'échelle de 0 m. 02 pour mètre.

La désignation de chacune des trois écoles sera inscrite dans le plan.

UNE STATION DE CHEMIN DE FER

Cette station, peu importante, serait ce que, dans le *Traité des chemins de fer*, M. Goschler désigne sous le nom de *station de passage*, desservie seulement par les trains omnibus, mixtes et de marchandises.

Elle se composerait d'un bureau pour la distribution des billets et l'enregistrement des bagages, d'une salle d'attente divisée en deux compartiments, d'une galerie couverte, d'un logement pour le chef de station et de cabinets d'aisances avec urinoirs.

La station serait située entre la rive du chemin de fer, à deux mètres au-dessus des rails, et la pente d'un coteau qui serait franchie par des escaliers et des rampes.

La plus grande dimension du terrain serait de 16 mètres.

On fera le plan et la coupe, *à l'encre*, sur une échelle de $0^m,005$ par mètre et l'élévation du côté de la voie, *lavée*, avec indication des rampes et escaliers, à $0^m,01$.

UNE ÉCOLE PRIMAIRE DE GARÇONS

Ce petit édifice serait construit en pierre, brique et tuile sur un terrain isolé de trois côtés ; le côté de l'entrée serait sur la place publique d'un village, les deux autres côtés sur deux rues aboutissant à cette place. Il pourrait être à deux étages et comprendrait :

Une classe pour 75 élèves ayant au moins 100 mètres de superficie et un cube de 400 mètres ;

Un préau couvert, un préau découvert avec cabinets d'aisances ;

Un dépôt de livres et un dépôt de paniers ;

Enfin, un petit logement pour le maître et sa famille.

12

La largeur du terrain en façade, sur la place, n'excéderait pas 20 mètres; la profondeur est indéterminée.

On fera le plan et la coupe à l'échelle de 0ᵐ,005 pour mètre et la façade au double.

UN BAPTISTÈRE

Cet édifice, destiné à renfermer les fonts baptismaux d'une église cathédrale, est supposé placé en face de son portail et entièrement isolé, suivant l'usage de la primitive église.

L'intérieur serait disposé de manière que, dans les occasions solennelles, la cérémonie du baptême puisse y être vue commodément par un certain nombre d'assistants. A cet effet, les fonts baptismaux seraient au centre et élevés de quelques degrés. Cet édifice ne contiendrait qu'un seul autel avec une petite sacristie à proximité.

Près de l'entrée de l'édifice, on ménagerait deux salles particulières, l'une pour la réunion du clergé, l'autre pour celle des enfants à baptiser et de leurs parents en attendant la cérémonie.

La plus grande dimension extérieure de ce baptistère n'excéderait pas 40 mètres.

On fera le plan, correctement dessiné, à l'échelle de 0ᵐ,0025 pour mètre, l'élévation et la coupe au double.

DEUXIÈME CLASSE

ENSEIGNEMENT ARCHITECTURAL

CONCOURS D'ÉMULATION

PROJET RENDU

Valeur des récompenses à ce concours.

Première mention. — 2 valeurs.
Deuxième mention. — 1 valeur.

Voir les articles 56-57 et 58 du règlement intérieur de l'école pour les dispositions relatives aux dimensions des châssis pouvant être employés dans les concours de la section d'architecture.

Les concours sur projets rendus se composent de deux parties, une esquisse faite en loge en une seule séance de douze heures, d'après laquelle on exécute un projet d'une durée d'un mois au moins, et de trois mois au plus, à rendre à l'atelier. Aucun élève ne peut prendre part à l'un de ces six concours annuels, s'il n'a pas obtenu précédemment, au moins deux mentions dans les concours d'éléments analytiques.

Les esquisses des projets à rendre sont conservées par l'administration de l'école qui les place en marge des projets le jour du rendu définitif ; les élèves devront donc prendre avec soin le calque de leur esquisse et suivre dans leur projet les dispositions adoptées par eux, car tout défaut de concordance entre l'esquisse et le projet est un cas de mise hors concours ; cependant, une certaine tolérance existe pour les changements dans le détail, les rigueurs de la mise hors concours n'ont lieu que pour les élèves ayant changé de « *parti* ».

Les rendus doivent être exécutés d'après le numéro de châssis indiqué sur le programme, sous peine de mise hors concours, ces rendus sont souvent agrémentés d'aquarelle, mais une grande sobriété dans les couleurs ne saurait être trop recommandée, quelquefois même, les sujets proposés ne comportent qu'un lavis à l'encre de Chine.

Des collections de photographies de projets récompensés antérieurement sont mises à la disposition des élèves dans tous les ateliers ; les élèves peuvent aussi aller consulter les originaux à la bibliothèque de l'école.

La remise des projets a lieu le jour fixé par les programmes, entre dix heures et deux heures ; des dispositions très rigoureuses ont été prises pour la juste observation de ces délais. Tout élève n'ayant pas remis son projet après deux heures, ne pourra prendre part au concours et cela sans aucune exception.

Suivent différents programmes donnés précédemment à ce concours :

UN ESCALIER DE PALAIS DE PARLEMENT

On suppose que la composition générale de ce palais comporte une cour d'honneur au fond de laquelle est un corps de bâtiment principal ; au milieu de ce bâtiment est l'entrée, conduisant en face à divers services sous la salle des séances ; à droite ou à gauche une suite de vestibules, vestiaires, etc., conduit à un grand escalier, contenu dans un pavillon qui forme ainsi le milieu de la façade latérale du monument, et donne accès au premier étage à une vaste salle des Pas-Perdus formant, à ce premier étage, le fond de la cour d'honneur et l'introduction à la salle des séances. De chaque côté de la salle et de ses dépendances il existe des cours latérales.

Par suite de cette disposition, qui présente quelque analogie avec celle du Palais-Royal, le grand escalier se trouve placé dans un pavillon au milieu d'un bâtiment en bordure de la façade latérale, et en face de la salle des Pas-Perdus. Le bâtiment latéral est composé d'une galerie de circulation et de salles diverses éclairées sur la façade latérale ; le pavillon de l'escalier fait saillie sur cette façade.

L'escalier est l'objet spécial du programme. Sa disposition est laissée au choix des concurrents, sous cette réserve que le parti expliqué ci-dessus ne permet pas un simple escalier droit.

La hauteur à monter, du rez-de-chaussée au premier étage, est de 7^m,50.

La plus grande dimension, dans œuvre de la cage d'escalier, ne dépassera pas 20 mètres.

Le projet comprend cette cage d'escalier et l'arrachement des parties contiguës, mais sans dépasser une étendue construite limitée à 30 mètres dans le sens de la façade latérale, et à 35 mètres dans le sens perpendiculaire à cette façade.

Le grand escalier monte au premier étage seulement ; la cage qui le contient comprend la hauteur du premier étage et d'un étage attique correspondant à la hauteur des voûtes.

On fera pour les esquisses, au trait et à l'encre :

Le plan du rez-de-chaussée et celui du premier étage à 0^m,0025 pour mètre ;

L'élévation du pavillon milieu de la façade latérale à 0^m,005 pour mètre.

La coupe perpendiculaire à cette façade à 0^m,005 pour mètre.

Et pour le rendu :

Les deux mêmes plans à 0^m,0075 pour mètre.

L'élévation et la même coupe qu'en esquisse, à 0^m,015 pour mètre.

Les élèves sont invités à étudier et à indiquer la construction dans la coupe.

L'exposition de chaque projet comprendra seulement deux châssis, contenant chacun en un seul dessin et en regard horizontalement l'un de l'autre :

Le premier, les deux plans.

Le second, la coupe et l'élévation.

UN PAVILLON POUR LA BOISSON DES EAUX THERMALES

Dans la plupart des établissements thermaux, les malades doivent boire peu à la fois, mais à intervalles rapprochés, et entre leurs stations à la source la marche leur est recommandée.

Lorsque la source thermale est située dans le parc et non dans l'établissement, il faut donc un pavillon d'abri et un promenoir couvert.

C'est cet ensemble qui fait l'objet du concours.

Le pavillon sera de forme régulière ; au centre jaillit la source qui alimente plusieurs robinets.

Les préposées se tiennent entre l'édicule ou fontaine motivée par la source et une table ou comptoir en marbre qui les sépare des buveurs.

Ce pavillon sera en communication immédiate avec le promenoir.

Il sera éclairé par des fenêtres et séparé du promenoir ou du parc par des croisées et des portes ; en un mot, ce sera un local clos.

Le promenoir sera une large galerie également close, avec des bancs et pouvant recevoir des petites boutiques d'objets divers, librairies, etc.

Dans la partie la mieux appropriée du plan, on pratiquera des cabinets d'aisances, urinoirs et quelques dépôts.

Le pavillon et le promenoir seront voûtés avec combles construits au-dessous des voûtes.

L'établissement étant situé dans une région montagneuse, on admettra que le marbre est d'un emploi facile dans le pays.

L'édifice, destiné à des malades qui marchent avec peine, sera de plain pied avec l'extérieur.

TERRAIN

La salle voûtée du pavillon ne dépassera pas 15 mètres dans œuvre. C'est la seule dimension fixée : les autres parties de la composition seront étudiées en proportion de cette salle principale.

On fera pour les esquisses : le plan à $0^m,0025$, la façade et la coupe, à $0^m,005$ pour mètre.

Ce dernier dessin devra, quelle que soit la composition, présenter la coupe de la salle du pavillon et celle du promenoir.

Pour le rendu, on fera :

Le plan à $0^m,0075$; l'élévation et la même coupe qu'en esquisse à $0^m,015$ pour mètre.

On pourra joindre une étude de l'édicule central en marbre à $0^m,05$ pour mètre.

Le trait des dessins rendus sera à l'encre.

UN ÉDIFICE POUR LES FÊTES ET RÉUNIONS

Dans une ville secondaire, ne possédant pas de théâtre, salle de concerts, etc., on désire constituer un édifice qui puisse servir à la fois pour des réunions telles que conférences, distributions de prix, auditions musicales, représentations lors du passage d'artistes dramatiques, etc.

L'objet essentiel du programme est donc une salle offrant au public un parquet et des tribunes, avec une estrade pouvant servir au besoin de scène pour des représentations peu nombreuses. Entre l'estrade et la salle, il y aurait un rideau ; mais le programme ne comporte ni décors proprement dits, ni machinerie.

L'édifice comprendra :

AU REZ-DE-CHAUSSÉE :

Partie publique
- Vestibule et contrôle ;
- Vestiaires ;
- Cabinets d'aisances ;
- Escaliers ;
- La salle avec dégagements faciles.

Partie de l'estrade
- L'estrade de la salle avec entrée spéciale ;
- Quelques pièces dont une plus grande pour foyer d'artistes ou réunions de bureau ;
- Cabinets d'aisances, vestiaires, etc.

Une partie de ces dépendances peut être au premier étage avec escaliers spéciaux.

AU PREMIER ÉTAGE :

Partie publique
- Un foyer avec buffet ;
- Vestiaire, cabinets d'aisances.

TERRAIN

L'édifice sera construit au fond d'une place publique, sur un terrain limité par deux rues latérales et, au fond, par un mur mitoyen.

Ce terrain a 50 mètres de largeur sur 80 de profondeur ; mais le bâtiment ne l'occupe pas tout entier; il est désirable au contraire qu'il soit isolé des voies publiques par des plantations.

On fera pour les esquisses :

Le plan du rez-de-chaussée, la coupe transversale et l'élévation sur la place, à 0^m,0025 pour mètre.

Pour le rendu :

Le même plan et celui du premier étage à 0^m,0075 pour mètre.

La coupe transversale et la façade sur place à 0^m,015 pour mètre.

Dans le rendu aucun dessin ne peut être au crayon seulement ni inachevé ou négligé.

Les concurrents sont invités à étudier et à indiquer la construction dans la coupe.

UNE TÊTE D'AQUEDUC

On suppose, comme à Louveciennes, que des pompes élèvent l'eau d'une rivière jusqu'à une altitude élevée, d'où cette eau se rend ensuite, sur un aqueduc en maçonnerie, jusqu'à une ville voisine.

Les colonnes montantes et le déversoir qu'elles alimentent seraient contenues dans une construction formant la *tête de l'aqueduc* ou *château d'eau* dans l'ancien sens du mot, laquelle doit être conçue en vue non seulement de l'utilité, mais aussi afin d'arrêter par une silhouette accentuée la longue ligne horizontale de l'aqueduc.

Cette construction comprendra une salle d'entrée, un escalier facile desservant toute la hauteur; dans des étages intermédiaires, quelques pièces d'habitation pour le gardien ; enfin, au sommet, le déversoir alimenté par les colonnes montantes.

Les dimensions à observer sont les suivantes :

Du niveau du sol jusqu'au niveau de l'eau coulant dans l'aqueduc, la hauteur est de 25 mètres.

Le bâtiment de la tête d'aqueduc n'excédera pas 20 mètres à sa base *y compris toutes saillies de socles, empattements, retraites, etc.*

On fera pour les esquisses : le plan du rez-de-chaussée, l'une des élévations et la coupe à l'échelle de 0^m,005 pour mètre;

Pour le rendu :

Les divers plans nécessaires pour rendre compte du projet à 0^m,01 pour mètre;

L'élévation latérale montrant deux travées de l'aqueduc et le château d'eau, à 0^m,01 pour mètre.

La coupe, prise dans le même sens et à la même échelle.

La façade principale, à 0ᵐ,02 pour mètre.

L'appareil sera soigneusement étudié et indiqué dans cette façade.

UN VESTIBULE

Ce vestibule, servant d'accès à un grand édifice public, ouvre sur sa façade principale et, à l'opposé, sur une cour intérieure. Il est praticable aux voitures et aux piétons.

Dans sa partie antérieure, il donne accès à diverses pièces destinées au concierge, à des vestiaires ou antichambres ; contre la cour intérieure, il accède à un large portique ou galerie qui conduit de chaque côté à l'escalier principal, à des escaliers secondaires et parties diverses de l'édifice.

Cette donnée peut se combiner soit avec une composition du vestibule par une série de motifs ou de travées uniformes, soit avec une composition en deux parties, la première correspondant aux pièces de service, la seconde à l'axe des galeries ou portiques d'accès aux escaliers.

Dans l'une ou l'autre hypothèse, le vestibule sera voûté.

DIMENSIONS

Le vestibule pourra avoir au maximum **24** mètres *dans œuvre*, du mur de façade au mur sur cour ; sa largeur, parallèlement à la façade, n'est pas déterminée ; la hauteur, du sol du vestibule au parquet du premier étage, n'excédera pas **8** mètres.

On fera pour les esquisses :

Le plan et une coupe transversale (c'est-à-dire parallèle à la façade à l'échelle de 0ᵐ,005 pour mètre.

Pour le rendu :

Le plan, à l'échelle de 0ᵐ,01 pour mètre ;

La coupe transversale et la coupe longitudinale, à l'échelle de 0ᵐ,02 pour mètre.

Si la composition comporte deux parties différentes pour le vestibule, la coupe transversale sera établie par moitié sur chacune de ces parties.

L'appareil sera étudié et tracé avec soin.

UN MARCHÉ DANS UNE VILLE D'ALGÉRIE

PROJET DE M. LEENHARDT (Extrait de la *Construction Moderne.*)

UN MARCHÉ DANS UNE VILLE D'ALGÉRIE

En Algérie, en Tunisie, on fait trop souvent des marchés en tout semblables à ceux du Nord, en fer et fonte, briquetages, parois et toitures vitrées. De tels marchés sont intolérables dans les pays chauds.

Au contraire, les anciens *bazars* de l'Orient étaient conçus en vue de l'ombre et de la fraicheur, bien que construits le plus souvent d'une

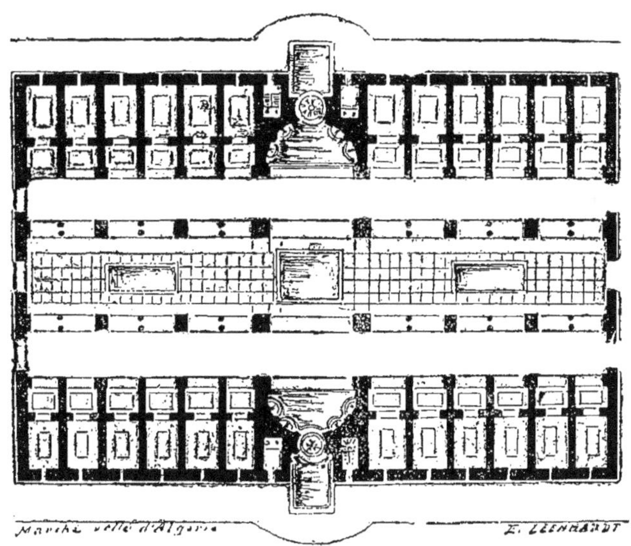

PROJET DE M. LEENHARDT

façon très légère. Il s'en trouve aussi cependant qui sont abrités par des murs épais, des voûtes chargées de remblais, des ouvertures restreintes, des circulations d'eaux courantes.

Telles sont les données dont on devra s'inspirer pour le présent programme.

Dans le marché dont il s'agit, les acheteurs devront être à l'aise et à l'ombre, soit sous des portiques faisant extérieurement le tour du marché, soit sous des rues intérieures voûtées et éclairées par des jours à la partie supérieure ; les boutiques devront, dans tous les cas, s'ouvrir largement sur les voies de circulation et s'aérer par la paroi opposée qui, suivant les cas, joindra une cour centrale, ou de petites cours ou ruelles de service et d'aération, ou enfin l'extérieur.

Ce marché serait de dimensions restreintes, et les éléments en doivent être modestes. Les petites boutiques auraient environ 3 mètres de devanture, et le terrain total n'excédera pas 60 mètres dans sa plus grande dimension.

On fera pour les esquisses :

Le plan, une coupe et l'élévation à $0^m,0025$ pour mètre.

On fera pour le rendu :

Le plan à $0^m,005$ pour mètre ;

L'élévation et moitié de la coupe à $0^m,01$ pour mètre.

UN PETIT MUSÉE MUNICIPAL

Ce musée réunirait des collections d'œuvres d'art, de fragments archéologiques, d'antiquités, d'objets historiques et de curiosité d'une ville d'importance moyenne.

Il se composera d'un rez-de-chaussée seulement et comprendra :

Un vestibule, avec vestiaire et un petit bureau.

Une salle des peintures, éclairée par le haut.

Une galerie des sculptures.

Deux petites salles, l'une pour les estampes, l'autre pour les médailles et les bronzes.

Deux salles, l'une pour les objets d'archéologie, épigraphie, l'autre pour les objets de curiosité de diverses natures.

L'édifice sera isolé de toutes parts, et est supposé situé dans un jardin ou promenade publique.

La plus grande dimension ne dépassera pas 50 mètres.

On fera pour les esquisses :

Le plan, la coupe et l'élévation à $0^m,0025$ pour mètre.

Pour le rendu :

Le plan et la coupe à $0^m,005$ pour mètre.

La façade à $0^m,01$ pour mètre.

La destination des salles sera écrite dans les plans et non en légende.

UN DISPENSAIRE POUR LES ENFANTS MALADES

Cet établissement serait destiné à l'administration des secours, des soins et des médicaments aux enfants malades d'un des arrondissements de Paris.

Il comprendrait :

1° Une grande salle-vestibule, une salle d'attente, une cuisine-réfectoire et le bureau de la directrice servant de pharmacie ;

2° Donnant sur la salle d'attente, une chambre renfermant la chaudière, deux salles de bains, une grande salle servant aux pansements et renfermant, avec la lingerie, des appareils d'irrigation pour les yeux, les oreilles, etc. ;

3° Une grande salle de douches précédée de trois pièces où se déshabillent les malades et dont une renferme la « boîte à sudation » ; le cabinet de consultations ;

4° Une cour-jardin où serait la buanderie.

A l'étage serait situé le logement de la directrice.

Le terrain, limité de deux côtés par des murs mitoyens, n'aura pas plus de 80 mètres dans sa plus grande dimension.

On fera, pour les esquisses, les deux plans, une élévation et une coupe à l'échelle de $0^m,0025$ pour mètre.

Pour le rendu, on fera les deux plans à $0^m,005$ pour mètre, l'élévation et la coupe au double.

La destination de chaque partie sera *complètement* indiquée sur les plans. Toute esquisse négligée sera mise hors de concours.

LA COUR DE L'HOTEL DU MINISTÈRE DE L'INSTRUCTION PUBLIQUE ET DES BEAUX-ARTS

Cette cour, précédée d'un vestibule, serait entourée, au rez-de-chaussée et au premier étage, de portiques à arcades avec colonnes engagées dans les pieds-droits. Le rez-de-chaussée serait d'ordre dorique, le premier étage d'ordre ionique.

Bien que l'application du principe absolu exige la superposition du même ordre, il est possible, comme les architectes romains l'ont bien prouvé, d'obtenir l'unité de style en superposant deux ordres de natures diverses. On s'appliquera donc à modifier les deux ordres demandés de manière à former un tout d'une parfaite harmonie. La corniche ionique devra couronner l'ensemble de l'édifice.

La cour comprendra sept arcades dans sa longueur. Ces arcades auront $4^m,30$ d'axe en axe des pieds-droits.

On fera, pour les esquisses, un plan de la cour et du vestibule ainsi que deux coupes, longitudinale et transversale, à l'échelle de $0^m,0025$ pour mètre. La coupe transversale devra présenter, en face du vestibule d'entrée, un motif principal où pourront figurer des colonnes dégagées, des cariatides, un fronton, etc.

Pour le rendu, l'échelle du plan sera de $0^m,005$, celle des deux coupes $0^m,01$ pour mètre.

Toute esquisse négligée sera mise hors de concours.

UNE MAISON DE CAMPAGNE DANS LES ENVIRONS DE PARIS

Cette maison, située sur un terrain en pente et à l'exposition du sud-est, la plus favorable à l'habitation, serait construite avec tous les raffinements du confort moderne ; elle comprendrait quatre étages, savoir :

1° Dans un étage de cave, en élévation sur le jardin :

Une salle de billard ; — une salle de bains ; — un calorifère avec dépôt de combustible ; — une cave à vin ; — une fosse d'aisances.

2° Au rez-de-chaussée sur l'entrée, et premier étage sur le jardin :

Un vestibule ; — un ou deux salons ; — une salle à manger ; — un cabinet de travail ayant accès du côté de l'entrée ; — une cuisine avec office et laverie ; — des corridors et dégagements nécessaires ; — un escalier conduisant aux caves et au premier étage.

3° Au premier étage :

Deux grandes chambres à coucher avec cabinets de toilette ; — deux plus petites ; — escaliers, corridors et water-closets.

Au quatrième étage, de moindre importance et pouvant être lambrissés au besoin :

Une chambre d'amis ; — quatre chambres de domestiques ; — une lingerie ; — escalier et water-closets.

Des rampes ou escaliers extérieurs pourront faire communiquer les deux sols différents.

La surface occupée par les bâtiments proprement dits n'excédera pas 200 mètres superficiels.

On fera, pour les esquisses, le plan du rez-de-chaussée et celui du premier étage à $0^m,005$ pour mètre.

La façade d'entrée, celle sur le jardin et la coupe, à $0^m,005$ pour mètre.

Pour le rendu, on fera les quatre plans des étages à $0^m,01$ pour mètre.

La façade d'entrée, celle sur le jardin et la coupe, à $0^m,02$ pour mètre.

PROGRAMME

DU

COURS D'HISTOIRE GÉNÉRALE

DE L'ARCHITECTURE

PREMIÈRE ANNÉE

ANTIQUITÉ

Définition, origine, rôle de l'architecture.
Troglodytes, leurs travaux sur une partie du globe.
Premiers abris fabriqués, leurs divers modes de construction à l'origine de tous les peuples, leurs formes.
Monuments mégalithiques.

AFRIQUE

ÉGYPTE

Constructions en bois, en pierre, en grès, en granit.
Maisons, palais, édifices publics, labyrinthe, nilomètre, enceintes de villes, de forteresses, en briques crues, cuites.
Temples sur le sol, temples creusés dans le roc, chapelles monolithes.
Hypogées, pyramides, mastabats, stèles.
Ordres, ornementation, polychromie, emploi des métaux.

ASIE

PHÉNICIE

Maisons à Tyr, à Carthage, palais, enceintes de villes à Tyr, à Arade, à Carthage ; ports.

Temples, en bois à Utique, en pierre à Gozo, à **Tyr**, à Carthage.
Hypogées, tombeaux sur le sol ; stèles (au Louvre).
Détails d'architecture (au Louvre) ; métaux.

TERRE SAINTE

Tabernacle du désert, détails d'architecture en métal.
Maisons de pierre à terrasses, palais et basilique en bois.
Synagogues, Temple de Salomon, aqueducs.
Hypogées, tombeaux sur le sol, sarcophages (au Louvre).
Ordres ; ornementation (au Louvre); métaux.

CHALDÉE, ASSYRIE

Maisons en pierre, premiers dômes sur les édifices. Palais de Ninive, de Khorsabad élevés sur terre-pleins.
Enceintes de villes en brique, en pierre. Portes de bronze.
Temples en pyramide, Borsippa ou tour de Babel. Observatoires.
Tombeaux en brique ; détails d'ordres ; ornementation en terre cuite émaillée, peinture décorative, métaux sur les édifices et à l'intérieur.

PERSE

Palais de Persépolis, de Suse, d'Ecbatane.
Murs d'enceinte des mêmes villes. Forteresses.
Autels du feu, monolithes et représentés sur les bas-reliefs.
Tombeaux taillés dans le roc à Persépolis, à Naksch-i-Roustan.
Ordres à Persépolis, à Istakht, à Suse ; décoration sculptée, peinte.

INDE, INDO-CHINE

Maisons en bois, en pisé, voûtées.
Édifices publics, palais et murs de la ville de Palibothra construits en bois.
Monuments taillés dans le roc, imitant les constructions de bois et ne remontant qu'aux vie et viie siècles de J.-C.
Pagodes dans les deux contrées. Tumulus, Topes.

DEUXIÈME ANNÉE

EUROPE

PÉLASGES

Construction en pierre polygone, en Asie, en Grèce, en Italie.
Maisons, monuments civils, à Mycènes, en Acarnanie, etc.
Murs militaires, acropoles, citadelles dans les mêmes contrées.
Culte des chênes, Hiérons découverts en Asie, en Italie.
Tombeaux en tumulus, à Tantalis, au cap Circée, etc.

GRÈCE

Époque héroïque. — Descriptions de palais par Homère, palais
d'Ulysse à Ithaque, d'Agamemnon à Mycènes, de Priam à Troie, de
Ménélas à Sparte.

Stades décrits par Homère, par Virgile; stade d'Olympie.

Trésors d'Atrée à Mycènes, de Minyas à Orchomènes.

Temples en bois à Delphes, à Mycènes, en Tauride; en pierre; tu
mulus de la Troade et sur le continent grec. Ornementation.

Grèce historique. — Maisons de bois.

Maisons d'Athènes en pierre, grandes habitations, palais, agora,
portiques, prytanées, tribunaux, musées, bibliothèques, etc.

Grèce historique. — Stades, théâtres, odéons, monuments choré-
giques.

Murs de villes en brique crue, cuite, en pierre; ports du Pirée, etc.

Temples de bois, de brique, de pierre, de marbre, de bronze. Stèles.
Tombeaux. Mausolées.

Ordres divers, ornementation sculptée, peinte.

TYRRHÉNIENS

Atrium toscan. Monuments publics.
Construction de pierres cubiques, Roma quadrata, Sutrium.
Temples divisés en trois chapelles.
Temple d'Alba Fucentis de forme grecque.
Hypogées à Clusium, à Tarquinie, à Vulci, à Volterra, etc.

Tumulus et tombeaux isolés à Norchia, à Castel-d'Asso, etc.

Ordres à Vulci, à Castel-d'Asso, à Alba Fucentis.

Ornementation sculptée, peinte, à Tarquinie, à Vulci, à Clusium, à Volterra, etc.

ROME

Maisons rondes du Latium, de Romulus, du peuple et des riches (plan antique de Rome).

Palais des empereurs au Palatin, de Dioclétien à Spalatro.

Édifices publics analogues à ceux des Grecs, plus les thermes, l'amphithéâtre, la naumachie, les châteaux d'eau.

Murs de villes, portes, trophées, arcs de triomphe, castra stativa, ports.

Temples imités de ceux des Grecs et modifiés dans le style romain.

Hypogées, pyramides, mausolées, cippes, stèles.

Ordres gréco-romains, composites.

Ornementation sculptée, peinte. Emploi des métaux.

TROISIÈME ANNÉE

TEMPS MODERNES

ARCHITECTURE MODERNE

Architecture des chrétiens, des Arabes, des peuples de l'Extrême-Orient, de ceux du Nouveau-Monde.

L'architecture chrétienne comprend les styles latin, byzantin, roman, gothique et de la renaissance.

1° *Style latin*. — Catacombes, premières églises, premiers baptistères.

Basiliques à une, trois ou cinq nefs ; parvis, porche, transepts, absides.

Façades ornées de sculptures, de mosaïques ; arcs en plein cintre.

Maisons des affranchis construites par les censives.

Établissements hospitaliers dans toute la chrétienté.

Palais imités de ceux de l'école païenne ; celui des ducs de Spolète.

Tombeaux en forme de ciborium, sarcophages sculptés, détails préparant un *style* nouveau. Mobilier.

2° *Style byzantin.* — Créé en Orient, adopte la coupole en principe, modifie le plan des églises ; celle de Sainte-Sophie devient type.

Maisons et monuments dans la Syrie centrale ; palais des empereurs.

Justinien améliore l'architecture militaire ; les façades d'église, surmontées de coupoles, sont carrées d'abord, ensuite se couronnent de courbes ou de pignons. A l'intérieur les pendentifs portent les coupoles que décorent la mosaïque et la peinture. L'arc en plein cintre est seul admis dans l'ensemble. Mobilier en harmonie avec les temples.

Tombeaux en forme d'édicules, sarcophages ornés.

Détails d'architecture et ornementation d'un style nouveau.

La Russie conserve en partie le style byzantin.

3° *Style roman, lombard, saxon.* — Dérivé des précédents, a comme eux l'arc en plein cintre ; se développe au xi° siècle. On en reconnaît les germes en Syrie.

Maisons à Metz, à Cluny ; châteaux féodaux.

Fontaines, marchés, premiers hôtels de ville, hôpitaux.

Travaux militaires développant les inventions précédentes.

Églises sur le plan latin, colonnes liées aux piliers, absides nombreuses, voûtes remplaçant les plafonds, nervures, en distribuant la poussée.

Contreforts aux façades ; baies ornées de colonnes, de statues, etc.

Chapiteaux variés, peinture décorative, polychromie.

4° *Style ogival*, dit *gothique.* — Succède au xii° siècle au style roman et s'aide de ses inventions pour créer une architecture nouvelle, par l'emploi de l'arc aigu dans tout l'ensemble.

Maisons de bois, de brique, de pierre, châteaux féodaux, marchés, fontaines, hôtels de ville, palais de justice, bourses, etc.

Églises où se développent la hardiesse et la science, puis l'expression de l'idée chrétienne. Ce style répandu dans toute la chrétienté.

Décoration en statues, bas-reliefs, peinture, vitrerie peinte.

Moulures de forme nouvelle et ornées des produits de la flore.

Cryptes funèbres, tombeaux sur le sol, sarcophages, châsses.

Mobilier général en harmonie avec le nouveau style.

5° *Renaissance.* — Retour en Italie, au xv° siècle, à l'architecture des Romains, par une imitation d'abord libre qu'épurent les architectes du xvi° siècle. Elle suit en France la même voie, puis Philibert Delorme, Pierre Lescot, Bullant, etc., la conduisent au style classique ; elle se transmet aux xvii° et xviii° siècles et se répand dans toute la chrétienté occidentale et jusqu'en Amérique.

La renaissance produit des maisons particulières, des châteaux, des monuments publics, des fontaines, des halles, des hôtels de ville, des églises, des tombeaux et une riche ornementation.

Une révolution complète s'opère alors dans l'architecture militaire. San-Micheli, San-Gallo, etc., et plus tard Vauban, y apportent des dispositions nouvelles motivées par l'emploi de l'artillerie. Les Mansard, Lemuet, Lemercier, Perrault, Christophe Wren, produisent des hôtels, des édifices civils et religieux qui se voient à Paris, à Londres et dans d'autres villes, et sont dignes de prendre place dans l'histoire de l'architecture du xvii° siècle ; il en est de même des nombreuses productions des artistes habiles qui, durant le xviii° siècle, ont aussi contribué à enrichir l'Europe de remarquables édifices.

ARCHITECTURE MONASTIQUE

Les sociétés religieuses nées en Orient ont créé les Laures et les Cœnobia, premiers monastères ; la chrétienté en posséda successivement de tous les styles. Parfois le symbolisme présida à leur construction : celui de Souillac était circulaire pour rappeler l'éternité ; à Centula, il s'élevait sur un triangle en l'honneur de la trinité ; le couvent des Minimes de Vincennes était un décagone. La forme quadrangulaire prévalut. Dans ces enceintes souvent fortifiées étaient les cloîtres, les salles capitulaires, les écoles, les dortoirs, les infirmeries, les réfectoires, les maisons d'abbés, d'étrangers, de pèlerins, les ateliers d'industrie et d'art, constructions disposées pour la vie en commun ; des églises et des chapelles s'y élevaient. Les détails d'architecture et de décoration se conformaient à la marche de l'art.

ARCHITECTURE ARABE

Cette architecture, répandue en Asie, en Afrique et en Espagne, est d'origine byzantine modifiée par l'imagination orientale ; elle se caractérise par l'emploi de l'arc aigu.

Maisons en terrasses, puis surmontées de dômes dans l'Asie centrale ; palais à Kachan, du Trône à Téhéran, des Miroirs à Ispahan ; palais au Caire, à l'Alhambra de Grenade, à Séville, à la Cuba et à la Ziza de Palerme, etc.

Médrécehs, collèges, caravansérails, bains, fontaines, ponts, à Ispahan, à Téhéran, etc.

Murs et portes de villes au Caire, à Alexandrie, forteresse de l'Alhambra.

Mosquées surmontées de coupoles bulbeuses et décorées de terre cuite émaillée, à Ispahan, à Téhéran, au Caire, à Cordoue.

Chapiteaux de forme cubique.

Tombeaux surmontés de coupoles, au Caire, à Koum, etc.

Toutes les contrées de l'Orient qui ont adopté la religion de Mahomet possèdent des édifices d'architecture arabe : Turquie, Perse, Inde, etc.

CHINE

Maisons, villas, palais, édifices publics construits en bambou et en bois ; toits aux pointes recourbées en l'air, murs de pisé, de brique, de pierre servant d'enveloppe sans supporter.

Ponts, en bois, en pierre, quais, aqueducs, tours de porcelaine.

Temples ou pagodes en brique, en pierre, précédés d'animaux chimériques sculptés, de pilônes en bois peint.

Constructions militaires hautes et crénelées, comme au moyen âge.

Absence des ordres et de la voûte, décoration de peinture, de dorure.

Les éléments de cette architecture puisés dans la tente tartare.

MEXIQUE ET PÉROU

Civilisation du vii° siècle après J.-C.

Maisons sur terrasses et sans toits (peinture).

Palais à Uxmal, à Labnah, enrichis d'ornements sculptés.

Lieux d'assemblées populaires disposés en gradins de pierre.

Forteresse de forme circulaire, à Newark, à Paint-Creek, etc.

Téocallis, temples élevés au sommet de pyramides à degrés à Uxmal, à Téhucahan, à Papantla, etc.

Tombeaux en tumulus, en pyramides.

Absences des ordres, profils barbares, ornements en méandres, bas-reliefs.

SECTION D'ARCHITECTURE

DEUXIÈME CLASSE

COURS D'ARCHÉOLOGIE

Valeur des récompenses accordées à ce concours.

Troisième médaille. — 1 1/2 valeur.
Mention. — 1 valeur.

EXPOSÉ PRATIQUE

Pour cet examen, il n'est donné aucun programme ; au moment du concours les élèves demandent ou soumettent au professeur un sujet à relever. Dans le cas où le sujet soumis ne rentrerait pas dans les données du cours, le professeur se réserve le droit d'imposer un sujet aux élèves. Ce concours a lieu en six jours et la mention qui résulte de l'examen du jury est nécessaire au passage en première classe.

Parmi les sujets choisis par le professeur se trouvent de nombreux fragments du musée du Trocadéro, des vitraux de Saint-Denis et des sujets empruntés au musée de Cluny ou au musée Carnavalet. Parmi les sujets proposés par les élèves se trouvent la cathédrale de Chartres et d'autres monuments situés sur des points encore plus éloignés de Paris. Les rendus de ce concours sont des plus intéressants au point de vue du pittoresque, les élèves ayant toute liberté pour rendre leurs sujets. On ne saurait trop féliciter le professeur actuel d'avoir complètement réformé l'ancien examen d'histoire de l'architecture, car cette nouvelle manière de comprendre ce concours apprend aux élèves à relever des documents d'après nature, et leur donne le goût des rendus artistiques.

Ce concours a lieu deux fois par an.

SECTION D'ARCHITECTURE

DEUXIEME CLASSE

DESSIN

Valeur des récompenses accordées à ce concours.

Troisième médaille. — 1 1/2 valeur.
Mention. — 1 valeur.

EXPOSÉ PRATIQUE

L'examen de dessin se compose de deux parties différentes, ayant chacune un professeur spécial. La première partie consiste à reproduire un ornement d'après le plâtre ; au conté, à la sauce, ou au crayon mine de plomb, suivant le genre de l'élève, et qui est équivalent comme travail aux modèles que nous reproduisons dans la partie consacrée à l'admission. La deuxième partie consiste en la reproduction d'une figure d'après l'antique (*le Discobole, l'Apollon, l'Enfant au chevreau*, etc.), ou d'une figure d'après nature ; chacun de ces deux exercices doit être exécuté en six séances de deux heures, pendant lesquelles le professeur fait habituellement deux corrections ; les dessins pour le jugement définitif sont gardés après avis du professeur spécial, et les mentions qui résultent de ces deux exercices sont nécessaires au passage en première classe.

SECTION D'ARCHITECTURE

DEUXIÈME CLASSE

MODELAGE

Valeur des récompenses accordées à ce concours.

Troisième médaille. — 1 1/2 valeur.
Mention. — 1 valeur.

EXPOSÉ PRATIQUE

L'exercice de modelage consiste en la reproduction, à la même échelle, ou à une échelle différente, d'un modèle en plâtre d'un degré très légèrement supérieur à ceux de l'admission ; ainsi la palmette que nous reproduisons à la planche 6, sert simultanément à l'examen d'admission et à l'obtention de la mention pour le passage en première classe. L'examen de modelage a lieu en douze heures, réparties en six séances de deux heures, pendant lesquelles deux corrections sont données par le professeur spécial — principalement le mardi et le vendredi. Après avis du professeur, les travaux peuvent être conservés pour l'obtention de la mention nécessaire au changement de classe ; chaque élève peut présenter un ou plusieurs spécimens de ses œuvres à chaque jugement.

L'ENSEIGNEMENT

A L'ÉCOLE NATIONALE ET SPÉCIALE DES BEAUX-ARTS

SECTION D'ARCHITECTURE

DEUXIÈME CLASSE

ENSEIGNEMENT SCIENTIFIQUE

ÉCOLE NATIONALE ET SPÉCIALE DES BEAUX-ARTS

DEUXIÈME CLASSE

ENSEIGNEMENT SCIENTIFIQUE

EXPOSÉ PRATIQUE

L'enseignement scientifique est la partie la plus importante de la seconde classe de l'école des Beaux-Arts, comme nous le disions plus haut, elle retarde le passage des élèves en première classe dans une proportion de 25 0/0 ; les jeunes architectes ne sauraient donc assez apporter de préparation pour tous ses examens, premièrement pour le changement de classe et, secondement, parce que ces études scientifiques sont les seules faites à l'école des Beaux-Arts jusqu'au diplôme, ce sont donc les principes appris au cours de stéréotomie et au cours de construction en seconde classe qui serviront à passer l'examen du diplôme, la première classe n'ayant aucun cours particulier d'enseignement scientifique.

L'enseignement scientifique se compose annuellement de :

1° *Deux examens de geométrie descriptive ;*
2° *Deux examens de mathématiques et de mécanique oral et écrit ;*
3° *Un examen de stéréotomie et de levée de plans ;*
4° *Deux examens de perspective ;*
5° *Un examen de construction.*

Pour leur passage en première classe, les élèves devront justifier d'au moins une mention dans chacun des examens ci-dessus.

SECTION D'ARCHITECTURE

COURS

DE GÉOMÉTRIE DESCRIPTIVE

(UNE ANNÉE. — 40 LEÇONS)

PREMIÈRE PARTIE

LIGNE DROITE ET PLAN

Nota. — Presque toutes les questions indiquées dans cette première partie figurant déjà au programme d'admission, le Professeur se contentera d'en faire une revision et ne traitera, en détail, que celles qui sont nouvelles.

1. — Généralités sur les projections

Objet de la géométrie descriptive. — Différents systèmes de projections. — Défigurations dues aux projections. — Définitions.

Projection orthogonale d'un angle droit. — Lorsqu'un angle droit a l'un de ses côtés parallèle au plan de projection, il se projette orthogonalement sur ce plan en vraie grandeur. — Réciproques de ce théorème. (Démonstrations exigées.)

Insuffisance d'une seule projection. — Projections horizontales ou projections verticales, cotées. — Double projection sur un sol et sur un mur. — Épure, ligne de terre, etc. — Coordonnées d'un point : largeur, profondeur, hauteur. — Les quatre dièdres.

Représentation de la ligne droite; positions particulières, position générale. — Traces d'une droite. — Droites parallèles entre elles. — Droites concourantes. — Droites orthogonales. — Application à la recherche de la plus courte distance de deux droites quand l'une d'elles est verticale ou de bout.

Reconnaître si deux droites de profil sont parallèles ou non ; si elles sont dans un même plan de profil, trouver leur point d'intersection. — Sur une droite quelconque, prendre un point dont la hauteur soit à la profondeur dans un rapport donné $\frac{m}{n}$. — Trouver le point d'une droite située sur le plan bissecteur de l'un des quatre dièdres.

Déplacements : Généralités ; déplacement du spectateur ou *changement de plan de projection ;* déplacement de l'objet ou *rotation.* — Changement de mur, pour un point, pour une droite et pour une figure quelconque. — Déplacement de niveau d'un point, d'une droite, d'une figure quelconque (c'est-à-dire rotation autour d'un axe vertical). — Déplacement de front d'un point, d'une droite, d'une figure quelconque (c'est-à-dire rotation autour d'un axe de bout).

Par deux déplacements successifs (rotation ou changement de plan combinés à volonté), amener une droite quelconque à être d'abord parallèle à l'un des plans de projection et, ensuite, perpendiculaire à l'autre. — Application à la recherche de la plus courte distance de deux droites.

Représentation et déplacements du plan. — Génération du plan : directrices, génératrices. — Prendre une droite et prendre un point sur un plan déterminé projectivement. — Droites remarquables d'un plan : horizontales, frontales ; traces ; lignes de plus grande pente et lignes de plus grande inclinaison. — Plans dans des positions particulières ; plan horizontal, plan de front, plan vertical, plan de bout, plan quelconque. — Changement de mur pour un plan. — Rotation d'un plan autour d'un axe vertical ou de bout.

Usage des rotations ou des changements de plan. — Amener un plan à être perpendiculaire au mur, c'est-à-dire à être *défini par sa ligne de plus grande pente :* 1° par changement de mur ; 2° par rotation autour d'un axe vertical. — Un plan est perpendiculaire au mur : l'amener, par rotation, à être parallèle au sol (c'est le problème du *rabattement*). — Un plan est perpendiculaire au sol, le rabattre sur le mur. — Rabattement horizontal ou *mise de niveau* d'un plan quelconque, c'est-à-dire changement de mur suivi d'une rotation. — Problème inverse du rabattement. — Rabattement vertical ou *mise de front* d'un plan quelconque.

Rabattre un plan quelconque et entraîner dans le mouvement un point (ou une figure) lié invariablement à lui.

Par deux déplacements successifs (changement de mur ou rotation, combinés comme on le voudra), amener un polyèdre quelconque, par exemple, une pyramide triangulaire quelconque, à avoir une de ses faces parallèle à l'un des plans de projection. — Problème inverse conduisant à la représentation la plus générale d'une figure.

Par un changement de mur, amener deux droites quelconques à avoir leurs projections verticales parallèles. — Même problème résolu par une rotation.

Positions relatives des droites et des plans. — Théorème. — Lorsqu'une droite est perpendiculaire sur un plan, ses projections dans le système orthogonal sont respectivement perpendiculaires aux traces de même nom du plan. — Théorèmes réciproques (démonstrations exigées). — Exception pour une droite de profil, vérifier la perpendicularité dans ce cas.

Abaisser d'un point une perpendiculaire sur un plan, défini soit par ses traces, soit par trois points, soit par deux droites parallèles ; pied et longueur de cette perpendiculaire.

Droite parallèle à un plan ; reconnaître le parallélisme. — Plans parallèles ; théorème sur le parallélisme des traces et théorème réciproque.

Par un déplacement de niveau, amener un plan P, défini par ses traces ou par trois points, à être parallèle à une droite donnée D.

Par un déplacement de front, amener un plan P, défini par ses traces ou par trois points, à être perpendiculaire à un autre plan Q.

Par un déplacement de front ou de niveau (à volonté), amener une droite D à être perpendiculaire (en direction dans l'espace) à une autre droite G.

Circonférence. — Courbes planes, courbes gauches. — Tangente, normale. Point d'inflexion et point de rebroussement. — La projection d'une circonférence sur un plan est une ellipse ; axes de cette ellipse ; diamètres conjugués.

Principaux tracés de l'ellipse et particulièrement le tracé dit : *par la bande de papier ;* normale. — Connaissant deux diamètres conjugués d'une ellipse, déterminer ses axes (1).

---

(1) Ces tracés, empruntés au cours de mathématiques, seront donnés sans démonstration.

Représentation de la circonférence dans les cas simples où son plan est vertical ou de bout. Représentation de la circonférence dans le cas général :

On donne un plan P défini par ses traces et un point oo' dans ce plan. Représenter une circonférence de centre oo', de rayon R, située dans ce plan. Déterminer, par des constructions aussi réduites que possible, soit les axes de l'ellipse, qui en est la projection horizontale, soit ceux de la projection verticale.

Même problème : le plan est défini par trois points et la circonférence doit passer par ces trois points.

II. — Intersections de plans, de droites et de plans, de circonférences

Expliquer la *méthode générale* à employer pour trouver :

1° L'intersection de deux surfaces S et S' quelconques ;

2° L'intersection d'une surface S et d'une courbe C quelconques. — Application : 1° à l'intersection de deux plans définis par leurs traces ; 2° à l'intersection d'une droite quelconque et d'un plan défini par ses traces.

Intersection de deux plans définis par leurs traces horizontales sur un même sol et par leurs traces verticales sur deux murs différents. Application à deux plans définis, chacun, par leurs lignes de plus grande pente. — Remarque sur l'intersection de deux plans dont l'un est vertical et dont l'autre est de bout.

Méthode générale pour trouver l'intersection d'une circonférence et d'un plan. — *Théorème* : si deux circonférences se coupent, elles appartiennent à une même sphère (démonstration exigée). — Application : intersection d'un plan quelconque (défini pas ses traces ou par sa ligne de plus grande pente) et d'une circonférence dont le plan est vertical ou de bout.

Intersection d'une circonférence définie par trois points et d'un plan quelconque (défini par ses traces ou par sa ligne de plus grande pente). Solution, dans l'espace, du problème suivant : Par un point mm',

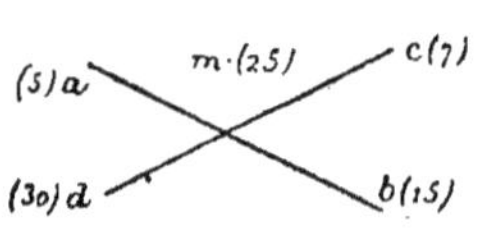

mener une droite qui en rencontre deux autres D et C non situées dans un même plan : exécuter l'épure soit dans le cas où les droites sont définies par leurs deux projections, soit dans le cas où l'on donne seulement les projections horizontales du point et des droites et les cotes de hauteur nécessaires pour en définir la position dans l'espace.

Solution, dans l'espace, du problème suivant : Parallèlement à une direction donnée A, mener une droite qui en rencontre deux autres, D et C, non situées dans un même plan. — Exécuter l'épure dans des conditions analogues à celles du paragraphe précédent.

III. — Représentation de solides

Nota. — Ces problèmes ne seront pas tous traités au cours. — Les élèves devront en chercher eux-mêmes la solution graphique.

Un solide (une pyramide, par exemple) étant représenté dans la position la plus simple qu'il puisse occuper, l'amener par trois déplacements à occuper la position la plus générale.

On donne trois points aa'-bb'-cc' : représenter une pyramide qui aurait le triangle ABC pour base et une hauteur h sachant que le pied de cette hauteur tombe en un point connu du plan du triangle, par exemple au croisement des médianes ou des bissectrices.

On donne une pyramide dont la base sur le sol est un quadrilatère *quelconque*, *abcd*. Le sommet, coté, est S. — Couper cette pyramide par un plan tel que la section soit un parallélogramme. — Il y a une infinité de plans, tous parallèles entre eux et répondant à la question ; trouver celui pour lequel le côté du parallélogramme situé dans la face *sab* aurait une longueur donnée *l*.

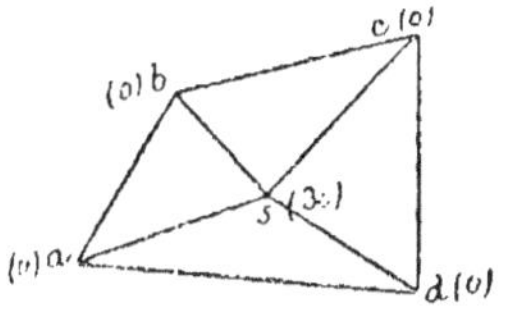

On connaît le triangle *abc*, suivant lequel le sol coupe les trois arêtes d'un cube de côté connu, *l*. — Déterminer la projection horizontale de ce cube.

On donne deux droites quelconques, A et B, non situées dans un même plan ; construire et représenter un cube ayant une de ses arêtes dirigée suivant la droite A et le plan d'une de ses faces contenant la droite B. (Données analogues à celle de l'avant-dernière figure.)

IV. — Sphère. — Cône et cylindre de révolution

Définitions de la surface conique, de la surface cylindrique et de la surface sphérique. — Directrices et génératrices. — Plan tangent, normale. — Cône et cylindre de révolution ; propriétés de leurs plans tangents et de leurs normales.

Cône et cylindre de révolution considérés comme *lieux géométriques* de droites ou comme *enveloppes* de plans satisfaisant à certaines conditions relativement aux problèmes sur les angles et sur les distances. — Solution, dans l'espace, des problèmes sur les plans tangents à la sphère, au cône et au cylindre.

Intersection de deux cônes de révolution qui ont le même sommet, ou de deux cylindres qui ont la même direction (cette intersection se compose de lignes droites). — Solution dans l'espace ; emploi d'une sphère. — Conditions pour que deux cônes de révolution aient des plans tangents communs (ils doivent être circonscrits à une même sphère, ou avoir même sommet ou être homothétiques) ; solution de la question dans l'espace ; épure dans le cas où l'un des cônes a son axe vertical ou de bout.

V. — Problèmes sur les angles

Angles de deux droites définies soit par leurs deux projections, soit par une seule de leurs projections (mais alors cotée). — *Application :* Mener par un point une droite qui en rencontre une autre sous un angle donné.

Tracer, dans un plan P, une droite faisant un angle α avec une autre droite MN, située hors de ce plan. — Expliquer la solution dans l'espace et faire l'épure sur les données suivantes :

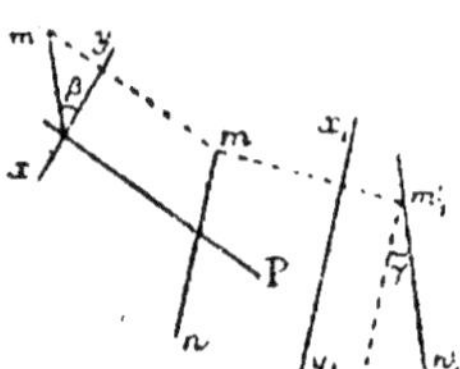

Le plan P est défini par sa ligne de plus grande pente. La droite MN est définie par sa projection horizontale *mn* et par l'angle γ qu'elle fait avec le sol.

Par le point de rencontre S, de deux droites A et B, tracer une droite qui fasse un angle α avec la droite A et un angle β avec la droite B : expliquer la solution dans l'espace et faire l'application suivante :

La droite A est de front et la droite B est de niveau, ou bien encore : la droite A est verticale, la droite B est de niveau, ou bien encore : les droites A et B sont toutes deux de niveau.

Angle d'une droite et d'un plan. — Angles d'une droite avec les plans de projection.

Par un point *mm'*, mener une droite qui fasse des angles donnés α et β, avec les plans de projection. — Emploi de deux cônes. — Discussion (exigée).

Par un point M, pris dans un plan P, mener dans ce plan une droite MN qui fasse, avec un autre plan Q, un angle donné : solution dans l'espace ; épure, dans le cas où le plan P est quelconque et où le plan Q est vertical ou de bout.

Angle de deux plans : solution dans l'espace ; faire l'épure : 1° dans le cas où la droite d'intersection est de front ; 2° dans le cas où les plans sont quelconques et définis par leurs traces.

Problème inverse : par une droite d'un plan, mener un autre plan qui fasse avec le premier un angle donné.

Angle de deux plans dans les deux cas suivants : 1° ils sont définis, chacun, par leur ligne de plus grande pente ; 2° ils sont définis par leur intersection (cotée) *ab* et par un point de chacun d'eux *m* et *n* (cotés).

Par une droite donnée AB située hors d'un plan P, faire passer un autre plan Q, qui fasse avec le premier un angle donné α : solution dans l'espace ; emploi d'un cône auxiliaire. — Exécuter l'épure dans le cas où la droite est quelconque et où le plan donné est de bout.

Trouver les angles d'un plan avec les plans de projection.

Problème inverse : par un point *mm'*, mener un plan qui fasse des angles donnés α et β avec les plans de projection. — Discussion (exigée).

VI. — RÉSOLUTION DES ANGLES TRIÈDRES

Définitions. — Angles faces, angles dièdres, arêtes : trièdres supplémentaires ; trièdre défini projectivement ; recherche de ses faces et de ses dièdres.

Résoudre un trièdre connaissant :

Les trois faces a, b, c ;

Les trois dièdres A, B, C ;

Deux faces a et b et le dièdre compris C ;

Deux dièdres A et B et la face comprise c ;

Deux faces a et b et le dièdre A, opposé à l'une d'elles ;

Deux dièdres A et B et la face a, opposée à l'un d'eux.

VII. — PROBLÈMES SUR LES DISTANCES

Distance d'un point à une droite : donner les trois solutions : 1° en prenant un mur parallèle à la droite ; 2° en abaissant du point un plan perpendiculaire sur la droite et en définissant ce plan par une frontale et par une horizontale ; 3° en rabattant le plan de la droite et du point.

Distance d'un point à un plan défini par ses traces ou défini par trois points.

Trouver la plus courte distance de deux droites, par application de la méthode générale, que l'on exposera au préalable.

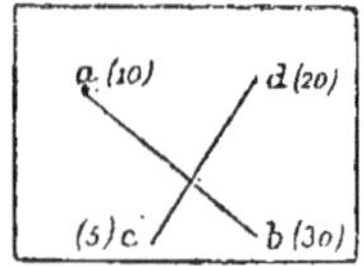

Trouver la plus courte distance de deux droites données par leurs projections horizontales cotées ; appliquer la méthode générale.

VIII. — Problèmes divers

Par un point m situé dans le plan horizontal, faire passer une droite qui soit à une distance α d'un point A et à une distance β d'un autre point B. Données : A est sur le sol, B est à une hauteur cotée $h = 15$. Expliquer d'abord la solution dans l'espace.

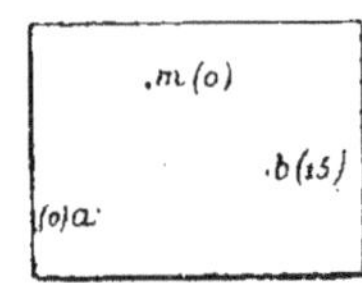

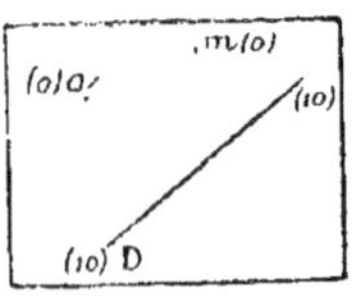

Par un point m pris sur le sol, faire passer une droite qui soit à une distance donnée (α) d'un point A situé sur le sol et à une distance donnée (δ) d'une droite donnée D horizontale, de cote connue. Expliquer d'abord la solution dans l'espace.

Par un point m pris sur le sol, faire passer une droite qui soit à des distances données d'une droite D (horizontale) et d'une autre droite donnée E (verticale), c'est-à-dire projetée tout entière en un point E. Expliquer d'abord la solution dans l'espace.

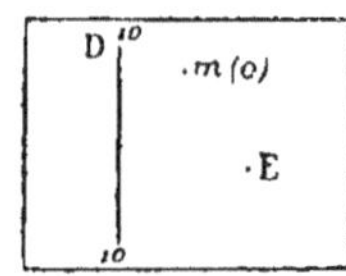

IX. — Polyèdres réguliers

Définition des polyèdres réguliers convexes. Il ne peut exister que cinq polyèdres réguliers convexes ;

Représenter un tétraèdre régulier reposant par sa base sur un plan quelconque, un côté coïncidant avec une droite donnée de ce plan.

Représenter un octaèdre régulier reposant par une de ses faces sur le plan horizontal ou reposant sur un plan quelconque.

Représenter un cube ayant une diagonale verticale et orienté de telle sorte que l'une de ses arêtes fasse un angle donné avec le mur.

Représenter un cube, sachant : 1° que sa diagonale est une droite quelconque, et 2° que l'une de ses arêtes fait un angle α avec le plan horizontal.

Représenter un icosaèdre régulier, connaissant sa diagonale verticale.

Représenter un dodécaèdre régulier reposant par une de ses faces sur le plan horizontal.

DEUXIÈME PARTIE

PLANS COTÉS. — CONES. — CYLINDRES

I. — Projections par plans cotés

Conventions : échelles.

Ligne droite : équidistance ; graduation, intervalle, pente.

(*a*) Graduer une droite joignant deux points cotés. — (*b*) Trouver la cote d'un point pris sur une table graduée. — (*c*) Placer sur une droite graduée un point de cote donnée.

Plan : échelle de pente.

On donne trois points cotés *a*, *b*, *c* : déterminer l'échelle de pente du plan passant par ces trois points. Reconnaître si deux droites se coupent et graduer leur plan. Intersection de deux plans ; intersection d'une droite et d'un plan.

On donne un plan par son échelle de pente et un point coté hors du plan ; abaisser de ce point une normale sur le plan et graduer cette droite. Trouver son pied et sa longueur.

Trouver l'angle de deux plans définis chacun par leur échelle de pente.

Par une droite joignant deux points cotés, faire passer un plan ayant une pente donnée, et trouver son intersection avec un autre plan défini par son échelle de pente.

Trouver la plus courte distance de deux droites graduées, en projections cotées.

II. — Courbes et surfaces : généralités

Généralités sur les courbes.

Courbes planes, courbes gauches. — Tangente et plans tangents, normales et plan normal. — Plan osculateur. — Projections diverses d'une courbe gauche : projection avec point d'inflexion ; avec point de rebroussement. (Démonstration facultative.)

Généralités sur les surfaces.

(*a*) Surfaces engendrées par le mouvement d'une ligne. Exemples divers. — Directrices ; génératrices. — Surfaces réglées. — Existence et propriétés du plan tangent. — Normale.

(*b*) Surfaces engendrées par le mouvement d'une autre surface : surface enveloppe et surfaces enveloppées. Caractéristiques. *Théorème* (démonstration non exigée) : l'enveloppe est tangente à ses enveloppées tout le long des caractéristiques. — Surfaces circonscrites. — Donner des exemples de surfaces enveloppes.

Représentation des surfaces.

Contour apparent perspectif ou projectif ; séparatrice de vision. — Généralisation aux ombres (soit au flambeau soit au soleil) : séparatrice d'ombres. — Ombres portées.

Théorèmes sur les contours apparents : *Théorème 1.* — Le contour apparent d'une surface est l'enveloppe des projections des courbes tracées sur cette surface. Exceptions. — *Théorème 2* (des surfaces enveloppes). Lorsque deux surfaces sont circonscrites l'une à l'autre, leurs contours apparents sont tangents.

Nota. — La démonstration des théorèmes ne sera pas exigée, mais les élèves devront faire au tableau les croquis voulus pour les bien mettre en évidence.

III. — Cônes et cylindres ; pyramides et prismes

Définitions et généralités. — Propriétés du plan tangent au cône et au cylindre.

Solution dans l'espace des problèmes suivants : mener à un cône, ou à un cylindre, un plan tangent : 1° par un point pris sur la surface ; 2° par un point extérieur (problème de l'ombre au flambeau et du contour apparent perspectif) ; 3° parallèlement à une direction donnée (problème de l'ombre au soleil et du contour apparent projectif). Contours apparents d'un cône ou d'un cylindre.

(a) *Épures sur les plans tangents.*

Prendre un point sur la surface d'un cône et mener le plan tangent en ce point. — Le cône sera défini de la manière suivante : sa directrice est une circonférence tracée dans un plan debout ; son sommet est un point quelconque SS'. On ne devra pas tracer d'ellipse, et le point à prendre sur la surface du cône sera donné par sa projection horizontale m. On devra d'abord chercher sa projection verticale m' et, ensuite, déterminer le plan tangent. Contour apparent horizontal de la surface.

Prendre un point sur la surface d'un cylindre et mener le plan tangent en ce point. Le cylindre sera défini comme suit : sa directrice est une circonférence tracée dans un plan vertical ; ses génératrices ont une direction connue $\Delta\Delta'$. — On ne devra pas tracer d'ellipse. Le point sera donné par sa projection verticale m' ; on devra chercher sa projection horizontale m et, ensuite, déterminer le plan tangent. — Contour apparent vertical de la surface.

Même cône que ci-dessus : déterminer ses ombres au flambeau (un point ff' sera le flambeau) ou ses ombres au soleil (RR' sera la direction des rayons lumineux).

Même cylindre que ci-dessus ; déterminer ses ombres au flambeau ou ses ombres au soleil.

Comment trouve-t-on la normale commune à deux cônes, ou à deux cylindres, ou à un cône et un cylindre ? — *Épure :* Mener la normale commune à deux cônes définis comme suit : le premier est de révolution, son axe est de bout ; le second est aussi de révolution, mais son axe est quelconque. On ne devra pas avoir à tracer d'autres courbes que des circonférences.

On donne un cône de révolution dont l'axe est dirigé d'une manière quelconque. On connaît son sommet SS' et l'angle générateur α.

Par un point extérieur au cône, mm', mener une droite qui soit tangente au cône et qui s'appuie sur une droite donnée DD'.

(b) *Intersection des cônes et des cylindres. — Généralités.*

Indiquer la méthode générale à employer pour trouver l'intersection de deux surfaces quelconques S et S' pour déterminer la tangente en un point quelconque de l'intersection (méthode des plans tangents, méthode des normales). — Comment applique-t-on la méthode générale quand les surfaces sont du genre cône, cylindre, pyramide ou prisme? Que nomme-t-on plan auxiliaire limite et point limite d'intersection? Tangente en ce point? Quel est le sens des mots *arrachement* ou *pénétration*? Peut-on reconnaître *a priori* le genre d'intersection (arrachement, pénétration, rencontre avec un ou deux points doubles)?

Dans quel cas deux surfaces du second degré se coupent-elles suivant deux courbes planes ou suivant une courbe qui, tout en étant gauche, se projette suivant une conique? Exemple à l'appui ; les emprunter aux ombres ou à l'architecture.

(c) *Épures*.

Nota. — Pour toutes les épures qui vont suivre, on fera soigneusement le numérotage méthodique des plans auxiliaires et des points de l'intersection qu'ils servent à déterminer. Pour tracer la courbe d'intersection, on fera l'application de la méthode dite *des deux mobiles* et on l'expliquera.

On donne deux cônes dont les sommets sont S et T : leurs bases sont des cercles sur le plan horizontal. — On connaît les hauteurs h et h' des sommets. — Chercher leur intersection. — Point courant. — Tangente. — Reconnaître s'il y a pénétration ou arrachement. — Tracer la courbe.

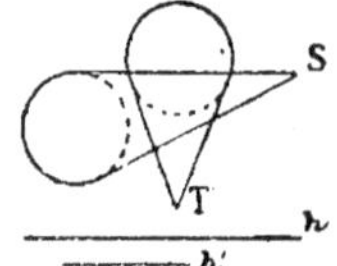

Mêmes bases pour les cônes. Mêmes points S et T ; même hauteur h, pour le sommet S. — Trouver la hauteur h', qu'il faut donner au sommet T, pour que l'intersection présente un point double. Chercher un point courant, la tangente.... etc. Tracer la courbe.

On donne un cylindre oblique dont la base est un cercle tracé sur le plan horizontal ; δ est la direction de ses génératrices ; dans l'espace, elles font un angle de 45° avec le sol. — Trouver son intersection avec un cône ayant pour base le cercle B, et son sommet en S, à la hauteur h. — Trouver un point courant. — Tangente ; tracer la courbe.

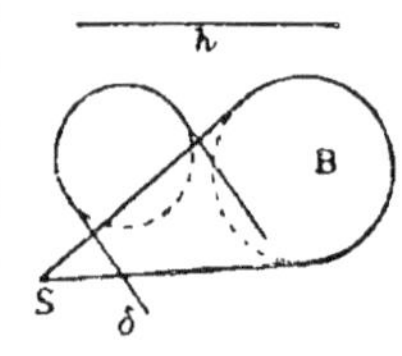

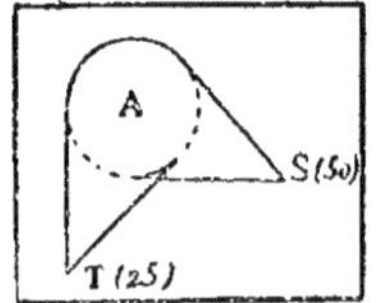

Un cercle A, dans le plan horizontal, est pris pour *base commune* de deux cônes. S (coté 50) est le sommet du premier ; T (coté 25) est le sommet du second. — Trouver l'intersection. De quelle nature est-elle?

(d) *Branches infinies des intersections de cônes et de cylindres.*

Expliquer de quelle manière un point courant de l'intersection peut, le plus souvent, s'éloigner à l'infini. — 1re manière : par parallélisme des génératrices (elle donne lieu aux branches infinies de 1re espèce). — 2e manière : par l'éloignement à l'infini de toute une génératrice (elle donne lieu aux branches infinies de 2e espèce). — De quelle espèce sont les branches infinies des intersections de deux cônes, ou de deux cylindres quand ces derniers sont à directrices fermées ?

Comment trouve-t-on les branches infinies de l'intersection de deux cônes et les asymptotes (si elles existent) ? Que nomme-t-on branches hyperboliques ou branches paraboliques ? Et comment en reconnaît-on l'existence ? Branches infinies de l'intersection d'un cône et d'un cylindre. — *Nota.* Pour toute cette question, des croquis perspectifs seront demandés, plutôt que des épures.

(e) Sections planes des cônes et des cylindres.

Nota. — On assimilera un plan à un cône ou à un cylindre dont la directrice serait une ligne droite ; cette assimilation permet de faire rentrer les problèmes de sections planes dans ceux traités ci-dessus.

Méthodes à suivre pour exécuter simplement les épures :

1° Méthode dite *des projections obliques* ; 2° méthode par changement de plan vertical (le plan sécant étant rendu de bout). Développements des cônes et des cylindres. Transformée d'une courbe.

Théorème : Les angles et les longueurs se conservent dans le développement.

Tangente à la transformée d'une courbe. Sous-tangente. — Point d'inflexion de la transformée d'une courbe plane tracée sur la surface d'un cône ou d'un cylindre. — Point d'inflexion des transformées des bases, en supposant ces dernières tracées sur les plans de projection.

Épures.

On donne un cône oblique à base circulaire sur le plan horizontal : 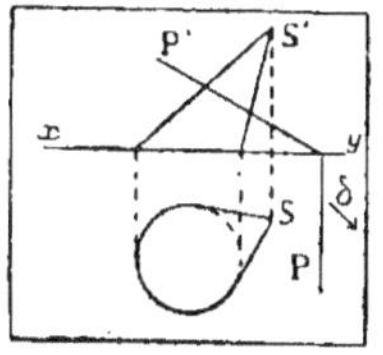 SS' est son sommet. — Le couper par un plan de bout PP'. — Trouver un point courant de la section et la tangente en ce point. — Développer le cône et trouver sur le développement la position du point précédent ainsi que la tangente en ce point à la transformée de la section, et le point d'inflexion de cette transformée. — Trouver deux diamètres conjugués de l'ellipse d'intersection en projection horizontale.

On donne un cylindre oblique à base circulaire sur le plan horizontal. Le couper par un plan de bout PP'.
— Trouver un point courant ainsi que sa tangente. — Développer le cylindre, trouver le point précédent sur le développement ainsi que la tangente à la transformée. — Déterminer deux diamètres conjugués de l'ellipse d'intersection, en projection horizontale.

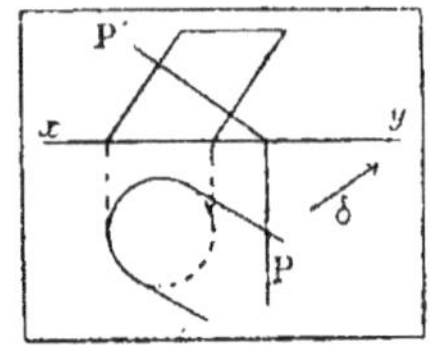

Même cône ou cylindre et même plan sécant qu'aux numéros précédents. — Trouver directement le point de la section pour lequel la tangente est, en plan (ou en élévation), parallèle à une direction donnée δ ou passerait par un point donné. — Achever l'intersection.

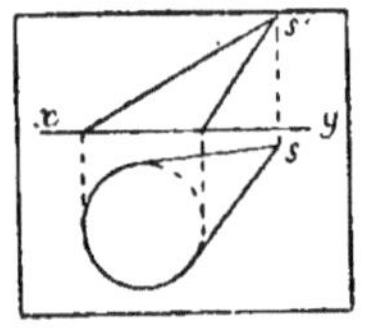

Que nomme-t-on sections *antiparallèles* dans un cône ou dans un cylindre ? Comment les trouve-t-on ?

Application : on donne un cône oblique à base circulaire sur le plan horizontal : SS' est son sommet. Trouver un plan sécant (autre qu'un plan horizontal) donnant comme section un cercle ; une fois trouvée la direction de cette section *antiparallèle à la base*, déterminer sa position de telle sorte que ce cercle ait un rayon donné.

Branches infinies dans les sections planes des cônes (du second degré). — Comment reconnaît-on que la section est une ellipse, une hyperbole ou une parabole ? Dans le cas de l'hyperbole, comment trouve-t-on les asymptotes ? Dans le cas de la parabole, quelle est la direction de l'axe ?

On donne un cône à base circulaire sur un plan horizontal. Son sommet est en S à une hauteur h. — On donne en PQ la trace horizontale d'un plan ; déterminer la pente de ce plan de telle sorte que la section qu'il donne dans le cône soit une hyperbole. — Trouver les asympotes, l'axe et le sommet en projection horizontale.

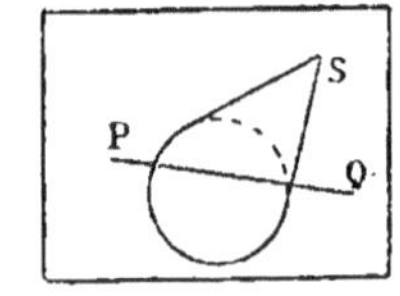

Même cône ; même trace PQ de plan ; déterminer la pente de telle sorte que la section soit une parabole ; en trouver l'axe, le sommet et le foyer.

TROISIÈME PARTIE

SURFACES DE RÉVOLUTION

I. — SURFACES DE RÉVOLUTION QUELCONQUES

Définitions. — Axe et génératrices. — Méridiens et parallèles. — Plan tangent en un point ; ses propriétés. — Normale ; cône des normales et cône des tangentes méridiennes. — Contours apparents d'une surface de révolution dont l'axe est vertical.

Épure : Prendre un point sur une surface de révolution (un tore) et mener par ce point un plan tangent à la surface.

Mener à une surface de révolution un plan tangent parallèle à un plan défini, soit par ses traces, soit par sa ligne de plus grande pente.

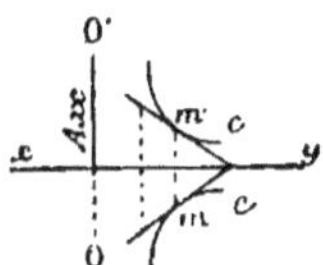

On donne une surface de révolution, à axe vertical, engendrée par la rotation d'une ligne gauche quelconque *cm-c'm'* ; déterminer sa méridienne principale, la tangente en un point de cette méridienne, les contours apparents.

Mener à une surface de révolution du second degré (un ellipsoïde) un plan tangent passant par une droite donnée.

Circonscrire un cône à une surface de révolution (problème de l'ombre au flambeau) : 1º trouver le point de la séparatrice situé sur un parallèle donné (ou méthode des enveloppées coniques) ; — 2º trouver le point situé sur un méridien donné (ou méthode des enveloppées cylindriques). — Point le plus haut ; point le plus bas.

Circonscrire un cylindre à une surface de révolution (problème de l'ombre au soleil). Aux deux méthodes indiquées ci-dessus, ajouter celles des enveloppées sphériques.

Trouver l'intersection d'une surface de révolution (un tore) par un plan quelconque défini par ses traces : expliquer la méthode générale et faire l'épure. — Point quelconque de l'intersection et tangente en ce point ; point le plus haut, point le plus bas, points sur les contours apparents.

Sections planes du tore : aspects divers de l'intersection suivant la position occupée par le plan sécant. — Section par le plan bi-tangent (elle est composée de deux circonférences).

Intersection de deux surfaces de révolution dont les axes se rencontrent (on prendra deux ellipsoïdes). Expliquer la méthode générale pour obtenir un point courant de l'intersection (emploi de sphères auxiliaires) et la tangente en ce point (méthode des normales). Points sur les contours apparents, etc.

Même question : application à une sphère et à un cône de révolution. La sphère est tangente au plan horizontal ; le cône a son axe situé dans le plan du méridien de front de la sphère ; de plus, la génératrice de front du cône est tangente au méridien principal de la sphère. De quelle nature est la courbe d'intersection en élévation ?

II. — Sphère. — Cône et cylindre de révolution

Rappel (sans démonstration) du théorème de Dandelin, relatif aux sections planes d'un cône de révolution. L'axe de la section est donné par la projection de l'axe du cône sur le plan sécant. — En projection horizontale, si l'axe du cône est vertical, la section a pour foyer la projection du sommet du cône ; directrice.

Placer sur un cône de révolution une ellipse, une hyperbole ou une parabole données.

Section plane d'un cône de révolution dont l'axe est incliné sur le plan horizontal. Sections planes projetées circulairement.

Un cône de révolution est défini par son axe incliné à l'angle β sur le plan horizontal, et par son angle générateur α. Trouver sa base sur le plan horizontal. — Quelle sera la courbe d'intersection dans les trois cas où l'on aura : 1° $\alpha < \beta$, 2° $\alpha > \beta$, 3° $\alpha = \beta$?
Trouver les axes de la base, ou l'un des axes et le foyer.

On donne en sa-$s'a'$ l'axe d'un cône de révolution, ss' est son sommet et l'on donne en outre l'angle générateur α : 1° prendre un point quelconque à la surface de ce cône (on se donnera *a priori* la projection horizontale m du point) ; 2° mener le plan tangent en ce point. On ne devra avoir à tracer que des circonférences.

Même cône : trouver son ombre propre au flambeau (*ff* sera le flambeau), ou son ombre propre au soleil (ss' sera la direction des rayons lumineux).

On donne en ab-$a'b'$ l'axe d'un cylindre de révolution. On connaît en outre le rayon r de ce cylindre : 1° prendre un point quelconque à la surface de ce cylindre et mener le plan tangent en ce point (on ne devra pas tracer d'ellipse pour la première partie de la question) ; 2° trouver la base de ce cylindre sur le plan horizontal.

Même cylindre : trouver son ombre au flambeau ou son ombre au soleil.

Sphère. — Méridiens, parallèles, contours apparents. Projections stéréographiques : on nomme ainsi la perspective d'un cercle de la sphère faite en prenant pour tableau le plan d'un grand cercle et pour point de vue le pôle de ce grand cercle.

Propriétés stéréographiques : 1° la perspective stéréographique d'un cercle est un cercle ; 2° les angles se conservent (démonstrations exigées).

Application aux cartes géographiques.

Couper une sphère par un plan défini par ses traces. — Déterminer directement les axes de chacune des projections de l'intersection.

Intersection de deux sphères : déterminer directement les axes de la projection horizontale ou de la projection verticale.

Trouver l'ombre (au flambeau) d'une sphère : déterminer l'ombre propre en plan et en élévation et l'ombre portée sur le plan horizontal. — Discuter la nature de cette dernière ombre qui peut être une ellipse, une parabole ou une hyperbole.

Trouver l'ombre au soleil d'une sphère. Déterminer l'ombre propre en projection horizontale et en projection verticale et les ombres portées sur chacun des plans de projection.

Mener à une sphère un plan tangent : 1° parallèle à un plan donné ; 2° passant par une droite donnée.

Nota.— Pour toutes ces épures, adopter le tracé donnant le minimum de lignes de construction.

III. — Cadrans solaires (1)

Notions sommaires d'astronomie : mouvement diurne : le soleil et l'écliptique. — La terre ; latitude et longitude d'un point.

Première idée sur la construction d'un cadran solaire ; cadran solaire cylindrique ou sphérique.

Connaissant la latitude d'un lieu, construire en ce lieu, sur un plan horizontal, un cadran solaire à style : 1° tracé de la méridienne par expérience ; emploi d'un faux style ; 2° tracé des lignes horaires.

Connaissant la latitude d'un lieu, construire, en ce lieu, un cadran solaire à gnomon sur un mur vertical déclinant : tracé expérimental du centre du cadran, de la sous-stylaire et de la ligne de midi ; 2° tracé géométrique des autres lignes horaires.

QUATRIÈME CLASSE

SURFACES RÉGLÉES ET SURFACES HÉLICOIDALES

I. — Généralités sur les surfaces réglées

Définir une surface réglée ; montrer comment on peut l'engendrer. — Combien faut-il de conditions graphiques pour assurer le mouvement de la génératrice ? — Exemples divers. — Directrices. — Noyaux. — Cône directeur. — Plan directeur. — Surfaces cylindroïdes, surfaces conoïdes. — Hyperboloïde. — Paraboloïde.

Nota. — Pour toutes ces questions on ne demandera que des définitions et des descriptions accompagnées de croquis.

Loi de variation du plan tangent en un point d'une surface réglée, lorsque le point se déplace sur une génératrice. — Théorème de *Chasles ;* le démontrer ; le discuter. Éléments déterminatifs : point central ; plan central ; paramètre de distribution. — Classification des surfaces réglées en *surfaces gauches* et en *surfaces développables.*

---

(1) Les cadrans solaires ne sont pas étudiés tous les ans.

Interprétation géométrique du théorème de Chasles. Le point central. Le plan central. Le paramètre de distribution. — Construire le plan tangent en un point. Méthode dite *de la sécante fixe;* méthode dite *du point de vue.*

Connaissant trois plans tangents en trois points A, B, C d'une génératrice, trouver les *éléments déterminatifs* de cette génératrice; en déduire le plan tangent en tout autre point. — *Points moyens* et *plans moyens.*

Lorsque deux surfaces gauches ont une génératrice commune et trois plans tangents communs en trois points de cette ligne, démontrer qu'elles se raccordent tout le long. — Qu'arrive-t-il si elles ont simplement la génératrice commune?

Conséquence: exposer la théorie des hyperboloïdes et des paraboloïdes de raccordement d'une surface gauche. Paraboloïde des normales.

Que nomme-t-on point central? Plan central? Plan asymptotique? Comment est ce dernier plan par rapport au cône ou au plan directeur? — Théorème sur le contour apparent *horizontal* des surfaces gauches d'*égale inclinaison,* c'est-à-dire dont les génératrices ont une pente constante. Le démontrer ainsi que le théorème réciproque.

II. — Paraboloïde hyperbolique et hyperboloïde gauche

Définition du paraboloïde hyperbolique ou *plan gauche:* démontrer (descriptivement) l'existence d'un double système de génératrices. — Mettre en évidence le second plan directeur (on suppose que le premier est le sol), prendre un point sur un paraboloïde et, par ce point, mener le plan tangent.

Trouver le point de l'ombre propre d'un paraboloïde situé sur une génératrice donnée (soleil ou flambeau), et trouver, par points, le contour apparent horizontal d'un paraboloïde. — Comme application de ce problème, trouver les éléments déterminatifs d'une génératrice quelconque.

Mener à un paraboloïde un plan tangent parallèle à un plan donné.

Définition de l'hyperboloïde gauche; son double système de génératrices (démonstration par la descriptive). — Centre de la surface. — Plans asymptotiques. — Cône asymptote.

III. — Surfaces gauches quelconques. — Épures

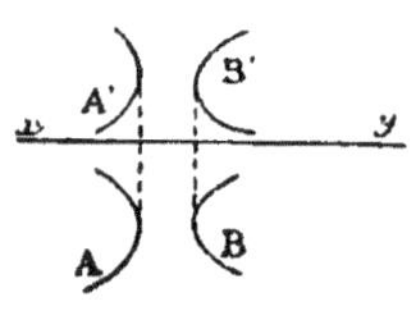

On donne une surface gauche à deux directrices A et B, et à plan directeur horizontal. Tracer une génératrice quelconque; prendre un point sur la surface; construire le plan tangent en ce point (emploi d'un paraboloïde de raccordement).

Trouver le point d'ombre propre situé sur une génératrice donnée (soleil ou flambeau).

Même surface : trouver les éléments déterminatifs d'une génératrice donnée. En déduire la solution de tout problème relatif aux plans tangents.

Un conoïde est à noyau sphérique : l'axe du conoïde est AA'. Le noyau est la sphère OO'. Le plan horizontal est le plan directeur. Résoudre, pour ce conoïde, le même problème qu'aux questions précédentes.

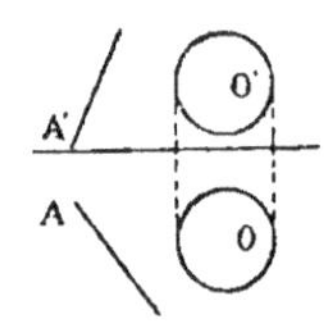

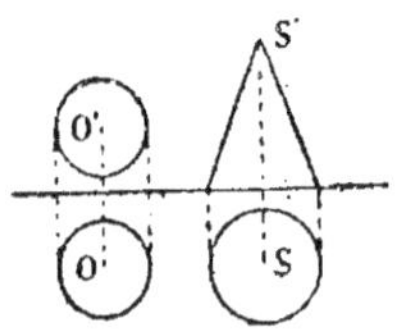

On donne une surface gauche à deux noyaux et à plan directeur horizontal. Le premier noyau est une sphère OO'; le second est un cône SS'. Résoudre pour cette surface le même problème qu'aux questions précédentes.

IV. — Hyperboloïde de révolution

Définition de la surface : double système de génération ; cercle de gorge ou *collier*; contour apparent vertical et hyperbole méridienne; cône directeur et cône asymptote.

Par un point pris sur l'hyperboloïde, mener le plan tangent à la surface. — Un plan contient une génératrice, trouver le point de tangence de ce plan. Application à la recherche de l'ombre propre.

Mener à l'hyperboloïde un plan tangent parallèle à un plan donné.

Sections planes de l'hyperboloïde. Elles sont homothétiques des sections faites par les mêmes plans dans le cône asymptote. Section par un plan vertical.

Intersection d'une droite et d'un hyperboloïde, dans le cas où la droite rencontre l'axe; emploi d'un cône auxiliaire.

Même problème: la droite ne rencontre pas l'axe; par cette droite, mener un plan tangent à la surface.

V.— HÉLICE ET SURFACES HÉLICOÏDALES.

Définition de l'hélice : pas total H, pas réduit h. Rayon R. Point de départ A. Sens (droite ou gauche). Projeter une hélice à axe vertical; la développer. Trouver la tangente; sous-tangente. Lieu des traces horizontales des tangentes.

Définition des cinq hélicoïdes réglés, en y comprenant l'hélicoïde développable, comme cas particulier de l'un d'eux. Duquel?

Hélicoïde gauche quelconque; définition. — Construire une génératrice; y prendre un point. — Construire le plan tangent en ce point. — Énoncer et démontrer le théorème du pôle.

Même surface : trouver un point de la courbe d'ombre propre (lumière au soleil). — Centre d'ombre; démontrer son existence et ses propriétés.

Surface de vis à filet triangulaire : définition. — Construire une génératrice et le plan tangent en un de ses points. — Position du pôle. — Section par le plan horizontal. La courbe de section est une spirale d'Archimède.

Même surface : trouver son contour apparent vertical. Application au dessin *exact*, et au dessin *simplifié*, d'une vis triangulaire employée dans l'industrie.

Définition et projection des deux hélicoïdes à plan directeur. — Représentation d'une vis à filets carrés employée dans l'industrie.

VI. — SURFACES DÉVELOPPABLES.

Définitions diverses d'une surface développable. Arête de rebroussement : à quelle propriété est dû ce nom? Manières d'engendrer une développable : deux conditions suffisent. Exemples.

Hélicoïde développable. Définition. Développement de la partie comprise entre le cylindre de striction et un cylindre concentrique. Vis d'Archimède pour épuisements; comment on la construirait.

15

CINQUIÈME CLASSE

OMBRES USUELLES A 45°.

Généralités; définitions; ombres au flambeau, ombres au soleil.
Les trois méthodes générales pour la recherche des ombres; les
trois théorèmes généraux. — Le cube de lumière et le
rayon à 45°; ses rabattements, l'angle φ.

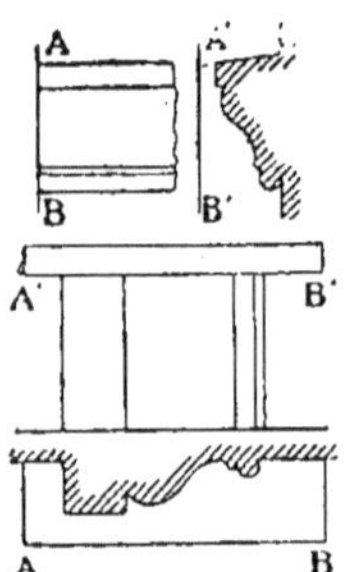

Ombre portée sur le plan vertical par un cercle de
niveau : application à l'ombre portée par un cylindre
vertical ou application à l'ombre portée sur le mur
du fond d'une pièce carrée par une ouverture cylindrique *ab* pratiquée dans le plafond.

Ombre portée sur le plan vertical par un cercle de
profil : application à l'ombre portée par un cylindre 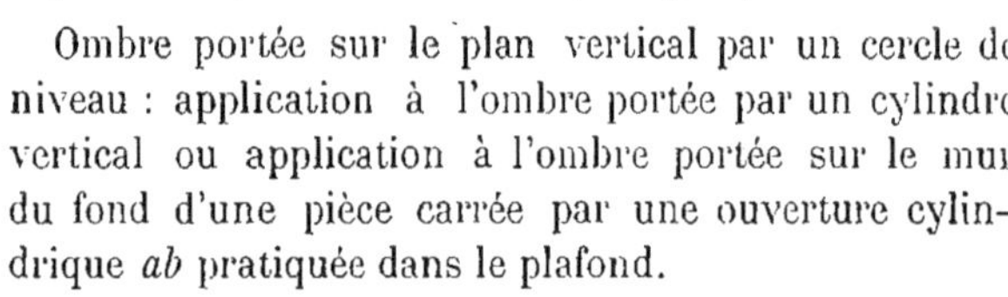
horizontal ou application à l'ombre portée sur le mur
du fond d'un portique par une arcade de profil : 1° avec l'arcade
entière; 2° en supposant l'arcade coupée.

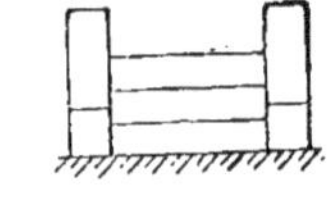

Ressaut des ombres : Tracer directement l'ombre portée par l'arête AB, A'B' d'un mur ou d'un
pilastre sur des moulures horizontales placées
en arrière ou application à l'ombre portée par un
larmier A B, A'B' sur des moulures verticales placées au-dessous et en arrière.

Ombres portées sur des murs fuyants ou sur
des plans parallèles à la ligne de terre. Application aux ombres d'un escalier extérieur, compris
entre deux petits murs d'appui inclinés à la même
pente que lui (en élévation seulement).

Ombres portées par une cheminée sur un toit parallèle à la ligne de
terre.

Ombres portées sur le même toit par une lucarne couronnée, en 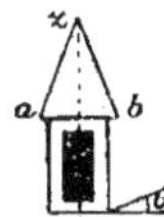 zab, par deux petits égouts de long pan za, zb, et une croupe zab, de même pente que les longs pans.

Ombre propre du cône de révolution à axe vertical et son ombre portée sur le sol et sur le mur. Discussion. Cône à 45°. Cône à l'angle φ. Cône sans ombre. Cône en entier dans l'ombre.

Même problème, traité en se servant du mur fuyant à 45°.

Ombres de la sphère : on supposera le rayon lumineux rendu de front (angle φ). On justifiera théoriquement les tracés simplifiés qui en résultent.

Même problème : le rayon lumineux est à 45°. Donner sans démonstration le tracé de l'ombre propre et des ombres portées sur les deux plans de projection :

Ombre propre du tore : en élévation A et en coupe B.

Ombre propre du tore, en plan : 1° en trouver les points principaux; 2° trouver un point quelconque en le déduisant de l'ombre de la sphère centrale. — La courbe d'ombre est une *conchoïde* d'ellipse.

Ombre dite *du tailloir* A.

Ombre des gouttes de l'ordre dorique B.

Ombre dite *du listel saillant*.

Ombre dite *de l'astragale* C.

Ombre du listel avec *congé circulaire* D.

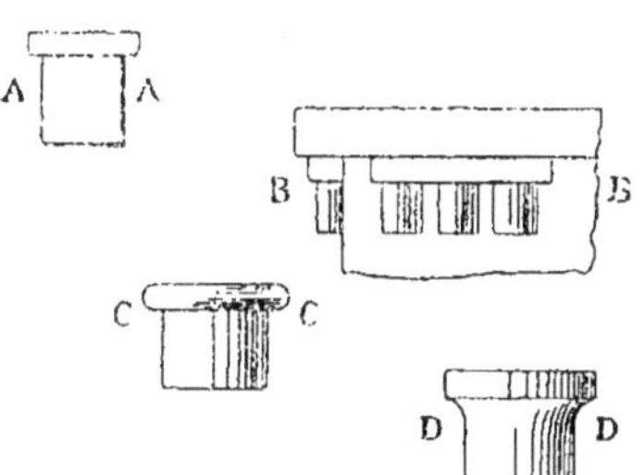

Ombre d'un cylindre de machine à vapeur, en coupe, avec piston en saillie.

Ombre dite *du pont :* application à une arcade en coupe.

Ombre dite *de l'écuelle :* en plan seulement; donner la démonstration du tracé et des simplifications.

Ombre *de l'écuelle :* en plan et en coupe; donner les tracés sans démonstration; indiquer les simplifications, tangentes, etc.

Ombres d'une *niche sphérique :* en élévation et en coupe.

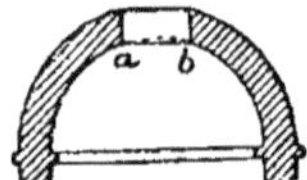

Ombres d'une *coupole* en coupe : la coupole est percée à sa partie supérieure d'une ouverture cylindrique *ab*; nature de l'ombre portée par *ab*.

Ombres portées dans une *voûte d'arêtes* : en coupe et en plan.

Ombres portées dans une *lunette cylindrique*: en coupe et en plan.

Ombres d'un *chapiteau dorique* très simple : on supprimera le talon du tailloir, les annelets de l'échine et l'astragale du fût (fig. A).

Ombres de la *scotie* (fig. B).

Ombres d'un *fronton*.

Ombres de la *base attique* (fig. C).

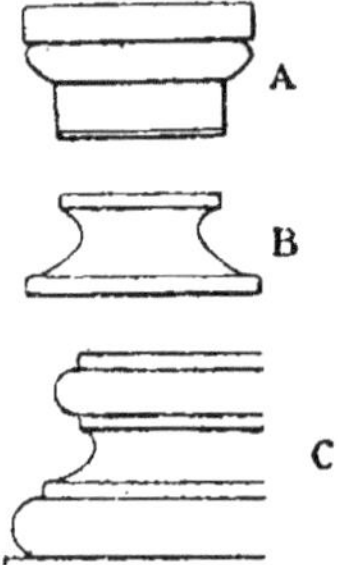

Nota. — Les questions d'ombres devront être traitées en donnant très peu d'explications orales. La bonne exécution du dessin est indispensable et influera sur la note. Cette remarque est, d'ailleurs, générale; toutes les épures exécutées au tableau devront être soigneusement dessinées en se conformant aux conventions ordinaires relatives aux diverses espèces de traits (trait plein, trait pointillé, trait ponctué, etc.).

SECTION D'ARCHITECTURE

DEUXIÈME CLASSE

GÉOMÉTRIE DESCRIPTIVE

Valeurs des récompenses accordées à ce concours.

Troisième médaille. — 3 valeurs.
Mention. — 2 valeurs.

EXPOSÉ PRATIQUE

Comme pour les différents examens scientifiques, ce concours comporte deux parties principales : un examen écrit et un examen oral ; l'examen oral se rapporte au programme que nous plaçons en tête de ce chapitre, dans lequel les questions proposées sont prises.

L'examen écrit se divise en deux parties :

1° Des épures faites pendant la durée du cours ; ces épures consistent, en des *cahiers d'épures* exécutés à l'atelier sur des questions d'application du cours ;

2° En une épure faite en loge, pendant une durée de six heures, et qui a trait habituellement aux ombres usuelles à 45°. Nous reproduisons ci-après quelques-uns des programmes proposés à ce concours.

PROGRAMMES DES ÉPURES EN LOGE

COUPOLE SPHERIQUE SUR PENDENTIFS EN TRUMEAUX

Le croquis ci-joint donne, en plan et en coupe, le dessin d'un solide géométrique creux représentant, dans ses masses, une coupole sphérique sur pendentifs en trumeaux, accompagnée d'une niche en cul-de-four AA′ et surmontée d'un dôme cylindro-sphérique BB′.

Géométriquement parlant, la génération de ce solide est la suivante :

Une demi-sphère (dont les contours apparents sont figurés en pointillé sur le croquis) est coupée (voir le plan) par 4 plans verticaux, m, m, n, g, qui donnent comme section quatre demi-cercles. Les

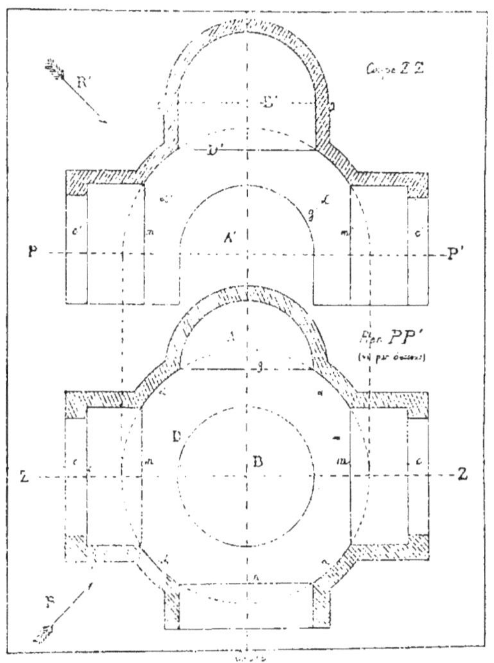

COUPOLE SPHÉRIQUE SUR PENDENTIFS EN TRUMEAUX

trois demi-cercles, m, m et n sont pris comme directrice de trois berceaux cylindriques.

Les deux berceaux m et n sont terminés à leurs extrémités par des arcs doubleaux cc'-cc'.

Le demi-cercle gg, qui est de front, sert de courbe de tête à une niche spérique dite cul-de-four.

Pour amorcer le dôme; la sphère est coupée (voir la coupe) par un plan horizontal D' qui détermine une demi-circonférence DD' laquelle est prise pour base d'un cylindre vertical terminé, lui aussi, par une coupole sphérique.

Les pendentifs en trumeaux sont les portions $\alpha\alpha'$-$\alpha\alpha'$ de la demi-sphère qui sont conservés entre les quatre cercles m, n, m et g.

Cela posé, après avoir reproduit le croquis ci-contre, à plus grande échelle, on déterminera les ombres du plan et de la coupe (à 45°-RR').

Remarquer que le plan est supposé vu par-dessous et donné par une coupe horizontale faite par le plan PP' de naissance.

Une teinte rose indiquera les parties coupées.

Une teinte grise, très légère (ou des hachures), sera posée sur les parties dans l'ombre.

Nota. — Il est interdit, sous peine de mise hors concours entraînant des mesures disciplinaires, de garder par devers soi aucun document.

UN PINACLE (Église Saint-Leu, à Paris)

A. *Mise en place.* — Le croquis ci-joint donne, à une échelle réduite de celle de l'épure à exécuter, le dessin du motif qu'il s'agit de représenter et d'ombrer.

Toute la partie supérieure est composée de surfaces de révolution, dont la génération se comprend à première vue.

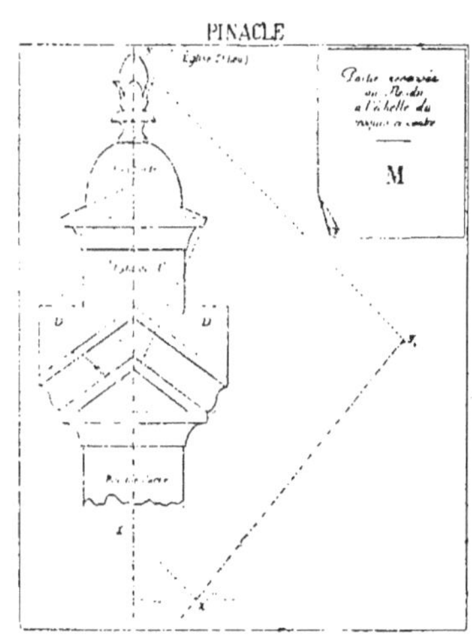

Le cylindre C rencontre les plans D, D, parallèles à la ligne de terre, qui relient les deux frontons latéraux, suivant une ellipse dont on devra déterminer les axes et dessiner la partie utile.

C'est par l'intermédiaire des quatre frontons que se fait la transition entre les surfaces de révolution de la portion supérieure et le prisme à base carrée de la partie inférieure.

B. *Ombres.* — On cherchera les ombres (propres et autoportées) du pinacle, ainsi que les ombres portées par lui sur un toit

UN PINACLE

parallèle à la ligne de terre incliné à l'angle α sur le plan horizontal.

On supposera que X_1Y_1 est l'ombre portée sur ce toit par l'axe du pinacle.

C. *Rendu.* — Dans l'angle M de la feuille on fera, au crayon, un calque du croquis ci-joint et on y reproduira les ombres (sans constructions) trouvées sur l'épure.

Sur ce calque on fera le rendu. Le toit est supposé couvert en ardoises ; le pinacle est en pierre. On fera ce rendu à teintes plates ou à teintes fondues, à volonté.

Nota. — L'emploi des encres de couleur est recommandé pour les constructions de l'épure.

Il est interdit de garder avec soi aucun document.

INTERSECTION DE SURFACES ET OMBRES USUELLES. — SPHÈRE ET CONE DE RÉVOLUTION

A. Données. — 1° *Axes*. Tracer le grand axe et le petit axe de la feuille de papier ; le grand axe sera la ligne de terre.

2° *Sphère*. La sphère, de 150 millimètres de diamètre, a son centre situé à 100 millimètres de chacun des plans de projection et à 45 millimètres à gauche du petit axe de la feuille ;

3° *Cône*. Le cône est de révolution. Son axe est parallèle à la ligne de terre, et cet axe est situé dans le plan du méridien de front de la sphère, à 12 millimètres au-dessous du centre de cette dernière. Le sommet est situé à 180 millimètres à gauche du centre de la sphère. Le cône est limité par un plan perpendiculaire à la ligne de terre et situé à 85 millimètres à droite du centre de la sphère. Enfin, une des deux génératrices méridiennes principales du cône est tangente à la partie inférieure de la circonférence méridienne principale de la sphère. Cela posé on demande :

B. Intersection. — 1° De chercher l'intersection du cône et de la sphère. (Employer la méthode indiquée au cours pour deux surfaces de révolution dont les axes se rencontrent. Indiquer la construction de la tangente au point courant.)

2° De représenter l'entaille faite par la sphère dans le cône. (On supposera donc la sphère enlevée.)

C. Ombres a 45° degrés. — 3° De chercher les ombres portées sur le plan horizontal par le cône ainsi entaillé et d'en déduire les ombres propres du solide ainsi que l'ombre portée dans l'entaille sphérique par la courbe d'intersection.

REPRÉSENTATION ET INTERSECTION DE POLYÈDRES. OMBRES A 45°

1° Un premier cube A a sa diagonale verticale située à 90 millimètres en avant du plan vertical. Cette diagonale a une longueur de 160 millimètres et l'une de ses extrémités est sur le plan horizontal. Un des côtés du cube est parallèle au plan vertical.

2° On fait tourner ce solide autour de sa diagonale verticale d'un angle égal à un quart d'angle droit ; ce qui donne un second cube B égal au précédent.

On demande :

3° De chercher les intersections des deux solides et de représenter, en plan et en élévation, le solide composé qui résulte de la coexistence des deux cubes.

4° De chercher les ombres (à 45°) que ce solide porte sur les plans de projection et les ombres qui lui sont propres.

Feuille 1/4 grand aigle en six heures.

CONE, CYLINDRE ET SPHÈRE

On tracera un cadre de 420 millimètres × 540 millimètres. Cela fait,

Données :

1° Un cône est circonscrit à une sphère de 100 millimètres de rayon, tangente au plan horizontal. La projection horizontale du centre de cette sphère est située à 160 millimètres au-dessus du petit côté inférieur du cadre et à 130 millimètres à droite du grand côté de gauche (on ne donnera pas de projection verticale de l'ensemble des solides dont il va être question).

L'axe du cône est, en projection horizontale, incliné à 45 degrés sur chacun des côtés du cadre ; il se dirige, en montant, vers le milieu de la feuille ; le sommet S est en projection horizontale situé à 280 millimètres du centre de la sphère et sa hauteur, dans l'espace, au-dessus du plan horizontal est de 270 millimètres. Ce sommet et avec lui le cône sont donc parfaitement déterminés.

On limitera le cône à la courbe suivant laquelle il est circonscrit à la sphère et, dans tout ce qui va suivre, on considérera le solide *sphéro-conique* ainsi déterminé, par la sphère et par le cône.

2° Un cylindre de révolution de 65 millimètres de rayon a son axe passant par le centre de la sphère et incliné à deux de hauteur pour trois de base sur le plan horizontal. Cet axe fait avec celui du cône un angle qui, en projection horizontale, sera compris entre 30 degrés et 45 degrés. Dans l'espace cet axe plongera du côté de l'angle inférieur de gauche de la feuille.

On demande :

1° De déterminer l'intersection du cylindre et du solide sphéro-conique ;

2° De représenter, en projection horizontale seulement, ce dernier solide entaillé par le cylindre ; le cylindre est donc supposé enlevé.

Les ellipses que comportera l'épure seront déterminées soit par leurs axes, soit par deux diamètres conjugués.

On indiquera, en rouge, la construction faite pour déterminer un point courant de l'intersection et la tangente en ce point.

On indiquera, de même, les constructions exécutées pour déterminer les points les plus importants des intersections.

Conseils divers. — On conseille d'opérer comme suit :

1° Chercher l'ellipse, projection du cercle de contact du cône et de la sphère, et prendre cette courbe comme base du cône, sans chercher la trace de ce dernier sur le plan horizontal ;

2° Chercher les deux ellipses projections des circonférences suivant lesquelles le cylindre recouperait la sphère supposée existant seule.

Celle du bas sera, sans doute, à conserver, en entier ; celle du haut ne sera pas dans le même cas ;

3° Chercher par les extrémités de deux décimètres conjugués, l'ellipse suivant laquelle le cylindre recouperait le plan de la base adoptée ci-dessus par le cône, et, pour la recherche de l'intersection du cône et du cylindre, prendre cette ellipse pour base du cylindre ;

4° Continuer comme à l'ordinaire, c'est-à-dire mener par le sommet du cône une parallèle au cylindre, chercher son intersection k avec le plan ci-dessus, etc.

COURS

DE

MATHÉMATIQUES ET DE MÉCANIQUE

(ENVIRON 36 LEÇONS)

PREMIÈRE PARTIE

TRIGONOMÉTRIE

Définitions. — Propriétés et relations entre les lignes trigonométriques. — Résolution générale des triangles. — Calcul des triangles par les logarithmes. — Relation entre une aire plane et sa projection.

GÉOMÉTRIE.

Courbes planes et gauches. — Tangente, — Normales.
Étude des coniques. — Tracés pratiques de ces courbes. — La projection d'un cercle est une ellipse. — Propriétés et tracés qui en résultent.
Définitions des surfaces coniques, cylindriques et de révolution. — Plan tangent à ces surfaces. — Normale. — Section plane d'un cône et d'un cylindre de révolution.
Mesure des surfaces et des volumes d'application fréquente en construction.

GÉOMÉTRIE ANALYTIQUE

Notion d'une fonction. — Accroissement. — Définition de la dérivée. — Dérivées d'une somme, d'un produit et d'un quotient. —

Dérivée d'un polynôme entier. — Application à l'étude de la variation d'une fonction. — Maxima et minima. — Représentation graphique de la variation d'une fonction. — Équation d'une courbe. — Exemples : équations de la droite, du cercle, d'une conique (rapportée à ses axes) ; équation de l'hyperbole équilatère rapportée à ses asymptotes. — Coefficient angulaire d'une droite. — Coefficient angulaire de la tangente à une courbe. — Définition et calcul du rayon de courbure en un point d'une courbe.

Résolution approchée d'une équation numérique du troisième degré.

Fonctions primitives. — Évaluation d'une aire plane. — Rectification d'une courbe.

Coordonnées polaires. — Cercle. — Spirales.

Coordonnées cartésiennes dans l'espace. — Équation du plan.

SECONDE PARTIE

MÉCANIQUE

Définitions. — Forces. — Principes expérimentaux. — Composition des forces concourantes. — Composition des forces parallèles. — Couples. — Moments. — Réduction des forces appliquées à un corps solide. — Conditions générales de l'équilibre.

Éléments de statique graphique. — Applications. — Centres de gravité des lignes, des surfaces et des volumes. — Construction du centre de gravité par la statique graphique. — Théorèmes de Guldin.

Moments d'inertie des surfaces les plus simples.

Équilibre d'un corps ayant un axe fixe. — Corps appuyé par trois points : répartition des efforts.

Machines simples : leviers, balance ordinaire, poulies, treuils. — Frottements : applications. — Plan incliné. — Poussée des terres et pression de l'eau sur un mur vertical.

DEUXIÈME CLASSE

MATHÉMATIQUES

Valeurs des récompenses accordées à ce concours .

3° Médaille. — 3 valeurs.
Mention. — 2 valeurs.

EXPOSÉ PRATIQUE

L'examen de mathématiques a lieu deux fois par an. Cet exercice se compose d'épreuves faites en loge, d'après un programme donné par le professeur de mathématiques, et d'un examen oral sur les matières du cours. L'examen de mathémathiques est le premier que les élèves doivent chercher à passer, car la remise de ce concours, après les exercices d'éléments analytiques et de projets, retarderait leur passage en 1re classe, étant donné que les épreuves de mathématiques exigent une préparation qu'il est préférable de faire suivre celle de l'examen d'admission, au lieu de reprendre les matières de l'examen un an après.

Le Conseil supérieur de l'École reconnaissant le bien fondé de cette non-interruption dans les études scientifiques, a décidé très judicieusement de faire passer, immédiatement après les épreuves d'admission, les examens de mathématiques, de géométrie descriptive, de stéréotomie et de perspective, aux élèves qui en formuleraient la demande. Nous donnons en tête de ce chapitre le programme du cours dans lequel les questions orales sont choisies; ces questions sont habituellement au nombre de deux.

Pour l'examen écrit, deux questions également :

Une question de trigonométrie.

Un problème de mécanique ou un problème d'algèbre.

Nous donnons ci-dessous une question proposée au dernier examen, sans nous étendre davantage sur ces exemples, ces questions posées étant prises intégralement dans le programme du cours.

QUESTION

On donne une demi-circonférence de centre O, de rayon R, décrite sur AB comme diamètre. De A comme centre avec AO pour rayon, on décrit un arc de cercle qui coupe en C la demi-circonférence. Soit D le milieu de l'arc BC; on mène les cordes BD, CD.

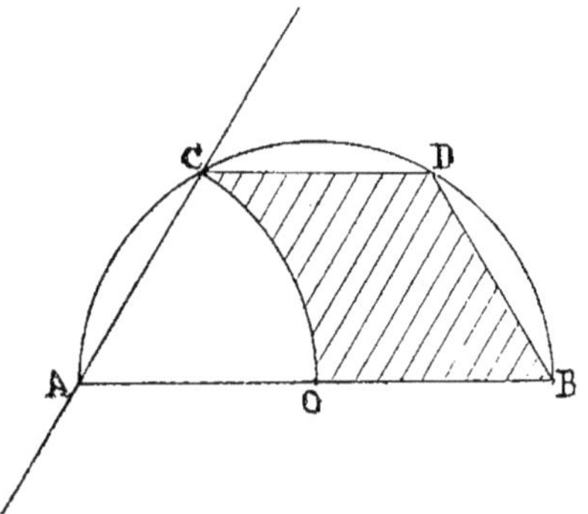

Trouver les expressions du volume V et la surface S engendrée par la figure ombrée OCDB en tournant autour de la droite AC. 2° Calculer R par logarithme, sachant que $V = 3^{mc} 456.700$.

COURS DE PERSPECTIVE

SECTIONS DE PEINTURE, DE SCULPTURE ET D'ARCHITECTURE

(28 LEÇONS)

PREMIÈRE PARTIE

DÉFINITIONS. — CONVENTIONS. — TRACÉS ÉLÉMENTAIRES

1. — Image rétinienne. — Image perspective. — Point de vue. — Tableau. — Distinction entre la perspective linéaire et la perspective aérienne. — Choix d'un tableau plan vertical.

2. — Aperçu général relatif aux moyens de construire une image perspective.

3. — Directions et grandeurs. — Images des lignes droites vues de front.

Éloignements. — Distance principale. — Échelle de dessin d'un plan de front. — Application à la représentation perspective d'un point déterminé. — Plan et ligne d'horizon. — Hauteurs. — Plan principal de vision et verticale principale. — Distances latérales. Cas où les données de la question sont précisées à l'aide de plans, d'élévations et de coupes.

Tracé exécuté comme un dessin d'après nature, ou de pure invention, en dessinant à volonté l'image d'un premier point arbitrairement choisi, et en achevant l'image sans avoir même besoin d'indiquer matériellement la ligne d'horizon et la verticale principale réelles.

4. — Directions-images des lignes droites fuyantes. — Traces. — Points de concours, de fuite ou d'évanouissement. — Point de fuite principal. — Trace et ligne de fuite d'un plan fuyant. Grandeurs-images des lignes droites fuyantes. — Lignes dites « Cordes de l'arc, d'égales inclinaisons, ou d'égales résections ». — Points de distances. — Lignes de résections proportionnelles. — Distances réduites. — Cas où les données de la question sont précisées à l'aide de plans, d'élévations et de coupes.

Tracé exécuté sans avoir besoin d'indiquer matériellement la ligne d'horizon et la verticale principale réelles.

5. — Solutions perspectives de quelques problèmes relatifs à la division des lignes droites en parties égales proportionelles, ainsi qu'à la construction des angles dont les côtés sont fuyants.

DEUXIÈME PARTIE

APPLICATIONS USUELLES

1. Rotation d'un plan de front autour d'une droite de ce plan. Vues perspectives de figures planes horizontales, verticales ou obliques, obtenues par rotation.

2. Échelles de perspectives. Vues perspectives d'objets à trois dimensions obtenues à l'aide de plans perspectifs et d'élévations perspectives auxiliaires. — Craticulages.

3. Images réfléchies par des miroirs plans.

4. Tracés d'ombres propres et portées. — Foyer lumineux à une distance finie. — Foyer lumineux à une distance infinie.

5. — Surfaces cylindriques et mixtes. — Moulures.

6. — Lignes et surfaces courbes géométriquement définies. — Circonférence de cercle. — Surfaces de révolution. — Cylindre, cône, sphère, avec leurs ombres et leurs pénétrations.

TROISIÈME PARTIE

PERSPECTIVE INVERSE

1. — Étude des images perspectives dessinées d'après nature ou de pure invention. — Recherche de la ligne d'horizon, de la verticale principale, de la distance principale, etc.

2. — Champ visuel. — Angle optique. — Effets produits par les variations de la distance principale et des éloignements ; par le déplacement du point de vue, etc.

3. Réflexions sur l'application des tracés perspectifs au dessin artistique, à propos de quelques tableaux de maîtres et de vues photographiques.

QUATRIÈME PARTIE

GÉNÉRALISATION DES TRACÉS

1. — Tableaux plans non verticaux. — Plafonds.
2. — Tableaux brisés. — Décoration théâtrale.
3. — Tableaux à simple courbure. — Panoramas.
4. — Tableaux à double courbure. — Culs-de-four. — Coupoles.
5. — Bas-reliefs.

ÉCOLE NATIONALE ET SPÉCIALE DES BEAUX-ARTS

DEUXIÈME CLASSE

PERSPECTIVE

Valeur des récompenses accordées à ce concours.

Troisième médaille. — 3 valeurs.
Mention. — 2 valeurs.

EXPOSÉ PRATIQUE

L'examen de perspective comporte deux parties, un examen écrit et un examen oral ; pour l'examen oral, nous renvoyons les candidats au programme du cours de perspective situé en tête de ce chapitre, dans lequel les questions proposées sont prises :

L'examen écrit se divise en deux parties :

[Les élèves feront bien de consulter l'ouvrage de **M. P. Planat** : *Manuel de Perspective et Tracé des Ombres* (1).]

1° Une épure faite en loges, dont nous donnons ci-après des programmes sous ce titre : *Epure en loges ;*

2° Des exercices à exécuter à l'atelier, dont nous donnons ci-après plusieurs programmes, et qui comportent habituellement trois questions :

1° Une question de tracé des ombres ;

2° — — de composition d'architecture à mettre en perspective ;

3° Un croquis d'après nature au choix du candidat.

Le concours de perspective a lieu deux fois par an. L'obtention de mention qui résulte de cet examen est nécessaire au passage en première classe.

PROGRAMMES DES ÉPURES EN LOGES

Les concurrents mettront en perspective les fragments de ruines dont les dispositions et les dimensions se trouvent précisées par les croquis ci-joints.

---

(1) Aulanier et Cie, Éditeurs. Prix : 20 francs.

La position des objets représentés sera fixée par celle du centre C, conformément aux données suivantes :

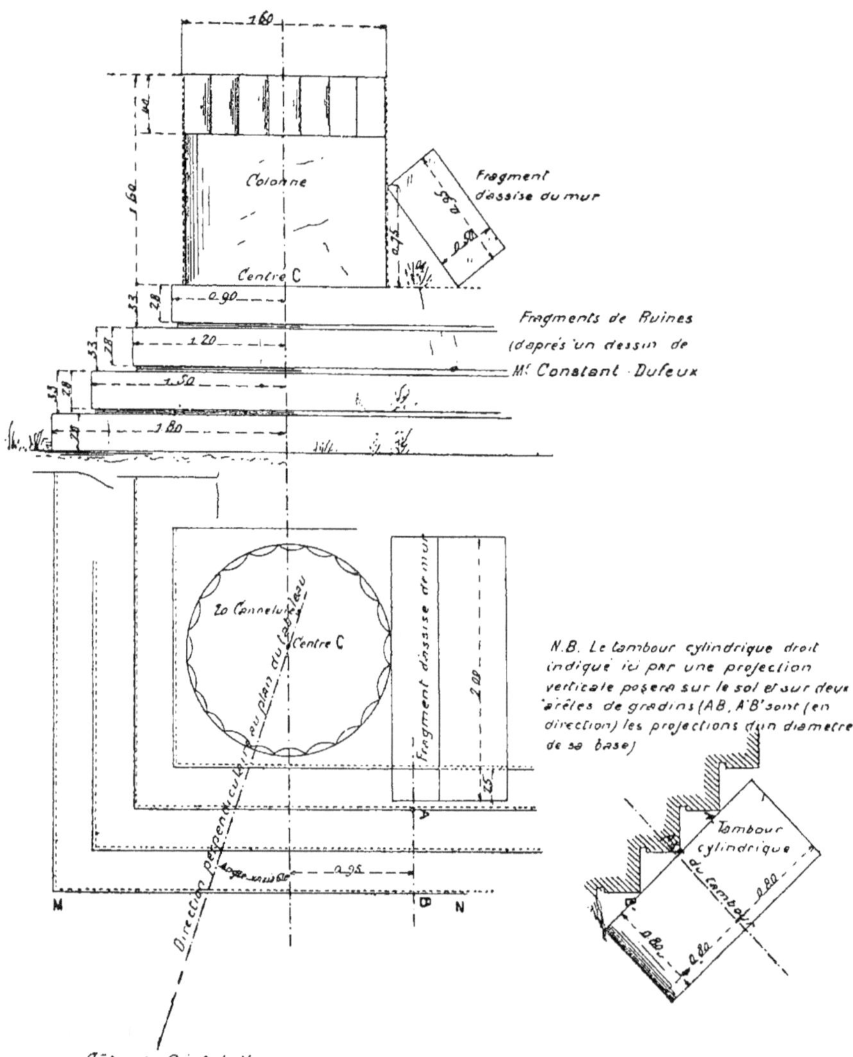

Angle variable = 15°.

Hauteur du point c, H = $2^m,26$.

Distance latérale du point c, L = $0^m,25$.

Distance du point de vue au plan de front du point c, $D + E = 11^m,80$.
Distance principale $D = D + E$.

On tracera les ombres propres et portées. La direction d'un rayon lumineux sera celle de la diagonale d'un cube dont une face serait verticale et l'autre parallèle à la face verticale MN.

Le soleil sera supposé à la droite du spectateur et derrière lui.

On laissera subsister sur le dessin la ligne d'horizon, le point principal, le point de distance réel ou réduit et toutes les lignes de construction utiles à faire comprendre les procédés de tracés perspectifs qui auront été employés.

On y rappellera dans un angle de la feuille les données spéciales relatives à l'angle variable et à la position du centre C.

Représenter sur un tableau plan vertical, avec les ombres propres et portées, le *Pinacle* dont les masses sont indiquées par le croquis ci-contre.

Sa situation relative par rapport au spectateur et au tableau sera fixée par les données suivantes :

Hauteur du point X : $H =$

Distance latérale du même point : $L =$

Distance du point de vue au plan de front contenant la verticale du point X : $D + E =$

Distance principale : $D =$

Angle que la direction horizontale AB fait avec la direction perpendiculaire au tableau : angle $\alpha =$

OBSERVATIONS

1° En élévation, les points S et S' sont les sommets des cônes droits dont la base commune a pour rayon OV ;

2° La pente du toit est donnée par l'inclinaison de l'hypoténuse du triangle mXn ;

3° On limitera l'image sur une horizontale de front passant par le point A ;

4° La direction du rayon lumineux sera celle de la diagonale de cube dont la projection horizontale serait soit R, soit R', avec le soleil derrière le spectateur ;

5° On aura soin de déterminer directement les images des généra-

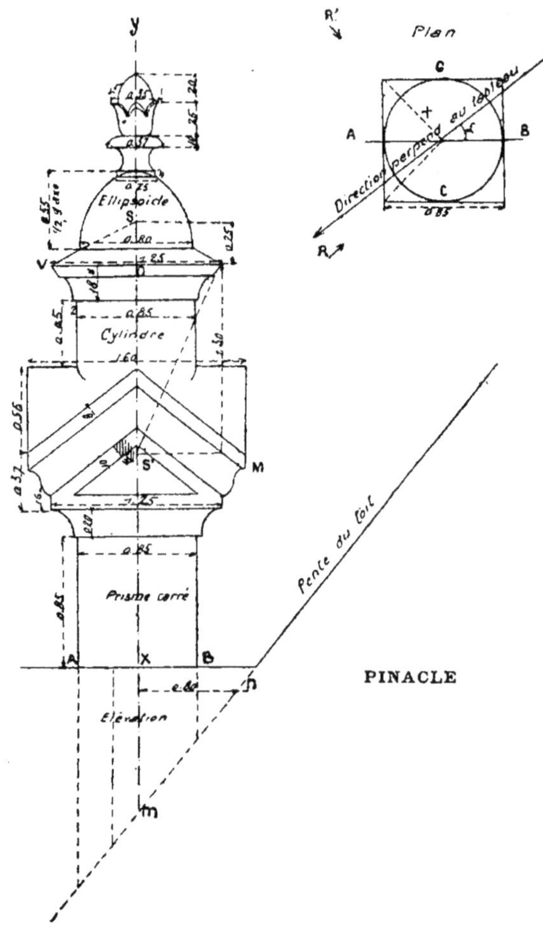

trices de contour apparent et des séparatrices d'ombre et de lumière du cylindre et des troncs de cônes ; quelques points de la séparatrice et de l'image du contour apparent de l'ellipsoïde ; l'ombre portée du pinacle sur le toit (si on en trouve le temps). Ce dernier tracé ne sera considéré comme obligatoire que pour l'ombre portée du point $M =$

N. B. — La surface du toit est supposée parallèle à la direction horizontale CG.

6° On indiquera par des lignes pointillées ou à l'encre de couleur les parties invisibles des intersections de surfaces, et on laissera subsister sur l'épure toutes les lignes de construction utiles à faire connaître les procédés de tracés perspectifs employés ;

7° Chaque concurrent écrira sur un angle de l'épure les données H, L, D + E et D qui lui auront été imposées.

PROGRAMMES
DES EXERCICES A EXÉCUTER A L'ATELIER

1° Tracer perspectivement les ombres propres et portées d'une souche de cheminée en maçonnerie.

Avec cette condition que la souche serait vue d'un point élevé de 1 mètre environ au-dessus de a.

L'échelle de dessin du plan de front de l'arête $a\ b$ sera d'au moins $0^m,05$ pour mètre. Aucune des faces de la souche ne sera vue de front.

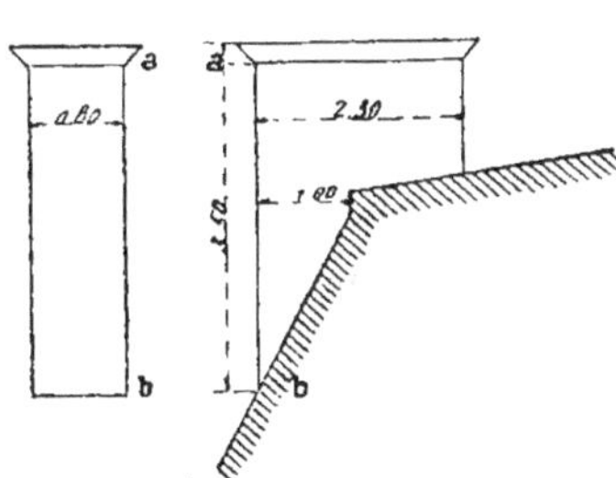

Ses dimensions seront au moins égales à celles indiquées par le croquis ci-contre.

2° Composer et dessiner perspectivement la vue d'une pile de l'arche centrale du pont monumental qui, en 1900, traversera la Seine dans l'axe de l'esplanade des Invalides.

Le cadre du dessin sera de $0^m,45$ sur $0^m,55$.

Le point de vue sera supposé sur un bateau, en aval de l'arche en question.

Les ombres seront tracées en supposant le foyer lumineux au sommet de la tour de 300 mètres du Champ-de-Mars.

N. B. — On admettra que ce foyer est à 300 mètres au-dessus du point de vue, et que la ligne horizontale joignant sa projection à celle du point milieu de la pile (dans l'axe du pont) sera l'hypoténuse d'un triangle rectangle dont les côtés auraient 600 et 1,400 mètres.

Par suite, le foyer lumineux serait à la droite du spectateur et derrière lui.

3° D'après nature :

Dans un cadre de 0^m,40 sur 0^m,30, dessiner à main levée et au trait la vue perspective d'un ensemble ou de détails d'architecture, et y retrouver après coup la ligne d'horizon, le point principal, la distance principale réelle ou réduite.

Ces dessins devront être remis au secrétariat au plus tard le 13 juillet, à une heure.

Les dessins reconnus copiés l'un sur l'autre entraîneront la mise hors de concours.

____

1° Les concurrents dessineront en projection un piédestal portant une statue. Ce piédestal aura environ 1^m,50 de base. Il pourra être sur plan carré ou sur plan circulaire. La distance du point de vue au plan de front contenant son axe sera au plus égale à dix fois la distance principale ; celle-ci ne sera pas moindre de 50 centimètres.

2° Ils composeront et dessineront, dans un cadre de 35 centimètres sur 50, la vue d'une place publique entourée d'arcades ; aucune face n'étant aperçue de front. Au centre, il y aura une fontaine monumentale.

N. B. — Toutes les données que le programme ne précise pas sont liassées au choix des concurrents, qui devront indiquer, sur les dessins eux-mêmes ou sur un calque, toutes les lignes de construction utiles à faire comprendre les procédés perspectifs qu'ils auront employés.

3° Ils exécuteront d'après nature, *à main* levée, la vue d'un ensemble ou de détails d'architecture. Ce dessin aura au moins 0^m,25 $\times$ 0^m,35. Ils y indiqueront la ligne d'horizon, le point principal et la distance réelle ou réduite.

____

Après avoir mis au net, à 0^m,10 pour mètre, le plan et l'élévation du petit édicule dont les dimensions et les formes sont indiquées par le croquis côté ci-joint, on en dessinera une image perspective avec cette condition que l'échelle de dessin du plan de front passant par le centre de la sphère soit de 0^m,15 pour mètre.

Toutes les données que le programme ne précise pas sont laissées au choix des concurrents.

Les ombres propres et portées seront tracées en supposant que la direction des rayons lumineux est parallèle à la diagonale d'un cube dont une face serait horizontale, et l'autre parallèle à AB.

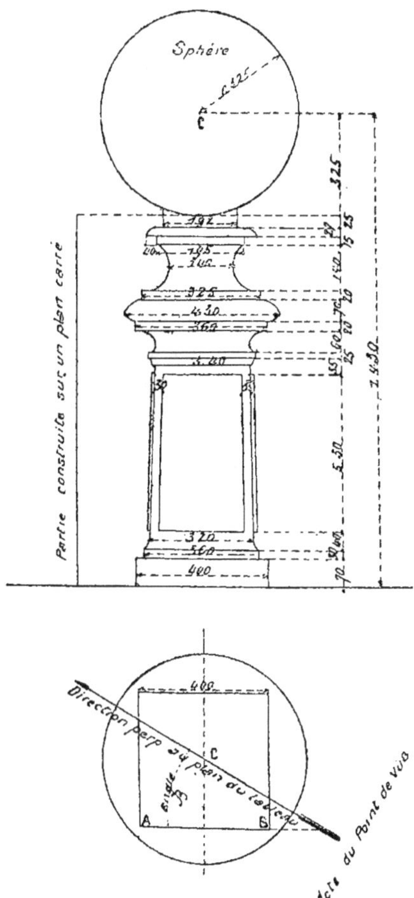

A la représentation de cet édicule, supposé placé soit sur une pelouse de jardin, soit sur une terrasse dallée, on y ajoutera, en manière de frontispice, un entourage composé d'une arcade ou d'une partie d'arcade, de fragments divers, peu nombreux mais intéressants, avec un fond au milieu duquel on apercevra des piédestaux ornés de vases ou de statues, bref tout ce que l'imagination fournira pour que le dessin présente les qualités qu'on doit attendre d'un dessin fait par un artiste consciencieux. (Je citerai, à titre d'exemple, la façon dont notre confrère, feu Bourgerel, savait grouper ces croquis de voyage.)

Ce dessin pourra être laissé au trait, à l'encre, ou lavé à l'encre de Chine, ou à la sépia seulement ; les concurrents se souviendront qu'il s'agit ici d'un exercice de perspective linéaire et qu'on leur demande tout autre chose qu'une aquarelle faite de chic.

Sur un calque, où seront reportés les contours principaux, et particulièrement ceux de l'édicule, les concurrents indiqueront la ligne d'horizon, la verticale principale, la distance réelle ou réduite, et les lignes de constructions nécessaires à faire comprendre les procédés de dessin perspectif qu'ils auront employés. Par une note écrite sur ce calque, ils feront connaître les données qu'ils auront choisies pour fixer la hauteur, la distance latérale et l'éloignement du centre C de la sphère, ainsi que l'angle (B) que la ligne AB fait avec la direction perpendiculaire au plan du tableau.

Deux dessins superposables ou visiblement copiés l'un sur l'autre entraîneront pour les deux concurrents la mise hors concours.

Le plan et l'élévation de l'édicule seront joints au dessin et au calque demandés.

D'après nature :

Dans un cadre de $0^m,37$ sur $0^m,29$, les concurrents dessineront à main levée, au trait et *au crayon*, la vue perspective d'un ensemble ou de fragments d'architecture.

On demande ici aux élèves leur dessin fait directement devant la nature, et non la reproduction, mise au net, d'un croquis. C'est pourquoi ils sont prévenus que le crayon doit seul être employé.

Tout dessin qui ne présentera pas le caractère d'une étude directe de la nature, quelque habile qu'il soit, sera mal noté, tandis qu'un dessin d'après nature, ferme, simple et consciencieux, même maladroit, sera bien noté. On rappelle aux concurrents que ce qui importe, et ce qui est utile, pour l'éducation de l'œil, c'est le temps passé à regarder la nature et à essayer de l'interpréter en lui conservant son caractère.

COURS

DE

STÉRÉOTOMIE ET DE LEVÉ DE PLANS

(25 LEÇONS)

INTRODUCTION

Définition et objet de la stéréotomie ; sa division en coupe des pierres et charpente. — Méthode générale à suivre dans toute question de stéréotomie.

PREMIÈRE PARTIE

COUPE DES BOIS OU CHARPENTE

CHAPITRE PREMIER

Notions générales.

Équarrissage des bois. — Projet, épures et ételons. — Établissement des bois. — Lignage et contre-lignage. — Mise sur ligne. — Piqué des bois. — Coupes et tailles. — Instruments du charpentier. — Outils.

CHAPITRE II

Assemblages.

Les trois grandes catégories des assemblages. — Description des assemblages. — Assemblages spéciaux à la menuiserie et à l'ébénisterie. — Ferrures.

CHAPITRE III

Pans de charpente.

Principes généraux. — Triangulation. — Mode de travail le plus favorable. — Pans verticaux, — murs et cloisons. — Pans horizontaux, — planchers et enrayures. — Pans inclinés, — combles et fermes.

CHAPITRE IV

Combles.

Disposition des combles. — Combles à surfaces planes, — simples, pyramidaux, — brisés. — Combles à surfaces courbes, — coniques, — cylindriques, — sphériques.

CHAPITRE V

Fermes.

Fermes simples, — complètes. — Croupes, — droites et biaises. — Noues, — droites et biaises. — Nollets. — Enrayures des combles, — flèches.

CHAPITRE VI

Escaliers.

Notions générales. — Escaliers en bois. — Marches et contre-marches. — Coupe. — Tracé, — balancement, les deux méthodes. — Limon d'escalier en quartier tournant. — Escalier à la française, demi-anglais, anglais.

DEUXIÈME PARTIE

COUPE DES PIERRES

CHAPITRE PREMIER

GÉNÉRALITÉS

Voûtes : définition, division en voûtes : cylindriques, de révolution, coniques ; chapitres spéciaux : voûtes tronquées, escaliers, arches biaises.

Murs : taille d'un prisme rectangulaire.

Tracé des épures : instruments, procédés.

Taille par équarrissement : solide capable, lit de carrière, instruments, procédés.

Taille directe : instruments, procédés.

CHAPITRE II

VOUTES CYLINDRIQUES OU EN BERCEAU

1° *Voûtes cylindriques simples.*

Voûtes plates ; — plates-bandes. — Porte droite en berceau ; berceau droit continu. Porte biaise en talus. — Porte droite et biaise en tour ronde avec et sans talus, rachetant une autre voûte.

Considérations générales sur l'appareil des voûtes en berceau ; normalité des joints ; généralisation du principe.

2° *Voûtes cylindriques composées.*

Voûtes plates, rencontre de galeries à voûtes plates. — Berceau coudé. — Voûtes en arc de cloître. — Voûte d'arête, rectangulaires, polygonales, à pans coupés, avec pendentifs et double arêtier. — Voûtes d'arêtes ogivales, arcs indépendants. Différentes autres époques.

3° *Lunettes cylindriques.*

Droites, — biaises, — applications et exemples.

CHAPITRE III

VOUTES DE RÉVOLUTION

1° *Voûtes de révolution simples.*

Voûtes de révolution en général. — Berceau tournant. — Voûtes sphériques, taille par l'écuelle. — Voûtes en cul-de-four. — Niche sphérique. — Voûtes elliptiques de révolution.

2° *Voûtes de révolution composées.*

Lunette droite et biaise dans une voûte sphérique et, en général, dans une voûte de révolution. — Voûte sphérique sur trumeaux avec arcs doubleaux. — Voûte sphérique avec fermeret. — Dômes et coupoles. — Voûte d'arête en tour ronde.

CHAPITRE IV

VOUTES CONIQUES

1° *Voûtes coniques simples et composées.*

Porte conique, — droite ou biaise, — dans un mur en talus. — Voûte conique rachetant un berceau cylindrique. — Voûte d'arête cylindro-conique. — Applications.

CHAPITRE V

TROMPES ET ARRIÈRE-VOUSSURES

Trompes cylindriques, — coniques, — de révolution. — Arrière-voussures de Marseille, — de Montpellier.

CHAPITRE VI

ESCALIERS

1° Disposition générale ; marches en pierre ; balancement.

2° Descentes droites et biaises, — rachetant une voûte cylindrique.

3° Escaliers sur voussures et sur corbeaux. — Vis Saint-Gille ronde et rectangulaire. — Vis à noyau plein.

4° Escalier à jour avec limon indépendant. Taille du limon. — Analogie des escaliers avec limon en pierre et en bois.

CHAPITRE VII

VOUTES BIAISES

1° *Généralités.*

Origine récente des voûtes biaises de grandes dimensions, procédés nouveaux de tracé et de taille des voussoirs. — Justification du principe géométrique des voûtes biaises modernes.

2° *Voûtes biaises anciennes.*

Rappel du tracé de la porte biaise. — Biais passé cylindrique. — Biais passé gauche. — Corne de vache.

3° *Voûtes biaises modernes.*

Appareil à arceaux indépendants. — Appareil orthogonal. — Appareil héliçoïdal. — Modifications et applications diverses ; appareil orthogonal convergent. — Du biais dans les voûtes coniques, corne de vache.

COURS

DE LEVÉ DE PLANS

(6 LEÇONS)

INTRODUCTION

Objet du levé de plans. — Division des opérations en levé de plans et nivellement.

CHAPITRE PREMIER

LEVÉ DES PLANS

Division en mesures de longueurs et mesures des angles.

1° Mesures des longueurs.

Opération préliminaire du *jalonnement.* — Équerre d'arpenteur ; sa description, son usage. — Emploi des *règles.* — *Vernier*, théorie sommaire.

Chaîne d'arpenteur. — Description, emploi, fiches. — Modifications : décamètre en ruban d'acier, roulette en fil.

Principes élémentaires des stadias.

2° Mesures des angles.

Moyens de visée en général. — Comparaison des *alidades* et des *lunettes.*

A. — *Graphomètre ordinaire.*

Description, emploi. — Modification : graphomètre à lunette.

B. — *Boussole.*

Principe : aiguille aimantée, déclinaison. — Pratique : précautions diverses. — Emploi en topographie militaire.

C. — *Planchette.*

Principe : alidades à pinnules et à lunette. — Types divers. — Pratique : précautions diverses, avantages et inconvénients.

3° Pratique du levé de plans.

Variétés des procédés suivant les instruments disponibles et les circonstances. — Cas d'un terrain en pente.
Levé à la chaîne.
Levé à la chaîne et à l'équerre, — Arpentage.
Levé à la chaîne et au goniomètre. — Graphomètre, pantomètre, boussole.
Méthodes du cheminement, du rayonnement, de l'intersection.
Levé à la chaîne et à la planchette. — Emploi des trois méthodes et spécialement du rayonnement.
Inscription méthodique des résultats. — Tableaux.

CHAPITRE II

NIVELLEMENT

Généralités, définitions. — Verticales, plan horizontal. — Surface de niveau, courbes de niveau.
Principes du nivellement. — Niveau, mire, influence de la courbure de la terre et de la réfraction. — Nivellement *simple* et nivellement *composé.*

1° Niveau d'eau.

Son principe, son usage. — Précautions diverses. — Principe et emploi de la mire ordinaire.

2° Niveau à perpendicule.

Niveau de maçon. — Niveau de charpentier. — Leur emploi dans les travaux et au besoin pour un nivellement sommaire. — Vérification et réglage. — Principe du retournement.

3° Niveau à bulle d'air.

Bulle d'air. — Principe. — Description. — Réglage. *Niveaux à bulle d'air.*

A. — *Niveaux-cercles de Lenoir.*

Description. — Réglage. — Usage. — Méthode du retournement et des moyennes. — Avantages et inconvénients.

B. — *Niveaux d'Égault.*

a. *Niveau à alidades et à pinnules.* — Description. — Réglage. — Usage. — Méthode de retournement et des moyennes. — Avantages et inconvénients.

b. *Niveau à lunette.* — Son analogie avec le niveau à alidades. — Précautions spéciales dans le retournement de la lunette.

C. — *Niveau de Brunner à bulle indépendante.*

4° Mires.

Rappel du principe et de l'emploi de la mire à voyant. — Mires parlantes.

5° Pratique du nivellement.

Précautions diverses. — Piquets. — Repères. — Distance des coups de niveau. — Inscription méthodique des résultats. — Carnet de nivellement. — Précision courante des opérations de nivellement.

6° Niveau de pente.

Objet. — Principe. — Description. — Usage.

7° Indication sur les nivellements spéciaux.

Au tachéomètre. — Au baromètre.

CHAPITRE III

OPÉRATIONS APPROXIMATIVES SUR LE TERRAIN

1° Mesure des longueurs.

Mesure des longueurs au pas, à la semelle. — Usage des stadias élémentaires. — Stadias du siège de Paris. — Usage du double décimètre.

2° Mesure des angles.

Procédé pour élever des perpendiculaires sur le terrain. — Mesure des angles à l'aide des trois côtés d'un triangle. — Boussole de reconnaissance : description, emploi.

3° Nivellement.

Emploi des niveaux de maçon et de charpentier. — Emploi des niveaux à réflecteur et à perpendicule. — Exemple de la boussole de reconnaissance avec miroir. — Niveau du colonel Gourlier. — Détermination sommaire des pentes. — Exemple de la boussole de reconnaissance avec perpendicule ; — du niveau du colonel Gourlier ; — des niveaux élémentaires à perpendicule. — Application de ces opérations diverses aux levés à vue d'un terrain ou d'un édifice.

CHAPITRE IV

APPLICATIONS DIVERSES

1° Applications à divers cas particuliers de levé ou de nivellement.

Distance à un point inaccessible. — Hauteur d'un édifice. — Distance de deux points inaccessibles. — Tracé d'un alignement au delà d'un obstacle.

2° Applications à la mesure des surfaces. — Arpentage.

Principes de l'arpentage. — Décomposition du terrain en triangles ou trapèzes. — Expression de diverses aires planes, usuelles. —

Méthode de Simpson pour une aire terminée par un contour irrégulier. — Cadastre et plans cadastraux. — Parcelles, sections, communes. — Registre du cadastre.

3° Applications à la mesure des volumes. — Cubature des terrasses.

Applications aux fondations des édifices ou aux projets de voies de communication. — Rappel de l'expression du volume d'un tronc de prisme, d'un tronc de pyramide et d'un certain nombre de solides usuels. — Application à la cubature des déblais de fondations et des mouvements de terres restreints. — Méthode approximative de la moyenne des aires de deux profils en travers consécutifs.

4° Applications aux projets de voies de communication.

Représentation de la bande de terrain voisine de l'axe. — Plan ; profil en long. — Profils en travers. — Échelles usuelles. — Déblais et remblais ; cotes rouges et cotes noires. — Indications sur le problème du mouvement des terres. — Application au tracé et à l'étude des rues d'une ville ou des avenues d'un parc.

5° Applications à la représentation générale du terrain.

Notions sur les termes usités en topographie et sur les mouvements généraux du sol. — Anciens systèmes de représentation du terrain ; cartes à perspective ordinaire et cavalière. — Emploi des ombres, du dessin pittoresque, etc. — Adoption successive du système des courbes de niveau et des cotes dans les services publics.

Plans côtés.

Représentation d'un point, d'une ligne, d'un plan. — Ligne de plus grande pente et horizontale d'un plan. — Exemples des fortifications, du plan des égouts et des eaux de la ville de Paris. — Ancien système d'un plan de comparaison supérieur, cotes et altitudes.

Courbes de niveau.

Définition. — Formes et mouvements du terrain suivant la position respective et le tracé des courbes de niveau. — Surfaces topogra-

17

phiques. — Problèmes élémentaires divers : tracer une route ayant une pente donnée ; tracer une pente continue entre deux points donnés ; mener par un point ou par une droite un plan tangent au sol. — Application des courbes de niveau aux plans employés dans les services publics et aux cartes-minutes de l'État-major; cartes gravées de l'État-major ; hachures ; avantages et inconvénients. — Détails divers sur ces cartes, échelles, signes représentatifs.

ÉCOLE NATIONALE ET SPÉCIALE DES BEAUX-ARTS

DEUXIÈME CLASSE

STÉRÉOTOMIE

Valeur des récompenses accordées à ce concours

Troisième médaille — 3 valeurs.
Mention. — 2 valeurs.

EXPOSÉ PRATIQUE

L'examen de stéréotomie comprend une partie orale et une partie écrite.

La partie orale se résume dans les grandes questions du programme que nous reproduisons en tête de ce chapitre, ces questions sont habituellement au nombre de deux :

1° Une question d'arpentage ;

2° Une question de levé de plans.

La partie écrite comprend quatre exercices :

1° Des épures faites pendant la durée du cours, et ayant trait à l'application des questions étudiées ;

2° Une épure faite en loge pendant une durée de temps de huit heures, et dont nous reproduisons ci-après plusieurs programmes sous ce titre : *Épures en loges;*

3° Un projet ou exercice sur la charpente ; ce projet consiste habituellement à étudier une petite construction en bois avec tous les détails de l'assemblage, et le trait en vue de la taille ; ces projets, quoique très théoriques, n'excluent pas dans leur donnée un certain caractère artistique ; nous reproduisons ci-après plusieurs programmes sous le titre : *Exercices sur la charpente ;*

4° Un projet en exercice sur la coupe des pierres comprenant l'étude de tous les détails et des appareils ; nous reproduisons ci-après plusieurs programmes sous ce titre : *Stéréotomie des pierres.*

Pour chacun de ces projets, un laps de temps d'un mois est accordé ; les élèves, à la suite de ce concours, obtiennent leur mention de stéréotomie, nécessaire au passage en première classe, ou sont déclarés révisibles, ou sont éliminés, seuls les élèves déclarés révisibles sont admis à subir un nouvel exercice au commencement de l'année scolaire, les élèves éliminés doivent recommencer à suivre le cours et à en effectuer tous les exercices.

PROGRAMME

ÉPURE EN LOGE

Le professeur de stéréotomie propose pour les épures à faire en loge et en huit heures :

1° L'indication en plan des voûtes cylindriques et de révolution établies suivant le plan ci-annexé, avec les arcs doubleaux voisins ;

2° L'épure au choix de la voûte d'arête en A, ou du berceau tour-

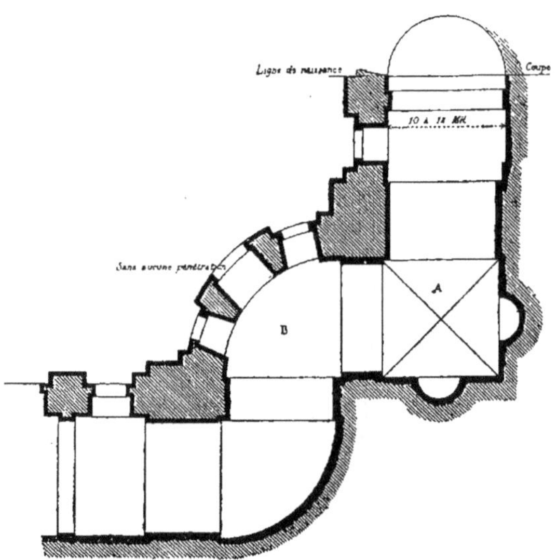

nant en B, ou encore de ces deux voûtes, avec la recherche des panneaux nécessaires à la taille pour au moins un voussoir.

Ce travail tiendra dans une feuille demi-grand-aigle ; dans le cas où les élèves établiraient les épures des deux voûtes, une deuxième feuille demi-grand-aigle serait admise.

Pour la voûte d'arête, on admettra la recherche du biveau dièdre à la rencontre des surfaces d'intrados.

La largeur de la voûte en berceau déterminant le départ de l'ensemble des voûtes aura de 10 à 12 mètres, les autres dimensions restent libres.

Le plan avec l'indication des génératrices des voûtes, sera à l'échelle de 0,005 millimètres, l'épure ou les épures à l'échelle de 0,02°5.

PROGRAMMES DES EXERCICES
SUR LA CHARPENTE

UN CHALET D'ÉTÉ POUR UN PEINTRE PAYSAGISTE

Un peintre paysagiste distingué, ayant obtenu une cession de terrain sur la lisière d'une forêt domaniale peuplée de beaux arbres et semée de sites pittoresques, se propose de faire élever sur ce terrain, à l'extrémité du jardin, un chalet d'été.

Les murs à l'extérieur et à l'intérieur seront en pans de bois apparents; les poteaux corniers, seuls, pourront être remplacés par des piles d'angle en maçonnerie, afin d'assurer plus particulièrement la solidité du système de construction.

Au point de vue décoratif, l'ensemble extérieurement, pourra comporter toutes les saillies ou tous les motifs imaginables, comme balcons ou encorbellements, pignons ou toitures avancées, balustrades ou lucarnes, croupes ou noues avec épis, voire même un campanile ou clocheton.

Cet ensemble devra présenter un véritable aspect pittoresque, en rapport aussi bien avec les sites des environs qu'avec les idées et les goûts de l'artiste. Les bois seront richement travaillés et même sculptés; les assemblages seront exécutés avec un très grand soin. Ces bois seront préservés de l'incendie par des enduits ignifuges. Les remplissages pourront eux-mêmes être exécutés en bois ou encore décorés par de la brique émaillée ou revêtus par de la faïence.

L'ensemble, élevé sur des caves voûtées pour l'isoler du sol, comportera dans ses dispositions principales :

1° Un rez-de-chaussée composé d'un *hall* largement ouvert, de *quelques chambres*, d'*une cuisine* avec *laverie* et de *cabinets d'aisances*. Le hall servira de salle à manger, de salon et salle de jeu. Les plafonds seront apparents à la française ou à compartiments.

2° Un premier étage desservi par un escalier en bois apparent à une ou plusieurs révolutions. Cet escalier fera motif dans le hall et aboutira, au moyen d'une grande ouverture, dans un vaste atelier. L'atelier sera largement éclairé par des baies verticales, de façon à offrir de l'intérieur des aperçus dans toutes les directions sur la forêt. La charpente du comble au-dessus de l'atelier sera apparente et en rapport avec la décoration générale du chalet. Quelques *pièces de repos*, *débarras* et *cabinets* compléteront cet étage.

Les dimensions principales de l'ensemble ne dépasseront pas 25 mètres.

Les deux plans seront donnés à l'échelle de 0^m,005. La façade principale et une ou plusieurs coupes au double, avec l'indication des parties intéressantes de la construction en bois. De cet ensemble les élèves tireront au moins une épure concernant soit le comble, soit l'escalier, au dixième d'exécution.

Ils donneront d'autre part, également au dixième, les détails des principaux assemblages employés dans les divers pans de charpente, verticaux, horizontaux ou inclinés et prépareront le trait en vue de la taille.

Le projet avec ses détails et ses épures devra remplir au moins une feuille grand-aigle.

UN FUNICULAIRE

Un bourg important qui, pendant la belle saison, sert de villégiature aux habitants d'une capitale, est situé sur le flanc d'un coteau accidenté, baigné par un fleuve navigable.

Divisé en partie basse et en partie haute, ce bourg est desservi, indépendamment du fleuve, par deux lignes ferrées, et pour mettre ces deux parties en communication rapide et facile, le conseil municipal décide la création d'un funiculaire suivant une ligne de plus grande pente du coteau.

Ce funiculaire sera entièrement en charpente, sauf pour l'outillage spécial destiné à permettre simultanément la montée et la descente des wagons de voyageurs.

Une distance de 200 mètres environ est supposée en plan, entre le point bas situé près du quai du fleuve et le point haut situé à proximité d'une halte de la voie ferrée supérieure. La pente peut être de 0^m,35 par mètre.

L'ensemble du système de plan incliné, avec sa voie unique pour la montée ou la descente et sa voie double au point central de croisement, sera établi sur de hauts chevalements permettant le passage de la voie ferrée basse et, du reste, de toute autre route ou rampe accessible pour les voitures.

Au point bas le wagon s'arrêtera sous un vaste hangar abritant de grands emmarchements en charpente qui doivent lui donner accès. Sous ce hangar, au niveau du quai, une ou deux pièces pour un gardien et pour magasin.

Au point haut et au niveau du quai de la halte le wagon aboutira sous un autre hangar où sera établi le contrôle du funiculaire, au moyen d'un tourniquet.

Latéralement existeront deux pavillons, l'un pour le bureau de la halte et l'autre pour le préposé du funiculaire. Un étage supérieur, desservi par des escaliers en bois, comportera les deux logements du chef de la halte et du préposé.

Au-dessus des combles, un campanile et horloge avec cloche pour l'appel des voyageurs ou le départ des wagons.

La dimension extrême pour les constructions des points terminus sera de 15 mètres.

On fera :

Le plan général à l'échelle de $0^m,001$ pour mètre ;

Le plan détaillé de la partie supérieure et une coupe sur cette partie à $0^m,01$ pour mètre ;

Une vue latérale du funiculaire suivant la ligne de pente à $0^m,0025$ pour mètre ; le tout avec l'indication des pièces de charpente.

Les élèves tireront de cet ensemble, et se rapportant aux pans horizontaux, verticaux ou inclinés, aux escaliers, aux combles ou enrayures, aux croupes ou noues, droites ou biaises :

1° Des détails des principaux assemblages ;

2° Au moins deux épures spéciales.

Ces détails et ces épures seront à l'échelle de $0^m,10$ pour mètre en tenant compte de la réduction de l'échelle des longueurs par rapport aux largeurs et aux épaisseurs des bois.

Toutes les opérations concernant l'épure d'ensemble, sa décomposition et la préparation du trait en vue de l'exécution seront nettement indiquées.

Le projet ne comportera pas plus de deux feuilles grand-aigle.

UN BUREAU D'OCTROI

Le professeur de stéréotomie propose les épures de charpente se rapportant à un projet d'octroi pour une petite ville dans les montagnes.

Cet octroi, construit entièrement en bois de charpente, serait situé l'entrée de la ville, du côté de la montagne, le long d'une route nationale ; il comprendrait un rez-de-chaussée et un premier étage.

Au rez-de-chaussée :

1° Un porche assez vaste pour permettre de veiller sur les approches de la ville ;

2° Une grande pièce d'octroi pour la visite des marchandises et objets ;

3° Un bureau de receveur ;

4° Un petit escalier desservant les parties supérieures.

Au premier étage :

1° Un logement pour le préposé de l'octroi ;

2° Une pièce pour un employé de veille ; puis water-closet, débarras, greniers et, si possible, un petit campanile supérieur.

Un jardin, entouré d'une forte palissade en charpente, sera attenant.

La plus grande dimension du bâtiment proprement dit ne dépassera pas 15 mètres.

On fera les deux plans principaux à l'échelle de $0^m,01$, et, s'il y avait lieu, une façade ou une coupe au double pour l'étude des pans verticaux ou horizontaux de charpente.

Ces dessins comporteront l'indication des pièces de charpente, les remplissages pouvant être établis au moyen du plâtre, de la brique, vernissée ou non, de la terre cuite, etc.

De cet ensemble, qui peut porter des parties biaises, on tirera à l'échelle de $0^m,10$ pour 1 mètre et en tenant compte de l'échelle des longueurs réduite du dixième par rapport à l'échelle des largeurs et des épaisseurs des bois :

1° Les épures des assemblages des pans verticaux ou horizontaux ;

2° Au moins deux épures principales se rapportant aux combles (croupes et noues, droites ou biaises) ou à l'escalier.

Ces épures comporteront : l'épure d'ensemble proprement dite, la décomposition de cette épure d'ensemble et la préparation du trait en vue de l'exécution sur le bois.

Ce travail devra être limité au plus à deux feuilles grand-aigle.

PROGRAMMES DES EXERCICES
SUR LA STÉRÉOTOMIE DES PIERRES

UNE CHAPELLE DE LA VIERGE
POUR UNE ÉGLISE PAROISSIALE

A certaines églises anciennes et aux différentes époques de construction, on a parfois ajouté au chevet suivant l'axe longitudinal, une chapelle principale dédiée par exemple à la Vierge.

On peut citer particulièrement les chapelles élevées dans ces conditions qui accompagnent les cathédrales ou les églises paroissiales du xviie ou du xviiie siècle.

C'est une de ces chapelles qu'il s'agit de construire, entièrement appareillée et voûtée.

Le style est laissé libre et, par conséquent, les formes générales et les voûtes à l'intérieur, ainsi que les dispositions décoratives à l'extérieur. Sous la chapelle, on supposera une crypte également voûtée à laquelle on descendra par un escalier en pierre, situé à proximité.

L'ensemble sera donc présenté de façon à permettre l'établissement d'épures intéressantes au point de vue de la stéréotomie des pierres et tirées, soit de la crypte, soit des parties hautes de la chapelle, soit encore de l'escalier ou des motifs extérieurs.

Une toiture protégera les extrados.

La plus grande dimension dans œuvre de la chapelle n'excédera pas 15 mètres.

On fera le plan, avec amorce du chœur de l'église à la jonction de la chapelle, à l'échelle de $0^m,01$ pour un mètre; une coupe principale et une façade postérieure au double.

L'appareil sera nettement indiqué dans les dessins, et les élèves tireront de cet ensemble trois épreuves principales, dont deux au moins se rapportant à des voûtes composées ou à l'escalier.

Ces épures à l'échelle de $0^m,10$ seront poussées jusqu'au développement des panneaux nécessaires à la taille.

Le projet ne comportera pas plus de deux feuilles grand-aigle.

L'ÉTUDE DES VOUTES D'UNE CHAPELLE DE LYCÉE

Située suivant l'axe principal de la cour d'honneur d'un grand lycée de province et établie plutôt sur un plan carré que long, cette chapelle serait entièrement voûtée et comporterait des points d'appui déterminant les divisions suivantes :

1° Un porche d'entrée ;

2° Une nef centrale ;

3° Un chœur sur un plan demi-circulaire ;

4° Deux petits bas côtés accompagnés ou non de deux petites chapelles latérales.

En avant du porche règnerait un portique décoratif, relié ou non avec le portique même de la cour d'honneur.

Dans les bâtiments entourant la cour et suivant la profondeur desquels la chapelle est élevée, existerait à proximité une petite sacristie.

Enfin au-dessus du porche on peut supposer une tribune.

La plus grande dimension dans œuvre de la chapelle, en dehors du portique, ne dépassera pas 20 mètres et les élèves dresseront à ce sujet :

1° Un plan général avec cotes principales et la projection de l'appareil des voûtes adaptées à l'échelle de $0^m,01$ pour un mètre ;

2° Quatre épures des voûtes, dont deux au moins de voûtes composées jusqu'à la recherche des panneaux en vue de la taille à l'échelle de $0^m,05$ pour un mètre ;

3° Les dessins des parties de façades ou de coupes qu'ils jugeront nécessaires pour bien faire comprendre les dispositions prises, et les appareils spéciaux, à une échelle réduite de $0^m,005$ pour 1 mètre.

L'ensemble du travail pourra se résumer dans deux feuilles grand-aigle.

UN MONUMENT POUR LA CRÉMATION DES CORPS

La loi française a admis le principe de la crémation des corps.

Une grande ville de France se propose d'établir, sur un point élevé de son cimetière, un monument destiné à donner satisfaction à cette loi.

Ce monument, construit en pierre et recouvert par des voûtes appareillées à extrados apparents contiendra deux fours pour l'incinération avec de puissants conduits pour l'appel d'air et l'échappement de la fumée.

Il sera divisé en trois parties :

1ᵉ Le sous-sol, établi de façon à permettre d'obtenir une température dans les fours, de 12 à 1400 degrés par la combustion du coke et du gaz qui s'en dégage ;

2° Un rez-de-chaussée, comprenant :

Des magasins pour le combustible qu'on jettera dans le sous-sol par des trappes ; un dépôt pour les corps non reconnus des hôpitaux, avec monte-charge à proximité des fours ; quelques pièces pour l'Administration et le veilleur de nuit ;

3° Un étage supérieur, auquel on accède directement de l'extérieur par de grands emmargements et de l'intérieur par deux petits escaliers en pierre, ménagés dans les piliers des voûtes.

Cet étage supérieur comprendra :

Un porche ;

Une salle d'exposition, terminée en cul de four, où sera déposé le catafalque et où se réuniront la famille et les assistants ;

Deux salles, où seront les fours proprement dits construits en brique réfractaire. On fera pénétrer les corps dans ces fours au moyen de treuils spéciaux en fer montés sur rails.

La constatation et le degré d'avancement de l'incinération se feront du côté opposé à l'entrée des corps, à l'aide d'un œil laissant voir l'intérieur du four.

Enfin l'ensemble sera complété par un large portique qui se reliera au monument, au niveau du rez-de-chaussée, ou qui l'entourera ainsi qu'un jardin.

Le portique ouvert sur le jardin et voûté également servira de columbarium, son mur extérieur étant construit de façon à ménager des cases d'environ 0ᵐ,40 de hauteur sur 0ᵐ,50 de longueur. Dans ces cases seront déposés les vases ou récipients contenant les cendres, et des plaques de marbre avec inscriptions détermineront l'emplacement des cases.

Les familles qui désireraient honorer leurs morts par des monuments plus spéciaux auraient d'ailleurs la facilité de déposer les cendres dans des caveaux particuliers, mais en dehors du monument même et de son columbarium.

L'ensemble, dans sa plus grande dimension, n'excédera pas 50 mètres.

En dehors du système employé pour la crémation, dont on n'aura pas à se préoccuper dans le projet, sauf pour déterminer l'emplacement même des fours et les accessoires, les constructions comporteront donc l'établissement de voûtes simples ou composées, cylindriques, de révolutions ou coniques.

Pour l'établissement de ces voûtes, on pourra s'inspirer d'une des diverses époques de style et de construction qui, en France surtout jusqu'à nos jours, nous ont légué, comme patrimoine national, de si remarquables œuvres de stéréotomie des pierres. Dans ce cas, le principe même qui a présidé à la construction de ces œuvres d'une époque déterminée sera respecté.

On fera le plan général au niveau du rez-de-chaussée, le plan de l'étage supérieur et la façade principale à l'échelle de $0^m,005$ pour un mètre, et plusieurs coupes au double.

L'appareil sera nettement indiqué dans les dessins, et deux épures au moins tirées du projet donneront au vingtième de l'exécution toutes les indications et tous les rabattements ou développements nécessaires à la taille d'un ou plusieurs voussoirs.

Nota. —Un spécimen de ce genre de monument existe déjà au cimetière du Père-Lachaise, à Paris.

ÉCOLE NATIONALE ET SPÉCIALE DES BEAUX-ARTS

COURS

DE CONSTRUCTION

I. — PARTIE THÉORIQUE

(20 leçons)

RÉSISTANCE DES MATÉRIAUX

CHAPITRE PREMIER

Elasticité. — Déformation. — Pressions : extension, compression, effort tranchant, flexion. — Rappel des moments d'inertie ; moments de résistance. — Poutres droites posées sur plusieurs appuis ; moments de flexion ; flèches : calcul des dimensions inconnues. — Théorème des trois moments. — Glissement longitudinal des fibres et répartition de l'effort tranchant. — Poutres d'égale résistance. — Poutres soumises à des efforts obliques. — Pièces chargées de bout. — Poteaux. — Colonnes.

CHAPITRE II

Systèmes articulés. — Polygones funiculaires. — Diagrammes. — Poutres à treillis. — Fermes de combles. — Fermes à la Polonceau. — Fermes à contrefiches et aiguilles pendantes. — Ceintures polygonales et ceintures circulaires.

CHAPITRE III

Pièces courbes et arcs. — Poussée. — Calcul des pressions et des déformations dans les cas usuels. — Combles courbes ; voûtes à ossature métallique. — Fermes courbes ou polygonales sans tirants.

CHAPITRE IV

Dilatation. — Frottement. — Action du vent sur les constructions. — Stabilité des massifs. — Répartition des pressions sur la base d'appui ; noyau central.

CHAPITRE V

Poussée des terres et pression de l'eau. — Murs de soutènement. — Épure de stabilité avec ou sans surcharge. — Application aux fondations en général. — Murs de réservoir. — Pression de l'eau.

CHAPITRE VI

Stabilité des voûtes, des arcs et de leurs supports. — Courbes des centres de pression. — Épure de stabilité. — Application aux voûtes en berceau, aux voûtes en arc de cloitre, aux voûtes d'arête, aux voûtes sphériques et aux voûtes sur arcs indépendants. — Platesbandes.

II. — PARTIE TECHNIQUE

(30 leçons)

CHAPITRE PREMIER

CONSTRUCTIONS EN PIERRE

Description des pierres ; leurs qualités, leurs défauts. — Classification des pierres au point de vue de leur emploi et de leur résistance. — Marbres. — Matériaux artificiels. — Chaux, ciments, pouzzolanes, mortiers, bétons, plâtres, briques, poteries, verres, bitumes, asphaltes, mastics, enduits, ciments métalliques, silicatisation, etc.

CHAPITRE II

Fondations. — Fondations en rigole, en plateau. — Fondations sur radiers, sur voûtes renversées, sur pilotis, sur puits. — Fondations sous l'eau. — Batardeaux, épuisements. — Étanchement des sources. — Fondations à l'air comprimé. — Fondations par massifs à enfoncement progressif. —Empattements donnés aux fondations.

CHAPITRE III

Mise en œuvre des matériaux. — Transport, bardage, levage, montage. — Machines de levage.

Pose. — Appareil. — Constructions homogènes, mixtes ; murs, murs de face, de refend, tuyaux de cheminée intérieurs ou adossés, murs mitoyens, jambes étrières et boutisses, murs isolés. — Contreforts. — Murs de soutènement, de terrasse, murs de quai, de réservoir.

Reprise en sous-œuvre. — Chevalement. — Étayements. — Supports isolés. — Piliers. — Colonnes.

CHAPITRE IV

Voûtes. — Historique.

Dispositions diverses des voûtes. — Voûtes homogènes ; mixtes.— Voûtes à ossature intérieure ou extérieure.

Construction des voûtes. — Pose des claveaux. — Appareil. — Cintres ordinaires. — Cintres à grande portée. — Décintrement. — Coins. — Boîtes à sable. — Vérins.

Pieds droits des voûtes, culées, contreforts, arcs-boutants.

Voûtes composées, voûtes d'arête, voûtes en arc de cloître, voûtes sphériques, niches, encorbellements, trompes, pendentifs, voûtes biaises, voûtes en descente, arrière-voussures.

Arcs. — Plates-bandes.

Voûtes de fosses. — Voûtes d'égouts.

CHAPITRE V

Escaliers. — Dispositions diverses. — Proportions des marches. — Escaliers à limon, en vis, à noyau plein ou vide. — Escaliers sur voûtes ou sur arcs rampants. — Escaliers suspendus.

Aires. — Dallages. — Carrelages. — Vitres-dalles. — Pavage. — Asphalte. — Chaussées. — Écoulement des eaux pluviales.

Couvertures de terrasses ou de voûtes, en pierre.

CHAPITRE VI

Description des bois de construction. — Leurs qualités, leurs défauts. — Procédés de conservation.

Mise en œuvre. — Principes généraux.

Assemblages. — Assemblages devant résister à l'extension, à la compression, à la flexion.

Ferrures spéciales aux ouvrages de charpente. — Supports isolés. — Pans de bois. — Planchers. — Solives, solives d'enchevêtrure, chevêtres, poutres, poutres armées. — Ponts et passerelles. —Échafauds ordinaires. —Échafauds permanents. — Échafauds en bascule.

CHAPITRE VII

Combles. — Chevrons. — Pannes. — Fermes. — Dispositions diverses. — Fermes à grande ou à faible pente. — Combles brisés.

Fermes à grandes portées. — Croupes et noues. — Lucarnes. — Trémies. — Flèches et campaniles. — Effets du vent, du froid, de la neige sur les combles. — Couverture en ardoises, en tuiles de différents systèmes, en zinc, en plomb, en cuivre. — Couvertures légères en tôle, en carton bitumé, en feutre.

CHAPITRE VIII

Escaliers en bois. — Limons français, limons à crémaillère, contre-limons. — Marches et contremarches. — Marches palières. — Bascules.

Différentes dispositions des escaliers. — Escaliers avec poteaux. — Escaliers suspendus. — Escaliers en vis, à noyau plein ou vide.

Ferrures spéciales aux escaliers.

CHAPITRE IX

Menuiserie. — Bois du commerce, leurs dimensions. — Moyens de conservation.

Principes généraux pour la composition des ouvrages de menuiserie. — Assemblages spéciaux. — Parquets. — Lambris. — Portes. — Portes cochères. — Portes roulantes.

Châssis dormants. — Fenêtres. — Imposte.
Persiennes. — Persiennes à feuilles repliées.
Volets. — Jalousies.
Ferrures spéciales à la menuiserie.

CHAPITRE X

CONSTRUCTIONS MÉTALLIQUES

Description des métaux usuels. — Leurs qualités, leurs défauts.—
Procédés de conservation. — Formes et dimensions des fers du com-
merce. — Assemblages spéciaux au fer et à la fonte. — Rivets. —
Écrous. — Chaînages. — Ancres. — Supports isolés. — Colonnes
pleines ou creuses. Pans de fer. — Planchers en fer. — Solives,
solives d'enchevêtrure. — Entretoises. — Filets ou poitrails. —
Hourdis des planchers. —Poutres armées. — Poutres en tôle. —
Poutres tubulaires. — Poutres à treillis.

CHAPITRE XI

Combles métalliques. — Combles ordinaires. — Lattes. — Chevrons. — Pannes ; leurs assemblages. — Combles brisés. — Fermes
à grande portée. — Fermes à la Polonceau. — Fermes à contrefiches
et à aiguilles pendantes.

Arcs métalliques : en fonte, en tôle, à treillis. — Fermes en arcs.
— Voûtes à ossature métallique. — Marquises. — Serres.

Couverture en verre. — Fers à vitrage.

Chéneaux. — Gouttières anglaises. — Gouttières ordinaires. —
Tuyaux de descente. — Protection des saillies.

CHAPITRE XII

Châssis en fer fixes ou mobiles. — Fenêtres. — Vasistas. — Persiennes en feuilles repliées. — Fermetures de magasins.

Ascenseurs. — Monte-charges. — Monte-plats. — Grilles dor-
mantes ou ouvrantes. — Grands et petits balcons. — Appuis.

Ferrures : pentures, gonds, crapaudines, paumelles, fiches, pattes
de scellement, plates-bandes. — Crémones, espagnolettes, verrous.

Serrures ordinaires. — Serrures de sûreté, etc.

CHAPITRE XIII

Canalisation de l'eau, distribution; évacuation des eaux ménagères.

Salles de bain. — Chauffe-bains. — Siphons. — Cabinets d'aisances. — Appareils. — Fosses fixes, fosses mobiles. — Système diviseur. — Écoulement à l'égout. — Gaz, canalisation, compteurs, becs de divers systèmes, chauffage au gaz.

Fumisterie. — Cheminées. — Ventouses. — Bouches de chaleur. — Appareils Fondet ou analogues. — Poêles. — Calorifères en maçonnerie ou en métal.

Chauffage à air chaud, à vapeur, à eau chaude. — Ventilation par appel ou par insufflation. — Conduits de chaleur. — Prises d'air. — Moyens préservatifs contre les incendies.

Sonnerie ordinaire. — Sonnerie électrique. — Paratonnerres.

ÉCOLE NATIONALE ET SPÉCIALE DES BEAUX-ARTS

DEUXIÈME CLASSE

CONSTRUCTION

Valeur des récompenses accordées à ce concours.

Première médaille. — 5 valeurs.
Deuxième médaille. — 4 valeurs.
Troisième médaille. — 3 valeurs.
Mention. — 2 valeurs.

EXPOSÉ PRATIQUE

L'examen de construction est le plus important de la section d'architecture; il se divise en deux parties : examen écrit et examen oral. Nous trouverons au chapitre suivant l'examen oral; quant à l'examen écrit il se divise en trois parties :

1° Exercices en loge pendant la durée du cours ;

2° Exercices spéciaux dans les ateliers ;

3° Projet de construction générale.

1° Les exercices en loge pendant la durée du cours, consistent en trois examens dont nous reproduisons ci-après un exemple, sous ce titre : *Exercices en loge.*

2° Les exercices spéciaux dans les ateliers consistent en un projet se rapportant à la coupe des bois avec les épures de résistance, et en un projet se rapportant à la coupe des pierres avec épures, et tous les détails intéressant la construction.

3° Le projet de construction générale consiste à étudier une construction dans tous ses détails, comme si le projet devait être exécuté. Le programme comporte la description de toutes les particularités de l'édifice, telles que : couverture métallique, voûte à ossature métallique, planchers en fer, etc., etc.; en outre, il est demandé des détails de maçonnerie, de charpente en bois, de charpente en fer, de menuiserie, de serrurerie, de couverture, l'indication de tous les appareils, une épure de stabilité de voûte et un mémoire résumant les calculs de résistance relatifs aux pièces principales de la construction.

La durée de ce projet est de trois mois. Nul ne peut être admis à passer l'examen de construction, s'il n'a pas obtenu précédemment une mention de mathématiques, une mention de géométrie descriptive et une mention de stéréotomie. Nous reproduisons ci-après plusieurs exemples des programmes des exercices de construction, sous ce titre : *Projets de construction générale.*

EXERCICES EN LOGE

Premier Exercice.

1° Calculer le moment d'inertie et le moment de résistance d'un profil en double T en tôle et cornières dont les dimensions sont les suivantes :

$$\text{Hauteur de l'âme} = 0^m,70.$$
$$\text{Epaisseur} \qquad = 0\quad 01.$$
$$\text{Largeur des ailes} = 0\quad 22.$$
$$\text{Epaisseur} \qquad = 0\quad 02.$$
$$4 \text{ cornières égales de } \frac{0^m,08 \times 0^m,08}{0^m,01}$$

2° On veut faire un plancher dont la portée est de 4^m en se servant de madriers de sapin dont la section est un rectangle de $0^m,22$ de haut et de $0^m,08$ de large; la charge portée par le plancher est de 400 k. par mètre carré. On demande de trouver l'écartement à donner aux solives en prenant R $= 600,000$ par mètre carré.

3° On choisit pour solives de 5 mètres de portée un fer double T de $0^m,20$ de haut pesant 22 k. par mètre de long. Ces solives étant écartées de $0^m,70$, on demande de calculer la pression maximum supportée par la solive, sachant que le poids à supporter est de 500 k.

par mètre carré et que le $\dfrac{I}{V}$ du fer $= 0,0001557$.

Second Exercice.

Calcul d'une poutre en fer d'égale résistance, cette poutre posée sur 2 appuis de niveau de section en double T en tôle avec âme de hauteur constante constituée par un treillis à petite maille, d'une portée de 16^m entre points d'appui. Elle serait soumise :

1° A une charge uniforme de 2,100 k. par mètre courant ;

2° A une charge isolée de 9,500 k. appliquée à 5^m,50 de l'un des appuis.

Les données sont : Hauteur de l'âme   1^m,08.

                       Amorce   —   0 17.

                       Epaisseur —   0 012.

                       Cornières $\dfrac{85 \times 85}{9}$

Largeur des ailes composées de tôles de 0^m,009 d'épaisseur, 0^m,26.

Nombre des barres montantes rencontrées par une verticale, 3.

Distance des intersections supérieures et inférieures des barres de treillis, 0^m,80.

Largeur des barres, 0^m,0065. — Inclinaison, 45^c.

1° Calculer l'épaisseur des ailes ;

2° La répartition des tôles sur la longueur de la poutre ;

3° L'épaisseur des barres du treillis dans la région la plus chargée ;

4° Le diamètre des rivets assemblant les barres sur l'amorce de l'âme ;

5° Le nombre de ces rivets : 3 à chaque extrémité ;

6° La flèche prise par la poutre ;

7° *Question facultative* : le nombre des rivets.

Troisième Exercice.

Calcul d'une ferme à la Polonceau à 6 bielles.

Portée : 26^m.

Espacement des fermes : 4^m,60 d'axe en axe.

Arbalétrier et pannes en sapin.

Les pannes posées normalement à l'arbalétrier, bielle en fonte, à sections variables, section terminale circulaire, section du milieu en croix d'équerre, tirant en fer rond.

Pour le calcul de réaction sur les appuis de l'arbalétrier, on supposera que ces dernières ont été ramenées en ligne droite après la mise en charge.

Charge totale par mètre carré de toiture : 130 k.

Poids approximatif de la $\frac{1}{2}$ ferme sans les pannes : 1,260 k.

Poids propre de ces dernières pour une panne entière : 66 k.

Pente de l'arbalétrier : $\dfrac{1}{2}$, soit $\alpha = 26°,34'$.

Surélévation du tirant horizontal : $0^m,55$.

Nombre des pannes, compris faîtage et sablière : 9.

Calculer : 1° la section des pannes en prenant $b = a \sqrt{2}$;

2° Celle de l'arbalétrier, en prenant $b = a \times 1,5$;

3° La section terminale et celle du milieu des bielles, en prenant pour la branche en croix d'équerre l'épaisseur $e = \dfrac{h}{5}$;

4° La section des tirants et celle des boulons d'assemblage.

On vérifiera si la résistance de l'arbalétrier à la flexion latérale est assurée.

On prendra pour coefficient de résistance de sécurité :

Sapin, flexion et compression	$= \quad 700,000$ k.
Fer, extension	$= 7,000,000.$
Fer, cisaillement	$= 5,000,000.$
Fonte, compression directe	$= 9,000,000.$
Fonte, coefficient d'élasticité réduit	$= 5,000,000,000.$
Sapin	$= 300,000,000.$

Echelle du tracé de la 1/2 ferme : $0^m,02$ pour mètre.

   »   des forces pour le diagramme : $0^m,04$ par 1,000 k.

PROJETS DE CONSTRUCTION GÉNÉRALE

Premier Exercice.

(Cet exemple de 1ᵉʳ exercice fait double emploi avec le précédent, mais nous avons cru devoir le reproduire pour montrer la connexité existant entre les questions d'année en année.)

1° Calculer le moment d'inertie et le moment de résistance ·d'un profil en double T en tôle et cornières dont les dimensions sont les suivantes :

$$
\begin{aligned}
\text{Hauteur de l'âme} \quad &= \quad 0^m,68. \\
\text{Epaisseur} \quad &= \quad 0 \quad 009. \\
\text{Largeur des ailes} \quad &= \quad 0 \quad 16. \\
\text{Epaisseur des ailes} \quad &= \quad 0 \quad 012. \\
\text{4 cornières de} \quad & \frac{0^m,069 \times 0^m,065}{0^m,009}
\end{aligned}
$$

2° Une poutre en bois de section rectangulaire, de $4^m,20$ de portée, reçoit d'un seul côté un plancher composé de solives en bois de $3^m,70$ de long entre appuis. La charge de ce plancher, tout compris, est de 450 k. par mètre carré. La poutre est en outre soumise à une charge isolée de 1,200 k. appliquée à $1^m,90$ de l'un des appuis.

Calculer : 1. La dimension de la section de la poutre, en prenant la hauteur égale à deux fois la largeur $b = 2\,a$;

2. L'écartement des solives, dont la section serait un rectangle de $0^m,10$ de large sur $0^m,20$ de hauteur.

3. La flèche prise par la poutre.

On supposera que le poids propre de la portée et celui des solives sont compris dans la charge donnée. Le coefficient de résistance de sécurité à la flexion : $R = 700,005$ k. par mètre carré.

Et pour coefficient d'élasticité :

$F = 1.100\,000\,000.$

UN CIRQUE

Cet édifice serait situé dans la promenade publique d'une ville importante.

Il comprendrait une arène de 15 mètres au moins de diamètre, entourée de gradins en amphithéâtre pour les spectateurs, avec trois catégories de places distinctes.

Un espace serait réservé à un orchestre.

A l'entrée, on trouvera un vestibule avec contrôle, des bureaux pour les billets, un dépôt de cannes et parapluies.

Les dégagements et escaliers d'accès aux gradins devront être établis de manière à séparer dès l'entrée les diverses catégories de spectateurs. Ces accès devront être assez larges et faciles pour permettre, en cas d'accident, l'évacuation rapide de la salle, à l'aide de portes de sortie spéciales à chaque catégorie de places.

Les dépendances attenant au cirque comprendront des écuries pour 30 chevaux ou autres animaux, avec sellerie, cour de pansage et grenier à fourrage au-dessus des écuries.

Entre celles-ci et le cirque, un vestibule ou salle de montage.

Quelques loges avec petit foyer pour les écuyers, un groupe semblable pour les écuyères.

La façade du cirque sera en maçonnerie, le comble en fer avec le moins de points d'appui possible.

La couverture sera métallique.

Le vestibule d'entrée sera voûté en maçonnerie.

Les murs des écuries seront également en maçonnerie, le plancher du grenier en fer, le comble en bois, la couverture en métal ou en ardoises.

Le vestibule des écuries sera couvert par une voûte en maçonnerie ou à ossature métallique.

Pour les fondations, on supposera que le terrain résistant, composé de sable et de gravier, se trouve à 2 mètres en contre-bas du sol extérieur.

La plus grande dimension du terrain ne dépassera pas 80 mètres.

On donnera: le plan général du rez-de-chaussée; un plan du cirque au-dessus des gradins, à $0^m,005$ pour mètre, ces deux plans sur un châssis grand aigle;

La façade générale, à $0^m,01$ pour mètre (châssis grand aigle);

La coupe générale sur l'axe de l'entrée à $0^m,02$ pour mètre (châssis double grand aigle);

Le plan, l'élévation et le profil d'une travée de la façade du cirque ; le plan, l'élévation et la coupe transversale d'une travée des écuries, à $0^m,02$ pour mètre (ces dessins sur un châssis grand aigle);

Des détails de maçonnerie et de charpente en bois, à $0^m,05$ pour mètre ; de menuiserie, de serrurerie et de couverture, à $0^m,10$ pour mètre.

L'appareil devra être indiqué dans tous les dessins.

Une épure de stabilité de voûte et un résumé sous forme de tableau des calculs ayant servi à déterminer la section des pièces principales de la construction.

UN CASINO DE BAINS DE MER

Cet établissement serait élevé sur une terrasse ou digue, devant laquelle s'étendrait la partie de la plage destinée aux bains.

L'entrée se trouverait du côté opposé à la mer, sur une route longeant les falaises.

Cet édifice comprendrait :

Un vestibule ; une salle principale pouvant servir de salle de concert, de théâtre ou de bal, avec une petite scène et dépendances, des galeries, un vestiaire ;

Un café-restaurant avec terrasse extérieure ;

Des salons de jeux divers.

Ces différentes pièces se trouveraient dans un rez-de-chaussée élevé sur un soubassement.

Comme dépendances, un bureau pour l'administration, un petit appartement pour le directeur, quelques logements pour le personnel.

Une cuisine, une buanderie, un cellier, etc., seraient installés dans le soubassement.

Des escaliers mettraient la terrasse en communication avec la plage, la différence de niveau étant de 3 à 4 mètres.

Pour la construction de la partie des bâtiments située au-dessus du soubassement, on emploiera simultanément le fer et la maçonnerie, la nature de celle-ci étant laissée au choix des concurrents.

Le soubassement sera voûté en maçonnerie ou recouvert par un plancher en fer avec voûtains en briques.

Pour les salles principales, on emploiera des voûtes ou des voussures à ossature métallique.

La partie la plus importante des combles sera en fer. La nature de la couverture n'est pas déterminée.

La plus grande dimension des bâtiments ne dépassera pas 70 mètres.

On donnera : le plan général du rez-de-chaussée, la façade générale sur la mer, à $0^m,005$ pour mètre ;

A l'échelle de $0^m,02$ et relativement à une travée des parties principales de l'édifice :

Les plans des fondations, du soubassement, du rez-de-chaussée, de la toiture, l'élévation et la coupe transversale ;

La coupe entière prise sur le plus grand côté de la salle de concert, à la même échelle ;

Des détails de maçonnerie à l'échelle de $0^m,05$ pour mètre, de serrurerie, de menuiserie, de couverture à $0^m,10$;

Les épures relatives aux voûtes et au mur de soutènement de la terrasse, à $0^m,05$ pour mètre ;

Un tableau résumant les calculs de résistance relatifs aux pièces principales de la construction.

Pour les fondations, on supposera que le bon terrain, composé de sable fin, se trouve à $1^m,50$ environ en contre-bas du sol de la plage.

UNE SERRE MONUMENTALE

Cette serre, destinée à abriter des plantes et arbustes de grande hauteur, originaires des pays chauds, serait située sur le point culminant d'un jardin des plantes important et serait établie sur une terrasse de $1^m,50$ à 2 mètres de hauteur.

Elle comprendrait une partie centrale et deux nefs adjacentes de moindre hauteur.

En avant de cette partie centrale serait disposée l'entrée principale en forme de porche, construite en maçonnerie. On y aménagerait un logement pour un gardien.

A chaque extrémité de la serre s'élèverait un pavillon également en maçonnerie, de dimensions restreintes, qui contiendrait une entrée secondaire et quelques pièces pour des cabinets d'études, collections de plantes et de graines, dépôt de livres spéciaux.

Dans un sous-sol on disposerait les emplacements nécessaires aux appareils de chauffage et un dépôt de combustible. Ce sous-sol, dont

l'accès pourrait se faire soit par les pavillons, soit par la façade postérieure, serait voûté en maçonnerie.

Les planchers des pavillons seraient en fer, les combles en bois.
La nature de la couverture n'est pas déterminée.

Toutes les autres parties de la serre seraient en fer et vitrées sur
toutes les faces.

Sur le faîtage de la serre, on devra disposer un chemin de service
facilement accessible et commode pour la manœuvre des claies.

La plus grande dimension du terrain n'excédera pas 100 mètres,
non compris la terrasse.

On donnera : le plan général et la façade principale, à $0^m,005$ pour
mètre ;

A $0^m,02$, la coupe transversale en entier, le plan, l'élévation et la
coupe longitudinale d'une travée de la serre et d'une partie du pavillon
de l'entrée ;

Des détails des parties les plus intéressantes de la construction à
$0^m,05$ pour la maçonnerie, à $0^m,10$ pour le fer, la menuiserie, la
charpente et la couverture ;

Les épures et calculs nécessaires pour déterminer les dimensions
des éléments principaux du projet. Les plans et les coupes devront
être teintés.

DES GALERIES DE ZOOLOGIE ET DE GÉOLOGIE

Le bâtiment affecté à ces galeries serait situé au milieu du jardin
d'un muséum d'histoire naturelle. Il se composerait d'une cour centrale ouverte, destinée à recevoir les pièces les plus encombrantes,
et de galeries disposées autour de cette cour, qui contiendraient les
pièces de dimensions restreintes.

L'entrée des galeries se trouverait sur le plus grand côté du bâtiment. Celles-ci, simples en épaisseur, pourraient comporter néanmoins
une doublure servant de communication entre les différentes salles.
Elles comprendraient un rez-de-chaussée, un premier étage et un
étage d'attique. Le 1er étage serait plus spécialement destiné à la
géologie. Dans l'étage d'attique seraient installées une bibliothèque
et des salles d'exposition de dessins, gravures, photographies, etc.

On accéderait aux 1er et 2e étages par un ou deux escaliers principaux, auxquels on adjoindrait quelques escaliers de service.

Un sous-sol, régnant sous les galeries seulement, contiendrait les
appareils de chauffage, des dépôts d'objets non encore classés, etc.

La cour centrale serait couverte d'un double vitrage, avec dispositions permettant une aération facile.

Le sous-sol serait voûté en maçonnerie de petits matériaux, ou bien recouvert d'un plancher composé exclusivement de poutres et poutrelles en fer, recevant des voûtains en briques à grande portée.

Le rez-de-chaussée serait voûté en pierre de taille ou en maçonnerie mixte.

Le 1er étage serait plafonné avec ou sans voussures et plancher en fer.

Le comble de la cour serait en fer, ceux des galeries pourraient être mixtes, bois et fer.

La toiture serait en ardoise ou en métal.

Le sol du soubassement serait recouvert de bitume ou de ciment. Celui du rez-de-chaussée recevrait un dallage en pierre, un carrelage céramique ou de la mosaïque de marbre.

Le 1er étage et l'étage d'attique seraient parquetés.

La plus grande dimension du bâtiment ne dépassera pas 70 mètres.

On donnera : le plan d'ensemble du rez-de-chaussée, à $0^m,005$ pour mètre ; les plans de fondations et de soubassement, du rez-de-chaussée, du 1er étage, de l'étage d'attique et de la toiture, relatifs à trois travées (celle de l'entrée et des deux adjacentes) ; la coupe transversale en entier ; la coupe longitudinale, l'élévation extérieure, celle de la cour vitrée (ces trois derniers dessins relatifs aux travées désignées plus haut), le tout à l'échelle de $0^m,02$ pour mètre.

Des détails de maçonnerie à $0^m,05$ pour mètre ; de fer, de menuiserie et de couverture à $0^m,10$ pour mètre.

Les épures de stabilité des voûtes, à $0^m,04$ pour mètre.

Un mémoire résumant les calculs des sections des pièces principales.

SECTION D'ARCHITECTURE

DEUXIÈME CLASSE

CONSTRUCTION

EXAMEN ORAL

EXPOSÉ PRATIQUE

L'examen oral de construction se divise en deux parties :
Examen oral sur la partie théorique du cours ;
Examen oral sur le projet définitif.

Pour le premier examen oral sur la partie théorique du cours, le professeur actuel a partagé son cours en 42 questions, résumant les grandes lignes de son enseignement. Ces 42 questions sont à leur tour divisées en 3 groupes, et dans chacun de ces groupes le candidat tire une question, à laquelle il doit répondre.

Cet examen est éliminatoire et il empêche de prendre part au projet de construction générale les élèves qui en sont éliminés.

Nous donnons ci-dessous le tableau des questions dressé par le professeur de l'École des Beaux-Arts.

Pour le second examen oral, l'examinateur interroge sur les particularités du projet ; c'est en quelque sorte l'application pratique du cours.

1ᵉʳ *Groupe.*

Expression du moment de flexion, de l'effort tranchant et de la flèche dans le cas où le rapport $\frac{M}{I}$ est constant.

Pièces posées sur 2 appuis de niveau.

1. Charge isolée appliquée en un point quelconque.
2. Charge au milieu.
3. Deux charges égales et symétriques.
4. Charge uniformément répartie.

Pièces encastrées.

5. Une extrémité encastrée, charge à l'extrémité.
6. Même cas, charge uniformément répartie.
7. Les deux extrémités encastrées, charge au milieu.
8. Même cas, charge uniformément répartie.
9. Une extrémité encastrée, l'autre posée, charge uniformément répartie.
10. Pièce sur deux appuis, débordant d'un seul côté, charge uniformément répartie.
11. Pièce inclinée, posée sur deux appuis, charge uniformément répartie.
12. Pièce posée sur deux appuis, comprimée ou tirée et chargée normalement, section variable.
13. Pièce d'égale résistance, profil double T en tôle, méthode générale.

2ᵉ *Groupe.*

1. Lois de l'extension et de la compression, pièces courtes.
2. Pression *tangentielle* développée dans la section oblique d'un cylindre.
3. Moment d'inertie d'une surface quelconque.
4. id. id. du rectangle et du carré.
5. id. id. du double T et profils similaires.

6. Moment d'inertie du simple T.
7. id.   id.   du cercle plein et évidé.
8. id.   id.   de l'ellipse pleine et évidée.
9. Glissement longitudinal des fibres, principe général.
10. Application à un profil rectangulaire.
11.   id.   id.   double T laminé.
12.   id.   au calcul des rivets, double T en tôle.
13. Application au calcul de la section des barres d'un treillis
     à petites mailles.
14. Tension d'une couronne polygonale ou circulaire.
15. Systèmes articulés, poutres et fermes, décomposition des efforts,
     méthode directe.

3ᵉ Groupe.

1. Expression des actions moléculaires développées par la flexion (pièces droites).
2. Flexion d'une pièce chargée debout (Hypothèse $\dfrac{\mathrm{M}}{\mathrm{I}} =$ constante).
3. Expression des actions moléculaires développées par la flexion (pièces courbes).

Arcs poussant leurs appuis.

4. Arc posé sur 2 appuis de niveau, charge
   uniforme sur l'horizontale.
5. Même cas, arc chargé sur lui-même.
6.   id.   arc chargé de poids égaux et
   symétriques.
7. Action du vent sur un plan incliné.
8. Pression développée par la dilatation.
   Conséquences.
9. Stabilité d'un corps posé sur un plan, en
   tenant compte du frottement.
10. Répartition des pressions sur une base
    d'appui, section quelconque.

11. Application à une section rectangulaire.

12. id. id. circulaire pleine et évidée.

13. Stabilité d'un mur de soutènement et de réservoir.

14. Stabilité d'une voûte et de ses culées.

NOTA. — Une ou plusieurs des questions tirées pourront être changées à l'égard des élèves dont les notes antérieures leur permettraient de concourir pour une médaille.

D'autre part, il est bien entendu que toutes les matières traitées au cours, contenues ou non dans les questions énumérées ci-dessus, font partie de l'examen.

L'ENSEIGNEMENT

A L'ÉCOLE NATIONALE ET SPÉCIALE DES BEAUX-ARTS

SECTION D'ARCHITECTURE

PREMIÈRE CLASSE

ENSEIGNEMENT ARCHITECTURAL

ECOLE NATIONALE ET SPÉCIALE DES BEAUX-ARTS

PREMIÈRE CLASSE
ENSEIGNEMENT ARCHITECTURAL

EXPOSÉ PRATIQUE

L'enseignement de la première classe diffère de celui de la seconde classe, en ce qu'il ne comporte plus aucun examen scientifique; les concours de la première classe se divisent en : concours d'architecture, concours d'ajustement et d'ornement, concours se rapportant au cours de l'histoire de l'architecture, concours de dessin de figure d'après nature ou d'après le plâtre, et en concours de modelage d'ornement ou exceptionnellement de figure d'après le plâtre.

Les Concours d'architecture comprennent deux parties :

1° Concours sur esquisses (*six par an*).

2° Concours sur projets rendus (*six par an*).

Les Concours d'ajustement et d'ornement comprennent :

1° Un concours Auguste Rougevin (*un par an*).

2° Un concours Godebœuf (*un par an*).

Pour les autres concours, nous prions le lecteur de se reporter aux chapitres spéciaux — relatifs à chacun de ces concours. — Tous les élèves de première classe doivent rendre au moins un projet par an et avoir pris part à l'un des concours Godebœuf, Rougevin, ou d'histoire de l'architecture, sous peine de se voir rayer de la liste des élèves de l'école, sauf décision du conseil supérieur.

Sont exemptés de cette obligation, les élèves admis au concours définitif du prix de Rome et ayant exécuté le concours, et ceux qui ont obtenu soit le diplôme d'architecte, soit la grande médaille d'émulation ou le prix Abel Blouet (Voy. règlement, art. 54 et 55).

Pour les élèves qui ne peuvent ou ne veulent passer l'examen du diplôme, un certificat d'études de l'école est délivré aux élèves de première classe qui ont obtenu, soit une récompense au concours du prix de Rome, soit une première ou deux deuxièmes médailles, dont une au moins sur projets rendus (art. 60 du règl.)

ÉCOLE NATIONALE ET SPÉCIALE DES BEAUX-ARTS

SECTION D'ARCHITECTURE

PREMIÈRE CLASSE

ESQUISSE

Valeur des récompenses accordées à ce Concours.

Première seconde médaille. — 2 valeurs.
Première mention. — 1 valeur.
Deuxième mention. — 1/2 valeur.

EXPOSÉ PRATIQUE

Les esquisses se font en loge en une seule séance de douze heures;
il y a six concours d'esquisses par an sur des programmes donnés
par le professeur de théorie, ces programmes comportent des données
permettant de faire un rendu intéressant tant au point de vue de la
composition architecturale qu'à celui de l'aquarelle.

Nominalement, les mentions sur esquisses ne sont pas obligatoires
pour l'examen du diplôme, mais elles peuvent s'ajouter au nombre
des valeurs exigées pour cet examen; il se produit donc une grande
économie de temps pour les élèves qui peuvent avoir des valeurs sur
esquisses, car ces valeurs ne demandent que douze heures de travail,
et sont considérées au même titre que les valeurs sur projets rendus,
exigeant quelquefois de un à trois mois d'études. Nous engageons
donc les élèves à prendre part à tous les concours d'esquisses, non

seulement pour obtenir des valeurs, mais encore au point de vue de l'habitude que leur donnera cet exercice, pour l'élaboration d'un projet demandé dans un délai très court, et principalement pour les esquisses des projets rendus.

Les esquisses se rendent habituellement sur feuille demi-grand-aigle (libre sans châssis).

Suivent différents programmes :

PROGRAMMES

UN ATELIER DE PEINTRE

Cet atelier serait construit au fond d'un jardin assez long et peu large. Sur l'un des côtés de ce jardin, un petit portique met l'atelier en communication couverte avec l'habitation. De l'autre côté, un passage compris entre le jardin et le mur séparatif d'une propriété voisine sert d'accès aux modèles, fournisseurs, etc.

Le tout est compris entre murs mitoyens de chaque côté et au fond.

La distance entre les murs des deux côtés est de 20 mètres.

L'atelier sera disposé au rez-de-chaussée, élevé sur quelques marches par rapport au passage de service, mais de plain pied avec le jardin.

Il comprendra :

L'atelier proprement dit, pouvant s'éclairer à volonté dans plusieurs directions par des châssis de toiture, mais pourvu, en tout cas, d'un grand jour vertical au nord (côté du jardin) ;

Pièce d'entrée, et petit salon d'attente et de toilette ;

Pièce de service des modèles ;

Dépôt d'accessoires divers ;

Lavabos, cabinets d'aisances, etc.

Pour le service des dépendances et de l'atelier lui-même, une petite cour sera ménagée entre l'atelier et la propriété voisine au fond du terrain.

On fera le plan et la coupe longitudinale (perpendiculaire à la façade et regardant le portique), à l'échelle 0^m,004 pour mètre.

La façade principale, avec en premier plan la coupe sur le portique, le jardin et le passage de service, 0^m,008 pour mètre.

OBSERVATION GÉNÉRALE A TOUS CES CONCOURS

Toute esquisse négligée, incomplète ou au crayon seulement, est un cas de mise hors concours.

Une perspective ne peut tenir lieu d'élévation.

LA PORTERIE D'UN COUVENT

On suppose qu'un couvent est situé dans les montagnes, comme la Grande-Chartreuse, divers couvents des Apennins, etc. Sur une route pittoresque s'ouvre la *Porterie,* petite construction isolée formant l'entrée du couvent, et raccordée de chaque côté à des murs de clôture élevés.

La porterie se composera de :

1° Un porche ouvert, assez spacieux et profond pour servir d'abri extérieur, notamment pour les pauvres ; au fond du porche sera la porte principale du couvent, suffisante pour le passage des voitures ;

2° D'un côté, un guichet ou passage communiquant à la porterie et au couvent ; c'est ce guichet qui sert pour les accès ordinaires du couvent. Il est placé sous la surveillance du *frère portier*, dont le logement se compose d'une pièce d'entrée et d'une cellule ;

3° De l'autre côté, une *aumônerie* avec petit dépôt.

La composition comporte un petit campanile pour recevoir une cloche, ainsi que la statue ou l'image du saint auquel est dédié le couvent.

La plus grande dimension de cette construction n'excédera pas 20 mètres ;

On fera le plan et la coupe à 0^m,004 pour mètre, l'élévation au double.

UNE TRAVÉE D'UNE GALERIE DE FÊTES DANS UN PALAIS

Cette galerie aurait l'importance monumentale de la galerie François I⁰ʳ à Fontainebleau, ou des galeries d'Apollon au Louvre, des Glaces à Versailles, de la Banque, du Luxembourg, etc.

L'étude demandée en comprend une travée dans les conditions suivantes :

La galerie a 9 mètres de large; les travées sont espacées d'environ 7 mètres d'axe en axe (latitude de 6ᵐ,50 à 7ᵐ,50); les fenêtres sont en conséquence séparées par de larges trumeaux décorés. Cette galerie est voûtée ou plafonnée, la hauteur n'excédant pas 12 mètres.

Les fenêtres n'existent que sur un côté ; la face opposée aux fenêtres comprend des portes et des parties pleines. Aucune autre indication n'est donnée pour son architecture, qui doit en tout cas être riche et monumentale, et pouvoir offrir des places convenables pour des meubles, sièges, tables, consoles, adossés aux parties libres des murs.

On fera :

1° Le plan d'une travée à 0ᵐ,005 ;

2° Une coupe longitudinale, faisant voir la face opposée aux fenêtres rendant compte d'une travée et de l'amorce des deux travées voisines à 0ᵐ,02 par mètre.

La travée ainsi présentée pourra, au choix, être l'une de celles où se trouve une porte, ou simplement un motif de décoration.

UN CAFÉ DANS UNE ILE

Les îles, les lacs du bois de Boulogne ou du bois de Vincennes, celles de la Seine et de la Marne, attirent de nombreux promeneurs qui s'y rendent en barque ; dans presque toutes, il existe des cafés. Un petit établissement de ce genre au bord de l'eau, et parmi de beaux arbres, peut motiver une composition élégante et pittoresque.

On supposera tout d'abord un débarcadère et des amarrages pour les bateaux ; près de là, un abri de repos pour les bateliers, qui ne doivent pas se mêler à la clientèle du café.

Le café comprend une partie close et des locaux extérieurs. A l'intérieur, on doit trouver une assez grande salle et deux ou trois plus petites ; dépendances nécessaires, telles qu'office, laverie, etc.

Extérieurement, les consommateurs doivent trouver place :

1° Sur une terrasse abritée par des portiques couverts, mais non clos ;

2° Dans un espace de plein air ;

3° Dans des salles de verdure.

Le bâtiment du café comporte un petit étage pour quelques logements et dépendances.

La partie de l'île concédée pour cet établissement (tout compris) n'excède pas 50 mètres dans sa plus grande dimension.

On fera le plan et la coupe à $0^m,002$ pour mètre, l'élévation au double.

L'ENTRÉE D'UNE ÉCOLE MILITAIRE

Cette école militaire a son accès principal par une place d'armes.

Le motif d'entrée comprend une grande porte, reliée de chaque côté à des bâtiments élevés d'un rez-de-chaussée seulement et éclairés sur une cour intérieure. Il se compose d'un *vestibule* ou *passage voûté* entre la porte extérieure et une seconde porte sur la cour ; d'une *loge de portier-consigne* et d'un corps de garde.

En façade, on devra pratiquer une guérite en pierre de chaque côté de la porte. Le motif milieu devra être décoré de la statue équestre d'un grand homme de guerre, soit en ronde bosse, soit en bas-relief ; au sommet de la composition, le drapeau national serait dressé bien en vue.

L'architecture de cet édifice militaire sera monumentale et sérieuse ; elle doit annoncer, dès l'entrée de l'école, la gravité des études et de la discipline.

La largeur dont on disposera pour le motif central d'entrée n'excédera pas 16 mètres ; les bâtiments qui le raccordent de chaque côté dans la hauteur du rez-de-chaussée, et où peuvent être reportés le corps de garde et le portier-consigne, seront donnés en amorce seulement.

On fera le plan et la coupe à $0^m,005$ pour mètre ; la façade sur la place à $0^m,01$ pour mètre.

Toute esquisse négligée, incomplète ou au crayon seulement, est un cas de mise hors concours.

Une perspective ne peut tenir lieu de façade.

UNE CHEMINÉE MONUMENTALE

Cette cheminée construite en pierre forme milieu de la salle du conseil dans une école des Beaux-Arts.

La hauteur de la salle entre le parquet et le plafond est de 7 mètres ; la largeur de la cheminée ne doit pas dépasser $4^m,50$.

Comme condition expresse, le tuyau de fumée doit être adossé au

UNE CHEMINÉE MONUMENTALE

PROJET DE M. UMBDENSTOCK (Extrait de la *Construction Moderne*).

mur et non engagé dans le mur ; la disposition architecturale de la cheminée sera conçue en conséquence.

La cheminée sera décorée au gré des concurrents sans que rien soit prescrit à cet égard : on s'inspirera avant tout du caractère de la salle et du souvenir des grands artistes français.

On fera le plan à $0^m,01$ pour mètre ; l'élévation et la coupe à $0^m,025$ pour mètre.

UN FOND DE COUR

Dans un hôtel de ville, la composition est supposée comporter une cour assez longue et peu large, qui sert de passage public dans le sens de sa longueur. Tel est le cas de la jolie cour du *Capitole* de Toulouse.

La cour, objet du programme, aurait 12 mètres de largeur dans œuvre ; le fond, qui est l'objet spécial de l'esquisse, forme la paroi d'un bâtiment simple en profondeur et éclairé du côté de la voie publique, et qui, par conséquent, n'a pas besoin de prendre de jour sur la cour. Cette paroi ne sera donc percée que de l'ouverture ou des ouvertures nécessaires au rez-de-chaussée pour le passage.

Dans la hauteur du premier étage et, s'il y a lieu, d'un étage attique, le mur plein recevra l'adossement d'un motif décoratif, dont l'élément principal sera la statue équestre en bas-relief d'un personnage historique. Cette statue sera, soit dans un enfoncement, soit abritée par un auvent monumental comme dans la cour de Toulouse citée plus haut. Le tout devra former une composition d'ensemble limitée aux 12 mètres de largeur de la cour.

On fera à l'échelle de $0^m,01$ pour mètre :

L'élévation du fond de la cour, limitée par les deux profils des bâtiments latéraux en coupe ;

Et à $0^m,005$ pour mètre :

Une coupe avec élévation d'une travée latérale de la cour.

UN MONUMENT COMMÉMORATIF

Devant la façade d'un château historique, dont la volonté du donateur a fait le Palais des lettres, des sciences et des arts, on suppose un monument élevé pour perpétuer le souvenir de cette donation.

Le monument projeté ne doit pas être funéraire ; toute liberté de composition est d'ailleurs laissée aux concurrents pour cette œuvre à laquelle devront concourir l'architecture et la sculpture. On observera seulement les conditions suivantes :

Le monument est isolé et ne se rattache à aucune ligne du château ; sa composition est donc indépendante.

Sur sa face principale doit être disposée une inscription commémorative.

La statue du donateur en sera le motif essentiel ; on y placera des figures allégoriques représentant : les lettres, l'histoire, les sciences, les arts, soit isolées, soit en groupe, en ronde bosse ou bas-relief.

La composition comportera la statue de la France.

Afin de laisser plus de latitude à l'imagination des concurrents, le terrain n'est pas déterminé.

L'esquisse sera exprimée en un seul dessin, *en perspective*, dont le cadre ne dépassera pas $0^m,24 \times 0^m,30$, soit en largeur, soit en hauteur.

UNE VOUTE EN ARC DE CLOITRE

On suppose que l'un des salons principaux d'un hôtel de ville est de forme carrée, de 12 mètres de côté. Il est voûté en arc de cloître, sans parties plafonnées ; la voûte est construite en maçonnerie — moellons ou briques — revêtue d'un enduit et de saillies décoratives en plâtre, stuc ou staf, et de peintures grisaille ou camaïeue.

La voûte est de section elliptique ; sa hauteur à la clef ne doit pas dépasser 6 mètres au-dessus de la naissance. La salle est éclairée par de grandes fenêtres au-dessous de la corniche qui règne sous la voûte.

La voûte en arc de cloître se prête tout particulièrement à la grande décoration monumentale ; celle dont il s'agit devra être composée avec l'ampleur qui donne un grand caractère aux voûtes les plus admirées.

Mais une étude sérieuse de voûte ne peut être faite qu'en développement ; ce sera donc le mode d'expression du présent programme.

On fera en conséquence le développement entier de l'un des quarts de la voûte avec l'amorce des trois autres ; ce dessin rendra compte de l'entablement sous la voûte.

Il sera exprimé avec sa coloration.

Ce dessin unique sera à l'échelle de $0^m,015$ pour mètre.

UN ESCALIER DE PALAIS

Cet escalier principal d'un grand palais n'aurait qu'un étage et mettrait directement en communication un vaste vestibule, situé au rez-de-chaussée, et une galerie d'introduction au premier étage.

La plus grande dimension de l'escalier, dans œuvre, et non compris le palier supérieur, n'excéderait pas 30 mètres.

On fera le plan de l'escalier et d'une partie du vestibule à l'échelle de $0^m,004$ et la coupe au double.

ÉCOLE NATIONALE ET SPÉCIALE DES BEAUX-ARTS

SECTION D'ARCHITECTURE

PREMIÈRE CLASSE

PROJETS RENDUS

Valeurs des récompenses accordées à ce concours.

Première médaille. — 3 valeurs.
Première seconde médaille. — 2 valeurs.
Deuxième seconde médaille. — 1 valeur 1/2.
Première mention. — 1 valeur.

EXPOSÉ PRATIQUE

Il y a par an six concours sur projets rendus ; au maximum ces projets s'exécutent à l'atelier, pendant un laps de temps allant de un à trois mois, d'après un programme donné par le professeur de théorie, et sur une esquisse faite en loge en douze heures. L'esquisse dans laquelle le candidat doit développer l'ensemble de la composition doit attirer toute l'attention des élèves ; elle comporte habituellement l'esquisse d'un plan, d'une coupe et d'une façade. Ces esquisses sont mises en regard des rendus le jour du jugement, tous défauts de concordance entre l'esquisse et le projet sont des cas de mise hors concours.

Tous les genres sont employés dans le rendu des projets, mais la note dominante est le rendu à l'encre de Chine, surtout pour les projets à l'aspect classique ; les autres donnent lieu à des recherches de couleurs intéressantes.

Anciennement, aucune mesure n'était donnée pour les châssis devant supporter les rendus, aujourd'hui le professeur de théorie a fait un tableau de toutes les dimensions maxima, auxquelles les élèves doivent rigoureusement se conformer (*art. 56-57-58 du règle-*

ment) sous peine de mise hors concours ; toutefois les élèves peuvent faire usage de châssis de plus petites dimensions.

La remise des projets a lieu entre 10 heures et 2 heures, le jour fixé par le programme et cela très exactement, sans qu'aucun délai puisse être accordé.

Suivent différents programmes donnés à ce concours :

UNE STATION D'ÉCLAIRAGE DES COTES

Les côtes sont éclairées par une série de phares d'importance diverse, assez rapprochés pour assurer le croisement des cercles décrits par leurs rayons lumineux. Ces phares sont reconnaissables à leur couleur, à la durée des éclipses, etc., et dans les parages où ils sont nombreux on est parfois forcé de les accoupler pour augmenter ainsi la variété des combinaisons. Les grands phares comportent d'ailleurs tout un ensemble de dépendances qui en font un établissement important.

La Station, objet du concours, est établie avec deux phares égaux et peu distants pour l'éclairage et une *sirène* — puissant instrument à vent dont le *pavillon* est tourné du côté de la mer — pour les signaux en temps de brume.

Elle comprendra :

1° Les deux phares, distants de 20 mètres environ d'axe en axe, ayant chacun à leur sommet un appareil électrique et, dans des étages : chambre de veille, embrasures pour les fusils porte-amarres, etc. Ces deux phares seront reliés par un pont-galerie formant passage couvert de l'un à l'autre sans qu'on soit obligé de redescendre à terre ;

2° Un pavillon spécial pour la sirène ;

3° Deux bâtiments peu élevés pour la manœuvre à couvert des signaux et sémaphores, avec télégraphe ;

4° Les bâtiments de service, en communication couverte entre eux et avec les précédents, lesquels comprendront :

1° Un pavillon de gardien et un pavillon d'abri pour les rondes de douaniers ;

2° Des habitations pour quatre ménages ;

3° Un bâtiment des observations météorologiques avec bureau pour les ingénieurs ou officiers en tournée;

UNE STATION D'ÉCLAIRAGE DES COTES

PROJET DE M. DAVIS (Extrait de la *Construction Moderne*).

4° Un bâtiment des machines (moteurs et dynamos);
5° Hangars et dépôts pour le combustible, les agrès, etc.
Au bas du rocher sur lequel les phares seront construits, un abri

pour une barque de sauvetage, en communication avec le plan supérieur par des escaliers ou descentes aussi protégés que possible.

La lumière des phares devra être à 60 mètres du niveau de la mer. La hauteur, du niveau de la mer au plateau supérieur, sera de 15 à 25 mètres.

Le terrain affecté à l'ensemble n'excédera pas 50 mètres en largeur (parallèlement à la ligne des axes des deux phares) et 100 mètres en longueur.

On fera pour les esquisses :

Le plan, la coupe et l'élévation vue de la mer, à 0^m,002 pour mètre.

Pour le rendu :

Le plan et la coupe à 0^m,005 pour mètre ;

L'élévation vue de la mer à 0^m,01 pour mètre.

OBSERVATION GÉNÉRALE A TOUS CES CONCOURS

Toute esquisse ou tout dessin rendu négligé, incomplet ou au crayon seulement, sont des cas de mise hors concours.

UN GRAND SÉMINAIRE

Les élèves des séminaires sont internes ; les professeurs ecclésiastiques sont également logés : les élèves dans des cellules où ils couchent et travaillent, les professeurs dans des chambres plus vastes. Le plus souvent chaque chambre ou cellule est chauffée par une cheminée.

L'enseignement se donne dans des classes et salles de cours analogues à celles des lycées ; il existe aussi des salles d'études en commun pour des travaux déterminés.

Les récréations ont lieu dans une cour entourée de portiques, sorte de grand cloître, qui doit donner accès aux salles principales et aux escaliers.

La composition doit assurer une surveillance facile et une aération efficace des bâtiments.

Le Séminaire, objet du programme, sera disposé pour 120 élèves et 10 professeurs ; plus un supérieur, un adjoint et un économe, tous ecclésiastiques.

Il sera supposé dans un quartier éloigné d'une grande ville, sur un terrain rectangulaire limité par deux rues perpendiculaires l'une à l'autre, et deux murs mitoyens. Ce terrain aura 200 mètres dans sa plus grande dimension, mais les bâtiments n'en occuperont qu'une partie, le surplus étant disposé en jardins conçus en vue d'exercer les élèves à la botanique et à l'arboriculture.

Les bâtiments comprendront :

1° A l'entrée, un pavillon dit *porterie :* porche et vestibule, portier et pièce d'attente ;

2° Le Séminaire proprement dit, élevé de trois étages :

Au rez-de-chaussée :

Vestibule, concierge, bureaux de l'économat, parloir des élèves, parloir des professeurs ;

Cloître et escaliers ;

Six classes, dont deux plus grandes pouvant recevoir tous les élèves à la fois, et destinées l'une aux cours de science, l'autre aux cours de théologie ;

Un cabinet de physique, une salle de collection d'histoire naturelle ;

La salle des exercices, où l'on enseigne aux élèves réunis la technique du culte et des cérémonies, accompagnée d'un dépôt des divers objets nécessaires ;

Le réfectoire des élèves, et la salle à manger des maîtres, avec leurs dépendances immédiates ;

Enfin, la chapelle avec une grande sacristie ;

Lavabos, cabinets d'aisances, etc.

Dans les étages supérieurs seraient la bibliothèque, quatre salles d'études et les logements des directeurs, professeurs et élèves (chambres et cellules).

3° Un petit bâtiment de communauté, comprenant :

Réfectoire et ouvroir pour six sœurs, la lingerie ;

Les cellules des religieuses ;

L'infirmerie du Séminaire — petit jardin particulier.

4° Les bâtiments de service comprenant :

Cuisine générale et dépendances ;

Cellier, bûcher, magasins divers ;

Une écurie pour deux chevaux et remise ; basse-cour ;

Logements des domestiques.

Ces divers services seront pourvus d'une entrée spéciale sur la rue latérale.

OBSERVATION IMPORTANTE. — La dimension à donner aux cellules, devant déterminer les entre-axes de la construction, est d'environ 3 mètres de large sur 4 mètres de profondeur.

La plus grande dimension des bâtiments du *Séminaire proprement dit* ne dépassera pas 120 mètres.

On fera pour les esquisses :

Le plan du rez-de-chaussée. \
La coupe longitudinale. . . } du Séminaire proprement dit. \
La façade . . . . /

Ces trois dessins à 0^m,0015 pour mètre.

Pour le rendu :

Un plan du *Séminaire proprement dit*, moitié au premier étage et moitié au deuxième étage, à 0^m,004 par mètre.

L'élévation du Séminaire proprement dit, au double (0^m,008 pour mètre); la coupe à 0^m,004 pour mètre.

UN PANTHÉON

Le *Panthéon* moderne est un monument destiné à la sépulture des grands hommes. Ni le Panthéon d'Agrippa à Rome, ni le Panthéon de Paris — ancienne église de Sainte-Geneviève — n'ont été composés en vue de cette destination.

Le monument projeté, dont l'architecture devra être imposante, ne présentera pas un caractère funéraire. Consacré à des hommes qui ont appartenu à des cultes différents, il ne peut non plus être une église : à l'extérieur comme à l'intérieur — sauf la crypte dont il sera parlé plus loin — il affirmera avant tout l'idée de la glorification triomphale.

Ce Panthéon comprendra :

Une grande salle monumentale, dont la forme est laissée au choix des concurrents, dans laquelle trouveront place des monuments commémoratifs individuels, sans uniformité, élevés au-dessus de chaque sépulture ;

Une crypte où seront ces sépultures, bien en vue ;

Un grand vestibule ou première salle pour la réception et la formation des cortèges.

Il sera précédé d'un porche ou péristyle au haut d'un perron.

La grande salle présentera une partie plus élevée pour les députations des grands corps de l'État, les orateurs, les familles.

Contrairement à ce qui a lieu au Panthéon, la crypte sera en communication directe et monumentale avec la grande salle par de larges escaliers ou perrons intérieurs. Elle pourra aussi avoir accès de l'extérieur. Elle sera accompagnée de quelques resserres d'objets divers.

Le monument, isolé, aura son entrée sur une place dans un quartier élevé de la ville. Il sera donc en situation d'être vu de tous côtés.

Les plus grandes dimensions des constructions, non compris les perrons extérieurs, seront :

80 mètres en largeur (parallèlement à la façade principale) ;

120 mètres en longueur.

On fera pour les esquisses :

A $0^m,001$ pour mètre :

Le plan au niveau de la grande salle ;

L'élévation et la coupe longitudinale.

Et pour le rendu :

A $0^m,004$ pour mètre :

Le plan complet au niveau de la grande salle ;

Le plan complet de la crypte.

A $0^m,008$ pour mètre :

L'élévation principale ;

La coupe longitudinale.

UN MUSÉE DE ZOOLOGIE

Situé dans une ville importante sur une des voies principales, ce Musée se composera de trois grandes divisions, dont la principale sera la *Zoologie* proprement dite ; les deux autres, d'importance égale entre elles, seront : l'*Anatomie comparée* et la *Paléontologie*.

(La *Zoologie* fait voir les animaux reproduits à leur état naturel par divers procédés de conservation ; l'*Anatomie comparée* montre les squelettes et écorchés ; la *Paléontologie* réunit les vestiges d'animaux disparus.)

Dans l'ensemble que formera le Musée complet, on veut que chacun des trois groupes forme au besoin un tout distinct. Ainsi, tantôt le Musée entier sera ouvert au public qui aura accès partout et pourra passer de plain-pied, à chaque étage, des salles d'une division à celles d'une autre ; tantôt, au contraire, l'une des divisions sera seule ouverte. Chacune doit donc avoir son entrée, ses escaliers, etc.

L'édifice comprendra un soubassement assez élevé pour recevoir les salles nécessaires à la préparation des modèles — moulage, empaillage, montage, etc. — ainsi que des dépôts divers, appareils de chauffage, etc.

Au-dessus, les Musées comprendront, en un rez-de-chaussée et deux étages :

1° *Zoologie :*

Une grande salle montant de fond pour les modèles des plus grands animaux ;

Des galeries pour la classification des modèles d'animaux divers ;

A chaque étage des pièces réservées pour l'étude.

2° *Anatomie comparée et Paléontologie :*

Une salle principale ;

Galeries à chaque étage ;

Pièces d'étude, etc.

3° *Services communs :*

Outre les escaliers publics, des monte-charges relieront le soubassement aux divers étages ;

Cabinets d'aisances, gardiens, etc. ;

Dans les combles, salles de dessin, de photographie, laboratoires divers.

TERRAIN

L'édifice occupera un terrain isolé dont les dimensions n'excèderont pas 130 mètres sur 100.

L'entrée principale peut, au choix, être sur le grand ou le petit côté.

Le terrain est sensiblement de niveau.

L'édifice étant supposé entouré de promenades, il est nécessaire que la composition du plan permette des façades latérales et postérieure d'un bel aspect.

On fera pour les esquisses :

Le plan du rez-de-chaussée, la coupe et la façade principale à $0^m,0015$ pour mètre.

On fera pour le rendu :

Le plan du rez-de-chaussée à $0^m,004$ pour mètre ;

La coupe longitudinale et l'élévation principale à $0^m,008$ pour mètre.

La destination des salles sera écrite dans les plans (et non en légende).

L'ARCHITECTURE D'UNE PLACE PUBLIQUE

Les deux places les plus monumentales de Paris — la Place de la Concorde et la Place Vendôme — sont composées sur l'axe d'une voix publique. D'autres places sont conçues avec des voies publiques latérales se croisant à l'angle ou près de l'angle de ces places ; en ce cas, chaque façade de la place peut être ou un monument unique, ou un groupe d'édifices divers.

C'est cette seconde hypothèse qui sera supposée pour la Place, objet du présent programme.

On admettra donc que la Place est entourée d'édifices présentant deux façades plus longues et deux plus courtes ; aux angles, quatre rues se prolongeant, et respectivement perpendiculaires, la relient à la circulation générale de la ville.

L'architecture peut présenter une composition uniforme comme à la Place Vendôme, ou comporter une variété plus grande, mais en formant dans tous les cas une *composition* obligatoire, d'un caractère décoratif tout en restant affectée à l'habitation.

On peut supposer au rez-de-chaussée des portiques comme à la Place de la Concorde.

Les dimensions de la Place, prises entre les alignements, auront 140 mètres sur 180 ; les rues ont de 16 à 20 mètres de largeur. La composition peut comporter des retraites des façades sur les alignements mais non des saillies.

L'édifice principal, faisant face au grand axe de la Place, est destiné à un Cercle occupant l'îlot entier. Les autres constructions sont, comme à la Place Vendôme, des hôtels ou des maisons divisées en grands appartements.

La hauteur normale des bâtiments est de 20 mètres, plus les toitures. Des motifs décoratifs peuvent s'élever au-dessus de cette hauteur.

On fera pour les esquisses :

1° Un plan général de la Place à l'échelle de $0^m,001$ pour mètre. Sur ce plan, les bâtiments seront laissés *en masse*, sauf l'indication des murs de façade, des portiques s'il y en a, et du rez-de-chaussée du Cercle jusqu'à une amorce de la cour intérieure ;

2° Une élévation et une coupe du bâtiment du Cercle, à $0^m,002$ pour mètre.

On fera pour le rendu :

1° Le même plan qu'en esquisse à 0ᵐ,0025 pour mètre ;

2° La façade du Cercle, avec coupe du bâtiment de face, à 0ᵐ,005 pour mètre ;

3° Une perspective générale de la Place (dessin demi-grand aigle).

UNE ÉGLISE A CHARPENTE APPARENTE

Les anciennes basiliques chrétiennes et un grand nombre d'églises plus modernes ont été construites avec des charpentes apparentes. L'architecture en est toute différente de celle des églises voûtées ; elle a donné lieu à de beaux monuments non seulement dans les pays méridionaux, mais même dans le nord de la France et jusqu'en Angleterre. Il suffit de citer comme exemples les premières basiliques, la cathédrale de Montréal, celle de Messine, San-Miniato à Florence, etc.

———

L'église proposée sera isolée de toutes parts ; elle aura une nef principale, des bas-côtés, le chœur et des chapelles en assez grand nombre ; elle pourra comporter ou non un transept. Le chœur pourra, comme à San-Miniato, être plus élevé que la nef, et s'étendre au-dessus d'une crypte qui aurait une entrée postérieure.

On disposera deux sacristies, l'une pour le clergé et les mariages, l'autre pour le personnel secondaire ; une salle des catéchismes et diverses dépendances pourront être en soubassement, avec des entrées particulières et des communications intérieures avec l'église.

Un porche, un ou deux clochers, compléteront la composition.

TERRAIN.

Le terrain est sensiblement de niveau ; l'église est établie sur un îlot rectangulaire, limité par une grille ; cet espace a 50 mètres de large sur 120 mètres de long. L'église ne doit pas atteindre les limites de l'enclos, non plus que tout ce qui se rattache à l'église, notamment les perrons extérieurs.

On fera pour les esquisses :

Le plan entier — la coupe transversale (parallèle à la façade) prise sur la grande nef et les bas-côtés, — la façade principale à 0^m,002 pour mètre.

Les esquisses seront dessinées soigneusement à l'encre.

On fera pour le rendu :

Le plan à 0^m,005 pour mètre ;

La coupe longitudinale et la façade principale, à la même échelle ;

La coupe transversale à 0^m,015 pour mètre ; cette coupe prise sur la grande nef et les bas-côtés et regardant le chœur. (Si la composition comporte des transepts, leur façade sera donnée en amorce seulement dans cette coupe.)

Facultatif. — On pourra joindre à ces dessins un châssis demi-grand aigle afin de rendre compte des parties intéressantes de chaque composition qui ne sont pas demandées ci-dessus, telles que façade postérieure ou partie de façades latérales, travées de coupe longitudinale, etc.

UNE ÉCOLE VÉTÉRINAIRE RÉGIONALE

Cette École, moins importante que celle d'Alfort, et analogue à celles de Lyon ou de Toulouse, recevrait 100 élèves internes.

Elle se composera de trois grandes divisions, entre lesquelles il ne peut être réalisé une symétrie que le programme ne permettrait pas, tout en exigeant de l'ordre, des communications faciles et de la surveillance :

— L'École proprement dite ;

— L'École pratique ;

— Le Casernement des élèves.

L'École proprement dite comprendra en un rez-de-chaussée et un ou deux étages :

Au rez-de-chaussée :

— Entrée, concierge, attente :

— Les bureaux de la Direction, du Secrétariat, de la Caisse et de l'Économat ;

Parloir des élèves ;

— Salle de réunion des professeurs ;

— Deux salles de cours et une salle de réunions générales, chacune avec dépendances ;

— Deux laboratoires, l'un pour la chimie et pharmacie, l'autre pour la physiologie, etc., avec leurs dépendances.

Aux étages :

— Une bibliothèque pour 20,000 volumes ;

— Deux salles de collections ;

— Salle de dessin ;

— Salle des observations microscopiques ;

— Appartements du directeur, de l'économe, logements de gens de service.

L'École pratique comprendra :

Quatre divisions principales : *Physiologie, Anatomie, Chirurgie, Thérapeutique.*

Détail de chacune :

Physiologie. — Un laboratoire important composé d'une salle principale et de quatre secondaires pour les expériences de vivisection, inoculations, etc. — Dépendances ;

— Des chenils, clapiers, cages pour les animaux ;

— Isolement pour les contagieux, notamment la rage ;

— Salle de conférences.

Anatomie. — Amphithéâtre de dissection (trois pavillons dont un principal) avec dépendances ;

— Salles de moulage et de préparation des pièces anatomiques ;

— Appareil de crémation des débris ;

— Salle de conférences.

Chirurgie. — Écuries, stalles, chenils, clapiers, etc., pour les animaux en traitement ;

— Isolement des contagieux ;

— Salle des opérations et dépendances ;

— Salle de conférences.

Thérapeutique. — Même composition, les dépôts d'animaux en traitement pouvant être communs à ces deux dernières divisions.

L'École pratique comporte en outre :

— Une *Maréchalerie* avec écurie ou piquetage des chevaux et bœufs, forge, etc.

— Une *Consultation* pour animaux amenés du dehors ;

(La Consultation comporte soit une cour ouverte, soit une série d'abris, et doit plutôt être annexée à l'École qu'en faire réellement partie.)

— Une *Pharmacie* ;

— Une *Cuisine* pour la préparation de la nourriture des animaux ;

— Greniers à fourrages et à grains — hangars, etc.

Tout cet ensemble doit être très aéré.

Le CASERNEMENT comprendra :

— Réfectoires, salles d'étude et chambrées pour 100 élèves ; — Infirmerie, avec isolement ; — Vestiaires, lingerie, etc. ; — Une salle de réunion des élèves, et deux salles de jeux ; — Préaux couvert et découvert ; — Cuisise et dépendances ; — Service des bains.

TERRAIN.

Le terrain sera sensiblement de niveau. Il sera rectangulaire, isolé, et n'excédera pas 250 mètres dans sa plus grande dimension.

On fera pour les esquisses :

Le plan, la façade et la coupe à $0^m,001$ pour mètre.

Pour le rendu :

Le plan du rez-de-chaussée, la façade et la coupe à $0^m,0025$ pour mètre.

La destination des services sera inscrite dans les plans, et non en légende.

UN HOTEL PARTICULIER

SITUATION ET TERRAIN. — Un boulevard de 25 mètres et une rue de 14 mètres se croisent sous un angle de 60 degrés. L'angle de ces deux voies est affecté à un bâtiment de rapport ; on dispose pour l'hôtel d'un terrain ayant accès par le boulevard et la rue d'après le plan joint au programme. Les immeubles voisins comportent des constructions élevées ; les limites indiquées pour le terrain sont les *lignes séparatives* des propriétés. Le niveau moyen sur le boulevard est de 2 mètres plus élevé que celui sur la rue.

L'entrée principale de l'hôtel sera par le boulevard ; des entrées secondaires par la rue.

La composition devra s'efforcer de masquer les murs mitoyens, surtout vers le boulevard, et de mettre l'habitation à l'abri des regards des voisins, quelles que soient les dispositions qu'ils adopteront pour leurs cours.

L'hôtel comprendra :

1° *Au rez-de-chaussée :*

— Service du portier et de l'entrée;

— Un appartement de réception aussi complet que le permettra chaque composition, tout en laissant de l'air et de l'espace au plan, et comprenant au moins : antichambre, grand et petit salons, salle à manger, office, galerie;

— Grand escalier et escaliers de service; ascenseur;

— Le service des cuisines (à rez-de-chaussée et non en sous-sol);

— Le service des écuries et remises.

Ces deux services placés de façon à ne pas incommoder les habitants de l'hôtel.

2° *Au 1ᵉʳ étage :* L'habitation des maitres aussi large et complète que possible;

3° *Au 2ᵉ étage :* Pièces secondaires d'habitation et de service, logements et pièces de travail;

4° *Combles :* Logements du personnel, domestiques, cochers, cuisiniers, etc.

Observation. — Le programme évite intentionnellement de préciser; le véritable programme est, en pareil cas, de chercher le meilleur parti possible à tirer du terrain, en conservant une juste proportion entre les espaces couverts et découverts, la facilité des communications, etc.

On fera pour les esquisses :

Le plan complet du **rez-de-chaussée** à l'échelle du plan ci-joint (0ᵐ,002 pour mètre);

La façade sur le boulevard et la coupe perpendiculaire à 0ᵐ,004 pour mètre.

Ces trois dessins bien arrêtés et à l'encre.

On fera pour le rendu :

Les plans du rez-de-chaussée et du premier étage à 0ᵐ,005 pour mètre;

La façade sur le boulevard et la coupe perpendiculaire à $0^m,01$ pour mètre.

La destination des pièces sera inscrite dans les plans et non en légende.

UN THÉATRE

Ce théâtre, d'importance moyenne, et destiné aux représentations de comédies et de drames, sera projeté sur un terrain sensiblement de niveau, isolé, et formant un rectangle de 50 mètres sur 80 mètres.

Cet espace comprendra *rigoureusement* toutes les saillies extérieures, telles que perrons, balustrades, descentes à couvert, etc. Seules, des marquises sans points d'appui pourront excéder ces alignements.

On suppose comme donnée particulière au présent programme que, par suite de la nature du terrain, les *dessous* du Théâtre ne peuvent pas être descendus plus profondément que 3 mètres en contrebas du sol, et que, par suite, le niveau de la scène au long de la rampe *devra être au moins à 5 mètres au-dessus du niveau extérieur*. Les accès à la salle et à la scène seront disposés en conséquence.

Tout théâtre comporte deux parties distinctes : la salle et ses abords — la scène et ses dépendances, — séparées par un mur qui, sauf quelques portes de service, n'a d'autre ouverture que la grande baie du rideau. A ces deux parties correspondent les entrées du public d'une part, et les entrées de l'administration et des artistes de l'autre. L'une et l'autre doivent être disposées en vue de la sécurité en cas de sinistre, et d'une évacuation aussi rapide que possible.

LE THÉATRE PROPOSÉ COMPRENDRA :

1° *Partie du public :*

— La salle pour environ 1,500 personnes, avec de faciles dégagements, vestiaires à tous les étages, water-closets, etc. :

— Le foyer public — un buffet-glacier — un fumoir;

— Cabinets du médecin, du commissaire de police, dépendances.

— Les vestibules d'accès et de contrôle nécessaires; on devra disposer plusieurs entrées pour : 1° les places prises aux guichets, avec galeries pour faire queue; 2° les places prises d'avance; 3° les arrivées en voiture;

— Les escaliers, qui devront tous être à emmarchements droits;

— Bureaux de location, des suppléments, etc.

2° *Partie de la scène :*

— La scène, avec trois dessous et deux étages de ponts de service et le gril. Elle sera facilement accessible pour les artistes, figurants, machinistes, etc. Sur les côtés, et sauf les portes nécessaires, seront les *cheminées de contre-poids* et les *tas de décors;*

— Service facile d'entrée des décors.

Les dépendances à placer le plus immédiatement près de la scène sont :

— Le foyer des artistes;

— Le foyer des travestissements (retouches de toilettes);

— Les cabinets du directeur, du secrétaire, du régisseur;

— Les loges des principaux artistes;

— Un dépôt de décors, un dépôt d'accessoires.

Le surplus des dépendances comprendra :

— Entrée, concierge, postes de police et de pompiers;

— Bureaux administratifs (caisse et secrétariat);

— Loges d'artistes;

— Foyers de figurants et figurantes, danseurs et danseuses, des musiciens, des machinistes;

— Magasins de costumes, meubles, armes, etc., etc., bibliothèque et archives;

— Ateliers de tapissiers, tailleurs-costumiers, etc.;

— Les services de la scène, électricité, machinerie, etc.

On fera pour les esquisses :

Le plan du premier étage complet, et le plan du rez-de-chaussée depuis la façade principale jusqu'au mur du rideau;

La coupe transversale sur la salle, regardant la scène;

La façade principale.

Ces quatre dessins, *au trait à l'encre*, à $0^m,002$ pour mètre.

On fera pour le rendu :

Les plans complets du rez-de-chaussée et du premier étage à $0^m,005$ pour mètre;

Une coupe transversale (parallèle à la façade) dont moitié sur la salle, regardant le rideau, et moitié sur la scène, regardant également le rideau, à $0^m,01$ pour mètre;

La façade principale à 0,^{m},01 pour mètre.

La destination des pièces sera inscrite dans les plans, et non en légende. — La construction sera soigneusement étudiée et indiquée dans les coupes.

UNE SUITE DE SALLES DE RÉCEPTION

On suppose, pour cette étude, que dans une enfilade de grandes salles on trouve successivement au premier étage d'un palais :

— Un vestibule, supposé desservi par un escalier monumental;

— Une antichambre;

— Un salon;

— Une salle à manger.

Ces diverses salles se suivent et se communiquent soit en prolongement en ligne droite, soit en ligne brisée comme les grands appartements de Versailles au premier étage, si on les considère depuis le vestibule de la Chapelle jusqu'à la galerie des Glaces.

Cette enfilade fait d'ailleurs partie de bâtiments doubles en profondeur. Ces salles sont contenues dans la hauteur d'un premier étage surmonté d'une attique. Elles sont en conséquence limitées en hauteur à une même élévation des parties verticales et des voussures.

———

L'objet spécial de ce programme est l'étude des variétés d'architecture et de décoration qui naissent de la destination des salles.

Pour cela, on se conformera aux indications suivantes :

Le vestibule sera traité en architecture de pierre;

L'antichambre empruntera surtout la marbrerie et la tapisserie;

Le salon et la salle à manger seront traités avec tous les éléments d'une riche décoration et conformément à leur destination respective.

Les salles dont il s'agit pourront être dans un seul bâtiment ou dans les corps de bâtiment se rencontrant, dans une composition à travées égales, ou dans des pavillons et des ailes. Les esquisses devront indiquer la disposition adoptée à cet égard.

Les longueurs réunies des salles et des murs qui les séparent, mesurées en ligne droite ou développées suivant que l'enfilade sera droite ou brisée, depuis l'extrémité du vestibule jusqu'à celle de la salle à manger, n'excéderont pas 100 mètres.

La hauteur maxima des voussures ou voûtes ne dépassera pas 14 mètres; celle des plafonds, 9 mètres.

———

On fera pour les esquisses, à $0^m,0015$ pour mètre :

— Le plan des quatre salles avec amorce des parties voisines;

— La coupe générale suivant l'enfilade droite ou brisée des quatre salles.

NOTA. — Ces coupes seront tracées en regardant le côté des fenêtres. Pour le rendu :

— Le même plan à $0^m,005$ pour mètre.

— La même coupe générale, regardant également le côté des fenêtres, à $0^m,01$ pour mètre;

— Une coupe perpendiculaire à la précédente, *de l'antichambre*, à $0^m,02$ pour mètre; dans cette dernière, la coupe du mur de face ainsi que le profil du comble seront entièrement exprimés, et la construction soigneusement étudiée et indiquée.

ECOLE NATIONALE ET SPÉCIALE DES BEAUX-ARTS

SECTION D'ARCHITECTURE

PREMIÈRE CLASSE

CONCOURS GODEBŒUF

Valeur des récompenses accordées à ce concours.

Première médaille. — 3 valeurs.
Première seconde médaille. — 2 valeurs.
Première mention. — 1 valeur.

Ce concours est avec le Rougevin celui qui réunit le plus grand nombre de concurrents ; il consiste à développer, comme pour l'exécution, une œuvre architecturale de nature spéciale, telle que serrurerie, plomberie, marbrerie, bois, bronze, etc. Ces projets sont exécutés dans les ateliers, en quinze jours, d'après les esquisses faites en loges en douze heures.

La donnée de ces programmes permettait habituellement de très beaux rendus à l'aquarelle, ce qui rendait ce concours un des plus artistiques de l'école, mais dans ces dernières années, l'aquarelle avait pris un tel développement que le nouveau professeur de théorie a cru devoir suivre à la lettre le règlement de la fondation Godebœuf. Les dessins sont donc présentés sans aucun autre fond que le papier blanc. Il est habituellement demandé une plan, une coupe, une élévation et un détail à 0 m. 10 du projet; en un mot, les dessins doivent être rendus comme des *dessins d'exécution* ainsi que le prescrit le règlement.

En outre des nombreuses médailles attribuées à ce concours, l'élève placé premier dans le classement des premières médailles, touche une somme de 740 francs; ce prix d'argent ne peut être obtenu qu'une seule fois.

Suivent différents programmes donnés à ce concours.

PROGRAMMES

L'ENTRÉE D'UN BOSQUET

(étude de charpente et treillage).

L'art du *treillage* a produit en France des œuvres originales et artistiques ; on en voit reproduites dans les ouvrages d'anciens auteurs, tels que Du Cerceau et autres.

On suppose que, dans un parc comme ceux de Versailles, Marly, etc., on veuille disposer à l'entrée d'un *bosquet* un motif d'architecture en treillage.

Ce motif, essentiellement décoratif, se composera d'une grande porte centrale et de deux plus petites, et formera une sorte de vestibule donnant accès de chaque côté à des *treilles*. L'ossature sera en bois de charpente pour les poteaux et traverses de la construction ; la couverture (à jour) sera soutenue soit par des fermes légères, soit, comme aux treilles du château de Montargis, par des cintres du système de Philibert Delorme. Les panneaux et remplissages seront composés avec du treillage disposé en vue de l'effet décoratif ; quelques parties pleines, sculptées, telles que médaillons, écussons, etc., pourront tenir place dans la composition, mais on devra éviter les parties opaques trop étendues.

L'architecture des treillages se prête à toutes les combinaisons de la construction monumentale, saillies, silhouettes, voûtes, coupoles ou dômes, piliers ou ordres ; mais avec une étude toute spéciale.

Les dimensions du motif central ne dépasseront pas : 10 mètres en largeur, 6 mètres en profondeur.

On fera pour les esquisses :

Le plan à 0 m. 0075 pour mètre ;

L'élévation et la coupe à 0 m. 015 pour mètre.

Ces dessins soigneusement indiqués et à l'encre.

On fera pour le rendu :

Le plan et la coupe à 0 m. 01 pour mètre ;

L'élévation à 0 m. 025 pour mètre, y compris l'amorce des treilles latérales jusqu'à concurrence de 4 mètres de chaque côté du motif central (largeur totale du dessin, 0 m. 45) ;

Un détail au choix, à l'échelle de 0 m. 10, n'excédant pas une feuille demi-grand-aigle.

Pour les dessins rendus, on devra observer les conditions suivantes :

Aucune partie des dessins ne sera masquée par des arbres ou plantes quelconques ; les dessins rendront entièrement compte de toute l'architecture qu'ils doivent exprimer.

Le rendu de tous ces dessins sera présenté sans aucun autre fond que le papier blanc ; en un mot, comme des *dessins d'exécution* ainsi que le prescrit la fondation de ce concours.

UN WINDOW VITRÉ

Depuis quelques années, l'usage s'est propagé en France et surtout à Paris d'établir en saillie sur la façade des maisons de rapport, une sorte de véranda dont l'avantage est d'agrandir sur rue la pièce d'apparat, tout en lui donnant plus de gaieté à cause des fleurs qu'on y peut entretenir.

Cette véranda, appelée Window en Angleterre, d'où elle nous a été importée comme l'indique son nom, mais d'origine orientale, ne semble pas jusqu'ici avoir toujours produit à l'extérieur de nos maisons à cinq étages, du moins au point de vue décoratif, de très heureux résultats ; elle a donné dans la plupart des cas plutôt l'idée d'un garde-manger ou d'une cage d'escalier qu'à une ingénieuse dépendance du salon, ce qui est dû sans doute à l'emploi presque exclusif du fer, dont les formes grêles s'accordent difficilement avec celles de la maçonnerie et peut-être aussi à l'uniformité des Window superposés.

L'emploi de la pierre n'étant pas impossible, c'est cet emploi, tout au moins comme encadrement, que le programme demande.

On suppose que la façade d'une maison de premier ordre sur un boulevard a trois étages au-dessus du rez-de-chaussée, jusqu'à la corniche de couronnement qui supporte le balcon du dernier étage et qu'à chacun de ces trois étages, serait avec la saillie autorisée de 0 m. 80 un *Window* dont la plus grande dimension intérieure ne peut excéder 3 mètres et la hauteur des étages, du parquet du premier étage au larmier de la corniche de couronnement, 12 mètres.

On fera pour les esquisses l'élévation des trois étages à l'échelle de 0 m. 015 pour mètre.

Pour le rendu, cet ensemble sera à 0 m. 05 pour mètre avec indication en arrachement de l'architecture de la maison ; plus un plan et une coupe à la même échelle, le tout sur une feuille grand aigle. Enfin à 0 m. 20 pour mètre, un détail d'exécution et de construction sera sur une feuille demi-grand-aigle.

UNE CLOTURE DE CHAPELLE (sujet de marbrerie).

Dans un grand nombre d'églises, les chapelles latérales ou rayonnantes sont séparées des bas-côtés par d'élégantes clôtures qui laissent voir l'intérieur de la chapelle, dont la porte est généralement au milieu de la clôture, sans que ce soit cependant une règle absolue.

On supposera que l'arcade de la chapelle a 5 mètres d'ouverture dans œuvre; la clôture se composera d'une porte ajourée et de parties fixes ; la porte seule sera en bois, tout le surplus doit être un travail de marbrerie étudié avec toutes les ressources que comporte l'emploi des marbres.

On fera pour les esquisses une élévation de la clôture à l'échelle de 0 m. 02 pour mètre.

Pour le rendu, on fera cette même observation à 0 m. 05 pour mètre, plus les détails et profils à 0 m. 20 pour mètre ainsi que les sections tant horizontales que verticales qui seront nécessaires.

L'ensemble des dessins rendus ne devra pas excéder une feuille grand aigle.

Les esquisses seront au trait à l'encre.

Les dessins rendus qui ne seraient pas lavés devront être au trait à l'encre.

UNE CHAIRE A PRÊCHER

Entre deux points d'appui d'une grande nef d'église, espacés d'axe en axe de 7 mètres, on établirait une chaire à prêcher, les pieds de l'orateur seraient à 2 mètres du sol.

Le marbre, le fer, le bronze, le bois ainsi que la dorure, la peinture et la tenture pourront être mis en œuvre; néanmoins cette chaire est essentiellement une œuvre de menuiserie.

On fera pour l'esquisse, le plan, l'élévation sur la nef et la coupe à l'échelle de 0 m. 02 pour mètre.

Pour les dessins rendus, le plan et la coupe à l'échelle de 0 m.025 pour mètre, l'élévation sur la grande nef et l'élévation postérieure à l'échelle de 0 m. 05 pour mètre plus les principaux détails nécessaires à l'exécution à l'échelle de 0 m. 25 pour mètre.

GRILLES EN FER FORGÉ pour la clôture d'un hôtel.

Ces grilles fermeraient le passage double donnant accès aux voitures à l'entrée et à la sortie.

L'une d'elles comporterait un guichet pour le service des piétons.

Les élèves s'attacheront dans la composition et la décoration de ces grilles à trouver des combinaisons et des formes bien appropriées à la matière et au travail que nécessite la forge ou l'étampage du métal.

On supposera pour la dimension de chaque ouverture une largeur de 3 mètres.

On fera pour les esquisses l'ensemble des grilles à 0 m. 025 pour mètre, pour le rendu l'ensemble au 1/10 et un détail au 1/4.

UNE HORLOGE ADOSSÉE

Dans une ville dont l'industrie principale est la métallurgie sous ses diverses formes, on aurait l'intention d'exécuter une œuvre qui fût un témoignage du goût et de l'habileté des artistes de la région et on a fait choix d'un motif d'horloge adossée à un pignon formant pan-coupé à la rencontre de deux grandes voies, en face d'une place, sans exclure absolument la pierre, les marbres, à l'état accessoire. C'est donc une mise en œuvre des métaux qui est proposée aux concurrents.

On devra chercher dans l'emploi des divers métaux forgés, fondus, estampés où émaillés, les éléments principaux de la composition.

Le motif comprendra comme éléments nécessaires :

Le cadran ;

Une baie à jour laissant voir le mouvement de l'horloge ;

Les cloches ou timbres de sonnerie, au nombre de trois ;

Les lanternes à réflecteurs, éclairant le cadran pendant la nuit.

Le cadran aura 3 mètres de diamètre mesuré en dehors du cercle des minutes.

Tout le surplus de la composition est laissé au choix des concurrents sous la réserve de cette dimension.

On fera pour les esquisses une élévation d'une coupe à 0 m. 02 pour mètre. Les esquisses seront au trait à l'encre. Pour les dessins rendus, on fera avec toute la précision possible, l'élévation et la coupe de l'ensemble à 0 m. 05 pour mètre, le détail le plus important de la

composition à 0 m. 20, enfin les principaux profils à moitié d'exécution. Les dessins de détails seront accompagnés des tracés nécessaires pour expliquer les assemblages et combinaisons de construction. L'emploi des divers métaux sera nettement indiqué dans les
détails par les teintes nécessaires.

UN PONT-GALERIE AU-DESSUS D'UNE RUE

Cette galerie de communication serait, ainsi que celle du palais
des offices à Florence ou du palais ducal à Vienne, destinée à relier
un bâtiment principal d'un musée à un bâtiment annexe construit de
l'autre côté d'une rue de 12 mètres.

Elle serait pratiquée au deuxième étage, entre le bandeau qui règne
avec le sol du deuxième étage et le bois de l'entablement des constructions.

La hauteur sera de 6 mètres.

Des murs de refend à l'intérieur, distants de 6 mètres d'axe en axe,
offrent une résistance suffisante à la poussée des arcs du pont.

Le pont entièrement en pierres, avec pénétration pour recevoir les
fenêtres du premier étage, *supportera une galerie centrale couverte et
close, et deux passages extérieurs couverts, mais à air libre, qui
forment loges ou portiques ouverts avec ou sans balcon ou encorbellement.*

La construction au-dessus du pont serait *un ouvrage de marbre.*

Plafonds des portiques également en marbre ;

Ceux de la galerie intérieure en *métal apparent, avec remplissage
en terres cuites, terres émaillées ou mosaïques.*

Les toitures seront en métal. Le sol dallé en mosaïques.

On ménagera, dans les galeries, des fenêtres ou autres ouvertures
suffisantes pour l'éclairage.

En façade, on devra combiner *un motif milieu* décoré aux armes
de la ville.

Quoique faisant partie du musée, cet ensemble sera un lieu de passage et non d'exposition.

Esquisse, plan, coupe et élévation à 0 m. 01.

Ensembles nécessaires :

Plans, projection de la voûte du pont et de l'étage de la galerie,
moitié de la projection du plafond, moitié du dallage mosaïque à
0 m. 025. — Coupe et élévation à 0 m. 05.

Cet appareil nettement indiqué. Matériaux désignés par des
teintes différentes, dans les parties de coupe.

Principaux détails à 0 m. 10 pour mètre.

LE POINT D'APPUI MILIEU D'UN PONT SUSPENDU

Ce sujet n'a jamais été traité dans un sens monumental, il est certain cependant que, confié à des artistes, il aurait pu motiver des œuvres d'un bel aspect, d'une silhouette accentuée et des combinaisons heureuses d'architecture et de sculpture.

C'est ainsi qu'on l'aurait compris aux belles époques d'art et qu'on devrait le comprendre encore.

Les données à observer seront les suivantes :

Le point d'appui dont il s'agit, élevé au-dessus d'une pile basse en pierre qui pourra monter jusqu'à 3 mètres au-dessus du niveau des basses-eaux, sera en fonte avec emploi accessoire du fer.

Il se composerait de deux piles métalliques isolées ou reliées par le haut, placées en ligne, l'une derrière l'autre, dans le sens de l'arc de la rivière, et entretoisées en contre-bas du tablier.

Du niveau des basses eaux au tablier du pont, la hauteur aura 8 mètres. Dans cette hauteur, les piles devront être très simples ; elles comporteront plusieurs rangs de forts anneaux pour la manœuvre de la batellerie.

Du tablier jusqu'au point de contact des câbles sur les coussinets, la hauteur sera de 10 mètres ; la largeur d'axe en axe avec des câbles de 8 mètres.

On devra s'inspirer des motifs qui peuvent dans certains cas autoriser l'emploi des ponts suspendus : légèreté de l'ensemble ; réduction de la largeur des piles en travers du courant ; possibilité d'ajourer ces piles.

Mais dans ces conditions, les concurrents s'attacheront à donner à cette construction la valeur qu'elle doit acquérir entre les mains d'artistes. La situation est supposée telle qu'elle commande surtout les combinaisons de silhouettes nécessaires pour un ensemble devant être vu de loin et se détachant sur des horizons reculés.

On fera pour les esquisses l'élévation parallèle à la longueur du pont, à 0 m. 01 pour mètre.

Pour les dessins rendus, les plans aux divers niveaux et les élévations dans les deux sens, dont l'une sera par conséquent une coupe sur le tablier du pont à 0 m. 02 pour mètre, les principaux détails au dixième de l'exécution.

Les dessins rendus seront tracés à l'encre ou lavés.

Les esquisses seront au trait à l'encre. Toute esquisse négligée est un cas de mise hors de concours.

ÉCOLE NATIONALE ET SPÉCIALE DES BEAUX-ARTS

SECTION D'ARCHITECTURE

PREMIÈRE CLASSE

CONCOURS ROUGEVIN

Valeur des récompenses accordées à ce concours.

Première médaille. — 3 valeurs.
Première seconde médaille. — 2 valeurs.
Première mention. — 1 valeur.

Le prix Rougevin est le concours dont les rendus prêtent le plus à l'emploi de l'aquarelle, ce qui donne un cachet très artistique à ces épreuves ; c'est aussi celui qui réunit le plus grand nombre de concurrents, non seulement par les deux prix d'argent et les nombreuses récompenses qui y sont attachées, mais par l'attrait artistique des sujets à traiter. Tous les élèves devront donc à notre avis faire au moins une fois ce concours, quoique la mention qui en résulte ne soit pas nominalement exigée pour l'obtention du diplôme.

Ce concours a lieu une fois par an, il est exécuté en loge en sept jours, d'après une esquisse faite en loge, en douze heures ; l'esquisse une fois terminée, les élèves peuvent aller étudier leur composition dans les ateliers, ils ne sont tenus à travailler en loge que pour le rendu définitif.

Tous les rendus doivent reproduire très exactement la partie de l'esquisse sous peine de mise hors concours.

Suivent différents programmes.

PROGRAMMES

LA LOGE D'UN CHEF DE L'ÉTAT DANS UN GRAND THÉATRE DE MUSIQUE

Cette loge, d'apparence très somptueuse, occupera le milieu des loges de la salle, en face de la scène ; elle aura une largeur *minimum* de 4 mètres à l'intérieur et comprendra dans sa hauteur celle des premières et secondes loges ; le couronnement de cette loge de gala pourra même s'élever jusqu'au-dessus des troisièmes loges.

En résumé, il faut que cette installation soit luxueusement et amplement traitée, et que, tout en se reliant par quelques lignes aux loges voisines, elle forme un motif de grande allure ; les colonnes, les cariatides, les soffites de toute sorte, peuvent être employés concurremment avec les armes, les trophées, les tentures et les draperies.

On fera pour l'esquisse la façade de la loge à l'échelle de $0^m,02$ pour mètre.

Pour le rendu, la même façade à l'échelle de $0^m,5$ pour mètre; dans cette façade on indiquera l'arrachement des loges de chaque étage et, s'il y a lieu, l'arrangement du couronnement de la loge avec le plafond ou la voussure de la salle.

UNE LOGGIA A L'EXTRÉMITÉ D'UNE GALERIE

Cette galerie, de 9 mètres de largeur, située dans un palais, aboutirait à la *Loggia* demandée, qui serait richement décorée de marbres, de sculptures, dorures, etc., et s'ouvrirait sur un vaste paysage ou sur la mer. Un grand balcon saillant, en fer forgé et repoussé, permettrait de jouir de la vue dans tout son développement. Au premier étage serait une autre galerie avec balcon seulement, sans loggia.

On fera pour l'esquisse, le plan et la coupe de la loggia du rez-de-chaussée avec arrachement de la galerie et l'élévation complète du pavillon terminant ladite galerie, à l'échelle de $0^m,01$ pour mètre.

Pour le rendu on fera le plan à $0^m,01$, la façade et la coupe susdite à l'échelle de $0^m,025$.

LE DESSIN D'UN TAPIS

Lorsqu'un tapis doit être fait à très grands frais pour une salle monumentale, l'architecte seul a qualité pour en prescrire les dispositions et les tonalités, de même qu'il le fait pour un parquet, une mosaïque, ces éléments comptant comme les parois verticales ou les plafonds dans le caractère et la décoration de la salle.

On suppose donc que, dans la grande chambre de la Cour de cassation, on veuille placer un tapis en harmonie avec l'architecture et la décoration de la Chambre.

Le tapis est destiné seulement à la partie libre de la salle, circonscrite en trois sens par le prétoire disposé en fer à cheval, et en avant par l'espace réservé aux avocats et assistants. Cette partie est rectangulaire, mais il faut observer : 1° que les grilles de calorifère ne doivent pas être couvertes ; 2° qu'il existe deux meubles A–A, pour les greffiers, lesquels sont fixes et ne peuvent être ni déplacés ni supprimés.

Toute la partie du plan ci-contre qui n'est occupée ni par les grilles de calorifère ni par les bureaux de greffiers recevra un tapis. Mais les parties étroites à la suite des grilles de chauffage, ou celles entre les bureaux de greffiers et la grille de chauffage parallèle à ces bureaux, pourront n'être que des bandes d'un ton uni.

La salle est vaste et monumentale, sa décoration est riche et puissante ; l'or joue un rôle essentiel dans sa décoration en souvenir de l'ancienne *Chambre dorée* des Parlements.

Le tapis à projeter serait du genre dit *Savonnerie*, c'est-à-dire à laine assez haute.

Tout le programme est dans ce qui précède, car toute liberté est laissée aux concurrents pour la disposition et le choix des motifs.

Ils devront cependant tenir grand compte des indications suivantes au point de vue artistique :

Les procédés d'exécution sont très compliqués, mais on peut cependant tout exécuter en tapisserie ; c'est le goût et la raison qui imposent à l'artiste des limites qui ont été souvent dépassées.

Ainsi, dans un *tapis*, tout en admettant la plus grande richesse décorative, on évitera les perspectives, les figures, les représentations de reliefs ou de creux : en un mot, tout ce qui est contradic-

1er PRIX ROUGEVIN — ·1897· — Mr NAVILLE.

PROJET DE M. NAVILLE (Extrait de la *Construction Moderne*).

toire avec la destination d'une étoffe *sur laquelle on marche*. Telle est la conception des tapis d'Orient, véritables mosaïques, d'une admirable richesse de dessin et de couleur.

Mais on devra composer un tapis français et moderne, et non un pastiche des tapis orientaux.

Les ornements, motifs, emblèmes, attributs, inscriptions ou devises, seront empruntés à la destination d'une salle de justice.

On ne se préoccupera pas des divisions du plafond, qui n'ont rien à voir avec la composition du tapis.

Les tonalités de couleur franche, étant les plus durables, doivent être préférées.

On fera pour les esquisses un dessin entier, très soigné, au trait et à l'encre, à l'échelle de 0^m,02 pour mètre (échelle du plan ci-joint).

Pour le rendu : le dessin entier du tapis avec ses colorations, à 0^m,075 pour mètre.

UN TRUMEAU DANS UNE GALERIE

Dans un palais est disposée une Galerie analogue à celle de François Ier à Fontainebleau à la Galerie d'Apollon au Louvre, etc.

Les fenêtres, largement espacées, sont séparées par des panneaux décorant des trumeaux intermédiaires.

C'est l'un de ces trumeaux qui fait l'objet du concours.

Le trumeau, mesuré à l'intérieur de la Galerie et entre les ébrasements de deux fenêtres, n'excédera pas 4^m,50 de largeur. — La hauteur depuis le parquet jusques et y compris la corniche n'excédera pas 1 mètre. Cette corniche sépare le mur vertical d'une voûte ou voussure dont il ne sera pas rendu compte.

Dans la largeur du trumeau (4^m,50) doivent trouver place les chambranles ou encadrements des fenêtres.

La partie inférieure du trumeau sera revêtue de belles boiseries ; la partie supérieure recevra un motif principal en bas-relief, peinture, camaïeu, mosaïque ou tapisserie, avec toutes dispositions de compartiments, encadrements, figures, etc., de nature à assurer une riche décoration.

Le thème général de la composition de la Galerie serait l'attribution de chaque panneau et de son entourage à l'un des mois de l'année, dont le nom trouvera place dans la décoration, le choix étant d'ailleurs laissé aux concurrents.

Les esquisses et les rendus comprendront en un seul dessin l'amorce de deux fenêtres et le trumeau entier, corniche comprise, soit 5 à 6 mètres de large sur 8^m,50 environ de haut.

L'esquisse, soigneusement indiquée à l'encre, sera à l'échelle de 0^m,02 pour mètre.

Le rendu sera à l'échelle de 0^{m}075 pour mètre.

UNE SALLE DES FÊTES DANS UN GRAND PALAIS

Cette salle de fêtes et de bals, analogue à celle des Cariatides où fut célébré le mariage de Henri IV avec Marguerite de Valois, au palais du Louvre, et à celle dite de Henri II au palais de Fontainebleau, aurait 30 mètres de longueur et 10 mètres de largeur. Comme les salles susdites, elle présentera à une extrémité une cheminée monumentale et à l'autre une tribune pour un orchestre de musiciens.

Terminée en voûte ou en plafond, cette salle offrirait une grande richesse de décoration par son architecture propre, par des sculptures, des peintures à fresque ou des tapisseries, des incrustations de marbres, de riches lambris, etc.

L'objet principal du concours est une coupe transversale, en regardant le côté de la tribune des musiciens.

On fera pour les esquisses le plan de la salle indiquant l'accès à la tribune, et la coupe du mur sur lequel s'ouvre celle-ci à l'échelle de 0^m,005 pour mètre, l'élévation au double.

LE FOYER DE LA DANSE DANS UN GRAND THÉATRE

Il est convenable dans un théâtre important de conserver derrière la scène un espace qui puisse au besoin lui être adjoint et qui l'agrandisse en la complétant. Cette disposition existe dans un grand nombre de théâtres, en France et à l'étranger, et cet espace est ordinairement affecté à des foyers, à des magasins ou à des salles de répétition.

Ici ce serait un foyer de la danse.

Ce foyer dont le plancher incliné comme celui de la scène, mais en sens inverse, et qui est entouré de barres d'appui pour favoriser les exercices de danse, n'est pas seulement destiné au personnel chorégraphique, c'est un salon élégant, dont le directeur fait les honneurs à tous les étrangers de distinction qui viennent visiter le théâtre. C'est un lieu de rendez-vous et de passe-temps pour les abonnés qui ont le privilège des entrées sur la scène. Il doit être grand parce que tout le personnel de la danse s'y réunit, cent personnes au plus.

Il doit avoir une décoration riche qui réponde à sa destination de salon de réception.

Cette décoration peut consister en colonnes très ornées en peintures, en portraits de danseuses et noms des danseurs émérites, en lustres électriques, etc. Le fond du foyer est entièrement revêtu de glaces ; du côté de la scène, il doit être complètement ouvert, ou fermé seulement par une cloison mobile.

Les dimensions seraient 9 mètres de large sur 12 mètres de long.

On fera, pour l'esquisse, le plan et deux coupes à l'échelle de $0^m,01$ pour mètre.

Pour le rendu, on fera le plan et la coupe transversale à $0^m,01$ pour mètre, la coupe longitudinale à $0^m,04$.

UNE RELIURE D'ART

Thème du programme : On suppose qu'un illustre architecte a laissé à sa ville natale la collection des croquis autrefois faits par lui dans divers voyages ; il a ainsi parcouru, en dessinant, les pays les plus riches en monuments artistiques d'architecture, sculpture et décorations diverses, soit antiques, soit modernes. On veut, pour cette collection de croquis de maître, une reliure artistique qui, par la composition de ses motifs, doit annoncer la nature particulière de la collection.

L'un des *plats* de la reliure, seul objet du concours, présentera donc, avec toutes combinaisons de compartiments ou de cadres que l'on adoptera, une sorte de frontispice où pourront trouver place sans confusion, soit une composition appropriée, soit un groupement de souvenirs de monuments, de fragments, des inscriptions, des figures, des ornements ; une figure de l'architecture fera obligatoirement partie de la composition. L'album qu'il s'agit de relier contenant des dessins diversement disposés, la reliure peut être en largeur ou en hauteur à volonté.

Les reliures ont d'abord tiré leur valeur et leur richesse du prix des matières employées : or, argent, pierreries, etc., puis elles sont devenues des objets d'art, et le xvie siècle notamment a produit ainsi des chefs-d'œuvre. Les belles reliures artistiques sont parfois en métal ou en ivoire ; mais c'est surtout l'application de peaux sur des cartons avec motifs estampés qui a produit les plus belles reliures.

C'est ainsi que doit être comparée celle qui fait l'objet du programme.

Il s'agit donc comme composition d'un bas-relief très peu saillant obtenu par estampage.

Toutefois la composition peut, accessoirement, faire emploi de dorures, d'incrustations d'émaux, de clous en métal, de fermoirs.

Le titre étant supposé sur le dos de la reliure n'a pas à figurer sur le plat.

Le plat de la reliure à composer aura les dimensions suivantes : 0^m,38 à 0^m,42 $\times$ 0^m,54 à 0^m,60.

On fera, pour les esquisses, le dessin au trait à l'encre de cette reliure au quart de la grandeur.

Pour le rendu, ce dessin sera grandeur d'exécution.

Nota. — Il ne sera pas admis de châssis plus grand que grand-aigle.

UNE CHAPELLE DES FONTS BAPTISMAUX

Cette chapelle, dédiée à saint Jean-Baptiste, est supposée sous le chœur d'une église, comme à la cathédrale de Sienne, et ouverte sur une rue d'un niveau inférieur à celui du parvis où se trouve l'entrée de l'église. Un ou plusieurs escaliers mettraient en communication la chapelle et l'église située sur un terrain montueux.

La chapelle, décorée de marbres, de bronzes, de mosaïques, de vitraux, etc., n'aurait pas plus de 10 mètres en plan dans sa plus grande dimension. Elle comporterait, en son centre ou sur un autre point des fonts baptismaux entourés de larges degrés comme à Saint-Marc de Venise, comme à Sienne, où ces fonts sont surmontés d'un tabernacle élevé.

On aura une idée de la richesse de cette dernière chapelle, en songeant que les fonts baptismaux sont ornés de bas-reliefs et de statues en bronze de *Donatello*, de *Della Guercia*, de *Ghiberti*, de *Pallajolo*, représentant la vie de saint Jean et que le tabernacle en marbre qui surmonte les fonts comporte aussi toute une riche architecture ornée de bas-reliefs et de statues de *Lorenzo di Pietro*, etc. On fera pour les esquisses le plan comprenant le ou les escaliers ou les arrachements des parties attenantes de l'église, à l'échelle de 0^m,005 pour mètre et la coupe au double.

UN CHATEAU D'EAU

Ce château d'eau, comme les somptueux monuments qui répandent l'eau en si grande abondance à Rome, et qu'on appelle la Fontaine Pauline, la Fontaine de Trève, comme à Marseille pour l'arrivée des eaux de la Durance, comme à Paris la Fontaine St-Michel, celle de la rue de Grenelle, doit répondre par les riches accessoires qui peuvent l'accompagner, au type le plus élevé de ce genre d'édifices. D'un style large et monumental, les effets d'eau, la sculpture, les marbres, les mosaïques y joueraient un rôle important.

Construit sur le sommet d'une colline boisée ou à l'extrémité d'un plateau, au débouché d'un aqueduc, il marquerait, en quelque sorte, l'entrée triomphale des eaux, par un nombre d'orifices laissé au choix des concurrents. Il fera partie de la promenade publique d'une grande ville et ses eaux formeraient au pied des constructions un vaste bassin.

La façade n'excéderait pas 30 mètres de largeur et les constructions y compris le bassin, n'auraient pas plus de 25 mètres de profondeur.

On fera pour les esquisses le plan et la coupe sur une échelle de 0^m,0025 pour mètre et l'élévation bien détaillée au double.

Pour le rendu, le plan et la coupe serait à l'échelle de 0^m,003 et l'élévation au décuple, c'est-à-dire à 0^m,03 pour mètre.

LE DESSIN D'UNE VERRIÈRE

L'art de la peinture sur le verre, ou par le verre, a produit en France de nombreux chefs-d'œuvre, depuis les vitraux légendaires des xiie et xiiie siècles, jusqu'aux grandes compositions décoratives de la Renaissance. Les applications ont été avant tout religieuses ; l'objet du présent programme est, au contraire, l'étude d'une verrière dans une grande habitation moderne.

On suppose que, à l'extrémité d'une galerie principale d'un château, est pratiquée une baie en arcade de 4^m,50 de largeur sur 6^m,75 de hauteur. Cette baie devra être compartimentée par des meneaux ou divisions en pierre, et décorée de riches vitraux dont le thème général est :

La glorification des Cortès.

Toutes les combinaisons de peinture sur verre, cartouches, médaillons, arabesques, bordures, attributs d'architecture, fonds unis ou damassés, figures, peuvent être employées en se rappelant seulement que la netteté est la condition première d'une composition de vitrail, comme la confusion en est le plus grave défaut.

La peinture sur verre procède tantôt par mosaïque translucide, au moyen de fragments de verre coloré dans sa masse, tantôt par la peinture, au moyen d'application de couleurs sur verre coloré ou incolore, enfin par l'emploi simultané des deux procédés.

Les plus anciens vitraux se composent de sujets dans des cartouches ou panneaux, le plus souvent circulaires, se détachant ordinairement sur un fond réticulé, encadré d'une bordure. Les plus récents, c'est-à-dire ceux des xve et xvie siècles, présentent une grande et riche composition picturale vue en quelque sorte à travers les compartiments de la pierre et les barres des armatures en fer, dont la composition peinte ne tient pas compte. L'architecture y joue un grand rôle. Entre ces deux époques se rencontrent toutes les variétés de combinaisons.

On possède encore en ce genre des œuvres de très grands artistes, les uns inconnus, d'autres illustres comme Jean Cousin, Bernard Palissy. Les plombs nécessaires au sertissage des morceaux de verre concourent, entre les mains d'un artiste habile, au bon effet de l'œuvre ; ils constituent et accusent le *trait* du dessin.

L'architecte auteur d'un carton de vitrail doit établir un dessin qui détermine avec précision, *tel qu'il sera vu en transparence,* l'aspect coloré dont il veut assurer le rendu, le verrier ayant à son tour pour fonction de réaliser ce carton en technicien.

L'objet du concours est donc un dessin coloré et rendant l'effet en transparence de la verrière projetée.

On fera pour l'esquisse, le dessin de la verrière au trait seulement, à l'échelle de 0^m,02 pour mètre.

Pour le rendu, ce même dessin à l'échelle de 0^m,08 pour mètre.

Toute esquisse négligée est un cas de mise hors concours, il en sera de même de tout dessin rendu *qui n'exprimerait pas la coloration, l'hypothèse de la simple grisaille n'étant pas admise par le présent programme.*

Renseignements. — On peut voir, à Paris, de beaux exemples de verrières, notamment dans les édifices suivants :

Notre-Dame.	Saint-Gervais.
Sainte-Chapelle du Palais.	Saint-Eustache.
Saint-Séverin.	Saint-Etienne-du-Mont.
Saint-Merry.	Sainte-Chapelle du château de Vincennes.

Documents à consulter entre autres :
Batissier, *Art monumental*.
Corroyer, l'*Architecture gothique*.

Ferdinand de Lasteyrie, *Histoire de la peinture sur verre. Quelques mots sur la théorie de la peinture sur verre*, avec en appendices : *La bibliographie de la peinture sur verre. La nomenclature des plus remarquables vitraux.*
Lévy et Capronnier, *Histoire de la peinture sur verre* (Belgique).
Lucien Magne, *l'œuvre des peintres verriers français.*

SECTION D'ARCHITECTURE

PREMIÈRE CLASSE

HISTOIRE DE L'ARCHITECTURE

ARCHÉOLOGIE

Valeur des récompenses accordées à ce concours.

Première seconde. — 2 valeurs.
Première mention. — 1 valeur.

(Voir le programme du cours en seconde classe).

EXPOSÉ PRATIQUE

La mention du cours d'histoire de l'architecture (archéologie) est obligatoire pour le concours du diplôme. Cet examen consiste en une composition reproduisant un style d'architecture déterminé ; c'est un concours d'archéologie fait à l'aide de documents plutôt qu'un concours de composition architecturale.

Avec le concours de seconde classe, qui consiste à exécuter un relevé d'après nature, l'enseignement de l'histoire de l'architecture est bien compris, et quoiqu'une seule mention de ce cours soit obligatoire pour le diplôme, les élèves feront bien de le suivre pendant toute la durée de leurs études, ce qui leur permettra de voir plus à fond l'étude de l'archéologie, si nécessaire à connaître dans presque tous les travaux d'architecture.

Suivent différents programmes.

Ces programmes sont habituellement accompagnés de planches documentaires comme nous en reproduisons une en regard du programme : Tabernacle en orfèvrerie (page 341).

PROGRAMMES

UNE PORTE DANS L'ENCEINTE
D'UNE VILLE·ROMAINE

Les portes de villes romaines qui subsistent encore en Italie à Pérouse et à Rome, en France à Autun et à Langres, en Allemagne à Trèves sont de véritables monuments, dont la destination est bien accusée.

La porte, percée dans le mur d'enceinte, est généralement protégée par des tours, carrées à Pérouse, circulaires à Autun et à Trèves. Tantôt la porte est simple comme celle de Janus Quadrifons à Rome ; tantôt comme à Trèves, à Langres et à Autun, la porte est double pour faciliter la circulation des chars et des cavaliers à l'entrée et à la sortie : à Autun de petites portes ou poternes pour les piétons sont ménagées à droite et à gauche des grandes portes.

Au-dessus des portes se poursuit le chemin de ronde du rempart, accessible du côté de la ville par des escaliers, et formant passage couvert.

Quelques-unes de ces portes, élevées sans doute pendant des périodes de paix ont été traitées comme des arcs de triomphe, ayant la même décoration à l'intérieur et à l'extérieur ; d'autres, au contraire, ne s'accusent extérieurement que par les ouvertures des baies et leur décor est réservé à la face intérieure ; c'est la disposition généralement adoptée pour les portes de ville, au moyen âge.

On admettra pour la porte de ville qui fait l'objet du concours que les deux faces sont traitées différemment.

Les concurrents ont toute latitude pour la disposition de la porte, simple ou double, pour le choix des matériaux, pierres de grand appareil, ou blocages reliés par des chaînes de briques et revêtus par un parement de petit appareil. Ils remarqueront seulement que pour un ouvrage de ce genre c'est la destination qui doit déterminer la disposition générale et les formes décoratives.

La plus grande dimension en largeur pour la porte simple ou double, flanquée ou non de poternes, et y compris les tours de défense ne dépassera pas 45 mètres. La hauteur du rempart ne dépassera pas 12 mètres. Toutes les autres dimensions sont indéterminées.

Les concurrents feront pour l'esquisse : les deux élévations et un plan à $0^m,005$ pour mètre ; pour le rendu, les mêmes dessins à $0^m,01$ avec indication sommaire d'une coupe sur le passage couvert surmontant la porte.

LA DÉCORATION DU MUR DE SCÈNE
AU THÉATRE D'ORANGE

N. B. — Ces divers programmes du concours de l'histoire de l'architecture, comportent une série de croquis documentaires remis au candidat au moment de l'examen ; nous ne reproduisons ces documents que pour le premier programme.

Le théâtre romain, comme le théâtre grec, comprenait trois parties : une scène rectangulaire, un orchestre demi-circulaire, des gradins concentriques formant les sièges des spectateurs.

Dans les théâtres grecs, à Athènes, à Epidaure, à Syracuse, les gradins, adossés à une colline, ne sont accessibles que par des escaliers intérieurs. Quelques théâtres romains, celui d'Herculanum, celui de Marcellus à Rome, celui d'Arles, ont été construits en plain et leurs gradins, comme ceux des amphithéâtres, s'appuient sur les voûtes rampantes : celles-ci couvraient les passages et escaliers donnant accès aux paliers (*præcinctiones*) qui divisaient les gradins en zones pour les différentes classes de spectateurs. Les passages communiquaient avec des promenoirs extérieurs. Dans les théâtres adossés qui furent construits ou agrandis à l'époque romaine, tels que ceux d'Aspende en Asie-Mineure, d'Hérode Atticus à Athènes, d'Orange de Taormine, le promenoir n'existe qu'au sommet des gradins ; ceux-ci étaient d'ailleurs abrités sous un vélum attaché par des cordages à des mâts que soutenaient des corbeaux de pierre répartis sur le périmètre extérieur de la galerie haute. Les gradins, dont la largeur et la hauteur étaient calculées pour la plus grande commodité des spectateurs, étaient séparés de l'orchestre par une enceinte circulaire (ou *podium*) dont le sous-sol formait égout pour l'écoulement des eaux.

Dans le théâtre grec, l'orchestre où les chœurs évoluaient autour de l'autel de Dionysos, comprenait outre l'hémicycle, un vaste espace rectangulaire, précédant le mur du *proscenium* et se prolongeant par des issues latérales, sous les gradins. Dans le théâtre romain l'orchestre fut réduit au profit de la scène qui s'étendit en profondeur.

Les théâtres de Grèce et de Sicile n'ont point conservé les murs de leurs scènes : il est donc difficile de savoir si la scène grecque comportait, comme la scène romaine, une décoration fixe. Aux théâtres d'Aspende, d'Æzani, de Taormine, la scène existe encore avec son grand mur percé de trois portes, ses loges et ses grandes salles latérales destinées aux réunions des mimes ou des chœurs.

La scène du théâtre d'Orange est celle qui a conservé les traces les plus apparentes d'une décoration et d'une couverture permanentes. C'est le rétablissement de mur de scène qui fait l'objet de ce concours.

Les relevés de Caristie et ceux de M. Daumet fournissent à cet égard des indications intéressantes : on distingue en effet sur les murs de nombreuses entailles déterminant, au moins approximativement, la place et les dimensions des supports, colonnes ou pilastres de marbre, dont les corniches conservées, accusant deux divisions dans la travée centrale et trois dans les travées latérales, fixent les hauteurs.

De larges entailles pratiquées, dans la partie supérieure du mur et des rainures visibles dans les murs latéraux attestent l'existence d'un comble en charpente dont la couverture rejetait les eaux à l'extérieur sur une moulure en forme de larmier.

Les élèves essayant de reconstituer cette charpente, pourront s'inspirer des combinaisons de bois par encorbellement, que semblent décrire les inscriptions grecques et qui s'accordent d'ailleurs avec la simplicité de l'architecture antique.

On fera pour l'esquisse : l'élévation et la coupe du mur de scène à $0^m,003$ pour mètre et pour le rendu les mêmes dessins à $0^m,006$.

TABERNACLE EN ORFÈVRERIE ET TABLE D'AUTEL
POUR UN RÉTABLE DU XVIe SIÈCLE

Il existe à l'église de Taverny, près Paris, un rétable offert à l'église au milieu du xvie siècle par le connétable Anne de Montmorency.

Ce rétable de pierre, qui occupe toute la largeur du chœur, ne comportait sans doute au centre d'autre décoration qu'une fresque et il y a tout lieu de penser qu'une table d'autel portant un tabernacle en orfèvrerie y était adossée. C'est la reconstitution du tabernacle et de la table qui font l'objet du concours.

Les concurrents, tout en harmonisant leur composition avec le rétable ancien, tiendront compte de la destination du tabernacle, destiné à contenir le calice et dont la partie supérieure doit être étudiée en vertu de l'exposition du Saint-Sacrement. Ils remarqueront que la porte est généralement de dimensions restreintes et légère-

ment élevée au-dessus de la table pour laisser la place d'une nappe
d'autel.

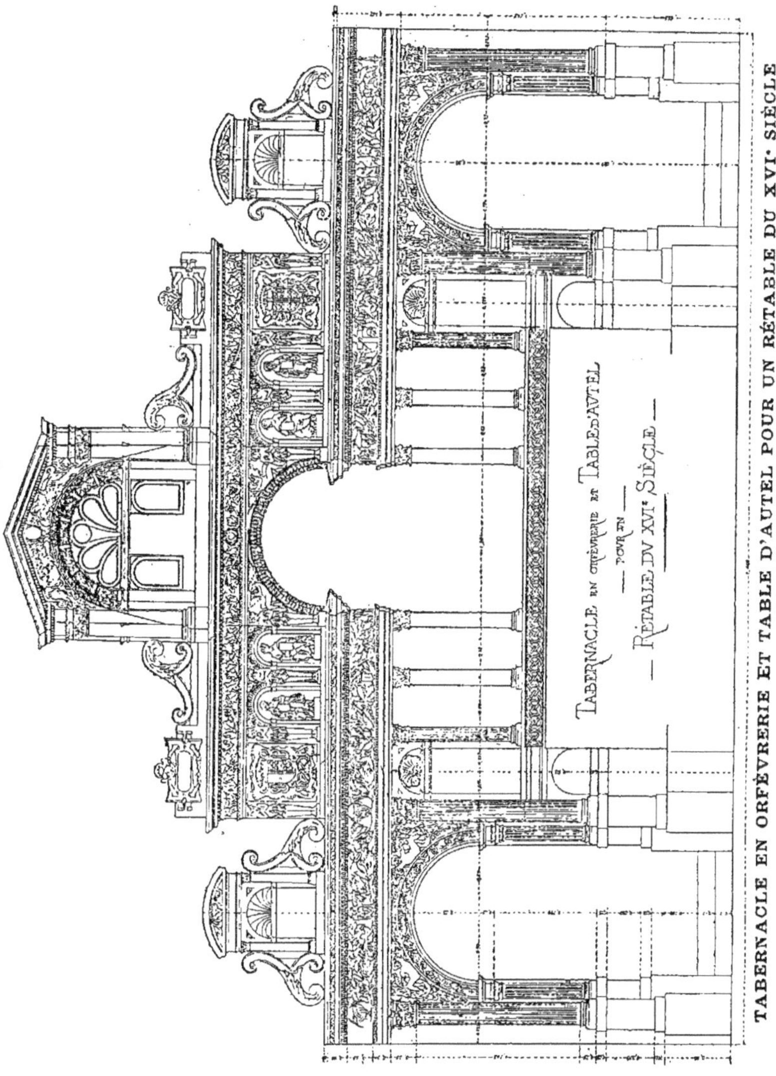

Pour la table elle-même, dont la hauteur ne dépasse guère 1 mètre
et dont la largeur utilisable est en général de 70 à 80 centimètres,
les concurrents tiendront compte des passages latéraux du rétable et

de l'ordonnance générale afin d'y subordonner leur composition en largeur.

Les marbres précieux, les pierres fines et la mosaïque pourront être employés pour la décoration de la table d'autel et du tabernacle.

Les concurrents feront pour l'esquisse : l'élévation principale et l'élévation latérale à 0ᵐ,02 ; pour le rendu les mêmes dessins à 0ᵐ,10 pour 1 mètre.

UN MAITRE AUTEL DANS LA CHAPELLE
DU CHATEAU DE VERSAILLES

Blondel, dans son *Architecture française*, publiée en 1756, critique vivement l'autel principal de la chapelle de Versailles, encastré dans une arcade feinte de l'abside, et conseille l'édification d'un maître-autel isolé au milieu du chœur, c'est ce maître-autel isolé qui est l'objet du concours.

Le plan et les coupes, tirés de l'ouvrage de Blondel et les dessins des bas-reliefs indiquent aux concurrents l'obligation d'harmoniser leur composition avec la chapelle qui fut commencée sur les plans de Hardouin Mansart en 1699 et terminée seulement en 1710.

On sait que la chapelle de Versailles comporte une nef et des bas-côtés surmontés de tribunes qui communiquaient de plain-pied avec les grands appartements du château.

L'édifice, malgré les réserves de Blondel, est peut-être celui qui caractérise le mieux l'art français à la fin du xviiᵉ siècle et les sculptures décoratives sont très remarquables, le marbre et le bronze, qui ont été employés pour la décoration de la chapelle, seraient les matériaux choisis pour le maître-autel.

Les élèves feront pour l'esquisse : le plan, et les élévations de face et de côté à 0ᵐ, 01 pour mètre ; pour le rendu, les mêmes dessins à 0ᵐ,05 pour mètre.

UN PORCHE D'ÉGLISE AU XIIIᵉ SIÈCLE

Les premières églises chrétiennes, en Orient comme en Occident, étaient précédées d'un porche où se tenaient les pénitents et les catéchumènes et dans lequel étaient placés les fonds baptismaux. Dans les anciennes basiliques de Rome ou de Ravenne, c'est un portique ouvert en avant de la nef. En France, au xiᵉ et au xiiᵉ siècle,

PROJET DE M. BASSOMPIERRE (Extrait de la *Construction Moderne*).

notamment dans l'école Clunisienne, le porche était d'un usage constant. Tantôt il était ajouré sur trois faces, comme à Saint-Benoît-sur-
Loire. Tantôt il formait, comme à Vézelay ou à Tournus une salle
accessible extérieurement par une ou plusieurs portes, tantôt comme
à Autun, il était largement ouvert sur la face par trois arcs correspondant aux trois nefs, mais clos latéralement.

Au xiii⁰ siècle, le porche se réduit à un vestibule placé soit à l'entrée principale, soit en avant d'une porte latérale, c'est l'édification
d'un porche latéral qui fait l'objet du concours.

Les concurrents supposeront qu'il serait adossé à une travée de
bas-côtés, comme cela a lieu à l'église de Bougival ou les arrachements des murs d'un porche sont encore visibles. Ils seront libres de
choisir la disposition qui leur paraîtra la mieux appropriée, que le
porche soit ajouré ou non, qu'il soit couvert par une voûte ou par
une charpente, ils conserveront seulement la largeur et la hauteur
de la porte existante qui donne accès au bas-côté.

Les concurrents feront, pour l'esquisse, le plan : la façade et la
coupe à 0ᵐ,005, pour mètre ; pour le rendu, les mêmes dessins à 0ᵐ,02
pour mètre.

UNE FONTAINE DANS LA COUR D'UNE MOSQUÉE

Les mosquées arabes ne sont, à vrai dire, que des galeries limitées
par une enceinte et entourant une cour au milieu de laquelle est une
fontaine.

Ces galeries, simples ou doubles sur trois côtés de la cour, sont généralement formées par des files de colonnes ou de piliers portant sur
des arcs des plafonds en charpente : sur le quatrième côté, les galeries plus nombreuses constituent le sanctuaire orienté vers la
Mecque.

C'est là que viennent se prosterner les Arabes, après s'être purifiés
à la fontaine par de larges ablutions.

Le sujet du concours est l'une de ces fontaines qu'on supposera
placée dans la cour de la grande mosquée, à Tlemcen. Les monuments
de Tlemcen datent en général du xiv⁰ siècle et les croquis empruntés
aux relevés de Duthoit permettront aux élèves de distinguer les
caractères particuliers de l'architecture arabe à cette époque et dans
cette région. Ils remarqueront notamment la précision des combinaisons de charpente, l'emploi très ingénieux de la brique dans la cons-

truction des arcs et des coupoles, la délicatesse des ornements géométriques.

L'édicule qui constitue la fontaine comprendra une vasque d'assez grande dimension recouverte par un abri formé de supports légers, soutenant un auvent ou une coupole.

Le marbre, le bois peint, la terre cuite émaillée ou non pourront être indifféremment employés.

Les mosquées du Caire conservent encore des fontaines d'une grande élégance qui peuvent être citées comme exemples.

La plus grande dimension en largeur ne dépassera pas 8 mètres.

Les élèves feront pour l'esquisse : le plan, l'élévation et la coupe à $0^m,01$ pour mètre ; pour le rendu, l'élévation à $0^m,05$, le plan et la coupe à $0^m,02$.

ÉCOLE NATIONALE ET SPÉCIALE DES BEAUX-ARTS

SECTION D'ARCHITECTURE

PREMIÈRE CLASSE

DESSIN

Valeur des recompenses accordées à ce concours.

Première et seconde médaille : 2 valeurs.
Mention : 1 valeur.

EXPOSÉ PRATIQUE

L'épreuve de dessin demandée aux élèves de première classe consiste en la représentation d'un dessin de figure d'après nature, ou d'après l'antique. Ce concours s'exécute en six séances de deux heures, pendant lesquelles deux corrections sont faites par le professeur spécial; les modèles proposés sont les mêmes que ceux demandés aux élèves de seconde classe; nous citerons parmi eux : le Discobole, l'Apollon, la Vénus de Médicis, l'Enfant au chevreau, etc., etc.

Les dessins résultant de ces exercices sont jugés tous les mois par un jury composé d'architectes, de peintres et de sculpteurs (voy. *Règlement*, art. 51); chaque élève peut présenter un ou plusieurs dessins après avis du professeur spécial; la mention obtenue à cet exercice est nécessaire pour l'admission au concours du diplôme d'archite te.

ÉCOLE NATIONALE ET SPÉCIALE DES BEAUX-ARTS

SECTION D'ARCHITECTURE

PREMIÈRE CLASSE

MODELAGE

Valeur des récompenses accordées à ce concours.

Première et seconde médaille : 2 valeurs.
Mention : 1 valeur.

EXPOSÉ PRATIQUE

L'examen de modelage en première classe comporte des modèles spéciaux, d'un degré plus élevé que ceux donnés en seconde classe ; nous n'avons pas cru devoir reproduire ces modèles, car ils sont très connus ; nous citerons parmi eux : le rinceau à feuilles d'acanthe, le culot corinthien, des chapiteaux de l'ordre composite, et quelquefois même des figures d'après le plâtre. Ces exercices se font en six séances de deux heures pendant lesquelles le professeur donne deux corrections. Le jugement de ce concours a lieu tous les mois, en même temps que l'épreuve de dessin. Chaque élève peut présenter un ou plusieurs ouvrages, après avis du professeur spécial ; la mention que l'on doit obtenir à ce concours est nécessaire pour l'obtention du diplôme.

PROGRAMME

DU

COURS DE LITTÉRATURE

La Bible.

Littérature grecque. — Homère. — Hésiode. — Hymnes homériques. — Pindare et la poésie lyrique. — Hérodote. — Théâtre d'Eschyle, de Sophocle et d'Euripide. — Comédies d'Aristophane. — Platon. — Démosthène.

Littérature latine. — Commencements de la poésie latine. — Théâtre de Plaute et de Térence. — L'éloquence à Rome. — Cicéron. — Tite-Live. — Le poème *de la Nature* de Lucrèce. — Catulle. — Virgile. — Horace. — Les *Métamorphoses* d'Ovide. — La *Pharsale* de Lucain. — Tacite.

Littérature italienne. — Dante. — Pétrarque. — L'Arioste. — Le Tasse.

Théâtre de Shakespeare.

Littérature française. — La poésie épique au moyen âge. — La *Chanson de Roland.*

Les romans de chevalerie. — Les chroniqueurs : Villehardouin, Joinville, Froissart, Commines. — Le dix-septième siècle.

L'ENSEIGNEMENT

A L'ÉCOLE NATIONALE ET SPÉCIALE DES BEAUX-ARTS

SECTION D'ARCHITECTURE

PRIX DIVERS

Attribués par l'Ecole des Beaux-Arts

PRIX DES ARCHITECTES AMÉRICAINS

PRIX EDMOND LABARRE

PRIX-CONCOURS DE COMPOSITION DÉCORATIVE

PRIX CHENAVARD

SECTION D'ARCHITECTURE

PREMIÈRE ET DEUXIÈME CLASSE

PRIX DES ARCHITECTES AMÉRICAINS

Valeur des récompenses accordées pour ce concours.

Prix. — 3 valeurs.
Accessits. — 2 valeurs.

EXPOSÉ PRATIQUE

Ce concours est commun aux deux classes d'architecture, c'est-à-dire qu'indifféremment les élèves de première et de seconde classe peuvent y prendre part ; il n'a lieu qu'une seule fois par an, sur un programme donné par le conseil supérieur de l'école. Les élèves sont laissés libres d'exécuter ou de ne pas exécuter ce concours, mais les prix et les accessits ne peuvent pas s'ajouter au nombre des valeurs demandées, soit pour le passage en première classe, s'il s'agit d'un élève de seconde effectuant le concours, soit pour le concours du diplôme, s'il s'agit d'un élève de première classe.

Le rendu de ce prix a lieu à l'atelier d'après une esquisse faite en loge en douze heures. (Voy. *art. 93 du règlement.*)

(Suivent différents programmes donnés à ce concours.)

UNE GRANDE FACTORERIE DANS L'ALASKA

Au nord-ouest de l'Amérique se trouve le vaste territoire de l'Alaska (jadis Amérique russe, cédée par la Russie pour 37 millions de francs aux États-Unis de l'Amérique du Nord en 1867).

Cette région extrêmement froide (la température peut s'y abaisser

parfois à environ 50 degrés au dessous de zéro) est couverte en partie
de belles forêts de pins et de sapins dont les troncs débités et assem-
blés servent presque exclusivement à la construction des habitations.
Le commerce de cette région, affermé à une compagnie, se fait au
moyen de factoreries isolées et bâties le long des rivières et où les

UNE GRANDE FACTORERIE DANS L'ALASKA

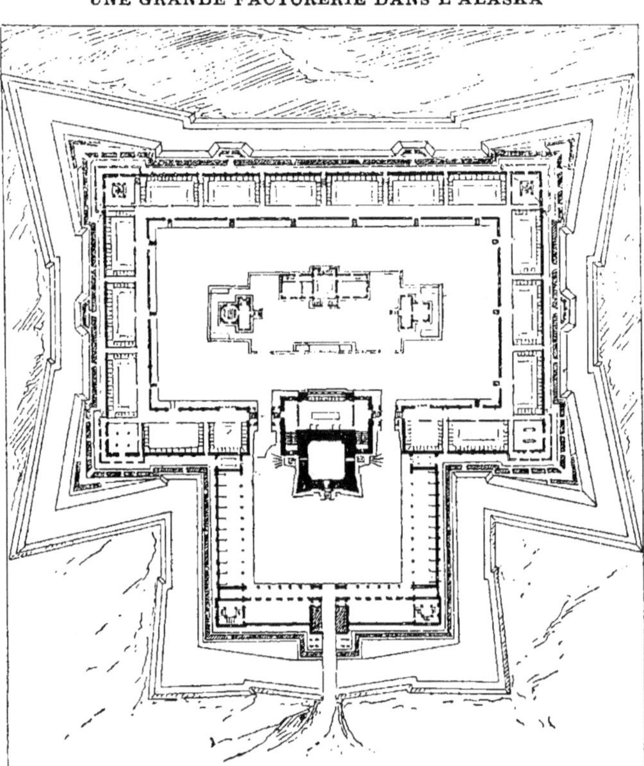

PROJET DE M. GOUJEON (Extrait de la *Construction moderne*).

trappeurs et chasseurs esquimaux, où les Indiens de la contrée,
viennent échanger les pelleteries contre des armes, des munitions et
des objets de fabrication diverse.

Un établissement de l'importance de celui qui fait l'objet de ce
concours et qui serait édifié sur un plateau élevé quelque peu au-
dessus de la plaine environnante doit comprendre avant tout une
enceinte fortifiée, sorte de palissade en gros pieux entourée d'un fossé

UNE GRANDE FACTORERIE DANS L'ALASKA

PROJET DE M. GOUJEON (Extrait de la *Construction Moderne*).

et destinée à se mettre à l'abri d'un coup de main des indigènes ou des tribus errantes, et un blockhaus central surmonté, dans le même but, par une tour d'observation dominant les alentours. C'est protégés par ces deux organes de défense que se trouvent répartis dans l'enceinte les bâtiments de la factorerie; ils comprennent :

1° Une confortable maison d'habitation pour le chef de poste, sa famille et quelques amis ou employés supérieurs, avec hall, fumoir, billard, etc... Ces services peuvent s'installer en un seul rez-de-chaussée ou dans plusieurs étages ;

2° Des communs pour les trappeurs du poste, qui sont organisés en milice en cas d'alerte, avec des dortoirs pour une quarantaine d'hommes et dépôts pour leurs armes, un réfectoire, cuisine avec boulangerie, dépôts de comestibles, conserves et boissons, et remise pour les véhicules et traîneaux ;

3° Des bâtiments de commerce : magasin et hangar où, d'une part, on empile les fourrures reçues et, de l'autre, où l'on tient en réserve les armes, les munitions, les étoffes, les verroteries, etc..., qui servent au troc ;

4° Une chapelle orthodoxe russe et un petit temple protestant avec le logement du pope et celui du pasteur ;

5° Ces divers bâtiments pourront être reliés en tout ou en partie par des passages couverts ;

6° Une petite écurie pour 5 ou 6 rennes et un chenil pour les chiens de trait.

OBSERVATIONS GÉNÉRALES

On devra se préoccuper du climat du pays : murs épais, doubles fenêtres et *surtout* portes au-dessus du sol, la neige atteignant souvent plus d'un mètre de hauteur. Beaucoup de maisons dans l'Alaska sont, dans cette éventualité, bâties sur des échafaudages. On devra donc établir les niveaux des planchers bas à environ $1^m,50$ au-dessus du sol. A cet effet, la maison d'habitation, qui peut être construite en pierre, serait élevée sur un soubassement sans ouvertures, et les autres bâtiments, qui doivent être tous en bois, sauf le soubassement du blockhaus, seraient édifiés sur des piliers ou des pieux réunis ou isolés. Quant aux toitures, elles devront avoir une pente rapide pour éviter l'amoncellement de la neige.

On placera à l'entrée de l'établissement un ou deux postes fortifiés pour les gardiens, et cette entrée aura lieu par un pont-levis.

La plus grande largeur du terrain dans l'intérieur de la palissade d'enceinte n'excédera pas 150 mètres.

On fera, pour les esquisses, le plan à l'échelle de $0^m,002$ pour mètre, la coupe à la même échelle et la façade également.

Pour le rendu, le plan à l'échelle de 0,005 pour mètre ainsi que la coupe, la façade à 0,01.

UNE BIBLIOTHÈQUE POPULAIRE AVEC BAINS ET RESTAURANT

Depuis quelques années les Américains, soucieux des questions de confort, d'hygiène et d'éducation, ont voulu que la classe populaire profitât des progrès de la civilisation. A cet effet, dans quelques-unes de leurs villes, ils ont édifié des monuments dans lesquels sont réunis divers aménagements permettant au public de s'instruire, de se nourrir, de se livrer aux exercices du corps, de s'assainir par des lavages et des immersions. Sauf la nourriture, qui est donnée à des prix très modérés, et une légère rétribution facultative, c'est gratuitement que sont livrés au peuple et aux ouvriers les locaux dont ils peuvent disposer au bénéfice de leur instruction et de leur santé.

Il serait à désirer que de pareils établissements existassent en France et, en attendant que semblable résolution soit prise, on donne au concours, pour le prix des architectes américains, un édifice d'une telle destination élevé dans une ville manufacturière du pays.

Cet établissement, placé au milieu d'un parc ou environné de plantations, se composerait d'abord d'un très grand vestibule, sorte de salle des pas-perdus, donnant accès aux trois grandes divisions de l'édifice. Ce vestibule serait accompagné de locaux pour l'Administration et de diverses pièces de service.

Dans l'axe de ce vestibule s'ouvrirait l'entrée de la bibliothèque, devant contenir environ 20,000 volumes, placés soit dans la grande salle de lecture, soit dans quelques dépôts particuliers.

Dans les deux autres divisions, placées à droite et à gauche du vestibule, on disposera, à la volonté des concurrents, une grande piscine pour bains à la nage et des cabines de bains, au nombre de 40 à 50; puis deux ou trois salles de douches, deux bains turcs ou hammams, une salle de gymnastique et des salles d'escrimes. Des salles de restaurant, de café avec billards et divers jeux, les uns clos, les autres en plein air.

Les restaurants doivent être munis de terrasses ou de vérandas. On installera, en outre, pour ces différents services, les dépendances nécessaires : lingeries, séchoirs, cuisines, offices, laboratoires, water-closets, etc., etc.

La partie des bains et du restaurant pourrait comporter un étage ou simplement un rez-de-chaussée au choix des concurrents.

Le caractère de l'édifice sera de très grande simplicité.

Le terrain n'excédera pas 10,000 mètres de superficie non compris les plantations.

Pour les esquisses on fera le plan du rez-de-chaussée à l'échelle de $0^m,005$ pour mètre.

La façade et la coupe à la même échelle.

Pour le rendu, le plan et la coupe à l'échelle de $0^m,005$ pour mètre.

La façade au double.

UN MONUMENT A LA FRATERNITÉ ARTISTIQUE

Ce monument ayant pour but de rappeler les sentiments de mutuelle gratitude des architectes français et américains, doit être composé avec ampleur de façon à être digne des deux nations qui en forment le point de départ.

Il devra comporter un temple ou édifice triomphal dédié à l'art et placé sur un soubassement très élevé, de telle sorte qu'il domine tout l'ensemble. De larges portiques seront rattachés à ce soubassement, soit directement, soit au moyen de vestibules; ils donneront accès à de vastes escaliers couverts ou découverts qui conduiront à la plate-forme de l'édifice triomphal.

Ces portiques, ornés de bas-reliefs, de statues, etc., s'avanceront, soit rectangulairement, soit circulairement, au-devant de l'édifice, en formant ainsi comme une grande cour d'honneur.

Dans cette cour d'honneur, et à la place qui paraîtra le plus convenable, c'est-à-dire isolé ou dépendant du soubassement, sera érigé le motif spécialement affecté à la représentation de la Fraternité artistique ; à cet effet, sur un socle plus ou moins développé et accompagné de divers accessoires, s'élèvera un groupe de grande dimension représentant la France et l'Amérique unies par le génie de l'architecture.

D'autres figures symboliques pourront être placées dans l'édicule lui-même ou dans son pourtour, qui pourra comprendre des bassins et des effets d'eau

La plus grande dimension de terrain en y comprenant les portiques ne dépassera pas 150 mètres.

On fera, pour les esquisses, le plan et la coupe à l'échelle de $0^m,001$ pour mètre, la façade au double.

Pour le rendu, le plan et la coupe à l'échelle de $0^m,002$ 1/2 pour mètre, la façade à l'échelle de $0^m,01$ pour mètre.

UN HIPPODROME

Les cirques et les amphithéâtres comptent parmi les plus intéressants édifices de l'antiquité.

L'étude des restes de ces immenses monuments permet de se rendre compte de la sollicitude avec laquelle ils étaient distribués et de l'effet que devait produire cette prodigieuse quantité de spectateurs qu'ils admettaient.

Denys d'Halicarnasse, qui visita le grand cirque de Rome peu après l'achèvement des travaux abandonnés par César, dit qu'il avait 3 stades 1/2 de longueur (778 mètres environ) et qu'il pouvait contenir 150,000 personnes.

Enrichi par Auguste et par Tibère, il fut encore augmenté par Trajan et Constantin.

L'amphithéâtre Flavien, le Colisée de Rome, commencé sous Vespasien, était aussi conçu dans les plus vastes proportions ; son grand axe a 200 mètres de longueur, le petit axe a 167 mètres.

L'édifice proposé, sans arriver à des proportions importantes et approprié, d'ailleurs, aux usages modernes, devrait avoir l'ampleur des dispositions, les facilités d'accès et de circulation, la richesse et la variété de la décoration qui caractérisaient les monuments antiques consacrés aux plaisirs populaires. Destinés en toutes saisons à des représentations diurnes et nocturnes, à des jeux athlétiques, à des courses, à des évolutions militaires, à des exercices sportifs, à des auditions musicales exceptionnelles, amenant un grand concours de spectateurs et une figuration très nombreuse, il comprendrait à la fois un hippodrome et un cirque, servant, soit alternativement, soit simultanément. L'hippodrome, de forme allongée terminée par deux demi-cercles ; le cirque, de forme circulaire ; tous deux se réunissant par des portiques disposés à la partie supérieure des gradins et servant de promenoirs, d'où l'on jouirait encore de la vue des spectacles.

La salle du cirque pourrait s'ouvrir largement sur l'hippodrome, de manière à permettre des spectacles se développant dans les deux arènes.

L'hippodrome et le cirque seraient couverts : le premier, par un vitrage aussi étendu que possible, prenant appui seulement à l'extérieur des portiques supérieurs qui formeraient des terrasses accessibles encore aux spectateurs ou servant à placer des orchestres.

Un velum disposé sous le vitrage garantirait des rayons du soleil lorsqu'il serait nécessaire.

Des portiques inférieurs et des galeries intermédiaires donneraient, par un grand nombre de vomitoires, l'accès sur les gradins divisés en trois grandes catégories de places ; quelques loges ou tribunes richement décorées seraient disposées pour les personnages de distinction. Des substructions au-dessous des arènes recevraient les décors et les machines devant paraître pendant les représentations et faciliteraient leur manœuvre. On trouverait encore des salles en communication avec les arènes pour la préparation des cortèges, des loges pour les figurants, des écuries accessibles au public pour 200 chevaux, des magasins de matériel, quelques locaux pour l'administration et les dépendances nécessaires dans tous les établissements recevant un nombreux public.

Pour le cirque, le diamètre, à l'intérieur des portiques, aura 50 mètres. Pour l'hippodrome, l'arène aura 40 mètres de largeur sur 100 mètres de longueur.

La plus grande dimension des constructions n'excédera pas 250 mètres.

Pour l'esquisse, on fera le plan, la façade et la coupe à l'échelle de $0^m,002$ pour mètre.

Pour le rendu, le plan, la façade et la coupe seront à l'échelle de $0^m,005$ pour mètre. On fera un détail de l'entrée de l'hippodrome avec arrachement de la façade à l'échelle de $0^m,03$ pour mètre.

L'échelle de l'esquisse, $0^m,001$ 1/2.

ÉCOLE NATIONALE ET SPÉCIALE DES BEAUX-ARTS

SECTION D'ARCHITECTURE

PREMIÈRE ET DEUXIÈME CLASSE

PRIX EDMOND LABARRE

Comme le prix des architectes américains, le prix Edmond Labarre est commun aux deux classes d'architecture, il consiste en un projet à exécuter à l'atelier en trois jours, d'après une esquisse faite en loge en douze heures. Ce concours est facultatif, la récompense consiste en une somme de 200 francs attribuée à l'élève classé le premier.

(Suivent différents programmes donnés à ce concours.)

UNE ÉCOLE PRATIQUE DES HAUTES ÉTUDES POUR LES SCIENCES PHYSIQUES ET NATURELLES

L'école des hautes études est instituée pour un personnel moins nombreux que celui des facultés ; les études y consistent surtout en travaux faits avec les conseils ou sous les indications des professeurs dans des salles de travail ou laboratoires spéciaux, sauf un ensemble de parties communes à tous les renseignements, l'esprit du programme doit être surtout la réunion dans un grand ensemble, d'un certain nombre de pavillons d'études parfaitement distincts, chacun avec ses dépendances propres et dirigés par les professeurs.

L'établissement projeté serait établi dans une grande propriété voisine de **Paris**.

Il comprendra comme services communs, répartis en plusieurs bâtiments.

1° Un bâtiment d'administration, concierge, secrétariat, bureaux,

UNE ÉCOLE PRATIQUE DES HAUTES ÉTUDES POUR LES SCIENCES PHYSIQUES ET NATURELLES

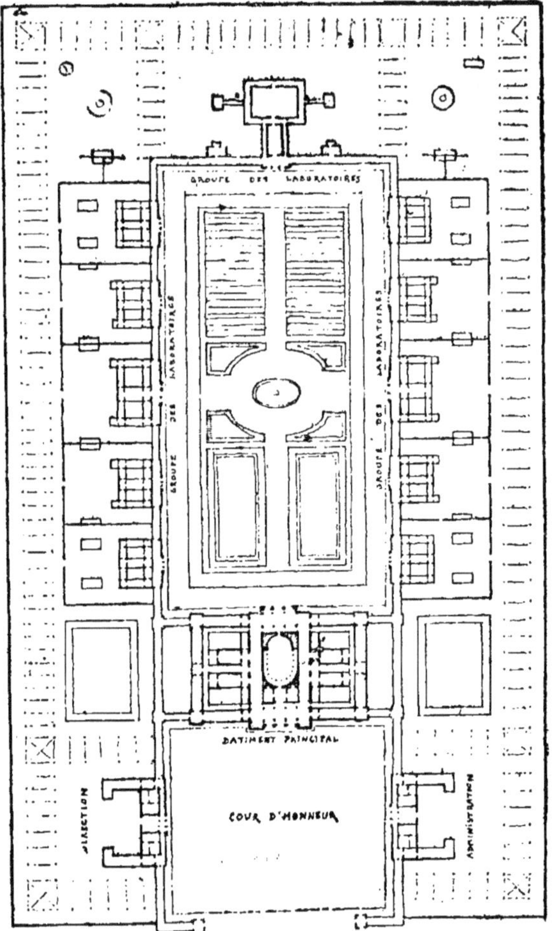

PROJET DE M. MAJOUX (Extrait de la *Construction Moderne*).

archives, écuries de 4 chevaux, remise pour 2 voitures ; quelques logements d'employés ;

2° Un bâtiment de la direction, vestiaire, salle de conseil des professeurs, cabinets et salles de commissions ; salle d'examens et dépendances ;

3° Un bâtiment principal comprenant en un ou plusieurs étages quatre salles pour les conférences et démonstrations, avec dépendances; une grande salle principale pour les expositions et solennités ; des salles ou galeries pour la conservation des objets d'étude divisés en :

Physique;

Chimie organique et inorganique ;

Géologie et minéralogie; paléontologie ;

Anthropologie et anatomie de l'homme ;

Anatomie comparée;

Zoologie subdivisée en six groupes dont un principal pour les mammifères ;

Botanique;

Ces galeries ne forment pas un musée, mais des salles de dépôt et classement méthodique des types necessaires aux études.

Les pavillons d'étude comprendront chacun outre les dépendances spéciales :

Un laboratoire de professeur avec cabinet; un laboratoire des aides; deux laboratoires des étudiants; quelques pièces spéciales pour des expériences particulières.

Ils seront au nombre de onze ou douze.

Physique. — Dépendances, fonderies, machines à vapeur, bassins, tour élevée, etc.

Chimie organique. — Dépendances, hangars et cours pour les expériences dangereuses ou malsaines, salles d'études au microscope.

Chimie inorganique. — Dépendances, fonderies et creusets, hangars, cours, etc.

Géologie. — Dépendances, hangars et dépôts.

Minéralogie. — Dépendances analogues.

Anthropologie et anatomie de l'homme. — Dépendances, salles de dissection et de microscope ; moulage, ateliers de montage des squelettes.

Anatomie comparée. — Dépendances analogues.

Physiologie. — Dépendances, dépôts d'animaux divers, salle de vivisection et d'expériences, bassins, etc.

Zoologie. — Ateliers de moulage, de préparation de pièces, salles d'expériences sur les animaux. Bassins et volières, quelques enclos pour des animaux vivants. On pourra diviser la zoologie en deux pavillons.

Botanique. — Hangars et dépôts, étuve.

Physiologie végétale. — Terrain pour les expériences de culture avec serres et bassins d'expériences.

Le service des laboratoires et dépendances devra se faire par un chemin de ronde avec des entrées postérieures pour les voitures.

Le terrain consacré à cet ensemble sera isolé et rectangulaire, il aura 300 mètres sur 500 mètres.

On fera un plan à $0^m,0015$ pour mètre.

L'élévation générale et la coupe du bâtiment principal à la même échelle.

UNE MAISON
POUR DES ALIÉNÉS DES DEUX SEXES

Cet établissement serait situé dans les environs de Paris, à la campagne, sur un terrain en pente douce. Il est destiné à recevoir des aliénés des deux sexes payants, et doit leur offrir tout le confortable possible. Ce programme n'a donc aucune analogie avec les établissements d'assistance publique, tels que Charenton, Sainte-Anne.

1° Il comprendra :

Concierge. — Secrétariat et économat. — Lingerie. — Vestiaire. — Plusieurs magasins et dépôt de matériel. — Ecuries et remises pour quelques chevaux et voitures. — Cuisine générale et dépendances. — Quelques appartements et logements.

2° La direction et les services médicaux, l'hôtel particulier du directeur médecin en chef avec dépendances telles que les écuries, remises, etc.

Bureau de la Direction, parloir, salle de consultations pour l'extérieur, service de chirurgie, d'autopsie, etc.

Pharmacie et dépendances. — Logements d'internes et aides. — Appartements de deux médecins en second.

3° Les locaux réservés aux malades.

Cette partie de l'établissement doit être disposée pour éviter toute tentative d'évasion ; elle sera entourée d'un chemin de ronde.

Dans chaque quartier, hommes et femmes, les malades sont répartis en deux grandes divisions : les *tranquilles* et les *agités*.

Détail de chaque quartier.

Les tranquilles seront logés suivant le taux de la pension, dans 20 pavillons isolés, chacun avec un petit jardin pour recevoir avec le malade, quelques domestiques ou même des parents, avec cuisine personnelle.

Deux bâtiments pouvant contenir ensemble les malades dans des chambres, avec salle à manger commune, salle de réunion, etc. Ces divers malades ont à leur disposition le parc dont il a été parlé plus loin.

Les agités au nombre de 50 sont logés dans un bâtiment avec chambres ou cellules, préau couvert, et quinconces d'arbres ou préau découvert, 8 à 10 chambres de surveillants, et des préaux cellulaires pour les furieux.

En communication directe avec le quartier des agités, un établissement hydrothérapique, avec salles de bains, cabinets, chambres de douches, etc., pour chaque sexe et une piscine commune servant alternativement aux deux sexes.

4° Un bâtiment, des grandes dépendances à l'usage des malades tranquilles, ces dépendances dont l'usage concourt au traitement des malades sont :

Un salon de lecture et de travail. Une salle de musique et de concerts, une de gymnastique, une salle d'escrime et d'exercices divers, les salles de billard et de jeux, etc., une chapelle.

5° Un parc.

Les divers bâtiments seront répartis soit dans un parc, soit autour de ce parc, mais dans tous les cas la condition à assurer tout d'abord est celle d'une surveillance facile. Le parc lui-même sera disposé de façon à ce que les malades puissent être facilement surveillés par les employés.

Le terrain ne devra pas dépasser 500 mètres dans sa plus grande dimension.

On fera un plan à $0^m,001$ pour mètre, élévation et coupe à la même échelle.

UN LAZARET

Un lazaret ou quarantaine est une véritable prison préventive où l'on isole pendant un temps déterminé les voyageurs suspects au point de vue sanitaire.

Lorsqu'un navire suspect arrive en vue, il est dirigé vers ce lazaret et va faire relâche dans le port de la quarantaine, puis l'équipage et les passagers sont débarqués et logés au lazaret, les marchandises sont déchargées et mises au magasin, le navire désinfecté après la quarantaine, les marchandises et les personnes reprennent place sur le navire qui gagne alors, soit le port militaire, soit le port de commerce.

Pendant la quarantaine, il ne doit pas y avoir de contact entre les personnes ni les marchandises provenant de navires différents. Toutes les personnes occupées au lazaret l'habitent sans communication avec le pays.

D'après ce qui précède, il faut comme programme général d'un lazaret :

1° Un port, assez grand pour l'évolution des plus grands bateaux de guerre ou de commerce ;

2° Des hangars pour dépôt des marchandises déchargées ;

3° Des casernements *séparés* pour les équipages, soldats de marine, etc. ;

4° Des hôtels séparés pour passagers ;

5° Les services généraux et l'habitation des employés.

Ce vaste ensemble est ordinairement dans une île ou dans une presqu'île. Les communications avec la terre se font pour un seul point, au moyen d'un service de geôle.

On doit chercher à rendre le moins désagréable possible la détention imposée.

PROGRAMME PARTICULIER

Ce lazaret sera établi dans une presqu'île reliée à la terre ferme par une étroite falaise élevée, à l'extrémité de laquelle est l'entrée ; puis le terrain s'abaisse en pente assez prononcée jusqu'au port. C'est sur cet espace incliné que seront établis les services généraux près de l'entrée, puis les hôtels des passagers autour du port, les magasins et casernements.

1° Service généraux.

La geôle avec parloir grillé, réception des approvisionnements, poste, télégraphe, corps de garde.

Pavillon du commandant, pavillon de l'intendance.

Buanderie, étuves, pharmacie, économat et dépôts.

Pavillons d'habitation pour le commandant, le second, l'intendant, deux médecins, deux pharmaciens, employés divers.

2° Un hôpital de 200 lits complets avec services d'isolement.

Une caserne pour un bataillon avec logements d'officiers (garnison).

3° 10 ou 12 hôtels de passagers formant chacun une détention spéciale, ils doivent être de grandeurs diverses.

Ils comportent, un hôtel complet avec jardin, terrasses, etc. Les plus grands seront subdivisés en trois classes.

4° Les magasins, les marchandises et casernements des navires seront aussi de grandeur inégale, avec mêmes conditions d'isolement. Pavillon pour les officiers à chaque casernement, jardins, un hôtel composé de plusieurs pavillons pour les officiers généraux.

Nota. — Cette 4me partie dépendant immédiatement du port, ainsi que le port lui-même ne pourront être donnés qu'en amorce.

Le terrain depuis l'entrée jusqu'au port n'excèdera pas 500 mètres dans sa plus grande dimension.

On fera un plan à un millimètre pour mètre. Les esquisses seront rendues sur feuilles volantes et non sur châssis.

UN JARDIN D'ACCLIMATATION

Cet établissement destiné à l'étude et à l'acclimatation de productions animales et végétales doit être en même temps un lieu d'attraction et de divertissement pour les habitants d'une capitale, c'est-à-dire qu'il contiendra dans un ensemble aussi magnifique que possible formé de parterres avec pièces d'eau et fontaines jaillissantes, d'avenues et de promenades, outre des bâtiments appropriés pour des animaux de façon que ceux-ci puissent être mis en plein air et en liberté, et pour les plantes les plus variées un bâtiment central réunissant tout ce que l'agrément des visiteurs peut rechercher : restaurant, café avec salles de billards, carterie, salle de lecture et de repos, salle de conférence, salle de concert, théâtre d'enfants, etc. Il ne paraît pas utile d'entrer dans plus de détails laissant à l'imagination des concurrents le soin d'agencer les motifs de la composition, tels que : manège, jardin d'hiver, grande serre, etc., etc.

L'important est que cette composition soit grandiose de ligne et bien pondérée pour la satisfaction des yeux à l'exemple des grandes villes d'Italie et de France, les beaux parcs de Versailles, de St-Cloud, de Vaux, etc...

Le terrain peut être supposé légèrement en pente, de façon à obtenir des terrasses et des effets de cascade.

La plus grande dimension de ce terrain ne devra pas dépasser 700 mètres et celle du bâtiment principal, 160 mètres.

On fera le plan général à l'échelle de $0^m,001$ pour mètre, la coupe générale à l'échelle de $0^m,001$ pour mètre ; la façade du susdit bâtiment principal à $0^m,002$ pour mètre.

UN GARDE-MEUBLE NATIONAL

Cet édifice destiné à la conservation du mobilier provenant des palais nationaux, renfermerait les tapisseries, les meubles, les tentures, les porcelaines, les carosses d'apparat, les objets d'orfèvrerie, les curiosités artistiques et même les objets d'art appartenant à l'Etat.

Ces richesses nationales réunies méritent d'être exposées au public tandis que, quantités d'autres objets seront seulement classés dans des magasins toujours soumis à la plus étroite surveillance.

Non loin des magasins on trouverait des ateliers de travail pour le raccommodage et l'entretien des collections.

On trouverait encore quelques ateliers bien éclairés et bien installés pour des artistes chargés des commandes.

Un bâtiment spécial contiendrait l'administration, savoir :

Un appartement pour le Directeur ;

Un appartement pour le sous-directeur ;

Des bureaux, des logements, pour le chef tapissier, pour le chef ébéniste et autres ;

Un appartement pour l'architecte ;

On y joindrait des remises pour les chariots, les voitures de transport ; une écurie pour 12 chevaux avec les dépendances des logements pour 2 palefreniers, d'un cocher, etc., des hommes de service.

Un poste de garde, un poste de pompiers et une concierge complèteraient cette disposition.

La dimension du terrain en superficie n'excèdera pas 50,000 mètres tout compris.

Le rendu à $0^m,002$ pour mètre pour les plans et coupe, façade à $0^m,004$ pour mètre.

ÉCOLE NATIONALE ET SPÉCIALE DES BEAUX-ARTS

SECTION D'ARCHITECTURE

PREMIÈRE ET DEUXIÈME CLASSE

CONCOURS DE COMPOSITION DÉCORATIVE

Valeur des recompenses accordées à ce concours :

Première médaille. — 3 valeurs.
Deuxième médaille. — 2 valeurs.
Mention. -- 1 valeur.

EXPOSÉ PRATIQUE

Les concours de composition décorative se divisent en deux sortes :
1° Concours, dont le programme est donné par le professeur du cours ;
2° Concours, dont le programme est donné par le conseil supérieur.

Au premier et au second concours sont seuls admis les élèves architectes, peintres ou sculpteurs, ayant obtenu la mention des trois arts.

1° Le premier concours consiste en un projet de décoration rendu soit au dessin, soit au modelage, suivant la forme indiquée par le professeur. Ce projet a lieu en un mois d'après une esquisse exécutée en loge en douze heures ; les rendus comportent de nombreuses recherches de couleurs qui ne doivent pas faire reculer les élèves architectes, ces derniers étant presque toujours classés avant les peintres et les sculpteurs.

Ce concours a lieu deux fois par an (voy. rég. art. 68, pour la valeur des prix en argent et pour le nombre des récompenses).

2° Le concours donné par le conseil supérieur de l'école comporte deux parties :

a) Esquisse éliminatoire exécutée en loge en douze heures.

b) Projet rendu d'après cette esquisse.

Les élèves ayant pris part à l'esquisse subissent un premier jugement éliminatoire, qui laisse en présence six concurrents par section, pour exécuter la seconde partie du programme qui consiste dans le rendu de l'esquisse.

Le rendu a lieu en loge en six jours, il est effectué soit au dessin, soit au modelage, suivant la décision du conseil supérieur; les projets rendus doivent être en tous points conformes aux esquisses.

La mention de ces exercices n'est pas nécessaire au passage en première classe, ni pour le concours du diplôme; de même les récompenses obtenues ne peuvent pas compter au nombre des valeurs à justifier pour ces examens.

(*Voy. régl., art. 69, pour la valeur des prix en argent et le nombre des récompenses.*)

Suivent quelques programmes donnés à ce concours :

LA DÉCORATION D'UNE PAROI DE CHAPELLE AVEC TOMBEAU

Appartenant à une des chapelles d'une église, la paroi à décorer se compose d'un mur de 4 mètres de longueur, dans lequel existe un renfoncement en arcade basse demi-circulaire de 3 mètres de largeur sur $2^m,50$ de hauteur.

C'est dans cette arcade que doit être placé le tombeau d'un artiste célèbre, qui excellait surtout dans la composition des sujets religieux. On le représentera assis ou couché sur un sarcophage.

Le reste du mur, plan et uni, se termine obliquement à la partie supérieure suivant la pente du toit.

La hauteur de la paroi est de 7 mètres du côté de l'église et de $5^m,50$ du côté de l'extérieur.

La décoration peut être traitée soit en peinture, sculpture, fresque ou mosaïque, soit à l'aide de ces modes d'exécution réunis.

Des emblèmes ou allégories devront rappeler le caractère du talent de l'artiste.

LA DECORATION DU FOND
D'UNE GRANDE
GALERIE D'UN MINISTÈRE DE LA GUERRE

PROJET DE M. DEHAULT (Extrait de la *Construction Moderne*).

Le fond de la galerie à décorer se compose d'un mur droit de
9 mètres de longueur, percé de deux portes demi-circulaires de

2 mètres de largeur, laissant entre elles un trumeau de 3 mètres.

Une corniche dont le dessin est à 8 mètres du sol sert de départ à la voûte de section demi-elliptique. La hauteur totale de la galerie, du sol à l'intrados de la voûte, est de 11 mètres.

On exige comme motif principal un grand médaillon, de forme libre, devant contenir une figure assise ou debout de la Paix armée, associée à des emblèmes et accessoires appropriées.

La décoration peut être traitée en sculpture, peinture, fresque ou mosaïque, ou bien par ces procédés réunis.

L'architecture proprement dite ne devra jouer qu'un rôle très restreint.

On rejettera donc les motifs de grande épaisseur ou de profondeur.

UNE ANTÉFIXE

Cette antéfixe serait destinée à couronner le fronton d'un temple ; elle devra être accompagnée à droite et à gauche de deux petites figurines de moindre hauteur que celle du motif central. Le temple où cette antéfixe doit être placée étant supposé dédié à la Victoire, les deux statuettes devront représenter deux jeunes esclaves.

On demande que l'ensemble présente un caractère éginétique.

UNE MÉDAILLE ARTISTIQUE

Le champ de cette médaille devra comporter des figures représentant la sculpture, la peinture, l'architecture, et un motif architectural, tel qu'un autel antique, un lampadaire ou un cartouche, symbolisant l'union des arts.

Dans l'encadrement disposé en compartiments, rinceaux, cartouches, d'autres motifs à figure humaine pourraient être introduits soit par des médaillons de grands artistes, des génies ou des emblèmes et attributs appropriés au sujet.

SECTION D'ARCHITECTURE

PREMIÈRE CLASSE

PRIX CHENAVARD

EXPOSÉ PRATIQUE

Le concours Chenavard se divise en cinq prix spéciaux :
1° Prix sur projets rendus.
2° — dépendant du cours de théorie de l'architecture.
3° — — de l'histoire de l'architecture.
4° — — de l'histoire de l'architecture française.
5° — — de construction.

1° Pour les prix sur projets rendus, peuvent seuls y prendre part les élèves de première classe ayant obtenu toutes les valeurs exigées pour le diplôme. Ces élèves, proposés par leur professeur, comme capables de produire ou d'exécuter une composition, soumettent au conseil supérieur une esquisse ou un avant-projet sur un programme de leur choix. Le conseil désigne les élèves dont les esquisses sont acceptées et chacun de ces élèves exécute un projet rendu d'après son esquisse, à laquelle il peut apporter toutes les modifications qu'il jugera convenable tout en étant tenu de conserver le sujet qu'il a choisi (*voy. règlement, art. 99, pour les diverses subventions attribuées à ce concours*).

2°, 3°, 4°, 5° Pour le cours de théorie de l'architecture, celui de l'histoire de l'architecture, celui de l'histoire de l'architecture française, et celui de construction, les professeurs proposent une liste d'élèves auxquels ils désirent faire exécuter une étude spéciale d'après un monument et cela *sur une demande particulière*.

Les élèves proposent habituellement un sujet, ou en demandent un à leur professeur, les sujets proposés ou donnés sont très différents, on cite des relevés dans toutes les contrées intéressantes de la France. Église de la Chaise-Dieu, Saint-Paul-de-Léon, Kermaria, etc., etc. (*voy. règlement, art. 100, pour les diverses subventions accordées à ces exercices.*)

ÉCOLE NATIONALE ET SPÉCIALE DES BEAUX-ARTS

SECTION D'ARCHITECTURE

PREMIÈRE CLASSE

DIPLOME

PARTIE ÉCRITE. — PARTIE GRAPHIQUE
PARTIE ORALE

Le diplôme d'architecte est la consécration des études faites à l'école des Beaux-Arts par les candidats ; cet examen a lieu chaque année à l'école, aux mois de juin et de décembre ; la date de ces épreuves est fixée et annoncée longtemps à l'avance par l'administration de l'école, qui fait afficher des avis spéciaux aux tableaux d'architecture.

Pour être admis à subir les épreuves du diplôme, les candidats doivent justifier de l'obtention de dix valeurs en première classe, soit dans les concours d'architecture de l'école, soit dans les concours Rougevin ou Godebœuf ; de plus les candidats devront avoir obtenu au moins une mention au concours d'histoire de l'architecture, une valeur de figure dessinée, une valeur d'ornement ou de figure modelée. En outre de ces parties artistiques, les candidats devront produire un certificat constatant qu'ils ont suivi d'une manière assidue, pendant une année au moins, des travaux de construction sous la direction d'un ingénieur de l'État, d'un architecte du gouvernement, ou d'une administration publique ou privée. Dans le cas où un candidat aurait personnellement dirigé des travaux, la justification de cette direction tiendrait lieu de certificat. Aucune limite d'âge n'est fixée pour subir les épreuves du diplôme, mais les candidats ne pourront concourir à cet examen que s'ils justifient de l'obtention de toutes les valeurs exigées par le règlement.

Les épreuves du diplôme sont jugées publiquement, par un jury formé spécialement chaque année. Le jury est composé de : deux professeurs chefs d'atelier à l'école des Beaux-Arts, désignés par le sort, et de deux professeurs, chefs d'ateliers, en dehors de l'école, désignés aussi par le sort, et choisis parmi les membres du jury permanent de l'école. A ces quatre chefs d'atelier sont adjoints des professeurs de construction, de physique et de chimie, de législation du bâtiment, à l'école des Beaux-Arts.

Les décisions du jury sont sans appel ; il peut, soit renvoyer un candidat à une cession suivante, ou demander des modifications ou des adjonctions au projet, soit enfin, de nouveaux examens oraux ou écrits. D'après l'article 60 du règlement de l'école, le diplôme est décerné de droit aux lauréats du premier grand prix de Rome.

ECOLE NATIONALE ET SPÉCIALE DES BEAUX-ARTS

DIPLOME

PREMIÈRE PARTIE

PARTIE ÉCRITE

EXPOSÉ PRATIQUE

PREMIÈRE QUESTION. — *Législation du Bâtiment.*

La partie écrite de l'examen du diplôme consiste dans le développement de deux questions relatives, l'une à la législation du bâtiment, l'autre à la pratique des travaux.

Chacune de ces questions est traitée en deux heures par les candidats. Nous donnons ci-dessous le programme du cours de législation du bâtiment, dans lequel est prise la première question à résoudre.

DEUXIÈME QUESTION. — *Pratique des travaux.*

Cette question consiste à raisonner et à expliquer un détail de construction en faisant ressortir ses avantages et en discutant ses inconvénients.

Parmi les questions proposées nous relevons celles-ci :

Dites ce que vous savez sur les pans de fer. — Avantages et inconvénients.

Dites ce que vous savez sur les poutres en fer. — Avantages et inconvénients.

Dites ce que vous savez sur les ciments.

Et d'autres questions ayant rapport aux fondations d'une construction, à l'emploi des différents matériaux, aux toitures, aux planchers, etc., etc.

PARTIE GRAPHIQUE

EXPOSÉ PRATIQUE

L'épreuve graphique du concours consiste en un projet d'architecture conçu et développé comme s'il devait être exécuté. Il comprend, les plans, coupes, élévations, tous les détails de construction, un mémoire descriptif, et un devis estimatif d'une partie de la construction.

Le choix du programme est laissé au candidat, cependant il est tenu de le soumettre à l'approbation des membres du jury chargé de juger les épreuves, qui peuvent le rejeter ou en modifier les conditions, et indiquer l'échelle à laquelle le projet devra être exécuté. Une fois le programme adopté par les membres du jury, aucune modification ne pourra y être apportée par le candidat. Le rendu de ce concours peut être fait à l'école ou en dehors de l'école, aucune limite de temps n'est assignée pour le rendu des projets.

Suivent différents programmes.

UNE MATERNITÉ

Programme de M. Legriel.

Le principal intérêt du présent projet consiste dans un essai de matérialisation des idées et des théories microbiennes. L'auteur a cherché à concilier dans ce programme l'application de certaines de ces théories, intransigeantes avec celles des principes de l'art architectural. Une maternité dans une grande ville doit être située, autant que possible, aux confins de ses faubourgs, dans des conditions générales d'hygiène les plus propres à la salubrité.

On ne s'occupera exclusivement dans cet hôpital que de l'accouchement théorique et pratique et de ses complications possibles. Il comprendra des services généraux et des services techniques. Les premiers comporteront la direction, l'administration, les locaux réservés aux internes, l'école des sages-femmes, les cuisines et leurs dépendances, la salle des machines, l'aumônerie, le service des morts, la buanderie, les étuves, la lingerie, etc.

Les services techniques sont répartis dans quatre pavillons semblables. Chacun de ces pavillons, sur sous-sol, d'un rez-de-chaussée et d'un étage, comprendra :

Au rez-de-chaussée :

1° Le service de la consultation ;

2° Le service des femmes enceintes ;

3° Le service de l'accouchement proprement dit.

A chacun de ces pavillons est annexé un bâtiment spécial destiné aux femmes suspectes.

Le service de la consultation, orienté à l'est, comportera : un vestibule public donnant accès à la salle d'attente, une salle d'examen médical, une petite pharmacie, un cabinet pour le chirurgien chef de service, une salle de bains et divers locaux accessoires, vestiaires, water-closets, salle de propreté, etc.

Le service des femmes enceintes comprendra un réfectoire ouvroir pour 4 femmes, un dortoir à 4 lits, une chambre d'infirmière, une salle de bains, un lavabo et quelques autres pièces.

Le service de l'accouchement proprement dit se composera d'une grande salle de travail, éclairée verticalement sur trois de ses faces (au nord, à l'est et au sud) et horizontalement par un vitrage carré, chauffé en hiver à sa surface extérieure pour empêcher la condensation des vapeurs. Cette salle contiendra quatre lits, des lavabos à pédales, une étuve à stériliser, une table en lave et divers appareils destinés à assurer l'hygiène et la propreté la plus rigoureuse. Une salle de bains et une lingerie seront annexées à cette salle de travail. Un ascenceur hydraulique, établi dans la cage de l'escalier, servira à monter les accouchées. Entre les deux derniers services, sera ménagée l'entrée du personnel, donnant accès aux services des internes et au bureau de la surveillante. Le premier étage sera réservé en entier au service des accouchées. Il comprendra un grand dortoir (18 lits, 18 berceaux, orientation est-ouest) et de nombreuses dépendances : chambre de nourrices, salles de change, chambres de sage-femme, de surveillante, lingerie, office, tisannerie, salle d'opérations, laboratoire, etc.

DÉTAILS

Tous les angles des pièces seront incurvés, les salles seront ou dallées en grès cérame, ou parquetées en sapin rouge de Norvège paraffiné. Le paraffinage aura pour but de permettre le lavage à l'eau sublimée. La peinture employée à l'intérieur proviendra des dérivés du goudron. Les armoires seront construites en pitch-pin, bois antiseptique. Tout le mobilier sera en fer. Les tables du service médical seront en lave émaillée. Les vitrines à instruments, les étagères, les tablettes destinées à recevoir les boîtes et les flacons seront en cristal et en fer nickelé. Les lavabos seront établis sur les modèles les plus récents (lavabos à pédales).

Les trémies à linge sale seront en grès, elles déboucheront dans le sous-sol d'où le linge sera emporté directement à la buanderie par l'extérieur. Les appareils de chasse des water-closets seront actionnés automatiquement par la poignée de la serrure de la porte. Les éviers des cuisines et offices seront munis de réservoirs à graisse en fonte inoxydable pour éviter la contamination des eaux de rebut.

L'eau employée sera l'eau de source (sauf pour l'ascenseur et les postes d'incendie). Les salles de travail et les salles d'opérations seront pourvues d'eau stérilisée (6° et 20°). Ces mêmes salles, ainsi que celles d'examen, de change, les offices, cuisines, etc., auront à leur disposition de l'eau filtrée.

Le chauffage se fera au moyen de la vapeur produite dans la salle centrale des machines. L'appel naturel sera adopté pour la ventilation. Quant à l'éclairage électrique, il sera produit par une dynamo placée dans une des salles des machines et communiquant avec les batteries d'accumulateurs actionnées par la machine à vapeur servant au chauffage.

UN MUSÉE POUR UNE VILLE DE PROVINCE

Programme de M. Eschmuller, élève de M. Raulin.

Cet édifice est supposé construit à l'entrée d'une promenade publique, dans l'axe d'une large avenue permettant d'en embrasser toute la silhouette. L'emplacement occupé par les constructions est d'environ 3,000 mètres carrés. Le musée se compose d'une galerie de sculpture, d'une superficie de 450 mètres carrés ; de trois grandes salles de peinture offrant une surface murale utilisable de 1,200 mètres carrés et un cours de cymaise de 150 mètres ; d'une galerie d'archéologie de 450 mètres carrés, et de deux salles plus petites destinées, l'une, aux médailles, l'autre aux objets d'art. Deux annexes comprennent : celle de droite, une salle de dessin pour 30 élèves, un vestibule et la loge du concierge, avec deux pièces et une cuisine situées au premier étage ; celle de gauche, un atelier réservé au conservateur, quelques pièces y attenant et une chambre de gardien au premier étage. Cette annexe, comme la précédente, a son entrée spéciale.

Des courettes servent à l'écoulement des eaux pluviales du grand comble ; on y a disposé les escaliers desservant les toitures ; elles contiennent en outre les postes d'eau et les dépôts d'échelles.

Pour assurer la parfaite siccité des parois des salles, on a construit un double mur, distant du mur extérieur de $0^m,55$, largeur suffisante au passage d'un homme, en cas de réparation. L'intervalle est aéré par des ventilateurs à ailettes.

L'éclairage des salles se fait au moyen de plafonds vitrés.

Le musée proprement dit est élevé sur des caves voûtées en maçonnerie. Les calorifères, de système mixte, vapeur et air, y sont placés.

Sous les annexes, les caves sont plafonnées avec solives en fer et voûtains en briques.

DIPLOME

PARTIE ORALE (1)

EXPOSÉ PRATIQUE

L'épreuve orale se compose :

1° D'un examen sur les différentes parties théoriques et pratiques se rapportant à l'établissement du projet choisi par le candidat, ou questions et discussions sur la maçonnerie, la couverture, la serrurerie, la charpente et les divers éléments employés dans la construction ;

2° De questions posées sur l'histoire de l'architecture ;

3° De questions posées en législation du bâtiment et en comptabilité (*d'après le programme que nous reproduisons ci-dessous*).

4° De questions posées sur les éléments de physique, chimie et géologie appliqués à la construction (*d'après le programme que nous reproduisons ci-dessous.*)

---

(1) Toutes les questions demandées à l'examen oral sont posées, en partie, d'après le projet rendu par le candidat; c'est la discussion de son projet qui est faite et que le candidat doit soutenir devant les examinateurs.

PROGRAMME DES COURS

DE

PHYSIQUE, CHIMIE ET GÉOLOGIE

(*ARCHITECTES*)

ET

DE CHIMIE DES COULEURS

(*PEINTRES*)

PHYSIQUE

I. — *Pesanteur et hydrostatique.* — Pressions. — Presse hydraulique. — Ascenseurs.

Densités. — Pression atmosphérique. — Manomètres.

Pompes à gaz et à liquides. — Applications.

II. — *Chaleur.* — Dilatations : nécessité d'en tenir compte. — Calcul. — Thermomètre.

Dilatation des gaz : courants gazeux.

Définition de la chaleur spécifique et de la chaleur de vaporisation.

Conductibilité des corps pour la chaleur. — Échauffement.

Refroidissement. — Chaleur rayonnante.

Chauffage des édifices : par cheminées et poêles ; — par calorifères à air chaud ; — par circulation d'eau chaude ; — par la vapeur d'eau.

Air confiné. — Quantités et qualités de l'air nécessaire aux lieux habités. — Divers modes de ventilation. — Contrôle d'un chauffage et d'une ventilation.

III. — *Acoustique.* — Sons. — Échos. — Résonances. — Renforcement. — Qualités acoustiques d'un édifice.

IV. — *Optique.* — Réflexion. — Réfraction. — Dispersion.

Théorie de la loupe. — Lunettes. — Chambre claire.

Etude des différents modes d'éclairage : photométrie.

Lumière à l'huile, au pétrole, au gaz. — Eclairage oxhydrique.

V. — *Électricité et magnétisme.* — Machines électriques. — Piles. — Accumulateurs.

Notions élémentaires sur les courants. — Paratonnerres. — Boussole usuelle. — Sonneries. — Téléphone. — Lumière électrique. — Transport du travail par les courants électriques.

CHIMIE

I. — Oyygène. — Hydrogène. — Eau.

Eaux naturelles : leurs diverses propriétés. — Mode de purification. Moyens rapides pour s'assurer de la qualité d'une eau potable.

Azote. — Air. — Air confiné.

Acide azotique. — Gravure à l'eau-forte. — Ammoniaque. — Etude de la nitrification.

Soufre. — Action décolorante et désinfectante de l'acide sulfureux. — Acide sulfurique.

Hydrogène sulfuré : production par la réduction des sulfates, eaux sulfureuses, leur action sur quelques matériaux de construction.

Gaz des fosses d'aisances. — Procédés de désinfection.

Chlore. — Chlorures décolorants. — Applications.

Acide fluorhydrique. — Gravure sur verre.

Silice. — Jaspe. — Meulière. — Grès. — Silex. — Emploi de ces matériaux.

Carbone : combustibles.

Oxyde de carbone. — Acide carbonique. — Action nuisible de ces composés ; leur production dans la combustion.

Hydrogènes carbonés. — Gaz de la houille. — Eclairage et chauffage au gaz, becs, compteurs, régulateurs. — Pétroles. — Asphaltes. — Atmosphères toxiques ou explosives, précautions pour y pénétrer.

II. — Généralités sur les métaux.

Potasse. — Salpêtre : sa production dans les lieux habités.

Carbonate de soude. — Borate de soude. — Silicate de soude. — Sel ammoniac ; leurs emplois dans les arts.

Chaux. — Chaux grasse. — Chaux maigre. — Chaux hydraulique. — Ciments. — Béton.

Carbonate de chaux. — Essai de pierres gélives.

Incrustations dans les conduites d'eau.

Silicatisation des matériaux calcaires.

Sulfate de chaux. — Plâtre. — Plâtre aluné. — Stuc.

Aluminium. — Argile. — Kaolin.

Briques. — Faïence. — Porcelaine. — Grès. — Verres.

Fer. — Fonte. — Acier. — Oxydes de fer. — Ocres.

Zinc. — Fer galvanisé. — Chlorure de zinc. — Oxyde de zinc. — Etain. — Etamage.

Plomb. — Alliages de plomb. — Action des différentes eaux sur le plomb.

Minium. — Céruse. — Etude comparée de la céruse, du blanc de baryte et du blanc de zinc.

Cuivre. — Bronze. — Laiton. — Sulfate de cuivre : conservation
des bois.

Argent. — Or. — Platine.

Galvanoplastie. — Cuivrage. — Nickelage. — Dorure et argenture.

Examen de diverses causes d'altération des matériaux.

Procédés pour rendre certains matériaux incombustibles.

GÉOLOGIE

Constitution de la croûte terrestre.

Terrains ignés et terrains sédimentaires.

Principales roches employées dans les constructions.

Action des agents atmosphériques sur ces roches.

CHIMIE DES COULEURS

Etude sommaire de la composition chimique des couleurs les plus
employées.

Couleurs siccatives et non siccatives.

Huiles de lin, de noix et d'œillette.

Procédés pour rendre les huiles plus siccatives.

Huiles essentielles de térébenthine et de lavande.

Résines employées dans la composition des vernis.

Vernis à l'huile, à l'essence, à l'alcool.

Etude des siccatifs usuels.

Action de l'air et de la lumière sur les couleurs, les huiles, les
essences et les résines.

Action des produits de la combustion du gaz sur les couleurs et sur
les tableaux exposés.

Préparation des toiles ou des panneaux et procédés de peinture aux
différentes époques de l'art.

COURS

DE

LÉGISLATION DU BATIMENT

(28 leçons)

PREMIÈRE PARTIE

LÉGISLATION DES ÉDIFICES PRIVÉS

PREMIÈRE SECTION

RÈGLES RELATIVES A L'EXÉCUTION DES TRAVAUX

§ 1. *Du contrat d'entreprise.*

Nature de ce contrat. — Diverses espèces de marché.
Formation du contrat.
Effets du contrat d'entreprise. — Du délai d'exécution. — De l'exécution normale. — Des malfaçons. — Des vices de construction. — Des constructions frauduleuses. — Des changements. — Des travaux supplémentaires. — Des dépenses excédant les prévisions. — Des travaux imprévus. — De l'ajournement. — De l'abandon des travaux. — De la vérification et de la réception. — De la comptabilité des ouvrages. — Du paiement des travaux.
De la responsabilité de l'entrepreneur. — Des mesures coercitives. — De la régie. — Des causes qui mettent fin au contrat. — De la résiliation et de ses suites. — De la perte des ouvrages avant la livraison. — De la perte après la réception. — Garantie décennale. — Du privilège de l'entrepreneur. — Contestations. — Arbitrage. — Expertise. — Référés.

§ 2. *Rapports du propriétaire avec l'architecte.*

Nature du contrat. — De la responsabilité de l'architecte. — Honoraires. — Privilège. — Contestations. — Compétence.

§ 3. *Rapports du propriétaire avec les ouvriers.*

Action directe des ouvriers contre le propriétaire en paiement de leurs travaux.

DEUXIÈME SECTION

LOIS DU VOISINAGE OU LES SERVITUDES

§ 1. *Des servitudes qui dérivent de la situation des lieux.*

De l'écoulement naturel des eaux. — Du bornage. — Du droit de clôture.

§ 2. *Des servitudes établies par la loi.*

a. *De la mitoyenneté.* — Des murs mitoyens et des murs non mitoyens. — De la présomption légale de mitoyenneté. — De la faculté d'acquérir la mitoyenneté. — Du droit de contraindre le voisin à contribuer à la construction et à la réparation du mur mitoyen.

Effets de la mitoyenneté. — Droits et obligations qui dérivent de la mitoyenneté d'un mur.

Du cas où une chose commune est affectée à l'usage de plusieurs héritages appartenant à des propriétaires différents.

b. *Des vues sur la propriété du voisin.* — Des diverses espèces de vue. — Des jours.

c. *De l'égout des toits.*

d. *Du droit de passage en cas d'enclave.*

e. *De la distance* et *des ouvrages intermédiaires* requis pour certaines constructions.

De la distance des plantations.

Servitudes de distance pour les ateliers dangereux, insalubres et incommodes et pour les appareils à vapeur.

Existe-t-il d'autres servitudes d'utilité privée ?

§ 3. *Des servitudes établies par le fait de l'homme.*

Caractères essentiels des servitudes. — Comment elles s'établissent, s'exercent et s'éteignent.

De la convention. — De la destination du père de famille. — De la prescription. — Des actions auxquelles les servitudes peuvent donner lieu.

TROISIÈME SECTION

DES CONSTRUCTIONS DANS LEURS RAPPORTS AVEC LES DROITS PRIVÉS

§ 1. *De la distinction des biens.*

Des immeubles par nature. — Des immeubles par destination.

§ 2. *De la propriété.*

De l'accession immobilière. — Construction avec les matériaux d'autrui. — Constructions sur le sol d'autrui.

§ 3. *Des droits privés* dont peut être grevée la propriété immobilière.

§ 4. *Des servitudes* (renvoi).

§ 5. *De la nue propriété. — De l'usufruit.*

Droits et obligations de l'usufruitier.—Des réparations usufruitières. — Droits et obligations du nu propriétaire. — Grosses réparations.

§ 6. *Du louage des immeubles.*

Des baux. — Des états de lieu. — Des réparations locatives. — Des grosses réparations.

QUATRIÈME SECTION

POLICE DES CONSTRUCTIONS

De l'autorité réglementaire. — Police des constructions générales. — Police des constructions spéciales. — Puits. — Caves. — Égouts. — Fosses d'aisances. — Cheminées, etc. — Des constructions et matériaux prohibés. — Des mesures à prendre pendant l'exécution des travaux. — Des bâtiments en péril. — Des logements insalubres. — Des contraventions. — Juge compétent. — Pénalités.

CINQUIÈME SECTION

DES CONSTRUCTIONS DANS LEURS RAPPORTS AVEC LA VOIRIE URBAINE

§ 1. *De la clôture obligatoire.*

Des terrains non bâtis bordant la voie publique.

§ 2. *Des permissions de bâtir.*

Autorité compétente. — Formalités. — Effets des permissions. Refus. — Voie de recours.

§ 3. *De l'alignement.*

Servitudes résultant de l'approbation des plans d'alignement.
Travaux compatibles avec ces servitudes. — De la demande. — De la délivrance et de l'exécution de l'alignement. — Indemnités dues.

§ 4. *Du nivellement.*

Nécessité de prendre le nivellement. — Fixation du nivellement.— Exécution. — Indemnités.

§ 5. *De la hauteur des constructions.*

Hauteur des étages. — Combles. — Lucarnes. — Répression des contraventions.

§ 6. *Des saillies.*

Forme et conditions des autorisations.

§ 7. *Des droits de voirie.*

Par qui sont dus les droits. — Recouvrement.

§ 8. *Du pavage.*

Pouvoirs de l'administration sur les modes d'exécution. — Répartition et recouvrement des taxes.— Réclamations. — Travaux obligatoires. — Concours volontaire.

§ 9. *Des trottoirs.*

Cas où il existe d'anciens usages. — Des divers modes d'exécution.

§ 10. *Des travaux sur la voie publique.*

Des conduites d'eau, d'égout, de gaz.

§ 11. *Rapports divers avec la voie urbaine.*

§ 12. *Entreprises sur la voirie publique.*

Juge compétent. — Répression. — Pénalités.

DEUXIÈME PARTIE

LÉGISLATION DES TRAVAUX PUBLICS D'ARCHITECTURE

§ 1. *Des travaux publics d'architecture.*

Travaux de l'État. — Travaux départementaux. — Travaux communaux. — Travaux des établissements publics.
Des autorités publiques qui ordonnent et font exécuter ces travaux.
De l'organisation du service spécial des travaux d'architecture.

§ 2. *Étude. — Rédaction. — Approbation de projets.*

Des programmes. — Des concours. — Des avant-projets. — Des projets définitifs. — Devis. — Cahiers des charges. — Des devis modificatifs ou supplémentaires.

§ 3. *Des ressources financières.*

Des offres de concours.
Principes de la comptabilité publique.

§ 4. *Des divers modes d'exécution des travaux.*

Entreprise. — Régie. — Concession.
Du contrat d'entreprise. — Des pièces constitutives du contrat. — Des diverses espèces de marché.
Formes du marché. — Marchés de gré à gré. — Adjudication publique. — Formalités.
Clauses relatives à l'entrepreneur, au personnel, au matériel, aux matériaux.
Clauses relatives à l'exécution des travaux. — Clauses concernant les changements. — De l'ajournement. — De l'abandon des travaux. — De la réception provisoire et définitive. — Des mesures coercitives. — De la régie. — Des cas de résiliation. — Leurs suites. — Du règlement des dépenses. — Du paiement. — Des contestations. — Autorité compétente.
De la responsabilité de l'entrepreneur.

§ 5. *Rapports avec la propriété privée.*

a. Acquisition amiable.
b. Expropriation pour cause d'utilité publique. — Formes de l'enquête d'utilité publique. — Déclaration d'utilité publique.
Formes de l'enquête d'utilité privée. — Arrêté de cessibilité des propriétés particulières.

Jugement d'expropriation. — Indication des intéressés. — Des offres. — Du règlement des indemnités par le jury. — Attributions du jury. — Du paiement de l'indemnité ou de la consignation.

De la prise de possession. —Des cessions amiables. — Du morcellement. — Règles spéciales.

c. Torts et dommages, soit aux personnes, soit aux choses, en matière de travaux publics.

d. Servitudes d'utilité publique, pour l'exécution de travaux publics.

§ 6. *Du domaine dont font partie les édifices publics et les bâtiments civils.*

Domaine public. — Domaine privé. — Propriété. — Administration. — Rapports avec les voisins.

Autorité réglementaire. — Contraventions. — Répression.

ACADÉMIE DES BEAUX-ARTS

SECTION D'ARCHITECTURE

PRIX DIVERS

Attribués par l'Académie aux Architectes.

PRIX DE ROME. — PRIX ACHILLE LECLÈRE

PRIX CHAUDESAIGUES

FONDATION DE CAEN. — PRIX JARRY

FONDATION PIGNY

FONDATION DELANNOY. — FONDATION LUSSON

PRIX DESCHAUMES

PRIX DUC. — PRIX ANTOINE-NICOLAS BAILLY

ACADÉMIE DES BEAUX-ARTS

SECTION D'ARCHITECTURE

PRIX DE ROME

CHAPITRE PREMIER

DISPOSITIONS GÉNÉRALES

§ 1ᵉʳ. — Des concours. — Conditions. — Ordre et exposition
des concours.

Article premier. — Sous la direction de l'Académie des Beaux-Arts
de l'Institut, il est ouvert, tous les ans, un concours public de peinture, de sculpture, d'architecture et de composition musicale.

Art. 2. — Il est ouvert, tous les deux ans, un concours public de
gravure en taille-douce.

Art. 3. — Il est ouvert, tous les trois ans, un concours public de
gravure en médailles et en pierres fines.

Art. 4. — Les récompenses obtenues dans ces concours ont la
dénomination de grands prix.

Art. 5. — Pour être admis à prendre part aux concours des grands
prix, il faut être Français ou naturalisé Français, n'avoir pas trente
ans accomplis au 1ᵉʳ janvier de l'année où s'ouvre le concours ; de
plus, tout candidat doit être porteur d'un certificat délivré par son
professeur ou par un artiste connu attestant qu'il est capable de
prendre part au concours. Les artistes mariés ne peuvent concourir.

Art. 6. — Tous les ans, au mois de janvier, l'ordre des concours
qui auront lieu dans le courant de l'année et l'époque de l'ouverture
de ces concours est annoncé au *Journal officiel*.

Art. 7. — Chaque concours se divise en concours d'essai et en concours définitif.

Art. 8. — L'époque de l'ouverture des premiers concours d'essai
est fixée de la manière suivante : pour la peinture, au dernier jeudi
de mars ; pour la sculpture, au 1ᵉʳ jeudi d'avril ; pour l'architecture,
au 2ᵉ mardi de mars ; pour la gravure en taille-douce, au 2ᵉ lundi de

mars ; pour la gravure en médailles et en pierres fines, au 2ᵉ mercredi de mars ; pour la musique, au 1ᵉʳ samedi de mai.

Art. 9. — Le tableau des dispositions générales des concours est affiché à l'École des Beaux-Arts et au Conservatoire de musique quinze jours au moins avant l'ouverture de ces concours.

Art. 10. — Les programmes des concours d'essai et des concours définitifs sont fixés par l'Académie des Beaux-Arts comme il est dit au règlement spécial de chaque section.

Art. 11. — A la suite de chaque concours, les ouvrages des concurrents en peinture, sculpture, architecture, gravure en taille-douce, gravure en médailles et en pierres fines, sont exposés publiquement dans les salles de l'École des Beaux-Arts destinées aux expositions de l'École et de l'Académie des Beaux-Arts. Les ouvrages sont exposés avant et après le jugement de chaque concours (1).

§ II. — Jugements des essais et jugements préparatoires des concours
définitifs. — Jurés adjoints. — Jugements définitifs.

Art. 12. — Les jugements des concours d'essai et les jugements préparatoires des concours définitifs sont rendus par les sections, qui s'adjoignent à cet effet, parmi les artistes étrangers à l'Académie, un nombre d'assesseurs égal à la moitié du nombre des membres de chaque section, à savoir :

7 peintres, — 4 sculpteurs, — 4 architectes, — 2 graveurs, — 3 compositeurs de musique.

Art. 13. — Les artistes qui seront appelés à prendre part aux jugements de sections ou jurés adjoints seront pris sur une liste portant un nombre de candidats dépassant de moitié le nombre des jurés adjoints qui seront appelés à prendre part aux travaux de chaque section, à savoir : 11 peintres, — 6 sculpteurs, — 6 architectes, — 3 graveurs, — 5 compositeurs de musique.

Art. 14. — Cette liste sera formée de la manière suivante :

Chaque section nommera au scrutin de liste un nombre de candidats égal à la moitié de ses membres ;

L'Académie complétera par la même voie le nombre des candidats spécifié plus haut.

Art. 15. — Lorsque les listes des candidats seront formées, les jurés adjoints seront désignés par le sort. Les noms des jurés adjoints seront publiés par ordre alphabétique.

---

(1) L'Académie, dans sa séance du 10 avril 1886, a décidé que, dès la première des épreuves préparatoires pour l'admission en loge, une pancarte portant le nom du concurrent, son âge, les prix obtenus par lui aux concours précédents, ainsi que le nom de son — ou de ses professeurs — seront inscrits au-dessous du travail faisant l'objet du concours.

Art. 16. — Les jurés adjoints forment avec les sections des commissions dites commissions de jugement.

Art. 17. — Le jugement définitif sera prononcé en assemblée générale par toutes les sections de l'Académie réunies.

Art. 18. — Toutes les fois qu'un jugement de section devra être validé par les suffrages de l'Académie, la majorité absolue des suffrages suffira. Lorsque, au contraire, le jugement préparatoire devra être réformé par la substitution d'une autre œuvre à l'œuvre proposée, la majorité des deux tiers des membres présents sera nécessaire.

Néanmoins, après trois tours de scrutin sans résultat, l'Académie décidera, s'il y a lieu, de suspendre la séance, et dans tous les cas, après trois autres tours, c'est-à-dire à partir du septième tour, la majorité simple suffira, dans un sens ou dans l'autre. Cette disposition est applicable dans tous les cas où la majorité des deux tiers est stipulée ci-après.

Lorsqu'une œuvre proposée pour une récompense par la section compétente ne l'aura pas obtenue de l'Académie, cette œuvre sera considérée comme proposée *a fortiori* pour la récompense suivante, à moins que son auteur ne l'ait déjà reçue dans un concours précédent, et elle pourra l'obtenir des suffrages de l'Académie à la simple majorité absolue.

Les autres propositions de la section seront considérées comme faites dans l'ordre déterminé par elle pour les récompenses que l'Académie aurait encore à décerner, dans le cas où les auteurs des œuvres proposées auraient antérieurement remporté semblables récompenses, et ces propositions, descendues ainsi d'un degré, pourront être validées également par la simple majorité absolue des suffrages de l'Académie.

Si le premier second grand prix n'est pas décerné, le concurrent qui obtiendra la récompense suivante n'aura d'autre titre que celui de deuxième second grand prix (bien que le premier demeure sans titulaire) et ne pourra par conséquent prétendre aux avantages attachés à l'obtention de ce premier second grand prix.

Dans le cas où la section, n'ayant pas fait de proposition pour une des récompenses quelle qu'elle soit, l'Académie jugerait qu'il y a lieu de décerner cette récompense, le candidat qu'elle aura choisi, devra, pour l'obtenir, réunir sur son nom la majorité des deux tiers.

Si, dans l'énoncé du jugement préparatoire, la section n'a pas cru devoir mettre hors de concours un ou plusieurs concurrents, les propositions faites à ce sujet, dans le sein de l'Académie, ne deviendront exécutoires qu'autant qu'elles auront réuni les deux tiers des voix. Il en sera de même dans le cas contraire, c'est-à-dire que les concurrents dont la section aura jugé à propos de prononcer la mise hors de concours devront, pour être réintégrés par l'Académie, obtenir cette majorité des deux tiers. Dans ce dernier cas, la section se réunira de nouveau pour examiner l'œuvre relevée par l'Académie de la mise hors de concours, et modifier, s'il y a lieu, par suite de cet examen, ses propositions pour l'attribution des récompenses à décerner.

Les votes étant secrets, en cas de partage des voix, celle du président ne saurait jamais être prépondérante.

Dans tous les scrutins qui se succèdent, au cours des opérations de jugement, les bulletins blancs ne sont pas comptés. Ils sont défalqués de l'ensemble des votes, et le chiffre de la majorité se trouve ainsi modifié. Les bulletins portant un zéro sont seuls valables pour exprimer un vote négatif.

Si ces zéros s'élèvent à un chiffre représentant les deux tiers des voix, ils annulent la décision de la section, à supposer que celle-ci ait présenté un candidat, et ils établissent d'autre part que la récompense pour laquelle ce candidat avait été proposé ne sera décerné à personne.

Les numéros sur les bulletins de vote devront être écrits en toutes lettres.

Aucune discussion sur les œuvres en cause ne peut avoir lieu pendant le dépôt des bulletins dans l'urne ni pendant le dépouillement du scrutin.

Lorsque le dépouillement du scrutin sera commencé, aucun bulletin, qu'on aurait omis préalablement de déposer, ne pourra être reçu.

Les votes de l'Académie, les scrutins une fois dépouillés, sont irrévocablement acquis, sauf le cas où une récompense précédemment obtenue par un des concurrents lui aurait été attribuée.

En ce qui concerne le jugement du concours de composition musicale, tout membre de l'Académie ou tout juré adjoint qui n'aurait pas assisté à la séance à partir de l'exécution du premier morceau de concours ne pourra être admis à voter.

Pendant la durée des séances consacrées au jugement préparatoire et au jugement définitif des concours pour les grands prix, à quelque section de l'Académie que ces concours se rattachent, aucun des membres de l'Académie, aucun des jurés adjoints ne pourra quitter la salle où l'on sera réuni, avant que les opérations de jugement soient complètement terminées.

Aucune modification aux dispositions qui précèdent ne saurait être mise en discussion dans le cours des sessions mêmes de jugement. Elle ne pourra être discutée qu'en séance ordinaire de l'Académie après convocation spéciale et en vue des sessions à venir.

Art. 19. — En principe, il ne peut être décerné par an dans chaque section qu'un premier grand prix, et deux autres récompenses, soit seconds grands prix, soit mentions honorables.

Art. 20. — Dans le cas où l'Académie n'aurait pas décerné le premier grand prix, cette récompense sera réservée pour être décernée l'année suivante, s'il y a lieu, à titre de deuxième premier grand prix. Toutefois, cette récompense ne diminuera pas le nombre de celles que l'Académie peut décerner tous les ans.

ART. 21. Lorsque tous les jugements sont terminés, le secrétaire perpétuel de l'Académie adresse au ministre un rapport où sont consignés les résultats des concours des grands prix.

ART. 22. — Il est tenu par le secrétaire perpétuel de l'Académie un registre particulier contenant les procès-verbaux de toutes les séances des jugements des concours des grands prix.

CHAPITRE II

ORGANISATION ET POLICE DES CONCOURS

§ 1er. — PEINTURE, SCULPTURE, ARCHITECTURE, GRAVURE EN TAILLE-DOUCE, GRAVURE EN MÉDAILLES ET EN PIERRES FINES.

ART. 23. — Les concours pour les grands prix de Rome ont lieu, à savoir : pour la peinture, la sculpture, l'architecture, la gravure en taille-douce et la gravure en médailles et en pierres fines, à l'École des Beaux-Arts; pour la composition musicale, au Conservatoire de musique.

ART. 24. — L'Académie des Beaux-Arts délègue à l'administration de l'École des Beaux-Arts le soin de maintenir et de faire exécuter les règlements à observer dans les concours de peinture, sculpture, architecture, gravure en taille-douce, gravure en médailles et en pierres fines, ainsi que la surveillance des concurrents.

ART. 25. — Les jeunes artistes qui désirent prendre part au concours pour les grands prix et qui remplissent les conditions déterminées par l'article 5 doivent se faire inscrire au secrétariat de l'École des Beaux-Arts, dans les délais annoncés au *Journal officiel* et affichés à l'École des Beaux-Arts,

ART. 26. — Dans les différents concours, l'appel des concurrents aura lieu à huit heures précises du matin; ceux qui se présenteront après cet appel terminé ne pourront être reçus.

ART. 27. — Jouissent pour les concours d'essai de certaines exemptions qui sont spécifiées par les règlements particuliers des sections de peinture, de sculpture et d'architecture, les artistes et les élèves de l'École des Beaux-Arts ayant obtenu pour les grands concours précédents et pour les concours d'émulation de l'École des Beaux-Arts, les récompenses déterminées par ces mêmes règlements (1).

---

(1) Ces récompenses sont classées de la manière suivante :
1er second grand prix.
2e second grand prix.
1re mention honorable.
2e mention honorable.
Admission en loge quand les conditions réglementaires du concours ont été remplies.
Première médaille obtenue en peinture, en sculpture et dans la 1re classe d'architecture à l'École des Beaux-Arts.
Deuxième médaille obtenue dans la 1re classe d'architecture de la même École sur projet rendu.

Art. 28.— Avant le deuxième essai, il sera donné connaissance aux concurrents pour les grands prix de Rome du règlement concernant les obligations des pensionnaires de l'Académie de France. Il sera fait de ce document un tirage spécial auquel sera annexé un état sur lequel les concurrents devront apposer leur signature, déclarant par là qu'ils acceptent à l'avance et dans toute leur étendue les clauses inscrites dans le règlement. Les concurrents qui refuseraient de signer cet engagement seraient, de ce fait, considérés comme renonçant au concours.

Lors de la lecture du programme du deuxième essai, le secrétaire perpétuel de l'Académie rappellera aux concurrents l'engagement qu'ils ont contracté.

Art. 29.— Pendant le concours, un extrait du règlement concernant chaque concours est affiché à l'entrée des loges qui y sont affectées.

Art. 30. — Toute infraction à la sincérité du concours entraîne la mise hors de concours.

Art. 31. — Aucun concurrent ne pourra soustraire son ouvrage au jugement de l'Académie pour quelque prétexte que ce soit.

Art. 32.— Tous les concurrents reçoivent une indemnité pour frais d'exécution du concours (1).

Art. 33. — Pendant la durée du concours, cette indemnité pourra être délivrée aux logistes au fur et à mesure de leurs besoins jusqu'à concurrence des deux tiers de la somme totale.

Art. 34. — Le tiers restant de cette indemnité sera retenu jusqu'à la fin du concours ; il sera perdu pour ceux des concurrents qui n'auraient pas rempli les conditions du concours, à moins que l'Académie n'en décide autrement.

Art. 35. — Dans le cas où les concurrents auraient commis quelques dégradations dans les loges, la réparation sera payée sur cette indemnité.

Art. 36. — Les concurrents sont spécialement placés sous la surveillance de l'Inspecteur de l'École chargé de faire observer les règlements relatifs à la police du concours.

Art. 37. — Les concurrents ne doivent introduire dans leur loge aucune personne étrangère à l'École (les modèles reconnus tels, exceptés), ni s'introduire dans la loge des autres concurrents sous peine d'être exclus du concours.

Art. 38. — Les loges sont fermées les dimanches et fêtes. Aucun

---

(1) Cette indemnité a été réglée ainsi qu'il suit :

Pour chaque concurrent en peinture	300 fr.
— en sculpture	300 fr.
— en architecture	200 fr.
— gravure en taille-douce	200 fr.
— gravures en médailles et pierres fines	200 fr.

jour supplémentaire ne peut être accordé que par une décision de l'Académie, sur un rapport motivé de l'Administration de l'Ecole des Beaux-Arts.

Art. 39, — Si quelque difficulté imprévue entravait l'exécution du règlement, l'Administration de l'Ecole prononcerait provisoirement sur le point en litige et en référerait immédiatement à l'Académie par un rapport adressé à son président. Celui-ci, après avoir consulté l'Académie qui appréciera et jugera en dernier ressort, transmettra la décision arrêtée à l'Administration de l'École pour la mettre aussitôt à exécution, et l'avis en sera donné au ministre compétent.

Art. 40. — Le Directeur et le Secrétaire de l'École sont chargés de l'exécution de ces dispositions.

Art. 41. — Ils ont toujours, ainsi que l'Inspecteur de l'École, le droit d'entrer dans les loges.

PREMIER ESSAI

III. — Concours pour le grand prix d'architecture

Article premier. — Il y a tous les ans un concours pour le grand prix d'architecture.

Art. 2. — Le concours pour le grand prix d'architecture comprend deux concours d'essai et un concours définitif.

Premier concours d'essai.

Art. 3. — Sont admis à concourir les élèves en architecture qui remplissent les conditions déterminées à l'article 5 des dispositions générales du présent règlement.

Art. 4. — Le premier concours d'essai a lieu invariablement chaque année le deuxième mardi de mars.

Art. 5. — Le premier concours d'essai pour le grand prix d'architecture consiste dans une esquisse dont le sujet sera plutôt un motif architectural qu'un projet d'ensemble.

Art. 6. — Le nombre des exempts du premier concours d'essai qui est limité invariablement à quarante, se compose :

1° De ceux qui dans les concours précédents ont été admis en loge et ont rempli les conditions réglementaires du concours ;

2° De ceux qui dans les concours de l'École nationale et spéciale des Beaux-Arts ont obtenu par des médailles le plus grand nombre de valeurs, sur projets rendus ;

3° Des élèves médaillistes qui ont déjà participé au concours du deuxième essai.

En cas d'égalité de valeurs, l'exemption sera accordée au plus âgé.

ART. 7. — Le jour fixé pour l'ouverture du concours, les membres de la section d'architecture de l'Académie, réunis sous la présidence du Président de l'Académie assisté des autres membres du bureau, s'assemblent à sept heures et demie du matin à l'École des Beaux-Arts pour procéder au choix du programme.

ART. 8. — Chaque membre de la section propose un ou plusieurs programmes.

ART. 9. — Les membres de la section choisissent ensuite par scrutin de liste et à la majorité des suffrages trois des programmes proposés.

ART. 10. — Par un second vote on choisit au scrutin et à la majorité des voix le programme du concours. En cas d'égalité des suffrages entre deux programmes et après deux tours de scrutin, le programme sera désigné par le sort. Le programme doit être donné à neuf heures.

ART. 11. — Le Secrétaire perpétuel de l'Académie, assisté de deux commissaires, parmi lesquels sera l'auteur du programme, porte le programme aux concurrents et leur en fait la dictée.

ART. 12. — Les autres membres de la commission restent en séance jusqu'au retour du Secrétaire perpétuel et des commissaires afin de faire au programme, s'il y a lieu, les modifications nécessaires. Tant que les commissaires ne sont pas de retour et que le programme n'est pas définitivement arrêté, aucun membre ne peut quitter la séance.

ART. 13. — L'appel des concurrents se fait suivant leur ordre d'inscription sur les registres de l'École.

ART. 14. — Aucun document, tel que gravure, dessin, photographie ou calque d'architecture, ne peut être introduit par les concurrents dans le lieu du concours. Dès la dictée du programme, toute communication avec le dehors est et demeure interdite.

ART. 15. — L'esquisse doit être terminée en douze heures.

ART. 16. — L'esquisse de chaque concurrent porte le numéro sous lequel le concurrent se trouve inscrit à la suite de l'appel.

ART. 17. — Le soir même, après le départ des concurrents, les esquisses sont revêtues du timbre de l'Institut par un des membres de la section, assisté du Secrétaire de l'École des Beaux-Arts.

ART. 18. — Les esquisses sont exposées publiquement pendant deux heures avant et pendant deux heures après le jugement.

ART. 19. — La place assignée à chaque esquisse au moment de la première exposition et du jugement est déterminée par le sort.

Jugement du 1ᵉʳ concours d'essai.

ART. 20. — Au jour fixé, les membres de la section d'architecture de l'Académie et les jurés adjoints, réunis en commission de jugement

sous la présidence du Président de l'Académie assisté des autres
membres du bureau, s'assemblent dans le lieu où sont exposés les
esquisses pour procéder au jugement du premier essai.

ART. 21. — Un classement provisoire des esquisses a été fait le
matin par trois commissaires, dont deux membres de la section et un
juré adjoint.

ART. 22. — Il est procédé, au scrutin et à la majorité absolue des
suffrages, au choix des esquisses dont les auteurs seront admis au
deuxième concours d'essai.

Indépendamment des esquisses admises sans classement et qui
donnent à leurs auteurs le droit de concourir au deuxième essai, il
sera choisi un certain nombre d'esquisses supplémentaires (de cinq
à dix), lesquelles seront classées par ordre de mérite.

Lorsqu'une ou plusieurs vacances se produiront par suite de
l'absence au concours de plusieurs élèves exempts du premier essai,
ces vacances seront comblées par l'adjonction des esquisses supplémentaires et suivant le classement qu'elles auraient reçu.

ART. 23. — Les membres du bureau prennent part à toutes les discussions, mais ne votent que s'ils sont membres de la section.

ART. 24. — Le nombre des élèves à admettre sera déterminé
d'après celui des élèves exempts, de manière que le nombre total ne
dépasse pas soixante.

ART. 25. — Immédiatement après le jugement, les noms des élèves
admis au second concours d'essai sont affichés dans l'École.

ART. 26. — Au moment de la seconde exposition, les esquisses des
élèves admis sont rangées par ordre de mérite.

*Nous donnons page 406 divers programmes déjà donnés au pre-
mier essai.*

SECOND CONCOURS D'ESSAI

ART. 27. — Le second concours d'essai a lieu aussitôt après le
jugement du premier concours d'essai. Il consiste dans l'esquisse
d'une composition d'ensemble.

ART. 28. — Le programme de l'esquisse est arrêté et transmis aux
concurrents dans les formes spécifiées aux articles 7, 8, 9, 10, 11 et
12 du présent règlement. Les concurrents sont appelés : 1° les élèves
exempts du premier concours d'essai d'après les récompenses qu'ils
ont obtenues ; 2° les élèves admis après le premier concours d'essai
dans leur ordre de réception. — Sont applicables au 2ᵉ concours d'essai
les dispositions de l'article 14 du présent règlement.

ART. 29. — Les esquisses seront exécutées en vingt-quatre heures.
Elles seront numérotées et timbrées dans les formes déterminées aux
articles 16 et 17 du présent règlement.

Art. 30. — Le placement des esquisses au moment de la première exposition et du jugement est déterminé par le sort.

Jugement du 2ᵉ concours d'essai.

Art. 31. — Le second concours d'essai est jugé comme le premier par la section d'architecture et les jurés adjoints réunis en commission de jugement, sous la présidenee du Président de l'Académie, assisté des autres membres du bureau, ainsi qu'il est dit aux articles 20, 22 et 23 du présent règlement.

Art. 32. — Le nombre des élèves admis au concours définitif ne peut dépasser dix.

Art. 33. — Immédiatement après le jugement, une affiche fera connaître les noms des élèves admis au concours définitif et rappellera le jour fixé pour l'ouverture du concours.

Art. 34. — Au moment de la seconde exposition, les ouvrages des élèves admis seront rangés dans l'ordre de leur réception.

Art. 35. — La veille de l'ouverture du concours définitif, les concurrents prendront possession de leurs loges suivant l'ordre d'admission fixé par le jugement.

Nous donnons page 408 divers programmes donnés au premier concours d'essai.

CONCOURS DÉFINITIF

Valeur des récompenses accordées pour ce concours :

En 1ʳᵉ et en 2ᵐᵉ classe

Premier second grand prix de Rome.	—	4 valeurs.
Deuxième. —	—	3 1/2 —
Mention au concours du grand prix.	—	2 1/2 —
Admission en loge pourvu que le concours ait été exécuté.	—	2 —

NOTA. — Ces deux valeurs pour l'admission s'ajoutent aux précédentes.

Art. 36. — Le concours définitif pour le grand prix d'architecture commence dans la semaine qui suit le jugement du second concours d'essai.

Art. 37. — Le jour fixé pour l'ouverture des concours, les membres de la section d'architecture, réunis sous la présidence du Président de l'Académie, assisté des autres membres du bureau, s'assemblent à sept heures et demie du matin à l'École des Beaux-Arts pour procéder au choix du programme.

ART. 38. — Le programme est arrêté et transmis aux concurrents dans les formes prescrites aux articles 7, 8, 9, 10, 11 et 12 du présent règlement. Le programme doit être remis à neuf heures.

ART. 39. — Avant la dictée du programme, il est donné lecture aux concurrents des règlements qui assurent la sincérité du concours.

ART. 40. — Aussitôt après la dictée du programme, les concurrents entrent dans leurs loges. Quatre jours et trois nuits sont accordés aux concurrents pour l'exécution de leurs esquisses dont ils seront tenus de prendre un calque.

ART. 41. — Ce temps expiré, un membre de la section d'architecture, accompagné du secrétaire et de l'inspecteur de l'École, prend réception des esquisses. Elles sont, devant eux, recouvertes en entier d'une seule feuille de papier végétal contre-collée en plein et fixée en dessus et en dessous de l'esquisse par plusieurs rubans scellés à leurs extrémités du timbre de l'Institut. Dans cet état, les esquisses sont laissées à la disposition des concurrents. Elles ne peuvent être emportées hors des loges et doivent toujours être présentées à première réquisition.

ART. 42. — La durée du concours est de cent dix jours de travail, à partir de la dictée du programme.

ART. 43. — Les concurrents sont tenus d'exécuter leurs projets dans leur loge. L'introduction des études faites au dehors est interdite.

ART. 44. — Tous les papiers destinés aux dessins au net seront exactement visés et contresignés sur les collures par un membre de la section désigné à cet effet.

ART. 45. — Le papier calque n'est pas admis pour les dessins au net.

ART. 46. — Aucun concurrent ne peut soustraire son ouvrage à l'exposition publique, sous prétexte qu'il n'est pas terminé ou pour quelque cause que ce soit. Dans le cas où l'un des concurrents aurait détruit son ouvrage, il perdrait la partie de son indemnité qui a été mise en réserve, et la contravention à l'ordre établi pourrait être l'objet d'un blâme qui serait consigné au procès-verbal du jugement et porté sur l'affiche destinée à faire connaître le résultat du concours.

ART. 47. — A l'époque déterminée par l'Académie, et le concours étant clos, les dessins des concurrents sont reçus par un membre de la section délégué à cet effet.

Exposition publique.

Art. 48. — Les projets mis au net étant collés sur châssis sont exposés à la hauteur uniforme de 1 mètre. Un espace égal est réservé pour chaque projet. Sous ces réserves, chaque concurrent, selon son rang d'admission, dirige le placement de son ouvrage.

Art. 49. — Les esquisses seront apportées des loges et rapprochées des projets auxquels elles appartiennent.

Art. 50. — Une exposition publique du concours a lieu trois jours avant et un jour après le jugement.

Jugement du concours définitif.

Jugement préparatoire.

Art. 51. — Le jour fixé pour le jugement du grand prix d'architecture, les membres de la section et les jurés adjoints, réunis en commission de jugement, sous la présidence du Président de l'Académie, assisté des autres membres du bureau, s'assemblent à onze l.eures du matin, dans la salle où est exposé le concours, pour procéder au jugement préparatoire.

Art. 52. — Le Président fait donner lecture du programme, puis la commission désigne trois commissaires, dont deux membres de la section et un juré adjoint, pour vérifier si les concurrents ont rempli toutes les conditions du programme et si les rendus sont conformes aux esquisses et dans les dimensions exigées.

Art. 53. — Après examen et dans un rapport verbal, les commissaires proposent, s'il y a lieu, de mettre hors de concours ceux des concurrents qui n'auraient pas rempli les conditions prescrites par le règlement ou par le programme. Il est statué par la commission sur ces propositions, à la majorité des suffrages. Les membres du bureau étrangers à la section ne prennent point part à ce vote, ainsi qu'il a été spécifié ci-dessus.

Art. 54. — La commission procède ensuite au jugement préparatoire dans les formes prescrites aux articles 22 et 23 du présent règlement.

Après discussion, elle décide, au scrutin, à la majorité des suffrages et sans ballottage, à quel numéro doit être accordé le grand prix.

Art. 55. — Dans le cas où, après trois tours de scrutin, la majorité ne serait pas obtenue par l'un des concurrents, le vote sera interrompu et le Président ouvrira de nouveau la discussion sur le mérite des ouvrages exposés.

Art. 56. — La commission décide, en observant les mêmes formes, s'il y a lieu d'accorder deux autres récompenses, soit deux seconds grands prix, soit un second grand prix, et une mention honorable, soit deux mentions honorables. Dans ces limites, le vote sera continué tant que la majorité ne se prononcera pas pour la négative.

Art. 57. — L'opinion de la commission sur le mérite des ouvrages récompensés est recueillie et sommairement motivée dans un procès-verbal signé du Président et du Secrétaire perpétuel de l'Académie. Les chiffres des majorités sont consignés dans ce procès-verbal, ainsi que le nombre des scrutins.

Jugement définitif.

Art. 58. — A une heure de l'après-midi, le même jour, l'Académie des Beaux-Arts s'assemble dans le même local pour procéder au jugement définitif. Les jurés adjoints assistent au jugement définitif avec voix consultative.

Art. 59. — L'Académie étant réunie et la séance ouverte, le Secrétaire perpétuel lit le programme du concours, le procès-verbal de la séance tenue par la Commission, la teneur du jugement préparatoire qui a été rendu et les motifs de ce jugement.

Art. 60. — Le Président désigne deux membres de la section, autres que ceux qui ont été chargés du rapport dont il a été parlé dans le jugement préparatoire, pour examiner si les conditions du concours et du programme ont été fidèlement remplies et si les ouvrages exposés sont conformes aux esquisses.

Art. 61. — D'après le rapport des commissaires, l'Académie décide, à la majorité absolue des suffrages, si les ouvrages qui peuvent lui être signalés pour infraction au règlement et dérogation au programme seront maintenus au concours ou en seront exclus.

Art. 62. — S'il est fait pour la mise hors de concours des propositions tendant à infirmer où à modifier les décisions de la commission chargée du jugement préparatoire, ces propositions ne pourront être adoptées et exécutées que si elles recueillent les suffrages des deux tiers des membres présents.

Art. 63. — Ensuite, le Président invite l'Académie à procéder immédiatement au jugement définitif. La question est posée dans les termes suivants : « A quel numéro doit être accordé le premier grand prix ? » L'Académie décide, au scrutin, à la majorité absolue des voix et sans ballottage, à quel numéro le premier grand prix doit être accordé.

Art. 64. — Dans le cas où l'Académie n'aurait pas accordé le premier grand prix, ce premier grand prix restera en réserve pour les concours suivants, s'il y a lieu.

Art. 65. — Dès que le premier grand prix est décerné, l'Inspecteur de l'Ecole met sur les ouvrages dont les auteurs ont obtenu un premier second grand prix dans les précédents concours une inscription rappelant ce succès. Lorsqu'il aura été statué en ce qui concerne le premier second grand prix, l'Inspecteur de l'Ecole mettra sur les ouvrages dont les auteurs ont obtenu un deuxième second grand prix dans les précédents concours une inscription rappelant ce succès. Il sera procédé de même en ce qui concerne les mentions honorables. Ces inscriptions seront maintenues lors de l'exposition publique sur les ouvrages dont les auteurs n'auront pas obtenu une récompense supérieure dans le concours.

ART. 66. — Les autres récompenses, telles qu'elles sont prévues à l'article 56 du présent règlement, sont accordées en observant les formes indiquées plus haut.

ART. 67. — Les noms de ceux qui ont remporté le grand prix et les autres récompenses sont affichés dans l'Ecole aussitôt après le jugement.

DE LA DISTRIBUTION DES PRIX DES
PREMIERS GRANDS PRIX ET DES AUTRES RÉCOMPENSES

ARTICLE PREMIER. — L'Académie des Beaux-Arts, dans sa séance publique annuelle, distribue les prix remportés dans les concours de l'année.

ART. 2. — Les ouvrages qui auront obtenu les grands prix de peinture, sculpture, architecture, gravure en taille-douce, gravure en médailles et en pierres fines, seront exposés pendant la semaine où aura lieu la séance publique.

ART. 3. — Dans cette séance sera exécutée la scène lyrique qui a remporté le premier grand prix et, si le premier grand prix n'a pas été donné, celle qui aura obtenu le second grand prix. Sera également exécuté dans cette séance un morceau de musique instrumentale composé par le pensionnaire musicien de troisième année.

ART. 4. — Les artistes qui ont remporté les premiers grands prix reçoivent un diplôme qui constate l'obtention de ces prix et une médaille d'or ; ils vont, en qualité de pensionnaires de l'Etat, passer à Rome un nombre d'années déterminé pour chacun des différents arts, ainsi qu'il est dit au règlement de l'Académie de France à Rome.

ART. 5. — Ceux qui remportent les seconds grands prix recevront un diplôme et une médaille d'or.

ART. 6. — Jouissent de l'exemption conditionnelle du service militaire, en vertu du paragraphe 3 de l'article 20 de la loi sur le recrutement de l'armée, du 27 juillet 1872, ainsi conçu :

ART. 4. — *Sont, à titre conditionnel, dispensés du service militaire :*

§ 3. *Les artistes qui ont remporté les grands prix de l'Institut, à condition qu'ils passeront à l'Ecole de Rome les années réglementaires et rempliront toutes leurs obligations envers l'Etat (¹).*

ART. 7. — Les ouvrages qui auront obtenu les premiers grands prix ne pourront être retouchés après le jugement, sous quelque prétexte que ce soit.

ART. 8. — Ceux qui auront obtenu les seconds prix ou des mentions honorables ne pourront être retouchés avant l'exposition générale des prix.

ART. 9. — Les élèves qui ont remporté un second grand prix ne peuvent concourir que pour le premier dans le même art. Ceux qui ont déjà obtenu une mention honorable ne peuvent prétendre qu'au second et au premier prix.

Nous donnons page 416 divers programmes donnés pour les Prix de Rome.

<hr>

(1) Cette loi a été modifiée par celle du 15 juillet 1889, qui stipule que les Grands Prix de Rome « *sont, sur leur demande, envoyés ou maintenus définitivement en congé dans leurs foyers jusqu'à la date de leur passage dans la réserve, pourvu qu'ils aient une année de présence sous les drapeaux* ».

PREMIER ESSAI

PROGRAMMES

L'ENTRÉE PRINCIPALE D'UN GRAND BAIN PUBLIC DANS UNE CAPITALE

La ville de Paris, si bien pourvue en grands établissements de toutes sortes, ne présente aucun modèle, même convenable, d'un tel établissement de bains.

Plusieurs capitales, notamment Vienne, Pesth, peut-être grâce à une influence orientale, en présentent des spécimens qui s'approchent de bien loin encore des thermes antiques.

Le présent programme, sans demander le plan d'ensemble d'un pareil établissement qui contiendrait sous toutes leurs formes, non seulement des combinaisons balnéaires les plus confortables et les plus raffinées, mais tout ce qui pourrait en rendre le séjour agréable, ce programme s'arrête à l'entrée principale, à l'avant-salle où pénètrent tous les visiteurs pour se séparer au delà dans des vestibules distincts pour les deux sexes.

En amorce on pourra supposer que de là, on aura ainsi accès à un restaurant-café, à des salons d'attente, de lecture, de jeux, etc.

Le plan devra seulement donner l'amorce de la disposition accompagnant le grand vestibule, dont le maximum de dimension intérieure sera de trente mètres.

Il sera à l'échelle de $0^m,005$ pour mètre, ainsi que la coupe.

La façade au double.

UN DÉBARCADÈRE MARITIME

Au bord de la Méditerranée, dans une anse assez profonde pour contenir un yacht, on projettera un pavillon élégant pouvant, à la relâche d'un voyage court, donner abri à une société princière.

Ce pavillon comprendra un vestibule dont les degrés seraient à fleur d'eau, la marée basse n'étant que de $0^m,70$ inférieure au plan de la mer.

Une salle à manger de 15 mètres de long. — Un salon des dames avec water-closets. — Un petit cabinet pour le maître avec cabinet de toilette composeront un gracieux ensemble.

Cuisines et offices en sous-sol.

La plus grande dimension, compris entourages, treilles, exèdres, ne dépassera pas 40 mètres.

La coupe et le plan seront à $0^m,005$ pour mètre, l'élévation à $0^m,01$ pour mètre.

LA FAÇADE D'UN THÉATRE D'OPÉRA-COMIQUE

Cette composition ne comprendrait que la partie intérieure de l'édifice, la salle et la scène étant supposées en arrière-corps. Elle se développerait sur un grand boulevard, dans une longueur de 32 mètres au maximum.

Aucune autre dimension n'est déterminée.

On devra s'attacher à donner à la façade projetée un caractère d'élégance.

On fera l'élévation à $0^m,01$ pour mètre.

La coupe et le plan du mur de face seulement à $0^m,005$.

PORTE D'UN HIPPODROME

Cet hippodrome, situé dans Paris, aurait son entrée sur une place de deux grands boulevards.

Cette entrée principale se composerait d'un vaste porche, flanqué de deux petits bureaux pour la distribution des billets, d'un bureau de contrôle, d'un vestiaire conduisant aux divers escaliers qui aboutissent aux différentes rangées de gradins.

Sur cette entrée même serait installée la tribune pour les musiciens, laissant une communication entre les deux côtés de l'hippodrome.

Derrière, ayant vue sur la place, une vaste loge formant foyer serait destinée aux personnes assistant aux cérémonies publiques extérieures.

La construction de cette loge ainsi que celle de la façade devra être monumentale, somptueuse même, et comportera des groupes allégoriques ayant trait aux exercices pratiqués dans l'hippodrome.

La dimension ou motif principal de l'entrée aurait 20 mètres au maximum, non compris les arrachements :

Travée à $0^m,15$ pour mètre.

Plan et coupe à $0^m,005$ pour mètre.

SECOND ESSAI

PROGRAMMES

LE VESTIBULE D'UN MUSÉE.

Ce vestibule précéderait l'escalier principal d'un grand musée.

Dans sa composition doivent entrer huit colonnes antiques d'un marbre rare, qui seraient utilisées, soit pour la construction, soit pour la décoration.

La forme et les dispositions du vestibule sont indéterminées; cependant la plus grande dimension n'excédera pas 20 mètres.

Le fût des colonnes aura 4 mètres.

En précisant cette longueur du fût des colonnes, on laisse donc aux concurrents toute liberté, quant à la manière de les employer et au choix de l'ordre à adopter avec ou sans piédestal.

On fera un plan à l'échelle de $0^m,01$ pour mètre.

Et une coupe au double.

Les dessins seront mis au trait, à l'encre ou lavis.

UNE PRÉFECTURE MARITIME

Cette préfecture serait l'une des villes principales du Midi de la France.

Elle comprendrait en parties très distinctes :

1° Les appartements de réceptions du Préfet ;

L'appartement d'honneur du Chef de l'Etat ;

Les appartements privés du Préfet ;

2° Les divers bureaux de l'Administration ;

3° Les services généraux. Poste de garde avec chambre d'officier, écuries, remises, cuisines, etc.

Ces diverses parties seront reliées entre elles par des communications faciles et couvertes.

Au rez-de-chaussée seront les appartements de réceptions du Préfet et ceux servant d'appartement d'honneur au Chef de l'Etat. Ils comprendront : Une série de salons de différentes grandeurs, grande salle à manger de 100 couverts et petite salle à manger, fumoir, salle de billard, serres et jardins ; le cabinet du Préfet, celui

UNE PRÉFECTURE MARITIME

PROJETS DE MM. OLIVIER, BLUYSEN ET TONY GARNIER (*Extrait de la Construction Moderne*).

de son secrétaire particulier, celui du secrétaire général de la Préfecture.

Les appartements privés du Préfet et ceux des officiers attachés à la Préfecture seront aux étages supérieurs ; ils communiqueront avec le rez-de-chaussée au moyen d'escaliers, larges et faciles.

La partie affectée aux bureaux comprendra : un service de bureaux répartis en deux étages.

Au rez-de-chaussée devront être une grande salle de conseil, une autre pour le recrutement et le conseil de revision, quatre bureaux pour chefs de division, un bâtiment distinct affecté aux archives.

La façade principale de la Préfecture donnera sur une place publique dominant le bassin principal du port : des rues isoleront des maisons voisines les deux côtés latéraux.

La largeur du terrain n'excédera pas 125 mètres.

On fera pour les esquisses le plan du rez-de-chaussée, la façade et la coupe à l'échelle de $0^m,004$.

UNE EXPOSITION NATIONALE ET COLONIALE DANS UNE GRANDE VILLE MARITIME

La surface disponible est limitée d'un côté par un large fleuve et contenue dans un rectangle ayant 350 mètres dans sa plus grande dimension. Les deux côtés perpendiculaires au fleuve sont bordés par des avenues plantées, et le fond du terrain communique par des passerelles avec un jardin public où se tiennent des fêtes exceptionnelles.

Des garages pour tramways et voitures publiques seront disposés à droite et à gauche en dehors de l'exposition ainsi que des pavillons pour abriter les voyageurs, pour la vente des plans et guides et pour le change des monnaies. Les bâtiments couvriront environ un tiers de la surface. Ils comprendront des galeries très variées pour les diverses expositions, une salle des fêtes, deux pavillons importants, l'un pour les divers services de l'exposition, l'autre à l'usage d'un restaurant ; une construction pour loger les chaudières ou machines électriques, avec les cheminées nécessaires.

Tout en prenant jour sur les jardins, la salle des fêtes devra avoir son entrée ou ses entrées spéciales ouvertes aux jours de réunion, afin de permettre aux voitures de déposer les invités sous une partie couverte à proximité d'un vestiaire et d'un buffet, et sans entrer dans l'exposition. Les restaurants et services de l'exposition peuvent occuper plusieurs étages. L'entrée, comme d'ailleurs toute la composition, sera très monumentale. On supposera que pour cette construction d'allure provisoire on aura réalisé, avec des matériaux peu durables, une œuvre décorative et architectonique qui défierait les siècles si elle était réalisée définitivement. De vastes jardins, des terrasses, des motifs d'eau devront avoir un grand attrait pour retenir les visiteurs autour des kiosques à musique, de jour et de soir. C'est autant une création imaginative qu'un abri bien disposé pour les produits exposés que ce programme demande. L'échelle du plan de la façade et de la coupe seront de 0^m,0015 pour mètre.

UNE VILLA DE RETRAITE POUR LES ARTISTES

Cet établissement, destiné à recevoir des artistes âgés, peintres, sculpteurs, architectes, graveurs, musiciens, vivant en commun, serait placé aux environs de Paris. Il serait établi dans un site agréable, sur un terrain boisé et présentant une déclivité prononcée entre une route et le bras d'un cours d'eau ne servant pas à la navigation commerciale.

On demande des logements composés de deux ou trois pièces et dépendances pour environ quatre-vingts pensionnaires. Ces logements seraient aménagés soit dans des pavillons séparés plus ou moins importants, soit dans un ou plusieurs bâtiments.

Un certain nombre d'ateliers annexés aux logements, ou groupés à proximité, seraient disposés pour permettre à des peintres et à des sculpteurs de continuer à se livrer à l'exercice de leur art.

Quel que soit le parti adopté, le caractère donné à l'ensemble devra s'éloigner autant que possible de celui d'un hospice ou d'un casernement; tout devra concourir à procurer une habitation d'un aspect agréable et commode.

En outre des logements particuliers, l'établissement comprendra des locaux à l'usage commun des pensionnaires. Il y aura une grande salle pouvant servir à des réunions, des concerts ou des expositions.

Plusieurs salles à manger et salles de cafés, une bibliothèque, musée de petites dimensions avec plusieurs salles de lecture ou de travail, un vestibule et un bureau.

Ces différents locaux seront disposés dans un rez-de-chaussée élevé, les dépendances nécessaires pour le service et l'administration se trouveraient dans des bâtiments séparés.

Les communications seraient faciles avec les habitations des pensionnaires, on les établira au besoin par des galeries ou portiques.

Des jardins entourés d'une clôture et disposés avec des rampes et des terrasses suivant les formes du terrain, occuperont l'espace libre autour des constructions. Ils se relieront à un bois situé en dehors de l'enceinte, mais dépendant de l'établissement.

La distance entre la route et le cours d'eau sera en moyenne de 25 mètres.

La surface de l'enceinte limitée d'un côté par la rivière sera de 80 mètres.

Pour les esquisses on fera un plan à l'échelle de $0^m,002$ pour mètre, une façade et une coupe à la même échelle.

UN PALAIS POUR L'INSTITUT DE FRANCE

Cet établissement se compose de deux parties distinctes ayant chacune leur entrée particulière, mais devant néanmoins être largement reliées entre elles : la partie affectée aux travaux des membres de l'Institut et la partie affectée au public lors des grandes solennités.

La partie réservée aux membres de l'Institut comprendra les bâtiments de l'administration, ainsi que les appartements des secrétaires perpétuels, puis soit autour d'une cour entourée de larges portiques ou promenoirs, ou d'une grande salle des Pas Perdus formant vestibule central, les cinq salles correspondant aux cinq classes de l'Institut. La salle destinée à l'Académie des sciences devra avoir une surface supérieure à celle des autres salles.

Ces salles précédées chacune d'un vestibule seront accompagnées de plusieurs pièces pour la réunion de commissions spéciales à chaque classe, puis de quelques autres pièces plus importantes destinées aux délégués des cinq académies.

En communication facile avec toutes ces principales divisions, il sera établie une grande bibliothèque, devant contenir au moins 50,000 volumes. Cette bibliothèque sera précédée d'un vestibule et accompagnée de bureaux pour les bibliothécaires.

La partie publique comprendra, avec toutes les dépendances nécessaires, une très vaste salle, pour au moins 1,500 personnes, salle utilisée pour les distributions des récompenses et les réceptions des membres. Elle sera précédée d'un très grand vestibule pour le public et accompagnée d'un autre vestibule pour les membres de l'Institut avant leur entrée dans la salle.

Cette partie publique comprendra en outre de vastes galeries pour les expositions, les concours et des envois de Rome, et d'autres galeries pour le musée fondé par Mme de Caen.

Tels sont succinctement les grands éléments qu'il faut ménager pour cet édifice, en dehors des services secondaires qui doivent y prendre place.

Le terrain dans sa plus grande dimension n'excédera pas 250 mètres.

On fera le plan, la façade et la coupe à l'échelle de 0^m,002 par mètre.

ATELIERS DE PEINTURE
ET MAGASINS DE DÉCORS POUR UN THÉATRE
DE PREMIER ORDRE

Les précautions à prendre contre l'incendie obligent à ne laisser dans les dépendances d'un théâtre que les pièces absolument nécessaires au répertoire courant. D'autre part, l'emplacement qu'il faudrait réserver pour loger les nombreuses sortes de décoration ne permet pas que ces décors puissent trouver place dans les bâtiments qui avoisinent la scène. Dans ces conditions, il est indispensable que de grands magasins formant dépôt général soient surtout dans un endroit offrant une grande surface et isolé des constructions voisines.

De plus, lorsque les peintres décorateurs ont à exécuter en peu de temps plusieurs sortes de fonds, ainsi que les fermes à châssis, il faut qu'ils aient à leur disposition de vaste locaux dans lesquels ils puissent peindre ensemble ces divers éléments décoratifs. C'est pour répondre à ces deux exigences que les bâtiments qui sont l'objet de ce programme seraient construits.

Ils comprendraient deux parties qui, bien que pouvant être reliées entre elles par quelques dégagements, devraient néanmoins former deux ensembles bien distincts :

1° Les ateliers de peinture et leurs dépendances;
2° Les magasins de décors et leurs dépendances.

1° Ateliers de peinture et dépendances

Ceux-ci seraient placés à la partie postérieure du plan et, tout en ayant accès du côté de l'entrée, devraient être principalement desservi à l'extérieur et comprendraient :

1° Un grand atelier de peinture rectangulaire d'une surface d'environ 1,500 mètres ;

2° Un autre atelier de moindre dimension de 800 à 1,200 mètres environ;

3° Un atelier de menuiserie de dimension à peu près égale à celle de ce dernier atelier.

Ces trois ateliers, éclairés par le haut, seront accompagnés, dans la plus grande partie de leurs pourtours, d'une sorte de ceinture de pièces destinées : pour la peinture, à la réserve des couleurs, à divers cabinets destinés à plusieurs décorateurs, à des petites salles servant à composer les esquisses, etc. ; pour la menuiserie, à des cabinets pour le chef menuisier ; pour le chef machiniste, à des dépôts de matières premières, des petites forges, etc., etc.

Ces trois ateliers qui auraient, ainsi qu'il a été dit, des sorties à l'extérieur devraient aussi communiquer largement entre eux par de grandes baies, afin de faciliter la manœuvre des toiles et des châssis.

Les ateliers de décors doivent avoir à l'intérieur des galeries balcons et des ponts volants, sur lesquels les artistes peuvent circuler afin de juger de l'effet de leurs toiles.

2° Magasins de décors

Autour d'une grande cour couverte formant hall, on disposera deux ou plusieurs magasins ayant ensemble un développement en longueur d'au moins 200 mètres et de largeur environ 12 à 15 mètres; les parois de ces magasins, sauf les parties affectées aux baies, comprendront une suite de logettes ayant environ 5 mètres de large sur 3 mètres de profondeur, les cloisons de séparations s'élèveront jusqu'au plafond placé à 15 mètres du sol.

Ces magasins, indépendamment de leur entrée sur le hall, doivent avoir entre eux des baies de communication largement ouvertes, et communiquer également avec l'extérieur.

Une grande cour d'entrée donnant accès au hall, et s'il se peut
directement aux magasins, sera flanquée à droite et à gauche de bâtiments contenant, dans un, une remise pour six chariots; dans les
autres, une écurie pour douze chevaux. A ces services seront ajoutés des remises pour les pompes, des magasins de combustibles et
diverses pièces de dépendance.

A l'entrée des locaux seront placés deux pavillons destinés au concierge et à l'administrateur.

Des water-closets très aérés seront disposés dans les diverses parties de l'édifice.

Le terrain ne devra pas excéder 200 mètres dans sa plus grande
dimension.

On fera le plan ainsi que la façade et la coupe à l'échelle de
$0^m,0025$ par mètre.

PRIX DE ROME

CONCOURS DÉFINITIF

PROGRAMMES

UNE ÉGLISE VOTIVE
DANS UN LIEU DE PÈLERINAGE CÉLÈBRE

Dans un site pittoresque et montagneux, sur un emplacement où un pèlerinage attire une grande affluence de fidèles, l'autorité diocésaine a décidé d'élever une basilique de vastes proportions où deux mille personnes puissent trouver place aisément, où des processions se rendant à la châsse contenant les ossements de la sainte qu'elles viennent honorer puissent évoluer sans confusion.

Une petite ville étant proche du lieu consacré, c'est là que seront développés, dans le voisinage d'une gare, les hôtels et restaurants, les magasins nécessaires à un pareil concours de population sans cesse renouvelée.

On n'a admis dans le contact immédiat et à la base de la montagne que deux grands établissements consacrés aux ecclésiastiques de passage.

De larges abris précéderont le porche et le parvis, soit pour permettre aux fidèles d'attendre le moment où l'accès de l'église leur sera possible, soit pour se grouper pour des cérémonies extérieures, et notamment pour une bénédiction qui leur serait donnée du haut d'une tribune abritée.

Ces constructions ne devront pas masquer le noble aspect, principal ou latéral, de l'édifice religieux, supposé élevé à cinquante mètres au-dessus de la plaine. A peu près au niveau de celui-ci seront des constructions destinées à trente religieux vivant en communauté, avec une grande salle capitulaire, un réfectoire et ses dépendances, dans de petits logements séparés avec jardinets comme une chartreuse et un grand cloître qui reliera les différents services avec l'église.

Celle-ci sera accompagnée de douze chapelles où de nombreux ecclésiastiques célébreront le service divin. Des confessionnaux y seront répartis en grande quantité. Deux vastes sacristies serviront, l'une à la préparation des cérémonies de la pompe la plus solennelle, l'autre à la réception des fidèles. Le maître autel occupera naturellement la place la plus importante ; mais la châsse de la sainte, objet de visites continuelles, devra être établie dans un endroit très en vue, très accessible, constituant le centre d'un motif de grande importance.

UNE ÉGLISE VOTIVE DANS UN LIEU DE PÈLERINAGE CÉLÈBRE

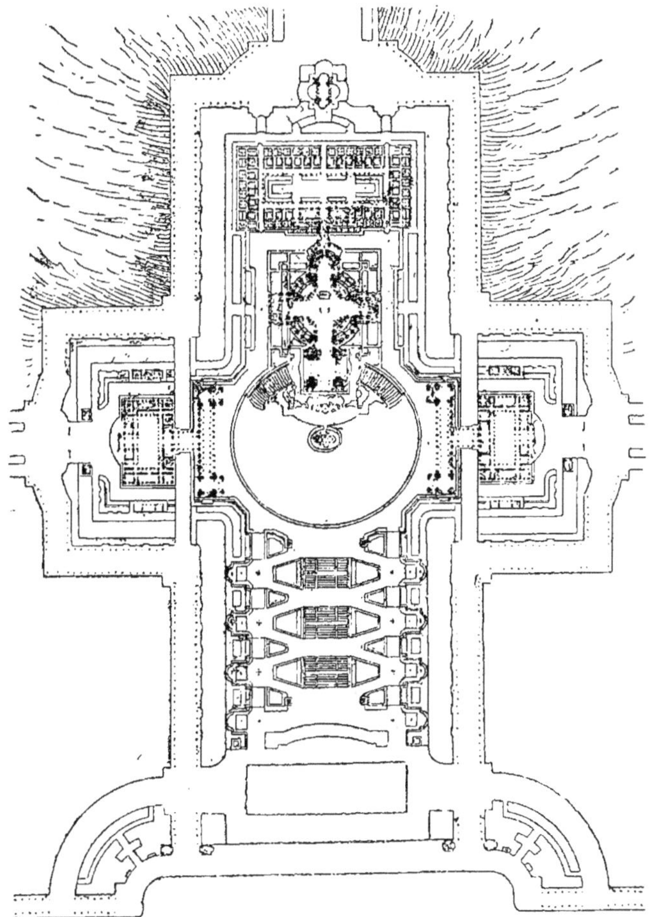

PROJET DE M. TONY GARNIER (Extrait de la *Construction Moderne*).

On devra tirer parti de la déclivité supposée du terrain, notamment pour constituer une vaste crypte, des escaliers, des rampes d'accès, des effets de toute nature résultant de la différence des niveaux.

Aucune forme particulière n'est indiquée pour la composition de

27

l'édifice principal. On n'oubliera pas qu'une église de cette nature doit avoir le moyen de faire entendre de grandes masses chorales ou instrumentales, de célébrer des offices très pompeux, de les annoncer par des sonneries de cloches, de donner enfin les plus grandes amplifications à ses cérémonies au dedans et au dehors.

L'église proprement dite avec ses dépendances immédiates nécessaires à l'exercice du culte ne dépassera pas cent mètres et le terrain comprenant toutes les constructions, trois cents mètres.

L'échelle des esquisses est de $0^m,0025$ par mètre pour le plan, la façade et la coupe longitudinale. Une façade et une coupe longitudinale de l'église à $0^m,005$.

Pour le rendu, le plan, la coupe de l'église et la façade latérale, à l'échelle de $0^m,005$ et la façade principale, à $0^m,01$.

UN PALAIS POUR LES EXPOSITIONS ET LES FÊTES

Cet édifice serait destiné spécialement à recevoir, successivement ou simultanément suivant leur importance, les expositions et les concours de divers genres qu'il est entré maintenant dans nos usages d'organiser périodiquement à des intervalles plus ou moins éloignés.

Il servirait aussi pour de grandes fêtes ou des cérémonies publiques exigeant un espace considérable et amenant un nombreux public.

Il devrait, pour répondre à cette destination, être utilisé, soit à la fois dans sa totalité, soit séparément par parties d'importance variable, et dans ce dernier cas, chaque partie devrait encore présenter l'aspect d'un ensemble complet, en obtenant ce résultat sans qu'il y ait à opérer d'autres modifications que les aménagements secondaires particuliers à chaque affectation spéciale.

Il comprendrait une vaste salle d'environ 45 à 50 mètres sur 150 mètres, entourée de portiques ou galeries et pouvant être un jardin employé à des expositions de sculpture aussi bien que d'horticulture, ou en d'autres temps être transformée en manège servant à des concours hippiques. En communication facile avec cette grande salle, on aurait de nombreuses salles et galeries de dimensions diverses appropriées de la manière la plus favorable pour les expositions de tableaux et dessins. D'autres galeries seraient destinées à recevoir des meubles, des tapisseries, des modèles et autres objets d'art ou même d'utilité.

Une grande salle pour les distributions de prix, les congrès, pour

les auditions musicales et contenant des places pour 3,000 personnes
serait disposée de manière soit à servir indépendamment pendant les
expositions, soit à leur être réunie.

Les salles et galeries des expositions diverses seraient principalement placées au premier étage.

Le soubassement ou rez-de-chaussée contiendrait les locaux pour
la réception des objets d'exposition, les magasins et les dépendances
nécessaires aux diverses destinations de l'édifice.

Les vestibules et les escaliers seraient placés de façon à desservir
les groupements particuliers tout en faisant partie de l'ensemble dans
le cas de l'affectation totale du palais à une destination unique.

On insistera sur la facilité des accès, la largeur des communications.
Le caractère de l'édifice sera riche et présentera un aspect agréable
dans toutes ses parties.

Placées dans un espace environné de plantations, les constructions
occuperont une surface de 70,000 mètres carrés, y compris, s'il y a
lieu, les cours intérieures.

On fera le plan à l'échelle de $0^m,004$ par mètre;

— la façade et la coupe à $0^m,008$ par mètre ;

— le détail, à $0^m,016$ par mètre.

UN MUSÉE D'ARTILLERIE

Cet édifice, élevé dans la capitale d'un grand État, annoncera sa
destination par le caractère sévère de sa décoration. Il serait situé
sur le quai d'un large fleuve, précédé d'un bassin dans lequel pourraient stationner en plein air des engins de guerre maritime, tels que
des torpilleurs, batteries flottantes, etc.

Une porte monumentale, avec logements et guérites, servira d'entrée
à une esplanade. Cette esplanade sera séparée du quai ainsi que
d'avenues d'entourage par des fossés, afin d'en rendre la surveillance
facile.

Le musée comprendra une vaste galerie conduisant à un escalier
monumental; les salles d'exposition seront au rez-de-chaussée et au
premier étage et formeront six divisions principales où seraient classés les modèles d'armes anciennes, du moyen âge, de la renaissance
et des époques suivantes jusqu'aux temps modernes ; des divisions
moins importantes contiendraient les armes des peuples orientaux et
des autres parties du monde, formant musée ethnographique

des types de ces peuples. Toutes les salles du rez-de-chaussée pourront être reliées par de larges portiques, où trouveraient place les objets ne craignant pas le contact de l'air.

Au premier étage sera une grande salle contenant les modèles des costumes militaires d'armées régulières à diverses époques, infanterie et cavalerie. A différentes places de cette salle seront des trophées d'armes et de drapeaux conquis et des groupes équestres de guerriers célèbres entourés des types de soldats de leur époque.

Diverses galeries contiendront des cartes et plans, des vues représentant les actions de guerre et enfin des plans en reliefs de villes et de forteresses ; l'une de ces galeries formerait bibliothèque de livres spéciaux ; elle serait accompagnée, ainsi que les autres galeries, de quatre pièces d'études, de dépôts ou d'objets à classer ; des escaliers secondaires faciliteront les communications entre les diverses galeries. En arrière ou sur les côtés de l'édifice principal seront deux bâtiments isolés ou reliés par des portiques, mais ayant des entrées particulières. Ces bâtiments contiendront : l'un, au rez-de-chaussée, des ateliers de réparation avec bureau de comptable et porte de surveillance ; une écurie pour quatre chevaux, une remise à voitures de matériel — et un ou deux étages de logements pour dix employés. Le second bâtiment, formant un petit hôtel, servira au conservateur et à sa famille. L'enceinte du musée sera ornée de parterres dans lesquels pourront être placés des engins de guerre de gros calibre.

La plus grande dimension du terrain n'excédera pas 390 mètres, enceinte comprise, mais berges non comprises. Pour les esquisses, on fera le plan du rez-de-chaussée à $0^m,0025$ (2 millimètres 1/2) par mètre, et la coupe et l'élévation à la même échelle.

UN PALAIS POUR LES SOCIÉTÉS SAVANTES

Cet édifice serait le siège d'un centre scientifique et intellectuel, permettant aux sociétés savantes de se réunir et de se grouper, de communiquer entre elles et de se prêter un mutuel concours, tout en gardant chacune leur autonomie et leur complète liberté d'action.

A Paris, dans un espace restreint, un établissement de ce genre reçoit déjà trente-deux sociétés.

On suppose que, dans l'édifice proposé, les sociétés, au nombre d'environ quatre-vingts et d'inégale importance, seraient réparties en deux groupes principaux.

Le premier serait formé par les associations relatives aux sciences physiques et mathématiques. Le second se composerait des sociétés se rapportant aux arts, aux lettres, à l'archéologie.

Dans chacun des deux groupes, on aurait cinq salles de réunions devant alternativement servir aux séances de l'une ou l'autre des sociétés.

Ces salles de différentes grandeurs pourraient recevoir cent cinquante à trois cents assistants ; chacune serait accompagnée d'une petite salle de commissions ou de délibérations.

A proximité de ces salles on trouverait les locaux pour environ quarante sociétés; les unes auraient seulement un bureau et une salle d'archives; les autres auraient en plus une salle de commissions et une ou deux pièces pour laboratoires ou dépôt de collections particulières.

Les services communs aux deux groupes comprendraient : une bibliothèque pouvant renfermer cinquante mille volumes, une grande salle de réunions pour les congrès ou autres assemblées nombreuses.

A cette salle, pouvant recevoir au moins un millier d'assistants, seraient ajoutés plusieurs salles pour commissions, un bureau et des galeries ou salles d'expositions.

On trouvera aussi une tour pour les observations astronomiques, quelques salles pour les instruments et les études.

L'administration comprendrait quatre ou cinq pièces pour les bureaux, caisse, secrétariat, un logement pour le secrétaire général de l'établissement et des logements secondaires pour concierges, gardiens, etc., un poste de pompiers, un bureau des postes et télégraphes et diverses dépendances.

On s'attachera particulièrement à donner dans l'ensemble de l'établissement des communications faciles par des galeries et des vestibules, de manière que toutes les sociétés qui y seraient logées soient commodément en rapport avec les salles de réunions ; les salles d'exposition devant, d'ailleurs, être disposées de manière à pouvoir être facilement accessibles au public.

La bibliothèque et ses dépendances et une partie des locaux particuliers affectés aux sociétés pourront être au premier étage.

Le terrain consacré à l'édifice ne dépassera pas 20,000 mètres; tout autour s'étendront des parterres ou plantations ayant pour objet d'isoler les bâtiments des rues avoisinantes.

On fera, pour les esquisses, le plan du rez-de-chaussée et celui du premier étage, à l'échelle de 0^m,003 pour mètre ; la façade et la coupe, au double.

L'échelle du rendu sera, pour le plan du rez-de-chaussée, à 0^m,075.

Celui du premier étage, à la moitié.

La coupe et l'élévation, à 0^m,015.

PALAIS POUR LA COUR DE CASSATION

La Cour de cassation est un tribunal suprême : à cause de ses hautes attributions, ce tribunal doit se distinguer d'un palais de justice par une architecture plus imposante.

Ce palais, précédé d'une place publique, sera entouré de plantations ; il se divisera en trois sections : la chambre des requêtes, la chambre civile et la chambre criminelle.

Chacune de ces chambres aura une salle de conseil et un cabinet pour le président ; la chambre criminelle, devant servir aux assemblées générales de la Cour, sera d'une plus grande étendue ; elle devra contenir soixante sièges pour les magistrats, un siège pour le chef de l'État, un espace réservé au barreau, et un autre pour un auditoire d'environ cent personnes ; les autres chambres, outre la place réservée aux avocats et au public, devront chacune contenir quinze sièges pour les conseillers et le président.

Ces chambres ou salles d'audience seront éclairées par des jours latéraux ; elles seront précédées d'une galerie ornée de peintures et de sculptures qui représenteront les principaux législateurs, magistrats et jurisconsultes ; des corridors ou petites galeries de communication donneront un accès facile aux diverses autres parties de l'édifice. Ces parties sont :

1° Un cabinet pour le premier président, précédé d'une antichambre et d'une salle d'attente ;

2° Un parquet, composé de quatre à cinq pièces et d'un cabinet pour le procureur général ; ce cabinet également précédé d'une salle d'attente ; des cabinets pour six avocats généraux ;

3° Un greffe, ayant cinq ou six pièces, avec cabinet du greffier en chef et dépôt pour les archives du greffe, formant trois sections ;

4° Un bureau d'enregistrement, contenant trois pièces ;

5° Une bibliothèque pouvant contenir environ trente mille volumes et un local pour les archives de la Cour, avec cabinet de l'archiviste;

6° Un vestiaire pour soixante conseillers ;

7° Pour les avocats, une salle de conférence, une bibliothèque et un vestiaire ;

8° Une buvette, avec salle d'attente et logement de concierge. Enfin une entrée particulière pour les voitures des magistrats.

Cet édifice contiendra, dans un soubassement élevé, les dépôts de combustible et les appareils de chauffage et de ventilation et autres services ou dépendances.

Le palais proprement dit, sans y comprendre l'espace qui doit isoler des voies publiques, n'excédera pas 150 mètres dans sa plus grande dimension.

Pour l'avant-projet, on fera le plan du palais au-dessus du soubassement, sur une échelle de 2 *millimètres* pour *mètre;* l'élévation principale et la coupe longitudinale sur une échelle double.

Pour les dessins rendus :

Le plan sur une échelle d'*un centimètre* pour *mètre.*

L'élévation principale à 2 *centimètres* pour *mètre;* et deux coupes à *un centimètre* pour *mètre.*

PALAIS POUR LE GOUVERNEUR DE L'ALGÉRIE, DESTINÉ AUSSI A LA RÉSIDENCE TEMPORAIRE DU SOUVERAIN.

Cet édifice sera entièrement isolé.

Une place publique entourée de talus et de gradins, et destinée aux exercices militaires, précédera le palais.

Un arc de triomphe, érigé aux victoires algériennes, formera l'entrée principale de la première cour, à laquelle on arrivera par des perrons et des rampes.

Deux autres entrées, accessibles aux piétons et aux voitures, sont accompagnées chacune d'un logement de concierge et d'un corps de garde. Des portiques conduiront aux différents corps de bâtiments destinés aux employés supérieurs et inférieurs, ainsi qu'aux bureaux et dépendances des divisions :

De l'intérieur et du commerce. — De la justice et des cultes. — De la guerre. — De la police.

Une autre cour, aussi en terrasse, sera également entourée de portiques ; ceux-ci, à un ou deux étages, et disposés plus encore pour abriter du soleil que de la pluie, auront, par intervalles, de larges ouvertures pour la plus facile découverte de sites environnants.

Des belvédères d'une certaine élévation pourront, dans les emplacements propices, surmonter ces portiques, qui communiqueront aux localités nécessaires pour loger dans des appartements de deux ou trois pièces, les généraux ou officiers supérieurs, les commissaires du gouvernement, les sénateurs et députés de passage à Alger.

Une cour d'honneur précédera le palais, elle devra être accompagnée de deux corps de bâtiments, destinés l'un à loger la suite du souverain lors d'un voyage de celui-ci dans nos possessions d'Afrique, l'autre le gouverneur.

Cette cour, à laquelle conduiront également des escaliers couverts, des perrons et des rampes, sera ornée de fleurs, d'arbres, d'eaux courantes et de fontaines.

Le palais contiendra :

Une salle des gardes ;

Un vestibule accompagné d'antisalles, d'un ou plusieurs escaliers ;

Un appartement pour le souverain ;

Une salle du trône, attenant à une galerie des fêtes et une salle de banquets ;

Une chapelle ;

Une salle de spectacle ;

On ménagera partout des dégagements faciles.

Les écuries et les remises, les cuisines et leurs dépendances seront distribuées dans les étages inférieurs.

L'appartement d'apparat du palais, et les appartements d'habitation seront accompagnés de terrasses et de belvédères.

Au delà et à l'entour du palais s'étendra un jardin avec parc.

Les effets d'eau seront combinés avec la plus riche végétation pour offrir des promenades agréables.

Les concurrents s'attacheront, dans la composition de cet édifice, qui devra joindre à une imposante grandeur beaucoup de magnificence, à appliquer les principes d'après lesquels furent créées les belles formes de l'architecture au siècle de Périclès, d'Auguste et de Léon X. Ils ne chercheront que dans les moyens simples et naturels, dans l'apparence extérieure des terrasses, des voûtes et des coupoles, la petitesse relative des jours, la disposition spéciale des portiques, l'introduction des belvédères, dans l'emploi enfin des eaux abondantes et de la végétation méridionale, à arriver à l'expression d'un caractère vrai de l'édifice et du pays ; en un mot, le but à atteindre est d'offrir à l'imagination et à l'imitation des peuplades algériennes le haut degré de perfection de notre industrie et de nos arts.

Les concurrents auront à suivre en cela l'exemple des Grecs et des Romains, que l'on voit, dans toutes leurs colonies et dans tous les pays, non pas imiter l'architecture incomplète des nations peu civilisées, mais agir au contraire puissamment sur elles, par leurs beaux monuments empreints du caractère particulier de la haute civilisation d'Athènes et de Rome.

Le terrain occupé par les bâtiments n'excédera pas 350 mètres dans sa plus grande dimension.

On fera pour les esquisses, le plan, pris au niveau du rez-de-chaussée de chaque terrain, avec la place publique, mais sans les jardins, à l'échelle de *un millimètre* et *demi* pour *mètre* ($0^m,0015$).

L'élévation générale et la coupe principale à l'échelle de *trois millimètres* pour *mètre* ($0^m,003$).

On fera pour les dessins rendus, le plan général, compris le jardin, à une échelle de *un millimètre* et *demi* ($0^m,0015$) pour mètre.

Le plan particulier du palais à une échelle de *cinq millimètres* ($0^m,005$) *p. m.*

L'élévation et la coupe principale à une échelle de *cinq millimètres* pour *mètre* ($0^m,005$) *p. m.*

L'ESCALIER PRINCIPAL DU PALAIS
D'UN SOUVERAIN

Cet escalier, partie essentielle du palais d'un souverain d'un grand empire, doit se présenter sous les dehors les plus imposants et les plus somptueux. Conçu dans de larges proportions, décoré de nombreux objets d'art et revêtu des marbres les plus riches, il offrira l'alliance de la magnificence et de la majesté.

Au rez-de-chaussée, il sera précédé d'un vaste vestibule, précédé lui-même d'une descente à couvert sous laquelle cinq voitures au moins pourraient à la fois laisser descendre les invités ; à proximité serait située une salle basse où se tiendrait la livrée.

Au premier étage, l'escalier donnerait accès à une salle des gardes précédant les salons, les galeries de réception et la chapelle du palais.

La plus grande dimension du terrain occupé par la construction n'excédera pas 80 mètres.

Pour les esquisses on fera le plan du rez-de-chaussée et du premier étage, de l'escalier et du vestibule, de la chapelle et de la salle des gardes (les salons de réception ou appartements ne seront qu'en amorce).

L'élévation du motif auquel donnerait lieu le vestibule et une coupe soit droite, soit bissée, sur l'escalier, la chapelle et la salle des gardes.

Les plans à 0^m,002 pour mètre, la façade et la coupe au double.

Pour les dessins rendus, les deux plans seront à 0^m,005 pour mètre, la façade à 0^m,01 et la coupe à 0^m,02 pour mètre.

On joindra à ces dessins une vue perspective de l'escalier, dont le premier plan sera à l'échelle de la coupe.

UNE ÉCOLE DE MÉDECINE

Cet édifice destiné à l'enseignement de toutes les sciences médicales, sera composé d'un rez-de-chaussée et d'un premier étage :

Il sera accompagné d'un jardin botanique.

Il comprendra, au rez-de-chaussée, pour la démonstration de la médecine et de la chirurgie :

1° Un amphithéâtre pouvant contenir 1800 élèves.

2° Deux autres amphithéâtres moins vastes, l'*un* pour l'enseignement de la botanique auprès duquel on disposera *deux serres* pour l'entretien et la culture des plantes médicinales étrangères ; l'*autre* amphithéâtre, pour l'enseignement de la chimie et de la physique, accompagné d'une *salle* pour recevoir les appareils et produits chimiques nécessaires aux leçons, ou provenant des expériences, et d'un cabinet de physique contenant les appareils de cette science.

3° Une école pratique d'anatomie avec des dépôts pour les sujets et pour les dissections.

4° Un petit hospice pouvant recevoir environ 60 malades, classé en deux divisions pour les deux sexes, et réparti dans plusieurs salles pour l'étude de la clinique ou médecine d'observation au lit des malades. On s'attachera à éloigner cet hospice du bâtiment principal, afin de lui ménager l'air pur que nécessite la cure des malades. On devra également isoler, autant que possible, l'école pratique d'anatomie.

Il est à observer toutefois que, tout en éloignant de l'école de médecine proprement dite, ces deux établissements, il sera indispensable de les relier avec le bâtiment central au moyen de portiques ou galeries couvertes.

5° Une bibliothèque pour les livres de médecine.

6° Un cabinet d'instruments de chirurgie et un autre d'anatomie.

7° Une salle des examens précédée d'un vestibule et suivie d'un salon pour les professeurs.

8° Une salle d'assemblée avec ses dépendances pour les séances de l'Académie.

9° Des logements pour le concierge et les employés subalternes.

Le premier étage contiendra : outre l'administration qui sera composée d'une salle de conseil, archives, bureaux, etc.

1° Un appartement pour le doyen de la Faculté.

2° Un autre pour le secrétaire archiviste.

3° Et un autre pour le bibliothécaire chargé de la conservation des cabinets.

4° Et enfin un autre pour le directeur de l'école pratique.

Les diverses parties de cet établissement seront mises en communication par de larges promenoirs, sous lesquels les étudiants pourront attendre à couvert les heures des leçons. Outre l'emplacement nécessaire à la culture des plantes médicinales, on réservera dans le jardin des promenades ombragées où l'on puisse se livrer à l'étude.

Le terrain sur lequel sera projeté cet édifice aura, en y comprenant le jardin botanique, une superficie maximum de 200,000 mètres, ce qui pourrait produire un rectangle de 400 sur 500 mètres.

La superficie du terrain sur lequel seraient projetées des constructions, ne devra pas excéder 90,000 mètres.

On fera pour les esquisses, un plan général détaillé avec le jardin en arrachement, l'élévation et la coupe principale à l'échelle de 0$^\mathrm{m}$,015 pour *mètre*.

Pour les dessins rendus, le plan du rez-de-chaussée avec le jardin botanique, et celui du premier étage à l'échelle de 0$^\mathrm{m}$,004 pour *mètre*.

L'élévation et la coupe principale au double.

UN PALAIS DES FACULTÉS DE THÉOLOGIE, DES LETTRES ET DES SCIENCES

Cet édifice, consacré à l'enseignement supérieur et à la collation des grades universitaires, sera en outre le siège de l'Académie de Paris.

La faculté de théologie comprendra, pour les divers cours de théologie, d'histoire sainte, de droit ecclésiastique, d'écriture sainte, etc., deux amphithéâtres, l'un pour 150 auditeurs, l'autre pour 300, accompagnés, l'un et l'autre, de quelques pièces accessoires à l'usage des professeurs ; une salle pour les compositions écrites, une salle pour les examens oraux, une salle pour les délibérations des professeurs et les réunions de la faculté.

La faculté des lettres comprendra les mêmes séries que ci-dessus, *mais dans de plus grandes proportions*, les deux amphithéâtres pour les divers cours de littérature, de poésie, d'histoire, de philosophie, etc., doivent contenir, l'un 300, l'autre 1,000 auditeurs.

La faculté des sciences, qui a besoin d'un espace beaucoup plus vaste, comprendra deux salles d'examens et deux salles de compositions, quatre amphithéâtres, dont deux pour 300 et deux pour 800 auditeurs, pour les divers cours d'astronomie, de botanique, de géologie, etc., dix laboratoires d'enseignement et de recherches, dont quatre avec cours d'isolement sont destinés aux manipulations chimiques ; un laboratoire spécial de chimie, et un cabinet d'instruments de physique (ces deux salles devront être en communication facile avec un des grands amphithéâtres), une collection de produits chimiques, avec galerie d'histoire naturelle et une galerie de minéralogie.

Pour chaque faculté, il y aura un appartement de doyen, un de secrétaire général, un secrétariat composé de quelques pièces se reliant avec le cabinet du doyen.

L'établissement comprendra en outre une chapelle pour les cérémonies, une bibliothèque générale divisée en trois sections correspondant aux trois facultés ; deux grandes salles, pouvant contenir chacune cent élèves pour les concours généraux des lycées.

Une salle de distribution de prix pouvant contenir de deux à trois mille personnes.

Un appartement du recteur de l'Académie, un autre du secrétaire général, un secrétariat et une salle de conseil.

Tous les locaux du palais, reliés et dégagés convenablement, peuvent être établis à divers étages ; ils seront desservis et surveillés par un ou plusieurs concierges et quelques agents secondaires logés dans l'établissement.

Le terrain formera un îlot limité par quatre voies publiques et n'excédera pas 300 mètres dans sa plus grande dimension.

On fera pour les esquisses un plan sur une échelle de $0^m,002$ pour *mètre*.

L'élévation et la coupe au double.

Pour les dessins rendus, on fera deux plans à l'échelle de $0^m,005$ pour *mètre*.

Une élévation, une coupe longitudinale et une coupe transversale au double.

UN CONSERVATOIRE DE MUSIQUE ET DE DÉCLAMATION POUR UNE GRANDE CAPITALE

Ce conservatoire pouvant être entouré par des plantations sera limité à droite et à gauche par deux larges avenues ; par devant et par derrière par deux grandes places sur lesquelles s'élèveront les deux façades principales. Il comprendra quatre divisions, qui, bien que distinctes dans leurs destinations, doivent néanmoins être toutes reliées entre elles, afin de former un édifice ayant une grande unité de composition.

Les divisions sont celles-ci :

1° L'administration.

2° Le service des études.

3° Le grand théâtre public.

4° Le musée et la bibliothèque.

PREMIÈRE DIVISION

Administration

Cette administration, devant avoir son entrée principale commune avec celle du service d'études ou tout au moins être en communication directe avec elle, se composera des locaux suivants :

1° Grand vestibule d'entrée. — 2° Logement du concierge. — 3° Cabinet du directeur général (plusieurs pièces et dépendances). — 4° Cabinet du chef du secrétariat (deux pièces). — 5° Antichambre et grande salle d'attente commune aux deux cabinets ci-dessus désignés. — 6° Six ou huit bureaux pour la caisse, les commis, les gardiens, les archives spéciales, etc. — 7° Une grande salle de réunion pour les comités, avec vaste salle d'attente et pièces de dépendances. — 8° Plusieurs pièces pour le service médical, le service du bâtiment, le poinçonnage du diapason, etc. — 9° Logement et appartement de réception du directeur. — 10° Logement du chef du secrétariat. — 11° Cinq ou six logements pour divers employés principaux et plusieurs petits logements pour les gardiens et employés secondaires. — 12° Closets installés pour chaque service différent à l'exclusion de cabinets communs.

Cette administration pouvant occuper plusieurs étages devra avoir des communications directes et faciles avec le service des classes, auxquelles les administrateurs doivent pouvoir accéder sans traverser les cours intérieures de l'édifice.

DEUXIÈME DIVISION

Services des études

Cette division comprendra : 1° Vingt classes, chacune pour vingt-cinq élèves (30 ou 40 mètres). Ces classes devront autant que possible être séparées les unes des autres, soit par une petite pièce servant de salle d'attente, soit par des vestiaires ou des dépôts particuliers d'instruments.

Des cabinets de professeurs doivent être annexés à chacune de ces classes ; celles-ci peuvent être placées au rez-de-chaussée ou au premier étage et même, au besoin, on pourrait en disposer quelques-unes dans un second étage ; dans tous les cas elles doivent être largement reliées les unes aux autres par des portiques, des couloirs, des galeries ou des escaliers vastes et commodes.

2° Quatre classes théâtrales pour les études de déclamation dramatiques ou lyriques, cours de maintien, etc. Chacune des classes devant contenir environ soixante élèves, elles seront toutes munies d'une scène occupant toute la largeur de la classe et d'une tribune faisant face à cette scène et pouvant contenir une quarantaine de personnes. Ces classes pourront être installées au rez-de-chaussée ou au premier étage, mais de préférence au rez-de-chaussée ; elles devront avoir au moins 10 mètres de largeur et 16 mètres de longueur, scène et tribune comprises. Un petit magasin servant de dépôt d'accessoires et des châssis de décoration sera annexé à chacune d'elles.

3° Quatre grandes classes ordinaires, chacune pour 40 à 50 élèves, destinées aux cours d'ensemble ; ces salles doivent être traitées en forme de quadrangulaire.

4° Un grand amphithéâtre pour les cours publics pouvant contenir 400 auditeurs.

5° Une grande salle (pour 500 personnes) avec une scène assez vaste pour les concours et les examens. Cette salle sera plutôt traitée en salle de théâtre qu'en salle de classe et devra par conséquent être emménagée par des tribunes et logettes placées au pourtour à un ou deux étages. Cette salle aura à proximité un petit foyer pour les élèves concurrents et un dépôt ou magasin pour les accessoires et les décorations.

6° Deux grandes salles d'attente, pouvant contenir au moins 200 personnes, seront disposées pour les hommes et pour les femmes à proximité de cette salle d'examen.

7° Une grande salle pour l'escrime avec ses dépendances.

8° Un bureau central de surveillants des classes et à chaque étage des bureaux particuliers de surveillants.

9° Un dépôt général de musique et à chaque étage un ou deux dépôts particuliers.

10° Un dépôt général des instruments.

11° Deux salles de réfectoire, avec cuisine, dépôt, etc.

12° Closets divisés en deux sections bien distinctes pour les hommes et pour les femmes, et disséminés autant que possible sur plusieurs points à tous les étages; des urinoirs devront également être établis en divers endroits.

Une partie de tous ces services peut être installée au rez-de-chaussée, au-dessous du musée et de la bibliothèque qui doivent occuper le premier étage.

TROISIÈME DIVISION

Grand théâtre public

Ce théâtre destiné à l'application des études et aux séances de concert devra contenir environ 1,500 personnes.

Il devra avoir une entrée monumentale et spéciale pour le public, placée du côté opposé à celle de l'administration et des classes.

Il comprendra toutes les dépendances usitées dans un théâtre, en formant aussi un édifice complet disposé pour les représentations de toutes les œuvres scéniques.

QUATRIÈME DIVISION

Bibliothèque musicale et musée des instruments

La bibliothèque devra avoir une superficie d'au moins 1,000 mètres, elle comprendra les galeries proprement dites, une ou deux salles de lecture, les bureaux du bibliothécaire et de divers employés, des pièces de dépôt, de grands magasins, etc.

Le musée des instruments, devant communiquer avec la bibliothèque, devra avoir une superficie d'au moins 500 mètres, et se composera de galeries et salles d'exposition, de bureaux et salles d'études, de dépôts, etc.

Ces services, bibliothèque et musée, devront être placés au premier étage ; on devra pouvoir y accéder par des entrées particulières, vastes et commodes ; un grand escalier devra aussi mettre en communication ces services et ceux des études.

En résumé, le théâtre, la bibliothèque et le musée, devant former surtout la partie monumentale de l'édifice, seront traités de façon à être grandement accessibles au public qui devra pouvoir y arriver sans pénétrer dans l'intérieur du conservatoire.

Des portiques, des cours, des jardins, etc., peuvent être installés dans le monument ou à son pourtour.

Le terrain, en ce qui concerne les bâtiments, n'excédera pas 180 mètres dans sa plus grande dimension.

On fera pour les esquisses le plan du rez-de-chaussée et celui du premier étage à 2 *millimètres et demi* pour *mètre*, la coupe et la façade du côté du théâtre au double.

Pour les rendus on fera les deux plans de *un centimètre* pour *mètre*, la façade du côté de l'administration à la même échelle, la coupe et la façade du côté du théâtre au double, et un détail de cette façade à 5 *centimètres*.

RÈGLEMENT

DE

L'ACADÉMIE DE FRANCE A ROME

CHAPITRE PREMIER

PERSONNEL DE L'ÉCOLE DE ROME

§ Ier. — DU DIRECTEUR. — DES PENSIONNAIRES

ARTICLE PREMIER. — L'Académie de France à Rome est régie et administrée par un Directeur.

ART. 2. — Le Directeur de l'Académie de France à Rome est nommé par le chef de l'Etat, sur la proposition du ministre compétent: il est choisi sur une liste de trois candidats présentés par l'Académie des Beaux-Arts.

ART. 3. — Le Directeur est nommé pour six ans.

ART. 4. — Le Directeur, indépendamment de ses fonctions administratives, exerce un contrôle sur les travaux obligatoires des pensionnaires. Il correspond avec l'Académie pour tout ce qui concerne ces travaux et intéresse l'art et les études. Il tient un registre spécial sur lequel sont inscrits, chaque année, les sujets des envois avec l'indication des dimensions de ceux-ci, ainsi qu'il est dit à l'article 27.

ART. 5. — Les artistes qui ont remporté les premiers grands prix de Rome sont pensionnés par l'État, à savoir les peintres, les sculpteurs, les architectes, les graveurs en taille-douce et les compositeurs musiciens pendant quatre années ; les graveurs en médailles et en pierres fines pendant trois années (1).

ART. 6. — Tout pensionnaire est tenu de quitter Paris au plus tard le 20 décembre ; de justifier de sa présence à Florence entre le 25 décembre et le 5 janvier, après s'être arrêté soit à Gênes, soit à Milan, et de se trouver à Rome au plus tard le 20 janvier. Faute par lui de

---

1. Nonobstant le retranchement d'une année fait à la pension des élèves de l'École de Rome par le décret du 13 novembre 1863, réduction maintenue par le décret du 13 novembre 1874 actuellement en vigueur, l'Académie a la confiance que les dispositions des anciennes ordonnances qui fixaient, pour les peintres, les sculpteurs, les architectes, les graveurs en taille-douce et les compositeurs de musique, la durée de la pension à cinq années et à quatre ans pour les peintres de paysage et les graveurs en médailles et en pierres fines, seront remises en vigueur lorsque les raisons d'économie dont s'est inspiré le dernier décret n'existeront plus.

remplir ces obligations, il perdra son titre et ses droits de pensionnaire, à moins que l'Académie n'en décide autrement, d'après des motifs qu'elle appréciera.

ART. 7. — Les pensionnaires en arrivant à Rome doivent se présenter au Directeur de l'Académie : ils ne peuvent être reconnus par lui en qualité de pensionnaires qu'autant qu'ils sont pourvus de leur titre revêtu des formes légales. Cette pièce est enregistrée et remise ensuite au titulaire. A la suite de cet enregistrement, le Directeur donne lecture aux pensionnaires du règlement qui les concerne et leur en remet un exemplaire.

ART. 8. — Pendant leur séjour à Rome, les pensionnaires habitent le palais de l'Académie et y prennent leurs repas à une table commune.

ART. 9. — Les artistes mariés ne pouvant être admis au concours pour les Prix de Rome ni, par conséquent, devenir pensionnaires, le pensionnaire qui se marierait pendant son séjour à Rome perdrait sa pension.

§ II. — DU TRAITEMENT DES PENSONNAIRES. — DES VOYAGES.

ART. 10. — Chaque pensionnaire en quittant Paris pour se rendre à Rome reçoit une somme de 600 francs pour les frais de son voyage.

ART. 11. — Il est annuellement alloué à chaque pensionnaire, pendant son séjour à Rome, une somme totale de 3,510 francs qui se décompose de la manière suivante, à savoir :

1° Traitement annuel . . . . 2,310 »
Cette somme est payée au pensionnaire dans les termes déterminés ci-après : soit :
2,010 francs, à raison de 167 fr. 50 par mois, qui sont comptés en argent à chaque pensionnaire pour subvenir à ses études et à son entretien ;
Et 300 francs qui forment une retenue ou fonds de réserve dont il est tenu compte au pensionnaire à la fin de sa pension, comme il est dit au chapitre III du présent règlement.
2° Indemnité de table . . . . 1,200 »
Une somme de 1,200 francs par tête pour indemnité de table de chaque pensionnaire est allouée au Directeur qui en tient compte au pensionnaire à raison de 100 francs par mois.

TOTAL. . . . . . 3,510 fr.

En outre les pensionnaires reçoivent à la fin de chaque année une indemnité de frais d'études réglée dans les proportions suivantes :

	ANNEES.	fr.	
Peintres, fin de.	1re et 2e	50	Pour frais
—	3e	150	de la copie
—	4e	500	peinte.

	ANNÉES	fr.	
Sculpteurs	1re, 2e, 3^e	50	
—	4^e	300	
Architectes	1re et 2^e	50	Pour frais de fouilles à l'occasion de la restauration.
—	3^e	600	
—	4^e	300	
Graveurs en médailles et en pierres fines . . .	1re, 2e et 3^e	30	Sans compter les frais d'achat de pierres fines.
Graveurs en taille-douce	1re	30	Pour frais d'achat de 2 planches de cuivre.
—	2e et 3^e	30	
—	4^e	30	
Musiciens-compositeurs	1re et 2^e	50	Pour frais de copie de chaque envoi.

Art. 12. — Les architectes en partant pour la Grèce touchent une indemnité spéciale de 800 francs.

Art. 13. — Chaque pensionnaire, à l'expiration de sa pension, reçoit une somme de 600 francs qui lui est payée sur les fonds de l'Académie de France à Rome pour rentrer en France.

Art. 14. — Lorsque les pensionnaires sont en voyage, leur traitement leur est payé, à raison de 267 fr. 50 par mois.

Art. 15. — Nul pensionnaire ne peut voyager ou même quitter Rome pour quelques jours, sans l'autorisation du Directeur de l'Académie.

Art. 16. — Les seuls pays dans lesquels les pensionnaires soient autorisés à voyager sont l'Italie, la Sicile et la Grèce. Tout pensionnaire qui quittera les pays ci-dessus indiqués sans l'autorisation du Directeur, sera considéré comme démissionnaire.

Art. 17. — Les pensionnaires sont tenus de rester pendant la première année de leur pension à Rome et dans l'Italie centrale. Ils n'en peuvent sortir sans une autorisation spéciale du Directeur. Pendant la seconde année de leur pension, les pensionnaires peuvent voyager en Italie et en Sicile, et, à partir de la troisième année, dans l'Italie, la Sicile et la Grèce ; toutefois, ils ne pourront partir sans avoir obtenu auparavant l'autorisation du directeur.

Art. 18. — Les pensionnaires ne pourront obtenir cette autorisation que dans des conditions de temps telles que l'exécution de leurs travaux obligatoires demeure assurée.

Art. 19. — En ce qui concerne les musiciens compositeurs, après deux années passées à Rome et en Italie, ils devront visiter l'Allemagne, l'Autriche-Hongrie, et y séjourner au moins une année. Quant à la dernière année de leur pension, il leur est permis de la passer soit à Rome, soit en France.

Les pensionnaires musiciens, à partir de l'époque où ils auront quitté la villa Médicis, n'étant plus placés sous l'autorité immédiate du Directeur de l'Académie de France à Rome, devront faire parvenir les travaux constituant l'envoi de l'année, au Secrétariat de l'Institut, à Paris, le 6 juin, sous peine de perdre la retenue imposée à tous les pensionnaires, comme garantie de leurs travaux et de leurs obligations. Un avis, à cet effet, sera donné par l'Académie au Ministère qui paie leur traitement en Allemagne et en France.

Après que les pensionnaires compositeurs auront définitivement quitté Rome, la retenue de garantie des travaux sera renvoyée par le Directeur au Ministère et ne sera restituée aux pensionnaires que sur l'avis de l'Académie des Beaux-Arts constatant que ces pensionnaires ont rempli leurs obligations.

CHAPITRE II

TRAVAUX DES PENSIONNAIRES

Art. 20. — Les pensionnaires exécutent chaque année des travaux dont le caractère, la nature et l'ordre sont déterminés ci-après.

Art. 21. — Les travaux des pensionnaires consistent : 1° en des études générales propres à développer l'instruction et le talent : 2° en des études spéciales concernant chaque art et dont les résultats constituent les envois.

§ Ier. — ÉTUDES GÉNÉRALES

Art. 22. — La bibliothèque de l'Académie est ouverte tous les jours aux pensionnaires sur leur demande. L'entrée leur en est exclusivement réservée, sauf les autorisations qui pourraient être accordées par le Directeur.

Art. 23. — La galerie de moulages exécutés sur les chefs-d'œuvre de la sculpture et de l'architecture est ouverte aux pensionnaires tous les jours.

Art. 24. — Un cours d'archéologie est professé à l'usage des pensionnaires.

Les pensionnaires ont accès dans les monuments, musées et galeries de la ville de Rome.

Art. 25. — Tous les jours, excepté les dimanches et fêtes, le modèle vivant est posé, pendant deux heures, dans une salle de l'Académie affectée à cet usage. Cette séance a lieu en hiver de 6 à 8 heures du soir, et en été de 6 à 8 heures du matin.

§ II. — ÉTUDES SPÉCIALES

ART. 26. — Les études dont le résultat constitue les envois et qui ont un caractère rigoureusement obligatoire sont réglées, pour chaque section et pour chaque année de la pension, de la manière suivante :

ART. 27. — En principe, tout pensionnaire qui, ayant obtenu un deuxième premier grand prix, n'aura à jouir que de trois ou de deux années de pension, devra, pour remplir ses obligations, exécuter les travaux demandés par le règlement aux pensionnaires, à partir de la seconde ou de la troisième année de leur pension.

Les pensionnaires peintres ou sculpteurs sont tenus de soumettre les esquisses de leurs envois au Directeur de l'Académie. L'examen de ces esquisses porte sur le choix du sujet et sur les dimensions des ouvrages.

Les pensionnaires architectes devront faire connaître au Directeur quels sont les monuments qu'ils se proposent d'étudier.

Les graveurs soumettront au Directeur le choix des tableaux ou des peintures murales qu'ils désirent dessiner ou graver.

Les musiciens, pendant leur séjour à l'Académie, feront savoir au Directeur quels sont les sujets qu'ils se proposent de traiter.

L'acceptation de ces divers sujets d'envoi, de leur développement et de leurs dimensions, sera inscrite sur un registre spécial. Elle sera contresignée par chaque pensionnaire en ce qui le concerne.

Si, dans le courant de l'année, un pensionnaire est amené à changer le sujet de son envoi, il doit en faire la déclaration au Directeur. Dans ce cas nouveau, il est procédé ainsi qu'il a été dit ci-dessus.

Tous les ans, avant le 15 janvier, le Directeur adresse à l'Académie un rapport indiquant l'état d'avancement des travaux de tous les pensionnaires : à cet effet, ceux-ci devront faciliter au Directeur les constatations qui lui seront nécessaires.

1° **Pensionnaires peintres.**

ART. 28. — Le pensionnaire peintre devra exécuter :

Dans la 1re année de sa pension.

1° Une figure peinte d'après nature et de grandeur naturelle ; cette figure représentera un sujet qui sera emprunté soit à la mythologie, soit à l'histoire ancienne, sacrée ou profane ; — 2° un dessin d'après les peintures des grands maîtres de deux figures au moins ; — 3° un dessin d'après une œuvre remarquable de sculpture de l'antiquité ou de la Renaissance, soit statue, soit bas-relief.

Dans la 2ᵉ année.

Un tableau d'au moins deux figures nues ou en partie drapées, de grandeur naturelle.

Dans la 3ᵉ année.

1° Une copie peinte soit d'après un tableau ou une fresque de grand maître, soit d'après un fragment de tableau ou de fresque de trois figures au moins. Ce fragment sera copié de la grandeur de l'original ; si toutefois l'original était de proportion colossale et que le pensionnaire voulût le réduire, les figures ne devraient point avoir moins de deux mètres de proportion. Cette copie demeure la propriété de l'Etat ; — 2° une esquisse peinte de sa composition, dont le champ aura au moins cinquante centimètres sur son plus petit côté.

Dans la 4ᵉ annee.

Un tableau de sa composition, de plusieurs figures de grandeur naturelle : le sujet sera tiré soit de la mythologie, soit des littératures, soit de l'histoire ancienne, sacrée ou profane. Ce tableau n'aura pas plus de quatre mètres dans sa plus grande dimension.

Le tableau qui constitue l'envoi de dernière année des pensionnaires peintres sera, lorsqu'il en paraîtra digne, signalé par l'Académie des Beaux-Arts à l'administration, dans une lettre spéciale qui sera jointe au rapport annuel adressé au ministre.

2° **Pensionnaires sculpteurs.**

ART. 29. — Le pensionnaire sculpteur devra exécuter :

Dans la 1ʳᵉ année de sa pension.

1° Un bas-relief d'une ou deux figures de grandeur naturelle nues ou en partie drapées. Dans le cas où le bas-relief ne comprendrait qu'une figure, elle serait nécessairement nue. Le sujet sera emprunté soit à la mythologie, soit aux littératures où à l'histoire ancienne, sacrée ou profane ; — 2° une copie en marbre d'une statue antique qu'il aura choisie avec l'approbation du Directeur. L'Etat fournit le marbre. L'ébauche de la copie dont le pensionnaire aura la faculté d'exécuter les restaurations, lui est livrée préparée à la grosse gradine. La copie en marbre demeure la propriété de l'Etat.

Dans la 2ᵉ année.

1° Une figure en ronde-bosse de sa composition et de grandeur naturelle ; — 2° l'esquisse très arrêtée en bas-relief d'une composition ne comprenant pas moins de sept figures, lesquelles auront au moins quarante centimètres de proportion.

Dans la 3ᵉ année.

1° Le modèle d'une figure en ronde-bosse de la composition du pensionnaire, de grandeur naturelle ; ce modèle doit être mis à la disposition du Directeur le 1ᵉʳ avril.

Dans la 4ᵉ année.

Le pensionnaire doit exécuter en marbre la figure dont il a produit le modèle l'année précédente. L'État fournit le marbre de cette figure et il paie les frais de l'ébauche, qui doit être livrée au pensionnaire préparée à la grosse gradine.

La statue qui constitue l'envoi de dernière année du pensionnaire sculpteur, sera, lorsqu'elle en sera jugée digne, signalée par l'Académie des Beaux-Arts à l'administration, dans une lettre spéciale qui sera jointe au rapport annuel adressé au ministre.

3° Pensionnaires architectes.

Art. 30. — Le pensionnaire architecte devra exécuter :

Dans la 1ʳᵉ année de sa pension.

Quatre feuilles de détails d'après les monuments antiques de Rome et de l'Italie centrale : ces détails seront au quart de l'exécution.

Les envois de détails devront être accompagnés de sections verticales et horizontales cotées avec soin et en nombre suffisant pour rendre compte des procédés employés et du degré de perfection de l'étude.

Dans la 2ᵉ année.

1° Quatre feuilles de détails d'après les monuments antiques de l'Italie : ces détails seront au quart de l'exécution ; — 2° quelques détails d'architecture de la Renaissance.

Une feuille de détail devra présenter, lavé, un des éléments de l'envoi dans son état actuel, et une autre feuille devra présenter le même élément restauré. Le pensionnaire devra rechercher un motif pouvant donner lieu à une restauration assez importante.

Dans la 3ᵉ année.

1° Deux feuilles de détail d'après un monument antique de l'Italie, de la Sicile ou de la Grèce : ces détails seront au quart de l'exécution ;

— de plus, un état actuel de tout ou partie du même monument ; — 2° des détails décoratifs extérieurs ou intérieurs et des ensembles d'architecture du Moyen âge ou de la Renaissance.

Dans la 4ᵉ année.

La restauration d'un édifice antique ou d'un ensemble d'édifices antiques de l'Italie, de la Sicile ou de la Grèce, comprenant l'état actuel et l'état restauré avec des études de détails : un mémoire historique et explicatif sera joint à ce travail.

La restauration demeure la propriété de l'État.

4° Pensionnaires graveurs en taille'douce.

ART. 31. — Le pensionnaire graveur en taille - douce devra exécuter :

Dans la 1ʳᵉ année de sa pension.

1° Deux figures nues d'après nature et deux dessins d'après des statues ou des bas-reliefs antiques : — 2° deux études de fragments ou parties détachées d'après des tableaux ou des fresques de grands maîtres ; — 3° le dessin d'un portrait anciennement peint par un maître célèbre, dont l'original sera pris dans quelque musée ou une galerie de l'Italie et dont le choix sera approuvé par le Directeur. Dans ce dessin, la tête aura au moins six centimètres de hauteur ; — 4° une épreuve de la planche ébauchée de ce portrait.

Dans la 2ᵉ année.

1° Une figure nue d'après nature et un dessin d'après l'antique ; — 2° un dessin de $0^{m},40$ au moins d'après un tableau ou une fresque de grand maître ; — 3° la planche terminée au burin du portrait ébauché dans la 1ʳᵒ année.

Le cuivre, accompagné d'une épreuve, fera partie de l'exposition des envois. Le cuivre est et demeure la propriété de l'État. L'auteur pourra être autorisé par le ministre à faire tirer de cette planche jusqu'à concurrence de 300 épreuves qui resteront sa propriété ; mais cette autorisation ne pourra lui être accordée qu'à la fin de sa pension et s'il a satisfait à toutes ses obligations. Sur le rapport de l'Académie et avec l'autorisation du ministre, on pourra tirer un certain nombre d'épreuves qui seront placées dans les établissements publics.

Dans la 3ᵉ année.

1° Deux figures nues d'après nature et deux dessins d'après des statues ou des bas-reliefs antiques ; — 2° un dessin de deux figures au moins d'après un tableau ou une fresque de grand maître ; le choix du tableau ou de la fresque devra être approuvé par le Directeur. Ce dessin devra avoir, au moins, 0^m,30 dans sa plus grande dimension, et servira pour faire la planche qui devra être de même dimension et qui constitue l'envoi de dernière année ; — 3° l'ébauche de cette planche ; le pensionnaire devra la soumettre au Directeur à la fin de l'année.

Dans la 4° annee.

La planche terminée du dessin exécuté dans la 3° année.

La planche qui constitue l'envoi de dernière année du pensionnaire graveur en taille-douce sera, lorsqu'elle en paraîtra digne, signalée par l'Académie des Beaux-Arts à l'Administration, dans une lettre qui sera jointe au rapport annuel adressé au ministre.

5ᵉ Pensionnaires graveurs en médailles et en pierres fines.

ART. 32. — Le pensionnaire graveur en médaille et en pierres fines devra exécuter :

1° Une figure d'après nature, en bas relief, ayant au moins 0^m,30 de proportion, cette figure exprimera un sujet, elle sera exécutée en cire ; — 2° une tête d'étude exprimant un sujet, ce modèle sera exécuté en cire et aura 0^m,16 de diamètre : ces sujets seront soumis à l'approbation du Directeur ; — 3° la copie en creux d'une médaille ou d'une intaille antique ; — 4° un dessin soit d'après nature, soit d'après l'antique, soit d'après les maîtres.

Dans la 2ᵉ annee :

1° La figure en médaille ou en pierre fine de la tête d'étude de l'année précédente. Ce travail demeure la propriété de l'Etat ; — 2° un coin gravé en creux ou en intaille d'après une statue ou bas-relief antique. Les pierres sont fournies par l'Etat au graveur en pierres fines ; — 3° une esquisse très arrêtée d'une composition de trois figures au moins, pour le graveur en médailles sur un champ circulaire de 0^m,28 de diamètre dans sa plus grande dimension, et, pour le graveur en pierres fines, une esquisse très arrêtée de trois figures au moins sur un champ de 0^m,28 de diamètre dans sa plus grande dimension : ces esquisses seront arrêtées en cire ; — 4° deux dessins, l'un d'après nature, l'autre d'après les maîtres.

Dans la 3ᵉ annee :

1° Le modèle en cire d'une médaille ou d'une pierre fine gravée (camée ou intaille) de sa composition, consistant au moins en deux figures dont la proportion ne sera pas moindre de 0^m,30 ; — 2° l'exécution pour le graveur en médailles se fera sur acier en creux ou en relief à son choix. Le module sera de $0^m,50$ au minimum et de $0^m,70$ dans sa plus grande dimension.

La médaille ou la pierre fine qui constitue l'envoi de la dernière année du pensionnaire graveur en médailles ou en pierres fines, sera, lorsqu'elle en paraîtra digne, signalée par l'Académie des Beaux-Arts à l'administration, dans une lettre spéciale qui sera jointe au rapport annuel adressé au ministre.

6° **Pensionnaires compositeurs de musique.**

Art. 33. — Le pensionnaire musicien devra :

Dans la 1re année de sa pension :

1° Composer deux partitions complètes ; l'une de ces partitions sera un oratorio sur des paroles françaises, italiennes ou latines ; ou bien, à son choix, une messe solennelle, soit une messe de *Requiem*, soit un *Te Deum*. La seconde partition sera un opéra ou fragment d'opéra français ou italien, soit sur un livret ancien, soit sur un livret nouveau, pourvu que ce dernier ait été accepté par le Directeur ; — 2° copier ou mettre en partition lui-même une œuvre inédite des maîtres du xvie, xviie ou xviiie siècle manquant à la bibliothèque du Conservatoire, que cette œuvre soit découverte par lui ou qu'elle lui soit indiquée par l'Académie. La copie du pensionnaire sera déposée à la bibliothèque du Conservatoire.

Dans la 2e année.

Composer, comme dans la première année, deux partitions complètes, avec cette différence qu'il pourra remplacer l'*Oratorio* ou l'ouvrage de musique sacrée par une symphonie composée de quatre morceaux, et qu'il devra varier ses travaux de manière que, s'il a composé une année un opéra italien et un oratorio, il envoie l'année suivante une messe ou une symphonie et un opéra français.

Dans la 3e année.

1° Écrire un opéra en un acte, soit sur un livret ancien, soit sur un livret nouveau, pourvu que celui-ci ait été approuvé par la section de musique de l'Académie des Beaux-Arts ; — 2° composer le morceau symphonique destiné à être exécuté au commencement de la séance publique annuelle de l'Académie, après avoir été préalablement soumis au jugement de la section de musique.

Dans la 4ᵉ année.

Écrire également un opéra en un acte sur un livret ancien ou nouveau, ce dernier approuvé par la section de musique de l'Académie.

Tous les ans, une œuvre choisie par la section de musique parmi les quatre envois du pensionnaire de dernière année sera exécutée au Conservatoire.

Nota. — Les pensionnaires compositeurs de musique jouissent de leurs entrées aux théâtres lyriques pendant le temps de leur pension qu'ils sont autorisés à passer à Paris.

CHAPITRE III

EXPOSITION DES ENVOIS A ROME ET A PARIS

DU RAPPORT DE L'ACADÉMIE DES BEAUX-ARTS

Art. 34. — Les travaux obligatoires doivent être mis à la disposition du Directeur chaque année, le 1ᵉʳ avril.

Art. 35. — Il y a tous les ans, au 1ᵉʳ avril et pendant quinze jours, exposition publique au palais de l'Académie de France à Rome des travaux obligatoires des pensionnaires peintres, sculpteurs, architectes, graveurs en taille-douce et graveurs en pierres fines.

Art. 35 *bis*. — Les pensionnaires musiciens de première et de seconde année devront remettre leurs envois au Directeur de l'Académie à l'époque réglementaire, c'est-à-dire le 1ᵉʳ avril de chaque année. Les pensionnaires musiciens, ayant achevé leurs deux années de séjour à Rome, ne pourront quitter l'Académie qu'après avoir livré au Directeur leur travail de 2ᵉ année.

Les pensionnaires de 3ᵉ et de 4ᵉ année sont tenus de déposer leurs envois le 6 juin au plus tard au secrétariat de l'Institut.

Tout pensionnaire qui n'aurait pas satisfait aux clauses du règlement, perdra ses droits à l'exécution de ses œuvres au Conservatoire de musique.

Art. 36. — Ne sont admis à cette exposition que les travaux demandés par le règlement.

Art. 37. — Immédiatement après cette exposition, les travaux des pensionnaires sont adressés au ministre et envoyés à Paris : ces travaux sont déférés par le ministre à l'examen de l'Académie des Beaux-Arts.

Art. 38. — Après cet examen, les travaux des pensionnaires seront, pendant une semaine, exposés au local des expositions de l'École et de l'Académie des Beaux-Arts. L'exposition aura lieu dans la seconde quinzaine du mois de juin.

ART. 39. — Le résultat de l'examen des travaux des pensionnaires fait par l'Académie est consigné dans un rapport qui est chaque année envoyé au ministre, inséré au *Journal officiel*, et transmis au Directeur de l'Académie de France à Rome : celui-ci donne connaissance du rapport à chaque pensionnaire, en ce qui le concerne.

CHAPITRE IV

DE LA RETENUE

DES MESURES QUE PEUT ENTRAÎNER LA NON EXÉCUTION DES TRAVAUX OBLIGATOIRES

ART. 40. — La retenue étant destinée à garantir l'exécution des travaux exigés des pensionnaires, nul d'entre eux n'aura droit à toucher sa retenue avant le terme de sa pension et avant qu'il ait rempli toutes les obligations qui lui sont imposées par le règlement.

ART. 41. — Toutefois, si un pensionnaire justifie auprès du Directeur du besoin qu'il a d'une partie de sa retenue pour terminer son travail de dernière année, il pourra en obtenir une partie, qui, en aucun cas, ne dépassera la moitié de la somme totale. Le solde de la seconde moitié ne pourra avoir lieu avant que le dernier envoi soit achevé et remis au Directeur de l'Académie.

ART. 42. — Tout pensionnaire qui n'aura pas exécuté son travail de dernière année ou ne l'aura pas livré au Directeur pour être exposé à Rome ne touchera pas sa retenue.

ART. 43. — Lorsqu'un pensionnaire aura laissé s'écouler deux années sans satisfaire à ses obligations, sa retenue, ou la partie restante de sa retenue, fera retour au trésor.

ART. 44. — Quand un pensionnaire n'aura pas rempli ses obligations pendant deux années, l'Académie sera saisie du fait par le Directeur. Elle en fera l'objet d'un rapport au ministre en demandant, s'il y a lieu, que le pensionnaire soit privé de sa pension.

CHAPITRE V

RÈGLES D'ORDRE ÉTABLIES A L'ACADÉMIE DE FRANCE A ROME

ART. 45. — Le temps des pensionnaires devant être exclusivement consacré à l'étude, il leur est interdit de se livrer à aucun travail de spéculation.

Art. 46. — La distribution des chambres et des ateliers se fait par le Directeur à raison de la nature de chaque art, et en tenant compte du droit d'ancienneté de nomination des pensionnaires.

Art. 47. — Il est expressément interdit d'emporter hors du palais de l'Académie les livres et autres objets appartenant à l'établissement.

Art. 48. — Il est expressément défendu de transporter les plâtres de la galerie de sculpture et d'architecture hors du lieu où ils sont placés pour l'étude commune, sans l'approbation du Directeur.

Art. 49. — Les pensionnaires se réunissent aux heures prescrites à une table commune pour le dîner et le souper. Les repas sont servis dans la salle destinée à cet usage. Les pensionnaires ne peuvent inviter à la table commune personne du dehors.

Art. 50. — Il est interdit aux pensionnaires de retenir pendant la nuit, dans le palais, qui que ce soit sous quelque prétexte que ce soit.

Pour le maintien de l'ordre et la sûreté de tous, les portes du palais doivent être fermées à minuit.

Art. 51. — Les pensionnaires, sous la protection immédiate du gouvernement, n'oublieront jamais que leur conduite doit être irréprochable.

Art. 52. — Tout pensionnaire qui aurait commis une infraction grave aux lois du pays dans lequel il se trouvera pourra, sur le rapport du Directeur adressé au Ministre, être privé de sa pension.

ACADÉMIE DES BEAUX-ARTS

SECTION D'ARCHITECTURE

PRIX ACHILLE LECLÈRE

EXPOSÉ PRATIQUE

Aux termes d'une donation faite à l'Académie des Beaux-Arts par Mlle Louise-Henriette Esterre Leclère, le 26 mai 1855, modifiée par un nouvel acte du 12 avril 1866, et pour se conformer aux intentions de la donatrice, dans l'emploi de la rente perpétuelle qu'elle a fondée, un prix, consistant en une médaille de la valeur de *mille francs*, dit *prix Achille Leclère*, est mis chaque année au concours par l'Académie des Beaux-Arts.

Chaque année, le programme du concours, rédigé par la section d'architecture de l'Académie des Beaux-Arts, est publié dans le *Journal Officiel* le 23 décembre, jour anniversaire de la mort de M. Achille Leclère, ancien architecte, membre de l'Académie.

Pour être admis comme candidat à ce concours, il faut être Français et âgé au plus de trente ans le jour de la publication du programme.

Suivent divers programmes déjà donnés à ce concours.

PROGRAMMES

UN PALAIS PROVISOIRE

Une grande revue devant avoir lieu dans le Midi de la France en présence d'un souverain d'un pays voisin et du Président de la République, on suppose qu'il aura été nécessaire d'élever un ensemble de constructions provisoires, auquel le service des Beaux-Arts aura été appelé à participer en même temps que la Guerre et que la Marine.

Quatre voies parallèles séparées deux par deux par un large quai ont servi au débarquement des trains amenant des troupes. Cet ensemble n'est pas couvert, mais un large portique-abri s'élève du côté où descendront successivement les chefs de l'Etat et leur suite.

Un grand espace ménagé spécialement permettra les réceptions, l'installation du corps diplomatique, le placement des hautes personnalités militaires, enfin le groupement d'une assistance relativement peu nombreuse, mais commodément répartie, assise et bien placée, pour assister à la scène de l'arrivée des personnages officiels.

Outre les locaux nécessaires aux services, seront répartis à proximité les salons particuliers et les pièces accessoires où pourront se retirer les principaux invités, les chefs de l'Etat et les membres de leur famille ; mais une grande importance devra être donnée à des salons ou galeries accompagnant une vaste salle à manger où un lunch sera servi peu de temps après l'arrivée du train, avant le départ pour la revue. La sortie sur l'extérieur affectera des allures d'arc triomphal. On y trouvera un grand vestibule, de larges arbres et sur l'esplanade de la gare, des espaces pour ranger les voitures, pour amener les chevaux, pour répartir les escortes, pour assurer le service d'ordre et de police, et pour distribuer les troupes de parade à l'arrivée et au départ.

La construction de ce palais provisoire sera en matériaux légers ; mais l'aspect décoratif devant être grandiose et sévère, bien en harmonie avec une brillante fête militaire, toutes les ressources de l'art architectural, de la décoration peinte ou sculptée, des emblèmes guerriers, des armes, des trophées, des étendards, des feuillages, etc., seront mis en œuvre pour cette composition.

Les dimensions données n'ont d'autre limite que la longueur maxima supposée d'un grand train de troupe ; soit environ 200 mètres de quai ; les constructions ne dépasseront pas 100 mètres et elles occuperont telle partie qu'il résultera de la forme du plan et de l'esplanade du dehors.

LA PORTE D'ENTRÉE D'UNE CAPITALE

Cette porte, d'un caractère monumental et décoratif, doit répondre à la fois aux exigences du service de l'octroi et aux besoins de la sécurité publique. On ne doit pas oublier qu'elle doit toujours être une barrière où se fait la visite des marchandises et celle de toutes sortes de voitures. On doit donc réserver des espaces suffisants et commodes pour ce service, et pourvoir à ce que les battants puissent être facilement ouverts ou fermés.

Les dépendances de la porte comprendront :

1° Un poste de surveillance pour environ douze commis, avec chambre de brigadier et water-closet ;

2° Une chambre de dépôt pour les objets saisis ;

3° Un bureau pour l'enregistrement des marchandises et la perception des droits d'octroi ;

4° Un poste militaire pour vingt-cinq hommes, avec chambre d'officier, violon et water-closet.

Rattachées au mur d'enceinte de la ville, les constructions ne doivent pas excéder une largeur maximum de 40 mètres ; les autres dimensions sont indéterminées.

Autres sujets de concours :

Un établissement pour l'exposition des produits horticoles ;

Une salle des fêtes pour une mairie de Paris.

UNE CASERNE DE GENDARMERIE POUR UNE GRANDE VILLE

Cet édifice, isolé de toutes parts, contiendra un escadron de cavalerie et deux compagnies d'infanterie.

Les bâtiments seront disposés autour d'une grande cour de réunion ou de manœuvres et de cours de service. Les plus importants auront deux étages sur rez-de-chaussée.

PROJET DE M. CHIFFLOT (Extrait de la *Construction Moderne*).

Un escadron se compose de :

> 1 capitaine,
> 4 lieutenants,
> 10 sous-officiers,
> 139 cavaliers, y compris les brigadiers.

Total : 154 hommes et 142 chevaux.

Chaque compagnie d'infanterie se compose de :

> 1 capitaine,
> 2 lieutenants,
> 8 sous-officiers
> 101 gardes et caporaux

Total : 122 hommes et 2 chevaux

L'état-major se compose d'un chef d'escadron, un chef de bataillon, d'un capitaine adjudant-major, de deux sous-officiers, d'un vétérinaire et d'un aide-chirurgien.

Les écuries devront être doubles en profondeur, chevaux tête à tête.

Les cavaliers logés au premier étage, au-dessus de leurs chevaux.

Les chambrées de 14 à 16 hommes seront précédées d'une galerie pour desservir les chambrées.

L'infanterie sera logée dans les mêmes conditions.

Les sous-officiers seront logés chacun séparément dans les étages supérieurs. D'après le règlement militaire, chaque sous-officier a droit à une chambre et un cabinet.

Les officiers seront logés dans un pavillon séparé.

Chaque officier doit avoir quatre pièces à feu.

L'état-major sera logé comme les officiers (dans les mêmes pavillons), excepté le commandant qui aura six pièces.

Ce pavillon seul aura des lieux d'aisances à l'intérieur, à raison d'un cabinet pour deux ménages.

On disposera une salle pour la pension des sous-officiers et une aussi pour la cantine de la troupe.

La cuisine devra être isolée et communiquer à couvert avec les bâtiments. Il y aura attenant un magasin pour les légumes.

Les latrines seront aussi isolées, ventilées, divisées et avec cabinets fermés pour les femmes.

Le magasin à fourrage sera disposé de manière à ne pas communiquer le feu en cas d'incendie.

Une infirmerie pour les chevaux sera divisée en trois parties, savoir : chevaux blessés, malades, douteux. Le tout pour un dixième de l'effectif.

La sellerie sera à proximité des écuries et y communiquant.

La forge du maréchal-ferrant et le hangar pour ferrer devront être dans une cour de service, ainsi que les abreuvoirs.

Au rez-de-chaussée : vestibule d'entrée, poste de police avec violon, deux logements pour un concierge et pour un adjudant sous-officier et plusieurs salles pour les rapports, le piquet, la théorie, l'école, plus deux salles de police, l'une pour la troupe, l'autre pour les sous-officiers. Terrain à volonté.

Esquisses, plan du rez-de-chaussée et du premier étage (par 1/2) élévation et coupe à $0^m,0015$.

ACADÉMIE DES BEAUX-ARTS

SECTION D'ARCHITECTURE

PRIX CHAUDESAIGUES

Une somme de *deux mille francs* sera remise après concours à un jeune architecte, afin qu'il puisse séjourner pendant deux ans en Italie et y terminer ses études.

Les concurrents devront être Français et n'avoir pas trente ans révolus au 1ᵉʳ janvier de l'année du concours (1).

Lors de sa présentation au concours, chaque candidat prendra l'engagement, que stipule la testatrice, de consacrer, s'il remporte le prix deux années consécutives à des études en Italie.

A la fin de la première année le lauréat devra justifier, par la production de son portefeuille, de la nature de ses études. Ladite production, faite à l'Académie des Beaux-Arts, donnera lieu, en cas d'insuffisance ou d'un nombre trop restreint de notes, dessins, relevés ou croquis à la suppression de la pension de seconde année.

Ce concours aura lieu de la façon suivante :

PREMIER CONCOURS D'ESSAI

Tous les jeunes architectes qui auront, au préalable, pris l'engagement dont il est parlé plus haut, entreront en loge pour y faire, en douze heures, une esquisse sur un sujet qui sera donné par la section d'architecture de l'Académie des Beaux-Arts.

Douze esquisses pourront être choisies.

Le concours d'essai est fixé au premier jeudi du mois de septembre.

---

(1) La limite d'âge, antérieurement fixée à trente ans, a été portée à *trentedeux ans* par décision de l'Académie du 24 février 1894.

L'exposition de ces esquisses aura lieu le lendemain vendredi, et le jugement sera rendu par la section d'architecture le surlendemain samedi.

DEUXIÈME CONCOURS

Les douze concurrents admis à la suite de ce concours d'essai entreront en loge le lundi matin pour faire, d'après leurs esquisses, leurs dessins rendus. Ils sortiront de loge le samedi soir de la semaine suivante.

Les concurrents sont tenus d'exécuter leurs projets dans leur loge. L'introduction des études faites au dehors est interdite.

Les dessins rendus seront exposés un jour avant et un jour après le jugement, qui sera rendu le samedi suivant, par l'Académie des Beaux-Arts, dans la forme ordinairement suivie.

Le concurrent choisi devra partir pour l'Italie dans un délai de trois mois après la date du jugement.

Le concours Chaudesaigues aura lieu tous les deux ans.

L'Académie, dans sa séance du 24 février 1894, a ajouté au règlement ci-dessus les dispositions suivantes :

« Le prix étant institué pour compléter les études d'un élève architecte, celui-ci a la faculté de continuer ces études par la recherche de l'obtention du grand prix de Rome et de décider s'il veut les prolonger. Suivant sa décision, il lui sera loisible de profiter immédiatement des avantages de la fondation, au lieu d'ajourner son voyage jusqu'à l'époque où il ne pourrait plus concourir pour le grand prix de Rome (soit, quand il aura plus de trente ans, au 1er janvier).

« Néanmoins, comme le prix Chaudesaigues se partage en deux annuités, le lauréat pourrait toujours faire la première partie de son voyage et recevoir alors la première allocation, puis revenir ensuite tenter la chance du grand prix ; s'il ne l'obtenait pas, il pourrait aller accomplir la seconde année de son séjour en Italie et, en revenant, si toutefois il n'a pas dépassé l'âge réglementaire, se présenter de nouveau au concours du prix de Rome.

« Si, au contraire, il obtient le grand prix de Rome et qu'il n'ait accompli que la moitié de ses obligations et reçu la moitié de la valeur du prix Chaudesaigues, la seconde annuité de ce prix ne lui serait pas délivrée et resterait à la disposition de l'Académie.

« Il va sans dire que si le lauréat n'avait fait aucun voyage et, par contre, n'avait reçu aucune allocation, s'il obtenait le prix de Rome, dans ces conditions, il ne pourrait cumuler, et que la somme entière attribuée au prix Chaudesaigues resterait disponible pour un autre concours.

« En résumé, le lauréat du prix Chaudesaigues aura la faculté : 1° de combiner ses époques de voyage suivant sa convenance ; 2° de concourir au prix de Rome tant qu'il n'aura pas atteint trente ans ; mais il lui est interdit de cumuler les avantages des deux prix si, étant titulaire de l'un, il devient titulaire de l'autre.

« Dans tous les cas, le premier voyage devra avoir une durée minimum de six mois, pendant lesquels le lauréat devra faire les dessins qui lui sont demandés par l'Académie, et envoyés à l'Institut avant l'achèvement de la première période de la pension ; faute de quoi, la seconde annuité de cette pension ne lui serait pas accordée. »

Suivent divers programmes donnes à ce concours.

PROGRAMMES

UN ÉTABLISSEMENT HOSPITALIER DANS L'AFRIQUE CENTRALE

Nouvellement explorées, d'immenses contrées de l'Afrique centrale sont ouvertes aujourd'hui au commerce du monde civilisé, mais l'absence de communications à travers des pays peu habités, les difficultés, les périls d'un long trajet sous un climat brûlant, ne permettront pendant longtemps encore, aux marchands européens, de voyager autrement que par troupes nombreuses.

Dès lors, il convient de créer des centres de ravitaillement, sortes de postes fortifiés où les caravanes trouveraient un abri contre les attaques des nomades aussi bien qu'un repos momentané.

Les prêtres missionnaires, qui portent au loin les lumières du christianisme et les bienfaits de la civilisation sont naturellement désignés à la direction et à la garde des nouveaux établissements. Leur influence morale sur les barbares, leur persévérance à soulager les misères humaines par tous les moyens, auraient certainement pour effet d'attirer vers leurs maisons des ressources provenant des villages les plus éloignés.

L'établissement hospitalier se divisera en deux parties distinctes : le *caravansérail*, la maison religieuse.

On le suppose construit aux pieds des montagnes, à l'entrée des gorges profondes donnant passage vers l'intérieur du continent africain. Le site très accidenté, tantôt se relève sur des masses de rochers, tantôt s'abaisse sur des terrains à pentes rapides.

Les deux parties de l'établissement sont pourvues de défenses, de murailles, de fossés.

Le *caravansérail* se composera de : une très vaste cour, dans laquelle les caravanes pourront librement entrer avec leur suite, leurs bêtes de somme, leurs troupeaux, décharger leurs marchandises,

UN ÉTABLISSEMENT HOSPITALIER DANS L'AFRIQUE CENTRALE

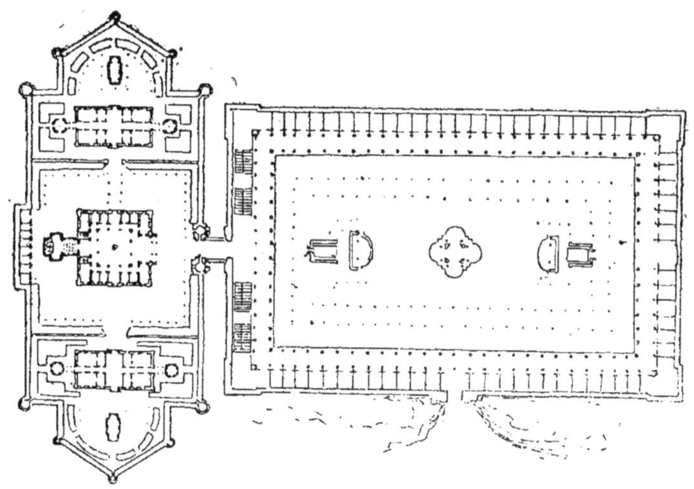

PROJET DE M. MARC HONORÉ (Extrait de la *Construction Moderne*).

camper au besoin. Elles y trouveront des eaux vives, des ponts, des abreuvoirs, des couverts d'arbres, des abris pour les animaux. Autour de cet espace se développeront de *larges portiques* offrant aux hommes la facilité de s'abriter et de séjourner soit par troupe, soit isolément par chambrées de famille. On ménagera une porte principale fortifiée, dont les protections contourneront extérieurement les portiques.

La maison religieuse, placée sur le point culminant, dominera les autres constructions. Elle sera défendue par une enceinte continue de hautes murailles, capables de soutenir un assaut, même du côté du caravansérail, dans le cas où il serait envahi. Elle aura une seule entrée de ce côté, une seule porte fortifiée, accompagnée d'un poste de concierge et d'un parloir servant de salle de consultation.

Dans l'enceinte de la maison religieuse on trouvera :

1° Un bâtiment d'hospice dans lequel 50 voyageurs malades seront logés dans des chambres séparées. Il y aura, en outre, un réfectoire, une cuisine et dépendances nécessaires, salles de bains, etc., enfin un petit jardin particulier clos de murs ;

2° Un bâtiment d'école destiné à recevoir 100 enfants indigènes des deux sexes jeunes néophytes logés dans des dortoirs. On trouvera en outre les classes, un réfectoire, dit salle de réunion, un petit jardin de récréation clos de murs ;

3° Un bâtiment d'habitation ou couvent pour 30 religieux. Les cellules seront disposées en deux étages autour d'un cloître. On y joindra une *petite* chapelle, une bibliothèque et un réfectoire ;

4° Un ou deux petits bâtiments de dépendances et cuisine contenant aussi les logements des serviteurs ;

5° Le jardin des religieux. Les eaux courantes amenées des hauteurs voisines, des puits, des citernes, permettront aux religieux d'entretenir sur les plateaux une végétation abondante et de cultiver un jardin potager suffisant à leurs besoins.

Nota. — Les constructions de la maison religieuse seront conçues au seul point de vue de l'utilité, elles revêtiront le caractère de la simplicité évangélique.

Terrain : une superficie de 40,000 mètres.

Esquisse : Plan à 0^m,015 pour mètre, façade à 0^m,003 pour mètre.

RENDU

Plan et coupe à 0^m,003 pour mètre, façade à 0^m,006 pour mètre.

UN THÉATRE DE JOUR

Les représentations diurnes sont de plus en plus en faveur en toutes saisons. On suppose qu'une salle disposée spécialement pour les spectacles auxquels conviendrait la lumière naturelle, sans recherche des illusions de l'éclairage artificiel serait construite dans une promenade publique, dont elle formerait le motif décoratif principal. La scène y serait couverte. Elle pourrait être occupée par des acteurs, par un orchestre ou par des orateurs ou conférenciers.

Il y a dans beaucoup de villes d'Italie des théâtres d'été ouverts le jour. Ce n'est donc pas précisément une nouveauté qui est indiquée dans le programme.

La mise en scène y est forcément simple, ne comporte pas les ressources de la décoration théâtrale venant du haut ; mais non seulement on y donne des ballets et des spectacles pour les yeux et des exécutions musicales, mais des tragédies, des drames et des comédies.

La partie réservée au public n'aurait pas seulement des gradins comme les amphithéâtres antiques, mais des rangs de loges et de galeries. Ce qui constituerait son originalité serait le ciel ouvert qui pourrait être rapidement revêtu de son vitrage en cas de mauvais temps. Il y aurait des galeries, vestibules, contrôles, vestiaires, des escaliers grands et petits.

Un foyer serait facultatif puisque le jardin pourrait en tenir lieu, de même qu'il pourrait être substitué à un café-buffet.

Derrière : entrée spéciale pour la direction, les artistes ; un foyer de la danse et du chant, un salon pour les musiciens ; vingt loges d'artistes hommes, autant d'artistes femmes, des salles pour cent figurants des deux sexes dans chacune; autant pour les choristes et les danseurs et danseuses, soit encore 200 personnes avec boxs pour les changements de vêtements ; des magasins d'accessoires de costumes.

Des dépôts de décors de peu d'importance seraient à proximité de la scène ; pas de chauffage, de machinerie, d'électricité.

Les dimensions du terrain n'excéderont pas 60 mètres dans un sens, 100 dans l'autre.

On fera les esquisses à l'échelle de $0^m,0025$ pour le plan, pour la façade principale, la façade latérale et une coupe.

Pour le rendu les échelles seront doublées, à l'exception de la façade qui sera à $0^m,01$ pour mètre.

UNE SALLE DE FÊTES ET DE CONCERTS

La salle projetée ferait partie d'un édifice circonscrit sur ses quatre faces par de larges boulevards.

Elle serait précédée d'un vestibule d'accès avec vestiaires et accompagnée de petits salons dans une partie desquels pourraient être aménagés des buffets. Elle devra en outre être disposée pour servir, soit de salle de bal pouvant contenir 1,000 à 2,000 invités, soit de salle de concert. A cet effet, l'orchestre devra être disposé de la manière la plus favorable à l'audition de la musique et pouvoir contenir commodément 100 musiciens. Elle devra être éclairée et ventilée directement sur l'extérieur par de larges baies, pour que les fêtes puissent y être données de jour.

La décoration de la salle fait l'objet principal du concours; toutefois, les concurrents devront fournir un plan d'ensemble rattachant la salle aux accessoires qui en sont l'accompagnement obligé.

Le terrain dans sa plus grande dimension est de 80 mètres.

On fera, pour les esquisses d'ensemble, à $0^m,002$ pour mètre, et les coupes longitudinale et transversale à $0^m,005$ pour mètre.

RENDU

Les dessins rendus seront à l'échelle de $0^m,0075$ pour le plan et la coupe et $0^m,015$ pour la coupe longitudinale.

ACADÉMIE DES BEAUX-ARTS

SECTION D'ARCHITECTURE

FONDATION DE CAEN

Conformément au testament de Mme la comtesse de Caen, les revenus de la fondation sont répartis entre les pensionnaires de l'Académie de France : architectes, peintres, sculpteurs, à leur retour de Rome à Paris.

PRIX JARY

Ce prix a été institué en faveur du pensionnaire architecte qui, avant de quitter l'Académie de France à Rome, aura rempli toutes les obligations imposées par le règlement.

FONDATION PIGNY

Ce prix, de la valeur de *deux mille francs*, est décerné chaque année à l'architecte ayant remporté le second grand prix au concours de Rome.

FONDATION DELANNOY

Ce prix, de la valeur de *mille francs*, est attribué chaque année à l'élève qui a remporté le grand prix de Rome en architecture.

FONDATION LUSSON

Ce prix, de la valeur de *cinq cents francs*, est délivré tous les ans à l'élève architecte qui a obtenu le second grand prix de Rome.

PRIX DESCHAUMES

Ce prix, d'une valeur de *quinze cents francs*, a été fondé en vue d'encourager de jeunes architectes se distinguant par leur aptitude pour leur art et par leurs bons sentiments à l'égard de leur famille.

PRIX DUC

Ce prix biennal est destiné à encourager les *hautes études architectoniques*.

PROGRAMME.

A tous les âges, l'architecture a été la grande écriture de l'histoire, et celle de notre pays a fidèlement exprimé notre civilisation et nos mœurs, depuis la domination romaine jusqu'au siècle de Louis XIV inclusivement.

Depuis cette époque, les signes et les formes qui constituent les éléments de cette écriture n'ont pas suivi une marche régulière dans leurs transformations successives. L'esprit de l'art est devenu éclectique au lieu d'être organique, et il subit trop souvent l'influence du goût et des études historiques qui sont en faveur dans notre société. Par ce fait, le style de notre architecture n'a plus l'unité nationale qui caractérisait les époques passées, et il est menacé d'occuper un rang inférieur dans l'histoire de notre art.

Il a donc semblé utile au fondateur de déterminer, autant que possible, par des études spéciales et sous le patronage de l'Académie, le style et la forme des éléments de notre architecture moderne.

Le but de ce concours n'est pas le renouvellement de ces exercices d'où naissent tous les jours à l'École des Beaux-Arts, d'ingénieuses et brillantes compositions basées sur des programmes souvent complexes.

Les concurrents, libres dans le choix de leur composition, peuvent présenter les sujets les plus simples : ce qui leur est particulièrement demandé, c'est qu'en faisant une juste application de l'architecture à nos mœurs et à nos usages, ils recherchent la beauté, riche ou simple, des éléments architectoniques, c'est qu'ils présentent un résultat d'études qui rappelle les qualités diverses qui, aux belles époques de l'art, ont conquis l'admiration universelle.

Afin de bien accentuer la forme, les profils et l'ornementation qui doivent déterminer le style et le caractère de l'architecture, les concurrents développeront par des détails, au dixième au moins, les parties de leur composition qu'ils jugeront les plus favorables à cette expression.

Le plan ou les plans seront à une échelle libre.

Les élévations et les coupes seront à une échelle de 0^{m}02 pour mètre.

Le concours, qui sera biennal, sera jugé par l'Académie des Beaux-arts après une exposition publique.

Il est ouvert à tous les Français qui justifieront de leur nationalité. Les études couronnées resteront la propriété de l'Académie.

Nota. — Seront admises pour prendre part au concours, les études présentées dans les conditions ci-dessus prescrites, et faites d'après un monument dont l'exécution par le concurrent ne remonterait pas à plus de deux années en deçà du terme fixé pour la remise des ouvrages.

Les projets devront être adressés au secrétariat de l'Institut avant le 1er avril de l'année du concours.

Parmi les œuvres ayant obtenu le prix Duc, nous citerons :

1873. — Le collège Chaptal — par Train
1878. — Le tombeau de Lamoricière — par Boitte
1884. — Palais de justice de Charleroi — par Ballu
1888. — Palais de justice de Bucharest — par Ballu
1890. — Salles des concerts et d'exposition à Nancy — par Jasson
1893. — Etablissement thermal du Mont-Dore — par Camut.

PRIX ANTOINE-NICOLAS BAILLY

M. Bailly, membre de l'Institut, par son testament en date du 25 août 1889, a légué à l'Académie des Beaux-Arts une somme de *cinquante mille francs* pour la fondation d'un prix dont il chargeait la Section d'architecture de cette Académie de déterminer l'objet.

Conformément aux propositions de la Section, l'Académie a décidé que ce prix, d'une valeur de *quinze cents francs* environ, sera décerné intégralement, chaque année, à un architecte, pour l'une de ses œuvres, construite et achevée, ou à l'auteur d'un ouvrage sur l'architecture publié (texte ou planches gravées).

Ces œuvres ou publications ne pourront remonter à plus de six années précédant la date de l'ouverture du concours.

Le prix sera alternativement attribué dans les rapports suivants : deux fois (et consécutivement) pour des œuvres construites; une autre fois pour des publications.

Les auteurs devront être Français.

Dans le cas où le prix ne serait pas décerné une année, le concours serait prorogé à l'année suivante.

PRIX VEUVE LEPRINCE

Extrait de son testament.

« Je donne et lègue à l'Académie royale des Beaux-Arts, faisant partie de l'Institut de France, 3,000 francs de rentes perpétuelles sur l'Etat, dont cette Académie jouira à compter du jour de mon décès. Je fais ce legs pour contribuer au perfectionnement des beaux-arts. En conséquence, je veux qu'annuellement cette rente soit distribuée, savoir : 1,000 francs à celui qui aura remporté le premier prix de sculpture; 1,000 francs à celui qui aura remporté le premier prix de peinture, 600 francs à celui qui aura remporté le premier prix d'architecture, et 400 francs à celui qui aura remporté le premier prix de gravure. Dans le cas où ces premiers prix ou aucun d'eux n'auraient été obtenus dans ces quatre arts, je veux que la portion qui devait être attribuée à celui de ces arts pour l'année où il n'y aura pas de prix d'obtenu, soit remise à celui ou à ceux qui, dans les années précédentes, auront obtenu les premiers prix, et qui, se trouvant pensionnaires de l'Etat à Rome, auront envoyé le meilleur ouvrage dans l'art où il n'y aura pas eu de premier prix d'obtenu.

SALON ANNUEL

SOCIÉTÉ DES ARTISTES FRANÇAIS

RÈGLEMENT

DISPOSITIONS GÉNÉRALES

CHAPITRE PREMIER

DU DÉPÔT DES OUVRAGES

ARTICLE PREMIER. — L'Exposition annuelle des ouvrages des artistes vivants aura lieu au Palais des Champs-Elysées, du 1ᵉʳ mai au 30 juin 1898.

Elle sera ouverte aux productions des artistes français et des artistes étrangers.

Les ouvrages devront être déposés au Palais des Champs-Élysées, conformément au règlement particulier de chacune des sections. Aucun sursis ne sera accordé, pour quelque motif que ce soit : en conséquence, l'administration du Salon considérera toute demande de sursis comme nulle et non avenue, et refusera toute œuvre qui viendrait après le délai fixé.

ART. 2. — Seront admises au Salon les œuvres des six genres ci-après désignés :

1° Peinture ; — 2° Dessins, aquarelles, pastels, miniatures, émaux, faïences, porcelaines, cartons de vitraux et vitraux ; — 3° Sculpture ; — 4° Gravure en médailles et gravures sur pierres fines ; — 5° Architecture ; — 6° Gravure et Lithographie.

ART. 3. — Ne pourront être présentés :

Les copies, même celles qui reproduiraient un ouvrage par un procédé différent (cette disposition n'est pas applicable à la gravure et à la lithographie, elle ne l'est pas non plus à la gravure en médailles ou sur pierres fines) ;

N'est pas du reste considérée comme copie, la répétition d'une œuvre faite par l'auteur lui-même de cette œuvre au moyen d'un procédé différent ;

Les ouvrages qui ont figuré aux Salons précédents de Paris ou aux Expositions universelles de Paris ;

Les tableaux sans cadre ;

Les ouvrages d'un artiste décédé, à moins que le décès ne soit postérieur à l'ouverture du dernier Salon, auquel cas ils ne peuvent être présentés que par la famille de l'artiste décédé ;

Les ouvrages non signés ;

Les sculptures en terre non cuite et les réductions d'ouvrages de sculpture déjà exposés en même matière ;

Les ouvrages de sculpture encore dans le moule ou non dépouillés.

Art. 4. — Les ouvrages envoyés à l'Exposition devront être expédiés francs de port à M. le Président de la Société des Artistes français au Palais des Champs-Élysées.

Chaque ouvrage pourra être muni d'un cartel portant le nom de l'auteur et l'indication du sujet.

Art. 5. — L'artiste, en déposant ou en faisant déposer ses œuvres, devra, en même temps, donner une notice *signée de lui* contenant ses nom et prénoms, *sa nationalité*, le lieu et la date de sa naissance (1), le nom de ses maîtres, la mention des récompenses obtenues par lui aux Expositions de Paris, sa qualité de prix de Rome ou de prix du Salon, son adresse, le sujet et les dimensions de ses ouvrages.

Art. 6. — Les ouvrages de chacun des six genres désignés ci-dessus devront être inscrits sur une notice spéciale.

Art. 7. — Un appendice du Catalogue sera consacré aux édifices publics construits par des architectes, ainsi qu'aux ouvrages de peinture et de sculpture exécutés pour la décoration de ces monuments.

Art. 8. — Dès que les ouvrages auront été enregistrés, nul ne sera admis à les retoucher.

Art. 9. — Aucun ouvrage ne sera reproduit au Salon sans une autorisation écrite de l'auteur, qui devra, s'il désire faire reproduire son œuvre, se conformer aux règlement établis.

Art. 10. — L'administration du Salon fera tout son possible pour assurer la bonne conservation des objets d'art qui lui auront été confiés par les artistes, mais elle décline d'avance toute responsabilité pécuniaire dans le cas où ces objets se trouveraient endommagés ou perdus pour quelque cause que ce soit. Elle fait les mêmes réserves en ce qui concerne les erreurs ou omissions qui pourraient être commises au catalogue.

Nul objet ne pourra être retiré avant la clôture de l'exposition, à

---

(1) La déclaration du lieu et de la date de naissance peut être utile aux artistes qui désirent concourir à certaines récompenses du Salon.

moins de circonstances exceptionnelles dont le Conseil d'administration sera juge.

L'ouvrage détérioré volontairement, pour une cause quelconque par l'artiste lui-même, pourra être maintenu à la place qu'il occupait, et l'artiste qui l'aura détérioré pourra être privé temporairement du droit d'exposer au Salon, par une décision du Conseil d'administration.

Les ouvrages admis au Salon devront être retirés dans les dix jours qui suivront la fermeture du Salon. Ils seront rendus aux artistes sur la remise du récépissé qui en aura été donné,

Après le délai précité, les ouvrages cesseront d'être sous la surveillance de l'administration du Salon et pourront être transférés dans un dépôt aux frais et à la charge de l'artiste à qui l'ouvrage appartient.

Au bout d'une année, si les frais occasionnés par ce dépôt n'ont pas été soldés par l'artiste, la vente de l'œuvre abandonnée sera poursuivie à la requête du Conseil d'administration de la Société des Artistes et, une fois les frais prélevés, le solde de vente sera remis à l'artiste ou à ses ayants droit.

CHAPITRE II

DE L'ADMISSION AU SALON

ART. 11. — L'admission des ouvrages présentés par les artistes sera prononcée par un jury constitué dans chaque section suivant les conditions et dans la forme arrêtées au règlement particulier de cette section.

Les fonctions de membre du jury ne sont pas incompatibles avec celles de membre du comité de la *Société des Artistes français.*

Chacune des quatre sections aura son jury spécial

La première comprendra la peinture, les dessins, pastels, aquarelles, miniatures, porcelaines, faïences, émaux, cartons de vitraux et vitraux.

La deuxième comprendra la sculpture, la gravure en médailles et la gravure sur pierres fines ;

La troisième, l'architecture ;

La quatrième, la gravure et la lithographie.

Art. 11 *bis*. — *Arts décoratifs*. — Par suite de la décision prise par le Comité, les œuvres d'art décoratif pourront être admises à figurer au Salon dans les conditions suivantes :

Chaque artiste pourra présenter deux œuvres d'art décoratif, en dehors de celles qui sont indiquées dans le règlement particulier à chaque section.

Tout assemblage d'ouvrages dans un même cadre, dont la grandeur maxima ne devra pas excéder $1^m,20$, sera considéré comme une seule œuvre.

Ne pourront être admises que les œuvres qui, par leur caractère, leur forme ou leur matière, seraient exclues des quatre sections du Salon.

Elles seront présentées au jury d'admission dans leur forme et leur matière définitive et aucun remplacement ne sera autorisé.

Les œuvres ne devront porter que les signatures des artistes qui les auront composées ou exécutées.

Lorsque plusieurs artistes signeront un même œuvre, chacun d'eux devra indiquer au Catalogue sa part de collaboration.

Toute œuvre ayant déjà été exposée au Salon dans l'une des quatre sections ne pourra être présentée, même dans une autre matière, aux arts décoratifs.

Toutes les œuvres présentées seront soumises sans exception à l'examen de tous les jurys, représentés par une délégation de chaque section : 4 peintres, 4 sculpteurs, 4 architectes, 2 graveurs.

Cette délégation sera chargée de la réception et du classement de ces œuvres.

Elle pourra proposer au Comité d'attribuer des récompenses s'il y a lieu.

Les récompenses seront des médailles de 1re, 2e et 3e classe qui ne pourront excéder au maximum le nombre de trois, et des mentions qui ne pourront au maximum excéder le nombre de quatre.

Pour les œuvres faites en collaboration, les récompenses seront attribuées nominativement à un ou plusieurs des collaborateurs et non à des collectivités.

Les artistes précédemment récompensés dans une des quatre sections ne pourront obtenir qu'une récompense supérieure à celles déjà obtenues.

Les récompenses obtenues aux arts décoratifs ne donnent aucun droit dans les quatre sections

Les exposants décorés pour leurs œuvres personnelles ou en raison de leur situation à la tête d'une industrie artistique seront déclarés hors concours.

Le jury se réserve de ne pas accepter toute œuvre d'art décoratif qui, par ses dimensions ou sa nature, serait trop difficile à placer.

La Société des Artistes français qui décline toute responsabilité pour les objets exposés au Salon, laisse à chaque exposant des arts décoratifs toute latitude pour prendre toute précaution ou faire exercer toute surveillance qu'il jugera à propos, à ses propres frais et à sa charge.

Art. 12. — Pour l'admission de toute œuvre, la majorité des membres du jury présents est indispensable.

En cas de partage, l'admission sera prononcée.

Art. 13. — Le placement des ouvrages sera fait conformément aux indications données par le jury.

Jusqu'à l'ouverture de l'Exposition, les portes du Salon seront rigoureusement fermées à toutes les personnes qui n'y seraient pas appelées par suite de leurs fonctions ou d'une convocation spéciale. Cette disposition ne s'applique ni au ministre, ni au directeur des Beaux-Arts.

CHAPITRE III

DES RÉCOMPENSES

Art. 14. — Les récompenses sont votées conformément au règlement particulier de chacune des sections.

En dehors d'une médaille d'honneur (1), chacune des sections disposera de médailles de trois classes.

La médaille d'honneur ne peut être donnée à un artiste qui l'a déjà obtenue.

Nul artiste ne pourra d'ailleurs recevoir une récompense d'un ordre inférieur ou égal aux récompenses qu'il a déjà obtenues.

Des mentions honorables pourront être décernées par le jury à la suite des médailles. Comme celles-ci, elles ne sauraient être décernées deux fois au même artiste.

Les médailles et rappels de médailles antérieures à 1864 ont la valeur des médailles actuellement décernées. La médaille unique

---

(1) La date du vote de la médaille d'honneur pour toutes les sections sera ultérieurement fixée par le Comité et annoncée par le *Bulletin mensuel* et l'affichage *au Salon*. L'avis au *Bulletin mensuel* est considéré comme AVERTISSEMENT OFFICIEL.

établie par le règlement de 1864 a la valeur d'une troisième médaille, si elle n'a été obtenue qu'une fois; d'une deuxième, si elle a été obtenue deux fois; d'une première, si elle a été obtenue trois fois. Les médailles des Expositions universelles ont leur valeur déterminée par le règlement particulier à chaque section.

Art. 15. — Les œuvres récompensées seront, lors du remaniement du Salon, désignées au public par des cartels.

Art. 16. — Les récompenses seront distribuées par le Comité de la Société des Artistes français et les jurys des quatre sections, en séance solennelle.

CHAPITRE IV

DE L'ENTRÉE AU SALON

Art. 17. — L'Exposition sera ouverte de huit heures du matin à six heures du soir, sauf le lundi, jour où les portes n'ouvriront qu'à *dix heures*.

Les jours fériés, quels qu'ils soient, les portes seront ouvertes dès huit heures du matin, même lorsque ces fêtes tomberaient un lundi.

Le droit d'entrée est fixé à 1 franc toute la journée à partir de 8 heures. Le jour du vernissage le droit d'entrée est fixé à dix francs. Le jour de l'ouverture, l'entrée sera de deux francs de 8 heures à midi et de un franc de midi à 6 heures.

Les dimanches ordinaires, l'entrée sera de 1 franc de huit heures à midi; à partir de midi, elle ne sera plus que de 0 fr. 50. Dans le cas où l'affluence des visiteurs serait par trop grande, l'administration se réserve la faculté de fermer momentanément les portes d'entrée et de faire attendre les visiteurs.

Art. 18. — Des cartes d'entrée, rigoureusement personnelles, seront mises à la disposition des artistes exposants. Ces cartes seront distribuées aux ayants droit, dans les bureaux du secrétariat de l'administration du Salon, au Palais des Champs-Elysées. Les artistes, pour s'en servir, devront y apposer leur signature. *Toute carte prêtée sera confisquée et ne sera jamais rendue au titulaire.*

Art. 19. — Il sera fait un service de cartes d'entrée à la presse. Elles seront rigoureusement personnelles et soumises aux mêmes règles que celles délivrées aux exposants.

Art. 20. — Le trésorier de la Société des Artistes français est autorisé à délivrer des cartes d'abonnement personnelles pour la durée du Salon, au prix de 30 francs et sur la remise d'une photographie du titulaire, laquelle restera annexée à la carte d'abonnement.

Chaque Sociétaire aura droit pour un membre de sa famille exclusivement à une carte d'abonnement avec photographie au prix de 10 francs pour la durée de l'Exposition.

Il sera aussi délivré des cartes de vernissage au prix de 10 francs et d'autres cartes d'un jour au prix fixé par le règlement.

SECTION D'ARCHITECTURE.

ARTICLE PREMIER.— Les ouvrages d'architecture devront être déposés au Palais des Champs-Elysées du 1ᵉʳ au 5 avril inclusivement, de 10 heures du matin à 5 heures du soir.

ART. 2. — Chaque artiste ne pourra envoyer que deux ouvrages, mais chacun de ces ouvrages pourra se composer de plusieurs châssis. Le jury aura toujours la faculté d'écarter les dessins qu'il ne jugerait pas indispensables à l'intelligence de l'œuvre présentée.

Ne pourront être admis les ouvrages présentés dans les concours des écoles d'architecture.

ART. 3. — Des photographies ou des monographies pourront être exposées, mais seulement à titre de renseignements complémentaires dont le jury appréciera l'opportunité.

ART. 4. — Les architectes pourront exposer des modèles en relief. Un modèle en relief présenté par un architecte comptera pour l'un des ouvrages exposés par lui, à moins que ce modèle ne soit le complément d'un de ses ouvrages,

ART. 5. — Le vote pour l'élection du jury d'architecture aura lieu au Palais des Champs-Élysées, dans les premiers jours du mois d'avril, de midi à 4 heures du soir. Le jury se composera de 14 membres

Sont électeurs pour le jury tous les architectes français exposants ayant été déjà admis au Salon, ou aux Expositions universelles de Paris dans la section. Toutefois les membres de la Société des Artistes français auront le droit de voter même lorsqu'ils ne seraient pas exposants. Le vote par correspondance est admis.

ART. 6. — Lorsqu'un ouvrage est signé de plusieurs auteurs dont l'un a déjà obtenu une récompense, cet ouvrage ne peut obtenir qu'une récompense supérieure.

ART. 7. — La médaille d'honneur dans la section d'architecture, sera votée par tous les architectes médaillés antérieurement ou décorés pour leurs œuvres, exposants ou non, et le jury de la section réunis en assemblée plénière sous la présidence du président du jury. Le vote ne pourra donner lieu qu'à deux tours de scrutin. La médaille ne sera décernée qu'à la majorité absolue des suffrages.

Les autres récompenses seront données à la majorité absolue du jury.

Le vote de la médaille d'honneur précédera celui des autres récompenses. Elle sera votée le même jour que les autres médailles.

ART. 8. — Le nombre des médailles est limité à douze, dont deux seulement pourront être de première classe

ART. 9. — Sont hors concours les artistes qui ont obtenu la décoration pour leurs œuvres ou la médaille d'honneur ou une 1ʳᵉ médaille.

N. — Les indications ci-dessus ont été données en admettant le Salon annuel ayant lieu aux Champs-Elysées, où il reviendra après 1900.

ERRATA

Page 16. — 8e ligne, lire: *les cent-vingt-huit premiers élèves* au lieu des soixante-treize.

Page 25. — Le programme : *Le service de réception d'un hôtel de ville* doit être reporté aux programmes de Construction générale, page 280 et suivantes.

Page 43. — 17e ligne, lire : *plastiline* au lieu de pastyline.

Page 198. — Lire exposé pratique du *Cours d'histoire générale de l'architecture* au lieu de *Cours d'archéologie*.

Page 259. — 19e et 20e lignes, lire : *dont nous reproduisons un programme* au lieu de plusieurs programmes.

Page 279. — Reporter le titre *Projet de construction générale* à la page suivante, ce programme étant un exercice fait en loge.

Page 339. — Lire dans le N. B. à la 3e ligne : *nous ne reproduisons ces documents que pour le troisième programme* au lieu du premier.

Page 463. — 17e ligne. — Ajouter : 7° Les œuvres d'art décoratifs.

TABLE DES DIVISIONS

TROISIÈME PARTIE

PREMIÈRE CLASSE

ENSEIGNEMENT ARCHITECTURAL

HISTOIRE DE L'ARCHITECTURE

DESSIN

DIPLÔME

QUATRIÈME PARTIE

PRIX DIVERS

Prix attribués par l'École des Beaux-Arts.

PRIX DE L'ACADÉMIE

SALON ANNUEL

Paris. — Imprimerie PAUL DUPONT (Cl.) 4, rue du Bouloi. 283.5.95

LIBRAIRIE DE LA **CONSTRUCTION MODERNE**

AULANIER & CIE, ÉDITEURS

13, Rue Bonaparte, PARIS

TÉLÉPHONE **118-26**

EXTRAIT DU CATALOGUE GÉNÉRAL

La Construction Moderne. — Journal hebdomadaire, le plus artistique et le plus complet des journaux techniques publiés en France, 624 pages de texte et 104 planches hors texte par an. — Fondée en 1885. — Directeur, P. PLANAT.

Abonnement : Paris **30** fr. — Départements **32** fr.
Etranger (Union Postale) **35** fr.
Chaque année parue : **40** fr.
La Table des matières des dix premières années se vend à part . . **12** fr.

La Décoration Ancienne et Moderne. — Publication mensuelle.

96 planches en phototypie, par an. — Fondée en 1893.
Directeur, FARGE, architecte.
Abonnement : Paris **25** fr. — Départements **27** fr.
Union Postale **30** fr.
Chaque année parue : **30** fr.

Architecture et Sculpture (France, Pays-Bas. Espagne, etc.), par L. NOÉ. — Documents sur les styles du IXe au XIXe siècle. — 500 planches en noir, en 5 collections de 100 planches en carton.

Chaque collection **20** fr. — L'ouvrage complet **100** fr.

Encyclopédie de l'Architecture et de la Construction. —
Directeur, P. PLANAT.

Ouvrage complet. — 12 forts volumes in-8°, 700 planches hors texte et table.   Prix : **360** fr.

Hôtels privés, par P. PLANAT, 80 planches en couleurs. . . . . . **160** fr.

Maisons de Campagne, par P. PLANAT, 150 planches en noir sur teinte chine. . . . . **150** fr.

Maisons de Rapport, par P. PLANAT, 100 planches en noir sur teinte chine. . . . . **100** fr.

Fermes de Combles. — Dimensions des pièces. — Charpente en bois, Types usuels, par P. PLANAT. 2 albums in-folio se composant de 154 pl. et d'un texte explicatif. **50** fr.

Recherches sur la Théorie des Ciments armés, par P. PLANAT, **5** fr.

Responsabilité des Constructeurs, par H. RAVON. Un volume in-8° de 600 pages. . . . . **15** fr.

La Préfecture du Rhône, par A. C. LOUVIER, 52 planches en héliogravure, 1 portrait. Ouvrage de grand luxe. . . . . **75** fr.

Recueil de Serrurerie d'art, par BERNHARD père et fils, 80 planches in-folio. . . . . **80** fr.

Librairie de la CONSTRUCTION MODERNE

AULANIER & Cie, ÉDITEURS

13, Rue Bonaparte, PARIS

EXTRAIT DU CATALOGUE GÉNÉRAL

Le Style dans la Décoration, par H. Toussaint, grand in-folio, 12 planches en couleurs. . . . . **70** fr.

Le Style dans la Peinture Décorative, par P. Planat, 40 planches en couleurs. . . . . **60** fr.

La Décoration intérieure, par A. Simoneton, 2 volumes (60 planches dont 12 en couleurs par vol.) en carton. . . . . **120** fr.
Chaque volume en carton séparément. . . . . **60** fr.

Enseignement théorique et pratique de l'imitation des Bois, Marbres et Bronzes, par H. Py. Album de 33 planches contenant 71 modèles en couleurs. Traité spécial en brochure. . . . . **70** fr.

Nouveaux modèles de Lettres, par Ducompex, 30 planches et titre en couleurs . . . . **35** fr.

Spécimens de tons pour la Peinture en bâtiment, 140 tons différents (23 × 16) avec brochure donnant le dosage approximatif de chaque ton, par Wulliam et Farge. . . . . **35** fr.

La Section d'Architecture à l'École des Beaux-Arts, par H. d'Herville. — Une brochure in-8°. . . . . **3** fr. **50**

Précis de Lectures sur le Programme d'Histoire de l'Ecole des Beaux-Arts, par A. Roblot. . . . . **4** fr.

Les Ouvriers d'Art, par H. d'Herville. — Une brochure in-8° contenant tous les renseignements concernant les avantages accordés par la loi militaire . . . . **2** fr. **50**

Agenda de la Construction Moderne. — Le plus complet des aide-mémoires. Paraît chaque année. En portefeuille et quatre trimestres. . . . . **6** fr. **50**

FACILITÉS DE PAIEMENT — ENVOI FRANCO DU CATALOGUE

La Librairie de la CONSTRUCTION MODERNE peut fournir tous ouvrages de Sciences, Arts, Littérature, publiés par d'autres Editeurs.

PAPETERIE
de la Construction Moderne

AULANIER et Cie*, 13, Rue Bonaparte, PARIS*

(En face l'Ecole des Beaux-Arts). — TÉLÉPHONE **118-26**

SPÉCIALEMENT ORGANISÉE POUR TOUTES FOURNITURES DE BUREAU
pour Architectes, Ingénieurs, Entrepreneurs, etc.

PAPIER A DESSIN, BULLE, BLEUTÉ, ROSE. — BULLE A PIQUER
PAPIERS WHATMANN ANGLAIS ET FRANÇAIS
PAPIERS CALQUE, DIOPTRIQUE, VÉGÉTAL. — TOILES A CALQUER
Papier à Dessin transparent *(spécialement recommandé)*.

COULEURS POUR LE LAVIS, L'AQUARELLE, LA PEINTURE A L'HUILE
GOMMES A ENCRE ET A CRAYON

INSTRUMENTS D'ARPENTAGE ET DE GÉODÉSIE
Appareils pour la photographie
MEUBLES DE BUREAU. -- COMPAS DE TOUTES SORTES

CRAYONS KOH-I-NOOR — FABER — HARDMUTH — AULANIER
Copie de lettres

Encres ordinaires et à copier de toutes marques. --- Pinceaux.
RÈGLES, TÉS, ÉQUERRES

MAROQUINERIE

PAPIERS A LETTRES -- ENVELOPPES -- PAPIERS A MÉMOIRES -- REGISTRES -- AGENDAS

IMPRESSIONS EN TOUS GENRES
APPAREILS ET PAPIERS NÉCESSAIRES
pour la REPRODUCTION par la LUMIÈRE de TOUT DESSIN
sur papier calque

ATELIER DE REPRODUCTIONS PHOTOGRAPHIQUES & AUTOGRAPHIQUES
(Tarif spécial envoyé sur demande.)

⚬❬ Catalogues et prospectus envoyés immédiatement sur demande ❭⚬

DE LA MANIÈRE

D'ÉTUDIER

LES MATHÉMATIQUES.

Ouvrages publiés par M. Suzanne, qui se trouvent chez le même Libraire.

DE LA MANIÈRE D'ÉTUDIER LES MATHÉMATIQUES,

Première partie. Arithmétique, 2e. édit. . 5 f. 5o c.
Seconde partie. Algèbre. . . . . 6 f.
Troisième partie. Géométrie.. . . . . 6 f. 5o c.

Élémens théoriques et pratiques de la Manœuvre des Vaisseaux, 1 vol. *in-8°.*, chez Charles Barrois. . . . . 6 fr.

DE LA MANIÈRE

D'ÉTUDIER

LES MATHÉMATIQUES;

Ouvrage destiné à servir de guide aux jeunes gens, à ceux sur-tout qui veulent approfondir cette science, ou qui aspirent à être admis à l'Ecole Normale ou à l'Ecole Impériale Polytechnique.

Par P.-H. SUZANNE,

Docteur ès-sciences, Professeur de Mathématiques au Lycée Charlemagne, à Paris, ancien Professeur de Mathématiques transcendantes au Lycée de Marseille, et de Navigation aux Ecoles de Marine, Membre de la Société d'émulation du département du Var, de l'Académie de Lyon et de celle de Marseille.

PREMIÈRE PARTIE.

PRÉCEPTES GÉNÉRAUX ET ARITHMÉTIQUE.

SECONDE ÉDITION, CONSIDÉRABLEMENT AUGMENTÉE.

PARIS,

F. BÉCHET, LIBRAIRE, QUAI DES AUGUSTINS, N°. 63.

M. DCCC. X.

AVIS.

Tout exemplaire doit être signé de l'Auteur, comme ci-dessous ; celui qui ne le sera pas, devra être regardé comme une contrefaçon et une usurpation de propriété, qui sera poursuivie conformément à la loi.

Suzanne

A

Monsieur FOURCROY,

CONSEILLER D'ÉTAT A VIE,

DIRECTEUR-GÉNÉRAL DE L'INSTRUCTION PUBLIQUE,

MEMBRE DE L'INSTITUT NATIONAL,

COMMANDANT DE LA LÉGION D'HONNEUR,

PROFESSEUR DE CHIMIE AU MUSÉUM D'HISTOIRE NATURELLE, A L'ÉCOLE POLYTECHNIQUE, A CELLE DE MÉDECINE, etc., etc.

MONSIEUR LE CONSEILLER D'ÉTAT,

C'est au savant illustré par de nombreux et utiles travaux, c'est au professeur aussi éloquent que profond, c'est à l'homme d'état occupé à donner à l'instruction publique la meilleure direction possible, que devoit naturellement s'adresser l'hommage d'un livre destiné à tracer aux jeunes gens, dans l'étude des Mathématiques, une route facile et sûre. A ces titres, l'intérêt dont vous m'honoriez depuis longtems en ajoutoit un nouveau qui, seul, m'eût imposé le devoir que je viens remplir aujourd'hui.

Daignez donc, Monsieur le Conseiller d'état, agréer ce foible tribut de ma reconnoissance et de la haute considération que mérite celui qui consacre sa vie à l'utilité et au bonheur de ses semblables.

J'ai l'honneur d'être avec respect,

Monsieur le Conseiller d'état,

Votre très-humble et très-obéissant serviteur,

SUZANNE.

Paris, le 1er. septembre 1806.

PLAN DE L'OUVRAGE.

Lorsque les sciences sont parvenues à un haut degré de perfectionnement, que toutes les parties approfondies par les génies les plus vastes et les plus pénétrans, se sont enrichies d'un grand nombre de vérités qui en ont reculé au loin les limites, leur étude devient plus longue et plus pénible, et leurs progrès sont par conséquent plus lents et plus difficultueux. Alors la mémoire, obligée de retenir une immensité d'objets, réclame sans cesse les secours du raisonnement, et demande une méthode qui classe ces objets de la manière la plus propre à les fixer ou à les faire retrouver quand elle les a perdus de vue. Alors, il importe de diriger ses pas d'autant plus rapidement vers le but, que l'espace à parcourir est plus étendu, que les objets à observer sont plus multipliés, et que les recherches exigent plus de sagacité et plus de termes de comparaison.

De là, la nécessité d'une classification qui distribue toutes les vérités de la science, suivant la plus grande liaison possible ; de là aussi, le besoin d'une méthode qui nous fasse discerner les objets les plus importans, qui nous apprenne à les approfondir, à les développer, et à perfectionner l'instrument de nos recherches.

Tel est le double objet que j'ai osé me proposer relativement aux sciences mathématiques. Cet objet

est grand et difficultueux ; et si je donne aujourd'hui
mes vues à ce sujet, c'est d'abord pour réveiller l'attention sur un objet qui me semble avoir été trop
négligé, et ensuite, pour tracer aux jeunes gens un
plan d'étude propre à soulager leur mémoire et à
rendre leurs succès plus prompts et plus certains, en
exerçant de préférence leur faculté de raisonner.

Le moyen le plus sûr de simplifier l'étude de la
science, étoit de réduire cette dernière à un petit
nombre de principes fondamentaux, et d'exposer
ceux-ci de manière à faire ressortir tous les développemens ou toutes les conséquences dont ils étoient
susceptibles. La difficulté de conserver ses connoissances, et le besoin où l'on étoit de se procurer des
termes de comparaison indispensables dans la recherche de la vérité, faisoient assez sentir combien il
étoit nécessaire de renfermer dans des cadres peu
étendus l'ensemble de toutes les vérités. La méditation des principes fondamentaux conduisoit ensuite
naturellement à des notes propres à donner plus de
développemens à la science. Il falloit enfin, pour embrasser l'ensemble de toutes les parties, former un
tableau général de toutes les vérités disposées suivant
l'ordre le plus propre à en faire sentir la liaison et à
les graver profondément dans la mémoire.

Tels sont les objets sur lesquels j'ai tâché de
donner aux jeunes gens des idées claires et justes.
Mais ces préceptes généraux leur auroient été peu
fructueux, si je ne les eusse rendus palpables par des
applications aux diverses parties des Mathématiques,

et, si le travail que je leur conseillois, je n'eusse commencé par le faire moi-même. Ces applications n'avoient pas seulement l'avantage de tracer aux commençans la route qu'ils pouvoient suivre, elles me fournissoient en même tems l'occasion d'essayer à remplir le premier objet, qui étoit d'offrir, des diverses parties de la science, une classification qui diminuât le travail de la mémoire, en augmentant la faculté de raisonner. L'arithmétique, l'algèbre, la géométrie et l'application de l'algèbre à la géométrie ont été l'objet de ces applications.

De là aussi, est née naturellement la division générale de notre travail. Nous avons donc commencé par développer les principes fondamentaux de chaque partie ; ensuite nous avons présenté dans un précis l'esquisse de toutes les vérités qui forment les élémens de la science; nous avons approfondi, par des notes, les principes qui en étoient susceptibles ; et nous avons offert, dans un tableau général, l'ensemble de toutes les vérités disposées le plus naturellement possible.

Enfin, le tout est terminé par l'examen des qualités qui constituent un bon traité de Mathématiques. C'est ici que je discute les avantages et les désavantages des diverses méthodes employées, et que je démontre la supériorité de celle qui se conforme à la génération des idées. Je recherche aussi quelles sont les causes de la clarté, de la rigueur, de la fécondité, de l'élégance ; et, par les applications que j'en fais aux grands auteurs, je tâche de mettre les jeunes gens en état de sentir les beautés et les défauts des ouvrages qu'ils seront dans le cas de lire, et de ne porter jamais que des jugemens fondés sur des principes sûrs. Cette partie de mon travail m'a paru d'autant plus nécessaire et intéressante, qu'on n'a pas encore pensé à faire pour les Mathématiques ce qu'on a fait pour les lettres, c'est-à-dire, à recueillir les règles d'une théorie propre à faire apprécier avec justesse les qualités d'un ouvrage, et à servir de guide à ceux qui entrent dans cette carrière.

Le rapprochement que je fais ensuite des plus grands géomètres qui ont illustré le monde, et le caractère de chacun d'eux que j'essaie de tracer, devenoient nécessaires pour rendre plus sensibles les principes précédens, et pour exciter l'émulation des commençans par la vue des grands modèles.

De là, j'ai été conduit à esquisser le plan d'étude qui reste à suivre, lorsqu'on s'est déja pénétré des élémens de la science. J'ai donc parlé des ouvrages les plus propres à développer les talens qu'on avoit reçus de la nature, de l'ordre qu'il falloit suivre en les lisant, et de l'esprit dans lequel on devoit les méditer.

En comparant les diverses méthodes employées jusqu'à ce jour, et sur-tout les résultats que m'ont donnés plus de vingt ans d'expérience, je me suis convaincu qu'il n'y avoit pas de méthode plus propre à soulager la mémoire et à développer les facultés de l'esprit, que celle qui sait se conformer à la génération des idées.

Cette méthode, malgré sa grande ressemblance avec celle connue sous le nom de *Méthode des Inventeurs*, n'est pas tout-à-fait la même que cette dernière. Lorsque l'on veut s'assujettir à l'ordre suivant lequel les découvertes ont été faites, on est obligé d'avoir égard à toutes les lenteurs de l'esprit humain, à revenir souvent sur ce que l'on a fait pour le completter, et à préparer les matériaux des sciences longtems avant de les mettre en œuvre et d'en composer un tout régulier. Par une telle méthode, on fait, pour ainsi dire, l'histoire de l'esprit humain en même tems que celle de la science. On montre, il est vrai, l'origine réelle de nos connoissances et le motif de tout ; mais comme l'on est forcé à une extrême lenteur, et à séparer les unes des autres des vérités qui ont entre elles des rapports très-intimes ; il s'ensuit que la mémoire doit être fatiguée et l'esprit avoir beaucoup de peine à saisir l'enchaînement de toutes les parties.

Dans la méthode où l'on suit simplement la génération des idées, il suffit de disposer tous les matériaux de nos connoissances dans l'ordre qui leur convient, de leur donner la place qu'ils doivent occuper dans l'édifice de la science, et, en deux mots, d'unir toutes les vérités entre elles par un lien naturel et sensible, non de la manière dont elles se sont présentées réellement aux inventeurs, mais comme les disposeroit un esprit vaste et profond qui, les ayant toutes sous les yeux, voudroit réformer la science, la dégager de tout ce qui l'embarrasse, et la présenter sous l'aspect le plus clair, le plus simple et le plus satisfaisant.

Cette dernière méthode peut donc réunir tous les avantages de la méthode d'invention, sans avoir la lenteur et les embarras de cette dernière. Elle me paroît mériter ainsi la préférence sur la plupart des autres méthodes. Je sais bien qu'elle exige plus d'attention, un travail plus constant, et un esprit déja accoutumé à réfléchir ; mais ce n'est qu'à ces conditions que l'on peut apprendre la science, fortifier son jugement, développer la faculté de raisonner, et devenir capable de trouver la vérité.

Se borner à démontrer avec le plus de concision possible, les principes des Mathématiques, sacrifier à cet objet la liaison des idées, ne pas faire sentir le motif de chaque chose, obliger la mémoire de se charger de presque tous les détails des démonstrations, cacher le fil qui, en conduisant le raisonnement, auroit suppléé à la plus inconstante de nos facultés ; c'est se priver d'une grande partie des avantages que l'on pourroit retirer de cette étude, c'est fortifier dans les jeunes gens le penchant à l'irréflexion, ou au moins c'est ne pas chercher à le combattre.

Telles sont les considérations qui m'ont fait préférer la méthode de la génération des idées, considérations d'autant plus déterminantes qu'elles étoient une suite de l'expérience que j'avois faite moi-même dans mes premières études.

Cette expérience m'avoit convaincu que ce seroit épargner bien des efforts inutiles et décourageans à la plupart de ceux qui commencent l'étude des Mathématiques, que de leur donner les préceptes propres à les guider, et de leur exposer les principes de la science d'après une méthode qui leur fît sentir la raison de tout, et allégeât le fardeau de la mémoire, en fortifiant la faculté de raisonner.

Voilà le but que je me suis proposé. Je ne me flatterai jamais de l'avoir atteint, parce que les difficultés en sont grandes et nombreuses ; mais je serai satisfait, si j'ai facilité aux commençans l'étude des Mathématiques, si je leur ai montré dans quel esprit on doit faire cette étude, et si j'ai dirigé les regards des savans vers un objet qui, d'après l'opinion d'un grand géomètre (d'Alembert), mérite toute leur attention et n'est pas indigne de leurs recherches.

ORDRE A SUIVRE
DANS LA LECTURE DE L'OUVRAGE.

Les personnes qui ont l'habitude de la réflexion, peuvent commencer par les préceptes généraux sur la manière d'étudier les mathématiques ; les autres ne doivent lire d'abord que le paragraphe Ier. du chapitre IV, avec les chapitres VI et VII relatifs à *l'ordre du travail* et à *la distribution du tems.*

On étudiera ensuite la partie de l'arithmétique, imprimée en caractères plus gros, faisant marcher ensemble le développement des principes, le précis et le tableau général. On reprendra une seconde fois le tout, et l'on verra tout ce qui est en caractères plus petits, ainsi que les notes. Avant de passer à l'algèbre, ceux qui n'auront pas lu les préceptes généraux, tâcheront de se familiariser avec les maximes qui doivent servir à diriger leurs méditations; ils liront aussi les préceptes particuliers relatifs à l'étude de l'arithmétique.

Après cette préparation, on commencera l'algèbre, et l'on ne poussera d'abord cette étude que jusqu'à la résolution des équations du second degré inclusivement, en laissant toujours ce qui est imprimé en caractères plus petits.

Quand on sera bien familiarisé avec ces premiers principes d'algèbre, et avec les méthodes de calcul qui en résultent, on passera à l'étude de la géométrie à l'égard de laquelle on fera comme on a déja fait en arithmétique.

Cette étude terminée, il sera utile de revenir sur tous les préceptes généraux et particuliers, et de relire attentivement les précis, ainsi que les tableaux. Cela fait, on reprendra toute l'algèbre, et l'on s'occupera successivement de toutes les parties qu'elle renferme, méditant bien les principes, et s'exerçant beaucoup au calcul.

Quand on aura bien saisi l'esprit de la langue algébrique, et que l'on se sera bien familiarisé avec les méthodes et les procédés qui s'ensuivent, on passera à l'application de l'algèbre à la géométrie, et l'on étudiera la théorie des courbes, avec toute l'attention et l'intérêt que mérite un sujet aussi curieux qu'utile.

Après avoir longtems médité cette théorie, on reprendra les préceptes généraux, pour en venir à la dernière partie où je traite, avec une certaine étendue, *des qualités que doivent avoir les ouvrages de mathématiques*, et où j'achève de tracer le plan d'étude à suivre par les jeunes gens qui veulent pénétrer dans les profondeurs de la science.

Si, parmi mes lecteurs, il s'en trouvoit quelqu'un qui ne voulût savoir des mathématiques que la partie la plus élémentaire, la plus facile et la plus usuelle, il devroit ne prendre que les problêmes imprimés en plus gros caractères, laisser les notes complémentaires , s'arrêter en algèbre immédiatement après la résolution des équations du second degré, et terminer ses études mathématiques, ou tout de suite après la géométrie , ou après les courbes connues sous le nom de *sections coniques.*

DE LA MANIÈRE

D'ÉTUDIER

LES MATHÉMATIQUES.

PRÉCEPTES GÉNÉRAUX.

CHAPITRE PREMIER.

Nécessité de donner aux commençans des préceptes sur la manière d'étudier.

Dans l'étude des mathématiques, ce n'est point assez d'avoir un ouvrage où soient exposées avec ordre et clarté, les vérités de la science ; il faut encore savoir par quels moyens on fait disparoître l'obscurité d'une pensée, comment on distingue ce qui sert de base à une démonstration, de ce qui n'est destiné qu'à son développement, et comment on peut reconnoître l'importance des différens principes qui constituent la science; il faut de plus savoir discerner les choses que l'on doit confier à la mémoire, de celles qui doivent être l'objet de nos recherches, classer les premières avec méthode et les réduire au plus petit nombre possible ; il faut enfin savoir exercer progressivement ses forces, lire les grands auteurs, se pénétrer de leur esprit, et faire de l'ensemble de ses connoissances un tout bien ordonné, facile à comprendre et à retenir.

Or, la connoissance de ces moyens étant très-propre à faciliter les premiers pas que l'on fait dans les sciences, à éviter tout travail inutile, et à fortifier les facultés de

b

l'esprit, il importe que les élémens soient accompagnés de préceptes pour guider les commençans dans la longue carrière qu'ils ont à parcourir.

Il est vrai qu'ordinairement des professeurs sont chargés de ce soin; mais tous ceux qui veulent étudier les sciences, ne sont pas toujours à portée d'être dirigés par des hommes instruits et expérimentés; d'ailleurs, eussent-ils ce précieux avantage, ils retireroient encore quelque utilité de ces préceptes qui, alors, serviroient ou de supplément aux leçons orales qu'ils recevroient, ou à leur rappeler ce que leur mémoire auroit laissé échapper.

Il n'est aucun savant qui n'ait été obligé de se faire un plan d'étude propre à économiser le tems, à classer avec ordre et méthode les immenses matériaux de ses recherches, et à le conduire à son but par le chemin le plus court et le plus facile. Or, combien de peines inutiles et de tentatives infructueuses ne lui eût-on pas épargnées, si, dès les premiers pas qu'il a faits dans la carrière des sciences, on lui eût tracé la route qu'il devoit suivre ! combien il eût pu employer plus utilement à étendre ses connoissances un tems qui n'a été consacré qu'à les régulariser ! *Trouver une marche simple et facile qui, dans le moins de tems possible, nous fasse acquérir la plus grande somme de connoissances*, ne me paroît pas un problème assez facile à résoudre, pour qu'il n'ait pas occupé longtems celui qui en ignoroit la solution.

On ne m'opposera pas cet argument si souvent répété par les ennemis de tout perfectionnement, que *jusqu'à présent on n'a point manqué de bons géomètres, et par conséquent, que les méthodes connues sont suffisantes.*

Mais ce sophisme est ici de nul effet, puisque ces géomètres n'ont pu acquérir leurs grandes connoissances sans un plan de travail simple et régulier; et qu'il s'agit ici bien moins d'imaginer de méthode nouvelle, que d'indiquer celle que ces savans ont dû suivre.

On ne m'opposera point encore que les jeunes gens ne sauroient s'assujétir à une marche qui demande une attention suivie, un travail long et constant; car autant vaudroit-il dire que, pour développer les facultés de l'esprit, on peut ne point captiver l'attention, on peut laisser l'imagination errer d'objets en objets, et ne point s'opposer à ce penchant qui fait fuir tout travail. C'est en luttant sans cesse contre l'inattention ordinaire au premier âge, c'est en cherchant à fixer l'attention de la jeunesse, c'est en dirigeant constamment vers un même but un esprit porté à voltiger, que l'on peut rendre les jeunes gens capables de raisonner, d'approfondir les sciences et d'arriver à la vérité par une marche toujours sûre.

Cette méthode, la seule propre à remplir le but que l'on doit se proposer dans l'étude des mathématiques, pourra toujours être employée avec succès, lorsqu'on l'appliquera à des jeunes gens familiarisés avec leur langue, et dont l'esprit cultivé sera capable d'attention.

Il est vrai que tous les jours on voit des jeunes gens commencer presque leur instruction par l'étude des mathématiques : aussi n'apprennent-ils guère que des mots et quelques opérations machinales que le vulgaire croit de la science ; aussi renoncent-ils bientôt à une étude qui ne leur offre que sécheresse et stérilité. N'écrivant point pour cette classe de lecteurs, je ne dois pas ici les faire entrer en considération.

J'entends tous les jours répéter que l'on ne doit pas attacher beaucoup d'importance au perfectionnement des méthodes, parce que l'homme de génie n'en a pas besoin, ou bien qu'il les trouve lui-même, et que l'homme vulgaire n'en restera pas moins dans le cercle étroit où la nature l'a renfermé. Mais ce raisonnement est vicieux sous presque tous les rapports.

D'abord il ne paroît pas vrai que l'homme de génie puisse s'affranchir de toute méthode. Nous pensons tous par les mêmes moyens, nous avons tous besoin de fixer notre attention, de la diriger avec ordre, d'exercer le jugement, de développer la faculté de raisonner, de fortifier la mémoire, et de multiplier les termes de comparaison ; il n'y a d'autre différence entre l'homme de génie et l'homme ordinaire, qu'en ce que le premier arrive plus promptement et plus facilement à ces résultats, en fait de nombreuses et utiles applications, tandis que le second marche d'un pas lent et pénible, et manque de force pour aller plus loin.

Mais le génie n'est pas toujours un garant qu'on ne se trompera pas dans ce premier développement de ses facultés, qu'on ne prendra pas un chemin trop long, et, qu'emporté par une imagination trop impétueuse, on ne passera pas à côté de la vérité sans la reconnoître. Qui osera nier que tel homme de génie n'eût parcouru une carrière bien plus brillante, s'il eût su diriger avec ordre et méthode un esprit trop impétueux à contenir ; car, si la méthode peut alléger et étendre la mémoire, si elle multiplie les objets à comparer, si elle facilite ces comparaisons, si elle empêche d'errer loin du but, que ne doit-on pas attendre, lorsqu'à la facilité et à la promptitude de conception, on joindra une marche naturelle et sûre, et qu'aucun de ses moyens ne sera employé à pure perte ?

Quant aux hommes vulgaires, si la méthode n'est pas capable de les placer au premier rang, et de suppléer au manque de sagacité, elle donnera plus de développement à leurs facultés, elle leur fera acquérir plus de connoissances, les rendra plus utiles, leur fera parcourir

une carrière plus longue, et les placera à un rang moins
inférieur.

Or, si l'on observe que dans l'état de nos connoissances, ce qui importe le plus est de diriger les principes vers des applications usuelles, on sentira que, fournir aux hommes d'une intelligence ordinaire les moyens
de se former et d'appliquer les sciences, c'est faire une
chose très-utile à la société.

CHAPITRE II.

Objet que l'on doit se proposer dans l'étude des Mathématiques.

LES mathématiques peuvent être considérées sous un
double point de vue; d'abord, comme moyen de perfectionner l'entendement, et ensuite comme renfermant
des théories dont l'application est utile ou nécessaire à
presque tous les hommes.

Aucune science n'est plus propre que les mathématiques
à fixer l'attention, à la diriger avec méthode, à fortifier le jugement, à développer la faculté de raisonner
et à faire connoître le chemin de la vérité. C'est en
déterminant exactement l'objet de leurs recherches, c'est
en suivant la génération des idées, c'est en allant du connu
à l'inconnu, du simple au composé, c'est en marchant
toujours le flambeau de l'évidence à la main, que les
mathématiques jouissent, à un degré éminent, du précieux
avantage de réunir la clarté à l'exactitude. Accoutumé
à cette marche lumineuse et sévère, l'esprit contractera

l'heureuse habitude de fixer fortement son attention sur l'objet qu'il veut connoître, de mettre de l'ordre dans ses recherches, de tirer d'un principe toutes les vérités qui en découlent, de saisir dans un grand nombre d'idées le lien qui les unit entre elles, en un mot, de voir le vrai, de le sentir et de le trouver.

Si les autres études n'offrent pas les mêmes moyens pour développer la faculté de raisonner, c'est que leur objet n'est ni aussi simple, ni aussi susceptible d'une détermination rigoureuse; c'est qu'elles renferment beaucoup de principes sur lesquels on n'est point d'accord; c'est que l'imagination y produit souvent des illusions ou des fantômes qui cachent la vérité; c'est que la méthode que l'on y suit est souvent incertaine et peu naturelle.

Mais, pour retirer de l'étude des mathématiques le précieux avantage de former le jugement, d'étendre la faculté de raisonner, et de faire connoître la route qui conduit à la vérité, il ne faut point se contenter de démontrer les principes de la science, il faut en saisir l'esprit, voir l'enchaînement des idées, l'ordre de leur génération; il faut sentir le motif de tout, distinguer les vérités fondamentales de celles qui n'en sont que des conséquences éloignées; il faut se pénétrer de l'esprit de la science, plutôt que de vouloir retenir des détails fatigans et fugitifs; il faut enfin observer la marche de l'esprit humain dans la recherche de la vérité.

Démontrer les principes des mathématiques, exercer aux opérations du calcul, en faire l'application aux divers usages de la société, c'est faire une chose fort utile; mais se borner à cela, mais ne pas se proposer le perfectionnement de la faculté de raisonner, ne pas ramener la méthode mathématique à des principes généraux applicables aux autres études, mais ne pas observer la marche de l'esprit dans la recherche de la vérité , c'est se priver de l'un des plus grands avantages de la science , de celui qu'il importe le plus à l'homme d'obtenir, celui *de raisonner avec justesse et de savoir trouver la vérité.*

C'est donc vers ce but utile que doivent tendre tous nos efforts ; d'autant plus qu'en perfectionnant ainsi l'instrument de nos recherches, nous devenons plus capables de pénétrer dans les profondeurs de la science , et de faire une bonne application de la théorie aux besoins de la société.

S'il est une circonstance où il faille se contenter de démontrer et d'appliquer les vérités mathématiques, c'est celle où la personne qu'il s'agit d'instruire, seroit incapable de saisir une longue suite de raisonnemens ; alors il faudroit se borner à un très-petit nombre de propositions élémentaires et de méthodes pratiques qu'un long exercice pourroit graver dans la mémoire ; mais alors aussi ce ne seroit point apprendre la science , et les principes exposés ci-dessus ne sauroient avoir leur application.

CHAPITRE III.

Choix de l'auteur à étudier. Qualités nécessaires à un ouvrage élémentaire.

Rien n'est plus important à celui qui commence l'étude des mathématiques , que le choix de l'auteur élémentaire qui doit guider ses premiers pas. Incapable de faire ce choix par soi-même, on doit recourir aux lumières d'autrui et consulter des hommes qui joignent à une grande instruction une expérience consommée.

Cependant, comme il est avantageux de s'accoutumer

de bonne heure à juger par soi-même, et de se mettre en état d'apprécier l'ouvrage que l'on a pris pour guide, nous allons jeter un coup-d'œil sur les qualités que doit avoir un ouvrage élémentaire. Ces qualités peuvent se réduire aux suivantes ; savoir, *la justesse*, *la clarté*, *la brièveté*, *la simplicité*, *la fécondité* et *l'élégance*.

La justesse consiste dans la parfaite conformité ou l'exacte liaison de nos pensées, soit avec un principe évident et incontestable, soit avec les notions premières de l'objet que l'on considère.

Pour bien comprendre cette définition, il est nécessaire de remonter à la cause de la liaison des idées.

Les objets extérieurs occasionnent sur nos sens des mouvemens ou impressions qui nous avertissent de la présence de ces objets. Ces impressions considérées comme transmises par les sens, ont été nommées *sensations* ; considérées comme servant à nous représenter les objets et à nous faire distinguer les uns des autres, elles ont pris le nom d'*idées* ou *images*.

La simultanéité des impressions donne lieu à celle des idées, lie celles-ci les unes aux autres, et nous fournit le moyen de comparer entre elles ces sensations. De cette comparaison on déduit entre les idées primitives des *rapports* ou *jugemens* ; mais ces rapports ou jugemens étant comparés entre eux, il en résulte de nouveaux rapports : cette comparaison a été nommée *raisonnement*, et, le nouveau jugement qui en est le résultat, a pris le nom de *conséquence*. Continuant à comparer ces conséquences entre elles, on en tire d'autres conséquences, et l'on a des idées *complexes*, dont les idées simples ou primitives sont, pour ainsi dire, les génératrices. Ainsi les idées complexes renferment implicitement toutes les idées complexes intermédiaires entre elles-mêmes et les idées d'où l'on est parti ; de sorte qu'on peut les regarder comme le dernier anneau d'une chaîne dont le premier est formé par les idées simples que l'on a comparées d'abord.

Le manque de justesse vient donc toujours de ce que l'on suppose entre deux idées une liaison qui n'existe pas. Pour se convaincre de son erreur, il suffiroit d'examiner toutes les conséquences qui dérivent de l'une de ces idées, et de voir si l'idée que l'on croyoit liée à la première se trouve au nombre de ces conséquences ; il faudroit, en deux mots, reformer la chaîne en commençant par le premier ou par le dernier chaînon, et reconnoître si l'idée à vérifier forme l'un des anneaux.

D'après cela, un ouvrage élémentaire sera doué de justesse, lorsqu'il régnera une liaison intime entre toutes les parties du plan général, ainsi qu'entre tous les détails qui composent l'ensemble ; lorsque les divisions naîtront naturellement du sujet, et que chacune conduira clairement aux suivantes ; lorsque l'objet de la science sera bien déterminé, que les notions premières en seront des conséquences immédiates ; que les démonstrations dériveront des notions premières ou de principes incontestables ; que les solutions seront tirées de la nature de la question et des vérités déja démontrées ; enfin, lorsque rien ne sera fondé sur des suppositions hasardées, sur des propositions non démontrées, et que les mots seront employés dans leur véritable acception.

La *clarté* demande que les idées soient distribuées dans un tel ordre, qu'elles découlent sans efforts les unes des autres, que les mots employés pour les rendre aient leur signification propre, et soient arrangés le plus simplement et le plus naturellement possible. Enfin, *liaison dans les idées, propriété dans les mots, simplicité dans les constructions ; telles sont les sources de la clarté.*

Ainsi, un ouvrage sera clair, lorsque l'objet sera bien déterminé , que les diverses ramifications seront distinctes , ne s'embarrasseront point les unes les autres, et naîtront sans effort de la nature même du sujet ; lorsqu'il régnera entre toutes les idées une liaison sensible ; que l'ensemble sera partagé en grandes masses bien saillantes ; que les propositions à démontrer ou les problêmes à résoudre se feront distinguer aisément ; que l'on ne franchira pas de grands intervalles ; que l'on conduira l'esprit insensiblement et par une marche graduée, des vérités les plus simples aux vérités les plus relevées ; lorsqu'enfin les mots auront leur vraie signification ; que les phrases seront simples , peu longues et d'une construction naturelle et facile.

La brièveté a pour objet de ne donner à chaque chose que la juste étendue nécessaire à la clarté. Ce n'est donc pas , d'après le nombre des idées , ni celui des mots , que l'on doit en juger ; c'est en examinant si tout ce que l'on dit est nécessaire , et si l'on ne pourroit rien en supprimer , sans nuire à la clarté ou à la rigueur. *Cela est plus court qui est mieux entendu et plutôt retenu.*

Pour atteindre à cette précieuse et rare qualité, il faut réduire la science au plus petit nombre de principes possibles ; il faut que de ces vérités fondamentales se déduisent sans peine les vérités secondaires ; il faut, dans les démonstrations et dans les solutions, montrer l'esprit de la science, partir des principes les plus voisins et les plus immédiats, rejeter des détails fatigans, faciles à trouver ; il faut disposer les idées dans un tel ordre, qu'elles s'éclairent les unes les autres ; il faut enfin employer les mots propres , les constructions claires et rapides, et sous - entendre tout ce qui peut être trouvé sans beaucoup d'efforts.

L'idée de simplicité emporte avec elle les idées de clarté, de brièveté et *de facilité.* Une chose est simple, si elle est peu composée; et, si elle est peu composée, elle est brière, claire et facile à comprendre. Au premier coup-d'œil, la simplicité paroît se confondre avec la brièveté; mais il y a entre elles cette différence, que la simplicité renferme nécessairement peu d'objets, tandis que la brièveté peut être composée d'un grand nombre; de sorte qu'on peut regarder la brièveté comme une qualité relative, et la simplicité comme une qualité absolue. *Il y a brièveté partout où il y a simplicité; mais il n'y a pas toujours simplicité là où règne la brièveté.*

Les élémens des sciences seroient parvenus à leur plus haut degré de perfection, s'ils pouvoient, dans leur ensemble comme dans leurs détails, avoir cette simplicité qui rend les choses faciles à comprendre et aisées à retenir.

Il y aura donc simplicité dans le plan d'un ouvrage, lorsque les objets seront tellement classés, qu'ils donneront lieu à un très-petit nombre de divisions, que ces divisions seront bien distinctes et unies entre elles par un lien naturel et facile; il y aura simplicité dans les notions, lorsque celles-ci découleront sans efforts du fond même du sujet; il y aura simplicité dans les solutions ou dans les démonstrations, lorsque ces solutions ou ces démonstrations seront déduites immédiatement des conditions de la question ou de la nature de la proposition, et que les raisonnemens à faire seront en petit nombre; il y aura simplicité dans le style, lorsque ce dernier sera clair, facile, naturel et sans prétention; enfin, *il y aura simplicité dans le tout, si l'esprit saisit avec facilité l'enchaînement de toutes les parties, sent le motif de chaque chose, distingue d'un coup-d'œil les vérités fondamentales, apperçoit les vérités secondaires que celles-*

*ci renferment, et retient ce vaste ensemble aussi faci-
lement qu'il l'a saisi.* Tels sont les signes auxquels on
peut reconnoître qu'un ouvrage élémentaire possède la
simplicité au plus haut degré ; mais ce phénomène est
encore à paroître.

Si la justesse, la clarté, la brièveté, sont des qualités indispensables à des élémens ; si la simplicité re-
hausse tant le mérite d'un ouvrage, la fécondité dans
la méthode est d'une très-haute importance, parce qu'elle
doit développer les germes de talens qui sont en nous,
et qu'elle peut devenir la source de découvertes utiles
aux progrès de la science.

*La fécondité consiste à exposer les idées et les prin-
cipes dans l'ordre de leur génération, de manière à faire
connoître par quels moyens on arrive à la vérité, et à
mettre ainsi sur la route des découvertes.*

Pour obtenir cette importante qualité, il faut envi-
sager la science sous le point de vue le plus simple,
le plus naturel et le plus étendu ; il faut que les premières notions soient claires, et en plus petit nombre
possible ; que les vérités découlent sans peine de ces
notions, et ensuite les unes des autres ; qu'à quelque
distance que l'on se trouve du point de départ, on puisse
toujours revenir aisément sur ses pas, et parcourir avec
facilité les diverses ramifications de la science ; il faut
sur-tout que l'on apperçoive sans cesse la marche qu'a
suivie l'esprit pour former cette chaîne de vérités ; *il
faut,* en un mot, *s'assujétir à la génération des idées.*

On peut même dire qu'en suivant cette marche, on
obtiendra toujours la justesse et la clarté ; car alors les
idées se trouveront liées à des principes incontestables,
se déduiront naturellement les unes des autres, et se
graveront plus profondément dans la mémoire.

Quand on observe que la fécondité consiste dans la facilité à déduire de nouveaux rapports, et à trouver de nouvelles vérités, on voit que cette qualité doit dépendre de la plus ou moins grande liaison dans les idées. Selon que cette liaison sera plus naturelle, et par conséquent plus intime, elle unira un plus grand nombre d'idées, et l'on sera plus assuré, en la suivant, d'arriver à des vérités inconnues. On parcourra même d'autant plus aisément cette chaîne, que l'on sera plus habitué à chercher le fil des idées, et à s'assujétir à l'ordre de leur génération.

Il est vrai que cette facilité à saisir la liaison des idées n'est pas le seul effet de la méthode. La nature nous a doué de plus ou de moins de perspicacité pour appercevoir, entre toutes les vérités d'une science, ces rapports qui lient celles-ci les unes aux autres; mais, si la nature diminue les efforts de l'esprit, la méthode n'en est pas moins utile pour éviter qu'on ne s'égare, et développer, par un exercice bien entendu, la facilité dont nous sommes doués. Le génie peut bien ne pas s'assujétir à suivre péniblement et scrupuleusement la route tracée par la méthode; impatient d'arriver, il peut bien franchir sans inconvéniens certains intervalles, mais il sera toujours obligé de plier sous les grands principes, dictés par la méthode, et qui dérivent de la nature même de nos facultés. Combien les sciences seroient plus avancées, si, dans les siècles qui nous ont précédés, les hommes de génie eussent étudié davantage la marche de l'esprit dans la recherche de la vérité, et que, loin d'errer d'objets en objets, souvent sans ordre et sans méthode, ils se fussent assujétis à la génération des idées!

Si le goût consiste dans un certain tact qui fait discerner ce qui convient le mieux à chaque chose, et peut produire le plus d'effet, cette qualité doit appartenir également aux sciences comme aux lettres. Il est, dans l'art de chercher ou de démontrer la vérité, un certain choix d'idées plus ou moins propre à faire naître l'évidence, et à donner du relief à des rapports inconnus. De là, naît l'ÉLÉGANCE *qui, comme l'indique le mot* ELIGERE, *consiste dans le choix judicieux des moyens simples et agréables de parvenir à la vérité.*

Pour obtenir cette qualité, il ne faut pas seulement du discernement et de la simplicité, dans les moyens, il faut aussi que les rapports qui en résultent, frappent par la surprise qu'ils occasionnent, c'est-à-dire, que l'élégance soit jointe à l'*esprit*. Celui-ci est bien moins le résultat de longues méditations, que de certains traits de lumière qui viennent tout-à-coup nous frapper et nous découvrir des rapports inattendus. C'est à l'homme de génie auquel appartient sur-tout d'avoir de telles inspirations. Je crois cependant que ces idées qu'un heureux hasard semble suggérer, seroient beaucoup moins rares, si l'on approfondissoit toutes les vérités connues, et que l'on cherchât à découvrir le véritable ordre de leur génération. Ce soupçon me paroît d'autant plus fondé, qu'il n'est aucune de ces idées qu'on ne puisse rattacher à d'autres idées connues.

Ainsi, le plan d'un ouvrage sera élégant, si les parties qui le composent sont en petit nombre et liées entre elles par un lien naturel, ingénieux et délicat. Il y aura élégance dans les solutions, lorsque les principes employés conduiront à des procédés simples, ingénieux et inattendus ; il y aura élégance dans les démonstrations, lorsque celles-ci seront déduites des vérités liées finement avec la proposition, et que les raisonnemens à faire pourarriver à la conséquence seront simples, ingénieux et peu connus.

A l'élégance est opposée la lourdeur. On tombe dans ce défaut, toutes les fois qu'on entre dans des détails superflus, que les moyens employés rendent la marche longue et pénible; que le style est embarrassé, surchargé de mots inutiles, de phrases mal construites et obscures; en un mot, que l'on manque de clarté, de rapidité, de simplicité et d'esprit.

Concluons donc de tout ce que nous venons de dire, que cet auteur mérite la préférence, qui s'est assujéti à l'ordre naturel des idées, qui a suivi un plan simple découlant de la nature du sujet, un plan dont les parties liées entre elles forment un tout facile à saisir; qui a mis de la justesse dans ses expressions, de la clarté et de la rigueur dans ses preuves; et qui, également ennemi des longues discussions et d'une concision rebutante, a su réunir la clarté à la brièveté. Il est bien vraisemblable qu'on ne trouvera pas aisément un auteur qui remplisse toutes ces conditions; mais on s'arrêtera à celui qui a satisfait à un plus grand nombre. On remarquera pourtant que, parmi les qualités qui constituent un bon ouvrage élémentaire, il en est de fondamentales et qui doivent faire préférer celui qui les possède. Ainsi, avoir envisagé la science sous le point de vue le plus naturel, le plus fécond et le plus étendu; avoir mis de la justesse et de l'exactitude dans ses démonstrations, supposent des qualités qu'il faut placer en première ligne. Viennent ensuite la clarté dans les détails, la juste étendue donnée à chaque chose, la propriété des expressions et l'application judicieuse des principes de la science.

Quelquefois les jeunes gens croient hâter leurs progrès, en travaillant en même tems d'après plusieurs ouvrages élémentaires. Cette méthode leur est extrêmement nuisible. Elle le seroit moins si chaque auteur s'assujétissoit au même plan, et partoit des mêmes principes; mais cela n'arrive presque jamais; et encore y auroit-il une perte de tems considérable, et un embarras dans les idées provenant des diverses manières de les classer. Celui qui commence une science a besoin de recueillir toute son attention, d'avoir le moins d'objets possible à considérer, de marcher pas à pas, et de n'avoir qu'une route à suivre, s'il ne veut point rencontrer plus d'obstacles et arriver bien plus tard au but qu'il se propose. Il comparera plus fructueusement les divers auteurs ensemble, lorsqu'il se sera bien pénétré des principes de la science, qu'il en aura saisi l'esprit, et qu'il aura acquis la facilité de penser et de comparer.

Dans le cas toutefois où, pressé par une curiosité ordinaire aux commençans, on voudroit suivre en même tems deux auteurs différens et éclaircir l'un par l'autre, il faudroit commencer par étudier celui dont le plan paroît le plus simple et le plus naturel; après s'en être bien pénétré et avoir marqué les endroits difficultueux, on passeroit à l'autre ouvrage, que l'on étudieroit de suite, ayant soin de rapporter au plan du premier toutes les parties du second, pour en faire un seul tout; on compareroit alors les diverses manières de présenter ou de démontrer les mêmes vérités, et l'on tâcheroit par cette comparaison d'éclaircir, ou de rectifier, ou d'étendre ce que chacun de ces ouvrages pourroit offrir d'obscur, ou de défectueux ou d'incomplet. Mais, je le répète, cette comparaison ne peut être bien faite que par un esprit formé ou sous la direction d'un professeur.

CHAPITRE IV.

Manière d'approfondir l'ouvrage élémentaire que l'on a choisi.

§ Ier.

Intelligence du texte.

UNE des principales causes du peu de succès des jeunes gens dans l'étude des mathématiques, est l'ignorance de leur langue. De là vient la peine qu'ils ont à entendre les idées de l'auteur, à débrouiller leurs propres pensées, et à raisonner avec justesse et précision. Nous ne pensons qu'avec le secours des mots, et les langues ne sont autre chose que des instrumens par le moyen desquels nous faisons passer nos idées en revue, nous les observons, nous les comparons et nous en faisons une bonne analyse. Que faut-il donc attendre de celui à qui cet instrument est presque entièrement inconnu, et qui n'a jamais appris à s'en servir? Rien de bien satisfaisant : il sera longtems à répéter des mots qu'il n'entendra point ; et, si la capacité dont il est doué, jointe aux efforts qu'il fait pour surmonter ces obstacles, ne commence à le familiariser avec sa propre langue, il verra bientôt s'écrouler l'édifice qu'il avoit élevé ; et de toute sa science, il ne lui restera que quelques mots conservés par sa mémoire.

Ainsi la connoissance de sa langue est une condition indispensable pour bien entendre le texte de l'auteur et pénétrer dans l'esprit de la science. Si vous voulez donc n'être point arrêté par ces premières difficultés les plus rebutantes de toutes, pesez bien tous les mots, fixez-en la signification de la manière la plus scrupuleuse, soit par le moyen d'un bon dictionnaire, soit en recourant aux lumières d'autrui ; tâchez ensuite de saisir le sens de chaque phrase, d'appercevoir la liaison que les phrases ont entre elles, et leur degré d'importance par rapport au tout ; marchez avec une sage lenteur, vous rendant compte à vous-même des idées de l'auteur, revenant sans cesse sur vos pas, suppléant aux idées intermédiaires qui manquent, et vous efforçant de faire de toutes les parties un ensemble bien lié et facile à saisir.

L'embarras où sont la plupart des jeunes gens pour discerner les idées principales de celles qui ne sont qu'accessoires ou moins importantes ; la difficulté même qu'ils éprouvent souvent à découvrir la proposition qu'on veut démontrer ou la question qu'on veut résoudre, les porte à s'attacher scrupuleusement au texte de l'auteur, et à en retenir jusqu'à l'arrangement des mots. Cette méthode est aussi dangereuse qu'elle est impraticable. Non-seulement elle empêche la réflexion et le jugement de s'exercer, mais elle finit par surcharger la mémoire d'une foule de mots et d'idées qui disparoissent bientôt, ne laissant plus qu'une sorte d'obscurité pire que les ténèbres les plus épaisses.

Pour éviter un aussi grave inconvénient, il faut bien discerner dans la lecture d'un ouvrage, et à chaque pas qu'on fait, quel est le but de l'auteur, quelle proposition il a voulu démontrer, ou quelle question il a voulu résoudre ; il faut démêler les idées qui servent de fondement à une démonstration ou à une solution, de celles qui n'en sont que des conséquences claires et faciles à retrouver ; il faut enfin s'arrêter aux idées fondamentales, et s'exercer à la recherche des autres. Quant aux mots et à leur arrangement pour rendre les idées, il faut que la connoissance de sa langue et l'habitude de la parler, épargnent à la mémoire la peine de se charger des propres expressions de l'auteur que l'on a pris pour guide.

§ II.

Formation de tableaux contenant les vérités dont dépendent les démonstrations et les solutions.

Ainsi, le premier travail à faire, sera la formation de tableaux en deux colonnes verticales; l'une contenant les diverses propositions à démontrer, ou les divers problêmes à résoudre, auxquels l'ouvrage peut être réduit; et l'autre renfermant les vérités sur lesquelles reposent les propositions ou les problêmes correspondans dans la première colonne.

Pour peu qu'on soit familiarisé avec sa propre langue, et exercé à réfléchir, on distinguera aisément, par la lecture attentive d'un morceau, quelle proposition l'auteur a voulu démontrer, ou quelle question il a eu l'intention de résoudre. Parmi les diverses idées qui entrent dans une démonstration ou dans une solution, les unes dérivent des autres par le raisonnement. Celles-ci seront donc les génératrices de celles-là et leur serviront de fondement. Il faudra donc commencer par détacher de l'ouvrage les idées fondamentales, ne prendre des autres que celles qu'on ne peut retrouver sans quelque effort d'esprit, et transporter les unes et les autres dans la seconde colonne du tableau, vis-à-vis les propositions auxquelles elles appartiennent. En disposant ces idées suivant l'ordre de leur génération, il ne restera plus, pour completter la démonstration, que de les lier entre elles et à la proposition principale, par des idées intermédiaires toujours faciles à retrouver, lorsqu'on a bien compris le texte de l'auteur.

On pourroit même ajouter une troisième colonne, dans laquelle on mettroit les solutions des questions qui se trouvent dans la première. Ces tableaux une fois formés, il sera nécessaire de se les rendre familiers, en s'exerçant à retrouver la démonstration de chaque proposition et de chaque solution, par la seule vue des vérités dont elles dépendent. Cet exercice habituera l'esprit à raisonner juste, lui fera discerner les idées fondamentales d'un raisonnement, de celles qui ne sont destinées qu'à les lier entre elles, développera insensiblement la sagacité des jeunes gens ; et en mettant de la liaison entre les vérités de la science, il les gravera plus profondément dans la mémoire.

§ III.

Nécessité de distinguer les principes fondamentaux d'une science.

Si une proposition ou une solution est fondée sur un petit nombre d'idées fondamentales qu'il importe de distinguer, chaque partie de la science est aussi basée sur un certain nombre de vérités d'où dérivent les autres, et auxquelles il faut toujours recourir, lorsqu'on veut retrouver les idées ou les vérités subséquentes que la mémoire a laissé échapper.

L'étude des sciences deviendroit un dédale immense dont nous ne pourrions jamais sortir, si nous avions la folie de tout voir, de tout retenir. Il faut que nous nous contentions de reconnoître les points principaux, et d'acquérir cette sagacité qui, comme un nouveau fil, dirigera nos pas avec sûreté, et qui, dans la longue carrière que nous avons à parcourir, nous empêchera de nous égarer.

C'est donc vers le développement et la fécondation des germes de talens que la nature a mis en nous, que doivent se diriger tous nos efforts. Mais ce développement ne sauroit avoir lieu, si nous ne saisissons bien le véritable esprit de la science ; et cet esprit se trouve concentré dans les principes fondamentaux et dans quelques vérités secondaires qui en découlent.

Il devient donc aussi utile que nécessaire de bien connoître ces principes et ces vérités sur lesquels repose toute la science, de les mûrir, de se les approprier, et de bien s'en pénétrer en les développant avec ordre et clarté.

Or, le caractère distinctif des vérités principales d'une science, est de dépendre d'une manière assez immédiate de la nature du sujet, de donner lieu à un grand nombre de conséquences, et de devenir la source de beaucoup de vérités qui, à leur tour, en produisent de nouvelles, sans qu'on puisse jamais en assigner la limite.

Les idées simples et primitives sont les vrais fondemens de toute science. Evidentes par elles-mêmes à cause de leur simplicité, elles n'ont besoin, pour être entendues, que d'être exposées avec les mots qui leur conviennent. Elles nous marquent le point de départ, et il ne faut jamais les perdre de vue, si l'on veut bien lier ses connoissances, en démêler l'origine et en former un tout dont on puisse saisir aisément la relation des parties.

A mesure qu'on s'éloigne de ces notions primitives, les vérités deviennent toujours moins fondamentales. Mais elles n'en sont pas pour cela moins nécessaires, lorsque sur-tout elles servent de point de réunion à un grand nombre de conséquences. Ce sont ces points communs qui méritent toute notre attention, et c'est à les développer et à les lier naturellement que consiste la difficulté.

§ IV.

Développement des principes fondamentaux.

Mais quelle méthode faut-il suivre dans le développement de ces principes ? Celle, sans doute, qui, éclairant sans cesse l'esprit, le conduit pas à pas, lui montre les difficultés, et les lui fait vaincre progressivement ; celle, en un mot, qu'ont suivie ou qu'ont pu suivre les inventeurs de la science. Cette marche, il est vrai, est un peu lente et exposée à des tâtonnemens, mais je crois qu'elle est la seule propre à bien faire sentir la raison de tout ce que l'on fait, et à donner à l'esprit de l'étendue et de la profondeur, en lui montrant la manière dont les idées naissent progressivement les unes des autres. Quelle autre méthode, en effet, pourroit mieux faire connoître la route qu'il faut tenir pour arriver à la vérité, que celle qui se présente naturellement dès qu'on veut faire des recherches, qui fait dépendre les vérités les unes des autres, et que tous les hommes ont été forcés de suivre ? Malheureusement il n'est pas toujours possible d'appercevoir la vraie route d'invention, ou la génération des idées, parce que nous sommes encore bien éloignés d'avoir le fil qui lie toutes les vérités ; et que, comme dit d'Alembert, nous ne connoissons, dans la grande énigme du monde, qu'un petit nombre de points épars çà et là, dont la relation nous est inconnue. Voilà, sans doute, pourquoi nous n'avons souvent pour guide dans nos recherches, qu'une sorte d'instinct ou de pressen-

timent, une certaine analogie qui nous force à des tâtonnemens, et à des essais quelquefois infructueux.

Il n'en faut pas moins cependant faire nos efforts pour
établir entre le grand nombre de vérités qui composent
une science, une certaine liaison qui les fasse dépendre
les unes des autres le plus naturellement possible. Il en
résultera au moins cet avantage, qu'en s'efforçant continuellement de vaincre ces difficultés, on augmentera
les forces de l'esprit, et l'on pourra, dans bien des cir—
constances, voir son travail couronné du succès.

Dans ces derniers tems, on a beaucoup parlé de *synthèse*
et d'*analyse*; mots qui, d'après leur étymologie, signifient
l'un *composition*, et l'autre *décomposition*. Sans entrer
dans des discussions inutiles, au moins à notre objet,
nous dirons seulement, que de toutes les méthodes, la
plus propre à éclairer l'esprit, à soulager la mémoire
et à développer l'entendement, est celle qui sait se conformer à la génération des idées.

Pour sentir en quoi consiste cette méthode, il faut se
rappeler que les impressions faites sur nos organes par
les objets extérieurs, produisent dans notre ame des sensations ou perceptions qui sont les représentations de ces
objets, et qui forment nos idées les plus simples ; que
la simultanéité des impressions donne lieu à celle des
idées, lie celles-ci les unes aux autres, et procure à
notre ame le moyen de les comparer et de porter des
jugemens ; enfin, que la réflexion, qui n'est autre chose
qu'une attention continue qui revient souvent d'un objet
à un autre, forme, avec les idées simples, des idées
composées ou complexes. La liaison entre les idées peut
donc provenir de deux causes ; savoir, de leur simultanéité, ou de ce qu'elles entrent comme élémens dans
d'autres idées complexes. La première liaison pourroit

se nommer *accidentelle* ou *artificielle*, et la seconde *naturelle* ou *absolue*.

La génération des idées provenant de leur liaison, il s'ensuit que la méthode dont il s'agit doit avoir pour objet, non-seulement de trouver cette liaison, mais encore d'en établir une la plus simple et la plus naturelle possible, et de disposer ensuite les idées dans l'ordre qu'elle prescrit. Ainsi, dans le cas où l'on auroit une question à résoudre, on chercheroit dans l'examen des conditions qu'elle donne, ce qu'il faudroit faire pour arriver à sa solution, et la question seroit ramenée à une autre dont les conditions plus simples approcheroient du but. On continueroit de même jusqu'à ce qu'enfin on fût parvenu à une vérité déja démontrée ou évidente par elle-même. Quand on ne pourra point reconnoître quelles sont les questions subordonnées à la proposée, il faudra recourir à l'analogie qui, par la ressemblance entre les questions, en suppose une dans les procédés, pour les résoudre.

S'il s'agissoit de démontrer ou de vérifier une proposition, la difficulté consisteroit à trouver une vérité ou idée complexe dont cette proposition fît partie, et ensuite à mettre à découvert cette identité. Or, pour reconnoître l'idée complexe de laquelle dépend la vérification de la première, il faut ou suivre la même marche que pour la solution d'une question, ou bien faire passer en revue les diverses vérités qui semblent avoir quelque trait de ressemblance avec la proposition à démontrer. Mais cette méthode de tâtonnement ne doit être employée qu'à l'extrémité.

Souvent, pour mettre plus de précision dans le discours, on commence par poser le principe ou l'idée complexe qui renferme la solution d'une question ou la démonstration d'une vérité, sans faire connoître comment on est parvenu à trouver ce principe. On peut bien, en procédant ainsi, se convaincre de la vérité de ce qu'on avance ; mais l'esprit n'est pas éclairé, et la route qu'on a suivie pour avoir cette solution ou cette démonstration lui est entièrement inconnue. Les sciences seroient assurément plus avancées, et leur esprit seroit bien mieux senti, si les hommes de génie des siècles passés ne nous avoient pas fait souvent un mystère des moyens qui les avoient conduits à leurs découvertes ; car alors les hommes à grands talens qui leur ont succédé n'auroient pas perdu un tems précieux à se tracer une route et à remplir les lacunes que laissoient les écrits de leurs prédécesseurs.

Si vous voulez donc convaincre l'esprit, en même tems que l'éclairer et lui servir de guide, liez les idées les unes aux autres, de manière qu'elles ne paroissent faire qu'un seul tout ; et liez-les d'une liaison naturelle, de telle sorte qu'on puisse passer aisément de l'une à l'autre par le secours de la réflexion, sans que la mémoire joue un trop grand rôle.

Des auteurs ont craint qu'en se conformant à la génération des idées, les vérités ne fussent trop fondues les unes dans les autres, et n'eussent pas assez de relief pour être discernées. Cet inconvénient n'est point la faute de la méthode, mais la faute de ceux qui l'ont mal employée ; car, pourquoi ne pas faire remarquer la vérité principale qui résulte de la liaison de plusieurs autres vérités ? pourquoi ne pas faire une récapitulation des principes qu'on a découverts en suivant la génération des idées ? pourquoi enfin ne pas dresser un tableau général des vérités qui servent de fondement à la science ? Ces moyens seroient bien propres, il me semble, à faire disparoître l'inconvénient qu'on redoute.

A ne considérer que la méthode généralement employée,

on seroit porté à conclure qu'on n'est pas encore bien pénétré des avantages de celle qui se conforme à la génération des idées. Cependant, pour sentir combien cette dernière méthode est préférable à toute autre, il suffiroit de jeter un coup-d'œil sur les causes de la fécondité dans les mathématiques. Or, cette précieuse qualité ne peut avoir d'autre source que la liaison des idées ; et la fécondité sera d'autant plus grande, que cette liaison sera plus simple, et qu'elle enchaînera un plus grand nombre de vérités.

Traiter la science en liant les idées les unes aux autres, le plus simplement et le plus naturellement possible ; ne rien avancer sans qu'on en voie le motif dans ce qui précède; unir toutes les parties, toutes les vérités entre elles, de manière qu'elles paroissent découler les unes des autres, et former un seul tout, seroit contribuer plus qu'on ne pense au développement des progrès de nos connoissances. Je fais des vœux pour que les hommes de génie s'occupent de cet objet important ; ils y trouveront autant de lauriers à cueillir que dans les recherches épineuses auxquelles ils se livrent.

Ce que les principes précédens peuvent avoir encore de trop abstrait pour les commençans, nous l'éclaircirons par les applications que nous ferons bientôt, et par les développemens que nous leur donnerons dans la dernière partie de notre ouvrage. C'est là sur-tout que nous nous réservons de discuter les avantages et les désavantages des diverses méthodes, et de faire ressortir ceux qu'on retireroit en suivant, autant que possible, la génération des idées.

§ V.

Application de la théorie à des exemples.

Après le développement des principes fondamentaux de la science suivant la génération des idées, rien n'est plus propre à dissiper tout reste d'obscurité et à graver profondément ces principes dans la mémoire, que les fréquentes applications de la théorie à des exemples. Ces applications doivent d'abord être simples et presque uniquement destinées à l'éclaircissement des méthodes trouvées : viendront ensuite celles qui, ayant pour but d'approfondir et d'étendre certaines parties théoriques, ne peuvent avoir lieu qu'après avoir longtems médité les élémens. On ne doit voir dans les premières applications que des moyens de bien comprendre le texte de l'ouvrage qu'on étudie, et de faciliter le travail de la mémoire. Les commençans ne doivent donc pas chercher à retenir les détails de calcul, ou certains procédés particuliers qu'ils retrouveront aisément d'eux-mêmes, lorsqu'ils se seront bien pénétrés de l'esprit de la science ; mais une chose importante pour eux, c'est qu'ils se rendent raison des méthodes qu'ils emploient, c'est qu'ils reviennent sur les principes qui ont donné ces méthodes, et qu'ils observent attentivement la marche que l'on a suivie pour arriver à ces procédés.

§ VI.

Nécessité des précis.

Nous ne sommes obligés de classer nos idées avec tant de soin, et d'imaginer tant de moyens pour les retrouver, qu'à cause du peu d'étendue de notre esprit, et de la foiblesse de notre mémoire. Nous éprouvons même tant de peine à comparer nos idées, à porter des jugemens certains, à lier les vérités entre elles, à les retenir, à les retrouver lorsqu'une fois elles nous ont échappé, que nous sommes forcés de marcher à pas lents et mesurés dans l'étude des sciences, de n'embrasser que les objets principaux, de les disposer de manière à ne pas les perdre de vue, de ne confier à la mémoire que le moins de choses possible, et d'acquérir la faculté de retrouver par le raisonnement toutes celles qui embarrasseroient trop le système de nos connoissances. C'est donc à l'imperfection de nos facultés que nous devons la méthode, et celle-ci doit être d'autant plus parfaite, que notre intelligence est plus bornée. Voilà sans doute pourquoi l'homme de génie en a bien moins besoin que l'homme vulgaire ; voilà aussi la nécessité où nous sommes de renfermer dans des cadres très-étroits l'ensemble de nos connoissances ; voilà, en un mot, la nécessité des précis.

§ VII.

Manière de faire les précis.

Lorsqu'on remonte à leur origine et aux circonstances qui ont occasionné les précis, on entrevoit aisément la manière de les faire et l'étendue qu'ils doivent avoir. Destinés à donner une idée de l'ensemble de la science, à ménager les forces de l'esprit et à venir au secours de la fragilité de notre mémoire, ils doivent renfermer les idées primitives, les principes fondamentaux, les vérités dont on a tiré un grand nombre de conséquences ; ils doivent les disposer de manière que leur liaison puisse être aisément apperçue, et que la mémoire y trouve tous les termes de comparaison dont l'esprit a besoin pour remplir les lacunes, et rétablir, par le raisonnement, les idées intermédiaires qui manquent; ils doivent enfin conserver comme en dépôt la trace ou l'empreinte de toutes les choses nécessaires, utiles, intéressantes, que l'on ne pourroit confier à la mémoire, sans s'exposer au danger de les perdre.

Les précis doivent donc avoir plus ou moins d'étendue, et embrasser plus ou moins d'objets, suivant que l'on est doué de moins ou de plus de mémoire, de moins ou de plus de facilité à comparer ses idées, à retrouver les intermédiaires, et à sentir les rapports qui établissent leur dépendance. Il doivent donc varier selon les âges, selon les individus, selon les connoissances acquises, et devenir d'autant plus serrés que l'on s'éloigne du point de départ, et que l'esprit s'accroît en force et en vigueur. De là la nécessité où l'on est de faire soi-même les précis des ouvrages que l'on étudie, et de les mettre en juste proportion avec sa mémoire, ses connoissances et l'étendue de son esprit.

§ VIII.

Tableaux généraux qui présentent l'ensemble de toutes les vérités dans l'ordre le plus naturel.

Mais quelque soin que l'on prenne pour avoir sans cesse présentes toutes les vérités qui forment l'ensemble d'une science, nous les voyons souvent nous échapper avec une fugacité décourageante, et ne revenir à nous qu'après beaucoup d'efforts, pour nous fuir de nouveau. Il résulte de là que, dans nos recherches, nous manquons presque toujours de termes de comparaison et de points lumineux pour éclairer notre route et arriver au but que nous nous proposons.

Ce seroit donc faire une grande économie de tems et assurer le succès de nos travaux, que d'avoir un moyen propre à diminuer l'inconstance de la mémoire, ou à faire retrouver facilement les vérités dont on auroit besoin.

Or, il me semble que de tous les moyens que l'on puisse employer, l'un des plus simples, des plus sûrs et des plus pratiquables, seroit la formation de tableaux qui présenteroient l'ensemble des vérités ramifiées suivant l'ordre le plus naturel ou le plus aisé à saisir. En plaçant à côté de chaque proposition le renvoi aux articles de l'auteur, à ceux du précis et du développement auxquels cette proposition se rapporteroit, on feroit de toutes les parties un tout bien lié qui donneroit de la science une idée juste et précise, et qui, en soulageant la mémoire, la rendroit plus sûre et moins fragile.

C'est en recourant à l'art des classifications, que l'on a rendu possible l'étude des merveilles de la nature, et que, de cette immensité d'objets répandus sur la terre ou qui entrent dans sa composition, on a pu former des groupes distincts, des familles remarquables par des traits communs, et arriver enfin à la connoissance des individus. Pourquoi n'appliqueroit-on pas cette méthode aux sciences mathématiques? On a au moins ici l'avantage de mieux sentir la liaison des parties, et l'on ne craint pas autant d'établir des relations arbitraires que la nature désavoue.

CHAPITRE V.

*Ouvrages que l'on doit étudier après les élémens.
Manière de les étudier.*

APRÈS avoir bien médité l'ouvrage élémentaire qui nous a servi de guide, et s'être fortement pénétré des vérités qu'il renferme, il faut passer aux ouvrages des grands maîtres, à ces ouvrages où la science est traitée avec autant d'esprit que de profondeur.

A ne consulter que l'ordre des connoissances et l'avantage qu'il y auroit d'acquérir celles-ci en suivant leur filiation, on devroit commencer par les ouvrages des anciens; mais un tel plan est bien vaste et bien long, pour que l'esprit, impatient d'arriver, puisse contenir sa curiosité et ne pas marcher vers le but avec trop de précipitation. On évitera donc cet inconvénient, en adoptant la marche opposée, et en commençant par les ouvrages qui présentent la science avec tous les perfectionnemens qu'elle a reçus. On pourra ensuite remonter à loisir jusqu'aux écrits des anciens géomètres, et observer alors l'enchaînement admirable de toutes les parties de cet édifice immense, l'un des plus beaux monumens de l'esprit humain.

Aux traités de la science, on doit faire succéder les ouvrages où l'on n'approfondit que quelque théorie ou des questions particulières, tels que les mémoires ou les dissertations.

Enfin, lorsque l'on connoîtra tout ce qui a été découvert

d'intéressant dans chaque partie, on s'attachera au perfectionnement de celle vers laquelle on se sent porté avec plus d'ardeur, à moins que l'on n'aime mieux se livrer à des applications utiles à la société.

Dans la méditation d'un ouvrage de science, on doit se proposer d'abord de bien en saisir l'esprit, d'en découvrir les défauts, d'en apprécier les bonnes qualités, et de completter enfin le système général de ses connoissances.

Pour remplir le premier objet, il faut faire le précis de tout l'ouvrage, et en développer en même tems les parties les plus importantes et les plus difficiles, d'après les principes exposés ci-dessus. Dans ce développement, on tâchera de rectifier ce qui n'est pas assez exact, et de simplifier ce qui est trop compliqué. Si cette rectification est trop difficile par rapport à l'état de ses connoissances, on se contentera d'exposer avec clarté les méthodes de l'auteur, et sur-tout de bien en faire ressortir l'esprit, en se conformant à la génération des idées et en se rapprochant de l'ordre d'invention. Si l'ouvrage ne contient rien de difficile à comprendre, on doit se borner à en faire le précis.

Lorsqu'il s'agira d'apprécier justement un ouvrage, on le fera par des notes où l'on examinera si le plan est simple, naturel et bien lié dans toutes ses parties, si les notions premières sont exactes, si les solutions et les démonstrations réunissent la rigueur et la clarté à la brièveté et à l'élégance, si l'on voit le motif de tout ; enfin si la méthode est féconde, et s'il règne, dans l'ensemble et dans les détails, cette liaison qui diminue le travail de la mémoire et dévoile l'esprit de la science.

A ces notes destinées à bien faire sentir le mérite d'un ouvrage, et à montrer la source des défauts et des bonnes qualités d'un écrit, on pourroit en joindre d'autres qui auroient pour but d'essayer ses forces, de perfectionner certaines théories, ou de donner plus d'étendue à certains principes; mais ce genre de notes ne peut être entrepris que par des hommes d'un talent supérieur, ou lorsque l'esprit a acquis une certaine vigueur par un exercice long et bien dirigé.

Enfin, pour completter le système général de ses connoissances, et en former un tout dont les parties bien liées soient faciles à retenir, on rapportera au tableau général et synoptique de chaque branche de la science, toutes les théories et les principes contenus dans les ouvrages qui ont été le sujet de ses méditations.

Si l'on observe que, dans les recherches mathématiques, il ne suffit pas toujours d'avoir des vérités à comparer, et qu'il est souvent nécessaire de connoître les moyens ingénieux employés par les grands auteurs dans des circonstances analogues, on verra qu'il seroit très-utile de former une autre sorte de tableaux qui renfermeroient les méthodes les plus importantes, classées suivant la nature des problèmes. Ces tableaux, en nous retraçant la manière dont les géomètres ont surmonté les obstacles qui les arrêtoient, affermiroient nos pas chancelans, guideroient nos efforts, et nous apprendroient à imiter de si grands modèles; ils seroient comme une mémoire artificielle qui conserveroit fidèlement en dépôt toutes nos connoissances, et suppléeroit à la mémoire naturelle dont la foiblesse est un si grand obstacle aux succès de nos recherches.

La formation de cette sorte de tableaux, me paroît mériter toute l'attention de ceux qui s'occupent du perfectionnement des méthodes d'instruction.

Quand on observe que presque tous les hommes de génie

d

ont joint une mémoire très-étendue à une grande facilité de comparer et de saisir les rapports entre les choses comparées ; que les découvertes tiennent souvent à quelques vérités que l'esprit apperçoit en même tems , on sent de quelle importance seroient des tableaux qui , d'un coup-d'œil, offriroient l'ensemble de ce que l'on a trouvé de plus intéressant sur chaque sujet.

Ces tableaux pourroient être composés de quatre colonnes : dans la première seroient les énoncés des problêmes à résoudre ; dans la seconde on placeroit les formules ou les théorêmes provenans des solutions ; dans la troisième on feroit entrer les idées fondamentales de ces solutions ; et dans la quatrième , des observations claires et précises sur les usages que l'on pourroit faire des solutions ou des principes trouvés.

Ces mêmes tableaux , que l'on peut regarder comme l'esprit des précis , remplaceroient , dans la suite , ces derniers , lorsque, sur-tout, on auroit acquis assez de sagacité pour suppléer à ce qui manque , et trouver une solution et une démonstration d'après une simple idée fondamentale.

CHAPITRE VI.

Ordre dans le travail.

L'INTELLIGENCE du texte est la première chose qui doive occuper celui qui commence une science. Pour cela, il faut qu'il se rende compte à lui-même, et de vive voix, des idées de l'auteur, et qu'il les médite jusqu'à ce qu'il sente leur liaison et leur harmonie avec le sujet. En exhortant les jeunes gens à s'accoutumer à exprimer leurs pensées à haute voix, comme s'ils avoient des auditeurs, c'est une chose, plus importante peut-être qu'ils ne pensent, que je leur conseille. Cette habitude est une des plus heureuses qu'ils puissent contracter. On n'analyse jamais mieux ses pensées que lorsqu'on est obligé de faire comme si on les communiquoit aux autres; et il est bien rare qu'on ne se contente pas d'un à-peu-près, souvent très-obscur, lorsqu'on les concentre en soi-même et qu'on ne fait que les entrevoir. Après avoir bien compris une suite de propositions formant une espèce de tout, on reviendra sur ses pas, et l'on s'efforcera de bien saisir la liaison de toutes les parties. Choisissant ensuite les vérités fondamentales, on les exposera de vive voix, suivant la méthode la plus naturelle possible ; et, lorsqu'on sentira que les idées naissent facilement et sans efforts les unes des autres, on prendra la plume pour les écrire : on en lira aussi plusieurs fois la rédaction, pour en corriger les défectuosités. De là on passera au précis, à l'égard duquel on fera comme pour le développement des principes. On continuera de même pour les autres parties de l'ouvrage, ayant toujours soin de se rendre compte des rédactions, et de bien se familiariser avec les précis. Arrivé à la fin de l'ouvrage, il faudra s'occuper de la formation des deux sortes de tableaux dont il a déja été question. Mais pour les faire avec plus de soin, on reviendra sur ses pas, et l'on trouvera dans la méditation des vérités fondamentales, ainsi que dans les précis, les moyens de les dresser convenablement. Ces tableaux doivent être tenus sans cesse présens à l'esprit, et, par conséquent, être lus très-souvent. Les problêmes à résoudre, qu'il sera utile de graduer le plus possible, et de placer à la suite du travail général, con-tribueront à graver sans peine dans la mémoire les principales vérités et les méthodes les plus intéressantes de la science.

Lorsque, dans la suite, on aura ainsi approfondi un grand nombre d'ouvrages, il deviendra nécessaire de presser davantage sa marche, en serrant toujours plus ses précis, et en s'exerçant à y retrouver facilement, ainsi que dans les tableaux, toutes les idées intermédiaires qui manquent. Ce dernier exercice gravera ces vérités dans la mémoire, plus profondément et d'une manière plus utile et plus agréable que si on avoit voulu les retenir à force de lectures.

Nous devons ici prévenir les jeunes gens que rien ne nuit tant à leurs progrès, que les changemens fréquens qu'ils font à leur plan d'étude. Un plan un peu défectueux, mais suivi constamment, leur seroit moins nuisible que leur incertitude et leur variation. L'empressement qu'ils ont à acquérir des connoissances, occasionné par une curiosité impatiente ou par le desir immodéré de se distinguer bientôt, leur fait souvent embrasser plusieurs sciences à-la-fois. Je dois les avertir qu'une telle méthode n'est propre qu'à embarrasser leur esprit, à embrouiller leurs idées, et à leur faire manquer entièrement le but auquel ils visent.

CHAPITRE VII.

Distribution du tems.

S'IL est, pour les jeunes gens, une heureuse habitude
à prendre, c'est celle du travail. Elle seule peut les pré-
server de mille dangers, leur faire vaincre toute difficulté,
et leur procurer des jouissances et des avantages inconnus
à celui qui n'a pas cultivé les facultés de son esprit.

On ne sauroit fixer généralement le tems que chacun
peut donner à l'étude. La longueur du travail dépend
sur-tout du tempérament de l'individu. Cependant, un
jeune homme d'une bonne constitution peut, après sept
ou huit heures de sommeil, donner à l'étude tout le tems
qui n'est pas employé à la digestion des alimens nécessaires à la conservation et à l'accroissement du corps.
Ainsi, je ne crois pas que neuf ou dix heures de travail
par jour soient au-dessus des forces d'un jeune homme
bien constitué.

Le tems le plus propre à l'étude, est celui où l'estomac
n'est plus occupé à transmettre aux diverses parties du
corps la substance dont elles ont besoin : aussi le travail du
matin est-il ordinairement le mieux fait et le moins pénible. Hors des cas extraordinaires, je doute qu'il soit
avantageux de remplacer le travail du jour par celui de
la nuit, et sur-tout si c'est aux dépens du sommeil nécessaire au corps.

De tous les genres de récréations, le plus propre aux
gens d'étude, est la promenade ou tout autre exercice du

corps. Une vie trop sédentaire finit par beaucoup nuire à leur santé ; et il importe d'en prévenir ainsi de bonne heure les inconvéniens et même les dangers. Un jour de chaque semaine, destiné principalement à quelque promenade champêtre, peut devenir nécessaire pour rendre aux organes fatigués ce ressort et cette vigueur qu'un travail continu leur avoit fait perdre. En général, dès qu'on s'apperçoit d'une lassitude de corps provenant d'une tension trop forte ou trop longue des organes, il faut en chercher tout de suite le remède dans le repos ou dans un exercice modéré.

Quant aux objets de travail, je pense que le matin est le tems le plus propre aux méditations profondes, et à mettre ses pensées par écrit. Le soir paroît mieux convenir à ce que l'étude renferme de moins difficultueux ou de plus matériel. Il pourra donc être employé utilement à repasser les précis et à se rendre compte des études du matin.

Comme il est plus pénible encore de conserver ses connoissances que de les acquérir, il importe de ne rien négliger pour remplir ce premier objet. C'est pourquoi, il sera très-avantageux de destiner un jour de chaque semaine à repasser les précis et à s'en rendre compte ; de consacrer ensuite les derniers jours de chaque mois à revoir les vérités principales de la partie qu'on a étudiée, et à en faire des applications : enfin, tous les six mois, on pourroit en destiner un à une revue générale, et tous les ans, y consacrer aussi environ deux mois.

Je ne saurois trop répéter aux jeunes gens, de se tenir en garde contre cette inconstance naturelle, qui les porte à faire sans cesse des changemens à leur plan d'étude ; et, sur-tout, contre une certaine inertie qui nous fait tendre continuellement au repos. Lorsque les difficultés nous arrêtent, lorsque le découragement semble vouloir 'emparer de notre ame, lorsque l'exemple des autres nous fait incliner vers l'oisiveté ; réunissons toutes les forces de notre raison ; comparons le sort de l'homme oisif et ignorant, à celui de l'homme studieux et instruit ; pénétrons-nous du malheur de l'un ; contemplons les jouissances de l'autre ; et, que cette double image, sans cesse présente à notre esprit, ranime notre ardeur, soutienne notre courage, et nous fasse tendre fortement vers le même objet.

J'ose promettre aux jeunes gens constans et laborieux, des succès qui feront un jour le bonheur de leur famille et le bien de leur patrie. Mais pour cela, il ne faut point que les épines, qui semblent défendre l'accès du sanctuaire des sciences, les rebutent et les empêchent de continuer leur route. En suivant constamment le plan d'étude que nous venons d'esquisser, et dont nous donnerons bientôt les développemens, ils verront leur esprit s'étendre chaque jour davantage, les difficultés disparoître insensiblement; et l'édifice de leurs connoissances, appuyé sur des bases solides, s'élever à une hauteur qu'ils devront presque autant à leur méthode et à leur constance, qu'aux talens dont la nature les avoit doués.

DE LA MANIÈRE

D'ÉTUDIER

L'ARITHMÉTIQUE (1).

L'ARITHMÉTIQUE est de toutes les parties des mathématiques la plus simple, la plus usuelle et la plus fondamentale. Sans elle il n'y auroit point d'application à la pratique, et l'algèbre, ainsi que la géométrie, ne seroient guère que des abstractions plus ingénieuses qu'utiles. Si l'on considère sa marche et ses moyens, on admirera avec quelle simplicité et souvent avec quelle finesse et quelle élégance elle surmonte les difficultés et parvient à son but.

Quelques auteurs trouvant plus de facilité à démontrer par le langage algébrique certaines parties de l'arithmétique, ont dépouillé celle-ci de plusieurs théories importantes qui étoient de son domaine ; mais, s'il importe de conserver à chaque partie des mathématiques la physionomie qui lui est propre ; si par ce moyen on en connoît mieux les ressources et l'esprit, et si l'on voit plus clairement la raison des méthodes de perfectionnement, on conclura que ce changement ne sauroit être avantageux. D'ailleurs, après avoir employé les moyens arithmétiques à la démonstration de certaines vérités un peu compliquées, on peut ensuite revenir sur le même

---

(1) Les commençans ne doivent lire ces préceptes particuliers que lorsqu'ils reprendront pour la seconde fois l'étude de l'arithmétique.

sujet avec les secours que présente l'algèbre. Cette marche aura même l'avantage de mieux faire apprécier les ressources de cette dernière.

Cependant, comme l'indication des opérations arithmétiques est très-propre à dévoiler les relations que les nombres ont entr'eux, et à montrer la loi qui lie un résultat aux données de la question, on peut employer les signes indicateurs de l'algèbre, dans les problêmes d'arithmétique où le langage ordinaire donneroit des raisonnemens trop compliqués.

Il est encore un autre désavantage à passer rapidement sur l'arithmétique ; c'est que les jeunes gens arrivent à l'algèbre, n'étant pas encore assez exercés à la réflexion et aux raisonnemens par le langage ordinaire ; de sorte qu'ils ne voient dans la langue algébrique, qu'un pur mécanisme de calcul, sans soupçonner que ce mécanisme renferme des raisonnemens dont les règles invariables donnent des résultats infaillibles.

Après cette courte digression sur l'importance de l'arithmétique et sur l'avantage de laisser à celle-ci tout ce qui peut être de son ressort, passons à la manière dont il faut étudier cette partie intéressante des mathématiques.

Distinguer les idées fondamentales de l'arithmétique, ces idées dont dépendent toutes les autres et sur lesquelles reposent toutes les méthodes, est un des objets que l'on doit le moins perdre de vue. Parmi ces idées, on mettra au premier rang 1°. *la convention qui sert de base au système de notre numération ;* 2°. *la manière de déduire les méthodes de décomposition des nombres de celles de leur composition ;* 3°. *la nature du multiplicande, du multiplicateur et du produit, ainsi que la relation entre ces trois nombres,* 4°. *la nature du dénominateur, celle du numérateur et la relation entre la fraction et chacun de ses termes ; 5°. la nature des fractions décimales et leur relation avec le systéme de numération ; 6°. le principe d'après lequel un nombre premier par rapport à deux autres nombres , est premier relativement au produit de ces deux autres nombres ; 7°. l'égalité entre la somme des extrêmes et celle des moyens dans la proportion par différence , et entre le produit des extrêmes et celui des moyens dans la proportion par quotient ; 8°. l'analogie qui règne entre ces deux sortes de proportions , analogie telle que, dans la proportion par différence on emploie l'addition et la soustraction dans les mêmes circonstances que dans la proportion par quotient on multiplie et l'on divise ; 9°. le principe suivant lequel, quatre termes d'une progression par quotient , qui forment une proportion , correspondent dans une progression par différence à quatre termes formant une équidifférence ; 10°. le logarithme d'un produit égale la somme des logarithmes des facteurs de ce produit ; 11°. les accroissemens des logarithmes des nombres vont en diminuant , à mesure que les nombres augmentent.*

Ces vérités ou idées génératrices doivent être méditées avec une attention particulière ; il faut chercher à y ramener toutes les autres., et s'exercer à y retrouver celles-ci , quand on les a perdues de vue.

Pour bien s'en pénétrer , il ne suffit pas de comprendre le sens de l'ouvrage que l'on étudie , il faut encore s'approprier les idées de l'auteur , les mettre à sa portée et les placer sous son vrai point de vue. On atteindra ce but , si l'on détermine bien le sens des mots et les divers rapports que ces mots ont entr'eux ; si l'on s'exerce à se rendre compte de vive voix des pensées de l'auteur que l'on médite ; si l'on forme des tableaux des idées principales de chaque démonstration ; si , lorsque les idées commencent à être claires et les mots faciles , on développe par écrit les théories importantes, en suivant la filiation des idées, et en faisant pressentir ce qui suit dans ce qui précède ; si, après ce développement, on renferme dans un précis l'esprit de la science, en n'y faisant entrer que les idées fondamentales, et en supprimant tous les détails destinés à l'éclaircissement de ces dernières ; enfin, si l'on réduit à un tableau général toutes les vérités et toutes les méthodes, de manière à présenter un ensemble bien lié, composé de masses très-distinctes qui se partagent ensuite en diverses ramifications aisées à embrasser et à parcourir ; la méditation des préceptes généraux, et la grande habitude d'exprimer de vive voix et par écrit ses propres pensées ainsi que celles des autres, donneront aux développemens des principes, à leur précis et au tableau général, cette justesse, cette clarté et cette simplicité si précieuses dans les sciences et si propres à perfectionner notre entendement.

Dans le développement des théories de l'arithmétique, il faut s'attacher à rendre les raisonnemens indépendans des exemples auxquels on les applique. Or, on donnera à ses démonstrations toute la généralité possible, si l'on fonde ses raisonnemens sur la nature des nombres que l'on emploie, ou sur les fonctions qu'on leur donne, plutôt que sur le nombre des unités qu'ils renferment ; et l'on reconnoîtra que l'on a atteint ce but, si, en supprimant les nombres employés, la démonstration demeure complette.

L'arithmétique est susceptible de la même généralité que l'algèbre. Elle emploie, il est vrai, des nombres qui par leur nature ne peuvent représenter que telle ou telle quantité ; mais rien n'empêche de faire abstraction de la valeur particulière des nombres, pour ne considérer que les propriétés qu'ont ces nombres relativement aux fonctions qu'on leur attribue; d'ailleurs, si l'on veut ôter aux démonstrations arithmétiques tout signe de particularité, on peut ne point employer de nombre comme nous l'avons fait ci-après dans plus d'un endroit, et sur-tout dans la première édition de mon Arithmétique; l'on feroit même bien d'adopter cette manière de démontrer les vérités arithmétiques, si les raisonnemens ne devenoient pas souvent trop difficiles à saisir, lorsqu'ils ne sont plus éclairés par les nombres auxquels on les applique.

Dans l'étude de l'arithmétique, on remarquera que les démonstrations des vérités fondamentales ont un caractère particulier de simplicité et de clarté; qu'à mesure que l'on avance, ou que les vérités sont plus compliquées, les démonstrations perdent de leur physionomie primitive, et se rapprochent plus ou moins sensiblement de celles qu'emploie l'algèbre; c'est-à-dire, qu'en s'éloignant du point de départ, on est souvent forcé d'indiquer les opérations à faire sur les nombres, et même d'appeler à son secours certains principes auxquels l'algèbre a donné naissance; c'est même à cette cause qu'il faut attribuer la difficulté que l'on a de tracer la ligne de démarcation qui sépare l'arithmétique de l'algèbre; heureusement que cette difficulté n'a aucune influence sur les principes, et que sa résolution est plutôt un objet de curiosité que d'utilité.

Cette impossibilité à séparer nettement ce qui appartient à l'arithmétique de ce que l'algèbre réclame, est d'autant plus palpable, que le langage algébrique n'étant destiné qu'à suppléer aux défauts et aux imperfections du langage ordinaire, on peut regarder l'arithmétique et l'algèbre comme une seule et même science où l'on emploie la langue ordinaire, tant que cette langue est suffisante, et où l'on n'a recours à la langue algébrique que pour les cas où la langue ordinaire offre trop de complication et d'obscurité.

On doit donc conclure de là que l'*on peut employer des signes et des caractères algébriques en démontrant les propriétés des nombres, toutes les fois que la langue ordinaire ne donne ni assez de clarté, ni assez de précision ; mais que la langue ordinaire doit être préférée, tant que les objets sont simples et susceptibles d'être présentés avec netteté par le secours des mots.*

L'un des moyens les plus propres à se familiariser avec les principes et les méthodes, est l'application que l'on fait de ceux-ci à des questions numériques. Après avoir bien examiné, dans l'ouvrage que l'on a pris pour guide, la manière d'analyser une question, de la simplifier et de la réduire à la moindre difficulté possible ; après s'être exercé à résoudre des questions avec la solution sous les yeux, il faudra ne prendre ensuite que l'énoncé des questions, et comparer les solutions que l'on a trouvées, avec celles de l'auteur d'où l'on a tiré les questions. Dans toutes ces applications, on doit s'attacher plutôt à bien en saisir l'esprit, qu'à retenir des détails qui, en surchargeant trop la mémoire, la rendroient incapable de fournir au raisonnement les matériaux de nos pensées.

Pour former le tableau synoptique, on observera que l'arithmétique se divise en deux parties, l'une où il s'agit de composer et de décomposer les nombres, l'autre où l'on applique cette composition et cette décomposition à la détermination des inconnues qui entrent dans les égalités ou équations auxquelles une question donne toujours lieu ; la distinction des nombres en nombres entiers et en nombres fractionnaires donnera une sous-division pour chacune des deux divisions précédentes. Toutes les équations qui résultent de l'analyse d'une question pouvant être ramenées à deux différences égales ou à deux quotiens égaux, on les réduira à deux sortes de proportions, l'une par différence et l'autre par quotient : leur résolution consistera à dégager les inconnues des nombres avec lesquels celles-ci sont combinées. Des proportions naîtront naturellement les progressions dont la comparaison donnera les logarithmes ou la méthode de remplacer les multiplications par des additions, et les divisions par des soustractions.

Telles sont les idées générales d'après lesquelles on peut classer les divers objets dans le tableau synoptique ; mais la vue du tableau que nous avons mis à la suite de ces élémens, montrera plus clairement encore comment doit se faire cette classification.

Les principes exposés dans les préceptes généraux, et ceux que je viens de donner sur l'arithmétique en particulier, doivent suffire pour justifier le plan que j'ai adopté et faire connoître les motifs sur lesquels je me suis appuyé. Cependant, je dois encore quelques éclaircissemens sur certains changemens que j'ai fait subir à ces élémens. Quant aux objets dont j'ai traité et à la manière dont je les ai distribués, il suffira de lire le tableau général et synoptique placé à la fin de ce volume.

Dans la première édition, j'avois rejeté dans les notes complémentaires, plusieurs théories qui étoient liées naturellement avec les premiers principes, et je m'étois contenté d'indiquer les points auxquels on devoit rapporter ces théories. Cette transposition étoit motivée sur l'avantage de ne présenter d'abord aux commençans que les problêmes les plus fondamentaux et les plus faciles ;

mais, depuis j'ai pensé que l'on pouvoit réunir le double avantage de graduer les difficultés et de suivre la liaison des idées, en ne séparant rien de ce qui se trouve lié naturellement ensemble, et en se contentant de mettre en plus petits caractères les problêmes qui moins importans ou trop difficiles, doivent être réservés pour une seconde lecture.

Voulant enlever aux démonstrations arithmétioues toute apparence de particularité, et leur procurer toute la généralité possible, je les avois d'abord faites sans exemples, et ensuite, dans des notes explicatives, je les avois appliquées à des cas particuliers. Quoique cette méthode eut l'avantage de captiver fortement l'attention des jeunes gens, et de leur faire sentir que les principes sont fondés sur la nature des nombres plutôt que sur la grandeur de ceux-ci, elle pouvoit exiger des commençans de trop grands efforts d'esprit ; et d'ailleurs elle entraînoit dans quelques longueurs ; j'ai donc préféré de faire les démonstrations sur des exemples, fondant mes raisonnemens sur les fonctions que remplissent les nombres, et non sur le nombre des unités de ces derniers ; par ce moyen, je réunissois la généralité à la clarté et à la brièveté.

Les proportions étant de véritables équations, elles sont susceptibles d'opérations analogues à celles que l'on fait subir à ces dernières : j'ai donc dégagé les inconnues qui entroient dans les proportions, d'après les propriétés de celles-ci ; par là je montrois l'usage que l'on pouvoit faire de ces propriétés, et comment les anciens avoient pu résoudre, par le moyen des proportions, certaines questions où entroient plusieurs inconnues combinées avec des nombres d'une manière assez compliquée ; et, quoiqu'aujourd'hui on emploie ordinairement la méthode de résolution donnée par l'algèbre, il ne sera pas inutile de voir jusqu'où peuvent aller les ressources de l'arithmétique.

Enfin, dans les notes complémentaires, je n'ai pas hésité de me servir de tous les signes destinés à indiquer les opérations algébriques, et même de remplacer souvent les nombres par des lettres. Ce changement, en donnant aux démonstrations plus de clarté et de simplicité, fait sentir le besoin de perfectionner ce nouvel instrument, ou plutôt cette nouvelle manière de raisonner, et conduit naturellement à l'algèbre.

ÉLÉMENS

D'ARITHMÉTIQUE (1).

*** PROBLÊME I. (2)

Quelle a pu être l'origine de l'Arithmétique ; et quel est l'objet de cette science ?

SOLUTION. La nécessité de distinguer les diverses collections d'objets de même espèce, a conduit à la recherche d'expressions propres à représenter toutes ces collections. Pour arriver à cette détermination, on a imaginé des mots qui désignassent combien chaque collection renfermoit de parties égales ou individus que l'on a nommés *unités*. Ainsi, on est convenu de désigner par le mot *deux* la collection ou pluralité composée d'une unité plus une unité ; par le mot *trois*, celle composée de deux

---

(1) Les personnes qui n'ont encore aucune notion d'arithmétique, doivent ne lire d'abord que la partie imprimée en caractères plus forts, et réserver, pour une seconde lecture, celle que nous avons fait mettre en caractères plus petits.

(2) Le nombre des astérisques placés devant les problèmes, marque le degré d'importance de ceux-ci : trois astérisques indiquent le premier degré, et un astérisque le dernier. Quant aux problèmes qui n'en ont pas, on doit les regarder comme moins importans, mais cependant comme utiles.

1

unités, plus une unité; par le mot *quatre*, celle qui renferme trois unités plus une unité, ainsi de suite. Ces expressions ou représentations de pluralités ou collections d'objets tous de même nature ont été appelées *nombres*; de sorte que les *nombres peuvent être regardés comme des noms qui servent à distinguer les objets considérés comme composés de parties égales et distinctes.*

On a aussi désigné par les mots *grandeur*, *quantité* les objets consiaérés comme jouissant de la propriété de pouvoir être augmentés ou diminués. D'où l'on voit que les mots *grandeur*, *quantité* marquent en général la propriété qu'ont les choses de pouvoir être augmentées ou diminuées, tandis que le *nombre* spécifie le degré d'augmentation auquel une chose a pu parvenir par l'addition successive de l'unité.

D'après cela, les *nombres sont des expressions de quantités, ou bien des pluralités déterminées.*

Mais en comparant une quantité à une unité choisie arbitrairement, il arrive souvent que cette unité n'est pas contenue exactement dans la quantité, et qu'il y a un reste : alors, pour mesurer ce reste, on est obligé de prendre une nouvelle unité plus petite; et comme il importe que la première unité puisse être transformée en unités inférieures, pour que toute la quantité puisse l'être, on a divisé cette unité primitive en un certain nombre de parties égales, et l'une de ces parties a servi de seconde unité. Le nombre de fois que celle-ci est contenue dans le reste de la quantité, a été nommé nombre *fractionnaire* ou simplement *fraction*, parce que l'on a été obligé de *rompre*, pour ainsi dire, ou de *briser* la première unité, afin d'en former une seconde, et de mesurer le reste de la quantité.

Les premiers besoins de la société ont donné lieu à

des questions dans lesquelles il falloit tantôt réunir plusieurs nombres ensemble, tantôt déterminer leur différence, tantôt répéter un nombre autant de fois qu'il y avoit d'unités dans un autre, tantôt enfin trouver combien de fois un nombre étoit contenu dans un autre nombre : on a donc commencé par ces simples combinaisons des nombres, et la science a dû pendant long-tems rester enfermée dans ces bornes étroites ; mais, après avoir satisfait aux simples besoins de la société, on a sans doute considéré les nombres sous un point de vue plus général : alors on a examiné les différentes manières de les former, les lois de cette formation, et l'on s'est servi de ces lois pour remonter d'un tout aux élémens dont ce tout étoit composé ; appliquant ensuite ces diverses combinaisons des nombres à toutes les questions qui pouvoient conduire à de nouveaux rapports, il en est résulté l'art de composer les nombres d'après des conditions données, et de les décomposer pour arriver à la connoissance des parties inconnues.

De là est née l'*Arithmétique dont l'objet est la composition et la décomposition des nombres.*

Or, composer un nombre, c'est l'augmenter ; le décomposer, c'est le diminuer : de sorte que la composition et la décomposition des nombres se réduisent, la première à des additions et la seconde à des soustractions. Il reste donc à examiner combien on peut faire de sortes d'additions et de soustractions. Pour cela, j'observe qu'on peut ajouter successivement l'unité à elle-même, ou bien ajouter ensemble des nombres composés de plusieurs unités, soit que ces nombres diffèrent entre eux, ou qu'ils soient égaux ; que l'on peut soustraire d'un nombre successivement l'unité ou un nombre renfermant plusieurs unités, et même faire plusieurs soustractions successives du même nombre, ce qui donne lieu à trois sortes d'additions et à autant de soustractions.

Celle de ces additions, par laquelle on a ajouté l'unité successivement à elle-même, on l'a nommée *Numération*, parce qu'elle se réduit à trouver des noms qui puissent désigner les diverses collections d'unités. Celle par laquelle on ajoute un nombre plusieurs fois à lui-même, on l'a nommée *Multiplication* : quant à l'opération par laquelle on retranche d'un nombre, une ou plusieurs unités, on l'a nommée *Soustraction*, et l'on a donné le nom de *Division* à la méthode par laquelle on retranche successivement un nombre plusieurs fois d'un autre nombre, parce que, dans cette opération, on divise le nombre donné en autant de parties égales que l'on a fait de soustractions.

Enfin, après avoir composé et décomposé des nombres tous connus, on peut combiner les diverses méthodes de composition pour lier entre eux, suivant des conditions données, des nombres, les uns connus, les autres inconnus, et employer les méthodes de décomposition à la recherche de ces derniers. Or, pour arriver à la connoissance des nombres inconnus, il faut que la relation que l'on établit entre les nombres, conduise à des *égalités* ou *équations*.

Ainsi, l'arithmétique se trouve divisée en deux parties; la première qui traite en général de la composition et de la décomposition des nombres, et la seconde où il s'agit de la composition et de la décomposition ou résolution des équations numériques.

PREMIÈRE PARTIE.

DE LA COMPOSITION ET DE LA DÉCOMPOSITION DES NOMBRES EN GÉNÉRAL.

SECTION PREMIÈRE.

De la composition et de la décomposition des nombres entiers.

CHAPITRE PREMIER.

De la composition des nombres entiers.

✶✶✶ PROBLÊME II.

On demande une méthode par le moyen de laquelle on puisse facilement exprimer tous les nombres, quelque grands qu'ils soient.

SOLUTION. Les nombres n'étant que des pluralités qu'il s'agit de distinguer les unes des autres, on peut, pour les désigner, employer le secours des sons articulés, et par conséquent celui des mots ; mais les nombres par leur nature, n'ayant point de limites, on ne peut représenter chacun d'eux par un mot particulier; il faut donc ne choisir qu'un très-petit nombre de mots, et combiner ceux-ci d'une manière assez régulière et assez simple, pour que l'on puisse avoir facilement les expressions de tous les nombres.

D'après cela, désignons

l'unité.....par le mot... *un*
un plus un............... *deux*
deux plus un............ *trois*
trois plus un............ *quatre*
quatre plus un........... *cinq*
cinq plus un .... *six*
six plus un .... *sept*
sept plus un .... *huit*
huit plus un............. *neuf*
neuf plus un............. *dix.*

Nous pouvons maintenant, à la suite du mot *dix*, écrire successivement les mots précédens; ce qui nous donnera les expressions

dix-un	*dix-six*
dix-deux	*dix-sept*
dix-trois	*dix-huit*
dix-quatre	*dix-neuf*
dix-cinq	*dix-dix* ou *deux-dix.*

Ecrivant encore à la suite de *deux dix*, les mots primitifs, on auroit

deux dix-un	*deux dix-six*
deux dix-deux	*deux dix-sept*
deux dix-trois	*deux dix-huit*
deux dix-quatre	*deux dix-neuf*
deux dix-cinq	*deux dix-dix* ou *trois dix.*

Continuant de la même manière, on formeroit le tableau suivant :

trois dix-un	quatre dix-un	cinq dix-un	six dix-un
trois dix-deux	quatre dix-deux	cinq dix-deux	six dix-deux
trois dix-trois	quatre dix-trois	cinq dix-trois	six dix-trois
trois dix-quatre	quatre dix-quatre	cinq dix-quatre	six dix-quatre
trois dix-cinq	quatre dix-cinq	cinq dix-cinq	six dix-cinq
trois dix-six	quatre dix-six	cinq dix-six	six dix-six
trois dix-sept	quatre dix-sept	cinq dix-sept	six dix-sept
trois dix-huit	quatre dix-huit	cinq dix-huit	six dix-huit
trois dix-neuf	quatre dix-neuf	cinq dix-neuf	six dix-neuf
trois dix-dix	quatre dix-dix	cinq dix-dix	six dix-dix
ou	ou	ou	ou
quatre dix.	cinq-dix.	six dix.	sept dix.

sept dix-un	huit dix-un	neuf dix-un
sept dix-deux	huit dix-deux	neuf dix-deux
sept dix-trois	huit dix-trois	neuf dix-trois
sept dix-quatre	huit dix-quatre	neuf dix-quatre
sept dix-cinq	huit dix-cinq	neuf dix-cinq
sept dix-six	huit dix-six	neuf dix-six
sept dix-sept	huit dix-sept	neuf dix-sept
sept dix-huit	huit dix-huit	neuf dix-huit
sept dix-neuf	huit dix-neuf	neuf dix-neuf
sept dix-dix	huit dix-dix	neuf dix-dix
ou	ou	ou
huit dix	neuf-dix.	dix fois dix.

Mais pour nous conformer à l'usage, nous remplacerons les mots

dix–un . . . . par . . . . *onze*
dix–deux . . . . *douze*
dix–trois . . . . *treize*
dix–quatre . . . . *quatorze*
dix–cinq . . . . *quinze*
dix–six . . . . *seize*
deux–dix . . . . *vingt*
trois–dix . . . . *trente*
quatre–dix . . . . *quarante*
cinq–dix . . . . *cinquante*
six–dix . . . . *soixante*
sept–dix . . . . *soixante et dix*
huit–dix . . . . *quatre–vingt*
neuf–dix . . . . *quatre–vingt–dix.*

Si l'on observe que parvenu à *dix fois dix*, on a pris *dix* autant de fois que l'on avoit pris *un*, on verra que l'on peut considérer la pluralité *dix* comme une nouvelle unité composée de dix unités simples ou primitives, et qu'en formant successivement de nouvelles unités composées chacune des dix unités inférieures, on parviendra par une marche analogue aux expressions dè tous les nombres.

C'est pourquoi nous remplacerons ici la pluralité *dix fois dix* par le mot *cent* que nous considérerons comme une nouvelle unité ; et écrivant successivement à la droite du mot *cent* les expressions précédentes, on aura

cent un	*deux cent un*	*trois cent un*	. . *neuf cent un*
cent deux	*deux cent deux*	*trois cent deux*	. . *neuf cent deux*
cent trois	*deux cent trois*	*trois cent trois*	. . *neuf cent trois*
. . . .	. . . .	. . . .	. . . .
. . . .	. . . .	. . . .	. . . .
cent quatre–	. . . .	. . . .	. . . .
vingt–dix–	. . . .	. . . .	. . . .
neuf	. . . .	. . . .	. . . .
deux cents	*trois cents*	*quatre cents*	*dix cents*

La nouvelle unité *dix cents*, nous l'exprimerons par le mot *mille*, et nous ferons pour *mille*, ce que nous avons fait pour *un*, pour *dix* et pour *cent*; mais, afin de ne pas trop multiplier les mots, nous n'en imaginerons de nouveaux que pour les unités composées de mille unités inférieures, et nous désignerons les unités intermédiaires, en mettant le mot *dix*, et ensuite le mot *cent* devant celui qui exprime l'unité immédiatement inférieure : ainsi, nous emploierons les mots.

Million, *Billion*, *Trillion*, *Quatrillion*, etc.

Pour désigner ces unités mille fois plus grandes ; et en mettant successivement les mots *dix* et *cent* devant ces mêmes mots, nous aurons tant pour les unités intermédiaires que pour les autres, les expressions suivantes :

mille	*dix mille*	*cent mille*
million	*dix millions*	*cent millions*
billion	*dix billions*	*cent billions*
trillion	*dix trillions*	*cent trillions.*

De sorte que si, à la droite de chacun des mots qui désignent une unité composée, on place toutes les expressions précédentes, on aura les noms de tous les nombres que l'on est dans le cas d'employer, même de ceux dont on n'aura jamais besoin.

REMARQUE. Quoique la méthode précédente soit fort simple, cependant les expressions trouvées sont encore trop longues pour être combinées avec facilité ; et cette longueur vient de ce que les mots sont composés de plusieurs lettres : il faudroit donc, pour procurer aux expressions des nombres cette brièveté si précieuse dans le calcul, remplacer les mots chacun par un seul caractère ou chiffre; c'est pourquoi nous nous proposerons le problême suivant :

✱✱✱ PROBLEME III.

Simplifier les expressions des nombres, en remplaçant les mots par des caractères particuliers, c'est-à-dire, écrire les nombres par le moyen des chiffres.

SOLUTION. J'observe d'abord que, parmi les mots employés pour exprimer les nombres, les uns tels que *un, dix, cent, mille, dix mille, cent mille, million, dix millions, cent millions,* etc., sont destinés à représenter les unités simples et composées qu'un nombre peut renfermer, tandis que les mots *un, deux, trois, quatre, cinq, six, sept, huit* et *neuf*, expriment combien de fois ces unités entrent dans le nombre : commençons donc par représenter ces mots primitifs respectivement par les chiffres 1, 2, 3, 4, 5, 6, 7, 8 et 9, de manière à avoir

un, deux, trois, quatre, cinq, six, sept, huit, neuf.
1,   2,   3,   4,   5,   6,   7,   8,   9.

La difficulté est maintenant réduite à trouver un moyen simple de faire représenter à ces caractères ou *chiffres* les différentes sortes d'unités qui doivent entrer dans le nombre que l'on veut exprimer.

Or, le rang auquel on peut placer un chiffre de gauche à droite est un moyen aussi simple que sûr pour remplir ce but. *Convenons* donc que *le premier rang à droite sera destiné aux unités simples ; le second de droite à gauche, aux unités composées de dix unités simples, et que nous nommerons* UNITÉS DE DIXAINES *ou simplement* DIXAINES ; *le troisième, aux unités composées de dix unités de dixaines, et que nous nommerons* CENTAINES; *le quatrième, aux unités de mille ; le cinquième, aux dixaines de mille ; le sixième aux centaines de mille, ainsi de suite ; et en général, qu'un chiffre placé à la gauche d'un autre exprimera des unités dix fois plus grandes que celles de cet autre chiffre.*

D'après cela, lorsqu'il s'agira d'écrire en chiffres un nombre exprimé par le moyen des mots, on commencera par observer quelles sont les différentes sortes d'unités qui doivent entrer dans ce nombre, et combien il y en a de chaque sorte ; on prendra ensuite les chiffres qui marquent le nombre de fois que l'on doit avoir chaque unité, et on les placera au rang destiné aux unités qu'on veut leur faire représenter : pour cela, il est nécessaire de retenir le nom des différentes sortes d'unités, et l'ordre suivant lequel ces unités se succèdent de droite à gauche et de gauche à droite.

Mais comme, après avoir écrit autant de chiffres que l'on a de sortes d'unités, il peut y avoir des rangs intermédiaires qui ne soient pas occupés, il faut remplir ces rangs vides par un caractère insignificatif qui conserve aux chiffres placés à sa gauche le rang que ces chiffres doivent avoir relativement aux unités qu'ils expriment. Ce caractère insignificatif, nous le nommerons *zéro*, et nous le représenterons par ce signe o.

Maintenant, proposons-nous d'écrire en chiffres le nombre HUIT BILLIONS, CINQUANTE-SIX MILLIONS, DEUX CENT TRENTE MILLE, QUATRE.

J'observe d'abord que les plus 8 056 230 004
hautes unités de ce nombre, sont
des billions, et qu'elles sont au nombre de huit ; je commence donc par écrire le chiffre 8. On a ensuite *cinquante-six millions*, c'est-à-dire cinq dixaines de millions, plus six millions ; mais entre les billions et les

dixaines de millions, tombent les centaines de millions ; on mettra donc o à la droite de 8, pour occuper le rang des unités qui manquent ; on écrira 5 à la droite de o, et 6 à la droite de 5. Passant aux mille, on verra que l'on a *deux centaines de mille* et *trois dixaines de mille ;* On écrira donc 2 à la droite des 6 millions ; 3 à la droite de 2, et o à la droite de 3, pour tenir lieu des unités de mille qui manquent. Enfin, n'ayant ni centaines, ni dixaines d'unités simples, on écrira deux zéro à la suite, et on terminera par le chiffre 4 qui exprime les unités simples. Après cette opération, on aura donc la suite des chiffres 8 o56 23o oo4 pour l'expression du nombre proposé.

Dans ce que nous venons de dire, nous avons traduit en chiffres un nombre déja exprimé par le moyen des mots ; il ne nous reste donc plus qu'à résoudre le problême inverse.

*** PROBLÊME IV.

Exprimer par le moyen des mots un nombre donné en chiffres.

SOLUTION. La difficulté se réduit évidemment ici à trouver un moyen simple et facile de reconnoître l'espèce des unités de chaque chiffre. Or, si l'on observe qu'à partir des unités de mille, on n'a imaginé de nouveaux noms que pour les unités successivement mille fois plus grandes, et que les unités intermédiaires sont désignées par les mots *dix* et *cent* que l'on place devant le mot qui exprime l'unité inférieure la plus voisine, on verra qu'il suffit de se rappeler que les mots *mille*, *million*, *billion*, *trillion*, etc., se trouvent placés de droite à gauche sur des chiffres qui sont aux 4e., 7e., 10e., 13e., etc. rangs.

De sorte que, pour connoître les unités intermédiaires, il suffira de placer successivement les mots *dix* et
cent devant les mots mille, million, billion, etc. Quant
au nombre des unités que l'on a de chaque espèce,
la forme des chiffres l'indiquera tout de suite.

Ainsi, *proposons-nous d'exprimer avec des mots ou
d'énoncer le nombre* 534708002416.

Pour voir sur quels chiffres je dois placer les mots
mille, *million*, *billion*, etc., je mets, en commençant
par la droite, un point ou tout autre signe sur le 4e.
chiffre qui exprime des mille, ensuite sur le 7e., sur le
10e., etc.; ou bien je partage de droite à gauche le
nombre en tranches de trois en trois chiffres par des lignes
verticales, comme il suit :

$$534 \mid 708 \mid 002 \mid 416.$$

J'appellerai *tranche des unités* la première à droite ;
tranche des mille la seconde ; *tranche des millions* la
troisième ; *tranche des billions* la quatrième, ainsi de suite.
D'après cela, le nombre proposé pourra être écrit ainsi :

534 *billions*, 708 *millions*, 2 *mille*, 416 *unités simples*,
expression qui, traduite par le moyen des mots, se changera en cette autre.

Cinq cent trente-quatre billions, *sept cent huit* millions,
deux mille, *quatre cent seize* unités, ou simplement *quatre
cent seize*.

Si l'on observe maintenant qu'en partageant un nombre
en tranches de trois en trois chiffres, on réduit le problême à n'avoir jamais qu'une tranche à écrire avec des
mots, on verra que lorsqu'il s'agit d'écrire en chiffres
un nombre énoncé ou exprimé avec des mots, on peut
réduire également la difficulté à n'avoir jamais qu'une

tranche à écrire, pourvu que l'on ait l'attention de remplacer par des zéro les chiffres qui manqueroient dans une tranche.

D'après cela, *si l'on proposoit de retrouver en chiffres le nombre* CINQ CENT TRENTE-QUATRE BILLIONS, SEPT CENT HUIT MILLIONS, DEUX MILLE, QUATRE CENT SEIZE ; on commenceroit par écrire les centaines, les dixaines et les unités de la tranche des billions, de cette manière 534 ; passant à la tranche des millions, on écriroit 708 à la droite de 534 ; arrivé à la tranche des mille, on verroit que n'ayant ni centaines, ni dixaines de mille, il faudroit remplacer par deux zéro ces deux espèces d'unités, et écrire 002 à la droite de 708 ; ce qui donneroit 534 708 002 ; enfin, on mettroit 416 à la droite de 002, pour la tranche des unités ; de sorte que l'on auroit finalement 534 708 002 416 pour l'expression en chiffres du nombre proposé.

Nous pourrons donc établir les deux règles suivantes :

1°. *Pour écrire en chiffres un nombre énoncé ou exprimé par le moyen des mots, il faut d'abord distinguer dans cet énoncé les diverses tranches dont le nombre est composé, écrire la plus haute tranche, comme si elle étoit seule, passer aux tranches suivantes et les écrire successivement, ayant l'attention de remplacer par des zéro toutes les unités intermédiaires qui manquent.*

2°. *Lorsqu'il s'agit d'énoncer un nombre écrit en chiffres, on commence par le diviser en tranches de trois en trois chiffres de droite à gauche ; on cherche ensuite le nom de chaque tranche, en se rappelant que la première à droite est celle des unités, la seconde celle des mille, la troisième celle des millions, la quatrième celle des billions, etc. Parvenu à la plus haute tranche, on énonce les diverses unités qu'elle renferme, et l'on nomme la tranche ; on en fait de même pour chaque tranche consécutive jusqu'à la tranche des unités dont on supprime le nom.*

*** PROBLÊME V.

Additionner plusieurs nombres ensemble.

SOLUTION. Il peut arriver que l'on n'ait que deux nombres à ajouter, ou que l'on en ait plusieurs. Examinons ces deux cas, et supposons d'abord que les deux nombres qu'il faut additionner ne soient composés chacun que d'un seul chiffre : *qu'il s'agisse donc d'ajouter l'un à l'autre les nombres* 8 *et* 5.

Puisque d'après les problêmes précédens nous savons additionner l'unité à un nombre donné, tâchons de ramener à cette dernière addition celle qu'on nous propose. Or, il suffit pour cela de décomposer le nombre 5 en ses unités simples, et d'ajouter successivement au nombre 8 autant de fois 1 qu'il y a d'unités dans 5 : on dira donc 8 plus 1 égale 9 ; 9 plus 1 égale 10 ; 10 plus 1 égale 11 ; 11 plus 1 égale 12 ; et 12 plus 1 égale 13 : de sorte que l'addition de 5 à 8 donne 13 pour résultat que dorénavant nous nommerons *Somme.*

On opéreroit évidemment de la même manière, si l'un des deux nombres avoit plus d'un chiffre.

Ainsi, *pour ajouter un nombre d'un seul chiffre à un autre qui n'en a qu'un aussi, ou qui est composé de plusieurs chiffres, il faut ajouter successivement au plus grand des deux nombres, autant d'unités qu'en renferme celui qui n'a qu'un seul chiffre.*

Soient maintenant à ajouter les deux nombres 859 *et* 764 *composés chacun de plusieurs chiffres.*

Pour ramener ce cas au précédent, j'observe que les nombres peuvent se décomposer en différentes unités, qui, n'allant jamais au-delà de 9, sont nécessairement exprimées par un seul chiffre ; par conséquent l'addition de deux nombres peut être réduite à plusieurs additions partielles de nombres composés chacun d'un seul chiffre, c'est-à-dire, à l'addition de leurs unités simples, à celle de leurs dixaines, à celle de leurs centaines, ainsi de suite.

D'après cela, nous écrirons les deux nombres proposés 859 et 764 l'un au-dessous de l'autre, de manière que les unités simples soient placées sous les unités simples, les dixaines sous les dixaines,

$$\begin{array}{r} 859 \\ 764 \\ \hline 1623 \end{array}$$

les centaines sous les centaines ; et l'opération sera réduite à ajouter 4 à 9, 6 à 5 et 7 à 8 ; mais pour rendre ces opérations plus expéditives ; il sera nécessaire d'avoir formé d'avance une table des sommes que donnent les nombres d'un seul chiffre ajoutés deux à deux, et d'avoir gravé ces sommes dans la mémoire. Dans l'exemple proposé, on commencera donc par souligner le dernier nombre écrit, et l'on placera au-dessous le résultat de chaque addition partielle. Pour avoir ces résultats, on dira 9 et 4 égalent 13 ; mais dans 13, il y a 3 unités et 1 dixaine ; on écrira donc 3 au-dessous de la colonne des unités ; et l'on fera l'addition des dixaines, en disant, 1 dixaine de retenue et 5 égalent 6, et 6 égalent 12 dixaines, c'est-à-dire 2 dixaines et 1 centaine ; j'écris donc 2 au-dessous des dixaines, et je porte 1 centaine à la colonne suivante, en disant : 1 centaine et 8 égalent 9 et 7 égalent 16 qui valent 6 centaines et 1 mille : j'écris donc les 6 centaines au 3e. rang, et je place 1 mille au 4e. ; ce qui donne pour somme le nombre 1623.

Examinons à présent le cas où l'on a plusieurs nombres à ajouter; et supposons que ces nombres soient 4538, 2375, 831 et 526.

D'après ce que nous avons dit ci-dessus, il est clair que l'addition totale peut se réduire à l'addition des unités, à celle des dixaines, à celle des centaines et à celle des mille que contiennent tous ces nombres; on écrira donc ceux-ci les uns sous les autres, de manière que les unités de même grandeur, soient placées dans une même colonne verticale; on soulignera le nombre inférieur, et commençant par la colonne des unités simples, on dira 8 et 5 égalent 13; 13 et 1 égalent 14; 14 et 6 égalent 20; et l'on écrira o sous la première colonne à droite.

$$\begin{array}{r} 4538 \\ 2375 \\ 831 \\ 526 \\ \hline 8270 \end{array}$$

Passant à la colonne des dixaines, on dira : 2 dixaines de la colonne précédente et 3 égalent 5; 5 et 7 égalent 12; 12 et 3 égalent 15; 15 et 2 égalent 17; on écrira donc 7 sous la colonne des dixaines, et l'on retiendra 1 centaine pour l'ajouter au premier chiffre de la troisième colonne; additionnant donc les chiffres de cette colonne, on dira : 1 et 5 égalent 6; 6 et 3 égalent 9; 9 et 8 égalent 17; 17 et 5 égalent 22; j'écris donc 2 sous les centaines, et passant à la colonne des mille, je dis : 2 et 4 égalent 6; 6 et 2 égalent 8 que j'écris sous les mille : on a donc le nombre 8270 pour la somme des nombres donnés. De sorte que l'on peut établir la règle suivante :

Pour avoir la somme de plusieurs nombres donnés, écrivez ces nombres les uns sous les autres, de manière que les unités de même espèce soient placées sur une même colonne de haut en bas; faites la somme des unités simples, celle des dixaines, celle des centaines, et en général les sommes des unités de chaque et même espèce; et lorsqu'une somme donnera des unités de l'espèce supérieure, retenez ces unités pour les réunir à celles de la colonne immédiatement à gauche.

2

REMARQUE. Après avoir, dans l'addition, ajouté des nombres différens, on en a ajouté qui étoient tous égaux. Alors la somme trouvée contenoit un même nombre, autant de fois qu'on l'avoit écrit. Pour indiquer cette addition particulière, et faire connoître qu'une somme contenoit deux fois, trois fois, quatre fois, etc., un certain nombre, on a dit que cette somme étoit *double*, *triple*, *quadruple*, etc., et en général *multiple* de ce nombre ; de là les expressions *doubler*, *tripler*, *quadrupler*, et en général *multiplier* un nombre, pour signifier *trouver la somme de ce nombre écrit deux fois, trois fois, quatre fois, et en général un nombre quelconque de fois.*

Mais en faisant ces sortes d'additions par la méthode ordinaire, il étoit facile de prévoir que, dans le cas où l'on voudroit répéter un très-grand nombre de fois un nombre qui seroit lui-même très-grand, l'opération deviendroit presque impraticable par sa longueur ; il a donc fallu trouver une méthode plus simple ; et *l'on a donné le nom de multiplication à cette addition abrégée par laquelle on trouve un nombre qui en contient un autre, tel nombre de fois que l'on veut.*

Le nombre que l'on devoit répéter a pris le nom de *multiplicande*. Celui qui indiquoit combien de fois il auroit fallu écrire ce nombre pour l'ajouter, ou le nombre de fois que le multiplicande devoit entrer dans la somme, a été appelé *multiplicateur* ; tandis que la somme du multiplicande que l'on auroit écrit autant de fois que le multiplicateur contient l'unité, a été nommé *produit*. Le multiplicande et le multiplicateur ont reçu le nom commun de *facteurs* du produit.

Ainsi, *tout produit peut être considéré comme un tout,*

*dont le multiplicande exprime la grandeur des parties,
et le multiplicateur le nombre.*

★★★ PROBLÉME VI.

Multiplier un nombre par un autre.

SOLUTION. Pour aller du simple au composé, proposons-nous d'abord de *multiplier un nombre d'un seul
chiffre par un autre qui n'en a qu'un aussi, par exemple,
9 par 4.*

Comme il s'agit ici de prendre 4 fois le nombre 9,
il est visible qu'il n'y a qu'à écrire 4 fois 9 et à faire
l'addition ; ce qui donnera 36 pour produit.

On trouveroit semblablement le produit de tous les
nombres à un seul chiffre multipliés deux à deux ; et
comme ces produits sont en petit nombre, il sera utile
d'en former un tableau et même de le retenir, pour faire
plus promptement les multiplications des nombres à plusieurs chiffres, multiplications que l'on peut ramener
à celles des nombres à un seul chiffre.

Pour rendre cette table plus commode, nous dispo-
serons tous les chiffres significatifs en deux colonnes,
l'une horisontale, l'autre verticale, divisées en neuf
cases ; à chacune des cases horisontales correspondra
une nouvelle colonne verticale ; et à chaque case de
la colonne verticale aboutira une colonne horisontale :
par cet arrangement, on pourra placer chaque produit
à la case intérieure correspondante aux deux cases horisontale et verticale qui contiennent les facteurs de ce
produit.

Table de Multiplication.

1	2	3	4	5	6	7	8	9
2	4	6	8	10	12	14	16	18
3	6	9	12	15	18	21	24	27
4	8	12	16	20	24	28	32	36
5	10	15	20	25	30	35	40	45
6	12	18	24	30	36	42	48	54
7	14	21	28	35	42	49	56	63
8	16	24	32	40	48	56	64	72
9	18	27	36	45	54	63	72	81

C'est ainsi que, pour avoir le produit de 8 par 7, il faut, de la case horisontale où se trouve le facteur 8, descendre verticalement vis-à-vis la case 7 de la première colonne verticale, pour y trouver le produit 56 de 8 par 7.

Passons maintenant au cas où l'on auroit à *multiplier un nombre de plusieurs chiffres par un autre qui n'en auroit qu'un seul, par exemple, 8534 par 6.*

Puisqu'il s'agit ici de trouver un nombre qui renferme 6 fois le nombre 8534 ; il s'ensuit que la difficulté est réduite à prendre 6 fois toutes les parties du multiplicande, c'est-à-dire 6 fois ses unités, ses dixaines, ses centaines et ses mille ; ce qui ramène l'opération à une suite de multiplications partielles dont les facteurs n'ont qu'un seul chiffre.

Cela posé, j'écris le multiplicande 8534, et au-dessous le multiplicateur 6 ; je souligne et je dis, 6 fois 4 égale 24 ; j'écris 4 au-dessous de la ligne et je retiens les 2 dixaines pour les ajouter au produit des dixaines ; je continue donc en disant : 6 fois 3 dixaines

$$\begin{array}{r} 8534 \\ 6 \\ \hline 51204 \\ \hline \end{array}$$

égalent 18 dixaines , qui , augmentées des 2 que l'on a retenues , donnent 20 dixaines ; j'écris donc 0 pour les dixaines et je retiens 2 centaines ; je multiplie ensuite les centaines par 6 en disant , 6 fois 5 centaines égalent 30 centaines , qui , augmentées des 2 précédentes , donneront 32 centaines ; j'écris donc 2 pour les centaines et je retiens les 3 unités de mille: passant enfin aux mille du multiplicande , je dis 6 fois 8 mille égalent 48 mille , auxquelles ajoutant 3 , j'ai 51 mille ; j'écris donc 1 mille et j'avance 5 au rang des dixaines de mille ; ce qui donne 51204. pour le produit total.

Proposons-nous ensuite de multiplier un nombre de plusieurs chiffres par un autre qui en a plusieurs aussi , par exemple , 283 par 547.

Puisque le nombre cherché doit conte-nir 547 fois le multiplicande 283 , il le con-tiendra 7 fois, plus 40 fois, plus 500 fois : la difficulté est donc réduite à prendre d'a-bord 7 fois toutes les parties du multi-plicande 283 , ensuite 40 fois , et enfin 500 fois.

$$
\begin{array}{r}
283 \\
547 \\
\hline
1981 \\
11320 \\
141500 \\
\hline
154801
\end{array}
$$

Pour obtenir 7 fois 283, on dira : 7 fois 3 égalent 21 ; j'écris 1 et je retiens 2 dixaines ; 7 fois 8 dixaines égalent 56 dixaines, auxquelles ajoutant les 2 de re-tenues, on a 58 dixaines ; j'écris 8 au second rang à gauche et je retiens 5 centaines ; enfin 7 fois 2 cen-taines égalent 14 centaines , qui , augmentées des 5 précédentes, donnent 19 centaines que j'écris à la gauche des 8 dixaines. De sorte que le premier produit partiel obtenu 1981, contient 7 fois le multiplicande 283..

Maintenant il faut prendre 40 fois 283 ; mais si, pour ramener ce cas au précédent, on ne prenoit que

4 fois le multiplicande, on auroit un produit qui renfermeroit 10 fois moins qu'il ne faut ce multiplicande ; on seroit donc obligé de rendre le produit trouvé 10 fois plus grand, en écrivant un zéro à sa droite. Multipliant donc 283 par 4, et écrivant un zéro à la droite du produit trouvé, on aura 11320, nombre qui contient 40 fois 283.

Semblablement, pour prendre 500 fois le multiplicande 283, on ne le prendra d'abord que 5 fois, et l'on rendra le résultat trouvé 100 fois plus grand, en écrivant deux zéro à sa droite : ce qui donnera 141500 pour troisième produit partiel. De sorte que la somme 154801 des trois produits partiels trouvés, contiendra 547 fois le nombre 283.

Il pourroit encore arriver que l'on eût des zéro à la fin de l'un des facteurs, et même à la fin de l'un et de l'autre ; par exemple, que le multiplicande fût 28300 et le multiplicateur 547, ou que ce dernier fût 5470.

Dans le premier cas, il est évident qu'après avoir multiplié 283 par 547, on auroit employé un multiplicande 100 fois trop petit, puisqu'au lieu d'exprimer 283 unités, il devoit représenter 283 centaines ; ce qui rendroit 100 fois trop petit le produit trouvé 154801 ; il faudroit donc, pour le rendre 100 fois plus grand, faire avancer tous ses chiffres de 2 rangs vers la gauche, en écrivant 2 zéro à sa droite, et l'on auroit 15480100 pour le vrai produit.

Si l'on avoit eu un zéro à la droite du multiplicateur, et que l'on eût fait l'opération sans y avoir égard, on auroit pris le multiplicande 10 fois moins qu'il ne falloit ; et le produit eût été 10 fois trop petit ; on l'auroit donc rectifié en le rendant 10 fois plus grand par le secours d'un zéro placé à sa droite : de sorte que l'on auroit trouvé 1548010000 pour le produit de 28300 par 5470.

On observera ici que *chaque chiffre du multiplicateur ne peut donner des chiffres appartenant aux unités inférieures à celles qu'il exprime lui-même :* ainsi le chiffre des dixaines ne peut donner moins que des dixaines, celui des centaines moins que des centaines, celui des mille moins que des mille, ainsi de suite.

Il peut arriver aussi que l'on ait une suite de zéro dans l'intérieur, soit du multiplicande, soit du multiplicateur, soit de l'un et de l'autre : proposons-nous donc finalement de multiplier 83004 par 70006.

Il s'agit ici de trouver un produit qui soit composé de 6 fois plus 7 dix mille fois le nombre 83004.

L'opération sera donc réduite à multiplier 83004 par 6 , ensuite par 70000 : la multiplication par 6 se fait comme nous l'avons vu ci-dessus ; et celle par 70000 se réduit à multiplier par 7, et à rendre ce produit partiel 10000 plus grand en écrivant 4 zéro à sa droite, ou seulement en plaçant le premier chiffre significatif au cinquième rang vers la gauche, c'est-à-dire au rang des dix mille, comme on le voit ici à côté.

$$
\begin{array}{r}
83004 \\
70006 \\
\hline
498024 \\
581028 \\
\hline
5810778024 \\
\hline
\end{array}
$$

Nous pouvons donc, de tout ce qui précède, conclure la règle suivante.

Pour multiplier un nombre par un autre, on écrit le multiplicande et au-dessous le multiplicateur que l'on souligne ; on multiplie de droite à gauche successivement les diverses unités du multiplicande par le chiffre des unités simples du multiplicateur, et l'on écrit ce produit partiel au-dessous du multiplicateur. Si, en multipliant un chiffre du multiplicande , on avoit un produit de deux chiffres , on n'écriroit que le premier chiffre à droite et l'on retiendroit celui à gauche , pour l'ajouter au produit du chiffre suivant du multiplicande par le même chiffre du multiplicateur. On multiplie de même tous les chiffres du multiplicande successivement par tous les chiffres significatifs du multiplicateur , et l'on écrit à la droite de chaque produit partiel autant de zéro que le marque le rang qu'occupe le chiffre multiplicateur à la gauche de celui des unités simples. On peut aussi se dispenser d'écrire ces zéro , pourvu que le premier chiffre à droite de chaque produit partiel soit écrit au rang des unités qu'exprime le chiffre multiplicateur.

Additionnant enfin tous les produits partiels , leur somme sera le produit total.

S'il y avoit des zéro à la droite des facteurs, on les écriroit tous à la droite du produit.

REMARQUE. Puisque le produit de deux facteurs n'est que la somme de l'un écrit autant de fois qu'il y a d'unités dans l'autre , il est évident que ces trois nombres doivent être dans une dépendance réciproque les uns des autres : on peut donc se proposer les questions suivantes : *Quelles sont les variations d'un produit d'après celles qu'éprouvent les facteurs de ce produit? Un produit éprouveroit-il quelque changement , si du multiplicande on en faisoit le multiplicateur, et que du multiplicateur on en fît le multiplicande? Quelle relation existe-t-il entre le nombre des chiffres d'un produit et celui des chiffres des facteurs ?*

La solution de ces questions pouvant jeter le plus grand jour sur les méthodes de décomposition , il importe de s'en occuper d'abord.

★★★ PROBLÊME VII.

Quelles sont les variations d'un produit, d'après celles qu'éprouvent les facteurs de ce produit ?

SOLUTION. Les différentes variations que l'on peut faire subir aux facteurs d'un produit, se réduisent à rendre ces facteurs un certain nombre de fois plus grands ou plus petits, et à les augmenter ou à les diminuer d'un certain nombre d'unités.

Pour le premier cas, j'observe que le produit étant la somme du multiplicande pris autant de fois qu'il y a d'unités dans le multiplicateur, on peut considérer le produit comme un tout dont le multiplicande exprime la grandeur des parties, et le multiplicateur le nombre. Or, un tout est d'autant plus grand ou plus petit que ses parties sont plus grandes ou plus petites, et qu'il en contient un plus ou moins grand nombre.

Par conséquent, *un produit est d'autant plus grand ou plus petit, que son multiplicande est plus grand ou plus petit, son multiplicateur restant le même. Il est aussi d'autant plus grand ou plus petit, que son multiplicateur est plus grand ou plus petit, son multiplicande ne variant point.*

D'où l'on voit que, *si deux facteurs devenoient en même tems chacun un certain nombre de fois plus grands ou plus petits, le produit deviendroit un nombre de fois plus grand ou plus petit, exprimé par le produit du nombre de fois que le multiplicande est devenu plus grand ou plus petit, par le nombre de fois que le multiplicateur est aussi devenu plus grand ou plus petit.*

En effet, si l'on n'a d'abord égard qu'à la variation du multiplicande, le produit sera devenu autant de fois plus grand ou plus petit que le multiplicande l'est devenu ; mais alors ce produit ayant été donné par un multiplicateur d'autant plus petit ou plus grand, que ce multiplicateur avoit été rendu plus grand ou plus petit, on sera obligé, pour rectifier le produit, de rendre celui-ci autant de fois plus grand ou plus petit, que le multiplicateur avoit été rendu lui-même plus grand ou plus petit.

Supposons maintenant que le multiplicande devienne autant de fois plus grand que l'on a rendu le multiplicateur plus petit. Il est alors évident que, les parties étant devenues d'autant plus grandes, que l'on en a pris moins, le tout ne doit point varier.

Ainsi, *un produit reste constamment le même, lorsque l'on rend l'un de ses facteurs autant de fois plus grand ou plus petit, que l'on a rendu l'autre plus petit ou plus grand.*

Si un produit devenoit un certain nombre de fois plus grand ou plus petit et que l'un de ses facteurs éprouvât la même variation, il est visible que le changement éprouvé par le facteur étant suffisant pour produire la variation du produit, l'autre facteur n'auroit subi aucune altération. On en conclura donc que :

Si un produit et l'un des facteurs deviennent chacun un même nombre de fois plus grands ou plus petits, l'autre facteur n'éprouvera aucun changement.

Il suit encore de ce qui précède, que *dans le cas où un produit devient un certain nombre de fois plus grand ou plus petit, ce changement peut provenir de ce que l'un des facteurs est devenu ce nombre de fois plus grand ou plus petit ; ou bien, de ce que les deux facteurs sont devenus plus grands ou plus petits un nombre de fois tel, que le produit du nombre de fois relatif à l'un par le nombre de fois relatif à l'autre, soit égal au nombre de fois relatif au produit.*

Passons au cas où les facteurs seroient augmentés ou diminués d'un certain nombre d'unités. Il est d'abord évident que chaque unité que l'on ajouteroit au multiplicateur donneroit une fois de plus le multiplicande ; et que chaque unité ajoutée au multiplicande feroit entrer une fois de plus le multiplicateur dans le produit ; tandis que chaque unité retranchée du multiplicateur donneroit une fois de moins le multiplicande ; et qué chaque unité retranchée du multiplicande donneroit une fois de moins le multiplicateur.

D'après cela, *un produit contient autant de fois de plus le multiplicande ou le multiplicateur, que l'on a ajouté d'unités au multiplicateur ou au multiplicande ; et il contient autant de fois de moins le multiplicande ou le multiplicateur, que l'on a retranché d'unités du multiplicateur ou du multiplicande.*

** PROBLÈME VIII.

Un produit change-t-il, lorsque, du multiplicande, on en fait le multiplicateur, et du multiplicateur le multipli- cande ?

SOLUTION. Un produit étant d'autant plus grand ou plus petit que l'un quelconque de ses facteurs, est plus grand ou plus petit ; il est évident que, si le multiplicateur d'un produit étoit l'unité, on pourroit échanger le multiplicande contre le multiplicateur, et le *produit de l'unité par le multiplicande seroit égal à celui du mul- tiplicande par l'unité.*

Or, puisqu'il suffit, pour rendre un produit un certain nombre de fois plus grand, de multiplier soit le multiplicande soit le mul- tiplicateur par ce nombre de fois, il s'ensuit que, si dans ces produits égaux, on multiplie par un même nombre l'unité qui est multiplicande dans l'un et multiplicateur dans l'autre, on aura encore deux produits égaux : d'où l'on voit qu'*un produit composé de deux facteurs ne varie point, quand on fait du multiplicande le multiplicateur, et du multiplicateur le multiplicande.*

Ainsi, 12 par 3 égale 3 par 12 : car, 12 par 1 égale 1 par 12; de sorte que si l'on multiplie par 3 le multiplicateur 1 du premier produit, et le multiplicande 1 du second, on aura encore deux produits égaux, parce que les deux produits précédens sont devenus chacun 3 fois plus grands.

PROBLÉME IX.

Trouver 1°. le nombre des chiffres d'un produit, d'après celui des chiffres des facteurs ; 2°. le nombre des chiffres de l'un des facteurs, d'après le nombre des chiffres du produit et d'après celui des chiffres de l'autre facteur.

SOLUTION. Supposons d'abord que les deux facteurs renferment les chiffres les plus grands possibles, c'est-à-dire des 9 ; que le multiplicande en ait plusieurs, et le multiplicateur un seul. Dans ce cas, il est évident que le dernier chiffre à gauche du multiplicande multiplié par le 9 du multiplicateur, donnera pour produit 81 ; et, comme un chiffre multiplié par un autre ne peut donner plus de 8 unités supérieures, il s'ensuit que de la dernière multiplication il ne sauroit résulter plus de 89 ; d'où l'on voit que, dans le cas où tout tend à donner au produit le plus de chiffres possibles, on ne peut en avoir plus qu'il y en a dans les deux facteurs, lorsque du moins l'un de ceux-ci n'a qu'un seul chiffre.

$$
\begin{array}{r}
9999 \\
9 \\
\hline
89991 \\
\end{array}
\qquad
\begin{array}{r}
9999 \\
999 \\
\hline
89991 \\
89991 \\
89991 \\
\hline
9989001 \\
1000 \\
100 \\
\hline
100000 \\
\end{array}
$$

Si l'un des facteurs étoit l'unité suivie de plusieurs zéro, et que le multiplicateur fût un chiffre quelconque, on n'auroit évidemment au produit, que le nombre des chiffres du facteur le plus grand.

Soient à-présent deux facteurs ayant chacun plusieurs chiffres les plus grands possibles, tels que 9999 et 999. En effectuant l'opé-

ration, on aura un produit composé d'un nombre de chiffres égal
. la somme de ceux renfermés dans les deux facteurs. Il est aisé
de voir qu'il en seroit de même, quelque grand que fût le nombre
des chiffres du multiplicande et du multiplicateur, puisque tous les
chiffres des produits partiels, à partir du second, reculent chacun
d'un rang vers la gauche, que l'avant-dernière colonne à gauche ne
peut avoir plus de deux chiffres, et que les dernières colonnes étant
composées chacune de 8 et de 9, l'avant-dernière ne peut donner
plus de 1 au dernier chiffre.

Dans le cas où les facteurs contiendroient les chiffres les plus
petits possibles, c'est-à-dire, seroient l'unité suivie de plusieurs zéro,
on n'auroit au produit que le nombre des chiffres moins un des
deux facteurs.

D'où l'on voit 1°. *que le nombre des chiffres d'un produit est*
toujours égal au nombre des chiffres des deux facteurs, lorsque
l'un de ceux-ci n'a qu'un seul chiffre qui, multiplié par le chiffre
des plus hautes unités de l'autre facteur, donne un produit de
deux chiffres.

2°. *Qu'un produit de deux facteurs a le nombre des chiffres*
de ses facteurs, ou ce même nombre diminué de 1.

Il résulte encore de là que *le nombre des chiffres de l'un des*
facteurs est ou égal au nombre des chiffres du produit, moins
le nombre des chiffres de l'autre facteur plus un ; ou seulement
à cette différence.

⋆ PROBLÊME X.

Former un produit de trois, et même d'un plus grand
nombre de facteurs.

SOLUTION. Soient 12, 15 et 17 les trois facteurs avec lesquels
on veut former un produit. Cette opération peut se faire de diverses manières. On peut d'abord multiplier 12 par 15, et le produit résultant, le multiplier par 17 ; ou bien multiplier 15 par 17
et ensuite 12 par ce produit. On pourroit même multiplier 15
par 12, et le produit le multiplier par 17, ainsi de suite. Pour
faire disparoître toute incertitude à ce sujet, il faudroit qu'il arrivât

pour ce cas, ce qui a lieu pour celui où l'on n'a que deux facteurs, c'est-à-dire que le produit fût constamment le même, dans
quelqu'ordre que l'on multipliât les facteurs.

Il faudroit donc arranger les facteurs trois à trois de toutes les
manières possibles, et voir si tous les produits qui résulteroient de
la multiplication de ces facteurs, ainsi arrangés, seroient tous égaux.
Pour ne laisser échapper aucun arrangement, commençons par mettre
successivement au premier rang à gauche chaque facteur, et arran-
geons les deux facteurs restans, de toutes les manières possibles ;
d'après cela, nous aurons les six arrangemens suivans :

$$12 . 15 . 17 \qquad 15 . 12 . 17 \qquad 17 . 12 . 15$$
$$12 . 17 . 15 \qquad 15 . 17 . 12 \qquad 17 . 15 . 12.$$

Or, si l'on considère comme multiplicande le premier facteur à
gauche dans chaque arrangement, et le produit des deux autres
facteurs, comme multiplicateur, on verra que les multiplicateurs,
dans les produits qui ont le même multiplicande, sont égaux, parce
qu'ils ont les deux mêmes facteurs (prob. VIII) : par conséquent,
les produits indiqués ci-dessus, qui ont le même multiplicande,
sont égaux entre eux. Il ne reste donc plus qu'à prouver que l'un
des deux premiers produits est égal à l'un des deux seconds, et
que l'un de ces deux-ci est égal à l'un des deux derniers.

Or, en comparant le produit 12 par 15, par 17, avec celui de
15 par 12, par 17, on voit tout de suite que, si l'on effectuoit la
multiplication de 12 par 15 et celle de 15 par 12, on auroit le
même produit, ce qui rendroit évidemment égaux les deux produits
de trois facteurs ; et l'on en concluroit l'égalité des quatre premiers
produits. On prouveroit, de la même manière, que le produit de
15 par 17, par 12, est égal à celui de 17 par 15, par 12. D'où
il résulte qu'*un produit composé de trois facteurs ne change pas
dans quelqu'ordre que l'on multiplie ces facteurs.*

*Examinons maintenant si la même invariabilité auroit lieu,
dans le cas où il y auroit quatre facteurs.* Joignons donc le nouveau facteur 19 aux trois précédens, et cherchons d'abord tous les
arrangemens possibles entre les quatre facteurs 12.15.17.19.

Opérant comme ci-dessus, on fixera successivement chaque facteur au premier rang à gauche, et l'on arrangera les trois autres

facteurs de toutes les manières possibles, par le procédé déjà employé; ce qui donnera les vingt-quatre arrangemens suivans :

$$
\begin{array}{llll}
12.15.17\ 19 & 15.12.17.19 & 17.12.15.19 & 19.12.15.17 \\
12.15.19.17 & 15.12.19.17 & 17.12.19.15 & 19.12.17\ 15 \\
12.17.15.19 & 15.17.12.19 & 17.15.12.19 & 19.15.12.17 \\
12.17.19.15 & 15.17.19.12 & 17.15.19.12 & 19\ 15\ 17.12 \\
12.19.15.17 & 15.19.12.17 & 17.19.12\ 15 & 19.17.12.15 \\
12.19.17.15 & 15.19.17.12 & 17.19.15.12 & 19.17.15.12.
\end{array}
$$

Or, il est clair que, puisque les produits formés des trois mêmes
facteurs sont égaux, tous les produits de quatre facteurs, respectivement les mêmes, et qui ont un même facteur pour multiplicande
ou pour multiplicateur, doivent être tous égaux; par conséquent,
non-seulement les produits qui composent une même colonne sont
égaux entre eux, mais encore tous les produits : car, dans une colonne
on trouve toujours un produit qui a pour dernier multiplicateur le
même facteur qui se trouve multiplicande dans l'une des autres colonnes ; ce qui établit l'égalité entre les produits de toutes les
colonnes.

Ainsi, ayant dans le premier produit 12.15.17.19, le facteur
12 pour multiplicande, on aura dans toutes les autres colonnes au
moins un produit qui aura 12 pour dernier facteur ; et, comme les
produits des trois mêmes facteurs sont égaux, il s'ensuit que, dans
chaque colonne, il y aura un produit égal à celui 12.15.17.19
de la première.

Pour un semblable raisonnement, on prouveroit que, dans le cas
où l'on auroit 5 facteurs, et, en général, un nombre quelconque de
facteurs, tous les produits qui auroient le même facteur pour multiplicande, seroient égaux entre eux ; et, comme dans les autres produits
qui auroient le même facteur en tête, il y en anroit toujours qui auroient pour dernier multiplicateur le même facteur qui étoit multiplicande dans le premier de tous les produits, il s'ensuit qu'il y
auroit égalité entre ces mêmes produits.

De sorte qu'*en général un produit reste le même dans quelque
ordre qu'on multiplie ses facteurs, et en quelque nombre que
soient ces derniers.*

Remarque. Il peut arriver que les facteurs d'un produit soient
tous égaux entre eux ; alors le produit doit être lié à ses facteurs par

une loi plus simple que dans le cas où les facteurs sont différens ; et, comme pour arriver plus facilement aux méthodes de décomposition, il importe de connoître cette loi, nous allons la chercher.

Mais pour distinguer ces sortes de produits de ceux dont les facteurs sont différens, nous nommerons *Puissances* les produits formés de facteurs égaux ; et suivant que ces puissances proviendront de la multiplication de 2, de 3, de 4, de 5, etc., facteurs égaux, nous les nommerons *Puissances seconde* ou *carrée*, *troisième* ou *cubique*, *quatrième*, *cinquième*, etc.; et au facteur constant qui a produit ces puissances, nous donnerons le nom de *Racine seconde* ou *carrée*, *troisième* ou *cubique*, *quatrième*, *cinquième*, etc., suivant que ce facteur aura engendré une puissance seconde, ou troisième, ou quatrième, ou cinquième, etc. Nous nommerons encore *Formation des puissances* l'opération qui a fait trouver ces puissances.

De la Formation des puissances.

*** PROBLÊME XI.

Trouver le carré ou la seconde puissance d'un nombre, de 56, par exemple.

SOLUTION. Pour élever au carré le nombre 56, on multipliera d'abord 6 par 6, ce qui donnera 36 ou le carré des unités 6. Multipliant ensuite les 5 dixaines par 6, on aura 300 ou le produit des dixaines par les unités. Faisant après cela le produit de 6 par 50, on aura encore 300 ; et enfin, multipliant 50 par 50, on formera le carré de 50 qui est 2500. De sorte que le produit total 3136 ou le carré de 56 contiendra de la racine le carré des dixaines, plus deux fois le produit des dixaines par les unités, plus le carré des unités ; et si l'on observe qu'un nombre, quelque grand qu'il soit, peut toujours être regardé comme composé d'unités et de dixaines, celles-ci pouvant être exprimées par un nombre quelconque de chiffres, on verra que l'on peut établir pour règle générale que

$$
\begin{array}{r}
56 \\
56 \\
\hline
36 \\
300 \\
300 \\
2500 \\
\hline
3136 \\
\hline
\end{array}
$$

Le carré d'un nombre composé de dixaines et d'unités renferme le carré des dixaines, plus le double produit des dixaines par les unités, plus le carré des unités.

Si l'on observe que le carré des dixaines de la racine d'un nombre ne peut donner moins que des centaines ; et le double produit des dixaines par les unités, moins que des dixaines ; on conclura encore que *dans le carré d'un nombre, le carré des dixaines de ce nombre ne peut donner aucune unité aux deux premiers chiffres à droite ; et que le chiffre des unités du carré n'en peut recevoir aucune du double produit des dixaines par les unités de la racine.*

★★★ PROBLÊME XII.

On demande une méthode pour avoir la troisième puissance ou le cube d'un nombre, de 56, par exemple.

SOLUTION. Puisque le cube d'un nombre se forme en multipliant son carré par le nombre lui-même, il faudra ici multiplier les trois parties du carré de 56, par 56, c'est-à-dire, par 6 et ensuite par 5o. Pour mieux comprendre cette formation, nous nous contenterons d'indiquer les opérations à faire, en remplaçant les mots *multiplié par*, par ce signe $\times$ que nous écrirons entre les nombres à multiplier ; d'après cela, nous commencerons par indiquer les trois produits qui composent le carré de 56, et qui sont $5o \times 5o$, $2 \times 5o \times 6$, 6×6. Donnant ensuite à ces produits le facteur 5o, nous aurons les produits partiels $5o \times 5o \times 5o$, $2 \times 5o \times 6 \times 5o$, et $6 \times 6 \times 5o$ dont la somme seroit le produit du carré de 56 par 5o. Faisant enfin entrer le facteur 6 dans les trois produits qui représentent le carré de 56, on aura $5o \times 5o \times 6$, $2 \times 5o \times 6 \times 6$ et $6 \times 6 \times 6$. De sorte que le cube de 56 sera composé des six produits suivans :

$$5o \times 5o \times 5o \qquad\qquad 5o \times 5o \times 6$$
$$2 \times 5o \times 6 \times 5o \qquad\qquad 2 \times 5o \times 6 \times 6$$
$$6 \times 6 \times 5o \qquad\qquad 6 \times 6 \times 6.$$

Or, en examinant ces produits, on voit que le premier est le cube de 50, c'est-à-dire, des dixaines; que le second renferme deux fois le carré des dixaines par les unités, tandis que le quatrième contient une fois le même carré; ce qui fait trois fois le carré des dixaines par les unités, que le troisième est composé du carré des unités par les dixaines, et le cinquième de deux fois le carré des unités par les dixaines, ou de trois fois le carré des unités par les dixaines; enfin que le sixième produit est le cube des unités.

On en conclura donc que *le cube d'un nombre composé de dixaines et d'unités renferme de ce nombre* 1°. *le cube des dixaines,* 2°. *3 fois le carré des dixaines par les unités,* 3°. *3 fois le carré des unités par les dixaines;* 4°. *le cube des unités.*

Si l'on vouloit connoître dans quelles parties du cube se trouvent les divers produits partiels dont la somme a donné le cube lui-même, on observeroit 1°. que le cube des dixaines ne pouvant renfermer des unités au-dessous des mille, *les trois premiers chiffres à droite dans le cube proposé ne doivent pas faire partie du cube des dixaines;* 2°. que le triple carré des dixaines par les unités ne pouvant donner des unités au-dessous des centaines, ni le chiffre des dixaines du cube, ni celui des unités ne peuvent appartenir à ce second produit; 3°. que le triple des dixaines par le carré des unités ne pouvant donner des unités au-dessous des dixaines, le chiffre des unités du cube ne sauroit entrer dans ce dernier produit.

Quant au nombre des chiffres que peut avoir un cube, il faut se rappeler qu'un produit composé de deux facteurs ne peut avoir plus de chiffres qu'il n'y en a dans ses facteurs, ni moins qu'il n'y en a dans le nombre des chiffres des mêmes facteurs moins 1. Par conséquent, *le cube d'un nombre ne peut avoir plus du triple des chiffres de ce nombre, ni moins que ce triple diminué de* 2.

REMARQUE I. On pourroit, en suivant le procédé ci-dessus pour la formation des cubes, trouver les parties de la racine qui entrent dans les puissances 4e., 5e., 6e., etc. : mais les règles seroient de plus en plus compliquées; aussi ne les chercherons-nous pas, à moins que nous n'en ayons besoin. Nous nous contenterons d'observer que la 4e. puissance d'un nombre étant un produit qui renferme la racine

4 fois comme facteur, et que le produit du carré de la racine par ce même carré contenant aussi la racine 4 fois comme facteur, *on aura la 4me. puissance d'un nombre, en multipliant le carré de ce nombre par le carré lui-même, c'est-à-dire, en formant le carré du carré du nombre.*

Semblablement on verra que *la 6me. puissance d'un nombre est le produit du cube de ce nombre par le cube même, ou plus simplement le carré du cube ; que la 8me. puissance d'un nombre est le produit de la 4me. par la 4me., c'est-à-dire, le carré de la 4me. puissance, ou la 4me. puissance du carré du nombre, ou encore le carré du carré du carré du nombre ; que la 9me. puissance d'un nombre est le cube de ce nombre élevé au cube ; que la 12me. puissance est le cube du nombre élevé à sa 4me. puissance, ou le carré du cube par le carré de ce même cube, c'est-à-dire, le carré du carré du cube, ou le cube du carré du carré ; ainsi de suite pour toutes les puissances dont le degré sera un nombre n'ayant d'autres facteurs que 2 et 3 ;* puisque, dans tous ces cas, la racine sera le même nombre de fois facteur.

REMARQUE II. Il résulte de ce qui précède, que l'on peut élever un nombre à une puissance quelconque en multipliant ce nombre par lui-même autant de fois moins une, qu'il y a d'unités dans le degré de la puissance, ou bien en formant séparément les diverses parties de la racine qui entrent dans la puissance demandée, et en additionnant ces parties. Mais cette dernière méthode suppose que l'on sache trouver tout de suite les diverses puissances des nombres à un seul chiffre ; c'est pourquoi nous terminerons ce sujet par la table des puissances 2e. et 3e. seulement des neuf premiers nombres.

Puissances.

1re.	2e.	3e.
1	1	1
2	4	8
3	9	27
4	16	64
5	25	125
6	36	216
7	49	343
8	64	512
9	81	729

Remarque III. En récapitulant les diverses manières dont on a formé les nombres, on voit que cette formation a eu lieu d'abord par l'addition successive de l'unité, ensuite par celle de plusieurs nombres différens, par celle de plusieurs nombres égaux, et enfin par la répétition de nombres obtenus par l'opération précédente, répétition qui peut aussi être indiquée par des nombres inégaux ou par des nombres égaux à ceux déja employés.

Nous pouvons donc conclure que *tout nombre est la somme d'un certain nombre d'unités, ou bien la somme de plusieurs autres nombres inégaux, ou encore la somme de plusieurs nombres égaux; ou enfin le produit d'un nombre quelconque de facteurs inégaux ou égaux, et souvent les uns égaux, les autres inégaux.*

Il ne doit donc y avoir des nombres qui ne proviennent de la multiplication d'aucun nombre, et qui, par conséquent, ne contiennent exactement d'autres nombres qu'eux-mêmes et l'unité : tels sont les nombres 2, 3, 5, 7, 11, 13, 17, 19, etc. Nous appellerons nombres *premiers* ou *simples*, ceux qui ne contiennent exactement qu'eux-mêmes et l'unité ; et nombres *multiples* ou *composés* ceux qui, provenant de la multiplication de deux ou de plusieurs nombres, contiennent exactement des nombres autres qu'eux-mêmes et l'unité.

On peut remarquer encore que les nombres 2, 4, 6, 8, 10, 12, etc., peuvent se décomposer chacun en deux parties égales; savoir 2 en 1 plus 1; 4 en 2, plus 2; 6 en 3, plus 3; 8 en 4, plus 4; 10 en 5, plus 5; 12 en 6, plus 6, etc. Comme ces nombres se trouvent composés chacun de deux parties égales qui se balancent, pour ainsi dire, nous les nommerons nombres *pairs*; et tous ceux qui ne peuvent pas se décomposer en deux nombres égaux, nous les appellerons nombres *impairs*, c'est-à-dire, *non-pairs*.

REMARQUE IV. Chaque opération par laquelle on a composé les nombres, a nécessairement sa correspondante dans leur décomposition; ainsi les problêmes relatifs à la décomposition des nombres seront les suivans : 1°. *retrancher d'un nombre successivement l'unité;* 2°. *étant donnée la somme de deux ou de plusieurs nombres, déterminer ces nombres;* 3°. *connoissant le produit de deux ou plusieurs facteurs, trouver les facteurs eux-mêmes;* 4°. *une certaine puissance étant donnée, en déterminer la racine.*

Ces questions, qui sont exactement inverses de celles relatives à la composition des nombres, pourroient être modifiées par certaines conditions; ainsi dans la seconde, on pourroit supposer que l'on connoisse l'une des parties de la somme, et qu'il ne s'agisse que de trouver l'autre partie; et, dans la troisième, que l'on donne l'un des facteurs du produit pour en déterminer l'autre. Ces conditions sont même nécessaires pour faire disparoître l'indétermination de la question qui, sans cela, donneroit lieu à plusieurs solutions.

CHAPITRE II.

De la décomposition des nombres entiers.

*** PROBLEME XIII.

Soustraire un nombre d'un autre; ou bien, étant donnés la somme de deux nombres et l'un de ces nombres, déterminer l'autre nombre.

SOLUTION. *Supposons d'abord que le nombre à soustraire n'ait qu'un seul chiffre; et qu'il s'agisse, par exemple, de retrancher 8 de 36.*

Puisque l'on sait par la numération ce que devient un nombre augmenté de 1, on saura aussi ce qu'il devient étant diminué de l'unité : par conséquent, l'opération par laquelle on soustrait 8 de 36 peut se réduire à autant de soustractions partielles, qu'il y a d'unités dans 8. On dira donc, 36 moins 1 égale 35 ; 35 moins 1 égale 34 ; 34 moins 1 égale 33 ; 33 moins 1 égale 32 ; 32 moins 1 égale 31 ; 31 moins 1 égale 30 ; 30 moins 1 égale 29 ; et 29 moins 1 égale 28 ; de sorte que 28 et 8 sont les deux parties de la somme 36.

$$\begin{array}{r} 36 \\ 1 \\ \hline 35 \\ 1 \\ \hline 34 \\ 1 \\ \hline 33 \\ 1 \\ \hline 32 \\ 1 \\ \hline 31 \\ 1 \\ \hline 30 \\ 1 \\ \hline 29 \\ 1 \\ \hline 28 \end{array}$$

Mais ces soustractions successives de l'unité étant trop longues, il sera utile d'écrire et de retenir tous les résultats que donneroit un nombre d'un seul chiffre soustrait d'un nombre composé soit d'un seul chiffre, soit de deux chiffres.

Proposons-nous ensuite de retrancher un nombre de plusieurs chiffres, d'un autre nombre qui en auroit aussi plusieurs ; par exemple, 8567 de 40032.

Pour procéder avec plus de régularité, on écrira le nombre à soustraire au-dessous de la somme, de manière que les chiffres qui expriment des unités de même espèce, se trouvent placés les uns au-dessous des autres.

$$\begin{array}{r} {}^{9} \\ 3\ 9\ 10\ 12 \\ 4\ 0\ 0\ 3\ 2 \\ 8\ 5\ 6\ 7 \\ \hline 3\ 1\ 4\ 6\ 5 \end{array}$$

Cela posé, j'observe que, puisque le nombre 40032 est la somme du nombre 8567 et du nombre inconnu ; et que, pour former cette somme, on a ajouté ensemble les unités, les dixaines, les centaines, les mille, etc., des deux nombres ; il s'ensuit que le chiffre des unités du nombre cherché doit être tel qu'ajouté au chiffre 7 du nombre 8567, il donne les unités de la somme ;

mais comme ici les unités de cette somme ne sont représentées que par 2 ; il faut que la somme des unités
des deux nombres ait donné au moins une unité de
dixaine au chiffre 3 ; je prendrai donc cette unité de
dixaine sur 3, laquelle réunie à 2 donne 12 ; je dirai
donc, 12 moins 7 égale 5 ; par conséquent le chiffre
des unités du nombre cherché est 5 que j'écrirai au-
dessous du chiffre 7.

Maintenant le chiffre des dixaines de la somme n'est
plus que 2. Raisonnant pour les dixaines de la somme
comme pour les unités, j'observe encore que la partie
connue de la somme renfermant 6 dixaines, tandis que
la somme n'en a que 2, il faut que l'addition des dixaines ait fourni au moins 1 centaine à la somme ; c'est
pourquoi nous dirons 10 dixaines plus 2 dixaines, ou
12 dixaines moins 6 dixaines égalent 6 dixaines que nous
écrirons à la colonne des dixaines ; mais il est à observer
ici que la somme ayant 0 de centaines et 0 de mille,
l'addition des centaines a dû donner au moins une unité
de mille ; et celle des mille au moins une dixaine de
mille ; nous pouvons donc prendre une dixaine de mille
sur le chiffre 4 et la répartir sur le chiffre des centaines et sur celui des mille, en prenant 10 centaines
pour le premier, et les 9 unités de mille qui restent
pour le second ; et en écrivant 10 sur le premier 0 à
droite, 9 sur le second et 3 au-dessus de 4.

Après avoir ainsi décomposé la somme, on observera
encore que, pour soustraire les 6 dixaines inférieures des
2 dixaines de la somme, il a fallu prendre sur les centaines une unité que l'addition des dixaines avoit donnée ;
de sorte que les 10 centaines écrites au-dessus du premier
0 à droite se trouvent réduites à 9 ; on peut donc écrire
9 au-dessus de 10 et 12 au-dessus de 3. Par cette

nouvelle décomposition, la somme pourra être regardée comme formée de 3 dixaines de mille, de 9 mille, de 9 centaines, de 12 dixaines et de 2 unités.

On continuera maintenant sans difficulté, et l'on dira 9 moins 5 égale 4 que l'on écrit à gauche du 6; 9 moins 8 égale 1, et 3 moins o égale 3; écrivant donc 1 au-dessous du 8 et 3 à la gauche de 1, on aura enfin 31465 pour l'autre partie de la somme proposée.

Puisque, pour trouver l'une des deux parties qui composent une somme, il faut retrancher de cette somme la partie connue; il s'ensuit que la partie trouvée exprime la différence entre la somme et la partie donnée; et par conséquent qu'elle se compose de tout ce qui n'est pas commun à cette somme et à l'autre partie : De sorte que *l'on pourroit ajouter un même nombre à la somme et à l'une de ses parties, sans altérer l'autre partie*; parce que la différence entre deux nombres ne se compose que de ce qui n'est pas commun à ces nombres: par conséquent, toutes les fois que, dans l'opération précédente, le chiffre du nombre à soustraire exprimoit plus d'unités que le chiffre correspondant de la somme, on auroit pu ajouter à celle-ci le nombre d'unités, de dixaines, de centaines, etc., dont on avoit besoin, pourvu que l'on en eût ajouté le même nombre à la partie connue de la somme.

On auroit donc pu ajouter 10 à la somme, pour effectuer la première soustraction, et dire 10 et 2 égalent 12; 12 moins 7 égalent 5; mais ensuite, pour augmenter de 10 le nombre à soustraire, on auroit ajouté 1 au chiffre 6 des dixaines; ce qui eût donné 7 à retrancher de 3; opérant ici pour les dixaines comme pour les unités, on ajouteroit 10 dixaines au chiffre 3, en disant 10 et 3 égalent 13; 13 moins 7 égalent 6; et l'on augmenteroit de 100 le nombre inférieur en ajoutant 1 au chiffre 5 des centaines : raisonnant et opérant de la même manière pour les unités supérieures, on continueroit en disant 10 moins 6 égale 4; 8 et 1 égalent 9; 10 moins 9 égale 1; enfin 1 d'ajouté et 0 égalent 1; 4 moins 1 égale 3; ce qui donne le même résultat que ci-dessus.

Proposons-nous enfin de soustraire de l'unité accompagnée d'un certain nombre de zéro, un nombre composé de plusieurs chiffres, par exemple, 7382 de 10000.

Pour effectuer plus aisément cette soustraction, il suffit de décomposer le nombre 10000 en diverses parties, telles que l'on puisse en retrancher les parties correspondantes du nombre 7382.

$$\begin{array}{c} \overset{9\ 9\ 9\ 10}{10000} \\ 7382 \\ \hline 2618 \end{array}$$

Or, si l'on commence par prendre 10, afin d'effectuer la première soustraction, il ne restera plus que 9 dixaines, 9 centaines et 9 mille; la décomposition sera donc faite en écrivant 10 au-dessus du premier zéro à droite, et 9 au-dessus des autres : on dira donc 10 moins 2 égale 8; 9 moins 8 égale 1; 9 moins 3 égale 6; et 9 moins 7 égale 2 : de sorte que le résultat final sera 2618.

Ce nombre complettant ce qui manque au nombre 7382, pour avoir l'unité immédiatement supérieure aux plus hautes unités de ce nombre, nous le nommerons *complément* du nombre 7382.

Nous pouvons maintenant, d'après ce qui précède, établir la règle suivante :

Pour trouver la partie inconnue d'une somme dont on connoît l'autre partie, c'est-à-dire, pour retrancher un nombre d'un autre; 1°. on écrit le premier nombre au-dessous du second, de manière que les chiffres qui expriment des unités de même espèce soient placés les uns sous les autres, dans une même colonne verticale; 2°. on retranche successivement les unités, les dixaines, les centaines, etc., du nombre à soustraire, des unités, des dixaines, des centaines, etc., de l'autre nombre. 3°. Si le nombre dont on soustrait avoit des chiffres exprimant moins d'unités que les chiffres correspondans dans l'autre nombre, on ajouteroit 10 au chiffre trop foible, et l'on diminueroit de 1 le chiffre immédiatement à gauche; ou bien, on ajouteroit cette unité au chiffre inférieur à gauche; et la somme de toutes ces différences partielles donneroit la différence totale, ou la partie inconnue de la somme proposée.

Si l'on veut trouver le complément d'un nombre, c'est-à-dire, ce qu'il faut ajouter à ce nombre pour avoir l'unité immédiatement supérieure aux plus hautes unités de ce nombre, on retranche de 10 le chiffre des unités simples de ce nombre, et de 9 tous les autres chiffres.

Pour bien connoître la manière dont la différence entre deux nombres dépend de ces mêmes nombres, il est nécessaire de déterminer les changemens qu'éprouve la différence, suivant les augmentations ou les diminutions que subissent les nombres. Nous nous proposerons donc le problème suivant :

*** PROBLÈME XIV.

Comment les variations de la différence entre deux nombres sont—elles liées à celles qu'éprouvent ces mêmes nombres ?

SOLUTION. La différence entre deux nombres est formée de ce qui n'est pas commun à ces nombres, par conséquent, cette différence ne changera pas, si l'on augmente ou si l'on diminue les deux nombres d'une même quantité.

Supposons ensuite que l'on augmente ou que l'on diminue d'un certain nombre d'unités le plus grand des deux nombres, alors celui ci s'éloignera ou se rapprochera du plus petit nombre, d'autant d'unités qu'on lui en a ajoutées ou qu'on en a retranchées.

Mais si l'augmentation ou la diminution portoit sur le plus petit des deux nombres, il est clair que ce dernier se rapprocheroit ou s'éloigneroit de l'autre, du même nombre d'unités qu'il en a reçues ou qu'on lui en a ôtées ; ce qui diminueroit ou augmenteroit la différence de ce nombre d'unités : d'où nous conclurons,

1°. Que *la différence entre deux nombres ne varie point, quand on augmente ou que l'on diminue les deux nombres d'un même nombre d'unités.*

2°. Que *la différence entre deux nombres augmente d'autant d'unités que l'on en ajoute au plus grand de ces nombres, ou que l'on en retranche du plus petit.*

3°. Que *cette même différence diminue d'autant d'unités que l'on en retranche du plus grand des deux nombres, ou que l'on en ajoute au plus petit.*

REMARQUE. Puisque la loi qui lie la différence entre deux nombres à ces mêmes nombres, nous fournit le moyen de rectifier le résultat d'une soustraction, lorsqu'on aura fait subir des altérations aux termes de la différence ; nous pourrions peut-être ramener les soustractions par la méthode ordinaire, à d'autres soustractions plus simples, moyennant quelque rectification.

Or, l'opération par laquelle on retranche un nombre de l'unité, suivie d'autant de zéro que ce nombre a de chiffres, étant très-simple, il faudroit essayer d'y ramener les autres soustractions.

⋆⋆ PROBLÊME XV.

Simplifier la méthode de la soustraction, par le moyen des complémens des nombres.

SOLUTION. *Qu'il s'agisse de soustraire* 857 *de* 4762.

Pour introduire un complément dans cette soustraction, j'observe que je puis décomposer 4762 en deux parties, dont l'une soit l'unité suivie d'autant de zéro, que le nombre à soustraire renferme de chiffres, c'est-à-dire, en 1000 plus 3762 ; alors on soustraira 857 de la première partie, en prenant le complément de 857 ; ce complément 143 étant la différence entre 857 et 1000, on aura retranché 857 d'un nombre trop petit de 3762 ; il faudra donc augmenter de 3762 la différence 143 , et l'on aura 3905 pour la différence demandée.

On auroit pu aussi ajouter le complément 143 du nombre à soustraire, au plus grand 4762 des deux nombres ; mais alors la somme résultante 4905 devroit être diminuée de 1000, c'est-à-dire, de l'unité suivie d'autant de zéro que le nombre à soustraire a de chiffres.

Proposons-nous encore de retrancher l'un de l'autre, deux nombres ayant chacun le même nombre de chiffres ; par exemple , 2567 de 7863.

Dans ce cas, on ne peut pas prendre une unité de mille sur le plus grand nombre , pour en retrancher le plus petit ; mais puisque l'on peut ajouter à ce plus grand nombre telle sorte d'unité que l'on veut , pourvu que l'on en diminue la différence , nous

$$\begin{array}{r} 7863 \\ 7433 \\ \hline 5296 \end{array}$$

supposerons que le nombre dont on doit soustraire soit augmenté de 10000, et devienne 17863 , alors ce cas est ramené au précédent : c'est pourquoi on ajoutera à 7863 le complément 7433 de 2567, et diminuant la somme d'une unité de dix mille , on aura 5296 pour la différence demandée.

D'où l'on tirera la règle suivante :

Pour retrancher un nombre d'un autre, ajoutez à celui-ci le complément du nombre à retrancher, et diminuez la somme de l'unité immédiatement supérieure aux plus hautes unités du nombre à soustraire.

Proposons-nous enfin de soustraire plusieurs nombres de plusieurs autres, par exemple , 2428 , 862 et 73 , de 7839 , 654 et 86.

On pourroit commencer par faire deux sommes, l'une de tous les nombres à retrancher, et l'autre de tous ceux dont on doit retrancher les premiers , et l'opération seroit réduite à une soustraction ordinaire ; mais, si l'on observe que l'on pourroit trouver la différence totale, en prenant successivement les différences entre les nombres à retrancher et les autres comparés deux à deux, on verra qu'il s'agiroit ici de prendre la différence entre 7839 et 2428, celle entre 654 et 862, celle entre 86 et 73, et d'ajouter ensemble ces trois différences. Or, ces différences partielles, on peut les trouver aisément par le moyen des complémens ; seulement on aura soin de rectifier la différence totale des erreurs produites par les trois complémens employés.

D'après cela, on écrira les trois nombres 7839, 654 et 86, les uns sous les autres, de manière que les unités de même espèce se trouvent dans une même colonne verticale. On écrira ensuite au-dessous les complémens des nombres à soustraire, c'est-à-dire, 7572, 138 et 27 : on fera ensuite la somme de ces six nombres, et on aura l'attention de diminuer cette somme de 100, de 1000 et de 10000, pour la rectification des erreurs produites par les trois complémens. Cela fait, on aura 5216 pour la différence demandée.

$$
\begin{array}{r}
111 \\
7839 \\
654 \\
86 \\
7572 \\
138 \\
27 \\
\hline
5216 \\
\hline
\end{array}
$$

D'où l'on voit que, *pour retrancher la somme de plusieurs nombres, de la somme de plusieurs autres, il suffit d'ajouter les complémens des nombres à soustraire, aux autres nombres, et de retrancher de la somme totale, pour chaque complément employé, l'unité immédiatement supérieure aux plus hautes unités du nombre dont on a pris le complément.*

REMARQUE. Il ne suffit pas, dans les calculs arithmétiques, d'être assuré de la bonté de la méthode, il faut encore avoir la certitude de n'avoir pas commis d'erreur de calcul ; il est donc nécessaire de trouver quelque moyen de faire ces sortes de vérifications.

*** PROBLÈME XVI.

Trouver un moyen de vérifier les résultats donnés par l'addition et par la soustraction.

SOLUTION. Quant à la soustraction, il est évident que, le nombre obtenu par cette opération devant être l'une des parties de la somme donnée dont le nombre soustrait est l'autre partie, *on doit toujours retrouver la somme, en ajoutant la différence au nombre soustrait.*

Au sujet de l'addition, on peut remarquer que la somme de plusieurs nombres ayant été formée par l'addition successive de chaque colonne d'unités de même espèce, si l'on retranchoit successivement chacune de ces colonnes des sommes partielles qu'elles ont fournies à la somme totale, on devroit avoir zéro pour reste, dans la soustraction de la dernière colonne ; ce qui vérifieroit le résultat de l'addition.

La seule difficulté qui se présente ici, est de pouvoir discerner, dans la somme totale, la somme partielle donnée par chaque colonne. Or, pour cela, il suffit d'observer que la somme d'une colonne ne peut fournir des unités d'une espèce inférieure, tandis qu'elle peut en donner d'un ordre supérieur. Ainsi, on supposera d'abord que le chiffre placé dans la somme au-dessous de la première à gauche, forme, avec les chiffres des ordres supérieurs, la somme partielle de la première colonne à gauche. Dans le cas où cette somme partielle seroit trop grande, on connoîtroit cet excès en soustrayant de la somme partielle supposée la totalité de la colonne ; et le reste, ayant été donné par l'addition des colonnes inférieures, devroit être regardé

comme appartenant aux sommes partielles que ces co—
lonnes ont fournies. On opéreroit de même pour toutes
les colonnes inférieures.

Pour éclaircir ce que nous venons de dire, *vérifions
si* 2144 *est la sommé des nombres* 237, 429, 936
et 542.

Puisque la somme trouvée doit seulement
contenir toutes les centaines, les dixaines et
les unités des nombres donnés, on doit avoir
zéro pour reste, après avoir retranché de
2144 toutes les centaines, les dixaines et les
unités de ces mêmes nombres.

$$\begin{array}{r} 237 \\ 429 \\ 936 \\ 542 \\ \hline 2144 \\ 120 \end{array}$$

Je dirai donc : 2 et 4 égalent 6 ; 6 et 9
égalent 15 ; 15 et 5 égalent 20 ; 20 ôté de 21 donne 1 pour
reste ; de sorte que la somme totale est réduite à 144. Passant
aux dixaines, je dis : 3 et 2 égalent 5 ; 5 et 3 égalent
8 ; 8 et 4 égalent 12 ; 12 ôté de 14 donne 2 pour
reste que j'écris sous les dixaines ; alors la somme est
réduite à 24. Continuant, je dis : 7 et 9 égalent 16 ;
16 et 6 égalent 22 ; 22 et 2 égalent 24 ; 24 ôté de
24, il reste zéro. D'où je conclus que le résultat 2144
est la somme des nombres donnés.

On doit remarquer ici que les erreurs de calcul pouvant quelquefois être en sens contraire, et par conséquent
se détruire, toute vérification par le calcul ne peut être
regardée que comme une probabilité plus ou moins
forte ; mais qui, rigoureusement parlant, ne donne jamais
une certitude absolue, hors certains cas extrêmement
simples.

De ce qui précède, nous conclurons 1°. que, *pour
vérifier la différence entre deux nombres, il faut que
la différence trouvée étant ajoutée au nombre à soustraire, donne le nombre dont on a soustrait* ; 2°. que

la vérification de la somme de plusieurs nombres se fait, en soustrayant successivement de gauche à droite la totalité de chaque colonne, des unités de son espèce qui se trouvent dans la somme, la dernière soustraction devant donner zéro.

REMARQUE. Nous avons déja déterminé par la soustraction l'une des parties d'une somme dont l'autre partie étoit donnée. Nous pouvons maintenant supposer une somme composée d'un certain nombre de parties égales, et nous proposer 1°. de *trouver le nombre des parties de la somme, connoissant la grandeur de l'une d'elles;* 2°. *de déterminer la grandeur de l'une des parties, d'après la connoissance que l'on a de leur nombre.*

⋆⋆⋆ PROBLÊME XVII.

Une somme composée de parties égales étant donnée ainsi que l'une de ces parties, trouver le nombre des parties égales contenues dans la somme.

SOLUTION. Soient les nombres 857642 et 249 qui expriment le premier une somme et le second l'une des parties égales de cette somme. Il est évident que la partie 249 sera contenue dans 857642 autant de fois que l'on pourra la soustraire de ce dernier nombre ; mais une pareille opération seroit impraticable par sa longueur ; il faut donc chercher à diminuer autant que possible le nombre des soustractions à faire.

Or, si, au lieu de retrancher simplement 249, je rendois par la multiplication ce nombre le plus grand possible relativement à la somme donnée, il est évident que par une seule opération, j'aurois soustrait 249 autant de fois qu'il y a d'unités dans le nombre par lequel j'ai multiplié , puisqu'alors 249 seroit contenu ce nombre de fois dans la somme.

D'après cela, et pour que les multi-plications deviennent plus faciles, je commence par écrire à la droite de 249 autant de zéro qu'il est possible sans dépasser la somme ; ce que l'on fera en écrivant 249 au-dessous des trois premiers chiffres à gauche de la somme , et en plaçant à la droite de 249 autant de zéro qu'il reste de chiffres à droite dans la somme.

$$
\begin{array}{ll}
857642 & \\
249000 & 1000 \\
\hline
608642 & \\
249000 & 1000 \\
\hline
359642 & \\
249000 & 1000 \\
\hline
110642 & \\
24900 & 100 \\
\hline
85742 & \\
\text{etc.} &
\end{array}
$$

On aura donc à soustraire 249000 de 857642, et l'on trouvera 608642 pour reste ; de sorte que la somme contient 1000 fois 249 avec un reste qui est 608642. Opérant sur ce reste comme sur la somme, on écrira 249 sous 608 , on mettra trois zéro à la droite de 249 , et soustrayant 249000, on aura 359642 pour second reste ; de sorte que 249 sera contenu alors 2000 fois dans la somme avec le reste 359642. On continuera de même, et après une troisième soustraction, on aura 110642 pour troisième reste.

Ici , je ne puis plus écrire 249 au-dessous des trois premiers chiffres à gauche du reste , parce que 249 étant plus grand que 110, j'aurois, après avoir écrit trois zéro à la droite de 249, à retrancher un nombre plus grand d'un autre plus petit : c'est pourquoi je recule ce dernier nombre d'un rang vers la droite, et après avoir écrit deux zéro seulement à la suite de 249, je soustrais 24900 du troisième reste ; après l'opération, j'ai 85742 pour qua-trième reste , et alors le nombre 249 est contenu 3100 fois dans la somme.

En continuant de la même manière , il est aisé de voir que l'on trouveroit successivement le nombre de centaines, de dixaines et d'unités de fois, que la partie 249 est renfermée dans la somme 857642.

Mais cette opération, quoique beaucoup simplifiée, est encore trop longue ; il faudroit éviter de faire plusieurs soustractions pour les unités de même espèce : ainsi, dans l'exemple précédent, il seroit nécessaire de déterminer, par une seule opération, le nombre de mille fois que 249 est renfermé dans la somme.

Or, les trois soustractions eussent été réduites à une seule, si, au lieu d'écrire 249, on avoit écrit le triple de ce nombre ou 747 ; c'est-à-dire, si l'on avoit multiplié 249 par un nombre qui rapprochât le plus possible 249 de 857 ; ce qui auroit lieu, si l'on multiplioit 249 par le nombre de fois que ce nombre peut être contenu dans 857. Mais un nombre ne peut être renfermé dans un autre plus de fois, que ses plus hautes unités sont contenues dans les plus hautes unités de cet autre ; par conséquent, en cherchant ce nombre de fois, on aura le plus grand multiplicateur de 249 ; si ce multiplicateur étoit trop grand, on le diminueroit d'une unité jusqu'à ce que le produit de 249 par ce multiplicateur pût se retrancher de la partie de la somme au-dessous de laquelle on auroit placé 249.

D'après ces observations, reprenons l'opération précédente, et *tâchons de trouver combien de fois la somme 857642 contient la partie 249, en faisant le moins de soustractions possible.*

J'écris d'abord la somme 857642,
et à sa droite je place la partie 249
que je sépare du premier nombre par
une droite verticale ; je sousligne ensuite 249 pour écrire au-dessous le
nombre de fois que 249 est renfermé
dans la somme.

Cela fait, je prends à gauche dans
la somme assez de chiffres pour avoir
un nombre qui contienne 249 ; les

$$
\begin{array}{r|l}
857642 & 249 \\
747000 & \overline{3444} \\
\hline
110642 & \\
99600 & \\
\hline
11042 & \\
9960 & \\
\hline
1082 & \\
996 & \\
\hline
86 &
\end{array}
$$

trois premiers suffisent. Je cherche ensuite un nombre,
qui, multipliant 249, rapproche celui-ci le plus possible
de 857 : ce multiplicateur ne peut surpasser le nombre
de fois que 857 contient 249, ou que 800 contient 200,
ou que 8 contient 2 : on a donc 4 ; mais 4 est trop
grand, parce que 57 ne contient pas 49 autant de
fois que 8 contient 2 : on prendra donc 3, et le produit 747 de 249 par 3 étant moindre que 857, on
écrira 747 au-dessous de ce dernier nombre, avec trois
zéro à la droite. Par cette opération, on verra que la
somme contient 3000 fois le nombre 249 : on écrira
donc au-dessous de 249, le chiffre 3 que l'on se rappellera être des mille ; on fera la soustraction, et l'on
aura 110642 pour premier reste sur lequel on opérera
comme sur la somme.

Il est ici nécessaire de prendre dans le premier reste
les quatre premiers chiffres à gauche, parce que 110
est moindre que 249 ; de sorte que ce dernier nombre
ne peut être multiplié que par un certain nombre de
centaines. Pour obtenir le chiffre multiplicateur de 249,
je vois que 1106 ne peut contenir 249 plus de fois que
11 contient 2, c'est-à-dire 5 fois ; mais il faut vérifier
5 : on multipliera donc, soit par la pensée, soit par
écrit, 249 par 5 ; et comme le produit 1245 est trop

grand, on essaiera 4 qui donne 996 : par conséquent 99600 est le plus grand nombre contenu dans le premier reste : on écrira donc 4 centaines à la droite du chiffre 3.

Après avoir soustrait 99600 du second reste, on a 11042 pour troisième reste ; et comme 1249 ne peut être soustrait de 110, je conclus qu'il faut prendre 1104, et que, par conséquent, on ne peut multiplier 249 que par un certain nombre de dixaines. Pour trouver ce nombre, je cherche encore combien de fois 11 contient 2 ; j'ai 5 qui est trop grand ; 249 multiplié par 4 donne 996 ; de sorte que 9960 est le plus grand nombre que l'on puisse retrancher du troisième reste ; je mets donc 4 à la droite du premier 4, je soustrais 9960 du troisième reste, et j'ai 1082 pour quatrième reste.

Enfin, opérant sur ce reste comme auparavant, on trouve que 4 fois 249 donne 996, qui est le plus grand nombre qui puisse être retranché du quatrième reste ; j'écris donc les 4 unités à la droite du second 4 ; et, comme le cinquième reste 86 ne peut plus contenir 249, je conclus que la somme 857642 contient 249, 3444 fois avec 86 de reste.

Le nombre 3444 indiquant combien de fois la somme proposée contient 249, nous le nommerons *quotient*, du latin *quoties* combien de fois.

Si l'on veut vérifier le résultat trouvé, il suffit d'observer que ce résultat ou quotient devant exprimer combien de fois la somme proposée contient la partie donnée, on doit retrouver cette somme en multipliant la partie par le quotient, pourvu que l'on ajoute au produit le reste de l'opération précédente.

On pourroit aussi faire cette vérification, en se proposant de déterminer la grandeur des parties de la somme, d'après la connoissance que l'on a de cette somme et du nombre des parties. Il faudroit alors que le nombre que l'on trouveroit pour la grandeur des parties, fût le même que celui que l'on a employé dans la première opération.

Voyons donc *comment on détermine la grandeur des parties d'une somme, quand on connoît la somme et le nombre de ses parties.*

<h2 style="text-align:center">*** PROBLÈME XVIII.</h2>

Une somme étant donnée et le nombre de ses parties, on demande la grandeur de celles-ci.

SOLUTION. Soit la somme 857642 composée de 249 parties égales ; si chaque partie ne renfermoit qu'une unité , il est visible qu'ayant 249 parties, la somme seroit exprimée par 249; de sorte que l'une des parties contiendra autant d'unités que le nombre 249 peut être soustrait de la somme proposée : par conséquent , la difficulté est réduite à trouver combien de fois 249 est renfermé dans 857642 ; opération qui est la même que celle qui a fait parvenir à la connoissance du nombre des parties de la somme , lorsque l'on avoit la somme et la grandeur des parties ; et comme dans cette détermination , on partage ou l'on divise la somme donnée en autant de parties égales , qu'il y a d'unités dans un autre nombre connu , *nous donnerons le nom de* DIVISION *à l'opération par laquelle une somme étant donnée, on trouve soit le nombre de ses parties dont la grandeur est connue , soit la grandeur des parties , quand on connoît leur nombre.*

Nous nommerons *dividende* le nombre ou la somme à diviser ; *diviseur*, le nombre qui indique soit en combien de parties égales le dividende doit être divisé, soit la grandeur de l'une des parties de ce dividende ; et nous conserverons le nom de *quotient* au nombre qui désigne combien de fois le dividende contient le diviseur, ou qui exprime la grandeur des parties du dividende, le diviseur en exprimant le nombre.

Si ces dénominations ne s'accordent pas quelquefois avec la manière dont la question est posée, on peut au moins toujours considérer les termes de l'opération comme remplissant les fonctions qui leur ont fait donner les noms de *dividende*, de *diviseur* et de *quotient*.

Cela posé, nous pouvons, de l'opération faite dans le problême précédent, déduire la règle suivante :

Pour diviser un nombre par un autre, écrivez d'abord le dividende, et à sa droite, le diviseur que vous séparerez du premier par une ligne droite. Prenez ensuite, à partir de la gauche du dividende, autant de chiffres qu'il en faut pour que leur réunion forme un nombre qui puisse contenir le diviseur, et vous aurez un premier dividende partiel. Cherchez le nombre de fois que ce dividende partiel contient le diviseur ; et, pour le trouver plus aisément, contentez-vous de chercher combien de fois le chiffre des plus hautes unités du diviseur est contenu dans le premier chiffre à gauche du premier dividende, si ce dernier n'a que le nombre des chiffres du diviseur ; et dans les deux premiers chiffres du même dividende, si ce dividende renferme plus de chiffres que le diviseur.

Le premier chiffre du quotient étant ainsi trouvé, il est nécessaire de le vérifier. Pour cela, multipliez le diviseur par ce chiffre, soit par la pensée, soit par écrit.

Si le produit peut être retranché du premier dividende partiel, on mettra le chiffre au quotient; sinon, on diminuera ce chiffre d'une unité, et l'on recommencera la vérification; continuant de même jusqu'à ce que la soustraction du produit puisse avoir lieu. Cette soustraction donnera un reste à la droite duquel on placera le chiffre suivant du dividende total, et l'on aura un second dividende partiel sur lequel on opérera comme sur le premier. Le chiffre donné par cette seconde division partielle, on l'écrira à la droite du premier chiffre, et l'on continuera de même à former autant de dividendes partiels, qu'il reste de chiffres à descendre dans le dividende total; ce qui donnera autant de chiffres au quotient, que l'on a eu de dividendes partiels. Dans le cas où l'un de ces dividendes seroit plus petit que le diviseur, on écriroit zéro au quotient, et l'on passeroit au dividende suivant. Si, après avoir descendu tous les chiffres du dividende total, et avoir trouvé le chiffre des unités du quotient, on a encore un reste, ce sera une preuve que le dividende étoit la somme de ce reste et du produit du diviseur par le quotient trouvé. De sorte que l'on vérifiera ce dernier en le multipliant par le diviseur, et en ajoutant au produit le reste de la division; cette somme devra égaler le dividende.

REMARQUE. Il résulte des deux problèmes précédens, que la division fait connoître le nombre des parties d'un tout, lorsque ce tout et la grandeur des parties sont donnés, ou bien, la grandeur des parties d'un tout, quand on connoît ce tout et la grandeur de ses parties. Or, dans la multiplication, le produit n'est autre chose qu'un tout dont le multiplicande exprime la grandeur des parties, et le multiplicateur le nombre; par conséquent, *la division peut être définie une opération par laquelle, étant donnés un produit et l'un de ses facteurs, on détermine l'autre facteur.*

De sorte que l'on auroit pu trouver la manière de diviser un nombre par un autre, en remontant à la méthode de la multiplication : nous allons donc faire cette recherche d'autant plus utile, qu'elle montrera comment la composition des nombres conduit à leur décomposition.

*** PROBLÊME XIX.

Un produit et l'un de ses facteurs étant donnés, trouver l'autre facteur.

SOLUTION. Soient les nombres 857642 et 249 ; si le plus grand des deux est le produit du plus petit 249 par un autre nombre entier, il doit être considéré comme la somme d'autant de produits particls, que le facteur cherché renferme de chiffres. De sorte que, si nous connoissions ces produits partiels, la difficulté seroit réduite à trouver successivement pour chacun d'eux, le chiffre multiplicateur dont le nombre 249 est le multiplicande.

Commençons donc par chercher combien le nombre 857642 doit renfermer de produits partiels, et après nous tâcherons de reconnoître dans quelle partie de ce même nombre doivent être ces produits.

Or, le nombre 857642 est la somme d'autant de produits partiels que le nombre multiplicateur a de chiffres ; et comme le nombre des chiffres de l'un

$$
\begin{array}{r|l}
857642 & 249 \\
747 & \overline{3444} \\
\hline
1106 & \\
996 & \\
\hline
1104 & \\
996 & \\
\hline
\,1082 & \\
996 & \\
\hline
86 &
\end{array}
$$

des facteurs est égal à celui des chiffres du produit ,
moins le nombre des chiffres de l'autre facteur, ou à
cette différence plus 1 ; il s'ensuit que le facteur inconnu aura un nombre de chiffres exprimé par 6 moins 3,
ou par 6 moins 3 plus 1 (Prob. IX), c'est-à-dire par 3 ou
par 4. Voyons s'il est possible qu'il en ait 4 : dans ce cas,
les plus hautes unités du multiplicateur seroient des mille ;
or, le multiplicande 249 étant multiplié par 1000, donne
pour produit 249000, nombre qui est moindre que 857642 ;
par conséquent, le multiplicateur doit avoir 4 chiffres,
et le produit renfermer 4 produits partiels.

Maintenant, pour reconnoître dans quelle partie du
produit total se trouve chaque produit partiel, j'observe
qu'un produit partiel ne peut avoir des unités moindres
que celles de son chiffre multiplicateur ; par conséquent
le produit du multiplicande 249 par les mille du multiplicateur n'a aucune unité inférieure aux mille, et ne
peut être renfermé que dans 857 : de sorte que la recherche du chiffre des mille du multiplicateur est réduite à trouver un chiffre, qui, multiplié par 249,
donne ou 857 ou le nombre inférieur le plus voisin.

Or, si, au lieu de ces nombres, nous n'avions que
ceux-ci, 800 et 200, la difficulté seroit ramenée à trouver
un nombre, qui, multiplié par 2, donnât 8 ou un nombre
au-dessous ; et comme un nombre est plus grand qu'un
autre, dès que son premier chiffre à gauche renferme
plus d'unités que le premier chiffre à gauche de cet
autre, en supposant que le premier nombre ait au moins
autant de chiffres que le second ; il s'ensuit qu'il suffit
de trouver un chiffre, qui, multiplié par 2, donne un
nombre au-dessous de 8, pour que le produit de ce
chiffre par 249 donne un nombre inférieur à 857. Dans
le cas dont il s'agit, on n'aura que 3 au lieu de 4,

parce que 249 multiplié par 4 donne 996, nombre plus grand que 857 ; mais le produit de 249 par 3 étant 747, le chiffre 3 sera le chiffre des mille du multiplicateur, et le vrai produit partiel des mille sera 747. De sorte que l'excès de 857 sur 747, c'est-à-dire 110, exprimera le nombre des unités de mille que les produits inférieurs avoient donné au produit des mille, lors de l'addition des produits partiels : ainsi le reste 110 doit être regardé comme appartenant aux produits inférieurs. D'après cela, nous écrirons le chiffre 3 au-dessous du multiplicande 249, duquel nous le séparerons par une ligne droite.

Il s'agit maintenant de trouver dans le produit total le nombre le plus petit possible, dans lequel soit renfermé le produit du multiplicande 249 par le chiffre des centaines du multiplicateur. Or, ce produit ne peut avoir moins que des centaines ; nous le composerons donc des 110 mille qui restent et des 6 centaines du produit total ; ce qui donnera 1106 centaines. Opérant comme précédemment, nous chercherons d'abord le chiffre, qui, multiplié par 200, donne 1100, ou qui, multiplié par 2, donne 11 ou un nombre au-dessous de 11 ; ce chiffre est 5 ; on le vérifiera en multipliant à part 249 par 5 ; et comme le produit trouvé 1245 est plus grand que 1106, on diminuera 5 de 1 : multipliant donc 249 par 4, on aura 996, qui, soustrait de 1106, donnera encore pour reste 110 ; ce qui montre que les produits partiels inférieurs avoient augmenté de 110 centaines le produit partiel des centaines : on écrira donc 4 à la droite de 3.

Pour avoir les dixaines du multiplicateur, on formera semblablement le nombre le plus voisin en dessus du produit partiel des dixaines, en écrivant le chiffre 4 à la droite de 110. Cherchant encore le chiffre, qui, multiplié par 2, donne le nombre le plus près en dessous de 11, on aura de nouveau 5 qui sera trop grand; on essaiera le chiffre 4 dont le produit par 249 donne 996, et qui, soustrait de 1104, donne 108 pour reste. On écrira donc le chiffre 4 à la droite de celui que l'on a déja.

Enfin, on descendra le chiffre 2 à la droite de 108, et 1082 sera le nombre le plus près en dessus du produit particl des unités. Opérant comme précédemment, on cherchera le chiffre, qui, multiplié par 2, donne 10; mais ce chiffre qui est 5 ayant déja été reconnu trop grand pour un nombre même au-dessus de 1082, devra être diminué de 1 ; on multipliera donc 249 par 4, et l'on aura encore 996, qui, retranché de 1082, donnera 86. Ce reste indique 86 unités excédentes qui ont été ajoutées au produit de 249 par 3444 : de sorte que, si l'on diminue de 86, le nombre proposé 857642, on aura 857556, produit exact de 249 par 3444.

Si l'on observe la manière dont on a opéré, on verra qu'elle ne diffère pas de celle qui a fait trouver le quotient d'un nombre entier divisé par un autre nombre entier.

Au sujet des nombres qui ne sont pas des produits exacts de deux nombres entiers, on peut se demander, s'il n'y auroit pas des parties d'unités, qui, ajoutées au multiplicateur entier trouvé, donnassent le facteur complet que l'on cherche. Ici, par exemple, il s'agiroit d'ajouter au multiplicateur 3444, une quantité, qui, multipliée par 249, c'est-à-dire, qui prise 249 fois, donnât 86. Or cela arriveroit, si l'on pouvoit trouver un nombre 249 fois plus petit que 86.

Pour rendre cette recherche plus facile, supposons

'qu'au lieu du reste 86, on n'eût eu que 1 ; alors il auroit fallu avoir une quantité qui, prise 249 fois, donnât 1, et qui, par conséquent, fût 249 fois plus petite que 1. Or, si l'on conçoit l'unité partagée en 249 parties égales, et que l'on prenne l'une de ces parties, on aura évidemment une quantité 249 fois plus petite que 1. Pour désigner cette portion d'unité, nous écrirons d'abord 1, et au-dessous, le nombre 249 qui marque combien on a fait de divisions de l'unité, de la manière suivante $\frac{1}{249}$; expression que nous nommerons *un* 249me.

Il est maintenant aisé de voir que chaque unité de 86 donnant $\frac{1}{249}$, les 86 unités donneront $\frac{86}{249}$: de sorte que le second facteur exact du nombre 857642 est $3444 \frac{86}{249}$.

Ainsi la nécessité de completter le second facteur des produits qui ne sont pas des produits exacts de nombres entiers, auroit donné naissance aux fractions d'unité, si le besoin des mesures de diverses grandeurs et dépendantes les unes des autres, n'en avoit pas déja fait sentir l'utilité.

✶✶✶ PROBLÉME XX.

Quelles sont les variations qu'éprouve un quotient, d'après celles que l'on fait subir au dividende ou au diviseur, ou à l'un et à l'autre en même tems ?

SOLUTION. Puisque le dividende est un produit dont le diviseur et le quotient sont les facteurs, on peut considérer le premier comme un tout, dont le diviseur exprime la grandeur ou le nombre des parties, tandis que le quotient en exprime le nombre ou la grandeur. Or, plus un tout est grand ou petit, ses parties restant les mêmes, plus le nombre de ces parties doit être grand ou petit; par conséquent, *plus un dividende est grand ou petit, son diviseur restant le même, plus le quotient doit être grand ou petit.*

Plus les parties d'un tout sont grandes ou petites, le tout ne variant point, moins ou plus il doit y avoir de parties dans ce tout ; de sorte que *plus un diviseur est grand ou petit, son dividende restant le même, moins ou plus doit être grand le quotient.*

Si maintenant un tout et ses parties deviennent le même nombre de fois plus grands ou plus petits, la grandeur des parties ne doit point varier ; ainsi *un quotient reste constamment le même, lorsque le dividende et le diviseur deviennent le même nombre de fois plus grands ou plus petits.*

D'où l'on voit qu'*on peut multiplier ou diviser par un même nombre un dividende et son diviseur, sans que le quotient éprouve aucun changement.*

Les mêmes raisonnemens seroient applicables au quotient, si l'on considéroit ce dernier comme exprimant la grandeur des parties du dividende , le diviseur en désignant le nombre : d'où il suit que les conséquences que nous venons de tirer sont générales.

Remarque I. Nous avons vérifié précédemment l'addition par la soustraction, et la soustraction par l'addition. Voyons donc si l'on peut vérifier la multiplication par la division, et la division par la multiplication. Or il est clair qu'en supposant inconnu l'un des nombres donnés, ou qu'en le cherchant par l'opération inverse de la première, on peut généralement conclure l'exactitude du calcul, si la valeur trouvée est la même que la valeur donnée par la question.

D'après cela, on peut, dans la multiplication, traiter l'un des facteurs comme inconnu, et le chercher en divisant par l'autre facteur, le produit trouvé. Si la division donne le facteur connu que l'on a considéré comme inconnu, on conclura que le produit étoit exact; autrement il faudroit supposer que les deux mêmes facteurs pussent donner des produits différens.

Quant à la vérification de la division, elle se présente naturellement; car le dividende étant la somme du produit du diviseur par le quotient, et du reste de la division, on n'aura qu'à faire cette somme: et, si elle est égale au dividende, on en conclura l'exactitude du quotient trouvé, puisque ce quotient remplira les conditions imposées par la question.

REMARQUE II. Dans la multiplication, nous avons formé des produits de deux et de plusieurs facteurs. Le problème inverse seroit, *étant donné un produit, determiner ses facteurs.* Le moyen de solution qui se présente le premier, est la division du nombre donné par chacun des nombres inférieurs; mais on voit aussi d'abord que cette méthode deviendroit bien longue, si l'on ne pouvoit éviter les divisions inutiles. Il faudroit donc auparavant trouver un moyen de reconnoître dans quels cas un nombre est divisible par un autre nombre donné.

** PROBLÊME XXI.

Quelles conditions un nombre doit-il remplir pour être divisible par 2, par 3, par 4, par 5, par 6, par 7, par 8, par 9, par 10, par 11, par 12, par 13, etc.

SOLUTION. Comme il s'agit ici de trouver un moyen simple de reconnoître la divisibilité d'un nombre par un autre, il faudroit que cette divisibilité dépendît d'un nombre beaucoup moindre que le nombre proposé, par la décomposition de ce dernier en deux parties, dont l'une au moins fût un multiple du diviseur, et alors la vérification seroit réduite à celle de la partie restante.

Or, si l'on observe qu'un nombre composé de plusieurs chiffres est la somme d'un certain nombre de fois 1, d'un certain nombre de fois 10, d'un certain nombre de fois 100, ainsi de suite, on conclura que, si l'on divise successivement 1, 10, 100, 1000, 10000, etc., par le diviseur donné, on aura des restes dont les produits par les chiffres correspondans du nombre proposé étant ajoutés ensemble, exprimeront le reste total de la division du nombre primitif par le diviseur : de sorte que si la somme de tous ces restes partiels étoit divisible par ce diviseur, le nombre donné le seroit lui-même.

D'après cela, écrivons dans une première colonne les diverses unités dont un nombre peut être composé, c'est-à-dire, 1, 10, 100, 1000, etc.; divisons-les successivement par chaque diviseur, et écrivons les restes dans une deuxième colonne à droite; il en résultera le tableau suivant :

Dividendes.	Diviseurs.	Restes.
1	2.	1
10	. . . . . .	0
100	. . . . .	0
1000	. . . . .	0
etc.		etc.
1	3.	1
10	. . . . .	1
100	. . . . .	1
etc.		etc.
1	4.	1
10	. . . . .	2
100	. . . . .	0
etc.		etc.
1	5.	1
10	. . . . .	0
etc.		etc.
1	6.	1
10	. . . . .	4 ou *moins* 2
100	. . . . .	4 ou *moins* 2
etc.		etc.
1	7.	1
10	. . . . .	3
100	. . . . .	2
1000	. . . . .	6 ou *moins* 1
10000	. . . . .	4 ou *moins* 3
100000	. . . . .	5 ou *moins* 2
1000000	. . . . .	1
etc.		etc.

Dividendes.	Diviseurs.	Restes.
1	8.	1
10	. . . . . .	2
100	. . . . .	4
1000	. . . . .	0
etc.		etc.
1	9.	1
10	. . . . .	1
etc.		etc.
1	10.	1
10	. . . . .	0
etc.		etc.
1	11.	1
10	. . . . .	10 ou *moi*[ns]
100	. . . . .	1
etc.		etc.
1	12.	1
10	. . . . .	10 ou *moin*[s]
100	. . . . .	4
1000	. . . . .	4
etc.		etc.
1	13.	1
10	. . . . .	10 ou *moi*[ns]
100	. . . . .	9 ou *moin*[s]
1000	. . . . .	12 ou *moin*[s]
10000	. . . . .	3
100000	. . . . .	4
1000000	. . . . .	1
etc.		etc.

En observant ce tableau, on remarquera que pour le diviseur 7, on a eu les restes 1, 3, 2, 6, 4, 5, tels que le 1er. et le 4e., le 2e. et le 5e., le 3e. et le 6e., donnent trois sommes égales chacune à 7; et que relativement au diviseur 13, la même chose a eu lieu entre le 1er. et le 4e. reste, entre le 2e. et le 5e., et enfin entre le 3e. et le 6e. : on remarquera aussi que les restes sont devenus *complémens* des restes précédens par rapport au diviseur, c'est-à-dire, qu'ils ont ce qui manquoit aux restes précédens pour isoler le diviseur, dès que l'un d'entre eux n'a différé de ce diviseur que de 1.

Quant à la loi de continuité des restes, il est évident que le dividende étant composé d'un multiple du diviseur et d'un reste, il suffira, pour avoir le dividende suivant, de multiplier le reste par 10 et de diviser. Ainsi, dès que l'un des restes précédens reparoîtra, on aura le même dividende, le même diviseur qu'auparavant, et par conséquent le même reste.

Si l'on vouloit simplifier les restes trouvés, on observeroit qu'en mettant une unité de plus au quotient, dès que le reste surpasse la moitié du diviseur, on auroit le produit du diviseur par le quotient, plus grand que le dividende ; de sorte que ce dernier seroit égal au produit du diviseur par le quotient, moins le reste.

D'après cela, les restes donnés par le diviseur 7 seront 1 , 3 , 2 , *moins* 1 , *moins* 3 et *moins* 2 ; ceux donnés par 6 seront 1 et *moins* 2 ; ceux par 11 , seront 1 et *moins* 1 ; ceux par 12 , seront 1 , *moins* 2 et 4 ; ceux par 13 , seront 1 , *moins* 3 , *moins* 4 , *moins* 1 , 3 , 4 et 1 ; ainsi de suite.

On conclura donc de la loi qui règne entre les restes de ces divisions, que *tout nombre est composé :* 1º. *d'un multiple de 2 et du chiffre de ses unités ;* 2º. *d'un multiple de 3 , et de la somme de ses chiffres ;* 3º. *d'un multiple de 4 , plus ses unités, plus le double de ses dixaines ;* 4º. *d'un multiple de 5 , plus ses unités ;* 5º. *d'un multiple de 6 , plus ses unités , moins le double de tous ses autres chiffres ;* 6º *d'un multiple de 7 , plus la somme de son* 1er., *de son* 7e., *de son* 14e , etc., *chiffre, plus le triple de la somme de son* 2e , *de son* 9e., *etc., chiffre, plus le double de son* 3e *chiffre, de son* 10e., *etc., moins son* 4e., *son* 11e., *moins le triple de son* 5e., *de son* 12e., *etc., moins le double de son* 6e , *de son* 13e., *etc. ;* 7º. *d'un multiple de 8 , plus son premier chiffre , le double de son second et le quadruple de son troisième ;* 8º. *d'un multiple de 9 , plus la somme de tous ses chiffres ;* 9º. *d'un multiple de 10 , plus le chiffre des unités ;* 10º. *d'un multiple de 11 , plus la somme de tous ses chiffres de rang impair, moins celle des chiffres de rang pair, etc., etc.*

D'après cela, 1º. *un nombre est divisible par* 2, *lorsque le chiffre de ses unités est zéro ou pair, c'est-à-dire, o ou 2, ou 4, ou 6 ou 8.*

2°. *Il est divisible par* 3, *lorsque la somme de ses chiffres est un multiple de* 3.

3°. *Il est divisible par* 4, *si le chiffre de ses unités, ajouté au double de ses dixaines, donne un multiple de* 4.

4°. *Il est divisible par* 5, *lorsque le chiffre de ses unités est* o *ou* 5.

5°. *Un nombre est divisible par* 6, *dans le cas où le chiffre de ses unités, moins le double de tous ses autres chiffres donne* o *ou un multiple de* 6.

6°. *Pour reconnoître si un nombre est divisible par* 7, *il faut partager ce nombre de droite à gauche en tranches de trois chiffres chacune, multiplier ensuite par* 1 *le chiffre des moindres unités de chaque tranche, par* 3, *le second, par* 2 *le troisième, et faire deux sommes, l'une des produits donnés par les tranches de rang impair, et l'autre par celles de rang pair; si la différence entre ces deux sommes est zéro ou un multiple de* 7, *le nombre lui-même sera divisible par* 7.

7°. *Un nombre est multiple de* 8, *lorsque le chiffre de ses unités augmenté du double de ses dixaines et du quadruple de ses centaines donne un nombre divisible par* 8.

8°. *Tout nombre est divisible par* 9, *si la somme de ses chiffres est un multiple de* 9.

9°. *Un nombre est divisible par* 10, *lorsque le chiffre de ses unités est zéro.*

10°. *Un nombre est multiple de* 11; *dans le cas où la différence entre la somme des chiffres de rang impair et celle des chiffres de rang pair est zéro, ou un multiple de* 11.

11°. *Un nombre est divisible par* 12, *lorsque, le chiffre de ses unités étant augmenté du quadruple de tous les autres chiffres, hors le second, et diminué du double de ce second chiffre, on a pour résultat* o *ou un multiple de* 12.

12°. *Pour vérifier si un nombre est divisible par* 13, *il faut, en partant du second chiffre, partager ce nombre en tranches de trois chiffres chacune, multiplier de droite à gauche le premier chiffre de chaque tranche par 3, le second par 4, et le troisième par 1; ajouter ensemble les produits des tranches de rang pair, et ceux des tranches de rang impair, augmenter du chiffre des unités la première somme, et, si la différence entre les deux sommes est zéro ou un multiple de 13, le nombre proposé sera divisible par 13.*

On trouveroit semblablement les conditions de divisibilité par les nombres au-dessus de 13.

Si maintenant on observe qu'un nombre, à plusieurs chiffres, peut être considéré comme la somme d'un certain nombre de dixaines et d'unités, ou d'un certain nombre de centaines, de dixaines et d'unités, ou d'un certain nombre de mille, de centaines, de dixaines et d'unités; et de plus, que les dixaines sont divisibles par 2, par 5 et par 10; que les centaines le sont par 4, tandis que les mille le sont par 8, on verra qu'*un nombre est divisible* 1°. *par* 2, *suivant que son premier chiffre est* 0, *ou* 2, *ou un multiple de* 2; 2°. *qu'il l'est par* 5, *selon qu'il est terminé à droite par un zéro ou par un* 5; 3°. *qu'il l'est par* 4, *lorsque ses deux chiffres à droite donnent un nombre multiple de* 4; 4°. *qu'il l'est par* 8, *si la tranche des unités est divisible par* 8.

Enfin, en examinant attentivement le tableau précédent et la loi des restes, on remarquera encore que 1000 divisé par 7, ou par 11, ou par 13, donne toujours *moins* 1 pour reste; de sorte qu'*un nombre est la somme d'un multiple de* 7, *ou de* 11, *ou de* 13, *plus la tranche des unités, moins le nombre des mille qu'il renferme.*

D'où il suit que, *si la différence entre la tranche des unités et le nombre formé par les chiffres restant à gauche est zéro, le nombre proposé sera divisible par* 7, *par* 11 *et par* 13; *et, si cette différence est un multiple de* 7, *de* 11 *ou de* 13, *le nombre lui-même pourra être divisé exactement par* 7, *ou par* 11, *ou par* 13.

Pour éclaircir par un exemple ce que nous venons de dire, *proposons-nous de vérifier si le nombre* 3961444 *seroit divisible par* 7.

D'après la règle ci-dessus, j'écris en une même colonne verticale de haut en bas tous les chiffres des tranches de rang impair, en prenant ces chiffres de droite à gauche ; et j'en fais de même pour les tranches de rang pair. Je multiplie ensuite les chiffres de chaque colonne successivement par 1, par 3, et par 2 ; j'additionne les produits résultans, et j'ai les sommes 40 et 19 dont la différence 21 indique que le nombre proposé est divisible par 7.

$$
\begin{aligned}
2 \times 1 &\ldots 2 \\
4 \times 3 &\ldots 12 \\
4 \times 2 &\ldots 8 \qquad 4 \times 1 \ldots 4 \\
9 \times 1 &\ldots 9 \qquad 1 \times 3 \ldots 3 \\
3 \times 3 &\ldots 9 \qquad 6 \times 2 \ldots 12 \\
&\overline{} \qquad\qquad \overline{} \\
&\ 40 \qquad\qquad\ \ 19 \\
&\ ^1 9 \\
&\overline{} \\
&\ 21
\end{aligned}
$$

Si l'on vouloit appliquer à la même vérification la règle commune à 11 et à 13, on retrancheroit d'abord la première tranche 442 des chiffres restans à gauche, c'est-à-dire, de 39614, et l'on auroit pour différence le nombre 39172, sur lequel on opéreroit de la même manière ; et comme la tranche des unités est ici plus grande que celle des mille, on retrancheroit au contraire celle-ci de l'autre, c'est-à dire, 39 de 172, et l'on auroit *moins* 133

$$
\begin{aligned}
39\ 614 \ . \ &442 \\
&442 \\
\hline
39 \ . \ &172 \\
&\ \ 39 \\
\hline
&133 \\
\hline
\end{aligned}
$$

pour reste : de sorte que le nombre proposé seroit composé d'un multiple de 7 *moins* 133 : divisant donc 133 par 7, on auroit 19 pour quotient et 0 pour reste ; d'où l'on verroit encore que le nombre donné est divisible par 7.

On opéreroit d'une manière analogue pour reconnoître la divisibilité des nombres par les autres diviseurs.

REMARQUE. Si un nombre divisible par deux autres nombres étoit divisible par le produit de ces nombres, on auroit, d'après les règles précédentes, un moyen simple de vérifier la divisibilité des nombres, par 12, par 14, par 15, par 16, par 18, par 20, par 21, etc. Or un nombre qui seroit divisible par deux autres nombres, seroit le produit de l'un des diviseurs par un autre nombre quelconque : de sorte que si ce second facteur étoit un multiple de l'autre diviseur, le nombre lui-même auroit pour facteur le produit des deux diviseurs, et seroit par conséquent divisible par ce produit. La question est donc ramenée à *vérifier si un nombre qui divise le produit de deux autres nombres, diviseroit l'un de ces nombres.*

Or, il peut arriver que le nombre diviseur soit un nombre premier absolu, ou seulement qu'il soit premier par rapport à l'un des deux facteurs. Examinons successivement ces deux cas.

*** PROBLÈME XXII.

Un nombre premier qui divise le produit de deux facteurs, doit-il diviser l'un au moins de ces facteurs?

Solution. Pour découvrir si la divisibilité du produit entraîne celle de l'un des facteurs, il est nécessaire de connoître la dépendance qu'il peut y avoir entre ce produit et son diviseur; et nous connoîtrions cette dépendance, si nous savions comment l'un des facteurs du produit se compose du diviseur, de ce dernier.

Or, celui des deux facteurs qui est plus grand que le diviseur, peut être considéré comme un multiple de ce diviseur, plus le reste que l'on trouveroit en divisant ce facteur par le diviseur du produit proposé : de sorte que, remplaçant ce facteur par cette valeur qui le représente, on pourroit voir si la divisibilité de ce produit ne nécessite point celle de l'autre facteur restant.

Mais pour mieux fixer les idées, *proposons-nous de voir si la divisibilité par* 29 *du produit* 123×212, *ne dépendroit pas de celle de l'un des facteurs de ce produit par* 29.

	7	3	14	29
212	29	9	2	1
9	2 1			

123×29×7	123×9×3
123×9	123×2
123×212	123×29

D'après ce que nous venons de dire, nous diviserons 212 par 29; ce qui donnera 7 pour quotient et 9 pour reste : nous pourrons donc remplacer le facteur 212 par 29×7 plus 9; alors le produit 123×212 deviendra 123×29×7 plus 123×9; de sorte qu'il sera la somme de deux nombres dont l'un est multiple de 29; il faudra donc que l'autre soit aussi divisible par 29, car si cela n'étoit pas, on auroit, en effectuant la division par 29, un nombre entier égal à un autre nombre entier plus une fraction d'unité, ce qui seroit contradictoire.

Ainsi, la divisibilité du produit 123×212 dépend de celle du produit 9×123 dont l'un des facteurs 123 appartient au produit proposé, tandis que l'autre est le reste de la division du deuxième facteur 212 par le diviseur 29.

Ici, j'observe qu'il importe de laisser le facteur 123 sans l'altérer, et de ne transformer que le facteur 9, par la raison que, si c'étoit le facteur 123 qui fût divisible par 29, il seroit difficile de le reconnoître après qu'il auroit disparu.

Mais, le facteur 9 étant plus petit que 29, nous pouvons le faire servir de diviseur, et employer 29 pour dividende, de sorte que 29 sera la somme de 9×3 et de 2. Si nous multiplions donc par 123, cette somme et les parties qui la composent, nous aurons le produit 123×29 qui sera égal aux deux produits $123 \times 9 \times 3$ et 123×2; d'où l'on voit que le produit 123×9 ne peut être divisible par 29 que dans le cas où le produit 123×2 le seroit. Par conséquent la divisibilité du produit 123×212 dépend de celle du produit 123×2.

En continuant de diviser le diviseur 29 par le nouveau facteur 2, il est visible que le nouveau produit duquel dépendra la divisibilité du produit primitif, sera toujours composé du facteur 123 et d'un autre facteur successivement plus petit ; car, ces facteurs qui résultent de la division de 29 par chacun des restes, doivent être toujours moindres que le diviseur de la division qui les donne; de sorte que les diviseurs iront toujours en diminuant, et l'on finira par avoir 1 pour reste, parce que le diviseur 29 qui sert de dividende étant un nombre premier, on aura un reste, tant que le diviseur de la division ne sera pas l'unité. On finira donc par trouver que la divisibilité du produit 123×212 par 29 dépend de celle de 123×1 ou de 123 par 29. Ainsi, *dans le produit proposé, l'un des facteurs 123 doit être divisible par 29, dans le cas où le produit lui-même le seroit.*

Et comme les raisonnemens que nous venons de faire sont indépendans des nombres employés, puisqu'ils ne sont fondés que sur la condition que le produit est divisible par un nombre premier, on conclura généralement que *** *tout produit divisible par un nombre premier, a l'un de ses facteurs divisible par le même nombre.*

D'après cela, *toutes les fois qu'un nombre sera divisible suc-*

cessivement par deux nombres premiers, il le sera par le produit de ces mêmes nombres.

Car le nombre donné aura l'un des nombres premiers pour facteur ; et, comme d'après ce qui précède, l'autre diviseur premier doit diviser l'un des facteurs, et qu'il ne peut pas diviser le facteur premier, il faudra qu'il divise le second facteur.

Supposons maintenant que le diviseur d'un produit, au lieu d'être un nombre premier absolu, soit seulement premier par rapport à l'un des facteurs du produit.

Dans ce cas, on divisera par le diviseur celui des deux facteurs qui est premier à l'égard de ce diviseur, si toutefois le facteur est plus grand que le diviseur ; autrement, il faudroit diviser le diviseur par le facteur ; et, comme ces deux nombres n'ont aucun facteur commun que l'unité, on verroit, par des raisonnemens semblables aux précédens, que la divisibilité du nombre proposé dépend de celle de son second facteur. De sorte que l'on conclura que *** *tout nombre qui divise un produit, et qui est premier relativement à l'un des facteurs de ce produit, doit diviser l'autre facteur.*

Par conséquent, *** *un nombre divisible par deux autres nombres premiers entre eux, est toujours divisible par le produit de ces nombres.*

Appliquant maintenant ces principes à la divisibilité des nombres, on verra 1°. que *les nombres qui étant divisibles par* 2, *le sont encore par* 3, *ou par* 7, *ou par* 11, *ou par* 13, *etc., pourront être divisés par* 6, *ou par* 14, *ou par* 22, *ou par* 26, *etc.*

2°. Que *ceux qui, divisibles par* 3, *le sont aussi par* 4, *ou par* 5, *ou par* 7, *ou par* 8, *ou par* 11, *ou par* 13, *etc., sont des multiples de* 12, *ou de* 15, *ou de* 21, *ou de* 24, *ou de* 33, *ou de* 39, *etc.* Ainsi de suite.

Remarque. Les deux problèmes que nous venons de résoudre, nous ayant fourni les moyens de reconnoître la divisibilité des nombres par beaucoup de diviseurs, et par conséquent de déterminer les facteurs de ces nombres, nous allons reprendre le problème qui a nécessité ces recherches.

✱✱✱ PROBLÊME XXIII.

Un nombre entier étant donné, on demande tous les facteurs premiers dont ce nombre a pu être formé, et en même tems tous les diviseurs de ce même nombre ?

SOLUTION. On peut considérer d'abord le nombre proposé comme le produit de son plus petit diviseur premier par un autre nombre : considérant celui-ci à son tour comme le produit d'un autre diviseur premier le plus petit possible par un nouveau facteur, que l'on peut regarder de même comme provenant de la multiplication du moindre de ses diviseurs premiers par un autre facteur, et continuant toujours de même, on verra que la difficulté est ramenée à trouver pour un nombre entier quelconque son plus petit diviseur premier. Dès que l'on aura déterminé tous les facteurs premiers dont la multiplication a donné le nombre proposé, il suffira de multiplier ces facteurs simples, deux à deux, trois à trois, quatre à quatre, et, en général, de tirer de ces mêmes facteurs tous les produits possibles, pour obtenir tous les diviseurs composés du nombre primitif.

D'après ces observations générales, *proposons-nous de trouver tous les facteurs premiers qui ont donné le nombre* 180 *, ainsi que tous les diviseurs de ce nombre.*

J'observe d'abord que 180 est divisible par 2 : effectuant la division, on a 90 pour quotient ; de sorte que 180 égale 2×90. Divisant 90 par 2, on trouve 45 au quotient, et par conséquent

$$
\begin{array}{c|c|l}
180 & 2 & \\
90 & 2 & 4 \\
45 & 3 & 6.12 \\
15 & 3 & 9.18 \ 36 \\
5 & 5 & 10.15.20.30.45.60.90.180 \\
1 & &
\end{array}
$$

90 égal à 2×45 et 180 égal à 2×2×45 ; mais 45 est divisible par 3 ; on aura donc 45 égal à 3×15, et 180 égal à 2×2×3×15. Or, 15 est aussi divisible par 3, ce qui donne 15 égal à 3×5, et enfin 180 égal à 2×2×3×3×5. La décomposition est ici terminée, parce que tous les facteurs étant premiers, aucun d'eux n'est plus décomposable.

Maintenant on peut se demander si les facteurs premiers que l'on vient de trouver sont les seuls qui puissent donner le nombre 180. Or, dans le cas où il en existât d'autres, on devroit pouvoir diviser 180 par chacun de ces nouveaux facteurs; mais tout nombre premier qui divise un produit, doit diviser l'un au moins de ses facteurs; il faudroit donc que chacun des nouveaux facteurs premiers divisât le produit formé par tous les facteurs de 180 hors un; ce qui ne sauroit être, sans que le nouveau facteur premier fût lui-même facteur de ce produit; et, comme cela n'a pas lieu, il s'ensuit que le nombre 180 ne peut avoir d'autres facteurs premiers que ceux déja déterminés.

Il nous reste encore à *trouver tous les diviseurs composés qui appartiennent au nombre 180.*

Or, puisqu'un nombre est divisible par le produit de ses facteurs, je dis : 180 a pour facteurs 2 et 2, il est donc divisible par 2 fois 2 ou 4; 180 a pour facteurs 2, 4 et 3; il est donc divisible par 3 fois 2 et par 3 fois 4, c'est-à-dire, par 6 et par 12; 180 a aussi pour facteurs 3, 6, 12 et 3; il sera donc encore divisible par 3 fois 3, par 3 fois 6, et par 3 fois 12, ou par 9, par 18 et par 36. En continuant de la même manière, on verra que 180 aura pour diviseurs 5 fois 2 ou 10; 5 fois 3 ou 15; 5 fois 4 ou 20; 5 fois 6 ou 30; 5 fois 9 ou 45; 5 fois 12 ou 60; 5 fois 18 ou 90, et enfin 5 fois 36 ou 180. Tous ces diviseurs simples et composés, on les disposera comme on le voit dans le tableau ci-joint.

Pour la détermination des facteurs composés, on auroit pu observer que, la suppression de quelques facteurs d'un produit étant équivalente à la division par le produit des facteurs supprimés, le nombre donné 180 est divisible par tous les nombres résultans de la multiplication de ses facteurs premiers multipliés deux à deux, trois à trois, quatre à quatre et cinq à cinq. Ces diverses combinaisons donneront

2×2	$2\times2\times3$	$2\times2\times3\times3$	$2\times2\times3\times3\times5$
2×3	$2\times2\times5$	$2\times2\times3\times5$	
2×5	$2\times3\times3$	$2\times3\times3\times5$	
3×3	$2\times3\times5$		
3×5	$3\times3\times5$		

de sorte qu'en effectuant les opérations indiquées, on trouvera les mêmes facteurs composés qu'auparavant.

Mais il peut arriver que le nombre dont on demande les facteurs simples ne puisse se décomposer et soit premier lui-même; dans ce cas, il seroit nécessaire, pour éviter beaucoup d'essais infructueux, d'avoir un moyen de reconnoître si le nombre proposé est indécomposable en facteurs.

** PROBLÊME XXIV.

Un nombre étant donné, on demande de reconnoître s'il est nombre premier.

SOLUTION. Il est d'abord aisé de voir que tous les nombres pairs étant divisibles par 2, il faut nécessairement que les nombres premiers soient dans la classe des nombres impairs. Mais cette condition ne suffisant pas, puisqu'il existe beaucoup de nombres impairs qui sont des multiples ou d'eux-mêmes ou d'autres nombres, il faut recourir à d'autres moyens. Celui qui se présente le premier seroit d'employer les lois sur la divisibilité des nombres et par conséquent une suite de divisions; mais alors on tomberoit dans la longueur des calculs que l'on veut éviter. Il faut donc chercher au moins à abréger le nombre des opérations à faire.

Pour cela, j'observe que la recherche des diviseurs d'un nombre se réduit à trouver les diviseurs des facteurs de ce dernier; de sorte que, si un nombre étoit le produit de deux facteurs égaux, la détermination des diviseurs seroit ramenée à celle des nombres premiers qui diviseroient ce facteur égal; et, comme ce même facteur égal seroit beaucoup plus petit que celui qu'on obtiendroit en divisant le nombre proposé par le diviseur premier le plus simple possible, il arriveroit que la détermination des diviseurs ainsi que la vérification si le nombre est premier, seroit beaucoup abrégée. Par exemple, 36 peut être regardé comme le produit de 6×6 ou de 2×18. Or, un nombre premier au-dessous de 6 qui ne diviseroit pas 6, ne diviseroit pas 36 : de sorte que la recherche des diviseurs simples de 36 seroit réduite à n'essayer que les nombres premiers inférieurs à 6; au lieu qu'en regardant 36 comme le produit de

2 × 18, il faudroit essayer tous les diviseurs premiers au-dessous de 18.

Or, rien ne nous empêche de considérer un nombre comme le produit de sa racine carrée multipliée par elle-même ; et alors on n'aura à essayer que les diviseurs premiers au-dessous de cette racine carrée, puisque ceux qui surpasseroient cette même racine ne pourroient diviser aucun des facteurs du produit, ni par conséquent ce produit. D'où il suit que *** *tout nombre qui n'a aucun diviseur premier au-dessous de sa racine carrée, ne peut en avoir au-dessus, et doit être nombre premier.*

Pour rendre cette vérité plus palpable, proposons-nous de reconnoître si 29 est un nombre premier. Nous pouvons considérer 29 comme le produit de la racine carrée de 29 par la même racine. Or, si après avoir essayé tous les diviseurs premiers au-dessous de la racine carrée de 29, il pouvoit en exister au-dessus, il arriveroit qu'en divisant 29 par un nombre au-dessus de la racine carrée de 29, on trouveroit un quotient, et par conséquent un facteur au-dessous de la racine carrée de 29, ce qui seroit contradictoire, puisqu'on a supposé qu'il n'existât plus de facteur moindre que cette même racine.

Ainsi tout concourt à prouver qu'*un nombre est premier, lorsqu'il n'a aucun diviseur 1er. au-dessous de sa racine carrée.*

Dans l'exemple cité, le plus grand carré contenu dans 29 est 25, et celui immédiatement au-dessus est 36, dont la racine carrée est 6, et comme tous les diviseurs premiers au-dessous de 6 sont 2, 3 et 5, et qu'aucun de ces diviseurs ne peut appartenir à 29, on doit conclure que ce nombre est premier.

REMARQUE. Dans la recherche que nous venons de faire de tous les facteurs d'un nombre, il est arrivé que ces facteurs étoient inégaux : dans le cas d'égalité, le problème est l'inverse de celui sur la formation des puissances, et sa résolution doit être une conséquence de la loi qui lie les puissances à leurs racines. Nous allons donc traiter ce cas particulier de la détermination des facteurs d'un nombre, nommant *extraction* de racine l'opération par laquelle on trouve le facteur égal qui, multiplié un certain nombre de fois par lui-même, a produit une puissance.

*** PROBLÊME XXV.

*Un nombre entier étant donné, trouver les deux fac-
teurs égaux qui l'ont produit, c'est-à-dire, sa racine
carrée, s'il est un carré parfait, ou celle du plus grand
carré qu'il contient, s'il ne l'est pas.*

SOLUTION: D'après la table de multiplication, on a la racine carrée
de tout nombre qui n'est pas composé de plus de deux chiffres :
il faudroit donc tacher de ramener la recherche de la racine carrée
d'un nombre de plus de deux chiffres à celle des nombres qui n'en
ont que deux.

Or, l'extraction des racines étant l'opération inverse de la formation des puissances, il faut remonter à la formation des carrés,
si l'on veut trouver la marche inverse qui doit conduire à la connoissance de la racine carrée d'un nombre. Mais, pour former le
carré d'un nombre composé de dixaines et d'unités, on a ajouté le
carré des dixaines de ce nombre au double produit des dixaines par
les unités et au carré des unités. De sorte que, si dans un carré,
on pouvoit discerner seulement le carré des dixaines de la racine
et le double produit des dixaines par les unités, on auroit aisément
les dixaines et les unités de la racine, au moins dans le cas où la
racine ne devroit être que de deux chiffres; car alors le carré des
dixaines ne sauroit avoir plus de deux chiffres, puisque ces dixaines
n'en auroient qu'un, ce qui ramèneroit la difficulté à chercher dans
la table la racine de ce carré.

Connoissant les dixaines de la racine et le double produit de ces
dixaines par les unités, on doubleroit les dixaines pour avoir l'un
des facteurs de ce produit, qui, divisé par le double des dixaines
de la racine, donneroit au quotient les unités que l'on cherche. La
difficulté consiste donc à pouvoir distinguer dans un carré le carré
des dixaines de la racine, et le double produit des dixaines par les
unités de cette racine.

Mais pour mieux fixer les idées, *proposons-nous d'extraire la
racine carrée de 4587.*

Pour cela, j'observe d'abord que 100 qui est le plus petit nombre à trois chiffres, a pour racine 10, nombre à deux chiffres; par conséquent, la racine de 4587 sera composée de dixaines et d'unités; et le nombre 4587 sera la somme du carré des dixaines de la racine, du double produit des dixaines par les unités de la même racine, et du carré de ces unités.

Or, le carré des dixaines ne peut avoir moins que des centaines; ainsi, ni le chiffre 7 des unités, ni le chiffre 8 des dixaines ne doivent entrer dans le carré des dixaines de la racine; par conséquent, ce carré ne doit être renfermé que dans 45. De sorte que 36 étant le plus grand carré contenu dans 45, sera le carré des dixaines de la racine : prenant donc la racine de 36 dans la table des puissances carrées, on aura 6 pour les dixaines de la racine totale, et 9 pour l'excédent de 45 sur le carré de 6. Le reste 987 doit donc renfermer encore le produit du double des dixaines par les unités, et le carré des unités.

$$\begin{array}{r|l} 458\text{-} & 67 \\ 987 & \overline{} \\ 98 & 127 \end{array}$$

Mais le produit du double des dixaines par les unités ne peut avoir moins que des dixaines; par conséquent le chiffre 7 des unités du nombre donné ne sauroit faire partie de ce produit. On peut donc considérer 98 comme le produit du double des dixaines de la racine par les unités; d'où il suit qu'en doublant les 6 dixaines trouvées à la racine, on aura un facteur de ce produit, et qu'en divisant ce dernier par le double des dixaines, on trouvera au quotient les unités de la racine. Doublant donc 6, on aura 12; et divisant 98 par 12, on aura 7 au quotient. Mais ce chiffre n'est pas seulement quotient, il est encore chiffre des unités de la racine, et, comme tel, il faut que son carré, ajouté au double produit des dixaines par lui-même, donne un nombre qui puisse être soustrait du reste 987. Or, pour faire cette vérification, il suffit d'écrire le chiffre 7 à côté de 12, double des dixaines, et de multiplier le nombre résultant 127 par le chiffre 7; effectuant la multiplication et ensuite la soustraction, on aura 98 pour reste final et 67 pour racine; ce qui montre que le nombre proposé n'étoit pas un carré parfait, mais qu'il étoit la somme du reste 98 et du carré de la racine trouvée 67.

La méthode que nous venons d'employer nous ayant donné pour la racine les chiffres les plus grands possible, il est évident que, dans le cas où le nombre proposé n'est pas un carré parfait, la vraie racine ne diffère pas de la racine trouvée d'une unité simple. Ainsi, dans l'exemple précédent, la racine exacte tombe entre 67 et 68, tandis que le nombre 4587 tombe entre le carré de 67 et celui de 68.

Pour vérifier s'il n'y a pas eu d'erreur de calcul, et si le nombre 67 est réellement la racine du plus grand carré contenu dans 4587, j'observe que le dernier reste 98 donné par l'opération, doit exprimer la différence entre le nombre proposé 4587 et le carré de la racine 67. Or, cette différence doit être moindre que celle entre le carré de 67 et celui de 68, puisque 4587 doit tomber entre ces deux derniers carrés : de sorte que si nous connoissions la différence qui règne en général entre deux carrés consécutifs, nous pourrions juger si le reste final de l'extraction de la racine est tel qu'il doit être, et par conséquent s'il s'est glissé quelque erreur de calcul dans l'opération.

Or, si l'on élève au carré un nombre augmenté de 1, et que l'on considère ce nombre comme la somme de deux parties dont la seconde soit 1 ; il est visible qu'en raisonnant comme pour le cas où un nombre renferme des dixaines et des unités, on aura pour carré, 1°. le carré du nombre immédiatement inférieur; 2°. le produit du double de ce nombre par 1 ; 3°. le carré de 1 ou 1 : d'où l'on conclura que *la différence entre les carrés de deux nombres consécutifs est toujours exprimée par le double du plus petit de ces nombres, plus l'unité.*

Par conséquent, *le reste final donné par l'extraction de la racine carrée d'un nombre, doit être plus petit que le double de la racine trouvée, augmenté de 1.*

Ainsi, dans l'exemple ci-dessus, on verra que si on augmente 67 de 1, et que l'on élève au carré le nombre 68 considéré comme formé de 67 et de 1, on aura pour ce carré

$$67 \times 67$$
$$2 \times 67$$
$$1$$

de sorte que 2×67 plus 1 ou 135, sera la différence entre le carré de 67 et celui de 68 ; et, comme le reste 98 est moindre que 135 , je conclurai que ce reste convient à l'opération , et qu'il ne doit pas y avoir d'erreur de calcul.

Pour éclaircir tous les cas de l'extraction des racines carrées , nous allons prendre un nombre qui renferme plus de quatre chiffres.

⋆ PROBLÊME XXVI.

Extraire la racine carrée d'un nombre composé de plus de quatre chiffres.

Solution. Soit 45873g le nombre dont on se propose de trouver la racine carrée exacte ou approchée. J'observe, comme précédemment , que ce nombre doit avoir une racine composée de dixaines et d'unités, et qu'il doit, **par conséquent,**

$$\begin{array}{c|c} 45.87.39 & 6\,77 \\ 9\ 87 & \overline{} \\ 98\ 39 & 127 \\ 4\ 10 & 1347 \end{array}$$

être la somme du carré des dixaines de la racine, du produit du double de ces dixaines par les unités de la même racine , et du carré de ces unités. Je conclus donc , comme ci-dessus, que 39 ne peut ici faire partie du carré des dixaines de la racine ; de sorte que ce carré sera contenu dans 4587 : ainsi, pour avoir les dixaines de la racine, il faudra extraire la racine de 4587, comme nous l'avons déja fait. On aura donc 67 dixaines à cette racine, et 98 pour reste ; et comme on a retranché du nombre donné toutes les parties du carré des dixaines 67 , il s'ensuit que l'on a soustrait le carré de ces dixaines : par conséquent, le reste 9839 renferme encore le double des dixaines 67 par les unités de la racine, plus le carré de ces unités ; on procédera donc à la recherche des unités, comme dans le cas où la racine n'avoit que deux chiffres.

L'opération faite , on trouvera 677 pour la racine du plus grand carré renfermé dans 458739 , avec le reste 410. Ce reste étant moindre que la racine, n'a pas besoin d'être vérifié par la règle précédente.

On raisonneroit et l'on opéreroit de même, si le nombre dont on demande la racine carrée avoit plus de 6 chiffres.

*** PROBLÊME XXVII.

Un nombre entier étant donné, on demande les trois facteurs égaux qui l'ont formé, c'est-à-dire, trouver la racine troisième ou cubique, dans le cas où il seroit une puissance parfaite, ou bien la racine du plus grand cube renfermé dans le nombre, si ce dernier n'est pas un cube complet.

SOLUTION. En raisonnant comme pour la racine carrée, nous verrons qu'il est nécessaire de remonter à la formation du cube. Or, nous savons déja que, pour former le cube d'un nombre composé de dixaines et d'unités, il faut ajouter le cube des dixaines de ce nombre, au produit du triple carré de ses dixaines par ses unités, au produit du triple carré de ses unités par ses dixaines, et au cube de ses unités ; de sorte qu'il suffiroit de distinguer dans un cube les deux premières parties de ce dernier, c'est-à dire , le cube des dixaines de la racine et le produit du triple carré des dixaines par les unités , pour avoir les dixaines et les unités de la racine.

Qu'il s'agisse donc *d'extraire la racine troisième ou cubique* de 9863.

Pour savoir d'abord si la racine cherchée aura des dixaines, j'observe que 10 a pour cube 1000 , c'est-à-dire , le plus petit des nombres à quatre chiffres ; par conséquent, le nombre proposé aura des dixaines à sa racine : il sera

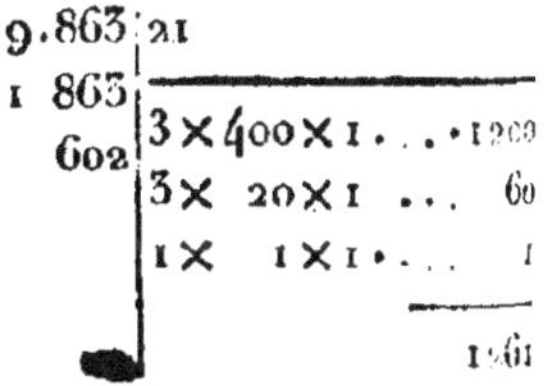

donc la somme du cube des dixaines de la racine , du triple carré de ces dixaines par les unités de la même racine , du triple carré des unités par les dixaines et du cube des unités.

Mais le cube des dixaines de la racine ne peut donner des unités inférieures aux mille ; par conséquent, les trois premiers chiffres 863 à droite ne peuvent entrer dans la formation de ce cube des dixaines ; ce cube sera donc renfermé dans 9 : il sera donc 8 , et sa racine 2.

Soustrayant 8 de 9, on aura 1 pour reste; de sorte que 1863 sera la somme des trois autres parties du cube de la racine, ou au moins les contiendra. Mais le triple carré des dixaines par les unités ne peut donner moins que des centaines ; par conséquent, 63 ne sauroit en faire partie : divisant donc 18 dixaines par 12 dixaines qui expriment le triple carré des dixaines de la racine, on aura 1 au quotient. Pour vérifier si ce chiffre peut entrer comme unité de la racine , il faut voir s'il remplit les conditions du chiffre des unités de toute racine cubique. On multipliera donc le triple carré des dixaines ou 1200 par 1 ; on triplera ensuite les dixaines de la racine, ce qui donnera 60 ; et multipliant 60 par le carré de 1, on aura 60 ; enfin on fera le cube de 1, qui est 1 : ajoutant ces trois nombres, on aura 1261 , qui, soustrait de 1863 reste du nombre proposé, donnera 602 pour reste final : de sorte que la racine du plus grand cube renfermé dans 9863 est 21.

Nous observerons ici, comme pour la racine carrée , 1°. que la racine cubique exacte doit tomber entre 21 et 22 ; 2°. que le reste 602 doit exprimer la différence entre le nombre proposé 9863 et le cube de la racine trouvée, et doit par conséquent être plus petit que la différence entre le cube de la racine trouvée et celui de cette racine augmentée de 1.

De sorte que, si nous connoissions la différence entre deux cubes consécutifs , on pourroit juger si le reste de l'opération remplit les conditions nécessaires pour que le nombre trouvé soit la racine du plus grand cube renfermé dans le nombre donné , ce qui serviroit de vérification à l'extraction de la racine cubique.

Or, considérant le nombre 22 comme composé de 21 et de 1, et raisonnant pour ces deux parties du nombre, comme si la première partie exprimoit des dixaines, on trouveroit que le cube de 22 renferme 1°. le cube de 21 ; 2°. trois fois le carré de 21; 3°. trois fois 21; 4°. le cube de 1 ou 1 : de sorte que retranchant de cette expression le cube de 21 , on auroit $3 \times 21 \times 21$, plus 3×21, plus 1, pour la différence entre le cube de 22 et celui de 21 ; et comme ce raisonnement est indépendant de cet exemple , on en conclura

1°. Que *la différence entre les cubes de deux nombres entiers consécutifs est exprimée par trois fois le carré du plus petit de ces nombres, plus 3 fois ce plus petit nombre, plus 1.*

2°. Que *le dernier reste donné par l'extraction de la racine cubique d'un nombre doit être plus petit que le triple carré de la racine trouvée, plus le triple de cette même racine, plus l'unité.*

Si le nombre dont on demande la racine troisième étoit composé de 6 chiffres, tel, par exemple, que le nombre 863427, on observeroit que 100, le plus petit des nombres à trois chiffres, étant élevé au cube, donne 1000000, c'est-à-dire, un nombre de 7 chiffres ; d'où l'on concluroit que les nombres composés de 6 chiffres ne peuvent en avoir que 2 à leur racine cubique. De sorte que l'on raisonneroit et l'on opéreroit dans ce cas comme dans l'exemple précédent, où l'on n'avoit que 4 chiffres.

Mais si le nombre proposé avoit plus de 6 chiffres, alors sa racine en auroit au moins 3 , et l'on ramèneroit facilement ce cas au précédent, en considérant les dixaines de la racine comme exprimées par deux ou plusieurs chiffres , et en faisant les mêmes raisonnemens qu'auparavant.

✱✱ PROBLÊME XXVIII.

On demande une méthode simple pour avoir les racines 4e., 6e., 8e., 9e., 12e., *etc. d'un nombre.*

SOLUTION. 1°. Puisque l'on forme la puissance 4e. d'un nombre en élevant au carré le carré de ce nombre, il s'ensuit que, *pour avoir la racine* 4e. *d'un nombre, il faut extraire la racine carrée de la racine carrée de ce nombre.*

2°. La puissance 6e. d'un nombre étant la puissance carrée de la puissance 3e., ou la puissance 3e. de la puissance 2e., *on aura la racine* 6e. *d'un nombre , en extrayant la racine carrée de la racine* 3e. *de ce nombre, ou bien la racine* 3e. *de la racine carrée.*

3°. La puissance 8e. d'un nombre est le carré de la 4e. puissance, ou la 4e. puissance du carré ; par conséquent, *pour avoir la racine* 8e. *d'un nombre , on prendra la racine carrée de la racine* 4e., *ou la racine* 4e. *de la racine carrée, ou bien la racine carrée de la racine carrée de la racine carrée du nombre.*

4°. La puissance 9e. d'un nombre est le cube du cube de ce nombre ; de sorte que, *pour trouver la racine 9e. d'un nombre, il suffit d'extraire la racine 3e. de la racine 3e. de ce nombre.*

5°. La puissance 12e. d'un nombre est le cube de la 4e. puissance de la racine, ou le cube du carré du carré de la racine ; par conséquent, *pour avoir la racine 12e. d'un nombre, on extraira la racine 3e. de la racine carrée de la racine carrée de ce nombre , ou bien la racine carrée de la racine carrée de la racine 3e. de ce même nombre.*

En raisonnant d'une manière semblable , on réduiroit la détermination des racines dont le degré n'a pour facteurs premiers que 2 et 3 , à des extractions successives de racines carrées et de racines cubiques.

REMARQUE. Jusqu'à présent , nous avons supposé que l'on connût la puissance, ainsi que le degré de celle-ci, et nous nous sommes proposé de déterminer la racine ; mais il peut arriver qu'on ait besoin de savoir si un nombre donné seroit une certaine racine d'un autre nombre donné aussi. C'est pourquoi nous résoudrons le problème suivant.

∗ PROBLÊME XXIX.

Une puissance dont on ignore le degré étant donnée , ainsi que la racine , on demande le degré de cette racine , c'est-à-dire , combien de fois le nombre considéré comme racine entre dans l'autre nombre considéré comme puissance.

SOLUTION. Il est évident que le plus petit des deux nombres proposés seroit la racine carrée, si , multiplié une fois par lui-même , il reproduisoit l'autre nombre ; que semblablement il seroit la racine 3e. ou 4e., ou 5e. , etc. , de ce dernier nombre, si, multiplié 2 ou 3 , ou 4, etc. fois par lui-même , il reproduisoit ce même nombre.

Lorsque le plus grand des deux nombres n'est pas une puissance exacte du plus petit , on finit par trouver un résultat qui surpasse le plus grand nombre. Dans le premier cas, le nombre des multiplications faites, plus une, désigne le degré de la racine ; dans l'autre, le nombre donné tombe entre les deux dernières puissances trouvées, tandis que l'exposant cherché tombe entre les deux nombres entiers qui sont les exposans de ces mêmes puissances.

Si la puissance et la racine étoient exprimées chacune par l'unité suivie d'un certain nombre de zéro, il seroit aisé de reconnoître le degré de la puissance par le nombre de fois que les zéro de la racine seroient contenus dans ceux de la puissance ; parce que, toutes les fois qu'il s'agit d'élever à une certaine puissance l'unité suivie d'un ou de plusieurs zéro, on écrit ceux-ci à la droite de 1 autant de fois que l'indique le degré de la puissance.

Dans le cas où la puissance ni la racine ne seroient l'unité suivie d'un certain nombre de zéro, on doit pouvoir reconnoître au moins approximativement le nombre de fois que la racine est entrée comme facteur dans la puissance, d'après le nombre des chiffres qui composent cette racine et sa puissance.

Or, nous savons qu'une puissance ne peut renfermer plus de chiffres que le marque le produit du nombre des chiffres de la racine par le degré de la puissance, et qu'elle ne peut en avoir moins qu'il n'y a d'unités dans le produit du nombre des chiffres de la racine moins un, par le degré de la puissance, plus un.

Par conséquent, si l'on divise le nombre des chiffres de la puissance par le nombre des chiffres de la racine, on aura le plus petit exposant de la puissance à laquelle puisse appartenir le nombre proposé; et, si après avoir diminué de 1 le nombre des chiffres de la puissance, on divise cette différence par le nombre des chiffres moins un de la racine, l'on aura le plus haut degré de la puissance à laquelle la racine ait pu être élevée.

Après avoir ainsi déterminé le plus grand et le moindre degré possible de la puissance, on élevera la racine à la moindre de ces puissances, et, si l'on n'y retrouve pas le nombre donné, on continuera jusqu'à ce qu'on soit arrivé à la plus haute puissance, ou que l'on ait trouvé un nombre au-dessus du nombre proposé.

D'après cela, qu'*il s'agisse de trouver quelle puissance de 87 est le nombre* 5728961.

On divisera d'abord le nombre 8 qui exprime combien il y a

de chiffres dans la puissance proposée, par 2, nombre des chiffres de la racine 87, et l'on aura 4 pour quotient. On diminuera ensuite 8 de 1, et divisant 7 par 2 moins 1, c'est-à-dire, par le nombre des chiffres moins 1 de la racine, on trouvera 7 au quotient. De sorte qu'à ne juger que d'après le nombre des chiffres de la puissance et de la racine, le plus grand des deux nombres proposés ne peut être moins qu'une puissance 4e., ni plus qu'une puissance 7e. Pour le vérifier, on élevera 87 au carré, on multipliera ce carré par lui-même, et l'on aura pour 4e. puissance le nombre proposé.

Proposons-nous enfin de trouver quelle racine de 568279 peut être le nombre 17.

D'après les principes précédens, je divise le nombre des chiffres de la puissance par le nombre des chiffres de la racine, c'est-à-dire, 6 par 2, et le quotient 3 m'indique que 17 ne peut être moins que la racine 3me. du nombre proposé.

Je diminue ensuite 6 de 1, et divisant cette différence 5 par 2 moins 1, je trouve le quotient 5 pour le plus haut degré de la racine 17 ; de sorte que 17 ne peut être relativement au nombre 568279, une racine d'un degré plus élevé que le 5e.

On élevera donc 17 à la 3e. puissance ; et, le nombre 4913 étant moindre que le nombre proposé, indiquera que 17 doit être une racine d'un degré supérieur au 3e. D'après cela, on passera de la 3e. puissance de 17 à la 4e., et l'on trouvera 83521 nombre encore inférieur à 568279 ; mais en élevant 17 à la 5e. puissance, on aura 1419857, nombre supérieur au nombre proposé. D'où l'on conclura que *le nombre* 568279 *tombe entre la puissance* 4e. *et la puissance* 5e. *de* 17.

REMARQUE. La vérification des calculs numériques étant un objet très-important, il seroit fort utile d'avoir, pour vérifier les multiplications, les formations des puissances, les divisions et les extractions des racines, des moyens plus courts que ceux fournis par les opérations inverses de celles que l'on veut vérifier. Occupons-nous donc de ces moyens, avant de terminer ce qui regarde la composition et la décomposition des nombres entiers.

✶✶ PROBLÊME XXX.

Trouver une méthode simple pour vérifier les multiplications, les formations des puissances, les divisions et les extractions des racines des nombres.

SOLUTION. La vérification d'un résultat nécessite d'abord certaines opérations sur ce résultat, ainsi que sur les termes qui ont produit ce dernier, et ensuite la comparaison des résultats donnés par ces opérations, pour voir si l'on a rempli les conditions exigées.

D'après cela, si l'on divise par un même nombre les deux facteurs d'un produit, il peut arriver que chaque facteur soit divisible, ou bien qu'il n'y en ait qu'un, ou enfin que l'on trouve un reste aux deux divisions. Dans le premier et le second cas, le produit doit être divisible par le diviseur employé, puisqu'un produit doit devenir d'autant plus petit, que l'on a rendu plus petit l'un de ses facteurs.

Dans le troisième cas, il est visible que les facteurs étant décomposés par la division, chacun en deux nombres, l'un multiple du diviseur, et l'autre plus petit que ce dernier, on trouvera, par la multiplication des facteurs ainsi décomposés, un produit formé d'un multiple du diviseur et d'un reste ; il faudra donc que le produit à vérifier soit aussi composé d'un multiple du diviseur et du reste déja trouvé. D'où l'on voit que *le produit des restes donnés par des facteurs étant divisé par un certain nombre, doit donner le même reste que la division du produit total par le même nombre :* autrement, ayant deux sommes égales composées chacune d'un multiple du diviseur et d'un reste, et retranchant de chacune d'elles le plus petit des deux restes, on trouveroit un multiple du diviseur égal à un nombre qui ne seroit pas multiple du même diviseur ; ce qui seroit contradictoire et par conséquent absurde.

Concluons donc que, *si l'on cherche les restes que donneroient la division du multiplicande et celle du multiplicateur par un même nombre, qu'on multiplie ces restes l'un par l'autre, et que l'on cherche aussi le reste de ce produit* ce dernier reste devra être le même que celui donné par le produit total.

De sorte que *l'égalité de ces restes, lorsqu'elle aura lieu, sera une forte présomption que le produit trouvé n'étoit affecté d'aucune erreur de calcul.*

D'après le principe que nous venons de poser, il suit clairement que *le carré, le cube, la quatrième puissance, etc. du reste, que l'on trouve en divisant une racine par un certain diviseur, étant encore divisé par ce même diviseur, doit donner le même reste, que la puissance carrée, ou cubique, ou 4ᵉ., divisée par le même diviseur.*

Quant à la division, on observera que, le dividende étant la somme du produit du diviseur par le quotient, et du reste de l'opération, *il faut que le reste que donneroit la division du dividende par un certain nombre, soit égal à celui que l'on trouveroit en divisant par le même nombre le produit du diviseur par le quotient, plus le reste de l'opération.* Car, si l'on supposoit que les deux restes ne fussent pas égaux, on trouveroit, après avoir soustrait le plus petit reste, des deux quantités, deux nombres dont l'un seulement seroit multiple du diviseur, et qui cependant devroient être égaux.

Dans l'extraction des racines, le nombre proposé comme puissance d'un degré donné, est toujours égal à la racine trouvée élevée à la puissance du même degré, plus le reste donné par l'opération. D'où l'on voit que, *si l'on divise par un certain diviseur le nombre considéré comme puissance d'un degré connu, on doit trouver le même reste qu'en divisant par le même nombre, la racine approchée élevée à sa puissance et augmentée du dernier reste de l'opération.*

Ainsi *l'égalité des restes étant une condition commune à la multiplication, à la formation des puissances, à la division et à l'extraction des racines, elle peut nous servir de vérification pour toutes ces opérations.*

Il ne nous manque plus maintenant que d'avoir un moyen simple et prompt de trouver les restes de la division d'un nombre par un autre. Or, la divisibilité des nombres nous ayant fait connoître la loi des restes pour certains diviseurs, nous pouvons faire usage de cette loi, en employant les diviseurs qui l'ont donnée.

Commençant par le diviseur 2, nous observerons que dans ce cas le reste ne dépend que du chiffre des unités ; de sorte que tous les autres chiffres pourroient varier, sans que l'égalité des restes fût troublée. On ne doit donc pas employer le diviseur 2.

Quant au diviseur 3, on a toujours pour reste celui de la somme des chiffres qui composent le nombre donné divisé par 3 : d'où l'on voit que l'on pourroit transposer les chiffres d'un résultat d'un rang a un autre, mettre des zéro à la place des chiffres multiples de 3, augmenter d'un certain nombre d'unités un ou plusieurs chiffres et soustraire en même tems le même nombre d'unités, d'un ou de plusieurs chiffres, sans que les restes éprouvassent de changement. Ainsi le diviseur 3, quoiqu'insuffisant pour indiquer tous les cas d'erreur, peut néanmoins être employé, puisque l'altération d'un chiffre quelconque peut empêcher l'égalité des restes, et faire connoître par conséquent l'inexactitude du calcul.

Le reste de la division d'un nombre par 4 ne dépendant que des deux premiers chiffres à droite, on ne doit point employer ce diviseur : à plus forte raison, on rejettera le diviseur 5, puisque le reste ne dépend que du chiffre des unités.

La division par 6 donnant un reste qui dépend non-seulement de la somme des chiffres du nombre à diviser, mais encore du chiffre des unités de ce nombre, auroit un petit avantage sur la division par 3, puisque, dans ce dernier cas, on pourroit altérer le chiffre des unités en le remplaçant par des chiffres pairs ou impairs multiples de 3, tandis que dans le premier, on ne pourroit y mettre que des chiffres pairs.

La loi des restes, lorsque le diviseur est 7, étant beaucoup moins simple que les lois précédentes, et liant entre eux les chiffres de 6 en 6, doit être bien plus propre à indiquer les causes d'erreur dans le résultat d'une opération. En effet, pour que ce x résultats différens donnassent le même reste, il faudroit que, si dans l'un il y avoit eu une transposition de chiffres, cette transposition eût eu lieu dans une tranche également de rang pair ou de rang impair ; que, si l'on avoit augmenté ou diminué un chiffre d'un certain nombre d'unités, on eût, au contraire, diminué ou augmenté du même nombre d'unités un chiffre placé au même rang dans une tranche de rang pair ou impair, selon que le premier chiffre auroit appartenu à une tranche de rang impair ou pair ; car alors la différence entre les deux sommes que l'on fait pour obtenir le reste (prob. XIV) étant la même, on auroit encore le même reste qu'auparavant.

Le diviseur 8 présente à-peu-près les mêmes causes d'erreur que le diviseur 4 , puisque le reste ne dépend alors que des trois premiers chiffres.

Quant au diviseur 9 , il est presque dans le même cas que le diviseur 3 ; néanmoins, lorsqu'on divise un nombre par 9 , on ne peut remplacer les zéro que par 9 , tandis que dans la division par 3 , on peut, sans altérer le reste, remplacer dans le dividende , les chiffres 0, 3, 6 et 9 indifféremment l'un par l'autre. Ainsi , le diviseur 9 doit être préféré au diviseur 3.

La division par 10 est dans le même cas que la division par 5 , et ne sauroit être employée. Mais les restes donnés par le diviseur 11 doivent être d'autant plus préférés, que la loi qui les lie est très-simple, et qu'elle est plus propre à faire connoître les erreurs de calcul, que celle relative aux diviseurs 3 et 9. En effet, pour ne pas changer le reste, en altérant le dividende , il faudroit ici que la différence entre la somme des chiffres de rang pair et celle des chiffres de rang impair restât la même, et par conséquent que, si l'on augmentoit ou l'on diminuoit un chiffre de rang pair d'un certain nombre d'unités, la même augmentation ou la même diminution portât sur un chiffre de rang impair ; ce qui doit être fort rare.

D'après toutes ces considérations, nous conclurons

1°. Que *les diviseurs 3 , 9 11 et 7 peuvent être employés pour a vérification des opérations ;*

2°. Que *parmi ces diviseurs, on doit préférer 9 à 3 , 11 à et 7 à 11 ;*

3°. Que *les diviseurs 9 et 11 méritent sur-tout la préférence par la facilité que l'on a à trouver les restes.*

Pour éclaircir les règles que nous venons d'établir , nous allons les appliquer aux principales opérations faites précédemment.

PROBLÊME XXXI.

Appliquer le principe de l'égalité des restes dans la multiplication, dans la formation des puissances, dans la division, et dans l'extraction des racines, à la vérification de ces opérations.

SOLUTION. 1°. Supposons qu'on veuille vérifier le produit 154801 de 283 par 547 (problème VI). Si l'on emploie le diviseur 9, on fera successivement la somme des chiffres de chaque facteur et de ceux du produit; on rejettera les 9 que l'on trouvera , et l'on obtiendra pour les facteurs deux restes qui, multipliés l'un par l'autre, donneront un nombre lequel, diminué encore de 9 et de ses multiples, devra être égal au reste du produit total.

On dira donc 2 et 8 égalent 10; 10 moins 9 égalent 1 ; 1 et 3 égalent 4; de sorte que 4 sera le reste du multiplicande. Passant au multiplicateur, on dira 5 et 4 égalent 9 ; o de reste et 7 égalent 7, que j'écris au-dessous du reste du multiplicande, comme on le voit ici : ensuite je multiplie 4 par 7, ce qui donne 28; mais 28 égale 27 plus 1 ; par conséquent, 1 sera le reste que donne le produit du reste du multiplicande par celui du multiplicateur. J'écris donc ce reste 1 à la droite du reste 4 du multiplicande. Passant au produit 154801, je dis 1 et 8 égalent 9 ; 5 et 4 égalent 9 ; je rejette ces 9, et je ne prends plus que 1 qui exprime le reste du produit total, et que j'écris à la droite du reste 7 du multiplicateur. Le produit total ayant donné le même reste 1 que le produit des restes des deux facteurs, je conclus l'exactitude du produit.

Pour employer le diviseur 11, on cherchera les restes, en disant 3 et 2 égalent 5; 5 moins 8 ne se peut, il faut donc éviter cette soustraction. Pour cela, on remontera à la loi des restes, et l'on verra que l'on peut avoir le reste d'un nombre divisé par 11, en ajoutant les chiffres de ce nombre placés à des rangs impairs avec la somme des chiffres de rang pair multipliés par 10, et en divisant la somme trouvée par 11. D'après cela, nous ajouterons ici 2 et 3 à 80, et nous aurons 85 qui, divisé par 11, donne pour reste 8, que nous écrirons tel qu'on le voit ci-contre. Passant au multiplicateur, on a 7 et 5 égalent 12; 12 moins 4 égalent 8, que je mets au-dessous de 8. Multipliant 8 par 8, on a 64; mais 64 contient 55, multiple de 11, avec le reste 9, que je place à droite et à côté du premier 8 : enfin le produit 154801 donne 1 et 8 égalent 9; 9 et 5 égalent 14; 4 et 1 égalent 5; 14 moins 5 égalent 9; ce qui confirme l'exactitude du produit.

Si l'on veut faire usage du diviseur 7, on dira : 3 plus 3 fois 8 égalent 27, qui donne le multiple 21 et 6 pour reste; ensuite 6 et 2 fois 2 ou 4 égalent 10 ou 7 plus 3; de sorte que 3 est le reste du multiplicande 283 divisé par 7 : on écrira donc

$$\frac{\overset{7}{3}}{1} \quad \Big| \quad \frac{3}{3}$$

3. Continuant de même pour le multiplicateur, on rejettera 7, et on dira 3 fois 4 égalent 12; 12 contient 7 avec 5 de reste; c'est pourquoi on dira 2 fois 5 ou 10 plus 5 de reste égalent 15 ou 14 plus 1; on aura donc 1 pour reste du multiplicateur, et l'on écrira 1 au-dessous du premier reste 3; on multipliera ensuite 3 par 1, et l'on trouvera 3 qui doit être le reste du produit à vérifier.

Pour déterminer le reste du produit divisé par 7, j'observe que le second chiffre de la 1re. tranche du produit 154801 étant 0, tandis que celui de la seconde tranche est 5, on ne pourroit pas soustraire de la somme des produits donnés par la 1re. tranche, la somme des produits provenant de la seconde; pour éviter cette différence, on multipliera successivement de droite à gauche les chiffres de la première tranche par 1, 3, 2, et ceux de la seconde par 6, 4, 5; on fera la somme de ces produits qui, diminués de tous les multiples de 7, donneront enfin le reste.

D'après cela, nous dirons 1 et 2 fois 8 ou 16 égalent 17, qui donne 14 et 3 de reste; 3 et 6 fois 4 ou 24 égalent 27, qui contient 21 avec 6 de reste; 6 et 4 fois 5 ou 20 égalent 26, qui donne 5 de reste; 5 et 1 fois 5 égalent 10 dont le reste est 3; ce qui confirme l'égalité des restes et l'exactitude du produit.

On auroit pu aussi avoir le reste en prenant le 7e. de 154801 par la division; ce que l'on auroit fait en disant : le 7e. de 15

est 2, avec 1 de reste, qui vaut 10 relativement à 4; 10 et 4
égalent 14, qui donne 0 de reste; le 7e. de 8 est 1, et reste
1 qui vaut 10; 10 et 0 égalent 10; le 7e. de 10 est 1, et reste
3; 30 plus un égalent 31; le 7e. de 31 est 4 pour 28, avec 3
de reste, comme nous l'avons déja trouvé.

2°. Qu'il s'agisse de vérifier si le nombre 175616
est le cube de 56.

Employant le diviseur 9, je chercherai le reste de
la racine 56, en disant 5 et 6 égalent 11, c'est-à-
dire, 9 plus 2; élevant au cube le reste 2 de la
racine, on aura 8 pour le reste que l'on doit trouver en divisant
le cube par 9. Mais au lieu de diviser ce cube, j'emploie la loi
des restes, en disant 1 et 7 égalent 8; 8 et 5 égalent 13 ou 9
plus 4; 4 plus 6 égalent 10 ou 9 plus 1; 1 plus 1 égalent 2;
2 plus 6 égalent 8; par conséquent le cube a le même reste que
le cube du reste de la racine divisé par 9; d'où je conclus l'exactitude du calcul à vérifier.

On suivroit la même marche, si l'on employoit le diviseur 11
ou le diviseur 7. Il n'y auroit de différence que dans la manière
de déterminer les restes.

3°. *Soit à vérifier le quotient 3444 de 857642 divisé par*
249, le reste étant 86.

Il faut ici que le reste du dividende, divisé par 9, soit le même
que celui trouvé en divisant par 9 le produit du diviseur par le
quotient, plus le dernier reste de la division.

D'après cela, et en suivant la règle
ordinaire, le diviseur 249 donne 6 pour
reste, tandis que le quotient donne
encore 6; multipliant 6 par 6, on a
36 multiple de 9. Mais le reste 86 donne
5 de reste; il faut donc que le dividende ait le même reste 5. On cher-
chera ce reste, et l'on trouvera également 5; d'où l'on conclura
l'exactitude du quotient.

On feroit une application analogue, si l'on faisoit usage des restes
donnés par les diviseurs 11 et 7.

4°. Enfin *proposons - nous de vérifier si* 21 *est la racine*
cubique du nombre 9863 *diminué de* 602.

Il faut ici que le cube du reste de la racine divisé par 9 étant ajouté au dernier reste de l'extraction, et cette somme étant encore divisée par 9, on trouve le même reste qu'en divisant la puissance proposée par 9.

$$\text{racine } 3 \,\Big|\! \begin{array}{l} 9 \\ \hline 8 \\ \hline 8 \text{ puissance} \end{array}$$

Ainsi on prendra le reste de la racine 21, ce reste est 3; ou élevera 3 au cube, et l'on aura 27 qui est multiple de 9 : on aura donc 0 pour reste; ensuite on prendra le reste de 602, et l'on trouvera 8; de sorte que le nombre proposé 9863 devra donner aussi 8 de reste, ce qui est en effet.

On opércroit semblablement, si on employoit les autres diviseurs.

REMARQUE. Dans ce qui précède, nous avons exposé les diverses méthodes pour composer et décomposer les nombres entiers. Nous avons vu que les moyens de composition se réduisoient à former les nombres avec l'unité, ou avec des nombres inégaux, ou bien avec des nombres tous égaux, ou encore avec des produits d'autres nombres; de là sont nées la numération, l'addition, la multiplication et la formation des puissances. Les méthodes de composition ont donné lieu à celles de décomposition, et ont produit la soustraction, la division, la recherche de tous les diviseurs, et l'extraction des racines des nombres entiers; mais les nombres fractionnaires étant susceptibles des mêmes combinaisons que ces derniers, nous allons chercher également les moyens de les composer et de les décomposer, et il ne nous restera plus enfin que d'appliquer les méthodes de composition et de décomposition à la détermination des inconnues dans les questions proposées.

SECTION SECONDE.

De la composition et de la décomposition des fractions.

CHAPITRE PREMIER.

De la composition des fractions.

*** PROBLÊME XXXII.

Trouver une méthode simple et facile pour exprimer les fractions de l'unité.

SOLUTION. Quand on veut représenter des fractions d'unité, il faut supposer cette unité partagée en un certain nombre de parties égales, pour prendre ensuite quelques-unes de ces parties. On a donc, dans toute expression de fraction, deux choses à faire connoître : savoir, la grandeur des parties de l'unité ou de la fraction, et le nombre que l'on a pris de ces parties.

Or, la grandeur des parties de l'unité dépendant de

nombre des divisions que l'on a faites de cette unité, c'est-à dire du nombre des parties égales dont on suppose que l'unité soit composée, il suffira de faire entrer dans l'expression des fractions un nombre qui indique de combien de parties égales l'unité est composée ; et en ajoutant à ce nombre la terminaison *ième*, on aura un nom qui désignera commodément l'unité fractionnaire : il ne faudra plus ensuite qu'employer un autre nombre pour indiquer combien de parties égales de l'unité, ou combien d'unités fractionnaires on a fait entrer dans la fraction.

Le nombre qui désigne combien de parties égales on conçoit dans l'unité, et qui par là fait connoître la grandeur des parties qui entrent dans la fraction, nous le nommerons Dénominateur, *parce qu'il* DÉNOMME *ou désigne l'unité fractionnaire.*

Quant au nombre destiné à faire connoître combien de parties égales de l'unité on a fait entrer dans la fraction, nous l'appellerons Numérateur, *par la raison que c'est lui qui compte les parties de la fraction.*

Ainsi, le dénominateur indique l'espèce des unités de la fraction, tandis que le numérateur en indique le nombre.

Nous conviendrons de placer le dénominateur au-dessous du numérateur, dont nous le séparerons par une petite ligne droite ; et lorsqu'il s'agira d'énoncer une fraction, nous énoncerons d'abord le numérateur, ensuite le dénominateur auquel nous ajouterons la terminaison *ième*, hors les cas où ce dénominateur seroit 2 ou 3 ou 4 : alors au lieu de dire 2me., ou 3me., ou 4me., nous dirons *demi*, ou *tiers*, ou *quart*.

D'après cela, s'il falloit exprimer huit parties égales de l'unité composée elle-même de douze parties égales, on prendroit le nombre 12 pour dénominateur, le nombre 8 pour numérateur ; et, après avoir écrit 12 au-dessous de 8, avec une ligne intermédiaire, on auroit $\frac{8}{12}$ pour l'expression de la fraction demandée, que l'on énonceroit en disant *huit douzièmes*.

En examinant la nature du dénominateur et celle du numérateur, on voit que le dénominateur exprimant le nombre des parties de l'unité, plus ce dénominateur est grand, plus l'unité renferme de parties, ou plus on a fait de divisions de l'unité ; et, par conséquent, plus les parties de l'unité et de la fraction sont petites. Par la même raison, plus le dénominateur est petit, moins de parties il y a dans l'unité, ou, moins on a fait de divisions de l'unité ; et, par conséquent, plus les parties de l'unité et de la fraction sont grandes.

Quant au numérateur, puisqu'il exprime le nombre des parties de l'unité contenues dans la fraction, il est évident que plus le numérateur est grand ou petit, plus ou moins il y a des parties de l'unité dans la fraction.

Il suit de là, que l'on aura toujours la même fraction de l'unité, si, prenant de cette unité des parties plus petites ou plus grandes, on en prend ce nombre de fois plus ou ce nombre de fois moins ; c'est-à-dire, si l'on multiplie ou si l'on divise le dénominateur et le numérateur par un même nombre. En effet, lorsqu'on multiplie le dénominateur par un certain nombre, on rend les parties de la fraction ce nombre de fois plus petites ; mais, en multipliant le numérateur par le même nombre, on prend d'autant plus de parties que l'on a rendu ces parties plus petites ; on compense donc par le nombre des parties ce que l'on perd du côté de la grandeur de ces mêmes parties. Au contraire, quand on divise le dénominateur par un certain nombre, on rend les parties de la fraction ce nombre de fois plus grandes : de sorte que, pour rétablir l'égalité, il faut faire entrer dans la fraction ce même nombre de fois moins de parties, en divisant le numérateur par le nombre qui a divisé le dénominateur ; dans ce cas, on compense par la grandeur des parties ce que l'on perd par leur nombre.

Pour éclaircir sur un exemple ce que nous venons de dire, soit la fraction $\frac{7}{12}$. Si l'on multiplie son dénominateur par 3, on aura $\frac{7}{36}$; alors l'unité ayant été divisée en 3 fois plus de parties, aura des parties 3 fois plus petites; de sorte que cette seconde fraction renfermant des 36mes., sera trois fois plus petite que la première qui exprime des 12mes.; mais, si l'on prenoit pour la fraction $\frac{7}{36}$ 3 fois plus de parties de l'unité, c'est-à-dire, 21 au lieu de 7, on auroit la fraction $\frac{21}{36}$, qui représente la même quantité que $\frac{7}{12}$, parce que, si elle contient des parties 3 fois plus petites, elle en renferme aussi 3 fois plus.

Nous conclurons donc de ce qui précède,

1°. Qu'*une fraction est d'autant plus grande ou plus petite, que son dénominateur est plus petit ou plus grand, son numérateur restant le même.*

2°. Qu'*une fraction est d'autant plus grande ou plus petite, que son numérateur est plus grand ou plus petit, son dénominateur ne variant point ;*

3°. Qu'*une fraction exprime toujours la même quantité, si l'on multiplie ou si l'on divise ses deux termes par un même nombre.*

*** PROBLEME XXXIII.

Ajouter des entiers à des fractions, et des fractions à des fractions.

SOLUTION. 1°. Qu'il s'agisse d'ajouter 8 à $\frac{5}{9}$. On ne peut faire cette addition, si les 8 unités entières ne sont transformées en 9mes. Or, une unité entière renferme 9 neuvièmes ; par conséquent les 8 unités donneront 8 fois 9 neuvièmes, ou 72 neuvièmes que l'on écrira ainsi $\frac{72}{9}$. On aura donc à ajouter $\frac{72}{9}$ à $\frac{5}{9}$; et comme il s'agit ici de faire la somme de toutes les parties que l'on a prises de l'unité, et que le nombre de ces parties est désigné par les numérateurs, il s'ensuit qu'il faudra faire la somme de ces derniers : ajoutant donc 72 à 5, on aura 77 neuvièmes, que l'on écrira ainsi $\frac{77}{9}$. D'où l'on voit que, *pour ajouter un nombre entier à une fraction, il faut multiplier les entiers par le dénominateur de la fraction, ajouter le produit au numérateur de celle-ci, et donner à la somme le dénominateur de la même fraction.*

2°. Proposons-nous d'ajouter ensemble les fractions $\frac{3}{4}$ $\frac{5}{6}$ $\frac{7}{8}$ et $\frac{9}{10}$. Il est d'abord évident que toutes les parties de la somme devant être de même grandeur, il faut que non-seulement les fractions à ajouter appartiennent à la même unité, mais encore que leurs dénominateurs soient les mêmes. Or, toutes ces fractions auroient un même dénominateur, si le dénominateur de chacune étoit le produit de tous leurs dénominateurs primitifs.

Ainsi, dans cet exemple, il faudroit que chaque fraction eût pour dénominateur le produit de 4 par 6, par 8, par 10. Mais si l'on donne au numérateur 3 de la première fraction, le dénominateur $4 \times 6 \times 8 \times 10$, c'est-à-dire, 1920, on aura multiplié son dénominateur primitif 4, par 6, par 8, par 10, c'est-à-dire, par le produit de tous les autres dénominateurs ; il faudra donc pour ne pas altérer la fraction, multiplier également le numérateur 3 de la même fraction par le produit des dénominateurs 6, 8 et 10 des autres fractions, ou par 480 ; de sorte que l'on aura $\frac{1440}{1920}$ pour la première fraction.

Raisonnant de la même manière pour toutes les autres fractions, on verra que l'on doit multiplier les deux termes de la fraction $\frac{5}{6}$ par 4, par 8 et par 10, c'est-à-dire, par 320 ; ceux de la fraction $\frac{7}{8}$ par 4, par 6 et par 10, ou par 240 ; et enfin ceux de la fraction $\frac{9}{10}$ par 4, par 6 et par 8, ou par 192. Après avoir effectué toutes ces opérations, les fractions à ajouter seront transformées en celles-ci :

$$\frac{1440}{1920} \quad \frac{1600}{1920} \quad \frac{1680}{1920} \quad \frac{1728}{1920}.$$

Maintenant que toutes ces fractions représentent des parties de même grandeur, c'est-à-dire, des 1920mes. de l'unité, il ne nous reste plus qu'à faire la somme de toutes les parties dont on a composé les fractions ; ce qui se réduit à additionner les numérateurs ; et, comme la somme exprime des parties de même grandeur que les fractions à ajouter, il s'ensuit que le dénominateur commun sera celui de la somme. On aura donc pour cette somme la fraction $\frac{6448}{1920}$.

On doit observer ici que le numérateur étant plus grand que le dénominateur, et celui-ci exprimant le nombre des parties de l'unité, autant de fois le dénominateur 1920 sera contenu dans le numérateur, autant de fois on aura pris toutes les parties de l'unité, et par conséquent, autant d'unités entières il y aura dans la fraction. Divisant donc 6448 par 1920, on trouvera pour quotient $3\frac{688}{1920}$.

Nous conclurons de ce que nous venons de dire,

1°. Que, *pour transformer des entiers en une fraction dont le dénominateur est donné, il faut multiplier ces entiers par ce dénominateur, et écrire le produit pour numérateur de la fraction qui aura pour dénominateur le dénominateur proposé ;*

2°. Que *l'on réduit plusieurs fractions au même dénominateur, en multipliant les deux termes de chacune par le produit des dénominateurs de toutes les autres.*

3°. Que *pour ajouter des entiers à des fractions, ou des fractions à d'autres fractions, on réduit au même dénominateur les entiers et les fractions, on fait la somme des numérateurs, et l'on donne à cette somme le dénominateur commun ;*

4°. Qu'*une fraction renferme l'unité entière, dès que son numérateur contient son dénominateur; et que, pour extraire les entiers qu'une fraction peut contenir, on divise le numérateur par le dénominateur ; ce qui donne au quotient les entiers renfermés dans la fraction, et un reste qui devient le nouveau numérateur de la fraction.*

Remarque. Nous venons de voir, dans l'exemple précédent, que la méthode employée pour réduire au même dénominateur les fractions à ajouter, nous a conduits à des fractions beaucoup plus compliquées que les premières : il faudroit donc chercher si les fractions trouvées par cette méthode ne seroient pas susceptibles de simplification, en conservant toujours le dénominateur commun, ou bien, s'il ne seroit pas possible d'avoir une méthode qui, excluant tous les facteurs inutiles, donnât aux fractions réduites le plus petit dénominateur.

** PROBLÉME XXXIV.

Trouver une méthode pour réduire plusieurs fractions au même dénominateur le plus petit possible.

SOLUTION. Les fractions cherchées, pour être égales aux fractions proposées, doivent avoir chacune les termes de celles qui leur correspondent multipliés par un même nombre : il faut donc que ce dénominateur commun soit divisible par le dénominateur de chaque fraction donnée ; de sorte que la difficulté est réduite à trouver un nombre qui soit divisible par chaque dénominateur primitif, et en même tems le plus petit possible. Or, cette condition seroit remplie, si, dans la recherche de ce nombre, on excluoit tous les facteurs inutiles à cette divisibilité.

Proposons-nous donc de réduire au plus petit dénominateur les fractions précédentes $\frac{3}{4}$, $\frac{5}{6}$, $\frac{7}{8}$ et $\frac{9}{10}$.

Puisque le dénominateur commun doit être divisible par 4, je commence par y faire entrer les facteurs premiers 2 et 2 dont le produit donne 4, et j'ai d'abord 2×2 ; mais 6 étant le produit de 2 par 3, et ayant déja le facteur 2, il suffira de joindre le facteur 3 aux facteurs trouvés, pour que le dénominateur soit divisible par 6 : on aura donc $2 \times 2 \times 3$. Par la même raison, le dénominateur 8 étant le produit de $2 \times 2 \times 2$, et ayant déja les deux premiers facteurs, il ne faudra plus qu'introduire encore une fois le facteur 2, pour que le produit résultant soit divisible par 8 : on aura donc $2 \times 2 \times 3 \times 2$. Enfin, le dénominateur demandé doit être divisible par 10, ou par le produit de 2×5 ; et, comme l'on a déja le facteur 2, il ne manquera plus que le facteur 5 ; on introduira donc ce facteur, et l'on aura le produit $2 \times 2 \times 2 \times 3 \times 5$, lequel étant divisible successivement par 4, par 6, par 8, par 10, et de plus, ne renfermant que les facteurs nécessaires à cette divisibilité, aura les conditions exigées pour être le plus petit dénominateur commun.

Quant au nombre dont il faut multiplier le numérateur de chaque fraction, il doit être évidemment le quotient du dénominateur commun divisé par le dénominateur primitif de cette fraction, puisque ce quotient est précisément le facteur par lequel on a multiplié le dénominateur primitif, et que, pour ne pas changer la valeur de la fraction, il faut que les deux termes de celle-ci soient multipliés par un même nombre.

Ainsi, en supprimant successivement dans le dénominateur commun $2 \times 2 \times 2 \times 3 \times 5$ les facteurs qui donnent les dénominateurs primitifs 4, 6, 8 et 10, on aura les nombres $2 \times 3 \times 5$, $2 \times 2 \times 5$, 3×5, $2 \times 2 \times 3$, par lesquels il faut multiplier respectivement les numérateurs des fractions proposées. Effectuant les opérations, on aura 120 pour le dénominateur commun, et 30, 20, 15, 12, pour les multiplicateurs respectifs des fractions données. On trouvera donc finalement les fractions $\frac{90}{120}$ $\frac{100}{120}$ $\frac{105}{120}$ $\frac{108}{120}$.

D'après cela, on conclura que, *pour réduire plusieurs fractions au plus petit dénominateur commun, il faut 1°. chercher tous les facteurs premiers des dénominateurs de ces fractions; 2°. prendre d'abord tous les facteurs premiers de l'un des dénominateurs, et tirer ensuite successivement des autres dénominateurs, les facteurs premiers qui ne sont pas communs aux dénominateurs précédens; 3°. multiplier le numérateur de chaque fraction par le dénominateur commun divisé par le dénominateur primitif de cette fraction.*

On auroit pu remarquer aussi que pour former le plus petit nombre divisible par 4, par 6, par 8 et par 10, il suffisoit que les facteurs premiers de ces nombres n'entrassent dans le nombre cherché que le nombre de fois nécessaire à la divisibilité. La difficulté auroit donc été ramenée à trouver le plus grand nombre de fois que chaque facteur premier entroit comme facteur dans les nombres donnés : ainsi, dans le cas dont il s'agit, les quatre nombres 4, 6, 8 et 10 se décomposent en ceux-ci 2×2, 2×3, $2 \times 2 \times 2$ et 2×5; d'après lesquels on voit que le facteur 2 ne peut entrer moins de 3 fois comme facteur dans le nombre demandé, parce qu'autrement ce nombre ne seroit pas divisible par 8. Quant aux facteurs 3 et 5, on ne doit les prendre qu'une seule fois. On composera donc le nombre cherché des facteurs 2, 2, 2, 3, 5 multipliés entre eux, ce qui donnera $2 \times 2 \times 2 \times 3 \times 5$. Ce nombre sera évidemment divisible par 4, puisqu'il renferme 2 fois le facteur 2; il sera divisible par 6, puisqu'il a les facteurs 2 et 3; il sera aussi divisible par 8, comme ayant 3 fois le facteur 2; il sera enfin divisible par 10, à cause des facteurs 2 et 5. De plus, il sera le nombre le plus petit divisible par les nombres donnés, puisqu'il ne renfermera les facteurs 2, 3 et 5, que le nombre de fois nécessaire à la divisibilité. On pourra donc tirer de là cette nouvelle règle fort simple que,

Pour avoir le plus petit nombre divisible par des nombres donnés, il faut 1°. chercher tous les diviseurs premiers de ce nombre; 2°. déterminer le plus grand nombre de fois que chaque diviseur entre comme facteur dans l'un des nombres; 3°. former, pour chaque diviseur premier, la plus haute puissance à laquelle ce diviseur est élevé dans les nombres donnés; 4°. faire un produit de toutes les puissances des diviseurs, et ce produit sera le nombre demandé.

*** PROBLÊME XXXV.

Multiplier une fraction par un nombre entier, ensuite un nombre entier par une fraction, et enfin une fraction par une fraction.

SOLUTION. 1°. Soit à multiplier $\frac{5}{12}$ par 3. La question se réduit ici à trouver un nombre qui contienne 3 fois la fraction $\frac{5}{12}$. Or, le nombre cherché contiendra 3 fois $\frac{5}{12}$, s'il est composé de 3 fois $\frac{5}{12}$, ou s'il est 3 fois plus grand que $\frac{5}{12}$. Mais, pour rendre une fraction 3 fois plus grande, il faut rendre son numérateur 3 fois plus grand, ou son dénominateur 3 fois plus petit : le produit de $\frac{5}{12}$ par 3, sera donc $\frac{15}{12}$ ou $\frac{5}{4}$; et, si l'on veut mettre à découvert les entiers que ce résultat renferme, on effectuera la division du numérateur par le dénominateur; ce qui donnera pour produit $1\frac{3}{12}$ ou $1\frac{1}{4}$.

2°. Que *l'on propose de multiplier* 12 *par* $\frac{5}{7}$.

Puisque, dans la multiplication, on prend le multiplicande autant de fois que l'indique le multiplicateur, il s'ensuit que, dans cet exemple, on doit prendre $\frac{5}{7}$ de fois, c'est-à-dire, $\frac{5}{7}$ d'une fois le nombre 12 : or, prendre $\frac{5}{7}$ d'une fois une quantité, signifie qu'il faut prendre les $\frac{5}{7}$ de ce que l'on auroit en ne prenant qu'une fois cette quantité, ou les $\frac{5}{7}$ de la quantité même. Par conséquent, multiplier 12 par $\frac{5}{7}$ revient à prendre les $\frac{5}{7}$ de 12 ; on prendra $\frac{1}{7}$ de 12, en rendant 12 sept fois plus petit, c'est-à-dire, en lui faisant représenter des 7mes. ; c'est pourquoi on donnera à 12 le dénominateur 7, et l'on écrira $\frac{12}{7}$: il faudra ensuite prendre 5 fois $\frac{1}{7}$ de 12, en multipliant par 5 le numérateur de la fraction $\frac{12}{7}$, ce qui donnera pour produit $\frac{60}{7}$.

Ainsi, quand on dit qu'un nombre en contient un autre $\frac{5}{7}$ de fois, cela signifie que le premier nombre contient 5 fois la 7e. partie du second ; et, ★★★ *en général, toutes les fois que le multiplicateur est une fraction, le produit contient du multiplicande une partie désignée par le dénominateur du multiplicateur, et la contient le nombre de fois exprimé par le numérateur du même multiplicateur.*

3°. Si maintenant on veut multiplier une fraction par une fraction, par exemple, $\frac{3}{4}$ par $\frac{7}{8}$, il est évident, d'après ce que nous venons de dire, qu'il faut ici prendre les $\frac{7}{8}$ de $\frac{3}{4}$; or, on aura $\frac{1}{8}$ de $\frac{3}{4}$, en multipliant le dénominateur 4 par 8, et l'on prendra 7 fois ce 8me., en multipliant par 7 le numérateur 3, ce qui donnera pour produit la fraction $\frac{21}{32}$.

Nous conclurons de ce qui précède,

1°. Que *pour multiplier une fraction par un nombre entier, il faut multiplier le numérateur de la fraction par ce nombre entier, et conserver au produit le même dénominateur,*

2°. Que *pour multiplier un nombre entier par une frac-*

tion, il faut multiplier ce nombre par le numérateur, et donner au produit le dénominateur de la fraction.

3°. *Que pour multiplier une fraction par une fraction, il faut multiplier ces fractions terme à terme, c'est-à-dire, numérateur par numérateur et dénominateur par dénominateur.*

AUTRE SOLUTION. Si l'on observe que *le produit contient le multiplicande, comme le multiplicateur contient l'unité*, on verra que, si le multiplicateur ne renferme que des parties de l'unité, le produit ne doit renfermer que les mêmes parties du multiplicande, et en même nombre que le multiplicateur en renferme de l'unité.

D'après cela, multiplier 12 par $\frac{5}{7}$ se réduit à trouver un nombre qui contienne les $\frac{5}{7}$ du multiplicande 12 ; et, multiplier $\frac{3}{4}$ par $\frac{7}{8}$, consiste à prendre les $\frac{7}{8}$ de $\frac{3}{4}$; ce qui ramène la multiplication d'un nombre par une fraction, à diviser ce nombre par le dénominateur de la fraction, et à le multiplier par le numérateur. De sorte que, dans le cas où l'on a à multiplier une fraction par une autre, l'opération se réduit à multiplier numérateur par numérateur, et dénominateur par dénominateur.

* PROBLÊME XXXVI.

Quelles sont les variations d'un produit, relativement à celles des facteurs, lorsque l'un au moins de ceux-ci est une fraction ?

SOLUTION. Puisque l'on trouve le produit d'une quantité par une fraction, en multipliant cette quantité par le numérateur de celle-ci, et en la divisant par le dénominateur, il s'ensuit que, la quantité par laquelle on multiplie, étant moindre que celle par laquelle on divise, on doit avoir un produit d'autant plus petit que

le multiplicande, que le numérateur de la fraction multiplicateur est moindre que son dénominateur.

D'ailleurs, il est évident que, dans le cas où le multiplicateur seroit une fraction de l'unité, on ne prendroit que cette fraction du multiplicande, ce qui donneroit un produit inférieur au multiplicande. Or, d'après
la manière dont on multiplie, il est visible que l'on peut
échanger le multiplicande contre le multiplicateur ; de
sorte que celui-ci peut toujours être une fraction, lorsque
l'un des deux facteurs en est une.

Ainsi, *le produit de deux facteurs dont l'un au moins
est une fraction, est toujours plus petit que le multiplicande, et il l'est d'autant plus, que le dénominateur de
la fraction multiplicateur est plus grand que le numérateur.*

★ PROBLÊME XXXVII.

Multiplier plusieurs fractions les unes par les autres.

SOLUTION. Soit à multiplier $\frac{3}{4}$, par $\frac{5}{7}$, par $\frac{8}{11}$, par $\frac{9}{13}$.
On peut considérer la dernière fraction $\frac{9}{13}$ comme le multi-
plicateur d'un produit dont le multiplicande seroit lui-même
le produit de $\frac{3}{4}$, par $\frac{5}{7}$, par $\frac{8}{11}$; mais dans ce dernier
produit, on peut également regarder la fraction $\frac{8}{11}$
comme le multiplicateur d'un autre produit, dont le
multiplicande seroit le produit de $\frac{3}{4}$ par $\frac{5}{7}$. On commencera
donc par former ce dernier produit en multipliant 3 par 5,
et 4 par 7 ; de sorte que l'on aura ensuite à multiplier $\frac{15}{28}$
par $\frac{8}{11}$, c'est à-dire, 15 par 8, et 28 par 11, et il
restera à multiplier $\frac{120}{308}$ par $\frac{9}{13}$, ou 120 par 9, et 308
par 13 : on aura donc pour produit total la fraction
$\frac{1080}{4004}$, dont le numérateur est le produit des numérateurs

des facteurs, et le dénominateur, le produit des déno-minateurs des mêmes facteurs.

Ainsi, *pour avoir un produit dont les facteurs sont des fractions, il faut, en quelque nombre que soient ces facteurs, multiplier les numérateurs entre eux, comme on multiplie des nombres entiers, et faire de même pour les dénominateurs.*

D'où il suit 1°. que *le produit ne varie point dans quelqu'ordre que l'on fasse les multiplications*; 2°. qu'il *est d'autant plus inférieur au multiplicande, que l'on a plus de fractions pour facteurs, et que les dénominateurs de ces fractions sont plus grands par rapport à leurs numérateurs.*

** PROBLÈME XXXVIII.

Élever une fraction aux puissances 2e., 3e., 4e., *et en général à une puissance d'un degré quelconque.*

SOLUTION. Si dans le problème précédent, nous supposons égales les fractions facteurs, nous obtiendrons au produit la 2e., ou la 3e., ou la 4e., etc. puissance, suivant que nous aurons deux ou trois, ou quatre etc. fractions égales. Or, dans ce cas, le numérateur de la puissance sera la 2e., ou 3e., ou 4e., etc. puissance du numérateur de la racine, et le dénominateur de la puissance sera également la 2e., ou 3e., ou 4e., etc. puissance du dénominateur de la racine. D'où l'on conclura 1°. que *pour élever une fraction à une certaine puissance, il faut élever successivement ses deux termes à cette puissance;* 2°. qu'*une puissance d'une fraction est toujours moindre que la fraction elle-même, et qu'elle l'est d'autant plus que le degré de la puissance est plus élevé, et que le numérateur de la fraction racine est plus petit relativement au dénominateur.*

CHAPITRE II.

De la décomposition des fractions.

** PROBLÊME XXXIX.

Soustraire une fraction d'un nombre entier, et ensuite une fraction d'une autre fraction.

SOLUTION. 1°. Soit à soustraire $\frac{8}{9}$ de 7. Comme la soustraction est une opération par laquelle, étant données une somme et l'une de ses parties, on trouve l'autre partie, et que la somme et ses deux parties doivent être de même espèce; il s'ensuit que pour soustraire $\frac{8}{9}$ de 7, il faut que 7 soit réduit en 9mes. : or, pour que 7 qui exprime des unités entières représente des 9mes., c'est-à-dire, des parties 9 fois plus petites, il faut qu'il en renferme 9 fois plus. On multipliera donc 7 par 9; et, donnant au produit le dénominateur 9, on aura $\frac{63}{9}$; et comme l'on demande ici combien le nombre 6 ou la fraction $\frac{63}{9}$ contient plus de parties de l'unité que la fraction $\frac{8}{9}$, on prendra la différence des numérateurs, à laquelle on donnera le dénominateur commun qui marque la grandeur ou l'espèce des parties qui entrent dans la différence demandée.

2°. Qu'il s'agisse de soustraire la fraction $\frac{7}{8}$ de la fraction $\frac{11}{12}$.

Par les mêmes raisons que ci-dessus, la soustraction ne peut s'effectuer sans que les deux fractions aient le même dénominateur. On les réduira donc au dénominateur commun, en multipliant les deux termes de la première par 12, et ceux de la seconde par 8; ce qui donnera $\frac{84}{96}$ à retrancher de $\frac{88}{96}$. Prenant donc la différence des numérateurs, et donnant à cette différence le dénominateur commun, on trouvera $\frac{4}{96}$.

De sorte que, *pour soustraire une fraction d'un nombre entier, ou une fraction d'une fraction, il faut tout réduire à un même dénominateur, prendre la différence des numérateurs, et donner à cette différence le dénominateur commun.*

*** PROBLÊME XL.

Une fraction qui est le produit d'un nombre entier par une fraction ou d'une fraction par une autre, et l'un des facteurs de ce produit étant donnés, on demande le facteur inconnu, ou, en d'autres termes : diviser une fraction par un nombre entier, ensuite un nombre entier par une fraction, et enfin une fraction par une fraction.

SOLUTION. 1°. Soit à diviser $\frac{5}{7}$ par 8. Dans ce cas, il faut trouver un nombre qui, pris 8 fois, donne $\frac{5}{7}$; il faut donc qu'il soit 8 fois plus petit que $\frac{5}{7}$: or, on rendra la fraction $\frac{5}{7}$ 8 fois plus petite, en multipliant son dénominateur 7 par 8, ce qui donnera pour produit la fraction $\frac{5}{56}$.

2°. Qu'il s'agisse de diviser 6 par $\frac{8}{9}$. Le dividende 6 doit être regardé comme le produit de la fraction $\frac{8}{9}$ par la fraction cherchée; de sorte que, si cette fraction

étoit connue , et qu'on la multipliât par $\frac{8}{9}$, il en résulteroit une fraction qui vaudroit 6.

Or, puisqu'il s'agit ici de retrouver l'un des facteurs
du produit , il faut que l'on fasse sur ce dernier les
opérations inverses de celles par lesquelles on a déterminé ce même produit ; et , comme dans cette détermination , on a multiplié le numérateur 8 du multiplicande
par le numérateur du multiplicateur, il faut, pour avoir
ce dernier , diviser le produit 6 par le numérateur 8
du multiplicande , ce que l'on fera en prenant $\frac{1}{8}$ du
dividende 6 ; mais ensuite , lors de la formation du
produit , on a multiplié le dénominateur 9 du multiplicande par le dénominateur du multiplicateur, c'est-
à-dire , divisé le multiplicande par 9 ; par conséquent,
le dividende 6 devra être multiplié par 9.

De sorte que , pour diviser 6 par $\frac{8}{9}$, on aura pris 9
fois $\frac{1}{8}$ de 6 , ou les $\frac{9}{8}$ de 6 ; ce qui donne $\frac{54}{8}$ pour le
facteur demandé.

On feroit le même raisonnement, si le dividende,
au lieu d'être un nombre entier, étoit une fraction.

Nous établirons donc la règle suivante :

1°. *Pour diviser une fraction par un nombre entier,
on multiplie le dénominateur de la fraction dividende,
par le nombre entier , ou bien , on divise le numérateur
par ce même nombre , si toutefois ce dernier peut diviser
le numérateur.*

2°. *Pour diviser un nombre entier ou une fraction par
une fraction , il faut renverser la fraction diviseur , c'est-
à-dire , mettre le numérateur pour dénominateur , et celui-
ci pour numérateur , et ensuite opérer comme dans la
multiplication.*

SECONDE SOLUTION. Supposons que l'on veuille di-
viser $\frac{5}{8}$ par $\frac{3}{4}$. Nous avons vu , dans la multiplication,

que le produit contenoit le multiplicande, comme le multiplicateur contient l'unité : de sorte qu'ici, considérant le dividende $\frac{5}{8}$ comme un produit dont le diviseur $\frac{3}{4}$ est le multiplicateur, tandis que le quotient cherché est le multiplicande, on peut dire que le dividende $\frac{5}{8}$ contient le quotient, comme le diviseur $\frac{3}{4}$ contient l'unité ; or, le diviseur renferme les $\frac{3}{4}$ de l'unité, par conséquent, le dividende $\frac{5}{8}$ renferme les $\frac{3}{4}$ du quotient.

Si, au lieu des $\frac{3}{4}$ du quotient, on n'avoit que $\frac{1}{4}$, il ne faudroit plus que multiplier ce quart par 4, pour obtenir le quotient. Or, en prenant $\frac{1}{3}$ de $\frac{5}{8}$, on n'aura plus que $\frac{1}{4}$ du quotient; de sorte qu'en prenant 4 fois $\frac{1}{3}$ de $\frac{5}{8}$, on aura le quotient lui-même.

On peut rendre ce raisonnement palpable en l'écrivant ainsi :

$$\frac{5}{8} \text{ égale } \frac{3}{4} \text{ quotient}$$

donc

$$\frac{1}{3} \text{ de } \frac{5}{8} \text{ égale } \frac{1}{4} \text{ quotient}$$

et

$$\frac{4}{3} \text{ de } \frac{5}{8} \text{ égale } \frac{4}{4} \text{ quotient.}$$

D'où l'on voit que *l'opération se réduit toujours à renverser la fraction diviseur et à multiplier le dividende par la fraction diviseur renversée.*

TROISIÈME SOLUTION (1). Si l'on observe que les nombres qui sont composés d'unités de même espèce se contiennent comme leurs nombres d'unités, et que d'après cela, 8 centaines contiennent 2 centaines, comme 8 dixaines contiennent 2 dixaines, comme 8 contient 2 ; il s'ensuit que, *deux fractions qui auroient le même dénominateur, se contiendroient comme leurs numérateurs ;* ce qui ramèneroit la division des fractions à celle de deux nombres entiers.

____

(1) Les commençans peuvent se borner d'abord à cette solution.

Cela posé, soit à diviser $\frac{5}{8}$ par $\frac{3}{4}$. Après la réduction au même dénominateur, on aura $\frac{20}{32}$ à diviser par $\frac{24}{32}$. Mais 20 32mes. contiennent 24 32mes., comme 20 contient 24; de sorte que la question est réduite à diviser 20 par 24. Ce quotient est (prob. XIX). $\frac{20}{24}$; et, comme pour avoir le numérateur 20, on a multiplié le numérateur 5 du dividende par le dénominateur 4 du diviseur, et que, pour obtenir le dénominateur 24 du quotient, on a multiplié le dénominateur 8 du dividende par le numérateur 3 du diviseur, il s'ensuit que *la division d'une fraction par une autre, revient à renverser la fraction diviseur, et à multiplier la fraction dividende par la fraction diviseur renversée.*

On prouveroit aussi que deux fractions qui ont même dénominateur, se contiennent comme leur numérateurs, parce que la suppression de leurs dénominateurs égaux revient à la multiplication du dividende et du diviseur par un même nombre.

De la manière dont on divise un nombre par une fraction, il résulte que, *dans ce cas, le quotient est plus grand que le dividende*, puisque, pour obtenir ce quotient, on multiplie le dividende par le dénominateur du diviseur, et qu'on ne le divise que par le numérateur.

On est conduit à la même conclusion, en observant que le dividende est la même fraction du quotient, que le diviseur l'est de l'unité.

＾ PROBLÊME XLI.

*Une fraction étant donnée, on demande toutes les frac-
tions facteurs dont elle est le produit.*

SOLUTION. Si les fractions facteurs étoient connues, on multiplieroit leurs numérateurs les uns par les autres; on en feroit de même
pour les dénominateurs, et les deux produits résultans donneroient
le numérateur et le dénominateur de là fraction proposée.

D'où l'on voit que, *pour connoître les fractions simples dont
une fraction est le produit, il faut,* 1°. *chercher tous les
facteurs premiers du numérateur et du dénominateur de la
fraction donnée;* 2°. *former, avec les facteurs premiers du
numérateur et ceux du dénominateur, autant de fractions
qu'il y a de ces facteurs dans celui des termes qui en a le
plus;* 3°. *remplacer par l'unité tous les facteurs qui manqueroient, dans le cas où les deux termes n'auroient pas
le même nombre de facteurs.*

Si les deux termes de l'une des fractions étoient des nombres
premiers, la fraction seroit indécomposable. Ces sortes de fractions,
nous les nommerons fractions *simples;* et nous donnerons le nom
de fractions *composées* ou *multiples* à celles qui sont des produits
de fractions simples.

Il suit de là et de ce que nous avons dit sur les moyens de vérifier si un nombre est premier (prob. XXIV), *qu'une fraction est
simple toutes les fois que son numérateur et son dénominateur n'ont aucun diviseur premier au-dessous de leur racine
carrée respective.*

✸✸✸ PROBLÈME XLII.

Une fraction étant donnée, on demande d'en extraire une racine d'un degré déterminé.

SOLUTION. L'extraction des racines étant l'inverse de la formation des puissances, il faut faire sur celles-ci l'opération inverse de celle qui a donné ces puissances. Or, pour élever une fraction à une puissance quelconque, on a élevé à cette puissance son numérateur et son dénominateur; donc, pour en obtenir la racine, il faudra extraire séparément celle du numérateur et celle du dénominateur de la puissance.

Mais la fraction donnée n'est pas toujours une puissance exacte d'une autre fraction, et, dans ce cas, le numérateur ni le dénominateur de la première ne seront des puissances complètes, ce qui empêchera d'avoir leur racine exacte : cependant, puisque l'on ne change pas la valeur d'une fraction en multipliant ses deux termes par un même nombre, on pourra toujours rendre l'un des termes puissance parfaite, en multipliant les deux termes de la fraction proposée par une certaine puissance du terme que l'on veut rendre puissance exacte. Quant à celui des termes qu'il faut préférer, on observera que, le dénominateur déterminant l'espèce des unités fractionnaires, il vaut mieux que, dans la fraction donnée, ce soit le dénominateur qui devienne puissance exacte.

C'est pourquoi, lorsqu'il s'agit d'extraire d'une fraction une certaine racine, on multiplie d'abord le numérateur de la fraction donnée par le dénominateur élevé à une puissance d'un degré moindre d'une unité que celui de la racine; on extrait ensuite de ce produit par approximation la racine du degré demandé, d'après la méthode des nombres entiers; et enfin, à cette racine, on donne pour dénominateur le dénominateur primitif.

La fraction ainsi trouvée sera la racine de la fraction proposée, à moins d'une unité fractionnaire exprimée par le dénominateur de cette dernière fraction.

Puisque les racines ne sont autre chose que des facteurs qui ont produit les puissances, il s'ensuit que *la racine d'une fraction surpasse d'autant plus sa puissance, qu'elle est d'un degré plus élevé, et que son numérateur est plus petit par rapport à son dénominateur.*

D'après ce qui précède, si l'on demandoit la racine cubique de la fraction $\frac{13}{17}$, on multiplieroit le numérateur 13 par le carré de 17, et extrayant la racine cubique du produit 3757, on auroit le nombre 15 auquel on donneroit le dénominateur 17, de sorte que la racine cubique de $\frac{13}{17}$ seroit $\frac{15}{17}$ ne différant pas de $\frac{1}{17}$ de la racine exacte.

REMARQUE. La brièveté et la simplicité des calculs exigent que les fractions soient exprimées par les plus petits nombres possibles ; et comme les fractions ne changent pas de valeur, quand on en divise les deux termes par un même nombre, il faut, avant de combiner les fractions entre elles, reconnoître quels sont les diviseurs communs aux deux termes de ces fractions, et diviser ces termes par leurs diviseurs communs, à moins que les opérations à faire n'exigent qu'on laisse les fractions telles qu'elles sont.

Ainsi, lorsqu'il s'agira de simplifier une fraction, on examinera si les deux termes remplissent les conditions pour être divisibles chacun par 2, par 3, par 4, par 5, par 6, par 7, etc., et après avoir reconnu par quel nombre sont divisibles les deux termes de la fraction, on effectuera la division.

Mais le moyen le plus prompt et le plus sûr de simplifier une fraction, seroit d'en diviser les deux termes par leur plus grand commun diviseur, car alors les quotiens résultans seroient les plus petits possibles.

Or, le plus grand diviseur commun à deux nombres, étant le produit de tous les facteurs communs à ces nombres, le moyen qui se présente d'abord seroit de déterminer par la méthode donnée ci-dessus (prob. XXIII) tous les facteurs communs aux deux nombres, et de multiplier entre eux tous ces facteurs ; mais il vaudroit mieux trouver immédiatement ce produit, c'est-à-dire, le plus grand commun diviseur : nous nous proposerons donc le problème suivant.

*** PROBLÊME XLIII.

Trouver une méthode pour déterminer le plus grand diviseur commun à deux nombres.

SOLUTION. Qu'il s'agisse de trouver le plus grand diviseur commun aux deux termes de la fraction $\frac{231}{819}$; ce plus grand commun diviseur ne sauroit être évidemment au-dessus du plus petit terme 231. Mais 231 sera lui-même ce plus grand diviseur, si l'autre terme 819 est divisible

$$
\begin{array}{c|c|c|c|c}
3 & 1 & 1 & 5 & \\
\hline
819 & 231 & 126 & 105 & 21 \\
\hline
126 & 105 & 21 & 0 & \\
\end{array}
$$

$$
\frac{231}{819} \quad \frac{126}{231} \quad \frac{105}{126} \quad \frac{21}{105}
$$

par 231. Effectuant donc la division, on aura 3 pour quotient et 126 pour reste ; de sorte que 231 ne sera point le plus grand diviseur commun.

Mais, si l'on observe que le dividende 819 est la somme du produit du diviseur 231 par le quotient 3, et du reste 126 ; et de plus, que le diviseur cherché doit diviser le dividende 819 et le diviseur 231, on verra que le plus grand commun diviseur divisant la somme 819 et le facteur 231, divisera le produit de 231 par le quotient 3, c'est-à-dire, l'une des parties de cette somme, et par conséquent le reste 126 qui est l'autre partie de la somme : de sorte que le plus grand commun diviseur entre 819 et 231 doit diviser le reste 126 de la division ; il sera donc le même que celui entre 231 et 126. Ainsi la recherche du plus grand commun diviseur de la fraction $\frac{231}{819}$ est réduite à trouver celui de la fraction $\frac{126}{231}$.

Semblablement, si nous formons avec les termes de la fraction $\frac{126}{231}$ une nouvelle fraction, comme nous avons formé $\frac{126}{231}$ avec la première, nous verrons que le plus grand diviseur commun de la fraction $\frac{126}{231}$ sera celui de la fraction $\frac{105}{126}$.

En continuant de former de nouvelles fractions par le moyen de la dernière trouvée, on finira par avoir une fraction dont le numérateur sera un diviseur exact du dénominateur, ou l'unité. Car le numérateur de chaque fraction consécutive est le reste de la division du dénominateur de la fraction précédente par le numérateur de celle-ci. Or un reste est toujours plus petit que le diviseur ; donc les numérateurs iront en diminuant au moins d'une unité ; par conséquent on finira par avoir zéro pour reste. De sorte que l'on arrivera toujours à une fraction finale dont le numérateur divisera le dénominateur. Si ce numérateur étoit l'unité, on concluroit que les deux nombres n'ont pas de diviseur commun, parce que l'unité est diviseur de tous les nombres.

Cela posé, en continuant l'opération précédente, on divisera 231 par 126, et l'on aura 105 pour reste ; on divisera ensuite le premier reste 126 par le second 105, et l'on trouvera un troisième reste 21 ; on divisera encore le second reste 105 par le troisième 21 et la division s'effectuant sans reste, on conclura que le plus grand commun diviseur de la fraction $\frac{21}{105}$ est le numérateur 21 ; mais cette fraction a le même plus grand commun diviseur que toutes les fractions précédentes

$\frac{105}{126}$ $\frac{126}{231}$ et $\frac{231}{819}$; par conséquent 21 est le plus grand diviseur commun aux deux nombres 819 et 231.

Ainsi , pour trouver le plus grand diviseur commun à deux nombres , il faut diviser le plus grand de ces nombres par le plus petit, celui-ci par le premier reste , ensuite le premier reste par le second, le second par le troisième, et continuer de même jusqu'à ce que la division ne donne plus de reste ; alors le dernier diviseur sera le plus grand diviseur commun aux deux nombres proposés.

REMARQUE. Au sujet de la simplification des fractions, il semble qu'après avoir divisé les deux termes d'une fraction par le plus grand commun diviseur, on doit avoir les plus petits quotiens possibles, et par conséquent la fraction réduite à l'expression la plus simple : cependant on peut se demander s'il n'existeroit pas quelque fraction plus simple que la fraction réduite par le plus grand commun diviseur, et qui fût aussi égale à la fraction donnée. C'est pourquoi nous nous proposerons le problème suivant.

** PROBLÊME XLIV.

Peut-il exister une fraction égale à une autre dont les termes soient premiers entre eux, et qui soit plus simple que cette dernière ? ou bien, *une fraction est-elle réduite à sa plus simple expression, après que l'on a divisé ses deux termes par leur plus grand commun diviseur ?*

SOLUTION. Soit la fraction $\frac{12}{17}$ dont les termes sont premiers entre eux. Supposons qu'il existe une fraction qui lui soit égale , et dont les termes soient respectivement plus petits que les nombres 12 et 17. Comme ces termes nous sont inconnus, représentons-les par les lettres x et y : nous aurons alors la fraction $\frac{x}{y}$ que nous énoncerons en disant x *divisé par* y, laquelle sera égale à $\frac{12}{17}$. Si, pour exprimer plus commodément cette égalité ; nous convenons de remplacer le mot *égalo* par ce signe $=$ mis entre les deux quantités, nous aurons $\dfrac{12}{17} = \dfrac{x}{y}$.

Mais deux fractions égales réduites au même dénominateur doivent donner des numérateurs égaux ; c'est pourquoi nous aurons encore $12 \times y = 17 \times x$: d'où l'on conclura que le produit de 12 par y est divisible par 17 ; et comme 17 est un nombre premier relativement à 12, il faut (prob. XXII) que 17 divise le facteur y. Or, 17 ne peut diviser y sans être égal à y ou plus petit que y ; il ne peut lui être égal, puisqu'alors on auroit $x = 12$, ce qui est contraire à la supposition ; il faudroit donc que 17 fût moindre que y, d'où résulteroit encore une contradiction.

Ainsi, 1°. *une fraction dont les termes sont premiers entre eux n'est plus susceptible de réduction ou de simplification.*

2°. *Si deux fractions sont égales, et que l'une d'elles soit formée de termes premiers entre eux, les termes de l'autre seront respectivement les produits de ceux de la première par un diviseur commun.*

D'après cela, nous nommerons fractions *irréductibles* celles dont les termes n'ont plus de diviseur commun.

Remarque. Nous avons cherché précédemment le plus grand diviseur commun à deux nombres ; mais on peut avoir besoin de connoître celui qui existe entre plus de deux nombres : c'est pourquoi nous nous proposerons le problême qui suit.

* PROBLÊME XLV.

Trouver le plus grand diviseur commun à trois, à quatre, etc., nombres.

Solution. Soient les nombres 63, 126 et 207 dont on veuille connoître le plus grand commun diviseur. Il est d'abord évident que chacun de ces trois nombres doit être regardé comme le produit de ce diviseur commun par un autre facteur non commun :

par conséquent, si l'on cherchoit le plus grand diviseur commun aux deux premiers nombres seulement, il faudroit que le diviseur commun aux trois nombres fût un facteur du troisième nombre, et du diviseur commun aux deux premiers ; puisqu'autrement, il ne diviseroit pas les trois nombres : de sorte que le plus grand diviseur commun au troisième nombre 207 , et au plus grand diviseur commun des deux nombres 63 et 126 , est le plus grand diviseur cherché.

Effectuant les opérations, on trouvera que le plus grand diviseur commun aux nombres 63 et 126, est 63 : cherchant ensuite le plus grand diviseur commun à 63 et à 207, on aura 9 ; ainsi le plus grand diviseur commun aux trois nombres 63, 126 et 207 est 9.

Dans le cas où l'on auroit quatre nombres, on verroit que le plus grand commun diviseur doit être tout à-la-fois facteur du 4°. nombre et du plus grand diviseur commun aux trois premiers nombres; de sorte qu'en cherchant encore le plus grand diviseur commun entre ce dernier diviseur et le 4e. nombre , on trouveroit le plus grand diviseur commun aux quatre nombres donnés.

On feroit un semblable raisonnement, si l'on avoit cinq, six , etc., nombres.

Il est encore évident que le plus grand commun diviseur à plusieurs nombres étant le produit de tous les facteurs communs à ces nombres, il suffit de chercher tous les nombres qui divisent le plus grand diviseur commun, pour connoître tous les diviseurs communs des nombres donnés.

Concluons donc 1°. que *pour avoir le plus grand diviseur commun à plusieurs nombres , il faut d'abord déterminer le plus grand diviseur commun à tous les nombres , excepté au dernier ; chercher ensuite le plus grand diviseur commun au diviseur trouvé et au dernier des nombres proposés ; ce plus grand diviseur commun sera celui que l'on demande.*

2°. *Que tous les diviseurs communs à plusieurs nombres, sont les diviseurs du plus grand diviseur commun à tous ces nombres.*

REMARQUE. La recherche du plus grand diviseur commun aux deux termes d'une fraction étant souvent une opération assez longue, il seroit utile d'avoir un moyen de reconnoître, d'après les fractions données, si la fraction résultante des diverses combinaisons de ces dernières seroit réductible ou irréductible. Nous allons donc nous occuper de cet objet.

★ PROBLÊME XLVI.

Dans quel cas, l'addition, la multiplitation, la formation des puissances, la soustraction, la division et l'extraction de racine des fractions, donnent-elles des fractions irréductibles pour résultats?

SOLUTION. 1°. *Soit à additionner ensemble un nombre entier avec une fraction irréductible*, par exemple, 6 à $\frac{7}{9}$. On commencera par réduire les entiers en 9mes., ce qui donnera..... $\frac{6 \times 9}{9}$ et $\frac{7}{9}$. Or, si la somme de ces deux fractions étoit réductible, il faudroit qu'il existât un diviseur commun à 9 et à 7; et comme, par hypothèse, les nombres de la fraction $\frac{7}{9}$ sont premiers entre eux, il s'ensuit que la somme sera irréductible; elle seroit susceptible de réduction, s'il y avoit un diviseur commun à 7 et à 9.

Ainsi 1°. *un nombre entier ajouté à une fraction irréductible, donne toujours une somme fractionnaire irréductible; mais un nombre entier ajouté à une fraction qui n'est pas réduite à l'expression la plus simple donne une somme fractionnaire susceptible de réduction.*

2°. *Ajoutons ensemble les fractions irréductibles $\frac{5}{7}$ et $\frac{8}{9}$;* la réduction au même dénominateur donnera $\frac{5 \times 9}{7 \times 9}$ et $\frac{8 \times 7}{7 \times 9}$. Or si le dénominateur est divisible par un nombre premier, il faut que le facteur 7 ou le facteur 9 le soit également (prob. XXII). Supposons que la divisibilité ait lieu pour le facteur 9; mais, pour que la réduction puisse s'effectuer, il est nécessaire que la somme des numérateurs ait un diviseur commun à 9; par conséquent, le produit 5×9 seroit divisible par ce diviseur commun : de sorte, que le produit restant 8×7 devroit aussi être divisible ; et, comme il n'existe aucun diviseur commun à 8 et à 9, on conclura que le facteur 7 doit avoir un diviseur commun à 9, pour que la somme soit réductible : il en seroit de même du dénominateur 7 relativement au dénominateur 9.

Prenons maintenant les trois fractions irréductibles $\frac{3}{4}$ $\frac{5}{6}$ $\frac{2}{7}$. On aura, après leur réduction au même dénominateur, $\dfrac{3\times6\times7}{4\times6\times7}$ $\dfrac{4\times5\times7}{4\times6\times7}$

et $\dfrac{2\times4\times6}{4\times6\times7}$. Or, si le dénominateur commun étoit divisible par un certain nombre premier, il faudroit que l'un de ses facteurs le fût ; supposons que ce soit le facteur 4, mais alors les numérateurs des deux dernières fractions auroient le même diviseur ; de sorte que le numérateur $3\times6\times7$ devroit être divisible par ce diviseur : il faudroit donc que ce fût ou 3, ou 6, ou 7. Or, cette condition ne pourroit être remplie, si ces trois facteurs étoient premiers chacun par rapport à 4 ; c'est-à-dire, si la fraction $\frac{3}{4}$ étoit irréductible et qu'il n'y eût aucun diviseur commun entre 4 et chacun des autres dénominateurs 6 et 7 ; et, comme ce raisonnement peut s'appliquer à un nombre quelconque de fractions, on conclura

2°. Que *la somme d'un nombre quelconque de fractions est irréductible, lorsque les fractions à ajouter sont elles-mêmes irréductibles ; et que chaque dénominateur est premier par rapport à chacun des autres dénominateurs.*

Mais que la somme de deux ou de plusieurs fractions est susceptible de réduction, dès que l'une des fractions n'est plus irréductible, ou que les dénominateurs ne sont pas tous premiers les uns à l'égard des autres.

3°. *Multiplions un nombre entier par une fraction, ensuite une fraction par une autre, et enfin plusieurs fractions entre elles,* par exemple, soient $8\times\frac{7}{9}$, $\frac{5}{6}\times\frac{7}{11}$, ... et $\frac{2}{3}\times\frac{5}{7}\times\frac{11}{13}$; on aura pour résultats indiqués $\dfrac{8\times7}{9}$, $\dfrac{5\times7}{6\times11}$

et $\dfrac{2\times5\times11}{3\times7\times13}$.

Or, si 9 avoit un diviseur premier, il faudroit que ce diviseur appartînt à 8 ou à 7. Si le facteur 6 avoit un diviseur premier, ce diviseur conviendroit à 5 ou à 7 ; et, si le facteur 3 étoit divisible par un nombre premier, l'un des facteurs 2, 5, ou 11 devroit se diviser par le même nombre. D'où l'on voit

3°. Qu'un nombre entier multiplié par une fraction donne un produit irréductible, lorsque le dénominateur de la fraction est premier par rapport à ce nombre entier et par rapport au numérateur; mais que la réduction a lieu, si ces deux conditions ne sont point remplies;

Qu'ensuite le produit de deux ou de plusieurs fractions est irréductible, lorsque chaque dénominateur est premier par rapport à chaque numérateur; et qu'il est susceptible de réduction dans le cas contraire.

4°. Élevons une fraction successivement aux puissances 2e., 3e., 4e., etc., et pour cela prenons la fraction $\frac{5}{7}$: nous aurons $\frac{5}{7} \times \frac{5}{7}, \frac{5}{7} \times \frac{5}{7} \times \frac{5}{7}, \frac{5}{7} \times \frac{5}{7} \times \frac{5}{7} \times \frac{5}{7}$, etc. ou $\dfrac{5 \times 5}{7 \times 7}, \dfrac{5 \times 5 \times 5}{7 \times 7 \times 7}, \dfrac{5 \times 5 \times 5 \times 5}{7 \times 7 \times 7 \times 7}$, etc.

Or, toutes ces fractions ne peuvent se simplifier, s'il n'existe pas de diviseur commun entre 7 et 5.

Ainsi 4°. une fraction irréductible élevée à une puissance quelconque, donne toujours une fraction irréductible.

5°. Prenons la différence d'une fraction à un certain nombre entier, et ensuite à une autre fraction, par exemple, celle de $\frac{5}{12}$ à 4, et celle de $\frac{3}{11}$ à $\frac{4}{5}$. Après la réduction au même dénominateur, on a pour le premier cas, $\dfrac{4 \times 12}{12}$ moins $\frac{7}{12}$; et pour le second, $\dfrac{4 \times 11}{5 \times 11}$ moins $\dfrac{3 \times 5}{5 \times 11}$.

Or, si le dénominateur 12 a un diviseur premier, il faut que le numérateur 7 l'ait aussi, car le produit 4×12 étant divisible par ce diviseur, il est nécessaire que le nombre 7 à soustraire de ce produit soit également divisible; autrement, en divisant la différence 4×12 moins 7 par ce même diviseur, on auroit un nombre entier moins une fraction, ce qui est absurde.

Quant au second exemple, on voit que si l'un des facteurs 5 du dénominateur étoit divisible par un nombre premier, il faudroit que le facteur 4 ou 11 fût divisible, puisque le produit à soustraire 3×5 le seroit.

Ainsi 5°. *la différence d'une fraction à un nombre entier n'est irréductible que dans le cas où le dénominateur de la fraction est premier tout-à-la-fois par rapport au nombre entier, et par rapport au numérateur de la fraction.*

Ensuite *la différence entre deux fractions est irréductible, lorsque les dénominateurs sont premiers entre eux, et que les fractions sont irréductibles.*

6°. *Divisons une fraction par un nombre entier, et une fraction par une autre*, par exemple, divisons $\frac{8}{9}$ par 7, et ensuite $\frac{5}{6}$ par $\frac{7}{8}$. Le premier cas donne $\dfrac{8}{9 \times 7}$, et le second $\dfrac{5 \times 8}{6 \times 7}$.

Or, pour que la fraction $\dfrac{8}{9 \times 7}$ soit réductible, il faut qu'il y ait un diviseur commun à 8 et à 9, ou bien à 8 et à 7, c'est-à-dire, que le numérateur du dividende ne soit point premier tout-à-la-fois par rapport à son dénominateur et au diviseur de la fraction.

Quant à la réduction de la fraction $\dfrac{5 \times 8}{6 \times 7}$, elle exige qu'il y ait un diviseur commun entre 6 et 5, ou 6 et 8, ou bien entre 7 et 5, ou 7 et 8.

Concluons donc 6°. que *le quotient d'une fraction par un nombre entier, n'est irréductible que dans le cas où le numérateur du dividende est premier par rapport à son dénominateur et au diviseur de la fraction; et que l'on ne peut simplifier le quotient d'une fraction par une autre, lorsque, les fractions étant irréductibles, les dénominateurs sont premiers entre eux, ainsi que les numérateurs.*

7°. Il est aisé de voir, d'après ce qui précède, qu'une fraction irréductible ne peut avoir que des fractions irréductibles pour facteurs ; car un seul de ses facteurs qui auroit des termes divisibles par un même nombre, introduiroit ce diviseur dans les termes du produit : il faut donc que tous les facteurs du dénominateur soient premiers par rapport à ceux du numérateur.

Donc 7°. *une fraction irréductible ne peut avoir pour facteurs que des fractions dont les dénominateurs soient tous premiers par rapport à leurs numérateurs.*

8°. Enfin, une fraction irréductible qui seroit une certaine puissance d'une autre fraction étant composée de termes premiers entre eux, ceux-ci ne doivent point se décomposer en facteurs, tels que ceux du numérateur aient des diviseurs communs aux facteurs du dénominateur; par conséquent, la fraction racine qui est l'unique facteur de la fraction puissance, doit être irréductible.

Concluons donc 8°. enfin, *qu'une puissance exprimée par une fraction irréductible, ne peut avoir pour racine qu'une fraction irréductible.*

REMARQUE. Il résulte de ce qui précède, qu'une fraction dont les termes sont premiers entre eux, n'est plus susceptible de simplification, à moins qu'on n'altère sa valeur : il est cependant des cas où les fractions sont exprimées par des termes si grands, que les opérations qu'on leur fait subir deviennent extrêmement longues ; et alors il seroit bien utile de pouvoir simplifier leurs expressions, même aux dépens de l'exactitude. Cherchons donc ce moyen de simplification.

✱✱ PROBLÈME XLVII.

Une fraction irréductible étant donnée, on demande de la simplifier en en trouvant des valeurs plus ou moins approchées.

SOLUTION. Soit $\frac{238}{4657}$ la fraction irréductible que l'on veut simplifier. Il est d'abord évident que, si l'on divise les deux termes de cette fraction par le numérateur, on aura 1 pour numérateur de la fraction résultante, et le nouveau dénominateur sera un nombre entier accompagné d'une fraction : de sorte qu'en négligeant cette fraction, on auroit un dénominateur trop petit, et par conséquent une fraction trop grande, mais beaucoup plus simple que la proposée.

Effectuant donc cette opération, on aura 19 pour quotient et 135 pour reste; de sorte qu'en ne négligeant rien, la fraction $\frac{238}{4657}$ prendroit la forme $\cfrac{1}{19\frac{135}{238}}$.

Si l'on veut simplifier cette expression ; et que l'on ne prenne pour dénominateur que la partie entière du quotient, on aura $\frac{1}{19}$, fraction plus grande que la proposée.

Mais on peut opérer sur la fraction $\frac{135}{238}$; comme sur la

	19	1	1	3	4	1	1
4657	238	135	103	32	7	4	3
2277	103	32	7	4	3	1	0
135							

$$\frac{238}{4657}=\cfrac{1}{19\frac{135}{238}}$$

$$=\cfrac{1}{19\cfrac{1}{1\frac{103}{135}}}$$

$$=\cfrac{1}{19\cfrac{1}{1\cfrac{1}{1\frac{32}{103}}}}$$

$$=\cfrac{1}{19\cfrac{1}{1\cfrac{1}{1\cfrac{1}{3\frac{7}{32}}}}}$$

$$=\cfrac{1}{19\cfrac{1}{1\cfrac{1}{1\cfrac{1}{3\cfrac{1}{4\frac{4}{7}}}}}}$$

$$=\cfrac{1}{19\cfrac{1}{1\cfrac{1}{1\cfrac{1}{3\cfrac{1}{4\cfrac{1}{1\frac{3}{4}}}}}}}$$

$$=\cfrac{1}{19\cfrac{1}{1\cfrac{1}{1\cfrac{1}{3\cfrac{1}{4\cfrac{1}{1\cfrac{1}{1\frac{1}{3}}}}}}}}$$

$$\cfrac{1}{19}=\frac{1}{19}$$

$$\cfrac{1}{19\cfrac{1}{1}}=\frac{1}{20}$$

$$\cfrac{1}{19\cfrac{1}{1\cfrac{1}{1}}}=\frac{2}{39}$$

$$\cfrac{1}{19\cfrac{1}{1\cfrac{1}{1\cfrac{1}{3}}}}=\frac{7}{137}$$

$$\cfrac{1}{19\cfrac{1}{1\cfrac{1}{1\cfrac{1}{3\cfrac{1}{4}}}}}=\frac{30}{587}$$

$$\cfrac{1}{19\cfrac{1}{1\cfrac{1}{1\cfrac{1}{3\cfrac{1}{4\cfrac{1}{1}}}}}}=\frac{37}{724}$$

$$\cfrac{1}{19\cfrac{1}{1\cfrac{1}{1\cfrac{1}{3\cfrac{1}{4\cfrac{1}{1\cfrac{1}{1}}}}}}}=\frac{67}{1311}$$

première : divisant donc les deux termes par 135, on aura.......

$$\tfrac{135}{238} = \frac{1}{1\,\frac{103}{135}}\,;$$ de sorte que substituant cette expression de $\tfrac{135}{238}$

dans celle trouvée ci-dessus, on aura $\tfrac{238}{4657} = \dfrac{1}{19\dfrac{1}{1\,\frac{103}{135}}}.$

Or, si l'on néglige $\tfrac{103}{135}$, le dénominateur 1 sera trop petit, l'expression $\tfrac{1}{1}$ sera trop grande, le dénominateur $19\tfrac{1}{1}$ trop grand, et la fraction $\dfrac{1}{19\tfrac{1}{1}}$ ou $\tfrac{1}{20}$ trop petite : d'où l'on voit que la fraction $\tfrac{238}{4657}$ est plus petite que $\tfrac{1}{19}$ et plus grande que $\tfrac{1}{20}$, c'est-à-dire, qu'elle tombe entre $\tfrac{1}{19}$ et $\tfrac{1}{20}$: ainsi ces deux fractions servent de limites à la fraction proposée, et diffèrent par conséquent entre elles, plus que cette même fraction proposée ne diffère de l'une d'elles.

Or, $\tfrac{1}{19}$ moins $\tfrac{1}{20}$ donne $\dfrac{1}{19\times 20}$ ou $\tfrac{1}{380}$; donc la différence entre la fraction $\tfrac{238}{4657}$ et l'une des fractions limites sera moindre que $\tfrac{1}{380}$.

Tâchons maintenant de trouver des limites plus voisines de la proposée que les fractions $\tfrac{1}{19}$ *et* $\tfrac{1}{20}$*.* Pour cela, j'observe que, si nous traitons la fraction $\tfrac{103}{135}$ qui entre dans l'expression de la proposée comme nous avons traité celle-ci, nous aurons......

$$\tfrac{103}{135} = \frac{1}{1\,\frac{32}{103}}\,;$$ et par conséquent $\tfrac{238}{4657} = \dfrac{1}{19\tfrac{1}{1\,\frac{1}{1\,\frac{32}{103}}}}.$

De sorte que, si l'on néglige la fraction $\tfrac{32}{103}$, le dénominateur 1 sera trop petit, l'expression $\tfrac{1}{1}$ trop grande, le dénominateur $1\tfrac{1}{1}$ trop grand, la fraction $\dfrac{1}{1\tfrac{1}{1}}$ trop petite, le dénominateur $19\tfrac{1}{1\tfrac{1}{1}}$ trop petit, et par conséquent l'expression $\dfrac{1}{19\tfrac{1}{1}}$ sera trop grande. Effectuant les opérations indiquées, en commençant par la droite, on trouvera $\tfrac{2}{39}$, valeur au-dessus de la proposée.

En continuant d'opérer sur la fraction $\tfrac{32}{103}$ comme sur la fraction $\tfrac{103}{135}$, nous trouverons $\tfrac{238}{4657} = \dfrac{1}{19\frac{1}{1\frac{1}{1\frac{7}{32}}}}.$

Or, si l'on observe que les dénominateurs, à partir du premier à gauche, sont alternativement trop petits et trop grands, et donnent par conséquent des fractions successivement plus grandes et plus petites que la proposée, on conclura que, *suivant que l'on s'arrête à un dénominateur de rang impair ou pair, on trouve une valeur plus grande ou plus petite que la proposée.*

D'après cela, si l'on continue à développer la dernière fraction à droite, jusqu'à ce que l'on arrive à une fraction dont le numérateur soit 1, et que l'on prénne successivement des portions du développement dans lesquelles entre une fraction de plus, on aura des valeurs alternativement plus grandes et plus petites que la proposée.

Voyons maintenant dans quel ordre ces limites se rapprochent de la fraction donnée. Pour cela, on continuera le développement, et, après avoir négligé à chaque opération la dernière fraction à droite, on obtiendra de nouvelles expressions qui, réunies aux précédentes, donneront

$$\frac{1}{19}\qquad \cfrac{1}{19+\cfrac{1}{1}}\qquad \cfrac{1}{19+\cfrac{1}{1+\cfrac{1}{1}}}\qquad \cfrac{1}{19+\cfrac{1}{1+\cfrac{1}{1+\cfrac{1}{3}}}}\qquad \cfrac{1}{19+\cfrac{1}{1+\cfrac{1}{1+\cfrac{1}{3+\cfrac{1}{4}}}}}\qquad \cfrac{1}{19+\cfrac{1}{1+\cfrac{1}{1+\cfrac{1}{3+\cfrac{1}{4+\cfrac{1}{1}}}}}}\qquad \cfrac{1}{19+\cfrac{1}{1+\cfrac{1}{1+\cfrac{1}{3+\cfrac{1}{4+\cfrac{1}{1+\cfrac{1}{1}}}}}}}$$

ou

$$\frac{1}{19}\qquad \frac{1}{20}\qquad \frac{2}{39}\qquad \frac{7}{137}\qquad \frac{30}{587}\qquad \frac{37}{724}\qquad \frac{67}{1311}$$

Pour faire cette comparaison plus facilement, j'observe que deux de ces fractions qui ne différeroient que par le dernier dénominateur, seroient telles, que celle qui auroit le dernier dénominateur plus grand, donneroit des dénominateurs alternativement plus grands et plus petits que ceux de l'autre fraction ; par conséquent, si le nombre des dénominateurs étoit impair, le dénominateur total de la première seroit plus grand que celui de la seconde, ce qui rendroit la première fraction plus petite ; et, si le nombre des dénominateurs étoit pair, le dénominateur seroit plus petit et la fraction plus grande.

D'après cela, si l'on compare la 1re. fraction à la 3e., on verra d'abord que le dénominateur 19 de la 1re. étant plus petit que celui de la 3e., *la première fraction sera plus grande que la troisième*, de sorte que $\frac{2}{19}$ est une valeur plus approchée de $\frac{238}{1657}$ que $\frac{1}{19}$.

Quant aux fractions 3e. et 5e., on voit que le dernier dénominateur 1 de la 3me. est plus petit que le dénominateur $1\cfrac{1}{3\frac{1}{4}}$ con-sidéré comme dernier dénominateur de la 5e.; et, comme la 3e. a 3 dénominateurs, je conclus que le dénominateur total de la 3e. est plus petit que celui de la 5e.; par conséquent, *la troisième fraction est plus éloignée de la proposée que la cinquième.*

Si nous passons à la comparaison de la 5e. et de la 7e., nous verrons que le dénominateur 4 de la 5e. est plus petit que $4\cfrac{1}{1\frac{1}{4}}$ regardé comme dernier dénominateur de la 7e. Or, la 5e. fraction a un nombre impair de dénominateurs; par conséquent, son dé-nominateur total sera plus petit que celui de la 7e.; donc *la cin-quième fraction est plus grande que la septième, et celle-ci est plus voisine de la proposée.*

Mais, si l'on observe que chaque fraction a un nombre pair ou impair de dénominateurs, suivant qu'elle est à un rang pair ou impair, on conclura que, *si une fraction de rang impair a son der-nier dénominateur plus petit que celui correspondant, dans une autre fraction placée à un rang impair, le dénomina-teur total de la première sera moindre que celui de la se-conde, et la première fraction sera plus grande que la seconde.*

Au contraire, si une fraction de rang pair a son dernier dénominateur plus petit que celui d'une autre fraction de rang pair, son dénominateur total sera plus grand que celui de l'autre, et elle-même sera plus petite que l'autre frac-tion.

Ainsi, dans le développement de la fraction $\frac{238}{1657}$ les frac-tions de rang impair vont en diminuant.

Comparons maintenant entre elles les fractions de rang pair.

9

Or, d'après la manière dont nous avons obtenu le développement, il est clair que ces fractions ont toutes, dans leurs dénominateurs une partie commune, et que ces dénominateurs vont en augmentant ; par conséquent, chaque fraction précédente aura un dernier dénominateur plus petit, et un dénominateur total plus grand ou plus petit, suivant que le nombre de ses dénominateurs sera pair ou impair ; et, comme toutes les fractions ont un nombre pair ou impair de dénominateurs, selon qu'elles sont à des rangs pairs ou impairs, on conclura que *toutes les fractions de rang pair vont en augmentant, tandis que celles de rang impair vont en diminuant, en se rapprochant toujours plus de la proposée.*

Mais les fractions de rang impair sont toutes plus grandes que la proposée, et celles de rang pair plus petites ; par conséquent, *les fractions particielles provenant du développement d'une fraction proposée, se rapprochent toujours plus de cette dernière dont elles donnent des valeurs d'autant plus exactes, qu'elles sont moins simples.*

On pourra donc, en ayant égard à leur degré d'approximation, les disposer comme il suit :

$$\frac{1}{19} \quad \frac{2}{39} \quad \frac{30}{587} \quad \frac{67}{1311} \quad \frac{238}{4657} \quad \frac{37}{724} \quad \frac{7}{137} \quad \frac{1}{20}.$$

Si l'on vouloit avoir une idée du degré d'approximation de l'une des fractions limites, on prendroit la différence entre cette fraction et la fraction voisine qui forme l'autre limite : cette différence seroit plus grande que celle entre la proposée et la fraction limite dont on veut estimer l'approximation.

La fraction proposée $\frac{238}{4657}$ *étant irréductible, il nous reste à savoir si les fractions partielles qui en donnent des valeurs plus ou moins approchées, seroient aussi irréductibles, et, par conséquent, les plus simples possibles.* Pour cela, remontons à la manière dont ces fractions ont été formées. Or, lorsque l'on a fait repasser les valeurs approchées de la proposée sous la forme de fractions ordinaires, on n'a jamais eu qu'un nombre entier à ajouter à une fraction irréductible, et à renverser la somme ; et comme une pareille somme donne toujours une fraction irréductible qui reste telle après le renversement, (prob. XLVI) il s'ensuit que toutes les fractions ci-dessus limites de la proposée sont réduites à l'expression la plus simple.

Les divers développemens de la fraction proposée n'étant autre chose que des fractions qui se continuent toujours de la même manière, nous les nommerons *fractions continues*. De sorte que les *fractions* CONTINUES *pourront être définies des fractions qui ont pour dénominateurs un nombre entier accompagné d'une fraction dont le dénominateur est encore un nombre entier suivi d'une fraction qui a aussi pour dénominateur un nombre entier, et une fraction dont le dénominateur continue à se former comme celui des fractions précédentes.*

En revenant sur les opérations que nous avons faites, et les vérités que nous avons trouvées, nous conclurons

1º. *Que, pour développer une fraction irréductible en fraction continue, il faut opérer d'abord comme dans la recherche du plus grand commun diviseur; prendre ensuite l'unité pour numérateur, et, pour dénominateur, le premier quotient suivi d'une fraction ayant encore l'unité pour numérateur, et pour dénominateur le second quotient accompagné aussi d'une fraction dont le numérateur soit 1, et le dénominateur le troisième quotient suivi d'une nouvelle fraction formée de la même manière; continuant ainsi jusqu'à ce que l'on ait employé tous les quotiens trouvés par l'opération de la recherche du plus grand commun diviseur.*

2º. *Que, pour avoir les diverses limites de la proposée, il faut extraire de la fraction continue totale plusieurs fractions partielles, en s'arrêtant d'abord au premier dénominateur, ensuite au second, au troisième, au quatrième, enfin à l'avant-dernier, et en réduisant sous la forme de fractions ordinaires ces fractions continues partielles ; ce que l'on fait en effectuant les opérations indiquées, de droite à gauche, et de bas en haut.*

3º. *Que les fractions partielles limites de la proposée étant écrites de gauche à droite à mesure qu'on les forme, seront telles que les fractions de rang impair seront toutes plus grandes que la proposée, et d'autant plus voisines de celle-ci qu'elles seront plus avancées vers la droite, ou qu'elles seront moins simples, tandis que les fractions de rang pair sont toutes plus petites que la fraction principale, et d'autant plus rapprochées de cette dernière, qu'elles sont moins simples ou plus reculées vers la droite.*

4°. **Enfin** que, *les fractions limites déduites du développement d'une fraction irréductible, en fraction continue sont exprimées par les plus petits termes possibles.*

REMARQUE. Après avoir composé et décomposé les fractions, après les avoir simplifiées par le moyen de leurs diviseurs communs ou de leurs limites, il ne nous reste plus qu'à examiner les usages que l'on en peut faire pour le perfectionnement des méthodes employées dans les combinaisons des nombres entiers.

Or, nous avons déja vu que les fractions servoient à completter les quotiens ; voyons donc si elles pourroient servir à completter les racines , ou au moins à les avoir d'une manière approchée.

* PROBLÊME XLVII.

Vérifier si l'on peut completter par des fractions les racines des nombres qui ne sont pas des puissances parfaites; et dans le cas où cela ne seroit pas possible, employer les fractions à obtenir au moins des racines très-approchées.

SOLUTION. 1°. Pour qu'une fraction ajoutée à la partie entière de la racine pût rendre celle-ci exacte , il faudroit que cette somme élevée à la puissance indiquée par le degré de la racine donnât le nombre entier dont on a extrait cette racine. Or, nous avons vu (prob. XLVI) qu'un nombre entier , joint à une fraction irréductible donnoit toujours pour somme une fraction irréductible ; nous avons vu aussi (prob. XLVI) qu'une fraction irréductible élevée à une puissance quelconque, ne pouvoit produire qu'une fraction également irréductible; par conséquent, *on ne peut trouver de fraction qui puisse completter la racine d'un nombre qui n'est pas puissance parfaite.*

D'où il faut conclure que la racine d'une puissance imparfaite n'est divisible ou mesurable ni par l'unité entière, ni par une unité fractionnaire; nous la nommerons donc grandeur ou quantité *incommensurable*.

2°. Au sujet de l'approximation, j'observe que par les méthodes expliquées précédemment, on trouve toujours les racines à moins d'une unité de leur moindre espèce ; de sorte que si la racine exprimoit des demi, ou des tiers, ou des quarts, etc., ce seroit à moins d'un demi, ou d'un tiers, ou d'un quart, etc., que l'on auroit la racine. Ainsi la difficulté est ramenée à faire représenter à la racine des demi, ou des tiers, ou des quarts, etc.

Or, une racine qui exprimeroit des demi, ou des tiers, ou des quarts, etc., c'est-à-dire, qui auroit pour dénominateur 2, ou 3, ou 4, etc., donneroit une puissance dont le dénominateur seroit 2, ou 3, ou 4, etc., élevé à cette puissance : il faudroit donc que le nombre dont on demande la racine représentât non des unités entières, mais des unités fractionnaires désignées par le dénominateur de la racine élevé à la puissance du degré de cette racine; et pour cela, on feroit exprimer au nombre proposé d'autant plus d'unités que ces unités doivent être plus petites, en multipliant ce nombre par le dénominateur de la racine élevée à la puissance du degré de cette racine.

D'après cela, supposons que l'on veuille avoir la racine carrée de 837 à moins de $\frac{1}{12}$; je vois que la racine exprimant des douzièmes, donneroit un carré composé de 144mes. ; il faut donc que le nombre dont on extraira la racine carrée représente des 144mes., au lieu d'unités entières : par conséquent, il faut qu'il renferme 144 fois plus d'unités, puisque l'on veut que ces unités soient 144 fois plus petites. On multipliera donc 837 par 144; et du produit résultant 120528, on extraira la racine carrée qui, en exprimant des 12mes., sera exacte à moins d'un douzième.

Si l'on eût demandé la racine troisième à moins d'un douzième, on auroit élevé 12 au cube, multiplié 837 par ce cube, et la racine qui auroit représenté des douzièmes eût été approchée à moins d'un douzième.

Il en seroit de même pour toutes les autres racines, et pour les divers degrés d'approximation que l'on voudroit obtenir.

3°. En se rappelant la manière de raisonner et d'opérer lorsqu'il s'agit d'avoir les divers chiffres d'une racine, on voit que le reste de l'opération, quand on a trouvé le chiffre des unités simples, peut encore être regardé comme le double produit de la partie trouvée de la racine par la fraction qui doit accompagner cette partie, plus le carré de cette même fraction ; de sorte qu'en continuant d'opérer comme pour la recherche du chiffre des unités, on détermineroit la fraction qui doit faire approcher de la vraie racine.

Pour appliquer ce principe, proposons-nous donc de trouver par approximation la racine carrée de 4587, dont nous avons déja déterminé (prob. XXV) la partie entière qui est 67, le reste donné par l'opération étant 98.

Ce reste 98 est un nombre un peu plus grand que le double produit de 67 par la fraction qui doit accompagner 67 ; par conséquent, si l'on divise 98 par le double de 67, c'est-à-dire, par 134, le quotient $\frac{98}{134}$ ou $\frac{49}{67}$ sera un peu trop grand : de sorte qu'en prenant $67\frac{49}{67}$, on auroit une racine plus grande que la véritable. Pour en avoir une plus petite, on pourroit diminuer la fraction $\frac{49}{67}$ d'une unité de son espèce, et prendre $\frac{48}{67}$; on feroit alors le double produit de 67 par $\frac{48}{67}$, on ajouteroit à ce produit le carré de $\frac{48}{67}$, et l'on auroit 96 plus le carré de $\frac{48}{67}$; résultat qui, pouvant être soustrait de 98, indiqueroit que la fraction $\frac{48}{67}$ n'est pas trop grande ; de sorte que l'on verroit que la racine carrée de 4587 tombe entre $67\frac{49}{67}$ et $67\frac{48}{67}$.

Mais on pourroit ici faire usage des fractions continues en cherchant les limites de la fraction $\frac{49}{67}$; et, en prenant successivement les diverses limites au-dessous de cette fraction, on se procureroit plusieurs valeurs approchées de la racine. Soumettant donc la fraction $\frac{49}{67}$ aux diverses opérations qui doivent en donner les limites (prob. XLVII), on trouvera

$$1 \qquad \frac{3}{4} \qquad \frac{11}{15} \qquad \frac{49}{67} \qquad \frac{19}{26} \qquad \frac{8}{11} , \quad \frac{2}{3} .$$

On prendra ensuite la fraction $\frac{19}{26}$ la plus voisine en dessous de $\frac{49}{67}$; et la vérifiant comme partie de la racine, on aura 97 plus une fraction à retrancher du reste 98 ; ce qui prouve que la fraction $\frac{19}{26}$ donne une valeur plus approchée que la fraction $\frac{48}{67}$. Ainsi, la racine carrée de 4587 tombe entre $67\frac{49}{67}$ et $67\frac{19}{26}$.

Il est évident, d'après cela, que les fractions $\frac{8}{11}$ et $\frac{2}{3}$ étant plus petites que la fraction $\frac{19}{26}$, donneroient encore des valeurs approchées moindres que la vraie racine, mais qui seroient moins approximatives que 67 $\frac{19}{26}$: on ne les prendroit donc que dans le cas où l'on auroit besoin d'une racine fort simple.

Ces raisonnemens sont exactement applicables à l'approximation des racines troisièmes, quatrièmes, et, en général, d'un degré quelconque.

REMARQUE. Après avoir partagé l'unité en un certain nombre de parties égales, et avoir formé avec quelques-unes de ces parties une fraction de cette unité, on peut choisir pour unité la fraction elle-même, la partager en un certain nombre de parties égales, et faire, avec quelques-unes de ces parties, une fraction de fraction. Ainsi que l'on conçoive la fraction $\frac{3}{5}$ partagée en 7 parties égales, et que l'on prenne 4 de ces parties, on aura une fraction de fraction que l'on indiquera en disant $\frac{4}{7}$ de $\frac{3}{5}$.

Semblablement, si l'on concevoit cette fraction de fraction partagée en 9 parties égales, et que l'on en demandât 8, on auroit une fraction de fraction de fraction exprimée par $\frac{8}{9}$ de $\frac{4}{7}$ de $\frac{3}{5}$: ainsi de suite, si l'on vouloit avoir une fraction de fraction de fraction de fraction.

** PROBLÉME XLVIII.

Réduire en fraction de l'unité principale, une fraction de fraction, ensuite une fraction de fraction de fraction, et, en général, une fraction d'une suite quelconque de fractions de fractions.

SOLUTION. 1°. Soit la fraction de fraction $\frac{4}{7}$ de $\frac{3}{5}$. Cette expression signifie qu'il faut prendre 4 fois $\frac{1}{7}$ de $\frac{3}{5}$: or on prendra $\frac{1}{7}$ de $\frac{3}{5}$, en rendant la fraction $\frac{3}{5}$ 7 fois plus petite, c'est-à-dire, en multipliant par 7 son dénominateur 5 ; ce qui donnera $\frac{3}{35}$, et l'on aura 4 fois ce 7me. en rendant le numérateur 3, 4 fois plus grand : on verra donc que $\frac{4}{7}$ de $\frac{3}{5}$ sont la même chose que $\frac{12}{35}$ de l'unité.

2°. Qu'il s'agisse de réduire aussi en fraction de l'unité, la fraction de fraction de fraction $\frac{8}{9}$ de $\frac{4}{7}$ de $\frac{3}{5}$. Il est évident que l'on peut remplacer $\frac{4}{7}$ de $\frac{3}{5}$ par la simple fraction $\frac{12}{35}$; et alors on aura $\frac{8}{9}$ de $\frac{12}{35}$, fraction de fraction qui indique que l'on doit prendre 8 fois $\frac{1}{9}$ de $\frac{12}{35}$: on aura donc à multiplier le dénominateur 35 par le dénominateur 9, et le numérateur 12 par le numérateur 8 : de sorte que si l'on observe que l'on peut toujours réduire à une fraction de fraction les fractions d'un nombre quelconque de fractions de fraction, on conclura que

Pour réduire en fraction de l'unité les fractions de fractions de fractions de fraction, il suffit de multiplier numérateurs par numérateurs, et dénominateurs par dénominateurs.

REMARQUE. D'après le système de numération adopté, ou la manière d'écrire les nombres par des chiffres, on voit que ces derniers expriment des unités successivement dix fois plus grandes, à mesure qu'ils avancent d'un rang plus à gauche, et, par conséquent, des unités de dix en dix fois plus petites, à mesure qu'ils reculent d'un rang vers la droite. Donc, un chiffre placé à la droite de celui des unités simples, représentera des unités dix fois moindres, c'est-à-dire des dixièmes d'unité ; celui placé à la droite du chiffre des dixièmes, exprimera des dixièmes de dixième, ou des centièmes d'unité ; celui placé à la droite des centièmes représentera des dixièmes de centième ou des millièmes d'unité, ainsi de suite.

La numération adoptée nous fournit donc un moyen d'écrire comme les nombres entiers, c'est-à-dire, sans dénominateurs, les fractions de l'unité qui ont pour dénominateur le chiffre 1 suivi d'un ou de plusieurs zéros.

Ces sortes de fractions seront donc plus faciles à combiner, et l'on aura bien simplifié les calculs, si l'on
trouve un moyen de ramener à cette forme les fractions
ordinaires. Examinons donc, de plus près, cette nouvelle espèce de fractions, afin de découvrir comment on
opère sur elles, et ensuite, comment on y transforme
les autres sortes de fractions.

Avant tout, *nommons* FRACTIONS DÉCIMALES *ou simplement* DÉCIMALES, *ces fractions qui n'expriment que
des parties sousdécuples de l'unité principale ou primitive,*
et occupons-nous ensuite des moyens de reconnoître les
propriétés qui les caractérisent; mais pour cela, il faudroit faire servir les propriétés des fractions ordinaires,
propriétés qui doivent leur être communes, puisqu'elles
appartiennent à toute sorte de fractions.

✶✶✶ PROBLÊME XLIX.

*Étant données des fractions décimales écrites sous la
forme de fractions ordinaires, on demande de les écrire
sous la forme d'un nombre entier, en indiquant seulement leurs dénominateurs.*

SOLUTION. Pour commencer par le cas le plus simple, ne prenons d'abord que des fractions décimales ayant
chacune un seul chiffre au numérateur. Soient donc les
fractions $\frac{7}{10}$, $\frac{4}{100}$, $\frac{6}{1000}$, à écrire sous la forme de nombre
entier.

Puisque, d'après le principe fondamental de la numération, tout chiffre placé à la droite d'un autre, exprime des
unités dix fois plus petites que celles de cet autre, il s'en
suit que le chiffre 7 représenteroit des dixièmes, s'il étoit

écrit à la droite du rang destiné au chiffre des unités
simples ; et comme dans ce cas, nous n'avons point
d'unités simples, nous écrirons un zéro pour en tenir
lieu, et à la droite de ce zéro, le chiffre 7 que nous
séparerons du zéro par une virgule, afin de bien distinguer la partie entière d'un nombre de la partie fractionnaire ; nous aurons donc d'abord 0,7. Par la même
raison, le chiffre 4 exprimant des centièmes d'unité,
c'est-à-dire, des unités dix fois moindres que les dixièmes,
devra être écrit à la droite du chiffre 7 ; et, le chiffre
6 qui représente des millièmes ou des unités 10 fois
plus petites que les centièmes, aura sa place à la droite
du chiffre 4; de sorte que les trois fractions décimales
$\frac{7}{10}$, $\frac{4}{100}$, $\frac{6}{1000}$ pourront être mises sous cette forme 0,746.
Et, si l'on remarque que chaque chiffre se trouve placé
à la droite de la virgule à un rang désigné par le nombre
des zéro du dénominateur de la fraction dont il est numérateur, on en conclura que

*Pour écrire sous la forme de nombre entier des frac-
tions décimales qui n'ont chacune qu'un seul chiffre pour
numérateur, il faut mettre un zéro pour tenir lieu des
unités entières, ensuite une virgule à la droite du zéro,
et enfin, placer chaque chiffre numérateur des fractions
décimales à la droite de la virgule, à un rang indiqué
par le nombre des zéro que renferme son dénominateur.*

Supposons maintenant que l'on ait une fraction décimale dont le numérateur soit de plusieurs chiffres, telle
que $\frac{348}{1000}$. Pour ramener ce cas au précédent, décom-
posons cette fraction en autant de fractions partielles
que le numérateur a de chiffres, et nous aurons.....
$\frac{300}{1000}$ $\frac{40}{1000}$ $\frac{8}{1000}$. Supprimant ensuite les zéro communs
aux deux termes de chaque fraction, il viendra......

$\frac{3}{15}$ $\frac{4}{100}$ $\frac{8}{1000}$, fractions qui, d'après la règle précédente, s'écrivent ainsi, 0,348.

Or, en comparant cette expression avec la proposée $\frac{348}{1000}$, on voit que l'on n'a fait qu'écrire le numérateur 348 de la fraction proposée, et que l'on a indiqué le dénominateur, en avançant la virgule vers la gauche d'un nombre de rangs égal au nombre des zéro que renferme le dénominateur de la fraction décimale.

Si l'on avoit proposé d'écrire sans dénominateur la fraction décimale $\frac{5789}{100}$, on l'auroit décomposée en $\frac{5000}{100}$, $\frac{700}{100}$, $\frac{80}{100}$, $\frac{9}{100}$; et, supprimant les zéro communs, on auroit eu $\frac{50}{1}$, $\frac{7}{1}$, $\frac{8}{10}$, $\frac{9}{100}$, ou 57,89.

D'où l'on voit que, *pour écrire une fraction décimale sous la forme d'un nombre entier, il faut écrire le numérateur de cette fraction, et avancer la virgule vers la gauche, d'autant de rangs que le dénominateur de la fraction décimale renferme de zéro.*

** PROBLÊME L.

Une fraction décimale étant donnée sous la forme d'un nombre entier, on demande de la faire passer sous la forme de fraction ordinaire.

SOLUTION. Soit la fraction décimale 8,0749 que l'on veuille écrire sous la forme d'une fraction ordinaire. Puisque, d'après le système de numération, tout chiffre placé à la droite d'un autre, exprime des unités dix fois moindres, il s'ensuit que le chiffre 7, placé à deux rangs plus à droite, par rapport au chiffre 8 des unités simples, représentera des centièmes d'unité, et pourra être écrit

ainsi $\frac{7}{100}$; que le chiffre suivant 4 exprimera des mil-lièmes ; le chiffre 9 des dix-millièmes ; de sorte que l'expression donnée 8,0749 se transformera ainsi.........
8 $\frac{7}{100}$ $\frac{4}{1000}$ $\frac{9}{10000}$.

Mais, on peut, pour rendre cette expression plus simple, réduire tout en unités de la plus petite espèce, c'est-à-dire, en dix-millièmes ; ce qui donnera

$$\frac{80000}{10000}\ \frac{700}{10000}\ \frac{40}{10000}\ \frac{9}{10000}, \quad \text{ou} \quad \frac{80749}{10000} ;$$

de sorte que, si l'on compare entre elles les deux expressions 8,0749 et $\frac{80749}{10000}$, on en conclura que

Pour écrire sous la forme de fraction ordinaire, une fraction décimale donnée, il faut écrire le nombre sans avoir égard à la virgule, et donner à ce nombre, pour dénominateur, l'unité suivie d'autant de zéro qu'il y a de rangs occupés à la droite de la virgule.

Si l'on observe qu'énoncer une fraction décimale écrite sous la forme d'un nombre entier, se réduit à énoncer le numérateur et le dénominateur de la fraction déci-male, on verra que la difficulté est ramenée à trans-former en fraction ordinaire la fraction décimale ; et, par conséquent, que ce problême ne diffère pas de celui que nous venons de résoudre. On peut donc traduire la règle précédente en celle-ci.

Pour énoncer une fraction décimale, il faut énoncer comme un nombre entier, sans égard pour la virgule, le nombre qui représente cette fraction ; et ensuite faire connoître l'espèce des unités décimales, en énonçant le dénominateur qui est toujours l'unité suivie d'autant de zéro qu'il y a de chiffres à la droite de la virgule.

*** PROBLÊME LI.

Additionner des fractions décimales écrites sans leurs dénominateurs.

SOLUTION. Pour ajouter des fractions les unes aux autres, il faut d'abord les réduire au même dénominateur.

Or, les fractions décimales qu'il s'agit d'ajouter, auroient les mêmes dénominateurs, si elles avoient chacune le même nombre de rangs occupés à la droite de la virgule ; elles en auront donc toutes le même nombre, si l'on écrit des zéro à la droite des décimales qui ont moins de rangs occupés à la droite de la virgule ; et, comme le nombre écrit est le numérateur de la fraction décimale, il s'ensuit que l'on aura, par cette opération, fait entrer autant de zéro à la droite du numérateur, qu'à celle du dénominateur ; et les fractions n'auront pas changé de valeur.

On additionnera ensuite les numérateurs, c'est-à-dire, les nombres donnés, comme s'ils étoient des nombres entiers ; et, à cette somme, on donnera le dénominateur commun, en avançant la virgule vers la gauche, d'autant de rangs qu'elle étoit avancée dans les nombres ajoutés.

Qu'il s'agisse, par exemple, d'additionner les fractions décimales 8,37, 9,236 *et* 14,7.

J'observe que ces fractions décimales seroient réduites au même dénominateur, si elles avoient chacune 3 rangs d'occupés à la droite de la virgule. J'écrirai donc un zéro à la droite de la première fraction, et deux à la droite de la troisième ; ce qui donnera 8,370, 9,236,

14,700. Or, il est évident qu'en mettant un zéro à la droite de 8,37, on a des millièmes au lieu de centièmes; mais on en a 8370, c'est-à-dire, 10 fois plus qu'on n'avoit de centièmes. La fraction décimale n'a donc pas changé de valeur : il en est de même de la troisième. L'opération est, par conséquent, ramenée à ajouter les numérateurs 8370, 9236, 14700, et à avancer dans la somme la virgule de 3 rangs vers la gauche, afin que cette somme ait le même dénominateur que les fractions ajoutées.

*** PROBLÊME LII.

Multiplier une fraction décimale par une autre.

SOLUTION. Puisque les nombres donnés, abstraction faite de la virgule, sont les numérateurs des fractions décimales, on les multipliera l'un par l'autre. Mais le dénominateur de chaque fraction est l'unité suivie d'un nombre de zéro égal aux rangs dont la virgule est avancée vers la gauche dans chacun d'eux ; de sorte que le produit des dénominateurs sera l'unité suivie d'autant de zéro qu'il y a de rangs occupés à la droite de la virgule dans les deux facteurs. On désignera donc le dénominateur du produit, en avançant dans ce produit la virgule vers la gauche, d'autant de rangs qu'elle est avancée dans le multiplicande et dans le multiplicateur.

Soit à multiplier 7,635 *par* 3,27. J'observe que le multiplicande est ici une fraction qui a pour numérateur 7635, et pour dénominateur 1000, tandis que le multiplicateur a 327 pour numérateur, et 100 pour dénominateur. D'après la multiplication des fractions, on multipliera donc 7635 par 327, c'est-à-dire, les nombres donnés l'un par l'autre, en faisant abstraction de la virgule ; et, au produit, on donnera pour dénominateur 1000 multiplié par 100 ou 100000, c'est-à-dire, que dans le produit, on avancera la virgule vers la gauche de cinq rangs, ou bien d'autant de rangs qu'il y en a d'occupés à la droite de la virgule dans les deux facteurs.

Ainsi, *pour multiplier une fraction décimale par un nombre entier, ou une fraction décimale par une autre, on doit multiplier les deux facteurs, sans faire attention à la virgule, et, dans le produit, avancer la virgule vers la gauche d'autant de rangs, qu'il y en a d'occupés à la droite de la virgule dans les deux facteurs.*

Il suit de cette règle, que, *si l'on avoit à former un produit de plusieurs fractions décimales, il faudroit multiplier celles-ci comme on multiplie des facteurs entiers, et avancer dans le produit la virgule vers la gauche, d'autant de rangs qu'il y en a d'occupés à la droite de la virgule, dans tous les facteurs.*

REMARQUE. Dans la multiplication des fractions décimales, il peut arriver que les facteurs aient beaucoup de rangs occupés à la droite de la virgule, ce qui donneroit au produit, des unités décimales d'un ordre très-inférieur ; et, comme rarement on a besoin d'avoir au résultat un si grand nombre de décimales, il seroit bien utile d'avoir une méthode abrégée pour obtenir les produits à moins d'une unité décimale d'un ordre donné.

*** PROBLÊME LIII.

Multiplier une fraction décimale par une autre, de manière que le produit trouvé ne diffère pas du véritable d'une unité décimale d'un ordre donné.

SOLUTION. Proposons-nous de multiplier 3,4567 par 8,793, et d'obtenir un produit qui ne diffère pas du véritable d'un centième. Nous pourrons donc ne pas multiplier les chiffres du multiplicande dont le produit par ceux du multiplicateur ne sauroit fournir aucune unité de centième.

Or, en prenant le cas le plus défavorable, c'est-à-dire, celui où tous les chiffres que l'on négligeroit au multiplicande seroient des 9, ceux du multiplicateur l'étant aussi, il est évident que, si l'on eût effectué toutes les multiplications, on auroit eu 8 unités de plus à ajouter au dernier chiffre que l'on conserve, plus 9 unités de tous les ordres inférieurs jusqu'au dernier chiffre à droite qui seroit 1.

En effet, supposons que le multiplicande soit 0,4786999 et que l'on veuille négliger les chiffres au-dessous des dix-millièmes : en multipliant seulement 0,4786 par 9, on aura 4,3074, tandis qu'en ne négligeant rien, on trouvera 4,3082991 ; de sorte que, si l'on prend la différence entre ces deux produits, on trouvera que l'erreur commise est 0,0008991.

On conclura donc que le MAXIMUM *d'erreur pour chaque produit partiel est 8 unités du dernier chiffre que l'on conserve au multiplicande, plus 9 unités de chaque ordre inférieur.*

D'où l'on voit qu'*en prenant cette erreur dix fois, elle ne donneroit aucune unité au chiffre plus avancé de deux rangs vers la gauche que celui auquel on s'est arrêté au multiplicande.*

Ainsi, dans le cas où l'on s'arrêteroit aux dix-millièmes, le *maximum* d'erreur de chaque produit partiel seroit 0,0008999, etc., et dix produits partiels qui donneroient la même erreur en occasionneroient une au produit total exprimée seulement par 0,008999, etc.

De là nous conclurons que *toutes les fois que l'on n'aura pas plus de 10 et même de 12 chiffres au multiplicateur, on ne pourra avoir une unité d'erreur sur le chiffre plus avancé de deux rangs vers la gauche par rapport à celui auquel on s'est arrêté dans le multiplicande.*

D'après cela, voulant ici avoir le produit de 3,4567 par 8,793, à moins d'un centième, on pourra ne pas multiplier les chiffres qui donneroient moins que des dix millièmes, puisque, n'ayant que quatre chiffres au multiplicateur, nous n'avons point à craindre l'erreur d'une unité pour le chiffre supérieur de deux rangs à celui des dix millièmes, c'est-à-dire, celle d'un centième.

Ainsi, commençant à multiplier par les 8 unités du multiplicateur, je vois qu'il faut prendre tous les chiffres du multiplicande, parce que, des dix millièmes par des unités donnent des dix millièmes. Mais le produit des dix millièmes du multiplicande par les 7 dixièmes du multiplicateur ayant 5 décimales, je néglige de multiplier le chiffre 7 des dix millièmes, et je ne commence qu'au chiffre 6.

Semblablement, lorsque je multiplierai par le chiffre 9 placé au second rang à la droite des unités, je ne commencerai la multiplication que sur le chiffre 5, dont le rang à droite de la virgule ajouté à celui du chiffre multiplicateur 9, est égal à 4. Passant ensuite au chiffre 3 situé au 3e. rang par rapport à la virgule, on commencera la multiplication au chiffre 4, le 1er. après la virgule dans le multiplicande ; ainsi de suite, si l'on avoit plus de chiffres au multiplicateur.

On peut donc établir pour règle, qu'*en multipliant par chaque chiffre du multiplicateur, il faut commencer par celui du multiplicande, placé à un rang qui, ajouté au rang du chiffre multiplicateur, donne un nombre de décimales supérieur de deux rangs à celui des unités de l'espèce à laquelle on veut s'arrêter dans le résultat, et négliger tous les chiffres du multiplicande qui sont à droite.*

D'après cette règle, *on placera sous le mul-*   3,4567
tiplicande le chiffre des unités du multiplica-   3978
teur, deux rangs à droite de celui du chiffre   ⸻
à l'espèce duquel on veut s'arrêter; on écrira   27,6536
de droite à gauche les autres chiffres du   2,4192
multiplicateur, en les prenant de gauche à   3105
droite; et, à chaque multiplication, on négli-   102
gera dans le multiplicande les chiffres placés   ⸻
à la droite du chiffre multiplicateur.   30,3935

L'opération faite, on supprimera, dans le produit, les deux derniers chiffres à droite, ayant l'attention cependant, pour diminuer l'erreur, d'augmenter de 1 le dernier chiffre conservé, si les deux chiffres supprimés surpassent la moitié de l'unité la plus petite qui reste au produit.

Appliquant cette règle à l'exemple proposé, et faisant l'opération telle qu'on la voit ici, on trouvera au produit 30,3935 ; et, en supprimant les deux derniers chiffres 35, on aura à moins d'un centième le produit de 3,4567 par 8,793.

** PROBLÊME LIV.

Elever une fraction décimale à une puissance d'un degré donné.

SOLUTION. Les décimales étant des fractions dont on n'écrit que le numérateur, et dont le dénominateur est désigné par le nombre des rangs dont on a avancé la virgule vers la gauche, doivent être assujéties aux mêmes règles que les fractions ordinaires.

Or, pour élever celles-ci à une puissance quelconque, il faut en élever les deux termes à cette puissance. De plus, quand on veut avoir une certaine puissance de l'unité suivie de zéro, il suffit d'écrire à la suite de l'unité autant de fois les zéro de la racine, que le marque le degré de la puissance.

Ainsi, *pour élever à une puissance d'un degré donné, une fraction décimale écrite sous la forme de nombre entier, il faut opérer d'abord comme si la virgule n'y étoit pas;*

et avancer ensuite cette virgule vers la gauche d'un nombre de rangs indiqué par le nombre des décimales de la racine multiplié par le degré de la puissance.

On seroit parvenu à la même règle, en partant du principe que le produit d'un nombre quelconque de fractions décimales renferme autant de décimales qu'il y en a dans tous ses facteurs; d'où l'on voit que *les facteurs étant égaux, on aura à la puissance le nombre des décimales de la racine multiplié par le degré de la puissance.*

De la Décomposition des Fractions décimales.

*** PROBLÊME LV.

Soustraire une fraction décimale d'une autre.

SOLUTION. On réduira les deux fractions décimales au même dénominateur, en écrivant à la droite de celle qui a le moins de rangs occupés à la droite de la virgule, assez de zéro, pour que cette virgule soit avancée vers la gauche d'un même nombre de rangs dans les deux fractions. Ensuite, on prendra la différence des numérateurs, c'est-à-dire, des nombres donnés, comme s'ils n'étoient que des nombres entiers ; et , à cette différence, on donnera le dénominateur commun, en avançant la virgule vers la gauche, d'autant de rangs qu'elle étoit avancée dans l'un des nombres donnés.

Cette règle pourroit encore se réduire de la manière dont on a additionné deux fractions décimales.

*** PROBLÊME LVI.

*Diviser une fraction décimale par un nombre entier,
ensuite un nombre entier par une fraction décimale, et
enfin une fraction décimale par une autre.*

** SOLUTION. En se rappelant la manière dont on
opéreroit, si, au lieu de fractions décimales, on avoit
des fractions ordinaires, et en écrivant les premières avec
leurs dénominateurs, on verra les opérations à faire pour
obtenir les divers résultats demandés.

Mais, pour éclaircir ce procédé, *proposons-nous d'a-
bord de diviser* 18,59 *par* 14. J'observe qu'il s'agit ici
de diviser la fraction $\frac{1859}{100}$ par 14; ou bien, de diviser
1859 par 14, suivant les règles ordinaires, et ensuite
par 100, en avançant la virgule dans le quotient, de
deux rangs vers la gauche.

S'il falloit diviser 423 *par* 2,84, l'opération consisteroit à multiplier 423 par la fraction diviseur $\frac{284}{100}$ renversée ; ou bien à multiplier 423 par 100, et à diviser
par 284 le produit 42300. D'où l'on voit que *pour diviser
un nombre entier par une fraction décimale, on écrit
à la droite du dividende, autant de zéro qu'il y a de
décimales au diviseur, et l'on fait la division comme pour
les nombres entiers.*

Enfin *qu'il s'agisse de diviser* 85,97 *par* 27,548. J'observe qu'en écrivant ces nombres sous la forme de frac-
tions ordinaires, on aura $\frac{8597}{100}$ à diviser par $\frac{27548}{1000}$, ou
bien 8597 par $\frac{27548}{10}$, en multipliant par 100 le dividende et le diviseur, ce qui ne doit pas changer le quotient. L'opération sera donc ramenée à multiplier 8597
par $\frac{10}{27548}$; c'est-à-dire, à completter par un zéro les

décimales du dividende, de cette manière, 85,970, et à diviser sans égard pour la virgule.

S'il avoit fallu diviser une fraction décimale par une autre qui auroit eu moins de décimales que la fraction dividende, par exemple, 96,7432 par 35,83 ; l'opération eût été réduite à diviser $\frac{967432}{10000}$ par $\frac{3583}{100}$, ou $\frac{967432}{100}$ par 3583, ou bien 967432 par 3583, et ensuite le quotient par 100 ; *ce qui revient à diviser les nombres donnés comme s'ils étoient entiers, et à avancer la virgule, dans le quotient, d'un nombre de rangs vers la gauche égal à l'excès du nombre des décimales du dividende sur celui des décimales du diviseur.*

*** **AUTRE SOLUTION.** Puisque les nombres qui expriment des unités de même espèce se contiennent comme les nombres de leurs unités, il s'ensuit qu'en réduisant au même dénominateur le dividende et le diviseur, on n'aura plus qu'à diviser un nombre entier par un autre. Or, cette réduction se fait toujours en complettant par des zéro écrits à la droite, celui des deux nombres qui a le moins de décimales; de sorte que nous pourrons établir la règle suivante.

Pour diviser une fraction décimale par un nombre entier, ou un nombre entier par une fraction décimale, ou une fraction décimale par une autre, on complettera par des zéro celui des deux nombres qui a le moins de décimales, et l'on fera la division comme si la virgule n'y étoit pas; ayant soin cependant, pour simplifier, de supprimer les zéro communs qui se trouveroient à la droite du dividende et à celle du diviseur.

* PROBLEME LVII.

Etant donnés deux nombres qui renferment beaucoup de décimales, on demande de les diviser l'un par l'autre, de manière que le quotient ne diffère pas d'une unité décimale déterminée, par exemple, d'un centième.

SOLUTION. Soit le nombre 30,3947631, à diviser par 3,4567, de manière que le quotient ne puisse pas avoir une erreur d'un centième.

Pour simplifier l'opération, commençons par supprimer les trois derniers chiffres 631 du dividende ; et, comme alors les moindres unités seront des dix millièmes, nous négligerons, en multipliant le diviseur par le quotient, les unités inférieures aux dix millièmes, ce qui reviendra à n'employer que 3,456 pour second diviseur, 3,45 pour troisième, 3,4 pour quatrième, et 3 seulement pour cinquième.

$$\begin{array}{r|l} 30{,}3947 & 3{,}4567 \\ 2{,}7411 & \overline{\phantom{8{,}7934}} \\ 3219 & 8{,}7934 \\ 114 & \\ 12 & \\ 0 & \end{array}$$

Effectuons donc ces opérations, et voyons si le quotient sera affecté de moins ou de plus d'un centième d'erreur.

Le premier dividende partiel sera le dividende total diminué de 0,0000631. Divisant 30 par 3, on aura 8 au quotient ; multipliant tout le diviseur par 8, et soustrayant le produit, on aura un premier reste 2,7411 ; continuant à diviser les 27 dixièmes de ce reste par les 3 unités du diviseur, on aura 7 dixièmes au quotient ; et comme le second dividende ne renferme pas des unités au-dessous des dix millièmes, il faudra, dans la multiplication du diviseur par les 7 dixièmes du quotient, ne pas descendre au-dessous des dix millièmes, ce que l'on fera en ne multipliant pas le chiffre 7 des dix millièmes du diviseur. On multipliera donc 3,456 par 0,7, et retranchant le produit du premier reste, on trouvera 0,3219 pour second reste ; opérant sur celui-ci comme sur le précédent, on obtiendra 0,09 au quotient. Ici il faudra, pour n'avoir que des dix millièmes au produit, multiplier seulement 3,45 par 0,09, et après la soustraction, on aura 0,0114 pour troisième reste ; poursuivant la division, on trouvera 0,003 au quotient ; et, après avoir multiplié 3,4 par 0,003, et retranché le produit du 3me. reste, on arrivera à un 4me. reste 0,0012 qui donnera 0,0004 pour quotient : multipliant enfin 3 par 0,0004, et retranchant le produit du dernier reste , il viendra zéro. De sorte que le quotient trouvé sera 8,7934.

Il nous reste maintenant à voir jusqu'à quel point les chiffres omis dans le dividende et dans le diviseur ont pu influer sur le quotient.

Il est clair d'abord que chaque unité retranchée du dividende, donne un quotient trop petit de cette unité divisée par le diviseur. Ainsi, les 0,0000631 retranchés du dividende, rendront le quotient trop petit de $\dfrac{0,0000631}{3,4567}$ ou de $\dfrac{631}{3,4567000}$, ou à-peu-près de 0,0000182.

Mais lorsque l'on a multiplié 3,456 par 0,7, on a négligé de multiplier 0,0007 par 0,7 ; ce qui a dû donner un produit partiel trop petit de 0,00049, et par conséquent le reste 0,3219 trop grand de 0,09049.

Semblablement, la multiplication de 3,45 par 0,09 a donné un produit trop petit de 0,0067 $\times$ 0,09, ou de 0,000603 , et le reste 0,0114 trop grand de ce même nombre. Ensuite , en ne multipliant que 3,4 par 0,003, le produit résultant a été trop petit de 0,0567 $\times$ 0,003, ou de 0,0001701 ; par conséquent, le reste 0,0012 s'est trouvé trop grand de 0,0001701. Enfin, en multipliant 3 par 0,0004, on a eu un produit trop petit de 0,4567 $\times$ 0,0004 , et un reste trop grand de 0,00018268.

Additionnant donc toutes ces unités que l'on a ajoutées de trop aux divers dividendes partiels, on trouvera que l'erreur totale dont les dividendes ont été affectés est exprimée par 0,00144578 ; mais comme on avoit diminué de 0,0000631 ces mêmes dividendes, il s'ensuit que l'erreur en plus a été réduite à... 0,00138268. Par conséquent, le quotient est trop grand d'une quantité moindre que.....

$$
\begin{array}{r}
0,00049 \\
0,000603 \\
0,0001701 \\
0,00018268 \\
\hline
0,00144578 \\
0,0000631 \\
\hline
0,00138268
\end{array}
$$

$\dfrac{0,0014}{3,4567}$, ou $\dfrac{14}{34567}$, ou à-peu-près 0,00044 : retranchant donc 0,00044 du quotient trouvé 8,7934, on aura retranché une quantité trop grande, ce qui donnera un quotient trop petit, exprimé par 8,79296. Ainsi le vrai quotient tombe entre 8,7934 et 8,79296.

Si pour mieux connoître les causes d'erreur, on examine attentivement le tableau précédent, on verra d'abord que l'erreur en plus qui affecte les dividendes partiels, doit diminuer à mesure que les derniers chiffres à droite retranchés du dividende sont plus grands ; ensuite, que cette erreur diminue lorsque les chiffres du diviseur sont plus petits, et qu'il en est de même par rapport à ceux du quotient.

D'où nous conclurons que, *dans la division des décimales, on peut abréger l'opération, en supprimant un certain nombre de chiffres décimaux à la droite du dividende et du diviseur, dans le cas sur tout où les chiffres retranchés du dividende sont fort grands, relativement aux chiffres du diviseur.*

*** PROBLÈME LVIII.

Extraire d'une fraction décimale la racine 2ᵉ., ou 3ᵉ., ou 4ᵉ., ou, en général, la racine d'un degré quelconque.

SOLUTION. Il faut ici suivre évidemment la même marche que pour l'extraction des racines des fractions. On commencera donc par rendre le dénominateur puissance parfaite du degré donné. Or, le dénominateur d'une fraction décimale étant toujours l'unité suivie d'un nombre quelconque de zéro, et la puissance de l'unité suivie d'un ou de plusieurs zéro étant toujours 1, ayant à sa droite autant de zéro qu'il y en a dans les facteurs égaux qui forment la puissance ; il s'ensuit que *l'unité suivie d'un nombre quelconque de zéro, étant élevée à une certaine puissance, donnera 1 accompagné d'un nombre de zéro égal au produit du nombre des zéro de la racine par le degré de la puissance.*

Ainsi, les carrés de 10, de 100, de 1000, etc., auront le double des zéro de leurs racines, et seront 100, 10000, 1000000 ; leurs cubes auront le triple des zéro de la racine et seront 1000, 1000000, 1000000000, etc. ; les quatrièmes puissances auront quatre fois autant de zéro que les racines, ainsi de suite ; et, comme dans les fractions décimales, les zéro du dénominateur sont désignés par le nombre des rang occupés à la droite de la virgule, on en conclura qu'*une fraction décimale ne peut avoir pour dénominateur un carré, ou un cube, ou une quatrième, ou, en général,* une puissance quelconque, si le nombre de ses décimales n'est multiple de 2, ou de 3, ou de 4, ou, en général, du degré de la puissance.

De sorte que, *pour extraire une certaine racine d'une fraction décimale*, on écrira à la droite de cette fraction assez de zéro pour que le nombre des rangs occupés à la droite de la virgule soit un multiple du degré de la racine ; on extraiera ensuite cette racine, en faisant abstraction de la virgule, et enfin, dans cette racine, on placera la virgule à un rang vers la gauche, indiqué par le nombre des décimales de la puissance divisé par le degré de la racine.

D'après cela, si l'on demandoit la racine troisième de 6,4324, on commenceroit par mettre deux zéro à la droite de ce nombre, ce qui donneroit 6,432400 ; on extraieroit ensuite la racine troisième de 6,432400 ; et enfin, dans le résultat 185, on placeroit la virgule vers la gauche à un rang désigné par $\frac{6}{3}$, c'est-à-dire, par 2: de sorte que la racine troisième de 6,4324 seroit exprimée à moins d'un centième, par 1,85.

REMARQUE 1. En divisant un nombre entier par un autre, on a remarqué que le quotient trouvé en nombre entier ne différoit pas du véritable d'une unité simple : d'où l'on voit que, si ce quotient exprimoit des 10mes., ou des 100$^{\text{m}.}$., ou des 1000mes., ou etc. de l'unité, le quotient ne différeroit pas du vrai quotient, d'un 10me., ou d'un 100me., ou d'un 1000me., etc.

Or, si le quotient représentoit des 10mes., ou des 100me., ou des 1000mes., etc., il donneroit, étant multiplié par le diviseur qui est un nombre entier, des 10mes., ou des 100mes., ou des 1000mes., etc., au produit, c'est-à-dire, au dividende. De là nous conclurons que, pour avoir des 10mes., ou des 100mes., ou des 1000mes. etc. au quotient, le diviseur étant un nombre entier, il faut en avoir au dividende.

Or, pour que le dividende qui représente des unités entières, exprime des 10mes., ou des 100mes., ou des

1000mes., etc., il faut qu'il en renferme 10, ou 100, ou 1000, etc. fois plus.

Ainsi, *pour avoir un quotient à moins de* $\frac{1}{10}$, *ou de* $\frac{1}{100}$, *ou de* $\frac{1}{1000}$, *etc., on multipliera le dividende par* 10, *ou par* 100, *ou par* 1000, *etc., et, au quotient, on avancera la virgule vers la gauche de* 1, *ou de* 2, *ou de* 3, *ou etc. rangs.*

REMARQUE II. Les fractions étant les quotiens de leurs numérateurs par leurs dénominateurs, il s'ensuit que l'on peut toujours les exprimer en décimales, sinon exactement, au moins par approximation. Cette transformation est d'autant plus utile, que la forme que peuvent prendre les décimales simplifie beaucoup les calculs.

Examinons donc comment une fraction ordinaire se transforme en décimales ; dans quels cas cette transformation se fait exactement ; et, pour les cas où la transformation n'est pas exacte, tâchons de découvrir la loi qui lie la fraction avec son expression en décimales, afin d'obtenir plus aisément ces valeurs approchées.

** PROBLÊME LIX.

Étant donnée une fraction ordinaire, on demande de la transformer en fraction décimale.

SOLUTION. Puisque les fractions sont des quotiens dont les numérateurs sont les dividendes et les dénominateurs les diviseurs, on n'aura qu'à multiplier leurs numérateurs par 10, ou par 100, ou par 1000, etc., et à diviser ces produits par les dénominateurs, pour avoir aux quotiens des 10mes., ou des 100mes., ou des 1000mes.

qui exprimeront exactement ou approximativement les fractions données.

On peut être conduit à la même règle, en observant que la multiplication du numérateur d'une fraction par 10, ou par 100, ou par 1000, etc. rendant la fraction 10, ou 100, ou 1000 etc. fois trop grande, le quotient que l'on trouvera, en divisant par le dénominateur le produit du numérateur, sera 10, ou 100, ou 1000, etc. fois trop grand ; c'est pourquoi on le rectifiera, en lui faisant représenter des dixièmes, ou des centièmes, ou des millièmes, etc., c'est-à-dire, en avançant dans le quotient la virgule vers la gauche de 1, ou de 2, ou de 3 rangs, et, en général, d'autant de rangs que l'on a mis de zéro à la droite du numérateur ; ce qui donnera en décimales une valeur qui ne différera pas de $\frac{1}{10}$, ou de $\frac{1}{100}$, ou de $\frac{1}{1000}$, etc. de la fraction donnée, suivant que l'on aura écrit à la droite du numérateur 1, ou 2, ou 3, etc. zéro.

D'après cela, pour transformer en décimales, en millièmes, par exemple, la fraction $\frac{6}{7}$, j'observe qu'en multipliant le numérateur par 1000, j'aurai $\frac{6000}{7}$. Effectuant la division par 7, il viendra au quotient 857 ; mais ayant multiplié la fraction par 1000, il faudra que le nombre 857, qui doit la représenter, soit divisé par 1000 ; et c'est ce que l'on fera en avançant la virgule de 3 rangs vers la gauche, de cette manière, 0,857. De sorte que la fraction $\frac{6}{7}$ aura pour valeur approchée, à moins de $\frac{1}{1000}$, la fraction décimale 0,857 ; c'est-à-dire, que la fraction $\frac{6}{7}$ tombera entre 0,857 et 0,858.

** PROBLÊME LX.

Dans quel cas, une fraction ordinaire peut-elle se trans-former exactement en fraction décimale ?

SOLUTION. Nous venons de voir que, pour transformer une fraction ordinaire en décimales, il faut mettre des zéro à la droite du numérateur, et diviser par le dénominateur. Or, en écrivant des zéro à la droite du numérateur, on multiplie ce dernier par 10, ou par 100, ou par 1000, etc. ; de sorte que l'on a un dividende dont un facteur est le numérateur de la fraction primitive, et l'autre facteur est 10, ou 100, ou 1000, etc. Or, pour que le diviseur divisât exactement le dividende, il faudroit qu'il divisât l'un au moins des facteurs de ce dividende ; et, comme il est premier par rapport au facteur qui est le numérateur de la fraction donnée, il faudra qu'il divise le facteur 10, ou 100, ou 1000, etc. Mais 10 n'a pour diviseurs premiers que 2 et 5 ; les nombres 100, 1000, 10000, etc., n'étant que des puissances de 10, n'auront pour facteurs que des puissances de 2 et de 5 ; par conséquent,

. Une fraction ordinaire ne peut être exprimée exactement en décimales, que dans le cas où son dénominateur est une puissance de 2 ou de 5, ou bien le produit d'une puissance de 2 par une puissance de 5.

Dans le cas où le dénominateur ne rempliroit pas ces conditions, la division ne pourroit être continuée à l'infini. Mais, si l'on observe que les restes d'une division doivent être toujours plus petits que' le diviseur, qui est ici le dénominateur de la fraction, on verra que ces restes ne peuvent aller à l'infini, puisque ce dénominateur leur sert de limite : par conséquent, si les divisions se continuent à l'infini, il arrivera nécessairement que les restes déja trouvés, reparoîtront ; autrement on ne pourroit continuer les divisions.

Or, dès que l'un des restes déja trouvés reparoîtra, on devra obtenir au quotient le même chiffre que la première fois, puisque le dividende et le diviseur seront les mêmes que la première fois que l'on a eu ce reste : donc le reste suivant devra être le même que celui déja obtenu, puisque rien n'a changé, excepté l'espèce des unités du chiffre du dividende partiel ; mais ce changement n'en produira que sur l'espèce des unités du chiffre du quotient, et non sur le nombre de ces unités.

Ainsi, lorsque, dans la réduction d'une fraction ordinaire en décimales, l'un des restes déja obtenus reparoît ; tous les restes successifs reparoissent dans le même ordre ; et l'on a au quotient une suite de chiffres, les mêmes que les précédens, et disposés entre eux de la même manière : de sorte qu'alors les quotiens sont des fractions décimales que nous nommerons périodiques.

** PROBLÊME LXI.

Trouver un moyen simple et facile de transformer une fraction ordinaire en fraction décimale périodique.

SOLUTION. Pour simplifier cette transformation, il faudroit connoître la loi d'après laquelle se forment les fractions périodiques. Or, le moyen le plus simple et le plus naturel est de développer quelques fractions ordinaires en décimales, et d'observer les circonstances de ce développement propres à conduire à la simplification demandée.

Mais au lieu de transformer plusieurs unités fractionnaires, il sera plus simple de n'en prendre qu'une de chaque sorte, et même de ne prendre d'abord que celles dont le dénominateur est un nombre premier, parce qu'il sera aisé de passer de ces dernières à celles qui sont désignées par des nombres multiples.

Ainsi, commençons par développer en décimales les fractions $\frac{1}{7}$, $\frac{1}{11}$, $\frac{1}{13}$ et $\frac{1}{17}$.

Après avoir fait le calcul tel qu'on le voit ici à côté, on trouvera

$\frac{1}{3} = 0{,}3333$, etc.

$\frac{1}{7} = 0{,}142857\ 142857$, etc.

$\frac{1}{11} = 0{,}0909$, etc.

$\frac{1}{13} = 0{,}076923\ 076923$, etc.

$\frac{1}{17} = 0{,}05882352.94117647\ 058$ etc.

Or, si l'on observe dans ce calcul la loi que suivent les restes et celle qui lie entre eux les chiffres d'un même quotient, on verra

1°. Que dans toutes ces divisions par des nombres premiers, on est toujours parvenu à avoir 1 pour reste, et ensuite le premier dividende ; ce qui a fait recommencer la période au premier chiffre décimal ; 2°. qu'à l'exception des divisions par 3 et par 11, où l'on n'a pas eu plus de deux restes différens, dans toutes les autres, on est arrivé à un reste qui n'étoit inférieur au diviseur que de 1 ; et que, dès cet instant, tous les restes y compris ce dernier, étant ajoutés successivement chacun aux restes précédens à partir du premier, on retrouvoit toujours le diviseur pour somme, tandis que les chiffres trouvés au quotient étant ajoutés chacun successivement aux précédens à partir de la gauche, donnoient toujours 9.

De sorte que , *si cette loi étoit générale* (comme tout porte à le croire, et comme nous tâcherons de le prouver ensuite), *il faudroit, pour réduire en décimales une unité fractionnaire dont le dénominateur seroit un nombre premier, ne pousser la division que jusqu'au reste inférieur d'une unité au diviseur, et completter le quotient, en y mettant des chiffres qui fussent chacun successivement les complémens à 9 des chiffres déja trouvés, à commencer par celui des dixièmes inclusivement.*

Les chiffres d'une période étant deux à deux complémens à 9 , il s'ensuit que *la somme de tous les chiffres de la période est un multiple de 9*, et par conséquent, que *la période est divisible elle-même par 9.*

On peut encore remarquer ici que le dividende qui donne les dixièmes étant 10, on aura 0 pour les dixièmes, si le diviseur est un nombre de deux chiffres. Dans le cas où le diviseur seroit composé de trois chiffres, on ne pourroit effectuer ni la division de 10, ni celle de 100, ce qui donneroit 0 pour les dixièmes , et 0 pour les centièmes. En général , *dans la réduction en fractions périodiques décimales, les unités fractionnaires dont le dénominateur est un nombre premier, excepté 2 et 5, on trouve autant de rangs occupés par zéro à la droite de la virgule, qu'il y a de chiffres moins un dans le diviseur.*

Passons maintenant aux expressions décimales des unités fractionnaires dont le dénominateur est 2 ou 5, ou des nombres multiples de ceux-ci : cherchons donc à transformer en décimales les unités fractionnaires suivantes :

$$\frac{1}{2},\ \frac{1}{4},\ \frac{1}{5},\ \frac{1}{6},\ \frac{1}{8},\ \frac{1}{9},\ \frac{1}{12},\ \frac{1}{14},\ \frac{1}{15},\ \frac{1}{16}\ \text{et}\ \frac{1}{18}.$$

Quant à celles de ces fractions dont les dénominateurs sont 2 ou 5, ou des puissances de 2, on les exprimera exactement ; et l'on trouvera

$$\frac{1}{2}=0,5;\quad \frac{1}{4}=0,25;\quad \frac{1}{5}=0,2;\quad \frac{1}{8}=0,125;\quad \frac{1}{16}=0,0625;$$

mais pour les autres, on observera que $\frac{1}{6}=\frac{1}{2}\times\frac{1}{3}$; que $\frac{1}{9}=\frac{1}{3}\times\frac{1}{3}$;

que $\frac{1}{12} = \frac{1}{4} \times \frac{1}{3}$; que $\frac{1}{14} = \frac{1}{2} \times \frac{1}{7}$; que $\frac{1}{15} = \frac{1}{5} \times \frac{1}{3}$; et que $\frac{1}{18} = \frac{1}{2} \times \frac{1}{9}$.

De sorte que, pour faire ces transformations, il n'y a qu'à prendre les expressions trouvées ci-dessus et les multiplier de manière que les premières décimales à gauche ne soient point altérées.

Ainsi, l'on aura la valeur de $\frac{1}{6}$ en multipliant 0,5 par 0,33333, etc, et pour le faire plus commodément, on multipliera 0,5 par les chiffres du multiplicateur 0,33333, etc. en prenant ces derniers de gauche à droite, comme on le voit ici, et l'on aura $\frac{1}{6} = 0,16666$, etc.

```
  0,5
  0,3333 etc.
  ――――――――――
  0,15
    15
     15
      15
       15
        etc.
  ――――――――――
  0,16666 etc.
```

Pour $\frac{1}{9}$ on prendra $\frac{1}{3}$ de 0,33333, etc., ce qui donnera $\frac{1}{9} = 0,11111$, etc.

A l'égard de $\frac{1}{12}$, on peut, ou prendre $\frac{1}{4}$ 0,3333, etc, ou multiplier 0,25 par 0,3333, etc., et l'on aura $\frac{1}{12} = 0,08333$, etc.

```
  0,25
  0,33333 etc.
  ――――――――――
  0,075
     75
      75
       75
        75
         etc.
  ――――――――――
  0,083333 etc.
```

Pour $\frac{1}{14}$, on multipliera 0,5 par 0,142857, etc., et l'on trouvera $\frac{1}{14} = 0,07142857$, etc.

Semblablement, en multipliant 0,2 par 0,333, etc., et ensuite 0,5 par 0,1111, etc., on obtiendra $\frac{1}{15} = 0,0666$, etc., et........ $\frac{1}{18} = 0,05555$, etc.

Ainsi de suite pour les autres unités fractionnaires.

Si l'on examine attentivement la manière dont ces résultats se sont formés, on verra 1°. qu'en multipliant 0,5 par 0,3333, ensuite 0,5 par 0,1428571, etc., et en général, que toutes les fois que l'on a multiplié une fraction décimale ne renfermant que des dixièmes par une fraction périodique, la période n'a commencé qu'aux centièmes, par la raison que tous les produits reculent d'un rang plus à droite, la colonne des dixièmes n'a qu'un seul chiffre, tandis que toutes les autres colonnes ont chacune deux chiffres.

```
  0,5
  0,1428571 etc.
  ――――――――――
  0,05
    20
     10
     40
      25
       35
        5
        20
         etc.
  ――――――――――
  0,07142857 etc.
```

2°. Qu'en multipliant 0,25 par 0,3333, etc.,

c'est-à-dire, une fraction décimale qui a deux chiffres par une fraction décimale périodique, tous les chiffres du second produit partiel ont reculé de deux rangs vers la droite, et ceux des autres produits ont reculé chacun d'un rang, ce qui a laissé le chiffre des dixièmes, et celui des centièmes seuls, tandis que, dans les autres colonnes, il y a toujours deux chiffres ; de sorte que la régularité ne doit commencer qu'au troisième chiffre inclusivement.

Et comme le nombre des décimales du multiplicande recule toujours le second produit partiel, de ce nombre de rangs vers la droite, il s'ensuit en général, qu'*en multipliant une fraction décimale finie, par une fraction décimale périodique, il y aura à la droite de la virgule autant de chiffres n'appartenant pas à la période, que la fraction décimale finie avoit de rangs occupés à la droite de la virgule.*

D'où l'on voit que, *lorsque l'on divise une fraction décimale périodique par des puissances de 2 ou de 5, ou par le produit de puissances de 2 par des puissances de 5, il y a à la droite de la virgule autant de chiffres n'appartenant point à la période, qu'il y a d'unités dans les degrés des puissances de 2 ou de 5 par lesquelles on a divisé.*

Sachant exprimer en décimales périodiques les unités fractionnaires, on auroit l'expression des fractions, en multipliant par les numérateurs de celles-ci les valeurs en décimales des unités fractionnaires qui appartiennent à ces fractions.

✱✱ PROBLÊME LXII.

Une fraction décimale périodique étant donnée, trouver la fraction ordinaire d'où elle dérive.

Solution. Il peut arriver que la période soit d'un, ou de deux ou de trois, et en général de plusieurs chiffres. Il peut arriver aussi que la période commence immédiatement après la virgule, ou seulement plusieurs rangs après. Parcourons ces divers cas.

1°. Soit une période d'un seul chiffre, par exemple, 0,777, etc. Cette période peut être regardée comme le produit de 7 par 0,11111 etc.

Or, nous avons trouvé ci-dessus que 0,11111, etc. $= \frac{1}{9}$; par conséquent 0,777, etc. $= \frac{7}{9}$.

2°. Soit une période de deux chiffres, telle que celle-ci, 0,4848, etc. Cette période est le produit de 48 par 0,0101, etc. Or, nous avons vu précédemment que $\frac{1}{11} = 0{,}090909$, etc.; par conséquent, $\frac{1}{99} = 0{,}010101$, etc.; de sorte que la fraction périodique....... 0,4848, etc. $= \frac{48}{99} = \frac{16}{33}$.

3°. Prenons une période décimale de trois chiffres, par exemple, 0,547547, etc. Cette période est le produit de 547 par 0,001001, etc. Or, puisque l'on a trouvé $\frac{1}{9} = 0{,}1111$, etc., et $\frac{1}{99} = 0{,}010101$, etc. vérifions si l'on auroit $\frac{1}{999} = 0{,}001001$, etc. Réduisant donc en décimale par la division, la fraction $\frac{1}{999}$, on trouvera au quotient 0,001001, etc.; d'où l'on voit que la fraction périodique..... 0,547547 $= \frac{547}{999}$.

Enfin, si l'on observe que $\frac{1}{9999} = 0{,}00010001$, etc.; que..... $\frac{1}{99999} = 0{,}0000100001$, etc.; et, qu'en général, l'unité fractionnaire dont le dénominateur n'est composé que de 9, est exprimée par une fraction décimale dont la période est 1 précédée d'autant de zéro qu'il y a de 9 moins un dans le dénominateur, on conclura que, *pour trouver la fraction ordinaire qui a pu donner une fraction décimale toute périodique, il faut prendre la période pour numérateur, et lui donner pour dénominateur autant de 9 écrits les uns à la suite des autres, qu'il y a de chiffres dans la période. Dans le cas où la fraction auroit un diviseur commun à ses deux termes, on la simplifieroit.*

4°. Supposons une fraction décimale dont la période ne commence pas aux dixièmes, telle que celle-ci 0,37819819, etc. On ramènera ce cas au précédent, en reculant la virgule vers la droite de manière que la partie décimale ne renferme que des chiffres de la période, ce qui donnera 37,819819, etc., que l'on exprimera ainsi $37\frac{819}{999}$, d'après la règle précédente. Mais ce résultat est 100 fois trop grand, puisque, dans le nombre proposé, nous avons reculé la virgule de deux rangs vers la droite : il faut donc le rectifier en écrivant... $\frac{37}{100}\ \frac{819}{99900}$; et, comme les deux termes de cette seconde fraction sont divisibles par 9, on effectuera la division, et l'on aura $\frac{37}{100}$ et $\frac{91}{11100}$; additionnant ces fractions, on trouvera $\frac{4198}{11100}$.

De sorte que la fraction décimale 0,37819819, etc., a pour valeur exacte la fraction $\frac{2099}{5550}$.

Si l'on cherchoit pour les fractions continues les limites de cette
fraction, on trouveroit les valeurs approchées suivantes :

$$\frac{1}{2} \quad \frac{2}{5} \quad \frac{14}{37} \quad \frac{59}{156} \quad \frac{2099}{5550} \quad \frac{330}{879} \quad \frac{45}{119} \quad \frac{3}{8} \quad \frac{1}{3},$$

Les quatre premières étant toutes plus grandes, et les quatre
dernières plus petites que la fraction $\frac{330}{879}$.

REMARQUE. Les fractions décimales nous ayant fourni une méthode simple de trouver les quotiens par approximation, nous allons les appliquer encore à la recherche des racines approchées des
puissances imparfaites.

*** PROBLÊME LXIII.

*Extraire à moins d'un dixième, ou d'un centième,
ou d'un millième, etc., les racines* 2e., 3e.*, etc., d'un
nombre entier donné.*

SOLUTION. Nous avons vu (prob. XXV) que la racine trouvée
par la méthode ordinaire, n'étoit jamais au-dessous de la racine exacte,
de la moindre unité qu'elle renferme : par conséquent, on aura la
racine à moins de $\frac{1}{10}$, ou de $\frac{1}{100}$, ou de $\frac{1}{1000}$, etc., si le dernier
chiffre de la racine trouvée exprime des dixièmes, ou des cen-
tièmes, ou des millièmes, etc.; la difficulté est donc réduite à
préparer la puissance de manière que la racine représente des dixièmes,
ou des centièmes, ou des millièmes, etc. ; et pour cela, il faudra, comme nous l'avons vu (prob. LIV), écrire à la droite de
la puissance, un nombre de zéro égal au nombre des décimales
que l'on veut à la racine, multiplié par le degré de cette racine.
D'où l'on conclura que, *pour extraire d'un nombre entier
une certaine racine qui ne diffère pas de la racine exacte,
d'un* 10me., *ou d'un* 100me., *ou d'un* 1000me *, etc., on écrira
d'abord à la droite du nombre entier donné, un nombre
de zéro égal au rang de la décimale demandée, multiplié
par le degré de la racine; ensuite on extraiera la racine*

comme celle d'un nombre entier, et dans cette racine on avancera la virgule vers la gauche d'un nombre de rangs indiqué par le quotient du nombre des zéro écrits à la droite de la puissance divisé par le degré de la racine : de sorte que la racine ainsi trouvée, sera une limite en moins, ne différant pas de la vraie racine d'une unité décimale de sa plus petite espèce ; et, si l'on augmente d'une unité le dernier chiffre à droite, on aura une limite en plus, dont la différence à la racine exacte sera plus petite que l'unité de la moindre espèce trouvée.

Mais l'extraction des racines devenant très-longue, lorsque la puissance a beaucoup de chiffres, il importeroit d'avoir une méthode d'approximation plus courte que celle de l'extraction des racines avec plusieurs décimales.

** PROBLÊME LXIV.

Ayant trouvé par les décimales deux limites entre lesquelles tombe la racine exacte d'un nombre entier, on demande une méthode abrégée pour avoir d'autres limites plus rapprochées.

SOLUTION. Afin de rendre cette recherche plus facile, proposons-nous de trouver en plus et en moins des valeurs approchées de la racine carrée de 2 ; et, pour cela, commençons par déterminer de cette racine, deux limites qui ne diffèrent entre elles que d'un dix millième. On écrira donc huit zéro à la droite de 2, et après avoir extrait la racine carrée de 200000000, on trouvera 14142 pour la racine de ce nombre à moins d'une unité, et pour reste 3836. De sorte que la racine carrée de 200000000 a pour limites 14142 et 14143, puisque le reste 3836 est plus petit que le double de la racine 14142 plus 1. Par conséquent, la racine carrée de 2 doit tomber entre 1,4142 et 1,4143

Mais il peut arriver que cette racine soit à égale distance de ses deux limites, ou bien qu'elle soit plus rapprochée de l'une que de l'autre. Or, nous avons déjà reconnu (prob. XXV) de quelle grandeur devoit être le reste de la puissance pour que la racine ne pût être augmentée de l'unité ; ou bien, quel devoit être l'accroissement de la puissance pour que la racine augmentât de 1 : de sorte que si nous savions quel doit être l'accroissement de la puissance pour $\frac{1}{2}$ d'accroissement de la racine, nous pourrions juger, d'après le reste de l'opération, si la racine peut être augmentée de $\frac{1}{2}$.

Supposons donc la racine trouvée 14142 augmentée de $\frac{1}{2}$; en élevant au carré cette racine ainsi augmentée, on aura un carré composé du carré de 14142, plus le double de 14142 multiplié par $\frac{1}{2}$, ou 14142, plus le carré de $\frac{1}{2}$ ou $\frac{1}{4}$. Par conséquent, la racine carrée 14142 ne peut être augmentée de $\frac{1}{2}$, si, après avoir retranché de 200000000 le carré de 14142, on a un reste moindre que 14142 plus $\frac{1}{4}$; et, comme le reste 3836 est plus petit que la racine 14142, on doit conclure que 14142 $\frac{1}{2}$ est une limite au-dessus de la racine exacte.

Ainsi, *la racine carrée de 2 tombe entre* 1,4142 *et* 1,41425.

Semblablement, on peut chercher quel accroissement prendroit la puissance, si la racine n'augmentoit que de $\frac{1}{4}$. Dans ce cas, si la racine étoit 14142 plus $\frac{1}{4}$, et que l'on élevât cette racine au carré, on auroit le carré de 14142, plus 2 fois 14142 multiplié par $\frac{1}{4}$, ou 14142 par $\frac{1}{2}$, plus le carré de $\frac{1}{4}$ ou $\frac{1}{16}$; par conséquent, après que l'on a retranché du nombre donné le carré de la racine trouvée 14142, on doit avoir au reste $\frac{1}{2} \times$ 14142 plus $\frac{1}{16}$, c'est-à-dire, 7071 plus $\frac{1}{16}$; et comme nous n'avons pour reste que 3836, nous conclurons que 14142 $\frac{1}{4}$ est une nouvelle limite au-dessus de la racine.

Ainsi *la racine carrée de 2 tombe entre* 1,4142 *et* 1,414225.

Si l'on ajoutoit $\frac{1}{8}$ à la racine trouvée 14142, on verroit que l'accroissement du carré doit être de $\frac{1}{4} \times$ 14142 plus $\frac{1}{64}$, c'est-à-dire, 3535,5 plus $\frac{1}{64}$, pour que la racine puisse être augmentée de $\frac{1}{8}$. Or, le reste 3836 est plus grand que l'accroissement nécessaire à $\frac{1}{8}$; par conséquent, la racine 1,4142 $\frac{1}{8}$ ou 1,4142125 est trop petite.

De sorte que *la racine de 2 tombe entre* 1,4142125 *et* 1,414225.

En continuant à raisonner et à opérer de la même manière, on trouveroit encore des limites plus voisines les unes des autres.

Nous pourrons donc conclure de ce qui précède, et de ce que nous avons dit (prob. XXV).

Qu'une racine carrée trouvée peut être augmentée de 1, ou de $\frac{1}{2}$, ou de $\frac{1}{4}$, ou de $\frac{1}{8}$, lorsque le dernier reste égale ou surpasse le double de cette racine plus 1, ou cette racine plus $\frac{1}{4}$, ou la moitié de cette racine plus $\frac{1}{16}$, ou le quart de la racine trouvée plus $\frac{1}{64}$; et, en général, qu'une racine carrée trouvée peut être augmentée d'un certain nombre, toutes les fois que le dernier reste égale ou surpasse le double de la racine multipliée par le nombre ajouté plus le carré de ce même nombre.

Si l'on fait une semblable recherche pour les racines cubiques, et que l'on raisonne comme on l'a fait, lorsque l'on a voulu connoître les parties de la racine qui entroient dans la composition du cube, on verra qu'une racine cubique trouvée peut être augmentée d'un certain nombre, toutes les fois que le reste de l'opération égale ou surpasse le triple carré de la racine trouvée, multipliée par le nombre ajouté, plus le triple carré de ce nombre multiplié par la racine trouvée, plus le cube du même nombre.

Ce principe servira à rapprocher les unes des autres les limites des racines troisièmes, comme le précédent nous a servi à trouver des limites toujours plus approchées des racines carrées.

Les fractions continues donnant les limites des fractions, on pourroit chercher celles des fractions décimales qui limitent déja la racine exacte, et l'on auroit des limites plus rapprochées. Pour trouver la manière d'appliquer aux méthodes d'approximation les propriétés des fractions continues, nous résoudrons le problème suivant.

** PROBLÊME LXV.

Connoissant en décimales deux limites d'une racine, on demande de trouver d'autres limites plus voisines par le moyen des fractions continues.

SOLUTION. Proposons-nous de trouver des limites de la racine carrée de 2 plus rapprochées entre elles que ne le sont les limites 1,4142 et 1,4143 déterminées précédemment.

En ne prenant d'abord que les fractions de 0,4142 et 0,4143, on voit que, si l'on connoissoit en plus et en moins les limites de ces deux fractions, il faudroit ne prendre des limites de la première que celles qui sont tout à-la-fois plus grandes que la fraction 0,4142 et plus petites que 0,4143, tandis que de la seconde, on ne prendroit que celles qui sont plus petites que 0,4143, et plus grandes que 0,4142. Développons donc en fractions continues les fractions décimales données, et tâchons de remplir, avec les fractions partielles, les conditions prescrites. Après l'opération on trouvera

$$0,4142 = \cfrac{1}{2-\cfrac{1}{2-\cfrac{1}{2-\cfrac{1}{2-\cfrac{1}{1-\cfrac{1}{1-\cfrac{1}{29}}}}}}}, \qquad \text{et } 0,4143 = \cfrac{1}{2-\cfrac{1}{2-\cfrac{1}{2-\cfrac{1}{1-\cfrac{1}{1-\cfrac{1}{13-\cfrac{1}{1-\cfrac{1}{2-\cfrac{1}{3}}}}}}}}}.$$

Or, les fractions partielles étant plus grandes ou plus petites que la fraction développée, suivant que l'on s'arrête en descendant à un dénominateur de rang impair ou de rang pair (prob. XLVII), et ne devant prendre de la première que les valeurs plus grandes, et de la seconde que les valeurs plus petites ; il s'ensuit que, pour la fraction 0,4142, on ne choisira que celles dont le dernier dénominateur en descendant sera à un rang impair, tandis que de la seconde fraction 0,4143, on ne prendra que les fractions partielles dont le dernier dénominateur se trouve à un rang pair ; la première donnera donc

$$\cfrac{1}{2}\;;\qquad \cfrac{1}{2+\cfrac{1}{2+\cfrac{1}{2}}}\;;\qquad \cfrac{1}{2+\cfrac{1}{2+\cfrac{1}{2+\cfrac{1}{2}}}}\;;\qquad \cfrac{1}{2+\cfrac{1}{2+\cfrac{1}{2+\cfrac{1}{1+\cfrac{1}{1}}}}}\;;\qquad (A)$$

et la seconde

$$\cfrac{1}{2+\cfrac{1}{2}}\;;\qquad \cfrac{1}{2+\cfrac{1}{2+\cfrac{1}{2}}}\;;\qquad \cfrac{1}{2+\cfrac{1}{2+\cfrac{1}{2+\cfrac{1}{1+\cfrac{1}{1}}}}}\;;\qquad \cfrac{1}{2+\cfrac{1}{2+\cfrac{1}{2+\cfrac{1}{1+\cfrac{1}{1+\cfrac{1}{3+\cfrac{1}{1}}}}}}}\;.\qquad (B)$$

Mais, outre la condition que nous venons de remplir, il faut encore que les premières limites soient toutes moindres que 0,4143 ou

$$\cfrac{1}{2+\cfrac{1}{2+\cfrac{1}{2+\cfrac{1}{1+\cfrac{1}{1+\cfrac{1}{3+\cfrac{1}{1+\cfrac{1}{1+\cfrac{1}{2+\cfrac{1}{3}}}}}}}}}}\,,$$

et que les secondes se trouvent toutes plus grandes que 0,4142, ou

$$\cfrac{1}{2+\cfrac{1}{2+\cfrac{1}{2+\cfrac{1}{2+\cfrac{1}{1+\cfrac{1}{1+\cfrac{1}{2+\cfrac{1}{9}}}}}}}}\,.$$

Pour faire cette comparaison avec plus de facilité, rappelons-nous que *de deux fractions continues dont les premiers dénominateurs sont les mêmes, la plus grande est toujours celle dont le dénominateur qui suit les dénominateurs communs est plus petit* (prob. XLVII) : par conséquent, les deux premières fractions de la ligne (*A*) sont plus grandes que 0,4143, et doivent être rejetées ; semblablement les deux premières fractions de la ligne (*B*) sont plus petites que 0,4142 et doivent être exclues ; mais les deux dernières de la ligne (*A*) sont moindres que 0,4143, et les deux dernières de la ligne (*B*) sont plus grandes que 0,4142, par conséquent, les quatre fractions partielles suivantes

$$\cfrac{1}{2+\cfrac{1}{2+\cfrac{1}{2+\cfrac{1}{2}}}}\,,\qquad \cfrac{1}{2+\cfrac{1}{2+\cfrac{1}{2+\cfrac{1}{1+\cfrac{1}{1}}}}}\,,\qquad \cfrac{1}{2+\cfrac{1}{2+\cfrac{1}{2+\cfrac{1}{1+\cfrac{1}{1}}}}}\,,\qquad \cfrac{1}{2+\cfrac{1}{2+\cfrac{1}{2+\cfrac{1}{1+\cfrac{1}{1+\cfrac{1}{3+\cfrac{1}{1}}}}}}}\,,$$

seront des limites qui tomberont entre 0,4142 et 0,4143 : les deux premières appartenant à la limite générale 0,4142 doivent être écrites d'autant plus près de cette limite, qu'elles en sont plus voisines ; il doit en être de même par rapport à l'autre limite 0,4143. Réduisant donc ces limites en fractions ordinaires, y ajoutant l'unité que nous avons retranchée d'abord, et les écrivant dans l'ordre qui leur convient, on aura pour limites

$$1,4142 ; \quad 1\,\tfrac{70}{167} ; \quad 1\,\tfrac{29}{70} ; \quad 1\,\tfrac{29}{70} ; \quad 1\,\tfrac{423}{1021} ; \quad 1,4143.$$

Mais il nous reste encore à savoir entre quelles limites tombe la racine exacte.

Pour vérifier si la seconde fraction $1\,\tfrac{70}{169}$ est une limite en plus ou en moins, voyons si, en ne prenant d'abord que 1 pour racine, on pourroit augmenter celle-ci de $\tfrac{70}{169}$, sans avoir une racine trop grande. Or, si cette augmentation peut avoir lieu, il faut que le reste que l'on obtient en retranchant de 2 le carré de 1, soit moindre que le double de 1 par $\tfrac{70}{169}$, plus le carré de $\tfrac{70}{169}$, c'est-à-dire, que $\tfrac{140}{169}$ plus $\tfrac{70}{169} \times \tfrac{70}{169}$; et, comme le reste 1 est plus grand que cette quantité, j'en conclus que $1\,\tfrac{70}{169}$ est une quantité plus grande que la racine de 2 ; par conséquent, celle-ci tombe entre $1,4142$ et $1\,\tfrac{70}{169}$. En réduisant cette dernière fraction en décimales, on aura les deux limites 1,4142 et 1,41420118.

Si l'on préféroit la simplicité à l'exactitude, on prendroit $1\,\tfrac{29}{70}$ pour la limite en plus.

On opéreroit d'une manière semblable, si l'on avoit à rapprocher deux limites d'une racine du troisième degré.

En résumant ce que nous venons de dire, nous tirerons la règle suivante :

Lorsque l'on a trouvé une racine à moins d'une unité décimale connue, et que l'on veut avoir des limites de cette racine, il faut d'abord augmenter la valeur décimale trouvée d'une unité de la moindre espèce ; développer ensuite ces deux fractions décimales en fractions continues ; prendre enfin du développement de la première fraction, toute la partie qui renferme les dénominateurs communs au développement de la seconde fraction, plus encore la fraction qui suit le dernier dénominateur commun; alors, toutes les fractions partielles tirées de cette partie du développement, dans lesquelles on n'aura fait entrer qu'un nombre impair de dénominateurs, seront autant de limites de la racine, intermédiaires aux deux limites décimales données.

Pour reconnoître finalement les deux limites entre lesquelles tombe la racine, on examinera pour chaque nouvelle limite trouvée, si l'accroissement de cette limite est trop grand ou trop petit, d'après la relation entre le dernier reste de l'extraction de la racine et la racine elle-même.

REMARQUE. Nous n'avons considéré jusqu'à présent les nombres que d'une manière abstraite, et cela devoit être, puisqu'il ne s'agissoit d'abord que d'en connoître les propriétés ; mais quand on a voulu appliquer aux besoins de la société les combinaisons des nombres, on a déterminé la nature des unités, et les nombres sont devenus concrets. C'est ainsi qu'en France on avoit nommé *toise* l'unité de longueur; *livre*, l'unité de poids; *livre tournois*, l'unité de monnoie; *jour*, l'unité de tems; *muid*, l'unité de capacité, etc. Comme on avoit besoin d'unités plus petites, on avoit formé des unités fractionnaires des premières; mais, au lieu de les désigner et de les écrire en employant des dénominateurs, on trouva plus commode ou du moins plus à la portée du peuple de remplacer les dénominateurs par des noms particuliers. C'est ainsi que les 6mes. de la toise furent nommés *pieds;* que les 12mes. du pied furent nommés *pouces;* que les 12mes. du pouce reçurent le nom de *lignes;* que les *sous* furent les 20mes. de la livre tournois; que les deniers furent les 12mes. du sou; ainsi de suite. De là sont nés *les nombres que l'on nomme vulgairement nombres* COMPLEXES, *parce qu'ils embrassent des unités de divers noms, mais toutes dépendantes de l'unité principale dont elles ne sont que des sous-divisions ou des fractions.*

Cette nouvelle forme que l'on donne aux nombres, doit apporter quelques changemens dans la manière de composer et de décomposer ces derniers. Nous allons donc voir comment on opère sur les nombres complexes; mais il importe, avant tout, de présenter un tableau des principales unités en usage, et de faire connoître la manière de désigner ces unités.

SECTION TROISIÈME.

De la composition et de la décomposition des nombres complexes.

CHAPITRE PREMIER.

De la composition des nombres complexes.

TABLEAU des principales mesures anciennes.

NOMS DES MESURES.	SIGNES abréviatifs pour désigner ces mesures.	RAPPORT DES MESURES à l'unité primitive.	RAPPORT de chaque mesure à la suivante.
MESURES DE LONGUEURS.			
Lieue ordinaire...	li.	$2280^t, 33$	....
Perche ordinaire de Paris.......	perch.	3	$18^t.$
Toise...........	t.	1	$6^{pi}.$
Pied...........	pi.	$\frac{1}{6}$	$12^{l'''}.$
Pouce.........	po.	$\frac{1}{72}$	$12^{l}.$
Ligne..........	lig.	$\frac{1}{864}$	....
Aune..........	au.	$\frac{25}{41}$ ou $\frac{3}{5}$ envir.	$3^{pi}.7^{po}.10^{l}.\frac{5}{6}$

Suite du Tableau des principales mesures anciennes.

NOMS DES MESURES.	SIGNES abréviatifs pour désigner ces mesures.	RAPPORT DES MESURES à l'unité primitive.	RAPPORT de chaque mesure à la suivante.
MESURES POUR LES POIDS.			
Quintal..........	ql.	100 ℔	100 ℔.
Livre..........	℔	1	2 ^{m}.
Marc..........	m.	$\frac{1}{2}$	8 ^{on}.
Once..........	℥ *ou* on.	$\frac{1}{16}$	8 ^{grós}.
Gros..........	ʒ *ou* Gr.	$\frac{1}{128}$	3 ^{den}.
Denier..........	Ƌ *ou* den.	$\frac{1}{384}$	24 ^{gr}.
Grain..........	gr.	$\frac{1}{9216}$	....
MESURES POUR LES LIQUIDES.			
Muid (*de vin*)....	muid.	288 pint.	36 ^{velt}.
Velte..........	velt.	8	8 ^{pint}.
Pinte..........	pint.	1	2 ^{chop}.
Chopine..........	chop.	$\frac{1}{2}$	
MESURES POUR LES GRAINS.			
Muid (*de blé*)...	muid.	144 bois.	12 ^{set}.
Sétier..........	sét.	12	12 ^{bois}.
Boisseau..........	bois.	1	16 ^{lit}.
Litron..........	lit.	$\frac{1}{16}$	....

Suite du Tableau des principales mesures anciennes.

NOMS DES MESURES.	SIGNES abréviatifs pour désigner ces mesures.	RAPPORT DES MESURES à l'unité primitive.	RAPPORT de chaque mesure à la suivante.
MESURES POUR LES SURFACES.			
Arpent.	arp.	900 t. c.	$100^{perch.\,c.}$
Perche carrée. . . .	perch. c.	9	$9^{t.\,c.}$
Toise carrée.	t. c.	1	$36^{pi.\,c.}$
Pied carré.	pi. c.	$\frac{1}{36}$	$144^{po.\,c.}$
Pouce carré.	po. c.	$\frac{1}{5184}$	. . . .
MESURES POUR LES VOLUMES.			
Corde (*eaux et for.*)	cord.	$\frac{14}{27}$ t. c.	2^{voies}
Voie (*de bois*) . . .	voie	$\frac{7}{27}$	$\frac{7}{17}$ t. c.
Toise cube.	t. cub.	1	$216^{pi.\,cub.}$
Pied cube.	pi. cub.	$\frac{1}{216}$	$1728^{po.\,cub.}$
Pouce cube.	po. cub.	$\frac{1}{373248}$	. . . .
MESURES POUR LES MONNOIES.			
Livre tournois. . . .	$^{\#}$ ou l.	1^{lt}	$20^{s.}$
Sou. . . . . . . :	s.	$\frac{1}{20}$	$12^{d.}$
Denier.	d.	$\frac{1}{240}$	. . . .

Suite du Tableau des principales mesures anciennes.

NOMS DES MESURES.	SIGNES abréviatifs pour désigner ces mesures.	RAPPORT DES MESURES à l'unité primitive.	RAPPORT de chaque mesure à la suivante.
MESURES POUR LE TEMS.			
Année commune.	an. com.	365 j.	365 j.
Année bissextile..	an. biss.	366	366.
Jour............	j.	1	24^h.
Heure..........	h.	$\frac{1}{24}$	60′
Minute.	′ ou m.	$\frac{1}{1440}$	60″
Seconde.	″ ou s.	$\frac{1}{86400}$	60‴
Tierce...........	‴ ou t.	....	....

** PROBLÊME LXVI.

Additionner ensemble plusieurs nombres complexes.

SOLUTION. L'addition des nombres complexes doit évidemment se faire d'après les mêmes principes que celle
des nombres entiers. La seule différence est qu'au lieu
de porter à la colonne immédiatement à gauche autant
d'unités que l'on a de fois 10 unités de la colonne précédente, il faut avoir égard aux différentes divisions et
sous-divisions de l'unité principale, et ne porter une unité
à la colonne suivante, que lorsque l'on a de la colonne

précédente un nombre d'unités exprimé par le nombre d'unités inférieures nécessaire pour former une unité supérieure.

Soit donc proposé d'additionner les nombres . . . .

$$\begin{array}{ccc} 12^{\#} & 8^{s} & 7^{d} \\ 8 & 9 & 3 \\ 6 & 4 & 8 \\ \hline 27^{\#} & 2^{s} & 6^{d} \\ \hline 1 & 20 & 12 \\ \hline \end{array}$$

Après les avoir écrits comme on le voit ici, on commencera par les moindres unités, et l'on dira : 7 et 3 font 10, et 8 font 18; mais 18 deniers contiennent 1^{s} 6^{d}; on écrira donc 6^{d}, et l'on retiendra 1^{s} pour la colonne suivante. On continuera en disant : 1 et 8 font 9, et 9 font 18, et 4 font 22. Or, 22^{s} renferment 1$^{\#}$ 2^{s}; on écrira donc 2^{s}, et l'on dira : 1$^{\#}$ de retenue et 2 font 3, et 8 font 11, et 6 font 17; j'écris 7 et je retiens 1, qui, ajouté à 1, donne 2 : la somme sera donc 27$^{\#}$ 2^{s} 6^{d}.

La vérification de la somme peut se faire de la même manière que pour les nombres entiers, en disant : 1 ôté de 2, reste 1; 2 et 8 font 10, et 6 font 16; 16 ôté de 17, reste 1 : cette unité doit être transformée en sous. On pourra donc écrire 2 à la gauche de 2^{s}; on continuera en disant : 8 et 9 font 17, 17 et 4 font 21; 21 ôté de 22 donne 1^{s} ou 12^{d}, que j'écris au-dessous de 6^{d}. Continuant, je dis : 7 et 3 font 10, 10 et 8 font 18; 18 ôté de 18 donne 0 : d'où je conclus l'exactitude de la somme 27$^{\#}$ 2^{s} 6^{d}.

✻✻ PROBLÈME LXVII.

Multiplier un nombre complexe par un autre nombre complexe.

SOLUTION. Dans ce cas, il s'agit de multiplier le multiplicande par un nombre entier, ensuite par une fraction de l'unité principale, par une fraction de l'unité du deuxième ordre, par une fraction de l'unité du troisième ordre, etc. Or, si l'on observe que les produits augmentent et diminuent comme leurs facteurs, on verra qu'en décomposant les unités inférieures du multiplicateur en parties sous-multiples ou *aliquotes* soit de l'unité principale, soit les unes des autres, on peut arriver aux produits du multiplicande par les unités inférieures du multiplicateur, d'après la connoissance des produits précédens.

$$
\begin{array}{llll}
6^{tt} & 5^{s} & 7^{d}. & \tfrac{2}{3} \\
5^{t} & 4^{pi} & 5^{po} & \tfrac{1}{5}
\end{array}
$$

$$
\begin{array}{lccc}
30^{tt} & & & \\
\left\{ 5^{s}\ldots\ldots 1 \right. & 5^{s} & & \\
\left. 1\ldots\ldots \emptyset \right. & \S & & \\
\left\{ 6^{d}\ldots\ldots 0 \right. & 2 & 6^{d} & \\
1\ldots\ldots 0 & 0 & 5 & \\
\tfrac{1}{3}\ldots\ldots 0 & 0 & 1 & \tfrac{2}{3} \\
\tfrac{1}{3}\ldots\ldots 0 & 0 & 1 & \tfrac{2}{3} \\
\left\{ 3^{pi}\ldots\ldots 3 \right. & 2 & 9 & \tfrac{5}{6} \\
1\ldots\ldots 1 & 0 & 11 & \tfrac{5}{18} \\
\left\{ 4^{po}\ldots\ldots 0 \right. & 6 & 11 & \tfrac{41}{54} \\
1\ldots\ldots 0 & 1 & 8 & \tfrac{203}{216} \\
\tfrac{1}{5}\ldots\ldots 0 & 0 & 4 & \tfrac{203}{1080}.
\end{array}
$$

$$\text{Produit } 36^{tt} \ \ 1^{s} \ \ 0^{d} \ \ \tfrac{179}{540}.$$

Cela posé, *soit à multiplier* 6^{tt} 5^{s} 7^{d} $\tfrac{2}{3}$ *par* 5^{t} 4^{pi} 5^{po} $\tfrac{1}{5}$.

La question se réduit à prendre le multiplicande 5 fois, plus $\tfrac{4}{6}$ de fois, plus $\tfrac{5}{12}$ de $\tfrac{1}{6}$ ou $\tfrac{5}{72}$ de fois, plus $\tfrac{1}{5}$ de $\tfrac{1}{12}$ de $\tfrac{1}{6}$ ou $\tfrac{1}{360}$ de fois.

Je commence par opérer comme si le multiplicateur n'étoit que 5^{t}, et je dis : 5 fois 6^{tt} font 30^{tt}, que j'écris. Mais 5^{s} sont $\tfrac{1}{4}$ de la livre, et 1^{tt}, multipliée par 5 donneroit 5^{tt} ; je prendrai donc $\frac{1}{4}$ de 5^{tt}, ce qui donnera $1^{tt}\ 5^{s}$. Si l'on avoit le produit de 1^{s} ou de 12^{d}, on décomposeroit 7^{d} en 6 et 1 ; pour 6^{d} on auroit $\frac{1}{2}$ du produit de 1^{s} et pour 1^{d}, $\frac{1}{6}$ du produit de 6^{d}. On cherchera donc le produit de 1^{s}, en prenant $\frac{1}{5}$ du produit de 5^{s}, ce qui donnera 5^{s}. Ce produit, qui n'est destiné qu'à faire trouver les produits suivans, a été appelé improprement *faux produit*, et ne doit point entrer dans l'addition totale ; c'est pourquoi on barrera les chiffres. Continuant d'opérer de la même manière, on multipliera tout le multiplicande par 5^{t}.

Il restera enfin à multiplier par $4^{pi}\ 5^{po}\ \frac{1}{5}$. Pour cela, on décomposera les 4^{pi} en 3 et en 1 ; on prendra pour 3^{pi} la moitié du multiplicande, et pour 1^{pi} le tiers du produit donné par 3^{pi}. Venant ensuite aux 5^{pi}, on les décomposera en 4 et en 1 ; on prendra pour 4 le tiers du produit donné par 1^{pi} ; et pour 1^{po} on prendra le quart du produit donné par 4^{po}. Enfin, il ne faudra plus qu'avoir $\frac{1}{5}$ du produit donné par un 1^{po}. Ajoutant alors tous les produits partiels trouvés, il viendra au résultat .... $36^{tt}\ 1^{s}\ 0^{d}\ \frac{179}{540}$.

On observera seulement que l'addition des fractions peut s'abréger en ajoutant celles-ci deux à deux, et en en retranchant les entiers ; on réduira aussi les fractions au même dénominateur, en multipliant les deux termes de chacune par le facteur non commun à leurs dénominateurs.

On peut aussi faire l'addition de la totalité des fractions, en réduisant celles-ci au plus petit dénominateur par la méthode donnée (prob. XXXIV).

** PROBLÈME LXVIII.

Soustraire un nombre complexe d'un autre.

SOLUTION. La soustraction d'un nombre complexe d'un autre nombre complexe, doit être fondée sur les mêmes principes que celle des nombres entiers incomplexes ; la seule différence, c'est que dans ceux-ci, les unités sont sous-multiples des unités supérieures suivant une même loi qui est 10, tandis que dans ceux-là la loi de composition des unités les unes à l'égard des autres, n'est pas constante.

Soit à retrancher 7^t 5^{pi} 8^{po} 9^{li}, *de* 12^t 4^{pi} 7^{po} 5^{li}.

J'écris d'abord les nombres tels qu'on les voit ici. Commençant ensuite l'opération par la droite, et 9 ne pouvant être soustrait de 5, je décompose les 7 pouces en 6 et en 1 ; celui-ci, je le réduis en lignes, et l'ajoutant aux 5

12^t	4^{pi}	7^{po}	5^{li}
7	5	8	9
4^t	4^{pi}	10^{po}	8^{li}
12^t	4^{pi}	7^{po}	5^{li}

lignes qui sont à côté, je dis : 9 ôté de 17, reste 8 lignes, que je pose au-dessous des lignes ; ensuite, comme on ne peut ôter 8 de 6, je prends 1 pied ou 12 pouces qui, réunis aux 6, donnent 18 : je dis donc, 8 ôté de 18, reste 10, que j'écris. En continuant de la même manière, on aura pour différence 4^t 4^{pi} 10^{po} 8^{li}.

On auroit pu encore opérer d'après le principe, que la différence entre deux nombres ne change pas, quand on ajoute une même quantité à ces deux nombres. Alors on eût commencé par ajouter 1 pouce ou 12 lignes à 5, afin d'effectuer la première soustraction ; et, au lieu de diminuer 7 pouces de 1 , on eût augmenté de 1 le chiffre 8 du nombre à soustraire : on auroit donc dit , 5 et 12 font 17 ; 9 ôté de 17, reste 8 ; 1 d'ajouté et 8 font 9 ; 9 ôté de 7, ne se peut ; ajoutant 1 pied ou 12 pouces à 7 pouces, on a 19 ; on dira donc , 9 ôté de 19, donne 10 , que j'écris : 1 d'ajouté, et 5 font 6 ; 6 ôté de 4 ne se peut ; j'ajoute une toise ou 6 pieds à 4 pieds , ce qui donne 10 pieds ; je dis donc, 6 ôté de 10, reste 4 que j'écris ; et enfin, 7 et 1 d'ajoutés, font 8 ; 8 ôté de 12, reste 4. Le résultat sera donc comme précédemment, de 4^t 4^{pi} 10^{po} 8^{li}.

On vérifiera la différence en l'ajoutant au nombre soustrait, et l'on trouvera le nombre dont on a soustrait , s'il n'y a pas eu erreur de calcul.

** PROBLÈME LXIX.

Diviser un nombre complexe par un nombre incomplexe, *par exemple ,* 154^{tt} 8^s 5^d $\frac{2}{3}$ *par* 24.

SOLUTION. On divisera d'abord 154^{tt} par 24 ; ce qui donnera des livres au quotient. Le reste de cette première division, on le réduira en sous, en le multipliant par 20 ; on ajoutera à ce produit les 8 sous qui sont au dividende total , et l'on aura un dividende partiel qui, exprimant des sous, en

$$
\begin{array}{ll}
154^{tt}\ \ 8^s\ \ 5^d\ \ \frac{2}{3} & \big|\ 24 \\[2pt]
\ \ 10 & \overline{\ \ } \\
\ \ 20^s & 6^{tt}\ \ 8^s\ \ 8^d\ \ \frac{17}{72}. \\[2pt]
\overline{\ 208^s} & \\
\ \ 16 & \\
\ \ 12^d & \\
\overline{\ 197^d} & \\
\ \ \ 5 & \\
\ \ \ 3 & \\
\overline{\ \ \frac{17}{3}} &
\end{array}
$$

donnera au quotient. Le reste provenant de cette seconde

division, on le réduira en deniers, en le multipliant par
12, et réunissant à ce produit les 5 den. du dividende
total, on aura un troisième dividende partiel qui donnera des deniers au quotient. Enfin, en réduisant en
tiers le dernier reste, et ajoutant au produit les deux
tiers qui sont au dividende total, on aura un quatrième
quotient qui sera une fraction de denier. Effectuant l'opération, comme nous venons de l'indiquer, on trouvera
pour quotient 6^{tt} 8^s 8^d $\frac{17}{72}$.

** PROBLÈME LXX.

*Diviser un nombre complexe par un autre nombre com-
plexe de même espèce.*

SOLUTION. Puisque les nombres composés d'unités de
même espèce, se contiennent comme si leurs unités
étoient abstraites, il s'ensuit qu'en réduisant le dividende et le diviseur, chacun en unités inférieures de
même espèce, il ne faudra plus que diviser le nombre
des unités du dividende par le nombre des unités du diviseur ; ce qui réduit la division à celle de deux nombres
abstraits.

Cela posé, *soit à diviser* 234^{tt} 5^s 9^d $\frac{3}{5}$, *par* 36^{tt} 2^s 5^d $\frac{2}{3}$.

Pour pouvoir réduire le dividende et le diviseur en
unités inférieures de même espèce, il faut que les fractions $\frac{3}{5}$ et $\frac{2}{3}$ aient un même dénominateur ; on les y
réduira donc, et l'on aura à diviser 234^{tt} 5^s 9^d $\frac{9}{15}$ par
36 2^s 5^d $\frac{10}{15}$.

La difficulté est maintenant ramenée à réduire le dividende et le diviseur en 15mes. de denier, et à diviser

le nombre des 15mes. que contiendra le dividende par le nombre des 15mes. que renfermera le diviseur.

Pour effectuer cette réduction, on multipliera 234^{tt} par 20^s, on ajoutera 5^s au produit ; on multipliera ce produit de sous par 12^d, on y ajoutera 9^d ; on multipliera enfin le nombre des deniers par 15. et ajoutant 9 au produit, on aura le nombre des 15mes. de denier que renferme le dividende : après avoir fait le calcul, on aura 843444 15mes. de denier. Faisant un semblable calcul pour le diviseur, on trouvera que celui-ci contient 130045 15mes. de denier. Divisant donc 843444 par 130045, on aura pour quotient $6 \frac{63174}{130045}$, ou par approximation 6,48578.

On doit observer ici que le diviseur étant de même espèce que le dividende ou produit, est nécessairement multiplicande, et par conséquent, que le quotient est multiplicateur, c'est-à-dire nombre abstrait.

** PROBLÊME LXXI.

Diviser un nombre complexe par un autre qui n'est pas de même espèce.

Solution. Le dividende étant un produit dont le diviseur et le quotient sont les facteurs, et, de plus, le multiplicande étant toujours de même espèce que le produit ; il s'ensuit que, dans le cas où le diviseur n'est pas de même espèce que le dividende, ce diviseur fait la fonction de multiplicateur, et que le quotient devenant multiplicande, doit être de même espèce que le dividende. Cette division doit donc être ramenée à celle d'un nombre complexe par un nombre abstrait ; il faut donc que le diviseur soit réduit à un nombre entier accompagné d'une fraction, ou à une seule fraction. Alors, on aura à diviser un nombre complexe par une fraction ; ce que l'on fera en multipliant le dividende par le dénominateur de la fraction diviseur, et en divisant ce produit par le numérateur de la même fraction.

Qu'il s'agisse donc de *diviser* 320^{tt} 3^s 7^d, *par* 12^t 4^{pi} 5^{po} 2^{li} $\frac{3}{4}$.

La difficulté consiste ici à représenter 4^{pi} 5^{po} 2^{li} $\frac{3}{4}$ par une fraction de toise. Or, pour cela il faudroit savoir combien l'unité de toise contient de quarts de ligne ; ce qui donneroit le dénominateur de la fraction, et ensuite combien on a de quarts de ligne dans 4^{pi} 5^{po} 2^{li} $\frac{3}{4}$, pour avoir le numérateur de la même fraction. Effectuant ces opérations, on trouvera que la toise vaut 3456 quarts de ligne, et que 4^{pi} 5^{po} 2^{li} $\frac{3}{4}$ en contiennent 2555 ; par conséquent le diviseur 12^t 4^{pi} 5^{po} 2^{li} $\frac{3}{4}$ sera exprimé par 12^t $\frac{2555}{3456}$ ou $\frac{44027}{3456}$ toise.

Ainsi, pour obtenir le quotient qui doit renfermer des livres, des sous et des deniers, on multipliera le dividende 320^{tt} 3^s 7^d, par 3456, et le produit résultant, on le divisera par 44027.

Après avoir effectué toutes ces opérations, on trouvera pour quotient 25^{tt} 2^s 7^d $\frac{12571}{44027}$.

Remarque. La méthode d'exprimer par des noms particuliers les diverses subdivisions de l'unité principale, laisse les nombres sous des formes ni assez simples, ni assez commodes pour le calcul. Mais puisque les nombres complexes sont des nombres entiers accompagnés de fractions d'unité, et des fractions de fractions, on peut toujours les ramener à des nombres entiers suivis d'une seule fraction d'unité, et, par conséquent à des nombres entiers accompagnés de fractions décimales. Sous cette dernière forme, le calcul deviendra plus facile, sur-tout lorsqu'il s'agira de multiplier ou de diviser des nombres complexes. Nous nous proposerons donc le problême suivant.

** PROBLÊME LXXII.

Un nombre complexe étant donné, on demande de le transformer en nombre entier accompagné de décimales.

SOLUTION. Puisque les unités inférieures à l'unité principale dans les nombres complexes, dépendent les unes des autres, on peut les réduire toutes en unités de la plus petite espèce, et alors, si on transformoit l'unité principale en unités de cette moindre espèce, on sauroit en combien de parties égales l'unité principale est divisée, et de plus, combien on a pris de ces parties ; on auroit donc le dénominateur et le numérateur d'une fraction qui appartiendroit à l'unité de la plus haute espèce, et qui, réduite en décimales, rempliroit le but que l'on se propose.

Soit donc le nombre complexe 4^{tt} 5^s 3^d $\frac{3}{4}$, *à transformer en décimales.*

D'après ce que nous venons de dire, nous commencerons par réduire 5^s 3^d $\frac{3}{4}$ en quarts de denier ; nous chercherons ensuite combien 1 livre contient de quarts de denier, et nous aurons le numérateur et le dénominateur d'une fraction de livre. Effectuant les opérations, nous trouverons que 5^s 3^d $\frac{3}{4}$ renferment 255 quarts de denier, tandis que la livre en contient 960 ; de sorte que 5^s 3^d $\frac{3}{4}$ seront exprimés par $\frac{255}{960}$ de livre.

Réduisant cette fraction en décimales, et poussant l'approximation jusqu'à moins d'un dix millième, on trouvera $\frac{255}{960} = 0,2656$. Ainsi le nombre complexe $4^{tt}\ 6^s\ 5^d\ \frac{3}{4}$ prendra la forme suivante $4^{tt},2656$.

Il nous reste maintenant à résoudre le problème inverse, c'est-à-dire, à trouver une règle pour faire repasser sous la forme de nombre complexe une fraction soit ordinaire, soit décimale, dont l'unité principale est déterminée.

** PROBLÊME LXXIII.

Une fraction appartenant à une unité déterminée, on demande de la transformer en nombre complexe, c'est-à-dire, en unités inférieures dépendantes de l'unité principale.

SOLUTION. Pour transformer la fraction proposée en unités immédiatement inférieures à l'unité principale, il faudroit savoir combien l'unité fractionnaire vaut d'unités immédiatement inférieures à cette unité principale. Or, cette détermination est facile, puisqu'on sait de combien d'unités inférieures l'unité principale est composée. Connoissant la valeur de l'unité principale en unités inférieures, on aura l'expression cherchée d'une unité fractionnaire quelconque de la même unité principale ; de sorte que, prenant cette valeur autant de fois que l'indique le numérateur de la fraction donnée, on aura l'expression de cette dernière en nombre complexe. D'où l'on conclura que, *pour transformer une fraction en unités inférieures à son unité, il faut multiplier son numérateur par le nombre de ces unités inférieures que l'unité principale renferme, et diviser le produit par le déno-minateur.*

Ainsi, qu'il s'agisse de *réduire en sous et en deniers la fraction* $\frac{4}{7}$ *de livre.*

J'observe que 1 livre valant 20 sous, on aura pour $\frac{1}{7}$ de livre, $\frac{1}{7}$ de 20 sous, ou $\frac{20}{7}$ d'un sou ; par conséquent, $\frac{4}{7}$ liv. vaudront 4 fois $\frac{20}{7}$ s., ou $\frac{80}{7}$ s.; divisant 80 par 7, on aura 11^s et $\frac{3}{7}$ s. Raisonnant ensuite pour $\frac{3}{7}$ d'un sou, comme pour la fraction $\frac{4}{7}$ de livre, on dira, puisque 1 sou vaut 12 deniers, $\frac{1}{7}$ d'un sou vaudra $\frac{1}{7}$ de 12 deniers, ou $\frac{12}{7}$ d'un denier ; par conséquent $\frac{3}{7}$ s. valent 3 fois $\frac{12}{7}$ den., ou $\frac{36}{7}$ den., ou 5^d $\frac{1}{7}$.

De sorte de $\frac{4}{7}$ liv. vaudront 11^s 5^d $\frac{1}{7}$.

D'après cela, si l'on avoit la fraction décimale 0,37 de livre à réduire en sous et en deniers, on observeroit que cette fraction ayant 37 pour numérateur, et 100 pour dénominateur, il n'y auroit qu'à multiplier 37 par 20, ce qui donneroit 740^s, et diviser ensuite ce produit par 100 ; d'où il résulteroit 7,40^s, ou 7^s et 0,4^s qu'on réduiroit en deniers, en multipliant par 12 et en divisant le produit par 10 ; de sorte que 0,4^s donne-roient 4,8^d : ainsi la fraction 0,37^{lt} auroit pour valeur 7^s 4^d, 8.

De là nous conclurons que, *pour réduire en nombre complexe une fraction décimale qui appartient à une unité déterminée, il faut multiplier cette fraction par le nom-bre d'unités immédiatement inférieures que l'unité prin-cipale renferme, et la partie entière de ce produit don-nera les unités immédiatement inférieures qu'exprime la fraction ; si le produit renferme encore une fraction dé-cimale, on continuera à multiplier celle-ci par le nombre d'unités du second ordre que renferme l'unité du premier* ordre; *et la partie entière du produit donnera les unités du deuxième ordre contenues dans la fraction : ainsi de suite.*

REMARQUE. La transformation des nombres complexes en décimales a dû faire sentir combien il eût été plus simple et plus commode d'assujettir les divisions et sous-divisions de l'unité principale à une loi uniforme, et sur-tout à celle du système de la numération ; car alors les nombres complexes se seroient trouvés nécessairement écrits sous la forme de nombres entiers accompagnés de décimales, sans qu'on fût obligé de les soumettre à une transformation.

Ce sont ces avantages, ainsi que l'utilité de faire disparoître l'infinie variété qui existoit dans les divisions et sous-divisions des unités de mesure en France, qui ont fait proposer le nouveau système aujourd'hui adopté dans toutes les parties de l'Empire. Sans entrer ici dans des détails sur les moyens que l'on a pris pour déterminer les diverses unités fondamentales, détails que l'on trouve dans beaucoup d'ouvrages très-connus, nous nous contenterons de donner une idée de ce nouveau système, par le tableau suivant.

TABLEAU des nouvelles mesures.

NOMS DES MESURES.	RAPPORT DES MESURES à l'unité primitive.	VALEURS des nouvelles mesures en anciennes.
MESURES DE LONGUEURS.		
Myria-mètre........	10000 mèt.	$5130^t,74$
Kilo-mètre........	1000	$513,07$
Hecto-mètre.......	100	$51,307$
Déca-mètre........	10	$5,131$
Mètre (1).........	1	$3^{pi}0^{po}11^{li},296$ ou $3^{pi},07844$
Déci-mètre........	$\frac{1}{10}$	$3^{po},6941$
Centi-mètre.......	$\frac{1}{100}$	$4^{li},4329$
Milli-mètre.......	$\frac{1}{1000}$	$0^{li},4433$

(1) Le *mètre*, ou l'unité simple des mesures nouvelles de longueur, est la dix millionième partie du quart du méridien terrestre qui passe par l'Observatoire de Paris.

Suite du Tableau des nouvelles mesures.

NOMS DES MESURES.	RAPPORT DES MESURES à l'unité primitive.	VALEURS des nouvelles mesures en anciennes.
MESURES POUR LES POIDS.		
Myria-gramme.....	10000 gram.	20^{liv} ,4288
Kilo-gramme.......	1000	2^{liv} ,0429
Hecto-gramme.....	100	3^{onc} ,2686
Déca-gramme......	10	2^{gros} ,6149
Gramme (1).......	1	18^{grains},82718
Déci-gramme......	$\frac{1}{10}$	1^{grain},88271
Centi-gramme.....	$\frac{1}{100}$	0^{gr} ,18827
Milli-gramme.....	$\frac{1}{1000}$	0^{gr} ,01883

(1) Le *gramme* est le poids d'un centimètre cube d'eau distillée, le thermomètre étant à la glace fondante. Le centimètre cube est équivalent en capacité à une mesure qui auroit la forme d'un dé à jouer, dont tous les côtés seroient d'un centimètre de longueur.

Suite du Tableau des nouvelles mesures.

NOMS DES MESURES.	RAPPORT DES MESURES à l'unité primitive.	VALEURS des nouvelles mesures en anciennes.
MESURES DE CAPACITÉ POUR LES LIQUIDES.		
Kilo–litre..........	1000 litres	1073^{pint},74
Hecto–litre........	100	107 ,374
Déca–litre.........	10	10 ,7374
Litre (1)..........	1	1 ,0737
Déci–litre.........	$\frac{1}{10}$	0 ,1074
Centi–litre........	$\frac{1}{100}$	0 ,0107
MESURES POUR LES SURFACES AGRAIRES.		
Hectare...........	10000 m. ca.	$94768^{pi.car.}$,2
Are..............	100	947 ,68$_2$
Centi–are (2)......	1	9 ,4768

(1) Le *litre* est une capacité équivalente à celle d'un décimètre cube.

(2) Le *centiare* ou le mètre carré, doit être regardé comme
une surface ayant la forme d'un carré dont chaque côté auroit un mètre de longueur.

Suite du Tableau des nouvelles mesures.

NOMS DES MESURES.	RAPPORT DES MESURES à l'unité primitive.	VALEURS des nouvelles mesures en anciennes.
MESURES POUR LES SOLIDES ou les VOLUMES.		
Mètre cube (1) nommé *Stère*, quand on mesure le bois de chauffage.	1	$29,1739^{p.c.}$ envir.
MESURES POUR LES MONNOIES.		
Franc..............	1	$1^{\#}\frac{1}{80}$ ou $1^{\#},0125$
Décime.	0,1	$2^{s},025$
Centime..........	0,01	$2^{d},43$

$$80^{fr} = 81^{\#} ; \quad 100^{fr} = 101^{\#}\tfrac{1}{4}.$$

(1) Le *mètre cube* qui sert d'unité dans toutes les mesures de capacité, n'est autre chose qu'un corps terminé par 6 carrés égaux, n'ayant aucune inclinaison entre eux, et dont les côtés sont tous d'un mètre de long; sa forme est celle d'un dé à jouer.

TABLE *pour la transformation des anciennes mesures en nouve[l]*

MESURES DES LONGUEURS.

MESURES anciennes.	VALEURS des mesures anciennes en mètres.
Lieue terrestre	4444,4
Lieue marine..	5555,6
Toise.........	1,94904
Pied	0,32484
Pouce........	0,02707
Ligne.	0,002256
Aune de Paris.	1,18845

MESURES DES SURFACES

MESURES anciennes.	VALEURS des mesures anciennes en mètres carrés.
Toise carrée..	$3,798744^{m}$
Pied carré....	0,105521
Pouce carré...	0,0007328
Ligne carrée..	0,0000508
Lieue carrée..	1975,309
Arp. de Paris..	3418,87

MESURES POUR LES POIDS.

MESURES anciennes.	VALEURS des mesures anciennes en kilogrammes.
Quintal......	$48,951^{kil.\,gr}$
Livre........	0,48951
Once........	0,03059
Gros.	0,003824
Denier	0,001275
Grain........	0,0000531

MESURES DES VOLUMES.

MESURES anciennes.	VALEURS des mesures anciennes en mètres cubes.
Toise cube. ...	$7,40389^{m.\,cub.}$
Pied cube....	0,0342773
Pouce cube...	0,000019836
Ligne cube...	0,0000000114
Corde de bois.	3,8391
Solive.	0,10283

MESURES DE CAPACITÉ.

MESURES anciennes.	VALEURS des mesures anciennes en litres.
Pinte de Paris.	$0,9313^{lit.}$
Muid.........	268,22
Setier........	156,10
Boisseau.	13,008
Litron.......	0,813

MESURES DES MONNOIES.

MONNOIES anciennes.	VALEURS des monnoies anciennes en francs.
Livre (tournois)	0,9876543209 ou $\frac{80}{81}$ fr.
Sou.	0,049382716
Denier.	0,004115226
Louis.........	23,70370368

REMARQUE. Dans la première partie de l'arithmétique, nous avons appris à composer et à décomposer les nombres ; ce qui nous a fait découvrir les principales propriétés de ces derniers, c'est-à-dire, les diverses lois suivant lesquelles les nombres dépendoient les uns des autres. Il est aisé de voir que toutes les opérations relatives à la composition et à la décomposition des nombres avoient sur-tout pour objet de trouver un résultat formé avec des nombres connus, suivant des conditions prescrites, les plus simples possibles. On a dû remarquer aussi que les conditions imposées se réduisoient toujours à des additions, ou à des multiplications, ou à des formations de puissances, ou à des soustractions, ou à des divisions, ou enfin à des extractions de racines.

Mais on peut établir ces relations ou ces conditions entre des nombres connus et des nombres inconnus ; on peut réunir et combiner entre elles les relations simples d'une manière plus ou moins compliquée. Dans tous ces cas, on doit arriver à des équations qui lient entre eux tous les nombres combinés, connus et inconnus ; et, l'objet que l'on se propose, doit être alors de faire subir à ces équations une suite d'opérations ou de transformations, telles que chaque inconnue soit exprimée par des nombres tous connus.

Pour réduire la simplification des équations, et par conséquent la détermination des inconnues au plus petit nombre de règles possible, il importe d'abord de ramener toutes les équations numériques à quelques formes assez simples pour être décomposées facilement. Nous passerons ensuite aux moyens de transformer ces équations de manière qu'il en résulte la connoissance des inconnues.

13

SECONDE PARTIE.

DES ÉQUATIONS NUMÉRIQUES.

SECTION PREMIÈRE.

De la formation et des propriétés des équations numériques ou proportions.

** PROBLÊME LXXIV.

Trouver les formes les plus simples auxquelles on puisse réduire les équations numériques.

SOLUTION. Les équations doivent être les expressions de quantités égales, et renfermer des nombres, les uns connus, les autres inconnus, combinés entre eux, d'après des conditions prescrites. Or, ces conditions ne peuvent être autre chose que des combinaisons plus ou moins simples d'additions, de multiplications, de formations de puissances, de soustractions, de divisions et d'extractions de racines.

Mais dans tous ces cas, on pourra réduire aisément les deux expressions qui forment l'équation, à deux sommes ou à deux différences égales, à deux produits ou à deux quotiens égaux, puisque l'on a la liberté de faire à l'une des parties ou à l'un des *membres* de l'équation, telle augmentation et telle diminution que l'on voudra, pourvu qu'on la fasse également à l'autre membre. On peut même réduire à deux seulement ces quatre formes d'équations, c'est-à-dire, à deux différences égales et à deux quotiens égaux.

Car, si de deux sommes égales, on retranche deux parties appartenant chacune à l'une des sommes, il en résultera des différences égales; et, si l'on divise deux produits égaux par le produit de deux de leurs facteurs, on trouvera deux quotiens égaux. Ainsi, par exemple, si de 8 *plus* 6 $=$ 11 *plus* 3, on retranche de part et d'autre 6 et 3, on aura 8 *moins* 3 $=$ 11 *moins* 6 ; et si les deux produits égaux 12 $\times$ 4 $=$ 16 $\times$ 3, on les divise chacun par 12 et par 16, on trouvera $\frac{4}{16} = \frac{3}{12}$. De sorte que *toutes les formes d'équations peuvent être ramenées à deux différences égales, ou à deux quotiens égaux.*

La première de ces équations, nous la nommerons *équidifférence*, et la seconde *équiquotient*.

Si, pour simplifier, nous remplaçons le mot *plus* par ce signe $+$, et le mot *moins* par celui-ci $-$, l'égalité des deux sommes précédentes sera exprimée par...... 8 $+$ 6 $=$ 11 $+$ 3, et celle des différences par........ 8 $-$ 3 $=$ 11 $-$ 6.

En considérant les termes de cette équidifférence les uns par rapport aux autres, on verra que 8 surpasse 3 comme 11 surpasse 6, ou que 8 est à l'égard de

3, ce que 11 est à l'égard de 6; il y a donc une sorte de symétrie ou de proportion entre ces quatre nombres.

Si j'examine également les quatre termes de l'équation $\frac{4}{16} = \frac{3}{12}$, j'observe encore que 16 contient 4, comme 12 contient 3, ou que 4 est à 16 ce que 3 est à 12; il y a donc encore ici entre les nombres 4, 16, 3, 12, une sorte de symétrie ou de proportion, mais différente de la première.

Pour faire connoître ce nouveau point de vue sous lequel peuvent être considérés les quatre termes d'une équidifférence et ceux d'un équiquotient, nous nommerons ces équations, savoir, la première, *proportion par différence*, et la seconde, *proportion par quotient*, nous les écrirons ainsi, 8.3:11.6, 4:16::3:12, et nous les énoncerons en disant, 8 *est à* 3 *comme* 11 *est à* 6; 4 *est à* 16 *comme* 3 *est à* 12.

Si l'on observe enfin que, pour former des proportions, il faut *rapporter* les nombres les uns aux autres, et les comparer entre eux, on verra que le résultat de cette comparaison peut se nommer *rapport* ou *raison*; mais afin de ne pas employer un nouveau mot, nous conviendrons de nommer *différence* le rapport entre les termes de la proportion par différence, et de réserver le nom de *rapport* ou de *raison* pour la proportion par quotient.

Pour abréger le discours, nous appellerons *termes* d'un rapport les nombres comparés, et *termes* de la proportion les termes des rapports dont l'égalité forme celle-ci. Le premier terme de chaque rapport sera l'*antécédent* de ce rapport, et le second terme le *conséquent*. Nous donnerons aussi le nom de *premier antécédent* au premier terme de la proportion; celui de *premier conséquent* au second terme; celui de *second antécédent* au troisième , et celui de *second conséquent* au quatrième ; enfin , nous nommerons *extrêmes* les premier et quatrième termes de la proportion, et *moyens* les deux termes du milieu.

Concluons de ce qui précède, que *les diverses équations entre les nombres peuvent , par certaines opérations préliminaires , telles que l'addition , la soustraction , la multiplication et la division , être ramenées à des équidifférences ou à des équiquotiens , c'est-à-dire , à des proportions par différence et à des proportions par quotient.*

Maintenant, afin de pouvoir dégager les inconnues qui entrent dans les proportions , et en tirer la valeur en nombres connus , il est nécessaire de chercher les propriétés des proportions , c'est-à-dire , les diverses relations entre les termes de ces dernières.

✱✱✱ PROBLÊME LXXV.

Trouver les propriétés des proportions par différence , c'est-à-dire , les diverses relations que les termes de celles-ci peuvent avoir entre eux.

SOLUTION. Soit la proportion par différence 8.3:11.6; il est d'abord évident que dans ce cas, chaque antécédent est égal à son conséquent plus la différence ; de sorte que, si l'on augmente de la différence chaque conséquent, on aura

$$8 . 8 : 11 . 11,$$

proportion dont la différence est zéro, et d'après laquelle

on voit que la somme des extrêmes est égale à celle des moyens, puisque ces deux sommes se trouvent composées des mêmes nombres.

Vérifions si cette égalité a encore lieu, lorsque la différence n'est plus zéro, c'est-à-dire, si elle existoit dans la proportion 8.3:11.6. Or, pour obtenir les deux sommes égales, on a augmenté de la différence le second et le quatrième terme; et, comme ces deux termes entrent, le premier dans la somme des moyens, et le second, dans la somme des extrêmes, il s'ensuit que l'on a augmenté d'une même quantité les deux sommes. Or, celles-ci sont devenues égales par cette addition; par conséquent, elles l'étoient auparavant, c'est-à-dire, que dans la proportion donnée 8.3:11.6, la somme des extrêmes 8 et 6 étoit la même que celle des moyens 3 et 11.

Ainsi, *dans toute proportion par différence, la somme des extrêmes est égale à celle des moyens.*

De sorte que chaque extrême peut être considéré comme l'une des parties de la somme des moyens, et chaque moyen comme l'une des parties de la somme des extrêmes. Or, dès que l'on retranche d'une somme l'une de ses parties, on retrouve l'autre; par conséquent, si *de la somme des moyens d'une proportion par différence, on soustrait l'un des extrêmes, on aura pour différence l'autre extrême : et, si de la somme des extrêmes, on retranche l'un des moyens, on aura l'autre moyen.*

Voyons si réciproquement, quatre nombres, tels que la somme des extrêmes égale celle des moyens, seroient en proportion par différence.

Soient donc les nombres 8, 3, 11, 6, dont les extrêmes 8 et 6 donnent la même somme que les deux moyens 3 et 11. Si les quatre nombres 8, 3, 11, 6 ne sont point en proportion par différence, et que nous ajoutions au second et au quatrième terme la différence qu'il y a entre les deux premiers termes, le second deviendra égal au premier, tandis que le quatrième ne sera point égal au troisième; mais alors les deux sommes qui sont toujours égales entre elles, auroient une partie commune 8 et une autre différente, ce qui est absurde; par conséquent, *toutes les fois que quatre nombres sont tels que les deux extrémes donnent la même somme que les deux moyens, ces nombres ainsi disposés, forment une proportion par différence.*

De sorte que tous les changemens que l'on fera subir à une proportion par différence, et qui ne détruiront pas l'égalité entre la somme des extrêmes et celle des moyens, laisseront subsister la proportion, c'est-à-dire, l'égalité des différences.

On peut donc, dans une proportion par différence, 1°. *faire changer de place aux moyens et aux extrêmes;* 2°. *mettre les extrêmes à la place des moyens;* 3°. *augmenter ou diminuer d'une même quantité les antécédens ou les conséquens;* 4°. *multiplier ou diviser tous les termes de la proportion par un même nombre;* 5°. *ajouter terme à terme, c'est-à-dire, antécédent à antécédent, et conséquent à conséquent, deux ou plusieurs proportions par différence; on peut même* 6°. *retrancher terme à terme plusieurs proportions de plusieurs autres, sans que* les *quatre nombres résultans cessent de former une proportion,* car, il est aisé de voir que par toutes ces opérations, ou l'on n'a point changé les deux sommes, ou bien on les a augmentées ou diminuées d'une même quantité, ou encore on les a rendues chacune le même nombre de fois plus grandes ou plus petites.

Il pourroit arriver que les deux moyens fussent égaux,

et que l'on eût, par exemple, 3.8:8.13. Pour distinguer ce cas, on n'écrira qu'un seul moyen, et les deux
points du milieu, on les transportera à la gauche du premier terme en les séparant l'un de l'autre par une petite
ligne; nous nommerons aussi cette proportion, *proportion
continue*, parce que le second terme continue d'être employé pour la seconde différence; et ce second terme
nous l'appellerons *moyen proportionnel par différence*.
D'après cela, la proportion continue précédente s'écrira
ainsi

$$\div 3 . 8 . 13 ,$$

et s'énoncera toujours en disant, 3 *est à* 8 *comme* 8 *est
à* 13.

Appliquant à la proportion continue, le principe que
la somme des extrêmes est égale à la somme des moyens,
on conclura que, *dans toute proportion continue, la somme
des extrêmes égale le double du terme moyen, et que le
terme moyen est la moitié de la somme des extrêmes.*

*** PROBLÊME LXXVI.

*Trouver les propriétés des proportions par quotient, ou
les différentes relations qui en lient les termes les uns aux
autres.*

SOLUTION. Soit la proportion par quotient

$$3 : 9 :: 5 : 15.$$

Si nous suivons une marche analogue à celle qui nous
a fait trouver les propriétés des proportions par différence,

nous verrons que chaque rapport pouvant être regardé comme le quotient du conséquent par l'antécédent, nous pouvons considérer le premier conséquent 9 comme le produit de son antécédent 3 par la raison, et le second conséquent 15 comme le produit de son antécédent 5 par la raison ; de sorte que, si nous multiplions chaque antécédent par la raison, les deux produits seront les conséquens, et nous aurons

$$9 : 9 :: 15 : 15.$$

D'où l'on voit qu'alors le produit des extrêmes est égal au produit des moyens ; mais pour obtenir cette égalité, on a multiplié par un même nombre les deux antécédens, c'est-à-dire, l'un des facteurs du produit des extrêmes, et l'un des facteurs du produit des moyens ; on a donc multiplié ces deux produits par un même nombre ; et, comme il sont devenus égaux par cette multiplication, il faut en conclure qu'ils l'étoient avant, et que, dans la proportion donnée, on avoit

$$3 \times 15 = 9 \times 5.$$

On auroit pu encore remarquer que la proportion dont il s'agit, n'étant que l'expression de deux quotiens égaux, on pouvoit l'écrire sous la forme de deux fractions égales, et avoir

$$\frac{3}{9} = \frac{5}{15}.$$

Or, en réduisant ces deux fractions égales au même dénominateur, les numérateurs seront égaux ; et comme le numérateur de la première sera le produit du premier antécédent 3 par le second conséquent 15, c'est-à-dire, le produit des extrêmes, et que le numérateur de la seconde sera le produit du premier conséquent 9, par le second antécédent 5, c'est-à-dire le produit des moyens, on en conclura également que

Dans la proportion par quotient, le produit des extrêmes est égal à celui des moyens.

De sorte que *l'un des extrêmes peut être regardé comme un facteur du produit des moyens, et l'un des moyens comme un facteur du produit des extrêmes.*

D'où l'on voit que, *si le produit des moyens d'une proportion par quotient, on le divise par l'un des extrêmes, on trouvera l'autre extrême ; et que si l'on divise le produit des extrêmes par l'un des moyens, on aura l'autre moyen,* parce que toutes les fois que l'on divise un produit par l'un de ses facteurs, on trouve au quotient l'autre facteur.

Voyons maintenant si, de l'égalité entre le produit des extrêmes et celui des moyens, nous pourrions conclure l'égalité des rapports ou la proportion.

Soient donc les quatre nombres

$$3, \quad 9, \quad 5, \quad 15,$$

tels que les deux extrêmes 3 et 15 donnent le même produit que les deux moyens 5 et 9. Si les deux rapports ne sont pas les mêmes, et que je multiplie les deux antécédens par le premier rapport, il n'y aura que le premier antécédent qui deviendra égal à son conséquent ; car, dans le second rapport, n'ayant pas multiplié le diviseur 5 par le quotient, je ne dois pas trouver au produit le dividende 15. De sorte qu'alors j'aurois deux produits qui, ayant un facteur commun 9, et le facteur restant différent ne pourroient être égaux ; ce qui seroit absurde, puisque la multiplication des deux premiers produits qui étoient égaux par un même nombre, n'a pu détruire cette égalité.

Si l'on écrivoit, comme ci-dessus, les deux rapports sous la forme des deux fractions, il faudroit vérifier si de l'égalité entre le produit des extrêmes et celui des moyens, on peut déduire l'égalité de ces fractions.

Or, les deux fractions $\frac{3}{9}$ et $\frac{5}{15}$ étant réduites au même dénominateur, auroient pour numérateurs, la première, le produit du premier nombre 3 par le quatrième 15, c'est-à-dire, le produit des extrêmes, et la seconde le produit du troisième nombre 5 par le second 9, ou le produit des moyens ; et, comme ces deux produits sont supposés égaux, on en concluroit que les deux fractions ayant des numérateurs et des dénominateurs égaux, seroient égales ; l'on en déduiroit donc l'égalité des fractions primitives $\frac{3}{9}$, $\frac{5}{15}$, et en même tems la proportion entre les nombre 3, 9, 5 et 15.

Ainsi, *** *quatre nombres dont les extrêmes multipliés l'un par l'autre, donnent le même produit que les moyens, forment une proportion par quotient.*

De sorte que *** *tous les changemens que l'on fera subir aux termes d'une proportion par quotient ne détruisent point la proportion, s'ils laissent subsister l'égalité entre le produit des extrêmes et celui des moyens.*

On peut donc, sans détruire la proportion par quotient, 1°. faire changer de place aux termes moyens, ou aux extrêmes, ou bien mettre les extrêmes à la place des moyens, ou les moyens à la place des extrêmes ;

car les deux produits auront toujours les mêmes facteurs.

*On peut 2°. multiplier ou diviser par un même nom-
bre les deux antécédens, ou les deux conséquens, ou les
deux termes de l'un des rapports.* Dans tous ces cas,
on aura multiplié ou divisé par un même nombre un
facteur de chaque produit, et par conséquent les produits qui, étant d'abord égaux, doivent rester tels par
la multiplication ou la division par un même nombre.

On parviendroit aux mêmes conclusions, en mettant
la proportion $3:9::5:15$ sous la forme des deux fractions
$\frac{3}{9}$ et $\frac{5}{15}$. Car ces fractions qui sont égales restent égales, soit
que l'on multiplie ou que l'on divise leurs numérateurs ou
leurs dénominateurs, ou les deux termes de l'une d'entre
elles par un même nombre.

Si l'on parcourt les diverses opérations que l'on peut
faire subir aux termes des fractions égales $\frac{3}{9}$ et $\frac{5}{15}$ sans
détruire l'égalité, on verra que l'on peut augmenter
ces deux fractions de l'unité, ou les retrancher chacune
de l'unité et avoir encore des fractions égales : effectuant

donc ce changement, on trouve d'abord $1 + \dfrac{3}{9} = 1 + \dfrac{5}{15}$

ou $\dfrac{9+3}{9} = \dfrac{15+5}{15}$; et $1 - \dfrac{3}{9} = 1 - \dfrac{5}{15}$,

ou $\dfrac{9-3}{9} = \dfrac{15-5}{15}$. Mettant ensuite ces fractions égales

sous la forme de proportions, on a

$$9 + 3 : 9 :: 15 + 5 : 15$$
$$9 - 3 : 9 :: 15 - 5 : 15.$$

Or, nous avons vu qu'on pouvoit faire changer de place

aux termes moyens, sans détruire la proportion, c'est-à-dire, que *dans toute proportion par quotient, les antécé-dens étoient entre eux, comme leurs conséquens;* de sorte que dans les deux dernières proportions, on aura

$$9 + 3 : 9 - 3 :: 15 + 5 : 15 - 5.$$

Comparant cette proportion avec la proposée.......
3:9::5:15, on conclura que, *dans toute proportion par quotient, la somme des deux premiers termes est à leur différence, comme la somme des deux derniers est à la différence de ceux-ci.*

Les deux mêmes proportions mises sous la forme de deux fractions, donnent $\dfrac{9+3}{15+5}=\dfrac{9}{15}$ et $\dfrac{9-3}{15-5}=\dfrac{9}{15}$.
De sorte que, si on les compare avec les fractions égales $\dfrac{3}{5}=\dfrac{9}{15}$ données par la proportion 3:9::5:15, on verra que, *si deux fractions sont égales, et que l'on aug-mente ou que l'on diminue successivement les deux termes de l'une, des termes respectifs de l'autre, on aura des fractions égales aux premières, pourvu que les soustrac-tions puissent avoir lieu.*
Si l'on fait changer de place aux termes moyens des deux mêmes proportions ci-dessus, on aura

$$9 + 3 : 15 + 5 :: 9 : 15$$
$$9 - 5 : 15 - 5 :: 9 : 15.$$

Comparant chacune de ces proportions avec la proposée 3:9::5:15, on conclura que, *dans la proportion par quotient, la somme ou la différence des deux premiers termes, est à la somme ou à la différence des deux derniers, comme le second est au quatrième.*

Si nous appliquons ces deux derniers principes à la proposée, après avoir fait changer de place aux moyens de cette dernière, qui sera alors $3:5::9:15$, nous aurons les deux nouvelles proportions

$$3 + 5 : 9 + 15 :: 3 : 9$$
$$5 - 3 : 15 - 9 :: 3 : 9$$

qui, comparées avec la proposée $3:9::5:15$, montreront que, *dans la proportion par quotient, la somme ou la différence des antécédens est à la somme ou à la différence des conséquens, comme un antécédent est à son conséquent.*

Nous venons de voir les diverses relations que l'on trouvoit entre les termes de la proportion $3:9::5:15$, lorsque l'on ajoutoit à l'unité les deux fractions égales $\dfrac{3}{9}$ et $\dfrac{5}{15}$, ou bien qu'on les en retranchoit. Voyons maintenant ce qui arriveroit si ces fractions égales étoient multipliées ou divisées par d'autres fractions égales. Supposons donc que l'on ait.

$$\frac{3}{9} = \frac{5}{15}$$
$$\frac{2}{7} = \frac{6}{21}$$
$$\frac{4}{5} = \frac{20}{25}$$

il est évident que le produit des premières fractions doit être égal à celui des secondes, de sorte que l'on aura

$$\frac{3 \times 2 \times 4}{9 \times 7 \times 5} = \frac{5 \times 6 \times 20}{15 \times 21 \times 25} ;$$

et, si l'on écrit toutes ces fractions sous la forme de proportions, on aura

$$3 : 9 :: 5 : 15$$
$$2 : 7 :: 6 : 21$$
$$4 : 5 :: 20 : 25$$

$$\overline{3 \times 2 \times 4 : 9 \times 7 \times 5 :: 5 \times 6 \times 20 : 15 \times 21 \times 25.}$$

D'où l'on conclura que *des proportions par quotient, étant multipliées termes à termes, donnent quatre produits en proportion.*

Si au lieu de multiplier les termes de la première proportion, on avoit proposé de les diviser, il eût suffi de renverser les fractions diviseurs, et de multiplier les deux premières fractions par les autres renversées.

Or, deux fractions égales étant renversées, expriment chacune le quotient de l'unité divisée par chacune d'elles, et sont par conséquent égales après le renversement ; de sorte que les produits de deux fractions égales par d'autres fractions égales que l'on a renversées, sont égaux. D'ailleurs le renversement des deux fractions qui expriment deux rapports égaux, revient à mettre dans la proportion les moyens à la place des extrêmes, et ceux-ci à la place des moyens; et, comme ce changement laisse subsister la proportion, il s'ensuit que *la division des termes d'une proportion par d'autres termes aussi en proportion, revient à renverser les proportions diviseurs, c'est-à-dire, à échanger chaque antécédent contre son conséquent, et à multiplier les termes de la proportion dividende par les termes respectifs des proportions diviseurs.*

Il suit de ce que nous venons de dire, que *si l'on élève à une même puissance tous les termes d'une proportion par quotient,*

on aura encore une proportion. Car on n'aura fait que multiplier termes à termes des proportions identiques.

Mais des puissances d'un même degré ne peuvent être en proportion,
que dans le cas où les quatre racines y seroient, puisqu'il n'y a que
des proportions qui, multipliées termes à termes, puissent donner
une proportion ; par conséquent, *si des quatre termes d'une
proportion par quotient, on extrait une racine d'un même
degré, les quatre racines formeront une proportion.*

Car si cela n'avoit point lieu, on ne pourroit point, en élevant
ces racines à la puissance marquée par leur degré, trouver des
puissances en proportion ; ce qui seroit contraire à la supposition
faite.

Nous pouvons observer ici ce que nous avons déjà remarqué
pour la proportion par différence, c'est-à-dire, que les moyens
pourroient être égaux, comme si nous avions

$$3 : 9 :: 9 : 27.$$

Dans ce cas, nous appellerons la proportion, *proportion continue par quotient* ; nous l'exprimerons de cette manière abrégée

$$\div 3 : 9 : 27,$$

et nous l'énoncerons en disant 3 *est à* 9 *comme* 9 *est à* 27.

Le terme du milieu se nommera *moyen proportionnel par
quotient.*

Mais le produit des extrêmes est toujours égal à celui des moyens ;
et ceux-ci étant égaux, on verra que,

*Dans toute proportion continue par quotient, le produit
des extrêmes est égal au carré du terme moyen.*

De sorte que *le moyen proportionnel par quotient est la
racine carrée du produit des extrêmes.*

Nous observerons enfin que l'on peut avoir une suite
de rapports égaux, par exemple,

$$3 : 9 :: 5 : 15 :: 6 : 18 :: 7 : 21.$$

Il est évident, d'après ce que nous avons dit pour une simple proportion,

1°. Que *dans une suite de rapports égaux, deux an-técédens sont entre eux comme leurs conséquens*; de sorte que dans cette suite on aura

$$3 : 5 :: 9 : 15 \qquad 5 : 6 :: 15 : 18$$
$$3 : 6 :: 9 : 18 \qquad 5 : 7 :: 15 : 21$$
$$3 : 7 :: 9 : 21 \qquad 6 : 7 :: 18 : 21.$$

2°. Que *dans une suite de rapports égaux, on peut, sans détruire l'égalité de ces rapports, multiplier ou diviser par un même nombre tous les antécédens ou tous les con-séquens.*

Nous avons vu précédemment que dans une proportion par quotient, la somme des antécédens est à la somme des conséquens, comme un antécédent est à son conséquent.

D'après cela, si l'on ne prend que les quatre premiers termes de la suite des rapports égaux, on aura

$$3 + 5 : 9 + 15 :: 5 : 15 \text{ ou } :: 6 : 18.$$

De cette proportion on tirera également

$$3 + 5 + 6 : 9 + 15 + 18 :: 6 : 18 \text{ ou } :: 7 : 21$$

et enfin, de cette dernière on déduira

$$3 + 5 + 6 + 7 : 9 + 15 + 18 + 21 :: 7 : 21.$$

D'où l'on conclura 3°. que, *dans une suite de rapports*

14

égaux, la somme de tous les antécédens est à la somme de tous les conséquens, comme un antécédent est à son conséquent ; et, en général, que la somme d'un certain nombre d'antécédens est à la somme de leurs conséquens, comme une autre somme d'antécédens est à la somme de leurs conséquens.

REMARQUE. Si dans une suite de rapports égaux, on avoit des proportions continues, il devroit en résulter entre les divers termes des relations plus simples que celles qui ont lieu lorsque tous les termes de la suite sont différens. Examinons donc ce cas particulier, tant pour les proportions par différence, que pour les proportions par quotient.

Soit d'abord une suite de proportions continues, dont la différence soit la même, et dont chacune ait deux termes communs avec celle qui la suit, par exemple,

$$3 . 5 : 5 . 7 : 7 . 9 : 9 . 11 : 11 . 13 : 13 . 15.$$

Pour simplifier, nous n'écrirons qu'une seule fois chaque moyen, et nous désignerons cette suppression en plaçant avant le premier terme à gauche deux points l'un sur l'autre, et séparés par une petite ligne. D'après cela, la suite précédente s'écrira ainsi

$$\div 3 . 5 . 7 . 9 . 11 . 13 . 15;$$

et on l'énoncera en disant, 3 est à 5 *comme* 5 est à 7, *comme* 7 est à 9, *comme* 9 est à 11, *comme* 11 est à 13, *comme* 13 est à 15.

Cette suite de termes marchant, pour ainsi dire, par différences égales, nous la nommerons *progression par différence*, et nous en distinguerons de deux sortes, l'une *croissante*, lorsque les termes vont en augmentant, et l'autre *décroissante*, lorsque les termes vont en diminuant. Nous pourrons donc définir *la progression par différence, une suite de nombres dont chacun surpasse celui qui le précède, ou en est surpassé d'un même nombre d'unités, suivant que la progression est croissante ou décroissante.*

Si nous faisons des observations analogues pour une suite de proportions continues par quotient, dont les deux derniers termes de chacune soient les premiers termes de la suivante, à l'exception de la dernière, *nous nommerons* PROGRESSION PAR QUOTIENT, *une suite de nombres dont chacun contient celui qui le précède, ou est contenu en lui le même nombre de fois, selon que la suite est croissante ou décroissante.*

De sorte que si nous avions les nombres

$$3, \quad 6, \quad 12, \quad 24, \quad 48, \quad 96, \quad 192,$$

dont chacun contient le précédent deux fois, ces nombres formeroient une progression croissante par quotient, que nous écririons ainsi :

$$\div 3 : 6 : 12 : 24 : 48 : 96 : 192,$$

et que nous énoncerions en disant, 3 *est à* 6 *comme* 6 *est à* 12, *comme* 12 *est à* 24, *comme* 24 *est à* 48, *comme* 48 *est à* 96, *comme* 96 *est à* 192.

Il nous reste maintenant à examiner les propriétés de ces deux espèces de progressions.

✱✱✱ PROBLÊME LXXVII.

Trouver les propriétés des progressions par différence, c'est-à-dire, les diverses relations entre les termes de ces progressions.

SOLUTION. Soit la progression croissante par différence

$$\div 3 . 5 . 7 . 9 . 11 . 13 . 15.$$

Puisque chaque terme, à partir du second, est égal au précédent plus la différence, il s'ensuit que le second terme est égal au premier

plus la différence ; que le troisième est égal au second plus la différence, et au premier plus deux fois la différence ; que le quatrième égale le troisième plus la différence, ou le second plus deux
fois la différence, ou le premier plus trois fois la différence, ainsi
de suite.

De sorte que 1°. *dans une progression croissante par dif-*
férence, chaque terme est égal à un autre placé avant
lui, plus la différence multipliée par le nombre des termes
intermédiaires plus un.

Si l'on compare chaque terme à un autre qui le suit, on verra
que le 1er. terme est égal au 2e. moins la différence, que le 2e.
est égal au 3e. moins la différence ; et par conséquent, que le 1er.
égale le 3e. moins deux fois la différence. On verra semblablement
que, le 3e. étant égal au 4e. moins la différence, le 1er. égalera
le 4e. moins 3 fois la différence ; et en général, un terme de la
progression moins la différence prise autant de fois qu'il y a de
termes intermédiaires plus un ; et, comme ce raisonnement est applicable à tout autre terme, on conclura

2°. *Que dans une progression croissante par différence, un*
terme quelconque est égal à un autre placé après lui, moins
la différence multipliée par le nombre des termes intermé-
diaires plus un.

D'où l'on voit que, si dans la progression par différence, on
prend deux termes moyens par rapport à deux autres dont ils soient
également distans, le 1er. de ces moyens sera égal au 1er. extrême
plus autant de fois la différence qu'il y a de termes intermédiaires
plus un, tandis que le 2e. moyen égalera le 2e. extrême moins le
même nombre de fois la différence ; de sorte que la somme des
deux moyens ne sera composée que des deux extrêmes, et ces
quatre termes formeront une proportion par différence.

Ainsi, 3°. *dans une proportion par différence, quatre*
termes, tels que les deux premiers soient autant éloignés
l'un de l'autre que les deux derniers, forment une propor-
tion par différence.

4°. *Deux termes d'une progression par différence égale-*
ment éloignés des extrêmes, donnent une somme égale à
celle des extrêmes.

D'où il suit que, si l'on prend successivement deux termes également distans des extrêmes, chaque couple de termes sera égal à la somme des extrêmes; et, si la progression a un terme moyen également éloigné des extrêmes, ce terme étant moyen proportionnel entre les extrêmes, sera égal à la moitié de ceux-ci; de sorte que la somme de tous les couples de termes, y compris les extrêmes, est exprimée par la somme des extrêmes prise autant de fois que l'on a formé de couples; et comme l'on a autant de couples qu'il y a d'unités dans la moitié du nombre des termes de la progression, puisque le moyen proportionnel entre les extrêmes, n'est qu'un demi-couple, il s'ensuit

5°. Que, *dans une progression par différence, la somme de tous les termes est égale à la somme des extrêmes multipliée par la moitié du nombre des termes.*

Pour éclaircir ce dernier principe sur un exemple, prenons la progression ci-dessus. Nous aurons, d'après ce qui précède,

$$3 + 15 = 3 + 15$$
$$5 + 13 = 3 + 15$$
$$7 + 11 = 3 + 15$$
$$9 = \frac{3 + 15}{2}.$$

De sorte que la somme de tous les termes sera exprimée par la somme $3 + 15$ des extrêmes multipliée par $3 + \frac{1}{2}$ ou $\frac{7}{2}$ qui est la moitié du nombre des termes de la progression.

✶✶✶ PROBLÊME LXXVIII.

On demande les propriétés des progressions par quotient, ou les diverses relations entre chaque terme, la raison, le nombre et la somme des termes.

SOLUTION. Soit la progression croissante par quotient

$$\div 3 : 6 : 12 : 24 : 48 : 96 : 192. \; -$$

Puisque chaque terme, à compter du second, est égal au précédent multiplié par la raison, il s'ensuit que le 2e. terme est le produit du premier par la raison, que le 3e. est le produit du 2e. par la raison, ou le produit du 1er. par la raison et par la raison, c'est-à-dire, le produit du 1er. par le carré de la raison ; que le 4e. est le produit du 3e. par la raison, ou le produit du 2e. par le carré de la raison, ou le produit du 1er. par le carré de la raison et par la raison, c'est-à-dire, le produit du 1er. par le cube de la raison, ainsi de suite.

De sorte que, 1°. *dans une progression croissante par quotient, un terme est égal à un autre placé avant lui multiplié par la puissance de la raison d'un degré marqué par le nombre de termes intermédiaires plus un.*

D'où il suit que *le dernier terme est le produit du premier par la raison élevée à une puissance d'un degré égal au nombre des moyens plus un, ou au nombre des termes de la progression moins un.*

Si l'on compare chaque terme à celui qui le suit, on verra que chacun est égal au terme suivant divisé par la raison ; par conséquent, le 1er. égale le 2e. divisé par la raison ; mais le 2e. égale le 3e. divisé par la raison : le 1er. égalera donc le 3e. divisé par la raison et par la raison, ou par le carré de la raison ; semblablement il égalera le 4e. divisé par le cube de la raison, ainsi de suite, et comme ce qui est vrai du 1er. terme est applicable à tous les autres termes à l'exception du dernier, on conclura

2°. Que *dans la progression croissante par différence, un terme quelconque excepté le dernier, est le quotient d'un terme placé après lui, divisé par la raison élevée à la puissance du degré marqué par le nombre de termes intermédiaires plus un.*

Par conséquent, *le 1er. terme égale le dernier divisé par la raison élevée à la puissance du degré marqué par le nombre de moyens plus un, ou par le nombre des termes de la progression moins un.*

Il suit de là que si l'on prend deux termes également éloignés des extrêmes, le 1er. de ces moyens sera égal au 1er. extrême multiplié par la puissance de la raison du degré égal au nombre de termes intermédiaires plus un, tandis que le 2e. moyen sera égal au dernier extrême divisé par la même puissance qui multiplie le premier moyen. De sorte que, si l'on multiplie les deux moyens, et qu'on supprime le facteur commun, on aura le produit des extrêmes ; et comme l'on peut regarder deux termes quelconques de la progression comme les extrêmes de celle-ci ; on en conclura

3°. Que *deux termes moyens d'une progression par quotient également éloignés de deux termes extrêmes par rapport à eux, donnent un produit égal au produit de ces extrêmes, et forment par conséquent, avec eux, une proportion par quotient.*

Nous avons vu précédemment que, dans une suite de rapports égaux, la somme des antécédens est à la somme des conséquens, comme un antécédent est à son conséquent. Or, une progression par quotient, est une suite de rapports égaux dans laquelle tous les termes sont antécédens, excepté le dernier, et conséquens, excepté le premier ; de sorte que la somme de tous les termes moins le dernier, sera la somme de tous les antécédens, et la somme de tous les termes moins le premier, celle de tous les conséquens, et l'on aura la proportion par quotient.

La somme de tous les termes moins le dernier : la somme de tous les termes moins le premier :: le premier terme : second, ou :: l'unité : la raison.

Si pour simplifier, nous représentons par f la somme de tous les termes de la progression, par q la raison ou quotient, le premier terme, par l'abbréviation 1er., et le dernier terme, par l'abbréviation d^{er}., on aura

$$f - \text{der.} : f - 1^{er}. :: 1 : q.$$

Si l'on veut trouver la valeur de f, il faut faire en sorte que cette inconnue ne soit que dans un terme de la proportion, et y soit seule.

Or, comme f entre dans les deux premiers termes, cette inconnue disparoîtroit de l'un des termes, si l'on prenoit la différence entre ces mêmes termes. Mais, dans une proportion par quotient, le premier terme est à la différence des deux premiers termes, comme le troisième est à la différence des deux derniers : effectuons donc ce changement sur la proportion ci-dessus.

Comme le 1er. terme de la progression est plus petit que le dernier, on voit d'abord que $\int - 1^{er}$. est plus grand que $\int - d^{er}$. Or, si de $\int - 1^{er}$. je ne retranchois que $\int$, j'aurois $\int - 1^{er}. - \int$; et alors, ayant retranché une quantité trop grande de d^{er}., la différence seroit trop petite de d^{er}., il faudroit donc l'augmenter de d^{er}.; ce qui donneroit $\int - 1^{er}. - \int + d^{er}$., ou $d^{er}. - 1^{er}$. De sorte que la proportion ci-dessus seroit changée en celle-ci,

$$\int - d^{er}. \;:\; d^{er}. - 1^{er}. \;::\; 1 \;:\; q - 1.$$

Il ne nous manque plus maintenant que de dégager l'inconnue $\int$ dans le premier terme, de $- d^{er}$. Or, comme dans une proportion par quotient, la somme des antécédens est à la somme des conséquens, comme un antécédent est à son conséquent, il est visible que, si le second antécédent étoit d^{er}. au lieu d'être 1, la somme des antécédens ne contiendroit plus que $\int$: multiplions donc le 2e. antécédent 1, et son conséquent $q - 1$ par d^{er}., nous aurons

$$\int - d^{er}. \;:\; d^{er}. - 1^{er}. \;::\; d^{er}. \;:\; d^{er}. \times q - d^{er}.;$$

faisant la somme des antécédens et celle des conséquens, nous trouverons

$$\int - d^{er}. + d^{er}. \;:\; d^{er}. \times q + d^{er}. - 1^{er}. - d^{er}. \;::\; d^{er}. \;:\; d^{er}. \times q - d^{er}. \;::\; 1 \;:\; q - 1$$

et enfin $$\int : d^{er}. \times q - 1^{er}. \;::\; 1 : q - 1 :$$

d'où l'on tire $$\int = \frac{d^{er}. \times q - 1^{er}.}{q - 1}.$$

Ainsi, *dans une progression croissante par quotient, la somme des termes est exprimée par le terme qui suivroit le dernier de la progression diminué du premier et divisé ensuite par la raison moins 1.*

On parviendroit au même résultat, en observant que la proportion f—der. $: f$ — 1er. $:: 1 : q$ donne $f \times q$ — der. $\times q = f$ — 1er., $f \times q$. der. $\times q : f$. 1er., $f \times q$ — f . der. $\times q : 0$. 1er.; d'où l'on tire

$$f \times (q - 1) = \text{der.} \times q - \text{1er. et} \, f = \frac{\text{der.} \times q - \text{1er.}}{q - 1}$$

REMARQUE. Connoissant les propriétés des proportions et des progressions, soit par différence, soit par quotient, c'est-à-dire, les diverses relations qui existent entre les termes, la raison, le nombre et la somme de tous les termes, il ne nous reste plus qu'à employer ces propriétés à la détermination des inconnues qui entrent dans les proportions et dans les progressions.

SECTION SECONDE.

De la résolution des proportions et des progressions, ou de la détermination des inconnues qui entrent dans les proportions et dans les progressions.

PROBLÊME LXXIX.

Exposer les diverses manières dont une inconnue peut entrer dans une proportion par différence, et trouver pour chaque cas une méthode pour déterminer l'inconnue.

SOLUTION. 1º. Le cas le plus simple est celui où l'inconnue est seule dans l'un des termes de la proportion, comme si l'on avoit

$$7 . 5 : 8 . x.$$

Or, nous avons vu qu'alors l'extrême inconnu x étoit égal à la somme des moyens moins l'extrême connu. On aura donc

$$x = 5 + 8 - 7, \quad \text{ou} \quad x = 6.$$

2°. Supposons que l'inconnue multipliée par un certain nombre, forme l'un des termes de la proportion, et que l'on ait

$$7 . 5 : 8 . 2x,$$

on ramènera ce cas au précédent en divisant tous les termes par 2, ce qui donnera $\frac{7}{2} . \frac{5}{2} : 4 . x$; de sorte que. . . . .
$x = 4 + \frac{5}{2} - \frac{7}{2} = \frac{13}{2} - \frac{7}{2} = \frac{6}{2} = 3.$

3°. Si l'inconnue ne se trouvant que dans un seul terme, y étoit ajoutée à un nombre, et que l'on eût

$$7 . 5 : 8 . 3 + 2x,$$

on délivreroit l'inconnue du nombre 3 qui lui est ajouté, en retranchant 3 des deux derniers termes; ce qui, diminuant les deux sommes de 3, laisseroit subsister l'égalité des différences. On auroit donc

$$7 . 5 : 5 . 2x;$$

divisant ensuite tout par 2, il viendroit

$$\frac{7}{2} . \frac{5}{2} : \frac{5}{2} . x = \frac{10}{2} - \frac{7}{2} = \frac{3}{2}.$$

4°. Supposons que l'inconnue soit diminuée d'un certain nombre, et que l'on ait

$$7 . 5 : 8 . 4x - 3.$$

En augmentant de 3 les deux conséquens, on aura

$$7 . 8 : 8 . 4x;$$

divisant tout par 4, on trouvera

$$\tfrac{7}{4} \cdot 2 : 2 \cdot x = 4 - \tfrac{7}{4} = \frac{16 - 7}{4} = \tfrac{9}{4}.$$

5°. Si le multiplicateur de l'inconnue étoit une fraction, et que l'on eût

$$7 \cdot 5 : 8 \cdot \tfrac{4}{3} x,$$

il suffiroit de diviser tous les termes de la proportion par $\tfrac{4}{3}$, ce qui donneroit

$$\frac{4 \times 7}{3} \cdot \tfrac{4}{3} \times 5 : \tfrac{4}{3} \times 8 \cdot x,$$

ou $\qquad \tfrac{28}{3} \cdot \tfrac{20}{3} : \tfrac{32}{3} \cdot x = \dfrac{52 - 28}{3} = 8,$

6°. Supposons que l'inconnue se trouve dans deux termes de la proportion, et que l'on ait

$$7 \cdot 9 : 2x \cdot 6x.$$

Pour faire disparoître $2x$, il suffit de diminuer de $2x$ les deux derniers termes, ce qui donne

$$7 \cdot 9 : 0 \cdot 4x,$$

et ensuite $\qquad \tfrac{7}{4} \cdot \tfrac{9}{4} : 0 \cdot x = \tfrac{1}{2}.$

7°. Pour prendre le cas le plus compliqué, supposons que l'inconnue entre dans tous les termes, qu'elle y soit augmentée dans l'un et diminuée dans l'autre d'une quantité connue, qu'en outre elle soit multipliée et divisée par certains nombres ; par exemple, que l'on ait

$$\tfrac{2}{3} x + 5 \cdot \tfrac{5}{6} x - 7 : 4x - 2 \cdot 3x + \tfrac{3}{4},$$

Pour simplifier cette proportion, j'observe que si toutes les quantités qui y entrent étoient réduites au même dénominateur, en supprimant celui-ci, on multiplieroit tous les termes de la proportion par un même nombre, ce qui ne détruiroit point l'égalité des différences. Réduisons donc tout au dénominateur 12, et supprimons ce dénominateur, on aura

$$8x + 60 \,.\, 10x - 84 : 48x - 24 \,.\, 36x + 9.$$

Si pour faire disparoître 84 du 2e. terme, et 24 du 3e., on ajoute 84 aux deux premiers termes, et 24 aux deux derniers, on trouvera

$$8x + 144 \,.\, 10x : 48x \,.\, 36x + 33 \,;$$

retranchant ensuite $8x$ communs à tous les termes, on aura

$$144 \,.\, 2x : 40x \,.\, 28x + 33 \,;$$

mais $28x$ entrent dans les deux derniers, on peut donc diminuer ceux-ci de $28x$, ce qui donnera

$$144 \,.\, 2x : 12x \,.\, 33.$$

Il ne nous reste plus maintenant que de faire disparoître x de l'un des termes. Or, en retranchant le second terme $2x$, on diminue la somme des moyens de $2x$, il faudra donc l'augmenter de $2x$ en ajoutant $2x$ au second moyen ; alors on aura

$$144 \,.\, 0 : 14x \,.\, 33$$

et
$$\tfrac{144}{14} \,.\, 0 : x \,.\, \tfrac{33}{14} \,;$$

d'où l'on tire finalement

$$x = \tfrac{177}{14}.$$

8°. Jusqu'à présent, nous n'avons fait entrer qu'une seule inconnue dans la proportion. S'il arrivoit que l'on eût deux inconnues, il faudroit, pour déterminer celles-ci, avoir deux proportions ; car autrement l'une des inconnues entreroit dans l'expression de l'autre. Supposons donc qu'après avoir simplifié les deux proportions par les moyens employés précédemment, on soit parvenu à les réduire aux formes suivantes

$$10x \,.\, 9 : 3 \,.\, 3y$$
$$6x \,.\, 6 : 2 \,.\, 9y.$$

Si l'inconnue x étoit multipliée par le même nombre dans les deux proportions, il suffiroit de retrancher celles-ci l'une de l'autre, pour n'avoir plus qu'une proportion à une seule inconnue. Or, en multipliant tous les termes de la première par 6, et tous ceux de la seconde par 10, on aura $60x$ de part et d'autre, et la soustraction fera disparoître x.

Effectuant donc ce calcul, on aura

$$60x \,.\, 54 : 18 \,.\, 18y$$
$$60x \,.\, 60 : 20 \,.\, 90y$$
$$\overline{}$$
$$0 \,.\, 6 : 2 \,.\, 72y$$
$$0 \,.\, 3 : 1 \,.\, 36y$$

De sorte que $y = \frac{1}{9}$.

Si l'on opère, d'une manière semblable, pour éliminer y, on multipliera tous les termes de la première proportion par 3, et l'on aura $9y$ comme dans la seconde. Après le calcul on trouvera

$$30x \,.\, 27 : 9 \,.\, 9y$$
$$6x \,.\, 6 : 2 \,.\, 9y$$
$$\overline{}$$
$$24x \,.\, 21 : 7 \,.\, 0$$
$$x \,.\, \tfrac{21}{24} : \tfrac{7}{24} \,.\, 0$$

Par conséquent $x = \frac{21}{24} = \frac{7}{8}$.

9°. Dans le cas où l'on auroit trois inconnues, il faudroit avoir aussi trois proportions afin de pouvoir déterminer chaque inconnue. Cette détermination seroit facile en regardant d'abord l'une des inconnues comme connue, et en éliminant l'une des deux autres par le moyen des deux premières proportions ; on opéreroit d'une manière semblable sur la seconde et la troisième proportion, ce qui donneroit une nouvelle proportion à deux inconnues seulement. Enfin avec ces deux proportions à deux inconnues, on parviendroit à une proportion finale n'ayant qu'une inconnue.

Par une méthode analogue, on détermineroit un plus grand nombre d'inconnues, pourvu que l'on eût un égal nombre de proportions.

10°. Enfin on pourroit, dans une proportion par différence, avoir plusieurs puissances de l'inconnue. Mais ce cas paroissant très-compliqué, nous nous contenterons d'observer que, si l'on n'avoit qu'une seule puissance de l'inconnue, on opéreroit comme lorsqu'on n'a eu que la première puissance, et il n'y auroit plus qu'à extraire du résultat une racine du degré marqué par la puissance de l'inconnue.

PROBLEME LXXX.

Faire connoître les diverses manières dont les inconnues peuvent entrer dans une proportion par quotient, ainsi que les moyens de trouver ces inconnues.

SOLUTION. 1°. Le cas le plus simple est celui où la première puissance de l'inconnue formeroit seule un terme de la proportion. Par exemple, si l'on avoit

$$3 : 7 :: 9 : x.$$

Nous avons déja vu que l'extrème inconnu est égal au produit des moyens divisé par l'extrême connu ; de sorte que l'on aura...

$$x = \frac{7 \times 9}{3} = 21.$$

2°. Supposons que l'inconnue soit multipliée par un certain nombre, et que l'on ait

$$5 : 8 :: 6 : \tfrac{3}{4} x.$$

Puisque la division des deux termes d'un rapport par un même nombre ne détruit pas la proportion, on aura, en divisant les deux derniers termes par $\tfrac{3}{4}$,

$$5 : 8 :: 8 : x = \tfrac{64}{5}.$$

3°. Soit une proportion où l'inconnue soit ajoutée à un certain nombre, comme celle-ci

$$4 : 9 :: 12 : 2x + 3.$$

Pour faire disparoître 3, il faudroit qu'en prenant la différence des antécédens et celle des conséquens, 3 fût détruit par la soustraction : il faudroit donc que le premier conséquent fût 3. Il seroit donc nécessaire de réduire d'abord ce conséquent à l'unité, et ensuite de le multiplier par 3. On le réduira à l'unité en divisant les deux premiers termes par 9, et l'on aura

$$\tfrac{4}{9} : 1 :: 12 : 2x + 3.$$

Multipliant les deux premiers termes par 3, on trouvera

$$\tfrac{12}{9} : 3 :: 12 : 2x + 3 \quad \text{ou} \quad \tfrac{4}{3} : 3 :: 12 : 2x + 3.$$

Prenant ensuite la différence des antécédens, celle des conséquens, et comparant ces différences à un antécédent et à son conséquent, on aura

$$\tfrac{4}{3} : 3 :: 12 - \tfrac{4}{3} : 2x, \quad \text{ou} \quad \tfrac{4}{3} : 3 :: \tfrac{4}{3} : 2x.$$

Si l'on multiplie enfin les deux antécédens par 3, et que l'on divise les deux derniers termes par 2, on obtiendra

$$4 : 3 :: 16 : x, \quad \text{ou} \quad 1 : 3 :: 4 : x = 12.$$

4°. Supposons une proportion où l'inconnue soit diminuée d'un certain nombre, telle que

$$2 : 5 :: 7 : x - 3.$$

J'observe que, si le premier conséquent étoit 3, on feroit disparoître 3 du quatrième terme, en faisant la somme des conséquens; et comme la somme des antécédens est à celle des conséquens dans le même rapport qu'un antécédent est à son conséquent, nous aurions, en opérant d'abord comme ci-dessus,

$$\tfrac{2}{5} : 1 :: 7 : x - 3, \qquad \tfrac{6}{5} : 3 :: 7 : x - 3$$
$$\tfrac{6}{5} : 3 :: \tfrac{6}{5} + 7 : x, \qquad 6 : 3 :: 6 + 35 : x$$
$$2 : 1 :: 41 : x = \tfrac{41}{2}.$$

5°. Soit une proportion où l'inconnue se trouve dans deux termes combinée avec des nombres, telle que

$$8 : 5 :: 3x + 2 : 4x - 7.$$

Pour faire disparoître x de l'un des termes, j'observe que, si cette inconnue avoit le même multiplicateur dans les deux termes du rapport, il n'y auroit qu'à prendre la différence entre les deux termes de chaque rapport, et comparer cette différence aux deux antécédens ou aux deux conséquens, pour avoir une proportion où l'inconnue ne fût que dans un seul terme.

Effectuant donc ce calcul, on aura

$$8 : 5 :: 12x + 8 : 12x - 21$$
$$8 - 5 : 8 + 21 :: 5 : 12x - 21$$
$$3 : 29 :: 5 : 12x - 21$$

Faisons maintenant disparoître 21 qui est soustrait de $12x$; en opérant d'après les principes ci-dessus, on trouvera

$$3 : 1 :: 5 \times 29 : 12x - 21$$
$$3 \times 21 : 21 :: 5 \times 29 : 12x - 21$$
$$3 \times 21 : 21 :: 3 \times 21 + 5 \times 29 : 12x.$$

Supprimant les facteurs communs aux deux termes d'un même rapport, et effectuant les opérations indiquées, on aura enfin

$$3 : 1 :: 208 : 12x$$
$$3 : 1 :: 52 : 3x$$
$$3 : 1 :: 52 : x$$
$$9 : 1 :: 52 : x.$$

7°. Examinons le cas où l'on auroit deux ou plusieurs inconnues. Il est alors nécessaire d'avoir autant de proportions que d'inconnues, pour que celles-ci puissent être déterminées.

Soient donc d'abord les deux proportions

$$3 : 7 :: 8 \ : 5x$$
$$4 : 9 :: 7x : 11y.$$

Il est aisé de voir que si l'on multiplioit ces proportions terme à terme, l'inconnue x seroit facteur commun aux deux termes du second rapport. On pourroit donc supprimer ce facteur commun ; ce qui équivaudroit à la division des deux termes par un même nombre ; c'est pourquoi on auroit

$$3 \times 4 : \ 7 \times 9 :: \ 8 \times 7 : 5 \times 11y$$
$$1 : \ 7 \times 3 :: \ 2 \times 7 : \qquad 55y$$
$$1 : \qquad 21 :: \qquad 14 : \qquad 55y$$

Si l'on avoit trois inconnues et les trois proportions suivantes

$$2 : \ \ 5 :: 3 : 2x$$
$$7 : 9 :: 4x : 3y$$
$$8 : 3 :: 5y : 4z$$

on observeroit également que la multiplication de ces proportions terme à terme donneroit x et y pour facteurs communs aux termes du dernier rapport ; de sorte que la suppression de ces facteurs feroit disparoître deux inconnues, sans changer le rapport. On auroit donc

$$2 \times 7 \times 8 : 5 \times 9 \times 3 :: 3 \times 4 \times 5 : 2 \times 3 \times 4z.$$

Supprimant les facteurs 3 et 4 communs aux derniers termes, on a

$$2 \times 7 \times 8 : 5 \times 9 \times 3 :: 5 : 2z$$

et enfin

$$2 \times 7 \times 8 : 5 \times 9 \times 3 :: \tfrac{5}{2} : z.$$

On opéreroit d'une manière semblable, si l'on avoit un plus grand nombre de proportions et d'inconnues.

8°. Supposons donc que les inconnues soient élevées au carré, et que l'on ait

$$3 : 7 :: 4 : x^2.$$

Dans ce cas, il suffit d'extraire la racine carrée de chaque terme de la proportion, et l'on aura une autre proportion dont le dernier terme sera x.

Si, au lieu du carré de l'inconnue, on avoit le cube, on extraieroit de chaque terme la racine cubique ; ainsi de suite pour toutes les puissances supérieures de l'inconnue. Nous n'examinerons pas les cas où l'on auroit des puissances de divers degrés de l'inconnue.

En récapitulant les différentes opérations que nous venons de faire, nous conclurons la règle suivante.

1°. *Lorsque, dans une proportion par quotient, l'inconnue ne se trouve que dans un extrême, et qu'elle est augmentée d'un certain nombre, on la dégage de ce nombre, en réduisant d'abord à l'unité le premier conséquent par la division des deux premiers termes par le second ; en multipliant ensuite ces deux mêmes termes par le nombre dont on veut dégager l'inconnue, et en faisant enfin cette proportion, le premier antécédent est à son conséquent, comme la différence des antécédens est à la différence des conséquens ;*

2°. *Si l'inconnue, au lieu d'être augmentée d'un certain nombre, étoit diminuée de ce nombre, on feroit la même préparation avec la différence que l'on emploieroit la proportion par laquelle un antécédent est à son conséquent, comme la somme des antécédens est à celle des conséquens ;*

3°. *Lorsque l'inconnue est multipliée par un nombre quelconque, on la dégage de ce multiplicateur, en divisant les deux derniers termes ou les deux conséquens par ce même multiplicateur ;*

4°. *Dans le cas où l'inconnue se trouveroit dans l'un des*

moyens et dans l'un des extrêmes, on commenceroit par réduire l'inconnue au même multiplicateur, en multipliant chaque terme qui renferme l'inconnue par le multiplicateur de cette inconnue dans l'autre terme, avec l'attention de multiplier encore un second terme de la proportion, pour que celle-ci ne soit pas détruite ; après cela, on établiroit la proportion, la différence des antécédens est à la différence des conséquens, comme un antécédent est à son conséquent, ou bien la différence des deux premiers termes est à la différence des deux derniers, comme le second est au quatrième, ou comme le premier est au troisième ;

5°. Si l'on avoit plusieurs inconnues et plusieurs proportions, telles que l'une d'elles ne renfermât qu'une inconnue commune à une autre proportion, et que les autres en continssent deux dont chacu e fût commune à une proportion, excepté la dernière qui auroit une inconnue non commune ; on élimineroit toutes ces inconnues hors une seule, en multipliant ces proportions terme à terme et en supprimant les inconnues communes, pourvu toutefois que les deux inconnues dans chaque proportion fussent l'une extrême, et l'autre moyenne.

Nous ne parlerons pas des autres cas, parce qu'ils peuvent être ramenés aux précédens, ou être résolus par les règles données.

6°. Enfin, si l'inconnue étoit élevée au carré, ou au cube, ou à toute autre puissance, on commenceroit par la dégager des connues qui la multiplient, ou qui lui sont ajoutées, ou qui en sont retranchées ; ensuite on feroit en sorte qu'elle ne fût que dans un seul terme ; et, en dernier lieu, on extrairoit de chaque terme une racine du degré marqué par la puissance de l'inconnue.

Les cas où l'on a plusieurs puissances de l'inconnue, sont trop compliqués pour que nous puissions nous en occuper ici.

* PROBLÊME LXXXI.

Dans une progression par différence, connoissant trois de ces quatre quantités, savoir, le premier et le dernier terme, la différence et le nombre des termes de la progression, déterminer la quatrième.

SOLUTION. 1°. Supposons que l'inconnue soit la différence.

Nous avons vu (prob. LXXVII.) que *le dernier terme d'une progression croissante par différence étoit la somme du premier terme et du produit de la différence par le nombre des termes moins un.* Par conséquent, si du dernier terme on retranche le premier, on aura le produit de la différence de la progression par le nombre des termes moins un : de sorte qu'en divisant la différence des deux extrêmes par le nombre des termes moins un, on aura la différence de la progression. Dans le cas où celle-ci seroit décroissante, on retrancheroit le dernier terme du premier, et l'on opéreroit de la même manière.

Si les termes moyens étoient inconnus, on les détermineroit aisément en ajoutant successivement au premier terme, ou en en retranchant la différence de la progression, suivant que celle-ci seroit croissante ou décroissante.

2°. *Si l'on vouloit déterminer le nombre des termes de la progression,* on verroit que la différence entre les extrêmes étant le produit de la différence de la progression par le nombre des termes moins un, on n'auroit qu'à diviser la différence des extrêmes par la différence de la progression, pour avoir le nombre des termes moins un.

Quant aux premier et dernier termes, ils sont donnés immédiatement par le principe que, *dans la progression par différence, le plus grand extrême est égal au plus petit plus la différence multipliée par le nombre des termes moins un; et le plus petit extrême est égal au plus grand moins le produit de la différence par le nombre des termes moins un.*

AUTRE SOLUTION. Soit la progression par différence

$$\div\, 3 \,.\, 5 \,.\, 7 \,.\, 9 \,.\, 11 \,.\, 13 \,.\, 15.$$

Nous savons que $15 = 3 + 2 \times (7 - 1)$. Cette équation peut être mise sous la forme d'une proportion par différence, telle que celle-ci

$$3 \,.\, 15 : 0 \,.\, 2 \times (7 - 1)\,;$$

de sorte que, si la différence étoit inconnue, on auroit, en la représentant par x, la proportion

$$3 \,.\, 15 : 0 \,.\, x \times (7 - 1).$$

Divisant donc tous les termes par $7 - 1$, on trouveroit

$$\frac{3}{7-1} \,.\, \frac{15}{7-1} : 0 \,.\, x = \frac{15-3}{7-1}.$$

Si le nombre des termes étoit inconnu, on auroit

$$3 \,.\, 15 : 0 \,.\, 2 \times (x - 1)$$

$$\tfrac{3}{2} \,.\, \tfrac{15}{2} : 0 \,.\, x - 1$$

$$\tfrac{3}{2} \,.\, \tfrac{15}{2} : 1 \,.\, x = \frac{15-3}{2} + 1.$$

Dans le cas où le premier terme seroit inconnu, on auroit

$$x \,.\, 15 : 0 \,.\, 2 \times (7 - 1)$$

$$x = 15 - 2 \times (7 - 1).$$

PROBLÊME LXXXII.

Dans une progression par différence, connoissant trois de ces cinq quantités, savoir les premier et dernier termes, la différence, le nombre et la somme des termes, déterminer les deux inconnues.

SOLUTION. Prenons la progression

$$\div 3 . 5 . 7 . 9 . 11 . 13 . 15,$$

dont la différence est 2, dont le premier terme est 3, le dernier 15, le nombre des termes 7, et la somme de tous les termes 63.

D'après les principes ci-dessus (prob. LXXVII.), on a les deux équations

$$15 = 3 + 2 \times (7 - 1)$$
$$2 \times 63 = (3 + 15) \times 7,$$

que l'on peut écrire sous la forme des deux proportions

$$3 . 15 : 0 . 2 \times (7 - 1)$$
$$3 \times 7 . 63 : 63 . 15 \times 7.$$

1°. *Supposons que les inconnues soient la différence et le nombre des termes*, et représentons la première inconnue par x et la seconde par y ; les proportions ci-dessus deviendront

$$3 . 15 : 0 . xy - x$$
$$3y . 63 : 63 . 15y;$$

augmentant de x les deux derniers termes de la première proportion, on aura

$$3 . 15 : x . xy$$
$$3y . 63 : 63 . 15y.$$

Pour faire disparoître y du premier terme, on retranchera $3y$ de ce premier terme, et on augmentera le dernier de $3y$, ce qui donnera

$$3 . 15 : x . xy$$
$$0 . 63 : 63 . 18y.$$

Maintenant, j'observe que, si y avoit le même multiplicateur dans les deux proportions, il suffiroit de soustraire celles-ci l'une de l'autre, pour faire disparoître y. Nous multiplierons donc tous les termes de la première par 18, et tous ceux de la seconde par x, et l'on aura

$$54 . 270 : 18x . 18xy$$
$$0 . 63x : 63x . 18xy$$

Retranchant la seconde de la première, on trouvera

$$54 . 270 - 63x : 18x - 63x . 0 ;$$

ajoutant $63x$ aux deux conséquens et ensuite aux deux derniers termes, on aura

$$54 . 270 : 18x . 126x ;$$

enfin, si l'on soustrait $18x$ des deux derniers termes, il viendra

$$54 . 270 : 0 . 108x.$$

Divisant tout par 2, on aura

$$27 . 135 : 0 . 54x,$$

proportions dont les termes tous divisibles par 9, donnent

$$3 . 15 : 0 . 6x$$
$$1 . 5 : 0 . 2x$$
$$\tfrac{1}{2} . \tfrac{5}{2} : 0 . x = \frac{5-1}{2} = 2.$$

232   DÉTERMINATION DES INCONNUES

La détermination de y peut se faire par la substitution de $x = 2$ dans la proportion $3 \cdot 15 : x \cdot xy$, ou se déduire immédiatement de celle-ci, $0 \cdot 63 : 63 \cdot 18y$, laquelle, par la division de tous ses termes par 9, devient $0 \cdot 7 : 7 \cdot 2y$. Ainsi, $y = \frac{14}{2} = 7$.

Le différence de la progression est donc 2, et le nombre de ses termes 7, comme nous le savions déja.

2°. *Supposons que les deux inconnues soient le nombre et la somme des termes*; représentant par x la première, et par y la seconde, nous aurons

$$3 \cdot 15 : 0 \cdot 2(x - 1) \quad \text{ou} \quad 2x - 2$$
$$3x \cdot y : y \cdot 15x ;$$

ajoutant 2 aux troisième et quatrième termes de la première proportion, augmentant de $3x$ le quatrième terme de la seconde, diminuant de $3x$ le premier, augmentant le troisième et diminuant le deuxième de y, on trouvera

$$3 \cdot 15 : 2 \cdot 2x$$
$$0 \cdot 0 : 2y \cdot 18x.$$

Si l'on multiplie maintenant tous les termes de la première par 9, on aura

$$27 \cdot 135 : 18 \cdot 18x$$
$$0 \cdot 0 : 2y \cdot 18x$$

Après avoir soustrait la seconde proportion de la première, on aura

$$27 \cdot 135 : 18 - 2y \cdot 0 ;$$

augmentant de $2y$ les deux derniers termes de la proportion, on a

$$27 \cdot 135 : 18 \cdot 2y$$

divisant tout par 2, il vient enfin

$$\frac{27}{2} \cdot \frac{135}{2} : \frac{18}{2} \cdot y = \frac{153 - 27}{2} = \frac{126}{2} = 63.$$

Pour obtenir x, on peut employer directement la proportion...
$5 . 15 : 2 . 2x$, de laquelle on tire

$$\tfrac{1}{2} \cdot \tfrac{15}{2} : \tfrac{2}{2} : x = \frac{17 - 3}{2} = \tfrac{14}{2};$$

de sorte que le nombre des termes est 7, et leur somme 63.

On opéreroit d'une manière semblable pour les autres inconnues.

★★ PROBLÊME LXXXIII.

Dans une progression par quotient, connoissant trois de ces quatre quantités, savoir, les premier et dernier termes, la raison ou quotient et le nombre des termes, trouver l'inconnue.

Solution. 1°. *Supposons que l'inconnue soit la raison et que la progression soit croissante.* Comme le dernier terme d'une telle progression est le produit du premier par la racine élevée à une puissance d'un degré marqué par le nombre des termes moins un de la progression; il s'ensuit que, *si l'on divise le dernier terme par le premier, le quotient exprimera une puissance de la raison d'un degré égal au nombre des termes moins un; et que, si l'on extrait de ce quotient une racine d'un degré égal à ce nombre des termes moins un, on aura la raison elle-même.*

2°. *Si l'on vouloit connoître le nombre des termes de la progression*, on observeroit qu'il faudroit alors déterminer le degré de la puissance de la raison, parce que ce degré, augmenté de l'unité, exprime le nombre des termes. Or, en divisant le dernier terme par le premier, on a la puissance dont la raison est la racine, et dont le nombre des termes moins un est le degré.

Il faut donc, pour connoître le nombre des termes d'une progression croissante par quotient, élever la raison successivement aux diverses puissances, jusqu'à ce que l'on trouve le quotient du dernier terme divisé par le premier, et le nombre de fois plus une que la raison sera entrée comme facteur dans le résultat, exprimera le nombre des termes de la progression.

3°. Si l'inconnue étoit le premier terme, il est évident que le dernier étant le produit du premier par la puissance de la raison d'un degré marqué par le nombre des termes moins un de la progression, *il suffit, pour avoir le premier terme, de diviser le dernier par la puissance de la raison d'un degré égal au nombre des termes moins un.*

On raisonneroit d'une manière semblable pour la progression décroissante. Il n'y auroit ici d'autre différence qu'en ce que, dans la proportion décroissante, le premier terme est le dernier de l'autre, que le dernier est le premier, et que la raison est l'unité divisée par la raison de la progression croissante.

* PROBLÊME LXXXIV.

Dans une progression croissante par quotient, étant données trois de ces cinq quantités, savoir, les premier et dernier termes, la raison, le nombre et la somme des termes, on demande les deux inconnues.

SOLUTION. Soit la progression par quotient

$$\div 3 : 6 : 12 : 24 : 48 : 96 : 192.$$

1°. *Supposons que les inconnues soient le premier et le dernier terme*, que nous représenterons respectivement par x et par y.

Nous avons vu (prob. LXXVIII.) que dans une progression croissante par quotient, le dernier terme est le produit du premier par la raison élevée à une puissance d'un degré égal au nombre des termes moins un ; et que la somme de tous les termes égale le quotient du dernier terme multiplié par la raison, diminué du premier, et divisé par la raison moins un : par conséquent, si l'on applique ces deux principes à la progression proposée, on aura

$$y = x \times 64 \quad \text{et} \quad 381 = \frac{2y \quad x}{2 - 1}.$$

Faisant passer ces équations sous la forme de proportion, on trouvera

$$1 : 64 :: x : y$$
$$381 : 1 :: 2y - x : 1.$$

Pour éliminer y, il faudroit que la première proportion eût $2y \quad x$ pour quatrième terme ; car alors en multipliant les deux proportions terme à terme, et en supprimant le facteur commun $2y - x$, on n'auroit plus y. Multiplions donc par 2 les deux conséquens de la première, nous aurons

$$1 : 128 :: x : 2y.$$

Si maintenant nous prenons la différence des deux premiers termes et celle des deux derniers, nous trouverons

$$1 : 127 :: x : 2y - x$$
$$381 : 1 :: 2y - x : 1 ;$$

multipliant terme à terme, il viendra

$$381 : 127 :: x : 1,$$

par conséquent,

$$x = \frac{381}{127} = 3.$$

Substituant cette valeur dans $1 : 64 :: 3 : y$, on aura $y = 192$.

2°. *Si les inconnues sont le dernier terme et la somme*

des termes, nous représenterons le dernier terme par x et la somme par y. Alors les deux équations fondamentales deviendront $x = 3 \times 64$ et $y = \dfrac{2x - 3}{1}$, et se changeront en ces proportions

$$1 : 3 :: 64 : x$$
$$y : 1 :: 2x - 3 : 1.$$

Pour éliminer x, il faudroit que la première proportion eût.... $2x - 3$ pour quatrième terme : nous multiplierons donc les deux derniers termes de la première proportion par 2 ; nous comparerons ensuite la différence des antécédens à celle des conséquens, et nous aurons

$$1 : 3 :: 128 : 2x$$
$$1 : 3 :: 127 : 2x - 3$$
$$y : 1 :: 2x - 3 : 1 ;$$

multipliant les deux dernières proportions terme à terme, et supprimant le facteur commun $2x - 3$, nous aurons enfin

$$y : 3 .. 127 : 1 \quad \text{et} \quad y = 381.$$

Quant à l'inconnue x, elle est donnée par la proportion

$$1 : 3 :: 64 : x = 192.$$

De sorte que le dernier terme est 192, et la somme des termes 381.

3°. *Si les inconnues sont le premier terme et la somme des termes*, on fera premier terme $= x$ et somme $= y$. Les équations fondamentales seront

$$192 = x \times 64 \quad \text{et} \quad y = \dfrac{2 \times 192 - x}{1}.$$

On tirera les proportions

$$64 : 192 :: 1 : x$$
$$y : 1 :: 384 - x : 1 ;$$

divisant par 64 les deux termes du premier rapport de la première proportion, on aura

$$1 : 3 :: 1 : x \quad \text{et} \quad x = 3.$$

Substituant cette valeur dans la deuxième proportion, il viendra

$$y : 1 :: 384 - 3 : 1 \quad \text{et} \quad y = 384 - 3 = 381.$$

Il nous restercit maintenant à faire entrer pour inconnues la raison et le nombre des termes; mais ces cas sont trop compliqués, et nous les réservons pour le tems où nos moyens seront plus étendus.

Remarque. Jusqu'à présent, nous avons supposé que le nombre des termes de la progression par quotient fût fini, mais on pourroit avoir une progréssion décroissante à l'infini, telle que.......
$\frac{1}{2} \frac{1}{4} \frac{1}{8} \frac{1}{16} \frac{1}{32} \frac{1}{64}$, etc., ou une fraction périodique 0,67 67 67, etc.
Nous nous proposerons donc encore le problème suivant.

** PROBLÉME LXXXV.

Une progression par quotient décroissante à l'infini étant donnée, on demande de déterminer le dernier terme, et la somme des termes par le moyen de la raison.

Solution. Dans une progression décroissante par quotient, le second terme est égal au premier divisé par la raison; le troisième est égal au second divisé par la raison, et au premier divisé par le carré de la raison, et enfin *le dernier est égal au premier divisé par la raison élevée à une puissance indiquée par le nombre des termes moins un de la progression.*

Or, le nombre des termes étant infini, la puissance de la raison seroit infinie, c'est-à-dire, que l'on ne pourroit trouver de nombre assez grand pour l'exprimer. On sait, en outre, que plus le dénominateur d'une fraction est grand, plus la fraction est petite; par conséquent, si l'on trouvoit le dénominateur le plus grand possible, on auroit une fraction qui auroit la plus petite valeur possible, c'est-à-dire, zéro.

Ainsi, *une fraction qui auroit un numérateur fini et un dénominateur infiniment grand, seroit représentée par zéro.*

Nous conclurons donc que *le dernier terme d'une progression par quotient décroissant à l'infini, est zéro.*

Pour obtenir la somme de tous les termes, rappelons-nous que nous avons avons trouvé précédemment (prob. LXXVIII)

$$ s = \frac{d^{er}. \times q - 1^{er}.}{q - 1}. $$

Mais cette formule appartenant à une progression croissante, il faut ici que nous renversions la progression décroissante ; alors elle reviendra à une progression croissante dont le premier terme est 0, dont le dernier est le premier de la progression décroissante, et dont la raison est le quotient de deux termes consécutifs divisés l'un par l'autre. Ainsi nous remplacerons ici $1^{er}.$ par 0, $d^{er}.$ par $1^{er}.$, et nous déterminerons q en divisant le plus grand de deux termes consécutifs par le plus petit.

De sorte que, *pour une progression par quotient décroissante à l'infini, nous aurons*

$$ s = \frac{1^{er}. \times q}{q - 1}, $$

c'est-à-dire, que la somme de tous les termes est égale au premier multiplié par la raison divisée par cette raison diminuée de 1*, la raison étant le quotient du premier terme de la progression décroissante divisé par le second.*

Appliquons cette règle à la sommation des trois progressions suivantes :

$$ \div \quad \tfrac{1}{2} : \tfrac{1}{4} : \tfrac{1}{8} : \tfrac{1}{16} : \tfrac{1}{32} : \tfrac{1}{64} \text{ , etc., etc. ,} $$

$$ \div \quad \tfrac{1}{3} : \tfrac{1}{9} : \tfrac{1}{27} : \tfrac{1}{81} : \tfrac{1}{243} : \tfrac{1}{729} \text{, etc., etc. ,} $$

$$ 0{,}67\ 67\ 67\ 67 \text{, etc.} $$

Pour la première, nous aurons $\quad 1^{er}. = \tfrac{1}{2}$ et $q = 2$

Pour la seconde, nous aurons $\quad 1^{er}. = \tfrac{1}{3}$ et $q = 3$

Pour la troisième, nous aurons $1^{er}. = \tfrac{67}{100}$ et $q = 100.$

Substituant donc ces valeurs dans la formule ci-dessus, on trouvera

$$\tfrac{1}{2} + \tfrac{1}{4} + \tfrac{1}{8} + \tfrac{1}{16} + \text{etc.} = 1$$

$$\tfrac{1}{3} + \tfrac{1}{9} + \tfrac{1}{27} + \tfrac{1}{81} + \text{etc.} = \tfrac{1}{2}$$

$$0{,}67\ 67\ 67\text{, etc.} \qquad = \tfrac{67}{99}.$$

*** Remarque. Si l'on observe que, pour avoir le quatrième terme d'une proportion par quotient, il faut multiplier les moyens l'un par l'autre, et diviser leur produit par l'autre extrême, [tandis que pour obtenir le quatrième terme d'une proportion par différence, il suffit d'ajouter les deux moyens, et de soustraire de leur somme l'autre extrême, on verra que, si l'on pouvoit faire dépendre la recherche du 4e. terme d'une proportion par quotient de celle du 4e. terme d'une proportion par différence, on changeroit les multiplications en additions, et les divisions en soustractions. Or, ce but seroit rempli, si l'on pouvoit construire une table renfermant tous les nombres entiers dans leur ordre naturel, et à côté de ceux-ci d'autres nombres tellement combinés, qu'en en prenant quatre des premiers formant une proportion par quotient, les quatre correspondans donnassent une proportion par différence; car alors le 4e. terme de cette proportion par différence, correspondroit au quatrième terme de la proportion par quotient : de sorte que la recherche de ce dernier se réduiroit à trouver le 4e. terme de la proportion par différence, et à chercher ensuite dans la table le nombre correspondant au nombre trouvé.

Si l'on observe encore que le produit de deux nombres peut être considéré comme le 4e. terme d'une proportion par quotient dont le premier terme est l'unité, et dont les moyens sont les deux facteurs, tandis qu'un quotient peut former le 4e. terme d'une proportion par quotient, dont le premier terme est le diviseur, et dont les deux moyens sont l'unité et le dividende; on verra que pour avoir le nombre correspondant à un produit, il suffiroit d'ajouter ensemble les nombres correspondans aux deux facteurs, et d'en retrancher le nombre correspondant à l'unité; et que pour obtenir le nombre correspondant au quotient, il faudroit ajouter le nombre correspondant à l'unité à celui correspondant au dividende, et en retrancher le nombre correspondant au diviseur; cherchant ensuite le nombre qui, dans la table, seroit à côté du nombre calculé, on auroit, dans le premier cas, le produit, et dans le second, le quotient des deux nombres donnés.

Il s'agit donc maintenant de former cette table, c'est-à-dire, de trouver des nombres qui donnent des proportions par différence, lorsque d'autres nombres correspondans donneront des proportions par quotient. *Ces nombres, qui forment des proportions par différence, lorsque les nombres correspondans forment des proportions par quotient, nous les nommerons* LOGARITHMES *des nombres auxquels ils correspondent.*

*** PROBLEME LXXXVI.

Trouver pour une suite de nombres entiers, d'autres nombres tels que, si l'on prend dans la première suite quatre nombres en proportion par quotient, les quatre correspondans de la seconde suite soient en proportion par différence, c'est-à-dire, déterminer les logarithmes d'une suite de nombres entiers commençant par l'unité.

SOLUTION. Nous savons (prob. LXXVIII.) que dans une progression par quotient, quatre nombres tels que les deux premiers, soient également distans l'un de l'autre que les deux derniers, forment une proportion par quotient, tandis que, quatre termes d'une progression par différence, tels que les deux premiers soient autant distans l'un de l'autre que les deux derniers, donnent une proportion par différence. Par conséquent, si l'on écrivoit une progression par différence au-dessous d'une progression par quotient, de manière que chaque terme de l'une en eût un correspondant dans l'autre, on seroit assuré que toutes les fois que, dans la progression par quotient, on prendroit quatre termes en proportion par quotient, les quatre correspondans dans l'autre progression seroient en proportion par différence, parce que les quatre premiers étant également distans deux à deux l'un de l'autre, les quatre correspondans le seroient aussi et donneroient lieu à une proportion par différence.

Concluons donc que *les termes d'une progression par diffé-rence, sont les logarithmes des termes correspondans d'une progression par quotient.*

D'après cela, si nous écrivons les deux progressions

$$\div\ 1 : 10 : 100 : 1000 : 10000 : 100000 : \text{etc.}$$
$$\div\ 0 . \quad 1 . \quad 2 . \quad 3 . \quad 4 . \quad 5 . \text{ etc.},$$

et que nous désignions le logarithme d'un nombre, en plaçant *log.* devant ce nombre, nous aurons tout de suite

$$0 = \log. 1, \quad 1 = \log. 10, \quad 2 = \log. 100, \quad 3 = \log. 1000, \text{ etc.}$$

Il nous reste maintenant à trouver les logarithmes des nombres entiers compris entre 1 et 10, 10 et 100, 100 et 1000, 1000 et 10000 ; c'est-à-dire, des nombres 2, 3, 4, 5, 6, 7, 8, 9, 11, 12, 13, 14, 15, etc.

Or, comme ces nombres entiers ne peuvent avoir leurs logarithmes qu'autant qu'ils seront eux-mêmes les termes d'une progression par quotient, il faut qu'en intercalant entre 1 et 10, 10 et 100, 100 et 1000, etc., des moyens proportionnels, on trouve parmi ces moyens, ou les nombres entiers intermédiaires , ou au moins des termes si approchés de ces nombres entiers, qu'on puisse les prendre pour ces nombres entiers eux-mêmes. Or, si l'on insère un très-grand nombre de moyens proportionnels par quotient entre 1 et 10, que l'on en insère le même nombre entre 10 et 100, entre 100 et 1000, etc., il arrivera que ces moyens seront très-voisins l'un de l'autre, et qu'ils le seront d'autant plus que l'on en aura inséré un plus grand nombre; de sorte que, parmi ces moyens, il y aura des nombres que l'on pourra prendre sans erreur sensible pour les nombres entiers intermédiaires entre les termes de la progression fondamentale.

Cette opération finie, on cherchera les moyens proportionnels qui, dans la progression par différence, occupent le même rang que ceux que l'on a pris dans l'autre progression, pour les nombres entiers intermédiaires 2, 3, 4, 5, 6, etc., et l'on aura les loga-rithmes de ces nombres entiers. De sorte que, pour construire la table des logarithmes, on écrira dans une première colonne verticale tous les nombres entiers depuis 1 jusqu'au nombre auquel on veut s'arrêter, et l'on placera dans une seconde colonne verticale, vis-à-vis chaque nombre entier de la première, le terme qui, dans la progression par différence, occupe le même rang que lui dans la progression par quotient. Les nombres de la seconde colonne seront les logarithmes des nombres correspondans de la première, puisqu'ils seront tellement choisis, qu'en en prenant quatre de ceux de la première colonne en proportion par quotient, les quatre correspondans de la deuxième formeront une proportion par différence.

Nous observerons ici que les logarithmes des nombres compris entre 1 et 10 tomberont entre 0 et 1, c'est-à-dire, qu'ils auront zéro d'entiers et une fraction décimale ; que les logarithmes des nombres compris entre 10 et 100 tomberont entre 1 et 2, c'est-à-dire, qu'ils auront une unité entière et une fraction décimale, que les logarithmes des nombres entre 100 et 1000 seront composés de deux entiers et d'une fraction décimale, ainsi de suite. D'où l'on voit que les nombres d'un seul chiffre auront zéro d'entiers à leurs logarithmes ; que ceux de deux chiffres auront une unité entière à leurs logarithmes ; que ceux de trois chiffres auront deux unités entières à leurs logarithmes, ainsi de suite.

De sorte que *le logarithme d'un nombre entier a toujours autant d'unités entières que ce nombre a de chiffres moins un ; et un nombre a autant de chiffres que son logarithme a d'unités entières plus une.*

Ce nombre d'unités entières renfermées dans le logarithme d'un nombre, caractérisant les plus hautes unités que ce dernier nombre contient, nous le nommerons *caractéristique du logarithme.*

Si l'on examine attentivement les deux progressions fondamentales

$$\overset{\cdot\cdot}{\div} \; 1 : 10 : 100 : 1000 : 10000 : 100000 : \text{etc.}$$
$$\div \; 0 . \quad 1 . \quad 2 . \quad 3 . \quad 4 . \quad 5 . \text{ etc.},$$

on remarquera que les différences entre les termes consécutifs de la progression par quotient sont 9, 90, 900, 9000, 90000, etc.,

tandis que celles entre les termes consécutifs de la progression par différence sont toutes exprimées par 1. De sorte que la première unité
d'accroissement des logarithmes sera répartie sur les logarithmes de 9
nombres, la seconde sur les logarithmes de 90 nombres, la troisième sur
les logarithmes de 900 nombres, etc. D'où l'on voit qu'en supposant que cette répartition fût égale, les logarithmes des nombres,
depuis 2 inclusivement, jusques à 10 inclusivement aussi, recevroient $\frac{1}{9}$ d'accroissement pour chaque unité dont on augmenteroit
le nombre; que ceux des nombres compris entre 10 et 101 accroî-
troient de $\frac{1}{90}$; que ceux des nombres renfermés entre 100 et 1001
augmenteroient de $\frac{1}{900}$ à chaque unité d'accroissement que recevroient les nombres; ainsi de suite.

*Donc l'accroissement que reçoit le logarithme d'un nombre,
lorsque ce nombre augmente d'une unité, est d'autant plus
petit que le nombre lui-même est plus grand.*

Mais, si une unité d'accroissement dans un nombre un peu grand
ne produit qu'un très-petit accroissement dans le logarithme, à plus
forte raison l'accroissement de $\frac{1}{10}$ dans le nombre en donnera-t-il
un fort petit dans le logarithme; par conséquent, si l'accroissement du logarithme pour le deuxième dixième d'accroissement du
nombre n'étoit pas tout-à-fait égal à celui qu'a produit le premier
dixième, la différence en seroit si petite qu'on pourroit la négliger.
En faisant le même raisonnement pour les 3me., 4e., 5e., 6e.,
7e., 8e. et 9e. dixièmes, on verra que l'on peut supposer, sans
erreur sensible, que l'accroissement du logarithme pour chaque
dixième d'accroissement dans le nombre soit constant, lorsque le
nombre auquel appartient le logarithme est un peu grand.

On en conclura donc que *lorsque les nombres sont fort grands,
et qu'ils augmentent successivement de $\frac{1}{10}$, les accroi semens
des logarithmes peuvent être regardés comme proportionnels
aux accroissemens des nombres, c'est-à-dire, que pour 0,2,
0,3, 0,4, 0,5, etc. d'accroissement que reçoit le nombre, l'accroissement du logarithme est sensiblement égal à 2, 3, 4, 5, etc. fois
l'accroissement qu'il reçoit, lorsque le nombre n'augmente que de
0,1.*

Pour rendre ceci plus sensible, représentons par x l'accroissement que reçoit le logarithme d'un nombre, lorsque ce nombre
augmente de 0,1. Si l'accroissement du logarithme pour le deuxième

dixième d'accroissement dans le nombre, n'étoit pas égal au premier, c'est-à-dire, à x, supposons qu'il fût exprimé par......

$x + \dfrac{1}{y}$: alors le logarithme du nombre, augmenté de 0,1, seroit x, et celui du nombre augmenté de 0,2 seroit..........

$2x + \dfrac{1}{y}$; mais, si x n'est lui-même qu'une fraction très-petite de l'unité, à plus forte raison la fraction $\dfrac{1}{y}$ sera-t-elle très-petite, et par conséquent, négligeable ; il en seroit de même pour le troisième dixième, pour le quatrième, pour le cinquième, etc. ; de sorte que les accroissemens du nombre étant

$$0, 1 ; \quad 0, 2 ; \quad 0, 3 ; \quad 0, 4 ; \quad 0, 5 ; \text{ etc.},$$

ceux du logarithme seroient x, $2x$, $3x$, $4x$, $5x$, etc., c'est-à-dire, proportionnels aux accroissemens du nombre.

Par conséquent, lorsque nous aurons calculé les logarithmes de la suite des nombres entiers 1, 2, 3, 4, 5, 6, etc., et que nous serons parvenus à des nombres un peu grands, nous pourrons, aux deux premières colonnes, en joindre une troisième, dans laquelle nous placerons les accroissemens des logarithmes, non-seulement pour une unité d'accroissement dans les nombres, mais encore pour 0,1, 0,2, 0,3, 0,4, 0,5, 0,7, 0,8, et 0,9.

On trouvera ces accroissemens, en prenant d'abord la différence entre les logarithmes de deux nombres entiers consécutifs ; ensuite le dixième de cette différence ; enfin on multipliera ce dixième par 2, par 3, par 4, par 5, par 6, par 7, par 8 et par 9 ; et l'on écrira ces accroissemens de logarithmes dans la troisième colonne, les uns sous les autres, à partir du nombre entier aux accroissemens duquel se rapportent les accroissemens des logarithmes.

Concluons donc que *par les méthodes que nous venons de tracer, on peut avoir non-seulement les logarithmes des nombres entiers, mais encore ceux des nombres entiers accompagnés de décimales, au moins lorsque la partie entière du nombre est un peu grande.*

Il nous reste cependant encore à trouver le logarithme d'un nombre entier qui surpasse les limites des tables, celui d'un nombre entier accompagné d'une fraction ordinaire, et enfin le logarithme d'une simple fraction.

★★ PROBLÊME LXXXVII.

Étant donné un nombre entier qui surpasse le plus grand nombre renfermé dans les tables, on demande de trouver son logarithme.

SOLUTION. Supposons que le plus grand nombre dont les tables donnent le logarithme, soit 1000, et que l'on demande le logarithme de 35624.

Puisqu'un nombre 10, ou 100, ou 1000, etc. fois plus petit qu'un autre a un logarithme qui ne diffère du logarithme de cet autre que par sa caractéristique qui, alors, renferme 1, ou 2, ou 3, etc. unités de moins, il s'ensuit que, si nous pouvions trouver le logarithme de 356,24, il ne faudroit plus ensuite qu'augmenter ce logarithme de 2 unités entières pour avoir celui du nombre donné 35624.

Or, le nombre 356,24 tombant entre 356 et 357, son logarithme tombera entre log. 356 et log. 357; et, comme ces deux derniers logarithmes sont donnés par les tables, il ne nous reste plus qu'à calculer l'accroissement du log. 356, lorsque le nombre croît de 0,24.

Mais la colonne des différences nous donne l'accroissement du logarithme relativement à 0,2 et 0,4 d'accroissement dans le nombre; par conséquent, si je prends $\frac{1}{10}$ de l'accroissement du logarithme pour 0,4 d'accroissement dans le nombre, j'aurai celui relatif à 0,04; ajoutant donc cet accroissement à celui trouvé pour 0,2, j'aurai l'accroissement du logarithme pour 0,24 d'accroissement dans le nombre. Pour fixer les idées, supposons que x soit cet accroissement, nous aurons alors log. 356 + x = log. 356,24; ajoutant donc deux unités entières à la caractéristique, nous trouverons enfin log. 35624 = 2 + log. 356 + x.

Dans le cas où l'on n'auroit point dans les tables la troisième colonne contenant les différences relatives aux dixièmes d'accroissement des nombres, on feroit la proportion suivante :

$$357 - 356 : 356{,}24 - 356 :: \log. 357 - \log. 356 : \log. 356{,}24 - \log$$

fondée sur ce que *les différences ou les accroissemens des nombres sont sensiblement proportionnels aux différences ou aux accroissemens des logarithmes de ces nombres.*

Les trois premiers termes de cette proportion étant connus, on trouvera le 4e. qui exprime ce qu'il faut ajouter au *log.* 356 pour avoir le *log.* 356,24.

** PROBLÊME LXXXVIII.

Etant donné un nombre entier accompagné d'une fraction qui n'est pas décimale, ou une fraction toute seule, on en demande le logarithme.

SOLUTION. Soit le nombre $25\frac{7}{8}$ dont on demande le logarithme. Le moyen qui se présente le premier, est de réduire en décimales la fraction $\frac{7}{8}$, et de chercher ensuite le logarithme d'un nombre entier accompagné de décimales. Ici, cette méthode est préférable, parce que la fraction $\frac{7}{8}$ est réductible exactement en décimales ; mais dans le cas où cette réduction seroit incomplette, on pourroit observer qu'en réduisant les unités entières en unités fractionnaires, on pourroit traiter la fraction comme le quotient de son numérateur divisé par son dénominateur. Effectuant donc ce calcul, on auroit à trouver le logarithme de $\dfrac{191}{8}$, ou du quotient de 191 divisé par 8. Or, le quotient cherché peut être regardé comme le quatrième terme d'une proportion par quotient dont 8 est un extrême, et 191 avec 1 sont les moyens ; c'est-à-dire, que l'on aura les deux proportions

$$8 : 1 :: \quad 191 : \quad x$$
$$\log. 8 \cdot 0 : \log. 191 . \log. x;$$

de sorte que $\log. x = \log. 191 - \log. 8$.

On peut donc dire que log. $\dfrac{191}{8}$ = log. 191 — log. 8.

Ainsi, 1°. *pour trouver le logarithme d'un nombre entier joint à une fraction, il faut, ou réduire la fraction en décimales et prendre le logarithme comme pour un nombre entier accompagné de décimales, ou bien ajouter les entiers à la fraction, et soustraire le logarithme du dénominateur de celui du numérateur.*

2°. Si l'on avoit à trouver le logarithme de la simple fraction $\dfrac{11}{13}$; j'observe que toute fraction étant le quotient du numérateur divisé par le dénominateur, il faudroit ici, comme précédemment, retrancher le logarithme du dénominateur de celui du numérateur, ce qui donneroit

$$\log. \ \frac{11}{13} = \log. \ 11 — \log. \ 13.$$

Mais log. 13 étant plus grand que log. 11, on ne peut pas effectuer la soustraction. On peut observer cependant que log. 11 doit être détruit par la partie de log. 13, qui est égale à log. 11; de sorte que l'on aura un résultat précédé du signe — et exprimé par ce qui reste du log. 13, quand on en a ôté log. 11; on peut donc l'écrire ainsi

$$\log. \ \frac{11}{13} = — (\log. \ 13 — \log. \ 11,)$$

Le signe — qui précède ce résultat indique que l'excès du log. 13 sur le log. 11, doit être retranché de la quantité dans laquelle entrera le log. $\dfrac{11}{13}$.

D'où nous conclurons 2°. que, *pour avoir le logarithme d'une fraction, il faut retrancher le logarithme du numérateur de celui du dénominateur, et faire précéder la différence du signe —, pour indiquer que cette différence doit être retranchée de la quantité dans laquelle entrera le logarithme de la fraction.*

REMARQUE. Nous venons de voir, dans ce qui précède, comment on construit les tables de logarithmes ; comment on détermine, par le moyen de ces tables, les logarithmes des nombres entiers accompagnés de décimales, ceux des nombres entiers qui surpassent les limites des tables, ceux des nombres entiers suivis de fraction, et enfin les logarithmes des simples fractions. Mais comme le but de ces tables est de donner le résultat d'un calcul, quand on a le logarithme de ce résultat, il s'ensuit qu'il nous reste à résoudre le problème inverse, c'est-à-dire, à trouver le nombre auquel appartient un logarithme.

** PROBLÊME LXXXIX.

Etant donné un logarithme qui n'est point contenu dans les tables, trouver le nombre auquel appartient ce logarithme.

SOLUTION. Les tables ne donnant immédiatement que les logarithmes des nombres entiers, on ne doit point trouver ceux qui appartiennent à des entiers joints à des fractions, ni à des fractions seules ; cependant, puisque nous avons déterminé, par le moyen des tables, les logarithmes des nombres intermédiaires, nous devons pouvoir réciproquement trouver les nombres dont les logarithmes ne sont pas immédiatement dans les tables.

Représentons donc par $log. \; x$, le logarithme connu du nombre x que nous cherchons ; supposons que ce logarithme tombe dans les tables entre log. A et log. $(A + 1)$; alors le nombre x tombera entre les nombres A et $A + 1$. Mais puisque les tables donnent ordinairement les accroissemens des logarithmes pour chaque dixième d'accroissement dans les nombres, il s'ensuit qu'en déterminant l'accroissement qu'a pris log. A pour devenir log. x, on trouvera celui que doit prendre le nombre A pour devenir le nombre x. Voulant avoir l'accroissement de log. A, on soustraira de log. x, log. A, et l'on verra ensuite dans la colonne des différences quel doit être l'accroissement de A correspondant à l'accroissement exprimé par log. $x -$ log. A. Supposons que n soit la fraction décimale qui marque l'accroissement de A, on aura $x = A$, n.

Mais si les tables ne renfermoient pas les accroissemens des logarithmes relativement aux accroissemens des nombres, il faudroit recourir à la proportion suivant laquelle *les différences des logarithmes sont sensiblement proportionnelles aux différences des nombres.* On auroit donc

$$\log. (A + 1) - \log. A : \log. x - \log. A :: 1 : x - A.$$

Les trois premiers termes étant connus, on calculeroit le quatrième qui exprime l'excès du nombre cherché x sur le nombre A, ou ce qu'il faut ajouter au nombre A pour avoir le nombre x.

Si le logarithme donné étoit précédé du signe —, il appartiendroit alors à une fraction. Soit — log. x le logarithme donné dont il faut trouver le nombre x.

Pour ramener ce cas au précédent, on augmentera ce logarithme d'autant d'unités entières qu'il en faut pour que la soustraction puisse avoir lieu. Si nous représentons par n le nombre d'unités ajoutées, on aura $n - \log. x$; on effectuera la soustraction, et l'on cherchera, par la méthode précédente, le nombre auquel appartient le logarithme exprimé par $n - \log. x$.

Il ne restera plus qu'à rectifier le nombre trouvé d'après le nombre n des unités entières ajoutées de trop au logarithme proposé. Or, nous avons vu que $1 = \log. 10$, $2 = \log. 100$, $3 = \log. 1000$, etc. ; par conséquent, suivant que l'on aura ajouté 1, ou 2, ou 3, etc. unités au logarithme donné, on aura augmenté ce dernier de log. 10, ou de log. 100, ou de log. 1000, etc. ; et, comme le logarithme d'un produit est égal à la somme des logarithmes des facteurs, il s'ensuit que le logarithme employé appartiendra à un nombre 10, ou 100, ou 1000, ou etc. fois trop grand ; il faudra donc rendre le résultat trouvé 10, ou 100, ou 1000, ou etc. fois plus petit, suivant que l'on aura ajouté 1, ou 2, ou 3, ou etc. unités au logarithme donné, pour pouvoir effectuer la soustraction. Nous pouvons maintenant établir la règle suivante :

Pour avoir le nombre auquel appartient un logarithme connu, cherchez dans les tables les deux logarithmes entre lesquels tombe le logarithme connu, et vous aurez les deux nombres entre lesquels se trouve le nombre demandé. Si les tables contiennent les différences des logarithmes relatives aux dixièmes d'accroissement des nombres, on retranchera du logarithme donné le plus petit des deux logarithmes entre lesquels tombe le premier, et la différence exprimée en décimales indiquera, dans la colonne des différences, les chiffres qu'il faut écrire à la droite du nombre auquel appartient le plus petit logarithme, pour avoir le nombre du logarithme donné.

Dans le cas où l'on n'auroit point dans les tables la colonne des différences, on feroit cette proportion.

La différence des deux logarithmes entre lesquels tombe le logarithme donné, : la différence entre le logarithme donné et le logarithme le plus voisin en dessous, : : 1 : ce qu'il faut ajouter au nombre du plus petit logarithme, pour avoir le nombre du logarithme donné.

Si le logarithme proposé étoit précédé du signe — , on retrancheroit d'abord ce logarithme d'un nombre d'unités entières assez grand pour effectuer la soustraction; on chercheroit ensuite, d'après la règle précédente, le nombre auquel appartient ce logarithme ainsi modifié; et enfin, dans le nombre trouvé, on avanceroit la virgule vers la gauche d'autant de rangs que l'on auroit ajouté d'unités entières au logarithme donné.

Remarque. Nous voilà maintenant en état de trouver le logarithme d'un nombre donné quelconque, et réciproquement le nombre d'un logarithme proposé; il ne nous reste donc plus qu'à examiner les divers usages des logarithmes, c'est-à-dire, les divers cas où les logarithmes peuvent abréger les calculs, et la manière d'employer ces nombres pour obtenir ceux que l'on cherche.

✶✶ PROBLÊME XC.

Trouver, par le moyen des logarithmes, 1°. le produit de deux ou de plusieurs nombres; 2°. une certaine puissance d'un nombre donné; 3°. le quotient d'un nombre divisé par un autre; 4°. une certaine racine d'un nombre connu; 5°. le degré d'une puissance dont la racine est donnée.

SOLUTION. 1°. Nous avons déja vu qu'un produit de deux facteurs pouvoit être regardé comme le 4e. terme d'une proportion dont l'unité seroit l'autre extrême, tandis que les moyens seroient le multiplicateur et le multiplicande. De sorte qu'en prenant le logarithme de 1, qui est zéro, celui du multiplicateur et celui du multiplicande, on auroit les trois premiers termes d'une proportion par différence, dont le 4e. seroit le logarithme du produit. On auroit donc les deux proportions

$$1 : \text{multiplicat}^r :: \text{multiplic}^{de} : \quad \text{produit}$$
$$0 . \log. \text{multip}^r : \log. \text{multip}^{de} . \log. \text{produit}.$$

et par conséquent, *log. produit = log. multiplicande + log. multiplicateur.*

Ainsi, *le logarithme d'un produit composé de deux facteurs, est égal au logarithme du multiplicande plus le logarithme du multiplicateur.*

Si l'on observe que log. 10 = 1, log. 100 = 2, log. 1000 = 3, etc., on verra, qu'ajouter au logarithme d'un nombre 1, ou 2, ou 3 etc. unités, c'est ajouter à ce logarithme log. 10, ou log. 100, ou log. 1000, etc., c'est-à-dire, former le logarithme d'un nombre 10, ou 100, ou 1000, etc., fois plus grand.

D'après cela, on peut établir en principe *qu'un logarithme qui augmente de 1, ou 2, ou 3, ou etc. unités simples, appartient à un nombre 10, ou 100, ou 1000, ou etc. fois plus grand.*

Si le produit que l'on cherche avoit trois facteurs, on pourroit considérer le produit des deux premiers comme multiplicande, et le troisième facteur comme multiplicateur ; alors le logarithme du produit des trois facteurs seroit égal au logarithme du produit des deux premiers plus le logarithme du 3e. facteur, c'est-à-dire, à la somme des logarithmes des trois facteurs.

Si on en avoit quatre, on auroit le logarithme du produit total égal au logarithme du produit des trois premiers facteurs plus le logarithme du 4e. facteur, et, par conséquent, à la somme des logarithmes des quatre facteurs ; ainsi de suite, si l'on avoit un plus grand nombre de facteurs.

D'où nous conclurons 1°. que *le logarithme d'un produit composé d'un nombre quelconque de facteurs est égal à la somme des logarithmes de ces facteurs.*

2°. Lorsqu'il s'agit de trouver le logarithme d'une puissance d'un degré connu, on voit que cela revient à déterminer le logarithme d'un produit dont les facteurs sont tous égaux ; or, le logarithme d'un tel produit est égal au logarithme de la racine, pris autant de fois que l'on a de facteurs ou qu'il y a d'unités dans le degré de la puissance.

Ainsi 2°. *le logarithme d'une puissance est égal au produit du logarithme de la racine par le degré de la puissance.*

3°. Pour trouver le logarithme du quotient d'un nombre divisé par un autre, on observera que, le quotient pouvant être regardé comme le 4e. terme d'une proportion par quotient, dont le premier terme seroit le diviseur, tandis que les moyens seroient l'unité et le dividende, on a les deux proportions

$$\text{diviseur} : 1 :: \text{dividende} : \text{quotient}$$
$$\text{log. diviseur} . 0 : \text{log. dividende} . \text{log. quotient}.$$

D'où l'on tire *log. quotient = log. dividende — log diviseur.*

De sorte que si le diviseur d'un nombre étoit 10, ou 100, ou 1000, ou etc., on auroit le logarithme du quotient en retranchant 1, ou 2, ou 3, etc. unités simples du logarithme du dividende.

De là nous conclurons 3º. que *le logarithme du quotient d'un nombre divisé par un autre est égal au logarithme du dividende, moins le logarithme du diviseur, ou bien, au logarithme du dividende plus le complément du logarithme du diviseur, cette somme devant être diminuée d'une unité immédiatement supérieure aux plus hautes unités du logarithme du diviseur ; et ensuite, que si l'on diminue de 1, ou 2, ou 3, etc unités, la caractéristique d'un logarithme, ce logarithme appartient à un nombre 10, ou 100, ou 1000, etc. fois plus petit.*

D'après ces deux principes, il suit que, *pour avoir le logarithme d'une fraction, on peut commencer par écrire à la droite du numérateur assez de zéro pour que le nouveau numérateur soit plus grand que le dénominateur ; soustraire ensuite le logarithme du dénominateur, de celui du numérateur, et diminuer enfin le résultat dans lequel entrera le logarithme de la fraction, ainsi déterminé, de 1, ou 2, ou 3, etc. unités, suivant que l'on aura rendu la fraction 10, ou 100, ou 1000, etc. fois trop grande.*

4º. Quand on veut trouver le logarithme d'une racine, il suffit de se rappeler que le logarithme d'une puissance est le produit du logarithme de la racine par le degré de la puissance ; par conséquent, *si l'on divise le logarithme d'une puissance par le degré de cette puissance, on aura le logarithme de la racine.*

5º. Puisque le logarithme d'une puissance est égal au degré de celle-ci multiplié par le logarithme de la racine, il s'ensuit que *le degré d'une puissance est égal au logarithme de cette puissance divisé par le logarithme de la racine, qui a produit cette même puissance.*

Après avoir trouvé le logarithme d'un produit, celui d'une puissance, celui d'un quotient et celui d'une racine, on cherchera d'après la méthode du problème précédent, le nombre qui a pour logarithme le logarithme calculé, si toutefois ce logarithme n'est pas donné immédiatement par les tables, et l'on aura le produit ou la puissance, ou le quotient, ou la racine que l'on demandoit.

APPLICATION

DE L'ARITHMÉTIQUE

A DES

QUESTIONS NUMÉRIQUES.

Observations générales sur la manière de résoudre les questions numériques.

LA parfaite intelligence de la question proposée est évidemment la première et la plus indispensable des conditions que l'on ait à remplir. Or, pour bien comprendre une question, il faut voir clairement les conditions qu'elle renferme, c'est-à-dire, les relations ou la loi de dépendance qu'elle établit entre les quantités connues et les inconnues. Cette dépendance bien comprise, fera découvrir comment certaines quantités se composent des autres; on fera donc les compositions indiquées par les conditions de la question, en traitant les inconnues comme les connues, et en opérant comme pour vérifier si les premières remplissent les conditions imposées. On parviendra ainsi à des égalités ou à des proportions, dans lesquelles les inconnues se trouveront engagées avec des quantités connues. Il ne restera plus alors qu'à dégager par les méthodes de décomposition les grandeurs inconnues des grandeurs connues, et à faire en sorte que ce dégagement laisse chaque inconnue seule et égale à des quantités toutes connues.

Ainsi, dans la résolution d'une question, il faut distinguer deux opérations : la première par laquelle on compose des quantités avec les données connues et inconnues, suivant les conditions du problême, et l'on arrive à des équations ou à des proportions qui doivent renfermer toutes ces données ; la seconde qui consiste à trouver les méthodes les plus propres à dégager les inconnues, c'est-à-dire, à les composer de quantités toutes connues. Sans insister davantage sur des préceptes généraux toujours difficiles à saisir, nous allons passer aux applications.

QUESTION Iʳᵉ.

On a placé 680 *francs à un intérêt annuel de* $7\frac{3}{4}$ *pour* 100, *on demande ce que devra l'emprunteur au bout de* 14 *mois* 8 *jours.*

SOLUTION I. J'observe d'abord que la quantité qu'on cherche doit être la somme de 680 francs, et de l'intérêt de 680 pour 12 mois, plus 2 mois et 8 jours. Or si nous connoissions l'intérêt annuel de 1 franc, il n'y auroit qu'à le multiplier par 680, pour avoir l'intérêt annuel de 680. Mais d'après les conditions prescrites, 100 francs rendent $7\frac{3}{4}$ ou $\frac{31}{4}$; par conséquent 1 franc donnera $\frac{1}{100}$ de $\frac{31}{4}$ ou $\frac{31}{400}$.

Multipliant donc 680 par $\frac{31}{400}$, après avoir simplifié, on aura 52 fr. 70 cent. pour l'intérêt annuel de 680 fr. Mais si 12 mois ont produit 52 fr. 70 c. d'intérêt ; 2 mois produiront $\frac{1}{6}$ de 52 fr. 70 c. Par conséquent 6 jours donneront $\frac{1}{10}$ de l'intérêt pour 2 mois ; et 2 jours, le tiers de celui pour 6 jours. Effectuant les calculs, on trouvera enfin 62 fr. 65 c. pour l'intérêt de 680 fr. pendant 14 mois 8 jours. De sorte que l'emprunteur devra 742 fr. 65 cent.

SOLUTION II. Puisque 100 fr. rendroient 7 f. $\frac{3}{4}$ au bout de 12 mois, il est clair qu'autant de fois on prêtera 100 fr. , autant de fois on retirera 7 fr. $\frac{3}{4}$ d'intérêt , pour le même tems. Ainsi, au-

$$100 : 680 :: 7\tfrac{3}{4} : x$$
$$5 : 34 :: 7\tfrac{3}{4} : x$$
$$5 : 34 :: \tfrac{31}{4} : x$$
$$20 : 34 :: 31 : x$$
$$10 : 17 :: 31 : x$$

tant de fois 100 sera contenu dans 680 , autant de fois $7\frac{3}{4}$ sera renfermé dans l'intérêt annuel de 680. On aura donc la proportion $100 : 680 :: 7\frac{3}{4} : x$, laquelle étant simplifiée, se changera enfin en celle-ci $10 : 17 :: 31 : x$.

D'où l'on tire $x = \dfrac{17 \times 31}{10}$: effectuant le calcul, et cherchant comme ci-dessus l'intérêt pour 2 mois 8 jours, on trouvera le même résultat.

QUESTION II.

Une personne, au bout d'un an et 18 jours, a retiré 960 fr. pour 850 qu'elle avoit placés. On demande quel étoit le taux de l'intérêt annuel pour 100.

SOLUTION. Il est d'abord évident que 960 francs expriment la somme de 850 francs et de l'intérêt de 850 pendant 12 mois et 18 jours. De sorte qu'en retranchant 850 de 960, on aura l'intérêt de 850 pour 12 mois et 18 jours, c'est-à-dire, pour 383 jours.

Nommant donc x cet intérêt, on aura 960 moins 850 ou $110 = x$. Mais puisqu'on demande l'intérêt de 12 mois ou de 365 jours, il n'y a qu'à prendre l'intérêt pour 1 jour, et en multipliant cet intérêt par 365, on aura celui de 12 mois. Or, 383 jours donnant 110 d'intérêt, on aura pour 1 jour $\frac{1}{383}$ de 110 ou $\frac{110}{383}$. Par conséquent l'intérêt de 850 fr. pour 365 jours sera $\frac{110}{383}$ de 365 ou 104,8. Mais puisque 104,8 fr. est l'intérêt de 850 fr. pour 12 mois, si on prend $\frac{1}{850}$ de cet intérêt, on aura celui de 1 fr. pour 12 mois, ou 0 fr., 123 ; de sorte que multipliant 0 fr., 123 par 100, on aura 12 fr., 3 pour l'intérêt annuel de 100.

QUESTION III.

Un banquier a reçu 12000 francs, et a donné une lettre-de-change pour laquelle il a escompté 1 $\frac{3}{4}$ pour 100 ; on demande de combien a été la lettre-de-change.

SOLUTION I. La somme de 12000 francs doit être

évidemment composée de la lettre-de-change, plus l'escompte de cette même lettre à raison de $1\frac{3}{4}$ pour 100.

Soit donc x la valeur de la lettre-de-change. Si nous connoissions l'escompte pour 1 franc, il ne faudroit plus que multiplier cet escompte par x, pour avoir l'escompte total; et alors la somme de x et de l'escompte total seroit exprimée par 12000 francs.

Or, puisque 100 donnent $1\frac{3}{4}$ ou $\frac{7}{4}$ d'escompte, 1 donnera $\frac{1}{100}$ de $\frac{7}{4}$ ou $\frac{7}{400}$. De sorte que $\frac{7}{400}$ de x sera l'escompte total. Par conséquent, 12000 sera la somme de x plus $\frac{7}{400}$ de x, ou $\frac{400}{400}$ plus $\frac{7}{400}$, c'est-à-dire, $\frac{407}{400}$ de x.

Prenant $\frac{1}{407}$ de 12000, on aura $\frac{1}{400}$ de x; et enfin, prenant 400 fois $\frac{1}{407}$ de 12000, on aura x. D'après cela, $x = \frac{400}{407}$ de 12000. Donc $x = 11793,6$.

Solution II. En employant les proportions, on auroit pu raisonner ainsi : Si on n'avoit donné que $101\frac{3}{4}$, on n'auroit reçu en lettre-de-change que 100. De sorte qu'on recevra autant de fois 100 francs, que $101\frac{3}{4}$ sont contenus dans 12000; ce qui donnera la proportion....
$$101\tfrac{3}{4} : 12000 :: 100 : x.$$

On auroit encore pu faire le raisonnement suivant : autant de fois 100 sera contenu dans la lettre-de-change x, autant de fois $1\frac{3}{4}$ sera contenu dans l'escompte y de cette lettre-de-change. On aura donc $100 : x :: 1\frac{3}{4} : y$. Mais, dans une proportion, la somme des antécédens est à la somme des conséquens, comme un antécédent est à son conséquent. Donc on aura $101\frac{3}{4} : x + y :: 100 : x$. Or, $x + y = 12000$. Par conséquent, il viendra.......
$$101\tfrac{3}{4} : 1200 :: 100 : x.$$

QUESTION IV.

Trois personnes ont formé une société. La première a mis 120 francs; la deuxième 350, et la troisième 460. Le bénéfice résultant de l'association a été de 1200 fr. Combien reviendra-t-il à chacune d'elles ?

SOLUTION I. Le bénéfice total qui est ici 1200 francs, doit être la somme des gains de chaque associé. Il s'agit donc de former l'expression des gains particuliers. Or, il est évident que, si nous connoissions le gain qu'on doit faire pour 1 franc, il ne faudroit plus ensuite que multiplier ce gain par la mise de chacun. Supposons donc que x soit ce gain inconnu, alors 1200 sera la somme de 120 plus 350 plus 460 ou de 930 fois x. De sorte que 1200 sera le produit de 930 par x. Divisant donc 1200 par 930, on aura la valeur de x ou le gain de 1 franc. La multiplication donnera ensuite le gain de chacun, et la somme de ces gains devra donner enfin 1200.

SOLUTION II. Puisque 930, qui est la mise totale, a produit 1200 de gain, il est

$$930 : 120 :: 1200 : x = 120 \times \tfrac{40}{31}$$
$$930 : 350 :: 1200 : y = 350 \times \tfrac{40}{31}$$
$$930 : 460 :: 1200 : z = 460 \times \tfrac{40}{31}$$

clair qu'autant de fois 930 contiendra 120 ou la mise du premier, autant de fois 1200 contiendra le gain de ce premier associé; d'où résultera la proportion .... 930 : 120 :: 1200 : x. Ainsi de suite pour la détermination des autres gains.

QUESTION V.

80 hommes ayant travaillé 15 jours, 7 heures par jour, avec une force représentée par 3, à une terre dont la dureté étoit exprimée par 5, ont creusé un fossé de 50 mètres de long, 4 de large et 2 de profondeur. On demande combien 45 hommes, travaillant 6 heures par jour, avec une force exprimée par 4, à une terre d'une dureté représentée par 6, emploieront de jours pour creuser un fossé de 39 mètres de long, 7 de large et 3 de profondeur.

SOLUTION I. Afin de simplifier le problème, cherchons d'abord les rapports entre le nombre d'hommes de la deuxième troupe et celui de la première, entre les heures de travail par jour; les forces de chacun; les duretés de chaque terre; les longueurs, les largeurs et les profondeurs des fossés. Ces rapports, une fois connus, nous conduiront à la connoissance de ceux qui existent entre les tems.

Or, 1°. puisque la première troupe est composée de 80 hommes, et la deuxième de 45, celle—ci ne sera que les $\frac{15}{80}$ de la première. Mais, moins il y a d'hommes, plus il faut de tems; par conséquent, le tems employé par la deuxième troupe sera les $\frac{80}{45}$ de celui employé par la première, ou les $\frac{80}{45}$ de 15 jours, en n'ayant égard qu'au nombre dès travailleurs.

2°. La force de chaque homme de la première troupe étant 3, et celle de chaque homme de la seconde étant 4; il est clair que la force de la deuxième sera les $\frac{4}{3}$ de celle de la première, ou ce qui revient au même, que la force de la première étant exprimée par 1, celle de la deuxième le sera par $\frac{4}{3}$. Mais, il faut d'autant moins de tems que la force est plus grande ; et de plus, lorsque nous avons supposé les forces égales ou représentées par 1, le tems employé par la deuxième troupe, étoit les $\frac{80}{45}$ de 15 jours ; par conséquent, lorsque la force de cette même troupe sera exprimée par $\frac{4}{3}$, le tems qu'elle emploiera sera les $\frac{3}{4}$ de $\frac{80}{45}$ de 15 jours, en n'ayant égard qu'au nombre des travailleurs et à leur degré de force.

3°. La première troupe travaille 7 heures par jour, et la deuxième en travaille 6 ; de sorte que le tems de travail de celle-ci sera par jour les $\frac{6}{7}$ de celui de la première. Mais, lorsque nous avons supposé que la deuxième troupe travaillât le même nombre d'heures que la première, nous avons trouvé $\frac{3}{4}$ de $\frac{80}{45}$ de 15 jours ; par conséquent, le nombre de jours étant d'autant plus grand qu'on travaille moins d'heures par jour, on aura, pour le nombre de jours employé par la deuxième troupe, les $\frac{7}{6}$ de $\frac{3}{4}$ de $\frac{80}{45}$ de 15 jours.

4°. La longueur du deuxième fossé est les $\frac{39}{50}$ de celle du premier ; et comme un fossé moins long demande moins de tems, il est évident, que le tems employé par la deuxième troupe, ne doit être que les $\frac{39}{50}$ de celui qu'elle emploieroit, si les deux fossés avoient même longueur. Il sera donc les $\frac{39}{50}$ de $\frac{7}{6}$ de $\frac{3}{4}$ de $\frac{80}{45}$ de 15 jours.

5°. Semblablement, la profondeur du deuxième fossé, étant les $\frac{7}{4}$ de celle du premier, le tems de la deuxième troupe sera les $\frac{7}{4}$ de celui employé, si les largeurs étoient les mêmes ; il sera donc les $\frac{7}{4}$ de $\frac{39}{50}$ de $\frac{7}{6}$ de $\frac{3}{4}$ de $\frac{80}{45}$ de 15 jours.

6°. La profondeur du deuxième fossé étant les $\frac{3}{2}$ de celle du premier ; le tems employé par la deuxième troupe sera les $\frac{3}{2}$ de $\frac{7}{4}$ de $\frac{39}{50}$ de $\frac{7}{6}$ de $\frac{3}{4}$ de $\frac{80}{45}$ de 15 jours.

7°. Enfin, la dureté du premier terrain étant exprimée

par 5, et celle du deuxième par 6, il s'ensuit que cette dernière sera les $\frac{5}{6}$ de la première ; mais un terrain plus dur exige plus de tems ; par conséquent, la deuxième troupe emploiera les $\frac{6}{5}$ du tems qu'elle eût employé, si les duretés avoient été les mêmes de part et d'autre.

De sorte qu'en ayant égard à toutes les conditions de la question, le tems employé, par la deuxième troupe, sera les $\frac{6}{5}$ de $\frac{3}{2}$ de $\frac{7}{4}$ de $\frac{39}{50}$ de $\frac{7}{6}$ de $\frac{3}{4}$ de $\frac{80}{45}$ de 15 jours.

Il importe maintenant de simplifier ce résultat, avant de faire les opérations indiquées. Pour cela, j'observe qu'on peut supprimer tous les facteurs communs aux numérateurs et aux dénominateurs, puisque cette suppression équivaut à la division des deux termes d'une fraction par un même nombre. On aura donc, après cette simplification, $\frac{13}{50}$ de $\frac{7}{2}$ de 63 jours. De sorte qu'en effectuant les opérations, on aura finalement 57 j., 33.

SOLUTION II. Si chaque troupe ne travailloit qu'une heure par jour, que la force des travailleurs, la dureté de la terre, la longueur, la largeur et la profondeur des fossés fussent exprimées chacune par 1 ; la question seroit ramenée à établir le rapport convenable entre le nombre des travailleurs et les tems employés par chaque troupe.

Pour cela j'observe que 80 hommes qui ne travailleroient qu'une heure par jour, devroient être 7 fois plus que s'ils devoient travailler 7 heures par jour, et par conséquent être 560.

Mais 560 hommes qui n'auroient qu'une force exprimée par 1, devroient être 3 fois plus ou 1680, pour faire le même ouvrage dans le même tems que si leur force étoit 3 ou triple.

La dureté du terrain étant ici supposée 1, il faudra 5 fois moins de travailleurs, que dans le cas où cette dureté seroit 5. On prendra donc $\frac{1}{5}$ de 1680, et on aura 336.

Mais un fossé dont les trois dimensions, longueur, largeur et profondeur, seroient chacune de 1 mètre, étant 400 fois moindre que celui qui auroit 50 mètres de long sur 4 de large et 2 de profondeur ; il est clair que, pour creuser le premier fossé dans le même tems que le deuxième, il faudroit 400 fois moins de travailleurs. Il n'en faudroit donc ici que $\frac{1}{400}$ de 336 ou 0,84.

Cherchant de la même manière le nombre d'hommes de la deuxième troupe, on trouvera que $\frac{20}{91}$ travailleurs employant une heure par jour, ayant une force exprimée par 1, la dureté du terrain, ainsi que les trois dimensions du fossé étant représentées chacune par 1, emploieront le même tems que la deuxième troupe telle qu'on l'a supposée dans la question.

De sorte qu'alors le problème sera ramené à celui-ci : *Un nombre d'ouvriers exprimé par 0,84 ayant employé 15 jours pour faire un certain ouvrage ; combien un autre nombre d'ouvriers représenté par $\frac{20}{91}$ ayant la même force que les premiers, et travaillant le même nombre d'heures par jour, emploieront-ils de jours pour faire le même ouvrage.*

Mais le rapport de 0,84 à $\frac{20}{91}$ est le même que celui de 84 à $\frac{2000}{91}$ ou de 7644 à 2000. Outre cela, moins on a d'ouvriers, plus il faut de tems pour faire le même ouvrage : par conséquent, 7644 ouvriers ayant employé 15 jours, il est clair que 2000 en emploieront plus de 15. Il faudra donc que 15 jours soit multiplié par le plus grand des deux nombres, et divisé par le plus petit. On aura donc la proportion

$$2000 : 7644 :: 15 \text{ jours} : x$$

qui, simplifiée, devient successivement

$$1000 : 3822 :: 15 \text{ jours} : x$$
$$1 : 3822 :: 15 \text{ jours} : x;$$

effectuant le calcul, on trouve $x = 57$ j., 33.

Nous observerons que si on n'avoit pas voulu former la proportion, on seroit parvenu au résultat en raisonnant ainsi : Puisque 7644 hommes ont employé 15 jours, il est visible que 1 homme emploieroit 7644 fois 15 jours. Mais 2000 hommes doivent employer 2000 fois moins de jours qu'un seul homme ou $\frac{1}{2000}$ de 7644 fois 15 jours ; on aura donc $\frac{7644}{2000}$ de 15 jours.

SOLUTION III. Si dans la question on ne vouloit d'abord avoir égard qu'au nombre d'hommes, et qu'on représentât par y le tems cherché, on observeroit que 45 hommes devant employer plus de tems que 80, on auroit
$45 : 80 :: 15$ j. $: y$.

$$45 : 80 :: 15 \text{ j.} : y$$
$$6 : 7 :: y : z$$
$$4 : 3 :: z : t$$
$$5 : 6 :: t : u$$
$$50 : 39 :: u : v$$
$$4 : 7 :: v : w$$
$$2 : 3 :: w : $$

Soit ensuite z le tems qui résulteroit, si on avoit égard au nombre d'heures de travail par jour. Comme le tems z doit être d'autant plus grand que le nombre d'heures de travail par jour est plus petit, on aura $6 : 7 :: y : z$.

Soit t, le tems qu'on auroit, en tenant compte de la force de chaque troupe. Mais ce tems doit diminuer à mesure que la force augmente. Ainsi on aura........
$4 : 3 :: z : t$.

Continuant à représenter par u, ce que devient le tems t quand on a égard à la dureté du terrain ; par

v, ce que devient u, quand on tient compte des longueurs des fossés ; par w, ce que devient v, en ayant égard à leur largeur ; et enfin, par x, le tems cherché, ou ce que devient w lorsqu'on fait entrer les profondeurs des fossés ; on trouvera, en raisonnant comme ci-dessus, les proportions que nous venons de disposer les unes sous les autres, telles qu'on les voit ici.

Si maintenant on observe que dans les seconds rapports, chaque inconnue se trouve dans les deux termes du rapport, excepté la dernière ; que des proportions multipliées terme à terme, donnent des produits en proportion ; et en outre, que les facteurs communs aux deux termes d'un rapport peuvent être supprimés ; on verra, que de toutes ces proportions, il résulte celle-ci :

$$45 \times 6 \times 4 \times 5 \times 50 \times 4 \times 2 : 80 \times 7 \times 3 \times 6 \times 39 \times 7 \times 3 :: 15\, j : x$$

proportion qu'on peut simplifier, en divisant d'abord ses deux premiers termes et ensuite ses deux conséquens, par les facteurs communs qu'ils ont ; ce qui donne successivement

$$\left. \begin{array}{l} 45 \times 4 \times 5 \times 5 : 7 \times 3 \times 39 \times 7 \times 3 \\ 5 \times 4 \times 5 \times 5 : 7 \times 39 \times 7 \end{array} \right\} :: 15\,j. : x$$

$$5 \times 4 \times 5 : 7 \times 39 \times 7 \quad :: 3\,j. : x = 57\,j., 33.$$

QUESTION VI.

Partager 840 francs entre 3 personnes, de manière que la seconde ait les $\frac{2}{3}$ de la part de la première, et que la troisième ait les $\frac{4}{7}$ des parts des deux autres.

SOLUTION I. Il est d'abord visible que 840 francs sont

la somme des trois parts qu'on doit faire. Or, si nous connoissions la valeur de l'unité des parts, et de plus, le nombre de fois que cette unité doit être prise, leur produit donneroit évidemment la somme à partager. Mais le nombre des unités qui entrent dans la part de chacun doit pouvoir se déterminer d'après les conditions de la question ; et une fois ce nombre d'unités trouvé, il ne faudra plus que diviser 840 par ce même nombre, pour obtenir la valeur de l'unité. De sorte que prenant cette valeur de l'unité autant de fois que chaque part contient d'unités, on aura ce qui revient à chacun, de la somme à partager.

Or, si la première personne avoit 1, la seconde auroit $\frac{2}{3}$, et la troisième les $\frac{4}{7}$ de 1 et de $\frac{2}{3}$, ou les $\frac{4}{7}$ de $\frac{5}{3}$, ou enfin $\frac{20}{21}$. De sorte que le nombre d'unités comprises dans chaque part sera 1, $\frac{2}{3}$ et $\frac{20}{21}$. Faisant ensuite la somme de ces trois nombres, après les avoir réduits au dénominateur 21, on aura $\frac{55}{21}$, pour le nombre d'unités contenues dans la totalité des parts. Pour obtenir la valeur de l'unité, il n'y aura donc plus qu'à diviser 840 par $\frac{55}{21}$. Effectuant la division, il viendra $320\frac{8}{11}$ pour la valeur de l'unité, ou pour la part du premier. Prenant ensuite les $\frac{2}{3}$ de $320\frac{8}{11}$, et enfin les $\frac{20}{21}$ de $320\frac{8}{11}$, on aura $213\frac{9}{11}$ et $305\frac{5}{11}$, pour les parts des deux autres, lesquelles ajoutées à celle du premier, donneront 850, qui est la somme à partager.

Solution II. Les conditions de la question faisant connoître comment les parts se composent de la première, conduisent par conséquent à la connoissance des rapports qui existent entre les parts. La difficulté consiste donc à partager 840 en trois parts qui soient proportionnelles des nombres que l'état de la question fait trouver.

D'après cela, désignant les parts cherchées, respecti-

vement par les lettres x, y et z, on aura les proportions

$$x : y :: 1 : \tfrac{2}{3}$$
$$x : z :: 1 : \tfrac{20}{21}$$

Mais, dans toute proportion, les antécédens sont entre
eux comme leurs conséquens : on aura donc

$$x : 1 :: y : \tfrac{2}{3} :: z : \tfrac{20}{21}.$$

Outre cela, nous avons vu que dans une suite de rapports égaux, la somme des antécédens est à la somme des
conséquens, comme un antécédent est à son conséquent :
de sorte que nous aurons

$$x + y + z : 1 + \tfrac{2}{3} + \tfrac{20}{21} :: \begin{cases} x : 1 \\ y : \tfrac{2}{3} \\ z : \tfrac{20}{21}. \end{cases}$$

Or, la somme des trois parts est 840 ; de plus, la
somme de 1 de $\tfrac{2}{3}$ et de $\tfrac{20}{21}$ est exprimée par $\tfrac{55}{21}$: les
dernières proportions donneront donc

$$840 : \tfrac{55}{21} \begin{cases} x : 1 \\ y : \tfrac{2}{3} \\ z : \tfrac{20}{21}. \end{cases}$$

Et l'on aura pour la détermination de chaque part,
les trois proportions suivantes,

$$55 : 840 :: 21 : x$$
$$55 : 840 :: 14 : y$$
$$55 : 840 :: 20 : z.$$

QUESTION VII.

Partager 600 francs entre trois personnes, de telle manière que la seconde ait les $\frac{2}{5}$ de la première, plus 50 francs ; et que la troisième ait les $\frac{3}{4}$ de la seconde, moins 40 francs.

SOLUTION. En raisonnant comme dans la question précédente, on verra que, si la première personne avoit 1 ; la deuxième auroit $\frac{2}{5}$ plus 50 francs ; et que la troisième aurait les $\frac{3}{4}$ de $\frac{2}{5}$ plus $\frac{3}{4}$ de 50 francs moins 40 francs ; ou $\frac{6}{20}$ plus $\frac{150}{4}$ fr.; ou bien $\frac{6}{20}$ plus 57 fr. , 3 moins 40 francs. De sorte que la somme à partager 600 sera composée de la première part, des $\frac{2}{5}$ et des $\frac{6}{20}$ de cette première part, plus 50 francs, plus 37 fr., 5, moins 40 fr. ou de 47 fr., 5.

D'où il suit, qu'en retranchant de 600 fr., l'une de ses parties 47 fr., 5, le reste sera la somme de la première part, des $\frac{2}{5}$ et des $\frac{6}{20}$ ou $\frac{3}{10}$ de cette part. La question se trouvera donc réduite à partager 552 fr., 5, proportionnellement aux nombres 1 $\frac{2}{5}$ et $\frac{3}{10}$, et par conséquent ramenée à la précédente.

Réduisant donc les deux premiers de ces nombres au dénominateur 10, et supprimant ensuite ce dénominateur, on aura à partager 552 fr., 5 proportionnellement aux nombres 10, 4 et 3 ; de sorte que représentant par x, y et z les parts demandées, on aura

$$10 : x :: 4 : y :: 3 : z$$

$$10+4+3 \text{ ou } 17 : x+y+z \text{ ou } 552,5 :: \left\{ \begin{array}{l} 10 : x \\ 4 : y \\ 3 : z \end{array} \right.$$

et après le calcul , $x = 325$, $y = 130$ et $z = 97, 3$.

QUESTION VIII.

Partager 900 *fr. en quatre parties, telle que la première soit à la seconde, comme* 3 *est à* 2; *que la seconde soit à la troisième, comme* 5 *est à* 7; *et que la troisième soit à la quatrième, comme* 8 *est à* 9.

SOLUTION. Il est d'abord évident que 900 est la somme des quatre parties cherchées, et que si l'une de ces parties étoit connue, toutes les autres le seroient bientôt, puis-qu'on connoît les rapports que ces parties ont entre elles. Tâchons donc d'arriver à la connoissance de l'une des parties, et pour cela, voyons d'abord comment les trois dernières se composent de la première.

Or, puisque la première est à la seconde comme 3 est à 2, c'est-à-dire que la seconde contient 2 parties, tandis que la première en contient 3; il est clair que, si nous rapportons la seconde à la première que pour cette raison nous considérerons comme unité, cette se-conde partie sera les $\frac{2}{3}$ de la première.

Mais, par la même raison, la troisième est la $\frac{7}{5}$ de la deuxième, et la quatrième, les $\frac{9}{8}$ de la troisième.

Par conséquent, la troisième sera les $\frac{7}{5}$ de $\frac{2}{3}$ de la première; et la quatrième sera les $\frac{9}{8}$ de $\frac{7}{5}$ de $\frac{2}{3}$ de la première.

$$
\text{Les quatre parts seront donc......}
\left\{
\begin{array}{l}
1^{e}. \\
\frac{2}{3} \text{ de } 1^{e}. \\
\frac{7}{5} \text{ de } \frac{2}{3} \text{ de } 1^{e}. \\
\frac{9}{8} \text{ de } \frac{7}{5} \text{ de } \frac{2}{3} \text{ de } 1^{e}.
\end{array}
\right\}
\text{ ou }
\left\{
\begin{array}{l}
1^{e}. \\
\frac{2}{3} \text{ de } 1^{e}. \\
\frac{14}{15} \text{ de } 1^{e}. \\
\frac{21}{20} \text{ de } 1^{e}.
\end{array}
\right.
$$

La question sera donc ramenée à partager 900 en 4

parties qui soient entre elles comme les nombres 1 $\frac{2}{3}$ $\frac{14}{15}$ et $\frac{21}{20}$. Et puisque des fractions réduites au même dénominateur sont entre elles comme leurs numérateurs ; et que par cette réduction, ces quatre nombres deviennent $\frac{60}{60}$, $\frac{40}{60}$, $\frac{56}{60}$ et $\frac{63}{60}$; il ne faudra plus que partager 900 en parties proportionnelles aux nombres 60, 40, 56 et 63, d'après l'une des méthodes précédentes.

QUESTION IX.

Un marchand a acheté 150 aunes de drap pour lesquelles il a donné un billet de 600 livres payable dans 5 mois, le taux de l'argent étant à 11 pour 100 : il voudroit gagner 15 pour 100. On demande combien il devra vendre en francs le même drap, sachant qu'un mètre vaut 3 pi. 0 po. 11 li.; 296; que l'aune vaut 3 pi. 7 po. 10 li., 824, et que 81 livres tournois valent 80 francs.

Solution. Si nous connoissions en francs la valeur de l'achat, et que les 150 aunes fussent réduites en mètres, il ne faudroit plus qu'augmenter le prix de l'achat dans le rapport de 15 à 100, et diviser ce prix aussi augmenté par le nombre de mètres, pour savoir combien doit être vendu un mètre de drap.

Commençons donc par chercher 1°. la valeur en livres tournois des 150 aunes ; 2°. réduisons cette valeur en francs ; 3°. augmentons cette même valeur dans le rapport de 15 à 100 ; 4°. évaluons en mètres les 150 aunes ; 5°. divisons la valeur de l'achat augmentée dans le rapport demandé, par les 150 aunes réduites en mètres, et nous aurons en francs la valeur d'un mètre de drap.

Venons-en maintenant aux détails de l'opération.

Or, 1°. le prix de l'achat est la valeur d'un billet de 600 liv., payable dans 5 mois, et qui perdroit 11 pour 100, s'il n'étoit payable que dans 12 mois. Afin de connoître la valeur du billet au moment de l'achat, j'observe que ce billet contenant 6 fois 100, perdroit 6 fois 11 l. ou 66 l., s'il ne devoit être payé que dans 12 mois; sa perte par mois sera donc $\frac{1}{12}$ de 66 ou $\frac{11}{2}$; et celle pour 5 mois $\frac{55}{2}$ ou 27 l., 5. De sorte que le billet de 600 livres ne vaudra que 572 l., 5.

Ainsi, 150 aunes auront coûté 572 l., 5.

2°. Puisque 81 livres valent 80 francs, autant de fois 81 livres seront contenues dans 572 l., 5, autant de fois cette somme vaudra 80 francs. Divisant donc 572,5 par 81, et multipliant 80 fr. par ce quotient; ou bien pour éviter la multiplication des erreurs faites sur les quotiens qui ne sont qu'approximatifs, multipliant 80 fr. par 572,5, et divisant le produit par 81, on trouvera 565 fr., 43.

On auroit pu encore faire cette réduction, en cherchant la valeur en francs de 1 liv.; et pour cela, on auroit dit : puisque 81 liv. valent 80 fr., 1 liv. vaudra $\frac{1}{81}$ de 80 fr. ou $\frac{80}{81}$ fr., ce qui auroit conduit aux mêmes opérations.

3°. Le marchand veut gagner 15 pour 100 : ce qui signifie que 100 francs doivent lui produire 115; d'où l'on voit, qu'autant de fois il aura donné 100, autant de fois il devra retirer 115 francs. De sorte qu'il n'y aura qu'à diviser 565 fr., 43 par 100, et multiplier 115 fr. par ce quotient. On aura donc à multiplier 115 fr. par 5,6543; ce qui donnera 650 fr., 14. Ainsi, le marchand devra retirer de la vente, 650 fr., 14.

4°. Il s'agit de réduire en mètres les 150 aunes. Or, 1 mètre vaut 3 pi. 0 po. 11 li., 296, et 1 aune vaut

3 pi. 7 po. 10 li., 824 ; il faut donc, pour cette réduction, diviser la valeur de l'aune par celle du mètre ou 3 pi. 7 po. 10 l., 824 par 3 pi. o po. 11 l., 296.

Afin de simplifier cette division, nous allons réduire en fractions décimales du pied, les unités inférieures à ce dernier.

Or, les 7 po. 10 li., 824 valent 94824 millièmes de ligne, tandis que le pied en contient 144000 ; par conséquent, la valeur de l'aune sera 3 pi. $\frac{94824}{144000}$ ou 3 pi., 6585.

En opérant de la même manière sur la valeur du mètre, on trouvera que 3 pi. o po. 11 li. 296 valent 3 pi., 0784.

Maintenant, divisant 3 pi., 6585 par 3 p., 0784, ou 36585 par 30784, on aura pour quotient 1,18845, valeur de l'aune en mètre. Multipliant donc ce nombr par 150, on aura 178 mètr., 2675 pour la valeur e mètres de 150 aunes.

5°. Puisque la vente de 178 mèt., 2675 doit produir 650 fr., 14, il est évident que pour avoir la valeur d mètre, il faudra trouver une quantité qui, prise autan de fois qu'on a de mètres, donne le prix total de la vente On divisera donc 650 fr., 14 par 178,2675, et on aur enfin 3 fr., 646, ou environ 3 fr., 65.

Ainsi, *le mètre de drap devra être vendu 3 fr., 65.*

QUESTION X.

Un marchand a acheté 5o pintes de vin, à raison de 75 centimes chacune, 6o à raison de 37, et 8o sur le pied de 28. Il voudroit mélanger ces vins, et y gagner 9 pour 100. La vente doit être faite en litres, et payée en livres tournois. On demande quel sera le prix du litre du mélange, sachant qu'un litre vaut 1 pint., o737, et que 8o fr. valent 81 liv. tournois.

SOLUTION. D'après les conditions de la question, il est aisé de voir que, si nous connoissions le prix du litre du mélange et le nombre de litres, il n'y auroit qu'à multiplier l'un par l'autre, pour avoir la valeur de l'achat, augmentée du bénéfice qu'on veut y faire ; de sorte que la valeur de l'achat, plus le bénéfice du marchand, doit être le produit du nombre de litres du mélange par le prix du litre ; d'où l'on voit que la somme qu'on doit retirer de la vente étant divisée par le nombre de litres, donnera la valeur de l'un de ces litres.

La difficulté est donc ramenée à trouver 1°. la valeur de l'achat ; 2°. le bénéfice qu'on veut y faire ; 3°. le nombre de litres que donne le nombre de pintes ; 4°. la valeur en livres tournois de l'achat et du bénéfice qui sont exprimés en francs ; 5°. le quotient de la somme qu'on doit retirer, divisée par le nombre des litres à vendre.

Calculons maintenant d'après ces données.

Or, 1°. on aura la valeur de l'achat, en multipliant le prix de la pinte de vin de chaque qualité par le nombre de pintes qu'on en a, et en additionnant les produits résultans. Ici on trouvera 82 fr., 10, pour la valeur des 190 pintes.

2°. On veut gagner 9 pour 100; nous diviserons donc 82 fr., 10 par 100, ce qui donnera 0 fr., 821; et, multipliant par 9, il viendra 7 fr., 389 pour le bénéfice qu'on veut faire.

3°. Pour la transformation des litres en pintes, on observera que, 1 litre valant 1 pi., 0737; autant de fois le nombre 1,0737 sera contenu dans 190, autant de litres seront contenus dans 190 pintes. On divisera donc 190 par 1,0737, et la division faite donnera 176,96.

De sorte que 190 pintes valent 176,96 litres.

4°. Réduisons 89 fr., 489 en livres tournois : or, puisque 80 francs valent 81 livres, il s'ensuit que 1 franc vaudra $\frac{1}{80}$ de 81 liv., ou $\frac{81}{80}$ liv., ou 1 liv. $\frac{1}{80}$; d'où l'on voit qu'il faudra ici ajouter à 89,489 sa 80°. partie, pour avoir la valeur de 89 fr., 489 en livres tournois. Or, pour cela, on prendra $\frac{1}{8}$ de 8,9489, ce qui donnera 1,1186; ajoutant donc cette quantité, on aura 90,608.

Ainsi, *la valeur de la totalité du mélange sera* 90 l., 608.

De cette réduction on conclura que, *pour transformer les francs en livres tournois, il faut d'abord dans le nombre donné avancer la virgule d'un rang vers la gauche, ensuite prendre le 8me. du résultat, et ajouter ce 8me. au nombre proposé.*

5°. Enfin, divisant 90 l., 608 par 176,96 litres, on aura 0 fr., 508, *ou environ 51 centimes, pour la valeur du litre du mélange.*

QUESTION XI.

Un orfèvre a deux espèces d'or, l'une à 18 karats, et l'autre à 22 : il voudroit en composer une troisième espèce à 21 karats. On demande combien il doit en prendre des deux premières espèces ; sachant que le volume ou le poids de l'or le plus épuré est supposé divisé en 24 parties égales qu'on nomme KARATS ; et que lorsqu'on dit que tel or est à tant de karats, à 18, par exemple, cela signifie que, si on conçoit son volume ou son poids divisé en 24 parties égales, il en contiendra 18 d'or le plus épuré possible, et 6 de matière étrangère.

SOLUTION. Pour simplifier le problême, ne cherchons que ce qu'il faudroit prendre du volume ou du poids de chaque sorte d'or, pour avoir l'unité du volume ou du poids de l'espèce cherchée. Or, l'examen de la question fait voir, 1°. que l'unité du mélange doit être la somme de la quantité d'or qu'on doit prendre à 18 karats, et de celle qu'il faut prendre à 22 ; 2°. que le poids de la même unité du mélange, doit être aussi la somme de ce que pèse chaque quantité d'or mélangé.

De ces sommes égales, nous pouvons donc tirer deux équidifférences. Cherchons donc à les former, et après nous verrons par quelle combinaison nous pouvons parvenir à la connoissance des deux inconnues.

Pour opérer plus facilement, représentons par x la quantité d'or à 18 karats, qui doit entrer dans l'unité du mélange, et exprimons par y celle de l'or à 22 karats, qu'il faut prendre pour completter l'unité de l'or à 21 karats.

Il s'agit maintenant, avant de pouvoir écrire les équidifférences, d'avoir les expressions des termes qui doivent les former.

Or, les poids de deux volumes d'or égaux sont proportionnels au nombre des parties d'or pur qu'ils contiennent; par conséquent, le poids de l'unité de volume d'or à 18 karats, ne sera que les $\frac{18}{24}$ du poids de l'unité de l'or à 24 karats. Par la même raison, l'unité de volume d'or à 22 karats pèsera les $\frac{22}{24}$ de l'unité du volume d'or à 24 karats, tandis que le poids de l'unité du mélange sera les $\frac{21}{24}$ de l'unité du volume d'or à 24.

Ainsi, les poids respectifs seront $\frac{18}{24}\,x$, $\frac{22}{24}\,y$ et $\frac{21}{24}$, en représentant par 1 le poids de l'or à 24 karats. Mais, si pour simplifier, nous exprimions ce dernier poids par 24, alors nous n'aurions plus que $18x$, $22y$ et 21.

De sorte que les équidifférences auxquelles la question donne lieu, seroient

$$x \,.\, 1 \,\dot{:}\, 0 \,.\, y$$
$$18x \,.\, 21 \,\dot{:}\, 0 \,.\, 22y$$

Mais, quand on soustrait, terme à terme, une équidifférence d'une autre, les quatre quantités résultantes forment encore une équidifférence; de sorte que, si le premier antécédent de la première équidifférence étoit égal à celui de la deuxième, la soustraction feroit évidemment disparoître x, ou l'une des inconnues, ce qui donneroit tout de suite l'autre inconnue y.

Or, pour arriver à l'égalité de ces deux antécédens, il faudra multiplier x par 18; et pour ne pas détruire l'égalité entre la somme des extrêmes et celle des moyens, on sera obligé de multiplier les trois autres termes par

18. On aura donc

$$18x \cdot 18 : 0 \cdot 18y$$
$$18x \cdot 21 : 0 \cdot 22y.$$

Retranchant maintenant la deuxième équidifférence de la première, on aura

$$0 \cdot 21 - 18 : 0 \cdot 22y - 18y \dots (A)$$

ou

$$0 \cdot 3 : 0 \cdot 4y.$$

Mais les antécédens sont égaux ; donc, les conséquens le sont aussi, on aura donc $4y = 3$ ou $y = \frac{3}{4}$.

Or, $x \cdot 1 : 0 \cdot y$; donc $x \cdot 1 : 0 \cdot \frac{3}{4}$, et $x = \frac{1}{4}$.

Ainsi, *dans l'unité du mélange de l'or à* 21 *karats, il entrera* $\frac{1}{4}$ *de celui à* 18, *et* $\frac{3}{4}$ *de celui à* 22.

REMARQUE. En examinant l'équidifférence (A) trouvée ci-dessus, on voit que les conséquens en sont égaux ; de sorte que, l'excès du titre 21 du mélange sur le plus bas titre 18 de l'or mélangé, est le produit de la différence des titres des matières d'or entrées dans le mélange, par la quantité d'or du plus haut titre. Divisant donc la 1re. différence par la 2e., on aura l'une des inconnues. Quant à l'autre, elle sera toujours aisée à déterminer. Cette règle est générale pour toutes les questions de cette espèce.

REMARQUE GÉNÉRALE. Dans la résolution des questions précédentes, on a dû remarquer d'abord que l'on parvenoit toujours à des rapports d'égalité entre des expressions plus ou moins compliquées renfermant des nombres donnés et des nombres inconnus ; que les plus simples de ces égalités étoient celles qui consistoient en deux différences égales ou en deux quotiens égaux, et donnoient lieu à des proportions par différence ou à des proportions par quotient; que l'on avoit souvent plusieurs inconnues à déterminer; que cette détermination se faisoit tantôt par de simples opérations qui dégageoient les inconnues des quantités connues avec lesquelles elles étoient combinées; opérations toutes fondées sur ce que des quantités égales augmentées ou diminuées d'une même quantité, ou bien multipliées ou divisées par une même quantité, donnent des résultats égaux; tantôt par le moyen de proportions par différence et sur-tout par quotient; que ce dernier cas avoit lieu lorsque deux quantités croissoient ou décroissoient comme deux autre quantités; on a dû remarquer aussi que, quand on employoit des proportions pour la détermination d'une inconnue, il arrivoit souvent que certaines quantités de même espèce augmentoient comme certaines autres diminuoient; ce qui obligeoit à les comparer ou à les écrire dans un ordre renversé ou inverse; que pour écrire convenablement une proportion par quotient, le moyen le plus sûr étoit de voir si l'inconnue cherchée devoit être plus grande ou plus petite que la quantité de même espèce à laquelle on la comparoit, et de disposer les deux autres termes de la proportion, de manière que le conséquent fût plus grand ou plus petit que son antécédent, suivant que l'inconnue devoit être plus grande ou plus petite; que la disparition d'un certain nombre d'inconnues avoit quelquefois lieu par la multiplication terme à terme des proportions par quotient dans lesquelles entroient ces inconnues; enfin, on a dû remarquer que l'indication des opérations à faire mettoit plus de clarté et de régularité dans le calcul, et rendoit les erreurs moins fréquentes. Nous pourrons donc, d'après ces observations, établir les règles générales suivantes :

RÈGLE Ire.

Examinez attentivement la dépendance où les conditions de la question mettent les quantités connues et les quantités inconnues, et tâchez de découvrir quelque rapport d'égalité entre toutes ces quantités.

Si l'on a plusieurs inconnues, cherchez un nombre suffisant d'équations ou de proportions propres à les déterminer. Cette détermination peut avoir lieu d'après les principes que L'UNE DES PARTIES D'UNE SOMME EST ÉGALE A CETTE SOMME DIMINUÉE DE L'AUTRE PARTIE ; *et que* LE FACTEUR D'UN PRODUIT EST ÉGAL A CE PRODUIT DIVISÉ PAR L'AUTRE FACTEUR.

RÈGLE IIe.

On reconnoît que quatre quantités peuvent être mises en proportion, lorsque deux d'entre elles croissent ou décroissent comme les deux autres, c'est-à-dire, lorsque deux de ces quantités devenant 2, ou 3, ou 4, etc. fois plus grandes ou plus petites, les deux autres deviennent ce nombre de fois plus grandes ou plus petites, et même plus petites ou plus grandes. Pour distinguer le cas où quatre quantités croissent ensemble dans le même rapport, de celui où deux d'entre elles décroissent comme les deux autres croissent, nous dirons que dans le premier cas, les grandeurs sont dans un RAPPORT DIRECT, *et dans le deuxième, qu'elles sont dans un* RAPPORT INVERSE, *parce qu'il y a opposition dans la manière d'être des quantités comparées.*

RÈGLE IIIᵉ.

Lorsque quatre nombres sont en raison directe, il faut qu'après avoir fait entrer dans le premier rapport deux nombres exprimant des unités de même espèce, on forme le second rapport en donnant aux nombres relatifs ou subordonnés aux premiers, le même rang qu'on a donné à ceux-ci dans le premier rapport, et que l'on fasse le contraire, si les nombres sont en raison inverse.

RÈGLE IVᵉ.

On peut remplacer la règle précédente par celle-ci, qui est infaillible et applicable à tous les cas.

Écrivez d'abord le dernier rapport en y faisant entrer l'inconnue pour conséquent, et la quantité de même espèce que cette inconnue pour antécédent. Examinez ensuite si l'inconnue doit être plus grande ou plus petite que la quantité de même espèce à laquelle vous la comparez : dans le premier cas, disposez les deux autres termes de la proportion, de manière que le nombre qui multipliera le terme qui est de même espèce que l'inconnue, soit plus grand que celui qui le divisera; dans le deuxième cas, faites en sorte que le multiplicateur du terme de même espèce que l'inconnue, soit plus petit que le diviseur.

RÈGLE Vᶜ.

Avant d'effectuer les opérations, commencez par les indiquer et tracer aux yeux le tableau de tout le calcul. Si dans ces indications, on a des facteurs communs, on ne les écrira qu'une seule fois; et, dans le cas où ces facteurs seroient en même tems multiplicateurs et diviseurs, on les supprimeroit.

RÈGLE VIe.

Quand on effectue les opérations, et qu'une quantité doit être successivement multipliée et divisée, il importe de faire la multiplication avant la division, dans le cas sur-tout où cette dernière opération se feroit par approximation avec des décimales ; autrement on multiplieroit les erreurs du quotient.

RÈGLE VIIe.

Outre les vérifications de calcul propres à chaque opération, il est encore nécessaire de faire une vérification générale; et, pour cela, on n'aura qu'à remplacer les inconnues par les valeurs trouvées, et à résoudre de nouveau la question, en traitant comme inconnue l'une des quantités données; si le résultat trouvé pour cette inconnue, est le même que la valeur qu'elle avoit d'abord, on sera très-fondé à conclure qu'il n'y a pas eu d'erreur.

QUESTION XII.

Une personne a prêté 15000 francs à 7 $\frac{3}{5}$ pour 100 par an, à condition que si on ne payoit pas les intérêts annuels, ces intérêts seroient regardés comme faisant partie du capital, et porteroient eux-mêmes l'intérêt convenu. L'emprunteur reste 6 ans 3 mois et 12 jours sans rien payer; combien devra-t-il à cette époque?

SolUTION. Pour simplifier le calcul, supposons d'abord que la somme prêtée ne soit que d'un franc ; il ne restera plus ensuite qu'à multiplier le résultat trouvé par 15000.

Raisonnant d'après cette supposition, j'observe que la somme due à la fin de la première année sera composée du capital et de l'intérêt

de ce capital à raison de 7 ⅓, ou 7, 6 pour 100. Cette somme
devra être considérée ensuite comme le capital de la seconde année,
et augmentée de son intérêt, pour former la somme due à la fin
de la seconde année, ou le capital de la troisième : ainsi de
suite.

Suivant donc ce procédé, nous dirons, puisque 100 donne 7, 6
d'intérêt, 1 donnera 100 fois moins, et par conséquent 0,076. De
sorte que le capital 1 et son intérêt 0,076 réunis, produiront 1,076
pour le capital de la seconde année. Mais 0,076 exprime l'intérêt
de 1 ; par conséquent, si on multiplie le capital 1,076 de la seconde année par 0,076, et qu'à ce produit on ajoute le capital
lui-même 1,076 ; ou, ce qui est la même chose, si on ajoute 1
à son intérêt qui est ici 0,076, et que la somme, on la multiplie par le capital 1,076, on aura évidemment le produit de 1,076
par 1,076, ou le carré de 1,076, pour ce qui est dû à la fin de
la seconde année, ou pour le capital de la troisième année.

En traitant le capital de la troisième année comme les précédens, on verra que ce qui sera dû à la fin de la troisième année
sera le cube de 1,076, c'est-à-dire, de 1 augmenté de son intérêt
annuel. De sorte qu'en continuant toujours de la même manière,
on auroit une progression par quotient dont la raison seroit ici
1,076, c'est-à-dire, la somme de 1 et de l'intérêt annuel de 1,
et qu'on pourroit représenter assez simplement comme il suit :

$$\div\ 1 : 1,076 : (1,076)^2 : (1,076)^3 : (1,076)^4\ \ldots\ldots\ \text{etc.}$$

désignant les puissances des nombres par un exposant numérique
placé à la droite et au haut de deux parenthèses dans lesquelles
on renferme la racine ou le nombre dont on indique la puissance.

D'après cela, on voit que la solution du problème consiste ici
à trouver le septième terme d'une progression par quotient, ou la
sixième puissance de 1,076 ; à chercher ensuite l'intérêt de cette
sixième puissance, pour 5 mois et 12 jours ; à faire une somme
de cette même puissance et de cet intérêt, et enfin, à multiplier
le résultat par la somme empruntée, ou par 15000.

Quant à la détermination de la puissance sixième de 1,076, on
pourra employer la multiplication, ou bien faire usage des logarithmes, en prenant six fois le logarithme de 1,076, et en cherchant

ensuite dans les tables le nombre auquel répond le sextuple de
ce logarithme.

Après avoir effectué les calculs indiqués, on trouvera que *dans
6 ans 3 mois et 12 jours, l'emprunteur devra 23780 fr.*

QUESTION XIII.

*Quelqu'un a prêté 1800 francs, et a ajouté chaque
année l'intérêt au capital. Après quatre ans on a soldé
la dette, en donnant 2800 francs : on veut savoir à quel
intérêt annuel l'argent avoit été placé.*

SOLUTION. D'après l'état de la question, la somme donnée 2800
doit être égale à ce que devient le capital primitif 1800, après
quatre ans.

Or, si nous nommons x l'intérêt de 1, et que nous raisonnions
comme dans le problème précédent, nous aurons la progression

$$\div\ 1 : 1 + x : (1 + x)^2 : (1 + x)^3 : (1 + x)^4,$$

dans la supposition toutefois que le capital primitif soit 1 ; mais
comme il est exprimé par 1800, nous multiplierons $(1 + x)^4$ par
1800, pour obtenir l'expression de ce qu'on devroit après quatre
ans ; ce qui donnera $1800 \times (1 + x)^4$.

De sorte qu'on aura

$$1800 \times (1 + x)^4 = 2800.$$

D'où il résulte que la question est ramenée à trouver la raison
d'une progression par quotient dont le premier terme est 1800,
le dernier 2800, et le nombre de termes, 5.

Il faudra donc diviser 2800 par 1800, extraire du quotient $\frac{14}{9}$
la racine quatrième, et en soustraire 1, pour avoir la raison ou
l'intérêt de 1 ; il n'y auroit plus qu'à multiplier par 100, pour
avoir l'intérêt qu'on cherche.

Mais, pour éviter l'extraction de la racine quatrième de $\frac{14}{9}$, il vaudra mieux employer les logarithmes : c'est pourquoi on retranchera le logarithme de 9, de celui de 14, on prendra le quart de cette différence, et, cherchant dans les tables, le nombre auquel correspond ce quart de différence, on aura la racine quatrième de $\frac{14}{9}$, qui est 1,1168.

Diminuant donc de 1 ce dernier nombre, on aura $x = 0,1168$; or, si 1 produit 0,1168 d'intérêt, 100 produira 11,68.

L'argent avoit donc été placé à 11,68 pour 100.

QUESTION XIV.

Un placement avoit été fait à $9\frac{2}{3}$ pour 100 par an, sous la condition que les intéréts seroient ajoutés chaque année au capital. Après 5 ans 7 mois, on s'acquitte, en donnant 1200 francs ; de combien étoit la somme placée ?

SOLUTION. La somme de 1200 francs doit évidemment être composée de ce que devient le capital primitif après cinq ans, et de l'intérêt que produit le capital de la sixième année durant 7 mois.

Or, d'après ce qui précède, l'intérêt de 100 étant $9\frac{2}{3}$ ou $\frac{29}{3}$, celui de 1 sera $\frac{29}{300}$; et nommant x le capital primitif, on aura la progression suivante pour les expressions successives des capitaux de chaque année,

$$\div\ x : x\frac{329}{300} : x\left(\frac{329}{300}\right)^2 : x\left(\frac{329}{300}\right)^3 : x\left(\frac{329}{300}\right)^4 : x\left(\frac{329}{300}\right)^5.$$

Mais si 1 donne $\frac{29}{300}$ d'intérêt par an, il n'en donnera que les $\frac{7}{12}$ dans 7 mois. Ainsi l'intérêt de 1 pour 7 mois sera exprimé par les $\frac{7}{12}$ de $\frac{29}{300}$ ou $\frac{203}{3600}$. Par conséquent le capital de.......

$x\times\left(\frac{329}{300}\right)^5$ donnera $x\times\left(\frac{329}{300}\right)^5\times\frac{203}{3600}$ d'intérêt. De sorte que 1200 sera la somme de $x \left(\dfrac{329}{300}\right)^5$ et de $x \left(\dfrac{329}{300}\right)^5 \times \dfrac{203}{3600}$;

ou bien sera le produit de $x \left(\dfrac{329}{300}\right)^5$ par $1 \dfrac{203}{3600}$ ou de . . . .

$x \left(\dfrac{329}{300}\right)^5$ par $\dfrac{3803}{3600}$; c'est-à-dire, qu'on aura

$$x \left(\dfrac{329}{300}\right)^5 \times \dfrac{3803}{3600} = 1200.$$

Il faudra donc, pour obtenir la valeur de x, diviser 1200 par $\left(\dfrac{329}{300}\right)^5 \times \dfrac{3803}{3600}$.

En appliquant les logarithmes, on aura

$$\log. \ x + 5 \ \log. \ \dfrac{329}{300} + \log. \ \dfrac{3803}{3600} = \log. \ 1200.$$

ou bien

$$\log. \ x = \log. \ 1200 - 5 \ \log. \ \dfrac{329}{300} - \log. \ \dfrac{3803}{3600};$$

formule qui, en employant les complémens arithmétiques, se changera en celle-ci :

$$\log. \ x = \log. \ 1200 + \text{comp.} \ 5 \ (\log. \ 329 - \log. \ 300)$$
$$+ \text{comp.} \ (\log. \ 3803 - \log. \ 3600),$$

Après avoir effectué les calculs indiqués, on trouvera enfin. . . . $x = 716,117.$

Ainsi, *le capital primitif étoit de 716 fr., 117.*

QUESTION XV.

Une personne prête 20000 francs, à condition que l'em-prunteur donnera 600 francs à la fin de la première année, 700 à la fin de la seconde, 800 à la fin de la troisième, et qu'il achevera de payer tout ce qui sera dû après quatre ans cinq mois. De plus, on est con-venu que l'intérêt annuel seroit $8\frac{5}{6}$ pour cent, et que cet intérêt, ajouté au capital, porteroit le même intérêt que celui-ci, en prélevant toutefois les sommes qui de-voient être payées aux époques convenues. Combien l'em-prunteur devra-t-il au bout de 4 ans 5 mois?

SOLUTION. Cette question ne diffère de la question XIIe., qu'en ce que l'emprunteur donne 600 francs à la fin de la 1re. année, 700 à la fin de la 2e., et 800 à la fin de la troisième. On peut donc regarder les sommes données par l'emprunteur comme un emprunt fait à ce dernier; et alors la différence entre les résultats des deux emprunts exprimera ce qui sera dû au premier prêteur.

On cherchera donc, 1°. d'après la méthode exposée (question XII), ce que deviennent 20000 à $8\frac{5}{6}$ pour 100, après 4 ans 5 mois; 600 francs après 3 ans 5 mois; 700 francs après 2 ans 5 mois, et 800 francs après 1 an 5 mois; 2°. on additionnera ce que deviennent les 600, les 700 et les 800 francs à l'instant de l'échéance du paiement du premier emprunt, et la différence entre cette somme et ce qui est dû au premier prêteur, sera le résultat demandé. On formera donc le tableau suivant des opérations à faire.

Type de calcul.

$$\text{Sommes prêtées} \dots \left\{ \begin{array}{l} 20000 \ \dots \ \text{pour} \ \dots \ 4 \ \text{ans} \ 5 \ \text{mois} \\ 600 \ \dots \ \text{pour} \ \dots \ 3 \ \text{ans} \ 5 \ \text{mois} \\ 700 \ \dots \ \text{pour} \ \dots \ 2 \ \text{ans} \ 5 \ \text{mois} \\ 800 \ \dots \ \text{pour} \ \dots \ 1 \ \text{an} \ 5 \ \text{mois} \end{array} \right.$$

$$\text{Intérêt de} \dots \left\{ \begin{array}{l} 100 \ . \ \text{pour} \ . \ 12 \ \text{mois} \dots \ \dfrac{53}{6} \\[2ex] 1 \ . \ \text{pour} \ . \ 12 \ \text{mois} \dots \ \dfrac{53}{600} \\[2ex] 1 \ . \ \text{pour} \ . \ 5 \ \text{mois} \dots \ \dfrac{53}{1440} \end{array} \right.$$

$$\left\{ \begin{array}{l} 20000, \ \text{après} \ 4 \ \text{ans} \ 5 \ \text{mois} = \ \dots \ 20000 \left(\dfrac{653}{600}\right)^4 \times \dfrac{1493}{1440} \\[2ex] 600 \ \dots \ 3 \ \dots \ 5 \ \dots = \ \dots \ 600 \left(\dfrac{653}{600}\right)^3 \times \dfrac{1493}{1440} \\[2ex] 700 \ \dots \ 2 \ \dots \ 5 \ \dots = \ \dots \ 700 \left(\dfrac{653}{600}\right)^2 \times \dfrac{1493}{1440} \\[2ex] 800 \ \dots \ 1 \ \dots \ 5 \ \dots = \ \dots \ 800 \left(\dfrac{653}{600}\right) \times \dfrac{1493}{1440} \end{array} \right.$$

Somme dûe par l'emprunteur $= x$

$$\text{Donc} \ x = \left(20000 \left(\dfrac{653}{600}\right)^3 - 600 \left(\dfrac{653}{600}\right)^2 - 700 \times \dfrac{653}{600} - 800 \right)$$
$$\times \ \dfrac{653}{600} \times \dfrac{1493}{1440}.$$

Effectuant les multiplications et les divisions par le moyen des logarithmes, on formera le second tableau suivant :

$$\log. \ 20000 = 4.30103000$$
$$\log. \ \ \ 653 = 2.81491318$$
$$\log. \ \ \ 600 = 2.77815125$$

$$\log. \ \frac{653}{600} = 0.03676193$$

$$\log. \left(\frac{653}{600}\right)^2 = 0.07352386$$

$$\log. \left(\frac{653}{600}\right)^3 = 0.11028579$$

$$\log. \ \ \ 700 = 2.84509804$$
$$\log. \ \ 1493 = 3.1740598$$
$$\log. \ \ 1440 = 3.1583625$$

$$\log. \ \frac{1493}{1440} = 0.0156973$$

$$4.30103000$$
$$0.11028579$$
$$4.41131579 = \log. \ 25781,803$$

$$2.77815125$$
$$0.07352386$$
$$2.85167511 = \log. \ \ 710,682$$

$$2.84509804$$
$$0.03676193$$
$$2.88185997 = \log. \ \ 761,833$$

Donc
$$20000 \left(\frac{653}{600}\right)^3 = \dots\dots\dots\dots\dots 25781,803$$
$$600 \left(\frac{653}{600}\right)^2 = 710,682$$
$$700 \times \frac{653}{600} = 761,833$$
$$800 \qquad\qquad 2272,515$$

$$20000 \left(\frac{653}{600}\right)^3 - 600 \left(\frac{653}{600}\right)^2 - 700 \left(\frac{653}{600}\right) - 800 = 23509,288$$

Donc
$$x = 23509,29 \times \frac{653}{600} \times \frac{1493}{1440}$$
$$\log. \ x = \log. \ 23509,29 + \log. \ \frac{653}{600} + \log. \ \frac{1493}{1440}$$

$$\log. \ 23509,29 = 4.3712396$$

$$\log. \ \frac{653}{600} = 0.0367619$$

$$\log. \ \frac{1493}{1440} = 0.0156973$$

$$\log. \ x \qquad = 4.4236988$$
$$\text{Donc} \ \ x \qquad = 26527,605.$$

Vérification du calcul précédent.

Pour vérifier le calcul précédent, on supposera que 20000 soit l'inconnue, et au lieu de l'inconnue précédente x, on mettra la valeur que l'on a trouvée : de sorte que faisant $20000 = y$, on aura

$$26527,605 = \left(y\left(\frac{653}{600}\right)^3 - 600\left(\frac{653}{600}\right)^2 - 700 \times \frac{653}{600} - 800 \right) \times \frac{653}{600} \times \frac{1493}{1440}$$

$$26527,605 = \left(y\left(\frac{653}{600}\right)^3 - 2272,515 \right) \times \frac{653}{600} \times \frac{1493}{1440}$$

$$\log. 26527,605 = \log. \left(y\left(\frac{653}{600}\right)^3 - 2272,515 \right) + \log. \frac{653}{600} + \log. \frac{1493}{1440}.$$

$\log. 26527,605 \;\; = 4.4236988$

$\text{comp. } \log. \dfrac{653}{600} = 9.9632381$

$\text{comp. } \log. \dfrac{1493}{1440} = 9.9843027$

$\log. 23509,3 = 4 . 3712396$

$\log. 25781,815 = 4.4113136$

$\log. \left(\dfrac{653}{600}\right)^3 = 0.1102858$

$\log. y \quad = 4.3010278$

Donc $y = 19999,9$

$$\text{Donc} \begin{cases} 23509,3 = y\left(\dfrac{653}{600}\right)^3 - 2272,515 \\[2mm] 25781,815 = y\left(\dfrac{653}{600}\right)^3 \\[2mm] \log. y = \log. 25781,815 - \log. \left(\dfrac{653}{600}\right)^3, \end{cases}$$

Résultat qui, ne différant de 200000 que de 0,1, confirme l'exactitude du premier calcul.

QUESTION XVI.

Une personne voudroit savoir après combien d'années 12000 francs placés à 9 $\frac{4}{7}$ pour 100 d'intérêt annuel, donneroient 20000 francs, en supposant que les intérêts annuels fussent toujours replacés au même taux.

SOLUTION. D'après ce qui précède, on voit tout de suite qu'il s'agit ici de déterminer le nombre de termes d'une progression dont le premier est 12000, le dernier 20000 et la raison $\frac{768}{700}$.

Nommant donc x le nombre de termes cherché, on aura

$$20000 = 12000 \times \left(\frac{768}{700}\right)^x, \quad \text{ou} \quad 5 = 3 \times \left(\frac{192}{175}\right)^x.$$

Employant ici les logarithmes, on aura

$$\log. 5 = \log. 3 + x \log. \frac{192}{175}.$$

et $\log. 5 - \log. 3 = x (\log. 192 - \log. 175)$.

Enfin, on trouvera en dernier résultat

$$x = \frac{\log. 5 + \text{comp. log. } 3}{\log. 192 + \text{comp. log. } 175}; \quad \text{et } x = 5 \text{ ans } 6 \text{ mois } 3,6 \text{ jours.}$$

QUESTION XVII.

Quelqu'un a placé 8000 francs à 8 $\frac{3}{5}$ pour 100 d'intérêt annuel, avec la condition qu'à la fin de la première année, on lui donneroit 50 francs, et que chaque année suivante, on augmenteroit de 50 francs la dernière somme donnée. On sait de plus que l'emprunteur s'est acquitté après 3 ans 3 mois. Une autre personne voudroit retirer la même somme aux mêmes époques, mais en plaçant l'argent seulement à 5 pour 100 par an.

On demande quelle est la somme que ce dernier prê-teur devra placer.

Solution. Puisque les deux prêteurs doivent retirer les mêmes sommes après 3 ans 3 mois, il faut d'abord chercher ce que retirera le premier à cette époque. La valeur trouvée sera égale à celle qui reviendra au second prêteur. Nous allons donc procéder suivant cet apperçu ; et, opérant comme si la somme cherchée étoit connue, nous parviendrons à une expression d'après laquelle il faudra déterminer ensuite l'inconnue.

Or, puisque l'intérêt annuel de 100 est $8\frac{3}{5}$ ou 8 , 6 ; celui de 1 sera 0,086. Si le capital étoit 1 , ce capital et son intérêt à la fin de la première année , ou le capital de la seconde année seroit de 1,086.

Mais , lorsque le capital au commencement de l'année étoit 1 , il devenoit 1,086 à la fin de la même année. Par conséquent, il faut toujours multiplier par 1,086, le capital de chaque année pour avoir celui de l'année suivante , ou ce que doit l'emprunteur à la fin de cette même année.

Si le capital primitif étoit 1 , on auroit donc pour les capitaux successifs pendant 3 ans, la progression

$$\div\, 1 : 1{,}086 : (1{,}086)^2 : (1{,}086)^3.$$

Il reste encore à trouver ce que deviendroit au bout de 3 mois le capital de la quatrième année. Or, trois mois n'étant que le quart de l'année, l'intérêt de 1 pendant ce tems ne seroit que $\frac{1}{4}$ de 0,086 ou 0,0215. De sorte que le capital et l'intérêt seroit alors 1,0215. Mais cette somme doit être d'autant plus grande que le capital est plus grand ; donc , le capital de la quatrième année étant $(1{,}086)^3$ deviendra $(1{,}086)^3 \times (1{,}0215)$. Ainsi, dans le cas où le capital primitif seroit 1 , l'emprunteur devroit, après 3 ans et 3 mois, payer $(1{,}086)^3 \times (1{,}0215)$.

Mais le capital primitif est 8000 ; par conséquent, la somme due seroit $8000 \times (1{,}086)^3 \times (1{,}0215)$, si l'emprunteur n'avoit pas payé une certaine somme chaque année.

Or, on peut regarder chaque somme donnée par l'emprunteur, comme un capital que celui-ci place chez le prêteur pour le nombre d'années restantes, jusques à l'époque de l'échéance de la dette, et au même intérêt annuel que la première somme prêtée. De sorte qu'il faudra ensuite diminuer la dette qu'auroit contractée l'emprunteur, s'il n'avoit rien remboursé des sommes que lui devra le prêteur le jour de l'échéance, pour les diverses sommes qu'il en a reçues.

Dans cet exemple, l'emprunteur a donné 50 francs à la fin de la première année, 100 francs à la fin de la seconde, et 150 à la fin de la troisième ; c'est donc comme s'il avoit placé chez le prêteur 50 francs pour 2 ans 3 mois ; 100 francs pour 1 an 3 mois, et 150 francs pour 3 mois.

En raisonnant comme ci-dessus, ces sommes deviendront

$$50 \times (1{,}086)^2 \times (1{,}0215) ; \quad 100 \times (1{,}086) \times (1{,}0215)$$
$$\text{et } 150 \times (1{,}0215).$$

L'expression de la somme due par l'emprunteur sera donc

$$8000 \times (1{,}086)^3 \times (1{,}0215)$$
$$- \left\{ 50 \, (1{,}086)^2 (1{,}0215) + 100 \, (1{,}086) \, (1{,}0215) + 150 \, (1{,}0215) \right\}$$

Si on observe que tous les termes de cette expression sont multipliés par 1,0215, et qu'il est plus court de faire la somme de toutes les parties d'une quantité pour la multiplier ensuite, que de multiplier chaque partie de la somme pour additionner tous les produits, on réduira l'expression précédente à celle-ci

$$\left(8000 \, (1{,}086)^3 - 50 \, (1{,}086)^2 - 100 \, (1{,}086) - 150 \right) \times 1{,}0215.$$

En raisonnant de la même manière pour le second prêteur, nous trouverons une expression qui ne différera de celle-ci qu'en ce que nous aurons x au lieu de 8000 ; $\frac{21}{20}$ ou 1,05 au lieu de 1,086 ; et 1,0125 au lieu de 1,0215. Cette expression sera donc

$$\left(x \, (1{,}05)^3 - 50 \, (1{,}05)^2 - 100 \, (1{,}05) - 150 \right) \times 1{,}0125,$$

laquelle peut encore s'écrire ainsi

$$x \, (1{,}05)^3 \, (1{,}0125) - \left\{ 50 \, (1{,}05)^2 + 100 \, (1{,}05) + 150 \right\} \times 1{,}0125$$

Effectuant enfin les calculs numériques qui ne sont ici qu'indiqués, les deux expressions précédentes se changeront en celles ci

$$10142,3 \text{ et } x \times 1,17 - 314.$$

Mais ces deux quantités sont égales d'après les conditions du problème; par conséquent, si on ajoute 314 à 10142,3, la somme 10456,3 sera l'expression d'un produit dont 1,17 sera un facteur, et l'inconnue, l'autre facteur. On divisera donc 10456,3 par 1,17, et on aura enfin $x = 8937$.

QUESTION XVIII.

On demande dans quel rapport devroit croître annuellement la population d'un pays composé de 250 habitans, pour que cette population s'élevât au bout d'un siècle à 500000 personnes.

SOLUTION Soit x le nombre qui exprime la population, lorsque l'accroissement annuel est 1. Si la population étoit 1, alors l'accroissement annuel seroit une fraction de 1 exprimée par $\frac{1}{x}$; de sorte que la population à la fin de la 1re. année seroit $1 + \frac{1}{x}$; mais, puisque l'accroissement de chaque année est une fraction $\frac{1}{x}$ de la population de cette même année, on aura $\frac{1}{x} \times \left(1 + \frac{1}{x}\right)$ pour l'accroissement de la 2e. année; et $\left(1 + \frac{1}{x}\right) + \frac{1}{x} \times \left(1 + \frac{1}{x}\right)$ pour la population à la fin de cette 2e. année; ici on observera que la quantité $1 + \frac{1}{x}$ entre 1 fois plus $\frac{1}{x}$ de fois ou $1 + \frac{1}{x}$ de fois dans l'expression précédente; or on aura une quantité renfermant $1 + \frac{1}{x}$ de fois la quantité $1 + \frac{1}{x}$, si l'on multiplie $1 + \frac{1}{x}$ par $1 + \frac{1}{x}$; ce qui donne $\left(1 + \dfrac{1}{x}\right)^2$; semblablement pour la 3e., 4e., 5e., etc. années, on auroit

$$\left(1 + \frac{1}{x}\right)^3 , \left(1 + \frac{1}{x}\right)^4 , \left(1 + \frac{1}{x}\right)^5 \text{ etc.}$$

Ainsi la population au bout de cent ans seroit exprimée par $\left(1 + \dfrac{1}{x}\right)^{100}$, si cette population n'avoit été la 1re. année que de 1 ; mais on l'a supposée de 250 personnes, on aura donc $250 \left(1 + \dfrac{1}{x}\right)^{100}$; et comme on veut qu'après un siècle, la population soit de 500000 habitans, on aura l'égalité $250 \left(1 + \dfrac{1}{x}\right)^{100} = 500000$, ou. . . . $\left(1 + \dfrac{1}{x}\right)^{100} = 2000$, après avoir divisé par 25 les deux membres de l'équation précédente. En employant les logarithmes , on aura

$$100 \log. \left(1 + \frac{1}{x}\right) = \log. 2000 , \log. \left(1 + \frac{1}{x}\right) = \frac{1}{100} \log. 2000.$$

Et enfin , après avoir effectué tous les calculs , on trouvera

$$1 + \frac{1}{x} = 1{,}07897 , \frac{1}{x} = 0{,}07897 , \text{ et } x = 12{,}663.$$

De sorte que l'accroissement annuel devrait être un peu plus d'un 12e. $\frac{1}{4}$ de la population ; et un peu moins d'un 12e. $\frac{1}{3}$.

REMARQUE. Nous terminerons ici les applications de l'arithmétique à la résolution des questions. Les exemples que nous venons d'en donner, une fois bien sentis , doivent suffire pour faire résoudre tous ceux qui sont susceptibles de l'être par les moyens que fournit l'arithmétique élémentaire. Les commençans feront bien pourtant de s'exercer sur un grand nombre d'autres problèmes, et sur-tout de s'accoutumer à bien analyser une question , et à se rendre raison de toutes les opérations qu'ils seront obligés de faire.

PRÉCIS D'ARITHMÉTIQUE.

*** PROBLÊME 1.

Quelle a pu être l'origine de l'arithmétique, et quel est l'objet de cette science ?

SOLUTION. L'une des qualités qui, dans les objets, a dû être apperçue des premières, est celle par laquelle ces objets sont composés de plus ou de moins de parties, c'est-à-dire, sont susceptibles d'augmentation et de diminution. Considérés sous cet aspect, les objets ont été désignés par le mot *grandeur* ou *quantité*.

Le besoin de distinguer les diverses collections ou réunions d'objets de même espèce, a fait imaginer des mots pour représenter ces collections ou pluralités. De là *les nombres qui ne sont que des expressions de quantités, ou bien des pluralités déterminées.*

Les parties égales qui composent les objets désignés par les nombres, se nomment *unités*; et ces unités sont *entières* ou *fractionnaires*, suivant qu'elles sont regardées comme simples, ou qu'elles ne sont que des parties d'une autre unité divisée; ce qui donne lieu à deux sortes de nombres, les uns *entiers*, et les autres *fractionnaires* ou *fractions*.

Les premiers besoins de la société ont donné lieu à des questions dont la solution exigeoit, tantôt de réunir plusieurs nombres, tantôt d'en avoir la différence, tantôt de répéter un nombre autant de fois qu'il y avoit d'unités dans un autre; tantôt enfin de trouver combien de fois un nombre étoit contenu dans un autre. Ces premières combinaisons des nombres ont conduit à approfondir les diverses propriétés de ceux-ci ; et de ces recherches est née l'*Arithmétique*, ou *la Science des nombres, dont l'objet peut être ramené à la composition et à la décomposition de ces derniers.*

PREMIÈRE PARTIE.

DE LA COMPOSITION ET DE LA DÉCOMPOSITION DES NOMBRES EN GÉNÉRAL.

SECTION PREMIÈRE.

De la composition et de la décomposition des nombres entiers.

CHAPITRE PREMIER.

De la composition des nombres entiers.

*** PROBLÊME 2.

On demande une méthode par laquelle on puisse facilement exprimer tous les nombres quelque grands qu'ils soient.

SOLUTION. Pour exprimer aisément tous les nombres, concevons ceux-ci formés d'unités simples et d'unités composées d'après une certaine loi constante ; désignons par un mot particulier, chacune de ces unités, et employons en même tems d'autres mots pour marquer combien on a de ces diverses unités.

Ainsi, représentons par *un* l'unité simple, par *deux* le nombre composé de *un plus un*, par *trois* celui composé de *deux plus un*, par *quatre* le nombre *trois plus un*, par *cinq* le nombre *quatre plus un*, par *six* le nombre *cinq plus un*, par *sept* le nombre *six plus un*, par *huit* le nombre *sept plus un*, par *neuf* le nombre *huit plus un*; employons encore le mot *dix* pour exprimer l'unité composée du premier ordre, et *convenons que chaque unité sera formée de dix unités inférieures.*

D'après cela, l'unité du 2me. ordre sera exprimée par *dix fois dix*, que, pour abréger, nous remplacerons par le mot *cent*; l'unité du 3me. ordre sera donc *dix fois cent*, que nous désignerons par le mot *mille*; l'unité du 4me. ordre sera *dix mille*; celle du 5me. *dix fois dix mille*, ou *cent mille*; celle du 6me. sera *dix cent mille*, ou *mille fois mille*, que nous remplacerons par le mot *million*; les unités suivantes seront représentées par les mots *dix millions, cent millions, billion, dix billions, cent billions, etc.*

Mettant ensuite devant chacun de ces mots successivement les mots *un, deux, trois, quatre, cinq, six, sept, huit* et *neuf*, on pourra se procurer les expressions de tous les nombres imaginables.

*** PROBLEME 3.

Simplifier les expressions des nombres, en remplaçant les mots par des caractères particuliers, c'est-à-dire, écrire les nombres par le moyen des chiffres.

SOLUTION. Représentons d'abord par des caractères particuliers ou chiffres les mots destinés à exprimer combien on a d'unités de chaque espèce. Soient donc les chiffres suivans pour remplacer les neuf premiers mots ; savoir ;

un	deux	trois	quatre	cinq	six	sept	huit	neuf
1	2	3	4	5	6	7	8	9

Il ne nous manque plus qu'à trouver un moyen de faire représenter à ces chiffres les diverses unités qui peuvent entrer dans un nombre. Or, puisque ces unités sont successivement décuples chacune de l'unité inférieure, nous pouvons leur assigner un rang particulier de droite à gauche, et convenir que tout chiffre placé au 1er. rang à droite, exprimera des unités entières; que celui placé au 2e. rang représentera des dixaines ; que celui placé au 3e. rang exprimera des centaines ; le suivant des mille ; et, en général, que *tout chiffre placé à un rang plus à gauche qu'un autre, représente des unités décuples de celles de cet autre.*

Mais comme il peut arriver que dans un nombre donné il manque des unités intermédiaires, il faut avoir un caractère significatif, que nous nommerons *zéro*, et que nous écrirons ainsi, o, pour tenir lieu des unités qui manquent, et conserver aux chiffres placés à gauche, leur rang et leur valeur.

*** PROBLÊME 4.

Exprimer, par le moyen des mots, un nombre donné en chiffres.

SOLUTION. La difficulté se réduit ici à trouver promptement le nombre des différentes unités qui entrent dans le nombre donné. Or, si l'on observe que de mille en mille unités, on a imaginé un nouveau nom, et qu'en mettant successivement devant ce nom les mots *dix* et *cent*, on a exprimé les unités intermédiaires ; on verra que les unités de mille, celles de millions, celles de billions, etc., sont aux 4e., 7e., 10e., etc. rangs de droite à gauche ; et l'on conclura qu'en partageant un nombre de droite à gauche en tranches de trois chiffres chacune, on appercevra aisément les diverses sortes d'unités ; de sorte qu'en énonçant successivement chaque tranche de gauche à droite, on aura sans peine l'énoncé du nombre total, c'est-à-dire, son expression par le moyen des mots.

De la méthode d'énoncer un nombre tranche par tranche, vient naturellement celle de l'écrire aussi tranche par tranche à mesure qu'on l'énonce, avec l'attention seulement d'écrire un zéro pour chaque unité intermédiaire que l'on ne donne pas.

✳✳✳ PROBLÊME 5.
Additionner plusieurs nombres ensemble.

SOLUTION. L'addition de deux nombres à un seul chiffre, peut se faire en ajoutant à l'un d'entre eux successivement l'unité autant de fois que l'autre la contient. Par cette opération, on trouvera toutes les sommes provenant des nombres à un seul chiffre ajoutés deux à deux. Pour ramener les autres additions à cette dernière, on observera que, la somme de deux ou de plusieurs nombres étant composée de toutes leurs unités simples, de toutes leurs dixaines, de toutes leurs centaines, etc., et de plus, ces diverses unités n'étant jamais représentées dans chaque nombre que par un seul chiffre, on peut réduire l'addition totale à autant d'additions partielles de nombres à un seul chiffre, que l'on a d'unités de différente espèce. Il suffira donc d'écrire les uns sous les autres les nombres à ajouter, de manière que leurs unités de même dénomination soient placées sur une même colonne verticale, et d'ajouter ensuite ces unités colonne par colonne, ayant l'attention de porter à la colonne supérieure autant d'unités que l'inférieure donne de fois 10.

REMARQUE. Dans le cas où les nombres à ajouter seroient tous égaux, l'addition se réduiroit à prendre l'un de ces nombres autant de fois que l'on a de nombres à ajouter, ce qui simplifieroit beaucoup l'opération. Pour distinguer ce cas particulier, nous nommerons *multiplication* l'opération par laquelle on ajoute un nombre plusieurs fois à lui-même ; nous donnerons le nom de *multiplicande* au nombre que l'on doit répéter ; celui de *multiplicateur* au nombre qui désigne combien de fois on doit prendre le multiplicande ; et celui de *produit* à la somme du multiplicande pris autant de fois que le marque le multiplicateur. De sorte qu'*un produit peut être considéré comme un tout dont le multiplicande exprime la grandeur des parties, et le multiplicateur le nombre.*

✶✶✶ PROBLEME 6.
Multiplier un nombre par un autre.

SOLUTION. Si les deux nombres n'ont qu'un seul chiffre, on en trouvera le produit par l'addition ordinaire ; et, pour mettre plus de rapidité dans les calculs, on formera une table des produits dont les deux facteurs n'ont qu'un seul chiffre, et l'on gravera ces produits dans la mémoire.

Pour multiplier un nombre de plusieurs chiffres par un autre d'un seul chiffre, on observera qu'il suffit de prendre successivement les unités, les dixaines, les centaines, etc. du multiplicande autant de fois que l'indique le chiffre du multiplicateur, et à réunir tous ce produits ensemble ; ce qui ramène cette multiplication à celle des nombres à un seul chiffre.

Lorsque le multiplicateur renferme plusieurs chiffres, l'opération est ramenée à multiplier successivement le multiplicande par le chiffre des unités, par celui des dixaines, par celui des centaines, etc., en un mot, à multiplier par un nombre à un seul chiffre, et par des nombres composés d'un seul chiffre significatif suivi d'un ou de plusieurs zéro. Or, pour faire ces dernières multiplications, il suffit de multiplier seulement par le chiffre significatif, et d'écrire à la droite du produit le nombre des zéro qui se trouvent dans le multiplicateur, parce qu'ayant multiplié par un nombre 10, ou 100, ou 1000, etc. fois trop petit, le produit est ce nombre de fois trop petit. Après avoir ainsi trouvé les divers produits partiels, on en fera la somme et l'on aura le produit total.

Enfin, si l'on avoit des zéro à la droite des facteurs, on opéreroit sans y avoir égard, et on les écriroit ensuite à la droite du produit ; car un produit est d'autant plus grand ou plus petit que ses parties sont plus grandes ou plus petites, ou bien qu'il en renferme un plus ou moins grand nombre.

*** PROBLÊME 7.

Quelles sont les variations d'un produit, d'après celles qu'éprouvent les facteurs de ce produit?

SOLUTION. Puisqu'un produit est une somme dont le multiplicande exprime la grandeur des parties, et le multiplicateur le nombre, il s'ensuit que *plus le multiplicande est grand ou petit, plus le produit augmente ou diminue, et que, plus le multiplicateur est grand ou petit, plus le produit doit l'être.*

Par conséquent, si les deux facteurs d'un produit deviennent chacun en même tems un certain nombre de fois plus grands ou plus petits, le produit deviendra un nombre de fois plus grand ou plus petit, exprimé par le produit du nombre de fois que le multiplicande est devenu plus grand ou plus petit, par le nombre de fois que le multiplicateur est aussi devenu plus grand ou plus petit.

Il suit encore du premier principe que, *si le produit devient un certain nombre de fois plus grand ou plus petit, et que l'un des deux facteurs soit devenu ce même nombre de fois plus grand ou plus petit, l'autre facteur n'a pas varié*, car la variation du premier facteur a suffi pour causer celle du produit.

On en conclut aussi que, *chaque unité ajoutée au multiplicande, ou retranchée du multiplicande, fait entrer une fois de plus ou de moins le multiplicateur dans le produit ; et que, chaque unité ajoutée au multiplicateur, ou retranchée de ce dernier, fait entrer une fois de plus ou de moins le multiplicande dans le produit.*

** PROBLÊME 8.

Un produit change-t-il, lorsque, du multiplicande on en fait le multiplicateur, et du multiplicateur le multiplicande ?

SOLUTION. D'après les principes précédens, *le produit de l'unité par le multiplicande est égal au produit du multiplicande par l'unité.* De sorte que si l'on multiplie l'unité du premier produit par un nombre quelconque, le premier produit sera ce nombre de fois plus grand ; et si l'on multiplie par le même nombre l'unité du deuxième produit, celui-ci deviendra le même nombre de fois plus grand ; ce qui n'aura pas détruit l'égalité des deux premiers produits.

PROBLÊME 9.

Trouver 1°. le nombre des chiffres d'un produit , d'après celui des chiffres des facteurs ; 2°. le nombre des chiffres de l'un des facteurs , d'après le nombre des chiffres du produit et d'après celui des chiffres de l'autre facteur.

Solution. Si l'on multiplie d'abord l'un par l'autre deux nombres qui ne renferment que des 9 , et ensuite deux autres composés chacun de l'unité suivie de plusieurs zéro , on verra 1°. que *le nombre des chiffres d'un produit est égal au nombre des chiffres des deux facteurs , lorsque l'un de ceux-ci n'a qu'un seul chiffre qui , multiplié par le chiffre des plus hautes unités de l'autre facteur , donne un produit de deux chiffres ; 2°. qu'un produit de deux facteurs a le nombre des chiffres de ses facteurs, ou ce même nombre diminué de 1 ; 3°. que le nombre des chiffres de l'un des facteurs est ou égal au nombre des chiffres du produit , moins le nombre des chiffres de l'autre facteur plus un, ou seulement à cette différence.*

* PROBLÊME 10.

Former un produit de trois , et même d'un plus grand ombre de facteurs.

Solution. Cette opération sera réduite à autant de multiplications successives que l'on a de facteurs moins un , si le produit ne change as dans quelque ordre que l'on multiplie ses facteurs.

Or, quand on a trois facteurs seulement , on peut les disposer ntre eux, de manière que chacun soit à son tour placé au premier ang à gauche ; et , comme un produit de deux facteurs ne varie point ans quelque ordre que l'on multiplie ses facteurs , il s'ensuit que tous es produits de trois facteurs , qui ont un même facteur pour multiplicande ou pour multiplicateur , sont égaux. Or , dans le cas où on arrange trois facteurs entre eux de toutes les manières possibles , il a dans tous ces arrangemens un même facteur qui est ou multiplicande u multiplicateur , c'est-à-dire , ou le premier ou le troisième ; par conséquent, *tous les produits que l'on peut former avec trois facteurs dans quelque ordre qu'on multiplie ceux-ci, sont invariables.*

Si lon avoit quatre facteurs, on prouveroit semblablement l'invariabilité du produit, en faisant voir que les produits qu'on formeroit en arrangeant les facteurs entre eux quatre à quatre de toutes les manières possibles, auroient tous le même facteur, soit pour multiplicande, soit pour multiplicateur ; ce qui ramèneroit ce cas aux cas précédens.

REMARQUE. Il peut arriver que les facteurs d'un produit soient tous égaux entre eux; dans ce cas ; le produit prendra le nom de *puissance*; et il se nommera *puissance seconde* ou *carrée*, *puissance troisième* ou *cubique*, *puissance quatrième*, *puissance cinquième*, etc., suivant que ses facteurs égaux seront au nombre de 2, ou de 3, ou de 4, ou de 5, etc.

On donnera de plus le nom de *racine* au facteur égal par la multiplication duquel on a obtenu la puissance. Cette racine sera *seconde*, ou *troisième*, ou *quatrième*, ou *cinquième*, etc., suivant qu'elle aura produit une puissance seconde, ou troisième, ou quatrième, ou cinquième, etc.

De la formation des puissances.

✱✱✱ PROBLÉME II.

Trouver le carré ou la seconde puissance d'un nombre composé au moins de deux chiffres.

SOLUTION. Comme les unités supérieures aux dixaines peuvent toutes se réduire en dixaines dont elles ne sont que des multiples, il s'ensuit que tout nombre peut être considéré composé seulement de dixaines et d'unités. Or, en multipliant successivement un nombre par ses unités et ses dixaines, on aura quatre produits partiels dont le premier sera le carré des unités, le second ainsi que le troisième le produit des dixaines par les unités, et le quatrième le carré des dixaines; de sorte qu'en réunissant en un seul produit, le second et le troisième, on verra que *le carré d'un nombre qui renferme des dixaines et des unités, est composé du carré des dixaines, de deux fois le produit des dixaines par les unités et du carré des unités.*

★★★ PROBLÉME 12.

On demande quelles sont les parties de la racine qui entrent dans la formation du cube d'un nombre composé de dixaines et d'unités.

SOLUTION. Si l'on multiplie les parties du carré de la racine successivement par les unités et par les dixaines de cette racine, on trouvera six produits qui se réduiront aux quatre suivans ; savoir : *le cube des dixaines, trois fois le carré des dixaines par les unités, trois fois le carré des unités par les dixaines et le cube des unités.*

REMARQUE. On trouveroit semblablement la loi qui lie les racines à leurs puissances, lorsque celles-ci sont d'un degré plus élevé que le troisième ; mais cette loi est de plus en plus compliquée. On peut observer ici qu'une puissance ayant sa racine pour facteur autant de fois qu'il y a d'unités dans son degré, on trouvera 1°. la quatrième puissance d'un nombre, en élevant au carré le carré de ce nombre ; 2°. la sixième puissance, en élevant au carré le cube du nombre, ou au cube le carré de ce même nombre ; 3°. la huitième puissance, en élevant au carré le carré du carré du nombre ; 4°. la neuvième puissance, en élevant au cube le cube de la racine ; ainsi de suite.

REMARQUE. La composition des nombres a montré que parmi ceux-ci il y en avoit qui n'avoient été formés que par l'addition de l'unité, ou par celle de nombres inégaux, tandis qu'il y en avoit d'autres qui étoient la somme de nombres égaux. Les premiers, qui ne sont divisibles que par eux-mêmes ou par l'unité, ont été appelés *nombres premiers*, et les autres qui sont en outre divisibles par d'autres nombres, ont reçu le nom de nombres *multiples* ou *composés*. On distingue encore les nombres *pairs* des nombres *impairs;* les premiers étant divisibles par 2, et les seconds ne l'etant pas.

CHAPITRE II.

De la décomposition des nombres entiers.

*** PROBLÉME 13.

*Étant donnée une somme et l'une de ses parties, dé-
terminer l'autre partie, ou soustraire un nombre d'un
autre.*

SOLUTION. Le problême consiste à trouver la différence entre deux nombres. Or, si le nombre à soustraire n'a qu'un seul chiffre, on peut le décomposer
en autant d'unités simples qu'il en renferme, et retrancher successivement chacune de ces unités du nombre
dont on doit soustraire. Le cas où les deux nombres
proposés renferment plusieurs chiffres, on le ramènera
au précédent, en observant que dans l'addition, ayant
ajouté les unités aux unités, les dixaines aux dixaines,
les centaines aux centaines, etc., on doit ici soustraire
des unités, des dixaines, des centaines, etc. du plus
grand des deux nombres, les unités, les dixaines, les
centaines, etc. du plus petit. Dans le cas où le plus
grand des deux nombres auroit moins d'unités d'une certaine espèce que le nombre à soustraire, on prendroit
sur le chiffre immédiatement à gauche du chiffre trop
foible, une unité que l'on réduiroit en unités inférieures,
en la multipliant par 10, et ajoutant ces dix unités au
chiffre trop foible, la soustraction deviendroit possible.

On parviendroit au même but, en observant que la différence entre deux nombres ne varie pas, lorsque l'on ajoute une même quantité à ces nombres. De sorte que l'on auroit pu augmenter de 10 le chiffre trop foible, et ajouter 1 au chiffre suivant du nombre à soustraire.

On appelle *complément* d'un nombre, la différence de ce nombre à l'unité suivie d'autant de zéro que ce même nombre renferme de chiffres. Pour avoir ce complément, il suffit de retrancher de 10 le chiffre des unités du nombre dont on veut le complément, et de 9 successivement tous les autres chiffres du même nombre.

*** PROBLÊME 14.

Quel changement éprouve la différence entre deux nombres, à chaque unité d'augmentation ou de diminution que reçoivent ces nombres ?

SOLUTION. La différence entre deux nombres étant composée de ce qui n'est pas commun à ces nombres, il est évident que cette différence ne change pas, quand on augmente ou qu'on diminue d'une même quantité les deux nombres. Il est également évident qu'à chaque unité que l'on ajoute au nombre dont on soustrait, on augmente l'excès du plus grand nombre sur le plus petit, et qu'à chaque unité que l'on en retranche, on diminue de cette unité l'excès ou la différence. Semblablement, chaque unité ajoutée au nombre à soustraire, rapproche ce dernier du premier, et diminue d'une unité la différence, tandis que chaque unité retranchée éloigne le plus petit nombre du plus grand, et augmente d'une unité la différence.

** PROBLÊME 15.

Simplifier la méthode de la soustraction, par le moyen des complémens des nombres.

SOLUTION. La différence entre deux nombres est égale au plus grand de ces nombres plus le complément du plus petit, moins une unité immédiatement supérieure aux plus hautes unités du nombre à soustraire. En effet, quand on ajoute au plus grand des deux nombres le complément du plus petit, on soustrait celui-ci du plus grand, et l'on augmente la différence d'une unité de l'ordre immédiatement au-dessus des plus hautes unités du nombre à soustraire.

D'après cela, on soustraiera facilement plusieurs nombres de plusieurs autres, en ajoutant à ceux-ci les complémens des premiers, et en diminuant la somme des unités de trop que ces complémens ont introduites.

★★★ PROBLÊME 16.

Trouver un moyen de vérifier les résultats donnés par l'addition et par la soustraction.

SOLUTION. Il est d'abord évident que le nombre obtenu par la soustraction devant être l'une des parties de la somme donnée, dont le nombre soustrait est l'autre partie, on doit retrouver la somme après avoir ajouté la différence au nombre soustrait.

Quant à l'addition, il est aisé de voir que si le résultat est la somme des nombres donnés, il doit contenir toutes les unités simples de ces nombres, toutes leurs dixaines, leurs centaines, etc.; par conséquent, si l'on fait successivement les sommes partielles de leurs unités de même espèce, à partir des plus hautes, et que ces sommes on les retranche des unités correspondantes dans la somme totale, on devra trouver zéro à la dernière soustraction.

★★★ PROBLÊME 17.

Connoissant une somme et l'une des parties égales de cette somme, on demande le nombre de ces parties égales.

SOLUTION. Une somme contient autant de parties égales

que l'une de ces parties peut en être retranchée. On peut donc, par une suite de soustractions successives, déterminer combien une somme renferme de parties égales connues. Mais cette méthode peut être abrégée, en observant qu'en écrivant 1, ou 2, ou 3, etc. zéro à la droite de la partie à retrancher, et en soustrayant ensuite cette partie, on fera 10, ou 100, ou 1000, ou etc. soustractions ; de sorte que si l'on écrit à la droite de la partie donnée autant de zéro qu'il est possible, et que l'on retranche alors cette partie de la somme totale, on verra que celle-ci contient d'abord cette même partie un nombre de fois, exprimé par 1, suivi d'autant de zéro que l'on en a écrits à la droite de la partie donnée. En continuant de la même manière, et en additionnant le nombre de soustractions faites, on trouveroit le nombre demandé.

Mais le nombre de ces soustractions peut être encore diminué, en multipliant aussi la partie de la somme par le chiffre significatif qui rapproche le plus possible de cette somme le nombre à soustraire.

D'après cela qu'il s'agisse de trouver combien de fois la somme de 857642 contient la partie 249 ; j'observe que, si au lieu de soustraire 249000 de 857642, ou 249 de 857, je soustrayois le produit de 249 par 3, ou 747 de 857, je trouverois par une seule opération que la somme contient d'abord 3000 fois sa partie 249. Pour avoir le facteur qui doit approcher le plus de la somme le nombre à soustraire, on verra qu'il faut ici chercher combien de fois 857 contient 249, ou combien 8 contient 2. Ce nombre

857642	249
747000	3444
———	
110642	
99600	
———	
11042	
9960	
———	
1082	
996	
———	
86	

doit être vérifié en multipliant 249 par ce même nombre. Ici on n'a pu mettre que 3 au lieu de 4.

Après la soustraction, on a un reste 110642 sur lequel on opère comme sur la somme totale ; ainsi de suite. Dans cet exemple, on trouvera, après quatre soustractions, que la somme donnée contient 3444 parties dont la grandeur est exprimée par 249, avec le reste 86. Le nombre trouvé 3444 exprimant combien de fois la somme renferme l'une de ses parties, nous le nommerons *quotient*, du latin *quoties*, *combien de fois*.

Il suit de la nature du quotient, que, si l'on multiplie par ce quotient le nombre qui exprime la grandeur des parties de la somme, et qu'à ce produit on ajoute le reste de l'opération, on doit retrouver la somme même.

On pourroit également vérifier le quotient, en cherchant la grandeur des parties de la somme d'après la connoissance que l'on a de cette somme et du nombre de ses parties.

*** PROBLÊME 18.

Connoissant une somme et le nombre de ses parties, on demande la grandeur de celles-ci.

SOLUTION. Si la somme étoit égale au nombre de ses parties, celles-ci seroient exprimées par 1 ; d'où l'on voit que les parties de la somme seront composées d'autant d'unités, que le nombre des parties est renfermé dans la somme même ; de sorte que l'opération sera réduite à la précédente, c'est-à-dire, à déterminer combien de fois un nombre est contenu dans un autre.

Comme dans ce cas, on partage ou l'on divise un nombre en un certain nombre donné de parties égales pour avoir la grandeur de celles-ci, nous donnerons à cette opération le nom de *division*; nous nommerons *dividende* le nombre à diviser ou à partager; *diviseur* celui qui indique en combien de parties on veut diviser le dividende; et nous conserverons le nom de *quotient* au nombre qui, dans ce cas, représente la grandeur des parties du dividende.

Ainsi, *la division peut être considérée comme une opération par laquelle on détermine ou le nombre des parties d'un tout, d'après la connoissance que l'on a de ce tout et de la grandeur de ses parties, ou bien la grandeur des parties d'un tout, lorsque ce tout et le nombre de ses parties sont donnés.*

De sorte que si l'on remarque que les facteurs d'un produit expriment chacun indifféremment, soit la grandeur, soit le nombre des parties du produit, on verra que *l'on peut encore définir la division, une opération par laquelle, étant donné un produit et l'un de ses facteurs, on détermine l'autre facteur.*

✳✳✳ PROBLÊME 19.

Un produit et l'un de ses facteurs étant donnés, trouver l'autre facteur.

SOLUTION. Tout produit étant la somme d'autant de produits partiels qu'il y a de chiffres au multiplicateur, la recherche de ce dernier seroit ramenée à une suite de divisions partielles assez simples, si, dans le produit total ou dividende, on pouvoit reconnoître les divers produits ou dividendes partiels qui ont formé ce produit. Or, le produit du diviseur par le quotient, devant pouvoir se retrancher du dividende total, il faut que les plus hautes unités du quotient soient telles, qu'étant multipliées par celles du diviseur, il n'en résulte pas un nombre au-dessus du dividende. D'après ce principe, on reconnoîtra de combien de chiffres le quotient doit être composé, ou combien de produits partiels sont entrés dans la formation du produit total. Pour avoir le premier produit partiel, on observera que le produit d'un nombre par un certain chiffre, ne peut pas avoir d'unités moindres que celles du chiffre multiplicateur ; on séparera donc, dans le dividende, tous les chiffres dont les unités sont inférieures à celles du chiffre multiplicateur, et, les chiffres restant à gauche donneront ou le plus haut produit partiel, ou le nombre le plus voisin en dessus de ce produit. On cherchera ensuite le chiffre qui, multiplié par le diviseur, a donné le nombre le plus approché en dessous de ce premier dividende partiel, et ce chiffre exprimera les plus hautes unités du quotient ; le produit de ce même chiffre par le diviseur, on le retranchera du premier dividende partiel, et l'on aura un reste qui, avec le chiffre suivant du dividende total, formera le second dividende partiel, sur lequel, opérant comme sur le premier, on aura le second chiffre du quotient ; en continuant toujours de même, on trouvera successivement tous les chiffres du quotient. Pour la détermination de chaque chiffre du quotient, il suffit de chercher combien de fois le dividende contient le diviseur, ou combien de fois les plus hautes unités du dividende contiennent les plus hautes unités du diviseur ; on vérifiera ce nombre de fois en le multipliant par le diviseur, et en voyant si le produit peut être soustrait du dividende partiel. Lorsqu'après avoir trouvé le chiffre des unités du quotient l'on a encore un reste, c'est que ce quotient doit être completté par des parties d'unité. On trouvera cette fraction en observant que tout quotient doit être, par rapport au dividende, d'autant plus petit, que le diviseur contient d'unités ; de sorte qu'un quotient peut toujours être regardé comme une fraction dont le dénominateur seroit le diviseur, tandis que le numérateur seroit le dividende.

★★★ PROBLÊME 20.

Quelles sont les variations qu'éprouve un quotient, d'après celles que l'on fait subir au dividende ou au diviseur, ou à l'un et à l'autre en même tems ?

SOLUTION. Le quotient pouvant être considéré comme exprimant le nombre des parties du dividende, tandis que le diviseur exprime la grandeur de ces parties, il est évident 1°. que, plus le dividende sera grand ou petit, le diviseur restant le même, plus le quotient augmentera ou diminuera ; 2°. que, plus le diviseur augmentera ou diminuera, le dividende ne variant point, moins ou plus il entrera de parties dans ce dividende, et moins ou plus sera grand le quotient ; 3ᵃ. que, si le dividende et le diviseur deviennent chacun un même nombre de fois plus grands ou plus petits, le quotient ne changera pas ; car le nombre des parties d'un tout est constant, lorsque les parties augmentent ou diminuent comme le tout.

REMARQUE. Puisque le dividende est la somme du produit du diviseur par le quotient plus le reste, il suffira de faire cette somme et de voir si elle est égale au dividende, pour vérifier le quotient trouvé. Quant à la vérification de la multiplication, on divisera le produit trouvé par l'un des facteurs, et l'on obtiendra pour quotient l'autre facteur si la multiplication a été exacte.

Le problême inverse de la multiplication consiste à

déterminer tous les facteurs d'un produit , lorsque ce produit est donné. Mais la solution de ce problême exigeant que l'on divise le produit par tous les nombres inférieurs, il est nécessaire, pour éviter des divisions inutiles, que l'on puisse reconnoître dans quel cas un nombre est divisible par un nombre donné.

*** PROBLÊME 21.

Quelles conditions un nombre doit-il remplir pour être divisible par les nombres 2, 3, 4, 5, 6, 7, 8, 9, 10, 11, 12, 13, *etc.*

SOLUTION. Un nombre étant composé d'unités simples, d'unités de dixaines , d'unités de centaines, d'unités de mille, etc. , divisons 1 , 10 , 100 , 1000 , etc. par chacun des diviseurs proposés , et voyons si la loi des restes ne pourroit pas nous faire arriver aux conditions demandées.

Or, après toutes ces divisions, nous formerons le tableau suivant des restes trouvés :

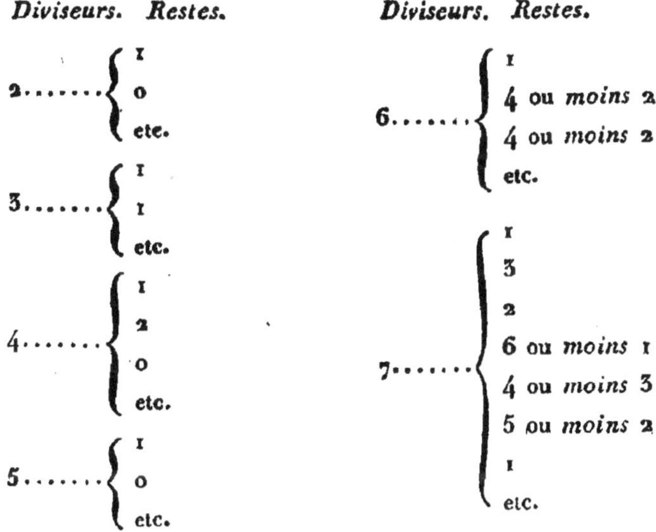

Diviseurs.	Restes.		Diviseurs.	Restes.
8	1, 2, 4, 0, etc.		12	1, 10 ou *moins* 2, 4, 4, etc.
9	1, 1, etc.			
10	1, 0, etc.		13	1, 10 ou *moins* 3, 9 ou *moins* 4, 12 ou *moins* 1, 3, 4, 1, etc.
11	1, 10 ou *moins* 1, 1, etc.			

Tableau d'après lequel on voit 1°. qu'*un nombre est divisible
par 2, lorsqu'il est terminé par zéro ou par un chiffre divisible par 2*; 2°. *qu'il est divisible par 3, si la somme de
ses chiffres est un multiple de 3*; 3°. *qu'il est divisible par
4, si le chiffre de ses unités plus 2 fois le chiffre de ses
dixaines, donne une somme multiple de 4*; 4°. *qu'un nombre est divisible par 5, quand il est terminé par zéro ou
par 5*; 5°. *qu'il l'est par 6, dans le cas où le chiffre de ses
unités plus 4 fois ou moins deux fois tous les autres chiffres, donne un résultat multiple de 6*; 6°. *qu'un nombre
est divisible par 7, si, après l'avoir partagé en tranches
de 3 chiffres chacune, avoir multiplié successivement par
1, par 3, par 2, le chiffre des tranches de rang impair,
et par 6, par 4, par 5, ceux de tranches de rang pair,
la somme de tous ces produits est un multiple de 7; ou
bien, si après avoir multiplié aussi par 1, par 3, par 2,
les chiffres de tranches de rang pair, la différence entre
la somme des produits des tranches de rang impair, et la*

somme des produits des tranches de rang pair, donne zéro ou un multiple de 7.

On trouveroit semblablement les conditions que doivent remplir les nombres pour être des multiples des autres diviseurs.

On remarquera ensuite dans ce tableau que les restes 6, 4, 5, provenant du diviseur 7, sont complémens respectifs des restes précédens 1, 3, 2, par rapport à 7, et qu'il en est de même des restes 3, 4, 1, relativement aux restes 10, 9, 12, dans la division par 13.

On remarquera enfin que 1000 divisé par 7, ou par 11, ou par 13, donne toujours *moins* 1 pour reste; d'où l'on conclut que *tout nombre est un multiple de 7, de 11 et de 13 plus la tranche de ses unités simples, moins le nombre de ses unités de mille.*

De sorte que, *si la différence entre la tranche des unités simples d'un nombre et la partie de ce nombre placée à gauche de cette tranche donne zéro pour reste, le nombre sera divisible par 7, par 11, et par 13; mais si cette différence n'est pas nulle, le nombre sera divisible par 7, ou par 11, ou par 13, suivant que la différence sera un multiple de 7, ou de 11, ou de 13.*

REMARQUE. Si un nombre divisible successivement par deux autres nombres, étoit divisible par le produit de ces derniers, les conditions précédentes de divisibilité nous feroient trouver beaucoup de diviseurs pour un même nombre. Proposons-nous donc le problême suivant :

✴✴✴ PROBLÊME 22.

Un nombre premier qui divise le produit de deux facteurs, doit-il diviser l'un au moins de ces facteurs ?

SOLUTION. Proposons-nous *de voir si la divisibilité par* 29 *du produit* 123 × 212, *ne dépendroit pas de celle de l'un des facteurs de ce produit par* 29; et, pour cela, divisons 212 par 29; on aura 7 pour quotient et 9 pour reste. De sorte que le produit 123 × 212 sera la somme de

$$123 \times 29 \times 7$$

et de $\qquad\qquad 123 \times 9$

D'où l'on voit que 29 ne peut diviser le produit 123 × 212, sans diviser 123 × 9.

Divisant 29 par le premier reste 9, on aura 3 pour quotient et 2 pour reste, ce qui donnera 29 *égale* 9 × 3 *plus* 2, et ensuite

$$123 \times 29 \ \textit{égale} \ 123 \times 9 \times 3 \ \textit{plus} \ 123 \times 2,$$

expression qui montre que 29 ne peut diviser 123 × 9, et par conséquent, 123 × 212, sans diviser 123 × 2.

En continuant de diviser 29 par chaque reste, on verroit que la divisibilité par 29 de 123 × 212 dépend de celle de 123 × 1, ou 123 par le même nombre.

Ainsi, *un nombre premier qui divise un produit, divise toujours l'un des facteurs de ce produit.*

Donc, *lorsqu'un nombre est divisible successivement par deux nombres premiers, il l'est par le produit de ces deux nombres.*

On verra que ces deux dernières conclusions s'étendent aux nombres premiers relatifs, si l'on remarque que la démonstration précédente est fondée sur ce que le diviseur 29 est supposé premier par rapport au facteur 212 du produit 123 × 212.

Reprenons maintenant le problème qui a nécessité la recherche de la loi de divisibilité des nombres.

*** PROBLÊME 23.

Trouver tous les facteurs premiers et tous les diviseurs d'un nombre entier donné.

SOLUTION. Soit 180 le nombre dont on demande tous les facteurs premiers ainsi que tous les diviseurs. On divisera d'abord 180 par 2, le second facteur trouvé par 3, le 3e. par 5, ainsi de suite, c'est-à-dire, chaque nouveau facteur par un diviseur premier toujours plus grand. Si la division par l'un des diviseurs premiers ne pouvoit point se

180	2	
90	2	4
45	3	6.12
15	3	9.18.36
5	5	10.15.20.30
1		45.60.90.180

faire, on passeroit à celle par le nombre premier le plus voisin, et l'on continueroit de même jusqu'à ce que le dernier facteur trouvé fût un nombre premier ; cela fait, le produit de tous les facteurs premiers employés exprimeroit le nombre 180.

$$2 \times 2 \qquad 2 \times 2 \times 3$$
$$2 \times 3 \qquad 2 \times 2 \times 5$$
$$2 \times 5 \qquad 2 \times 3 \times 3$$
$$3 \times 3 \qquad 2 \times 3 \times 5$$
$$3 \times 5 \qquad 3 \times 3 \times 5$$

Il ne faudroit plus ensuite que combiner ces diviseurs premiers deux à deux, trois à trois, quatre à quatre, etc., pour obtenir tous les diviseurs composés de 180. *Voyez* le tableau ci-joint.

$$2 \times 2 \times 3 \times 3$$
$$2 \times 2 \times 3 \times 5$$
$$2 \times 3 \times 3 \times 5$$
$$2 \times 2 \times 3 \times 3 \times 5$$

On éviteroit, dans la recherche des facteurs d'un nombre, beaucoup de divisions inutiles, si l'on avoit un moyen de reconnoître les nombres premiers ; il faut donc s'occuper de ce moyen.

** PROBLÊME 24.

Un nombre étant donné, reconnoître s'il est premier.

Solution. Puisqu'un produit ne peut être divisible par un nombre premier, sans que l'un de ses facteurs le soit, et que tout nombre peut être regardé comme le produit de sa racine carrée multipliée par elle-même ; il s'ensuit qu'un nombre qui n'auroit aucun diviseur premier au-dessous de sa racine carrée, n'en auroit aucun au-dessus, et seroit par conséquent nombre premier ; ce dont on peut encore s'assurer en observant que, si le nombre proposé avoit un diviseur au-dessus de sa racine carrée, et que l'on effectuât la division, on trouveroit un autre diviseur au-dessous de cette même racine ; ce qui seroit contraire à la supposition. Ainsi, *un nombre qui n'a aucun diviseur premier au-dessous de sa racine carrée, n'en a aucun au-dessus et doit être mis au rang des nombres premiers.*

*** PROBLÊMES 25 et 26.

Extraire la racine carrée d'un nombre entier donné.

Solution. Les racines carrées des nombres composés d'un ou de deux chiffres, sont données par la table de multiplication, et ne renferment elles-mêmes qu'un seul chiffre ; mais dès que le nombre proposé a trois ou plus de trois chiffres, la racine contient des unités et des dixaines, et le carré est la somme du carré des dixaines de la racine, de deux fois le produit des dixaines par les unités de la même racine, et du carré des unités. La connoissance des deux premières parties de cette somme suffit pour arriver à celle de la racine. Or, le carré des dixaines de la racine ne pouvant donner moins que des centaines, on mettra à part dans le carré les deux premiers chiffres à droite, et le plus grand carré contenu dans la partie restante à gauche renfermera le carré des dixaines de la racine. Si cette partie n'a pas plus de deux chiffres, on aura le carré des dixaines ainsi que la racine de ce carré dans la table de multiplication, sinon on regardera les dixaines de la racine comme composées de deux chiffres; et, raisonnant sur cette partie du nombre donné, comme sur le nombre total, on finira par arriver à un carré compris dans la table, et par conséquent à la connoissance des dixaines de la racine.

Soustrayant du nombre proposé le carré des dixaines, on aura pour reste le double produit des dixaines par les unités et le carré des unités; or, le double produit des dixaines par les unités, ne pouvant donner moins que des dixaines, on séparera du reste trouvé le chiffre des unités, et l'on divisera la partie qui reste à gauche par le double des dixaines : le quotient sera vérifié d'abord comme quotient, et ensuite comme chiffre de la racine; pour cette dernière vérification, on écrira le chiffre trouvé à la droite du double des dixaines, et multipliant le nombre résultant par le chiffre même que l'on essaie, il faudra que le produit puisse être retranché du reste total.

Cette méthode faisant toujours trouver les racines à deux chiffres, ou l'étendra facilement au cas où les racines seroient plus compliquées. Car, alors on considérera les dixaines de la racine comme renfermant plus d'un chiffre; de sorte que leur carré sera encore composé de trois parties dont on déterminera les deux premières par les mêmes raisonnemens faits pour le cas précédent.

Le reste donné par l'opération doit exprimer la différence entre le nombre proposé et le carré inférieur, il doit donc être plus petit que la différence des deux carrés consécutifs entre lesquels tombe le nombre sur lequel on a opéré. Or, si l'on ajoute l'unité à un nombre, et que l'on élève cette somme au carré, on aura le carré du nombre avant l'augmentation, plus le double de ce nombre, plus l'unité. De sorte que *la différence entre deux carrés consécutifs est égale au plus petit de ces carrés, plus le double de la racine de ce même carré, plus l'unité.*

Ainsi, dans l'extraction de la racine carrée des nombres qui ne sont pas des carrés parfaits, le reste final doit être moindre que le double de la racine trouvée augmentée de 1.

*** PROBLÊME 27.

Extraire la racine troisième d'un nombre entier donné.

SOLUTION. Si le nombre proposé a moins de quatre chiffres, sa racine n'en aura qu'un, et sera donnée par la table des puissances des neuf premiers nombres. Examinons donc le cas où la racine doit avoir deux chiffres, ainsi que celui où elle doit en avoir trois et même plus de trois.

Or, un cube qui provient d'une racine composée de dixaines et d'unités, renferme quatre produits, dont les deux plus grands sont le cube des dixaines, plus le triple carré des dixaines par les unités; et, comme le cube des dixaines ne peut donner moins que des mille, il n'aura aucune de ses parties dans les trois premiers chiffres à droite du nombre proposé. On cherchera donc le plus grand cube contenu dans la partie qui reste à gauche, par le moyen de la table des puissances, laquelle donnera les dixaines de la racine; on retranchera du nombre primitif le cube de ces dixaines, et l'on aura un reste qui renfermera les trois autres produits du cube; mais le premier de ces produits, savoir, le triple carré des dixaines par les unités, ne pouvant donner moins que des centaines, ne peut être renfermé que dans la partie du reste placée à gauche des dixaines de ce même reste; on séparera donc le chiffre des unités et celui des dixaines, et l'on considérera le reste du nombre comme le triple carré des dixaines de la racine par les unités; on divisera donc ce reste par le triple carré des dixaines de la racine, et le quotient sera les unités cherchées, si, multiplié par le triple carré des dixaines, ajouté au triple produit des dixaines par le carré de lui-même, et augmenté encore de son propre cube, il donne un nombre qui puisse être soustrait du reste total.

Dans le cas où l'on devroit avoir trois chiffres à la racine, on auroit, pour déterminer les dixaines de cette racine, un nombre composé de plus de trois chiffres, et l'on en chercheroit la racine comme pour le cas précédent ; après avoir trouvé les deux chiffres des dixaines, on raisonneroit comme si l'on n'avoit qu'un seul chiffre, et l'on trouveroit les unités par la méthode ci-dessus. On procéderoit d'une manière semblable, dans le cas où les dixaines de la racine devroient avoir plus de deux chiffres. Si la racine trouvée appartient au plus grand cube renfermé dans le nombre proposé, celui-ci tombera entre le cube de la racine trouvée et celui de la même racine augmentée de 1 ; par conséquent, *le reste donné par l'opération doit être moindre que la différence qui existe entre le cube de la racine et celui de cette racine augmentée de 1 ; différence qui est toujours exprimée par le triple carré de la racine, plus le triple de cette racine, plus 1.*

Car, si l'on décompose un nombre entier en deux parties, dont l'une soit l'unité, et que l'on élève au cube ce nombre ainsi décomposé, on verra que, *la racine cubique augmentant de 1, le cube augmente de 3 fois le carré de la racine, plus 3 fois cette racine, plus l'unité.*

** PROBLÊME 28.

Trouver les racines 4e., 6e., 8e., 9e., 12e., *etc. d'un nombre entier.*

Solution. La puissance 4e. d'un nombre est le carré du carré de ce nombre ; la puissance 6e. est le carré du cube ou le cube du carré ; la puissance 8e. est le carré du carré du carré ; la puissance 9e. est le cube du cube ; la puissance 12e. est le carré du carré du cube, ou le cube du carré du carré ; ainsi de suite pour toutes les racines dont le degré est une puissance de 2 ou de 3, ou bien le produit d'une puissance de 2 par une puissance de 3. De sorte que 1°. pour avoir la racine 4e. d'un nombre, il faut prendre la racine carrée de la racine carrée de ce nombre ; 2°. pour avoir la racine 6e., on extraiera la racine carrée de la racine cubique, ou la racine cubique de la racine carrée ; 2°. pour obtenir la racine 8e., on prendra la racine carrée de la racine carrée de la racine carrée ; ainsi de suite.

★ PROBLÊME 29.

Étant données une puissance et sa racine, on demande le degré de cette racine.

SOLUTION. Le *maximum* des chiffres que puisse renfermer une puissance, est exprimé par le nombre des chiffres de sa racine multiplié par le degré de cette dernière ; tandis que le *minimum* est égal au produit du degré de la racine par le nombre des chiffres moins un de cette racine. Par conséquent, *si l'on divise le nombre des chiffres de la puissance par celui des chiffres de la racine, le quotient donnera le moindre degré possible de la racine ; mais si l'on divise le nombre des chiffres de la puissance par celui des chiffres moins un de la racine, on aura le plus haut degré possible.* Cela fait, on élèvera la racine à la puissance du moindre degré, et, si le résultat n'est pas égal au nombre proposé, on continuera à élever la racine aux puissances supérieures successives, jusqu'à ce qu'on trouve un nombre ou égal, ou supérieur au nombre donné.

★★ PROBLÊME 30.

Trouver une méthode simple pour vérifier la multiplication, la formation des puissances, la division et l'extraction des racines.

SOLUTION. Tout nombre peut être considéré comme formé d'un multiple quelconque d'un diviseur donné, plus un reste. Par conséquent, si l'on multiplie deux nombres l'un par l'autre, le produit sera composé d'un multiple d'un diviseur connu, plus du produit des deux restes que l'on trouveroit en divisant chaque facteur par le diviseur, d'où il suit 1°. que *le produit de ces deux restes étant divisé par le même diviseur, doit donner le même reste que le produit des deux facteurs primitifs divisé par ce même diviseur.*

Une puissance n'étant qu'un produit composé d'autant de facteurs égaux qu'il y a d'unités dans le degré de la puissance, on conclura 2°. que *le reste que l'on trouve en divisant une puis-*

sance par un certain nombre, doit être le même que celui que l'on obtient en divisant par le même nombre le reste de la racine multiplié par le degré de celle-ci.

En n'employant pour diviseurs que les nombres dont la loi des restes nous est connue, on sera dispensé de faire la division ; il faut cependant que le choix du diviseur soit tel que le reste de la division d'un nombre par ce diviseur, soit lié au plus grand nombre de chiffres possible : c'est pourquoi on rejettera les diviseurs 2, 4, 5, 8, 10 ; mais on pourra faire usage des diviseurs 3, 7, 9, 11 et 13.

Si l'on considère que le dividende est une somme composée du produit du diviseur par le quotient plus un reste, on verra 3º. que la somme du produit du reste du diviseur par celui du quotient, plus le reste de l'opération étant divisée par un certain nombre, doit donner le même reste que la division du dividende par le même nombre.

Dans l'extraction des racines des puissances imparfaites, celles-ci sont la somme de la racine trouvée élevée à la puissance de son degré plus le reste de l'opération, de sorte que 4º. si le reste que l'on trouve en divisant la racine par un certain nombre, on le multiplie par le degré de la racine ; qu'à ce produit on ajoute le reste final de l'opération, et que l'on divise cette somme par le même diviseur, on doit trouver le même reste qu'en divisant par ce diviseur le nombre dont on a extrait la racine.

SECTION SECONDE.

De la composition et de la décomposition des fractions.

CHAPITRE PREMIER.

De la composition des fractions.

*** PROBLÊME 32.

Trouver un moyen simple d'exprimer les fractions de l'unité.

SOLUTION. Pour cela, on a besoin de deux nombres ; l'un pour désigner la grandeur des parties que l'on prend de l'unité, et l'autre pour exprimer le nombre des parties que l'on en prend. Or, l'on connoîtra la grandeur des parties de l'unité, si l'on sait en combien de parties égales celle-ci est divisée ; *celui des deux nombres qui marquera en combien de parties égales l'unité est partagée, se nommera* DÉNOMINATEUR ; accompagné de la terminaison *ième*, il tiendra lieu des noms que l'on eût été obligé d'avoir pour faire connoître la grandeur des parties des fractions. *Quant au nombre destiné à marquer combien il entre des parties de l'unité dans la fraction, on le nommera* NUMÉRATEUR.

Il suit de là qu'*une fraction est d'autant plus grande ou plus petite, que son numérateur est plus grand ou plus petit, son dénominateur restant le même ; et qu'elle*

*est d'autant plus grande ou plus petite que son déno-
minateur est plus petit ou plus grand, pourvu que son
numérateur ne varie pas.*

Il résulte encore de là, qu'*une fraction ne varie pas
de grandeur, quand on multiplie ou qu'on divise ses deux
termes par un même nombre.* En effet, dans le premier
cas, on prend d'autant plus de parties de l'unité, qu'on
a rendu ces parties plus petites; et, dans le second, on
prend d'autant moins de parties que l'on a rendu plus
grandes ces mêmes parties.

✶✶✶ PROBLÊME 33.

*Ajouter des entiers à des fractions, et des fractions
à des fractions.*

SOLUTION. Pour faire ces sortes d'additions, il faut
que les nombres à ajouter renferment des parties de même
grandeur; il faut donc les réduire au même dénominateur, sans qu'ils changent de valeur. C'est pourquoi on
multipliera les deux termes de chaque fraction par le
produit des dénominateurs de toutes les autres fractions;
et l'on en fera de même pour les nombres entiers, en
considérant ceux-ci comme ayant 1 pour dénominateur.
Après cette réduction, on fera la somme de toutes les
parties que l'on a prises de l'unité, c'est-à-dire, que
l'on additionnera les numérateurs; et enfin, on fera
connoître la grandeur des parties de cette somme, en
donnant à celle-ci le dénominateur commun. Si le numérateur du résultat étoit plus grand que le dénominateur, la fraction renfermeroit autant d'unités que ce dénominateur est contenu dans le numérateur.

*** PROBLÊME 34.

Réduire plusieurs fractions au même dénominateur le plus petit possible.

Solution. Le dénominateur commun doit être divisible par chaque dénominateur des fractions données ; il sera donc le plus petit possible, si l'on en rejette tous les facteurs inutiles à cette divisibilité. D'après cela, on cherchera tous les facteurs premiers de chaque dénominateur, et l'on formera un produit en n'y faisant entrer que les facteurs premiers indispensables à cette même divisibilité. *On remplira ce but, en multipliant les unes par les autres les plus hautes puissances auxquelles chaque facteur premier est élevé dans les dénominateurs des fractions proposées.*

*** PROBLÊME 35.

Multiplier une fraction par un nombre entier, un nombre entier par une fraction, et une fraction par une autre.

Solution. Multiplier une quantité par une autre, c'est prendre la première autant de fois que le marque la seconde ; de sorte que si le multiplicateur est un nombre entier, on prendra tout le multiplicande autant de fois qu'il y a d'unités dans le multiplicateur ; mais si ce multiplicateur est une fraction, l'opération aura pour but de prendre du multiplicande une partie désignée par le dénominateur du multiplicateur, et de la prendre un nombre de fois exprimé par le numérateur du même multiplicateur.

On peut aussi déduire la méthode de ce qu'un produit est composé du multiplicande comme le multiplicateur l'est de l'unité.

On en conclura donc que *pour multiplier une fraction par un entier, ou un entier par une fraction, ou*

une fraction par une fraction, il faut multiplier numé-
rateur par numérateur, et dénominateur par dénomi-
nateur, en considérant les entiers comme ayant 1 pour
dénominateur.

* PROBLÊME 36.

Quelles sont les variations d'un produit relativement
à celles des facteurs, lorsque l'un au moins de ceux-ci
est une fraction.

SOLUTION. Quand on multiplie une quantité par une
fraction, on ne prend du multiplicande qu'une partie
désignée par le dénominateur de la fraction multiplicateur, et on la prend seulement un nombre de fois désigné par le numérateur de la fraction multiplicateur ;
on rend donc le multiplicande plus petit, en le divisant par le dénominateur du multiplicateur, qu'on ne
le rend plus grand en le multipliant par le numérateur
de ce dernier. D'ailleurs, ne prenant qu'une fraction
de fois le multiplicande, *le produit doit être évidemment*
d'autant plus petit que le multiplicande, que l'on a au
multiplicateur un dénominateur plus grand relativement
au numérateur.

* PROBLÊME 37.

Multiplier plusieurs fractions les unes par les autres.

SOLUTION. Après avoir effectué la multiplication des
deux premières fractions, on aura un facteur de moins,
et, continuant toujours de même, on fera entrer toutes
les fractions dans le produit. Dans cette suite d'opérations, on ne fait jamais que remplacer le produit de
deux facteurs par une quantité qui lui est égale ; d'où

l'on voit que le *calcul est réduit à faire le produit des numérateurs et celui des dénominateurs.*

On en conclura encore que *le produit de deux ou de plusieurs fractions ne varie pas*, dans quelque ordre que l'on fasse les multiplications ; et qu'il est d'autant plus inférieur au multiplicande, que l'on a plus de fractions pour facteurs, et que les dénominateurs de celles-ci sont plus grands par rapport aux numérateurs.

★★ PROBLÊME 38.

Elever une fraction à une puissance d'un degré donné.

SOLUTION. Il résulte du problème précédent, qu'il *faut, dans ce cas, élever séparément à la puissance demandée le numérateur et le dénominateur ;* et de plus, que *la puissance d'une fraction est d'autant plus inférieure à sa racine que le degré en est plus élevé.*

CHAPITRE II.

De la décomposition des fractions.

★★★ PROBLÊME 39.

Soustraire une fraction d'un nombre entier, et une fraction d'une autre.

SOLUTION. Le résultat que donne la soustraction n'étant autre chose que l'une des parties d'une somme exprimée par le nombre dont on soustrait, tandis que l'autre est exprimée par le nombre soustrait, il s'ensuit qu'il faut ici, comme dans l'addition, que les nombres dont on veut avoir la différence, soient réduits au même dénominateur. On prendra ensuite la différence des numérateurs, puisque l'on cherche le nombre de parties de l'unité que l'une des fractions a de plus que l'autre; et enfin on donnera à cette différence le dénominateur commun, puisque les parties d'une somme sont de même grandeur que la somme elle-même.

*** PROBLÊME 40.

Diviser une fraction par un nombre entier, et un nombre quelconque par une fraction.

SOLUTION. 1°. Diviser une fraction par un nombre entier, c'est rendre la fraction autant de fois plus petite qu'il y a d'unités dans l'entier; on multipliera donc le dénominateur de la fraction par cet entier, ou bien l'on divisera le numérateur par le même entier, si toutefois la division peut avoir lieu sans reste.

2°. Pour trouver le quotient d'une quantité par une fraction, il faut faire les opérations inverses de celles que l'on a faites, lorsqu'on a formé le dividende.

Or, quand on a formé ce dividende, on a multiplié le quotient par le numérateur du diviseur, et ensuite on l'a divisé par le dénominateur de ce diviseur; il faudra donc, pour retrouver le quotient, diviser le dividende par le numérateur du diviseur, et le multiplier par le dénominateur; *ce qui revient à renverser la fraction diviseur, et à multiplier le dividende par cette fraction renversée.*

On parviendroit à la même règle, en observant que deux fractions renfermant des parties de même grandeur, se contiennent comme le nombre de leurs parties, c'est-à-dire, comme leurs numérateurs. Or, après la réduction

on verroit que le quotient du numérateur du dividende divisé par le numérateur du diviseur, n'est autre
chose que le dividende multiplié par la fraction diviseur renversée.

Il résulte de cette règle que *le quotient est plus grand
que le dividende, toutes les fois que le diviseur est une
fraction.*

⋆ PROBLÊME 41.

*Une fraction étant donnée, on demande toutes les
fractions facteurs dont elle est le produit.*

SOLUTION. On décomposera les deux termes de la fraction chacun en ses facteurs premiers, et l'on en tirera
autant de fractions simples qu'il y a de facteurs au dénominateur.

⋆⋆⋆ PROBLÈME 42.

*Extraire d'une fraction donnée une racine d'un degré
proposé.*

SOLUTION. Comme pour élever une fraction à une
puissance demandée, on élève successivement les deux
termes de la fraction à la puissance proposée, il faut,
pour retrouver le nombre qui a produit la puissance,
extraire des deux termes de celle-ci la racine demandée;
et, si le dénominateur n'est pas une puissance parfaite,
on le rendra tel, en multipliant les deux termes de la
fraction par la puissance du dénominateur inférieure d'un
degré à la puissance donnée; de sorte que *l'on extraira
la racine du nouveau numérateur, soit exactement, soit
approximativement, et on donnera pour dénominateur à
cette racine, le dénominateur primitif.*

La simplification des fractions est fort importante, tant pour la briéveté, que pour l'exactitude des calculs. Cette simplification exige que l'on divise les deux termes des fractions par leur plus grand diviseur commun.

*** PROBLÊME 43.

Trouver le plus grand diviseur commun aux deux termes d'une fraction.

SOLUTION. Le plus grand diviseur commun aux deux termes d'une fraction ne peut surpasser le plus petit de ces termes, que nous supposons être le numérateur. Pour vérifier si ce numérateur est le plus grand diviseur commun, on divisera le dénominateur par ce même numérateur; si l'on a un reste, on observera que le dividende étant la somme du produit du diviseur par le quotient plus le reste, le diviseur cherché ne peut diviser le dividende et le diviseur de l'opération, sans diviser le reste de cette opération; il ne peut donc pas surpasser ce premier reste. De sorte que la recherche du plus grand commun diviseur est ramenée à celle du plus grand diviseur commun aux deux termes d'une nouvelle fraction qui auroit le premier reste pour numérateur, et le diviseur ou le numérateur donné pour dénominateur. En continuant d'opérer et de raisonner sur cette seconde fraction comme sur la première, on verra que le plus grand commun diviseur de la première fraction est le même que celui de fractions successives dont les termes vont en diminuant; fractions dont chacune a pour numérateur le reste de la dernière division, et pour dénominateur le reste de la division précédente; de sorte qu'en continuant l'opération, on tombera sur une fraction dont le numérateur sera diviseur du dénominateur, ou bien sera l'unité. Dans le premier cas, ce dernier numérateur sera le diviseur cherché; dans le second, on n'aura que 1 pour diviseur commun, et la fraction sera irréductible.

✷✷ PROBLÊME 44.

Une fraction est-elle réduite à sa plus simple expression, après que l'on a divisé ses deux termes par leur plus grand commun diviseur.

Solution. Soit la fraction $\frac{12}{17}$ dont les termes n'ont plus de diviseur commun. Représentons par $\frac{x}{y}$ la fraction égale à la première et plus simple que celle-ci, s'il est possible. Alors on auroit.....
$\frac{12}{17} = \frac{x}{y}$ et $12 \times y = 17 \times x$. Or, 17 est premier par rapport à 12; il doit donc diviser y, ce qui ne peut être, puisque l'on a supposé y plus petit que 17.

✷ PROBLÊME 45.

Trouver le plus grand diviseur commun à trois, à quatre, etc. nombres.

Solution. Supposons que l'on ait trois nombres. Le plus grand diviseur commun aux deux premiers doit renfermer le facteur commun aux trois nombres; on trouvera donc ce facteur en cherchant le plus grand commun diviseur, entre le troisième nombre et le plus grand diviseur commun aux deux premiers.

Semblablement, pour avoir le plus grand commun diviseur à quatre nombres, on déterminera celui des trois premiers; on cherchera ensuite le plus grand commun diviseur entre les trois premiers nombres et le quatrième; et ce diviseur sera celui que l'on a demandé.

Il en seroit de même, si l'on avoit plus de quatre nombres.

★ PROBLÊME 46.

Dans quel cas, l'addition, la multiplication, la formation des puissances, la soustraction, la division et l'extraction des racines des fractions, donnent-elles des ractions irréductibles pour résultats?

SOLUTION. Pour trouver ces divers cas, il suffira de combiner des entiers avec des fractions, ensuite des fractions entre elles, en se contentant d'indiquer les opérations; et l'on verra aisément dans quelles circonstances la réduction est impossible, d'après les deux principes, que *tout nombre premier par rapport aux facteurs d'un produit ne peut diviser le produit, et que tout nombre qui divise une somme et l'une des parties de cette somme, doit diviser l'autre partie.*

★★ PROBLÊME 47.

Une fraction irréductible étant donnée, on demande de la simplifier en en trouvant des valeurs plus ou moins approchées.

SOLUTION. En divisant les deux termes de la fraction par le numérateur, on aura une nouvelle fraction ayant l'unité pour numérateur, et un entier accompagné d'une fraction pour dénominateur. En opérant sur cette seconde fraction comme sur la première, on aura encore l'unité au numérateur, et un entier accompagné d'une fraction au dénominateur, ainsi de suite; de sorte qu'en substituant les valeurs trouvées de ces diverses fractions, on a le développement de la fraction primitive; et *ce développement est une fraction nommée* CONTINUE *dont le numérateur est un, et le dénominateur un entier suivi de l'unité divisée par 1 entier accompagné d'une fraction qui a pour numérateur l'unité, et pour dénominateur un entier plus une fraction, etc.*

Si l'on s'arrête au 1er. dénominateur, celui-ci sera trop petit et la fraction trop grande; si l'on prend encore le 2e. dénominateur, ce dernier sera trop petit, la fraction à laquelle il appartient trop grande, le 1er. dénominateur trop grand et la fraction trop petite.

En continuant à prendre successivement un dénominateur de plus, on obtiendra des fractions alternativement trop grandes et trop petites. De plus, si l'on observe que de deux parties de la fraction continue qui ont plusieurs dénominateurs communs et un dernier dénominateur différent, celle dont le dernier dénominateur est le plus grand, est plus petite que l'autre, on conclura que les *fractions partielles de rang impair tirées de la fraction continue, sont toutes plus grandes que la fraction proposée dont elles s'approchent toujours plus par leurs décroissemens ; et que les fractions partielles de rang pair sont toutes moindres que la proposée dont elles s'approchent aussi toujours plus par leurs accroissemens.*

Comme un entier ajouté à une fraction irréductible donne une fraction irréductible, et que, pour former les fractions partielles, on n'ajoute jamais qu'une fraction irréductible à un entier, et que l'on renverse la fraction résultante, il s'ensuit que *les fractions particiles provenant de la fraction continue, seront irréductibles.*

On voit enfin que, *pour développer une fraction en fraction continue, on fait la même opération que pour la recherche du plus grand commun diviseur, prenant l'unité pour numérateur de chaque fraction et les quotiens successifs pour les divers dénominateurs.*

* PROBLEME 47 (*bis*).

Vérifier si l'on peut completter par des fractions les racines des nombres qui ne sont pas des puissances parfaites; et dans le cas où cela ne seroit pas possible, employer les fractions à obtenir au moins des racines très-approchées.

SOLUTION. 1°. Puisqu'une fraction irréductible élevée à une puissance d'un degré entier quelconque, donne une fraction irréductible, et qu'il en est de même d'un entier joint à une fraction irréductible, on doit conclure que la racine exacte d'un nombre entier ne peut renfermer des parties d'unité. De sorte que les racines des puissances imparfaites des nombres entiers ne peuvent être

mesurées, ni par une unité entière, ni par une unité fractionnaire ;
c'est pourquoi on les nommera *incommensurables*.

2°. Comme une racine qui n'est point exacte, ne diffère jamais
de la véritable d'une unité de sa moindre espèce, il s'ensuit que
si un nombre exprimoit des quarts, ou des 9mes., ou des 16mes.,
ou des 25mes., etc., sa racine carrée exprimeroit des demi, ou
des tiers, ou des quarts, ou des cinquièmes, etc. Or, pour que
le nombre donné représentât des quarts, ou des 9mes., ou des 16mes.,
ou des 25mes., etc., il faudroit le multiplier par 4, ou par 9,
ou par 16, ou par 25, et en général par le carré du dénominateur
qui désigneroit l'unité jusqu'à laquelle on veut approcher. On feroit
un raisonnement analogue pour les racines d'un degré supérieur au
second.

3°. On peut raisonner, pour la détermination de la fraction qui
doit accompagner la partie entière d'une racine, comme on l'a fait
pour avoir les unités entières de la même racine. Ainsi, pour la
racine carrée, on doublera la partie entière, et, divisant le reste
de l'opération par ce double, on aura un quotient que l'on vérifiera. Quand on a trouvé la fraction, on peut en avoir une plus
voisine de la racine, en employant les fractions continues.

** PROBLÊME 48.

Réduire en fractions de l'unité principale les fractions
e fractions de fractions, etc.

SOLUTION. Après avoir formé des fractions de l'unité,
on peut prendre une fraction elle-même pour unité, la
partager en parties égales, et former, avec quelques-
unes de ces parties, une fraction de fraction. Cette fraction de fraction peut à son tour tenir lieu d'unité, et
produire une fraction de fraction de fraction, ainsi de
suite. La formation de ces sortes de fractions indique la
méthode de ramener celles-ci à des fractions d'unité ;
car, dans cette formation, on divise la fraction qui sert
d'unité, par le dénominateur qui indique quelles parties on veut de cette fraction, et l'on multiplie par le

numérateur de la même fraction, le numérateur de l
fraction unité : d'où l'on voit que *l'on opère comme dan*
la multiplication des fractions.

REMARQUE. D'après la convention qui sert de base
au système de numération, tout chiffre placé à la droite
d'un autre, exprime des unités dix fois plus petites que
celles de cet autre ; par conséquent un chiffre écrit à
la droite de celui des unités simples, exprimera des
dixièmes d'unité ; celui qui sera placé à la droite du
chiffre des dixièmes, exprimera des centièmes d'unité,
le troisième à droite donnera des millièmes, le quatrième
des dix millièmes, ainsi de suite. On pourra donc écrire
sans dénominateur et sous la forme de nombre entier,
ces sortes de fractions que nous nommerons *décimales :*
il faudra seulement, pour distinguer la partie entière
du nombre de la partie fractionnaire, placer une virgule ou un point entre le chiffre des unités et celui
des dixièmes.

*** PROBLÊME 49.

Des fractions décimales étant écrites sous la forme de
fractions ordinaires, on demande de les écrire sous la
forme d'un nombre entier.

SOLUTION. Puisque le chiffre des dixièmes est au premier rang à droite du chiffre des unités, que celui des
centièmes est au second, celui des millièmes au troisième, celui des dix millièmes au quatrième, ainsi de suite,
on conclura qu'un chiffre exprimant des parties décimales de l'unité, doit occuper à la droite de la virgule
un rang désigné par le nombre des zéro qui entrent
dans le dénominateur de la fraction décimale dont ce

chiffre forme le numérateur. D'après cela, les fractions $\frac{3}{10}$, $\frac{5}{100}$, $\frac{8}{1000}$, seront écrites ainsi, $0,358$.

Si l'on avoit à écrire sans dénominateur la fraction décimale $\frac{8547}{10000}$, on la ramèneroit au cas précédent, en la décomposant ainsi, $\frac{8000}{10000}$, $\frac{500}{10000}$, $\frac{40}{10000}$, $\frac{7}{10000}$; de sorte qu'en supprimant les zéro communs aux deux termes de chaque fraction, on auroit

$\frac{8}{10}$, $\frac{5}{100}$, $\frac{4}{1000}$, $\frac{7}{10000}$, et par conséquent $0,8547$.

D'où l'on voit que, *pour écrire une fraction décimale sous la forme d'un nombre entier, on n'écrit que le numérateur, et l'on avance la virgule vers la gauche d'un nombre de rangs égal au nombre de zéro qui entrent dans le dénominateur de la fraction décimale donnée.*

** PROBLÊME 5o.

Une fraction décimale étant sous la forme d'un nombre entier, on demande de la faire passer sous la forme de fraction ordinaire.

SOLUTION. Soit la fraction $8,0749$, on aura .... $8\frac{7}{100}$, $\frac{4}{1000}$, $\frac{9}{10000}$, et en réduisant tout au dénominateur 10000, on trouvera $\frac{80000}{10000}$, $\frac{700}{10000}$, $\frac{40}{10000}$, $\frac{9}{10000}$, ou $\frac{80749}{10000}$. D'où l'on voit que, *pour faire repasser une fraction décimale sous la forme d'une fraction ordinaire, on supprime la virgule, et l'on a le numérateur d'une fraction dont le dénominateur est l'unité suivie d'un nombre de zéro égal au nombre de chiffres écrits à la droite de la virgule.*

*** PROBLÈME 51.

Additionner des fractions décimales écrites sans leurs dénominateurs.

SOLUTION. On suivra la même règle que pour les fractions ordinaires, avec la seule différence que la réduction des fractions au même dénominateur se fait en complettant par des zéro écrits à la droite, ceux des nombres qui ont moins de décimales; et que le dénominateur de la somme s'indique en avançant la virgule vers la gauche d'un nombre de rangs égal à celui des chiffres écrits à la droite de la virgule dans l'un des nombres à ajouter. On observera à ce sujet, que les zéro écrits à la droite des décimales ne changent pas la valeur de celles-ci, parce que les deux termes de la fraction se trouvent multipliés par un même nombre.

*** PROBLÈME 52.

Multiplier une fraction décimale par une autre.

SOLUTION. Puisque l'on n'écrit que le numérateur des fractions décimales, et que l'on indique le dénominateur en avançant dans le numérateur la virgule vers la gauche d'autant de rangs qu'il y a de zéro dans le dénominateur; il s'ensuit que, *pour faire cette multiplication, on doit multiplier les nombres donnés, en faisant abstraction de la virgule, et avancer ensuite dans le produit la virgule vers la gauche d'autant de rangs qu'il y a de décimales dans les deux facteurs.*

*** PROBLÊME 53.

Multiplier une fraction décimale par une autre, de manière que le produit trouvé ne diffère pas du véritable d'une unité décimale, d'un ordre donné.

SOLUTION. Supposons que le produit doive être exact jusques à un centième près ; il est à remarquer que l'on ne doit point négliger les millièmes, parce qu'il suffiroit que, dans les produits partiels, la colonne des millièmes donnât 10, pour que l'on eût une erreur d'un centième dans le produit total. Quant aux dix millièmes, il faudroit que la colonne de ces unités donnât 100, pour que le chiffre des centièmes fût altéré, c'est-à-dire, que cette colonne fût composée au moins de douze chiffres, ce qui indiqueroit un multiplicateur composé aussi de douze chiffres au moins. On pourroit donc ordinairement négliger les dix millièmes ; mais il sera plus sûr de tenir compte même des dix millièmes, et de ne point multiplier les chiffres du multiplicande qui donneroient au produit des unités inférieures aux dix millièmes. D'après cela, on choisira, dans le multiplicande, le chiffre qui, multiplié par le chiffre du multiplicateur dont on veut chercher le produit partiel, donnera quatre décimales au produit, c'est-à-dire, des dix millièmes pour les moindres unités ; et, pour cela, on se rappellera qu'un produit contient autant de décimales qu'il y en a dans les deux facteurs de ce produit. Il sera aisé, d'après cela, de trouver la règle donnée précédemment.

** PROBLÊME 54.

Elever une fraction décimale à une puissance d'un degré donné.

SOLUTION. Puisque le produit doit avoir autant de décimales qu'il y en a dans les facteurs de ce produit, il s'ensuit que *la puissance aura un nombre de décimales exprimé par le nombre des décimales de la racine multiplié par le degré de la puissance.* Cette règle est encore fondée sur ce que, pour élever une fraction à une certaine puissance, il faut élever successivement chaque terme à cette puissance.

De la décomposition des fractions décimales.

*** PROBLÊME 55.

Soustraire une fraction décimale d'une autre.

SOLUTION. On complettera par des zéro celui des deux nombres qui renferme le moins de décimales ; on prendra la différence de ces nombres, sans égard à la virgule, et l'on placera ensuite celle-ci entre le chiffre des unités et celui des dixièmes ; ce qui est fondé sur la soustraction des fractions ordinaires, ainsi que sur la nature des fractions décimales, et sur la manière d'écrire celles-ci.

*** PROBLÊME 56.

Diviser une fraction décimale par un nombre entier, ensuite un nombre entier par une fraction décimale, et enfin une fraction décimale par une autre.

SOLUTION. Dans tous ces cas, on trouvera la méthode à suivre, en écrivant les décimales avec leurs dénominateurs, et en opérant comme sur les fractions ordinaires. On réduira même à une seule toutes les règles de la division des décimales, en observant que des fractions qui ont un même dénominateur se contiennent comme leurs numérateurs ; ce qui revient à *completter par des zéro celui des deux nombres qui a le moins de décimales, et à diviser les nombres resultans, sans avoir égard à la virgule.*

* PROBLÉME 57.

Etant donnés deux nombres qui renferment beaucoup de décimales, on demande de les diviser l'un par l'autre, de manière que le quotient ne diffère pas d'une unité décimale déterminée, par exemple, d'un centième.

SOLUTION. On commencera par supprimer à la droite du dividende un nombre de chiffres, tel qu'il ne reste plus que deux décimales au-dessous des centièmes ; de sorte que l'on n'aura ainsi que des dix millièmes pour les moindres unités du dividende. Par conséquent, quand on multipliera le diviseur par chaque chiffre du quotient, on rejettera tous les chiffres du diviseur qui, multipliés par le chiffre du quotient, donneroient des unités inférieures aux dix millièmes.

Pour s'assurer que le quotient ne diffère pas du véritable d'un centième, on se rappellera que chaque unité retranchée du dividende, diminue le quotient de 1 divisé par le diviseur ; et qu'une unité de moins au diviseur, donne un reste trop grand du chiffre du quotient. D'après cela, on vérifiera sur un exemple quelles erreurs on doit craindre par la suppression des derniers chiffres à droite du dividende et du diviseur.

*** PROBLÉME 58.

Extraire d'une fraction décimale une racine d'un degré quelconque.

SOLUTION. Puisque, dans la formation des puissances des fractions, on élève chaque terme aux puissances demandées, il faut, dans l'extraction des racines, chercher la racine du numérateur et celle du dénominateur. Dans le cas où le dénominateur ne seroit pas puissance exacte, on le rendroit tel, en multipliant les deux termes de la fraction par un même nombre. Il suffiroit ici de mettre assez de zéro à la droite du nombre, pour que le dénominateur devînt puissance complette de 10, ou de 100, ou de 1000, etc.

REMARQUE. Un quotient ne différant jamais du véritable d'une unité de sa moindre espèce, il s'ensuit

que si ce quotient renfermoit des dixièmes, ou des centièmes, ou des millièmes, etc., on l'auroit à moins de
$\frac{1}{10}$, ou de $\frac{1}{100}$, ou de $\frac{1}{1000}$, etc. Or, un quotient qui
exprimeroit des dixièmes, ou des centièmes, ou des mil-
lièmes, le diviseur étant un nombre entier, ne pourroit appartenir qu'à un dividende renfermant des dixièmes,
ou des centièmes, ou des millièmes, etc. On multipliera donc ce dividende par 10, ou par 100, ou par
1000, etc., et le quotient sera approché à moins de
$\frac{1}{10}$, ou de $\frac{1}{100}$, ou de $\frac{1}{1000}$, etc.

Les fractions étant des quotiens, on peut donc les
transformer en décimales, soit exactement, soit approximativement.

** PROBLÊME 59.

*Étant donnée une fraction ordinaire, on demande de
la transformer en fraction décimale.*

SOLUTION. Il est évident qu'en écrivant 1, ou 2, ou
3, etc. zéro à la droite du numérateur, on aura une
fraction 10, ou 100, ou 1000, etc. fois trop grande;
on rectifiera donc le quotient en lui faisant représenter
des dixièmes, ou des centièmes, ou des millièmes, etc.,
c'est-à-dire, en avançant la virgule vers la gauche d'autant de rangs que l'on a écrit de zéro à la droite du
numérateur.

** PROBLÊME 60.

*Dans quel cas une fraction ordinaire peut-elle se trans-
former exactement en décimales.*

SOLUTION. Quand on réduit une fraction en décimales, on écrit
1, ou 2, ou 3, etc. zéro à la droite du numérateur, et l'on divise le produit par le dénominateur; il faut donc, pour que la

division puisse avoir lieu sans reste, que le dénominateur qui est premier par rapport au numérateur primitif, soit un diviseur de 10, ou de 100, ou de 1000, etc., c'est-à-dire, qu'il soit 2 ou 5, ou bien une puissance de 2 ou de 5, ou encore le produit d'une puissance de 2 par une puissance de 5.

Dans tous les cas où cette condition ne sera pas remplie, la division ne pourra se terminer; il faudra donc que l'un des restes déja trouvés reparoisse; on aura donc alors l'un des dividendes précédens, et par conséquent le même chiffre au quotient, et le même reste suivant, ce qui fera reparoître successivement et dans le même ordre, les chiffres déja trouvés; de là les fractions décimales qu'on nomme *périodiques*.

★★ PROBLÊME 61.

On demande un moyen simple et facile pour transformer une fraction ordinaire en fraction décimale périodique.

Solution. Si l'on développe en décimales les unités fractionnaires $\frac{1}{3}$ $\frac{1}{7}$ $\frac{1}{11}$ $\frac{1}{13}$ $\frac{1}{17}$ $\frac{1}{19}$, etc., on remarquera qu'excepté pour les fractions $\frac{1}{3}$ et $\frac{1}{11}$, on parvient toujours à un reste qui n'est inférieur que de 1 au diviseur, et qui, par conséquent, donne le diviseur, en l'ajoutant au premier reste 1; qu'au reste trouvé il en succède un autre qui, ajouté au reste de la seconde division, donne encore le diviseur, ainsi de suite pour le reste suivant relativement au troisième reste, c'est-à-dire, qu'à partir du premier reste, et de celui qui ne diffère du diviseur que de 1, on a toujours des restes qui sont complémens l'un de l'autre par rapport au diviseur; on remarquera en même tems que les chiffres correspondans du quotient sont deux à deux complémens à 9 l'un de l'autre : de sorte que l'on pourra trouver facilement la moitié de la période sans faire la division. Il suit encore de là que les fractions périodiques sont divisibles par 9.

Pour transformer en décimales les fractions $\frac{1}{6}$ $\frac{1}{9}$ $\frac{1}{12}$ $\frac{1}{14}$, etc., on fera $\frac{1}{6} = \frac{1}{2} \times \frac{1}{3}$, $\frac{1}{9} = \frac{1}{3} \times \frac{1}{3}$, $\frac{1}{12} = \frac{1}{4} \times \frac{1}{3}$, $\frac{1}{14} = \frac{1}{2} \times \frac{1}{7}$, etc.; et, en multipliant les unes par les autres, les fractions décimales qui expriment ces fractions facteurs, ayant soin d'effectuer les multiplications de gauche à droite, on verra que l'on a avant la période autant de chiffres qui n'appartiennent pas à cette dernière, que dans le dénominateur les chiffres 2 et 5, ou seulement l'un ou l'autre entrent comme facteurs.

★★ PROBLÊME 62.

Une fraction décimale périodique étant donnée, trouver la fraction ordinaire d'où elle dérive.

SOLUTION. Si l'on observe que $\frac{1}{9} = 0,1111$, etc.; .... que $\frac{1}{99} = 0,0101$, etc.; que $\frac{1}{999} = 0,001001$, etc., etc., on verra qu'une fraction périodique à un seul chiffre peut être regardée comme le produit du chiffre de la période par $0,1111$, etc.; que celle à deux chiffres peut être regardée comme le produit de ses deux chiffres par $0,0101$, etc.; que celle à trois chiffres peut être regardée comme le produit de ses trois chiffres par $0,001001$, etc.; ainsi de suite. De sorte qu'une fraction périodique d'un certain nombre de chiffres est égale à une fraction dont le numérateur est formé des chiffres de la période, et dont le dénominateur est un nombre composé d'autant de 9 qu'il y a de chiffres dans cette même période.

Si la période ne commençoit pas aux dixièmes, on avanceroit la virgule vers la droite jusqu'au premier chiffre de la période; on chercheroit ensuite la fraction d'où dérive la fraction périodique, et l'on rectifieroit le résultat.

★★★ PROBLÊME 63.

Extraire à moins d'une unité décimale donnée une certaine racine d'un nombre entier.

SOLUTION. On auroit la racine à moins de $\frac{1}{10}$, ou de $\frac{1}{100}$, ou de $\frac{1}{1000}$, etc., si cette racine exprimoit des dixièmes, ou des centièmes, ou des millièmes, etc. Il faut donc que la puissance exprime des unités décimales qui soient de 10, ou de 100, ou de 1000, etc., une puissance du degré donné.

On multipliera donc le nombre entier proposé par cette puissance de 10, ou de 100, ou de 1000, etc., et la racine exprimant alors des dixièmes, ou des centièmes, ou des millièmes, sera approchée à moins de $\frac{1}{10}$, ou de $\frac{1}{100}$, ou de $\frac{1}{1000}$, etc.

⋆⋆ PROBLÊME 64.

Ayant trouvé, par les décimales, deux limites entre lesquelles tombe la racine exacte d'un nombre entier, on demande une méthode abrégée pour avoir d'autres limites plus rapprochées.

SOLUTION. Nous savons qu'une racine carrée peut être augmentée d'une certaine unité, lorsque le reste de l'opération peut être retranché de la somme du double produit de la racine par cette unité, et du carré de cette même unité ; par conséquent, on pourra toujours vérifier si une racine carrée trouvée peut être augmentée de $\frac{1}{2}$, ou de $\frac{1}{4}$, ou de $\frac{1}{8}$, etc.

Par le moyen d'un principe semblable, on sauroit dans quels cas on peut ajouter $\frac{1}{2}$, ou $\frac{1}{4}$, ou $\frac{1}{8}$, etc. à une racine approchée, sans dépasser la racine exacte.

⋆⋆ PROBLÊME 65.

Connoissant, en décimales, deux limites d'une racine, on demande de trouver d'autres limites plus voisines par le moyen des fractions continues.

SOLUTION. *Lorsque l'on a trouvé une racine à moins d'une unité décimale connue, et que l'on veut avoir des limites de cette racine, il faut d'abord augmenter la valeur décimale trouvée d'une unité de la moindre espèce ; développer ensuite ces deux fractions décimales en fractions continues ; prendre enfin du développement de la première fraction, toute la partie qui renferme les dénominateurs communs au développement de la seconde fraction, plus encore la fraction qui suit le dernier dénominateur commun ; alors toutes les fractions partielles tirées de cette partie du développement, dans lesquelles on n'aura fait entrer qu'un nombre impair de dénominateurs, seront autant de limites de la racine, intermédiaires aux deux limites décimales données. Pour reconnoître finalement les deux limites entre lesquelles*

tombe la racine, on examinera pour chaque nouvelle li-
mite trouvée, si l'accroissement de cette limite est trop grand
ou trop petit, d'après la relation entre le dernier reste de
l'extraction de la racine et la racine elle-même.

Cette règle est fondée 1°. sur ce que toutes les fractions partielles de rang impair tirées d'une fraction continue sont toutes plus grandes que cette fraction, tandis que toutes celles de rang pair sont toutes plus petites ; 2°. sur ce que, de deux fractions continues, dont les premiers dénominateurs sont les mêmes, la plus grande est toujours celle dont le dénominateur qui suit les dénominateurs communs est plus petit.

REMARQUE. Quand on a voulu appliquer les proprié-tés des nombres abstraits aux besoins de la société, les unités dont les nombres étoient composés ont reçu divers noms, suivant la nature des objets qu'elles re-présentoient. C'est alors que, pour mettre les calculs plus à la portée du commun des hommes, on a cherché à éviter les dénominateurs des fractions, en remplaçant ceux-ci par des noms particuliers ; de là sont nés les nombres appelés *complexes*, qui ne sont autre chose que des entiers joints à des unités fractionnaires de diverses dénominations, et dépendantes chacune de celles qui les précèdent.

SECTION TROISIÈME.

De la composition et de la décomposition des nombres complexes.

CHAPITRE PREMIER.

De la composition des nombres complexes.

** PROBLÊME 66.
Additionner ensemble plusieurs nombres complexes.

SOLUTION. On suit la même méthode que pour les nombres incomplexes, avec la seule différence que, dans l'addition de ces derniers, on a toujours une unité supérieure dès qu'on a dix unités de l'ordre immédiatement inférieur, tandis qu'ici la loi varie et dépend des conventions particulières que l'on a faites.

** PROBLÊME 67.
Multiplier un nombre complexe par un autre.

SOLUTION. On commencera par multiplier successivement les diverses unités du multiplicande par les plus hautes unités du multiplicateur; pour cela, on ne multipliera d'abord que les plus hautes unités du multiplicande, ensuite on décomposera le nombre des unités immédiatement inférieures du multiplicande en parties *aliquotes*, c'est-à-dire, sous-multiples de l'unité principale ; et, comme celle-ci étant multipliée par la partie entière du multiplicateur, eût donné pour produit cette partie du multiplicateur, on en déduira les produits de divers sous-multiples des unités du second ordre ; on se servira ensuite des unités du second ordre pour arriver aux produits des unités du troisième ordre, et l'on continuera de la même manière pour les unités inférieures.

Après cela, on multipliera par les unités du second ordre du multiplicateur. Ici l'on décomposera le nombre de ces unités en parties *aliquotes* de l'unité principale ; et, comme en multipliant par cette dernière, on eût eu le multiplicande au produit, on n'aura du multiplicande que certaines parties fractionnaires ou sous-multiples : semblablement, les unités du second ordre du multiplicateur serviront à trouver les produits du multiplicande par les unités du troisième ordre du multiplicateur, ainsi de suite. Toutes ces opérations sont fondées sur ce qu'un produit est d'autant plus grand ou plus petit, que chacun de ses facteurs est grand ou petit.

CHAPITRE II.

De la décomposition des nombres complexes.

** PROBLÊME 68.

Retrancher un nombre complexe d'un autre.

SOLUTION. On opérera comme pour les nombres entiers, en ayant seulement égard aux diverses manières dont chaque unité supérieure contient d'unités inférieures.

** PROBLÊMES 69, 70, 71.

*Diviser 1°. un nombre complexe par un nombre incom-
lexe; 2°. un nombre complexè par un nombre de même,
spèce; 3°. un nombre complexe par un autre de diffé-
ento espèce.*

SOLUTION. 1°. On fait la division des unités de la plus
aute espèce, on transforme le reste en unités infé-
ieures, on ajoute à celles-ci les unités qui sont dans
e dividende; et, effectuant la division, on a un quo-
ient qui exprime des unités du second ordre, et l'on
ontinue de la même manière.

2°. On réduit le dividende et le diviseur chacun en
nités de la même plus petite espèce, et l'on divise les
leux nombres résultans comme des nombres entiers et
bstraits. Cela est fondé sur ce que deux fractions qui
nt un même dénominateur, se contiennent comme leurs
numérateurs, et sur ce que, pour réduire un nombre
complexe en fraction de l'unité principale, il faut le
éduire en unités inférieures pour avoir le numérateur,
et donner à celui-ci pour dénominateur l'unité principale transformée en unités de la moindre espèce.

3°. On réduira le diviseur en fraction de son unité
principale, et, le considérant comme une fraction abstraite, on aura à multiplier le dividende par le dénominateur de la fraction, et à diviser le résultat par le
numérateur.

REMARQUE. Le calcul des nombres complexes seroit
beaucoup plus simple, si ces derniers étoient transformés en nombres entiers accompagnés de décimales. Nous
nous proposerons donc le problème suivant.

** PROBLÊME 72.

Transformer un nombre complexe en nombre entier accompagné de décimales.

SOLUTION. On commencera par transformer en fractions de l'unité principale, les unités inférieures à celle-ci. Pour cela, on réduira ces dernières en unités de la plus petite espèce ; on y réduira aussi l'unité principale ; et, sachant combien cette unité contient d'unités de la dernière espèce, et combien l'on a de ces unités, on connoîtra le dénominateur et le numérateur de la fraction qui, réduite en décimales et ajoutée à la partie entière du nombre, donnera le résultat demandé.

** PROBLÊME 73.

Transformer en nombre complexe une fraction dont l'unité est d'une espèce donnée.

SOLUTION. Sachant de combien d'unités inférieures l'unité est composée, on saura ce que vaut de ces unités inférieures l'unité fractionnaire ; de sorte que, multipliant cette valeur par le nombre d'unités fractionnaires que l'on a, et divisant le produit par le dénominateur, on aura en unités du second ordre, la valeur exacte ou approchée de la fraction ; dans ce dernier cas, on évaluera la fraction restante en unités du troisième ordre, ainsi de suite. Si la fraction proposée étoit décimale, on feroit les mêmes opérations, avec la seule différence que la division par le dénominateur se feroit par le mouvement de la virgule.

REMARQUE I. La transformation des nombres complexes

en décimales a fait sentir combien il étoit plus simple, d'assujettir à la loi de la numération les diverses unités qui formoient les nombres complexes ; à ce précieux avantage, il s'en joignoit un autre bien plus important encore, celui de faire disparoître l'infinie variété des unités employées aux usages de la société. De là est née l'idée si heureusement exécutée du système décimal appliqué à toutes les mesures.

REMARQUE II. Dans tout ce qui précède, nous n'avons combiné ensemble que des nombres connus, et ces diverses combinaisons nous ont conduits aux propriétés des nombres ; mais on peut avoir à combiner les uns avec les autres des nombres, les uns connus, et les autres inconnus : dans ce cas, on arrive à des égalités ou équations dont il faut dégager les inconnues ; c'est donc ce qui nous reste à examiner.

SECONDE PARTIE.

DES ÉQUATIONS NUMÉRIQUES, OU PROPORTIONS.

SECTION PREMIÈRE.

De la formation et des propriétés des équations numériques, ou proportions.

** PROBLÊME 74.

Trouver les formes les plus simples auxquelles on puisse réduire les équations numériques.

SOLUTION. Les équations expriment l'égalité entre deux quantités, dans la composition desquelles entrent des grandeurs connues et des grandeurs inconnues. Comme toute égalité n'est pas détruite, soit que l'on augmente ou que l'on diminue d'un même nombre les quantités égales, soit qu'on les multiplie ou qu'on les divise par un même nombre, il s'ensuit que *toute équation peut être réduite à exprimer l'égalité entre deux sommes ou deux différences, ou bien entre deux produits ou deux quotiens.* On peut même, par la soustraction, ramener l'égalité des deux sommes à celle de deux différences, et par la division l'égalité des deux produits à celle de deux quotiens. Soient donc les deux sommes égales.... 7 *plus* 5 et 8 *plus* 4; si, pour abréger, nous convenons de remplacer le mot *plus* par le signe $+$, et le mot *moins* par celui-ci $-$, nous aurons $7 + 5 = 8 + 4$; retranchant 5 et 4 des deux expressions ou *membres* de l'équation, il viendra $7 - 4 = 8 - 5$; de sorte que 7 surpasse 4 ▮▮▮ 8 surpasse 5, ce qui forme entre les quatre nombres 7, 4, 8 et 5, une sorte de symétrie que nous nommerons *proportion par différence*, que nous écrirons encore de cette manière $7 . 4 : 8 . 5$, et que nous énoncerons en disant 7 *est à* 4 *comme* 8 *est à* 5.

Si l'on avoit $4 \times 6 = 3 \times 8$, et que l'on divisât cette équation d'abord par 6 et ensuite par 8, ou tout à-la-fois par 6×8, on auroit $\frac{4}{8} = \frac{3}{6}$; égalité qui montre que 8 contient 4, comme 6 contient 3; ce qui forme encore une sorte de symétrie que nous nommerons *proportion par quotient*, à laquelle nous donnerons cette forme $4 : 8 :: 3 : 6$, et que nous énoncerons ainsi 4 *est à* 8 *comme* 3 *est à* 6.

Le quotient des deux nombres que l'on compare, nous le nommerons *rapport ou raison*; et les termes comparés, nous les appellerons le premier *antécédent*, et le second *conséquent.*

La détermination des inconnues qui entrent dans les proportions, exige que l'on connoisse les propriétés de celles-ci.

✱✱✱ PROBLÊME 75.

Trouver les propriétés des proportions par différence, c'est-à-dire, les diverses relations que les termes de celles-ci peuvent avoir entre eux.

SOLUTION. Soit $8 . 3 : 11 . 6$; ajoutant la différence à chaque conséquent, on a $8 . 8 : 11 . 11$. Mais pour rendre ainsi la somme des extrêmes égale à celle des moyens, on a ajouté la différence 5 à la somme des extrêmes et à celle des moyens dans la proportion donnée; par conséquent, *dans toute proportion par différence, la somme des extrêmes est égale à celle des moyens. On aura donc l'un des extrêmes, en retranchant l'autre extrême de la somme des moyens; et l'on trouvera l'un des moyens en soustrayant l'autre moyen de la somme des extrêmes.*

Soient maintenant les nombres 8, 3, 11 et 6, tels que $8 + 6 = 3 + 11$; si de l'égalité entre la somme des extrêmes et celle des moyens, on ne pouvoit pas conclure l'égalité des différences, il faudroit qu'en ajoutant au second et au quatrième terme la différence 5 des deux premiers nombres, il n'en résultât pas deux sommes égales; ce qui seroit absurde.

D'ailleurs, de l'égalité $8 + 6 = 3 + 11$, on déduit immédiatement $8 - 3 = 11 - 6$, en retranchant de part et d'autre 6 et 3.

D'où l'on conclura que, *si quatre nombres sont tels que la somme des extrêmes égale celle des moyens, ces nombres seront en proportion par différence.*

De sorte que, *tous les changemens qui, dans une proportion par différence, ne détruiront point l'égalité entre la somme des extrêmes et celle des moyens, laisseront subsister la proportion.*

On pourra donc 1°. *faire changer de place aux moyens ou aux extrêmes;* 2°. *augmenter ou diminuer d'une même quantité les antécédens ou les conséquens, ou les deux premiers termes, ou bien les deux derniers;* 3°. *multiplier ou diviser par un même nombre tous les termes de la proportion;* 4°. *ajouter plusieurs proportions terme à terme;* 5°. *enfin soustraire terme à terme plusieurs proportions de plusieurs autres, sans détruire l'équidifférence.*

Lorsque les deux termes moyens sont égaux, la proportion se nomme *continue*; on n'écrit alors qu'une seule fois le terme du milieu, et l'on fait précéder la proportion par ce signe ÷.

Dans une telle proportion, la somme des extrêmes égale deux fois le terme moyen; de sorte que ce moyen est égal à la moitié des extrêmes.

✳✳✳ PROBLÊME 76.

On demande les propriétés des proportions par quotient, ou les différentes relations qui lient les termes les uns aux autres.

SOLUTION. Soit $3 : 9 :: 5 : 15$.

Si l'on multiplie les antécédens par la raison, on aura $9 : 9 :: 15 : 15$; donc $3 \times 15 = 9 \times 5$.

On arriveroit à la même conclusion, en observant que l'on a $\dfrac{3}{9} = \dfrac{5}{15}$, d'où l'on tireroit $\dfrac{3 \times 15}{9 \times 15} = \dfrac{5 \times 9}{9 \times 15}$ et $3 \times 15 = 5 \times 9$.

Si l'on savoit seulement que $3 \times 15 = 9 \times 5$, on verroit que les deux rapports doivent être égaux; car autrement, la multiplication des antécédens par le premier rapport, ne donneroit que le premier antécédent égal à son conséquent; et il faudroit que deux produits fussent égaux en ayant un facteur commun et l'autre différent.

On auroit pu observer que les deux rapports $\dfrac{3}{9}$ et $\dfrac{5}{15}$ étant réduits au même dénominateur, donnent $\dfrac{3 \times 15}{9 \times 15}$ et $\dfrac{5 \times 9}{9 \times 15}$; Or, $3 \times 15 = 5 \times 9$; donc $\dfrac{3}{9} = \dfrac{5}{15}$.

Ainsi, 1°. *dans une proportion par quotient, le produit des extrêmes est égal à celui des moyens ; 2°. si quatre nombres sont tels que le produit des deux extrêmes soit égal à celui des deux moyens ; ces nombres ainsi disposés formeront une proportion par quotient ; 3°. tout changement qui ne détruit pas l'égalité entre le produit des extrêmes et celui des moyens laisse subsister la proportion.*

Donc 4°. *on peut faire changer de place aux moyens ou aux extrêmes ; multiplier ou diviser par un même nombre les antécédens ou les conséquens, ou les deux termes d'un rapport, sans détruire la proportion.*

De ce que $\dfrac{3}{9} = \dfrac{5}{15}$, on déduira $1\,\dfrac{3}{9} = 1\,\dfrac{5}{15}$, et

$1 - \dfrac{3}{9} = 1 - \dfrac{5}{15}$, ou $\dfrac{9+3}{9} = \dfrac{15+5}{15}$ et $\dfrac{9-3}{9} = \dfrac{15-5}{15}$;

ou bien $9+3 : 15+5 :: 9 : 15$, et $9-3 : 15-5 :: 9 : 15$;

de sorte que $9+3 : 15+5 :: 9-3 : 15-5,\dots\dots$

ou $9+3 : 9-3 :: 15+5 : 15-5.$

L'on en conclura donc 5°. que, *dans une proportion par quotient, la somme des deux premiers termes est à la somme des deux derniers, comme le second terme est au quatrième ;* 6°. que *la différence des deux premiers termes est à la différence des deux derniers, comme le second est au quatrième ;* 7°. que *la somme des deux premiers termes est à leur différence, comme la somme des deux derniers est à leur différence.*

Si, dans la proportion $3 : 9 :: 5 : 15$, on fait changer de place aux moyens, on aura d'abord $3 : 5 :: 9 : 15$, ensuite $3+5 : 9+15 :: 5 : 15$; et enfin$\dots\dots\dots$ $5-3 : 15-9 :: 5 : 15$; de sorte que,

8°. *Dans une proportion par quotient, la somme ou*

*la différence des antécédens est à la somme ou à la dif-
férence des conséquens, comme un antécédent est à son
conséquent.*

Lorsque l'on a deux ou plusieurs proportions, et qu'on
les multiplie terme à terme, cela revient à multiplier
des fractions respectivement égales les unes par les autres, ce qui doit donner au produit deux fractions égales
dont les numérateurs seront les produits des antécédens
et les dénominateurs les produits des conséquens. L'on
en conclura donc 9°. que, *si l'on multiplie deux ou plusieurs proportions terme à terme, les produits résultans
seront en proportion.*

Dans le cas où les proportions multipliées seroient les mêmes,
on auroit des carrés, ou des cubes, ou des quatrièmes puissances, etc.,
selon que l'on auroit multiplié 2, ou 3, ou 4, etc. proportions.

Ainsi, 10°. *les carrés, les cubes, et en général les puissances d'un même degré des termes d'une proportion, sont
également en proportion.*

Si, au lieu de multiplier des proportions les unes par les autres,
on les divisoit, on ne feroit autre chose que diviser des rapports
égaux par des rapports égaux; ce qui ne détruiroit pas la proportion. De sorte que 11°. *des proportions divisées terme à terme
par d'autres proportions, donnent des quotiens en proportion.*

Puisque des fractions égales donneroient encore des fractions égales,
si l'on extrayoit de leurs numérateurs et de leurs dénominateurs des
racines d'un même degré; il s'ensuit 12°. que *les racines d'un
même degré de quatre nombres en proportion, sont elles-
mêmes en proportion.*

Il peut arriver que la proportion par quotient soit continue : dans
ce cas, on n'écrira qu'une fois le terme moyen, et l'on fera précéder la proportion de ce signe ∴. *Dans ces sortes de proportions, le carré du terme moyen est égal au produit des extrémes, et le terme moyen lui-même est exprimé par la
racine carrée du produit des extrémes.*

Si l'on avoit une suite de rapports égaux, on verroit,

d'après les principes précédens, que la somme des deux premiers antécédens est à la somme des deux premiers conséquens, comme le cinquième terme est au sixième; d'où l'on tireroit, la somme des trois premiers antécédens est à celle des trois premiers conséquens, comme le septième terme est au huitième; et, continuant de même, on trouveroit enfin 13°. que, *dans une suite de rapports égaux, la somme de tous les antécédens est à celle de tous les conséquens, comme un antécédent est à son conséquent, ou bien, comme la somme d'un certain nombre d'antécédens est à celle des conséquens correspondans.*

Remarque. Si l'on avoit une suite de proportions continues, ayant toutes une même différence ou un même rapport, il en résulteroit une suite de nombres marchant, pour ainsi dire, par différences égales ou par quotiens égaux. Ces suites, nous les nommerons donc, la première, *progression par différence*, et la seconde *progression par quotient.* D'où l'on voit que l'on peut définir la progression par différence *une suite de nombres dont chacun surpasse celui qui le précède, ou est surpassé par lui d'une même quantité; et la progression par quotient une suite de nombres tels que chacun contient le précédent, ou est contenu en lui le même nombre de fois.*

*** PROBLÊME 77.

Trouver les propriétés des progressions par différence, c'est-à-dire, les diverses relations entre les termes de ces progressions.

Solution. Soit la progression croissante par différence

$$\div 3 . 5 . 7 . 9 . 11 . 13 . 15.$$

Puisque chaque terme est égal au précédent plus la différence, il s'ensuit que le second égale le premier plus la différence; que le troisième égale le premier plus deux fois la différence; que le quatrième égale le troisième plus la différence, ou le deuxième plus deux fois la différence, ou le premier plus trois fois la différence, ainsi de suite ; il résulte également que le premier égale le second moins la différence, ou le troisième moins deux fois la différence, ou le quatrième moins trois fois la différence, ainsi de suite. D'où l'on conclura que, *dans une progression croissante par différence,* 1°. *un terme est égal à un autre placé avant lui, plus la différence multipliée par le nombre des termes intermédiaires plus un ;* 2°. *un terme est égal à un autre placé après lui, moins la différence multipliée par le nombre des termes intermédiaires plus un.*

De ces deux vérités, il suit 3°. que, *dans la progression par différence, quatre termes, dont les deux premiers sont autant distans l'un de l'autre que les deux derniers, forment une proportion par différence ;* 4°. que *deux termes de la proportion également distans des extrémes, donnent la même somme que ces extrémes.*

Par conséquent, si l'on fait la somme des termes de la progression, en réunissant ces termes par couples chacun de deux termes également distans des extrèmes, et qu'on y comprenne même ceux-ci, on verra 5°. que *la somme des termes d'une progression par différence est égale à la somme des extrémes multipliée par la moitié du nombre des termes.*

*** PROBLÊME 78.

On demande les propriétés des progressions par quotient, ou les diverses relations entre chaque terme, la raison, le nombre et la somme des termes.

SOLUTION. 1°. Dans une progression croissante par quotient, le second terme égale le premier multiplié par la raison ; le troisième terme égale le second multiplié par la raison ou le premier multiplié par le carré de la raison ; le quatrième terme égale le troisième multiplié par la raison, ou le deuxième multiplié par le carré de la raison, ou le premier multiplié par la troisième puissance de la raison ; ainsi de suite.

Ainsi, 1°. *dans une progression par quotient, un terme*

quelconque est égal à un autre qui le précède multiplié par la raison élevée à une puissance d'un degré marqué par le nombre des termes intermédiaires plus un.

D'où il suit que le dernier terme est le produit du premier par la raison élevée à une puissance d'un degré égal au nombre des termes moins un de la progression.

2°. Semblablement, le premier terme égale le second divisé par la raison, ou le troisième divisé par le carré de la raison, ou le quatrième divisé par le cube de la raison ; ainsi de suite. De sorte que 2°. *dans une progression croissante par quotient , un terme est égal à un autre placé après lui, divisé par la raison élevée à une puissance d'un degré marqué par le nombre des termes intermédiaires plus un.*

Il suit de là 3°. que, *dans une progression par quotient, deux termes moyens par rapport à deux autres dont ils sont également éloignés, donnent le même produit que ces deux autres termes, et font par conséquent avec eux une proportion par quotient.*

4°. Puisque, dans une suite de rapports égaux, la somme des antécédens est à celle des conséquens, comme un antécédent est à son conséquent ; si nous représentons par $\int$ la somme des termes d'une progression par quotient, par q ce quotient, par 1er. le premier terme de la progression, et par d^{er}. le dernier terme, nous aurons d'abord

$$\int - d^{er}. : \int - 1^{er}. :: 1 : q$$

ensuite

$$\int - d^{er}. : d^{er}. - 1^{er} :: 1 : q - 1$$

$$\int - d^{er}. : d^{er}. - 1^{er}. :: d^{er}. : q \times d^{er}. - d^{er}.$$

et enfin

$$\int : d^{er}. \times q - 1^{er}. :: 1 : q - 1$$

d'où l'on tire

$$\int = \frac{d^{er}. \times q - 1^{er}.}{q - 1}.$$

Ainsi, 4°. *la somme de tous les termes d'une progression croissante par quotient est égale au terme qui viendroit après le dernier, moins le premier, cette différence étant divisée par la raison diminuée de 1.*

SECTION DEUXIÈME.

De la résolution des proportions et des progressions, ou de la détermination des inconnues qui entrent dans les proportions et dans les progressions.

PROBLÊME 79.

Exposer les diverses manières dont une inconnue peut entrer dans une proportion par différence, et trouver, pour chaque cas, une méthode pour déterminer l'inconnue.

SOLUTION. Pour embrasser tous les cas dans un seul, soit la proportion

$$\frac{2}{3}x + 5 \cdot \frac{5}{6}x - 7 : 4x - 2 \cdot 3x + \frac{3}{4}.$$

On commencera d'abord par faire disparoître tous les dénominateurs en multipliant tous les termes par 12, et l'on aura

$$8x + 60 \cdot 10x - 84 : 48x - 24 \cdot 36x + 9;$$

ajoutant 84 aux deux premiers termes et 24 aux deux derniers, on trouvera

$$8x + 144 \cdot 10x : 48x \cdot 36x + 33.$$

Retranchant $8x$ de tous les termes, on aura

$$144 \cdot 2x : 40x \cdot 28x + 33;$$

soustrayant encore $28x$ des deux derniers termes, il viendra

$$144 \cdot 2x : 12x \cdot 33;$$

enfin, augmentant de $2x$ le troisième terme, et diminuant de 2 le second, on obtiendra

et
$$144 \,.\, 0 : 14x \,.\, 33$$
$$\frac{144}{14} \,.\, 0 : \quad x \,.\, \frac{33}{14} ;$$

d'où
$$x = \frac{144 + 33}{14} = \frac{177}{14}.$$

Supposons maintenant que l'on ait deux proportions et deux inconnues, par exemple,

$$10x \,.\, 9 : 5 \,.\, 3y$$
$$6x \,.\, 6 : 2 \,.\, 9y.$$

Pour faire disparoître x, on multipliera tous les termes de la première proportion par 6, et tous ceux de la deuxième par 10; ce qui donnera

$$60x \,.\, 54 : 18 \,.\, 18y$$
$$60x \,.\, 60 : 20 \,.\, 90y ;$$

soustrayant, on aura
$$0 \,.\, 6 : 2 \,.\, 72y$$
$$0 \,.\, 3 : 1 \,.\, 36y.$$

D'où $y = \dfrac{1}{9}.$

Pour avoir x, on feroit disparoître y de la même manière, et l'on auroit $x = \dfrac{7}{6}.$

On opéreroit d'une manière analogue, si l'on avoit trois proportions et trois inconnues.

PROBLÉME 80.

Faire connoître les diverses manières dont les inconnues peuvent entrer dans une proportion par quotient, ainsi que les moyens de trouver ces inconnues.

SOLUTION. Prenant l'un des cas les plus compliqués, soit la proportion

$$8 : 5 :: \frac{3}{4} x + 2 : \frac{4}{7} x - 3.$$

On commencera par multiplier les deux derniers termes par 4×7 ou 28, ce qui donnera

$$8 : 5 :: 21x + 56 : 16x - 84.$$

2°. Pour dégager l'inconnue du nombre 84, on multipliera d'abord les deux premiers termes par 84, les deux derniers par 5, et l'on aura

$$8 \times 84 : 5 \times 84 :: 21 \times 5x + 56 \times 5 : 16 \times 5x - 5 \times 84;$$

prenant ensuite la somme des antécédens et celle des conséquens, on aura

$$8 \times 84 + 21 \times 5x + 56 \times 5 : 16 \times 5x :: 8 : 5$$

ou

$$8 \times 84 + 56 \times 5 + 21 \times 5x : 16x :: 8 : 1,$$

et, en effectuant les opérations,

$$952 + 105x : 16x :: 8 : 1;$$

Donc

$$8 \times 16x = 952 + 105x.$$

De sorte que l'on a la proportion par différence

$$952 . 0 : 8 \times 16x . 105x$$

ou

$$952 . 0 : 128x . 105x.$$

3º. On retranchera $105x$ des deux derniers termes, et l'on aura

$$952 \,.\, 0 \,:\, 23x \,.\, 0;$$

divisant tout par 23, on trouvera

$$\frac{952}{23} \,.\, 0 \,:\, x \,.\, 0.$$

L'on aura donc enfin $x = \dfrac{\dfrac{952}{23}}{23} = \dfrac{952}{23}.$

Soient maintenant deux proportions et deux inconnues, par exemple,

$$3 : 7 :: 8 : 5x$$
$$4 : 9 :: 7x : 11y.$$

On multipliera d'abord tous les termes de la première par le multiplicateur 7 de x dans la seconde, et tous ceux de la seconde par le dénominateur 5 de x dans la première ; multipliant ensuite ces proportions terme à terme, et supprimant le facteur commun $35x$, on trouvera enfin

$$1 : 21 :: 14 : 55y.$$

On opéreroit d'une manière analogue, si l'on avoit trois proportions et trois inconnues, et même un plus grand nombre.

Supposons enfin que l'on ait $3 : 7 :: 4 : x^2$. Dans ce cas, on extraiera la racine carrée de tous les termes, ou bien celle de…
$\dfrac{7 \times 4}{3}$, et l'on aura la valeur de x.

⋆ PROBLÊME 81.

Dans une progression par différence, connoissant trois de ces quatre quantités, savoir, le premier et le dernier terme, la différence et le nombre des termes de la progression, déterminer le quatrième.

SOLUTION. *Puisque, dans une progression croissante, le dernier terme est la somme du premier, et du produit de la différence par le nombre des termes moins un de la progression, il s'ensuit*

1°. Que *la différence de la progression égale la différence entre le dernier et le premier terme divisée par le nombre des termes moins un de la même progression ;*

2°. Que *le nombre des termes moins un de la progression est égal à la différence entre le dernier et le premier terme divisée par la différence de la progression ;*

3°. Que *le premier terme de la progression est égal au dernier moins la différence multiplié par le nombre des termes moins un de la même progression.*

PROBLÊME 82.

Dans une progression par différence, connoissant trois de ces cinq quantités, savoir, les premier et dernier termes, la différence, le nombre et la somme des termes, déterminer les deux inconnues.

SOLUTION. 1°. Supposons que 3 soit le premier terme, 15 le dernier, 63 la somme des termes, et qu'il s'agisse de trouver la différence x et le nombre des termes y, nous aurons les équations

$$15 = 3 + x \times (y - 1) \quad \text{et} \quad 2 \times 63 = (3 + 15) \times y,$$

d'où l'on tire
$$\begin{cases} 3 \,.\, 15 : 0 \,.\, xy - x \\ 3y \,.\, 63 : 63 \,.\, 13y. \end{cases}$$

opérant sur ces deux proportions d'après les principes précédens, on trouvera successivement

$$
\begin{aligned}
& 3 \,.\, 15 : x \,.\, xy \\
& 0 \,.\, 63 : 63 \,.\, 18y \\
\hline
& 54 \,.\, 270 : 18x \,.\, 18xy \\
& 0 \,.\, 63x : 63x \,.\, 18xy \\
\hline
& 54 \,.\, 270 - 63x : 16x - 63x \,.\, 0 \\
& 54 \,.\, 270 : 18x \,.\, 126x \\
& 54 \,.\, 270 : 0 \,.\, 108x \\
& 27 \,.\, 135 : 0 \,.\, 54x \\
& 1 \,.\, 5 : 0 \,.\, 2x.
\end{aligned}
$$

De sorte que $x = 2$.

Quant à y, on aura $3 . 15 : 2 . 2y$, et $y = 7$.

On opérera d'une manière analogue pour la détermination de autres inconnues.

** PROBLÊME 83.

Dans une progression par quotient, connoissant troi de ces quatre quantités, savoir, les premier et dernie termes, la raison ou le quotient et le nombre des termes, trouver l'inconnue.

SOLUTION. Comme dans une progression croissante par quotient, le dernier terme est égal au produit du premier par une puissance de la raison d'un degré marqué par le nombre des termes moin un de la progression, on conclura

1°. Que, *pour avoir la raison, il faut diviser le dernie terme par le premier, et extraire du quotient une racin d'un degré égal au nombre des termes moins un de la pro gression;*

2°. Que, *pour trouver le nombre des termes, il faut di viser le dernier terme par le premier, et chercher de que degré seroit la puissance exprimée par ce quotient, la raiso en étant la racine;*

3°. Que *le premier terme de la progression est égal au dernier divisé par la raison élevée à une puissance d'un degre marqué par le nombre des termes moins un de la progression.*

* PROBLÊME 84.

Dans une progression croissante par quotient, étant données trois de ces cinq quantités, savoir, les premier et dernier termes, la raison, le nombre et la somme des termes, on demande les deux inconnues.

SOLUTION. L'expression déja trouvée du dernier terme de la progression par quotient et celle de la somme de tous ses termes, fournirent deux équations que l'on écrira sous la forme de deux proportions; de sorte qu'en employant les méthodes précédentes, on dégagera et l'on déterminera les deux inconnues.

** PROBLÊME 85.

Une progression par quotient décroissante à l'infini étant donnée, on demande de trouver le dernier terme et la somme des termes par le moyen de la raison.

SOLUTION. *Le dernier terme d'une progression décroissante par quotient est égal au premier terme divisé par la raison élevée à une puissance d'un degré marqué par le nombre des termes moins un.* Par conséquent, si le nombre des termes est infini, le dernier terme sera exprimé par une fraction dont le dénominateur sera infini ; ce qui rendra la fraction la plus petite possible, ou zéro. Ainsi, *le dernier terme d'une progression décroissante à l'infini est* o.

De sorte que la formule de la somme de tous les termes de la progression croissante se changera en celle-ci :

$$\int = \frac{\text{der.} \times q - \text{1er.}}{q - 1},$$

lorsque la proportion est décroissante à l'infini ; q étant le quotient du plus grand des deux termes consécutifs divisé par le plus petit.

REMARQUE. En observant que la détermination du quatrième terme d'une proportion par quotient avoit lieu par la multiplication des deux moyens dont le produit étoit divisé par le premier extrême, tandis que, dans la proportion par différence, on trouvoit le quatrième terme en ajoutant seulement les moyens et en retranchant le premier extrême, on a cherché à faire dépendre le quatrième terme d'une proportion par quotient du quatrième terme d'une proportion par différence. Or, la difficulté se réduisoit à trouver deux suites de nombres tels que, quatre de la première suite étant en proportion par quotient, les quatre correspondans dans la deuxième suite fussent en proportion par différence ; deux progressions, l'une par quotient et l'autre par différence, remplissoient ces conditions. On *a donné le nom de* LOGARITHMES *d'un nombre au terme qui, dans la progression par différence occupoit le même rang que le nombre lui-même dans la proportion par quotient.*

*** PROBLÊME 86.

Déterminer les logarithmes d'une suite de nombres en-
tiers à partir de l'unité.

SOLUTION. Soient d'abord les deux progressions suivantes :

$$\div 1 : 10 : 100 : 1000 : 10000 : \text{etc.}$$
$$\div 0 . 1 . 2 . 3 . 4 . \text{etc.}$$

En insérant un très-grand nombre de moyens par quotient entre 1
et 10, 10 et 100, 100 et 1000, etc., on aura des termes si voisins
des nombres entiers 2, 3, 4, 5, etc., 11, 12, 13, etc., qu'on
pourra prendre ces termes pour les nombres entiers eux-mêmes ; de
sorte qu'en insérant entre 0 et 1, 1 et 2, 2 et 3, etc., le même
nombre de moyens par différence, et en prenant parmi ces moyens
ceux qui correspondent aux termes que l'on prend pour les nombres
entiers dans l'autre progression, on aura les logarithmes des nombres entiers eux-mêmes.

On observera ici que les logarithmes des nombres compris entre
1 et 10, tombent entre 0 et 1 ; que ceux des nombres compris
entre 10 et 100 tombent entre 1 et 2, ainsi de suite. *Le loga-*
rithme d'un nombre renferme donc autant d'unités entières que
le nombre contient de chiffres moins un. Cette partie entière
a été nommée *caractéristique* du logarithme.

Si l'on remarque que les différences entre les termes consécutifs
de la progression par quotient, sont 9, 90, 900, 9000, etc.,
tandis que celles des termes de la progression par différence sont
constamment 1, on verra que les accroissemens des logarithmes,
relativement à une unité d'accroissement dans les nombres, sont
très-petits dès que les nombres sont un peu grands, et que ces
accroissemens vont en diminuant à mesure que les nombres vont
en augmentant. De sorte que les accroissemens des logarithmes pour
un dixième d'accroissement dans les nombres, seront si petits, que
la différence entre deux accroissemens consécutifs de logarithmes sera
insensible et pourra être regardée comme nulle ; par conséquent, après
avoir calculé les logarithmes des nombres entiers, on aura les accroissemens de ces logarithmes relativement à 1, à 2, à 3, etc. dixièmes

d'accroissement dans le nombre en prenant 1, ou 2, ou 3, etc. dixièmes de l'accroissement du logarithme relativement à une unité d'accroissement dans le nombre. On pourra donc ainsi obtenir les logarithmes des nombres entiers accompagnés de décimales.

** PROBLÊME 87.

Trouver le logarithme d'un nombre entier qui n'est point dans les tables.

SOLUTION. D'après le choix des deux progressions fondamentales, on a log. 1 = 0, log. 10 = 1, log. 100 = 2, etc. De là, ainsi que de la correspondance des progressions, on conclura 1°. que *le logarithme d'un produit est égal à la somme des logarithmes des facteurs ;* 2°. *que celui d'un quotient est égal au logarithme du dividende moins le logarithme du diviseur ;* 3°. *qu'un logarithme augmenté de 1, ou 2, ou 3, etc. unités entières appartient à un nombre 10, ou 100, ou 1000, etc. fois plus grand, et que, diminué de 1, ou 2, ou 3, etc. unités entières, il appartient un nombre 10, ou 100, ou 1000, etc. fois plus petit.*

D'après cela, lorsqu'un nombre donné surpassera les limites des tables, on avancera la virgule vers la gauche d'un nombre de rangs suffisant pour que les chiffres des entiers donnent un nombre contenu dans les tables ; alors le logarithme du nouveau nombre tombera entre deux logarithmes consécutifs des tables.

Pour savoir ce qu'il faut ajouter au logarithme de la partie entière, afin d'avoir le logarithme de cette partie entière accompagnée de décimales, on se servira des différences calculées de dixième en dixième, ou bien de la proportion par laquelle *les accroissemens des logarithmes sont sensiblement proportionnels aux accroissemens des nombres.* Après avoir trouvé le logarithme du nombre accompagné de décimales, on le rectifiera en ajoutant autant d'unités entières que l'on avoit avancé la virgule de rangs vers la gauche.

✶✶ PROBLEME 88.

Déterminer le logarithme d'un nombre entier suivi d'une fraction ordinaire, et celui d'une simple fraction.

SOLUTION. Après avoir ajouté les entiers à la fraction, on considérera la fraction résultante comme le quotient de son numérateur divisé par son dénominateur ; c'est pourquoi on déterminera le logarithme en retranchant le logarithme du dénominateur de celui du numérateur. Dans le cas d'une simple fraction, on retrancheroit au contraire le logarithme du numérateur de celui du dénominateur, et la différence on la feroit précéder du signe — , pour indiquer que ce résultat doit être retranché dans les mêmes cas où il faudroit l'ajouter, si l'on avoit pu faire la soustraction du logarithme du dénominateur de celui du numérateur.

✶✶ PROBLÊME 89.

Trouver le nombre auquel appartient un logarithme donné qui n'est point renfermé exactement dans les tables.

SOLUTION. Soit log. x le logarithme proposé du nombre x que l'on cherche; et supposons que ce logarithme tombe dans les tables entre log. A et log. $(A+1)$; dans ce cas, le nombre x tombera entre les nombres A et $A+1$. Pour déterminer la fraction décimale qu'il faut ajouter au nombre A pour avoir x, on fera la proportion log. $(A+1)$ — log. $A : 1 :: $ log. x — log. $A : x - A$; et il ne faudra plus, pour avoir x, qu'ajouter le quatrième terme de cette proportion au nombre A. Si l'on avoit les accroissemens des logarithmes pour chaque dixième d'accroissement dans les nombres, on auroit tout de suite les décimales à écrire à la droite du nombre A pour avoir x.

★★ PROBLEME 90.

Trouver, par le moyen des logarithmes, 1°. le produit de deux ou de plusieurs nombres; 2°. une certaine puissance d'un nombre donné; 3°. le quotient d'un nombre divisé par un autre; 4°. la racine d'une puissance donnée; 5°. le degré d'une puissance, lorsque la puissance et la racine sont connues.

SOLUTION. D'après ce que nous avons dit ci-dessus, il est aisé de voir 1°. que le logarithme d'un produit est égal à la somme des logarithmes de tous ses facteurs, et par conséquent, que le logarithme d'une puissance est égal au logarithme de la racine multiplié par le degré de la puissance; 2°. que le logarithme d'un quotient est égal à celui du dividende diminué de celui du diviseur; 3°. que le logarithme d'une racine est exprimé par le logarithme de la puissance divisé par le degré de la racine; 4°. enfin que le degré d'une puissance est égal au logarithme de cette puissance divisé par le logarithme de la racine.

NOTES COMPLÉMENTAIRES

SUR L'ARITHMÉTIQUE.

NOTE PREMIÈRE.

De l'indication des opérations numériques, et de la géné-
ralisation des nombres.

DANS l'exposition des principes fondamentaux de l'arithmétique, on
a été souvent obligé d'indiquer les opérations à faire sur les nombres.
Cette indication a été nécessaire pour reconnoître la loi qui lioit un
résultat avec les nombres donnés, et pour trouver les diverses relations
que les nombres pouvoient avoir entre eux ; car, en effectuant les opérations, il ne restoit aucune trace des données de la question, et il
devenoit impossible de voir comment les nombres se composoient les
uns des autres, ou quelle dépendance il y avoit entre les quantités
connues et les quantités inconnues.

En démontrant les propriétés des nombres, on a dû remarquer aussi
que les raisonnemens que l'on faisoit étoient indépendans de la grandeur de ces nombres, et que, pour bien saisir le sens de ces démonstrations, il falloit que l'esprit fît sans cesse abstraction de la grandeur des nombres pour considérer ceux-ci d'une manière générale. On
éviteroit donc cette lutte continuelle de l'esprit contre les sens, et
l'on répandroit plus de clarté et de rigueur sur les démonstrations, si,
au lieu des nombres qui ne sont que des quantités particulières, on
adoptoit certains signes pour représenter les grandeurs d'une manière
générale. Convenons donc d'exprimer par les lettres de l'alphabet,
les nombres considérés généralement, ou les grandeurs en général ; de
sorte que ces lettres doivent être regardées comme représentant tel ou
tel nombre que détermineront les questions auxquelles on appliquera
les résultats trouvés en lettres ; résultats que nous nommerons *formules*,
comme faisant connoître la forme que prennent les valeurs des inconnues dans les questions de même nature.

Nous allons donc, dans les notes qui suivent, employer ces deux moyens de simplification ; savoir, l'indication des opérations et la généralisation des nombres, soit pour éclaircir, soit pour approfondir certaines théories exposées dans les élémens.

Mais, comme les signes indicateurs des opérations se sont présentés isolément à mesure que le besoin les réclamoit, nous allons ici les réunir et y en ajouter quelques autres dont l'utilité s'est déja fait sentir. Ainsi nous remplacerons les mots

Plus. . . . . . par . . . . . . $+$

Moins: . . . . $-$

Multiplié par.. . . . . . . $\times$ ou .

Divisé par. . . . . $-$

ce dernier signe étant placé entre le dividende qui est au-dessus, et le diviseur qui est au-dessous.

Puissance 2e., ou 3e., ou 4e., etc. *de...* par ( )² ou ( )³ ou ( )⁴, etc.

plaçant entre les deux parenthèses le nombre à élever à la puissance indiquée.

Racine 2e., ou 3e., ou 4e. *de..* par $\sqrt{}$ ou $\sqrt[3]{}$ ou $\sqrt[4]{}$, etc.

la puissance dont on indique la racine étant placée à la droite de ce signe, que nous nommerons *radical*.

Égale. . . . . . par . . . . . . $=$

Plus grand que. . . . . . . $>$

Plus petit que.. . . . . . . $<$

NOTE II. (Problême I, pag. 1.)

De la nature des nombres.

L'idée de *pluralité* est une idée complexe dont celle d'*unité* est l'idée élémentaire. Car on peut dire que *la pluralité est une collection indéterminée d'unités.*

Il en est de même de l'idée de nombre, laquelle étant le résultat de la comparaison de l'unité à la pluralité, est encore une idée complexe dans laquelle entrent les idées d'unité, de pluralité et de comparaison. On peut donc dire que *le nombre est une pluralité déterminée*, ou *le résultat de la comparaison de l'unité à la pluralité*, ou même *le rapport de l'unité à la pluralité*, ou enfin, *une certaine collection d'unités*.

Quant à l'idée d'unité, elle est simple et ne sauroit être susceptible de décomposition. C'est en vain que, pour l'éclaircir, on y a substitué celle de *parties égales*, et que l'on a dit, *le nombre est une collection de parties égales qu'on appelle unités*. Le mot de *partie* n'est pas plus clair que celui d'*unité*, et l'on n'a fait que remplacer une idée simple par une autre. Les mots *parties égales* signifient *unités de même grandeur*; de sorte qu'en disant, *le nombre est une collection d'unités*, c'est comme si l'on disoit, le nombre est une pluralité, ce qui est insuffisant, puisque le nombre suppose une comparaison de l'unité à la pluralité; il est donc indispensable de dire, *le nombre est une certaine collection d'unités*, ou, *le nombre est une pluralité déterminée*.

Il ne sera pas inutile de remarquer ici que le mot *pluralité* est équivalent du mot *quantité*; l'un vient du mot *plura*, plusieurs, et l'autre de *quantùm*, autant que; mots qui désignent dans une chose la propriété de pouvoir être augmentée ou diminuée.

NOTE III.   (Prob. II et III, pag. 5.)

Des divers systèmes de numération.

La numération décimale est fondée sur l'invention de dix caractères, dont neuf seulement sont significatifs (le dixième n'étant destiné qu'à remplacer les chiffres significatifs qui manquent); et, sur cette convention ingénieuse, aussi simple que féconde, par laquelle *un chiffre placé à la gauche d'un autre exprime des unités dix fois plus grandes que celles de cet autre.*

Or, il est aisé de voir que cette convention que l'habitude de compter sur les doigts de ses mains a fait sans doute préférer, n'étoit point la seule que l'on pût faire. On pouvoit, par exemple, convenir que tout chiffre placé à un rang plus à gauche, exprimeroit des unités doubles, ou triples, ou quadruples, ou etc. de celles qu'il exprimoit auparavant; ce qui auroit donné lieu à des systèmes de numération *binaire*, *ternaire*, *quaternaire*, etc.

Il est d'abord bien évident que dans le système binaire, ayant une unité de l'ordre supérieur, dès que l'on en a deux de l'ordre immédiatement inférieur, on n'a jamais besoin que d'un seul caractère significatif. Semblablement il n'en faudra que deux pour le système ternaire, trois pour le système quaternaire, et en général, autant qu'il y a d'unités moins une dans la base du système. On pourroit donc choisir les chiffres o et 1 pour le système binaire; o, 1 et 2, pour le système ternaire; o, 1, 2 et 3 pour le quaternaire, ainsi de suite.

Cela posé, *veut-on avoir l'expression de chaque nombre successivement plus grand d'une unité, dans un système donné,* on ajoutera successivement 1 au premier chiffre à droite; et lorsque cette addition donnera un nombre d'unités égal à la base du système ou plus grand que cette base, on portera une unité de plus au chiffre immédiatement à gauche, et l'on écrira à droite le nombre des unités excédantes.

Mais si l'on vouloit traduire en langage ordinaire, c'est-à-dire, énoncer un nombre écrit dans un système qui ne seroit point décimal; alors, comme il n'existe pas de mots pour désigner les divers ordres d'unités dans ce système, on seroit obligé de faire passer ce nombre dans le système décimal.

Transformer dans le système décimal, un nombre écrit dans un autre système.

Supposons que l'on veuille énoncer ou transformer dans le système décimal, le nombre 31231 écrit dans le système quaternaire. Pour cela, j'observe que, *dans l'expression d'un nombre quelconque, chaque chiffre indique combien de fois entre dans le nombre, une puissance de la base du*

$$
\begin{aligned}
1 \times 1 &\ldots\ldots\ldots\quad 1\\
4 \times 3 &\ldots\ldots\ldots\quad 12\\
16 \times 2 &\ldots\ldots\ldots\quad 32\\
64 \times 1 &\ldots\ldots\ldots\quad 64\\
256 \times 3 &\ldots\ldots\ldots\quad 768\\
\hline
&\qquad\quad 877
\end{aligned}
$$

système d'un degré marqué par le rang qu'occupe ce chiffre à la gauche du chiffre des unités simples; par conséquent, dans le nombre proposé 31231, le second chiffre exprime trois fois la base 4; le troisième deux fois le carré de 4 ou deux fois 16; le quatrième une fois le cube de 4 ou 64; et le cinquième trois fois la quatrième puissance de 4 ou trois fois 256. De sorte qu'en effectuant ces produits, et en en faisant la somme, on trouvera 877 pour l'expression dans le système décimal, du nombre 31231 écrit dans le système quaternaire.

Cette solution seroit encore plus palpable, si l'on écrivoit le nombre proposé 31231 sous la forme suivante :

$$1 + 3 \times 4 + 2 \times (4)^2 + 1 \times (4)^3 + 3 \times (4)^4.$$

En examinant cette nouvelle forme donnée aux nombres, on voit aisément que tout nombre est divisible par la base du système dans lequel il est écrit, après que l'on en a retranché le chiffre des unités ; qu'il est divisible par le carré de la base, si l'on en supprime les deux premiers chiffres à droite ; qu'il l'est par le cube de la même base, après que l'on en a retranché les trois premiers chiffres à droite, ainsi de suite.

De sorte que, *si l'on divise un nombre quelconque par la base du système dans lequel on veut l'écrire, on aura le chiffre des unités pour premier reste, et pour quotient un nombre encore divisible par la même base, après qu'on en a supprimé le chiffre des unités. Divisant donc ce premier quotient par la base du système, on aura pour reste le second chiffre du nombre, et pour quotient un nombre qui deviendra encore divisible par la base, après la suppression du chiffre des unités ; ainsi de suite.*

On pourroit donc fonder là-dessus une autre méthode pour transformer dans le système décimal le nombre 31231 écrit dans le système quaternaire, et, en général, pour faire passer un nombre d'un système dans un autre. Appliquant cette méthode au cas proposé, il faudra diviser d'abord 31231 par la base du système décimal écrite dans le système quaternaire, c'est-à-dire, par 22.

Pour effectuer cette division, je dirai en 31 combien de fois 22, ou en 3 combien de fois 2, une fois ; j'écris donc 1 au quotient, et multipliant 22 par 1, j'ai 22 que je retranche de 31, en disant, une unité de la base ou 4 et 1 font 5 ; 5 moins 2, égale 3 ; ensuite 3 moins 3, égale o. Écrivant 2 à la droite de 3, on divisera 32 par 22, et l'on aura

```
31231 |
22     | 22
─────  |────
  32   | 1113 | 22
 103   | 110  |────
─────  |────  | 20  | 22
 211   |  13  |     |────
 132   |      |     |  e
─────
  13
```

encore 1 au quotient et 10 pour reste; continuant la division, on trouvera 1113 pour quotient et 13 pour reste.

Divisant ensuite ce premier quotient par 22, on aura encore 13 pour reste, et 20 pour quotient; enfin ce quotient étant divisé par 22, donnera 0 au quotient et 20 pour reste. De sorte que les restes trouvés, en commençant par le dernier, seront 20, 13, 13; faisant passer ces restes dans le système décimal, on aura 877 pour l'expression du nombre quaternaire 31231.

Un nombre étant écrit dans le système décimal, le faire passer dans un autre système.

Appliquant ici le principe précédent, il suffira de diviser le nombre donné dans le système décimal par la nouvelle base transformée dans ce dernier système, et de continuer à diviser chaque quotient que l'on trouve par la même base transformée, jusqu'à ce que le quotient soit zéro. Alors, si l'on prend les restes en remontant, et qu'on les écrive successivement de gauche à droite, après les avoir transformés dans le nouveau système, s'ils renferment plus d'un chiffre, on aura le nombre proposé écrit dans le système demandé.

D'après cela, s'il falloit transformer dans le système quaternaire le nombre décimal 3689, on diviseroit ce dernier nombre par 4, et l'on auroit 922 pour quotient avec 1 pour reste. Divisant ensuite 922 par 4, le quotient seroit 230 et le reste 2; divisant encore 230 par 4, on trouveroit 57 au quotient et 2 pour reste; la division de 57 par 4

$$
\begin{array}{r|l}
3689 & 4 \\ \hline
1 & 922 \quad\begin{array}{|l} 4 \\ \hline \end{array} \\
& 2 \quad 230 \quad\begin{array}{|l} 4 \\ \hline \end{array} \\
& \quad 2 \quad 57 \quad\begin{array}{|l} 4 \\ \hline \end{array} \\
& \qquad 1 \quad 14 \quad\begin{array}{|l} 4 \\ \hline \end{array} \\
& \qquad\quad 2 \quad 3 \quad\begin{array}{|l} 4 \\ \hline \end{array} \\
& \qquad\qquad 3 \quad 0
\end{array}
$$

donneroit 14 au quotient et 1 au reste; divisant enfin les quotiens successifs 14 et 3, on obtiendroit respectivement pour restes 2, 3 et 0. De sorte que l'expression dans le système quaternaire du nombre décimal 3689 seroit 321221.

On opéreroit d'une manière analogue, si aucun des deux nombres n'appartenoit au système décimal.

NOTE IV. (Prob. XXII, pag. 69.)

De la divisibilité des nombres.

Un nombre premier qui divise un produit formé de deux facteurs, diviseroit-il l'un des facteurs?

Représentons par P un nombre premier quelconque, par A et par B les deux facteurs du produit qui alors sera exprimé par... $A \times B$. Supposons ensuite que P soit plus petit que B, et que le facteur B, non plus que le facteur A ne soit point multiple de P. Dans ce cas, si l'on divise B par P, on aura un reste; de sorte que, si l'on suppose que le quotient de B divisé par P, soit Q, et le reste R, on aura $B = P \times Q + R$.

Multipliant cette égalité par A, afin d'avoir le produit $A \times B$, et de découvrir les conditions que doit remplir P pour diviser le facteur A ou le facteur B, on aura

$$A \times B = A \times P \times Q + A \times R$$

d'où l'on voit que le nombre P ne peut diviser le produit $A \times B$, sans diviser $A \times R$; car tout nombre qui divise une somme et l'une des deux parties de cette somme, doit diviser la partie restante.

Si maintenant on observe que l'on a $R < P$, puisque R est le reste de la division dont P est le diviseur, on verra que les nombres R et P doivent être premiers entre eux; par conséquent, si l'on divise P par R, et que l'on ait Q' pour quotient et R' pour reste, on trouvera

$$P = R \times Q' + R'.$$

Multipliant donc ces deux quantités égales par A, afin d'avoir le produit $A \times R$, on obtiendra

$$A \times P = A \times R \times Q' + A \times R',$$

équation, d'après laquelle on voit que, si le nombre P divise le produit $A \times R$, il divisera aussi le produit $A \times R'$.

De sorte que P ne peut diviser le produit $A \times B$, sans diviser $A \times R$ et $A \times R'$.

En continuant de raisonner et d'opérer sur le produit $A \times R'$, comme on l'a fait relativement au produit $A \times R$, on verra que la divisibilité du produit primitif $A \times B$ par P exige que ce dernier nombre divise successivement des produits tels que $A \times R''$, $A \times R'''$, etc., et enfin $A \times 1$; parce que ces restes qui sont des nombres entiers, allant toujours en diminuant, doivent finir par arriver à l'unité.

Or, le nombre P ne peut diviser le produit $A \times 1$, sans diviser A; d'où l'on voit que *la divisibilité d'un produit par un nombre premier exige que l'un des facteurs soit divisible par ce nombre premier.*

Si l'on remarque que nous n'avons été conduits à conclure que le nombre P, diviseur du produit $A \times B$, divisoit le facteur A, que parce qu'il n'existoit aucun facteur commun entre P et B, on verra qu'il n'est pas nécessaire que le diviseur P soit un nombre premier absolu; mais qu'il suffit qu'il soit premier par rapport à l'un des facteurs, pour qu'il divise l'autre facteur.

Nous conclurons donc généralement, 1° qu'*un nombre premier, par rapport à l'un des deux facteurs d'un produit, divise toujours l'autre facteur, s'il divise le produit.*

2°. *Qu'un nombre premier, par rapport à deux autres nombres, ne peut diviser le produit de ces deux nombres.*

Cette dernière conclusion est évidente; car si le nombre premier relativement aux facteurs divisoit le produit, il faudroit qu'un nombre premier à l'égard de l'un des deux facteurs d'un produit, et qui diviseroit ce produit, ne divisât pas l'autre facteur; ce qui est impossible, d'après ce qui précède.

Pour donner plus d'extension à cette dernière conséquence, *voyons si un nombre premier par rapport à deux autres nombres, non-seulement ne seroit pas un diviseur du produit de ces nombres, mais s'il seroit encore premier à l'égard de ce produit.*

Soit le nombre C premier par rapport aux nombres A et B; il s'agit de voir si le nombre C est premier relativement au produit $A \times B$. Supposons que cela ne soit point, et qu'il existe un facteur commun x entre C et le produit $A \times B$. Divisant ce produit par x, soit Q le quotient, et K l'autre facteur de C, nous aurons

$$A \times B = Q \times x \quad \text{et} \quad C = K \times x.$$

La première équation donne $\dfrac{A \times B}{x} = Q.$

Or x doit être nombre premier, par rapport à A, car autrement il y auroit un diviseur commun entre les nombres A et C; par conséquent le nombre x doit diviser le facteur B; mais ce facteur ne peut avoir de diviseur commun à C; de sorte qu'il en résulteroit une absurdité, puisqu'un nombre premier, par rapport aux deux facteurs d'un produit, diviseroit ce produit.

D'après cela, *un nombre premier par rapport à deux autres nombres est aussi premier par rapport au produit de ces deux nombres.*

Proposons-nous encore sur la divisibilité des nombres les deux questions suivantes.

1°. *Un nombre* N, *divisible successivement par deux nombres* a *et* b *premiers entre eux, est-il divisible par le produit* a $\times$ b *de ces deux nombres?*

2°. *Par quels nombres sera divisible un nombre* N *qui a pour diviseurs successifs deux nombres* a *et* b *qui ne sont pas premiers entre eux?*

1°. Puisque les nombres a et b divisent exactement N, ce nombre peut être exprimé indifféremment par $a \times x$ ou par $b \times y$, x et y étant les quotiens entiers que l'on trouve en divisant N par a et ensuite par b; on aura donc $a \times x = b \times y$ et $\dfrac{a \times x}{b} = y$. Or le nombre b divise exactement le produit $a \times x$, et de plus il est premier par rapport au facteur a, il divisera donc le facteur x; par conséquent les nombres a et b se trouveront ensemble facteurs du nombre N, qui alors pourra être exprimé par le produit $a \times b \times z$ des trois facteurs a, b et z, ce dernier étant celui que l'on obtient en divisant N par $a \times b$.

2°. Soit z le plus grand diviseur commun aux nombres a et b; soient c et e les quotiens que l'on trouve en divisant a et b par z, nous aurons $a = c \times z$ et $b = e \times z$. De plus, puisque a et b sont diviseurs du nombre N, nous poserons $N = a \times x$ et $N = b \times y$; d'où nous déduirons, comme ci-dessus, $a \times x = b \times y$ et $\dfrac{a \times x}{b} = y$. Substituant au lieu des nombres a et b leurs expressions $c \times z$ et $e \times z$, il viendra $\dfrac{c \times z \times x}{e \times z} = y$, ou $\dfrac{c \times x}{e} = y$:

Or, le nombre e n'a aucun diviseur commun au facteur c; c'est pourquoi il divisera x. On pourra donc faire $x = e \times m$; et alors on aura $N = a \times e \times m$.

Mais de l'équation $a \times x = b \times y$, on peut déduire encore.........

$$x = \frac{b \times y}{a} = \frac{e \times z \times y}{c \times z} = \frac{e \times y}{c} ;$$ d'où l'on conclura que y est un multiple de c : on pourra donc supposer $y = c \times n$; ce qui donnera $N = b \times c \times n$.

Ainsi, *un nombre divisible par deux autres nombres qui ne sont pas premiers entre eux, est divisible par le produit de l'un de ces deux nombres multiplié par le facteur de l'autre non commun au premier nombre.*

NOTE V.   (Prob. XXIV, pag. 74.)

Sur les moyens de reconnoître si un nombre est premier.

Le moyen qui se présente d'abord de reconnoître si un nombre est premier, est d'essayer la division de ce nombre par tous les diviseurs premiers inférieurs ; mais cette vérification devient beaucoup trop longue et trop laborieuse, lorsque le nombre à vérifier est fort grand : on pourroit cependant diminuer le nombre des opérations à faire, en observant que tout nombre premier ne pouvant diviser un produit sans diviser l'un des facteurs ; et tout nombre pouvant être considéré comme le produit de sa racine carrée multipliée par elle-même, il suffiroit de vérifier les diviseurs premiers au-dessous de cette racine carrée.

Pour éclaircir ce que nous venons de dire, soit N le nombre à vérifier ; l'on aura $N = \sqrt{N} \times \sqrt{N}$. Or un nombre premier ne peut diviser un autre nombre sans diviser l'un au moins des facteurs de ce dernier : en outre, tout diviseur d'un nombre doit être ou égal à celui-ci ou plus petit que lui ; donc les diviseurs premiers de N doivent diviser $\sqrt{N}$, et par conséquent être plus petit que $\sqrt{N}$.

Supposons, pour mieux nous en convaincre, que le nombre N n'ayant aucun diviseur au-dessous de $\sqrt{N}$, puisse en avoir au-dessus de sa racine carrée, et que y soit l'un de ces diviseurs ; alors le nombre N seroit le produit de p par un autre facteur $q < \sqrt{N}$, et l'on auroit $N = p \times q$; de sorte que le nombre N, qui étoit supposé n'avoir plus de diviseurs au-dessous de $\sqrt{N}$, en auroit un autre q ; ce qui seroit contradictoire.

Ainsi, tout nombre qui n'a aucun diviseur premier au-dessous de sa racine carrée, n'en a aucun au-dessus, et doit être placé parmi les nombres premiers.

Quoique ce principe donne un moyen d'éviter un grand nombre de vérifications, il en laisse encore subsister beaucoup, lorsque sur-tout le nombre à vérifier est fort grand. On pourroit peut-être reconnoître plus facilement un nombre premier, si l'on avoit des formules propres à représenter tous les nombres; car alors, en excluant celles de ces formules qui ont des diviseurs, il resteroit celles qui contiennent les nombres premiers, et l'on auroit un moyen de reconnoître ceux-ci.

Or, puisque le reste d'une division est toujours plus petit que le diviseur, quand on met au quotient les plus grands chiffres possibles; il s'ensuit qu'un nombre divisé par 2 ne peut avoir que 0 ou 1 pour reste; que divisé par 3, il ne peut avoir que 0 ou 1 ou 2; que divisé par 4, il ne peut avoir que 0 ou 1 ou 2 ou 3, ainsi de suite.

De sorte que, si nous représentons par q le quotient d'un nombre divisé par un autre, et que nous fassions $q = 1 = 2 = 3$, etc., nous verrons, 1°. que tous les nombres, depuis 2 inclusivement, et au-dessus, sont renfermés dans les deux formules

$$2q \quad \text{et} \quad 2q + 1;$$

2°. Que tous les nombres, excepté ceux au-dessous de 3, sont compris dans

$$3q \quad 3q + 1 \quad \text{et} \quad 3q + 2;$$

3°. Que tous les nombres, excepté ceux inférieurs à 4, sont contenus dans

$$4q \quad 4q + 1 \quad 4q + 2 \quad \text{et} \quad 4q + 3;$$

4°. Que tous les nombres, excepté ceux moindres que 5, peuvent se déduire des formules

$$5q \quad 5q + 1 \quad 5q + 2 \quad 5q + 3 \quad \text{et} \quad 5q + 4;$$

5°. Que tous les nombres, excepté ceux au-dessous de 6, sont renfermés dans les formules

$$6q \quad 6q + 1 \quad 6q + 2 \quad 6q + 3 \quad 6q + 4 \quad \text{et} \quad 6q +$$

Ainsi de suite.

Mais pour simplifier ces formules, on remarquera que, dans toutes ces divisions, on auroit des restes négatifs au-dessous de la moitié du diviseur, si l'on prenoit pour q le quotient immédiatement au-dessus du vrai quotient; ce que l'on verroit également, en observant que, dans les 2mes. formules, on a $2 = 3 - 1$; que, dans les 3mes., $3 = 4 - 1$; que, dans les 4mes., $3 = 5 - 2$ et $4 = 5 - 1$; que dans les 5mes., $4 = 6 - 2$ et $5 = 6 - 1$, etc. De sorte qu'en supposant le quotient q augmenté de 1 dans les formules où l'on introduit les restes négatifs, on verra que les formules ci-dessus peuvent se réduire aux suivantes.

$$
\begin{array}{cccccl}
2q & 3q & 4q & 5q & 6q & \text{etc.} \\
2q+1 & 3q\pm1 & 4q\pm1 & 5q\pm1 & 6q\pm1 & \text{etc.} \\
 & & 4q+2 & 5q\pm2 & 6q\pm2 & \text{etc.} \\
 & & & & 6q+3 & \text{etc.}
\end{array}
$$

Celles qui renferment le double signe $\pm$, que l'on énonce par les mots *plus ou moins*, étant équivalentes à deux, l'une avec le signe positif et l'autre avec le signe négatif.

Si l'on substitue dans ces formules successivement les valeurs de......... $q = 1 \ldots = 2 \ldots = 3 \ldots = 4 \ldots$ etc., chaque colonne donnera tous les nombres au-dessus du diviseur, le diviseur lui-même, et encore les nombres dont la différence à ce diviseur est égale aux restes négatifs qu'ils renferment.

Examinons maintenant dans quelles formules sont compris les nombres qui ont des diviseurs et ceux qui n'en ont pas.

Je remarque d'abord que les nombres représentés par $2q$ sont divisibles par 2 et par tous les diviseurs de q; d'où je conclus que *tous les nombres premiers sont contenus dans* $2q + 1$, *c'est-à-dire qu'ils sont impairs.* Malheureusement parmi ceux-ci il y en a beaucoup qui ne sont pas premiers, tels que 9, 15, 21, 25, 27, etc., et nous sommes réduits à dire que *tous les nombres premiers, excepté* 2, *sont impairs, et que tous peuvent se déduire de la formule* $2q + 1$.

Passant aux formules données par le diviseur 3, on voit que les nombres premiers ne peuvent être renfermés que dans $3q \pm 1$; mais, comme cette formule renferme aussi des nombres qui ne sont pas premiers, on en conclut seulement que *les nombres qui ne sont point compris dans la formule* $3q \pm 1$ *ne peuvent être nombres premiers.*

Semblablement, les nombres premiers au-dessus de 4 sont renfermés dans $4q \pm 1$; ceux au-dessus de 5 , dans $5q \pm 1$ ou dans $5q \pm 2$, si q est impair, ceux au-dessus de 6 , dans $6q \pm 1$, etc.

D'où l'on voit que *tout nombre premier au-dessus de 6 doit être compris dans les formules* $3q \pm 1$, $4q \pm 1$, $5q \pm 1$ *et* $6q \pm 1$, *c'est-à-dire, qu'augmenté ou diminué de 1, il doit être divisible par 3 , par 4 , par 5 et par 6. De sorte que les nombres qui ne rempliroient pas ces conditions ne seroient pas nombres premiers.*

On pourroit employer ces formules à construire une table de nombres premiers jusqu'à un certain nombre donné ; pour cela il faudroit successivement égaler q à 1 , à 2 , à 3 , etc., et substituer ces valeurs dans les formules $2q + 1$, $3q \pm 1$, $4q \pm 1$, $5q \pm 1$, $6q \pm 1$, etc. Alors les nombres résultans , qui n'appartiendroient pas à toutes ces formules, devroient être exclus de la classe des nombres premiers. Mais il sera plus simple d'écrire d'abord le nombre 2 et ensuite tous les nombres impairs ; de rejeter parmi ces derniers tous les multiples des nombres premiers 3 , 5 , 7 , 11 , 13 , etc.; ce que l'on fera aisément, si l'on remarque que, dans la suite naturelle des nombres, les multiples de 3 , de 5 , de 7 , etc. sont distans de 3 , ou de 5 , ou de 7 , etc., rangs les uns des autres; de sorte que les multiples de 3 se trouvent aux 3e. , 6e. , 9e. , 12e. , etc. rangs après leur diviseur 3 ; que les multiples de 5 sont placés aux 5e. , 10e. , 15e. , etc., rangs après leur diviseur 5 ; que les multiples de 7 sont aux 7e. , 14e. , 21e. , etc. , rangs après 7 ; ainsi de suite ; cela est fondé sur ce que la suite naturelle des nombres ne se formant que par l'addition successive de l'unité, il faut avoir ajouté autant d'unités qu'il y en a au diviseur pour avoir encore un multiple du diviseur.

Méthode d'Ératosthène pour trouver les nombres premiers.

Ératosthène , bibliothécaire du Musée d'Alexandrie , vers l'an 280 avant J.-C. , voulant former une table des nombres premiers, écrivit la suite naturelle des nombres sur une planche ; et après avoir rejeté les nombres pairs excepté 2 , et avoir reconnu les multiples des nombres premiers au-dessus de 2 , en prenant les nombres de 3 en 3 , de 5 en 5 , de 7 en 7 , etc. ; il fit au-dessous de ces nombres un trou , par lequel il supposoit que passoient ces nombres; de sorte qu'il ne restoit que les nombres premiers. De là est venu à cette table le on de *Crible d'Ératosthène*. Nous allons en faire connoître la disposition et l'usage.

CRIBLE D'ÉRATOSTHÈNE.

	1	3	5	7	9
0	.	.	.	.	a
1	.	.	a	.	.
2	c	.	b	a	.
3	.	a	b	.	a
4	.	.	a	.	c
5	a	.	b	a	.
6	.	a	b	.	a
7	.	.	a	c	.
8	a	.	b	a	.
9	c	a	b	.	a
10	.	.	b	.	.
11	a	.	b	a	c
12	d	a	b	.	a
13	.	c	a	.	.
14	a	d	b	a	.
15	.	a	b	.	a
16	c	.	a	.	c
17	a	.	b	a	.
18	.	a	b	d	a
19	.	.	a	.	.
20	a	c	b	a	d
21	.	a	b	c	a
22	c	.	a	.	.
23	a	.	b	a	.
24	.	a	b	e	a
25	.	d	a	.	c
26	a	.	b	a	.
27	.	a	b	.	a
28	.	.	a	c	f
29	a	.	b	a	.
30	c	a	b	.	a
31	.	.	a	.	d
32	a	f	b	a	.
33	.	a	b	.	a

	1	3	5	7	9
34	d	c	a	.	.
35	a	.	b	a	.
36	g	a	b	.	a
37	c	.	a	e	.
38	a	.	b	a	.
39	f	a	b	.	a
40	.	e	a	d	.
41	a	c	b	a	.
42	.	a	b	c	a
43	.	.	a	c	.
44	a	.	b	a	.
45	d	a	b	.	a
46	.	.	a	.	c
47	a	d	b	a	.
48	c	a	b	.	a
49	.	f	a	c	.
50	a	.	b	a	.
51	c	a	b	d	a
52	.	.	a	f	h
53	a	e	b	a	c
54	.	a	b	.	a
55	g	c	a	.	e
56	a	.	b	a	.
57	.	a	b	.	a
58	c	d	a	.	g
59	a	.	b	a	.
60	.	a	b	.	a
61	c	.	a	.	.
62	a	c	b	a	f
63	.	a	b	c	a
64	.	.	a	.	d
65	a	.	b	a	.
66	.	a	b	h	a
67	d	.	a	.	c

	1	3	5	7	9
68	a	.	b	a	e
69	.	a	b	f	a
70	.	g	a	c	.
71	a	h	b	a	.
72	c	a	b	.	a
73	f	.	a	d	.
74	a	.	b	a	c
75	.	a	b	.	a
76	.	c	a	e	.
77	a	.	b	a	c
78	d	a	b	.	a
79	c	c	a	.	f
80	a	d	b	a	.
81	.	a	b	c	a
82	.	.	a	.	.
83	a	c	b	a	.
84	i	a	b	c	a
85	h	.	d	.	.
86	a	.	b	a	d
87	e	a	b	.	a
88	a	.	a	.	c
89	a	g	b	a	i
90	f	a	b	.	a
91	.	d	a	c	.
92	a	.	b	a	.
93	c	a	b	.	a
94	.	h	a	.	c
95	a	.	b	a	c
96	k	a	b	.	a
97	.	c	a	.	d
98	a	.	b	a	h
99	.	a	b	.	.
100	c	.	a	g	.
101	a	.	b	a	.

$a=3, b=5, c=7, d=11, e=13, f=17, g=19, h=23, i=29, k=31.$

La première colonne verticale contient la suite naturelle des nombres à partir de o ; la 1re. colonne horisontale renferme les nombres impairs à un seul chiffre, savoir 1 , 3 , 5 , 7 et 9 ; chacun de ces chiffres transporté successivement à la droite des nombres de la 1re. colonne vertical donne pour cette même colonne des nombres qui ont un chiffre de plus Cela fait, on a cherché , par la méthode indiquée ci-dessus, quels étoien les nombres premiers et les nombres multiples de ceux-ci ; on a mis dan une seconde colonne un point pour désigner chaque nombre premier, e une lettre de l'alphabet pour montrer les nombres multiples. point se trouve placé dans la ligne verticale du chiffre qui de la colon horisontale doit être descendu par la pensée à la droite du nombre de l colonne verticale , et dans la ligne horisontale qui passe par ce nomb de la colonne verticale : ainsi 31 étant un nombre premier, on a placé point à l'intersection de la ligne horisontale qui passe par le nombre 3 et de la ligne verticale qui passe par le chiffre 1. Quant aux lettres , on ici représenté les diviseurs premiers 3 , 5 , 7 , 11 , 13 , 17 , 19, 23 , et respectivement par les lettres a , b , c , d , e , f , g , h , i , k , et d'après cela le nombre 15 ayant 3 pour diviseur , on trouve la lettre a l'intersection des deux lignes , l'une horisontale et l'autre verticale , q passeroient par les nombres 1 et 5. Suivant cet arrangement, on voit q tous les a , c'est-à-dire les diviseurs 3 des nombres multiples se trouve placés diagonalement , tandis que les diviseurs b ou 5 se trouvent con tamment dans la ligne verticale du milieu , correspondante à 5 ; ce q est évident , puisque parmi les nombres impairs , il n'y a que ceux term nés par 5 qui soient divisibles par 5.

Ainsi cette table ou crible d'Eratosthène , non-seulement fait connoi les nombres premiers , mais encore les diviseurs premiers des nomb multiples. Etendue suffisamment , elle peut être fort utile dans la sim fication des fractions et dans bien d'autres calculs.

NOTE VI.   (Prob. XXV, pag. 76.)

Méthode abrégée pour l'extraction de la racine carré — Conditions que doit remplir un nombre pour être carré parfait. — Origine des grandeurs incommensurabl

§ I.

Soit N un nombre dont la racine est composée de deux parties a e nous aurons $N = a^2 + 2ab + b^2$. Après avoir déterminé la première partie a de la racine, suivant les règles ordinaires, et avoir soustrait le carré de a, c'est-à-dire a^2 de N, nous aurons $N - a^2 = 2ab + b^2$; de sorte que, divisant ce reste par $2a$, nous trouverons . . . .

$$\frac{N - a^2}{2a} = b + \frac{b^2}{2a}.$$

D'où l'on voit que cette simple division du reste, par le double de la première partie de la racine, donneroit la seconde partie b à moins de la plus petite unité de b, si $\dfrac{b^2}{2a}$ étoit une fraction relativement à cette plus petite unité.

Or $\dfrac{b^2}{2a}$ sera une fraction d'unité, si le nombre représenté par b^2 a moins de chiffres que celui représenté par $2a$. Supposons donc que le nombre des chiffres de a soit plus grand que le double des chiffres de b, ou que l'on ait *nombre des chiffres de* a $= 2$ n et *nombre des chiffres de* b $=$ n $- 1$; et que, pour abréger, on écrive se lement chif. a $= 2$ n et *chif*. b $=$ n $- 1$: puisque *le plus grand nombre des chiffres d'un produit est égal à la somme des chiffres de ses facteurs* (prob. IX) et que *le plus petit nombre est égal à cette somme diminuée de 1*; il s'ensuit que le *maximum* des chiffres de b^2 sera $2n - 2$ et que le *minimum* des chiffres de $2a$ sera $2n$; de sorte que, pour le cas le plus défavorable, on auroit *chif*. $b^2 = 2n - 2$, *chif*. $2a = 2$ n, et *chif*. $2a - chif$. $b^2 = 2$; par conséquent, dans le cas le plus contraire, la fraction $\dfrac{b^2}{2a}$ a deux chiffres de plus au dénominateur qu'au numérateur.

Ainsi, *en prenant pour la seconde partie* b *de la racine, le quotient du nombre proposé, diminué du carré de la première partie* a, *et divisé par le double de cette première partie, on a une racine qui en plus ne diffère pas d'une unité de sa moindre espèce.*

Ce que l'on exprimera en écrivant $\sqrt{N} = a + \dfrac{N - a^2}{2a}$ — *une quantité plus petite que la moindre unité trouvée.*

De là nous tirerons la règle suivante : *lorsqu'une racine carrée doit être composée de plusieurs chiffres, on la concevra partagée en deux parties dont la première ait un chiffre de plus que les deux tiers de la totalité des chiffres ; on cherchera ensuite cette première partie suivant les règles ordinaires ; mais la seconde, on la trouvera tout de suite en divisant le reste de l'opération par le double de la première partie trouvée ; le quotient ne sera point altéré jusqu'au chiffre inclusivement placé au rang du chiffre le plus à droite de la racine.*

§ II.

Pour reconnoître les conditions que remplit un nombre qui est un carré parfait, revenons sur les formules qui renferment tous les nombres, et en élevant ces formules au carré, nous pourrons découvrir, comme pour les nombres premiers, quelques-unes au moins des conditions exigées. Écrivons donc les formules données par les diviseurs 2, 3, 5 et 6, avec leurs carrés, nous aurons le tableau suivant :

	Racines.	*Carrés.*		*Racines.*	*Carrés.*
(1)	$2q$	$4q^2$		$5q$	$25q^2$
	$2q+1$	$4q^2+4q+1$		$5q+1$	$25q^2+10q+1$
			(4)	$5q+2$	$25q^2+20q+4$
(2)	$3q$	$9q^2$		$5q+3$	$25q^2+30q+9$
	$3q+1$	$9q^2+6q+1$		$5q+4$	$25q^2+40q+16$
	$3q+2$	$9q^2+12q+4$			
				$6q$	$36q^2$
	$4q$	$16q^2$		$6q+1$	$36q^2+12q+1$
	$4q+1$	$16q^2+8q+1$		$6q+2$	$36q^2+24q+4$
(3)	$4q+2$	$16q^2+16q+4$	(5)	$6q+3$	$36q^2+36q+9$
	$4q+3$	$16q^2+24q+9$		$6q+4$	$36q^2+48q+16$
				$6q+5$	$36q^2+60q+25$

Cr. 1°. Puisque tous les nombres sont compris dans l'une des deux formules $2q$ et $2q+1$, tous les carrés des nombres seront compris dans l'une des deux formules correspondantes $4q^2$ et $4q^2+4q+1$, la 1re. appartenant aux carrés pairs et la seconde aux carrés impairs. On en conclura donc, 1° que tous les carrés pairs doivent être divisibles par 4, et que tous les carrés impairs doivent le devenir s'ils sont diminués d'une unité.

2°. Les carrés provenant des formules (2) montrent clairement, 2°. que *tout carré doit être divisible par 9, ou bien par 3, si on le diminue de 1 ou de 4.*

3°. Les carrés des formules (3) indiquent que tous les carrés pairs sont compris dans l'une des deux formules $16q^2$ et $16q^2 + 16q + 4$, tandis que tous les carrés impairs sont renfermés dans $16q^2 + 8q + 1$ ou dans $16q^2 + 24q + 9$. Ainsi 3°. *tout carré pair, excepté 4, doit être divisible par 16 ou le devenir, étant diminué de 4; et tout carré impair doit être un multiple de 8, après avoir été diminué de 1.*

4°. D'après les carrés des formules (4) on voit, 4°. que *tout carré, depuis 25 et au dessus, doit avoir pour diviseur 25 ou 5, après avoir été diminué de 1 ou de 4.*

5°. Les formules relatives au diviseur 6 nous montrent d'abord que tout carré pair, à partir de 36, est compris dans l'un des trois formules $36q^2$, $36q^2 + 24q + 4$, $36q^2 + 8q + 16$; et que tout carré impair, à compter de 49 inclusivement, est renfermé dans l'une des formules $36q^2 + 12q + 1$, $36q^2 + 30q + 9$ et $36q^2 + 60q + 25$.

Ainsi 5°. *tout carré pair, à partir de 36, est divisible par 36, ou bien par 12, étant diminué de 4; et tout carré impair au-dessus de 36 est divisible par 12, si on le diminue de 1, ou bien il est divisible seulement par 6, si on le diminue de 3.*

On trouveroit pour les carrés d'autres propriétés analogues, si l'on employoit les formules données par les diviseurs au-dessus de 6. Mais ces conditions que remplissent les carrés ne sont point les seules, et cela empêche de conclure les propositions inverses, c'est-à-dire, qu'un nombre soit un carré parfait, parce qu'il remplit les conditions précédentes. Il est vrai qu'on pourroit faire ici, comme pour les nombres premiers, c'est-à-dire, se servir de ces propriétés pour exclure de la classe des carrés ceux des nombres qui manquent à quelqu'une des conditions ci dessus; mais nous n'insisterons pas sur un objet qui, dans ce moment, est peu important.

§ III.

Nous avons vu dans la division que, lorsque le dividende n'étoit pas divisible exactement en nombres entiers, on pouvoit cependant completter le quotient par une fraction, de manière que ce quotient

fractionnaire étant multiplié par le diviseur qui est un nombre entier donnât pour produit le dividende lui-même. Pourquoi, dans l'extraction des racines des nombres qui ne sont pas des puissances parfaites de nombres en iers, ne pourroit-on pas obtenir des racines exactes
composées de nombres fractionnaires? C'est ce que nous allons examiner.

Soit donc N un nombre entier qui n'est pas puissance parfaite,
par exemple, un carré parfait. Si nous supposons qu'un nombre
fractionnaire $\dfrac{a}{b}$ puisse être racine carrée exacte de N, on aura...

$$N = \frac{a^2}{b^2},$$ et il faudra que $\dfrac{a^2}{b^2}$ soit un nombre entier. Or, le

nombre fractionnaire $\dfrac{a}{b}$ peut être considéré comme réduit à l'expression la plus simple, et composé, par conséquent, de termes
premiers entre eux. Mais s'il n'existe aucun diviseur commun entre
a et b, il n'en existera aucun entre a^2 et b^2, puisque tout diviseur
premier qui diviseroit a^2 et b^2 devroit diviser a et b, ce qui seroit

contraire à la supposition. De sorte que l'expression $\dfrac{a}{b}$ étant frac-

tionnaire, il faut que son carré $\dfrac{a^2}{b^2}$ le soit; il est donc impossible

que $\dfrac{a^2}{b^2}$ donne le nombre entier N; par conséquent, *aucun nombre
fractionnaire ne peut être racine carrée d'un nombre entier
qui n'est pas un carré parfait.*

Cependant on peut approcher toujours plus de la racine exacte
des carrés imparfaits, quoique cette racine ne puisse être mesurée,
ni par une unité entière, ni par une unité fractionnaire quelque petite
qu'elle soit. Voilà donc des quantités dont on connoît les limites, des
quantités vers lesquelles on peut à volonté approcher toujours plus,
et pour lesquelles cependant on ne peut jamais trouver d'unité assez
petite pour les mesurer exactement.

C'est pourquoi *nous nommerons* INCOMMENSURABLES *cette nouvelle espèce de quantités vers lesquelles on peut approcher
toujours plus sans jamais y arriver, et sans trouver d'unité
assez petite pour les mesurer.*

Ce que nous avons dit pour les nombres qui sont des carrés imparfaits, est applicable aux racines des nombres qui sont des puissances incomplettes quelconques. Car, si nous supposons que N soit une puissance incomplette d'un degré n, et que le nombre fractionnaire $\dfrac{a}{b}$ pût être sa racine; il faudroit que cette racine élevée à la puissance n^{me}. donnât un nombre entier égal à N; c'est-à-dire, qu'il faudroit que l'on eût $N = \dfrac{a^n}{b^n}$. Or, il n'y a aucun diviseur commun entre a et b; il n'y en aura donc aucun entre a^n et b^n; par conséquent, le nombre $\dfrac{a^n}{b^n}$ sera fractionnaire, et l'équation $N = \dfrac{a^n}{b^n}$ sera absurde.

NOTE VII. (Prob. XXVII, pag. 80)

Méthode abrégée pour l'extraction de la racine cubique,

Soit N un nombre dont la racine cubique est composée de deux parties a et b. On aura donc $N = a^3 + 3a^2b + 3ab^2 + b^3$. Si la première partie a de la racine étoit déterminée, d'après la méthode ordinaire, et qu'il fallût trouver la seconde b, on soustrairoit a^3 de N, et l'on auroit $N - a^3 = 3a^2b + 3ab^2 + b^3$: divisant ensuite tout par $3a^2$, il viendroit au quotient $\dfrac{N - a^3}{3a^2} = b + \dfrac{b^2}{a} + \dfrac{b^3}{3a^2}$; d'où l'on voit que, si l'on prenoit $\dfrac{N - a^3}{3a^2}$ pour la valeur de b, on auroit pour la seconde partie de la racine, une quantité trop grande de $\dfrac{b^2}{a} + \dfrac{b^3}{3a^2}$. Déterminons une limite de cette erreur, comme nous l'avons fait pour la racine carrée, afin de voir si la méthode peut être mise en pratique.

Supposons donc que le nombre des chiffres de $a = 2n$ et celui des chiffres de $b = n - 1$, ce que nous exprimerons en écrivant *chif.* $a = 2n$, *chif.* $b = n - 1$; on aura *chif.* $b^2 = 2n - 2$ au plus, et *chif.* $a - chif.$ $b^2 = 2$; par conséquent $\dfrac{b^2}{a}$ sera une fraction.

Semblablement on aura $chif.\ b^3 = 3n - 3$ au plus, et........,
$chif.\ 3a^2 = 4n - 1$ au moins; ainsi $chif.\ 3a^2 - chif.\ b^3 = n + 2$.
De sorte que le dénominateur $3a^2$ aura au moins un nombre $n + 2$
de chiffres de plus que le numérateur b^3; et $\dfrac{b^3}{3a^2}$ sera une fraction

beaucoup plus petite que $\dfrac{b^2}{a}$; ce qui d'ailleurs est visible, puisque

$$\frac{b^3}{3a^2} = \frac{b^2}{a} \times \frac{b}{3a}.$$

On aura donc $\dfrac{b^2}{a} < 1$ et $\dfrac{b^3}{3a^2} < 1$; d'où l'on tire..........,

$$\frac{b^2}{a} + \frac{b^3}{3a^2} < 2.$$

On en conclura donc qu'en prenant $\dfrac{N - a^3}{3a^2}$ pour la valeur de
b, on ne peut pas commettre par excès une erreur de deux unités
sur le dernier chiffre à droite de b.

Cette méthode peut donc être employée avantageusement, lorsque
la dernière partie de la racine doit renfermer des unités décimales.
*Elle se réduit évidemment à chercher par la méthode ordi-
naire les deux tiers de la totalité des chiffres moins un de
la racine, et à déterminer les autres chiffres, en divisant
le reste de l'extraction par le triple carré de la première
partie de la racine.*

Si l'on vouloit connoître quelques-unes des conditions que doivent
remplir les nombres pour être des cubes parfaits, on n'auroit qu'à
prendre les formules générales employées pour les carrés; et après
les avoir élevées au cube, on verroit par quels nombres doivent être
divisibles les cubes parfaits.

NOTE VIII.   (Prob. XXIX, pag. 83.)

Détermination du degré des puissances.

Nous avons vu (probl. XXIX) que le degré des puissances imparfaites tomboit toujours entre deux nombres entiers. On peut donc
conclure de là que ce degré est un entier accompagné d'une fraction, et par conséquent que les puissances imparfaites peuvent être

regardées comme des puissances à exposans fractionnaires de nombres entiers. Pour mieux nous en convaincre, supposons que a soit une racine, et b le nombre considéré comme une certaine puissance de a dont on voudroit connoître le degré. Supposons encore que b tombe entre les quatrième et cinquième puissances de a, c'est-à-dire, entre a^4 et a^5, on aura donc

$$a^4 \qquad b \qquad a^5.$$

Mais en insérant entre a^4 et a^5 un très-grand nombre de moyens proportionnels par quotient, on trouvera, parmi ces moyens, un nombre très-voisin de b. Supposons que l'on en insère un nombre exprimé par $m - 1$, et que le terme le plus voisin de b soit à un rang désigné par $n + 1$: comme pour avoir un terme d'une progression croissante par quotient dont on a les extrêmes, il faut diviser le dernier extrême par le premier, extraire du quotient une racine d'un degré égal au nombre des moyens plus un, élever cette racine à une puissance d'un degré marqué par le rang moins 1 du terme cherché, et multiplier cette puissance par le 1ᵉʳ. terme ; il s'ensuit qu'ici le moyen le plus

près de b sera exprimé par $a^4 \left(\sqrt[m]{\dfrac{}{a}} \right)^n$; de sorte que l'on aura la suite

$$a^4 \ldots\ldots a^4 \left(\sqrt[m]{\dfrac{}{a}} \right)^n \ldots\ldots b \ldots\ldots a^5.$$

Il faudroit maintenant trouver l'exposant correspondant à $a^4 \left(\sqrt[m]{\dfrac{}{a}} \right)^n$, et alors cet exposant pourroit être regardé comme celui de b, du moins très-approximativement.

Or, on peut considérer les exposans 4 et 5 comme les extrêmes d'une progression par différence, et insérer entre ces nombres autant de moyens par différence, que l'on en a inséré par quotient entre a^4 et a^5. On a donc (prob. LXXXI) $4 + \dfrac{n}{m}$ pour le moyen placé au rang $n + 1$; de sorte que l'on aura les deux suites

$$a^4 \ldots\ldots a^4 \left(\sqrt[m]{\dfrac{}{a}} \right)^n \ldots\ldots b \ldots\ldots a^5$$

$$4 \qquad\qquad 4 + \dfrac{n}{m} \qquad\qquad\qquad 5$$

Ainsi la quantité fractionnaire $4 + \dfrac{n}{m}$ correspondante à b, ou plutôt à $a^4 \left(\sqrt[m]{\dfrac{}{a}} \right)^n$, indique que, pour retrouver le nombre b ou un nombre très-voisin, il faut extraire la racine m^{me}. de a, élever cette racine à la puissance n^{me}., et multiplier ce résultat par la puissance exacte de a immédiatement inférieure à b. D'où l'on voit 1°. que *les exposans fractionnaires des nombres indiquent tout à-la-fois une racine d'un degré marqué par le dénominateur, et une puissance de cette racine d'un degré égal au numérateur ;* 2°. que, *pour avoir l'exposant d'une puissance imparfaite, la racine étant donnée, il faut insérer entre les deux puissances consécutives entre lesquelles tombe la puissance imparfaite, un assez grand nombre de moyens proportionnels par quotient pour que l'un de ces moyens diffère très-peu de cette même puissance; et le moyen proportionnel par différence entre les exposans des deux puissances consécutives, qui occupera le même rang que le moyen par quotient, donnera l'exposant demandé.*

D'où il suit que les exposans des puissances imparfaites sont des logarithmes qui auroient pour bases les deux progressions

$$\div\ 1\ :\ a\ :\ a^2\ :\ a^3\ :\ a^4\ :\ a^5\ :\ \text{etc.}$$
$$\div\ 0\ .\ 1\ .\ 2\ .\ 3\ .\ 4\ .\ 5\ .\ \text{etc.,}$$

dont la raison a de la première seroit la racine de la puissance exacte immédiatement inférieure à la puissance imparfaite dont on cherche le degré.

NOTE IX.   (Prob. LXIII, pag. 116.)

Trouver le plus grand commun diviseur entre deux nombres.

Le plus grand diviseur commun entre deux nombres ne sauroit surpasser le plus petit des deux. Car, autrement, il ne diviseroit pas le plus petit nombre. Mais ce plus petit nombre sera le plus grand commun diviseur, s'il divise le plus grand nombre. On commencera donc par diviser le plus grand des deux nombres par le plus petit. Si ce plus petit nombre n'est pas le plus grand commun diviseur, il y aura un reste dans cette première division.

Maintenant, j'observe que le diviseur commun cherché doit diviser le premier dividende et le premier diviseur. Or, le dividende est égal au produit du diviseur par le quotient, plus le reste ; et un nombre qui

divise une somme et une partie de cette somme , doit aussi diviser la partie restante ; car , autrement, un nombre entier , ajouté à une fraction ,
pourroit donner un nombre entier. Donc , le plus grand diviseur commun divisera le premier reste , en même tems que le premier diviseur. Il
ne sauroit donc être plus grand que ce premier reste. Divisons donc le
premier diviseur par le premier reste. Si ce reste ne divise pas le premier diviseur , il ne divisera pas le premier dividende, et ne sera point ,
par conséquent , diviseur commun. On aura donc alors un second reste.
Guidé par l'analogie, on divisera le second diviseur par le second reste ,
c'est-à-dire , le premier reste par le second ; et on continuera à diviser
chaque diviseur par son reste , ou chaque reste par celui qui le précède.

Or , nous avons vu que le plus grand diviseur commun devoit diviser
le premier diviseur et le premier reste ; et , comme dans cette suite d'o-
pérations, chaque diviseur devient dividende, et chaque reste devient
diviseur dans la division suivante, ce plus grand commun diviseur divisera aussi le second dividende et le second diviseur, et par conséquent le
second reste. Il divisera donc encore le troisième dividende , le troisième
diviseur , et par conséquent le troisième reste ; et , par la même raison ,
tous les diviseurs et tous les restes.

Donc, il ne pourra pas être plus grand que le plus petit de ces restes.
Il faudra donc qu'il lui soit au moins égal. Or , nous avons vu que la propriété caractéristique du plus grand commun diviseur étoit de diviser
exactement tous les diviseurs et tous les restes trouvés. Donc , si le plus
petit reste est le diviseur cherché , il devra diviser le diviseur de la division à laquelle il appartient. Or , on a divisé chaque reste par le suivant ;
de sorte qu'un nombre a commencé par être reste, est devenu ensuite
diviseur, et après , dividende. Mais un reste est toujours plus petit que
son diviseur : donc le second reste est plus petit que le premier ; le
troisième plus petit que le second ; ainsi de suite. Les restes vont donc en
diminuant successivement au moins d'une unité. Donc, celui qui suivra
le plus petit de tous, sera zéro. Donc , le plus petit reste divisera son diviseur ; et , comme, en revenant sur ses pas, chaque diviseur devient
reste , et chaque dividende devient diviseur dans l'opération précédente ,
il divisera aussi tous les diviseurs, tous les restes, et par conséquent tous
les dividendes. Il divisera donc le premier dividende et le premier diviseur. Il sera donc diviseur commun. Mais, nous avons vu que ce diviseur
commun ne pouvoit surpasser le plus petit reste. Donc, ce plus petit
reste , ou le dernier diviseur , sera le plus grand diviseur commun cherché.

NOTE X.   (Problême LXI, pag. 157.)

De la loi qui lie les restes et les chiffres du quotient au diviseur, dans le développement des fractions ordinaires en fractions décimales périodiques.

Soit à réduire en décimales la fraction $\dfrac{B}{A}$ dans laquelle nous supposons que A soit tout-à-la-fois nombre premier absolu et nombre premier relativement à 10, ainsi que par rapport au numérateur B. Si l'on fait la division en multipliant chaque reste par 10, et que l'on suppose que les quotiens

Soient   o q q' q'' q''' q^{iv} , etc.

les restes étant

B r r' r'' r''' r^{iv} , etc.

on aura pour dividendes

B $10B$ $10r$ $10r'$ $10r''$ $10r'''$, etc.

De sorte que l'on en tirera les équations suivantes :

$$(M)\begin{cases} B = A \times o\ \ + B \\ 10B = A \times q\ \ + r \\ 10r = A \times q'\ \ + r' \\ 10r' = A \times q''\ \ + r'' \\ 10r'' = A \times q'''\ \ + r''' \\ 10r''' = A \times q^{\text{iv}}\ \ + r^{\text{iv}} \\ \quad\text{etc.} \qquad\qquad \text{etc.} \end{cases}$$

Avant de chercher la loi qui lie les restes et les chiffres de la période au diviseur, il est nécessaire de savoir quel sera le reste déjà employé qui reparoîtra le premier pour recommencer la période.

Supposons pour un instant que ce soit le premier reste B qui multiplié par 10 et divisé par A donne au quotient le chiffre qui recommence la période, et que ce soit à la 5e. division que le reste $r''' = B$: dans ce cas on aura

$$10r'' = A \times q''' + B \quad \text{et} \quad 10r'' - B = A \times q''',$$

équation qui montre que $10r'' - B$ doit être un nombre divisible par A et par q''' ; ce qui n'entraîne aucune absurdité, puisque le nombre $10r'' - B$ est plus grand que le diviseur A et que le quotient q'''.

Voyons maintenant s'il ne résulteroit aucune absurdité de supposer que le reste r''' fût égal au reste r, au lieu de l'être à B. Alors on auroit

$$10B = A \times q + r \quad \text{et} \quad 10r'' = A \times q'' + r.$$

Soustrayant la première équation de la seconde, on trouveroit

$$10r'' - 10B = A \times q'' - A \times q$$

ou

$$10 \times (r'' - B) = A \times (q''' - q).$$

Or le diviseur A étant nombre premier, autre que 2 et 5, ne peut diviser 10, il faut donc qu'il divise $r'' - B$; ce qui est impossible, puisque l'on a $r'' < A$. On ne peut donc pas supposer $r''' = r$.

Semblablement, si l'on faisoit $r''' = r'$, on trouveroit

$$10 \times (r'' - r') = A \times (q''' - q'). \ldots \ldots (N)$$

équation également absurde, à cause de $r'' - r' < A$. (1)

Concluons donc, 1°. que *toute fraction irréductible, dont le dénominateur est un nombre premier, autre que 2 et 5, étant développée en fraction décimale, donne une fraction décimale périodique qui commence au chiffre des dixièmes.*

Cherchons maintenant la relation qu'il y a entre la somme des restes, celle des chiffres de la période et le diviseur; et pour cela, ajoutons les équations précédentes, en supposant que la période recommence à la cinquième division, et que l'on ait $r''' = B$: cette addition donnera

$$10 \times (B + r + r' + r'') = A \times (q + q' + q'' + q''') + r + r' + r'' + B$$

ou $9 \times (B + r + r' + r'') = A \times (q + q' + q'' + q'''). \ldots \ldots (P)$

On voit, d'après cette équation, que le nombre A étant premier relativement à 9, à moins qu'il ne soit 3, doit diviser $B + r + r' + r''$, c'est-à-dire, que la somme des restes doit être un multiple du diviseur A. En outre, le facteur 9 ne pouvant diviser A, puisque A est un nombre premier, il faudra que 9 divise la période $q + q' + q'' + q'''$; et par conséquent que le nombre $q\,q'\,q''\,q'''$, formant la période, soit divisible par 9.

Ainsi, 2°. *dans le développement d'une fraction en fraction décimale périodique, la somme des restes qui ont donné une*

---

(1) L'idée de cette démonstration, je la dois à M. Leran, professeur au lycée Impérial.

période est toujours multiple du diviseur, excepté le cas où le diviseur est 3 ; et la période elle-même est divisible par 9, c'est-à-dire, que la somme de ses chiffres est un multiple de 9: de plus cette somme des chiffres, après avoir été divisée par 9, doit être un diviseur de la somme des restes.

Nous avons vu dans les fractions périodiques, que lorsque deux restes étoient complémens l'un de l'autre par rapport au diviseur, les deux restes suivans continuoient à l'être, et que les chiffres correspondans du quotient étoient complémens à 9. Il s'agit ici de voir si cette loi est générale. Supposons donc que dans les équations (M) on ait $r + r'' = A$; si l'on ajoute les équations qui renferment $10r$ et $10r''$, on aura

$$10\,r + 10\,r'' = A \times q' + A \times q''' + r' + r'''$$

ou

$$10 \times (r + r'') = A \times (q' + q''') + r' + r'''.$$

Mais on a supposé $r + r'' = A$; on trouvera donc

$$10 \times A = A \times (q' + q''') + r' + r'''.$$

équation d'après laquelle on voit que $r' + r'''$ doit être un nombre divisible par A. Pour découvrir à quel multiple de A on doit égaler la somme $r' + r'''$ des deux restes, j'observe que l'on a $r' < A$ et $r''' < A$; par conséquent on aura $r' + r''' < 2A$: or, au-dessous de $2A$, il n'y a que A qui soit divisible par A ; il faut donc que $r' + r''' = A$. Substituant cette valeur dans l'équation précédente, on aura

$$A \times 10 = A \times (q' + q''') + A.$$

De sorte qu'en retranchant A de part et d'autre, et divisant tout par A, on trouvera finalement

$$q' + q''' = 9.$$

Les raisonnemens que nous venons de faire ayant évidemment lieu, dès que la somme de deux restes devient égale au diviseur, nous conclurons :

1°. Que *lorsque dans le développement d'une fraction périodique, deux restes donnent le diviseur pour somme, les deux restes consécutifs donnent la même somme ; et de plus, que les deux chiffres de la période correspondans à ces deux derniers restes sont complémens à 9 l'un de l'autre ; ce qui fournit*

---

un moyen simple de trouver tous les chiffres restans de la période, dès que l'on est arrivé à un reste qui est complément de l'un des restes précédens relativement au diviseur.

Voyons maintenant ce qui arriveroit, si le dénominateur A n'étoit point premier relativement à 10*, et qu'au contraire il eût pour diviseur une puissance de* 2 *ou de* 5 *ou le produit d'une puissance de* 2 *par une puissance de* 5. Dans le premier cas, on feroit $A = A' \times (2)^m$; dans le deuxième, $A = A' \times (5)^n$, et dans le troisième, $A = A' \times (2)^m \times (5)^n$, la lettre A' exprimant l'autre facteur de A, et les lettres m et n indiquant les degrés des puissances de 2 et de 5.

Qu'il s'agisse donc de développer en fraction décimale la fraction $\dfrac{B}{A}$ dont le dénominateur $A = A' \times (2)^m \times (5)^n$.

Si nous représentons les quotiens successifs par Q, Q', Q'', Q''', etc. et les restes correspondans par R, R', R'', R''', etc., on aura les équations.

$$10\, B = A'\,(2)^m\,(5)^n\,Q + R$$
$$10\, R = A'\,(2)^m\,(5)^n\,Q' + R'$$
$$10\, R' = A'\,(2)^m\,(5)^n\,Q'' + R''$$
$$10\, R'' = A'\,(2)^m\,(5)^n\,Q''' + R'''$$
$$\text{etc.} \qquad\qquad \text{etc.}$$

Or, le premier dividende 10 B étant divisible par 2×5, et l'une de ses parties ayant le même diviseur, il faut que l'autre partie R soit également divisible par 2×5; on pourra donc supposer . . . . $R = a \times 2 \times 5$.

Par la même raison, le deuxième dividende 10 R étant divisible par $(2)^2 \times (5)^2$, il faut que le reste R' soit aussi multiple de $(2)^2 \times (5)^2$; on fera donc $R' = b \times (2)^2\,(5)^2$.

Semblablement on aura $R'' = c \times (2)^3\,(5)^3$, $R''' = d \times (2)^4\,(5)^4$; ainsi de suite.

Mais lorsqu'on sera arrivé à un reste dont les puissances de 2 et de 5 seront d'un degré égal à m ou à n suivant que l'on a $m > n$ ou $n > m$, on pourra, par la suppression des facteurs communs, faire disparoître les facteurs 2 et 5 qui multiplient A', et alors, dans la division suivante, n'ayant plus pour diviseur que A', nombre premier par rapport au dividende, l'opération sera ramenée au cas précédent, et la période commencera.

Cependant, pour ne laisser aucun doute sur l'instant où le développement doit commencer à devenir périodique, voyons s'il ne résulte où point quelque absurdité de supposer que la période commençât, avant que le diviseur fût devenu premier à l'égard du dividende.

Soit donc, s'il est possible, $R''' = R$; retranchant alors la première équation de la quatrième, on auroit

$$\text{10} \; (R'' - B) = A' \, (2) \, {}_m (5) \, {}_n (Q''' - Q)$$

et

$$R'' - B = A' \, ( ) \, {}^{m-1} (5) \, {}^{n-1} (Q''' - Q)$$

ou

$$R'' = A' \, ( ) \, {}^{n-1} (5) \, {}^{n-1} (Q''' - Q) + B.$$

Or, R'' est divisible par 2 et par 5, tandis que B ne peut l'être; il faudroit donc qu'une somme et l'une de ses parties pussent chacune être divisibles par un même nombre, sans que la partie restante le fût; ce qui est absurde : il en seroit de même, si l'on eût fait $R''' = R''$, ainsi de suite.

Ainsi, 4°. *lorsque, dans le développement d'une fraction en décimales, le dénominateur n'est pas premier par rapport à 10, la période ne commence qu'après un nombre de chiffres égal à la plus haute puissance de 2 ou de 5 que renferme ce dénominateur.*

NOTE XI. (Prob. LXXIX, pag. 217.)

De la détermination des inconnues.

Les proportions peuvent être regardées comme des équations ramenées par une suite d'opérations à exprimer l'égalité de deux différences ou de deux quotiens. Lorsque les proportions sont données immédiatement par les conditions d'une question, et que les inconnues ne sont pas trop combinées avec des nombres, on peut, facilement, obtenir la valeur de ces inconnues par les propriétés des proportions. Mais lorsque les équations qui établissent la dépendance entre les connues et les inconnues, sont trop composées, il est plus simple et plus commode d'arriver au dégagement des inconnues, d'après le principe général que *deux grandeurs égales donnent des résultats égaux, soit qu'on les augmente ou qu'on les diminue d'un même nombre, soit qu'on les multiplie ou qu'on les divise par un même nombre, soit enfin qu'on les élève à une même puissance, ou que l'on en extraie une même racine.*

D'après cela, supposons qu'une certaine question nous ait conduits à cette équation $\dfrac{5}{7} x - \dfrac{4}{5} + 2 = \dfrac{2}{3} x - \dfrac{3}{4} + 8.$

Pour simplifier cette équation, j'observe d'abord que je puis faire disparoître 2 de la première quantité, en diminuant de 2 les deux parties ou *membres* de l'équation ; ce qui donnera d'abord ....
$$\dfrac{5}{7} x - \dfrac{4}{5} = \dfrac{2}{3} x - \dfrac{3}{4} + 6.$$

Maintenant, pour réduire les fractions $\dfrac{4}{5}$ et $\dfrac{3}{4}$ à une seule, je les ramène au même dénominateur; et j'ai ....
$$\dfrac{5}{7} x - \dfrac{16}{20} = \dfrac{2}{3} x - \dfrac{15}{20} + 6.$$ Augmentant de $\dfrac{15}{20}$ les deux membres de cette équation, on aura

$$\dfrac{5}{7} x - \dfrac{1}{20} = \dfrac{2}{3} x + 6.$$

Augmentant encore de $\dfrac{1}{20}$, et diminuant de $\dfrac{2}{3} x$, on obtiendra

$$\dfrac{5}{7} x - \dfrac{2}{3} x = 6 + \dfrac{1}{20}, \text{ ou } \dfrac{5}{7} x - \dfrac{2}{3} x = \dfrac{121}{6}.$$

Réduisant au même dénominateur les fractions $\frac{2}{3}$ et $\frac{5}{7}$, on a

$$\dfrac{15}{21} x - \dfrac{14}{21} x = \dfrac{121}{6}, \text{ ou } \dfrac{1}{21} x = \dfrac{121}{6}.$$

Divisant les dénominateurs par 3, on aura $\dfrac{1}{7} x = \dfrac{121}{2}$; enfin multipliant par 2 et par 7, on trouvera $2x = 121 \times 7 = 847$ ....
$$\text{et } x = \dfrac{847}{2} = 423,5.$$

On pourroit aussi réduire d'abord tous les termes de l'équation au même plus petit dénominateur, et supprimer ensuite tous les dé-nominateurs, ce qui reviendroit à la multiplication de tous les termes par un même nombre. Après cela, on n'opéreroit plus que sur des nombres entiers.

En examinant attentivement la marche que l'on a suivie pour dé-terminer l'inconnue, on en tirera cette règle générale.

*** Pour obtenir la valeur de l'inconnue qui se trouve dans une équa-tion, lorsque cette inconnue est seule et qu'elle n'est élevée qu'à sa première puissance, il faut 1°. réduire tous les termes de l'équation au même plus petit dénominateur, et supprimer le dénominateur commun; 2°. faire passer tous les termes qui renferment l'inconnue, dans l'un des membres de l'équation, et tous ceux qui ne la ren-ferment pas, dans l'autre; transposition qui se fait en effaçant les termes dans le membre où ils sont, et en les écrivant dans l'autre, avec des signes contraires, c'est à dire, avec le signe —, s'ils avoient le signe +, et avec le signe +, s'ils avoient le signe —; 3° divi-ser tous les termes de l'équation par la somme des termes qui mul-tiplient l'inconnue.

Supposons que l'on eût deux inconnues et deux équations, on pourroit d'abord chercher l'une des inconnues en traitant l'autre comme connue, et après avoir substitué cette valeur dans l'autre équation, on n'auroit plus qu'une équation à une inconnue, que l'on détermi-neroit par la règle précédente; mais nous n'irons pas plus en avant sur ce sujet, parce que nous y reviendrons dans la suite avec tous les détails qu'il mérite.

NOTE XII. (Prob. LXXVII et LXXVIII, pag. 211 et 213.)

Du triangle arithmétique.

Si l'on écrit d'abord en ligne horisontale un certain nombre quel-conque de fois 1 ; qu'ensuite, à partir de la seconde unité à gauche, on forme une seconde ligne de nombres dont chacun soit la somme des nombres placés à sa gauche dans la première ligne ; qu'après, on forme une troisième ligne avec la seconde, comme on a formé celle-ci avec la première, et que l'on continue à former de nouvelles lignes, en suivant le même procédé, on aura une suite de nombres qui, par leur disposition, donneront lieu à une figure, connue en géométrie sous le nom de *triangle*; ce qui a fait donner à la réunion de ces diverses suites de nombres le nom de *triangle arithmétique*. Ce triangle peut avoir plus ou moins d'étendue; il nous suffira de celui tracé ci-dessous pour en expliquer les différentes propriétés.

1	1	1	1	1	1	1	1	1	1	1
	1	2	3	4	5	6	7	8	9	10
		1	3	6	10	15	21	28	36	45
			1	4	10	20	35	56	84	120
				1	5	15	35	70	126	210
					1	6	21	56	126	252
						1	7	28	84	210
							1	8	36	120
								1	9	45
									1	10
										1

Au premier coup-d'œil, on voit que chaque ligne horisontale est composée des mêmes nombres que la ligne oblique ou transversale du même rang; ensuite que chaque terme étant la somme de tous les termes placés à sa gauche dans la ligne horisontale précédente, on peut le former tout de suite en ajoutant le terme précédent de la même ligne horisontale au terme immédiatement au-dessus; c'est ainsi que pour avoir le quatrième terme de la troisième ligne, on ajoutera au terme précédent 6 le terme 4 placé au-dessus, et l'on aura 10; et cela est visible, puisque $6 = 1 + 2 + 3$, et que l'on doit avoir $10 = 1 + 2 + 3 + 4 = 6 + 4$.

On remarquera facilement encore que les nombres placés dans une même colonne verticale, forment deux séries composées de mêmes nombres; la première croissante, et la seconde décroissante. Si l'on élevoit $a + b$ au carré, ensuite au cube, à la quatrième, à la cinquième, etc. puissance, on trouveroit aussi que la troi ième colonne verticale donne les multiplicateurs de a et de b dans le carré, que la quatrième donne ceux des mêmes lettres dans le cube, la cinquième ceux de ces lettres dans la quatrième puissance, ainsi de suite.

Si l'on fait la somme des colonnes verticales du triangle, on aura la progression par quotient

$$\div\ 1 : 2 : 4 : 8 : 16 : 32 : 64, \text{ etc.}$$

Divisons maintenant chaque terme d'une ligne horisontale par celui qui occupe le même rang dans la ligne précédente, et comparons les quotiens qui en résulteront. Si nous nous arrêtons aux troisième et quatrième lignes, nous aurons

$$\frac{1}{1} \qquad \frac{4}{3} \qquad \frac{10}{6} \qquad \frac{20}{10} \qquad \frac{35}{15} \qquad \frac{56}{21}, \text{ etc.}$$

ou

$$\frac{3}{3} \qquad \frac{4}{3} \qquad \frac{5}{3} \qquad \frac{6}{3} \qquad \frac{7}{3} \qquad \frac{8}{3}, \text{ etc.}$$

nombres qui forment une progression dont la différence $\dfrac{1}{3}$ est une fraction ayant l'unité pour numérateur, et le nombre qui désigne le rang de la ligne diviseur, pour dénominateur ; et comme il en seroit de même des quotiens des termes qui composent deux lignes consécutives, on en conclura que, *dans le triangle arithmétique, si l'on prend les termes qui occupent le même rang dan deux suites horisontales consécutives, et qu'on divise successivement ceux de la suite inférieure par ceux de la suite supérieure, on aura des quotiens formant une progression dont la différence sera une fraction ayant pour numérateur l'unité, et pour dénominateur le nombre qui marque le rang de la ligne supérieure.*

Après avoir divisé les termes de deux suites un à un, divisons-les deux à deux, trois à trois, etc., c'est-à-dire, faisons les sommes des deux, des trois des quatre, etc premiers termes des deux suites, divisons-les les unes par les autres, et voyons quelle relation les quotiens auront entre eux. Prenant encore les troisième et quatrième lignes, nous aurons

$$\frac{1}{1} \quad \frac{1+4}{1+3} \quad \frac{1+4+10}{1+3+6} \quad \frac{1+4+10+20}{1+3+6+10} \quad \frac{1+4+10+20+35}{1+3+6+10+15} \text{ etc.}$$

ou

$$\frac{1}{1} \quad \frac{5}{4} \quad \frac{15}{10} \quad \frac{35}{20} \quad \frac{70}{35} \quad \text{etc.}$$

ou

$$\div \frac{4}{4} \cdot \frac{5}{4} \cdot \frac{6}{4} \cdot \frac{7}{4} \cdot \frac{8}{4} \quad \text{etc.}$$

suite dont les termes forment une progression ayant $\frac{1}{4}$ pour différence. De sorte que, conduit par l'analogie, on conclura que,

*Dans le triangle arithmétique, si l'on prend deux suites
horisontales consécutives, que l'on fasse dans chacune les
sommes des 2, des 3, des 4, etc. premiers termes, et que les
sommes de la suite inférieure on les divise chacune par sa
correspondante dans la suite supérieure, on aura des quotiens en progression dont la différence sera l'unité divisée
par le rang de la suite inférieure où l'on a pris les dividendes.*

La rigueur exigeroit que les principes que nous venons d'exposer fussent
généralisés ; mais leur démonstration nous jeteroit dans des calculs qui
tiennent essentiellement à l'algèbre ; nous nous contenterons donc des
résultats de l'analogie résultats que nous présentons comme objets de
recherches ultérieures. Nous allons cependant faire usage de ces principes, pour *trouver quelque formule propre à donner tel terme
que l'on voudra du triangle.*

Pour simplifier, représentons généralement par $n\!\int^m$ la somme
des n premiers termes d'une suite horisontale dont le rang est m.
En faisant successivement m et $n = 1\ldots = 2\ldots = 3$, etc., on
aura un moyen d'indiquer la somme de tel nombre de termes que
l'on voudra, pris dans une suite de rang déterminé. Si nous appliquons le principe précédent, nous aurons

$$\div \frac{\int^2}{\int^1} \cdot \frac{2\int^2}{2\int^1} \cdot \frac{3\int^2}{3\int^1} \cdot \frac{4\int^2}{4\int^1} \cdots \frac{n\int^2}{n\int^1} \, ,$$

progression dont la différence est $\dfrac{1}{2}$; on aura donc, d'après l propriétés des progressions par différence (prob. LXXVII)

$$\frac{nf^2}{nf^1} = \frac{f^2}{f^1} + \frac{1}{2} \times (n-1); \text{ or, } f^2 = 1, f^1 = 1, \text{ et } nf^1 = n;$$

par conséquent $\dfrac{nf^2}{n} = 1 + \dfrac{n-1}{2} = \dfrac{n+1}{2}$, et $nf^2 = \dfrac{n(n+1)}{2}$

Semblablement, on auroit les progressions

$$\div \frac{f^3}{f^2} \cdot \frac{2f^3}{2f^2} \cdot \frac{3f^3}{3f^2} \cdots \frac{nf^3}{nf^2}$$

$$\div \frac{f^4}{f^3} \cdot \frac{2f^4}{2f^3} \cdot \frac{3f^4}{3f^3} \cdots \frac{nf^4}{nf^3}$$

$$\div \frac{f^5}{f^4} \cdot \frac{2f^5}{2f^4} \cdot \frac{3f^5}{3f^4} \cdots \frac{nf^5}{nf^4}$$

$$\text{etc.} \qquad \text{etc.} \qquad \text{etc.} \qquad \text{etc.}$$

dont les différences sont $\dfrac{1}{3}$, $\dfrac{1}{4}$, $\dfrac{1}{5}$, etc., d'après lesquelles on trouveroit

$$\frac{nf^3}{nf^2} = \frac{n+2}{3}, \quad \frac{nf^4}{nf^3} = \frac{n+3}{4}, \quad \frac{nf^5}{nf^4} = \frac{n+4}{5}, \text{ etc.}$$

et $$nf^3 = nf^2 \times \frac{n+2}{3}, \quad nf^4 = nf^3 \times \frac{n+3}{4},$$

$$nf^5 = nf^4 \times \frac{n+4}{5}, \text{ etc.}$$

On en déduiroit donc

$$(A)\begin{cases} nf^1 = \dfrac{n}{1}, \; nf^2 = \dfrac{n}{1} \times \dfrac{n+1}{2}, \\[2ex] nf^3 = \dfrac{n}{1} \times \dfrac{n+1}{2} \times \dfrac{n+2}{3}, \\[2ex] nf^4 = \dfrac{n}{1} \times \dfrac{n+1}{2} \times \dfrac{n+2}{3} \times \dfrac{n+3}{4}, \\[2ex] nf^5 = \dfrac{n}{1} \times \dfrac{n+1}{2} \times \dfrac{n+2}{3} \times \dfrac{n+3}{4} \times \dfrac{n+4}{5}; \end{cases}$$

formules qui montrent que,

Pour faire la somme d'un nombre n de termes d'une suite horisontale du triangle arithmétique, ou, pour trouver le n^{me}. terme de la suite inférieure, il faut 1°. prendre les deux progressions n.n + 1.n + 2.n + 3, etc. et 1.2.3, etc., jusqu'à ce qu'elles aient un nombre de termes égal au rang qu'occupe la suite; 2°. diviser les termes de la première progression par les termes correspondans de la deuxième; 3°. faire un produit de tous les quotiens résultans.

Proposons-nous enfin d'exprimer tous les termes qui composent une colonne verticale du triangle arithmétique. Dans ce cas, la difficulté est réduite à trouver d'après le principe précédent les sommes f^1, $(n-1)f^2$, $(n-2)f^3$, $(n-3)f^4$, $(n-4)f^5$, etc.

Or, il suffira pour cela de remplacer dans les formules (A) ci-dessus n par $n-1$ dans nf^2, par $n-2$, dans nf^3, par $n-3$, dans $(n-4)f^4$, , etc.

On aura donc,

$$f^1 = 1$$

$$(n-1)f^2 = \frac{n}{1} \times \frac{n-1}{2}$$

$$(n-2)f^3 = \frac{n}{1} \times \frac{n-1}{2} \times \frac{n-2}{3}$$

$$(n-3)f^4 = \frac{n}{1} \times \frac{n-1}{2} \times \frac{n-2}{3} \times \frac{n-3}{4}$$

$$(n-4)f^5 = \frac{n}{1} \times \frac{n-1}{2} \times \frac{n-2}{3} \times \frac{n-3}{4} \times \frac{n-4}{5}$$

En finissant, nous ajouterons que les nombres qui forment les suites horisontales ont été nommés *nombres figurés*, parce que l'on peut arranger les unités qu'ils renferment de manière à former des figures géométriques.

Les nombres de la première suite se nomment *unités*, ou nombres *constans* ou nombres *points*; ceux de la deuxième suite, nombres *linéaires* ou *latéraux*; ceux de la troisième, nombres *triangulaires* ou *trigonaux*; ceux de la quatrième, nombres *pyramidaux*, ceux de la cinquième, nombres *trianguli-pyramidaux ;* ici l'on s'arrête et l'on continue de donner le nom de *nombres pyramidaux ,* mais de divers degrés , aux nombres des autres suites.

NOTE XIII.

Des permutations et des combinaisons.

§ Ier.

L'objet des permutations ou changemens d'ordre est de trouver de combien de manières on peut arranger ou disposer deux à deux , trois à trois, quatre à quatre , etc., un certain nombre donné de choses.

Pour plus de clarté , représentons par les lettres de l'alphabet les choses qu'il s'agit d'arranger , il peut arriver que chaque permutation doive renfermer un nombre de lettres égal à la totalité des lettres données , ou bien qu'elle en renferme un nombre plus petit , ou même un nombre plus grand : parcourons ces divers cas, et voyons dans quel rapport se trouvera le nombre des lettres données relativement au nombre des permutations.

Commençant par le cas le plus simple , cherchons combien avec deux lettres a et b , on peut faire de permutations de deux lettres. Pour cela , il suffit d'écrire b d'abord à la droite et ensuite à la gauche de a , c'est-à-dire de faire occuper à b successivement le deuxième et le premier rang ; ce qui donne

$$a\,b \qquad b\,a.$$

2°. Soient trois lettres $a\,b\,c$ dont on demande les permutations trois à trois : on écrira , dans les deux permutations $a\,b$ et $b\,a$, la lettre c successivement au troisième , au deuxième et au premier rang ; de sorte que l'on aura

$$\begin{matrix} a\,b\,c & b\,a\,c \\ a\,c\,b & b\,c\,a \\ c\,a\,b & c\,b\,a \end{matrix}$$

D'où l'on voit que chaque permutation de deux lettres en donne

autant de trois lettres qu'il y a de rangs à occuper, c'est-à-dire trois ;
comme deux lettres donnent deux permutations de deux lettres, il
s'ensuit que trois lettres donneront un nombre de permutations de
trois lettres exprimé par 2×3.

3°. Soient les quatre lettres $a\,b\,c\,d$, qu'il s'agit d'arranger de
manière que chaque permutation renferme quatre lettres. Prenons la
permutation $a\,b\,c$ de trois lettres ; nous pouvons écrire successivement la lettre d au quatrième, au troisième, au deuxième et au
premier rang ; ce qui nous donnera les quatre permutations suivantes :

$$a\,b\,c\,d$$
$$a\,b\,d\,c$$
$$a\,d\,b\,c$$
$$d\,a\,b\,c$$

Or, chaque permutation de trois lettres en donnant 4 de quatre
lettres, et le nombre des permutations de trois lettres étant exprimé
par 2×3, il s'ensuit qu'*avec quatre lettres on peut faire un
nombre de permutations de quatre lettres égal à* $2 \times 3 \times 4$.

*D'où il est aisé de voir, qu'en général, pour avoir le nombre
des permutations que l'on peut faire avec un nombre* n *de
lettres, chaque permutation en contenant un nombre* n, *il
faut faire le produit de tous les nombres entiers depuis* 1
jusqu'au nombre n *qui marque le nombre des lettres dont
chaque permutation doit être composée.*

*Cas où le nombre des lettres de chaque permutation est
moindre que le nombre total des lettres à permuter.*

1°. Soient les trois lettres $a\,b\,c$ dont il faut trouver le nombre des
permutations de deux lettres. Ecrivant successivement chaque lettre à
la droite de chacune des lettres restantes, on aura

$$a\,b \qquad b\,a \qquad c\,a$$
$$a\,c \qquad b\,c \qquad c\,b$$

D'où l'on voit que l'on a autant de permutations de deux lettres
ayant une même lettre au premier rang à gauche qu'il y a de lettres
moins une dans le nombre total des lettres données ; ici on aura un
nombre exprimé par $3 - 1$ ou 2 ; par conséquent, multipliant le

nombre total des lettres moins une par le nombre total lui-même, on trouvera le nombre des permutations, lorsque celles-ci ne contiennent qu'une lettre de moins que le nombre total des lettres.

Ainsi, *le nombre des lettres à permuter étant* n, *et celui de chaque permutation étant* $n-1$, *on aura* $(n-1) \times n$ *pour le nombre des permutations.*

2°. Soient les quatre lettres $a\,b\,c\,d$ dont on demande le nombre des permutations de deux et ensuite de trois lettres.

Pour obtenir les permutations de deux lettres, nous ferons comme ci-dessus, et nous aurons

$$
\begin{array}{cccc}
a\,b & b\,a & c\,a & d\,a \\
a\,c & b\,c & c\,b & d\,b \\
a\,d & b\,d & c\,d & d\,c
\end{array}
$$

permutations dont le nombre est exprimé par $(4-1) \times 4$.

Voulant avoir maintenant le nombre des permutations de trois lettres, commençons par chercher combien l'une des permutations de deux lettres peut en donner de trois lettres : prenons donc $a\,b$ et écrivons successivement dans chaque permutation de deux lettres, les lettres restantes $c\,d$; nous aurons

$$
\begin{array}{c}
a\,b\,c \\
a\,b\,d
\end{array}
$$

En faisant de même pour chaque permutation, nous aurons pour la totalité des permutations de trois lettres, ...
$(4-1) \times 4 \times 2 = 4 \times (4-1) \times (4-2)$.

3°. Soient les cinq lettres $a\,b\,c\,d\,e$ dont on cherche les permutations de deux, de trois, et de quatre lettres. Opérant comme ci-dessus, on trouvera d'abord

$$
\begin{array}{ccccc}
a\,b & b\,a & c\,a & d\,a & e\,a \\
a\,c & b\,c & c\,b & d\,b & e\,b \\
a\,d & b\,d & c\,d & d\,c & e\,c \\
a\,e & b\,e & c\,e & d\,e & e\,d
\end{array}
$$

c'est-à-dire, un nombre de permutations de deux lettres exprimé par $(5-1) \times 5 = 4 \times 5$.

Ensuite la permutation $a\,b$ de deux lettres, après que l'on aura écrit chaque lettre restante à la droite, donnera

$$a\ b\ c$$
$$a\ b\ d$$
$$a\ b\ e$$

C'est-à-dire, un nombre de permutations de trois lettres exprimé par 3 ou $5 - 2$; or, on a un nombre de permutations de deux lettres égal à $(5 - 4) \times 5$; on aura donc $5 \times (5 - 1) \times (5 - 2)$ pour le nombre des permutations que l'on peut faire avec cinq lettres, chaque permutation renfermant trois lettres.

Passons au nombre des permutations de quatre lettres; et pour cela, écrivons successivement à la droite de la permutation $a\,b\,c$, chaque lettre restante, savoir d et e nous aurons

$$a\ b\ c\ d$$
$$a\ b\ c\ e$$

C'est-à-dire, un nombre $(5 - 3)$ de permutations de quatre lettres, données par une permutation de trois lettres; mais on a un nombre $5 (5 - 1) (5 - 2)$ de permutations de trois lettres; c'est pourquoi *le produit* $5 (5 - 1) (5 - 2) (5 - 3)$ *exprimera le nombre des permutations de quatre lettres donné par cinq lettres.*

Sans aller plus en avant, on peut remarquer ici que la marche du raisonnement étant toujours la même, la loi que nous venons de découvrir pour trois, pour quatre et pour cinq lettres relativement au nombre des permutations composées d'un nombre de lettres inférieur à la totalité des lettres données est constante et par conséquent générale : nous conclurons donc que, *pour avoir le nombre de permutations contenant chacune un nombre de lettres inférieur au nombre total des lettres données, il faut multiplier le nombre total des lettres par les nombres inférieurs jusqu'à ce que l'on en ait un nombre égal au nombre des lettres moins une que doit renfermer chaque permutation.*

D'après cela, si n exprime le nombre total des lettres, et p le nombre des lettres de chaque permutation, on aura pour le nombre des permutations, $n (n - 1) (n - 2) (n - 3)(n - 4) \ldots (n - (p - 1))$; les points indiquant un vide qui devroit être rempli par les nombres plus petits que $n - 4$, et plus grands que $n - (p - 1)$.

Cas où le nombre des lettres de chaque permutation surpasse le nombre total des lettres à permuter.

1°. Supposons que l'on demande le nombre des permutations de trois lettres que l'on peut faire avec deux lettres a et b. Dans ce cas on ne peut résoudre le problème sans répéter, dans une permutation, l'une des deux lettres; de sorte qu'alors la question est réduite à celle-ci : *étant données trois lettres* a b b *dont deux sont égales, trouver le nombre des permutations de trois lettres.*

On pourroit procéder ici comme dans le cas où les lettres sont différentes, se contentant de rejeter les permutations égales; mais il sera plus simple de remonter aux permutations formées précédemment avec les lettres $a\,b\,c$, de supposer $c = b$, et de voir combien l'on a de permutations différentes. Or, on a trouvé que les lettres $a\,b\,c$ donnoient

$$a\,b\,c \qquad b\,a\,c \qquad c\,a\,b$$
$$a\,c\,b \qquad b\,c\,a \qquad c\,b\,a$$

permutations qui, à cause de $c = b$, $b\,c = b\,b$, $c\,b = b\,b$, se changent en celles-ci

$$a\,b\,b \qquad b\,a\,b \qquad b\,a\,b$$
$$a\,b\,b \qquad b\,b\,a \qquad b\,b\,a$$

D'après lesquelles on voit qu'au lieu de six permutations, on n'en a plus que trois ou la moitié; ce qui doit toujours avoir lieu, puisque les permutations de deux lettres que l'on peut faire avec b et c, se réduisent alors à une seule bb.

2°. *Qu'il s'agisse de trouver combien avec un nombre* n *de lettres on peut faire de permutations de quatre lettres, lorsque trois de ces lettres sont égales.* Or, si les lettres étoient toutes différentes on auroit un nombre de permutations exprimé par $n\,(n-1)\,(n-2)\,(n-3)$. Il ne faut donc plus que savoir de combien l'égalité de trois lettres diminue le nombre des permutations.

Pour le découvrir, prenons d'abord une permutation seulement de deux lettres, savoir $c\,d$: comme pour avoir les permutations de trois lettres, il faut à la gauche de chacune des permutations cd et dc, écrire successivement chaque lettre restante, il s'ensuit que si $c = d$, on n'aura qu'une permutation cc, et par conséquent un demi des permutations de trois lettres, que l'on auroit eues, si toutes les lettres eussent été différentes ; de sorte que le nombre des permutations, lorsque deux lettres seulement, sont égales est exprimé par.............

$$\frac{n\,(n-\ )\,(n-2)\,(n-3)}{2}.$$

Si maintenant on suppose $d = c = b$, alors les permutations bcd, bdc, cbd, cdb, dbc, dcb, se réduiront à une seule bbb, par conséquent, elles ne seront que le tiers du nombre de celles que l'on avoit lorsque deux lettres seulement étoient égales : on aura donc pour le nombre de permutations de quatre lettres, lorsque trois lettres sont égales, l'expression

$$\frac{n\,(n-1)\,(n-2)\,(n-3)}{2\,.\,3}.$$

3°. Que l'on ait maintenant quatre lettres égales, savoir $b = c = d = c$; et que l'on demande le nombre des permutations de cinq lettres. Dans ce cas, prenons la permutation $abcde$. Si nous n'avions d'abord que $d = c$, les permutations $abcde$, $abced$ ne donneroient que $abcdd$; si l'on avoit ensuite $c = d = c$, les permutations

$$\begin{array}{ccc} a\,b\,c\,d\,e & a\,b\,d\,c\,c & a\,b\,e\,d\,c \\ a\,b\,c\,e\,d & a\,b\,d\,e\,c & a\,b\,e\,c\,d \end{array}$$

se changeroient en celle-ci $abccc$, et ne seroient par conséquent qu'un sixième de celles que l'on trouve lorsque toutes les lettres sont différentes Enfin si l'on suppose $b = c = d = c$, la permutation $abcde$ donnera autant de permutations égales qu'avec les lettres $bcde$ on pourra faire de permutations de quatre lettres. Or, avec quatre lettres on fait un nombre $4\,(4-1)\,(4-2)\,(4-3)$ ou $4 \times 3 \times 2$ de permutations, par conséquent, on n'aura qu'une permutation, lorsque quatre lettres sont égales, tandis que l'on en avoit un nombre $4 \times 3 \times 2$, lorsque les lettres étoient différentes, la formule cherchée sera donc $\dfrac{n\,(n-1\,(n-2)\,(n-3)}{1 \times 2 \times 3 \times 4}.$

Ainsi de suite, lorsque l'on a un plus grand nombre de lettres égales.

On en conclura donc, que dans le cas où un certain nombre de lettres sont égales, on trouve le nombre des

414   **NOTES COMPLÉMENTAIRES.**

permutations en divisant celles que l'on auroit si toutes les lettres étoient différentes, par le produit de tous les nombres entiers depuis 1 jusqu'au nombre inclusivement qui marque combien de lettres sont devenues égales.

§ I I.

Les combinaisons sont des arrangemens dans lesquels on n'a égard qu'aux choses qui les composent, sans faire atten-tion aux rangs que ces choses ont relativement les unes aux autres : de sorte que les combinaisons dépendent seulement des différens objets combinés et du nombre de ces objets, tandis que dans les permutations on tient compte tout-à-la-fois du nombre des objets, de leur espèce, et du rang qu'ils occupent entre eux ; mais, dans toutes ces recherches, on ne fait les permutations et les com-binaisons que pour en déterminer le nombre.

D'après la différence qu'il y a entre les permutations et les com-binaisons, il est aisé de voir que les premières peuvent conduire aux secondes, en examinant de combien le nombre des permutations doit être réduit, quand on n'a égard qu'au nombre et à l'espèce des objets permutés.

Pour éclaircir ceci, écrivons la permutation *abcd*. Cette permu-tation donnera autant de permutations ayant en tête la lettre *a*, qu'avec les trois lettres *bcd*. On peut faire des permutations de trois lettres, c'est-à-dire un nombre $3(3-1)(3-2)$ ou $3 \times 2 \times 1$; elle en donnera le même nombre ayant la lettre *b* la première, autant avec la lettre *c*, et un égal nombre avec la lettre *d* à sa gauche ; on en aura donc un nombre exprimé par $4 \times 3 \times 2 \times 1$; ainsi les quatre lettres *abcd* donnent un nombre $4 \times 3 \times 2 \times 1$ de permutations et ne donnent qu'une combinaison ; le rapport du nombre des per-mutations à celui des combinaisons sera dans ce cas $\therefore 4 \times 3 \times 2 \times 1 : 1$; et comme *n* de lettres donnent un nombre de permutations de quatre lettres exprimé par $n(n-1)(n-2)(n-3)$; on aura pour le nombre des combinaisons de quatre lettres donné par *n* de lettres, la

formule $\dfrac{n(n-1)(n-2)(n-3)}{1 \times 2 \times 3 \times 4}$.

D'où l'on conclura que, *pour avoir le nombre des combinai-sons de* p *de lettres donné par le nombre* n *de lettres, il faut diminuer successivement de* 1 *le nombre* n*, jusqu'à ce*

*que l'on ait retranché un nombre p — 1 d'unités; faire en-
suite un produit de tous ces restes et du nombre n, et enfin
diviser ce produit par le produit de tous les nombres retranchés de n, en y comprenant p.*

D'après cela si l'on représente par C le nombre des combinaisons
de p de lettres donné par n de lettres, on aura la formule......

$$C = \frac{n\,(n-1)\,(n-2) \ldots (n-p+1)}{1 \times 2 \times 3 \ldots \times p}.$$

*Application de la théorie des combinaisons au calcul de
la Loterie.*

Le calcul de la loterie consiste principalement à trouver le rapport
entre le nombre des combinaisons 1 à 1, 2 à 2, 3 à 3, 4 à 4 et
5 à 5 donné par 5 numéros sortans et 90 somme totale des numéros; c'est-à-dire, le rapport entre les *extraits*, les *ambes*, les
ternes, les *quaternes* et les *quines* que peuvent donner 5 numéros,
et ceux qui peuvent provenir de 90. On aura donc, d'après les
formules précédentes, les proportions

$$\text{gag. : total. des extr.} \quad :: \quad 5 \quad : \quad 90 \quad :: 1 : 18$$

$$\text{gag. : total. des ambes} \quad :: \quad \frac{5 \times 4}{2} \quad : \quad \frac{90 \times 89}{2} \quad :: 1 : 400,5$$

$$\text{gag. : total. des ternes} \quad :: \quad \frac{5 \times 4 \times 3}{2 \times 3} \quad : \quad \frac{90 \times 89 \times 88}{2 \times 3} \quad :: 1 : 11748$$

$$\text{gag. : total. des quat.} \quad :: \quad \frac{5 \times 4 \times 3 \times 2}{2 \times 3 \times 4} \quad : \quad \frac{90 \times 89 \times 88 \times 87}{2 \times 3 \times 4} \quad :: 1 : 511038$$

$$\text{gag. : total. des quines} \quad :: \quad \frac{5 \times 4 \times 3 \times 2 \times 1}{2 \times 3 \times 4 \times 5} \quad : \quad \frac{90 \times 89 \times 88 \times 87 \times 86}{2 \times 3 \times 4 \times 5} \quad :: 1 : 43949268.$$

Pour un extrait gagnant, on donne la mise. . . .   15 fois

Pour un ambe. • . . . . • . .   270

Pour un terne.   5500

Pour un quaterne..   75000

Pour le quine. 1000000

Voyez, pour de plus amples détails sur ce sujet, et pour d'autres applications intéressantes et curieuses de la théorie des combinaisons, le *Traité de l'Art conjectural*, par M. Parisot.

TABLEAUX

DES DÉFINITIONS, DES PRINCIPES,

DES PROPOSITIONS ET DES SOLUTIONS

RENFERMÉES DANS L'ARITHMÉTIQUE.

Origine et objet de l'arithmétique.

(*Prob.* 1. pag. 1.) La nécessité de distinguer les diverses collections d'objets de même espèce, a conduit à la recherche d'expressions propres à représenter toutes ces collections : de là sont nés *les nombres qui sont des expressions de quantités ou bien des pluralités déterminées.*

Les mots *grandeur*, *quantité* marquent en général les propriétés qu'ont les choses de pouvoir être augmentées ou diminuées, tandis que le nombre spécifie le degré d'augmentation auquel une chose a pu parvenir par l'addition successive de l'unité.

Un nombre est fractionnaire ou fraction, quand il renferme des parties égales de l'unité entière que l'on a supposée divisée.

Les premiers besoins de la société ont donné lieu à des questions dans lesquelles il falloit tantôt réunir plusieurs nombres ensemble, tantôt déterminer leur différence, tantôt répéter un nombre autant de fois qu'il y avoit d'unités dans un autre, tantôt enfin trouver combien de fois un nombre étoit contenu dans un autre nombre : ainsi est née *l'arithmétique qui est la science des nombres, et dont l'objet est la composition et la décomposition de ces derniers.*

TABLEAU PREMIER.

De la composition et de la décomposition des nombres entiers.

Chap. Ier. De la composition des nombres entiers.

§ 1er. *Numération.*

(*Prob.* 11, pag. 5.) Les dix premiers nombres s'expriment par les mots *un, deux, trois, quatre. cinq, six, sept, huit, neuf, dix :* écrivant ensuite ces mots à partir de *un* à la droite de *dix*, on a pu avoir les expressions des nombres jusqu'à *dix-neuf* inclusivement : alors, au lieu de dire *deux dix*, on a dit *vingt*, et l'on a écrit les neuf premiers mots à la droite de vingt; on a remplacé également *trois dix, quatre dix, cinq dix, six dix, sept dix, huit dix, neuf dix* et *dix dix*, par les mots *trente, quarante, cinquante, soixante, soixante et dix, quatre-vingt, quatre-vingt-dix*, et *cent;* à la suite de ces mots, jusqu'à *cent*, on a placé les neuf premiers mots, et à la suite de *cent*, toutes les expressions inférieures. On en a fait de même pour *deux cents, trois cents, quatre cents, cinq cents, six cents, sept cents, huit cents*, et *neuf cents;* alors au lieu de *dix cents*, on a dit *mille*, et à la droite de mille, on a écrit toutes les expressions inférieures; on en a agi de même pour *dix mille* et *cent mille*, mais on a remplacé *dix cent mille* par le mot *million*, ensuite *dix cent millions*, par le mot *billion;* *dix cent billions* par *trillion;* et, continuant de la même manière, on s'est procuré avec des mots, des expressions pour des nombres très-grands, expressions que l'on a simplifiées en remplaçant les mots par des caractères particuliers nommés chiffres.

(*Prob.* 111, pag. 10.) On a représenté les neuf premiers nombres respectivement par les chiffres 1, 2, 3, 4, 5, 6, 7, 8, 9; on est ensuite convenu que tout chiffre écrit à la gauche d'un autre exprimeroit des unités dix fois plus grandes que celles de cet autre, et enfin on a introduit un dixième chiffre 0, nommé *zéro*, destiné à occuper les places vides dans l'expression d'un nombre.

Composition des nombres entiers. Addition.

D'après cela, tout chiffre placé au premier rang à droite exprime des unités simples, au deuxième rang des dixaines, au troisième des centaines, au quatrième des mille, au cinquième des dixaines de mille, au sixième des centaines de mille, au septième des millions, etc., etc. De sorte que, pour écrire un nombre, on peut commencer par écrire successivement les chiffres qui expriment les diverses unités énoncées, ayant l'attention de placer ces chiffres, les uns à l'égard des autres, suivant le rang assigné a x unités qu'ils représentent, et de mettre des zéro aux rangs qui ne sont pas occupés par les chiffres.

(*Prob.* IV, pag. 12.) Pour écrire en chiffres un nombre énoncé, il faut d'abord distinguer dans cet énoncé les diverses tranches dont le nombre est composé, écrire la plus haute tranche comme si elle étoit seule, passer aux tranches suivantes et les écrire successivement, ayant soin de remplacer par des zéro toutes les unités intermédiaires qui manquent.

Pour énoncer un nombre écrit en chiffres, on le divise d'abord de droite à gauche en tranches de trois chiffres chacune, excepté la dernière qui peut avoir moins de trois chiffres ; on cherche ensuite le nom de chaque tranche, en se rappelant que la première est celle des unités, la deuxième celle des mille, la troisième celle des millions, etc. Parvenu à la plus haute tranche, on énonce les diverses unités qu'elle renferme, on la nomme, et on en fait de même pour chaque tranche, jusqu'à celle des unités, dont on supprime le nom.

§ II. *Addition.*

(*Prob* V, pag. 15.) L'addition est une opération par laquelle on trouve un nombre, égal à plusieurs nombres donnés. Le nombre trouvé se nomme somme des nombres proposés.

La somme de plusieurs nombres est égale à la somme de leurs unités simples à celle de leurs dixaines, à celle de leurs centaines, et en général à la somme de leurs unités de même espèce.

Une somme est d'autant plus grande ou plus petite, qu'elle est formée de nombres plus grands ou plus petits, ou bien qu'elle en renferme un plus ou moins grand nombre.

Composition des nombres entiers. Multiplication.

Les unités de la somme sont de même espèce que celles des nombres ajoutés.

Pour avoir la somme de plusieurs nombres donnés, écrivez ces nombres les uns sous les autres, de manière que les unités de même espèce soient placées sur une même colonne ; faites la somme des unités simples, celle des dixaines, celle des centaines, et en général celles des unités de chaque et même espèce ; et, lorsqu'une somme donnera des unités de l'espèce supérieure, retenez-les pour les réunir à celles de la colonne immédiatement à gauche.

§ III. *Multiplication.*

(*Prob.* VI, pag. 19.) *La multiplication est une addition abrégée par laquelle on trouve un nombre qui en contient un autre, tel nombre de fois que l'on veut.*

Le nombre contenu ou le nombre à répéter se nomme *multiplicande;* celui qui désigne combien de fois le multiplicande est renfermé dans la somme trouvée par la multiplication, prend le nom de *multiplicateur;* tandis que la somme elle-même se nomme *produit;* le multiplicande et le multiplicateur reçoivent le nom commun de *facteurs* du produit.

Tout produit peut être considéré comme un tout dont le multiplicande exprime la grandeur des parties, et le multiplicateur le nombre.

Pour multiplier un nombre par un autre, on écrit le multiplicande, et au-dessous le multiplicateur que l'on sousligne ; on multiplie de droite à gauche successivement les diverses unités du multiplicande par le chiffre des unités simples du multiplicateur, et l'on écrit ce produit partiel au-dessous. Si, en multipliant un chiffre du multiplicande, on avoit un produit de deux chiffres, on n'écriroit que le premier chiffre à droite, et l'on retiendroit celui à gauche pour l'ajouter au produit du chiffre suivant du multiplicande par le même chiffre du multiplicateur. On multiplie de même tous les chiffres du multiplicande successivement par tous les chiffres significatifs du multiplicateur, et l'on écrit à la droite de chaque produit partiel, autant de zéro que l'indique le rang qu'occupe le chiffre multiplicateur

Composition des nombres entiers. Multiplication.

à la gauche de celui des unités simples. On peut aussi se dispenser d'écrire ces zéro, pourvu que le premier chiffre à droite de chaque produit partiel soit écrit au rang des unités qu'exprime le chiffre multiplicateur. Additionnant enfin tous les produits partiels, leur somme sera le produit total. S'il y avoit des zéro à la droite des facteurs, on les écriroit tous à la droite du produit.

(*Prob.* vii. pag. 25.) Un produit est d'autant plus grand ou plus petit, que son multiplicande est plus grand ou plus petit, le multiplicateur restant le même. Il est aussi d'autant plus grand ou plus petit que son multiplicateur est plus grand ou plus petit, le multiplicande ne variant point.

Un produit reste constamment le même, lorsque l'on rend l'un de ses facteurs autant de fois plus grand ou plus petit, que l'on a rendu l'autre plus petit ou plus grand.

Si un produit et l'un de ses facteurs deviennent chacun un même nombre de fois plus grands ou plus petits, l'autre facteur n'éprouvera aucun changement.

Un produit contient autant de fois de plus le multiplicande ou le multiplicateur, que l'on a ajouté d'unités au multiplicateur ou au multiplicande ; et il contient autant de fois de moins le multiplicande ou le multiplicateur, que l'on a retranché d'unités du multiplicateur ou du multiplicande.

(*Prob.* viii. pag. 27.) Un produit composé de deux facteurs ne varie point, quand on fait du multiplicande le multiplicateur, et du multiplicateur le multiplicande.

(*Prob.* ix. pag. 28.) Le nombre des chiffres d'un produit est égal au nombre des chiffres des deux facteurs, lorsque l'un de ceux-ci n'a qu'un seul chiffre qui, multiplié par le chiffre des plus hautes unités de l'autre facteur, donne un produit de deux chiffres.

Un produit de deux facteurs a le nombre des chiffres de ses facteurs, ou ce même nombre diminué de 1.

Le nombre des chiffres de l'un des facteurs est ou égal au nombre des chiffres du produit, moins le nombre des chiffres de l'autre facteur plus 1 ; ou seulement à cette différence.

(*Prob.* x. pag. 29.) Un produit reste le même, dans quelque

Composition des nombres entiers. Puissances.

---

ordre que l'on multiplie ses facteurs, et en quelque nombre que soient ces derniers.

§ IV. *Formation des puissances.*

Les *puissances* sont des produits dont tous les facteurs sont égaux; suivant que ces produits renferment deux ou trois ou quatre, etc. facteurs égaux, on les nomme *puissances seconde* ou *troisième*, ou *quatrième*, *etc.* On donne aussi le nom de puissance *carrée* à la puissance seconde, et celui de puissance *cubique* à la puissance troisième. Le facteur qui a produit une puissance se nomme *racine* de cette puissance; il en est la *racine seconde* ou *carrée*, *troisième* ou *cubique*, *quatrième*, *cinquième*, etc. selon qu'il entre deux, ou trois, ou quatre, ou cinq, etc. fois comme facteur dans la puissance.

(*Prob.* xi, pag. 32.) Le carré d'un nombre composé de dixaines et d'unités renferme le carré des dixaines, plus le double produit des dixaines par les unités, plus le carré des unités.

(*Prob.* xii, pag. 33.) Le cube d'un nombre composé de dixaines et d'unités renferme de ce nombre, 1°. le cube des dixaines; 2°. trois fois le carré des dixaines par les unités; 3°. trois fois le carré des unités par les dixaines; 4°. le cube des unités.

Le cube d'un nombre ne peut avoir plus du triple des chiffres de ce nombre, ni moins que ce triple diminué de deux.

(*Remarq.* i, pag. 34.) On aura la quatrième puissance d'un nombre en formant le carré du carré de ce nombre.

La sixième puissance d'un nombre est égale au carré du cube de ce nombre.

La huitième puissance d'un nombre est le carré du carré du carré de ce nombre.

La neuvième puissance d'un nombre est exprimée par le cube du cube de ce nombre.

La douzième puissance d'un nombre égale le cube du carré du carré du nombre.

(*Remarq.* iii, pag. 36.) Les nombres *premiers* ou *simples* sont ceux qui ne sont divisibles que par eux-mêmes ou par l'unité.

Décomposition des nombres entiers. Soustraction.

Les nombres *composés* ou *multiples* sont ceux que l'on peut diviser par des nombres autres qu'eux-mêmes ou l'unité.

Un nombre est *pair* ou *impair* suivant qu'il est divisible ou non par 2. Les nombres pairs sont terminés par zéro, ou par 2, ou par 4, ou par 6, ou par 8 ; les impairs le sont par 1, ou par 3, ou par 5, ou par 7, ou par 9.

Chap. II. Décomposition des nombres entiers.

§ I. *Soustraction.*

(*Prob.* XIII , pag. 37.) Le but de la soustraction est de déterminer l'une des parties d'une somme, lorsque cette somme et la partie restante sont connues ; ou bien de trouver la différence entre deux nombres , c'est-à-dire l'excès de l'un sur l'autre.

Le complément d'un nombre est la différence entre ce nombre et l'unité suivie d'autant de zéro que ce même nombre renferme de chiffres.

Pour retrancher un nombre d'un autre , 1°. on écrit le premier nombre au-dessous du second , de manière que les chiffres qui expriment des unités de même espèce soient placés les uns sous les autres , dans une même colonne verticale ; 2°. on retranche successivement les unités , les dixaines , les centaines , etc. du nombre à soustraire , des unités , des dixaines , des centaines , etc. de l'autre nombre ; 3°. si le nombre dont on soustrait avoit des chiffres exprimant moins d'unités que les chiffres correspondans dans l'autre nombre , on ajouteroit 10 au chiffre trop foible , et l'on diminueroit de 1 le chiffre immédiatement à gauche ; ou bien , on ajouteroit cette unité au chiffre inférieur à gauche ; et la somme de toutes ces différences partielles donneroit la différence totale , ou la partie inconnue de la somme proposée.

Pour avoir le complément d'un nombre , on retranche de 10 le premier chiffre à droite , et de 9 chaque chiffre restant.

(*Prob.* XIV , pag. 42.) 1°. La différence entre deux nombres ne varie point , quand on augmente ou que l'on diminue les deux nombres

Décomposition des nombres entiers. Division.

d'un même nombre d'unités ; 2°. elle augmente d'autant d'unités que l'on en ajoute au plus grand de ces nombres, ou que l'on en retranche du plus petit ; 3°. elle diminue d'autant d'unités que l'on en retranche du plus grand des deux nombres, ou que l'on en ajoute au plus petit.

(*Prob* xv, pag. 43.) Pour retrancher un nombre d'un autre, ajoutez à celui-ci le complément du nombre à retrancher, et diminuez la somme d'une unité immédiatement supérieure aux plus hautes unités du nombre à soustraire.

Pour retrancher la somme de plusieurs nombres, de la somme de plusieurs autres, on ajoutera les complémens des nombres à soustraire, aux autres nombres, et l'on retranchera de la somme totale, pour chaque complément employé, l'unité immédiatement supérieure aux plus hautes unités du nombre dont on a pris le complément.

(*Prob.* xvi, pag. 46.) La différence entre deux nombres doit être telle qu'étant ajoutée au nombre à soustraire, on retrouve le nombre dont on a soustrait.

La vérification de la somme de plusieurs nombres se fait en soustrayant successivement de gauche à droite la totalité de chaque colonne, des unités de son espèce qui se trouvent dans la somme, la dernière soustraction devant donner zéro.

§ II. *Division.*

(*Prob.* xvii, pag. 53.) La *division* est une opération par laquelle une somme étant donnée, on trouve soit le nombre de ses parties dont la grandeur est connue, soit la grandeur des parties, quand on connoît leur nombre. Le *dividende* est le nombre ou la somme à diviser, le *diviseur*, le nombre qui indique soit en combien de parties égales le dividende doit être divisé, soit la grandeur de l'une des parties de ce dividende ; tandis que le *quotient* désigne combien de fois le dividende contient le diviseur, ou bien exprime la grandeur des parties du dividende, lorsque le diviseur en marque le nombre.

Quant à la manière de faire la division, *voy.* les pag. 54 et 55.

La *division* peut aussi être définie, une opération par laquelle,

Décomp. des nomb. ent. Recherche des fact. d'un nombre.

étant donnés un produit et l'un de ses facteurs, on détermine l'autre facteur.

(*Prob.* xx, pag. 60.) Plus un dividende est grand ou petit, son diviseur restant le même, plus le quotient est grand ou petit.

Plus un diviseur est grand ou petit, son dividende restant le même, moins ou plus le quotient doit être grand.

Un quotient reste le même, lorsque le dividende et le diviseur deviennent le même nombre de fois plus grands ou plus petits.

Le produit du diviseur par le quotient plus le reste de la division doit être égal au dividende.

Un produit divisé par l'un quelconque de ses facteurs donne toujours l'autre facteur.

Ces deux principes servent à vérifier la division et la multiplication.

(*Prob.* xxi, pag. 63.) Quant aux conditions que doit remplir un nombre pour être divisible par 2, par 3, par 4, par 5, par 6, par 7, par 8, par 9, par 10, par 11, par 12 et par 13, *voyez* les règles données, pag. 66 et 67.

(*Prob.* xxii, pag. 69.) Tout produit divisible par un nombre premier, a l'un de ses facteurs divisible par le même nombre.

Toutes les fois qu'un nombre est divisible successivement par deux nombres premiers, il l'est par le produit de ces mêmes nombres.

Un nombre qui divise un produit et qui est premier relativement à l'un des facteurs de ce produit, doit diviser l'autre facteur.

Un nombre divisible par deux autres nombres premiers entre eux, est toujours divisible par le produit de ces nombres.

§ III. *Recherche des facteurs d'un nombre.*

(*Prob.* xxiii, pag. 72.) Pour trouver tous les facteurs premiers d'un nombre, on divise d'abord ce nombre par le plus petit diviseur premier au-dessous de ce nombre; on divise de même le quotient par le plus petit diviseur premier au-dessous de ce quotient; et continuant d'opérer de la même manière sur chaque quotient trouvé, jusqu'à ce que l'on soit parvenu à l'unité, tous les diviseurs premiers employés étant multipliés les uns par les autres donneront le nombre proposé.

Pour obtenir tous les diviseurs composés du même nombre, on

Décomp. des nomb. entiers. Extraction des racines.

multipliera les divisieurs premiers deux à deux, trois à trois, quatre à quatre, etc. jusqu'à ce que l'on arrive à un produit qui soit le nombre lui-même.

(*Prob.* XXIV, pag. 74.) Tout nombre qui n'a aucun diviseur premier au-dessous de sa racine carrée, ne peut en avoir au-dessus, et doit être nombre premier.

§ IV. *Extraction des racines.*

(*Prob.* XXV et XXVI, pag. 76 et 79.) Pour extraire la racine carrée d'un nombre composé de trois ou de quatre chiffres, commencez par faire abstraction par la pensée des deux premiers chiffres à droite, et regardez la partie restante à gauche comme représentant le carré des dixaines de la racine ; cherchez ensuite par le moyen de la table des puissances des neufs premiers nombres, quelle est la racine du plus grand carré contenu dans cette partie ; et vous aurez les dixaines de la racine. Ecrivez la différence entre le plus grand carré renfermé dans la première partie du nombre proposé et cette même partie : à droite de cette différence, placez le chiffre des dixaines du nombre donné, et le nombre résultant, divisez-le par le double des dixaines ; le quotient exprimera les unités de la racine, si, après l'avoir écrit à la droite du double des dixaines et avoir multiplié la somme résultante par ce quotient, on trouve un produit que l'on puisse soustraire du reste total du nombre proposé. Dans le cas où ce nombre auroit plus de quatre chiffres, on commenceroit par faire abstraction de la première tranche à droite, on opéreroit sur la partie restante à gauche, comme nous venons de le dire, et considérant les deux chiffres trouvés à la racine comme les dixaines de celle-ci, on chercheroit les unités par la méthode précédente ; il en seroit de même si le nombre proposé avoit un plus grand nombre de chiffres.

Lorsque le nombre dont on demande la racine n'est pas un carré parfait, on obtient toujours par la méthode précédente, la valeur de cette racine à moins d'une unité entière.

Le reste final donné par l'extraction de la racine carrée d'un nombre, doit être plus petit que le double de la racine trouvée augmenté de 1 ; ce qui est fondé sur ce que la différence entre les carrés de deux

Décomp. des nomb. entiers. Extraction des racines.

nombres consécutifs est toujours exprimée par le double du plus petit de ces nombres, plus l'unité.

(*Prob.* xxvii, pag. 80.) L'extraction de la racine cubique est fondée sur les parties de la racine qui entrent dans la puissance. Pour obtenir cette racine, partagez le nombre en tranches de droite à gauche, de trois chiffres chacune, excepté la dernière à gauche qui peut en avoir moins. Cherchez ensuite le plus grand cube contenu dans la plus haute tranche ; écrivez-en la racine à côté du nombre donné et retranchez ce cube, de la plus haute tranche elle-même : à côté de cette différence, descendez les deux chiffres suivans de la tranche qui vient après : le nombre qui en résultera pourra être regardé comme le triple carré des dixaines par les unités de la racine. De sorte qu'en triplant le carré du chiffre trouvé, on aura un facteur de ce produit dont la division donnera l'autre facteur ; mais le quotient trouvé ne pourra entrer comme chiffre des unités dans la racine, à moins que son cube, augmenté du triple de son carré par les dixaines de la racine, et du triple de lui-même par le carré de ces dixaines, ne donne une somme que l'on puisse soustraire des deux plus hautes tranches du nombre proposé. Après la vérification, on écrira le chiffre vérifié à la place des unités de la racine : si cette dernière devoit avoir plus de deux chiffres, on procéderoit comme on a fait en pareil cas pour la racine carrée. Le nombre ainsi trouvé sera la racine troisième du nombre proposé, si celui-ci est un cube parfait, ou bien il en exprimera la valeur à moins d'une unité.

Le reste final donné par l'extraction de la racine troisième doit être moindre que le triple carré des dixaines de la racine, le triple de ces dixaines et l'unité ajoutés ensemble. Cela est fondé sur ce que la différence entre deux cubes consécutifs est toujours exprimée par le triple carré de la racine du plus petit de ces cubes, plus le triple de cette même racine, plus l'unité.

(*Prob.* xxviii, pag. 82.) La racine quatrième d'un nombre est égale à la racine carrée de la racine carrée de ce nombre.

La racine sixième d'un nombre est exprimée par la racine carrée de la racine cubique de ce nombre, ou par la racine cubique de la racine carrée de ce même nombre.

Décomp. des nomb. entiers. Extraction des racines.

La racine huitième d'un nombre est égale à la racine carrée de la racine carrée de la racine carrée de ce nombre.

La racine neuvième d'un nombre est égale à la racine cubique de la racine cubique de ce nombre.

La racine douzième d'un nombre égale la racine cubique de la racine carrée de la racine carrée de ce nombre.

Ainsi de suite pour les racines dont le degré seroit une puissance de 2 ou de 3, ou bien le produit d'une puissance de 2 par une puissance de 3.

On pourroit obtenir la racine cinquième d'un nombre, en cherchant les deux premières parties de la racine, qui entrent dans la puissance, et en procédant comme nous l'avons fait pour les racines deuxième et troisième ; alors on trouveroit aisément les racines dixième, quinzième, vingtième, vingt-cinquième, etc.

(*Prob.* xxix, pag. 83.) Si l'on divise le nombre des chiffres de la puissance par le nombre des chiffres de la racine, on aura le plus petit exposant de la puissance à laquelle puisse appartenir le nombre proposé ; et, si après avoir diminué de 1 le nombre des chiffres de la puissance, on divise cette différence par le nombre des chiffres moins 1 de la racine, on aura le plus haut degré de la puissance à laquelle la racine ait pu être élevée.

Après cela, on élevera la racine à la moindre de ces puissances, et, si l'on n'y retrouve pas le nombre donné, on continuera jusqu'à ce que l'on soit arrivé à la plus haute puissance, ou que l'on ait trouvé un nombre au-dessus du nombre proposé.

§ V. *Vérification des calculs.*

(*Prob.* xxx, pag. 86.) Le produit des restes donnés par des facteurs étant divisé par un certain nombre, doit donner le même reste que la division du produit total par le même nombre.

Les puissances carrée, cubique, quatrième, etc. du reste que l'on trouve en divisant une racine par un certain diviseur, étant encore divisées par ce même diviseur, doivent donner le même reste, que les puissances carrée, ou cubique, ou quatrième, etc. divisées par le même diviseur.

Décomp. des nomb. entiers. Vérification des calculs.

Le reste que donneroit la division du dividende par un certain nombre, doit être égal à celui que l'on trouveroit en divisant par le même nombre le produit du diviseur par le quotient, plus le reste de l'opération.

Si l'on divise par un certain diviseur le nombre considéré comme puissance d'un degré connu, on doit trouver le même reste qu'en divisant par le même nombre, la racine approchée élevée à sa puissance et augmentée du dernier reste de l'opération.

Les diviseurs 3, 11 et 7 peuvent être employés pour la vérification des opérations. Parmi ces diviseurs, on doit préférer 9 à 3, 11 à 9 et 7 à 11.

TABLEAU DEUXIÈME.

Composition et décomposition des fractions.

Chap. 1. Composition des fractions.

§ 1. *Numération.*

(*Prob.* XXXII, pag. 94.) Les fractions expriment des parties de l'unité. Le nombre qui désigne combien de parties égales on conçoit dans l'unité, et qui, par là, fait connoître la grandeur des parties qui entrent dans la fraction, on le nomme *dénominateur*, parce qu'il *dénomme* ou désigne l'unité fractionnaire.

Le nombre destiné à faire connoître combien de parties égales de l'unité on a fait entrer dans la fraction, on le nomme *numérateur*, par la raison que c'est lui qui compte les parties de la fraction.

Ainsi, le dénominateur indique l'espèce des unités de la fraction, tandis que le numérateur en indique le nombre.

Une fraction est d'autant plus grande ou plus petite, que son dénominateur est plus petit ou plus grand, son dénominateur restant le même ; ou bien, que son numérateur est plus grand ou plus petit, son dénominateur ne variant point.

Une fraction exprime toujours la même quantité, si l'on multiplie, ou si l'on divise ses deux termes par un même nombre.

§ 11. *Addition.*

(*Prob.* XXXIII, pag. 98.) 1°. Pour transformer des entiers en une fraction dont le dénominateur est donné, il faut multiplier ces entiers par ce dénominateur, et écrire le produit pour numérateur de la fraction qui aura pour dénominateur le dénominateur proposé :

2°. L'on réduit plusieurs fractions au même dénominateur, en multipliant les deux termes de chacune par le produit des dénominateurs de toutes les autres ;

3°. Pour ajouter des entiers à des fractions, ou des fractions à

Composition des fractions. Numération.

d'autres fractions, on réduit au même dénominateur les entiers et les fractions, on fait la somme des numérateurs, et l'on donne à cette somme le dénominateur commun.

4°. Une fraction renferme l'unité entière, dès que son numérateur contient son dénominateur. Pour extraire les entiers qu'une fraction peut contenir, on divise le numérateur par le dénominateur, ce qui donne au quotient les entiers renfermés dans la fraction, et un reste qui devient le nouveau numérateur de la fraction.

(*Prob.* XXXIV, pag. 101.) Pour réduire plusieurs fractions au plus petit dénominateur commun, il faut 1°. chercher tous les facteurs premiers des dénominateurs de ces fractions ; 2°. prendre d'abord tous les facteurs premiers de l'un des dénominateurs, et tirer ensuite successivement des autres dénominateurs, les facteurs premiers qui ne sont pas communs aux dénominateurs précédens ; 3°. multiplier le numérateur de chaque fraction par le dénominateur commun divisé par le dénominateur primitif de cette fraction.

Pour avoir le plus petit nombre divisible par des nombres donnés, il faut 1°. chercher tous les diviseurs premiers de ce nombre ; 2°. déterminer le plus grand nombre de fois que chaque diviseur entre comme facteur dans l'un des nombres ; 3°. former, pour chaque diviseur premier, la plus haute puissance à laquelle ce diviseur est élevé dans les nombres donnés ; 4°. faire un produit de toutes les puissances des diviseurs, et ce produit sera le nombre demandé.

§ I I I. *Multiplication.*

(*Prob.* XXXV, pag. 103.) Toutes les fois que le multiplicateur est une fraction, le produit contient du multiplicande une partie désignée par le dénominateur du multiplicateur, et la contient le nombre de fois exprimé par le numérateur du même multiplicateur.

Pour multiplier une fraction par un nombre entier, il faut multiplier le numérateur de la fraction par ce nombre entier, et conserver au produit le même dénominateur.

Pour multiplier un nombre entier par une fraction, il faut multiplier ce nombre par le numérateur, et donner au produit le dénominateur de la fraction.

Comp. des fractions. Formation des puissances.

Pour multiplier une fraction par une fraction, il faut multiplier ces fractions terme à terme, c'est-à-dire, numérateur par numérateur et dénominateur par dénominateur.

(*Prob.* xxxvi, pag. 105.) Le produit de deux facteurs dont l'un au moins est une fraction, est toujours plus petit que le multiplicande, et il l'est d'autant plus, que le dénominateur de la fraction multiplicateur est plus grand que le numérateur.

(*Prob.* xxxvii, pag. 106.) Pour avoir un produit dont les facteurs sont des fractions, il faut, en quelque nombre que soient ces facteurs, multiplier les numérateurs entre eux, comme on multiplie des nombres entiers, et faire de même pour les dénominateurs.

Le produit ne varie point dans quelqu'ordre que l'on fasse les multiplications; il est d'autant plus inférieur au multiplicande, que l'on a plus de fractions pour facteurs, et que les dénominateurs de ces fractions sont plus grands par rapport à leurs numérateurs.

§ IV. *Formation des puissances.*

(*Prob.* xxxvii, pag. 107.) 1°. Pour élevér une fraction à une certaine puissance, il faut élever successivement ses deux termes à cette puissance; 2°. une puissance d'une fraction est toujours moindre, que la fraction elle-même, et elle l'est d'autant plus que le degré de la puissance est plus élevé, et que le numérateur de la fraction racine est plus petit relativement au dénominateur.

Chap. II. De la décomposition des fractions.

§ I. *Soustraction.*

(*Prob.* xxxix, page 108.) Pour soustraire une fraction d'un nombre entier, ou une fraction d'une fraction, il faut tout réduire à un même dénominateur, prendre la différence des numérateurs, et donner à cette différence le dénominateur commun.

Division. Recherche des facteurs. Extraction des racines.

§ II. *Division.*

(*Prob.* xl , pag. 109.) 1°. Pour diviser une fraction par un nombre entier, on multiplie le dénominateur de la fraction dividende, par le nombre entier , ou bien , on divise le numérateur par ce même nombre, si toutefois ce dernier peut diviser le numérateur.

2° Pour diviser un nombre entier ou une fraction par une fraction , il faut renverser la fraction diviseur , c'est-à-dire , mettre le numérateur pour dénominateur , et celui-ci pour numérateur, et ensuite opérer comme dans la multiplication.

§ III. *Recherche de tous les facteurs.*

(*Prob.* xli , pag. 113.) Pour connoître les fractions simples dont une fraction est le produit , il faut, 1°. chercher tous les facteurs premiers du numérateur et du dénominateur de la fraction donnée ; 2°. former , avec les facteurs premiers du numérateur et ceux du dénominateur , autant de fractions qu'il y a de ces facteurs dans celui des termes qui en a le plus ; 3°. remplacer par l'unité tous les facteurs qui manqueroient, dans le cas où les deux termes n'auroient pas le même nombre de facteurs.

Une fraction est simple toutes les fois que son numérateur et son dénominateur n'ont aucun diviseur premier au-dessous de leur racine carrée respective.

§ IV. *Extraction des racines.*

Lorsqu'il s'agit d'extraire d'une fraction une certaine racine, on multiplie d'abord le numérateur de la fraction donnée par le dénominateur élevé à une puissance d'un degré moindre d'une unité que celui de la racine ; on extrait ensuite de ce produit par approximation la racine du degré demandé , d'après la méthode des nombres entiers ; et enfin, à cette racine, on donne pour dénominateur le dénominateur primitif.

La fraction ainsi trouvée sera la racine de la fraction proposée , à moins d'une unité fractionnaire exprimée par le dénominateur de cette dernière fraction.

Simplification des fractions.

La racine d'une fraction surpasse d'autant plus sa puissance, qu'elle est d'un degré plus élevé, et que son numérateur est plus petit par rapport à son dénominateur.

(*Prob.* XLIII, pag. 116.) Pour trouver le plus grand diviseur commun à deux nombres, il faut diviser le plus grand de ces nombres par le plus petit, celui-ci par le premier reste, ensuite le premier reste par le second, le second par le troisième, et continuer de même jusqu'à ce que la division ne donne plus de reste ; alors le dernier diviseur sera le plus grand diviseur commun aux deux nombres proposés.

(*Prob.* XLIV, pag. 118.) 1°. Une fraction dont les termes sont premiers entre eux n'est plus susceptible de réduction ou de simplification.

2°. Si deux fractions sont égales, et que l'une d'elles soit formée de termes premiers entre eux, les termes de l'autre seront respectivement les produits de ceux de la première par un diviseur commun.

(*Prob.* XLV, pag. 119.) 1°. Pour avoir le plus grand diviseur commun à plusieurs nombres, il faut d'abord déterminer le plus grand diviseur commun à tous les nombres, excepté au dernier ; chercher ensuite le plus grand diviseur commun au diviseur trouvé et au dernier des nombres proposés. Ce plus grand diviseur commun sera celui que l'on demande ;

2°. Tous les diviseurs communs à plusieurs nombres, sont les diviseurs du plus grand diviseur commun à tous ces nombres.

(*Prob.* XLVI, pag. 121.) 1°. Un nombre entier ajouté à une fraction irréductible, donne toujours une somme fractionnaire irréductible : mais un nombre entier ajouté à une fraction qui n'est pas réduite à l'expression la plus simple donne une somme fractionnaire susceptible de réduction.

2° La somme d'un nombre quelconque de fractions est irréductible, lorsque les fractions à ajouter sont elles-mêmes irréductibles ; et que chaque dénominateur est premier par rapport à chacun des autres dénominateurs.

Simplification des fractions.

Mais la somme de deux ou de plusieurs fractions est susceptible de réduction, dès que l'une des fractions n'est plus irréductible, ou que les dénominateurs ne sont pas tous premiers les uns à l'égard des autres.

3°. Un nombre entier multiplié par une fraction donne un produit irréductible, lorsque le dénominateur de la fraction est premier par rapport à ce nombre entier et par rapport au numérateur; mais la réduction a lieu, si ces deux conditions ne sont point remplies.

Ensuite le produit de deux ou de plusieurs fractions est irréductible, lorsque chaque dénominateur est premier par rapport à chaque numérateur; et il est susceptible de réduction dans le cas contraire.

4°. Une fraction irréductible élevée à une puissance quelconque, donne toujours une fraction irréductible.

5°. La différence d'une fraction à un nombre entier n'est irréductible que dans le cas où le dénominateur de la fraction est premier tout-à-la-fois par rapport au nombre entier, et par rapport au numérateur de la fraction.

La différence entre deux fractions est irréductible, lorsque les dénominateurs sont premiers entre eux, et que les fractions sont irréductibles.

6°. Le quotient d'une fraction par un nombre entier, n'est irréductible que dans le cas où le numérateur du dividende est premier par rapport à son dénominateur et au diviseur de la fraction; et l'on ne peut simplifier le quotient d'une fraction par une autre, lorsque, les fractions étant irréductibles, les dénominateurs sont premiers entre eux, ainsi que les numérateurs.

7°. Une fraction irréductible ne peut avoir pour facteurs que des fractions dont les dénominateurs soient tous premiers par rapport à leurs numérateurs.

8°. Une puissance exprimée par une fraction irréductible, ne peut avoir pour racine qu'une fraction irréductible.

(*Prob.* XLVII, pag. 126.) Les fractions *continues* peuvent être définies des fractions qui ont pour dénominateurs un nombre entier

Simplification des fractions.

accompagné d'une fraction dont le dénominateur est encore un nombre entier suivi d'une fraction qui a aussi pour dénominateur un nombre entier, et une fraction dont le dénominateur continue à se former comme celui des fractions précédentes.

1°. Pour développer une fraction irréductible en fraction continue, il faut opérer d'abord comme dans la recherche du plus grand commun diviseur; prendre ensuite l'unité pour numérateur, et, pour dénominateur, le premier quotient suivi d'une fraction ayant encore l'unité pour numérateur, et pour dénominateur le second quotient accompagné aussi d'une fraction dont le numérateur soit 1, et le dénominateur le troisième quotient suivi d'une nouvelle fraction formée de la même manière; continuant ainsi jusqu'à ce que l'on ait employé tous les quotiens trouvés par l'opération de la recherche du plus grand commun diviseur.

2°. Pour avoir les diverses limites de la proposée, il faut extraire de la fraction continue totale plusieurs fractions partielles, en s'arrêtant d'abord au premier dénominateur, ensuite au second, au troisième, au quatrième, enfin à l'avant-dernier, et en réduisant sous la forme de fractions ordinaires ces fractions continues partielles ; ce que l'on fait en effectuant les opérations indiquées, de droite à gauche, et de bas en haut.

3°. Les fractions partielles limites de la proposée étant écrites de gauche à droite à mesure qu'on les forme, seront telles que les fractions de rang impair seront toutes plus grandes que la proposée, et d'autant plus voisines de celles-ci qu'elles seront plus avancées vers la droite, ou qu'elles seront moins simples ; tandis que les fractions de rang pair sont toutes plus petites que la fraction principale et d'autant plus rapprochées de cette dernière, qu'elles sont moins simples ou plus reculées vers la droite.

4°. Les fractions limites déduites du développement d'une fraction irréductible en fraction continue, sont exprimées par les plus petits termes possibles.

Voyez l'exposé des principes et des opérations à faire sur les fractions continues, pag. 131.

Approx. des rac. Fract. de fract. Numérat. des décimales.

§ VI. *Approximation des racines.*

(*Prob.* XLVII *bis*, pag. 132.) On ne peut trouver de fraction qui puisse completter la racine d'un nombre qui n'est pas puissance parfaite; c'est pourquoi on a nommé ces sortes de racines, racines *incommensurables.*

Pour avoir une racine à moins d'une unité fractionnaire proposée, on multipliera le nombre donné par la puissance du dénominateur de l'unité fractionnaire, et, après avoir extrait du produit la racine demandée, on donnera à cette racine le dénominateur de l'unité fractionnaire.

On peut obtenir une racine fort approchée, une racine carrée par exemple, en divisant d'abord le reste final par le double de la racine trouvée, en diminuant successivement d'une unité le quotient fractionnaire, jusqu'à ce que le double de la première partie de la racine par ce quotient, plus le carré de ce même quotient puissent être soustraits du reste final.

Au lieu de diminuer successivement d'une unité le quotient fractionnaire trouvé, on peut développer ce quotient en fraction continue et ne vérifier, pour completter la racine, que les fractions partielles au-dessous de ce même quotient.

§ VII. *Réduction des fractions de fractions.*

(*Prob.* XLVIII, pag. 135.) Pour réduire en fraction de l'unité les fractions de fractions de fractions, etc. de fraction, on multiplie numérateurs par numérateurs et dénominateurs par dénominateurs.

Chap. III. Composition et décomposition des décimales.

§ I. *Numération des décimales.*

Les fractions décimales ou simplement les décimales, sont des fractions qui n'expriment que des parties sousdécuples de l'unité principale, ou des fractions qui n'ont jamais pour dénominateur que l'unité suivie d'un nombre quelconque de zéro.

Addition et multiplication des décimales.

(*Prob.* XLIX, pag. 137.) Pour écrire une fraction décimale sous la forme d'un nombre entier, il faut écrire le numérateur de cette fraction, et avancer la virgule vers la gauche, d'autant de rangs que le dénominateur de la fraction décimale renferme de zéro.

(*Prob.* L, pag. 139.) Pour écrire sous la forme de fraction ordinaire, une fraction décimale donnée, il faut écrire le nombre sans avoir égard à la virgule, et donner à ce nombre, pour dénominateur, l'unité suivie d'autant de zéro qu'il y a de rangs occupés à la droite de la virgule.

Pour énoncer une fraction décimale, il faut énoncer comme un nombre entier, sans égard pour la virgule, le nombre qui représente cette fraction; et ensuite faire connoître l'espèce des unités décimales, en énonçant le dénominateur qui est toujours l'unité suivie d'autant de zéro qu'il y a de chiffres à la droite de la virgule.

§ II. *Addition des décimales.*

(*Prob.* LI, pag. 141.) On additionne les décimales comme les nombres ordinaires, ayant soin seulement de placer la virgule dans le résultat entre le chiffre des unités et celui des dixièmes.

§ III. *Multiplication des décimales.*

(*Prob.* LII, pag. 142.) Pour multiplier une fraction décimale par un nombre entier, ou une fraction décimale par une autre, on doit multiplier les deux facteurs, sans faire attention à la virgule, et, dans le produit, avancer la virgule vers la gauche d'autant de rangs qu'il y en a d'occupés à la droite de la virgule dans les deux facteurs.

Si l'on avoit à former un produit de plusieurs fractions décimales, il faudroit multiplier celles-ci comme on multiplie des facteurs entiers, et avancer dans le produit la virgule vers la gauche, d'autant de rangs qu'il y en a d'occupés à la droite de la virgule, dans tous les facteurs.

(*Prob.* LIII, pag. 144.) Dans la multiplication des décimales, lorsque celles-ci sont en grand nombre, et que l'on ne veut avoir qu'un

Formation des puissances des décimales.

produit approximatif, il faut, en multipliant par chaque chiffre du multiplicateur, commencer par celui du multiplicande, placé à un rang qui, ajouté au rang du c'iffre multiplicateur, donne un nombre de décimales supérieur de deux rangs à celui des unités de l'espèce à laquelle on veut s'arrêter dans le résultat, et négliger tous les chiffes du multiplicande qui sont à droite.

D'après cette règle, on placera sous le multiplicande le chiffre des unités du multiplicateur; deux rangs à droite de celui du chiffre à l'espèce duquel on veut s'arrêter; on écrira de droite à gauche les autres chiffres du multiplicateur, en les prenant de gauche à droite, et, à chaque multiplication, on négligera dans le multiplicande les chiffres placés à la droite du chiffre multiplicateur.

L'opération faite, on supprimera, dans le produit, les deux derniers chiffres à droite, ayant l'attention cependant, pour diminuer l'erreur, d'augmenter de 1 le dernier chiffre conservé, si les deux chiffres supprimés surpassent la moitié de l'unité la plus petite qui reste au produit.

Toutes les fois que l'on n'aura pas plus de dix et même de douze chiffres au multiplicateur, on ne pourra point avoir par cette méthode une unité d'erreur sur le chiffre plus avancé de deux rangs vers la gauche par rapport à celui auquel on s'est arrêté dans le multipli-cande.

§ IV. *Formation des puissances des décimales.*

Prob. LIV, pag. 146.) Pour élever à une puissance d'un degré donné, une fraction décimale écrite sous la forme de nombre entier, il faut opérer d'abord comme si la virgule n'y étoit pas, et avancer ensuite cette virgule vers la gauche d'un nombre de rangs indiqué par le nombre des décimales de la racine multiplié par le degré de la puissance.

Soustract. Division. Extract. des rac. des décimales.

Chap. IV. Décomposition des décimales.

§ I. *Soustraction des décimales.*

(*Prob.* LV, pag. 147.) On suit, pour la soustraction des décimales, la même règle que pour les nombres entiers, ayant l'attention seulement de placer la virgule entre le chiffre des unités et celui des dixièmes.

§ II. *Division des décimales.*

(*Prob* LVI, pag. 148.) Pour diviser une fraction décimale par un nombre entier, ou un nombre entier par une fraction décimale, ou une fraction décimale par une autre, on complettera par des zéro celui des deux nombres qui a le moins de décimales, et l'on fera la division comme si la virgule n'y étoit pas ; ayant soin cependant, pour simplifier, de supprimer les zéro communs qui se trouveroient à la droite du dividende et à celle du diviseur.

(*Prob.* LVII, pag. 150.) Dans la division des décimales, on peut abréger l'opération, en supprimant un certain nombre de chiffres décimaux à la droite du dividende et du diviseur, dans le cas surtout où les chiffres retranchés du dividende sont fort grands ; relativement aux chiffres du diviseur.

§ III. *Extraction des racines des décimales.*

Prob. LVIII, pag. 152.) Une fraction décimale ne peut avoir pour dénominateur un carré, ou un cube, ou une quatrième, ou, en général, une puissance quelconque, si le nombre de ses décimales n'est multiple de 2, ou de 3, ou de 4, ou, en général, du degré de la puissance.

Pour extraire une certaine racine d'une fraction décimale, on écrira à la droite de cette fraction assez de zéro pour que le nombre des rangs occupés à la droite de la virgule soit un multiple du degré de la racine ; on extraira ensuite cette racine, en faisant abstraction de la virgule, et enfin, dans cette racine, on placera la vir-

Transformation des fractions en décimales.

gule à un rang vers la gauche, indiqué par le nombre des décimales de la puissance divisé par le degré de la racine.

Pour avoir un quotient à moins de $\frac{1}{10}$, ou de $\frac{1}{100}$, ou de $\frac{1}{1000}$, etc., on multipliera le dividende par 10, ou par 100, ou par 1000, etc., et, au quotient, on avancera la virgule vers la gauche de 1, ou de 2, ou de 3, ou etc. rangs.

§ IV. *Transformation des fractions ordinaires en décimales.*

(*Prob.* LIX, pag. 154.) Pour transformer une fraction en décimales, écrivez à la droite du numérateur autant de zéro qu'on veut avoir de décimales, effectuez la division par le dénominateur, et dans le quotient avancez la virgule vers la gauche d'un nombre de rangs égal au nombre de zéro écrits au numérateur.

(*Prob.* LX, pag. 156.) Une fraction ordinaire ne peut être exprimée exactement en décimales, que dans les cas où son dénominateur est une puissance de 2 ou de 5, ou bien le produit d'une puissance de 2 par une puissance de 5.

Lorsque, dans la réduction d'une fraction ordinaire en décimales, l'un des restes déja obtenus reparoit, tous les restes successifs reparoissent dans le même ordre; et l'on a au quotient une suite de chiffres, les mèmes que les précédens, et disposés entre eux de la même manière : de sorte qu'alors les quotiens sont des fractions décimales que nous nommerons *périod ques.*

(*Prob.* LXI, pag. 157.) Pour réduire en décimales une fraction dont le dénominateur est nombre premier, autre que 2 et 5, il faut ne pousser la division que jusqu'au chiffre inférieur d'une unité au diviseur, et completter le quotient, en y mettant des chiffres qui soient chacun successivement les complémens à 9 des chiffres déja trouvés, à commencer par le chiffre des dixièmes inclusivement.

Toute fraction décimale périodique est divisible par 9.

Quand on réduit en décimales une fraction dont le dénominateur a parmi ses facteurs des puissances de 2 ou de 5, il y a à la droite de la virgule autant de décimales n'appartenant point à la période, qu'il y a d'unités dans le degré de la plus haute puissance de 2 ou de 5.

Approximation des racines.

(*Prob.* LXII. pag. 161.) Pour trouver la fraction ordinaire qui a pu donner une fraction décimale toute périodique, il faut prendre la période pour numérateur, et lui donner pour dénominateur autant de 9 écrits les uns à la suite des autres, qu'il y a de chiffres dans la période. Dans le cas où la fraction auroit un diviseur commun à ses deux termes, on la simplifieroit.

§ v. *Approximation des racines.*

(*Prob.* LXIII, pag. 163.) Pour extraire d'un nombre entier une certaine racine qui ne diffère pas de la racine exacte, d'un 10me., ou d'un 100me., ou d'un 1000me., etc., on écrira d'abord à la droite du nombre entier donné, un nombre de zéro égal au rang de la décimale demandée, multiplié par le degré de la racine; ensuite on extraiera la racine comme celle d'un nombre entier, et dans cette racine on avancera la virgule vers la gauche d'un nombre de rangs indiqué par le quotient du nombre des zéro écrits à la droite de la puissance divisé par le degré de la racine : de sorte que la racine ainsi trouvée, sera une limite en moins, ne différant pas de la vraie racine d'une unité décimale de sa plus petite espèce; et, si l'on augmente d'une unité le dernier chiffre à droite, on aura une limite en plus, dont la différence à la racine exacte sera plus petite que l'unité de la moindre espèce trouvée.

(*Prob.* LXIV, pag. 164.) Une racine carrée trouvée peut être augmentée de 1 ou de $\frac{1}{2}$, ou de $\frac{1}{4}$, ou de $\frac{1}{8}$, lorsque le dernier reste égale ou surpasse le double de cette racine plus 1, ou cette racine plus $\frac{1}{4}$, ou la moitié de cette racine plus $\frac{1}{16}$, ou le quart de la racine trouvée plus $\frac{1}{64}$; et, en général, qu'une racine carrée trouvée peut être augmentée d'un certain nombre, toutes les fois que le dernier reste égale ou surpasse le double de la racine multipliée par le nombre ajouté plus le carré de ce même nombre.

Une racine cubique trouvée peut être augmentée d'un certain nombre, toutes les fois que le reste de l'opération égale ou surpasse le triple carré de la racine trouvée, multipliée par le nombre ajouté, plus le triple carré de ce nombre multiplié par la racine trouvée, plus le cube du même nombre.

Approximation des racines.

(*Prob.* LXV, pag. 167.) Lorsque l'on a trouvé une racine à moins d'une unité décimale connue, et que l'on veut avoir des limites de cette racine, il faut d'abord augmenter la valeur décimale trouvée d'une unité de la moindre espèce ; développer ensuite ces deux fractions décimales en fractions continues ; prendre enfin du développement de la première fraction ; toute la partie qui renferme les dénominateurs communs au développement de la seconde fraction, plus encore un nombre de fractions suivantes, tel que le nombre total des dénominateurs soit impair : alors, toutes les fractions partielles tirées de cette partie du développement dans lesquelles on n'aura fait entrer qu'un nombre impair de dénominateurs, seront autant de limites de la racine, intermédiaires aux deux limites décimales données, pourvu que l'on conserve les dénominateurs communs aux deux développemens. Au reste, au défaut de la règle, on aura recours au raisonnement.

Pour reconnoître finalement les deux limites entre lesquelles tombe la racine, on examinera pour chaque nouvelle limite trouvée, si l'accroissement de cette limite est trop grand ou trop petit, d'après la relation entre le dernier reste de l'extraction de la racine et la racine elle-même.

TABLEAU III.

Composition et décomposition des nombres complexes.

Chap. Ier. Composition des nombres complexes.

§ I. *Numération des nombres complexes.*

La numération des nombres complexes consiste dans la connoissance des rapports qu'ont entre elles les diverses unités ou mesures en usage dans la société, et de la manière d'exprimer ces rapports. (*Voyez*, pour cela, le tableau, page 172.)

§ II. *Addition des nombres complexes.*

(*Prob.* LXVI, pag. 175.) On suit ici la même règle que pour les nombres entiers, ayant soin seulement de retenir une unité de l'ordre supérieur, dès que l'addition d'une colonne donne assez d'unités pour en avoir une immédiatement supérieure.

§ III. *Multiplication des nombres complexes.*

(*Voyez*, pour la manière de faire la multiplication des nombres complexes, le prob. LXVII, pag. 177.)

Chap. II. Décomposition des nombres complexes.

§. I. *Soustraction des nombres complexes.*

(*Prob.* LXVIII, pag. 179.) Pour soustraire un nombre complexe d'un autre, on suit la même règle que pour les nombres entiers avec la modification seulement qu'y apportent les diverses divisions et sous-divisions de l'unité principale.

Division et transformation des nombres complexes.

§ II. *Division des nombres complexes.*

(*Prob.* LXIX, pag. 180.) Pour diviser un nombre complexe par un nombre incomplexe, on divise d'abord les unités de la plus haute espèce, et l'on a au quotient des unités de cette espèce; on transforme ensuite le reste en unités immédiatement inférieures, on ajoute au résultat les unités de même espèce renfermées dans le dividende, et l'on divise la somme par le diviseur; le quotient donne des unités de même espèce que celle du second dividende; enfin on opère sur le second reste comme sur le premier, et l'on continue de même.

(*Prob.* LXX, pag. 181.) Pour diviser l'un par l'autre deux nombres complexes de même espèce, il faut les réduire à la même plus petite espèce, et faire la division comme sur deux nombres entiers abstraits

(*Prob.* LXXI, pag. 182.) Pour diviser un nombre complexe par un autre qui n'est pas de même espèce, on réduit le diviseur en fraction de l'unité principale, et l'opération est ramenée à multiplier le dividende par la fraction diviseur renversée.

Pour réduire un nombre complexe en fraction de l'unité principale, il faut réduire le tout en unités de la moindre espèce, et donner à ce résultat pour dénominateur l'unité principale réduite à la même plus petite espèce.

§ III. *Transformation des nombres complexes en fractions, et des fractions en nombres complexes.*

(*Prob.* LXXII, pag. 184.) Pour transformer un nombre complexe en décimales, on commence par réduire les unités inférieures à l'unité principale, en unités de la plus petite espèce, et l'on a le numérateur d'une fraction dont le dénominateur sera l'unité principale réduite à la même plus petite espèce; on a alors une fraction ordinaire de l'unité principale; fraction qu'il ne faudra plus que réduire en décimales, en mettant des zéro au numérateur, et en divisant par le dénominateur.

(*Prob.* LXXIII, pag. 185.) Pour transformer une fraction concrète en unités inférieures à son unité, on multiplie son numérateur par le nombre de ces unités inférieures que l'unité principale renferme, et

Réduction des nombres complexes.

l'on divise le produit par le dénominateur; si l'on a un reste, ce reste devient le numérateur d'une fraction de l'unité inférieure du second ordre, fraction que l'on réduit en unités immédiatement inférieures par un semblable moyen.

La transformation des nombres complexes en décimales a dû donner l'idée d'assujettir à la loi de la numération décimale les divisions et sousdivisions des diverses unités ou mesures nécessaires à la société.

TABLEAU IV.

Équations numériques ou proportions.

Chap. I*er*. Formation et propriétés des équations numériques ou proportions.

§ 1. *Formation des proportions.*

(*Prob.* LXXIV, pag. 194.) Les équations en général sont les expressions de quantités égales, expressions renfermant des quantités connues et des quantités inconnues. Celle des deux expressions que l'on écrit à gauche, forme le *premier membre* de l'équation, et l'autre le *second membre.*

Toutes les formes d'équations peuvent être ramenées à deux *différences égales* ou à *deux quotiens égaux*, de là les *équidifférences* et les *équiquotiens*, que l'on nomme aussi *proportions par différence* et *proportions par quotient.*

Le quotient d'un nombre divisé par un autre, nous le nommerons encore *rapport* ou *raison.*

§. II. *Propriétés des proportions par différence.*

(*Prob.* LXXV, pag. 197.) Dans la proportion par différence, la somme des extrêmes est égale à la somme des moyens.

Si de la somme des moyens d'une proportion par différence, on soustrait l'un des extrêmes, on aura pour différence l'autre extrême; et, si de la somme des extrêmes, on retranche l'un des moyens, on aura l'autre moyen.

Toutes les fois que quatre nombres sont tels que les deux extrêmes donnent la même somme que les deux moyens, ces nombres ainsi disposés, forment une proportion par différence.

Tous les changemens que l'on fera subir à une proportion par différence, et qui ne détruiront pas l'égalité entre la somme des

Propriétés des proportions par quotient.

extrêmes et celle des moyens, laisseront subsister la proportion, c'est-à-dire, l'égalité des différences.

On peut, dans une proportion par différence, 1º. faire changer de place aux moyens et aux extrêmes; 2º. mettre les extrêmes à la place des moyens; 3º. augmenter ou diminuer d'une même quantité les antécédens ou les conséquens; 4º. multiplier ou diviser tous les termes de la proportion par un même nombre; 5º. ajouter terme à terme, c'est-à-dire, antécédent à antécédent, et conséquent à conséquent, deux ou plusieurs proportions par différence; on peut même 6º. retrancher terme à terme plusieurs proportions de plusieurs autres, sans que les quatre nombres résultans cessent de former une proportion.

La proportion continue est celle dont tous les termes moyens sont égaux. Dans toute proportion continue, la somme des extrêmes est le double du terme moyen, et celui-ci est la moitié de la somme des extrêmes.

§ III. *Propriétés des proportions par quotient.*

(*Prob.* LXXVI, pag. 200.) Dans la proportion par quotient, le produit des extrêmes est égal à celui des moyens.

Si le produit des moyens d'une proportion par quotient, on le divise par l'un des extrêmes, on trouvera l'autre extrême; et si l'on divise le produit des extrêmes par l'un des moyens, on aura l'autre moyen.

Quatre nombres dont les extrêmes multipliés l'un par l'autre, donnent le même produit que les moyens, forment une proportion par quotient.

Tous les changemens que l'on fera subir aux termes d'une proportion par quotient, ne détruisent point la proportion, s'ils laissent subsister l'égalité entre le produit des extrêmes et celui des moyens.

On peut donc, sans détruire la proportion par quotient, 1º. faire changer de place aux termes moyens, ou aux extrêmes, ou bien mettre les extrêmes à la place des moyens, ou les moyens à la place des extrêmes.

On peut 2º. multiplier ou diviser par un même nombre les deux

Propriétés des proportions et des progressions.

antécédens, ou les deux conséquens, ou les deux termes de l'un des rapports.

Dans toute proportion par quotient, les antécédens sont entre eux comme leurs conséquens; la somme des deux premiers termes est à leur différence, comme la somme des deux derniers est à la différence de ceux-ci; la somme ou la différence des deux premiers termes est à la somme ou à la différence des deux derniers, comme le second est au quatrième; la somme ou la différence des antécédens, est à la somme ou à la différence des conséquens, comme un antécédent est à son conséquent.

Des proportions par quotient étant multipliées ou divisées terme à terme, les unes par les autres, donnent des nombres en proportion.

Si l'on élève à une même puissance tous les termes d'une proportion par quotient, ou si l'on en extrait une même racine, les puissances ou les racines sont aussi en proportion.

Dans la proportion continue le produit des extrêmes est égal au carré du terme moyen, et celui-ci est égal à la racine carrée du produit des extrêmes.

Dans une suite de rapports égaux la somme de tous les antécédens est à la somme de tous les conséquens, comme un antécédent est à son conséquent; et, en général, la somme d'un certain nombre d'antécédens est à la somme de leurs conséquens, comme une autre somme d'antécédens est à la somme de leurs conséquens.

(Remarque, pag. 210.) La progression par différence est une suite de nombres dont chacun surpasse celui qui le précède, ou en est surpassé d'un même nombre d'unités suivant que la progression est croissante ou décroissante.

La progression par quotient est une suite de nombres dont chacun contient celui qui le précède, ou est contenu en lui le même nombre de fois, selon que la suite est croissante ou décroissante.

§ IV. *Propriétés des progressions.*

(Prob. LXXVII. p g. 211.) Dans une progression croissante par différence, 1°. chaque terme est égal à un autre placé avant lui,

Propriétés des progressions.

plus la différence multipliée par le nombre des termes intermédiaires plus 1.

2°. Un terme quelconque est égal à un autre placé après lui, moins la différence multipliée par le nombre des termes intermédiaires plus 1.

Dans une progression quelconque par différence, quatre termes, tels que les deux premiers soient autant éloignés l'un de l'autre que les deux derniers, forment une proportion par différence.

Deux termes également éloignés des extrêmes, donnent la même somme que les extrêmes ; enfin, la somme de tous les termes est égale à celle des extrêmes multipliée par la moitié du nombre des termes.

(*Prob.* LXXVIII, pag. 213.) Dans une progression croissante par quotient, 1°. un terme est égal à un autre placé avant lui, multiplié par la puissance de la raison d'un degré marqué par le nombre de termes intermédiaires plus 1.

D'où il suit que le dernier terme est le produit du premier par la raison élevée à une puissance d'un degré égal au nombre des moyens plus un, ou au nombre des termes de la progression moins 1.

2°. Un terme quelconque, excepté le dernier, est le quotient d'un terme placé après lui, divisé par la raison élevée à la puissance du degré marqué par le nombre de termes intermédiaires plus 1.

Par conséquent, le premier terme égale le dernier divisé par la raison élevée à la puissance du degré marqué par le nombre de moyens plus 1, ou par le nombre des termes de la progression moins 1.

Deux termes moyens d'une progression par quotient également éloignés de deux termes extrêmes par rapport à eux, donnent un produit égal au produit de ces extrêmes, et forment par conséquent, avec eux, une proportion par quotient.

Dans une progression croissante par quotient, la somme des termes est exprimée par le terme qui suivroit le dernier de la progression diminué du premier et divisé ensuite par la raison moins 1.

Chap. II. Détermination des inconnues dans les proportions et dans les progressions.

§ I. *Détermination des inconnues dans les proportions.*

Pour la détermination des inconnues dans les proportions par différence et dans les proportions par quotient, *voyez* les problèmes LXXIX et LXXX, pag. 217 et 222.

§ II. *Détermination des inconnues dans les progressions.*

(*Prob.* LXXXI, pag. 228.) Le dernier terme d'une progression croissante par différence, est la somme du premier et du produit de la différence par le nombre des termes moins 1.

La différence des deux extrêmes d'une progression par différence, est le produit du nombre des termes moins 1 de la progression, par la différence de cette même progression.

(*Voyez*, en outre, le prob. LXXXII, pag. 230.)

(*Prob.* LXXXIII et LXXXIV, pag. 233 et 234.) Dans une progression croissante par quotient, 1°. le dernier terme est le produit du premier par la puissance de la raison d'un degré marqué par le nombre des termes moins 1.

2°. Un terme quelconque est le produit d'un terme placé avant lui par la puissance de la raison d'un degré égal au nombre des termes intermédiaires plus 1.

3°. Un terme est égal à un autre placé après lui, divisé par la raison élevée à une puissance d'un degré déterminé par le nombre des termes intermédiaires plus 1.

4°. On trouve la raison en divisant le dernier terme par le premier, et en extrayant de ce quotient une racine d'un degré égal au nombre des termes moins 1 de la progression.

5°. Pour connoître le nombre des termes, il faut chercher le degré d'une puissance exprimée par le quotient du dernier terme divisé par le premier, la racine étant la raison de la progression.

(*Prob.* LXXXV, pag. 237.) Une fraction qui auroit un numérateur fini et un dénominateur infini, seroit représentée par zéro.

Comparaison des progressions par différence et des progressions par quotient, ou logarithmes.

Ainsi, le dernier terme d'une progression par quotient décroissante à l'infini est zéro.

Dans une progression par quotient décroissante à l'infini, la somme de tous les termes est égale au premier multiplié par la raison divisée par elle-même diminuée de 1; la raison étant le quotient du premier terme de la progression décroissante divisé par le second.

Chap. III. Comparaison des progressions par différence et des progressions par quotient, ou logarithmes.

Les logarithmes sont des nombres en progression par différence, correspondans terme à terme à d'autres nombres en progression par quotient.

§ I. *Construction des tables de logarithmes.*

(*Prob.* LXXXVI, pag. 240.) Pour construire les tables de logarithmes, prenez d'abord les deux progressions

$$\div \ 1 : 10 : 100 : 1000 : 10000 : \text{etc.}$$
$$\div \ 0 \ . \ 1 \ . \ 2 \ . \ 3 \ . \ 4 \ . \ \text{etc.,}$$

insérez entre 1 et 10, 10 et 100, 100 et 1000, etc , un très-grand nombre de moyens proportionnels par quotient : insérez le même nombre de moyens par différence entre 0 et 1 , 1 et 2, 2 et 3, etc., ensuite, parmi les moyens par quotient, examinez quels sont ceux qui peuvent exprimer sans beaucoup d'erreurs les nombres entiers 2, 3, 4, 5, 6, etc., 11, 12, 13, etc., 101, 102, 103, etc., etc., et prenez dans la progression par différence les moyens correspondans aux premiers; vous aurez approximativement les logarithmes des nombres entiers compris entre les termes de la progression fondamentale par quotient, tandis que la progression fondamentale par différence donnera ceux de 1, 10, 100, 1000, 10000, etc.

Comparaison des progressions par différence et des progressions par quotient, ou logarithmes.

Le logarithme d'un nombre en ier a toujours autant d'unités entières que ce nombre a de chiffres moins un ; et un nombre a autant de chiffres que son logarithme a d'unités entières plus une.

Les unités entières d'un logarithme forment la *caractéristique* de celui -ci.

L'acc oissement que reçoit le logarithme d'un nomb e, lorsque ce nombre augmente d une unité, est d'autant plus petit que le nombre lui-même est plus grand.

Lorsque les nombres sont grands, et qu'ils augmentent successivement de $\frac{1}{10}$. les accroissemens des logarithmes peuvent être regardés comme proportionnels aux accroissemens des nombres.

Pour les applications de l'arithmétique à des questions numériques, *voyez* les règles prescrites, pag. 2 9, 28 et 281.

§ II. *Extension des tables de logarithmes.*

(*Prob.* LXXXVII, pag. 245.) Lorsque le nombre dont on veut le logarithme est trop grand pour être dans les tables ; on avance la virgule dans ce nombre de droite à gauche, d'un nombre de rangs tel que la partie restante à la gauche de la virgule, soit un nombre renfermé dans les ta les. On cherchera donc le logarithme du nombre ainsi modifié, et l'on ajoutera à la caractéristique du logarithme trouvé, autant d'unités entières que l'on avoit avancé la virgule de rangs vers la gauche.

(*Prob* LXXXVIII, pag. 246.) 1°. Pour trouver le logarithme d'un nombre entier joint à une fraction, il faut, ou réduire la fraction en décimales et prendre le logarithme comme pour un nombre entier accompagné de décimales, ou bien ajouter les entiers à la fraction, et soustraire le logarithme du dénominateur de celui du numérateur.

2°. Pour avoir le logarithme d'une fraction, il faut retrancher le logarithme du numérateur de celui du dénominateur, et faire précéder la différence du signe —, pour indiquer que cette différence doit être retranchée de la quantité dans laquelle entrera le logarithme de la fraction.

Comparaison des progressions par différence, et des progressions par quotient.

Pour trouver le nombre dont on a le logarithme, *voyez* la règle donnée (prob. LXXXIX, pag. 249 et 250.)

§ III. *Usages des tables de logarithmes.*

(*Prob.* XC, pag. 251.) Le logarithme d'un produit est égal à la somme des logarithmes des facteurs de ce produit.

Un logarithme qui augmente de 1, ou 2, ou 3, etc. unités, appartient à un nombre 10, ou 100, ou 1000, ou 10000, etc. fois plus grand.

Le logarithme d'une puissance est égal au produit du logarithme de la racine par le degré de la puissance.

Le logarithme du quotient d'un nombre divisé par un autre, est égal au logarithme du dividende, moins le logarithme du diviseur, ou bien, au logarithme du dividende plus le complément du logarithme du diviseur, cette somme devant être diminuée d'une unité immédiatement supérieure aux plus hautes unités du logarithme du diviseur.

Si l'on diminue de 1, ou 2, ou 3, etc. unités, la caractéristique d'un logarithme, ce logarithme appartient à un nombre 10, ou 100, ou 1000, ou 10000, etc. fois plus petit.

Pour avoir le logarithme d'une fraction, on peut commencer par écrire à la droite du numérateur assez de zéro pour que le nouveau numérateur soit plus grand que le dénominateur ; soustraire ensuite le logarithme du dénominateur de celui du numérateur, et diminuer enfin le résultat dans lequel entrera le logarithme de la fraction, ainsi déterminé, de 1, ou 2, ou 3, ou 4, etc., unités, suivant que l'on aura rendu la fraction 10, ou 100, ou 1000, ou 10000, etc. fois trop grande.

Le logarithme d'une racine est égal au logarithme de la puissance divisé par le degré de cette puissance.

Le degré d'une puissance est égal au logarithme de cette puissance divisé par le logarithme de la racine qui a produit cette même puissance.

BIBLIOTHÈQUE ROYALE

ERRATA.

Pag.	Lig.	Au lieu de	Lisez
29 {	2	la somme	à la somme
	7	chiffres	{ chiffres, la précédente plus de trois.
31	25	Pour	Par
36	26	il ne doit	il doit
52	6	1249	249
55	29	la grandeur	le nombre
66	37	aut	faut
103	8	ce nombre	ces nombres
123	14	3	5
126 {	10	$\frac{1}{2}\,\frac{3}{3}\,\frac{6}{7}$	$\frac{1}{2}\,\frac{3}{3}\,\frac{5}{8}$
	13	$\frac{1}{4}$	$\frac{1}{3}$
	21	$\frac{1}{4}$	$\frac{1}{9}$
127 {	12	$\frac{1}{4}$	$\frac{1}{4}$
	19	$19\frac{1}{4}$	19
128	20	$\frac{3}{4}$	$\frac{3}{4}$
132	16	XLVII	XLVII *bis*
147	25	réduire	déduire
151	10	3,4567000	34567000
159	22	les unités	des unités
162	4	00101	0,0101
163	1	pour	par
169	dre.	la	un
170	1	{ fraction qui suit le dernier dénominateur commun	{ nombre de fractions suivantes, tel que le nombre total des dénominateurs soit impair.
ibid.	6	*ajoutez*	{ pourvu que l'on conserve les dénominateurs communs.
172	16	18^t	3^t
174	14	17	27
186	13	de sorte de	de sorte que
189	11	82718	82715
192 {	10	1975,309	19753090
	11	3418,87	341,887
	dre.	68	702
214	26	par différence	par quotient
345	26	{ plus encore la fraction qui suit le dernier dénominateur commun.	{ plus encore un nombre de fractions suivantes, tel que le nombre total des dénominateurs soit impair.
ibid.	31	{ après *décimales données*, ajoutez	{ pourvu que l'on conserve les dénominateurs communs.
384	4	. . . .	effacez $5q \pm 1$
ibid.	6	. . . .	effacez par 5
ibid.	12	. . . .	effacez $5q \pm 1$
388	15	$25q$	$25q^2$
406	16	nf^2	nf^4

TABLEAU GÉNÉRAL ET SYNOPTIQUE D'ARITIIMÉTIQUE.

www.ingramcontent.com/pod-product-compliance
Lightning Source LLC
LaVergne TN
LVHW050125060726
842524LV00001B/104